• 주요 물리상수

명칭	기호	값
빛의 속력(진공)	c	2.99792458×10^{8} m/s
중력상수	G	6.67×10^{-11} N·m²/kg²
아보가드로 상수	N_A	6.02×10^{23} mol^{-1}
보편기체 상수	R	8.315 J/mol·K=1.99 cal/mol·K =0.082 atm·liter/mol·K
볼츠만 상수	k_B	1.38×10^{-23} J/K$=8.62 \times 10^{-5}$ eV/K
전자의 전하량	e	1.60×10^{-19} C
슈테판-볼츠만 상수	σ	5.67×10^{-8} W/m²·K⁴
진공의 유전율	$\varepsilon_0 = (1/c^2\mu_0)$	8.85×10^{-12} C²/N·m²
	$1/(4\pi\varepsilon_0)$	9.00×10^{9} N·m²/C²
진공의 투자율	μ_0	$4\pi \times 10^{-7}$ T·m/A
플랑크상수	h	6.63×10^{-34} J·s$=4.14 \times 10^{-15}$ eV·s
	$\hbar = \dfrac{h}{2\pi}$	1.05×10^{-34} J·s$=6.58 \times 10^{-16}$ eV·s
전자의 질량	m_e	9.11×10^{-31} kg=0.000549 u=0.511 MeV/c^2
양성자의 질량	m_p	1.6726×10^{-27} kg=1.00728 u=938.3 MeV/c^2
중성자의 질량	m_n	1.6749×10^{-27} kg=1.008665 u=939.6 MeV/c^2
원자질량 단위	u	1.6605×10^{-27} kg=931.5 MeV/c^2
보어 반지름	a_B	5.29×10^{-11} m

• 주요 물리량

지구	
반지름	6.37×10^{6} m
질량	5.98×10^{24} kg
태양까지의 거리	1.49×10^{11} m
달	
반지름	1.74×10^{6} m
질량	7.36×10^{22} kg
지구까지의 거리	3.84×10^{8} m
태양	
반지름	6.96×10^{8} m
질량	1.99×10^{30} kg
중력가속도	9.80665 m/s²
대기압(1기압)	1.013×10^{5} Pa
공기의 밀도(0 ℃, 1기압)	1.293 kg/m³
이상기체의 부피(0 ℃, 1기압)	22.4 l/mol
물의 밀도(0~20 ℃)	1000 kg/m³
물의 비열	4186 J/kg·K
얼음의 융해열(0 ℃)	333 kJ/kg
물의 기화열(100 ℃)	2260 kJ/kg
소리의 속도(0 ℃)	331.5 m/s
(20 ℃)	343.4 m/s
열의 일당량	1 cal=4.186 J
절대영도	0 K=−273.15 ℃

• 단위의 환산

길이

1 nautical mile(U.S.) = 1.15 mi = 1.852 km

1 fermi = 1 femtometer(fm) = 10^{-15} m

1 angstrom(Å) = 10^{-10} m

1 light-year(ly) = 9.46×10^{15} m

1 parsec = 3.26 ly = 3.09×10^{16} m

부피

1 liter(L) = 1000 mL = 1000 cm^3 = 1.0×10^{-3} m^3

속력

1 km/h = 0.278 m/s

1 m/s = 3.60 km/h

1 knot = 1.51 mi/h = 0.5144 m/s

각도

1 radian(rad) = 57.30° = 57° 18′ = 180°/π

1° = 0.01745 rad

1 rev/min(rpm) = 0.1047 rad/s

압력

1 atm = 1.013 bar = 1.013×10^5 N/m^2

= 760 torr = 760 mmHg

1 Pa = 1 N/m^2

시간

1 day = 8.64×10^4 s

1 year = 3.156×10^7 s

질량

1 atomic mass unit(u) = 1.6605×10^{-27} kg

질량과 에너지

1 kg ↔ 8.988×10^{16} J

1 u ↔ 931.5 MeV

1 eV ↔ 1.073×10^{-9} u

에너지와 일

1 kcal = 4.18×10^3 J

1 eV = 1.602×10^{-19} J

1 kWh = 3.60×10^6 J = 860 kcal

일률

1 W = 1 J/s

1 hp = 746 W

• SI 국제단위

명칭	단위	기호	국제단위
힘	newton	N	$kg \cdot m/s^2$
일과 에너지	joule	J	$kg \cdot m^2/s^2$
일률(파워)	watt	W	$kg \cdot m^2/s^3$
압력	pascal	Pa	$kg/(m \cdot s^2)$
주파수	hertz	Hz	s^{-1}
전하량	coulomb	C	$A \cdot s$
전위(전압)	volt	V	$kg \cdot m^2/(A \cdot s^3)$
전기저항	ohm	Ω	$kg \cdot m^2/(A^2 \cdot s^3)$
전기용량	farad	F	$A^2 \cdot s^4/(kg \cdot m^2)$
자기장	tesla	T	$kg/(A \cdot s^2)$
자기장다발(자속)	weber	Wb	$kg \cdot m^2/(A \cdot s^2)$
인덕턴스	henry	H	$kg \cdot m^2/(A^2 \cdot s^2)$

• 거듭제곱 표시

명칭	기호	값
exa	E	10^{18}
peta	P	10^{15}
tera	T	10^{12}
giga	G	10^9
mega	M	10^6
kilo	k	10^3
hecto	h	10^2
deka	da	10^1
deci	d	10^{-1}
centi	c	10^{-2}
milli	m	10^{-3}
micro	μ	10^{-6}
nano	n	10^{-9}
pico	p	10^{-12}
femto	f	10^{-15}
atto	a	10^{-18}

General Physics, 3rd Edition

새로운 물리학의 세계

박 찬 · 조경현 · 노희석 · 정석민 · 최성열 · 김주진 지음

$$V_e = \sqrt{\frac{2GM}{R}}$$

북스힐

3판 머리말

p·r·e·f·a·c·e

4년여 전 2차 증보판이 간행된 후 과학과 기술에서 주목할 만한 발전이 있었고, 고등학교 교과과정과 대학 입시 관련 사항들이 많이 바뀌었다. 이 중 가장 두드러진 변화는 2019년 기존에 사용하던 물리량의 표준이 재정의된 것이고, 다음으로 고등학교의 교과과정에서 학생들이 선택할 수 있는 폭이 확대된 것이다. 이런 추세에 발맞춰서 기존의 내용을 수정하여 새롭게 3판을 출간하게 되었다.

3판에서 중점을 둔 내용은 프롤로그에 해당하는 0장 "물리로의 초대"에서 2019년에 재정의된 물리량 표준을 간략히 소개하고, Part I의 1장에 있었던 벡터의 기본 내용을 보완하여 0장으로 이동하였다. 이는 고등학교에서 벡터 과목을 선택하지 않아서 이에 익숙하지 않은 학생들을 위해서이다. 8장 "유체"와 Part II의 "열물리학"에서는 신재생에너지 생산을 다루는 환경에 관련된 내용을 연습문제로 추가하였다. Part III의 "빛과 전자기학"에서는 논리의 일관성을 살리기 위해서 전류의 정의와 성질에 관한 기술을 3장의 맨 앞에 배치하고, 1장의 전기퍼텐셜은 명료한 방식으로 다시 기술하였다. 이 외에도 추가된 여러 예제와 본문에서 최신의 기술적, 사회적 흐름을 반영하려고 노력하였다.

이 책의 출판을 위해 많은 도움을 주신 분들께 감사드린다. 역사상 초유의 팬데믹 상황에서 물심양면으로 지원해 주신 조승식 사장님과 헌신적으로 수고해 주신 북스힐 관계자 분들께 감사드린다. 추가된 삽화를 위해 3판에서도 수고해 주신 최은솔 님과 이 책이 나오기까지 격려해 주신 분들께도 감사드린다.

2021년 8월

저자 일동

머리말

"물리학의 세계"는 대학의 일반물리학 교과서와 일반학생을 위한 교양서로 저술되었다. 일반물리학은 물리학 전반의 기본적인 내용들을 간추려 담고 있는 과목으로서 이학과 공학을 전공하려는 학생들에게 필수적인 기초과목일 뿐만 아니라 발전하는 현대의 과학기술을 이해하고 과학의 합리적인 사고방식을 습득하려는 일반학생들에게도 필요한 교양과목이다.

그럼에도 불구하고 우리 학생들은 물리를 어렵고 재미없게만 여기며 기피하고 있다. 여기에는 충분한 이유가 있다고 판단된다.

첫째, 선진국에서는 기초 과학교육을 위해 초중고교 과정에서부터 물리학을 기본과목으로 중시하고 있는 데 비해, 우리 나라에서는 입시에서 점수 따기 어렵다는 이유로 교육현장에서 무시되는 경향이 심화되고 있다.

둘째, 대학에서는 일반물리학 교과서로 다양한 외국의 원서를 번역하여 사용하고 있다. 번역서는 영문원서에 비해 시간과 노력이 덜 드는 것은 사실이지만 우리 실정에 맞지 않는 부분이 많다. 한편으로는 너무 많은 내용으로 지나치게 두껍거나 수식들로 가득 차 있으며, 또 다른 한편으로는 수식이 거의 없어 피상적인 이해로 그칠 수 밖에 없는 실정이다.

셋째, 급변하는 사회환경과 학생들의 취향에 비해 판서와 일방적인 강의에만 의존하는 전통적인 교육환경은 학생들로 하여금 물리가 자신과 무관한 학문이라고 여기게 만든다.

이런 까닭으로 저자들은 우리 실정에 맞는 교과서와 새로운 강의방법의 필요성을 뼈저리게 느껴 왔다. 오랜 기간 대학에서 강의를 통해 겪었던 수많은 시행착오와 실패한 경험들을 토대로 지난 5년 간에 걸쳐 여러 차례 원고를 수정한 끝에 이 책을 내놓게 되었다. 친근하고 쉽게 물리에 접근할 수 있으며, 배운 후에는 합리적이고 통합적인 사고를 가능케 하는 책이 되도록 최대한 노력하였다. 그러나 기대와 달리 아직도 많은 부분이 미흡함을 느끼며, 앞으로 꾸준히 개정판을 내어 좀더 좋은 책으로 가꾸어 갈 것을 다짐한다.

이 책을 쓰면서 특별히 고려한 점들은 다음과 같다.

첫째, 물리이해에 필수적인 주제를 각 절에서 이야기식으로 전개하여 쉽게 읽어 내려가도록 하였다. 한 쪽마다 6개의 칸 안에 그림과 본문을 함께 엮어 마치 만화 같은 시각적 효과를 내도록 시도하였다. 특히, 그림을 통해 물리를 친근하게 이해할 수 있도록 대부분의 그림을 손으로 직접 그렸다. 이런 그림이 오히려 거슬리는 경우도 있긴 하지만 새로운 시도로서 너그럽게 보아주었으면 한다.

둘째, 수식은 물리를 이해하기 위한 보조적인 수단으로 사용하였다. 시험을 보기 위해 수식만을 외우는 것은 물리를 배우지 않은 것만 못하다고 생각한다. 물리를 혐오하고 기피하는 첩경이기 때문이다. 따라서, 원

리를 이해한 후에 수식을 사용할 수 있도록 배려하였으며, 수식에 번호를 붙여 다시 찾도록 하기보다는 필요할 때마다 직접 다시 썼다.

셋째, 현대물리분야에서는 학생들의 호기심과 탐구심을 유발할 수 있도록 많은 지면을 할애하고 쉽게 접근할 수 있도록 배려하였다.

교과서의 전체구조는 전통적인 체재를 유지하되 5개의 Part로 나누었다. Part I은 항상 그랬듯이 역학부분에 해당된다. 일상생활에서 가장 쉽게 접하는 부분일 뿐만 아니라 다른 Part를 이해하기 위한 기초가 되기 때문이다. Part II에서는 열적성질을 Part III에서는 전자기와 빛의 성질을, Part IV에서는 현대물리의 기초가 되는 개념적인 부분을, Part V에서는 현대물리의 여러 분야를 각각 다루었다. Part II, III, IV는 서로가 거의 독립적이다.

각 장은 대략 3개의 절로 나누어져 있고, 각 절은 대략 1시간 강의분량에 해당된다. 따라서, 주당 3시간 강의를 하면 총 28개의 장을 두 학기에 마칠 수 있다. 그러나 주당 2시간인 두 학기 강의에서는 취사선택이 필요하다. 각 장마다 절을 선별할 수도 있고, 경우에 따라서는 Part V의 일부를 생략할 수도 있다. 또한, 한 학기로 끝나는 강의에서는 Part I(역학 부분)과 Part III(전자기 부분)만을 중심적으로 다룰 수도 있다.

이 책을 쓰는 데 도움이 된 주요한 서적들은 다음과 같다. 일반물리 수준의 책으로서는 Beiser, Benson, Berkeley Physics, Feynman, Lectures on Physics, Giancoli, Halliday, Resnick & Walker, Serway & Faughn, Young 등의 교과서가 있으며, 현대물리분야는 Taylor & Zafiratos를 많이 참고하였다. 특히, 우주천문사진을 위해서 미국의 NASA Website를 이용하였다.

이 책이 나오기 위해 뒤에서 수고해 주신 여러분들께 감사드린다. 특히, 삽화를 위해 헌신적으로 수고해 준 심주현씨와 이수영씨에게 감사드린다. 또한, 초본을 읽으면서 이해하기 어려운 부분에 대해 문제를 제기해 준 학생들, 그리고 이 책이 나올 수 있도록 계속 격려해준 동료 교수들에게 심심한 감사를 드린다. 또한, 좋은 물리학책의 출판을 위해 물심양면으로 지원해 주신 출판사 관계자분들께 깊이 감사드린다.

2002년 1월

저자 일동

차례

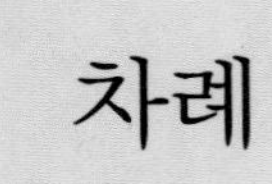

차례

물리로의 초대

앙부일구 복원품(세종대왕유적관리소 소장) : 앙부일구는 해시계로서, 오목한 반구모양의 시반과 북극을 향하여 비스듬하게 꽂혀 있는 영침(影針)으로 이루어져 있다. 시반에는 동지에서 하지에 이르는 24절기가 13개의 가로줄로 표시되어 있고, 시간을 나타내는 시각선이 수직인 세로줄로 그어져 있다. 영침 끝의 그림자를 보면 절기와 시간을 동시에 정밀하게 알 수 있다.

정밀한 계측은 물리학을 시작하기 위한 필수적인 요소이다. 그러나 물리학의 본격적인 출발에는 어떤 요소가 더 필요했을까?

Section

물리학이란?
– 물리학적 모색과 발견

우주는 어떻게 시작하여 어디로 가고 있을까?
시간은 어떻게 시작되었을까?
우주의 운명은 무엇일까?
끝없이 팽창할까?
물질의 근원은 무엇이며, 이들은 어떻게 변할까?
별은 어떻게 생성되고, 어떻게 진화할까?
생명의 기원은 무엇일까?

이러한 질문들은 우리가 언젠가 한 번쯤은 던져 보았던 질문들이다. 그러나 철학적으로 보이는 이 질문들은 현대물리학이 실험을 통해 구체적으로 이해하고자 하는 대상이기도 하다.

그런데 물리학은 이처럼 형이상학적인 질문에 어떤 과정을 거쳐 실험적인 방법론을 발전시켰으며, 어떻게 현재의 대상과 범위로 확대되어 왔을까?

천체의 운동을 이해하기 위해 최초로 본격적인 물리학적 모색을 했던 출발점으로 다시 돌아가 보자.

그리스의 히파르쿠스(B.C. 150)는 긴 통으로 850개 이상의 별을 관찰했다.

물리학의 출발

물리학의 시작은 언제쯤으로 잡으면 좋을까? 서양과학은 고대 그리스의 사상에 뿌리를 두고 있지만 본격적인 물리학의 출발점은 케플러, 갈릴레이, 뉴턴 등이 활약했던 17세기 정도로 잡을 수 있다.

기나긴 서구 중세 동안에는 요즘 의미의 과학은 없었지만 그렇다고 기술이 발전하지 않았던 것은 아니다. 항해용 기구, 역학적 시계, 화약, 방직술, 연금술, 제지술, 인쇄술 등 기술적인 발전이 이루어졌다.

세종 때 별의 위치를 관측하던 기구인 혼천의

같은 시기에 동양에서도 이에 못지 않은 천체관측을 비롯하여 서양을 능가하는 고도의 기술을 축적하고 있었다. 15세기 우리 나라에서도 세종 때에는 천체 관측과 예측 능력이 서양보다 오히려 앞서 있었다.

그러나 이러한 기술의 발전에도 불구하고 자연현상을 실험이나 관측을 통해 정량적으로 다루고 이를 통해 기본적인 원리를 밝혀내려는 과학적 방법론은 동서양을 막론하고 17세기까지는 아직 본격적으로 개발되지 못했다.

당시 천체운동은 지구를 중심으로 천체가 움직이는 천동설로 설명되었다.

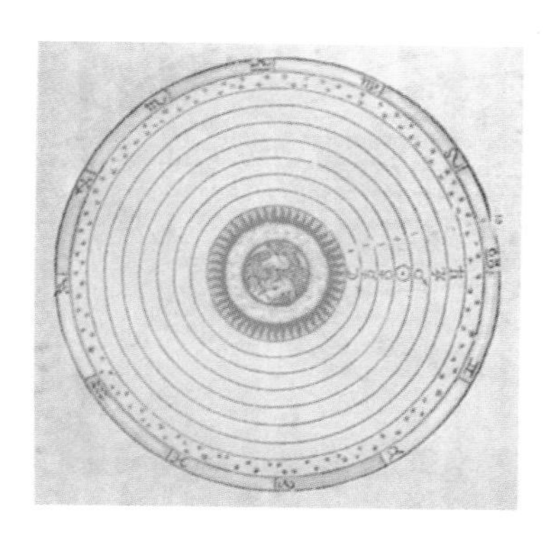

코페르니쿠스는 이에 대항하여 더욱 간단하게 천체운동을 설명할 수 있는 태양중심의 행성운동을 생각하였다.

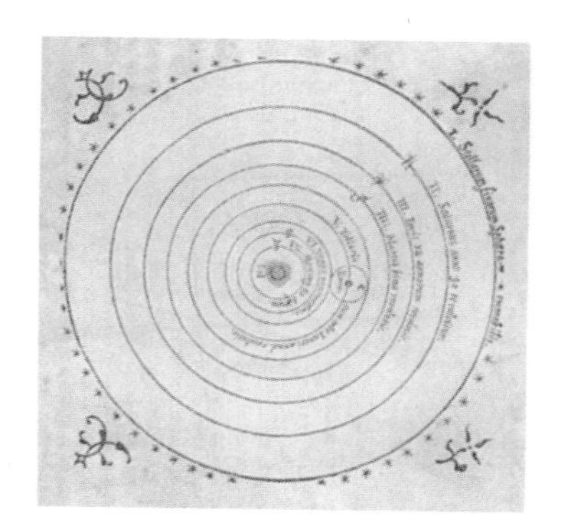

그러나 이런 발상의 전환에도 불구하고 천체를 관측한 브라헤와 그의 조수 케플러가 방대한 자료로부터 행성의 운동법칙을 찾아낸 후에야 비로소 지동설이 진지하게 받아들여지게 되었다.

덴마크 사람 티코 브라헤(1546~1601)는 점성술에 큰 관심을 가졌던 프리드리히 2세의 도움을 받아 코펜하겐 해협의 작은 섬 호벤섬에 파묻혀 약 20년 (1576 ~1597년) 동안이나 천체의 움직임을 관찰하고 화성을 비롯한 행성의 이해할 수 없는 궤도를 자세히 기록하였다.

호벤섬의 관측소와 사분의

브라헤는 지름 6 m의 천체 관측구를 이용하여 맨눈으로 별의 위치를 측정하였다.

그럼에도 이 측정 데이터는 단지 4분 (4/60도) 정도의 각도오차만을 갖는 정밀한 것이었다.

브라헤의 조수였던 케플러(1571~1630)는 6년에 걸쳐 브라헤의 화성궤도 자료를 원궤도에 맞추려고 했으나, 어떤 한 점에서는 브라헤의 관측결과를 8분 정도 옮겨놓아야만 되었다.

브라헤의 정밀한 관측결과를 잘 알고 있었던 케플러는 다시 2년에 걸쳐 화성궤도의 관측자료를 분석하여 태양을 초점으로 하는 원궤도 대신 타원궤도로 수정함으로써 수학적으로 정확히 맞추는 데 성공하였다.

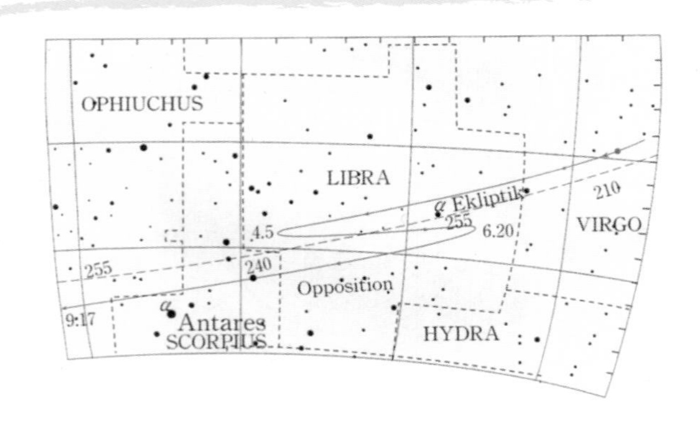

날마다 같은 시간에 하늘에 보이는 화성의 위치는 오른쪽 그림처럼 때로는 뒤로 가는 것처럼 보인다.

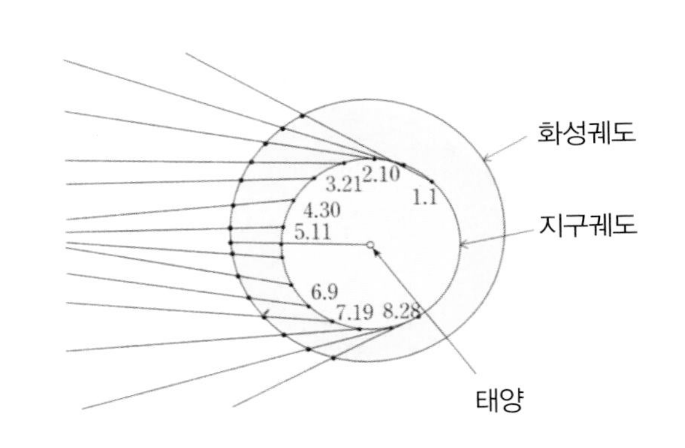

지구에서 관측하는 화성의 위치

케플러는 태양주위를 도는 지구에서 보면 태양을 공전하는 화성의 진행방향이 윗그림처럼 바뀐다는 것을 확인했다.

이것은 관측결과(실험)를 수학적인 공식(이론)으로 표현했던 첫번째 경우이며, 이론과 측정(실험)이 독특하게 결합된 물리학이라고 불리는 엄밀한 실험과학의 출발점이라 볼 수 있다.

브라헤

케플러

갈릴레이(1564~1642)는 망원경을 제작하여 천체관측을 함으로써 브라헤가 육안으로 관측할 수 있었던 범위와 정밀도를 질적으로 뛰어넘게 되었다.

갈릴레이는 목성주위를 돌고 있는 4개의 달을 발견함으로써 천체가 지구를 중심으로 돌고 있지 않다는 결정적인 증거를 찾아냈다.

갈릴레이는 천체관측뿐만 아니라 창의적인 실험을 통해 지상에 있는 물체의 운동을 이해하는 데에도 근본적인 공헌을 하였다.

자유낙하하는 물체는 속도가 빠르기 때문에 대신 경사면을 굴러 내려오는 공을 이용하여 낙하하는 물체의 속력이 시간에 따라 일정한 비율로 증가하는 것을 알아냈다. 이 비율은 크기나 무게와 관계없이 모두 같았다. 이로부터 갈릴레이는 자유낙하하는 물체의 가속도가 일정하다는 것을 알아냈다.

또한, 수평면이 매끄러울수록 공이 더 멀리 굴러간다는 것을 관찰한 후, 수평면이 완벽하게 매끄럽다면 공은 영원히 굴러갈 것이라고 추론하였다. 이로부터 갈릴레이는 관성의 개념을 도입하였다.

당시에 통용되던 아리스토텔레스의 생각에 따르면 물체를 일정한 속력으로 움직이게 하려면 계속해서 물체를 밀어 주어야만 한다. 그러나 운동에 대한 실험결과로부터 얻은 갈릴레이의 수학적 추론은 그 당시 운동에 대한 지배적 견해를 뒤엎는 것이었다.

운동에 관한 갈릴레이의 생각은 뉴턴에 의해 계승되어 고전역학의 완성에 이르게 된다.

뉴턴은 힘이 작용하지 않으면 물체의 속도가 변하지 않고, 속도를 변화시키면 힘이 작용해야 한다는 운동법칙을 세웠다.

이 운동법칙으로부터 뉴턴은 1687년에 출판된 자연철학의 수학적 원리들(PHILOSOPHIAE NATURALIS PRINCIPIA MATHEMATICA)에서 땅에 떨어지는 사과의 운동과 태양주위를 도는 행성의 운동을 모두 한 종류의 힘인 만유인력으로 설명하였다.

PHILOSOPHIÆ

NATURALIS

PRINCIPIA

MATHEMATICA.

Autore *J S. NEWTON*, *Trin. Coll. Cantab. Soc.* Mathefeos Profeffore *Lucafiano*, & Societatis Regalis Sodali.

IMPRIMATUR.

S. PEPYS, *Reg. Soc.* PRÆSES.

Julii 5. 1686.

LONDINI,

Juffu *Societatis Regiæ* ac Typis *Jofephi Streater*. Proftat apud plures Bibliopolas. *Anno* MDCLXXXVII.

TITLE PAGE OF THE FIRST EDITION OF THE PRINCIPIA

(See Appendix, Note 2, page 627)

생각해보기

갈릴레이는 경사면에 공을 굴리는 방법으로 공이 낙하하는 길이가 시간의 제곱에 비례한다는 것을 알아냈다. 이 방법은 피사의 사탑에서 물체를 직접 자유낙하하는 방법에 비해 어떤 장점이 있을까?

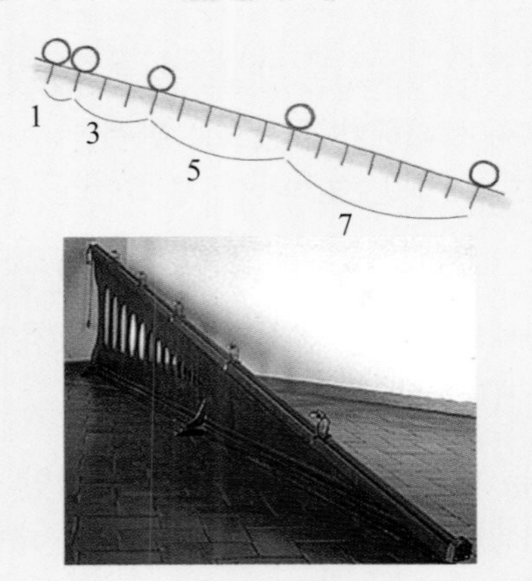

갈릴레이 경사면 (피렌치 박물관 소장)

자유낙하하는 시간이 거리에 따라 어떻게 달라지는지 알아보기 위해 1 m, 4 m, 9 m 높이에서 물체를 떨어뜨린다 하자. 낙하시간은 각각 0.45초, 0.90초, 1.36초로 예상된다.

그러나 마찰이 없는 경사면을 따라 떨어뜨린다면(경사각을 30도라고 하자), 낙하시간은 약 1.4배씩 늘어나 각각 0.64초, 1.28초, 1.92초로 느려진다.

따라서 같은 정밀도를 가진 시계로 측정한다면 훨씬 낮은 높이에서 실험을 할 수 있는 이점이 있다는 것을 알 수 있다.

실제로 갈릴레이는 진자를 써서 시간을 쟀고, 경사면에는 공의 위치를 재기 위해 공이 지나갈 때 소리가 나는 벨을 움직여 달았다. 이로부터 같은 시간에 진행하는 길이가 1 : 3 : 5 : 7 처럼 늘어나는 것을 발견하였다.

또한 공의 무게를 바꾸어 실험을 함으로써 자유낙하하는 거리는 공의 무게에 따라 달라지지 않는다는 것도 알아냈다.

해왕성은 1846년 갈레에 의해 발견되었다. 천왕성의 궤도가 타원궤도에서 약간 벗어나는 현상이 관측되었는데, 1840년 르베리에가 만유인력 이론을 적용하여 궤도에 영향을 주는 존재를 예측하였다.

뉴턴의 역학은 케플러가 보여준 행성의 궤도뿐만 아니라 천체의 운동을 종합적으로 이해할 수 있는 보편적인 이론으로 정립되었다.

이와 같이 물리학은 정량적인 실험과 수학적 이론이 결합된 독특한 방법론을 만들어냈다.

이 물리학적 방법론은 이후 전자기현상과 열현상, 미시세계에서도 자연에 숨어 있는 보편적인 물리법칙을 찾아내는 데 큰 성공을 거두게 된다.

크기와 물리법칙

이러한 보편적인 물리법칙이 적용되는 대상은 아주 광범위하고, 그 대상의 크기에 따라 나타나는 현상도 다양하다.

우주와 은하계, 태양계처럼 거대한 크기의 세계에서는 중력이 중요한 역할을 한다.

우주의 크기 ~10^{27} m
지구에서 안드로메다까지 거리 ~10^{22} m
지구에서 태양까지 거리 ~10^{11} m
태양의 반지름 ~10^{8} m
지구에서 달까지 거리 ~10^{8} m
지구의 반지름 ~10^{6} m

10^{11} m
천문학
10^{19} m
10^{6} m
태양계
우주론
은하
10^{27} m
우주
지구
사회학
1 m
인간
10^{-35} m
생물학
화학
10^{-8} m
DNA
쿼크
렙톤
미지의 세계
원자
핵
응집물질물리학
10^{-10} m
입자물리학
10^{-18} m
핵물리학
10^{-15} m

그러나 생명체를 포함한 우리 주변의 일상세계에서는 전자기힘이 중요한 역할을 한다. 원자나 분자와 같은 미시세계에서는 양자현상을 포함하는 전자기현상이 중요하다.

동물의 크기 ~1 m
세포의 크기 ~10^{-5} m
수소원자의 반지름 ~10^{-10} m

원자 속의 핵의 세계에서는 전자기힘 이외에 핵력과 강력, 약력 등의 새로운 힘이 나타난다.

양성자의 반지름 ~10^{-15} m

별의 진화과정을 이해하기 위해서는 뉴턴의 만유인력 이외에도 핵력의 이해가 필요하다.

한 걸음 더 나아가 우주의 진화과정을 이해하는 데는 핵력뿐만 아니라 초미시세계를 이해해야 가능하다. 태초에 빅뱅에 의해 형성된 우주는 플랑크 길이라고 불리는 10^{-35} m보다 작은 초미시의 세계이다.

태초의 우주에는 뉴턴의 만유인력이나 아인슈타인의 상대성이론이 맞지 않는다. 중력의 세계가 양자세계 및 상대론의 세계와 결합되어 새로운 힘의 세계가 나타나기 때문이다. 태초의 우주는 물리법칙이 발견되지 않은 미지의 영역이다.

이렇게 당장의 실용성과 무관해 보이는 형이상학적 질문에서 출발했던 물리학은 정밀한 관측과 수학적 엄밀성을 결합한 독특한 과학을 만들어 냈다.

물리학 없이는 현재 우리가 누리고 있는 물질문명이 불가능했을 것이며, 쓸데없어 보이는 물리학의 기초연구는 21세기에도 여전히 미래의 첨단 과학기술을 만들어 내는 끝없는 원천이 되고 있다.

생각해보기

물리법칙에는 중력을 대표하는 중력상수 G, 양자역학을 대표하는 플랑크 상수 $\hbar$, 상대론을 대표하는 빛의 속도 c가 있다. 이 물리상수들을 결합하면 플랑크 길이를 만들 수 있다. 이 길이는 $l_p = \sqrt{\frac{\hbar G}{c^3}}$으로 표시된다. 플랑크 길이의 구체적인 값을 계산해 보라.

$$G = 6.67 \times 10^{-11}\ \mathrm{Nm^2/kg^2}$$

$$\hbar = \frac{h}{2\pi} = 1.06 \times 10^{-34}\ \mathrm{Js}$$

$c = 3.0 \times 10^8$ m/s을 이용하면

$l_p = 1.62 \times 10^{-35}$ m이다.

플랑크 길이는 현재 인류가 알고 있는 물리법칙이 적용될 수 있는 가장 작은 길이이다. 플랑크 길이보다 작은 크기의 세계로 가면, 우리가 보통 사용하고 있는 길이라는 의미가 어떻게 바뀔지에 대한 확실한 답이 아직 없다.

표준과 측정

물리학은 실험과학이어서 측정과 계측에 기반을 두고 있다. 물리량을 더욱 정밀하게 측정할 수 있는 방법과 새로운 물리량을 개발하는 것은 물리학에서 해야 할 가장 중요한 일들 중의 하나이다.

물리량의 기본단위로서 시간, 길이, 질량, 전류, 온도, 물질의 양, 광도를 나타내는 7개의 기본물리량의 단위가 국제단위(International System of Units, SI) (통칭 '미터법')로 정의되어 있다.

이 미터법의 표준은 과학기술의 발달에 따라 더욱 정밀한 방법으로 수정되어 왔다.

2018년에는 7개의 국제단위계 중에서 킬로그램(질량), 암페어(전류), 켈빈(온도), 몰(물질량)의 단위가 새롭게 개정되었고 개정된 단위의 정의는 2019년 5월 20일 세계 측정의 날에 발효되었다. 개정된 정의는 플랑크 상수, 기본전하, 볼츠만 상수, 아보가드로 상수 등의 물리상수를 기반으로 하는 더욱 정밀한 국제단위 표준이라고 할 수 있다.

새롭게 정의된 국제단위 표준

기본단위		정의 상수	
시간	초(s)	세슘의 초미세 진동수	$\Delta\nu$
길이	미터(m)	빛의 속도	c
질량	킬로그램(kg)	플랑크 상수	h
전류	암페어(A)	기본 전하	e
온도	켈빈(K)	볼츠만 상수	k_B
물질의 양	몰(mol)	아보가드로 수	N_A
광도	칸델라(cd)	시감 효능	K_{cd}

시간(초)

1960년대까지는 평균태양일을 86,400초로 정의하였다. 1967년 이후에는 세슘(^{133}Cs)원자가 방출하는 빛이 9,192,631,770번 진동하는 시간을 1초로 정의하여 사용하고 있다.

이 세슘 원자시계는 1975년에는 30만 년에 1초의 오차를 가졌으나 최근에는 2억 년에 1초 정도의 오차만을 허용하는 아주 정밀한 시계 로 발전하고 있다.

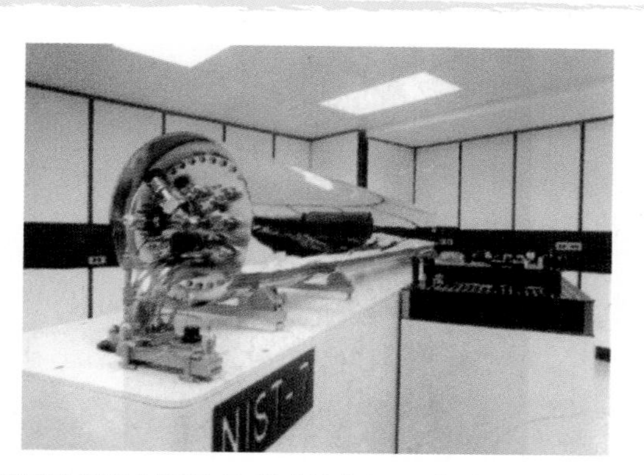

1993년에 만든 NIST-7 원자시계 600만 년에 1초의 오차를 가지고 있다.

길이 (미터)

적도와 북극 사이를 천만 번 나눈 길이를 1미터로 삼고, 백금-이리듐 합금으로 국제 미터원기를 만들었다. 이 원기는 정밀성이 떨어지므로, 크립톤 86 (^{86}Kr) 원자에서 나오는 빛의 파장을 써서 길이의 표준을 정하기도 하였다.

1983년 이후에는 빛이 진공에서 1/299,792,458초 동안 진행하는 거리를 1미터로 정의하여 더욱 정밀한 표준을 사용하고 있다.

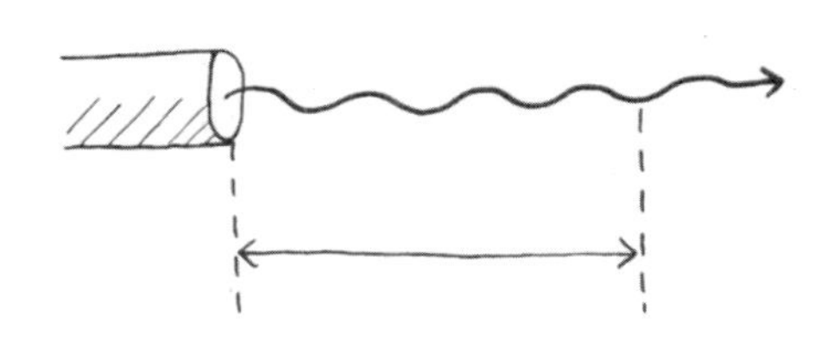

0.299792458 m
≡빛이 진공에서 1나노초 동안 진행하는 거리

질량 (킬로그램)

프랑스의 국제도량형국에 보관되어 있는 백금–이리듐 합금으로 만들어진 국제킬로그램원기의 질량을 1킬로그램으로 정의하여 최근까지 사용해 왔다.

이 단위는 10^{-8}의 정밀도를 지니고 있다.

하지만 질량원기 원본뿐만 아니라 여러 나라에 보급되어 있는 질량원기 복사본의 질량은 시간이 지남에 따라서 미세하게 변할 수밖에 없다.

이 문제를 해결하기 위해 과학자들은 변하지 않는 물리 상수인 플랑크 상수를 이용해서 질량을 새롭게 정의하고자 노력해 왔다. 한 예로, 키블저울(또는 와트저울)은 중력이 하는 일과 전기가 하는 일을 비교함으로써 물체의 질량을 플랑크 상수를 이용하여 정의한다.

원자단위의 질량

탄소 12 (^{12}C)를 질량의 표준으로 삼고, 탄소의 질량을 12 u로 정의한다.

원자단위는 원자세계에서만 실질적으로 이용이 가능하다. 거시적인 물체에는 무수히 많은 수(아보가드로수, 6×10^{23}개/몰)의 원자가 들어 있어서 일일이 셀 수가 없기 때문에, 아직도 원기를 사용하는 고전적인 방법이 쓰인다.

참고로 단위의 1,000배에는 k(킬로)를, 백만 배에는 M (메가)를 붙인다.

$$1\text{ km} = 1000\text{ m},\ 1\text{ kg} = 1000\text{ g},\ 1\text{ MW} = 10^6\text{ W}$$

마찬가지로 1/1000배는 m(밀리)로, 백만분의 1은 μ(마이크로)로, 십억분의 1은 n(나노)로 표시한다.

$$1\text{ mm} = 0.001\text{ m},\ 1\text{ mg} = 0.001\text{ g},$$
$$1\text{ ms} = 0.001\text{ s},\ 1\ \mu\text{s} = 10^{-6}\text{ s},\ 1\text{ ns} = 10^{-9}\text{ s},$$

나머지 표기법은 책 표지 안쪽에 나와 있는 거듭제곱을 참조하기 바란다.

시간과 길이의 초정밀 표준이 왜 필요할까?

각 나라에서는 표준을 관리하고, 더 나은 표준을 만들기 위해 많은 노력을 기울이고 있다. 우리 나라에도 국가표준기본법이 있으며, 1975년 한국 표준과학연구원이 설립되어 국가 측정표준 확립, 국가 측정표준 보급 및 표준과학기술 연구개발의 임무를 수행하고 있다.

각 나라들은 왜 경쟁적으로 표준의 정밀도를 조금이라도 더 높이려고 하는 것일까? 그냥 원자적인 표준을 국제적인 협약으로 정하면 그만이 아닐까? 그렇지 않다.

GPS의 예를 들어 보면 알 수 있다. GPS는 인공위성 위치추적 시스템(global positioning system)이다.

GPS 수신기는 지구상 어디에서나 자신의 위치를 15 m 이내의 정밀도로 정확히 알 수 있는 장치이다. 그러면 어떻게 지상의 위치를 정밀하게 측정하는 것일까?

약 20,000 km 상공의 궤도에는 2007년 현재 30개의 위성이 12시간의 주기로 돌고 있으며, 지상 어느 곳에서나 4개 이상의 GPS 위성으로부터 오는 마이크로파의 파장에 해당하는 1.2 GHz의 전파신호를 받을 수 있도록 되어 있다.

GPS 위성들은 Cs 원자시계를 싣고 있다. 위성으로부터 오는 전파는 광속으로 진행하여 지상의 수신기에 도달한다. 각각 다른 위치에 있는 여러 개의 위성으로부터 오는 신호는 조금씩 다른 시간에 수신기에 도착할 것이다.

각각의 위성들이 정확하게 똑같은 정밀한 시계를 싣고 있으므로, "광속×걸린시간"으로부터 각 위성까지 거리를 측정할 수 있다. 위성의 위치는 지상의 관제소에 의해 정확하게 알려져 있으므로, 3개의 위성으로부터 자신의 위치(경도, 위도, 고도)를 알 수 있다.

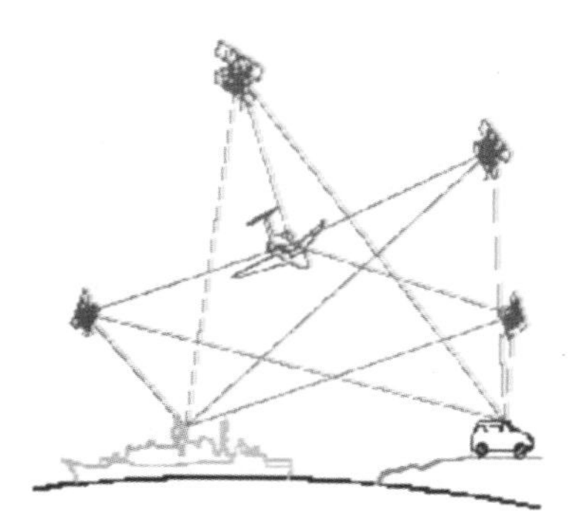

GPS를 이용한 항법원리
4개의 위성시계에서 보내는 신호의 시간 차이를 이용한다.

그러나 GPS 수신기에는 원자시계와 같은 정밀도를 지닌 시계가 없으므로, 4번째 위성에서 오는 신호로부터 수신기 시계의 오차를 보정하고 있다.

이러한 방법으로 2만 km 거리의 위성에서 15 m 정도를 구별하려면, 대략 1초에 10^{-13}초 정도의 오차만을 허용하는 정밀한 시계가 필요하다. Cs 원자시계가 없다면 GPS는 불가능하다.

각 나라는 과학과 산업 발전의 기초가 되는 표준정밀도를 높이고 기술을 확보함으로써, 최첨단 과학기술의 경쟁력을 유지해 가고 있다.

생각해보기

지구 중심에서 26,600 km 떨어진 공전궤도면(원주)에 4개의 위성이 공전하고 있다. 이 위성들은 공전일이 0.5일이고, 위성에서 같은 거리에 있는 사람이 위성들로부터 동시에 신호를 받도록 신호를 보내고 있다. 오른쪽 그림처럼 북극과 남극, 동과 서 하늘에 각 위성이 위치해 있고, 공전궤도면과 같은 면의 북위 30도에 배가 위치해 있는 경우를 살펴보자.

이 배가 각 위성으로부터 받는 신호는 어떤 시간차를 가질까? 지구의 반지름은 6,370 km이고, 광속은 300,000 km/s으로 계산하라.

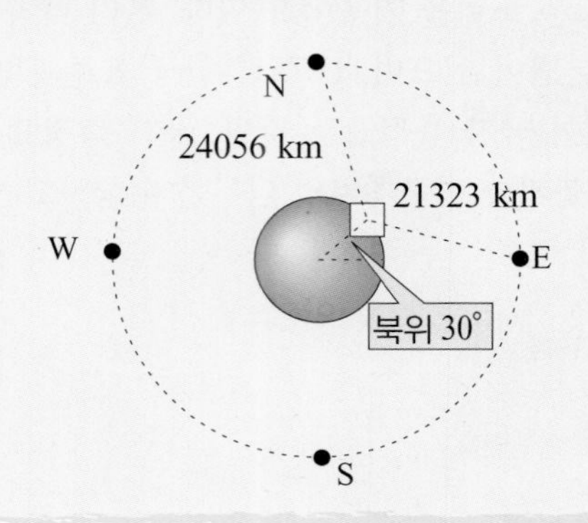

배에서 보이는 위성은 북극 상공과 동쪽 상공에 있는 2개의 위성이다. 북극 상공의 위성까지의 거리는 24,056 km이고, 동쪽 상공의 위성까지는 21,323 km이다.

신호는 광속으로 오므로 신호가 오는 데 걸리는 시간은,

북극 상공 위성의 경우 $\frac{24056\ \text{km}}{300000\ \text{km/s}} = 0.080\ \text{s}$,

동쪽 상공 위성의 경우

$\frac{21323\ \text{km}}{300000\ \text{km/s}} = 0.071\ \text{s}$이다.

따라서 시간차는 0.009 s로서 동쪽 상공의 위성으로부터 약간 빨리 받게 된다. 만일 북위 45도에 배가 있었다면 두 위성에서 오는 신호의 시간차는 없다.

이처럼 위성에서 오는 신호차를 이용하면 GPS 수신기는 자신의 위치를 파악할 수 있다. 평면이 아니라 3차원 공간에서 위치를 파악하기 위해서는 적어도 3개 이상의 위성에서 오는 신호가 필요하다.

GPS 위성에 장치된 시계는 고도의 정밀한 시계이지만, 위성이 지구를 돌고 있기 때문에 지상에 있는 시계와 정밀도에서 차이가 난다. 위성이 움직이기 때문에 위성시계는 지상의 시계에 비해 하루에 7마이크로초 천천히 간다. 이것은 아인슈타인의 특수상대론에서 나오는 시간지연효과 때문이다(Ⅳ-1장 참고). 또한 지표면에서의 중력과 위성이 있는 위치에서의 중력이 다르기 때문에, 위성시계는 하루에 45마이크로초 빨라진다. 이것은 아인슈타인의 일반상대론이 알려주고있다(Ⅳ-2장의 생각해 보기 참고).

이 두 가지 효과를 고려하면 위성시계는 날마다 38마이크로초씩 빨라지므로, 상대론적 시간보정을 해주어야만 오차를 줄일 수 있다.

이러한 정밀과학이 바탕이 되어 만들어진 GPS는 원래 미 국방성이 군사적 목적으로 개발한 시스템이지만, 이제 군사적인 이용은 물론 항공기의 항법장치, 선박의 항법장치, 자동차의 항법장치, 지리정보 시스템, 화물수송 시스템 등에 널리 쓰인다.

물리량의 차원

기본적인 물리량에는 길이, 시간, 질량이 있다. 서로 다른 물리량들은 다른 물리적 성질을 가지고 있으며, 서로 다른 물리적 차원을 가진다고 말한다.

길이의 물리적 차원은 [L], 시간은 [T], 질량은 [M]으로 표시한다. 다른 물리량들은 이들의 조합으로 표현한다.

예를 들어, 속력은 "거리÷시간" 이므로 속력의 물리적 차원은 [L/T]이며, 밀도는 "질량÷부피" 이므로 $[M/L^3]$이다.

물리방정식에서는 물리적 차원이 같은 양끼리만 더하고 빼야 한다.

$$1\ \text{km} + 2\text{시간} = ?$$

와 같은 식은 의미가 없다.

왜냐하면, 차원이 다르기 때문이다.

생각해보기

길이를 x, 시간을 t, 속력을 v라 하고, 이들을 사용하여 방정식을 썼다고 하자. 수학적으로는 모두 문제가 없어 보이는 식이라도 모든 식이 물리적으로 의미가 있는 것은 아니다. 아래에 있는 식들을 살펴보자.

(1) $v = xt$
(2) $x = t^2 + vt$
(3) $v = x/t$

(1)의 경우 왼쪽항(v)의 차원은 [L/T]이고, 오른쪽항(xt)의 차원은 [LT]가 되어 왼쪽과 오른쪽의 차원이 같지 않다. 따라서, 이 식은 물리적으로 적합하지 않다.

(2)의 경우도 같은 이유로 의미가 없다.

(3)의 경우에는 왼쪽항(v)의 차원은 [L/T]이고 오른쪽항 (x/t)의 차원도 [L/T]이므로 두 항의 차원이 같다. 따라서, 이 식은 물리적으로 의미가 있을 수 있는 식이다.

Section 4 벡터

방향이 바뀌는 운동을 다루기 위해서는 크기뿐만 아니라 방향을 표시할 수 있어야 한다. 위치, 속도, 가속도처럼 크기와 방향을 가진 물리량을 벡터량이라고 하며, 이를 표시하는 방법으로 벡터를 사용한다. 벡터를 기하학적으로 표현하면 그림처럼 방향과 크기를 가진 화살표로 나타낼 수 있으며 스칼라량과 구분하기 위해서 굵은 글자체를 사용한다.

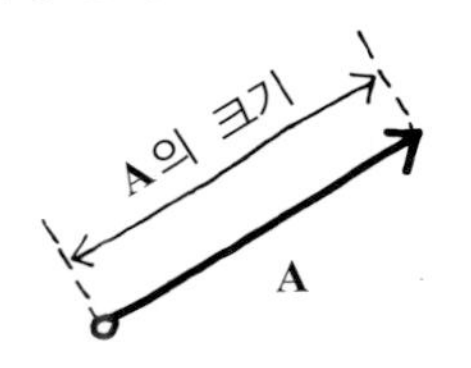

두 벡터는 크기와 방향이 같으면 어디에 놓여 있어도 같은 벡터이다. 즉, 벡터를 평행 이동하여도 같은 벡터이다.

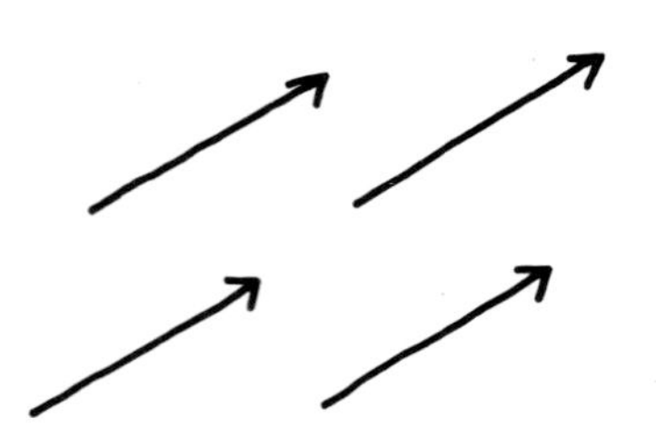

벡터는 서로 더하고 뺄 수 있다. 두 벡터를 더할 때는 그림처럼 한 벡터(**B**)의 꼬리가 다른 벡터(**A**)의 머리에 오도록 평행 이동시키고 **A**의 꼬리에서 **B**의 머리를 잇는다.

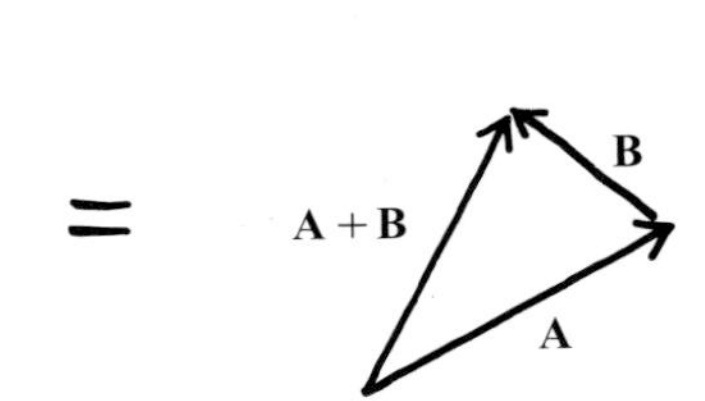

벡터를 더할 때는 순서를 바꾸어도 답은 같다. 즉, 이번에는 **A**의 꼬리가 다른 벡터 **B**의 머리에 오도록 평행 이동시키고 **B**의 꼬리에서 **A**의 머리를 이어도 결과는 같다.

$$\mathbf{A} + \mathbf{B} = \mathbf{B} + \mathbf{A}$$

벡터를 빼는 것은 한 벡터에 먼저 −를 곱한 후 더하는 것과 같다.

$$\mathbf{A} - \mathbf{B} = \mathbf{A} + (-\mathbf{B})$$

벡터에 −를 곱하는 것은 그림처럼 방향을 바꾸는 것이다.

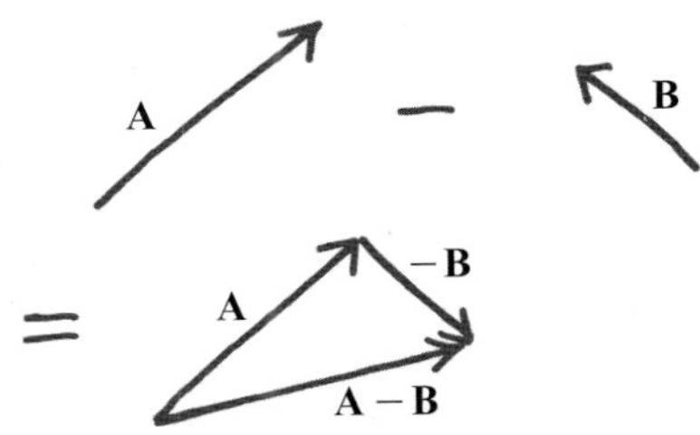

벡터를 직각좌표계의 성분으로 표시하면 계산을 쉽게 할 수 있다. 2차원벡터는 그림처럼 두 개 성분의 합으로 표시한다.

$$\mathbf{A} = (A_x, A_y) = A_x\,\mathbf{i} + A_y\,\mathbf{j}$$

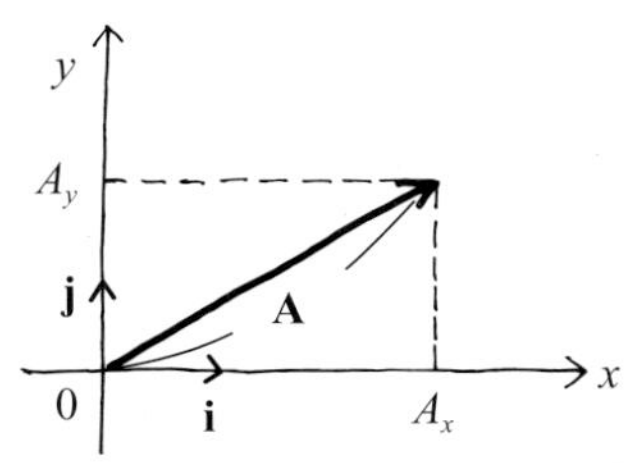

$\mathbf{i}$, $\mathbf{j}$는 각각 x, y 방향을 표시하며, 모두 크기가 1인 단위벡터이다.

A_x는 벡터 $\mathbf{A}$의 x성분이며, A_y는 벡터 $\mathbf{A}$의 y성분이다.

벡터의 크기는 피타고라스 정리를 쓰면

$|\mathbf{A}| = \sqrt{A_x^2 + A_y^2}$이다.

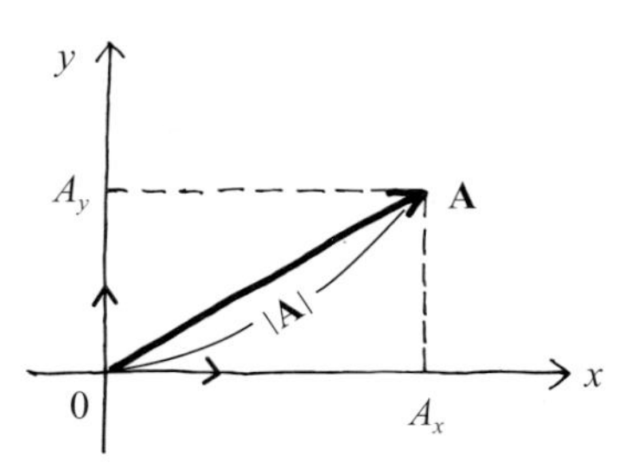

두 벡터 $\mathbf{A}$와 $\mathbf{B}$의 합을 성분으로 표시하면

$\mathbf{A} + \mathbf{B} = (A_x + B_x)\mathbf{i} + (A_y + B_y)\mathbf{j} = \mathbf{B} + \mathbf{A}$이다.

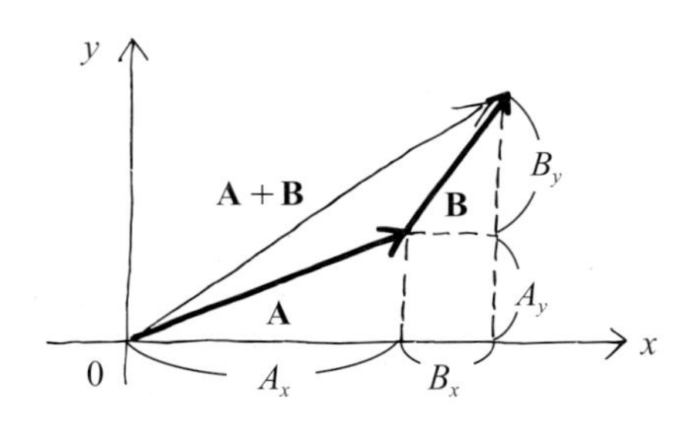

3차원 벡터는 그림처럼 z 성분을 포함한 세 개 성분의 합으로 표시한다.

$$\mathbf{A} = (A_x, A_y, A_z) = A_x\mathbf{i} + A_y\mathbf{j} + A_z\mathbf{k}$$

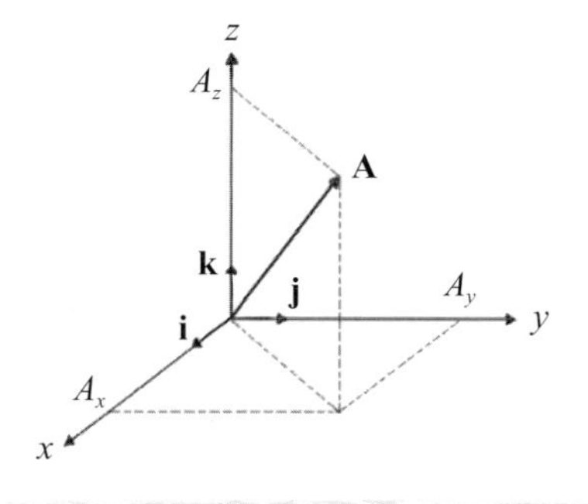

벡터의 내적

두 벡터 $\mathbf{A}$와 $\mathbf{B}$를 서로 내적한다는 것은 그림처럼 한 벡터를 다른 벡터에 투영하여 곱하는 것이며, 그 결과 값은 각각의 크기와 두 벡터 사이의 각도 θ에 대한 코사인 값을 곱한 양으로 나타난다.

$$\mathbf{A}\cdot\mathbf{B} = |A||B|\cos\theta$$

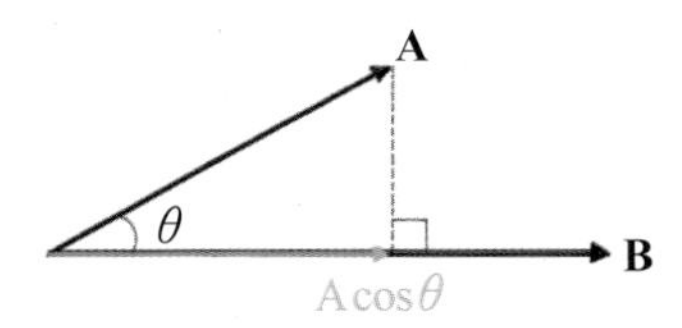

2차원에서 임의의 두 벡터 $\mathbf{A}$와 $\mathbf{B}$의 내적은 단위벡터를 이용하면 다음과 같이 계산된다.

$$\begin{aligned}\mathbf{A}\cdot\mathbf{B} &= (A_x\mathbf{i} + A_y\mathbf{j})\cdot(B_x\mathbf{i} + B_y\mathbf{j})\\ &= A_xB_x\mathbf{i}\cdot\mathbf{i} + A_xB_y\mathbf{i}\cdot\mathbf{j} + A_yB_x\mathbf{j}\cdot\mathbf{i} + A_yB_y\mathbf{j}\cdot\mathbf{j}\\ &= A_xB_x\mathbf{i}\cdot\mathbf{i} + A_yB_y\mathbf{j}\cdot\mathbf{j}\\ &= A_xB_x + A_yB_y\end{aligned}$$

즉, 두 벡터의 내적은 각 벡터의 x 성분과 y 성분끼리 곱해서 이들을 더한 값과 같다. 단위벡터 $\mathbf{i}$와 $\mathbf{j}$ 사이의 내적은 다음과 같이 주어진다.

$$\mathbf{i}\cdot\mathbf{i} = \mathbf{j}\cdot\mathbf{j} = 1, \quad \mathbf{i}\cdot\mathbf{j} = \mathbf{j}\cdot\mathbf{i} = 0$$

벡터의 외적 (벡터곱)

두 벡터 **A**와 **B**가 x, y 평면에 놓여 있을 때 이들을 서로 외적해서 얻어지는 벡터 **C**는 **A**와 **B**가 놓여 있는 면에 수직한 z 방향을 향하고 다음과 같은 관계식으로 주어진다.

$$\mathbf{C} = \mathbf{A} \times \mathbf{B} = |A||B| \sin\theta \, \mathbf{k}$$

단위벡터 **i**, **j**, **k** 사이의 외적은 다음과 같이 주어진다.

$$\mathbf{i}\times\mathbf{i} = \mathbf{j}\times\mathbf{j} = \mathbf{k}\times\mathbf{k} = 0,$$
$$\mathbf{i}\times\mathbf{j} = -\mathbf{j}\times\mathbf{i} = \mathbf{k},\ \ \mathbf{j}\times\mathbf{k} = -\mathbf{k}\times\mathbf{j} = \mathbf{i}$$
$$\mathbf{k}\times\mathbf{i} = -\mathbf{i}\times\mathbf{k} = \mathbf{j}$$

따라서 두 벡터 **A**와 **B**의 외적은 다음과 같이 계산된다.

$$\begin{aligned}\mathbf{A}\times\mathbf{B} &= (A_x\mathbf{i} + A_y\mathbf{j})\times(B_x\mathbf{i} + B_y\mathbf{j}) \\ &= A_xB_x\mathbf{i}\times\mathbf{i} + A_xB_y\mathbf{i}\times\mathbf{j} + A_yB_x\mathbf{j}\times\mathbf{i} + A_yB_y\mathbf{j}\times\mathbf{j} \\ &= A_xB_y\mathbf{k} - A_yB_x\mathbf{k} \\ &= (A_xB_y - A_yB_x)\mathbf{k}\end{aligned}$$

생각해보기

빗방울이 수직 방향으로 4 m/s의 속도로 내린다고 하자. 사람이 15 m/s의 속도로 수평 방향으로 뛰어 간다고 할 때 빗방울이 수직 방향과 이루게 되는 각도는 얼마인가?

$$\theta = \tan^{-1}\frac{15\text{ m/s}}{4\text{ m/s}} = 75^\circ$$

생각해보기

차를 타고 동쪽 방향으로 3 km 간 뒤에 북쪽 방향으로 4 km 갔다. 처음 위치에서 나중 위치 사이의 직선거리를 벡터로 표시하고 크기를 구하여라. 이 거리벡터가 동쪽 방향과 이루는 각도는 얼마인가?

거리 벡터를 **r**이라고 하고 동쪽 방향을 x축, 북쪽 방향을 y축으로 표시하면, $\mathbf{r} = (3\text{ km})\,\mathbf{i} + (4\text{ km})\,\mathbf{j}$이고 크기 $r = \sqrt{3^2 + 4^2} = 5$ km이다.

$\tan\theta = \dfrac{4}{3}$이므로 각도 θ는 53도다.

생각해보기

북동쪽으로 500 m 걸어간 후에 남동쪽으로 200 m 걸어갔다. 처음 위치를 원점으로 하였을 때 최종 위치의 좌표와 처음 위치부터 최종 위치까지의 직선거리 및 동쪽 방향과 이루는 각도를 구하여라.

동쪽 방향을 x축, 북쪽 방향을 y축으로 잡으면 북동쪽으로 500 m 걸어간 경우의 위치벡터 $\mathbf{r}_1$은 다음과 같다.

$$\mathbf{r}_1 = (500\text{ m})\cos 45^\circ\,\mathbf{i} + (500\text{ m})\sin 45^\circ\,\mathbf{j}$$

남동쪽으로 200 m 걸어간 경우의 위치벡터 $\mathbf{r}_2$는 다음과 같다.

$$\mathbf{r}_2 = (200\text{ m})\cos(-45^\circ)\,\mathbf{i} + (200\text{ m})\sin(-45^\circ)^\circ\,\mathbf{j}$$

따라서 최종 위치벡터 **r**은 x 방향의 성분과 y 방향의 성분끼리 각각 더하여 다음과 같이 구한다.

$$\begin{aligned}\mathbf{r} &= \mathbf{r}_1 + \mathbf{r}_2 \\ &= (700\text{ m})\cos 45^\circ\,\mathbf{i} + (300\text{ m})\sin 45^\circ\,\mathbf{j} \\ &= (495.0\text{ m})\,\mathbf{i} + (212.1\text{ m})\,\mathbf{j}\end{aligned}$$

크기 $r = \sqrt{(495.0\text{ m})^2 + (212.1\text{ m})^2} = 538.5$ m

각도 $\theta = \tan^{-1}(212.1\text{ m}/495.0\text{ m}) = 23.2^\circ$

생각해보기

x, y 평면에 놓여 있는 벡터 **A**가 $2\sqrt{3}\,\mathbf{i} + 2\mathbf{j}$로 주어진다고 할 때 이 벡터와 수직한 같은 평면에 놓여 있는 벡터 **B**를 구하면? 두 벡터의 크기는 같다고 하자.

$\mathbf{B} = B_x\mathbf{i} + B_y\mathbf{j}$라고 놓자. 두 벡터는 서로 수직하므로 $\mathbf{A}\cdot\mathbf{B} = 0$이 되고 따라서 $2\sqrt{3}\,B_x + 2B_y = 0$. 크기가 같으므로 $B_x^2 + B_y^2 = 16$. 두 식으로부터 벡터 **B**의 성분을 구하면 다음과 같이 주어진다.

$$\mathbf{B} = 2\mathbf{i} - 2\sqrt{3}\,\mathbf{j} \quad \text{또는} \quad \mathbf{B} = -2\mathbf{i} + 2\sqrt{3}\,\mathbf{j}$$

생각해보기

x, y 평면에 놓여 있는 벡터 **A**와 **B**가 각각 다음과 같이 주어진다고 하자.

$$\mathbf{A} = 3\mathbf{i}, \quad \mathbf{B} = -\mathbf{i} + \mathbf{j}$$

이 때 이들을 서로 외적해서 얻어지는 벡터 **C**를 구하면?

$$\mathbf{C} = \mathbf{A}\times\mathbf{B} = (3\mathbf{i})\times(-\mathbf{i} + \mathbf{j}) = 3\mathbf{k}$$

벡터 **C**는 **A**와 **B**가 놓여 있는 면에 수직한 z 방향을 향하고 크기는 3이다.

생각해보기

그림과 같이 x, y 평면에 놓여 있는 벡터 **r**가 다음과 같이 주어진다고 하자. 여기서 벡터 $\hat{\mathbf{r}}$는 **r** 방향으로의 단위벡터이다. 이 때 벡터 **r**의 크기를 구하고, 단위벡터 $\hat{\mathbf{r}}$를 단위벡터 **i**와 **j**로 나타내어라.

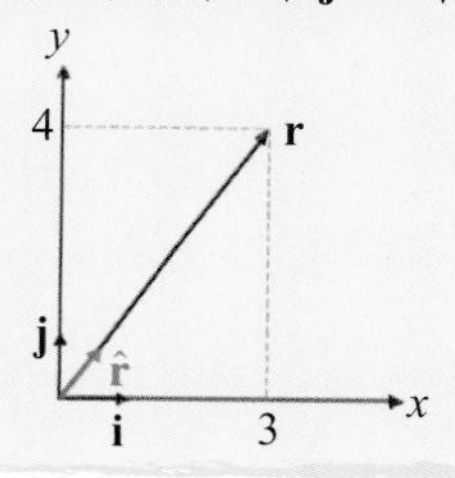

$$\mathbf{r} = 3\mathbf{i} + 4\mathbf{j} = r\hat{\mathbf{r}}$$

벡터 **r**의 크기는 다음과 같다.

$$|\mathbf{r}| = r = \sqrt{3^2 + 4^2} = 5$$

단위벡터 $\hat{\mathbf{r}}$는 다음과 같이 계산된다.

$$\hat{\mathbf{r}} = \frac{\mathbf{r}}{r} = \frac{(3\mathbf{i} + 4\mathbf{j})}{5} = \frac{3}{5}\mathbf{i} + \frac{4}{5}\mathbf{j}$$

벡터의 내적과 외적이 물리량의 계산에 어떻게 적용되는지 간단한 예를 통해서 알아보자.

물체에 일정한 힘 **F**를 가해서 거리 **s** 만큼 움직였을 때 두 벡터 **F**와 **s**의 내적은 물체를 움직이는데 필요한 역학적 에너지인 일을 나타낸다.

$$\mathrm{W}(\text{일}) = \mathbf{F}\cdot\mathbf{s}$$

그 외에도 단위시간 동안 하는 일을 나타내는 일률 등도 벡터의 내적으로 표현된다.

원점으로부터 거리 **r**에 놓인 물체에 일정한 힘 **F**를 가해서 물체를 회전 운동시킬 때 거리 **r**과 힘 **F** 사이의 외적은 토크 $\boldsymbol{\tau}$로 정의된다.

$$\boldsymbol{\tau} = \mathbf{r}\times\mathbf{F}$$

그 외에도 자기장 속에서 움직이는 전하가 받는 힘인 로렌츠 힘, 전류가 흐르는 전선 주위에 형성되는 자기장 등도 벡터의 외적으로 표현된다.

단원요약

1. 물리학이란?

① 물리학 법칙에는 정량적인 실험과 수학적 이론이 결합되어 있다.

② 자연에 나타나는 물리적 현상은 크기에 따라 달라보인다. 중력, 전자기힘, 열 및 통계 현상, 양자현상, 핵력, 강력, 약력 등이 크기에 따라 중요도가 달라진다.

2. 표준 측정 그리고 차원

① 시간, 길이, 질량, 전류, 온도, 물질의 양, 광도 등 7개의 기본물리량의 단위가 국제단위로 정의되어 있다.

② 물리방정식에서는, 물리량의 차원이 같은 양끼리 더하거나 빼야 한다.

4. 벡터

① 벡터의 합은 각각의 성분끼리 더함으로써 구해진다. 예를 들면 2차원에서의 벡터 **A**와 **B**가 각각 다음과 같이 성분으로 표시된다고 하자.

$$\mathbf{A} = (A_x, A_y) = A_x\,\mathbf{i} + A_y\,\mathbf{j}$$
$$\mathbf{B} = (B_x, B_y) = B_x\,\mathbf{i} + B_y\,\mathbf{j}$$

이때 두 벡터의 합 **C**는 다음과 같이 주어진다.

$$\mathbf{C} = \mathbf{A} + \mathbf{B} = (A_x + B_x, A_y + B_y) = (A_x + B_x)\,\mathbf{i} + (A_y + B_y)\,\mathbf{j}$$

② 벡터의 빼기는 빼고자 하는 벡터에 −를 곱한 후 더하면 된다.

③ 두 벡터 **A**와 **B**를 내적하게 되면 그 결과는 양으로 나타나고, 외적하게 되면 두 벡터가 놓인 평면에 수직한 방향으로의 벡터가 된다.

연습문제

1. 이 교과서인 "새로운 물리학의 세계"의 종이 한 장의 대략적인 두께를 어떻게 하면 쉽게 알아낼 수 있을까?

2. 1년(365.25일)을 초로 환산해 보라.

3. 500 m 앞서서 90 km/h로 도망가는 폭주족을 경찰이 100 km/h로 뒤쫓아간다. 얼마 후에 경찰이 추월할 수 있을까?

4. 고속열차의 평균속력은 250 km/h이다. 이 열차가 5개 역을 들르면서 200 km의 구간을 달린다. 각 역에 3분씩 정차한다면, 총 걸리는 시간은 얼마인가? 정차시간과 달리는 시간의 비는 얼마일까?

3. 걸리는 시간 $= \dfrac{\text{거리}}{\text{속력}}$

5. 달까지 거리는 대략 10^8 m이다. 이 거리를 레이저가 왕복하는 시간으로 정밀하게 측정하려고 한다. 백만분의 1의 정밀도를 측정하려면 얼마나 정밀한 시계가 필요한가?

6. 2천만 년에 1초의 오차를 허용하는 정밀한 시계의 정밀도는 얼마일까?

7. 연비가 좋은 자동차는 10 km의 시내를 주행하는 데 휘발유 0.5 L 정도가 든다. 이 자동차의 시내 주행연비는 얼마일까?

8. 지구와 태양의 평균밀도를 구하고, 물의 밀도와 비교해 보라.

9. 자판기 커피 한 잔의 무게는 대략 100 g이다. 이 잔에는 물 분자가 대략 몇 개 들어 있을까?

10. 태양은 주로 수소원자로 되어 있다. 태양 속에는 수소원자가 몇 개나 있을까? 수소원자의 질량은 1.7×10^{-27} kg이고, 태양의 질량은 2×10^{30} kg이다.

11. 1년은 대략 $\pi \times 10^7$ 초로 본다. 이 값은 정확한 값과 몇 퍼센트의 차이가 날까?

12. 반도체 메모리 속에는 많은 소자가 들어있고, 이 소자들 사이의 거리는 약 100 nm 정도이다. 이 거리를 빛이 통과하는 데 걸리는 시간은 얼마일까? 반도체 속에서 빛의 속도는 진공에 비해 대략 1.5배 느려진다.

13. 99%의 정밀도를 가졌다고 광고하는 손목시계를 샀다. 이 시계는 하루에 얼마나 틀릴까?

14. 은하의 반지름은 대략 10^{21} m이고, 은하 속 태양의 반지름은 대략 10^9 m이며, 태양계 속에 있는 지구지름은 대략 10^7 m이다. 10배씩 줄여 가면서 나타나는 크기를 대표하는 물체를 열거해 보고, 어떤 흥미로운 물리가 있는지 말해 보라.

***15.** 그리스의 철학자 제논에 의하면 앞서 가는 거북이를 토끼가 따라잡을 수 없다. 왜냐하면, 거북이가 현재 있는 위치까지 토끼가 달려가는 동안 거북이도 기어가므로, 거북이는 토끼보다 항상 조금 더 앞서 있다. 이것을 반복하면, 결국 토끼는 언제나 뒤쳐져 있을 수밖에 없다. 이 역설에는 무엇이 잘못되어 있을까?

5. 광속은 $c = 299792458$ m/s 이다. 정밀도는 길이나 시간과 상관없다.

7. 연비란 휘발유 1 L당 주행하는 거리이다.

8. 지구의 질량은 6×10^{24} kg, 반지름은 6.4×10^6 m이며, 태양의 질량은 2×10^{30} kg, 반지름은 7×10^8 m이다.

9. 물 1몰은 18 g이다. 1몰에는 6.0×10^{23}개의 분자가 들어 있다.

11. $\pi = 3.14159$
1년 $= 3.156 \times 10^7$초

13. 1일 = 86400초

14. 예를 들면 10^6 m는 대륙의 크기를 나타내고, 지각의 변동을 일으키는 역학적 힘이 작용한다. 10^5 m는 대략 나라의 크기이고, 10^4 m는 대략 도시의 크기를 나타낸다. 이 거리는 기존의 교통수단을 이용하면 하루 정도에 통행할 수 있다. 각 지역을 연결하기 위한 효율적인 교통, 통신망이 필요하고, 적절한 에너지 공급이 필요하다. 여기에는 전자기 법칙과 열역학 법칙이 중요한 역할을 한다.

15. 토끼와 거북이의 위치를 시간에 대해 그래프로 그려 표시해 보자.

PART I

고전역학의 세계

Chapter 1

운동과 관성

갈릴레이는 자유낙하하는 공의 속력이 일정한 비율로 증가하는 것을 관찰하였다.
갈릴레이가 지상에 있는 물체의 운동을 이해하기 위해 행한 실험과 해석은 물리학의 본격적인 출발점이 되었다.
속도가 달라지는 운동을 이해하는 것이 왜 그렇게 중요할까?

속도와 가속도

월드컵에서 경기의 승부를 결정할지도 모르는 순간에 프리킥을 해야 하는 선수를 생각해 보자.

이 선수가 아무리 신중하게 전력을 다해 골문을 향해 정확하게 공을 찬다고 해도 공이 선수의 발을 떠나는 바로 그 순간부터 공의 운동은 선수의 의지와는 상관없이 운동의 법칙에 따라 공을 차는 바로 그 순간의 공의 속도와 방향에 의해 결정된다.

축구선수의 발을 떠난 공의 운동처럼 물체가 어떻게 운동을 시작하게 되었는지, 어떤 힘을 받아 운동하는지 등과 같은 운동의 원인을 생각하지 않고 단지 시간에 따라 위치나 속도, 가속도 등이 어떻게 변하는가 하는 것만 기술하는 것을 운동학 (kinematics)이라고 한다.

축구공의 운동은 복잡하므로 먼저 가장 간단한 직선운동부터 살펴보자.

볼링장에서 볼링공을 던지면 손을 떠난 공은 마룻바닥 위에서 직선을 따라 일정한 속력으로 움직인다.

움직인 거리는 그림처럼 시간에 따라 일정하게 증가한다. 잘 아는 바와 같이, 속력이란 움직인 거리를 시간으로 나눈 양이다. t초 동안 움직인 거리를 s라고 하면, 이때의 속력은 $v=s/t$이다. 이러한 운동은 속력이 변하지 않으므로 등속도운동이라고 한다.

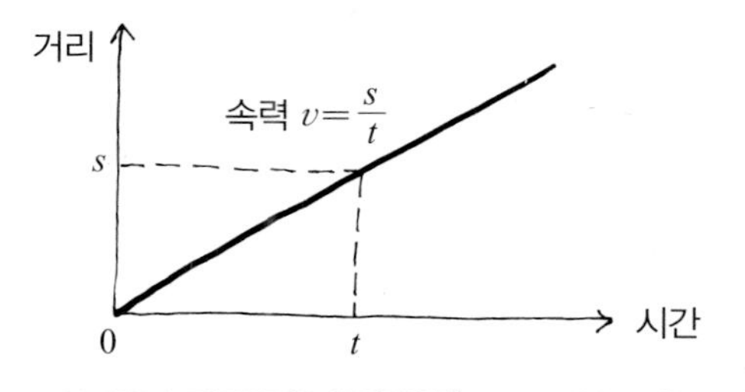

이제 아파트 옥상에서 야구공을 떨어뜨린다고 생각해 보자. 이 물체는 자유낙하운동을 한다. 처음에는 정지 상태에서 움직이지만 땅에 도달하면 큰 속력으로 떨어진다.

자유낙하운동은 가속도가 일정한 등가속도운동이다. 여기에서의 가속도는 중력가속도 g로서, 지표면 근처에서는 높이에 상관없이 어느 점에서나 거의 일정하다.

$$중력가속도 = g = 9.8 \text{ m/s}^2$$

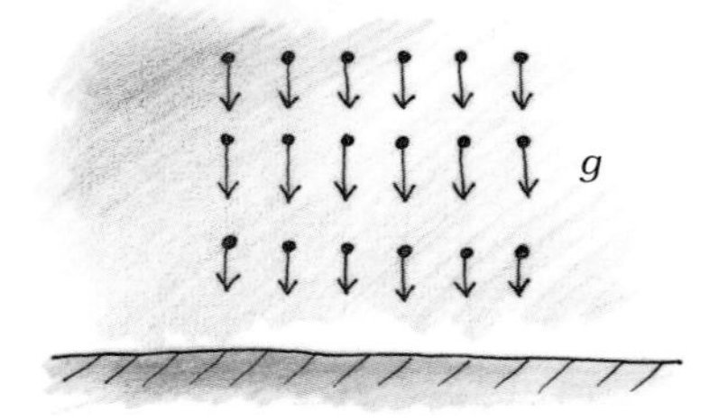

자유낙하운동에서는 속도 v가 시간이 지남에 따라 일정하게 증가한다.

$$v(t) = gt$$

이 속도를 시간축으로 그려보자. 속도는 시간에 따라 일정하게 증가하며, 이 증가하는 율(중력가속도 g)은 기울기로 표시된다.

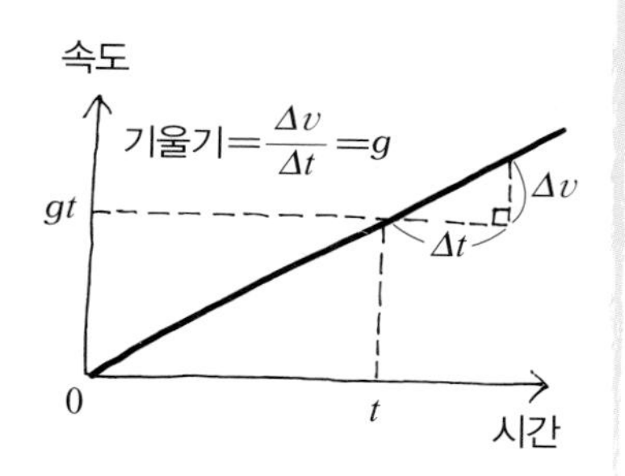

이때 야구공이 떨어지는 거리는

$$s = \frac{1}{2}gt^2 \text{이다.}$$

야구공이 떨어진 거리는 속도–시간 그래프에서 면적에 해당된다.

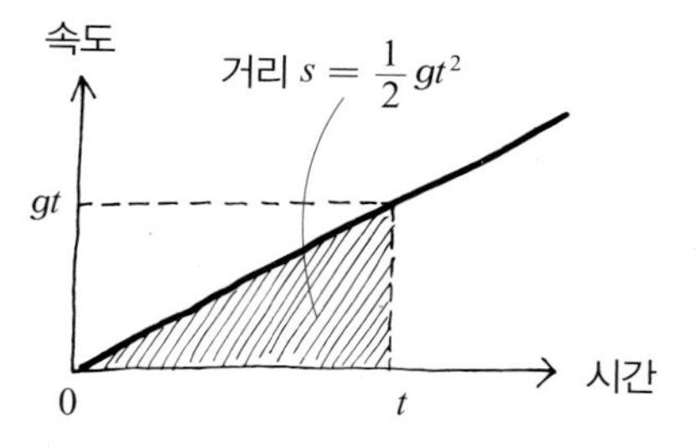

이제 직선운동을 표시하는 일반적인 식을 살펴보자. 가속도는 속도가 시간에 따라 변화하는 율을 표시한다.

$$가속도 = a = \frac{dv}{dt}$$

가속도가 주어지면 속도를 구할 수 있다. $dv = a\,dt$를 시간으로 적분하면 t초 후의 속도변화는

$$\Delta v = \int_0^t dv = \int_0^t a\,dt \text{이다.}$$

등가속도운동의 경우에는 가속도 a가 일정하므로, 적분을 쉽게 할 수 있다.

$$\Delta v = v(t) - v_0 = at. \text{ 즉,}$$
$$v(t) = v_0 + at$$

여기에서 v_0는 $t=0$일 때의 속도(초속도)이다.

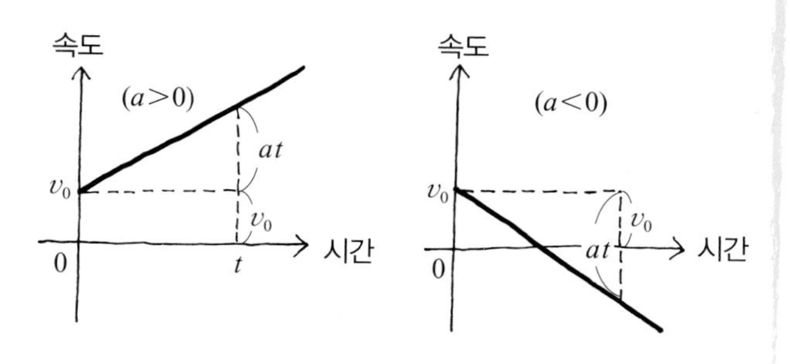

또한, 속도는 위치 x가 시간 t에 따라 변하는 변화율을 나타낸다. 속도 $= v = \frac{dx}{dt}$.

따라서, 물체의 위치는 변위 $dx = v\,dt$를 적분하면 얻을 수 있다. t초 후의 변위는

$$\Delta x = \int_0^t v\,dt' \text{ 이다.}$$

등속도운동의 경우에는 v가 일정하므로

$$\Delta x = x(t) - x_0 = vt\text{이다.}$$

$$\text{즉, } x(t) = x_0 + vt\text{이다.}$$

x_0는 $t=0$ 일 때의 위치(초기위치)이다.

그러나 등가속도운동의 경우에는 속도가 $v(t) = v_0 + at$를 만족하므로, 위치는

$$x(t) - x_0 = \int_0^t v\,dt' = \int_0^t (v_0 + at')\,dt' = v_0 t + \frac{1}{2}at^2.$$

즉, $x(t) = x_0 + v_0 t + \frac{1}{2}at^2$이다.

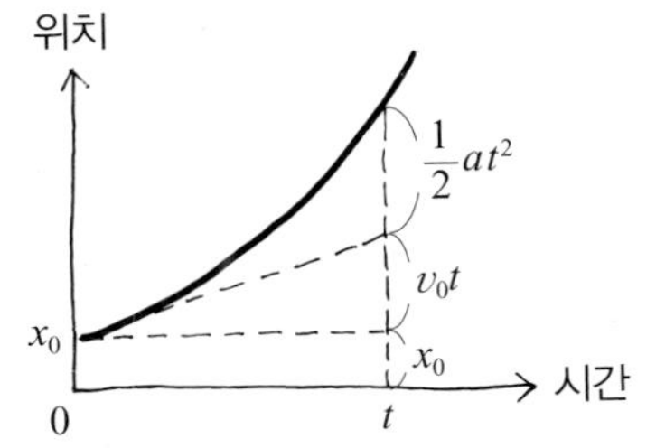

생각해보기

야구공을 위로 던져 보자. 야구공의 초속이 60 km/h라면 야구공은 얼마나 올라간 후 다시 떨어질까?

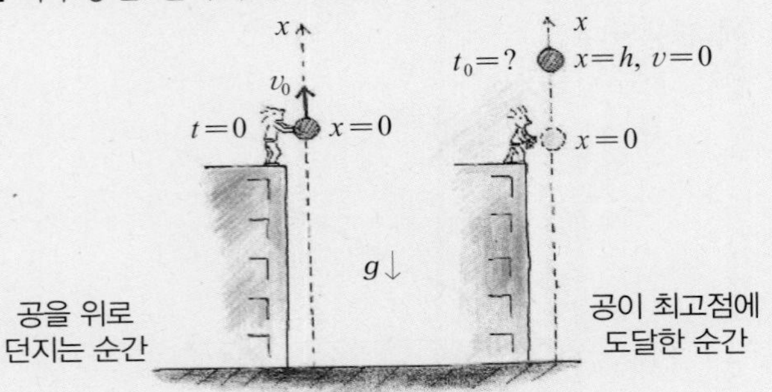

야구공의 속도는 시간에 따라 방향이 바뀌므로 운동의 방향을 고려하여 식을 써보자.

지면으로 향하는 방향을 −로 잡으면, 중력가속도의 방향이 −이므로 $(a = -g)$, 자유낙하하는 야구공의 속도는

$$v(t) = v_0 - gt$$

이고, 공의 위치는

$$x(t) = v_0 t - \frac{1}{2}gt^2$$

로 된다.

최고높이 h에 도달할 때 속도가 0이 된다는 것을 이용하자. 이때의 시간을 t_0라 하면, $v_0 - gt_0 = 0$이므로,

$$t_0 = \frac{v_0}{g} = \frac{60\ \text{km/h}}{9.8\ \text{m/s}^2} = \frac{16.7\ \text{m/s}}{9.8\ \text{m/s}^2} = 1.7\ \text{s}.$$

최고높이는

$$h = x(t_0) = v_0\left(\frac{v_0}{g}\right) - \frac{1}{2}g\left(\frac{v_0}{g}\right)^2$$

$$= \frac{1}{2}\frac{v_0^2}{g} = \frac{1}{2}\frac{(16.7\ \text{m/s})^2}{9.8\ \text{m/s}^2} = 14.2\ \text{m이다.}$$

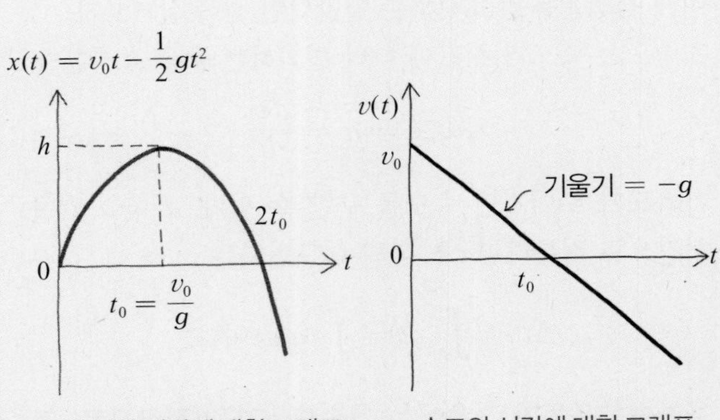

가속도운동

물체의 가속도가 없다면, 물체의 속도는 변하지 않으므로, 처음속도를 유지한다.
마룻바닥을 구르는 볼링공은 속도가 "거의" 증가하지 않는다.

그러나 자유낙하운동을 하는 공은 지구가 잡아당기는 중력 때문에 속도가 변한다.

다윗이 돌리는 돌팔매를 보자.

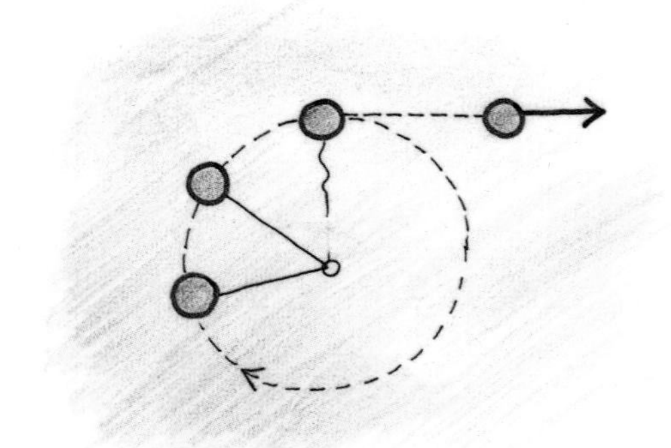

돌을 끈으로 매달아 돌리자. 속력을 증가시킨 후 끈을 놓으면, 손에서 끈이 떨어지는 순간 돌은 더 이상 원운동을 하지 못하고 직선으로 날아간다. 끈을 놓는 순간 돌은 더 이상 영향(가속)을 받지 않는다.

속도가 변하려면 원인이 있어야 한다. 갈릴레이는, 물체가 외부의 영향을 받지 않는다면, 정지한 상태에 있거나, 일정속도로 직선운동(등속도운동)을 해야 한다는 사실을 알아냈다. 이 성질을 관성이라고 한다. 뉴턴은 이러한 관성의 속성을 운동의 제1법칙으로 삼았다.

아리스토텔레스는 물체가 정지하려는 속성을 지니고 있다고 주장하였다. 이 주장은 갈릴레이 당시에도 지배적인 견해였다.

아리스토텔레스의 주장은 일상적인 경험과도 일치하는 것처럼 보인다. 그러나 갈릴레이는 물체가 정지하는 이유를 외부에서 마찰력이 작용하기 때문으로 보았다.

갈릴레이와 뉴턴은 운동의 원인을 알아보는 문제를 물체가 가속되는 원인을 알아보는 문제로 바꾸었다.

움직이기 시작한다.

멈추게 한다.

방향을 바꾼다.

Section 2

포물선운동

프리킥으로 찬 축구공은 공중에서 포물선을 그린다. 이 공의 운동은 직선운동이 아니다. 2차원운동이다. 축구공의 속도는 그림처럼 시시각각 변한다.

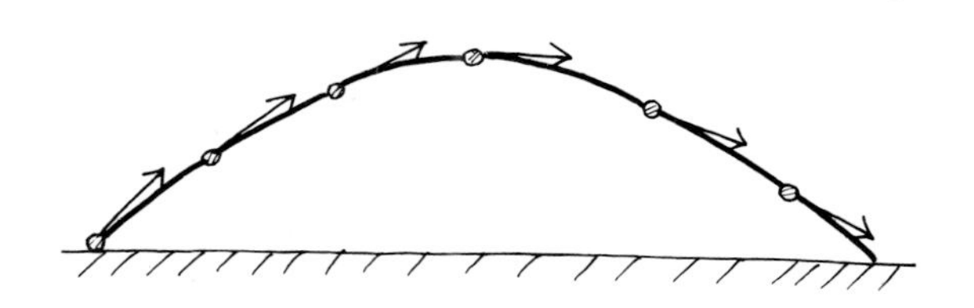

이제 벡터를 써서 축구공의 포물선운동을 보자.

포물선운동은 중력에 의한 등가속도운동이다. 그림처럼 포물선운동의 좌표를 지표면과 수평인 방향을 x방향으로, 연직방향을 y방향으로 잡자. 중력가속도는 연직방향으로 지면을 향하므로, 가속도의 x성분은 0이고, y성분은 $-g$이다.

$$\mathbf{a} = a_x\mathbf{i} + a_y\mathbf{j}$$

$$a_x = 0, \quad a_y = -g$$

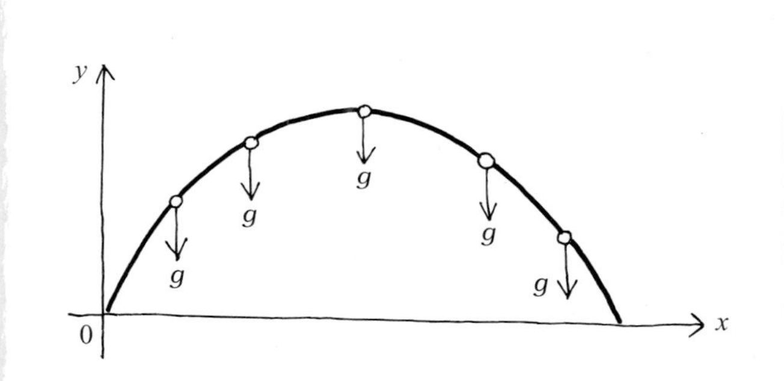

지면에서 각도 θ방향으로, 공을 처음속력 v_0로 찼다면, 초속도는 $\mathbf{v}_0 = v_0\cos\theta\,\mathbf{i} + v_0\sin\theta\,\mathbf{j}$이다.

$$v_{0x} = v_0\cos\theta, \quad v_{0y} = v_0\sin\theta$$

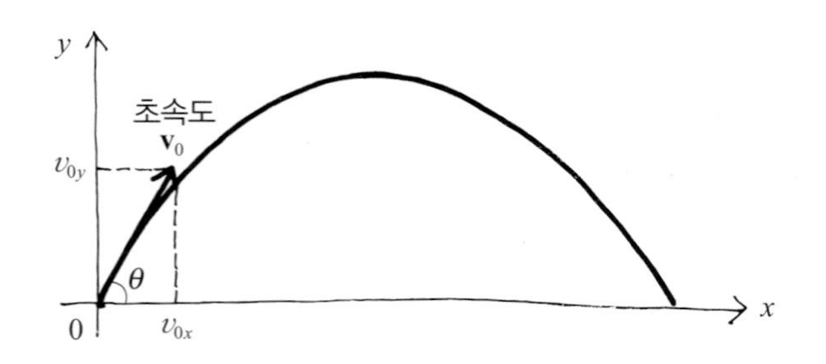

시간이 지나면 x방향으로 공은 가속되지 않으므로, 속도의 x성분은 변하지 않는다. 그러나 y성분은 등가속도운동을 한다. $\mathbf{v} = v_x\mathbf{i} + v_y\mathbf{j}$

$$v_x = v_{0x} = v_0\cos\theta = \text{일정}$$

$$v_y = v_{0y} - gt = v_0\sin\theta - gt$$

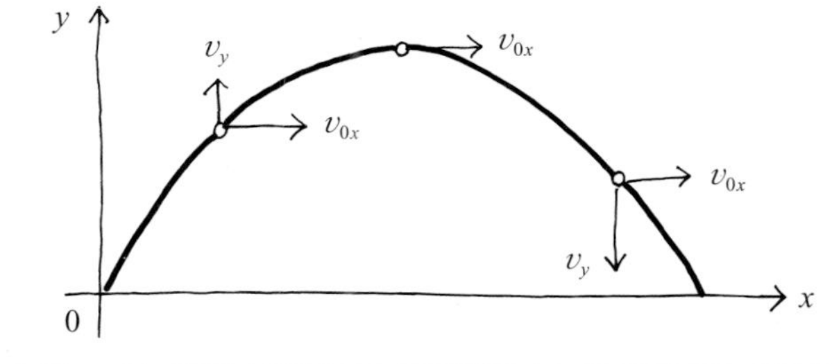

공의 궤적을 나타내는 위치 $\mathbf{r} = x\mathbf{i} + y\mathbf{j}$를 보자.
공의 처음위치를 원점으로 잡으면, $x_0=0$, $y_0=0$이다.

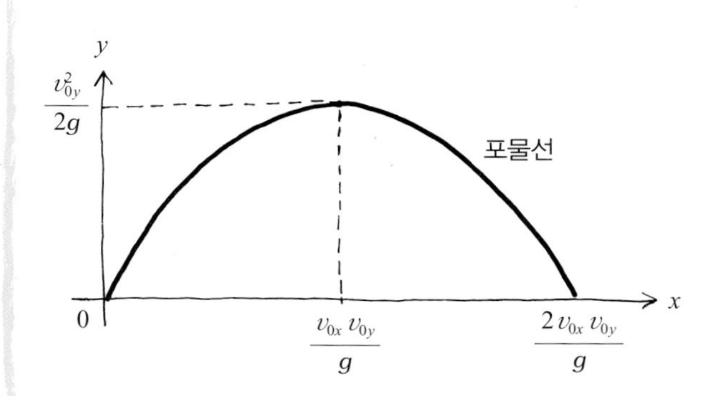

x방향으로는 등속운동하고, y방향으로는 등가속도운동을 하므로, t초 후의 위치는

$$x = v_{0x}t$$
$$y = v_{0y}t - \frac{1}{2}gt^2$$

이다. 공의 높이 y를 수평으로 이동한 거리 x에 대해 그리면 그림처럼 포물선의 궤적이 된다. $t=x/v_{0x}$이므로,

$$y = v_{0y}(x/v_{0x}) - \frac{1}{2}g(x/v_{0x})^2$$
$$= \frac{v_{0y}}{v_{0x}}x - \frac{1}{2}\frac{g}{v_{0x}^2}x^2$$

위의 포물선운동에서처럼 일반적인 운동은 벡터로 표시할 수 있다. 포물선운동에서 보면 시간이 지남에 따라 속도가 변하고, 이 변한 양은 그림처럼 가속도(중력가속도)에 비례한다는 것을 알 수 있다.

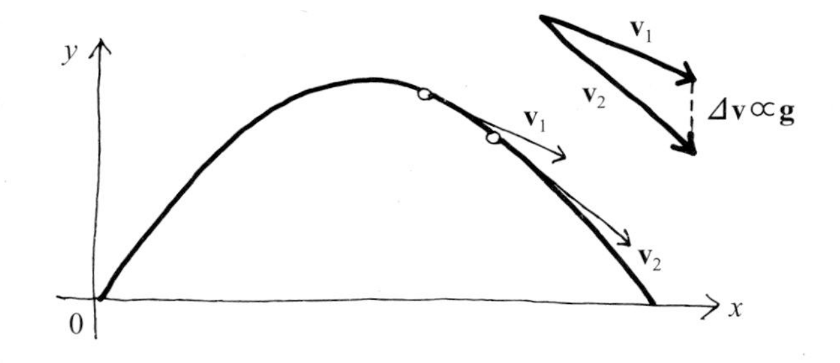

가속도 $\mathbf{a}(t)$는 속도의 시간에 대한 변화율이다.

$$\mathbf{a}(t) = \frac{d\mathbf{v}(t)}{dt}$$

벡터를 미분할 때는 각각의 성분을 미분한다.

$$a_x = \frac{dv_x}{dt}, \quad a_y = \frac{dv_y}{dt}$$

속도 $\mathbf{v}(t)$는 위치의 시간적 변화율을 표시한다.

$$\mathbf{v}(t) = \frac{d\mathbf{r}(t)}{dt}$$
$$v_x = \frac{dx}{dt}, \quad v_y = \frac{dy}{dt}$$

포물선운동을 하는 물체가 정점(높이 h)을 지나는 순간 같은 높이에서 자유낙하하는 물체를 생각해 보자. 포물선운동을 하는 물체가 바닥에 닿을 때까지의 시간 t를 구하기 위해 포물선운동의 수직성분을 이용하면,

$$y = h - \frac{1}{2}gt^2 = 0 \rightarrow h = \frac{1}{2}gt^2 \rightarrow t = \sqrt{\frac{2h}{g}}$$

이 시간은 높이 h에서 자유낙하하는 물체의 낙하시간과 같다. 포물선운동에서는 수직방향으로만 중력이 작용하고(공기의 저항을 무시하면) 수평방향으로는 어떤 힘도 작용하지 않음에 유의하자.

생각해보기

지면과 각도 30°로 속도 100 km/h로 던져진 공의 2초 후의 위치를 구하여라. 이때 처음 위치로부터 공의 위치까지의 직선거리는 얼마나 될까?

수평, 수직 위치는 각각 다음과 같다.

$$x = v_{0x}t = (27.78 \text{ m/s}) \cos 30° \times 2\,s = 48.1 \text{ m}$$
$$y = v_{0y}t - \frac{1}{2}gt^2$$
$$= (27.78 \text{ m/s}) \sin 30° \times 2\,s - \frac{1}{2}(9.8 \text{ m/s}^2) \times (2\,s)^2$$
$$= 8.2 \text{ m}$$

따라서 2초 후의 공의 위치를 벡터로 표시하면

$\mathbf{r} = (48.1\ \text{m})\ \mathbf{i} + (8.2\ \text{m})\ \mathbf{j}$이다.

던져진 처음 위치로부터 2초 후의 공의 위치까지의 직선거리는 다음과 같다.

$$r = \sqrt{(48.1\ \text{m})^2 + (8.2\ \text{m})^2} = 48.8\ \text{m}$$

생각해보기

그림처럼 높이 1.0 m인 탁자에서 공이 떨어질 때 지면에서의 속력을 구해 보자. 자유낙하하는 경우와 초속도가 수평인 방향으로 3 m/s인 경우에 대해서 각각 구해 보자.

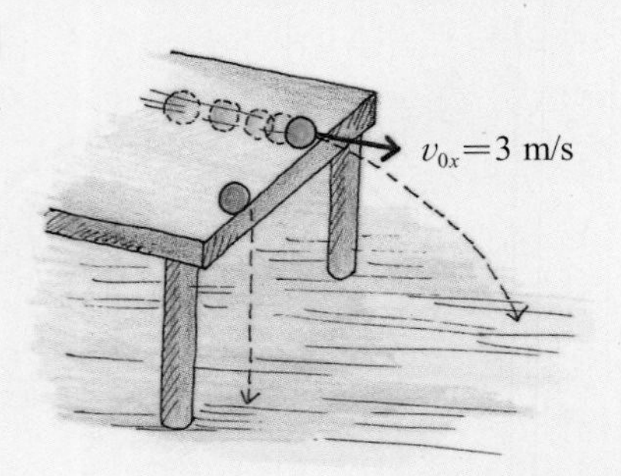

(1) 자유낙하하는 경우

지면에서 떨어지는 시간을 t라고 하면 지면에서의 속력은 $v=gt$이다. 이때 높이 h에서 떨어지므로

$$h = \frac{1}{2}gt^2\text{을 쓰자.}$$

$$v = gt = g \times \sqrt{\frac{2h}{g}}$$

$$= \sqrt{2gh}$$

$$= \sqrt{2\times9.8\times1}\ \text{m/s} = 4.4\ \text{m/s}$$

(2) 수평방향의 초속도로 낙하하는 경우

수평방향의 속도는 변하지 않는다. v_x=3 m/s
수직방향의 속도는 자유낙하와 같다. v_y=4.4 m/s.
따라서, 속력은

$$v = \sqrt{v_x^2 + v_y^2} = \sqrt{3.0^2+4.4^2}\ \text{m/s} = 5.3\ \text{m/s}\text{이다.}$$

속도는 다르지만 이 두 경우 모두 같은 높이 h를 내려오므로 지면에 떨어지기까지 걸리는 시간은 모두 같다.

$$h = \frac{1}{2}gt^2 \Rightarrow t = \sqrt{\frac{2h}{g}} = \sqrt{\frac{2\times1}{9.8}}\ \text{s}$$

$$= 0.45\ \text{s}$$

이번에는 물체를 비스듬히 쏘아 올리는 경우를 보자. 그림처럼 원숭이를 겨냥하여 사과를 던지려고 한다. 이 순간 원숭이는 겁을 먹고 나무 아래로 떨어지기 시작한다. 사과를 던질 때 어디를 겨냥하면 원숭이에게 사과를 전해 줄 수 있을까?

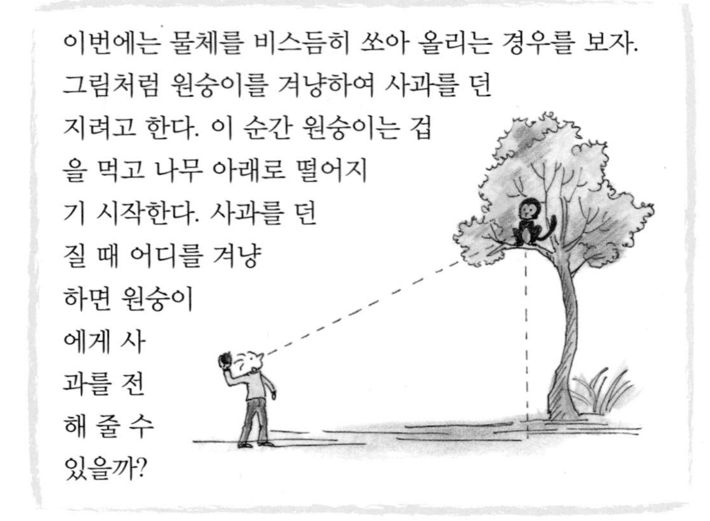

원숭이는 자유낙하운동을 한다.

던져 주는 사과는 중력이 없다면, 그림처럼 사선을 따라 움직일 것이다. 그러나 중력 때문에 연직방향으로 등가속도운동을 하므로, 날아가는 동안 사선으로부터 자유낙하하는 것으로 볼 수 있다.

따라서, 원숭이에게 사과를 정확히 전해 주려면 원숭이가 떨어지기 전의 위치를 겨냥하여 던져야 한다.

생각해보기

아래 그림처럼 마찰이 없는 경사진 면(각 θ)을 따라 공이 내려가는 경우를 보자. 이 공은 경사면을 따라 움직이므로 1차원운동으로 취급할 수 있다. 이 경우

$$a = g\sin\theta$$

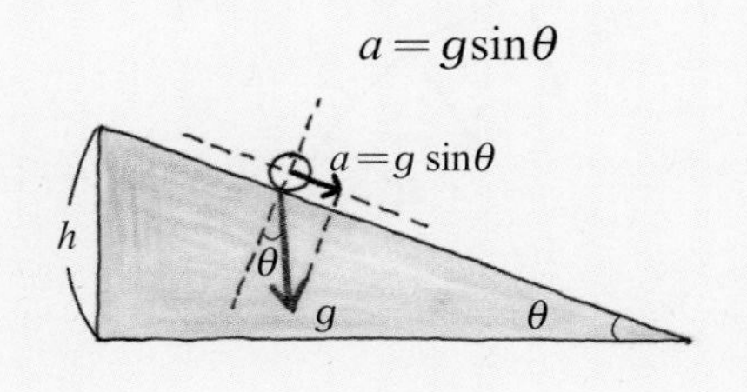

가속도의 방향은 연직방향이 아니라 빗면방향이다. 이 때의 가속도의 크기는 중력가속도의 크기보다 작다. 높이가 h인 빗면을 따라 바닥에 도달할 때까지 걸리는 시간과 바닥에서 속력을 구해 보자.

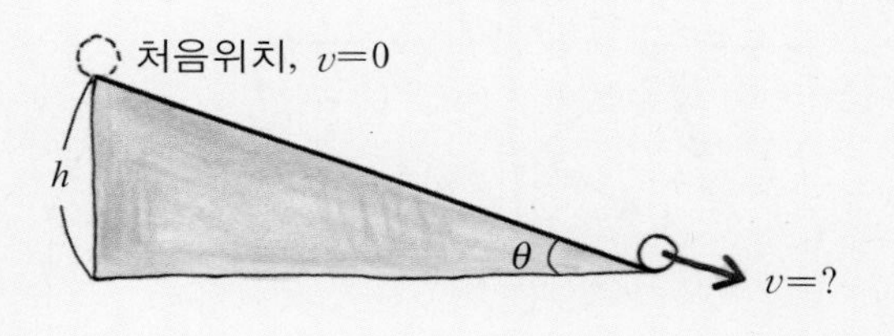

바닥에 도달하려면 빗면의 길이 $s = \dfrac{h}{\sin\theta}$를 가야 한다.

$$s = \frac{h}{\sin\theta} = \frac{1}{2}at^2 = \frac{1}{2}(g\sin\theta)t^2$$

바닥에 내려올 때까지 걸리는 시간은

$$t = \frac{1}{\sin\theta}\sqrt{\frac{2h}{g}}$$ 이다.

바닥에 도달할 때의 속력은

$$v = at = (g\sin\theta)t$$
$$= (g\sin\theta)\frac{1}{\sin\theta}\sqrt{\frac{2h}{g}} = \sqrt{2gh}$$ 이다.

공이 빗면을 따라 내려오는 경우에는, 공이 자유낙하하는 경우에 비해 시간이 더 걸린다.

공이 자유낙하할 때는 너무 빨리 떨어져 운동을 분석하는 것이 어려웠기 때문에, 갈릴레이는 대신 빗면에서 천천히 내려오는 것을 이용하여, 공이 이동한 거리가 시간의 제곱에 비례한다는 것을 쉽게 알아낼 수 있었다. 갈릴레이는 이 결과로부터 중력 속에서 공이 일정한 가속도로 운동한다는 것을 처음으로 알아내었다.

원운동은 가속도 운동이다

강이 90도로 휘어져 흐르고 있다. 강물의 속력은 거의 일정하지만, 그림처럼 물은 강을 따라 방향이 바뀐다. 이 경우는, 직선으로 흐르는 경우와 달리 물의 속력이 일정할지라도, 속도의 방향이 그림처럼 변하고, 따라서 가속도가 생긴다.

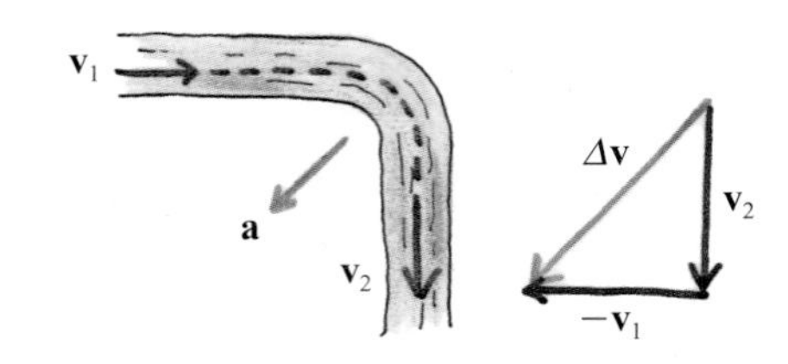

물의 가속도 방향은 그림처럼 속도가 변한 양 $\Delta\mathbf{v}$의 방향이다. 그림처럼 물이 90도로 갑자기 꺾이는 대신 조금씩 방향을 바꾼다고 생각해 보자. 마찬가지로, 속도의 방향이 약간씩 변하므로 가속도의 방향은 그림처럼 조금씩 변하며, 중심을 향한다.

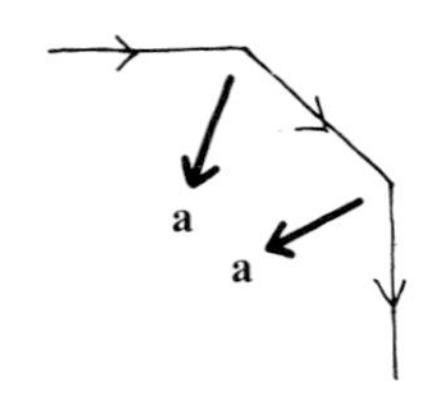

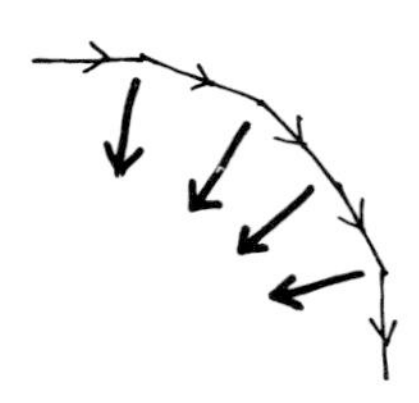

물이 원모양의 강을 흐른다면 물의 속도방향은 연속적으로 변하며, 이에 따라 가속도는 원의 중심을 향할 것이다.

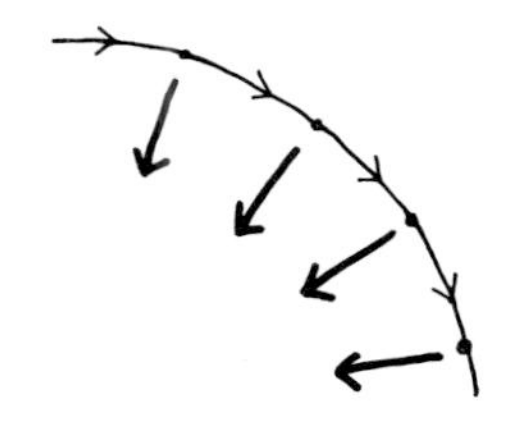

공이 반지름 R인 원궤도를 따라 등속원운동할 때의 가속도를 벡터를 이용하여 기하학적 방법으로 구해 보자.

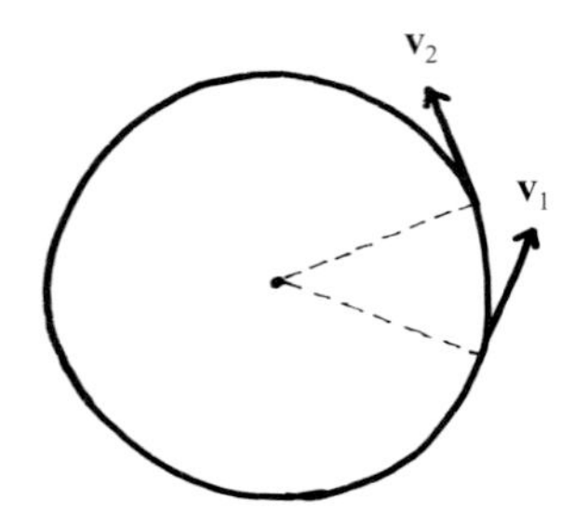

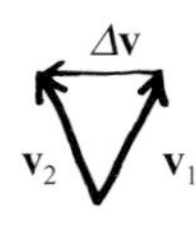

공은 등속력(일정한 속력) v로 움직이지만, 방향이 바뀌므로 가속도가 있다.

아주 짧은 시간 Δt 동안 가속도 $\mathbf{a}$를 받아 속도가 변하면,

$$\Delta\mathbf{v} = \mathbf{v}_2 - \mathbf{v}_1 = \mathbf{a}\Delta t \text{이다.}$$

이 속도변화의 방향은, 그림처럼 원의 중심방향이므로, 가속도는 원의 중심을 향한다.

원 위에서 공의 위치변화(변위)는

$$\Delta \mathbf{r} = \mathbf{r}_2 - \mathbf{r}_1 \text{이다.}$$

$\Delta \mathbf{r}$, $\mathbf{r}_1$, $\mathbf{r}_2$로 만들어지는 벡터는
그림에서처럼 이등변삼각형을 이룬다.

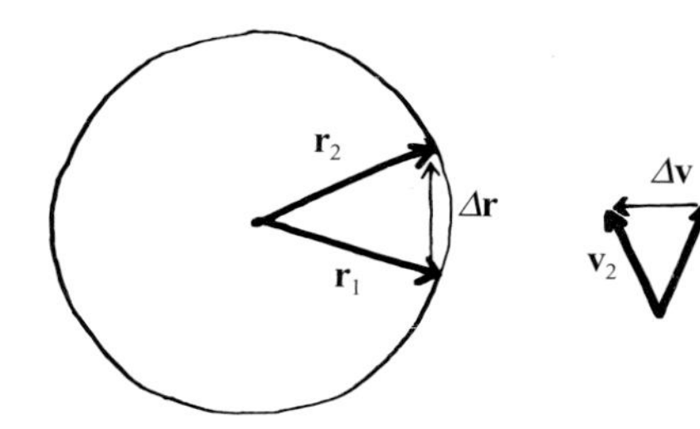

그런데, 속도변화

$$\Delta \mathbf{v} = \mathbf{v}_2 - \mathbf{v}_1$$

을 나타내는 $\Delta \mathbf{v}$와 $\mathbf{v}_1$, $\mathbf{v}_2$가 만드는 삼각형도 옆 그림처럼 이등변삼각형이며, 위치변화가 만드는 삼각형과 각이 같다. 결국 두 삼각형은 닮은꼴이다. 즉,

$$\frac{\Delta v}{v} = \frac{\Delta r}{R}$$

(R은 $\mathbf{r}_1$과 $\mathbf{r}_2$의 크기이다.)
이 닮은 꼴을 이용하면, 가속도의 크기는

$$a = \frac{\Delta v}{\Delta t} = \frac{v\Delta r/R}{\Delta t} = \frac{v}{R}\frac{\Delta r}{\Delta t} = \frac{v^2}{R} \text{이다.}$$

등속원운동은 아래 그림처럼 가속도가 중심을 향하고, 가속도의 크기가 일정한 가속도운동이다.

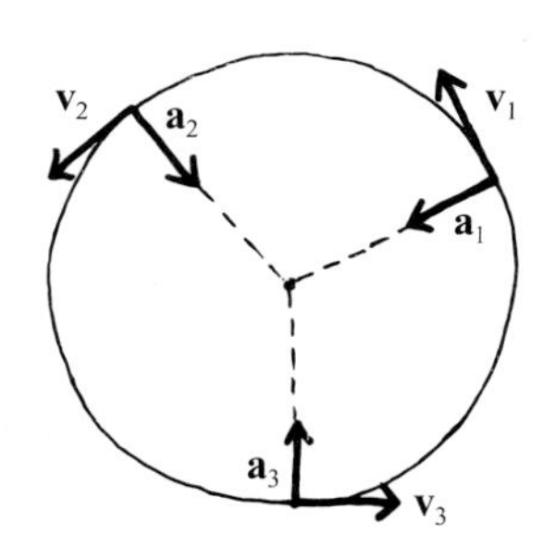

등속원운동에서 한 바퀴 회전에 걸리는 시간 T를 주기라고 한다. 원의 반지름을 R이라 하면,

속력은 $v = \dfrac{2\pi R}{T}$ 이다.

각속력은 $\omega = \dfrac{2\pi}{T}$ 로 정의한다. 단위는 rad/s이다.

이제 $v = R\omega$ 라는 관계를 갖는다.

또한, 가속도 $a = \dfrac{v^2}{R} = R\omega^2 = \dfrac{4\pi^2 R}{T^2}$ 이다.

생각해보기

반지름이 $R=5$ m이고, 속력이 $v=6$ m/s로 움직이는 회전그네에 탄 사람에게 작용하는 구심가속도를 구해 보자.

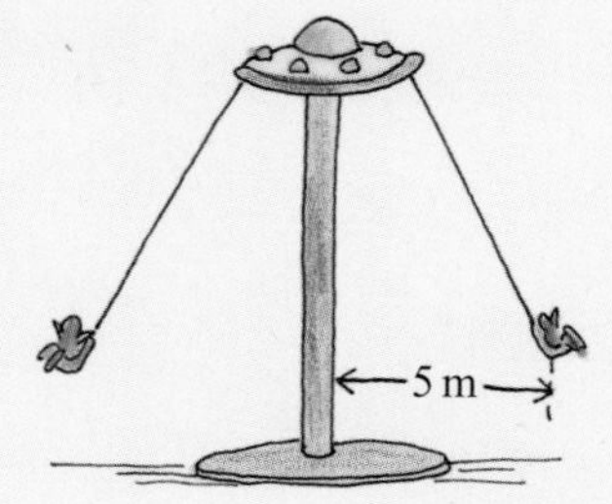

회전그네는 회전 반지름이 $R=5$ m인 등속원운동을 한다.

구심가속도의 방향은 그림처럼 그네의 기둥을 향하며, 크기는

$$a = \frac{v^2}{R} = \frac{(6\text{ m/s})^2}{5\text{ m}} = 7.2\text{ m/s}^2 \text{이다.}$$

단원요약

1. 속도와 가속도

① 속도와 가속도는 크기뿐만이 아니라 방향을 지니는 벡터량이다.

② x축 위에서 등가속도 운동.
가속도 $a =$ 일정.
속도 $v(t) = v_0 + at$.
위치 $x(t) = x_0 + v_0 t + \frac{1}{2}at^2$.

③ 벡터로 표현한 등가속도 운동.
가속도 $\boldsymbol{a} =$ 일정.
속도 $\boldsymbol{v}(t) = \boldsymbol{v}_0 + \boldsymbol{a}t$.
위치 $\boldsymbol{r}(t) = \boldsymbol{r}_0 + \boldsymbol{v}_0 t + \frac{1}{2}\boldsymbol{a}t^2$.

2. 포물선 운동

① 초속도 v_0, 지면과 각도 θ로 던진 물체의 포물선 운동을 풀 때에는 지면에 수평, 수직인 성분으로 나누어 생각한다. 특히 중력은 수직방향으로만 작용함에 유의하자. 연직 윗방향을 $+$로 잡으면 중력은 반대방향으로 작용하므로 $-g$이다.

• 수평성분
$v_x = v_{0x} = v_0 \cos\theta$,
$x = x_0 + v_{0x}t = x_0 + v_0 \cos\theta t$

• 수직성분
$v_y = v_{0y} - gt = v_0 \sin\theta - gt$,
$y = y_0 + v_{0y}t - \frac{1}{2}gt^2 = y_0 + v_0 \sin\theta\, t - \frac{1}{2}gt^2$

② 1차원운동은 포물선운동의 수직성분에서 $\sin\theta = 1$로 놓고 $-g$를 가속도 a로 대체하면 된다.

③ 자유낙하운동은 포물선운동의 수직성분에서 v_0를 0으로 놓으면 얻어진다.

④ 벡터로 표현한 등가속도 운동에서
$a_x = 0,\ a_y = -g,\ v_{0x} = v_0 \cos\theta$,
$v_{0y} = v_0 \sin\theta$ 등으로 놓으면
포물선운동이 얻어진다.

3. 원운동은 가속도운동이다.

① 원운동을 할 때 회전속력은 일정하더라도 속도의 방향이 매순간 바뀐다. 이로 인해 원 중심을 향하는 구심가속도가 생긴다. 구심가속도의 방향은 매순간 바뀜에 유의하자.

• 구심력: $F_c = \frac{mv^2}{r}$

• 구심가속도의 크기: $a = \frac{v^2}{r}$

연습문제

1. 포르셰 승용차는 5초에 100 km/h의 속도에 도달한다.
(1) 이때 승용차가 등가속도운동을 한다면 이 승용차의 평균가속도는 얼마일까?
(2) 이때 승용차가 간 거리는 얼마일까?

2. 앞차가 100 km/h의 속력으로 지나가자, 정지해 있던 차가 2분 뒤에 앞선 차를 쫓아 가려고 출발했다. 10분 뒤에 앞차를 추월하기 위해 필요한 평균속력은 얼마일까?

3. 동쪽과 서쪽에 있는 두 차가 20 km 떨어져 있다. 동쪽에 있는 차가 40 km/h의 속력으로 서쪽으로 향하고, 서쪽에 있는 차가 60 km/h의 속력으로 동쪽으로 향한다고 하자. 두 차는 서쪽으로부터 얼마나 떨어진 곳에서 만날까?

4. 자전거가 5 m/s의 속력으로 포르셰 승용차를 지나가는 순간 차도 같이 출발했다. 차가 5초에 100 km/h의 속력에 도달한다고 하면, 이 차가 자전거를 따라잡기까지 걸린 시간과 거리는 얼마일까?

5. 전주에서 서울까지 거리는 약 200 km이다. 평균속력 90 km/h로 간다면 걸리는 시간은 얼마일까? 만약 차가 막혀서 평균속력 50 km/h로 가게 된다면 얼마나 더 걸릴까?

6. 승용차가 평균속력 60 km/h로 3시간 동안 서쪽에서 동쪽으로 달렸다. 시간을 단축시켜서 2시간에 다시 제자리로 돌아오려면, 평균속력이 얼마나 되어야 할까?

7. 어떤 물체의 위치가 $x(t) = (3\text{ m/s})t + 5\text{ m}$로 표시될 때, 이 물체의 속도와 가속도는 얼마일까?

8. 번지점프하는 사람이 30 m 떨어졌을 때의 속도는 얼마일까?

9. 타석에서 펜스까지 거리가 90 m 되는 야구장에서 타자가 45도각으로 30 m/s로 공을 쳤다. 이 공은 홈런이 될 수 있을까? (펜스의 높이가 타자의 배트 높이와 같다고 가정하자.)

10. 높이가 20 m인 건물 위에서 수평방향으로 20 m/s의 속력으로 공을 던진다. 이 공은 건물에서 얼마나 멀리 떨어질까?

11. 어느 비행기가 비상식량을 난민에게 떨어뜨리려고 한다. 비행기는 지상 100 m 높이에서 50 m/s의 속력으로 날고 있다. 비상식량을 난민에게 전해 주려면 비행기는 얼마나 앞에서 식량을 떨어뜨려야 할까?

***12.** 투수가 150 km/h의 수평속력으로 직구 공을 던져 18.44 m 떨어져 있는 포수가 0.7 m 높이에서 공을 받았다. 공이 투수의 손을 떠난 후 포수가 잡을 때까지 걸린 시간, 투수의 손을 떠나는 공의 바닥으로부터의 높이, 포수가 공을 받을 때의 공의 속력을 구하라. 투수마운드 높이는 바닥으로부터 25.4 cm이다.

7. 속도 : $v(t) = \frac{dx}{dt}$

가속도 : $a(t) = \frac{dv}{dt} = \frac{d^2x}{dt^2}$

9. 포물선 궤적을 이용하자.

11. 포물선 궤적의 꼭대기에서 비행기가 식량을 떨어뜨린다고 생각하자.

13. 타자가 친 야구공이 50도의 각도로 날아갔다. 공이 배트에 맞은 순간의 속력은 130 km/h이었다. 얼마나 멀리 날아갈까?

***14.** 28쪽에 설명되어 있는 원숭이를 겨냥한 사과에 대한 문제를 직접 계산해 보라.

> **14.** 시간 t가 경과한 후 원숭이가 자유낙하운동해서 통과하는 지점을 (x, y)라고 하고 같은 시간 동안에 포물선운동하는 사과의 위치가 같은지 계산해 본다.

15. 초속도 20 m/s로 45도의 각도로 공을 던져 포물선운동을 시켰다. 이 공을 던진 높이와 같은 높이에서 받기 위해서, 공이 던진 순간 오토바이를 타고 출발하였다. 오토바이의 평균속력을 구하라.

16. 초속도 v_0로 연직방향으로 운동하는 공의 속도는 $v(t) = at + v_0$로 표시된다. 이 공의 위치는

$$x(t) = \frac{1}{2}at^2 + v_0 t + x_0$$로 표현된다.

(1) 공이 자유낙하하는 경우에는 보통 a를 $+g$로 잡지만, 공을 위로 던질 때에는 보통 a를 $-g$로 잡는다. 이 두 경우의 차이점은 무엇일까?

(2) 만일, 이 공을 초속도 v_0와 같은 속도로 움직이는 관성계에서 관찰하면 속도와 위치는 어떻게 바뀔까? 가속도는 어떻게 변할까?

> **16.** (1) 좌표축의 방향을 고려하자.
>
> (2) 모든 관성계는 동등하다.

17. 공을 위로 던질 때 속도는 $v(t) = v_0 - gt$로 표시된다. (v_0는 초속도이다.) 속도−시간 그래프를 그리고, T초 후의 위치는 이 그래프의 어떤 면적으로 표시되는지를 보여라.

> **17.** $x(T) = v_0 T - \frac{1}{2}gT^2$

18. 지상의 엘리베이터가 연직 위쪽으로 일정한 가속도 $a(>0)$로 상승하고 있다. 이 안에 타고 있는 사람이, 엘리베이터 천장에 고정시킨 끈으로 엘리베이터 바닥에서 높이 h인 곳에 질량 m인 공을 매달았다. 이 사람이 끈을 가위로 잘라서 공을 자유낙하시키는 실험을 행한다. 엘리베이터 안의 실험자가 측정하는 다음 물리량들을 구하라. 지상의 중력가속도 g는 연직 아래쪽 방향이다.

(1) 공이 엘리베이터 바닥에 닿는 데 걸리는 시간은 얼마일까?

(2) 공이 바닥에 닿는 순간 엘리베이터 안의 실험자가 관측하는 공의 속도는 얼마일까?

> **18.** 공이 낙하하는 동안 공의 가속도는 $-g$이고, 엘리베이터의 가속도는 $+a$이다.

19. 지표면에서 비스듬히 던진 공이 그림처럼 포물선을 그리면서 운동한다. R은 공이 도달한 거리, H는 공의 최고점의 높이이고, g는 중력가속도이다. 주어진 양들 R, H 및 g 등으로 다음 질문에 대한 답을 구하라.

(1) 공을 던진 후, 공이 지면에 떨어질 때까지 걸린 시간은 얼마일까?

(2) 공의 초기 속력 v와 지면으로부터의 각도 θ를 구하라.

> **19.** 공이 최고점에 이르는데 걸리는 시간과 최고점에서 지면에 떨어질 때까지 걸리는 시간은 같다.

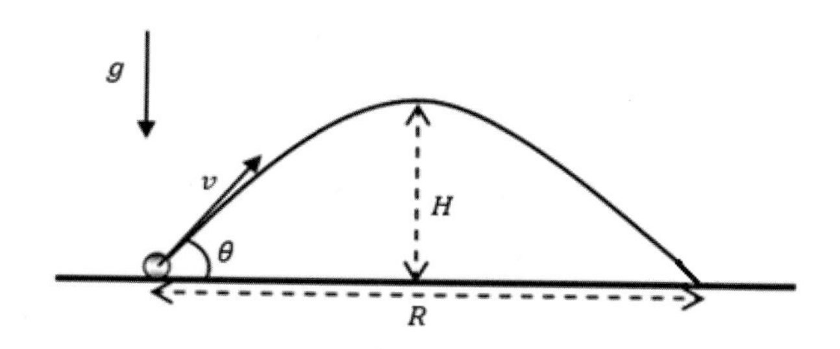

20. 본문에서처럼 공의 포물선운동은 $y=\dfrac{v_{0y}}{v_{0x}}x-\dfrac{1}{2}\dfrac{g}{v_{0x}^2}x^2$로 표시된다. ($v_{0x}$와 v_{0y}는 초기속도의 x성분과 y성분이다.)

(1) 이 포물선운동의 최고 높이가 $\dfrac{v_{0y}^2}{2g}$ 임을 보여라.

(2) 이 공을 가장 멀리 보내려면 처음에 어떤 각도로 차야 할까? (초기속도의 크기는 일정하다.)

21. 같은 속력으로 공을 던질 때, 지면에 대해 30° 각도로 던지는 공은 60° 각도로 던지는 공과 같은 장소에 떨어진다. 이때 어느 공이 먼저 떨어질까?

22. 강물이 1.2 m/s로 흐르고 있다. 강을 건너기 위해 보트를 강을 가로지르는 방향으로 2 m/s로 운전하고 있다.

(1) 강가에서 볼 때 이 보트의 속도는 얼마일까?

(2) 강폭이 400 m일 때, 이 보트는 맞은 편 보이는 점으로부터 얼마나 흘러 내려갈까?

(3) 맞은 편 보이는 점이 목적지라면, 이 목적지에 제대로 도착하려면 어떤 방향으로 이 보트를 몰아야 될까?

***23.** 버스가 커브를 돌면 몸이 바깥쪽으로 쏠린다. 왜 그럴까?

24. 길이 1 m의 줄에 매달린 깡통을 1초에 2바퀴로 회전시키면서 쥐불놀이를 한다고 하자. 수평면과 각도가 30도가 되었을 때 잡았던 끈을 놓았다. 깡통이 날아가는 거리는 얼마일까?

25. 연마용 바퀴가 1,800 rpm(1분당 1,800번 회전)으로 돌고 있다. 이 바퀴의 반지름이 10 cm일 때, 바퀴 가장자리의 속력은 시속 얼마일까?

26. 반지름 20 cm인 원심분리기가 초당 10번 회전한다. 이때 가장자리에 작용하는 구심가속도는 중력가속도의 몇 배일까?

22. 강물의 속도와 보트의 속도 벡터의 합을 이용하자.

23. 관성계와 비관성계의 차이점을 고려하자.

24. 초속도의 방향은 지면과 30도 각을 이룬다.

26. 구심가속도 $a=\dfrac{v^2}{r}$

27. 고속전철 KTX의 최대 속력은 300 km/h이다. 승객이 받는 구심가속도를 $0.05g$ 이내로 하기 위한 철로의 최소 곡선 반지름을 구하라.

28. 놀이동산의 열차가 수평면의 반지름 20 m의 원 궤도를 한 바퀴 도는 데 10초 걸린다. 이 열차의 구심가속도는?

29. 놀이동산에서 줄에 매달린 비행기가 1초에 두 바퀴 원운동하고 있다. 원운동 궤도의 반지름이 2 m라고 할 때 이 비행기의 주기, 각속력, 속력, 구심가속도를 구하라. 이때 비행기의 속도는 일정할까?

29. 각속력 $\omega = \dfrac{2\pi}{T}$

속력 $v = \dfrac{2\pi r}{T} = r\omega$

30. 원운동하는 어떤 물체에 작용하는 구심가속도가 $2g$이었다. 이 물체의 원운동 궤도 반지름을 반으로 줄였다. 원래의 구심가속도와 같은 구심가속도를 갖게 하려면 속력은 몇 배로 변해야 할까?

31. 자동차가 충돌할 때 그 안의 승객은 $20g$에서 $100g$ 정도의 가속도를 0.1초 이내에 순간적으로 받게 된다. 2 m 반지름으로 원운동하는 의자에 60 kg의 사람이 앉아 있다면, $50g$의 가속도를 받을 때 각속도는 얼마일까?

31. $a = \dfrac{v^2}{r} = r\omega^2$

32. 그림과 같이 B시는 A시의 서쪽으로 300 km 떨어진 곳에 위치하고 있다. 그림처럼 북서풍이 속력 v_w로 끊임없이 불고 있는 날, 비행기는 직선 경로를 따라 A시에서 B시로 비행하고, 다시 직선경로를 따라 A시로 귀환한다. 갈 때보다 돌아올 때의 비행시간이 반으로 줄었다면, (바람이 없을 때) 비행기의 속력은 v_w의 몇 배일까?

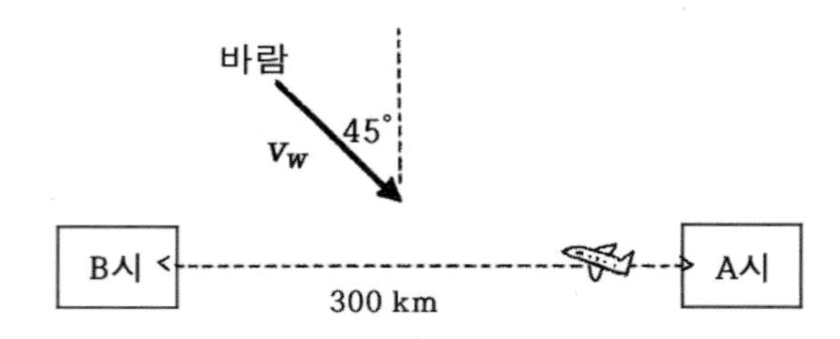

32. 문제에 주어진 바람의 속도나 직선 경로를 비행하는 비행기의 속도는 모두 지면에 대한 것이다. 즉, 바람에 대한 비행기의 속도는 직선 경로에서의 비행기의 속도에서 바람의 속도를 뺀 것이다.

Chapter 2 힘과 운동 –뉴턴의 운동법칙

무엇이 물체를 계속 운동하게 할까?
물체가 가속되는 원인은 무엇일까?
힘은 여기에서 어떤 역할을 할까?
뉴턴은 이런 질문에 대한 대답으로 운동법칙을 만들어 냈다.

뉴턴의 운동 제2법칙

힘이란 무엇일까? 물체를 움직이려면 힘을 가해야 한다. 즉, 힘은 물체의 속도를 변화시키는 원인이다.

뉴턴은 운동을 이해하기 위해 가속도와 힘을 핵심적인 양으로 파악했다.

뉴턴의 운동 제2법칙 : 가속도는 물체가 받는 힘에 비례한다.

$$\mathbf{F} = m\mathbf{a} = m\frac{d^2\mathbf{r}(t)}{dt^2}$$

힘의 단위는 $\mathrm{N} = \mathrm{kg} \cdot \mathrm{m/s^2}$(뉴턴)이다.

봅슬레이를 밀어 가속하는 장면

여기에서 m은 질량이며 물질의 관성을 나타낸다. 질량은 우주 어디에 놓아도 변하지 않는다.

그러나 흔히 무게 W라고 불리는 것은 질량과 달리 힘이다.

$$W = ma = mg$$

질량이 같은 물체라도 그 물체가 받는 힘이 달라지면 물체의 무게는 바뀐다.

가속도로부터 힘을 알아낸다.

뉴턴의 운동 제2법칙은 힘과 가속도의 관계를 알려주고 있다. 먼저, 물체의 가속도 $\mathbf{a}$를 알면 그 물체에 작용하는 힘 $\mathbf{F}$를 알 수 있다.

$$m\mathbf{a} \Rightarrow \mathbf{F}$$

포물선을 그리며 날아가는 축구공은 지면을 향해 가속도 g를 갖는다는 것을 배웠다. $a = g$. 이 가속도로부터 질량 m인 이 축구공이 받는 힘의 방향은 지면방향이고, 크기는 $F = ma = mg$임을 알 수 있다.

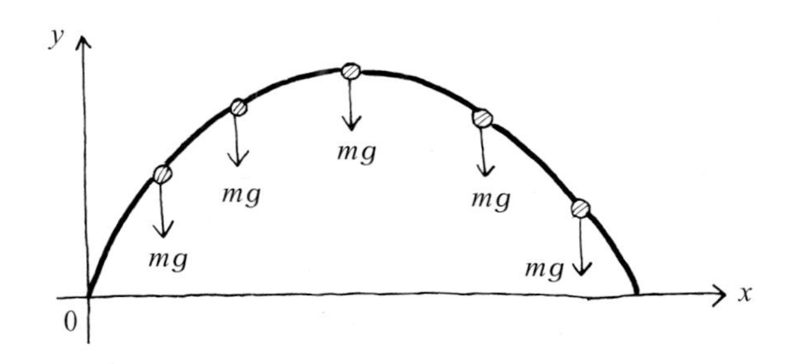

생각해보기

축구선수가 슈팅을 할 때 축구공을 속력 15 m/s로 골문을 향해 날렸다.

질량 0.43 kg인 이 공이 정지한 상태에서 15 m/s로 5 ms 동안 일정한 가속도로 가속되었다면 축구선수는 얼마의 힘으로 이 공을 찼을까?

가속도가 일정하므로, $v = at$를 쓰면,

$$a = \frac{15\text{ m/s} - 0}{5\text{ ms}} = \frac{15\text{ m/s}}{5 \times 10^{-3}\text{ s}} = 3000\text{ m/s}^2$$

따라서, 축구선수는

$$F = ma = 0.43\text{ kg} \times 3000\text{ m/s}^2 = 1290\text{ N}$$

의 힘을 가한다.

생각해보기

줄에 매달린 그네(일명 문어발)에 30 kg의 어린이가 타고 있다. 이 그네가 속력 6 m/s로 등속원운동을 할 때 회전 반지름이 5 m라면 어린이가 받는 힘은 얼마인가?

먼저, 이 어린이는 원운동을 하므로 가속도의 크기는 $\frac{v^2}{R} = 7.2\text{ m/s}^2$ 이고, 방향은 원의 중심방향이다.

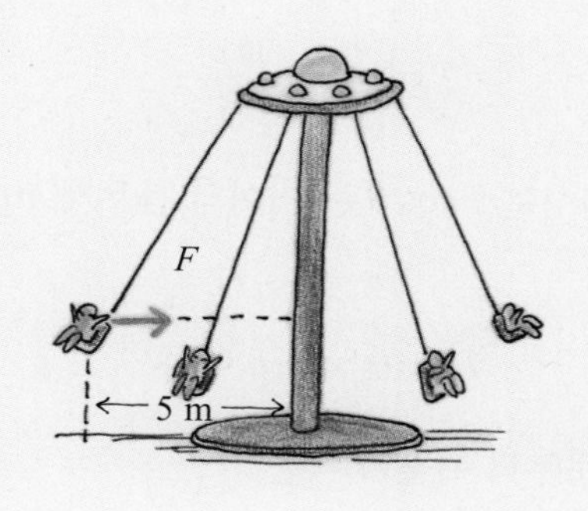

따라서, 질량 m인 어린이가 원운동을 할 때 받는 힘은

$$F = ma = 30\text{ kg} \times 7.2\text{ m/s}^2 = 216\text{ N}$$

이고, 힘은 그림처럼 가운데 기둥을 향한다.

어린이는 구심력을 받는다. 이 힘은 누가 제공하는 것일까?
어린이가 원운동할 수 있도록 원기둥 쪽으로 끌어당겨 주는 힘은 바로 줄의 장력이 제공한다.

이 말이 이해되지 않는다면 줄이 끊어지는 경우를 생각해 보라. 어린이는 원운동은 커녕 크게 위험해질 것이다.

그네에서 구한 구심력으로부터 줄에 걸리는 장력 T를 구해 보자.

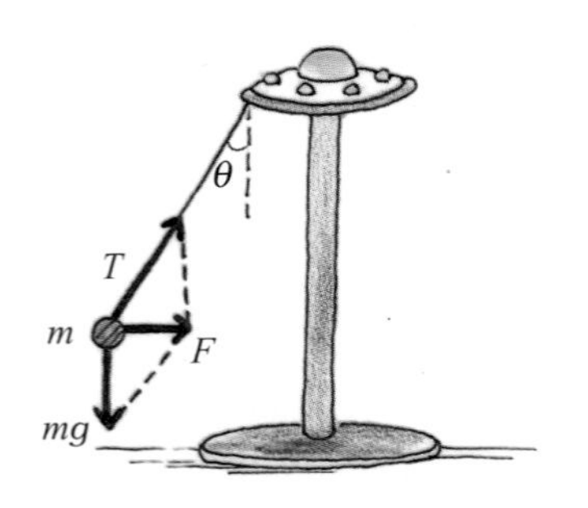

장력을 찾기 위해서는 장력이 두 가지의 힘을 제공한다는 사실을 이용해야 한다. 장력은 구심력을 제공하면서, 동시에 몸무게를 지탱하고 있다.

그림처럼 그네 줄의 장력 T를 수평성분과 수직성분으로 나누어 보면, 수평성분은 구심력을 제공하고, 수직성분은 어린이의 몸무게 mg와 평형을 이루고 있다.

회전그네 줄이 기울어진 각을 θ라고 하면, 장력의 수평성분은 $T\sin\theta$이며, 이 수평성분이 구심력 $\frac{mv^2}{R}$을 만들어준다.

$$T\sin\theta = \frac{mv^2}{R}$$

장력의 수직성분 $T\cos\theta$는 아이의 몸무게 mg를 지탱한다. 즉,

$$T\cos\theta = mg \text{ 이다.}$$

이 두 식으로부터 기울기 각은

$$\tan\theta = \frac{mv^2/R}{mg} = \frac{v^2}{gR} \text{ 으로 표시되고,}$$

장력의 크기는

$$T = \frac{mv^2/R}{\sin\theta} = \frac{mg}{\cos\theta} \text{ 가 된다.}$$

위 생각해 보기에 나온 값(구심력 216 N, 어린이의 질량 30 kg)을 적용해 보면, $\tan\theta = 0.73$ 로서 $\theta = 36.3°$이고, 이때 장력의 크기는 $T = 365$ N이다.

힘으로부터 가속도를 알아낸다.

질량이 받는 힘을 알면 뉴턴의 제2법칙으로부터 가속도를 알 수 있다.

$$\mathbf{F} \Rightarrow m\mathbf{a}$$

생각해보기 **로켓의 추진력**

질량 2,000 kg인 로켓이 추진력 80,000 N을 받아 가속되고 있다.

이 로켓이 받는 가속도는

$$a = \frac{F}{m} = \frac{80000\ \text{N}}{2000\ \text{kg}} = 40\ \text{m/s}^2 \cong 4g$$

이다. 로켓 안의 탑승자는 로켓이 추진되는 동안 계속하여 약 $4g$ 정도의 가속을 받는다.

생각해보기 자동차의 가속도

소형차의 질량은 1,000~1,500 kg 정도이다. 1,000 kg 되는 자동차가 최대 1,500 N의 힘을 낼 수 있다고 하자.

이 자동차에 60 kg 되는 운전자가 타고 운전을 하는 경우, 최대 가속도는 얼마일까? 또 이 운전자가 500 kg의 물건을 싣고 탄다면, 최대 가속도는 얼마가 될까?

화물 없이 타는 경우 총 질량은 1,060 kg 이므로

$$a = \frac{1500\ \text{N}}{1060\ \text{kg}} = 1.42\ \text{m/s}^2$$

의 가속도를 낼 수 있다.

그러나 화물을 싣는 경우 총 질량은 1,560 kg 으로 늘어나므로 최대 가속도는

$$a = \frac{1500\ \text{N}}{1560\ \text{kg}} = 0.96\ \text{m/s}^2$$

으로 줄어든다.

생각해보기 승강기의 운동

사람이 타지 않을 때 질량이 $m=$ 800 kg인 승강기가 있다. 이 승강기에는 균형을 맞추기 위해, 도르래 반대편에 그림처럼 질량 $M=1000$ kg인 추가 달려 있다.

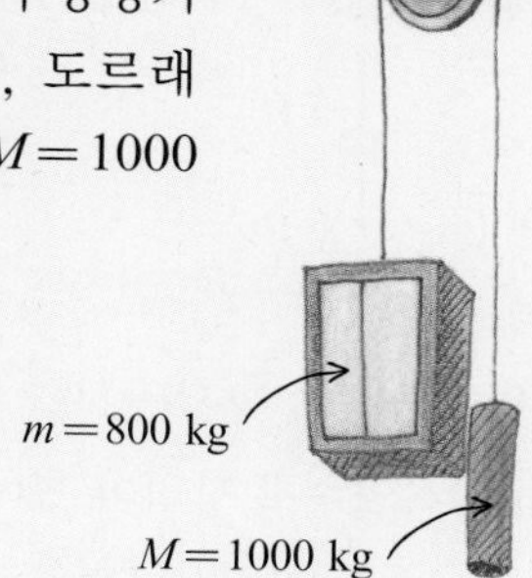

만일, 이 승강기가 외부에서 다른 힘을 받지 않는다면 이 승강기는 얼마의 가속도로 운동할까?
그림처럼 물체에 작용하는 장력을 T라 하고, 승강기가 가속도의 크기 a로 올라간다고 하자.

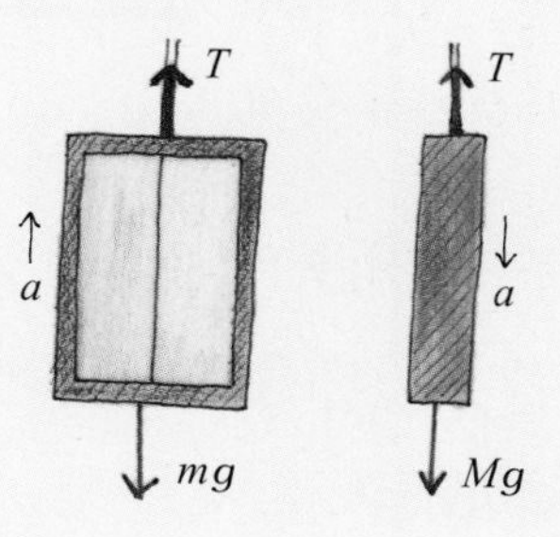

그림처럼 장력은 두 물체를 들어올린다. 따라서, m은 $T-mg$의 힘을 받아 운동한다.

$$T - mg = ma$$

마찬가지로, M은 $Mg-T$의 힘을 받아 같은 가속도의 크기로 아래로 운동한다.

$$Mg - T = Ma$$

이 두 식으로부터 장력 T를 소거하면,

$$Mg - mg = Ma + ma \text{ 이다.}$$

따라서, 가속도의 크기는

$$a = \frac{M-m}{M+m}g$$

$$= \frac{1000-800}{1000+800} \times 9.8\ \text{m/s}^2$$

$$= 1.1\ \text{m/s}^2 \text{ 이다.}$$

자유물체도(형)

승강기의 운동에 뉴턴의 운동 제2법칙을 적용하기 위해서 승강기와 균형추를 따로따로 그리고 작용하는 힘들을 모두 표시했는데, 이런 그림을 자유물체도(형)(Free body diagram)라 한다. 여러 물체가 상호작용하면서 운동하는 경우, 자유물체도들을 그려서 뉴턴의 운동 제2법칙을 적용한다.

승강기의 운동에서 승강기와 균형추 외에도 이들을 연결한 줄과 도르래가 하나의 계를 이룬다. 도르래는 어떤 운동을 할까? 중심축에 대해서 회전할 수 있을 것인데 앞의 분석은 이를 일단 무시한 것이다.

승강기와 균형추의 가속도가 같은 크기인 것은 줄의 길이가 운동 중에 변함없다는 가정을 한 것이다. 그런데 줄이 승강기와 균형추에 연결된 부분에서 같은 장력을 갖는 것은 무슨 까닭일까?

다음 생각해보기를 통해서, 줄의 질량을 고려하면 줄의 장력이 줄의 각 부분에서 같지 않다는 것과 질량을 무시하면 줄의 모든 부분에서 같은 장력을 가진다는 것을 알 수 있다.

생각해보기 **줄의 장력**

천정에 매여 있는 길이 L인 줄 끝에 질량 M인 물체가 달려 있다. 줄은 균일하고 질량은 m이다.

천정에 매인 부분에서 줄의 장력은?

물체와 매인 부분에서 줄의 장력은?

천정에 매인 부분에서 길이 x인 곳에서 줄의 장력 $T(x)$은?

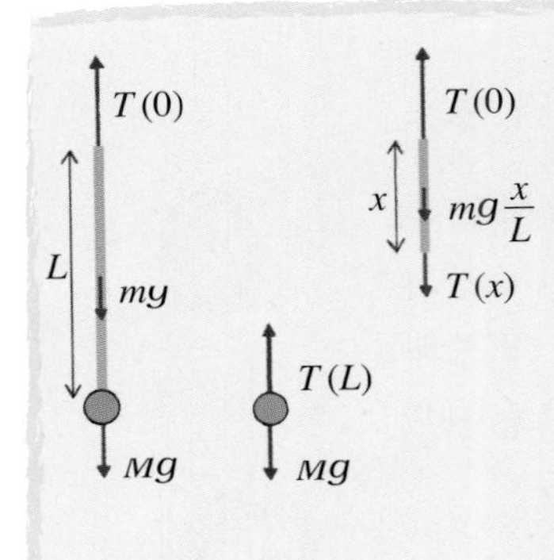

맨 왼쪽, '줄+물체'의 자유물체도에서,

$T(0) - mg - Mg = 0$

이므로, $T(0) = mg + Mg$.

가운데, '물체'의 자유물체도에서, $T(L) - Mg = 0$.

오른쪽, '길이 x인 줄의 부분'의 자유물체도에서,

$$T(0) - mg\frac{x}{L} - T(x) = 0 \Rightarrow T(x) = mg\left(1 - \frac{x}{L}\right) + Mg.$$

줄의 위쪽일수록 장력이 크다. 질량을 무시하면($m = 0$), 줄의 어느 부분이나 장력은 Mg이다.

운동방정식과 관성계

지구에서 가속도 a로 발사되는 로켓 안의 탑승자가, 지구가 가속되어 움직이는 것으로 생각하고, 뉴턴의 운동방정식을 적용하여

$$F_{지구} = -M_{지구}a$$

라고 썼다면, 어디가 틀린 것일까?

실제로 이렇게 거대한 힘이 지구에 작용하지 않는다. (지구의 거대한 질량을 생각해 보라.) 뉴턴의 운동방정식은 관성계에서만 적용되어야 한다.

로켓 안의 탑승자(비관성계)는 뉴턴의 운동방정식을 그대로 적용하면 안 된다.

생각해보기 **비관성계와 원심력**

관성계에서 정지한 사람이 원운동하는 물체를 관찰한다고 하자. 이 사람은 원운동하는 물체에 구심력이 작용하고 있음을 쉽게 알 수 있다.

이번에는 물체와 같은 주기로 원운동하는 관찰자가 본다고 하자. 이 물체는 관찰자에게 당연히 정지해 보인다. 원운동하는 관찰자가 볼때에도 이 물체에 구심력이 작용할까?

그렇지 않다. 회전하는 관찰자(비관성계)가 볼 때 물체는 원심력을 받는다. 원심력은 관성계에서 볼 때는 실제 존재하는 힘이 아니다. 원심력은 비관성계에서 볼 때에만 나타나는 힘이다. 물론 그 크기는 구심력과 같다.

실에 매달려 원운동하는 물체를 통해 구심력과 원심력의 차이를 이해해 보라. 돌이 매달려 있는 실을 잡고 돌리는 사람(관성계)은 실을 당겨야 한다. 이 힘이 구심력이다. 그러나 돌은 비관성계에 놓여 있다. 돌 자신은 튕겨 나가려고 하는 힘(원심력)을 느낀다.

생각해보기 **무게는 힘이다**

승강기가 정지해 있을 때, 금의 무게를 재니 1 kg중이었다. 승강기가 올라가기 시작할 때와 정지할 때의 가속도는 1.0 m/s^{2}이다. 출발할 때와 정지할 때의 금의 무게는 어떻게 변할까?

무게는 저울이 물체를 받쳐 주는 힘 W를 재는 것이다. 승강기가 정지해 있을 때를 보자.

저울이 금을 받쳐 주는 힘 W는, 그림처럼 금이 저울을 내리누르는 힘 mg와 같다.

$$W - mg = 0$$

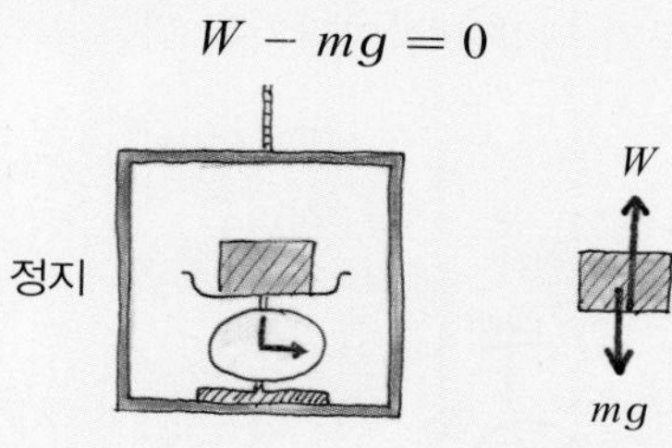

그러나 승강기가 올라가기 시작하면 금이 a로 가속된다. 이때 금에 작용하는 총 힘은 $W-mg$이므로

$$W - mg = ma$$

따라서, 무게는 $W=mg+ma=m(g+a)$.

$W=1$ kg$\times(9.8+1.0)$ m/s$^2=10.8$ N$=1.1$ kg중으로 무게가 약 100 g중 늘어난다.

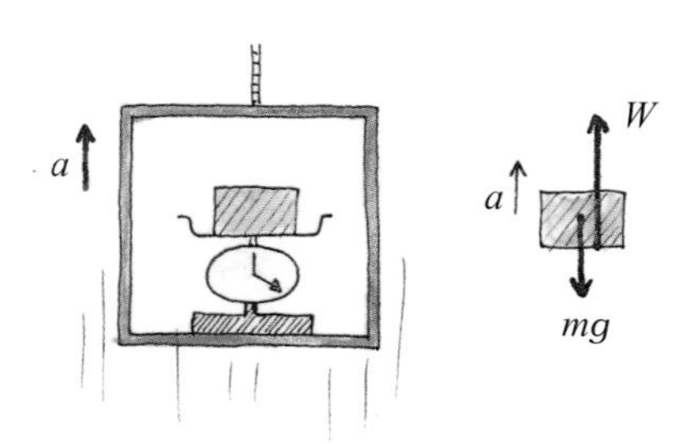

이에 비해, 내려갈 때는 가속도의 방향이 바뀌므로, 금에 작용하는 총 힘 $W-mg$는

$$W - mg = -ma \text{ 가 된다.}$$

따라서, 무게는

$$\begin{aligned} W &= mg - ma = m(g - a) \\ &= 1 \text{ kg} \times (9.8 - 1.0) \text{ m/s}^2 \\ &= 8.8 \text{ N} = 0.9 \text{ kg중} \end{aligned}$$

으로 약 100 g중 줄어든다.
100 g은 시세로 600만 원 정도이다. 가속되는 계에서 이 금값은 믿을 만한가?

Section 2

뉴턴의 운동 제3법칙과 선운동량 보존

어떤 물체에 힘을 가하면 그 물체도 똑같은 힘을 상대방에게 가한다. 이와 같은 힘을 주고받는 것을 작용과 반작용이라고 한다.

뉴턴의 운동 제3법칙은 작용과 반작용에 관한 것이다. 작용과 반작용에서는 두 힘이 항상 쌍을 이루며, 서로 상대방에게 작용한다. 작용이 없으면 반작용도 없다.

지구는 태양에 비해 질량이 약 100만 배 정도 작다. 그럼에도 불구하고 태양이 지구를 잡아당기는 힘(만유인력)과 지구가 태양을 잡아당기는 힘은 같다.

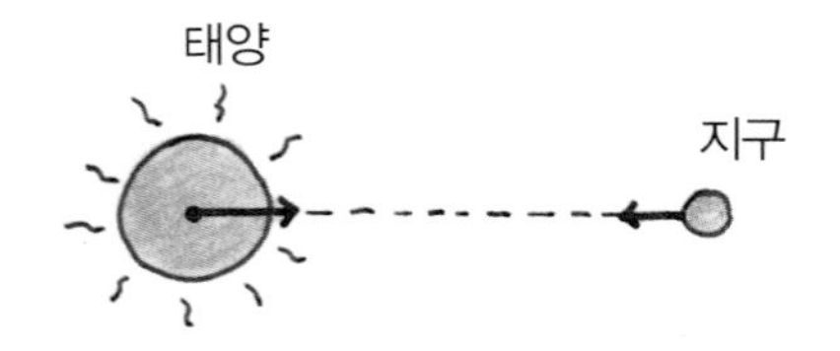

통신위성을 손으로 밀고 있는 우주인을 보자.

우주인이 위성에 힘 **F**를 가하면 위성은 우주인에게 크기는 같고 방향이 반대인 힘 **f**를 가한다.

$$\mathbf{F} = -\mathbf{f}$$

우주인과 위성은 똑같은 크기의 힘을 주고받는다.

$$Ma_{\text{위성}} = ma_{\text{우주인}}$$

그러나 가속도의 크기는 같지 않다.

$$\frac{a_{\text{우주인}}}{a_{\text{위성}}} = \frac{M}{m}$$

가속도는 질량에 반비례한다. 통신위성의 질량이 우주인의 질량보다 10배 크다면, 비록 힘의 크기는 같지만 우주인은 10배 더 가속된다.

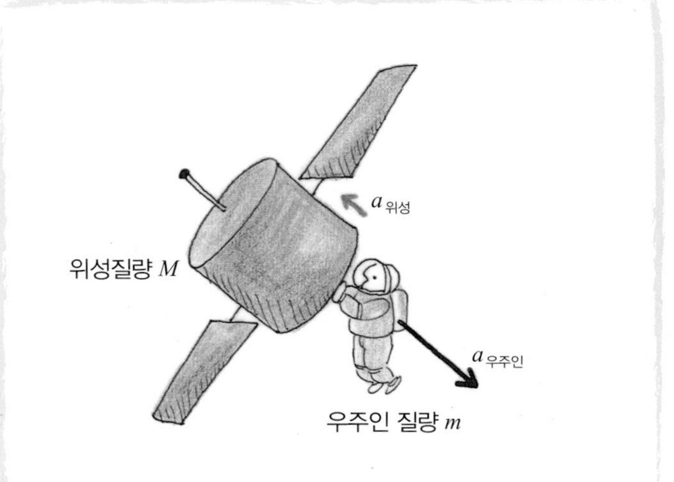

작용–반작용의 쌍

책상 위에 컴퓨터가 놓여 있다.

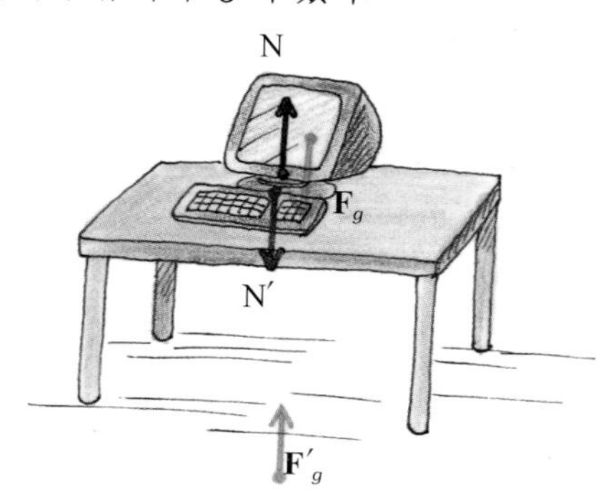

지구가 컴퓨터를 잡아당기는 힘($\mathbf{F}_g$)과 컴퓨터가 지구를 잡아당기는 힘($\mathbf{F}'_g$)은 쌍을 이룬다. 또한, 책상이 컴퓨터에 가하는 힘(**N**)은 컴퓨터가 책상을 누르는 힘(**N**′)과 쌍을 이룬다.

작용과 반작용의 쌍은 합하면 항상 0이 되어야 한다. 따라서, 쌍을 이루는 힘 중 하나가 없어지면, 다른 하나도 사라진다.
컴퓨터가 내리누르는 힘 **N**′이 사라지면 이 힘의 쌍인 떠받치는 힘 **N**도 사라진다.

그러나 지구가 컴퓨터를 잡아당기는 힘($\mathbf{F}_g$)과 책상이 컴퓨터에 가하는 힘(**N**)은 쌍이 아니다.

그럼에도 컴퓨터에 작용하는 총 힘 $\mathbf{F}_g$와 **N**을 합하면 0이 된다.

$$\mathbf{F}_{총} = \mathbf{F}_g + \mathbf{N} = 0$$

이 식은 컴퓨터의 가속도가 0이므로(뉴턴의 운동 제2법칙), 컴퓨터가 책상 위에 정지해 있을 수 있다는 것을 알려준다. 즉, 평형을 나타내는 식이다.

만약, 책상이 부서져 수직력 **N**이 없어진다면 총 힘은 $\mathbf{F}_g$가 되고, 이 힘은 0이 아니므로, 컴퓨터는 바닥으로 떨어질 것이다.

생각해보기 **당나귀의 항의**

당나귀: "주인님, 작용–반작용 법칙을 아시는지요? 마차를 끌려고 해도 뉴턴 제3법칙에 의하면 마차가 똑같은 힘으로 나를 끌어당기니, 제가 마차를 끄는 것은 원리적으로 불가능합니다!"

주　인: "핑계 한번 그럴 듯하다마는 네 속을 모를 줄 아느냐? 땅을 박차 보아라. 참으로 감사하게도 땅이 반작용으로 너를 밀어 줄 테니 마차가 어찌 가지 않겠느냐?"

작용-반작용 법칙에 대한 주인님의 해설

$\mathbf{F}_{CD}$: 당나귀가 마차를 끄는 힘=작용
$\mathbf{F}_{DC}$: 마차가 당나귀를 끄는 힘=반작용

$\mathbf{F}_{ED}$: 당나귀가 땅에 가하는 힘=작용
$\mathbf{F}_{DE}$: 땅이 당나귀에게 가하는 힘=반작용

마차에 작용하는 힘은 당나귀가 마차를 끄는 힘 $\mathbf{F}_{CD}$ 이다.

그러나 당나귀는 난데없이 당나귀가 마차를 끄는 힘 $\mathbf{F}_{CD}$와 이에 대한 반작용 $\mathbf{F}_{DC}$ (즉, 자기가 마차로부터 받는 힘)를 더하여 합력이 0이 되므로 마차가 움직일 수 없다는 엉뚱한 주장을 하였다. 여러분은 이 머리 좋은 당나귀 주장에 어떻게 대응할 것인가?

운동량과 힘

힘을 주어 물체를 밀면 물체는 가속되어 움직인다. 이 사실을 운동량으로 표현해 보자.

$$\text{운동량} = \mathbf{p} = m\mathbf{v}$$

운동량의 변화율은

$$\frac{d\mathbf{p}}{dt} = m\frac{d\mathbf{v}}{dt} = \mathbf{F} \text{ 이므로,}$$

Δt 동안 힘을 받으면 운동량의 변화량은 다음과 같이 된다.

$$\Delta\mathbf{p} = \mathbf{F}\Delta t$$

작용-반작용과 운동량의 변화

이제 우주인이 통신위성을 $\mathbf{F}$의 힘으로 밀고 있는 그림을 다시 보자.

힘 $\mathbf{F}$는 통신위성의 운동량을 변화시킨다.

$$\text{위성의 운동량 변화} = \Delta\mathbf{p}_S = \mathbf{F}\Delta t$$

그런데 작용-반작용 법칙에 의하면, 통신위성은 우주인에게 반대방향으로 같은 크기의 힘 $\mathbf{f}$를 가한다.

$$\mathbf{f} = -\mathbf{F}$$

이 힘 $\mathbf{f}$ 때문에 우주인의 운동량도 변한다.

$$\text{우주인의 운동량 변화} = \Delta\mathbf{p}_A = \mathbf{f}\Delta t$$

작용-반작용 법칙 $\mathbf{f} = -\mathbf{F}$ 때문에 우주인의 운동량 변화는 위성의 운동량 변화와 서로 반대이다.

$$\Delta\mathbf{p}_S = -\Delta\mathbf{p}_A$$

즉, 우주인이 위성을 앞으로 밀면 자신은 뒤로 밀려나게 된다.

운동량의 보존

우주인과 위성의 운동량의 변화량을 더해 보면 0이 된다.

$$\Delta(\mathbf{p}_S + \mathbf{p}_A) = 0$$

이것은 위성을 민 후에도, 총 운동량(=우주인과 위성의 운동량의 합)이 변하지 않는다는 사실을 알려 준다.

$$\mathbf{p}_{총} = \mathbf{p}_S + \mathbf{p}_A = 일정$$

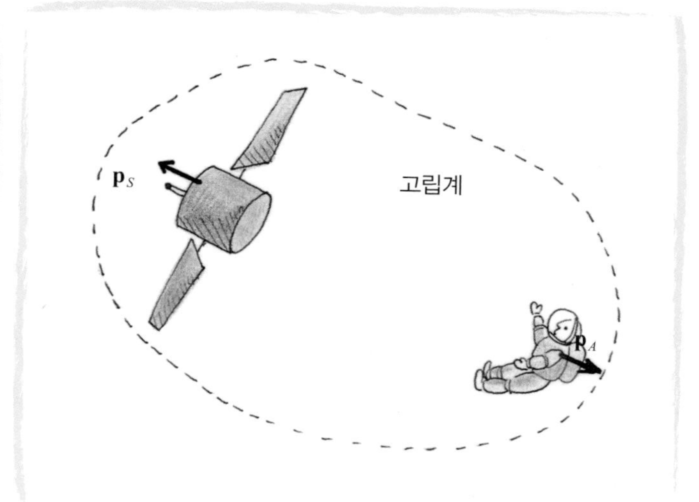

우주인과 위성을 한 계로 보면, 이 계에는 외부에서 힘이 작용하지 않았다. 이와 같이 외부로부터 힘이 작용하지 않는 계를 고립계라고 한다. 고립계의 총 운동량은 보존된다.

이 결론은 여러 개의 물체로 이루어진 계에도 일반적으로 적용된다.

$$\mathbf{p}_{총} = \sum_{i=1}^{N} \mathbf{p}_i = \sum_{i=1}^{N} m_i \mathbf{v}_i = 일정$$

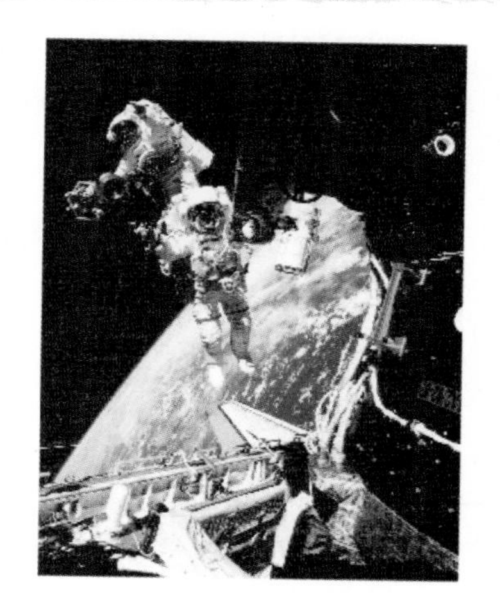

생각해보기

우주공간에서 질량 $m+M$인 우주선이 정지해 있다.

〈분사 전〉

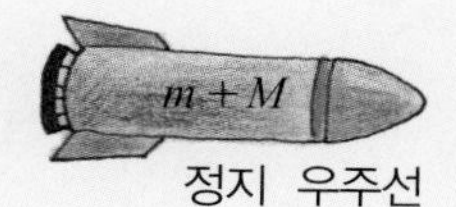

정지 우주선

〈분사 직후〉

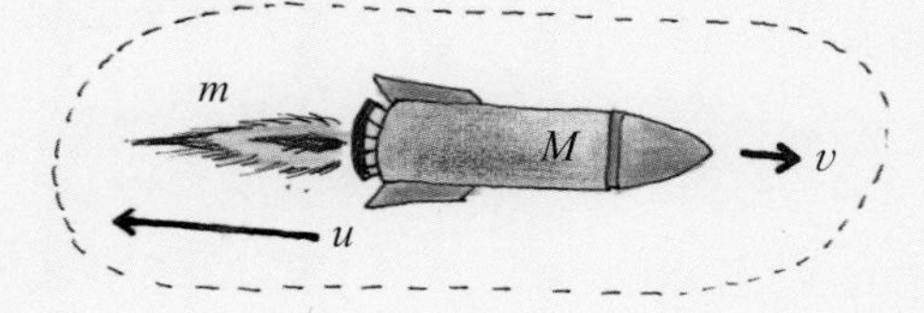

질량 m인 연료를 그림처럼 속력 u로 내뿜을 때 우주선이 얻는 속력 v는 얼마일까?

연료분사 전의 총 운동량 $= 0$
연료분사 후의 총 운동량 $= Mv + m(-u)$

우주선과 연료는 고립계를 형성한다. 따라서 운동량 보존에 의한 두 값이 같아야 하므로,

$$v = \frac{m}{M}u \text{ 이다.}$$

우주선은 연료를 빠르게 분사할수록 더 큰 속도를 얻는다.

질량중심의 운동

그림처럼 쏘아 올려진 로켓이 분리되는 궤적을 보자. 로켓은 그림처럼 연료통 m을 분리시켜 떨어뜨리고 분리된 로켓 M은 계속 날아간다. 이것을 어떻게 분석할 수 있을까?

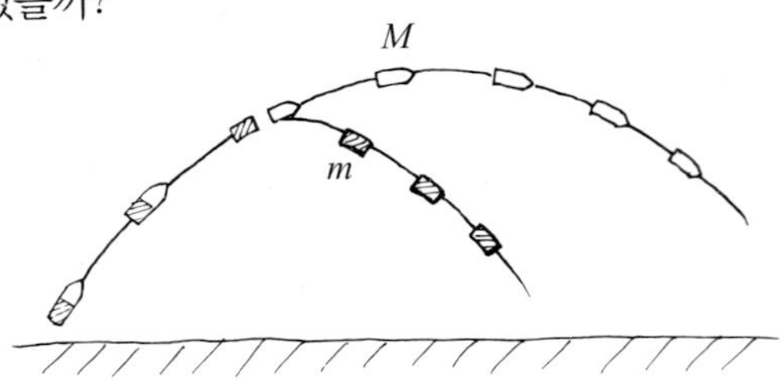

먼저, 수평방향으로는 외력이 작용하지 않는다는 데 착안하자. 따라서, 수평방향의 총 운동량은 보존된다.

$$\text{분리 전 운동량} = \text{분리 후 운동량}$$
$$(m + M)V_x = mu_x + Mv_x$$

수평방향의 운동량이 보존된다는 생각을 쓰면 각 개체의 운동량이 어떻게 바뀌어야 할 것인지를 짐작할 수 있다.

총 운동량의 수평방향 성분은 분리되기 전후가 같으므로, 분리된 후의 운동은 마치 어떤 가상적인 물체 하나가 같은 운동량으로 계속 움직이는 것으로 볼 수 있다.

가상물체의 수평방향의 운동을 보면 그림처럼 보일 것이다.

$$mu_x + Mv_x = (m+M)V_x$$

V_x ⇒ u_x V_x v_x

$m+M$ ⇒ m $m+M$ (CM) M

이러한 가상적인 물체의 위치를 질량중심(CM)이라고 한다.

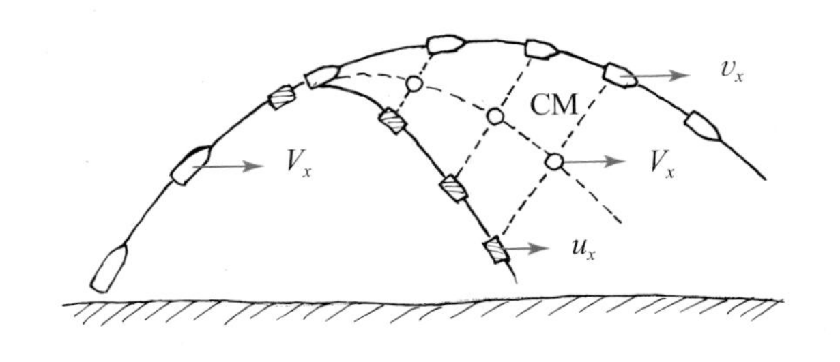

그러면 이 질량중심은 연직방향으로 어떤 운동을 할 것인가?

총 질량 $M_{총} = m + M$인 가상적인 물체는, 중력 때문에 연직방향으로는 (위로 던진 물체처럼) 등가속도운동을 할 것이 분명하다.

따라서, 분리된 후의 로켓의 질량중심은, 앞 그림처럼 분리되기 전 로켓이 가야 할 포물선 궤도를 따라 움직인다. 분리된 로켓은 당연히 더 멀리 날아간다.

이와 같이 두 개의 물체에 외력(중력)이 작용하지만, 총 외력(각 물체가 받는 외력의 합)은 마치 질량중심에 작용하는 것으로 볼 수 있다. 두 개의 분리된 m_1과 m_2의 질량중심은

$$\mathbf{R}_{\text{CM}} = \frac{m_1\mathbf{r}_1 + m_2\mathbf{r}_2}{m_1 + m_2} \text{ 로 정의된다.}$$

질량중심에 놓인 총 질량 $M_{총} = m_1 + m_2$의 운동은 뉴턴 방정식

$$\text{총 외력} = \mathbf{F}_{총} = M_{총}\frac{d^2\mathbf{R}_{\text{CM}}}{dt^2}$$

을 따른다.

생각해보기

똑같은 질량(300 g)을 가진 장난감 기차 두 대가 그림처럼 압축된 용수철에 묶인 채 정지해 있다. 레일에 놓여있던 이 기차가, 용수철이 풀리는 바람에 둘이 서로 밀려 났다.

왼쪽으로 밀려난 기차의 속도는 −1 m/s이고, 오른쪽으로 밀려난 기차의 속도는 +1 m/s이다. 밀려나기 전의 총 운동량과 밀려난 후의 총 운동량을 구하라.

밀려나기 전 총 운동량 = 0

밀려난 후 총 운동량 = 0.3 kg×(−1 m/s) +0.3 kg×(+1 m/s) = 0

총 운동량은 처음이나 나중이나 같다.

두 기차 사이에는 용수철 힘이 작용하지만, 두 기차로 이루어진 계는 고립계이다. 두 기차 사이에 작용하는 힘이 작용과 반작용인 경우에는 힘의 종류에 상관없이 총 운동량은 항상 보존된다.

생각해보기

위 생각해 보기에 나오는 장난감 기차의 질량중심을 찾아보자.

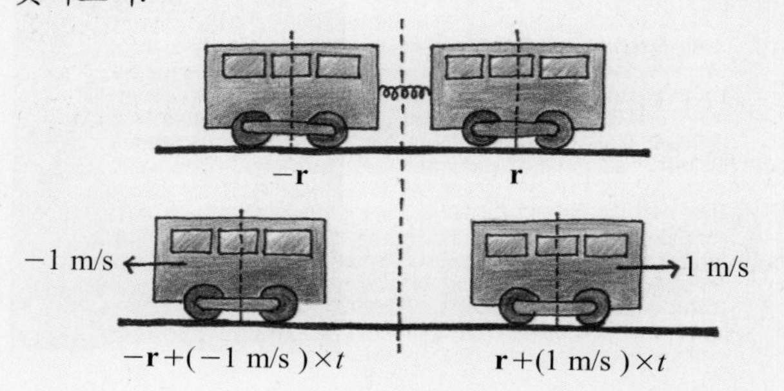

밀려나기 전 각 기차의 질량중심을 보자. 왼쪽 기차의 질량중심이 그림처럼 $-\mathbf{r}$에 있고, 오른쪽 기차의 질량중심은 $+\mathbf{r}$에 있다.

따라서 밀려나기 전 두 기차의 질량중심은

$$\mathbf{R}_{\mathrm{CM}} = \frac{0.3\ \mathrm{kg}(-\mathbf{r}) + 0.3\ \mathrm{kg}(+\mathbf{r})}{0.3\ \mathrm{kg} + 0.3\ \mathrm{kg}} = 0$$

에 있다.

밀려난 후 두 기차의 질량중심은 어디에 있을까?

두 기차가 떨어진 후 시간 t 후에 각 기차의 질량중심을 먼저 알아보자.

왼쪽 기차의 질량중심 $= x_1 = -\mathbf{r} + (-1\ \mathrm{m/s})\times t$

오른쪽 기차의 질량중심 $= x_2 = \mathbf{r} + (+1\ \mathrm{m/s})\times t$

이다.

이것으로부터 밀려난 후에도 두 기차의 질량중심은

$$\mathbf{R}_{\mathrm{CM}} = \frac{0.3\ \mathrm{kg}\times x_1 + 0.3\ \mathrm{kg}\times x_2}{0.3\ \mathrm{kg} + 0.3\ \mathrm{kg}} = 0$$

에 있음을 알 수 있다.

위의 생각해 보기에서 두 기차의 총 운동량은 0이고, 이 양이 보존되는 것을 보았다. 이것은 두 기차의 질량중심이 움직이지 않는다는 것을 뜻한다. 따라서 이 경우 질량중심은 시간이 지나도 변하지 않고 항상 0이 되어 위의 결과와 일치한다.

운동량의 보존은 작용–반작용 법칙과 밀접한 관계에 있지만, 운동을 분석할 때는 운동량 보존법칙이 더욱 중요하게 쓰인다.

그림처럼 위와 아래에서 들어온 두 양성자(빨간색과 녹색으로 표시됨)가 충돌하여 복잡한 상호작용을 한 후, 결국 여러 소립자(파란색과 노란색)들이 튀어나온다.

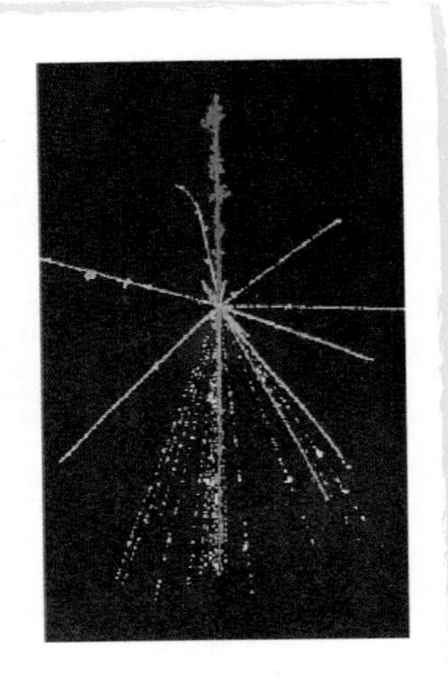

그러나 이 입자들이 충돌을 하는 동안, 외부로부터는 힘을 받지 않으므로, 총 운동량이 보존되어야 한다.

만일, 총 운동량이 보존되지 않는 것처럼 보인다면 거기에는 보이지 않는 입자들이 있다는 증거이므로, 보존되는 총 운동량을 통해 보이지 않는 입자의 운동량의 정보를 얻을 수 있다.

그림처럼 상자를 힘 **F**로 계속 밀어보자. 상자와 바닥 사이에는 일반적으로 마찰력이 작용하여 잘 움직이지 않는다.

이 상자는 미끄러지고 있으므로 미끄럼마찰력 $\mathbf{f}_k$가 작용한다. 미끄럼마찰력은 운동을 방해하기 때문에 그림처럼 움직이는 방향과 반대방향이다. 즉, 사람이 미는 힘 $\mathbf{F}$와 미끄럼마찰력 $\mathbf{f}_k$는 서로 반대방향이다.

상자가 미끄러질 때 이 상자에는 사람이 미는 힘과 미끄럼마찰력의 총 합이 작용한다.

$$\text{상자에 작용하는 총 힘} = \mathbf{F} + \mathbf{f}_k$$

이 상자를 일정속도로 밀고 있다면 상자는 등속도운동을 하므로 가속도는 0이다. 이때 미는 힘 $\mathbf{F}$와 마찰력 $\mathbf{f}_k$는 어떤 관계에 있을까?

뉴턴의 운동방정식에 따르면, 가속도가 0이므로

$$\mathbf{F} + \mathbf{f}_k = m\mathbf{a} = 0$$

총 힘이 0이 되어야 한다. 따라서, 이때 사람이 상자에 작용하는 알짜힘은 $\mathbf{F} = -\mathbf{f}_k$이다. 즉, 사람이 작용하는 힘의 크기 F는 미끄럼마찰력의 크기 f_k와 같다.

미끄럼마찰력(운동마찰력)의 크기는

$$f_k = \mu_k N$$

으로 표시된다. 여기에서 N은 물체가 바닥으로부터 받는 힘(수직력)이다.

비례상수 μ_k는 미끄럼마찰계수라고 하며, 옆의 표와 같이 두 접촉면의 재료와 상태에 따라 달라진다.

마찰계수

물질	정지, μ_s	미끄럼, μ_k
강철-강철	0.74	0.57
알루미늄-강철	0.61	0.47
구리-강철	0.53	0.36
놋쇠-강철	0.51	0.44
아연-주철	0.85	0.21
구리-주철	1.05	0.29
유리-유리	0.94	0.40
구리-유리	0.68	0.53
테플론-테플론	0.04	0.04
테플론-강철	0.04	0.04
고무-콘크리트(건조)	1.00	0.80
고무-콘크리트(습)	0.30	0.25

생각해보기

교통사고 현장에서 사고차량의 스키드마크(바퀴자국)를 재니 40 m이었다. 경찰은 이 사고차량이 얼마의 속도 v_0로 달리고 있었다고 추정할까? (미끄럼마찰계수는 고무-콘크리트(건조)에 해당되는 0.8로 계산하자.)

평지에서 미끄러지는 차는 미끄럼마찰력

$$f_k = \mu_k N = \mu_k mg \ (m\text{은 자동차의 질량})$$

을 받으면 속도가 감소된다. 이때 미끄럼마찰력은 일정하므로 자동차는 가속도

$$a = -\frac{f_k}{m} = -\mu_k g$$

인 등가속도운동을 한다(−는 자동차의 속도가 감속됨을 나타낸다). 따라서 t초 후의 속도는

$$v(t) = v_0 - \mu_k gt$$

이므로, $t_s = v_0/(\mu_k g)$초 후에 정지한다.
이 시간 동안 자동차가 미끄러진 거리는

$$s = \frac{1}{2}|a|t_s^2 = \frac{1}{2}(\mu_k g)t_s^2 \text{ 이다.}$$

여기에 t_s를 넣으면,

$$s = \frac{1}{2}\frac{v_0^2}{\mu_k g} \text{ 이다.}$$

따라서 사고차량의 초기속력 v_0와 스키드마크의 길이 s 사이의 관계식은 $v_0 = \sqrt{2\mu_k gs}$이다.

이 관계식으로부터 초기속력을 계산하면,

$$v_0 = \sqrt{2\times0.8\times9.8\times40} \text{ m/s} = 25 \text{ m/s} = 90 \text{ km/h}$$

이다.

참고로 일반인은 편리한 단위환산을 위해

$v_0 = \sqrt{2\mu_k gs}$ 대신 $v_0 = \sqrt{255\,\mu_k s}$ 의 공식을 쓴다.

이 공식에서는 스키드마크 길이 s를 미터(m)로 측정하고, 차의 속력 v_0는 km/h로 다룬다.

생각해보기

빗길에 미끄러지는 경우는 길이 젖지 않았을 때에 비해 정지하는 길이가 어떻게 달라질까? (빗길의 마찰계수는 0.25로, 건조한 길의 마찰계수는 0.8로 계산하라.)

미끄러지는 거리 $s = \frac{1}{2}\frac{{v_0}^2}{\mu_k g}$ 는 미끄럼마찰계수에

반비례하므로, 젖은 경우 미끄러질 때가 건조한 경우에 비해 0.8/0.25 = 3.2배 더 간다.

정지마찰력은 물체가 정지상태에 있을 때 작용하는 마찰력으로서, 미끄러지기 시작하기 전까지 작용한다. 정지마찰력은 우리가 작용해 주는 힘에 맞서면서 최댓값에 이르고, 이 최댓값을 넘어서면 미끄러지면서 미끄럼마찰력이 작용한다.

$$0 \le f_s \le (f_s)_{\text{최대}}$$

최대 정지마찰력도 물체가 받는 수직력 N에 비례한다.

$$(f_s)_{\text{최대}} = \mu_s N$$

비례상수 μ_s는 정지마찰계수이다.

미끄럼마찰력이 작용하기 시작하면, 미끄럼마찰력의 크기는 정지마찰력의 최댓값보다 적다.

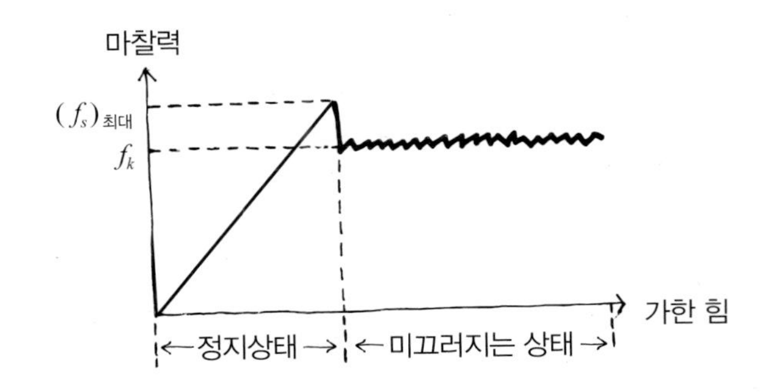

생각해보기

나무 비탈면에 300 kg의 나무상자를 올려놓고 비탈면의 경사를 올릴 때 이 나무상자가 미끄러지기 시작하려면 경사각은 얼마가 되어야 할까?
이 나무상자와 비탈면의 정지마찰계수는 $\mu_s=0.4$이다.

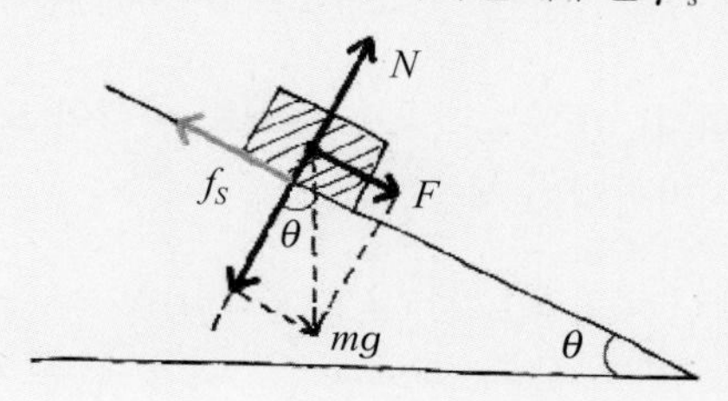

그림처럼 비탈면에 나무상자가 놓여 있을 때 나무상자가 받는 힘을 보자. 중력에 의해 비탈면에 나란하게 작용하는 힘의 세기는

$$F = mg\sin\theta \text{이고,}$$

비탈면을 내려오지 못하게 막는 정지마찰력의 세기는 f_s이다.

두 힘은 서로 반대방향으로 작용하므로, 비탈면 아래로 향하는 총 힘은 $F - f_s$이다.
이 총 힘이 +가 되면 나무상자는 내려올 것이다.

$$F - f_s \geq 0$$

정지마찰력의 최댓값은 수직력 $N = mg\cos\theta$를 고려하면

$$(f_s)_{최대} = \mu_s N = \mu_s mg\cos\theta$$

이므로, $F \geq (f_s)_{최대} \geq f_s$로부터

$$mg\sin\theta \geq \mu_s mg\cos\theta$$

를 만족해야 한다. 즉, $\tan\theta \geq \mu_s = 0.4$이다.

이때의 최소 경사각은 21.8° 이다. 21.8° 가 되면 상자는 미끄러지기 시작한다.

자동차에 쓰는 ABS브레이크는 바퀴가 미끄러지지 않도록 순간순간 브레이크를 짧게 밟도록 설계되어 있다. 이것은 최대 정지마찰력을 이용하기 위해서이며, 또한 바퀴가 미끄러져 차의 조향능력을 잃는 것을 막기 위한 것이다.

자동차 바퀴는 정지마찰력 때문에 헛돌지 않고 앞으로 나아갈 수 있다. 고속으로 움직이는 트럭이 갑자기 브레이크를 밟으면, 바퀴는 정지하지만 자동차는 정지하지 못하고 미끄러진다. 일단 미끄러지면 정지마찰력보다 작은 미끄럼마찰력이 작용한다.

눈길에 주차된 차를 움직이기 위해 시동을 건 후 1단 기어로(또는 자동변속기의 경우 D로) 바퀴에 힘을 가하면, 바퀴는 보통 헛돌게 된다. 1단 기어는 바퀴에 큰 힘을 가하기 때문에 눈과 바퀴사이에 작용하는 정지마찰력보다 큰 힘이 작용하게 된다.

이 경우 2단 기어를 쓰면 눈과 바퀴사이에 비교적 적은 정지마찰력이 작용하기 때문에, 바퀴가 헛돌지 않고 차를 움직일 수 있다.

생각해보기

고속도로를 설계할 때, 커브길에서 150 km/h로 달리는 차가 도로상태가 좋을 때 미끄러지지 않도록 하고자 한다.

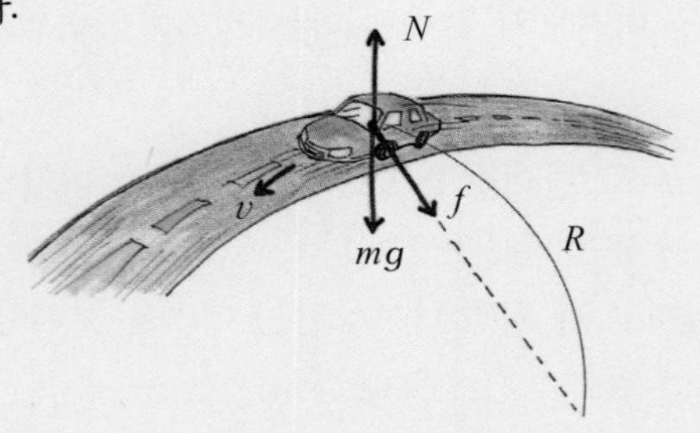

곡률반지름을 얼마로 하면 좋을까? 바퀴와 도로면의 정지마찰계수는 0.8이다.

질량 m인 자동차가 곡률반지름 R인 지점에서 속력 v로 원운동하려면 구심력 f는

$$f = m\frac{v^2}{R}$$

이 필요하다. 이 구심력은 그림처럼 바퀴와 도로면 사이의 정지마찰력이 제공한다.

$$f = f_s \le (f_s)_{\text{최대}} = \mu_s N$$

수직력은 $N = mg$이므로, $f \le \mu_s mg$가 되어야 한다. 이 조건을 만족하려면

$$m\frac{v^2}{R} \le \mu_s mg$$

이다. 따라서, 곡률반지름은

$$R \ge \frac{v^2}{\mu_s g} = \frac{(150\ \text{km/h})^2}{0.8 \times 9.8\ \text{m/s}^2}$$

$$= \frac{(41.7\ \text{m/s})^2}{0.8 \times 9.8\ \text{m/s}^2} = 222\ \text{m}$$

222 m 이상이 되어야 한다.

비가 오면 노면이 젖어 정지마찰계수가 0.3 정도로 크게 줄어든다. 이 도로에서 미끄러지지 않고 주행하려면 속도를 줄여야 한다. 미끄러지지 않고 달릴 수 있는 최대속도는 얼마일까?

$$m\frac{v^2}{R} \le \mu_s mg\text{에서}$$

$$v \le \sqrt{\mu_s g R} = \sqrt{0.3 \times 9.8 \times 222}\ \text{m/s} = 25.5\ \text{m/s}$$

이것을 시속으로 바꾸면 92 km/h가 된다.

마찰력과 전자기힘

마찰력은 거시적으로 볼 때 울퉁불퉁한 접촉면이 서로 부딪치면서 생기는 현상이다.

그러나 미시적인 관점에서 보면 마찰면은 겉으로 보아 잘 연마된 것으로 보이더라도 원자적인 수준에서 보면 매우 거칠다. 마찰력은 이 거친 면 사이에 작용하는 힘이다. 근본적으로 보면 마찰력은 마찰면에 놓인 원자나 분자들 사이에 작용하는 전자기힘이 원인이 된다.

두 마찰면이 접촉되면 원자수준에서 튀어나온 점들이 전기적으로 결합하여 냉용접상태(뜨겁지 않아도 달라붙는 상태)에 이른다.

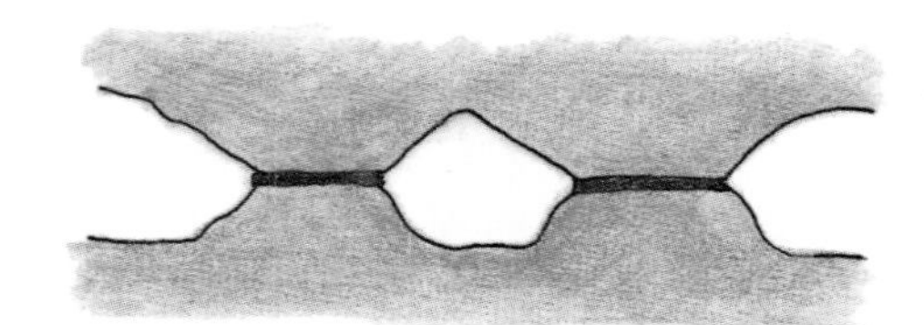

두 면이 상대적으로 움직이려면, 냉용접된 점들을 떼어내야 한다. 최대 정지마찰력 이상을 가하면 냉용접된 부분이 잘려 나가면서 면이 움직이게 된다. 따라서, 일단 움직이기 시작하면 마찰력이 줄어든다. 미끄럼마찰력이 최대 정지마찰력보다 줄어드는 이유이다.

윤활유는 연한 물질의 층을 두 마찰면 사이에 채워 마찰면 사이에 직접 마찰을 일으키는 대신 윤활유와 면이 마찰을 일으킨다.

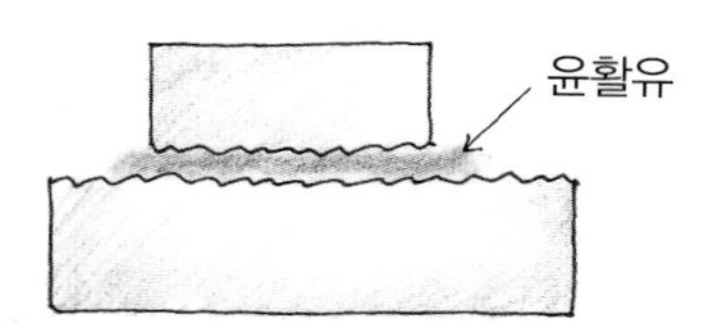

빗방울은 왜 아프지 않을까?

빗방울은 자유낙하하는 데도 불구하고 지상에 도달할 때는 왜 속도가 커지지 않을까? 공기 속에서 물체가 움직이면 물체의 크기와 속도에 따라 대략 두 가지의 저항력을 받는다.

저속운동하거나 먼지와 같이 작은 물체가 공기 중에서 움직일 때는 속도에 비례하는 힘을 받는다. 공기 중에서 비행기나 스카이다이버, 야구공처럼 큰 물체가 빠르게 움직일 때는 속도의 제곱에 비례하는 힘을 받는다.

결과적으로 낙하하는 물체는 어느 정도의 속도에 도달하면 저항력과 중력이 평형을 이루어 그림처럼 더 이상 속도가 증가하지 않는다.

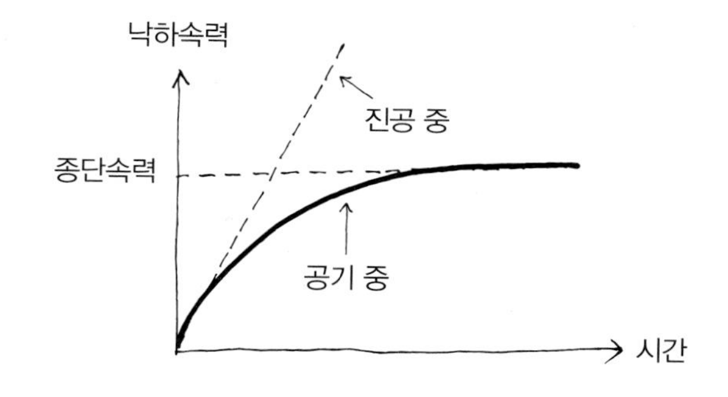

단원요약

1. 뉴턴의 운동 제2법칙

① 뉴턴의 운동 제1법칙 :
외력이 작용하지 않는 물체는 정지 상태에 있거나 일정한 속도로 움직인다. 다른 표현으로, 일정한 속도로 움직이는 물체에 작용하는 외력은 없다.

② 뉴턴의 운동 제2법칙 :
물체가 외부로부터 힘을 받을 때 가속도는 이에 비례한다. $\Sigma \mathbf{F} = m\mathbf{a}$
가속도로부터 힘을 알아낸다. $m\mathbf{a} \Rightarrow \mathbf{F}$
힘으로부터 가속도를 알아낸다. $\mathbf{F} \Rightarrow m\mathbf{a}$

2. 뉴턴의 운동 제3법칙과 선운동량 보존

① 뉴턴의 운동 제3법칙 :
작용과 반작용이 쌍을 이룬다. 예를 들면, 두 물체 A, B에 대하여 물체 A가 물체 B에 작용하는 힘 $\mathbf{F}_{AB}$와 물체 B가 물체 A에 작용하는 힘 $\mathbf{F}_{BA}$의 크기는 같고 방향은 서로 반대다. $\mathbf{F}_{AB} = -\mathbf{F}_{BA}$

② 운동량 : $\mathbf{p} = m\mathbf{v}$
외부에서 힘을 받지 않으면 계의 총 운동량 $\mathbf{p} = \sum_{n=1}^{N} \mathbf{p}_i$은 보존된다.

3. 마찰력

① 마찰력은 운동을 방해하는 힘으로서, 정지마찰력과 미끄럼마찰력이 있다.

$$\text{미끄럼마찰력} = \mu_k N,$$
$$\text{최대 정지마찰력} = \mu_s N$$

μ_k는 미끄럼마찰계수, μ_s는 정지마찰계수이고, N은 물체가 바닥으로부터 받는 힘(수직력)이다.

연습문제

1. 번지점프를 할 때 로프가 팽팽해지기 시작하는 순간 로프에 걸리는 장력은 사람과 로프를 합한 무게보다 훨씬 크다. 그 이유를 어떻게 설명할 수 있을까?

2. 지상 로켓 발사대에서 로켓을 $5g$로 가속시켜 지상으로 올리고 있다(g는 중력가속도). 질량 60 kg인 우주비행사가 우주선에 누워있다. 로켓이 출발할 때 우주비행사가 느끼는 힘은 출발하기 전보다 몇 배의 힘을 받는가?

3. 트럭에 실은 대형 구조물을 이동시킬 때 다리 위에서 트럭을 아주 천천히 조심하여 운전한다. 그 이유는 무엇일까?

1. 가속되는 물체에는 힘이 작용하고 있다.

4. 질량이 10 kg인 로프에 매달려 70 kg 되는 사람이 자유낙하한다. 로프가 팽팽하게 되는 순간, 로프가 늘어나면서 로프와 사람이 $-0.5g$의 가속도로 움직인다(g는 중력가속도, $-$는 속력이 감소되는 것을 표시한다). 로프에 걸리는 총 장력은 얼마일까?

5. 물속에서 자신의 손으로 자신의 머리를 물 밖으로 들어올릴 수 없는 이유는 무엇인가? 몸이 물에 뜨기 위해서는 어떤 힘을 가해 주어야 하는가?

6. 강에서 돛배가 순풍을 이용해 물 위를 움직인다. 돛배는 질량이 200 kg인데, 1분 동안에 9 m/s의 속력이 증가했다. 바람이 이 돛배에 가해준 힘은 얼마인가? (마찰력과 강의 흐름은 무시하라.)

7. 놀이동산에서 질량이 30 kg인 어린이가 물미끄럼틀을 타고 내려오고 있다. 이 미끄럼틀의 경사는 40도이다. 어린이의 가속도를 구하라. (물미끄럼틀에서의 마찰은 무시하라.)

8. 놀이동산의 회전그네가 돌기 시작하자 그네의 경사각이 높아지기 시작하여 30도까지 증가되었다. 이때 그네의 속력은 얼마일까? 그네에 작용하는 장력은 얼마일까? 그네와 사람의 총 질량은 150 kg이고 줄의 길이는 6 m이다. (그네 줄의 무게는 무시하라.)

9. 로켓의 질량이 100 kg, 연료통의 질량이 10 kg이다. 연료통이 분리되기 직전의 속력이 500 km/h이고, 분리된 직후 로켓의 속력이 510 km/h라면, 연료통의 속력은 얼마일까?

10. $0.1g$의 중력이 작용하는 행성에 500 kg의 우주선이 정지상태로 떠 있게 하고자 한다. 이 우주선이 로켓을 분사하여 만들어야 하는 힘은 얼마일까?

11. 트럭 화물칸 뒤에서 철판으로 비탈면을 만들고 300 kg의 나무상자를 이 비탈면을 따라 내리려고 한다. 이 상자가 일정한 속도로 내려오게 하기 위해서는 비탈면이 어느 정도 기울어져야 할까? 미끄럼마찰계수는 $\mu_k = 0.3$이다.

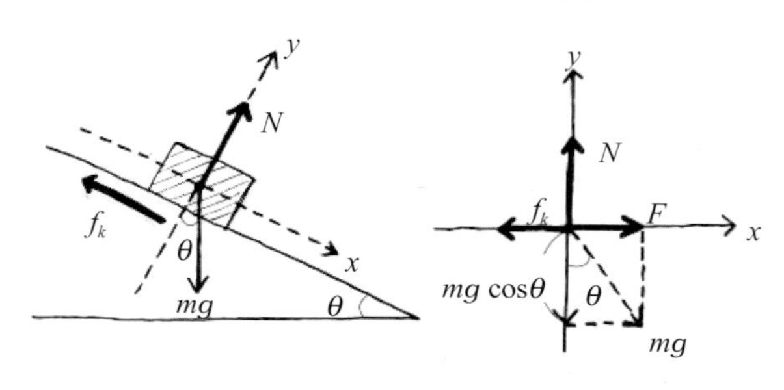

4. 로프에 매달린 사람이 감속되려면, 로프가 사람에게 힘을 가해주어야 한다.

5. 작용-반작용을 생각해 본다.

6. $m\mathbf{a} \Rightarrow \mathbf{F}$

9. 운동량이 보존된다.

10. 평형을 유지하기 위해 힘이 필요하다.

11. 미끄럼마찰력이 중력 때문에 가속되는 것을 방해한다.

12. 문제 7에서 물미끄럼틀의 마찰력을 고려해 보자. 미끄럼마찰계수가 0.1이라 하면, 물미끄럼틀을 내려오는 어린이의 가속도는 얼마가 될까?

***13.** 갈릴레이의 낙하실험에서는 공기저항을 무시할 수 없다. 실제로 공의 공기저항력은 일반적으로 크기에 따라 달라진다. 그런데 만일 크기가 같지만 질량이 다른 두 공으로 낙하실험을 한다면 어느 공이 먼저 떨어질까?

14. 스카이다이버가 공중에서 팔을 벌리고 낙하할 때 받는 공기마찰력은 속력 v의 제곱에 비례한다($f=cv^2$, $c=0.25$ kg/m). 스카이다이버가 공중낙하하여 시간이 지나면 일정속력으로 떨어지게 된다. 이 속력을 종단속력이라 부른다. 질량이 80 kg인 스카이다이버의 종단속력을 구하라.

15. 자동차를 출발시키려면 보통 1단에 기어를 놓는다. 그러나 눈길에서 출발시킬 때는 1단에서 출발하면 바퀴가 헛돌고, 대신 2단에서 출발시키면 제대로 움직이기 시작한다. 왜 그럴까?

16. 물속에서 물체가 떨어지거나, 공기 중에서 저속으로 낙하할 때처럼 속력이 빠르지 않으면, 물체가 받는 저항력은 속력에 비례한다($f=cv$, c는 시간에 무관한 상수이다). 질량이 m인 물체가 중력을 받아 떨어질 때 저항력을 받으면 시간에 따라 속력이 $v(t)=v_0(1-e^{-ct/m})$임을 보이고, 속력－시간의 그래프를 그린 후 종단속력 v_0를 구하라.

17. 최대 정지마찰계수가 0.4이고, 미끄럼마찰계수가 0.3인 면 위에 1 kg의 책이 놓여 있다. 이 면을 얼마나 기울여야 책이 미끄러져 내려올까? 책이 미끄러지기 시작하면, 이 책은 어떤 가속도로 움직일까?

18. 그림에서 질량이 m인 블록과 빗면 사이의 정지마찰계수는 0.1이다. 블록이 빗면에 정지해 있도록 그림과 같은 방향으로 크기 F인 힘을 가할 경우, 필요한 힘 F의 범위를 m과 중력가속도 g 등으로 구하라.

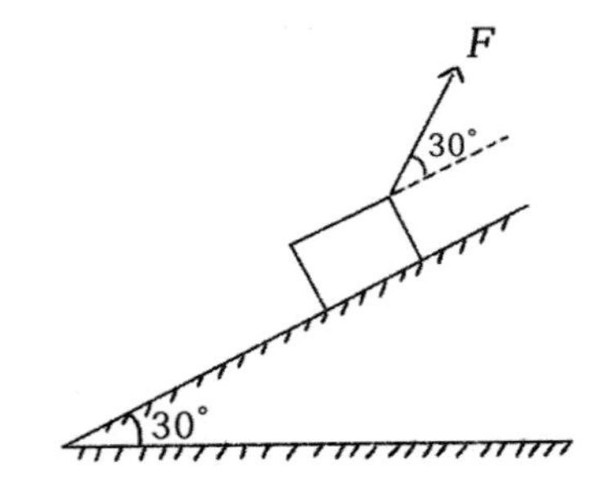

13. 크기가 같다면 공기저항은 같다고 볼 수 있다. 그러나 힘이 같아도 가속도는 다를 수 있다.

14. 총 힘이 0이 되기 위한 조건을 생각해 본다.

15. 정지마찰력과 미끄럼마찰력을 비교하자.

16. $m\dfrac{dv}{dt}$와 $mg-cv$를 비교해 보라.

17. 정지마찰력이 미끄러지지 못하도록 한다. 일단 미끄러지면 미끄럼 마찰력이 작용한다.

18. 정지마찰계수는 가능한 정지마찰력의 최댓값을 결정한다.

19. 질량 m인 블록 A가 질량 $M(>m)$인 블록 B 위에 놓여 있다. 블록 B와 수평면 사이에는 마찰이 없다고 하자. 두 블록 사이의 정지마찰계수는 μ_s이고, 미끄럼마찰계수는 $\mu_k(<\mu_s)$이다. 중력가속도는 g이다. 이제 그림과 같이, 블록 A에 수평방향으로 일정한 힘 F를 계속 가한다.

(1) 두 블록이 같은 가속도로 운동할 경우, 가속도를 주어진 양들로 구하라.

(2) 힘 F가 너무 크면 두 블록이 같은 가속도로 운동할 수 없을 것이다. 두 블록이 같은 가속도로 운동하게 하는 힘 F의 최대 허용값을 주어진 양들로 구하라.

(3) 이제, 힘 F의 값이 (2)에서 구한 최댓값보다 큰 값으로 주어진 경우를 생각하자. 블록 A가 블록 B 위에서 운동하는 동안, 각 블록의 가속도를 주어진 양들로 구하라.

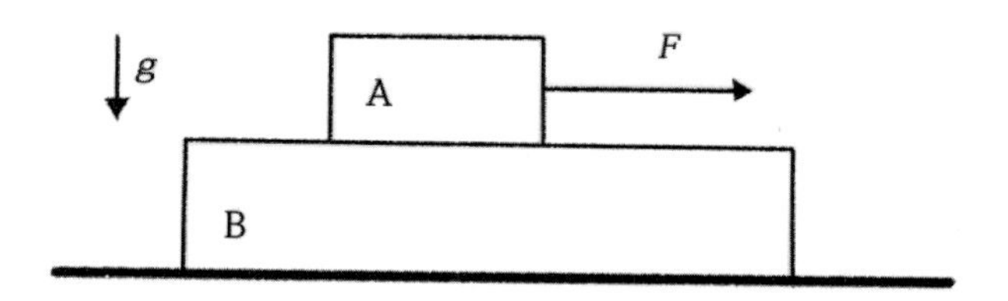

20. 스키장에서 스키를 타고 가만히 있어도 저절로 내려오는 경사각은 얼마인가? 스키보드와 눈 사이의 정지마찰계수는 0.14이다. 스키가 미끄러지기 시작하면 이때 작용하는 힘은 어떤 힘이 있는지 열거해 보라(스키선수가 마지막에 몸을 움츠리며 내려오는 이유도 고려하라).

***21.** 공기저항이 없을 때 공을 위로 던지면 올라가는 데 걸리는 시간과 내려가는 데 걸리는 시간이 같다. 그러나 공기저항을 고려한다면 올라가는 데 걸리는 시간과 내려가는 데 걸리는 시간 중 어느 쪽 시간이 더 오래 걸릴까?

22. 속력 100 km/h로 달리는 자동차가 급정거하여 멈출 때까지 미끄러지지 않는다고 가정하고, 최단 정지거리를 계산해 보라. 마른 길의 경우 정지마찰계수는 1이고, 미끄럼 마찰계수는 0.8로 계산하라. 젖은 길의 경우 정지마찰계수는 0.3이고 미끄럼 마찰계수는 0.25이다. 마른 길과 젖은 길의 경우는 얼마나 차이가 날까?

***23.** 총이 발사될 때 화약이 폭발하면서 가스가 팽창하여 총알을 밀어낸다. 총알의 질량이 2 g이고, 총신의 길이가 50 cm이며, 총알이 총구를 빠져나갈 때의 속력이 400 m/s이다.

(1) 이 총알이 총신을 통과하는 동안 일정한 힘을 받는다면, 이 총알이 받는 힘은 얼마일까?

(2) 총이 발사될 때 총은 뒤로 밀린다. 이 총의 질량이 3 kg이라면 총이 뒤로 밀리는 속도는 얼마일까?

19. 질문 (2)와 (3)에서, 두 블록 사이에 작용하는 힘은 각각 정지마찰력과 미끄럼마찰력이다.

21. 속도-시간 그래프를 그려 보고, 이로부터 공이 간 거리를 짐작해 보자.

23. 뉴턴 제2법칙과 제3법칙을 쓰자.

24. 형이 탄 썰매의 총 질량이 25 kg이고, 동생이 탄 썰매의 총 질량이 15 kg이다. 이 두 썰매를 아버지가 한꺼번에 일렬로 밀고 있다. 이 두 썰매의 가속도는 1 m/s^{2}이다.

(1) 아버지가 이 썰매에 가해주는 힘은 얼마일까?

(2) 동생의 썰매가 앞에 있다면, 형의 썰매는 동생의 썰매를 얼마의 힘으로 밀고 있을까?

25. 문제 24에서 위의 두 썰매를 줄로 연결한 후, 아버지가 앞에서 20 N의 힘으로 줄을 당긴다고 하자.

(1) 이 두 썰매의 가속도는 얼마일까?

(2) 뒤 썰매(형의 썰매)를 매단 줄은 얼마의 장력으로 당겨질까?

26. 직각삼각형 모양의 빗면에 4 kg의 수레가 블록에 줄로 연결되어 있다. 빗면의 기울기는 30도이며, 줄은 빗면의 꼭대기에 놓은 도르래를 통해 연결되어 있다. 빗면의 마찰은 무시하자.

26. 줄의 질량을 무시하면 도르래를 통해 연결된 줄의 장력은 줄의 어느 부분에서나 같다.

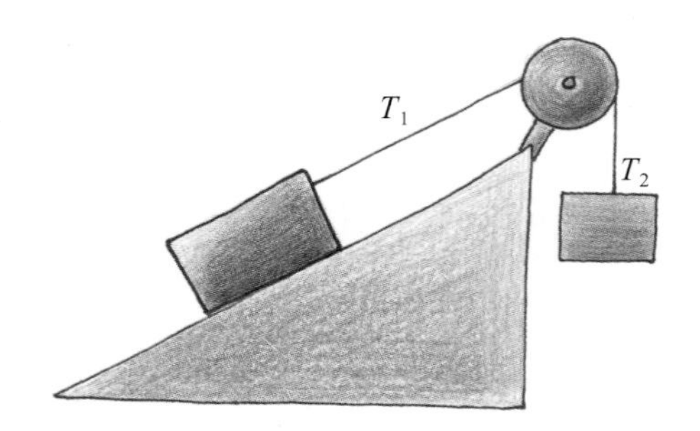

(1) 블록의 질량이 2.5 kg일 때, 수레의 가속도와 줄의 장력을 구하라.

(2) 블록의 질량이 2.0 kg일 때, 수레의 가속도와 줄의 장력을 구하라.

27. 10톤의 덤프트럭이 100 km/h로 달리다가 급브레이크를 밟자마자 미끄러졌다. 계속 브레이크를 밟고 있다면, 도로는 이 트럭에 얼마의 힘을 가해주겠는가? 바퀴와 도로의 미끄럼마찰계수는 0.8이다. 이 트럭은 얼마의 거리를 미끄러진 후 정지하게 될까?

28. 구덩이에 빠진 자동차를 끌어올리기 위해 쇠줄을 묶어 당기니, 1,500 N의 힘이 필요했다. 직접 당기는 대신 근처의 나무에 자동차를 맨 쇠줄을 묶은 후, 쇠줄의 가운데를 수직으로 잡아당겼다면, 차를 움직이게 하는 데 얼마의 힘이 필요할까? 쇠줄이 팽팽하게 되는 각도는 차와 나무의 일직선상에 볼 때 5도이다.

28. 힘의 평형을 고려하자.

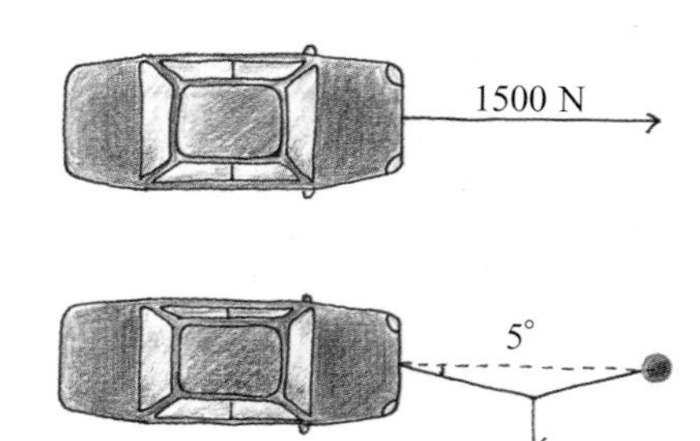

29. 질량이 M이고 경사각이 θ인 쐐기의 빗면 위에 질량 m인 블록을 놓아 미끄러지지 않게 하려고 한다. 그런데 빗면과 블록 사이의 정지마찰계수는 $\mu_s < \tan\theta$이고, 쐐기와 수평면 사이에는 마찰이 없다고 한다. 따라서 빗면 위에 블록을 살며시 놓더라도 블록은 그 위치에 정지해 있을 수가 없다. 그래서 쐐기에 수평방향으로 일정한 힘 F를 계속 가하여, 빗면 위에 살며시 블록을 놓은 처음 높이를 유지한 채로 쐐기와 블록이 함께 가속운동을 하게 하려고 한다. 이런 운동을 가능하게 하는 힘 F는 최소한 얼마보다 커야 할까? 중력가속도는 g이다.

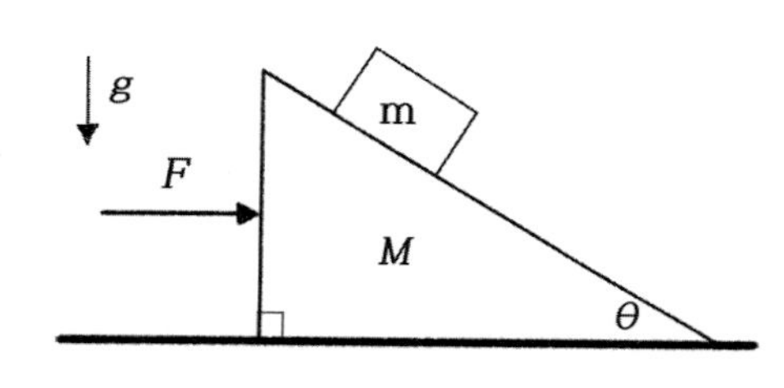

> **29.** 쐐기와 블록은 함께 수평방향의 가속운동을 하고 있다. 블록의 운동방정식을 써보라.

30. 반지름이 4 m인 대회전식 관람차가 반시계방향으로, 일정한 각속력 $\omega = 0.8$ rad/s로 회전한다. 중력가속도는 $g = 9.8$ m/s^{2}이다.

(1) 그림에서 최고점에 있는 수레 A의 속력은 얼마일까?

(2) 그림에서 수레 B의 가속도의 크기와 방향을 구하라.

(3) 질량이 70 kg인 사람이 수레에 타고 있을 경우, 회전하는 동안에 수레로부터 받는 힘의 (크기의) 최댓값은 얼마일까? 또 이런 힘을 받을 때 수레의 위치와 힘의 방향을 말하라.

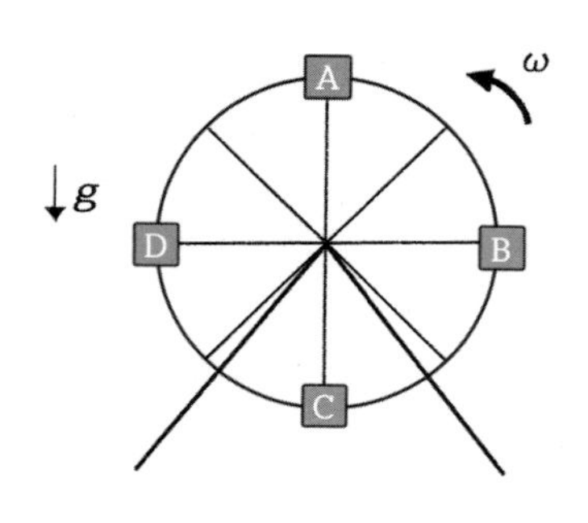

***31.** 질량 m인 스카이다이버가 공중에서 팔을 벌리고 낙하할 때 받는 공기마찰력은 속력 v의 제곱에 비례한다($f = cv^2$). 이 스카이다이버의 속력은 시간에 따라 어떻게 변할까?

> **31.** $m\dfrac{dv}{dt} = mg - cv^2$을 시간의 함수로 풀어보자.

***32.** 지구의 반지름은 6.35×10^6 m이고, 하루에 한 바퀴 자전한다.

(1) 적도에 있는 사람은 지구의 자전 때문에 얼마의 속력으로 움직일까?

(2) 적도에 있는 사람이 지구와 함께 자전하기 위해 필요한 구심가속도는 얼마일

> **32.** 관성계와 비관성계의 차이점을 고려하자.

까? (방향도 표시하라.)

(3) 지상에 있는 사람은 엄밀히 말하면, 자전 때문에 관성계에 있지 않다. 적도에 서 있는 사람(질량 60 kg)이 느끼는 힘은 지구 자전 때문에 어떻게 달라질까? 관성계에 있는 사람이 볼 때 적도에 서 있는 사람은 어떤 힘을 받는다고 생각할까?

33. 반지름 r인 원형 굴렁쇠가 중심축에 대해 일정한 각속력 ω_0로 회전하고 있고, 질량이 m인 작은 구슬이 굴렁쇠의 안쪽 면을 따라서 운동하게 되어 있다. g는 중력가속도이다.

(1) 구슬과 굴렁쇠 사이에 마찰이 없다고 가정할 때, 구슬이 굴렁쇠 면에서 미끄러지지 않고 굴렁쇠와 함께 회전하는 평형 위치(θ)를 구하라. 이 위치가 $\theta \neq 0$이려면, $\omega_0 > \sqrt{g/r}$라는 조건이 필요함을 보여라.

(2) 만약 구슬과 굴렁쇠 사이에 마찰이 있다면, 각속력 ω이 ω_0보다 작더라도 (1)에서 구한 평형 위치(θ)에서 구슬이 굴렁쇠와 함께 회전할 수 있을 것이다. 구슬과 굴렁쇠 사이의 정지 마찰계수가 $\mu_s(< \tan\theta)$일 경우, 이런 회전운동이 가능한 굴렁쇠의 각속력 ω의 최솟값을 구하라.

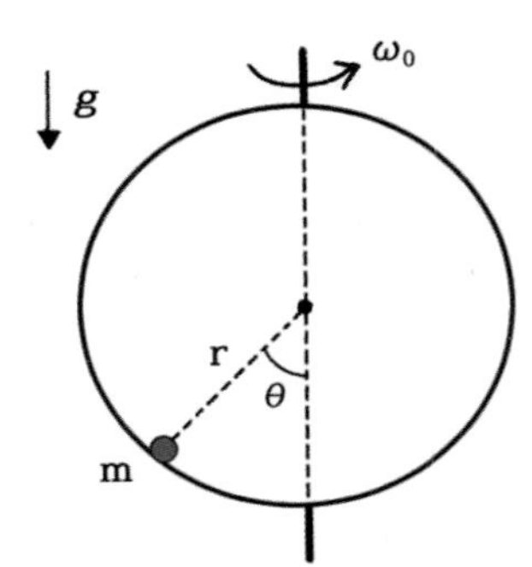

33. 구슬의 운동방정식의 연직과 수평성분을 써보라.

34. 지상에서 쏘아 올린 질량이 m인 로켓이, 최고점에 도달한 순간 폭발하였다. 폭발한 곳의 수평거리는 x_0이고, 폭발 직후에 로켓은 각각 $m_1 = m/4$, $m_2 = 3m/4$의 질량을 가진 두 조각으로 쪼개져서 수평방향으로 날아간다(그림 참조). 질량 m_1인 조각이 처음 로켓의 궤도를 따라서 발사지점으로 되돌아간다고 가정하자. 공기저항이나 지구가 둥글다는 것은 모두 무시하고, 다음 질문에 답하라.

(1) 폭발로 생긴 두 조각이 모두 지상에 떨어졌을 때, 이 계의 질량중심은 발사 지점으로부터 얼마나 떨어진 곳까지 이동했을까?

(2) 질량 m_2인 조각이 지상에 낙하한 지점 x_f은 발사지점으로부터 얼마나 떨어진 곳일까?

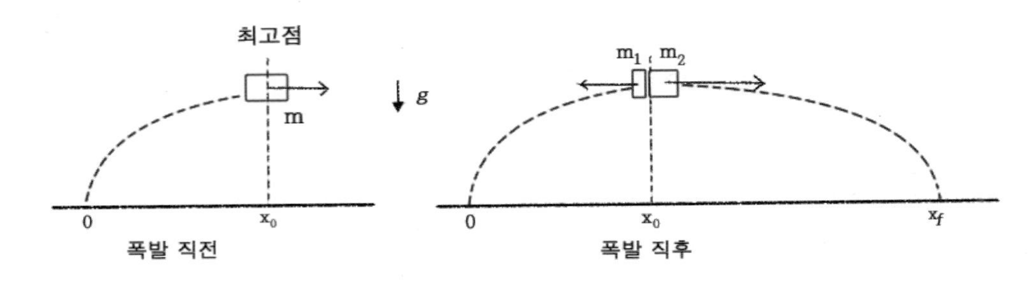

34. 폭발 후에도 질량중심은 포물선 궤도를 따라 운동한다.

35. 48쪽 생각해 보기에서 질량중심 $M\mathbf{R}_{CM}=m_1\mathbf{r}_1+m_2\mathbf{r}_2$ 로부터 질량중심의 운동량이 $\mathbf{P}_{CM}=\mathbf{p}_1+\mathbf{p}_2$ 이고, 질량중심에 작용하는 외력은 $\mathbf{F}_{CM}=\mathbf{F}_1+\mathbf{F}_2$ 임을 보여라.

35. 좌우변을 각각 시간으로 미분하자.

$$\mathbf{v}=\frac{d\mathbf{r}}{dt}$$

$$\mathbf{a}=\frac{d\mathbf{v}}{dt}$$

Chapter 3

역학적 에너지

5.5 km에 달하는 수원 화성은 정조시대인 1796년에 완성되었고, 1970년대 중반 다시 복원되었다. 1997년에는 유네스코의 세계문화 유산으로 등록되었다. 수원성을 쌓기 위해 정약용은 일을 쉽게 할 수 있도록 움직 도르래를 쓰는 거중기를 만들었다.

거중기로 돌을 들어올리기 위해 일을 하면 올린 돌에는 그 일에 해당하는 에너지가 잠재적 에너지인 위치에너지로 저장되어 있다.
일이란 언제나 에너지형태로 저장할 수 있는 것일까?

일과 에너지

물체가 힘을 받으면 속도가 달라진다. 이처럼 힘이 물체의 운동상태를 바꾸는 변화는 뉴턴의 운동 방정식으로 알 수 있다. 그러나 뉴턴의 운동방정식을 풀어 속도와 위치를 알아내는 것은 쉽지 않다. 방정식을 풀지 않고도 물체들이 어떤 운동을 할지 알아내는 방법은 없을까?

먼저, 물체에 힘을 줄 때 하는 역학적 일을 정의하고, 이로부터 운동의 변화를 알아내어 보자.

역학적 일

역학적 일이란 물체에 힘을 가해 위치를 바꾸어 놓는 과정에서 들인 에너지를 말한다.

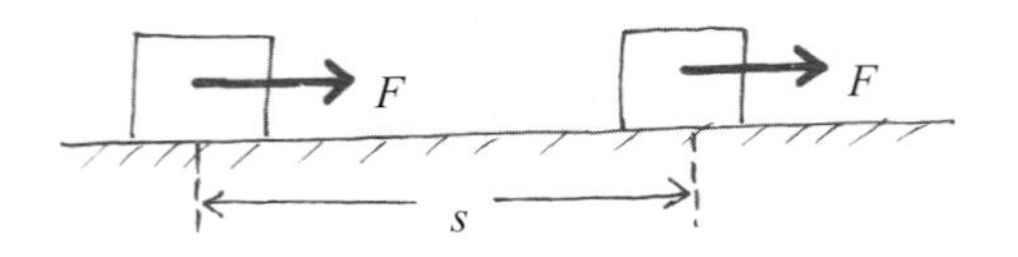

그림처럼 일정한 힘 F를 가해 힘의 방향으로 물체를 거리 s만큼 움직인다면, 역학적 일은 힘 F와 물체가 움직인 거리 s의 곱으로 정의된다.

$$W \equiv Fs$$

일의 단위는 $\mathrm{kg} \cdot \mathrm{m}^2/\mathrm{s}^2 = \mathrm{J}$ (줄, Joule)이다.

이제 물체에 일정한 힘 $\mathbf{F}$를 주어 힘과 다른 방향으로 $\mathbf{s}$만큼 움직였다고 하자.

그림처럼 힘과 움직인 거리의 방향이 다르면, 이 과정에서는 힘 $\mathbf{F}$가 모두 일에 쓰이지 않는다.

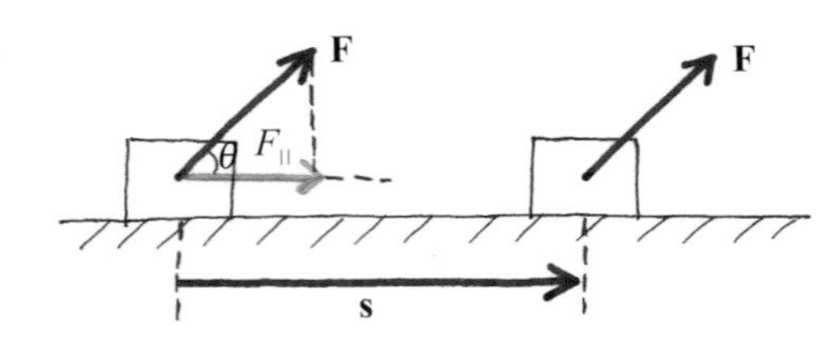

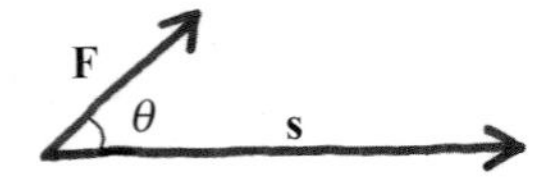

힘의 성분 중, 물체가 움직이는 방향으로 가해진 $\mathbf{F}_{\parallel}$만이 일을 해준다.

$$W = F_{\parallel}\, s = (F\cos\theta)s \equiv \mathbf{F} \cdot \mathbf{s}$$

여기에서 ·는 두 벡터 $\mathbf{F}$와 $\mathbf{s}$를 내적한다는 기호이다. 내적이란 그림처럼 한 벡터에 다른 벡터를 투영하여 곱하는 것이다.

$$\mathbf{F} \cdot \mathbf{s} = |\mathbf{F}||\mathbf{s}|\cos\theta = \mathbf{s} \cdot \mathbf{F}$$

생각해보기

50 kg 상자를 땅에서 10 m 끌고 간다고 하자. 이때 그림처럼 상자에 달린 줄을 100 N의 힘으로 30° 위로 당기면, 이 사람이 상자에 해주는 일은 얼마일까?

이 사람이 한 일은

$$W = Fs\cos\theta = 100\ \text{N} \times 10\ \text{m} \times \cos 30^\circ = 866\ \text{J}$$

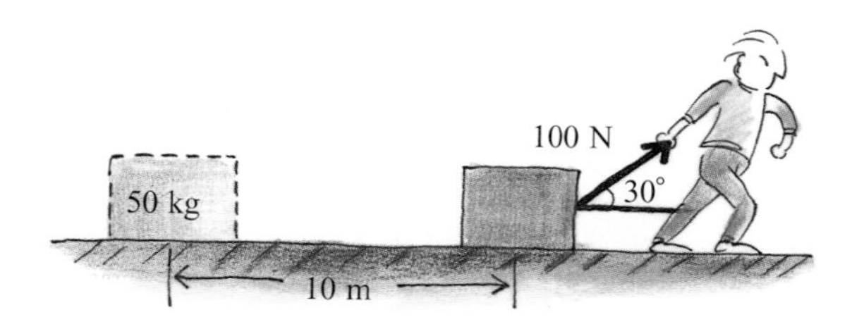

이제 마찰이 없는 면에서 상자를 계속 끌면 어떤 일이 벌어질까?

상자에 힘을 계속 가하고 있으므로 뉴턴 방정식에 의하면 가속되어야 하고, 이 상자의 속도는 계속 증가한다.

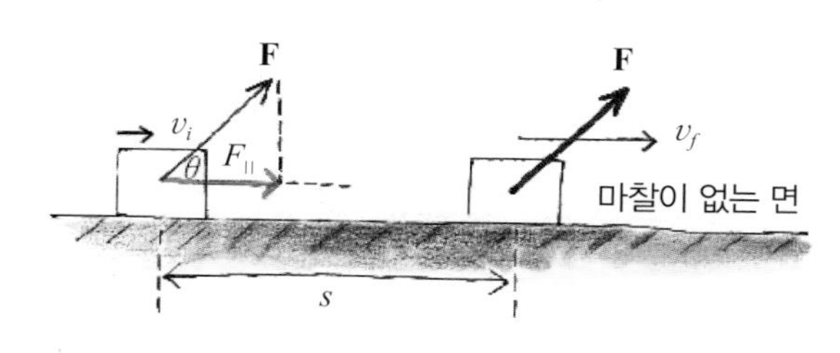

물체가 움직이는 방향으로 힘 $F_{\parallel}$을 가하면

$$F_{\parallel} = ma = m\frac{dv}{dt}$$

물체는 당연히 가속된다.

짧은 시간 dt 동안 거리 $ds = v\,dt$만큼 움직일 때 힘이 해준 일을 보자.

$$F_{\parallel}\,ds = ma\,ds = m\frac{dv}{dt}v\,dt = mv\,dv$$

가 된다. 이것을 전체의 변화량으로 다시 쓰면

$$F_{\parallel}\,ds = d\left(\frac{1}{2}mv^2\right)$$

이제 이 물체에 일정한 같은 힘을 주어 긴 거리 s만큼 움직여 일을 해 준다면, 총 일은 그림처럼 짧은 길이마다 해준 일을 더한 것과 같다.

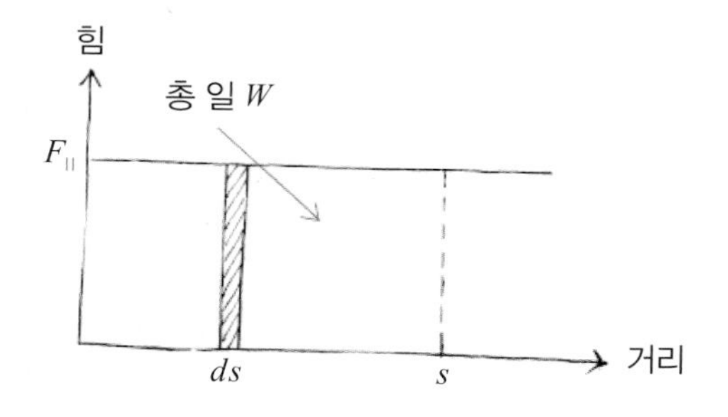

$$\text{총 일} = W = \int_0^t F_{\parallel}\,ds = F_{\parallel}\,s$$
$$= \Delta\left(\frac{1}{2}mv^2\right)$$

힘을 가하면 물체의 속도를 증가시킬 뿐만 아니라, 해준 총 일은 물체에 $\frac{1}{2}mv^2$이라는 양을 증가시킨다.

이 증가된 양은 초기속력과 최종속력으로만 결정될 것이다. 초기속력을 v_i, 최종속력을 v_f라고 하면,

$$W = \frac{1}{2}mv_f^2 - \frac{1}{2}mv_i^2 \text{이다.}$$

물체에 일을 해줄 때 바뀌는 양을 운동에너지라고 한다.

$$\text{운동에너지} = K = \frac{1}{2}mv^2$$

운동에너지의 단위는 일의 단위와 같다.

일–에너지 정리

이 힘이 마찰이 없는 평면에서 물체에 해준 일은 운동에너지의 변화량과 같다.

$$W = \frac{1}{2}mv_f^2 - \frac{1}{2}mv_i^2$$

해준 일 = 최종 운동에너지 − 초기 운동에너지

$$W = K_f - K_i$$

생각해보기

투수가 던진 야구공 (145 g)의 속력이 140 km/h (=38.9 m/s)이고, 볼링 선수가 던진 볼링공 (6 kg)의 속력이 5 m/s (=18 km/h)이다. 두 공의 운동에너지를 각각 구하라.

야구공의 운동에너지

$$K = \frac{1}{2} \times (0.145\ \text{kg}) \times (38.9\ \text{m/s})^2\ \text{J} = 109.7\ \text{J}$$

볼링공의 운동에너지

$$K = \frac{1}{2} \times (6\ \text{kg}) \times (5\ \text{m/s})^2\ \text{J} = 75\ \text{J}$$

생각해보기

평지의 고속도로에서 1,250 kg의 자동차를 정지상태에서 5초 동안 일정하게 가속시켜 속력이 100 km/h (= 27.8 m/s)가 되도록 하였다.

이 자동차의 엔진이 차를 가속시킬 때 한 일과 자동차의 최종 운동에너지를 비교하고 일–에너지 정리가 만족됨을 보여라.

이 차는 등가속도운동을 하므로 가속도는

$a = (100\ \text{km/h})/(5\ \text{s}) = 5.6\ \text{m/s}^2$이다.

엔진은 차가 가속되는 동안 일정한 힘

$$F = ma = 1250\ \text{kg} \times 5.6\ \text{m/s}^2 = 7000\ \text{N}$$

을 가해주고 있다. 일정 가속도로 차가 움직인 거리는

$s = \frac{1}{2}at^2 = 70$ m이므로,

엔진이 이 차에 해준 일은 $W = Fs = 490000$ J이다.

자동차의 에너지 변화를 보자. 자동차는 처음에 정지상태에서 ($v_i = 0$) 최종속력 $v_f = 100$ km/h $= 27.8$ m/s로 변하였으므로, 운동에너지 변화는

$$K_f - K_i = \frac{1}{2}mv_f^2 = 490000\ \text{J}$$

이다.

즉, 엔진이 해준 일은 490,000 J이고, 운동에너지 변화량도 490,000 J로서 같다.

이제 힘이 일정하지 않고 시간이나 위치에 따라 힘이 변하면, 위의 결과가 어떻게 변할까?

힘 $F_{\parallel}$가 계속 변하므로, 아주 짧은 시간 dt 동안 거리 $ds = v\,dt$를 움직인다고 생각해 보자.

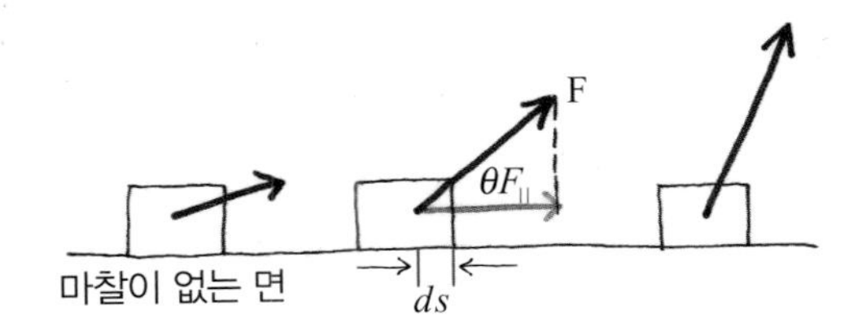

짧은 거리 ds만큼 움직일 때는 힘이 일정하게 작용한다고 볼 수 있다. 따라서, 해준 일은 일의 정의에 따라

$$dW = F_{\parallel}\,ds = \mathbf{F}\cdot d\mathbf{s} = (F\cos\theta)ds$$

가 된다. 해준 일은 마찬가지로 물체의 운동에너지를 변화시킨다.

$$F_{\parallel}\,ds = ma\ ds = d\left(\frac{1}{2}mv^2\right)\text{이다.}$$

($a=dv/dt$, $ds=v\,dt$를 사용했다.)

이제 제법 긴 시간 동안 일을 해주는 경우를 보자.

상당히 긴 시간 동안 해준 일 ΔW는 그림처럼 순간마다 해준 일을 모두 더하면 얻을 수 있다. 그런데, 힘은 그림처럼 시시각각 변하므로 매순간 해준 일은 같지 않다.

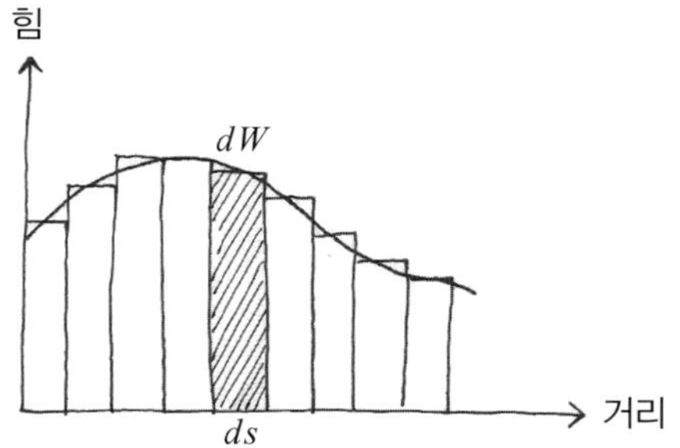

따라서, 매순간 해준 일을 더한다는 것은 그림의 면적을 적분하는 것과 같다. 총 해준 일은

$$\Delta W = \int dW = \int d\left(\frac{1}{2}mv^2\right) = \Delta\left(\frac{1}{2}mv^2\right)\text{이다.}$$

이 결과에 따르면, 시시각각 변하는 힘이 해준 일은 (힘이 일정한 경우와 마찬가지로) 운동에너지의 나중값에서 처음값을 뺀 것과 같다. 이것을 정리하면 다음과 같다.

일-에너지 정리 : $\Delta W = K_{\text{나중}} - K_{\text{처음}}$

생각해보기 용수철이 하는 일

그림처럼 용수철을 눌러 압축시켜 보자. 이 용수철은 훅의 법칙에 따라서 복원력 $F=-kx$를 물체에 작용한다. 용수철을 길이 A만큼 압축시킨 후, 질량 m인 총알을 놓고, 이 용수철이 밀어내도록 해 보자. 총알이 원점에 올 때의 속력을 구해 보자.

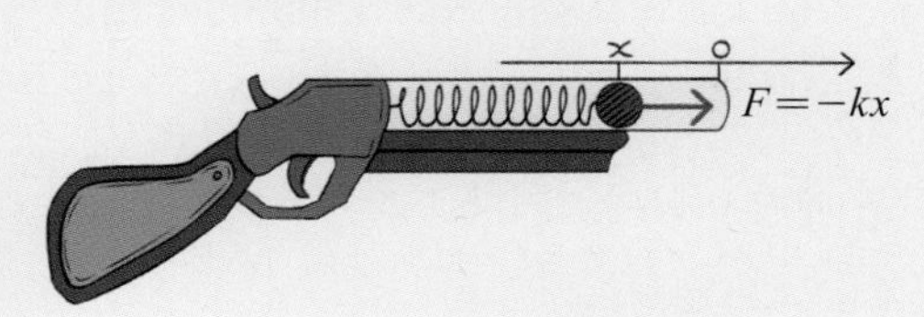

먼저 용수철이 총알에 해 주는 일을 알아보자.
용수철이 총알에 가하는 힘은 그림처럼 위치에 따라 달라진다.

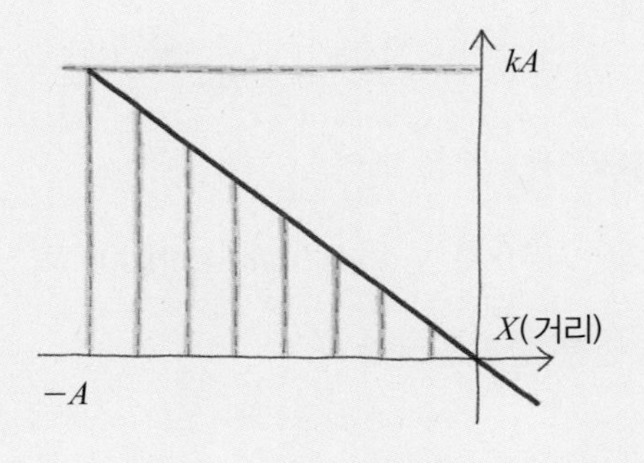

이 힘이 해주는 일을 구하려면, 힘-거리 그래프에서 빗금쳐진 삼각형의 면적을 구하면 된다.
(이 면적은 적분으로 표시된다.)

$$W = \int_{-A}^{0} dx(-kx) = \frac{1}{2}kA \times A$$

따라서, 용수철이 해준 일은

$$W = \frac{1}{2}kA^2\text{이다.}$$

그런데 용수철이 총알을 밀면, 총알은 정지된 상태로부터 가속되기 시작하여 총구를 나올 때 속력 v를 얻는다.

질량 m인 이 총알이 얻는 운동에너지의 변화량은

$$K_f - K_i = \frac{1}{2}mv^2\text{이다.}$$

그런데 용수철이 총알에 해준 일은, 총알을 가속시켜 만들어낸 운동에너지와 같으므로

$\frac{1}{2}kA^2 = \frac{1}{2}mv^2$이다. (일-에너지 정리)

이 관계식으로부터 총알이 총구를 떠날 때의 속력을 구하면,

$$v = \sqrt{\frac{k}{m}}A\text{이다.}$$

일률

힘이 단위시간당 하는 일을 일률이라고 한다.

$$P \equiv \frac{dW}{dt} = F\frac{ds}{dt} = Fv$$

일을 할 때 물체의 속력이 바뀌는 경우, 보통 평균일률을 쓴다.

$$\text{평균일률} = P = \frac{\Delta W}{\Delta t}$$

일률의 단위는 W(와트)이고 (1 W≡1 J/s), 1마력은 746 W이다.

생각해보기

몸무게 60 kg인 학생이 고도 1,500 m인 지리산의 노고단 정상을 3시간 걸려 올라갔다. 이 학생의 평균일률은 몇 마력일까?

$$P = Fv = mg \times v$$
$$= 60\text{ kg} \times 9.8\text{ m/s}^2 \times 1500\text{ m/(3 h)}$$
$$= 60\text{ kg} \times 9.8\text{ m/s}^2 \times 0.14\text{ m/s} = 82\text{ W}$$

이것은 대략 0.11마력이다.

생각해보기

1,250 kg의 최신 승용차는 정지상태에서 100 km/h로 가속하는 데 5초 걸린다고 한다. 이 엔진의 일률은 얼마일까?

속도가 시간에 따라 바뀌면 일률도 시간에 따라 바뀐다. 이 경우 차가 등가속도운동을 한다고 가정하고 평균일률을 구해 보자. 62쪽의 생각해 보기에 의하면,

가속도 : $a = 5.6\text{ m/s}^2$
엔진이 내는 일정한 힘 : $F = 7000\text{ N}$
일정 가속도로 차가 움직인 거리 : $s = 70\text{ m}$
엔진이 차에 해준 일 : $W = 490000\text{ J}$이다.

이 값을 이용하여 평균일률을 구하면

$$P = \frac{W}{t} = \frac{490000\text{ J}}{5\text{s}} = 98000\text{ W} = 98\text{ kW}$$

일정 가속하여 얻은 일률은 평균속력을 써서 평균일률을 구할 수도 있다. 자동차의 평균속력은

$$\overline{v} = (v_f + v_i)/2 = 14\text{ m/s}\text{이므로,}$$

평균일률 $P = F\overline{v}$ 을 쓰면,

$$P = 7000\text{ N} \times 14\text{ m/s} = 98000\text{ W}$$

이 되어 같은 결과를 얻는다.

역학적 에너지 보존

암벽을 오르는 사람은 중력을 거슬러 일을 한다. 이때 저장되는 에너지는 암벽을 오르는 경로에 상관없이 사람의 높이에 따라서만 결정된다.

이와 같이 힘을 받고 있는 물체를 이 힘에 대항하여 물체가 가속받지 않도록 외부에서 일을 하여 위치를 바꾸어 놓으면, 이 물체는 외부에서 해준 일에 해당되는 에너지를 잠재적인 에너지인 위치에너지로 간직한다.

중력 속에서 질량 m을 높이 y로 올리기 위해 외부에서 해주어야 할 일을 구해 보자.

중력을 거슬러 해준 일 $dW=\mathbf{F}\cdot d\mathbf{s}=F\,dy$

중력 속에서의 위치에너지 (퍼텐셜에너지)

그림처럼 물체가 가속되지 않으면서 짧은 위치 $d\mathbf{s}$만큼 움직이려면, 중력에 대항하여 힘 $F=mg$를 윗방향으로 가해 주어야 한다. 이때 해 주어야 하는 일은

$$dW=\mathbf{F}\cdot d\mathbf{s}=F\cos\theta\,ds=F\,dy=mg\,dy$$

이다. 따라서, 높이 y만큼 올릴 때 해야 할 일은

$$\Delta W=\int\mathbf{F}\cdot d\mathbf{s}=\int_0^y F\,dy=mgy$$ 이다.

이 물체는 가속되고 있지 않으므로, 외부에서 해준 일을 통해 운동에너지로 얻는 대신, 위치에너지로 간직한다.

위치에너지를

$$V(y)=mgy$$

로 정의하면, 외부에서 해준 일은 위치에너지의 차이와 같다.

$$W=V(y)-V(0)$$

중력 속에서 물체는 아래로 힘을 받아 떨어진다. 물체가 높은 곳에서 낮은 곳으로 떨어진다는 것은 그림처럼 위치에너지가 높은 곳에서 낮은 곳으로 떨어진다는 것을 뜻한다.

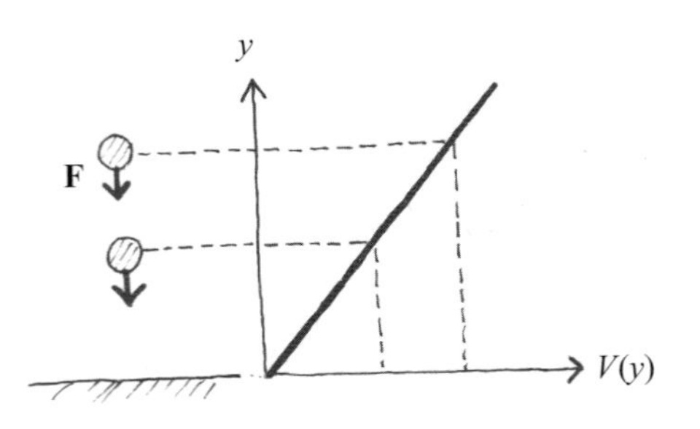

생각해보기

1톤의 자동차를 운전하여 50 m 높이의 언덕 위에 올려 놓았다. 이 차의 위치에너지는 얼마나 증가했을까? 만일, 이 차를 평지에서 운전하여 같은 에너지를 운동에너지로 얻었다면 이 차의 속력은 얼마나 될까?

언덕 위에서의 위치에너지

$$V = mgh = 1000\ \text{kg} \times 9.8\ \text{m/s}^2 \times 50\ \text{m}$$
$$= 4.9 \times 10^5\ \text{J}$$

평지에서의 운동에너지

$$K = \frac{1}{2}mv^2 = 4.9 \times 10^5\ \text{J}$$

$$v = \sqrt{\frac{2K}{m}} = \sqrt{2 \times 4.9 \times 10^5/1000}\ \text{m/s} = 31.3\ \text{m/s}$$

이것을 시속으로 고치면 112.7 km/h이다.

용수철의 퍼텐셜에너지

용수철에 매달린 물체도 중력에서처럼 힘을 받고 있다.

용수철을 수평으로 놓고 원점에서 x만큼 잡아늘이자. 이때 외부에서 한 일은, 복원력 $-kx$에 대항하여, 힘 $F = kx$를 물체에 가해 한 일과 같다.

$$W = \int_0^x kx\ dx = \frac{1}{2}kx^2 \text{이다.}$$

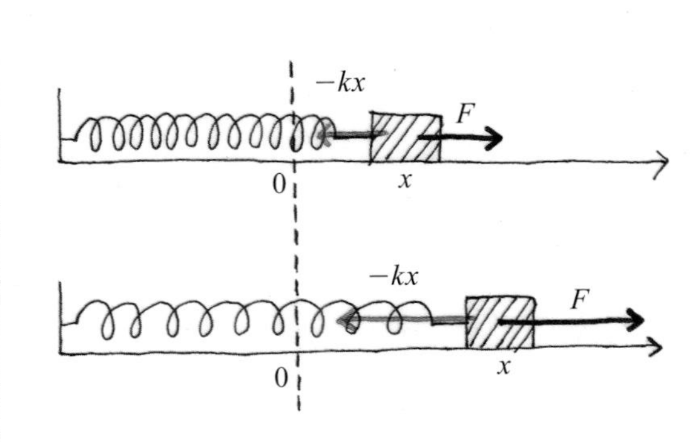

외부에서 물체에 해준 일은 물체의 위치에너지로 저장된다. 용수철에 매달린 물체의 위치에너지를 $V(x) = \frac{1}{2}kx^2$으로 정의하자. 외부에서 해준 일은 위치에너지의 차이와 같다.

$$W = V(x) - V(0)$$

위치에너지의 기준점은 원점을 0으로 잡았다.

$$V(0) = 0$$

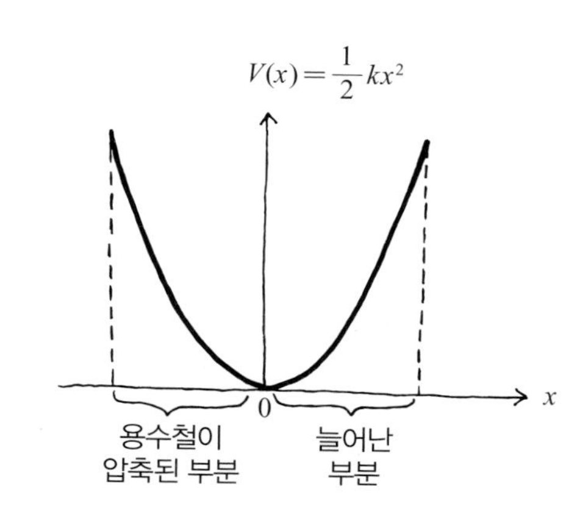

그림처럼 용수철의 위치에너지는 원점(늘어나지 않은 상태)에서 가장 낮고, 용수철을 잡아늘일수록 위치에너지는 증가하며, 최대로 늘일 때 가장 높다.

용수철을 압축시킬 때도 마찬가지로 위치에너지는 증가하기 시작하여 최대로 압축시킬 때 위치에너지가 가장 높다.

용수철에는 복원력이 작용한다. 이 복원력의 방향은 원점을 향하는 방향이다. 이것도 위치에너지가 낮아지는 방향이다.

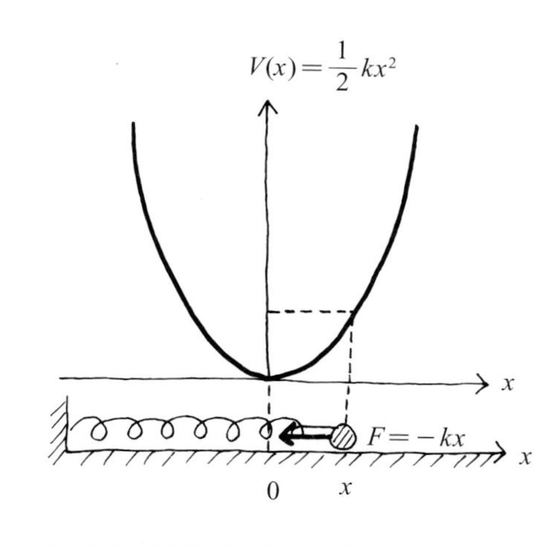

생각해보기

그림처럼 질량 m인 물체가 연직방향으로 용수철상수 k인 용수철에 매달려 평형을 이루고 있다. 이 물체를 A만큼 더 잡아늘인다면 이 물체의 위치에너지는 평형점에서와 얼마나 차이가 날까?

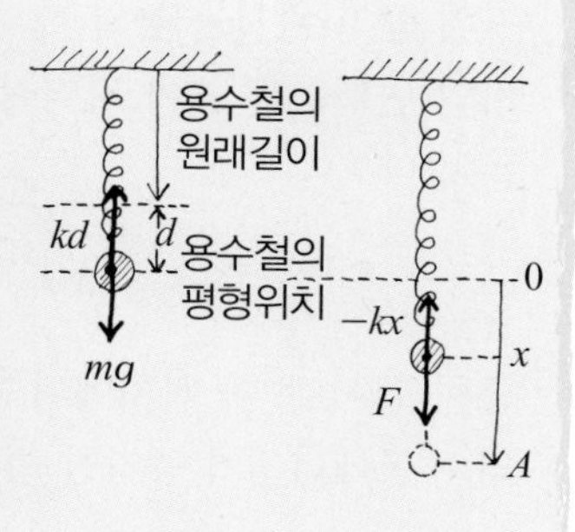

평형점에서는 이미 용수철이 원래 길이로부터 d만큼 늘어나 중력과 복원력이 평형을 이루고 있음을 기억하자. 중력효과는 이미 상쇄되어 있다.
이 물체가 평형점에서 벗어날 때 용수철로부터 받는 복원력은 $-kx$이다. 외부에서 힘 $F = kx$로 잡아 당겨 A만큼 늘일 때 해주어야 하는 일은

$$W = \int_0^A F\,dx = \int_0^A kx\,dx = \frac{1}{2}kA^2 \text{이다.}$$

따라서, 이 용수철에 의한 위치에너지는 $\frac{1}{2}kA^2$만큼 더 증가한다.

그러면 어떤 종류의 힘이라도 위치에너지를 정의할 수 있을까?

마찰력이 있는 곳에서는 외부에서 힘을 주어 물체를 옮겨도 외부에서 해준 일은 물체에 저장되지 않는다.

또한, 마찰력이 있는 곳에서 물체를 옮길 때는 먼 길을 돌아가는 경우에 비해 지름길로 옮기면 해주는 일이 적다.

경로에 따라 해준 일이 달라지므로, 마찰력의 경우 위치에너지를 정의할 수 없다.

보존력과 역학적 에너지의 보존

중력이나 용수철 힘처럼 해준 일이 처음과 나중의 위치만으로 결정되는 힘을 보존력이라고 한다. 보존력의 경우에만 위치에너지를 정의할 수 있다.

보존력을 받아 운동하는 물체의 에너지변화를 보자.

창문에서 공을 떨어뜨려 보자.

정지상태의 공이 창문에서 Δy만큼 자유낙하하면, 공의 위치에너지는

$$\Delta V = mg\Delta y = V_i - V_f$$

만큼 감소한다. 공이 낙하하는 동안, 중력은 공에 일을 하여 운동에너지를 증가시킨다. 일-에너지 정리에 의하면

$$\Delta W = \Delta K = K_f - K_i$$

그런데 위치에너지는 중력에 대항하여 외부에서 힘을 가해 공의 위치를 높일 때 해준 일이므로, 이 위치에너지의 변화량과 공이 떨어질 때 중력이 해준 일의 크기는 같다.

$$\Delta W = \Delta V$$

공이 떨어질 때 위치에너지가 줄어들고 대신 같은 양의 운동에너지가 증가한 것이다.

$$\Delta W = \Delta V = \Delta K$$

즉, 위치가 달라질 때 운동에너지의 증가량은 위치에너지의 감소량과 같다.

$$K_f - K_i = V_i - V_f$$

이것을 같은 위치에서 갖는 에너지로 다시 쓰면

$$K_i + V_i = K_f + V_f = \text{일정}$$

이 된다. 따라서, 운동에너지와 위치에너지의 합은 위치와 관계없이 일정하다.

운동에너지와 위치에너지를 합한 양을 역학적 에너지라고 한다.

$$E = K + V$$

역학적 에너지 보존은 보존력이 작용하는 경우에만 적용된다. 보존력이 아닌 경우에는 역학적 에너지와 더불어 마찰에 의해 발생하는 열에너지를 포함하면 총 에너지가 보존된다.

역학적 에너지 보존법칙은 에너지 보존법칙의 한 형태이다.

생각해보기

자유투를 하는 농구선수가 1.5 m 상공에서 5 m/s의 속력으로 공을 던진다. 농구공이 2.5 m 높이의 농구골대 속으로 들어갈 때의 속력을 구하라.

질량 M인 공이 1.5 m 상공에 있을 때 역학적 에너지는

$$E = \frac{1}{2}M \times (5\text{ m/s})^2 + Mg \times (1.5\text{ m})\text{이다.}$$

골대에서 공의 역학적 에너지는

$$E = \frac{1}{2}M \times v^2 + Mg \times (2.5\text{ m})\text{이다.}$$

역학적 에너지는 보존되므로, 농구골대에서의 공의 속력은

$$v = \sqrt{5^2 - 2\times 9.8\times 1}\text{ m/s} \cong 2.3\text{ m/s이다.}$$

생각해보기

용수철을 x만큼 압축시켜 물체를 수직으로 쏘아 올렸을 때와, 수평면과 각도 30도를 이루어 포물선운동을 시켰을 때 올라가는 높이의 비율을 구하라.

(a) 물체를 수직으로 올렸을 때 올라가는 높이를 h라고 하면, 정점에서의 물체의 위치에너지는 용수철의 위치에너지와 같다.

$$mgh = \frac{1}{2}kx^2, \quad \therefore h = \frac{kx^2}{2\,mg}$$

(b) 물체가 포물선운동을 해서 올라가는 높이를 H라고 하면, 포물선 꼭짓점에서의 에너지는 용수철의 위치에너지와 같다.

$$\frac{1}{2}mv_{\parallel}^2 + mgH = \frac{1}{2}kx^2 \qquad (1)$$

여기에서 $v_{\parallel}$는 물체의 수평속도이다.

용수철로부터 발사되는 물체의 초속도를 v_0라고 하면,

$$\frac{1}{2}mv_0^2 = \frac{1}{2}kx^2 \qquad (2)$$

초속도의 수평성분은 포물선운동을 하는 동안 변하지 않으므로,

$$v_{\parallel} = v_0 \cos 30^\circ = \frac{\sqrt{3}}{2} v_0 \qquad (3)$$

식 (3)을 식 (1)에 대입한 후, 식 (2)를 이용하면,

$$\frac{1}{2} m \left(\frac{3}{4} v_0^2\right) + mgH = \frac{1}{2} kx^2,$$

$$mgH = \frac{1}{2}kx^2 - \frac{3}{4}\left(\frac{1}{2}mv_0^2\right) = \frac{1}{2}kx^2 - \frac{3}{4}\left(\frac{1}{2}kx^2\right)$$

$$= \frac{1}{4}\left(\frac{1}{2}kx^2\right) = \frac{1}{4}mgh, \quad \therefore \frac{H}{h} = \frac{1}{4}$$

생각해보기

속도 v_0로 움직이고 있던 물체가 운동마찰계수 μ_k인 표면에서 일정거리 x를 움직인 후 정지했다. 이때 정지하기까지 진행한 거리를 에너지 보존법칙과 운동 방정식을 세워서 각각 풀어보자.

(1) 운동 방정식
물체는 마찰력에 의하여 감속되므로, $ma = -\mu_k mg$를 쓰면

$$a = -\mu_k g.$$

물체가 정지하기까지 소요된 시간은 $v_f = 0 = v_0 + at$이므로,

$$t = \frac{v_0}{\mu_k g} \text{ 이다.}$$

따라서 물체가 정지하기까지 진행한 거리는

$$x = v_0 t + \frac{1}{2}at^2$$

$$= \frac{v_0^2}{\mu_k g} - \frac{1}{2}\mu_k g\left(\frac{v_0^2}{\mu_k^2 g^2}\right) = \frac{1}{2}\frac{v_0^2}{\mu_k g} \text{ 이다.}$$

(2) 에너지 보존 법칙
운동에너지의 감소는 마찰에 의해 손실된 에너지와 같다. 손실된 에너지는 접촉면에서의 열에너지의 증가와 같다.

$$\frac{1}{2}mv_0^2 = \mu_k mgx$$

$$\text{따라서 } x = \frac{1}{2}\frac{v_0^2}{\mu_k g} \text{ 이다.}$$

그림처럼 궤도를 따라 움직이는 청룡열차를 보자. 꼭짓점 a에서 청룡열차가 정지상태에서 내려가기 시작했다. 점 b에서의 운동에너지는 얼마일까?

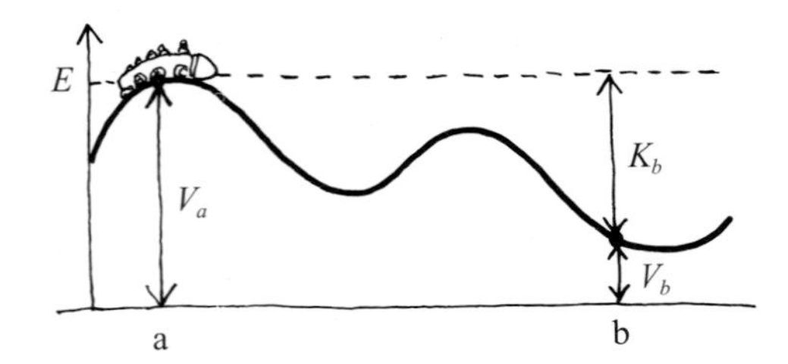

역학적 에너지는 보존되므로 점 a에서의 역학적 에너지와 점 b에서의 역학적 에너지는 같다.

$$E = K_a + V_a = K_b + V_b$$

점 a에서의 운동에너지 K_a가 0이므로, 총 에너지는 점 a에서의 위치에너지와 같다. $E = V_a$. 따라서, 점 b에서의 운동에너지 K_b는 그림에서처럼

$$K_b = E - V_b$$

로 표시된다.

충돌

축구선수가 공을 차는 모습을 상상해 보자. 선수는 축구공에 발을 접촉하여 힘을 가한다. 짧은 시간 동안이지만, 물론 축구공은 힘을 받기 때문에 운동량이 변한다.

낙하하는 물체가 지면에 닿는 순간이나 당구공이 서로 충돌하는 경우 등, 주위에는 짧은 시간 동안 접촉하여 힘을 가하는 경우가 많다.

짧은 시간 동안 접촉하면서 힘을 교환하는 물체의 운동을 살펴보자.

축구선수는 짧은 시간 동안 접촉하여 축구공에 힘을 주고, 이 축구공은 선수로부터 힘을 받으므로 운동량이 변한다. 이 축구공이 받는 평균힘은 어떻게 계산할 수 있을까?

축구공이 힘 F를 받는다면, 공의 운동량 변화량은

뉴턴의 제2법칙 $F=\dfrac{\Delta p}{\Delta t}$ 로부터

$$\Delta p = F\,\Delta t \text{ 이다.}$$

이때 공이 받는 충격량은 발이 가해 주는 힘 F와 축구공에 접촉하는 짧은 시간 Δt의 곱으로 정의된다.

$$\text{충격량} : I \equiv F\,\Delta t = \Delta p$$

따라서, 공이 받는 충격량은 공의 운동량 변화량과 같다.

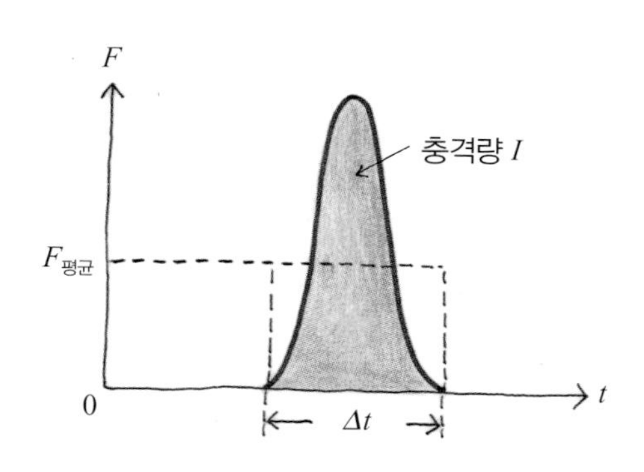

축구공이 받는 힘은 대체로 옆 그림처럼 시간에 따라 변한다.

충격량은 붉게 칠한 면적에 해당한다. 충격량을 알면 축구공이 받는 평균힘을 알 수 있다.

$$\text{평균힘} = F_{\text{평균}} = \frac{I}{\Delta t}$$

생각해보기

축구선수가 축구공을 차니 공이 15 m/s로 날아가기 시작한다. 이때 발이 축구공에 접촉하는 시간은 5 ms(밀리초)이다. 이 축구공이 받는 평균힘은 얼마일까? 축구공의 질량은 430 g이다.

충격량은 축구공의 운동량 변화량과 같으므로

$$I = \Delta p = m\Delta v = 0.43\ \text{kg} \times (15\ \text{m/s} - 0) = 6.45\ \text{kg}\cdot\text{m/s}$$

따라서, 축구공이 받는 평균힘은

$$F_{평균} = \frac{I}{\Delta t} = \frac{6.45\ \text{kg}\cdot\text{m/s}}{5\times10^{-3}\ \text{s}} = 1290\ \text{N}$$

이다.

생각해보기

60 kg의 사람이 2층(3 m) 높이에서 뛰어내린다.

다리를 굽혀 착지하는 모습

이때 받는 충격량은 얼마일까? 이 사람이 땅에 닿는 순간 다리를 펴고 내려 1 cm 정도 다리를 구부리는 경우와 50 cm 정도 허리와 다리를 구부리는 경우에 각각 받는 평균힘은 어떻게 다를까?

역학적 에너지 보존 $mgh=\frac{1}{2}mv^2$을 쓰자. 높이 h에서 뛰어내려 지면에 닿을 때의 속력 v를 구해 보면,

$$v = \sqrt{2gh} = \sqrt{2\times9.8\times3}\ \text{m/s} = 7.7\ \text{m/s}$$

이다. 충격량은 이 사람의 운동량 변화량과 같으므로

$$I = m\Delta v = 60\ \text{kg} \times (7.7\ \text{m/s} - 0) = 462\ \text{kg}\cdot\text{m/s}$$

사람의 발이 지면에 닿는 시간 Δt는 평균속력 $v/2$로 다리를 구부린 거리만큼 가는 시간에 해당된다.

다리를 1 cm 구부리는 경우의 접촉시간은

$$\Delta t = \frac{0.01\ \text{m}}{\left(\frac{7.7\ \text{m/s}}{2}\right)} = 2.6\times10^{-3}\ \text{s}$$이다.

이 경우 발이 땅에 닿을 때 다리가 받는 평균힘은

$$F_{평균} = \frac{I}{\Delta t} = \frac{462}{2.6\times10^{-3}} = 1.8\times10^5\ \text{N}$$이다.

이 힘은 이 사람 몸무게의 약 300배 정도이다.

그러나 다리를 50 cm 구부리는 경우의 접촉시간은

$$\Delta t = \frac{0.5\ \text{m}}{\left(\frac{7.7\ \text{m/s}}{2}\right)} = 0.13\ \text{s}$$이고,

이때 받는 평균힘은

$$F_{평균} = \frac{I}{\Delta t} = \frac{462}{0.13} = 3554\ \text{N}$$ 이다.

1 cm 구부리는 경우에 다리가 받는 힘은 부상당할 정도이지만, 50 cm 구부리는 경우에는 견뎌낼 수도 있다. 충격량은 같지만 접촉시간을 늘림으로써 평균힘을 줄일 수 있다. 낙법은 바로 이런 차이를 이용한다.

충돌

이제 두 물체가 충돌하여 움직이는 경우를 보자.
충돌하는 경우 외력이 작용하지 않는다면 충돌 전후의 총 운동량은 언제나 보존된다. 충돌할 때 두 물체는 서로 힘을 주고받으므로 각 물체의 운동량은 재분배된다.

완전탄성충돌

그러나 운동에너지는 충돌과정에서 보존되지 않을 수도 있다. 운동에너지가 보존되는 경우를 탄성충돌이라고 하고, 보존되지 않는 경우를 비탄성충돌이라고 한다.

비탄성충돌 완전비탄성충돌

질량 m인 정지해 있는 구슬에 같은 질량의 구슬이 속도 v로 그림처럼 정면으로 탄성충돌한다. 이 구슬이 충돌한 후의 속도는 얼마일까?

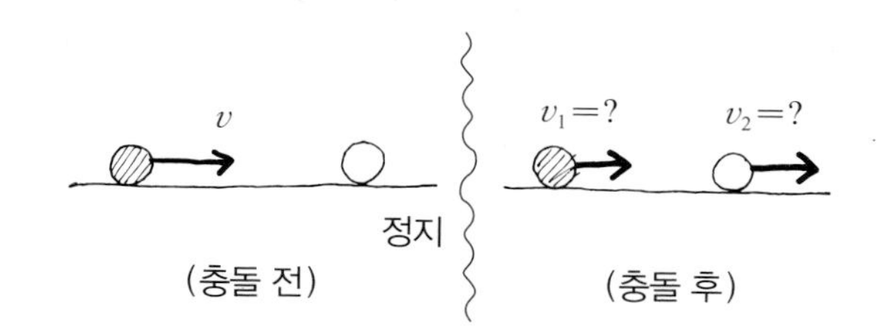

그림처럼 충돌 후 속도를 각각 v_1과 v_2라고 하자.

처음 운동량 $= mv + 0$
충돌 후 운동량 $= mv_1 + mv_2$

총 운동량은 보존되므로 $mv = mv_1 + mv_2$이다.
따라서,

$$v = v_1 + v_2$$

이다.

그런데 두 구슬이 탄성충돌하므로, 두 구슬의 운동에너지는 보존되어야 한다.

$$\frac{1}{2}mv^2 = \frac{1}{2}mv_1^2 + \frac{1}{2}mv_2^2$$

따라서, $v^2 = v_1^2 + v_2^2$.
이 식에 운동량 보존의 결과 $v = v_1 + v_2$를 대입하여 v_1과 v_2를 구하면 $v_1 = 0$, $v_2 = v$가 얻어진다.

즉, v로 움직이던 구슬은 충돌 후 정지하고, 정지해 있던 다른 구슬이 같은 속력 v로 튀어나간다.

반발계수

일반적으로 충돌은 탄성충돌과 완전한 비탄성충돌 사이에서 일어난다. 두 물체가 충돌할 때, 반발계수는 충돌 후의 상대속력과 충돌 전의 상대속력의 비로 정의된다.

$$\text{반발계수 } e = \frac{|v_{2f} - v_{1f}|}{|v_{2i} - v_{1i}|}$$

탄성충돌인 경우 $e = 1$이며, 완전한 비탄성충돌인 경우 $e = 0$이다.

생각해보기

고무공이 높이 H에서 자유낙하한 후 원래 높이의 90%까지 튀어 올라갔다. 공과 바닥 사이의 반발계수를 구하라. 물체가 바닥에 부딪히기 직전과 직후의 속력을 각각 v_i, v_f라고 하자.

바닥에 부딪히기 직전의 속력은,

$$mgH = \frac{1}{2}mv_i^2$$

$$\therefore v_i = \sqrt{2gH}$$

물체가 바닥에 충돌한 후 $0.9H$에 도달하기 위해 필요한 속력은,

$$\frac{1}{2}mv_f^2 = mg(0.9)H \quad \therefore v_f = \sqrt{1.8gH}$$

따라서 반발계수는 다음과 같이 주어진다.

$$e = \frac{v_f}{v_i} = \frac{\sqrt{1.8\,gH}}{\sqrt{2\,gH}} = 0.949$$

일반적으로 바닥에 떨어져 튀어 오르는 공을 생각할 때, 떨어진 높이를 H라고 하고 튀어 오른 높이를 h라고 하면, 반발계수는 다음과 같다.

$$e = \sqrt{\frac{h}{H}}$$

생각해보기

그림과 같이 질량이 각각 3 kg, 1 kg인 두 물체가 각각 10 m/s, 20 m/s의 속력으로 서로 마주보며 진행하다가 충돌한다. 충돌 후 질량이 1 kg인 물체가 20 m/s의 속력으로 처음의 진행방향과 반대로 운동한다고 하자. 이때, 충돌 후 3 kg 물체의 속도와 반발계수를 구하라.

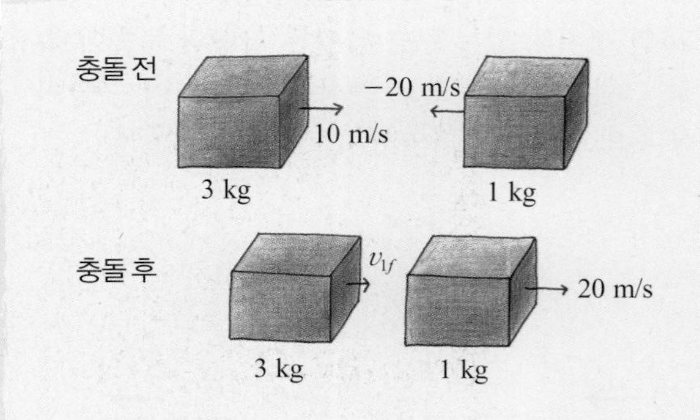

운동량 보존법칙을 이용하면,

$$30 - 20 = 3v_{1f} + 20$$

충돌 후 질량이 3 kg인 물체의 속력은

$$v_{1f} = -3.33 \text{ m/s}$$

따라서 이 물체는 충돌 후 왼쪽으로 움직인다.

반발계수는 다음과 같다.

$$e = \frac{|20-(-3.33)|}{|-20-10|} = \frac{23.33}{30} = 0.78$$

당구공은 2차원 평면에서 거의 탄성충돌하는 것으로 볼 수 있다.

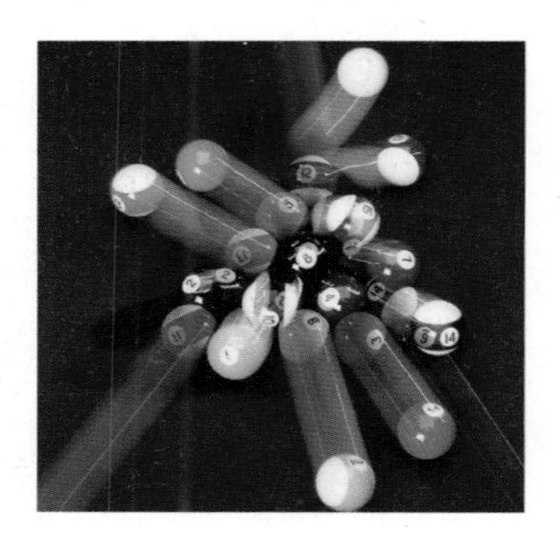

생각해보기 **2차원 탄성충돌**

아래 그림처럼 정지해 있던 흰 당구공에 빨간 당구공을 거의 정면충돌시켰다. 충돌 후 빨간 공은 30도 각도로 흰 공은 60도 각도로 튀어 나갔다. 처음 속력 v를 써서 이 공들의 속력을 구하라. 그리고 이때 당구공들의 운동에너지가 보존됨을 보여라.

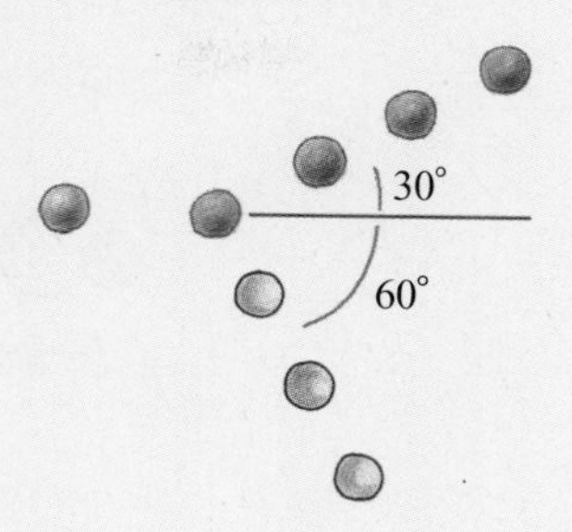

빨간 당구공의 속력을 v_1, 흰 당구공의 속력을 v_2라고 하자. 운동량 보존법칙을 각 성분 별로 쓰면

(x 성분) $$mv = mv_1 \cos30^\circ + mv_2 \cos60^\circ = \frac{\sqrt{3}}{2}mv_1 + \frac{1}{2}mv_2$$

(y 성분) $$0 = mv_1 \sin30^\circ - mv_2 \sin60^\circ = \frac{1}{2}mv_1 - \frac{\sqrt{3}}{2}mv_2$$

y 성분으로부터 $v_1 = \sqrt{3}v_2$이므로,

$$v_1 = \frac{\sqrt{3}}{2}v, \quad v_2 = \frac{1}{2}v \text{이다.}$$

충돌 전과 후의 운동에너지를 비교해 보자.
충돌 전 운동에너지는 $\frac{1}{2}mv^2$이다.

충돌 후의 운동에너지를 계산해 보자.

$$\frac{1}{2}mv_1^2 + \frac{1}{2}mv_2^2 = \frac{3}{8}mv^2 + \frac{1}{8}mv^2 = \frac{1}{2}mv^2$$

따라서 이 충돌의 경우, 운동에너지는 처음과 나중이 같다.

일반적으로 정지한 물체에 질량이 같은 물체가 탄성충돌하면 두 물체는 서로 직각을 이루며 움직인다.

이것을 벡터로 표현해 보면 쉽게 알 수 있다. 즉, 처음 운동량을 $\mathbf{p}$, 충돌 후 각각의 운동량을 $\mathbf{p}_1$, $\mathbf{p}_2$라고 하자. 운동량 보존법칙에 의하면 $\mathbf{p} = \mathbf{p}_1 + \mathbf{p}_2$이다.

그런데 질량이 같은 두 물체가 탄성충돌 한다면, 에너지가 보존된다.

$$\frac{p^2}{2m} = \frac{p_1^2}{2m} + \frac{p_2^2}{2m}$$

이것은 $p^2 = p_1^2 + p_2^2$을 만족한다. 즉, 이 운동량 삼각형은 직각삼각형이 된다는 것을 뜻한다.

이것을 그림으로 표시하면 아래처럼 삼각형이 된다.

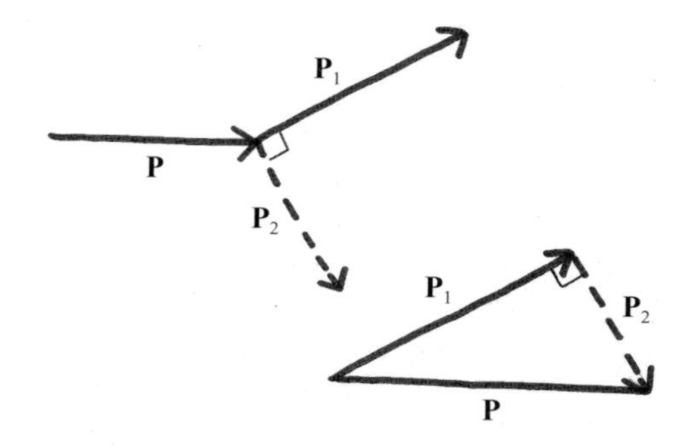

생각해보기 **비탄성충돌**

$m_1 = 1$ kg의 진흙덩어리가 속도 $v_1 = 3$ m/s로 왼쪽에서 오른쪽으로 움직이고 있다.

이때 오른쪽에서 왼쪽으로 $v_2 = 5$ m/s로 날아오는 $m_2 = 3$ kg의 진흙덩어리와 정면충돌하여 질량 $M = m_1 + m_2 = 4$ kg인 한 덩어리가 되었다.

한 덩어리가 된 진흙의 속력은 얼마일까? 이때 운동에너지는 보존될까?

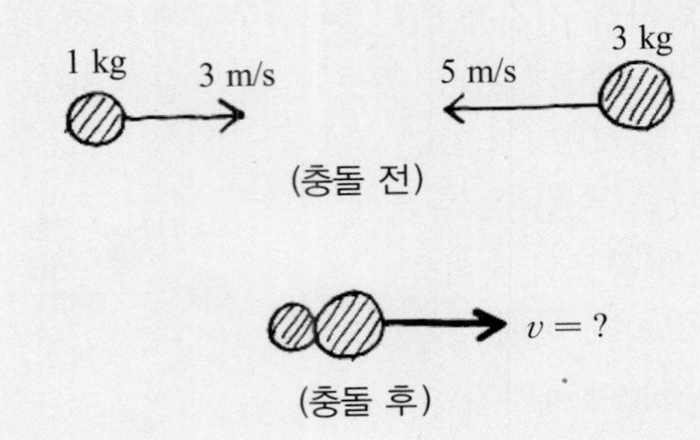

오른쪽 방향을 운동량의 + 방향으로 잡자.

충돌 전 운동량 $= m_1v_1 - m_2v_2$

충돌 후 운동량 $= Mv$

운동량이 보존되므로,

$$Mv = m_1v_1 - m_2v_2$$

$$v = \frac{m_1v_1 - m_2v_2}{M}$$

$$v = \frac{1\times3-3\times5}{4}\ \text{m/s} = -3\ \text{m/s}$$이다.

충돌 후 한 덩어리가 된 진흙은 왼쪽방향으로 3 m/s로 움직인다.

운동에너지를 알아보자.

$$\text{충돌 전 에너지} = \frac{1}{2}m_1v_1^2 + \frac{1}{2}m_2v_2^2$$

$$= \frac{1}{2}\times1\ \text{kg}\times(3\ \text{m/s})^2 + \frac{1}{2}\times3\ \text{kg}\times(5\ \text{m/s})^2$$

$$= 42\ \text{J}$$

$$\text{충돌 후 에너지} = \frac{1}{2}Mv^2$$

$$= \frac{1}{2}\times4\ \text{kg}\times(3\ \text{m/s})^2 = 18\ \text{J}$$

충돌 후 운동에너지가 24 J이 줄었다. 따라서, 이 충돌은 비탄성충돌이다.

이 에너지는 어디로 갔을까? 진흙이 충돌하면서 결국 열에너지로 사라진다.

테니스공이 라켓에 닿는 순간 공의 운동에너지는 라켓줄의 탄성에너지(용수철 위치에너지)로 바뀐다. 그러나 이 충돌은 완전탄성충돌이 아니므로 공의 운동에너지의 일부는 열로 사라진다.

단원요약

1. 일과 에너지

① 힘 $\mathbf{F}$를 작용해서 물체를 거리 $\mathbf{s}$만큼 움직였을 때 해준 일 $\mathbf{W} = \mathbf{F} \cdot \mathbf{s} = F s \cos\theta$이다. 여기서 θ는 가한 힘의 방향과 움직인 거리의 방향 사이의 각도이다. 일의 단위는 J(줄)이다.

② 물체에 힘을 주어 일을 하면 그 일(ΔW)은 물체의 운동에너지를 변화(ΔK)시킨다(일-에너지 정리).

$$\Delta W = \Delta K = K_{\text{나중}} - K_{\text{처음}}$$

③ 일률은 단위시간 동안 하는 일이다. 일률의 단위는 W(와트)다.

$$P = \frac{\Delta W}{\Delta t} = \mathbf{F} \cdot \boldsymbol{v}$$

2. 역학적 에너지 보존

① 보존력이 작용하는 경우 역학적 에너지가 보존된다.

$$K_{\text{처음}} + V_{\text{처음}} = K_{\text{나중}} + V_{\text{나중}} = \text{일정}$$

역학적 에너지(E)
= 운동에너지(K) + 위치에너지(V)

운동에너지 : $K = \frac{1}{2}mv^2$

중력 위치에너지 : $V = mgh$

용수철 위치에너지 : $V = \frac{1}{2}kx^2$

보존력에는 중력, 용수철 힘 등이 있다. 대표적인 비보존력은 마찰력이다. 따라서 마찰력이 있을 경우 에너지는 보존되지 않는다.

3. 충돌

① 충격량은 운동량에 변화를 주며, 충격량과 운동량의 변화량은 같다.

충격량 : $I = F\Delta t = \Delta p$

② 충돌 시 외력이 작용하지 않으면 운동량은 보존된다. 탄성충돌의 경우에 운동에너지는 보존된다. 하지만 비탄성충돌의 경우에 운동에너지는 보존되지 않는다.

③ 반발계수는 충돌 후의 상대속력과 충돌 전의 상대속력의 비로 정의된다.

반발계수 : $e = \frac{|v_{2f} - v_{1f}|}{|v_{2i} - v_{1i}|}$

탄성충돌의 경우 $e = 1$이며, 완전한 비탄성충돌의 경우 $e = 0$이다.

연습문제

1. 평지 도로에서 정지해 있던 1톤 자동차를 200 N 힘으로 밀고 있다. 자동차 바퀴는 미끄러지지 않고 10 m 굴러간다. 이때 해준 일은 얼마일까? 이 자동차는 얼마의 운동에너지를 얻게 될까?

> *1.* 일-에너지 정리를 이용하자.

2. 평지 도로에서 정지해 있는 질량 1톤 자동차에 그림처럼 두 줄을 맨 후, 정면으로부터 30도 비스듬히 200 N의 힘으로 둘이서 각각 잡아당긴다. 자동차 바퀴는 미끄러지지 않은 채 10 m를 자유롭게 굴러갔다. 이때 해준 일은 얼마일까? 이 자동차는 얼마의 운동에너지를 얻게 될까?

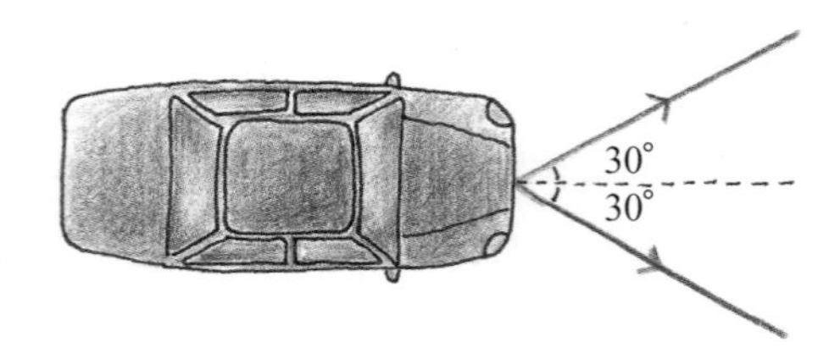

3. 승용차의 질량은 대략 1톤 정도이다. 고속도로에 진입하기 위해 이 승용차를 정지 상태에서 2.5 m/s^2으로 10초 동안 가속시켰다. 이때 자동차의 엔진이 한 일은 얼마일까? 이 자동차가 얻는 운동에너지는 얼마일까? 이것을 마력으로 환산하면 얼마일까? 1마력은 746 W이다.

4. 정지한 자전거를 타고 50 N의 일정한 힘으로 페달을 밟기 시작했다. 자전거와 사람의 총 질량은 80 kg이다.

(1) 40 m를 움직이기 위해서 이 사람은 얼마나 일을 했을까?

(2) 이때 평균일률은 얼마일까?

(3) 기어를 바꾸어 힘을 반으로 줄였다면 일률은 어떻게 바뀔까?

5. 용수철이 달린 헬스기구를 이용하여 근육운동을 한다. 이 기구의 용수철상수는 $k = 2000$ N/m이다. 한 번 당겼다 놓을 때 용수철을 20 cm 늘였다 제자리로 가져다 놓는다. 이때 근육이 하는 일은 얼마일까?

6. 30도 경사의 미끄럼틀에서 어린이가 미끄러져 내려오고 있다. 이때 미끄럼마찰력이 없다면, 6 m 높이를 내려오는 어린이는 바닥에서 얼마의 속력을 가질까?

7. 1 kg의 폭죽이 공중에서 터질 때 10개의 조각으로 사방으로 퍼져 나간다. 이때 퍼져 나가는 폭죽의 속력이 50 m/s라면 폭죽의 화약은 터질 때 얼마의 일을 해 주는가? (폭죽에서 나오는 열과 빛에너지는 무시한다.)

8. 경사각 30도인 마찰없는 빗면 위로 물체를 속도 v로 밀어 올렸다. 이 물체는 얼마나 높이 올라갈 수 있을까?

9. 움직도르래를 써서 물체를 들어올릴 때에도 역학적 에너지는 보존된다. 그런데도 움직도르래를 쓰면 무거운 물체를 쉽게 들어올릴 수 있는 이유는?

3. 자동차를 가속시키기 위해서는 일을 해야 한다.

5. 근육은 당길 때와 놓을 때 모두 일을 한다.

7. 일-에너지 정리를 이용하자.

8. 에너지보존을 이용하자.

9. 일과 힘을 구분하라.

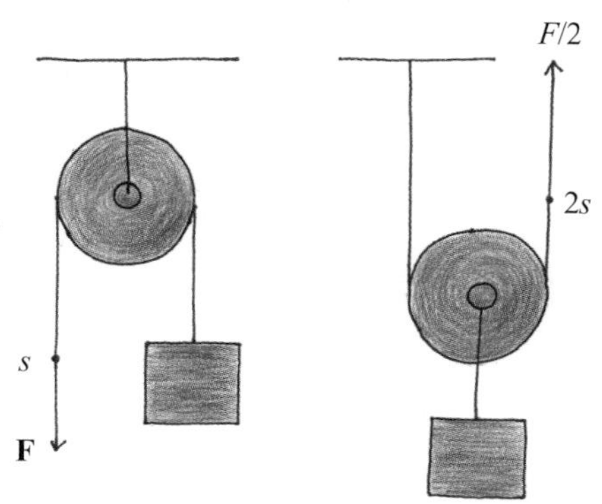

10. 10 m 길이의 춘향 그네를 타는 사람이 높이 4 m까지 올라갔다. 이 사람이 가진 최대 속력은 얼마일까?

11. 지상에서 작은 공을 위로 던진다. 공이 운동하면서 공기저항을 받는다면, 공이 최고점까지 올라가는 데 걸리는 시간과 최고점에서 내려오는 데 걸리는 시간 중 어느 쪽이 더 오래 걸릴까? 공이 같은 높이에 있더라도, 올라가는 도중의 속력과 내려가는 도중의 속력 중에서 어느 속력이 더 큰지를 일-에너지 정리를 써서 말하고, 이를 바탕으로 질문에 답하여라.

12. 그림처럼 질량 4 kg인 수레가 $v_1 = 8$ m/s의 속력으로 오른쪽으로 진행하여, 왼쪽으로 $v_2 = 4$ m/s로 달리는 질량 2 kg인 수레에 접근한다. 왼쪽 수레에는 용수철상수 $k = 2500$ N/m이고, 질량이 무시되는 스프링이 달려 있다. 수레와 지면 사이의 마찰은 없다고 하자.

(1) 스프링이 최대로 압축된 경우에, 각 수레의 속도와 스프링이 압축된 길이를 구하라.

(2) 두 수레가 다시 분리된 후에, 각 수레의 속도를 구하라.

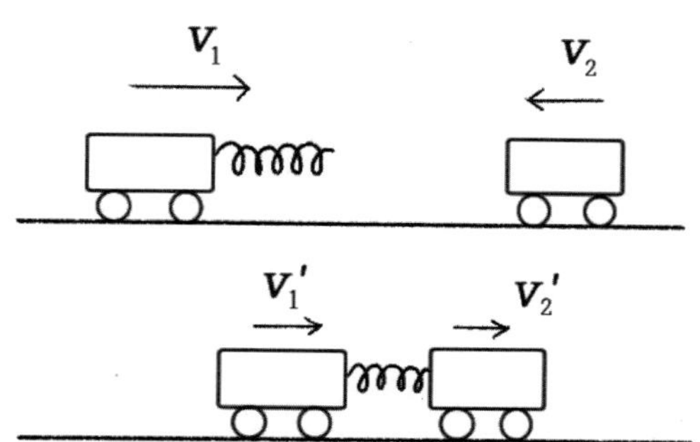

13. 질량이 각각 5톤인 두 화차가 레일 위를 0.5 m/s의 속력으로 마주다가와 부딪힌다. 이때 한 화차에 용수철상수 $k = 40000$ N/m인 용수철이 달려 있다. 이 용수철은 얼마나 압축되는가?

14. 40 m 높이에서 60 kg인 사람이 번지점프를 한다. 이 사람이 20 m 떨어졌을 때, 로프가 팽팽하게 되어 늘어나기 시작한다. 이때 로프는 훅의 법칙을 따른다. 로프의 용수철상수가 $k = 500$ N/m이라면, 이 사람은 바닥으로부터 얼마의 높이까지 떨어질까?

12. 두 수레의 총 운동량과 총 역학적 에너지는 보존되며, 스프링의 탄성위치에너지도 포함해야 한다.

13. 운동에너지가 용수철에너지로 변한다.

14. 위치에너지가 용수철에너지로 바뀐다.

***15.** 각궁의 활시위를 당겨 화살을 쏜다.

《단원풍속화첩》 중 〈활쏘기〉– 국립중앙박물관

25 g의 화살이 시위를 떠나는 순간 화살 속도가 75 m/s이었다. 이 화살을 당기기 위해 필요한 일은 얼마일까? (필요한 일 중에서 화살에 전달된 운동에너지는 전체의 5/13이다.) 활시위를 80 cm 당긴다면 이때 필요한 평균힘은 얼마일까?

> **15.** 해준 일 = 평균힘×물체를 움직이는 거리

16. 그림처럼 용수철 달린 죽마(pogo stick)를 탄다고 하자.

40 kg의 어린이가 죽마에 타니 원래 위치보다 0.2 cm 압축되었다. 이 용수철의 상수는 얼마일까? 이 어린이가 힘을 굴러 뛰어오르니 압축된 위치에서 5 cm까지 올랐다. 이 어린이는 용수철을 얼마나 더 압축시킬까? 어린이는 얼마의 힘을 처음 가한 것일까?

***17.** 소방수가 고속으로 물을 내뿜는 소방호스를 혼자서 붙잡고 불을 끄기 힘든 이유는 무엇일까? 지름 10 cm인 호스에서 30 m/s로 물이 뿜어져 나올 때 소방호스에 작용하는 힘을 대략 계산해 보라.

> **17.** 운동량의 변화량과 힘의 관계를 이용하자.

18. 축구선수가 20 N의 힘으로 0.5초 동안 정지한 축구공을 차냈다. 이 축구공에 가한 충격량을 구하고 이로부터 축구공의 속력을 구하라. (축구공의 질량은 450 g이다.) 만일 충격량을 늘리기 위해 축구공에 0.8초 동안 힘을 가한다면 위의 결과는 어떻

> **18.** 충격량은 운동량의 변화량과 같다.

게 바뀔까?

19. 큐로 당구공을 쳐서 이 공이 정지한 당구공과 충돌하여 진행방향으로부터 5도 휘어졌다. 이때 정지했던 공은 어느 방향으로 움직일까? (탄성충돌이라고 가정하라.)

20. 고무공이 높이 h에서 자유낙하한 후 원래 높이의 90%까지 튀어 올라갔다. 공과 바닥 사이의 반발계수를 구하라.

21. 정지해 있는 물체에 질량이 같은 물체가 충돌한 후, 두 물체가 진행방향으로부터 각각 위 아래 30도 방향으로 튀어 나갔다. 이 물체들의 각각의 운동에너지를 구하고 총 운동에너지가 보존되지 않음을 보여라.

21. 2차원 운동이므로 각 성분을 나누어 생각하자.

***22.** 질량 0.5 kg인 통에 물을 1 kg/s의 율로 5 m 높이에서 쏟아 붓고 있다. 이 통이 저울 위에 놓여 있다면 10초 후에 저울눈금은 얼마를 가리키고 있을까? (물은 튀어 오르지 않는다고 생각하자.) 이때 물을 더 이상 붓지 않는다면 저울눈금은 얼마나 차이가 날까?

22. 쏟아지는 물이 물통에 가하는 충격량 때문에 물통은 힘을 더 받게 된다.

23. 수영장에 설치된 마찰을 무시해도 좋을 높이 10 m의 미끄럼틀에서 내려온 몸무게 60 kg의 사람이 물이 고인 미끄럼틀 바닥에서 진행하는 거리는 얼마일까? 바닥에서의 미끄럼마찰계수를 $\mu_k = 0.9$라고 하자.

24. 캐나다 쪽에 있는 말굽모양의 나이아가라 폭포의 낙하 높이는 약 51 m이며 떨어지는 물의 양은 1초에 약 2,271톤이다. 이 폭포가 지니는 위치에너지의 1/3을 전기에너지로 전환시킬 수 있다면 이때의 일률을 구하라.

25. 질량 100 g의 물체가 30도 빗면을 50 cm 내려가 빗면에 설치된 탄성계수 k인 용수철을 압축시킨다. 마찰을 무시할 경우 용수철은 얼마나 압축되는가? 용수철상수는 200 N/m이다.

25. 용수철의 위치에너지는 중력 위치에너지가 감소한 만큼이다.

26. 마찰이 있는 면에서 질량 m의 물체로 용수철을 x만큼 압축시킨 후 놓으니 물체가 미끄러지기 시작했다. 만약 이 물체가 진동하지 않고, 용수철의 원래 위치까지 미끄러져 완전히 정지했다면, 물체와 면 사이의 미끄럼마찰계수는 얼마일까? 용수철 상수는 k이다.

27. 골프채로 질량 45 g의 골프공을 쳤더니 초속도 120 km/h, 30도의 각도로 포물선을 그리면서 날아갔다고 하자. 이때 공이 올라가는 최대높이, 비행거리, 비행시간을 구하라.

27. 공기마찰은 무시하자.

***28.** 청룡열차가 지름 30 m인 원을 그리며 돌기 위해서는 바닥에서의 속력이 얼마가 되어야 할까?

> **28.** 원의 맨 윗점에서 열차의 속력이 있어야 원형궤도를 계속 돌 수 있다.

29. 연직면에 설치되어 있는 원형 롤러코스터의 최하점에서 속력이 $v_0 = \sqrt{\frac{9}{2} gR}$ 인 열차의 운동을 살펴보자. 열차의 질량은 m이고, R은 원의 반경, g는 지표에서의 중력가속도이다.

(1) 그림처럼 이 열차가 각도 θ인 위치에 도달했을 때의 속력 v을 구하라.

(2) 이때 열차가 롤러코스터의 레일로부터 받는 수직력 N을 구하라.

(3) 이 열차가 원형궤도를 이탈하는 곳의 각도 $\theta_{최대}$를 구하라.

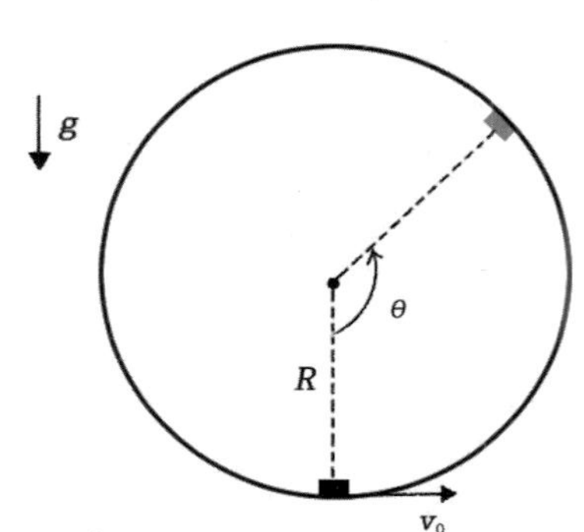

> **29.** 열차는 속력이 바뀌는 원운동을 하고, 열차의 역학적 에너지는 보존된다.

30. 질량 m인 공을 지면과 30° 각도로 초기 속력 v로 던졌다. 지면에 떨어진 순간, 공의 속력은 $v/\sqrt{2}$이고 지면과 45° 각도를 이룬다(그림 참조). 이 공이 일정한 중력과 함께, 바람 때문에 $-x$축 방향으로 일정한 크기 F_w인 힘을 받아서 이와 같은 운동을 한다고 가정하고, F_w를 공의 질량 m과 중력가속도 g 등으로 구하라.

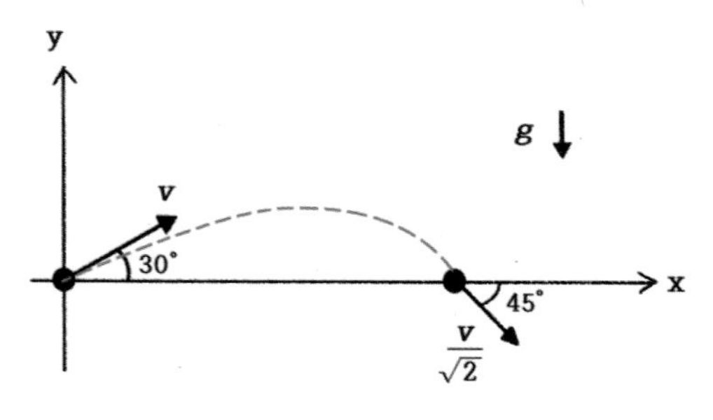

> **30.** 공이 투척되어 지면에 떨어질 때까지 받는 충격량은 공의 운동량의 변화량과 같다.

***31.** 탄환의 속도를 재기 위해 그림처럼 천장에 줄로 매달려 있는 1 kg의 나무토막에 5 g의 탄환을 쏘았다. 탄환이 나무토막에 박힌 채 5 cm만큼 위로 올라갔다. 이 탄환의 속도는 얼마일까?

> **31.** 운동량 보존과 에너지 보존을 제대로 이용하자.

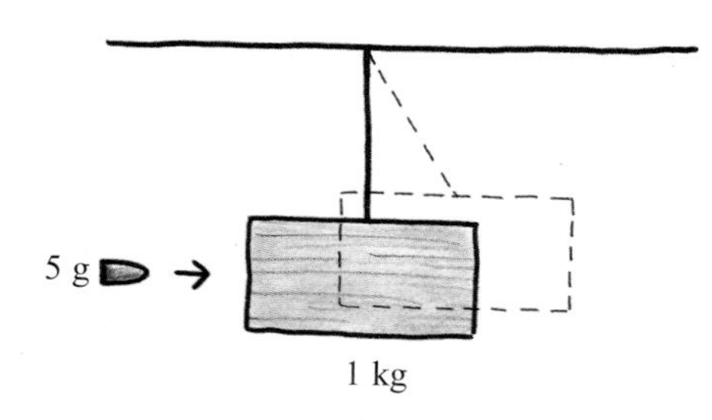

32. 드라이버로 질량 45 g, 지름 4.3 cm의 골프공을 쳤더니 골프공이 10도의 각도로 포물선을 그리면서 200 m 날아갔다. 골프공의 반지름에 해당하는 거리 동안 충돌이 일어났다고 할 때, 충격량, 충돌시간, 평균힘을 구하라. [USGA (미국골프협회)의 규정에 의하면 골프공의 질량 $m < 45.93$ g, 지름 $r > 4.267$ cm이다.]

33. 질량 m인 입자가 운동에너지 E를 갖고 운동하여, 정지한 미지의 핵에 정면충돌하였다. 충돌 후에 이 입자는 입사 방향과 θ 각도의 방향으로, 운동에너지 E'을 갖고 나온 것으로 측정되었다. 이 충돌이 탄성충돌이라고 가정하고, 미지의 핵의 질량 M을 알려진 물리량들, 즉, m, E, E', θ로 구하라.

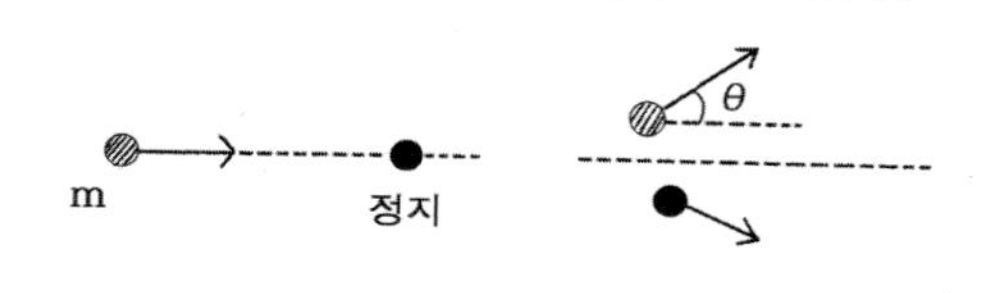

34. 질량이 M인 블록이 마찰이 없는 테이블 위에 정지한 채로 놓여 있다. 이 블록은 그림과 같이 완만한 곡면을 갖고 있다. 질량이 m인 작은 큐브가 속력 v_0로 블록을 향해 돌진한다. 큐브는 테이블과 블록 면 위에서 마찰 없이 운동한다. 중력가속도는 g이다.

(1) 큐브가 블록 위로 올라가는 높이 h의 최댓값을 구하라. 큐브의 속력 v_0는 충분히 작아 큐브는 블록의 곡면을 벗어나지 않는다고 가정하자.

(2) 큐브가 블록 면을 따라 내려와 블록을 떠날 때 큐브와 블록의 속도를 구하라.

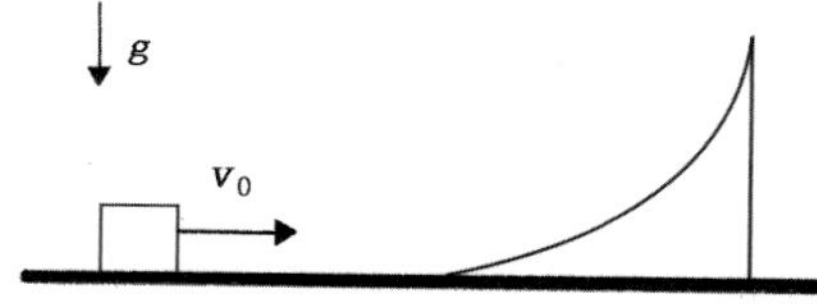

35. 대형트럭과 소형승용차가 충돌한다고 하자. 대형트럭의 질량은 10톤이고 소형승용차의 질량은 1톤이다. 대형트럭이 아주 천천히 앞에 가고 있는 소형차에 시속 60 km/h로 탄성충돌한다면 이 소형차의 충돌 직후 속력이 대형트럭 속력의 약 2배 정도 갖게 됨을 보여라. (소형차는 브레이크를 밟지 않고 있다고 가정하라.)

***36.** (공짜로 우주선 속력 얻기) 보이저 1호는 1977년 지구를 떠난 이후 목성과 토성을 방문하고 이제는 태양계를 벗어나고 있다. 어떻게 이렇게 멀리 갈 수 있었을까?

33. 충돌과정에서 두 입자의 총 운동량과 총 역학적 에너지가 보존된다.

34. 블록과 큐브와 테이블면 등 어디에도 마찰이 없으므로, 큐브와 블록의 총 역학적 에너지는 보존된다. 또 블록과 큐브의 수평방향의 총 운동량은 충돌과정에서 보존된다.

36. (우주선은 토성의 중력을 받지만 토성으로 멀리 떨어져 있는 경우 중력효과는 무시할 수 있다.) 토성과 우주선의 총 운동량은 보존된다는 것을 이용하자. 또한 토성과 우주선의 역학적 에너지도 보존된다.

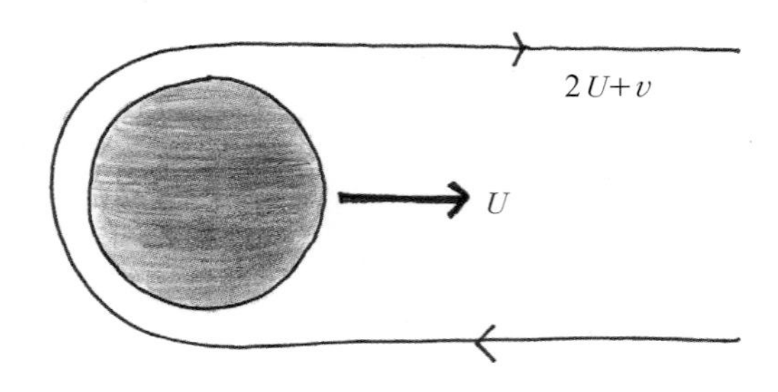

37. 반발계수가 1이면, 운동에너지가 보존됨을 보여라.

38. 두 개의 질량 $M=5$ kg과 $m=4$ kg이 가볍고 일정한 길이의 끈으로, 가볍고 마찰이 없는 도르래를 통해서 서로 연결되어 있다. 또 질량 m은 지면에 연직 방향으로 고정되어 있는 가벼운 스프링에 부착되어 있다. 용수철상수는 $k=40$ N/m이다. 그림에서 스프링이 자신의 원래의 길이를 갖는 위치를 $x=0$로 표시하고, 시간 t에 질량 m의 위치를 $x(t)$로 표시하였다. 처음에($t=0$) 질량들은 정지 상태이고, 스프링은 $x(0)=-0.3$(m)로 압축되어 있다. 중력가속도는 $g=9.8$ m/s^{2}이다.

(1) 두 개의 질량과 도르래, 그리고 스프링으로 이루어진 이 계의 총 위치에너지 $U(x)$를 질량 m의 위치 x의 함수로 나타내어라. 편의상 $U(0)=0$로 잡자.

(2) 질량 m의 최고 높이 x_{max}를 구하고, 이 위치에서 질량 m이 받는 힘을 구하라.

(3) 질량 m의 속력이 최대인 곳을 찾고 최대속력을 구하라.

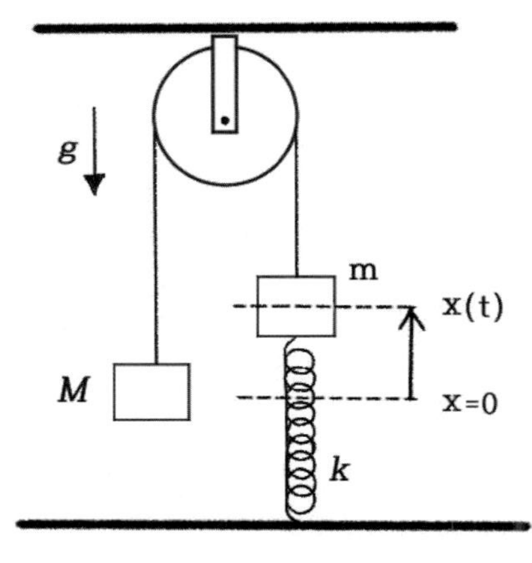

38. 두 질량과 도르래와 스프링으로 이루어진 이 계의 총 역학적 에너지는 보존되며, 각 질량들의 중력위치에너지와 스프링의 탄성에너지의 총합이 이 계의 총 위치에너지이다.

Chapter 4 강체의 회전운동

쳇바퀴 안에 들어 있는 다람쥐는 어떻게 쳇바퀴를 돌릴 수 있을까?
쳇바퀴가 우주선 안의 무중력 상태에 놓여 있다면 과연 다람쥐는 쳇바퀴를 돌릴 수 있을까?

Section 1

회전운동과 각운동량

이제 부피를 가진 강체의 움직임을 살펴보자. 강체는 힘을 받아 운동하는 중에도 모양이 변형되지 않는다.

수많은 질점들이 있지만, 모양이 변하지 않기 때문에 각 질점들의 움직임을 따로따로 고려할 필요가 없다.

대신 강체의 운동은 아무리 복잡한 운동을 하더라도 질량중심이 이동하는 운동과 3개의 회전축을 중심으로 하는 회전운동의 조합으로 나타난다.

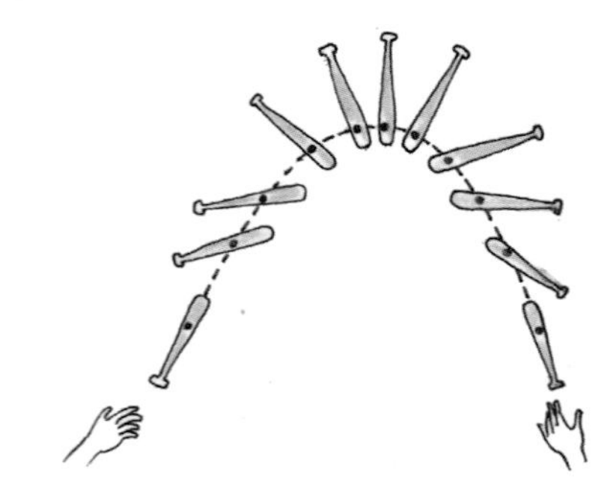

위로 던진 야구방망이의 운동은 질량중심의 포물선운동과 질량중심을 지나는 축에 대한 회전운동의 조합으로 나타난다.

질량중심이 이동하는 것은 질점이 외력을 받아 움직이는 것과 같다. 질점의 운동은 이미 살펴보았으므로 회전운동을 주로 살펴보자.

회전운동은 일반적으로 아주 복잡하다. 특히, 팽이가 회전할 때 회전축 자체가 움직이는 운동은 이해하기 쉽지 않다. 고정된 축을 중심으로 회전하는 경우를 먼저 살펴보자.

등속원운동과 각속력

고정된 축에 대해 회전하는 자전거 바퀴를 보자. 바퀴의 한 점 A는 그림처럼 s만큼 움직인다.

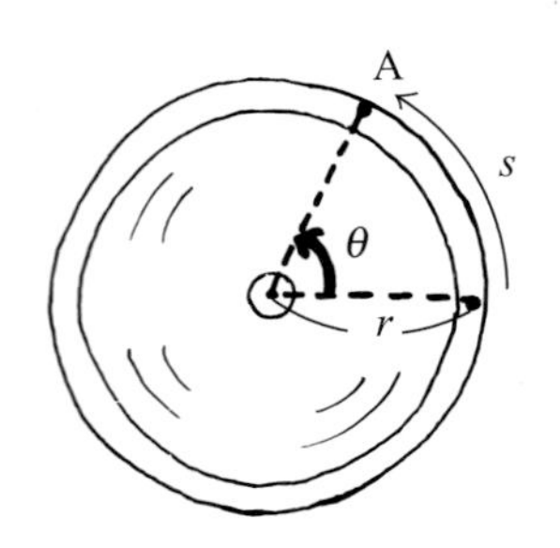

바퀴의 반지름이 r이면, 이때 점 A가 휩쓸고 간 θ는 다음과 같이 라디안으로 표시하는 것이 편리하다.

$$\theta = \frac{s}{r}$$

점 A가 한 바퀴 돌면 $s=2\pi r$이므로, 이때 점 A가 휩쓸고 간 각은 $\theta=s/r=2\pi$이다. 이처럼 한 바퀴의 각을 360° 대신 2π로 표시하는 것을 라디안(radian)이라고 한다.

1 rad은 57.3° 에 해당된다.

점 A가 원궤도를 따라 속력 v로 원운동하고 있다고 하자.

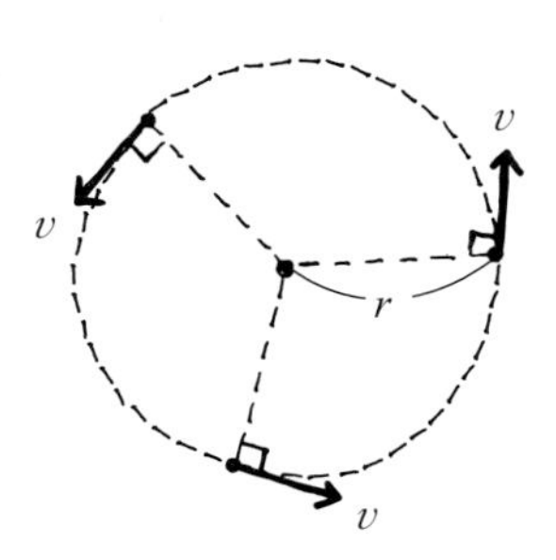

이때 점 A의 각속력 ω (오메가로 읽는다)는

$$각속력 = \omega = \frac{\Delta\theta}{\Delta t}$$

로 정의된다. 각속력의 단위는 rad/s이다.

등속원운동하는 물체는 주기 T마다 2π라디안을 휩쓸고 지나가므로 이 물체의 각속력은

$$\omega = \frac{2\pi}{T}이다.$$

생각해보기

자전거의 뒷바퀴가 체인으로 발판과 연결되어 있다. 발판의 톱니와 뒷바퀴의 톱니의 비가 2:1이다. 발판을 초당 3번 돌릴 때, 발판과 뒷바퀴의 각속력은 각각 얼마일까?

$$발\ \ 판 : \omega_1 = \frac{3\times 2\pi}{1\,\mathrm{s}} = 6\pi/\mathrm{s}$$

$$뒷바퀴 : \omega_2 = 2\omega_1 = 2 \times 6\pi/\mathrm{s} = 12\pi/\mathrm{s}$$

일반적으로 원운동하는 점 A가 Δt 동안 움직이는 거리는 $\Delta s = r\Delta\theta$이므로, 이 점의 속력은

$$v = \frac{\Delta s}{\Delta t} = \frac{r\Delta\theta}{\Delta t} = r\frac{\Delta\theta}{\Delta t}이다.$$

$\Delta\theta/\Delta t = \omega$는 각속력이므로, 속력과 각속력은

$$v = r\omega$$

의 관계에 있다. 등속원운동하면

$$v = r\omega = \frac{2\pi r}{T}이다.$$

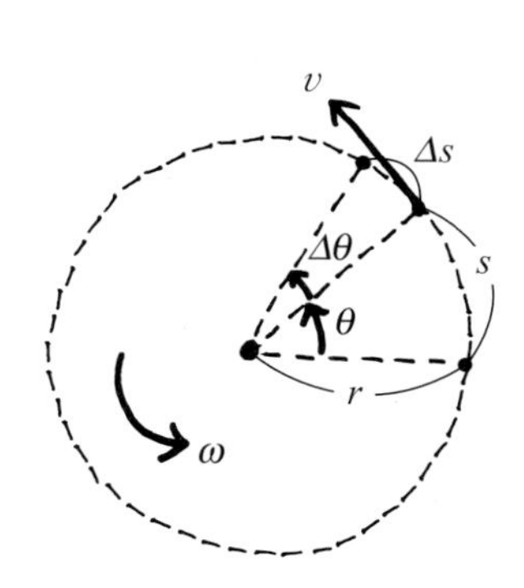

각운동량

질점 m이 속력 v로 원운동하는 경우에는, 각운동량을 정의하는 것이 편리하다.

$$\text{각운동량} = L = r(mv) = r(m \cdot r\omega) = mr^2\omega$$

자전거 바퀴는 각 질점이 모여 강체가 되므로, 바퀴의 각운동량은 바퀴를 이루는 질점들의 모든 각운동량을 합한 것이다.

$$L = \sum_i L_i$$

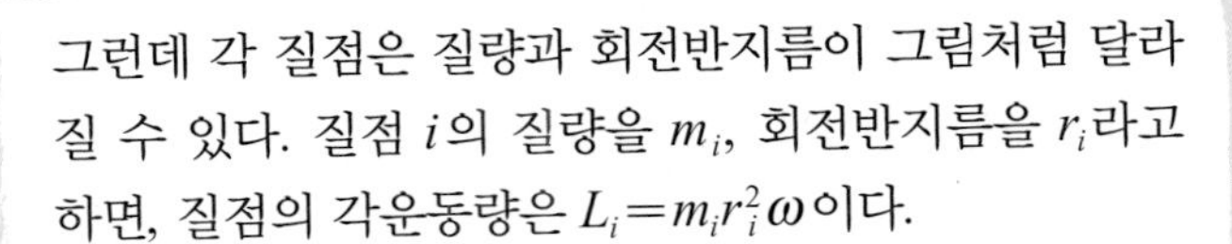

그런데 각 질점은 질량과 회전반지름이 그림처럼 달라질 수 있다. 질점 i의 질량을 m_i, 회전반지름을 r_i라고 하면, 질점의 각운동량은 $L_i = m_i r_i^2 \omega$이다.

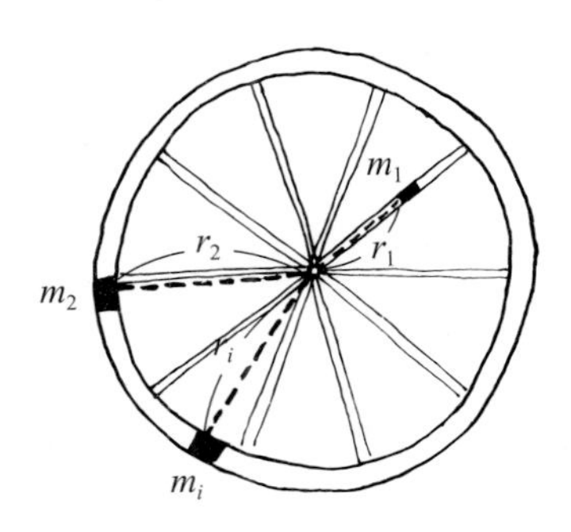

이때 바퀴(강체)의 모든 질점은 같은 각속력으로 회전한다. 따라서, 총 각운동량은 회전각속력 ω에 비례한다.

$$L = (\sum_i m_i r_i^2)\omega = I\omega$$

여기에서 I는 관성모멘트라고 하는 양이며,

$$I = \sum_i m_i r_i^2 \text{ 이다.}$$

관성모멘트는 회전축을 중심으로 강체의 질량이 어떻게 분포되어 있는지를 나타낸다.

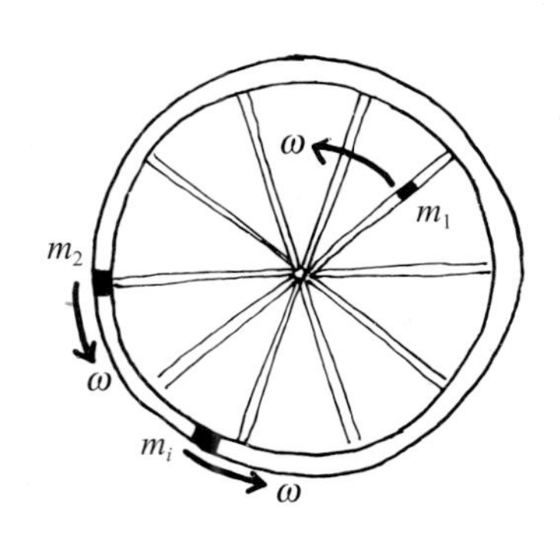

생각해보기

질량 2 kg인 공 두 개가 60 cm 간격의 가느다란 막대 양쪽에 아령모양으로 연결되어 있다.

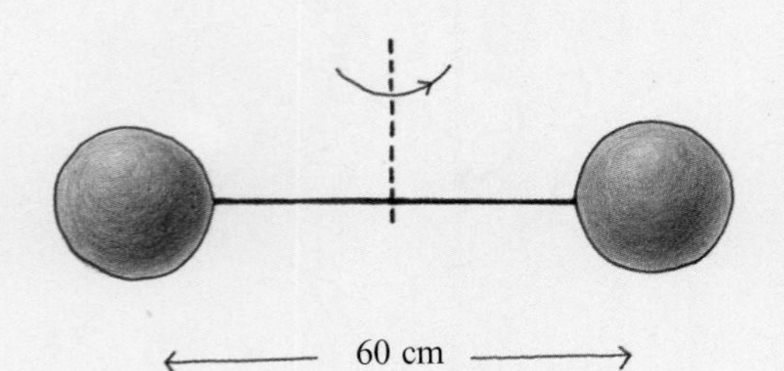

이 아령이 가운데를 중심으로 그림처럼 1초에 2바퀴씩 돌고 있다.

이 아령의 중심축에 대한 관성모멘트를 구해 보자. 각운동량은 얼마일까? (공 두 개를 연결하는 막대의 질량은 무시하자.)

축에 대한 관성모멘트 I를 구하기 위해서는 축으로부터 질량까지의 수직거리의 제곱을 각 질량에 곱해 더하면 된다.

축에서부터 중심축까지 수직거리 = 0.3 m

$$I = 2\ \text{kg} \times (0.3\ \text{m})^2 + 2\ \text{kg} \times (0.3\ \text{m})^2$$
$$= 0.36\ \text{kg} \cdot \text{m}^2$$

회전각속도는 $\omega = 4\pi/\text{s}$로 표시된다.

각운동량 $L = I\omega = 0.36 \times 4\pi\ \text{kg} \cdot \text{m}^2/\text{s}$
$$= 1.44\pi\ \text{kg} \cdot \text{m}^2/\text{s} = 4.5\ \text{kg} \cdot \text{m}^2/\text{s}$$

물리적으로 볼때, 관성모멘트는 회전축에 대한 회전운동의 관성을 표시한다. 관성모멘트가 클수록 강체의 회전각속도 ω는 쉽게 변하지 않는다. 즉, 회전관성이 크다.

관성모멘트가 작다. 관성모멘트가 크다.

토크를 가해 강체를 회전시켜 봄으로써, 회전관성과 회전 각가속도와의 관계를 알아볼 수 있다. 그림처럼 모든 질량 m이 한 곳에 뭉쳐 있는 강체를 회전시키기 위해 원주방향으로 힘 $F_{\text{원주}}$를 가해 보자.

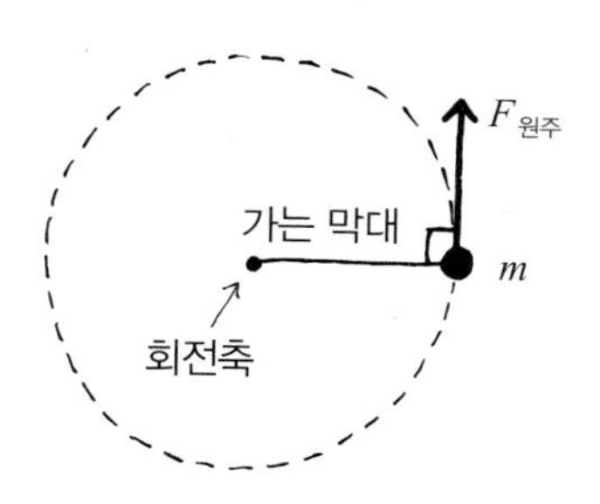

뉴턴의 방정식에 따르면 힘을 가하는 순간 원주를 따라 가는 방향으로 가속도가 생기므로,

$$F_{\text{원주}} = ma = m\frac{dv}{dt}$$
$$= m\frac{d(r\omega)}{dt} = mr\frac{d\omega}{dt}\text{를 만족한다.}$$

즉, $F_{\text{원주}}$가 각속도를 변화시킨다. (강체이므로 r은 변하지 않는다.)

$$F_{\text{원주}} = mr\frac{d\omega}{dt}$$

이때 각운동량의 변화량은

$$\frac{dL}{dt} = \frac{d}{dt}(mr^2\omega) = mr^2\frac{d\omega}{dt}\text{이다.}$$

$mr\dfrac{d\omega}{dt} = F_{\text{원주}}$이므로,

$$\frac{dL}{dt} = rF_{\text{원주}}\text{ 가 된다.}$$

$rF_{\text{원주}}$는 각운동량을 변화시키는 원인이 되며, 토크 τ라고 부른다. 토크의 단위는 N · m 이다.

$$\tau \equiv rF_{\text{원주}}$$

따라서, 각운동량의 변화량은

$$\frac{dL}{dt} = \tau\text{로 쓰여진다.}$$

이 방정식을 회전운동방정식이라고 한다.

일반적으로, 질량이 퍼져 있는 강체의 경우에 토크를 가하면, 이 토크는 강체의 각운동량 $L = I\omega$를 변화시킨다.

$$\tau = \frac{dL}{dt} = \frac{d}{dt}(I\omega)$$

강체인 바퀴에 그림처럼 토크를 가해 회전시켜 보자.

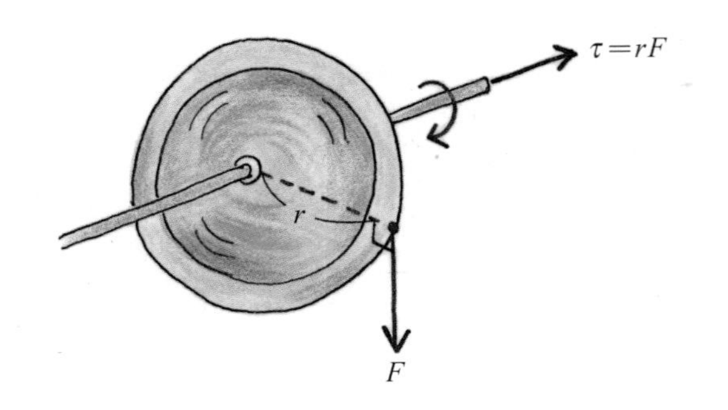

바퀴에 가해지는 토크는 바퀴의 각속력을 변화시킨다.

$$\tau = \frac{dL}{dt} = I\frac{d\omega}{dt} = I\alpha$$

여기에서

$$\frac{d\omega}{dt} = \alpha \text{는}$$

각속도의 시간에 대한 변화율로서 각가속도라고 한다.

회전운동방정식

$$\tau = I\alpha \text{는}$$

뉴턴의 운동방정식

$$F = ma \text{와}$$

구조가 비슷하다.

힘은 토크에, 가속도는 각가속도에 대응된다.

$$F \rightarrow \tau$$

$$a \rightarrow \alpha$$

이때 관성에 해당하는 질량은 관성모멘트에 대응된다.

$$m \rightarrow I$$

생각해보기

자전거 바퀴의 반지름이 60 cm이고 관성모멘트가 $I = 5\ \text{kg} \cdot \text{m}^2$이다.

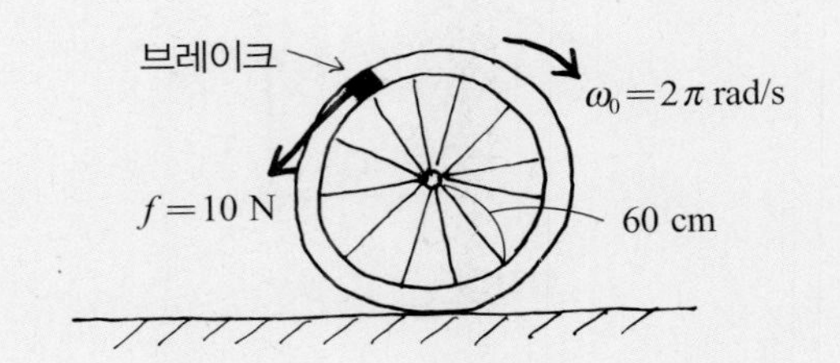

이 바퀴의 각속력이 $\omega_0 = 2\pi$ rad/s일 때 브레이크로 바퀴에 일정한 힘 10 N을 가한다면 이 바퀴는 얼마 후 정지하는가?

브레이크가 바퀴에 작용하는 토크는

$$\tau = 0.6\ \text{m} \times 10\ \text{N} = 6\ \text{N} \cdot \text{m} \text{ 이다.}$$

바퀴에 작용하는 각가속도는

$$\alpha = \frac{\tau}{I} = \frac{6}{5}\text{s}^{-2} = 1.2/\text{s}^2$$

바퀴의 처음 각속력 ω_0은 시간이 지남에 따라 일정하게 감소하므로 t후에는

$$\omega = \omega_0 - \alpha t = 0$$

이 될 것이다.

$$(2\pi/\text{s}) - (1.2/\text{s}^2) \times t = 0 \text{ 이므로,}$$

$t = (2\pi/1.2)\ \text{s} = 5.2\ \text{s}$ 후에 정지한다.

회전관성을 나타내는 회전관성모멘트는 같은 질량이라 하더라도 강체의 모양과 질량분포에 따라 다르다. 질량 m인 강체의 관성모멘트를 보자.
반지름 R이고 속이 빈 원통(반지고리)의 중심축에 대한 관성모멘트는 $I=mR^2$이다.
그러나 원통 속에 질량이 꽉 차도록 분포되어 있으면, 관성모멘트는 $I=\frac{1}{2}mR^2$이다. 이에 비해 공 모양으로 질량이 꽉 차도록 분포되어 있으면 관성모멘트는 $I=\frac{2}{5}mR^2$이고, 모든 질점이 구 표면에 분포되어 있다면 $I=\frac{2}{3}mR^2$이다.

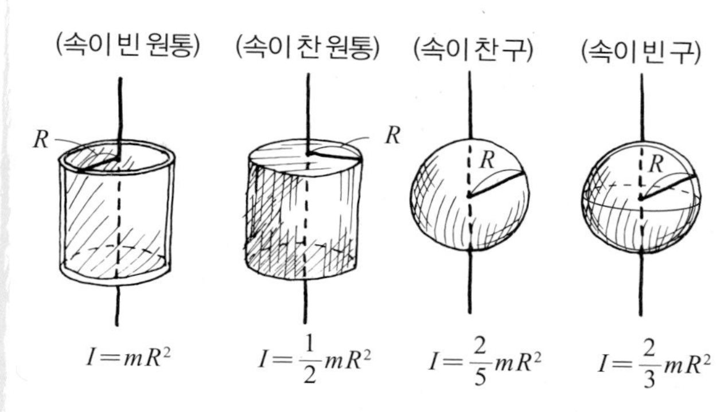

속이 빈 원통의 경우 질량이 회전축에서 가장 멀리 떨어져 있으므로 관성모멘트가 가장 크다.

또한, 같은 강체라도 회전축을 달리 잡으면, 관성모멘트가 달라진다. 회전축에 대해 질량분포가 달라지기 때문이다. 속이 빈 원통의 회전축을 그림처럼 잡아보자.

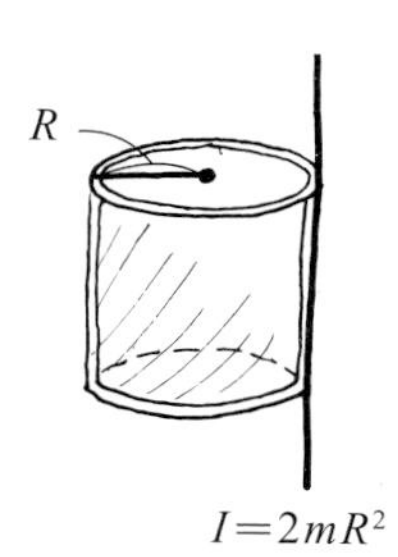

$I=2mR^2$

회전축을 중심에서 벗어나 원통표면을 따라 잡으면, $I=2mR^2$이 된다.

회전문을 쉽게 돌리려면 중심축을 따라 회전축을 잡아야 한다. 이에 비해 문의 한쪽 끝을 따라 축을 잡으면 관성모멘트가 커져 중심축을 중심으로 돌릴 때에 비해 더 큰 토크를 가해주어야 한다.

그 밖의 막대모양의 강체는 다음과 같은 관성모멘트를 갖는다.

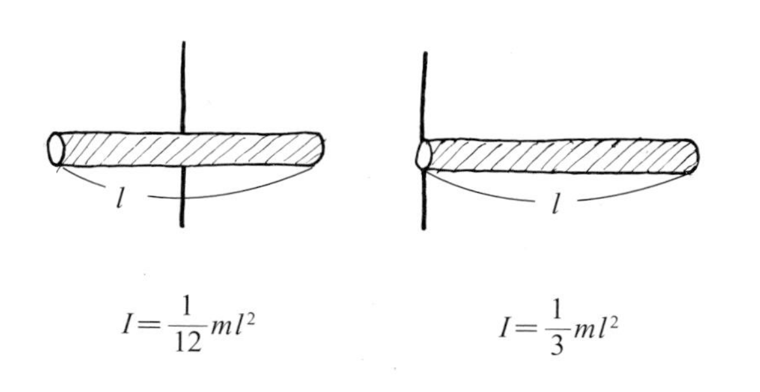

$I=\frac{1}{12}ml^2$ $I=\frac{1}{3}ml^2$

일반적으로 질량중심을 지나는 회전축에 대한 관성모멘트가 I_{CM}일 때, 회전축을 r만큼 평행이동하면 관성모멘트는 mr^2만큼 증가한다.

$$I = I_{CM} + mr^2$$

옆 그림의 막대는 회전축이 $l/2$만큼 떨어져 있다.

$$\frac{1}{3}ml^2 = \frac{1}{12}ml^2 + m\left(\frac{l}{2}\right)^2$$

생각해보기

가로 2 m 높이 3 m인 회전문의 질량이 80 kg이다. 이 회전문은 중심축에 대한 관성모멘트가 $I = 100\ \text{kg}\cdot\text{m}^2$이다. 이 회전문을 회전각가속도 $\alpha = 0.2\pi/\text{s}^2$로 밀고 들어가고자 한다. 이때 회전문에 얼마의 토크를 가해주어야 할까? 만일 회전문이 가장자리를 중심으로 회전한다면 관성모멘트는 얼마이고, 필요한 토크는 얼마일까?

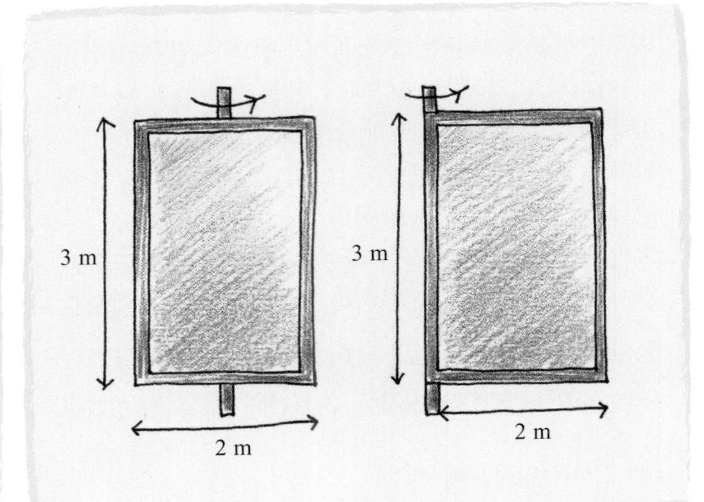

가해주어야 할 토크 $\tau = I\alpha = 100 \times 0.2\pi$ Nm = 62.8 Nm 이다.

회전축을 가장자리로 옮긴다면 회전문의 축은 중심부분에서 1 m 옮기게 되므로 새로운 관성모멘트는

$$(100 + 80 \times 1^2)\ \text{kg}\cdot\text{m}^2 = 180\ \text{kg}\cdot\text{m}^2 \text{ 으로}$$

바뀐다.

이에 따라 같은 각가속도로 회전문을 회전시키려면 가해주어야 할 토크는

$$180 \times 0.2\pi\ \text{Nm} = 113.1\ \text{Nm 로 되어}$$

더 큰 토크를 가해주어야 한다.

Section 2 각운동량의 보존

강체에 외부에서 작용하는 토크가 없다면 각운동량이 보존된다.

회전운동방정식에서

$$\frac{dL}{dt} = \tau = 0\text{이므로}$$

$L = I\omega =$ 일정하다.

다음 예를 통해 각운동량의 보존을 알아보자.

그림처럼 회전판 위에서 회전하는 사람이 아령을 든 팔을 움츠려 자신의 관성모멘트를 작게 한다.

팔을 움츠릴 때는 신체 각 부분 사이에서 작용–반작용만이 작용하므로 외부에서 작용하는 토크가 없다. 따라서, 각운동량이 보존되므로 팔을 움츠리면 회전속도가 커진다.

생각해보기

피겨 스케이트 선수가 자신의 관성모멘트를 0.5 kg · m² 에서 팔과 다리를 움츠려 1/4만큼 줄였다. 처음에 회전수가 초당 3회였다면, 후에는 얼마로 바뀔까?

팔을 뻗거나 움츠릴 때 외부토크가 없으므로 각운동량이 보존된다. 즉, $L = I\omega =$ 일정하다.

처음 각속력 $= \omega_1 = 3$회/s $= 6\pi$/s
처음 관성모멘트 $= I_1 = 0.5\ \text{kg} \cdot \text{m}^2$
처음 운동량 $= L_1 = I_1\omega_1$

나중 각속력 $= \omega_2$
나중 관성모멘트 $= I_2 = (3/4) \times I_1$
나중 각운동량 $= L_2 = I_2\omega_2$라 하면,

각운동량 보존법칙 $I_1\omega_1 = I_2\omega_2$로부터

$$\omega_2 = \frac{I_1}{I_2}\omega_1 = \left(\frac{4}{3}\right)\omega_1$$
$$= 4\text{회/s} = 8\pi/\text{s} \text{ 이다.}$$

생각해보기

반지름 10^4 km인 별이 30일 주기로 회전한다. 이 별은 폭발하여 초신성이 된 후 그 중심핵이 반지름 3 km의 중성자별로 수축하여 펄서로 변한다. 이 펄서의 주기는 얼마로 변할까?

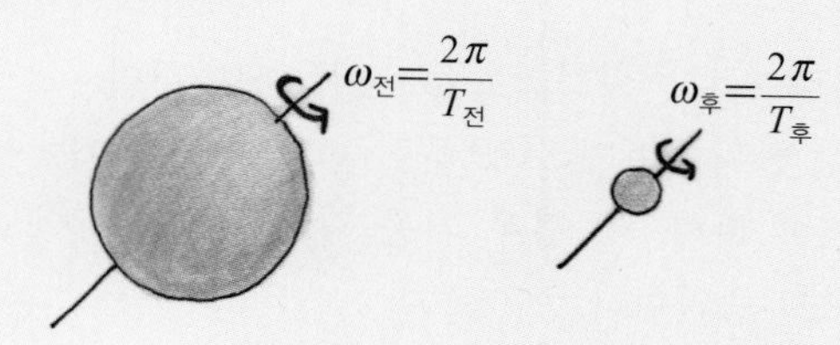

질량의 변화가 없고, 외부토크가 없다고 가정하자.
별의 관성모멘트는 반지름의 제곱에 비례하므로, 폭발 후의 관성모멘트는 폭발 전에 비해 반지름의 제곱에 비례하여 작아진다.

$$\frac{I_{후}}{I_{전}} = \frac{3^3}{10000^2}$$

그런데 폭발 전후의 각운동량이 보존되어야 하므로,

$$I_{전}\omega_{전} = I_{후}\omega_{후} \text{ 이다.}$$

주기는 각속력에 반비례하므로

$$\frac{I_{전}}{T_{전}} = \frac{I_{후}}{T_{후}} \text{ 이다.}$$

따라서,

$$T_{후} = T_{전}\frac{I_{후}}{I_{전}} = 30\text{일} \times \left(\frac{3}{10000}\right)^2$$

$$= 2592000\text{초} \times 9 \times 10^{-8} = 0.23\text{초}$$

폭발 전 30일 주기에서 폭발 후 0.23초 주기로 바뀐다.

생각해보기

그림처럼 공이 줄에 매달려 각속력 5 rad/s로 원운동하고 있다.

이 물체를 중심쪽으로 잡아당겨 반지름을 반으로 줄이면 각속력은 어떻게 변할까?

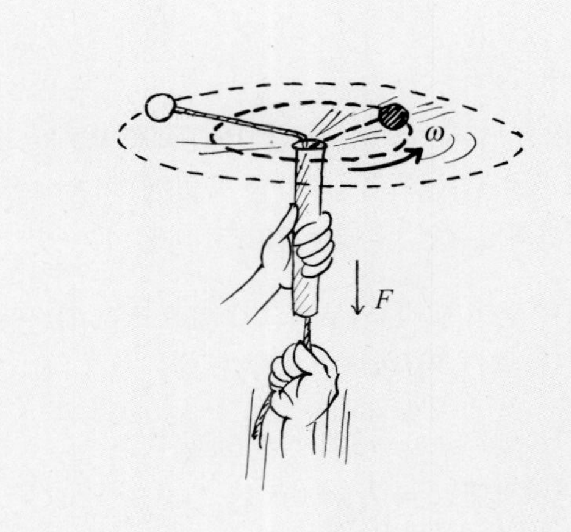

회전하는 공을 중심쪽으로 당기면, 외력이 중심방향으로 작용하기 때문에 토크는 0이다. 따라서, 각운동량이 보존된다.

반지름이 r인 줄에 공이 매달려 있으면, 각운동량은

$$L = I\omega = mr^2\omega \text{ 이다.}$$

각운동량이 보존되려면 $r^2\omega$=일정해야 한다.
따라서, 반지름이 반으로 줄어들면 각속력 ω는 4배로 증가해야 한다. 이 경우 처음 각속력 5 rad/s에서 20 rad/s으로 증가한다.

소녀가 리본을 돌리기 시작하면 리본은 각운동량을 얻는다. 이 과정에서도 총 각운동량은 보존된다. 그렇다면 나머지 각운동량은 어디에 있을까?

그림처럼 정지한 회전의자에 앉아 있는 사람이 회전하는 바퀴를 들고 있다가 바퀴의 축을 뒤집는다.

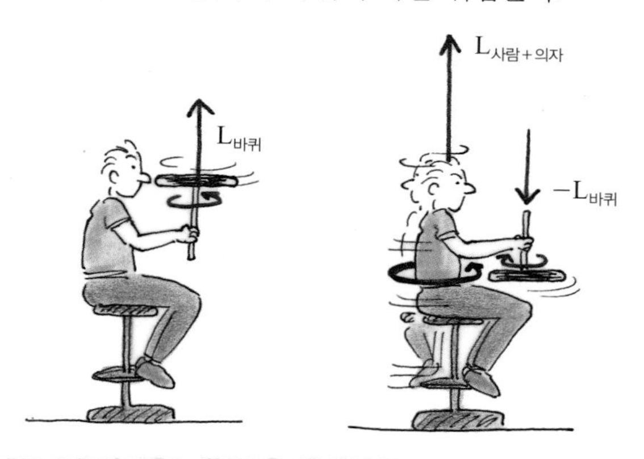

그러면 회전의자에 앉아 있던 사람도 회전하게 된다. 다음과 같이 각운동량이 보존되어야 하기 때문이다.

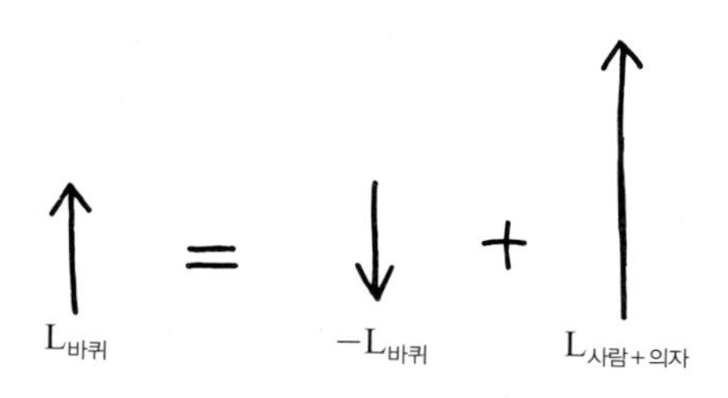

Section 3 토크와 세차운동

회전하고 있는 팽이가 기울어지면 중력 때문에 곧장 쓰러질 것같이 상상되지만, 팽이는 쉽게 쓰러지지 않는다.

대신 회전축이 수평방향으로 원을 그리며 돈다. 이것을 세차운동이라고 한다.

세차운동은 우리의 직관을 뛰어넘는 대표적인 회전운동이다. 토크와 각운동량이 우리의 일상경험과 다르기 때문이다. 자전거를 배우기 어려운 까닭이 여기에 있다.

회전하고 있는 바퀴의 축을 잡고 축을 기울여 보자.

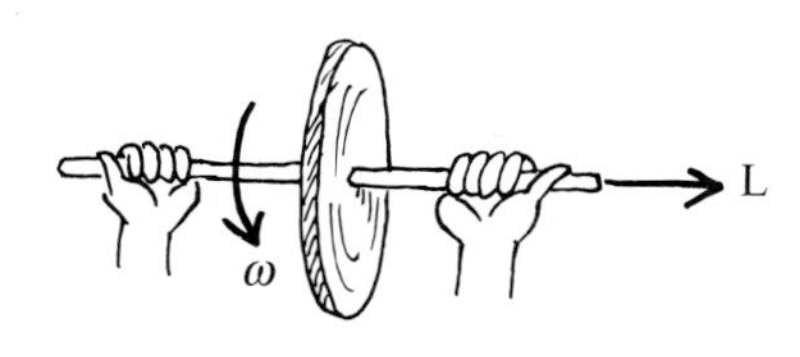

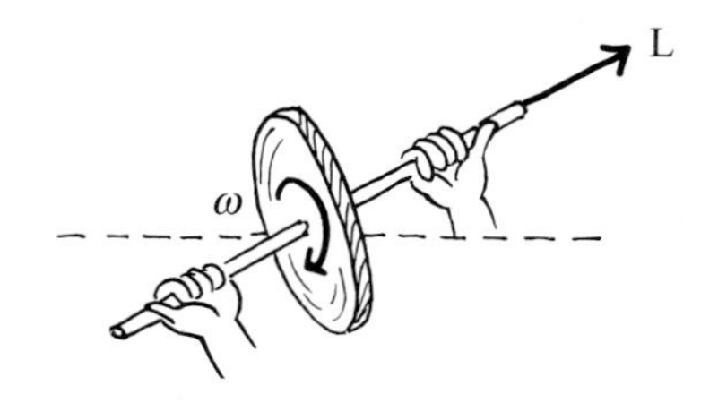

회전하고 있는 바퀴는 회전하지 않는 바퀴에 비해 힘이 훨씬 더 많이 든다는 것을 느낄 수 있다.

회전하고 있는 바퀴의 축은 마치 공간에 고정되어 있는 것처럼 그 방향을 바꾸려 하지 않는다.

이를 통해 각운동량은 $L=I\omega$라는 크기만 있는 것뿐만 아니라 각속도에 의한 방향도 가지고 있는 벡터량이라는 것을 직접 느낄 수 있다.

각운동량의 방향은 회전축 방향으로 잡는다. 팽이가 그림처럼 축을 중심으로 회전할 때 회전하는 방향이 오른나사가 진행하는 방향(반시계방향)과 같으면 이 방향을 각운동량의 +방향으로 잡는다.

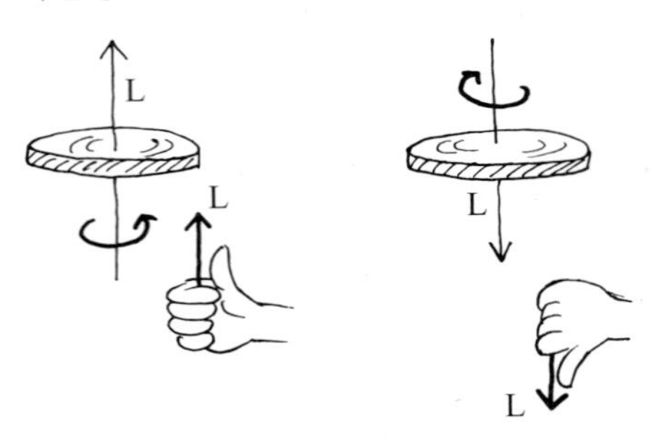

이제 받침대에 팽이를 올려놓고 회전축을 약간 기울여 돌게 하자.

그러면 기울어진 팽이는 받침대 주위를 돌아간다. 이렇게 회전축이 회전하는 현상이 세차운동이다.

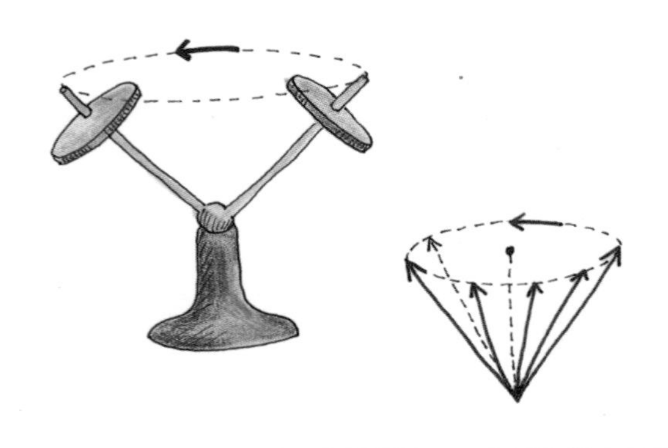

이 세차운동은 팽이에 토크가 작용하기 때문에 생긴다. 이를 자세히 살펴보자.

토크는 그림처럼 팽이를 쓰러뜨리려고 하는 중력 때문에 생긴다. 이 토크는 각운동량을 변화시킬 것이다.

그러나 이 토크는 앞절에서 배운 경우와 달리 회전축의 방향을 변화시킨다. 따라서, 각운동량과 토크의 방향을 잘 고려하여야 한다.

팽이에는 그림처럼 힘(중력)이 작용한다. 중력이 만드는 토크에는 방향과 크기가 있다.

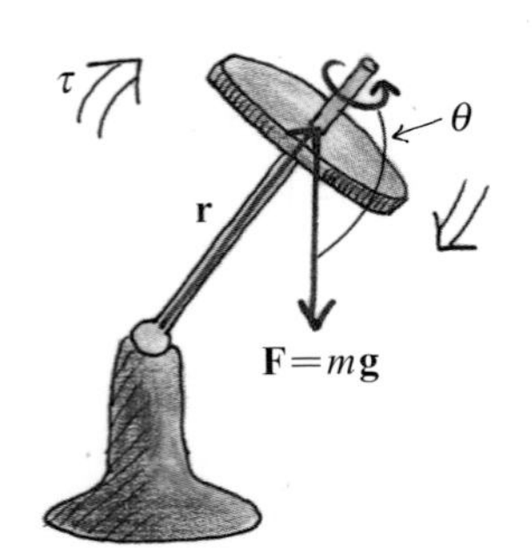

토크의 크기는 $\tau = rF_{\perp} = rF\sin\theta$이다. θ는 그림에서처럼 **r**와 **F**가 이루는 각이다.

토크의 방향은 회전하는 물체의 회전축이 향하는 방향으로 정한다. 즉, 토크의 방향은 **r**를 **F**로 돌리는 회전축 방향이다. 토크의 방향은 위치벡터와 힘이 만드는 평면과 수직이다.

생각해보기

원반 모양의 팽이가 받침대에 올려져서 돌고 있다. 이 팽이의 질량은 400 g이고, 원반의 반지름은 8 cm이다. 이 원반 팽이는 질량이 없는 지지대(높이 10 cm)에 달려있다. 이 팽이가 수직으로부터 60도 각도로 돌고 있다면 이때 팽이에 작용하는 토크는 얼마일까?

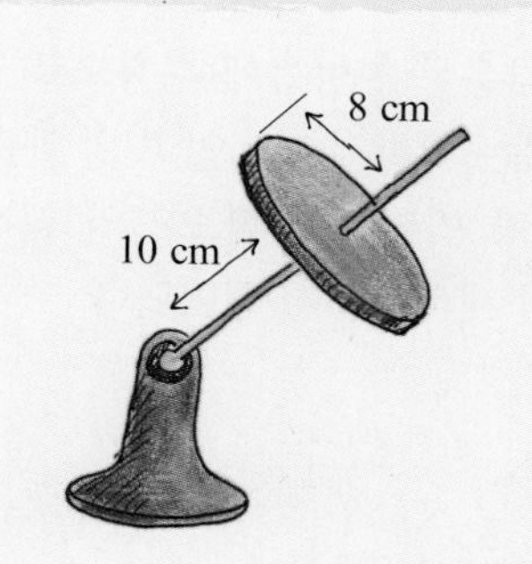

팽이의 질량에 의한 중력 $= 0.4 \times 9.8\ \mathrm{N} = 3.9\ \mathrm{N}$

토크 $= 0.1 \times 3.9 \times \sin 60^\circ\ \mathrm{Nm} = 0.34\ \mathrm{Nm}$

토크의 방향은 지면을 뚫고 들어가는 방향이다.

토크 τ는 벡터 $\mathbf{r}$와 함께 힘벡터 $\mathbf{F}$를 곱한 꼴로 표시된다.

토크의 크기와 방향을 동시에 표시하기 위해 벡터곱을 쓰면 편리하다.

$$\text{토크} : \tau = \mathbf{r} \times \mathbf{F}$$

벡터곱

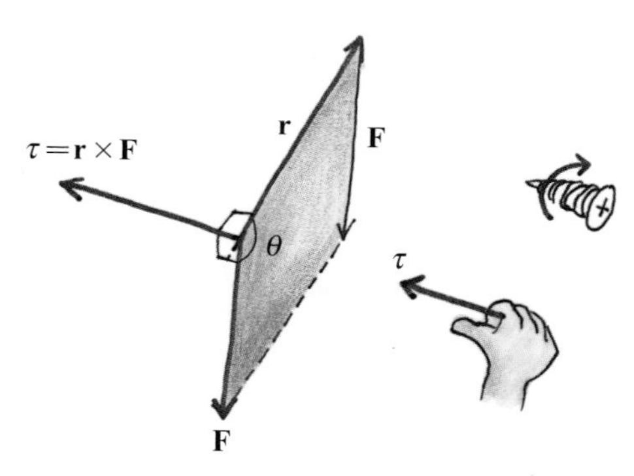

(벡터의 방향을 위 팽이의 경우와 비교해 보라.)

토크는 각운동량을 변화시킨다는 사실을 배웠다. 일반적인 경우에는 방향을 고려하여야 한다. 이것을 벡터식으로 쓰면

$$\frac{d\mathbf{L}}{dt} = \tau \text{이다.}$$

즉, 각운동량의 변화량은 토크에 비례한다.

$$\Delta\mathbf{L} = \tau\Delta t$$

$\Delta\mathbf{L} = \tau\Delta t$

$\mathbf{L}$

이 사실을 이용하여 팽이의 세차운동을 설명해 보자. 팽이에 작용하는 토크의 방향은 그림과 같이 팽이의 각운동량 방향(회전축)과 수직이다.

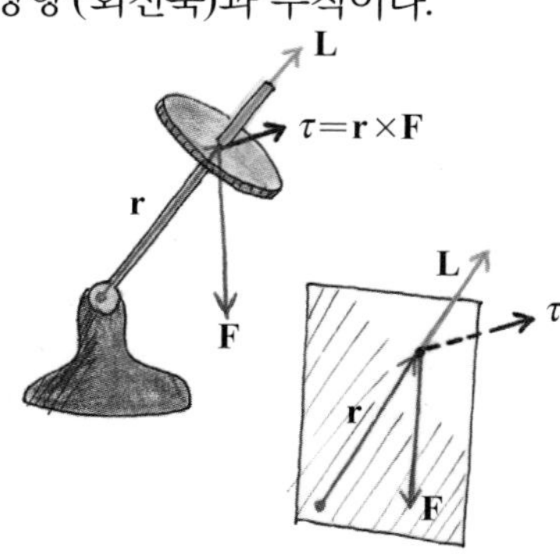

그런데 토크는 각운동량 방향에 수직으로 작용하므로, 각운동량의 크기는 변화시키지 않고 방향만 바꾼다. 따라서, 각운동량 벡터는 원뿔모양의 궤적을 그리며 돈다. 즉, 팽이의 세차운동이 일어난다.

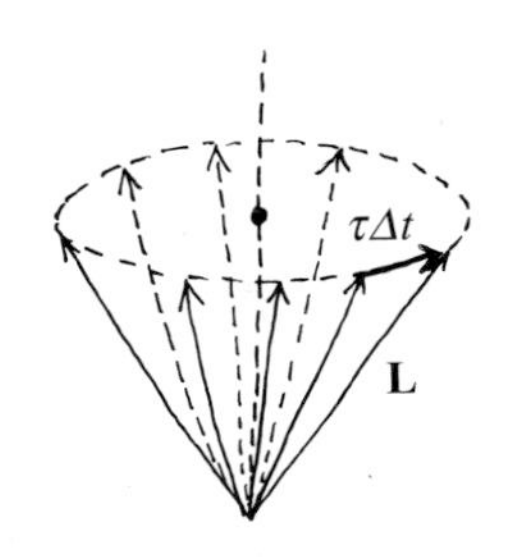

팽이를 더욱 기울여 그림처럼 받침대와 수직으로 놓아 보자. 이 경우에도 토크는 계속하여 각운동량 $\mathbf{L}$에 수직으로 작용하므로, $\mathbf{L}$은 위와 동일하게 원운동을 그리는 세차운동을 한다.

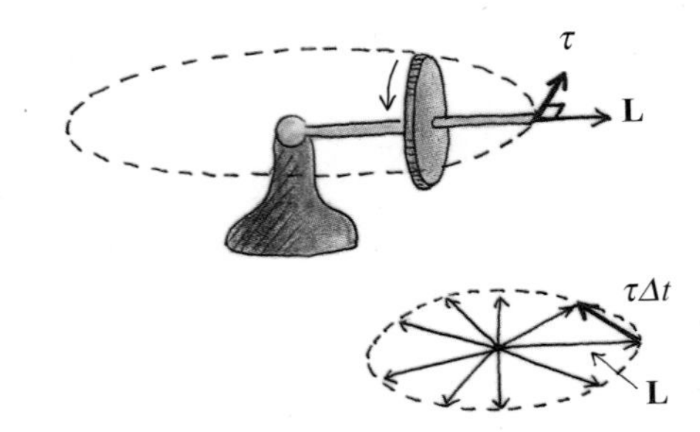

그러면 이 세차운동의 각속도 크기 Ω는 어떻게 결정될까? 팽이의 각운동량이 원을 그린다는 사실을 이용하자.

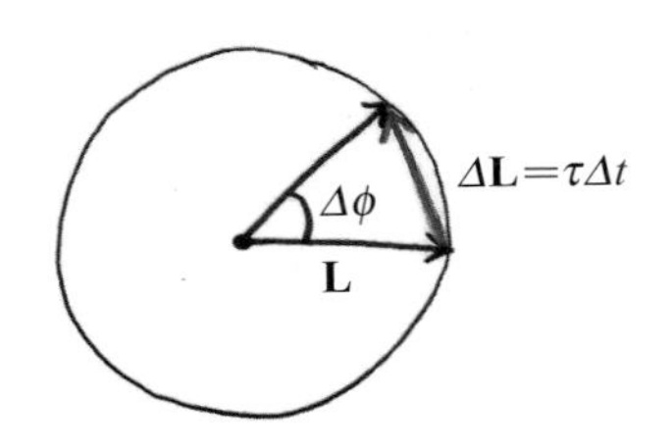

각운동량의 변화량 ΔL은 $\Delta L = L\Delta\phi = \tau\Delta t$이다.

따라서, 세차각속도 크기 Ω는

$$\Omega = \frac{\Delta\phi}{\Delta t} = \frac{\tau}{L}\text{이다.}$$

팽이의 경우 $\tau = mgr$이므로

$$\Omega \equiv \frac{\Delta\phi}{\Delta t} = \frac{mgr}{L}\text{이다.}$$

팽이가 수직과 θ만큼 기울어져 원뿔을 그리며 세차운동을 하는 경우를 보자. 이번에는 그림처럼 세차운동을 일으키는 각운동량의 반지름이 $L\ \sin\theta$가 된다.

$$\Delta L = L\ \sin\theta\ \Delta\phi$$

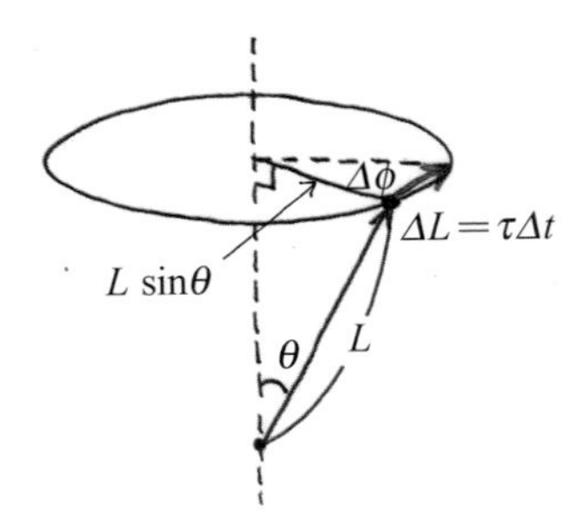

이때 토크 τ는

$$\tau = mgr\ \sin\theta$$

가 되므로, $\Delta L = \tau\Delta t$를 쓰면 세차각속력은

$$\Omega = \frac{\Delta\phi}{\Delta t} = \frac{\tau}{L\ \sin\theta}$$
$$= \frac{mgr\ \sin\theta}{L\ \sin\theta} = \frac{mgr}{L}$$

가 된다. 축이 기울어져 있거나 수직으로 뉘어져 있으나 팽이의 세차각속도의 크기는 동일하다.

생각해보기

101쪽 생각해 보기에 나오는 원반모양 팽이의 세차각속도의 크기를 조사하니 π/s이었다. 이 팽이의 각운동량은 얼마일까?

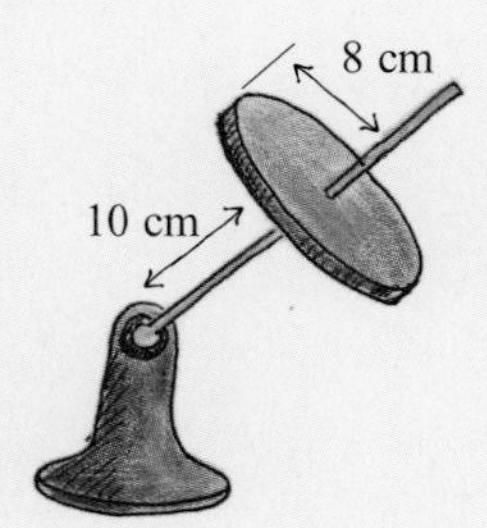

토크가 $\tau=0.33$ Nm이고, 세차각속력은 $\Omega=\pi$/s, 축으로부터 기울어진 각도가 60도라는 것을 이용하자.

$L \sin(60^\circ)\,\Omega = \tau$ 이므로,

$$L = \frac{0.33}{\pi \sin 60^\circ}\ \text{kg} \cdot \text{m}^2/\text{s} \simeq 0.12\ \text{kg} \cdot \text{m}^2/\text{s}$$

자전거를 타는 사람이 핸들에서 손을 떼고 어떻게 방향을 바꿀 수 있을까?

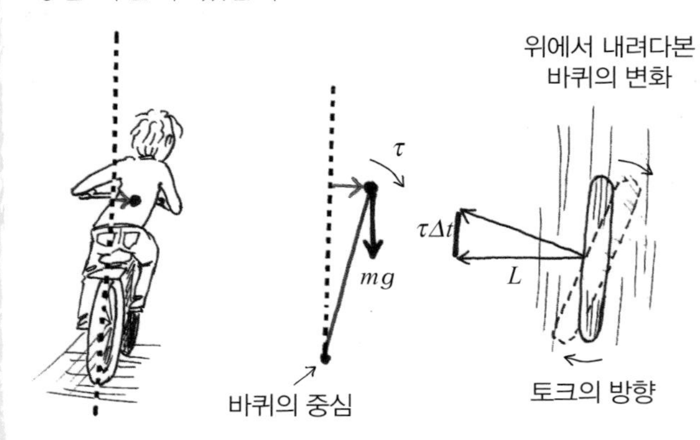

옆 그림처럼 상체를 약간 오른쪽으로 움직이면 질량중심이 자전거축으로부터 약간 벗어나게 되어 토크가 생긴다.

이 토크는 자전거 바퀴의 각운동량을 변화시키므로 바퀴는 세차운동을 하게 되고, 그림처럼 바퀴의 방향이 바뀌게 된다. 오른쪽으로 상체를 약간 기울이면 오른쪽으로 방향이 바뀌고, 왼쪽으로 상체를 약간 기울이면 왼쪽으로 방향이 바뀐다.

지구의 세차운동

지구는 적도 부근이 극지방에 비해 약간 부풀어져 있고, 자전축이 공전면과 23.5도 기울어 있기 때문에 태양과 달의 인력에 의해 공전면으로 되돌아올 수 있도록 기울어지려는 토크를 받는다.

이 토크 때문에 세차운동을 하며, 세차의 주기는 26,000년이다.

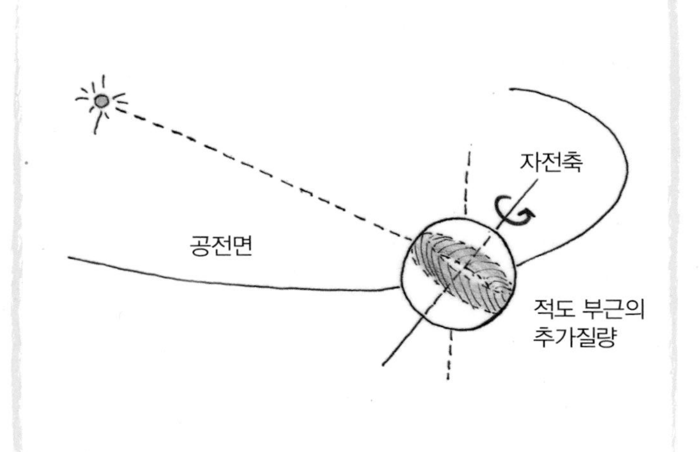

이 지구의 세차운동 때문에 현재 보이는 북극성은 고대에는 북극성이 아니었다. 4,500년 전 고대 이집트에서 피라미드를 지을 때는, 북극에 기준이 되는 별이 없었고 큰곰자리의 ξ별(Mizar)과 작은곰자리 β별(Kochab) 사이가 북극방향이었다.

지구의 세차운동 때문에 북극의 위치는 큰곰자리에서 작은곰자리로 변해 왔다.

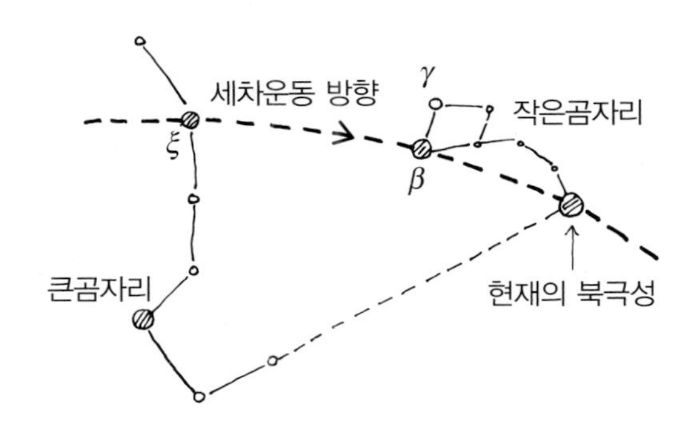

지구의 세차운동을 만들어내는 토크를 계산해 보자.

지구의 관성모멘트는

$$I = \frac{2}{5}MR^2$$
$$= \frac{2}{5} \times (6 \times 10^{24}) \times (6.4 \times 10^6)^2 \text{ kg}\cdot\text{m}^2$$
$$= 9.8 \times 10^{37} \text{ kg}\cdot\text{m}^2 \text{ 이다.}$$

지구는 하루에 한 번 자전하므로, $\omega = 2\pi/\text{day} = 7.3 \times 10^{-5}/\text{s}$ 이다.

따라서 자전에 따른 지구의 각운동량은

$$L = I\omega = 7.2 \times 10^{33} \text{ kg}\cdot\text{m}^2/\text{s} \text{ 이다.}$$

지구의 세차각속도의 크기는 $\Omega = 2\pi/26000$년$= 7.7 \times 10^{-12}/\text{s}$ 이고, 태양으로부터 23.5도가 틀어진 채 세차운동을 하므로 세차운동을 일으키는 토크 τ의 크기는

$$\tau = L\sin(23.5^\circ)\Omega$$
$$= 7.2 \times 10^{33} \times 0.4 \times 7.7 \times 10^{-12}$$
$$= 2.2 \times 10^{22} \text{ Nm 이다.}$$

Section 4 회전운동에너지

강체가 회전하면 회전운동에너지를 가지게 된다. 고정된 축에 대해 회전하는 강체의 운동에너지를 구해 보자.

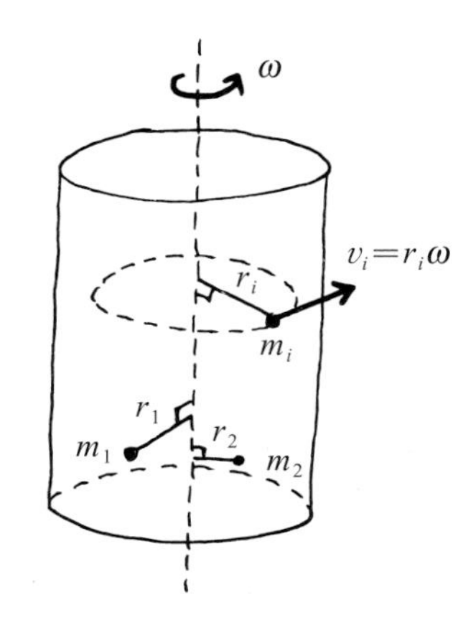

강체의 회전운동에너지는 모든 질점의 운동에너지를 더한 것이다. 강체의 모든 질점은 각속력 ω로 회전하므로 $v_i=r_i\omega$를 쓰면,

$$K = \sum_{i=1}^{N} \frac{1}{2} m_i v_i^2 = \sum_{i=1}^{N} \frac{1}{2} m_i (r_i \omega)^2$$
$$= \frac{1}{2} (\sum_{i=1}^{N} m_i r_i^2) \omega^2$$

괄호 안의 양이 바로 관성모멘트이므로, 회전운동에너지는

$$K = \frac{1}{2} I \omega^2 \text{ 이다.}$$

생각해보기

자전에 따른 지구의 회전운동에너지는 얼마나 될까?

지구를 구로 보자. 지구의 관성모멘트는

$$I = \frac{2}{5} MR^2 = \frac{2}{5} \times (6 \times 10^{24}\ \text{kg}) \times (6.4 \times 10^6\ \text{m})^2$$
$$= 9.8 \times 10^{37}\ \text{kg} \cdot \text{m}^2 \text{ 이고,}$$

각속력은

$$\omega = \frac{2\pi}{86400\text{초}} = 7.3 \times 10^{-5}\ \text{rad/초 이다.}$$

따라서, 운동에너지는

$$K = \frac{1}{2} I \omega^2 = 2.6 \times 10^{29}\ \text{J}$$

(참고로 우리나라의 2012년 발전량은 약 1.8×10^{18} J 이다.)

토크와 회전운동에너지 변화

강체에 토크를 가하면 강체의 회전속도를 바꾼다. 이는 강체의 회전운동에너지가 변하고 있으며, 외부에서 에너지를 공급하고 있음을 뜻한다.

외부에서 시간당 공급하는 에너지(파워)는 시간에 대한 회전운동에너지 변화율과 같다.

$$P = \frac{dK}{dt} = \frac{d}{dt}\left(\frac{1}{2} I \omega^2\right) = I \frac{d\omega}{dt} \omega$$

그런데 토크가 작용하면 각속력이 변한다.

$$\tau = I\, d\omega / dt$$

이것을 이용하면, 파워는

$$P = I \frac{d\omega}{dt} \omega = \tau \omega$$

(비교 : 병진운동할 때의 파워는

$$\frac{dK}{dt} = \frac{d}{dt}\left(\frac{1}{2} m v^2\right)$$
$$= m v \frac{dv}{dt} = Fv \text{ 이다.)}$$

생각해보기

놀이터에 있는 회전판을 어린이가 밀어 돌리고 있다. 이 원판의 회전모멘트는 $I = 100\ \text{kg} \cdot \text{m}^2$이다.

이 회전판을 정지상태로부터 3초 후에 각속력 $\omega = \frac{2\pi}{3\ \text{s}}$로 회전시킨다면, 공급해야 할 에너지는 얼마일까? 이때 어린이가 공급하는 평균일률은 얼마일까?

공급해 주어야 할 에너지는 강체의 회전운동에너지와 같다.

$$\frac{1}{2} \times 100\ \text{kg} \cdot \text{m}^2 \times \left(\frac{2\pi}{3\ \text{s}}\right)^2 \cong 220\ \text{J}$$

이 일을 3초 동안에 하고 있으므로, 평균일률은

$$P = \frac{\Delta K}{\Delta t} = \frac{220\ \text{J}}{3\ \text{s}} = 73\ \text{W}$$

생각해보기

한국의 어느 한 신형차 제원표에 의하면 신형엔진은 4,500 rpm(분당 4,500회전)에서 최대토크 135 N · m이 나온다고 한다. 이때 이 엔진의 최대파워(일률)는 얼마일까?

최대파워를 P라고 하면, $P = \tau\omega$이므로

$$P = 135\ \text{N} \cdot \text{m} \times 2\pi \times \frac{4500}{60}\ \text{rad/s}$$
$$= 63617\ \text{W} \cong 85\text{마력}\ (1\text{마력} = 746\ \text{W})$$

관성모멘트와 역학적 에너지

그림처럼 속이 꽉찬 원통이 언덕에서 미끄러지지 않고 굴러 내려오면, 그 속력은 바닥에서 얼마일까?

이 원통은 회전운동과 병진운동을 함께 한다. 이 운동을 뉴턴의 운동방정식을 써서 운동을 분석하는 것은 전혀 간단하지 않다. 그러나 강체가 미끄러지지 않고 굴러 내려오는 경우 정지마찰력만이 작용하고 미끄럼 마찰력이 없으므로, 역학적 에너지의 손실은 없다. 따라서, 이 경우 역학적 에너지 보존법칙을 쓰면, 운동을 쉽게 파악할 수 있다.

원통의 역학적 에너지에는, 질량중심(CM)이 이동하는 운동에너지와 축을 중심으로 회전하는 운동에너지, 그리고 중력 때문에 생기는 위치에너지가 있다.

총 역학적 에너지는 이 세 가지 에너지의 합이며, 이 에너지는 보존된다.

$$E = \frac{1}{2}Mv_{\text{CM}}^2 + \frac{1}{2}I\omega^2 + Mgh = MgH = \text{일정}.$$

원통의 질량중심이 이동하는 속력 v_{CM}은 원통의 바깥면이 회전하는 속력과 같다.

$$v_{\text{CM}} = R\omega$$

역학적 에너지 보존법칙으로부터 CM의 속력은

$v_{\text{CM}}^2 = 2Mg(H - h)/(M + I/R^2)$을 만족한다.

원통의 중심축에 관한 관성모멘트 $I=\frac{1}{2}MR^2$을 쓰면, 바닥에서($h=0$)의 질량중심의 속력은

$$v_{CM} = \sqrt{\frac{4}{3}gH}$$ 이다.

만약, 비탈길이 얼음처럼 미끄러워 정지마찰력과 미끄럼마찰력이 모두 없다면, 원통은 어떻게 내려올까?

원통은 구르지 않고 미끄러져 내려올 것이다.

이 경우에도 원통의 역학적 에너지는 물론 보존된다. 역학적 에너지는 질량중심의 운동에너지와 위치에너지만으로 표시되므로, 원통이 바닥에 도달할 때의 속력 v_{CM}은

$$MgH = \frac{1}{2}Mv_{CM}^2$$

을 쓰면, $v_{CM} = \sqrt{2gH}$ 이다.

따라서, 미끄러져 내려오면 굴러 내려올 때보다 더 큰 속력으로 내려온다.

생각해보기

지름 1.2 m, 질량이 50 kg이고 속이 꽉찬 드럼통이 높이 10 m의 언덕을 굴러 내려오고 있다. 이 원통이 미끄러지지 않고 굴러 내려와서 바닥에 도착할 때의 속력은 얼마나 될까?

만약 이 물체가 드럼통 모양이 아니고, 속이 꽉찬 구형이라면(질량과 반지름은 같다고 가정하자), 바닥에서의 속력은 어떻게 바뀔까?

속이 꽉찬 드럼통이 바닥에 내려올 때의 속력은

$$v_{CM} = \sqrt{\frac{4}{3}\times 9.8\times 10} = 11.43\ \text{m/s}$$ 이다.

그런데 모양이 구형이라면, 관성모멘트는

$I=\frac{2}{5}MR^2$으로 바뀌어, 드럼통보다 관성모멘트가

작아지고, $v_{CM}=\sqrt{\frac{10}{7}gH}$ 로 변한다.

이에 따라 $v_{CM}=\sqrt{\frac{10}{7}\times 9.8\times 10}=11.83$ m/s로 속력이 증가한다.

단원요약

1. 회전운동과 각운동량

① 회전운동은 각속도와 각운동량, 토크로 표시한다. 회전운동의 방향은 회전축방향으로 표시한다. 각속도 ω, 주기 T, 진동수 f 사이에는 다음과 같은 관계가 있다.

$$\omega = \frac{\Delta\theta}{\Delta t} = \frac{2\pi}{T} = 2\pi f$$

각가속도는 각속도의 시간에 대한 변화율로 정의된다.

$$\alpha = \frac{d\omega}{dt}$$

속력과 가속도를 각속도로 표시하면 다음과 같다.

$$v = r\omega, \quad \alpha = r\omega^2 = \frac{v^2}{r}$$

각운동량의 크기는 관성모멘트 I와 각속도의 크기를 곱한 값이다.

$$L = I\omega$$

토크는 각운동량을 변화시킨다.

$$\tau = \frac{dL}{dt}$$

② 뉴턴의 방정식과 회전운동방정식에서 사용되는 물리량은 다음과 같은 대응 관계가 있다.

힘	$\boldsymbol{F}$	↔	토크	τ
가속도	$\boldsymbol{a}$	↔	각가속도	α
질량	m	↔	관성모멘트	I
속도	$\boldsymbol{v}$	↔	각속도	ω
위치	$\boldsymbol{x}$	↔	각도	θ

③ 위의 관계식을 이용하면 선형운동방정식에서 사용되는 식을 손쉽게 회전운동방정식에서 사용되는 식으로 전환할 수 있다.

$$v = v_0 + at \quad \leftrightarrow \quad \omega = \omega_0 + \alpha t$$

$$x = x_0 + v_0 t + \frac{1}{2}at^2 \quad \leftrightarrow \quad \theta = \theta_0 + \omega_0 t + \frac{1}{2}\alpha t^2$$

$$F = ma \quad \leftrightarrow \quad \tau = I\alpha$$

$$a = \frac{dv}{dt} \quad \leftrightarrow \quad \alpha = \frac{d\omega}{dt}$$

④ 관성모멘트는 강체의 모양과 회전축의 크기에 따라 달라진다. 질량중심을 축으로 회전할 때의 관성모멘트를 I_{CM}이라고 하면,

- 속이 빈 원통의 경우 (원통의 반지름$=R$, 원통의 길이 $=l$)

  $I_{CM} = mR^2$ (축방향이 원통축과 평행인 경우)

  $I_{CM} = \frac{1}{12}ml^2 + \frac{1}{2}mR^2$

  (축방향이 원통축과 수직인 경우)

- 속이 찬 원통의 경우 (원통의 반지름$=R$, 원통의 길이 $=l$)

  $I_{CM} = \frac{1}{2}mR^2$ (축방향이 원통축과 평행인 경우)

  $I_{CM} = \frac{1}{12}ml^2 + \frac{1}{4}mR^2$

  (축방향이 원통축과 수직인 경우)

- 속이 찬 공의 경우 (공의 반지름$=R$)

  $I_{CM} = \frac{2}{5}mR^2$

- 속이 빈 공의 경우

  $I_{CM} = \frac{2}{3}mR^2$

- 회전축이 질량중심에서 d만큼 평행이동하면, 관성모멘트는 $I = I_{CM} + Md^2$이다.

2. 각 운동량과 보존

① 외부에서 작용하는 토크가 없으면 각운동량이 보존된다.

3. 토크와 세차운동

① 회전축을 움직이기 위해 토크를 가하면 이 토크는 회전운동하는 물체에 세차운동을 시킨다. 세차각속도의 크기를 Ω라고 하면, $\tau = L \sin\theta\, \Omega$로 표시된다.

4. 회전운동에너지

① 운동에너지는 회전축을 중심으로 회전운동하는 운동에너지 $K_R = \frac{1}{2}I\omega^2$와 병진운동에 따른 운동에너지 $K_T = \frac{1}{2}Mv^2$를 더한 양이다.

$$K = K_R + K_T$$

연습문제

1. 질량은 같지만 반지름이 큰 손잡이와 작은 손잡이의 핸들 중에서 관성모멘트가 더 큰 것은 어느 것일까? 긴 막대모양의 지휘봉의 관성모멘트를 가장 작게 만들려면 회전축을 어디에 잡아야 할까?

2. 드라이버의 손잡이가 두꺼울수록 나사를 돌리기가 수월해진다. 왜 그럴까?

> **2.** 힘이 같을 때 토크를 구해 보자.

3. 60 kg의 사람이 자전거 페달을 자신의 무게로 밟는다. 페달의 팔길이가 15 cm일 때 자전거에 가하는 최대토크를 구하라.

4. 어느 육상선수가 2 kg의 원반을 던지기 전 자신의 몸을 축으로 원반을 회전시킨다. 3초 후에 주기 0.5초로 회전시키려면 원반에 얼마의 토크를 가해야 할까? 이 육상선수의 팔 길이는 중심으로부터 1 m이다.

> **4.** 토크는 각가속도에 비례한다.

5. 질량 1 kg, 반지름 50 cm인 원판의 관성모멘트를 구하고 그 값을 각각 같은 질량, 반지름 1 m인 원판과 질량 2 kg, 반지름 50 cm인 원판의 관성모멘트와 비교하라. 각각의 원판은 중심을 축으로 회전한다고 하자.

6. 문제 5에서 각 원판이 중심을 축으로 회전주기 0.5 s로 회전하고 있다. 각각의 각운동량을 구하라.

7. 질량을 무시할만한 길이 1 m 막대의 한쪽 끝에 질량 1 kg의 물체를 매단 후 40 cm 떨어져 줄을 감아 천장에 매달아 놓았다. 다른 한쪽 끝에 물체를 매달아 이 막대가 수평이 되게 하고자 한다. 물체의 질량은 얼마가 되어야 할까?

8. 정지해 있던 자전거가 출발 후 5초 후에 바퀴의 각속력이 6π rad/s이 되었다. 이때 바퀴의 각가속도와 5초 동안의 회전수를 구하라. 바퀴의 지름이 65 cm라면 전체 진행한 거리는 얼마일까?

9. 1초에 네 바퀴 돌고 있던 굴렁쇠를 평평한 바닥에 가만히 놓았다. 바닥과의 미끄럼 마찰계수는 0.3이다. 이 굴렁쇠가 미끄러짐 없이 구르기 시작할 때까지 걸리는 시간을 구하라. 굴렁쇠의 질량은 1 kg이고 반지름은 50 cm이다.

10. 지름 20 cm, 질량 300 g인 원판과 지름 30 cm, 질량 600 g인 원판 모양의 물체의 테두리가 서로 맞물려 있다. 작은 원판의 바깥둘레에 힘 9 N을 가해서 두 개의 원판을 같이 돌린다. 이때 작은 원판에 가해진 토크와 이에 의해 큰 원판에 가해진 토크를 각각 구하라.

11. 선속도가 일정한 CD의 경우 데이터의 기록밀도는 일정하다. 따라서 레이저를 이용해 일정하게 데이터를 읽기 위해서는, 중심에서 바깥으로 갈수록 회전속력이 느려야 한다. 회전 중심으로부터 가장 안쪽의 트랙은 2.3 cm, 가장 바깥의 트랙은 5.8 cm 떨어져 있다. CD의 회전수는 가장 안쪽의 데이터를 읽을 때 500 rpm이다. 가장 바깥쪽의 데이터를 읽을 때의 회전수는 얼마일까?

***12.** 높이 h인 문턱 위로 반지름 r인 원판을 당겨 올리려면 얼마의 토크를 가해야 할까? 원판의 질량은 m이다.

***13.** 마찰이 없는 공간에서 자유로이 움직이는 자이로스코프는 비행기 기수의 운동방향(앞뒤 기울임, 좌우 기울임, 가로 기울임)을 알려 준다. 그 원리는 무엇일까?

14. 럭비공이나 프리스비, 또는 단검 등을 던질 때 왜 모두 회전시키면서 던질까? 또한 우주선에서 통신위성을 우주로 내보낼 때에도 위성을 자전시키며 내보낸다. 그 이유를 설명해 보라.

15. 책상 모퉁이에 설치된 반지름 5 cm인 도르래에 질량 1 kg인 물체가 실로 연결되어, 연직방향으로 내려가면서 도르래를 회전시키고 있다. 이때 물체에 의해 도르래에 작용하는 토크는 얼마일까? 도르래의 각운동량은 일정한가?

7. 수평이 되려면 토크가 같아야 한다.

9. 굴렁쇠가 바닥으로부터 받는 미끄럼마찰력 때문에 각속력은 감소하고 질량중심의 속도는 증가한다.

12. 문턱을 넘어가기 위해서는 중력을 이겨야 한다.

13. 각운동량 보존을 고려해 보자.

16. 하드디스크가 7,200 rpm으로 회전한다고 하자. 반지름이 5 cm라면 각운동량은 얼마일까? 회전하는 하드디스크의 무게는 50 g이다.

17. 턴테이블 위에 올려진 질량 125 g의 LP 판이 33.3 rpm으로 회전한다. 반지름이 14 cm인 경우에 각운동량의 크기를 구하라.

18. 반지름 5 m, 질량 100 kg인 디스크 모양의 회전원판이 일정한 주기로 2초에 한 바퀴 돌면서 원운동한다. 원판 위에 질량 60 kg의 사람이 회전중심에서 2 m 떨어진 곳에 서 있다. 이 계의 총 각운동량의 크기를 구하라.

19. 질량 200 g, 반지름 15 cm의 원판이 각속도 10 rad/s로 일정하게 돌고 있다. 이 회전하는 원판에 질량 10 g인 화살이 회전중심으로부터 10 cm인 지점에 꽂혔다. 이때 회전원판의 각속도를 구하라. 단, 화살에 의한 충격이 회전운동을 방해하지 않는다고 하자.

20. 질량(M)이 같고 반지름(R)이 같은 속이 빈 굴렁쇠와 속이 찬 원판이 경사면에서 동시에 굴러 내려온다면 바닥에 가장 먼저 도착하는 것은 어느 것일까?

21. 질량 M, 반지름 R인 속이 찬 원통, 속이 빈 원통, 속이 찬 구가 각각 같은 빗변을 구르면서 내려오고 있다. 이 중에서 바닥에서 가장 빠른 병진속력을 지니는 물체는 어느 것일까?

22. 지름 4 m인 100톤짜리 원통형 플라이휠을 회전속력 400 rad/s으로 회전시켜 발전소에서 에너지 저장용으로 사용하려고 한다. 이 플라이휠의 운동에너지는 얼마일까? 이 플라이휠로 1 MW를 공급한다면 얼마나 오랫동안 에너지 공급원으로 사용할 수 있을까?

***23.** 길이 L이고 질량 M인 막대의 왼쪽 끝이 회전할 수 있도록 벽에 붙어 있다. 이 막대를 수평으로 잡고 있다가 놓아 막대가 회전하면서 떨어져 수직인 벽을 친다. 이때 오른쪽 막대 끝의 속도는 얼마일까?

***24.** 실이 풀리면서 요요가 내려갈 때 요요 중심의 가속도가

$$a_{CM} = R_0\alpha = \frac{g}{1 + I/MR_0^2}$$

임을 보여라. M은 요요의 질량이고, R_0는 요요의 반지름, I는 중심축에 대한 요요의 관성모멘트이다. 실의 두께와 질량은 무시하라.

18. 이 계의 관성모멘트는 원판과 사람의 관성모멘트의 합이다.

19. 화살이 꽂히기 전과 후에 '원판+화살' 계의 총각운동량이 보존된다.

20. 회전 관성모멘트에 따라 각각 가속도가 달라진다.

22. $KE = \frac{1}{2}I\omega^2$

24. 요요는 감겨진 실의 장력 때문에 토크를 받아서 회전하며 내려간다.

25. 연직면에서 길이 R, 질량 m인 균일한 막대가 한쪽 끝 A에 고정된 축에 매달려서 축과의 마찰 없이 회전운동을 한다. 처음에($t=0$) 막대의 위치는 $\theta=0$이고, 축에 대해 각속력 ω_0로 회전한다. 중력가속도는 g이다.

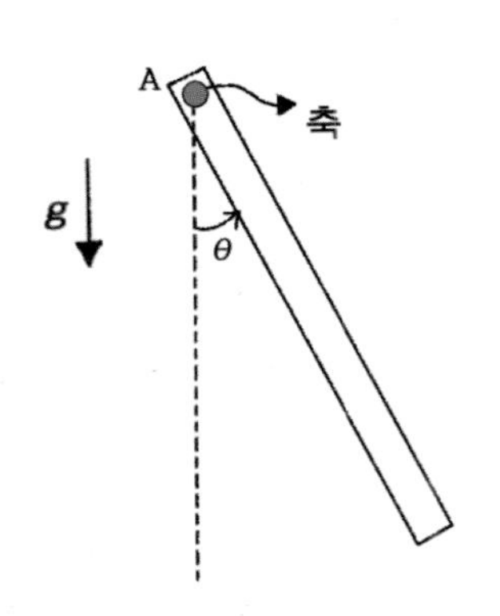

(1) 회전하는 막대가 각도 θ의 위치에 있을 때, 막대의 각속력과 각가속도를 ω_0, R, g 등으로 구하라.

(2) 막대가 연직면에서 완전히 한 바퀴를 돌기 위해서 ω_0는 최소한 얼마나 큰 값을 가져야 할까?

(3) 만약 $\omega_0 = 2\sqrt{g/R}$일 경우에, 막대는 각도 범위 $|\theta| \le \arccos(-1/3) \simeq 1.911$에서 진동함을 보여라.

> **25.** 연직면에서 고정축에 대해 회전하는 막대의 역학적 에너지는 회전운동에너지와 중력위치에너지의 합이고 보존된다.

26. 반지름이 r이고 질량이 m인 고리가 정지 상태로부터 높이 h인 빗면을 따라서 내려온다. 고리는 빗면을 내려와 빗면 맨 아래에 설치된 원형트랙(반지름, R)을 따라서 운동한다(그림 참조). 고리는 어느 곳에서나 미끄러지지 않고 구르는 운동을 한다고 가정하자. 고리가 원형트랙의 최고점을 지나서 운동하기 위해서, 출발 지점의 높이 h는 최소한 얼마 이상이어야 할까? 다음 질문에 답하면서 이를 구하라. 중력가속도는 g이다.

(1) 원형트랙의 최고점에서 고리의 질량중심의 속력 v_{CM}을 구하라.

(2) 고리가 최고점에서 원형트랙으로부터 받는 수직력 N을 구하라.

(3) 고리가 원형트랙의 최고점에서 떨어지지 않으려면 수직력 N이 양(plus)의 값을 가져야 한다. 이 조건을 이용하여 h의 최솟값을 구하라.

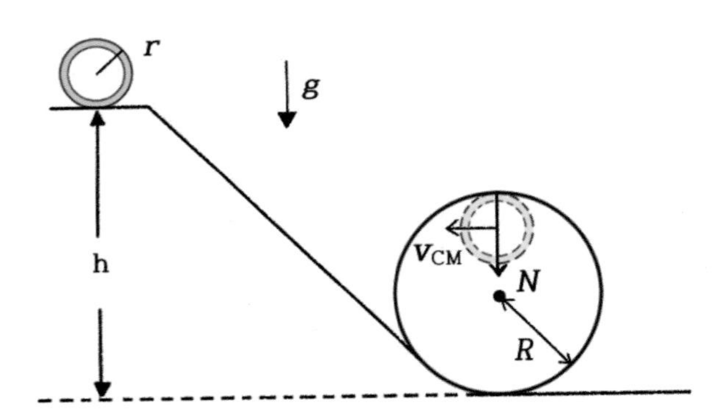

> **26.** 고리의 역학적 에너지는 고리의 운동에너지와 중력위치에너지의 합이다. 또한 고리의 운동에너지는 고리의 질량중심의 운동에너지와 질량중심을 지나는 축에 대한 회전운동에너지의 합이다.

27. 다음 그림과 같이 반지름이 R, 질량이 M인 균일한 원판이 왼쪽 경사면의 위치 A(바닥으로부터 높이 h인 곳, 그림 참조)에서, 정지 상태로부터 출발하여 운동한다. 중력가속도는 g이고, 원판의 중심축에 대한 원판의 관성모멘트는 $I = MR^2/2$이다. A에서 E까지의 운동 경로는 다음과 같이 주어져 있다(그림 참조).

(i) 왼쪽 경사면과 오른쪽 경사면에는 마찰이 없다. 즉, 원판이 A에서 B까지, 그리고 D에서 E까지 운동하는 과정에서 마찰력을 받지 않는다.

> **27.** 원판의 운동은 질량중심의 병진운동과 중심축에 대한 회전운동으로 생각할 수 있다.

(ii) B에서 D까지의 수평면에는, 원판과 수평면 사이에 미끄럼마찰계수가 μ로 주어져 있다. 즉, 원판이 미끄러지면서 구를 때, 원판은 미끄럼 마찰력 $f=\mu Mg$를 받는다.

(iii) 위치 C는 원판이 미끄러짐 없이 구르기 시작하는 곳이다.

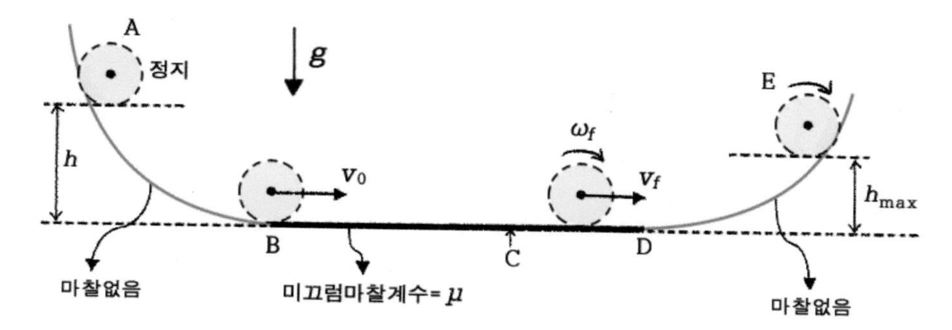

(1) 원판이 B에 도착한 순간, 원판의 질량중심의 속도 v_0를 주어진 물리량들로 구하라.

(2) 원판이 B에서 C로 운동하는 과정에서, 원판의 질량중심의 가속도를 구하라.

(3) 원판이 B에서 C로 운동하는 과정에서, 원판의 중심축에 대한 원판의 회전 각가속도의 크기와 방향을 구하라.

(4) C와 D 사이에서, 원판은 미끄러짐 없이 구르는 운동을 한다. 이 운동에서 원판의 질량중심의 속도 v_f와 원판의 중심축에 대한 원판의 회전 각속도 ω_f를 구하라.

(5) 원판이 오른쪽 경사면을 따라서 오를 수 있는 최대 높이 h_{max}를 구하라.

28. 경사각 θ인 경사면에 질량 m인 사람이 그림과 같이 한 발은 위쪽, 다른 발은 아래쪽에 간격 d로 벌리고 서 있다. 사람의 질량중심은 두 발 사이에, 경사면으로부터 수직한 거리 h인 지점에 있다. 사람의 발과 경사면 사이의 정지마찰계수는 충분히 커서 사람이 경사면에서 미끄러지지는 않는다고 가정한다.

(1) 사람의 두 발에 작용하는 수직력의 크기를 각각 구하라.

(2) 사람이 경사면에서 평형을 유지하기 위해 h/d는 어떤 조건을 만족해야 할까?

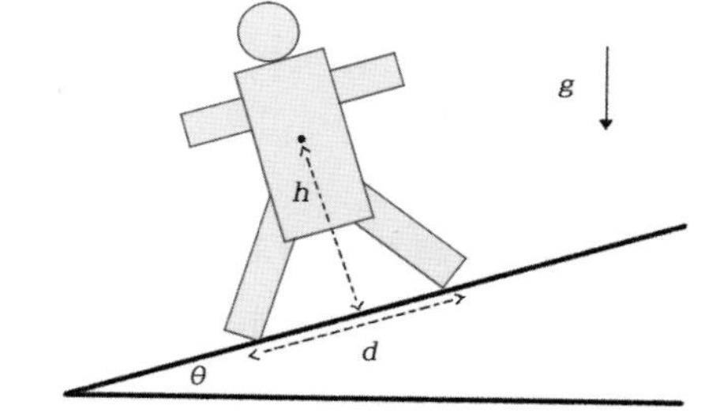

29. 마찰이 없는 수평면 위에 목재로 만들어진 후프가 정지한 채로 놓여 있다. 이 후프의 질량은 m, 반지름은 R이다. 이때 왼쪽에서 후프와 똑같은 질량 m을 가진 총알이 속력 v로 날아와 그림과 같이 후프의 바닥 쪽에 틀어박힌다. 순간적인 충돌로 인해 총알이 박힌 후프의 운동에 관해 다음 질문에 답하라.

28. 강체의 평형조건은 총 외력과 외력들에 의한 총 토크가 모두 0이 되는 것이다.

29. 마찰력과 같은 외력을 받지 않으면서 충돌하므로, '후프+총알' 계의 총 운동량과 총 각운동량은 충돌 전과 후에 변하지 않는다.

(1) 충돌 후, (총알이 박힌) 후프의 질량중심의 속도를 구하라.

(2) 충돌 후, 후프의 질량중심에 대하여 후프가 갖는 총 각운동량은 얼마일까?

(3) 충돌 후, 후프의 각속도는 얼마일까?

(4) 충돌 전과 충돌 후의 총 운동에너지는 각각 얼마인가?

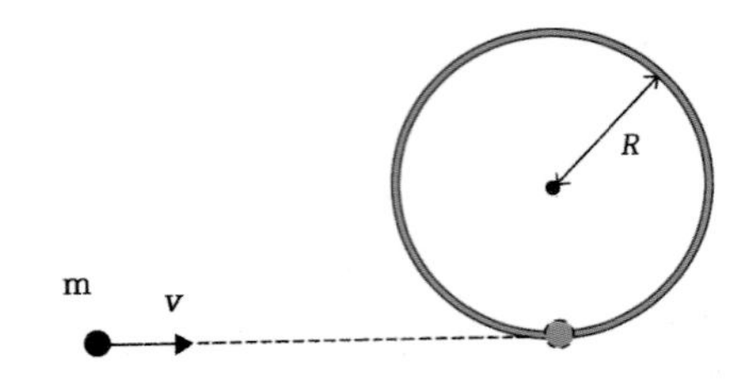

30. 질량 m, 반지름 R이며, 균일한 밀도를 가진 구형 당구공의 질량중심을 지나는 축에 대한 관성모멘트는 $I_{\mathrm{CM}} = 2mR^2/5$이다. 이 당구공은 처음에 평평한 테이블 위에 정지한 채 놓여 있다. 당구 큐대로 이 당구공의 중심선에서 거리 h인 곳에 수평 방향으로, 충격량 J인 예리한 충격을 순간적으로 가한다(그림 참조). 충격이 가해지는 동안에 당구공과 테이블 사이의 마찰력은 무시할 수 있고, 당구공과 테이블 사이에는 미끄럼 마찰력이 작용한다.

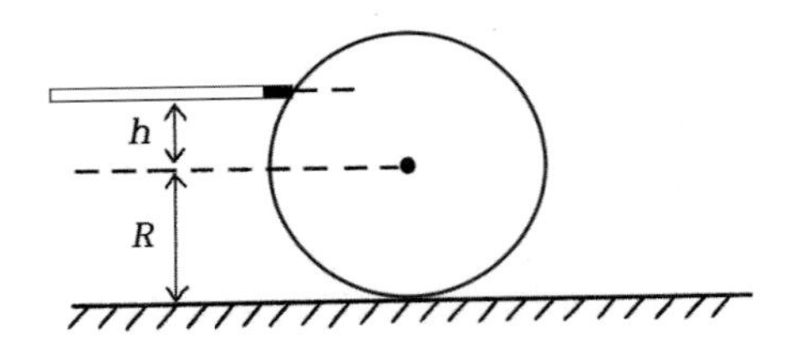

(1) 충격 직후, 큐대를 떠나는 당구공의 (질량중심의) 속력 v_0와 (질량중심에 대한) 각속력 ω_0를 구하라.

(2) 만약, 충격 직후에 당구공이 미끄러짐 없이 구른다면, 이 경우 h의 값은 얼마일까?

(3) 이제, 당구공이 한동안 미끄러진 후에 결국 미끄러짐 없이 구르게 된다고 가정하자. 당구공이 미끄러짐 없이 구르기 시작할 때의 속도 v_f를 구하라. 충격위치 h의 값에 따라서 v_f/v_0는 어떻게 달라질까?

31. 태풍은 고기압에서 저기압 쪽으로 바람이 빠른 속력으로 흘러들어가는 것이다. 북반구에서 태풍의 풍향은 왜 반시계 방향으로 회전하는 것일까?

32. 지구의 북반구에서 움직이는 물체는 지구의 자전 때문에 물체의 속도와 수직방향인 오른쪽으로 힘을 받는다(코리올리힘). 푸코는 진자의 추가 진동하는 방향이 계속하여 오른쪽으로 약간씩 바뀌며, 그 주기가 $\frac{1\text{일}}{\sin\phi}$ (ϕ는 위도)이라는 것을 시연해 보임으로써 지구가 자전한다는 것을 생생하게 보여주었다. 북극에서는 진자의 주기가 1일이라는 것을 어떻게 간단하게 보여줄 수 있을까?

30. 당구공에 가해진 충격량은 당구공의 운동량을 변화시키고, 또 가해진 힘에 의한 토크 때문에 당구공의 각운동량도 변한다.

31. 코리올리힘을 고려해 보자.

32. 관성계에서 보면 진자의 진동방향은 바뀌지 않는다.

Chapter 5 만유인력

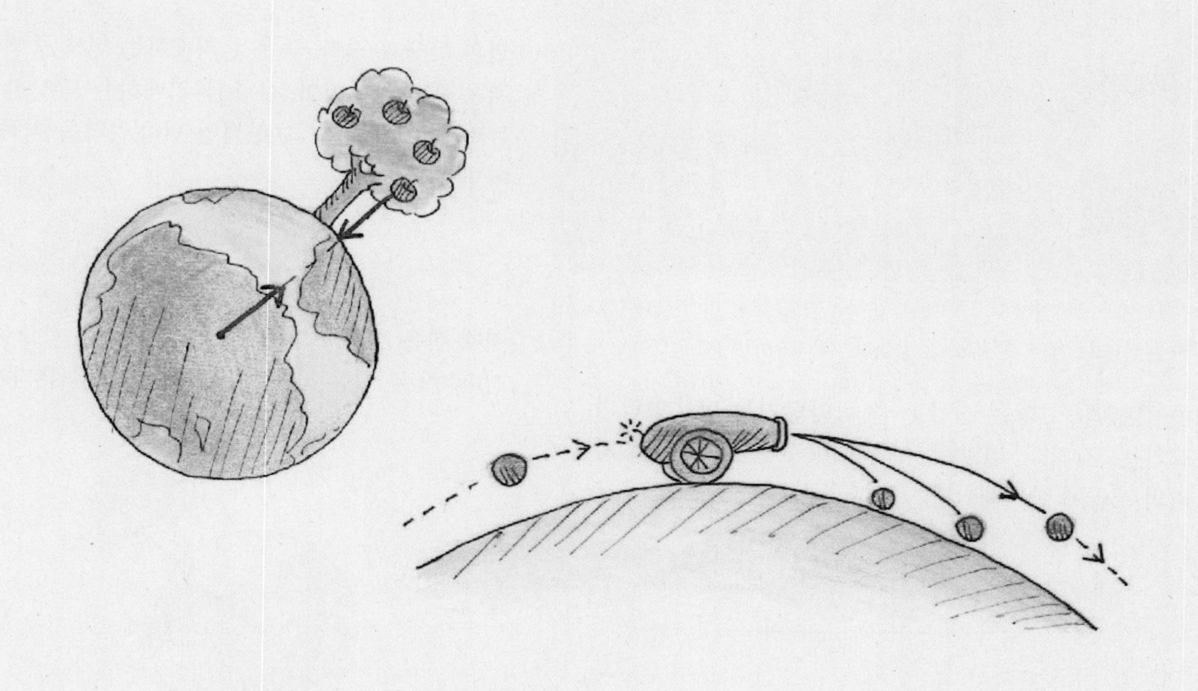

뉴턴의 사과는 지구로 떨어진다.
그러나 인공위성은 떨어지지 않고 원운동을 한다.
만유인력이 상공에서는 약해져서 그런 것일까?
대포를 쏘아서 위성을 만들 수는 없을까?

Section 1

만유인력과 원운동

질량이 있는 우주의 모든 물체 사이에는 중력이 작용한다. 지상의 모든 물체뿐만 아니라 태양주위를 도는 행성, 은하를 이루는 수천억 개의 별들, 우주를 이루는 수천억 개의 은하들 사이에도 같은 중력이 작용한다.

별의 탄생과 진화, 죽음을 지배하는 힘도 중력이다. 중력은 만유인력이며, 우주를 지배하는 막강한 힘이다. 뉴턴은 1686년 이 보편적인 만유인력을 처음으로 알아내었다.

만유인력

큰 질량 M이 작은 질량 m을 잡아당기는 만유인력의 크기는, 각각의 질량에 비례하고, 두 질량 사이의 거리의 제곱에 반비례한다.

$$F = G\frac{Mm}{r^2}$$

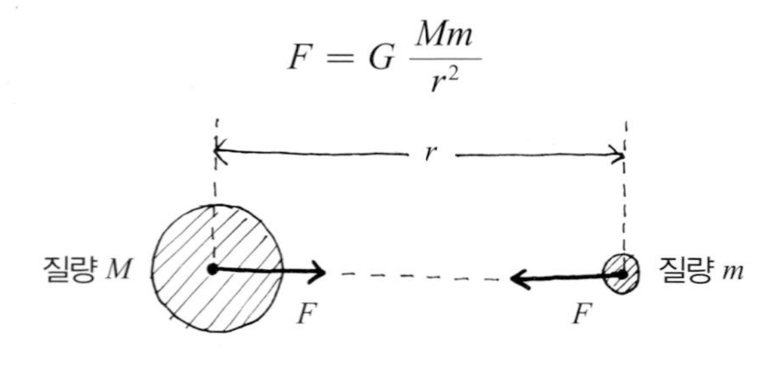

이때 작은 질량 m도 큰 질량 M을 같은 힘으로 잡아당긴다. 이 두 힘은 작용-반작용의 쌍을 이룬다.

만유인력에 나오는 중력상수는

$$G = 6.673 \times 10^{-11}\,\mathrm{N \cdot m^2/kg^2}\text{이다.}$$

이 중력상수는 굉장히 작은 양이기 때문에 정밀한 측정이 요구된다. 이 중력상수는 뉴턴의 만유인력법칙이 알려진 지 약 100년이 지나서야 1798년 캐번디시가 최초로 정밀하게 측정했다.

캐번디시 실험

두 질량 사이에 작용하는 힘을 비틀림저울로 측정할 수 있다. 금속실에 달린 거울에 반사된 빛으로 실이 비틀린 정도를 알아내어 힘을 측정한다.

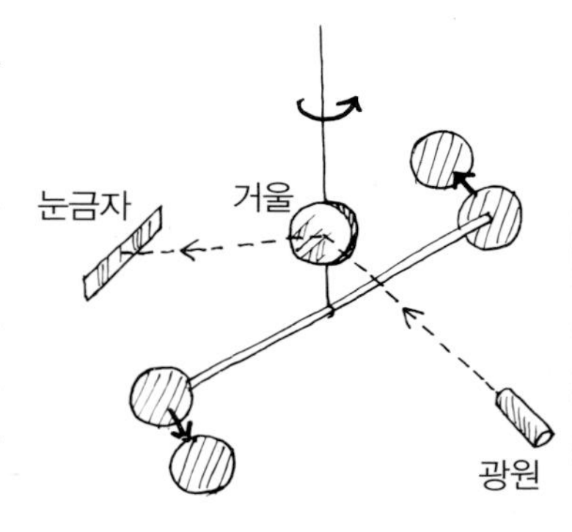

캐번디시는 지구의 질량을 최초로 알아냈다.

중력상수 G는 보편적인 물리상수이다. G를 알면 지구의 질량 M을 알 수 있다.

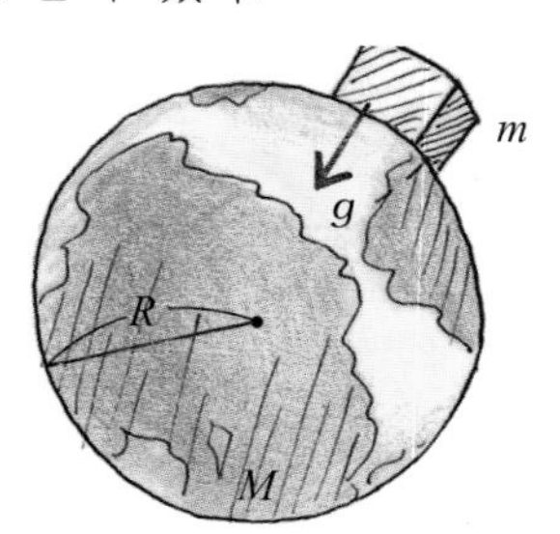

그림처럼 지상에 있는 물체 m의 무게는 지구가 물체에 작용하는 만유인력과 같다.

$$mg = G\frac{mM}{R^2}$$

따라서, 지구의 질량은 $M = gR^2/G$이다.

지상의 중력가속도 g와 지구의 반지름 R값을 넣으면,

$$M = \frac{(9.8\ \text{m/s}^2)(6.38 \times 10^6\ \text{m})^2}{6.67 \times 10^{-11}\ \text{N}\cdot\text{m}^2/\text{kg}^2} = 5.98 \times 10^{24}\ \text{kg}$$

생각해보기

태양질량의 10배가 되는 블랙홀에서 지구 반지름만큼 떨어진 곳에 키 1.7 m인 비행사가 우주선 안에서 지름 방향으로 서 있다면 비행사가 느끼는 중력가속도는 얼마일까? 발바닥과 머리 꼭대기에서 느끼는 중력가속도는 얼마나 차이가 날까?

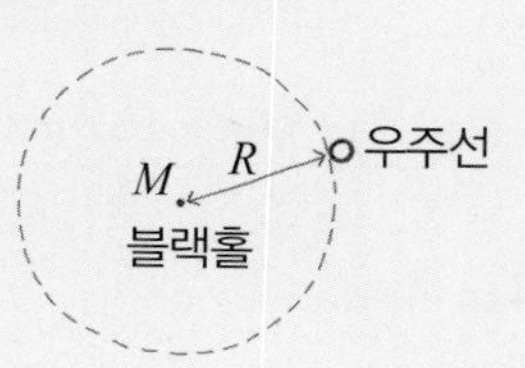

M = 블랙홀의 질량 = $10 \times 1.99 \times 10^{30}$ kg = 1.99×10^{31} kg

R = 블랙홀에서 떨어진 거리 = 6.37×10^6 m

$$\text{중력가속도} = \frac{GM}{R^2} = \frac{(6.67 \times 10^{-11}) \times (1.99 \times 10^{31})}{(6.37 \times 10^6)^2}\ \text{m/s}^2 = 3.27 \times 10^7\ \text{m/s}^2 \cong 3.34 \times 10^6 g$$

$$\text{머리 꼭대기에서의 중력가속도} = \frac{GM}{(R+h)^2}$$

h는 우주비행사의 키이며, R보다 매우 작다.

발바닥과 머리 꼭대기 사이에서의 중력가속도는 거의 같다. h가 R에 비해 몹시 작기 때문이다. 그 차이를 구해 보자.

$$\frac{GM}{R^2} - \frac{GM}{(R+h)^2} = \frac{GM}{R^2}\left(1 - \left(\frac{R}{R+h}\right)^2\right)$$

$$= 3.27 \times 10^7\ \text{m/s}^2 \times \left(\frac{(R+h)^2 - R^2}{(R+h)^2}\right)$$

$$\simeq 3.27 \times 10^7\ \text{m/s}^2 \times \left(\frac{2h}{R}\right)\ (h \ll R\text{을 썼다})$$

$$= 3.27 \times 10^7 \times \frac{2 \times 1.7}{6.37 \times 10^6}\ \text{m/s}^2$$

$$= 17.46\ \text{m/s}^2 = 1.8\,g$$

두 점에서의 중력가속도의 차이는 지구 표면에서의 중력가속도에 비해 약 1.8배 정도이다. 이 차이로 생기는 인장력(몸을 상하로 잡아 늘이는 힘)은 그런대로 버틸 만하나 몸에 상당한 고통을 유발할 것이다.

만유인력에 의한 원운동

지구 주위를 원운동하는 인공위성을 보자.

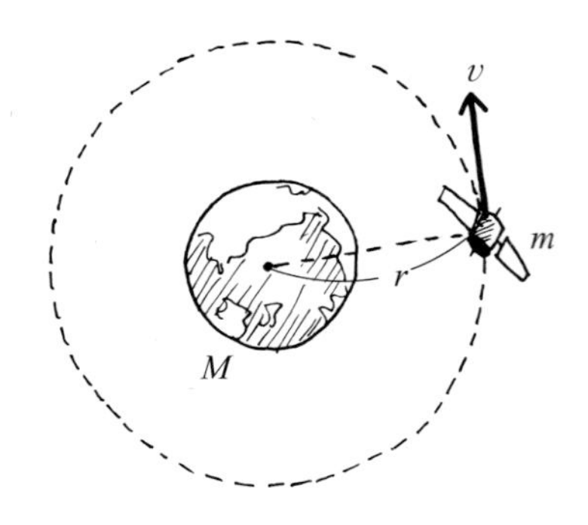

인공위성에 작용하는 구심력은 만유인력이다.

$$G\frac{mM}{r^2} = \frac{mv^2}{r}$$

따라서, 인공위성의 속력은 $v = \sqrt{\dfrac{GM}{r}}$ 이다.

인공위성의 주기 T는 원운동하는 물체의 속력

$v = r\omega = r\dfrac{2\pi}{T}$ 를 쓰면,

$$T = \frac{2\pi r}{v} = 2\pi\sqrt{\frac{r^3}{GM}}$$ 이다.

생각해보기 정지위성

정지위성은 언제나 우리 상공에 머무른다. 위성의 궤도를 원이라고 생각하자.

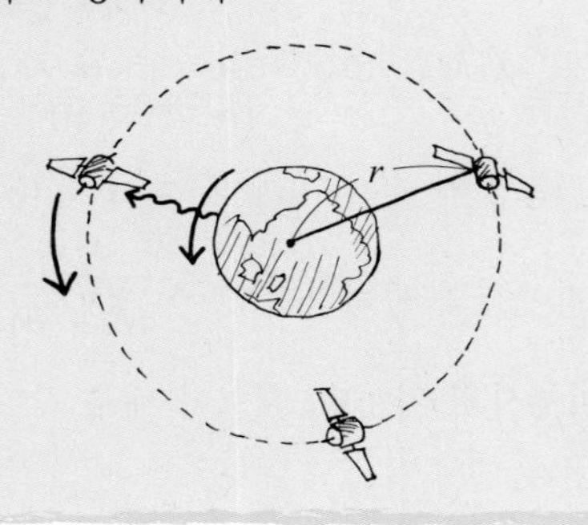

이 위성은 지상에서 얼마나 높은 곳에 떠 있을까? 지상에서 보낸 빛이 위성에 도달하는 데 걸리는 시간은 얼마일까?

위성의 주기는 하루이므로, 지구의 중심과 위성 사이의 거리는

$$r = \left(\frac{GMT^2}{4\pi^2}\right)^{1/3}$$

$$r = \left\{\frac{(6.67\times10^{-11})\,(5.98\times10^{24})(8.64\times10^4)^2}{4\times3.14^2}\right\}^{1/3}\text{m}$$

$= 42300$ km이다.

지구 반지름은 약 6,400 km이므로 위성은 지상 36,000 km 위에 떠 있다. 따라서, 지상에서 정지위성까지 빛이 가는 데 0.12초 걸린다. 위성중계를 통해 신호를 보낸 후 지구 저편 상대방의 반응을 다시 수신하려면 적어도 0.48초(약 0.5초)가 걸린다.

정지위성은 위성방송에 많이 쓰인다. 그러나 정지위성의 궤도는 한정되어 있기 때문에 위성의 수를 제한하고 있다. 많은 통신량과 반응시간 지연을 극복하기 위해서는 해저에 유선통신망을 깔거나, 저궤도 위성통신을 이용한다.

생각해보기 저궤도 위성

저궤도 위성은 주기가 24시간이 못된다. 이 위성은 상공에 잠시 머문 후 사라진다. 따라서, 지구관측을 연속적으로 하려면 위성을 많이 띄워 항상 일정한 수의 위성이 상공에 머물도록 해야 한다.

1999년 12월 21일 발사된 우리의 다목적 실용위성 '아리랑 위성 1호'는 지상고도 685 km의 궤도를 선회하고 있다. 이 위성의 주기는 얼마일까?

아리랑 위성 1호

위성 주기의 제곱이 지구중심까지 거리의 3제곱에 비례한다는 사실을 이용하자. 정지위성의 데이터와 비교하면,

$$\frac{\text{아리랑 위성의 주기}}{\text{정지위성의 주기}} = \left(\frac{\text{아리랑 위성의 거리}}{\text{정지위성의 거리}}\right)^{3/2}$$

이다. 따라서,

$$\text{아리랑 위성의 주기} = \left(\frac{(6400 + 685)\ \text{km}}{42300\ \text{km}}\right)^{3/2} \times 24\text{시간}$$

$$= 1.645\text{시간} = 98.7\text{분}$$

아리랑 위성의 주기는 약 98.7분이다.

지구와 위성 사이에 작용하는 만유인력을 계산할 때, 지구를 마치 총 질량이 모두 지구중심에 모여 있는 질점인 것처럼 취급하였다. 이렇게 해도 되는 까닭은 무엇일까?

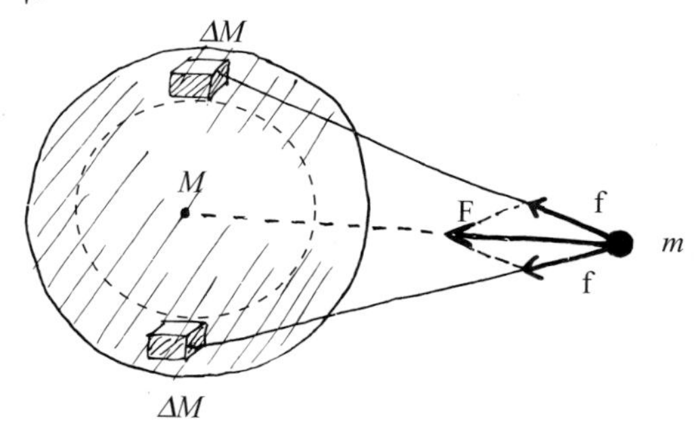

위성이 지구로부터 받는 만유인력은 지구의 각 부분으로부터 받는 인력을 모두 벡터합하여 얻을 수 있다.

그런데 지구의 질량이 균일하게 구형으로 분포되어 있다고 가정하여 계산하면, 위성이 받는 힘은, 지구중심에 놓인 지구질량과 같은 질량을 가진 질점으로부터 위성이 받는 힘과 같다는 결과를 얻을 수 있다.

이와 같은 사실을 수학적으로 처음 증명한 사람이 바로 뉴턴이다. 이 결과는 "껍질정리"라고 부르는, 간단하지만 강력한 사실에 기초하고 있다.

뉴턴의 껍질정리

(1) 반지름이 R인 균일한 구면껍질 밖에서 질량 m이 느끼는 중력은 마치 구면 껍질의 모든 질량이 구면의 중심에 있는 경우에 질량 m이 느끼는 중력과 같다.

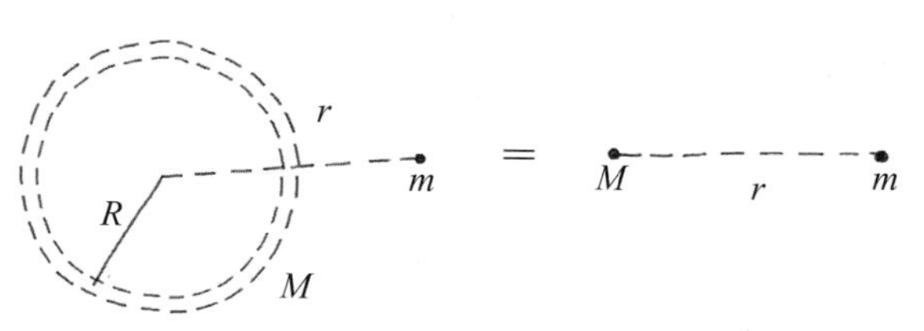

$$F = G\frac{Mm}{r^2} \quad (r \geq R\text{의 경우})$$

(2) 구면껍질 안에서 질량 m이 느끼는 중력은 0이다.

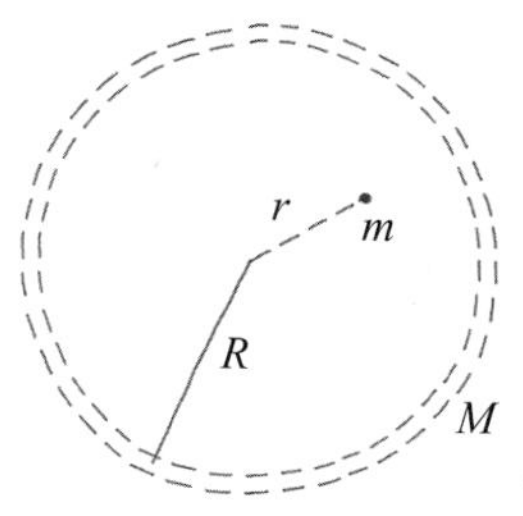

$$F = 0 \quad (r < R\text{의 경우})$$

뉴턴의 껍질정리는 중력이 r^2에 반비례하기 때문에 생기는 결과이다.

질량밀도가 균일하고 크기가 있는 구체 (속이 찬 구)의 경우, 구체 밖에 있는 입자가 구체로부터 받는 중력은 입자가 구체 표면에 붙어 있을 때 가장 큰 중력을 받으며, 거리가 멀어질수록 중력은 작아진다.

반면에, 입자가 구체 속으로 들어가면, 입자가 놓여 있는 반지름 바깥의 껍질에 의한 중력은 0이므로, 구체 질량중심에 가까워질수록 중력이 작아지게 된다.

생각해보기

반지름이 R이고, 질량이 M인 균일한 구체 속에서의 중력을 구해 보자.

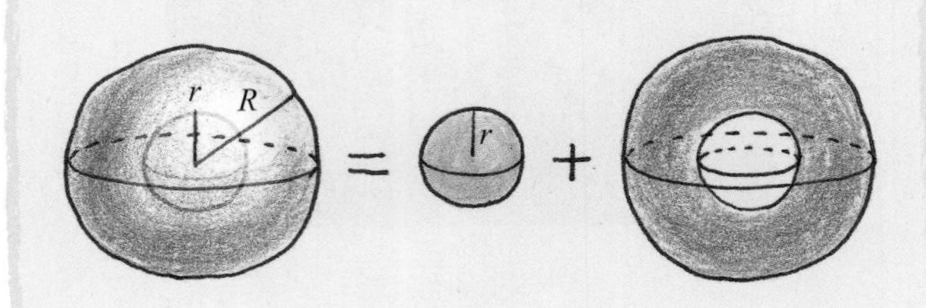

중심에서 떨어진 거리를 r ($r < R$) 이라고 하면, r에서 m이 느끼는 중력은 반지름 r인 구체가 만드는 중력과 같다. 껍질정리에 의하면 반지름 r보다 큰 구면체는 r 점에 중력을 주지 않기 때문이다.

반지름 r인 구체의 질량 M'은 총 질량 M과 비교하면

$$M' = M\left(\frac{r}{R}\right)^3 \text{이다.}$$

따라서 r에서의 중력의 세기는

$$F = G\frac{M'm}{r^2} = G\frac{M\left(\frac{r}{R}\right)^3 m}{r^2} = G\frac{Mm}{R^3}\ r$$

중력의 세기는 r이 줄어들수록(속으로 들어갈수록) 비례해서 줄어든다. 흥미롭게도 중력과 반지름 사이의 관계는 용수철의 변위와 탄성력과의 관계를 기술하는 훅의 법칙과 동일하다.

뉴턴의 사과는 지상으로 떨어진다. 그런데, 왜 달이나 인공위성은 지구로 떨어지지 않을까?

물론, 모두가 지구를 향해 만유인력을 받아 떨어진다. 다만, 달이나 인공위성은 지구중심 방향으로 곧바로 움직이지 않고 비스듬히 이동한다.

그림처럼 달이나 인공위성은 중력 때문에, 속도 **v**의 직선방향으로 똑바로 가지 못하고 지구중심을 향해 떨어진다. 이때 물체의 속력이 $v = \sqrt{GM/r}$ 가 되면, 물체는 지구를 향해 계속 떨어지면서 원운동을 하게 된다.

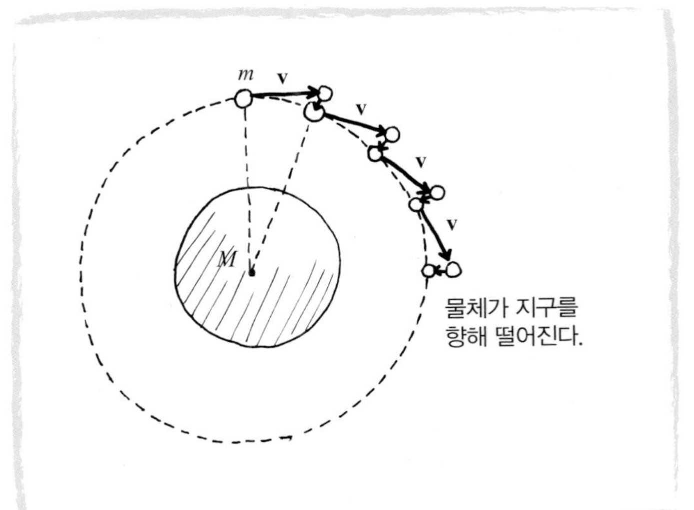

생각해보기

지상에서 수평으로 발사한 포탄이 위성이 되기 위해 필요한 속도는 $v=\sqrt{GM/R}=\sqrt{gR}$ 이다. 포탄이 자유낙하한다는 생각으로, 이 속도를 기하학적으로 구해 보자.

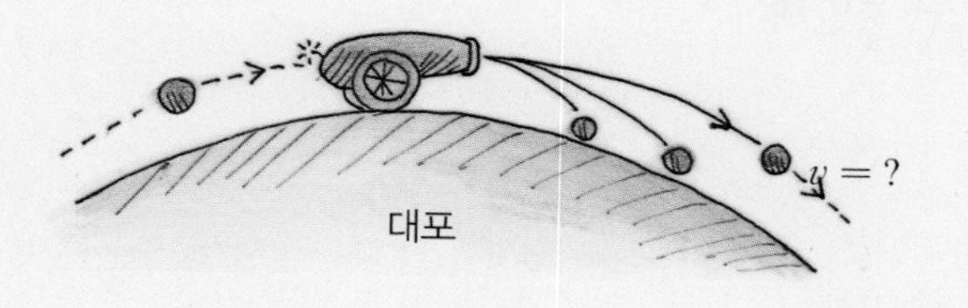

그림처럼 지구와 포탄이 그리는 2개의 닮은꼴 삼각형을 비교해 보자.

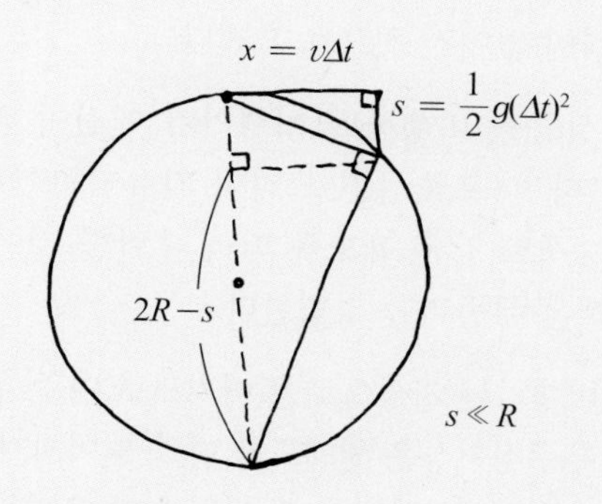

$$\frac{x}{s}=\frac{2R-s}{x}\cong\frac{2R}{x}$$

이므로, $x^2=2Rs$이다. 그런데 $x^2=(v\Delta t)^2$이고, $2Rs=2R\cdot\frac{1}{2}g(\Delta t)^2$이다. 따라서, $v^2=gR$이다.
지상에서 중력가속도는 $g=GM/R^2$이므로

$$v=\sqrt{gR}=\sqrt{GM/R}$$

이다.

중력가속도는 지상의 높이에 따라 그림처럼 줄어든다.

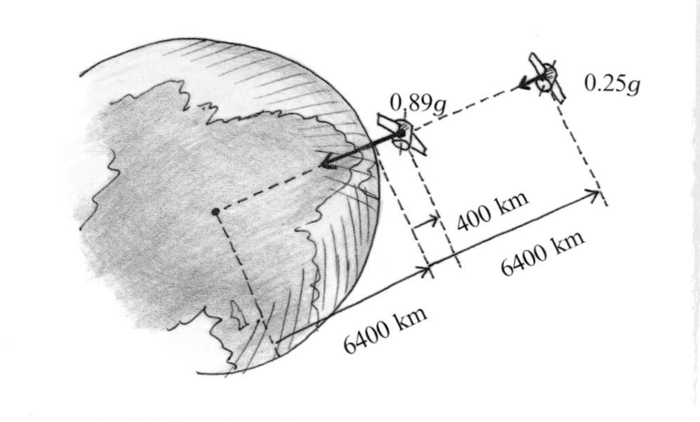

무중력

우주정거장은 지상 400 km 상공을 돌고 있다. 이 우주정거장에 작용하는 중력가속도는 지상에 비해 $0.89g$ ($=(6400/6800)^2g$)로 줄어들지만, 0이 아니다. 우주정거장 안에 있는 우주인도 물론, 같은 중력가속도 $0.89g$를 받는다. 그런데도 우주정거장 안에 있는 우주비행사는 왜 둥둥 떠다닐 수 있을까?
지구에서 보면 우주정거장과 우주비행사 모두 만유인력을 받지만 속력이 충분히 크기 때문에 다른 추진력 없이 같은 원궤도를 돈다.

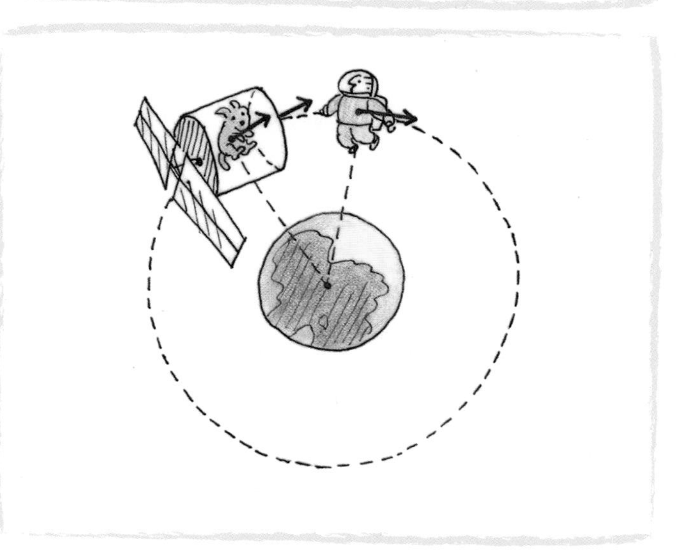

따라서, 우주정거장과 우주비행사가 원궤도를 따라 똑같이 떨어지므로, 우주비행사는 우주정거장 안에서 볼 때 중력이 없어진 것으로 느낀다.

만일, 상공을 비행하던 비행기가 엔진이 완전히 꺼져 추락한다면(포물선을 그리며 자유낙하한다), 비행기 안의 승객도 같은 궤도를 따라 추락할 것이다. 이때에도 승객은 무중력을 경험한다.

물론, 비행기는 지상으로 떨어지므로 아주 위험하다. 그러나, 우주정거장은 원궤도를 따라 떨어지기 때문에, 지구 주위에서 안전하게 오랜 세월 동안 추락할 수 있다.

지구탈출

지구의 중력을 완전히 벗어나 지구를 탈출하려면, 위성은 지상에서 어떤 속력으로 출발해야 할까?

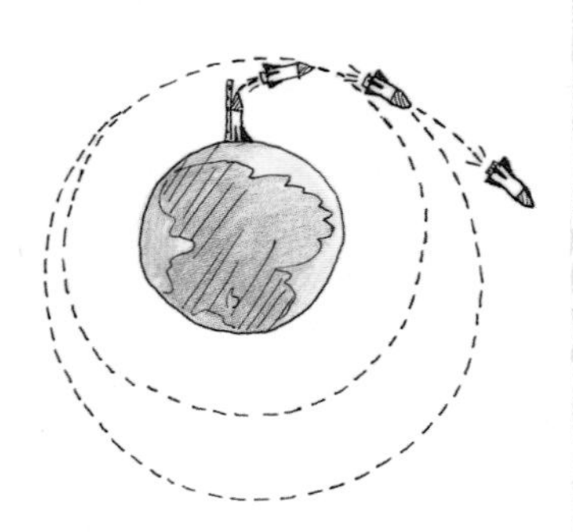

만유인력을 받으며 운동하는 물체의 역학적 에너지가 보존된다는 것을 이용하자.

$$E = K + U = \text{일정}$$

지상에서의 에너지는 지구를 탈출했을 때의 에너지와 같으므로,

$$K_{\text{지상}} + U_{\text{지상}} = K_{\text{탈출}} + U_{\text{탈출}}$$

지구를 탈출하려면, 지상에서의 역학적 에너지가 무한대에서의 위치에너지보다 커야 한다.

$$K_{\text{지상}} + U_{\text{지상}} \geq U_{\text{탈출}}$$

지구중심(질량 M)에서 거리 r만큼 떨어진 물체(질량 m)의 중력에 의한 위치에너지 $U(r)$는 얼마일까?

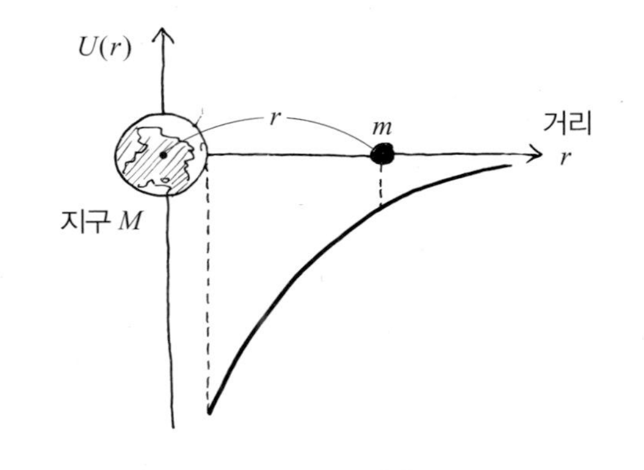

무한대에서의 위치에너지 $U(\infty)$와 거리 r만큼 떨어진 곳에서의 $U(r)$의 차이는, 질량 m을 거리 r인 곳에서 무한대까지 옮기는 데 해야 할 일과 같다.

$$U(\infty) - U(r) = \int_r^\infty \frac{GMm}{r'^2}\, dr' = \frac{GMm}{r}$$

위치에너지의 기준은 무한대에서 0으로 잡는다.

$$U(\infty) = 0$$

따라서, 거리 r에서의 위치에너지는

$$U(r) = -\frac{GMm}{r} \text{ 이다.}$$

지상에서의 위치에너지 $U_{\text{지상}} = -\dfrac{GMm}{R}$을 쓰면,

지상을 탈출하기 위해 필요한 최소속도 v_e(탈출속도)는

$$\frac{1}{2}mv_e^2 - \frac{GMm}{R} = U_{\text{무한대}} = 0$$

을 만족해야 한다. 따라서, 지구 탈출속도는

$$v_e = \sqrt{\frac{2GM}{R}} = 11.2 \text{ km/s}\text{이다.}$$

생각해보기

2001년 2월 12일에 우주선 NEAR가 소행성 벨트에 있는 에로스에 착륙했다.

에로스 소행성은 태양을 중심으로 공전하며, 주기가 1.76년이다. 크기는 33 km×13 km×13 km이며, 감자모양으로 생겼다. 에로스에서 중력가속도는, 지구표면에서 중력가속도 g에 비해 약 1,600배 정도 작다. 에로스에서 탈출속도는 얼마나 될까?

편의상 소행성을 평균반지름이 약 10 km인 구형으로 보자. 에로스의 질량을 M, 반지름을 R라고 하면, 소행성 표면에서의 중력가속도는

$$\frac{GM}{R^2} = \frac{g}{1600} \text{ 이다.}$$

따라서, 탈출속도의 크기는

$$\begin{aligned} v_e &= \sqrt{2GM/R} = \sqrt{2R \times GM/R^2} \\ &= \sqrt{2R \times (g/1600)} \\ &= \sqrt{2 \times 10^4 \times 9.8/1600} \text{ m/s} = 11 \text{ m/s 이다.} \end{aligned}$$

에로스에서 탈출속도는 약 11 m/s (40 km/h)이다.

에로스에서 투수가 야구공을 위로 던지면, 야구공은 에로스를 벗어난다.

탈출속도

물체	질량(kg)	반지름(m)	탈출속도(km/s)
케레스	9.43×10^{20}	4.7×10^5	0.52
지구의 달	7.36×10^{22}	1.74×10^6	2.38
지구	5.98×10^{24}	6.37×10^6	11.2
목성	1.90×10^{27}	7.15×10^7	59.5
태양	1.99×10^{30}	6.96×10^8	618
시리우스 B	2×10^{30}	5.8×10^6	6780
중성자별	2×10^{30}	1×10^4	1.63×10^5

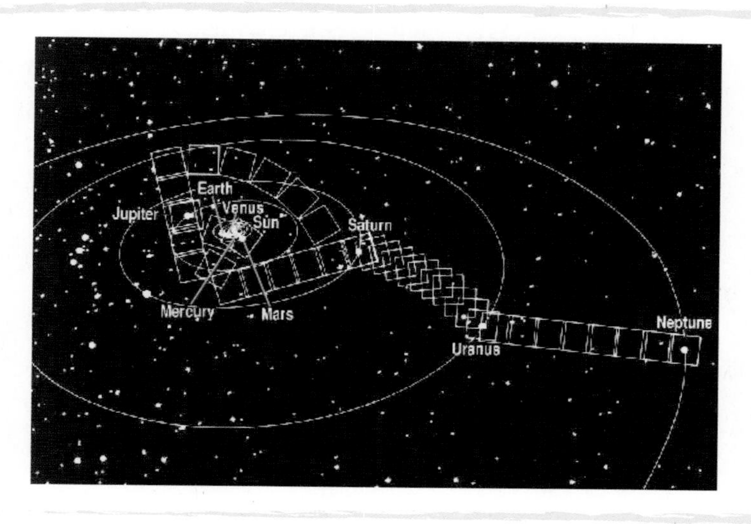

이 사진은 1990년 2월 14일 태양계 바깥쪽으로 약 65억 km 떨어진 곳에 있던 보이저 1호가 타원궤도 평면 32도 위에서 태양쪽을 향해 찍은 60개의 실제 사진을 합성한 것이다.

태양계 외곽에서 볼 때에도 태양은 지상에서 보이는 시리우스보다 800만 배나 더 밝게 보인다. 지구와 금성은 작은 점으로밖에 보이지 않는다. 카메라 노출 때문에 각 행성의 크기는 실제 보이는 크기와 다르다.

케플러 법칙

– 행성의 운동

케플러는 그의 스승인 브라헤가 평생 동안 행성을 관측한 자료를 바탕으로 8년 동안 계산하여 행성운동을 타원궤도에 맞추는 데 성공하였고, 1621년 행성운동의 특성을 다음 세 가지로 정리하였다.

(1) 행성은 태양을 초점으로 하는 타원궤도를 돈다.

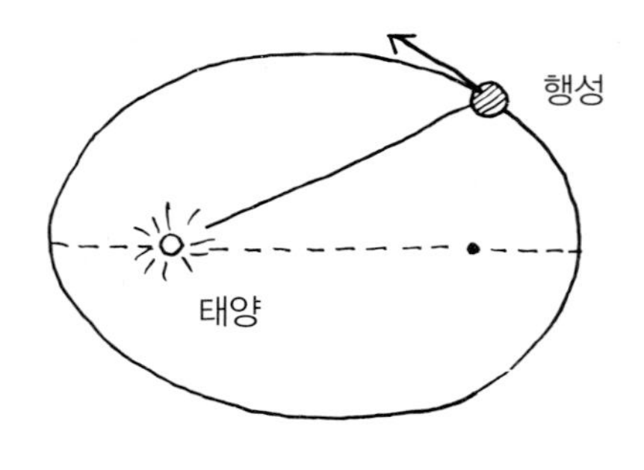

(2) 행성이 같은 시간 동안에 움직여 만드는 부채꼴 면적은 언제나 같다. 행성은 태양 가까이가면 빨리 공전하고, 멀어지면 천천히 공전한다.

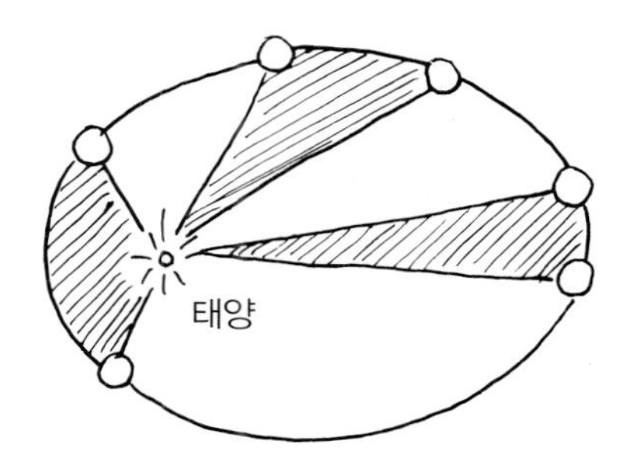

(3) 행성의 궤도운동주기의 제곱은 타원의 긴반지름의 세제곱에 비례한다.

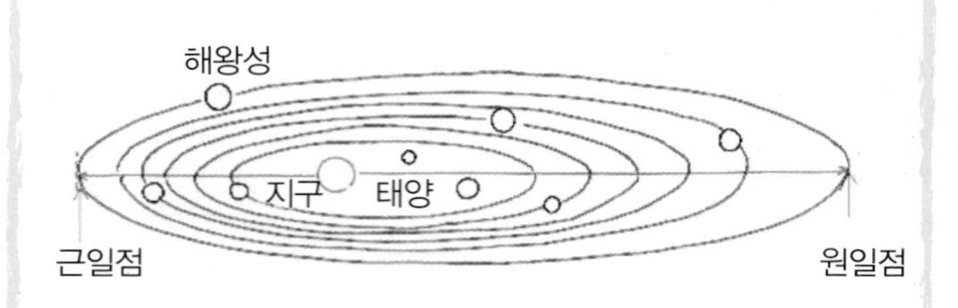

행성의 궤도 : 주기, 긴반지름, T^2/R^3

행성	주기(s)	긴반지름(m)	T^2/R^3
수성	7.6×10^{6}	5.79×10^{10}	2.97×10^{-19}
금성	1.94×10^{7}	1.08×10^{11}	2.99×10^{-19}
지구	3.156×10^{7}	1.496×10^{11}	2.97×10^{-19}
화성	5.94×10^{7}	2.28×10^{11}	2.98×10^{-19}
목성	3.74×10^{8}	7.78×10^{11}	2.97×10^{-19}
토성	9.35×10^{8}	1.43×10^{12}	2.99×10^{-19}

지구는 태양을 중심으로 공전할까?

케플러 제1법칙이나 코페르니쿠스의 지동설처럼 정말로 지구는 태양을 중심으로 공전할까?

만유인력에 의하면 지구와 태양은 똑같은 크기의 힘을 주고받는다. 지구가 태양을 중심으로 공전한다면, 똑같은 논리로 태양도 지구를 중심으로 공전한다고 말할 수 있지 않을까?

지구와 태양은 지구와 태양의 질량중심을 중심으로 회전한다.

지구의 질량을 m, 위치를 $\mathbf{r}$, 태양의 질량을 M, 태양의 위치를 $\mathbf{R}$라고 하면, 태양과 지구의 질량중심은

$$\mathbf{r}_{\mathrm{CM}} = \frac{m\mathbf{r} + M\mathbf{R}}{m + M}$$ 이다.

그런데, 태양의 질량은 지구질량의 약 3.3×10^5배이므로, 질량중심은 태양의 중심에 놓여 있다. $\mathbf{r}_{\mathrm{CM}} \cong \mathbf{R}$. 따라서, 지구는 태양을 중심으로 공전한다. 일반적으로, 가벼운 물체는 무거운 물체 주위를 공전한다.

이에 비해 달의 질량은 지구에 비해 약 1/80이므로, 달과 지구의 질량중심(CM)은 지구 반지름의 3/4 정도에 있다.

달이 지구주위를 도는 것처럼 보이지만, 실제로는 지구도 달의 영향을 받아 CM을 중심으로 작은 원을 그리며 오른쪽 그림처럼 돈다.

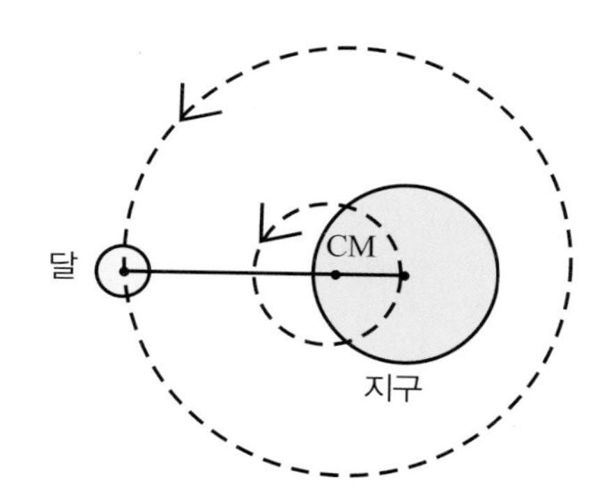

생각해보기

바닷물은 달의 중력 때문에 간만의 차가 생긴다. 간만의 차는 지구의 자전 때문에 주기적으로 생겨나는데, 왜 간만의 주기는 지구의 자전주기인 24시간이 아니라, 12시간일까?

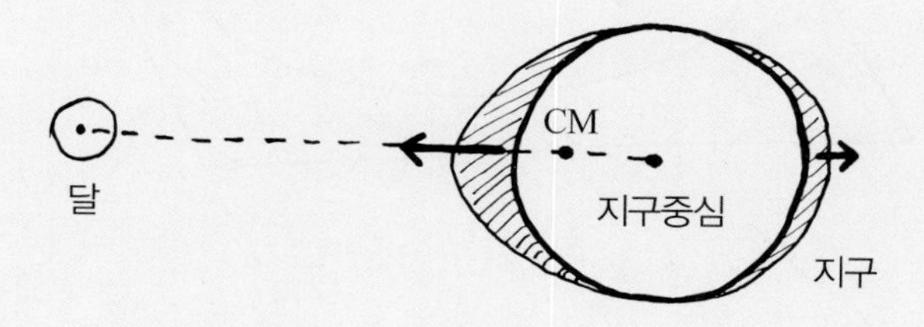

달 쪽뿐 아니라 달 먼 쪽의 바닷물도 높아진다. 지구가 달의 영향으로 CM을 중심으로 원운동하기 때문이다. 지구중심에서, 구심력은 달이 작용하는 중력과 같다. 그러나, 지구표면의 바닷물에 작용하는 힘은 비기지 않는다. 달 쪽에서는 구심력보다 중력이 더 크고, 먼 쪽에서는 중력이 더 작다. 결과적으로 지구의 양쪽에서는 그림처럼 조력이 생겨나고 바닷물이 높아진다. 따라서, 지구가 자전함에 따라 12시간마다 간만의 차가 생긴다(실제는 달도 공전하기 때문에 조수 간만의 주기가 25분 정도 더 크다).

생각해보기

어떤 별의 궤도속력이 v=270 km/s 이고, 주기는 T= 1.70일, 그리고 질량 m_1은 태양질량 $M_s=1.99\times10^{30}$ kg의 6배이다.

그런데, 이 빛나는 별은 보이지 않는 별과 짝을 이루어 원궤도를 도는 이중성 계의 일부임을 밝혀졌다.

보이지 않는 별의 질량은 근사적으로 태양질량의 몇 배나 될까?

보이는 별에 작용하는 구심력은 뉴턴의 운동 법칙에 따라 $\frac{Gm_1m_2}{r^2}=m_1r_1\omega^2$ 으로 주어진다는 것을 이용하자.

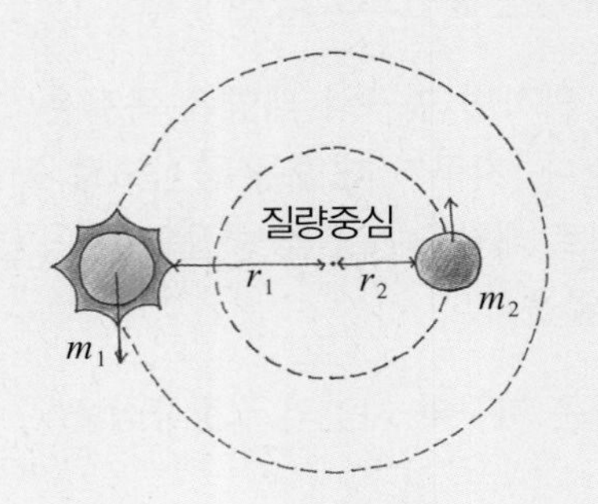

여기서 $r=r_1+r_2$은 두 별 사이의 거리, $\omega=2\pi/T$는 각속력이고, $r_1\omega^2$은 보이는 별의 질량중심을 향한 구심가속도이다. 또한, 질량중심을 기준으로 반지름들은 $m_1r_1=m_2r_2$을 만족하므로, r은 r_1으로

$$r=r_1\frac{m_1+m_2}{m_2}$$ 이다.

위의 관계식들을 적절하게 조합하면 보이지 않는 별의 질량과 보이는 별의 질량, 반지름, 주기 사이의 관계를 나타내는 식

$$\frac{m_2^3}{(m_1+m_2)^2}=\frac{4\pi^2}{GT^2}r_1^3$$을 얻는다.

보이는 별의 궤도속력 v는 원둘레 $2\pi r_1$을 주기 T로 나눈 것이므로

$$r_1=\frac{vT}{2\pi}$$ 이다.

이 식과 $m_1=6M_s$을 활용하고, 속력, 주기 그리고 중력상수 값을 대입하면 다음의 식을 얻게 된다.

$$\frac{m_2^3}{(6M_s+m_2)^2}=\frac{v^3T}{2\pi G}=6.90\times10^{30}\ \text{kg}\approx3.47\ M_s$$

이 식을 대충 근사적으로 풀면 $m_2\approx9M_s$이다.

각운동량의 보존과 케플러 제2법칙

만유인력은 중심력이므로 행성이 받는 토크는 0이며, 각운동량은 보존된다. 따라서, 각운동량의 크기와 방향이 변하지 않는다.

$$\mathbf{L}=\mathbf{r}\times m\mathbf{v}=\text{일정}.$$

각운동량의 방향을 보자. 각운동량의 방향이 일정하므로 행성이 그리는 궤도는 평면 위에 놓여 있고, 각운동량의 방향은 이 평면에 수직이다.

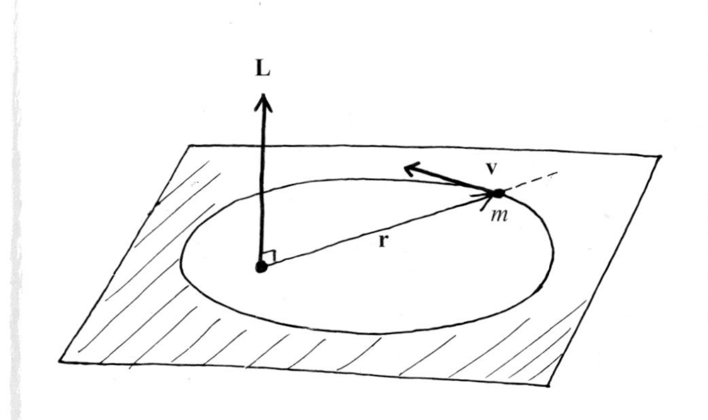

각운동량의 크기는 $L = mrv\ \sin\phi$이다. 각운동량이 보존되려면 행성은 태양 가까이 가면 빨리 공전하고, 멀어지면 천천히 공전해야 한다.

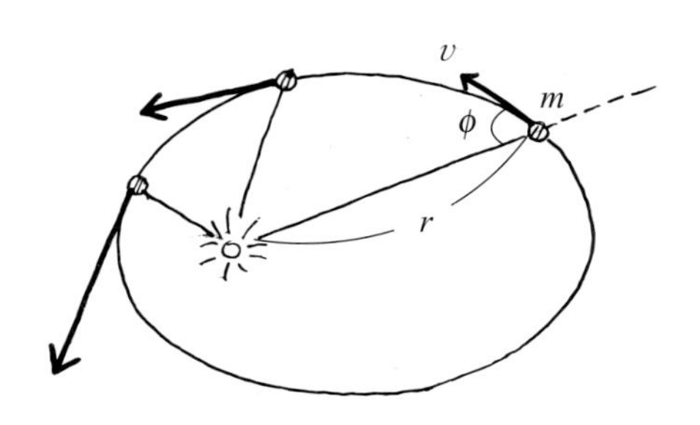

행성이 Δt 동안 휩쓸고 간 면적은 얼마일까?
이 면적은 그림에서 보면 r과 $v\Delta t$로 이루어진 삼각형의 면적에 해당된다. 이 삼각형의 면적은

$$\Delta A = \frac{1}{2}r(v\Delta t)\sin\phi \text{ 이다.}$$

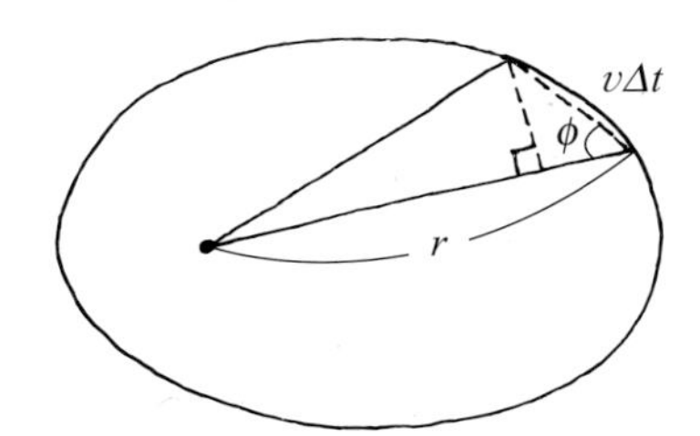

ΔA를 각운동량 $L = mrv\ \sin\phi$로 표시하면

$$\Delta A = \frac{L}{2m}\Delta t \text{ 이다.}$$

따라서, 면적의 변화율은

$$\frac{\Delta A}{\Delta t} = \frac{L}{2m} \text{ 이다.}$$

즉, 각운동량이 보존되므로, 같은 시간에 행성이 휩쓸고 가는 면적은 어느 위치에서나 같다. 이것이 바로 케플러 제2법칙이다.

케플러 제2법칙은 행성운동의 각운동량이 보존된다는 것을 의미한다.

역학적 에너지 보존과 케플러 법칙

만유인력은 중심력이므로 역학적 에너지가 보존된다.

역학적 에너지 = 운동에너지 + 위치에너지

그런데, 행성은 일반적으로 타원궤도를 따라 움직이므로, 원궤도를 돌기 때문에 생기는 운동에너지와 지름이 커지거나 작아지기 때문에 생기는 운동에너지로 나누어 생각하는 것이 편리하다.

행성의 속력을 그림처럼

$$v^2 = v_{원주}^2 + v_{지름}^2$$

으로 나누어 쓰자.

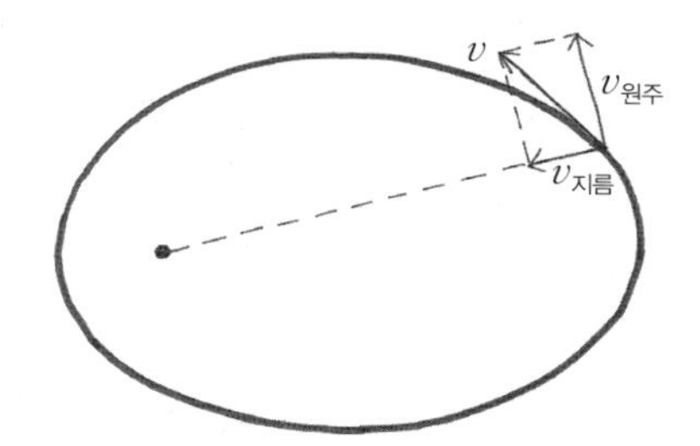

운동에너지는

$$K = \frac{1}{2}m v_{\text{지름}}^2 + \frac{1}{2}m v_{\text{원주}}^2 \text{이다.}$$

여기에서 원궤도 방향의 속력은 $v_{\text{원주}}=r\omega$이므로,

$$K = \frac{1}{2}m v_{\text{지름}}^2 + \frac{1}{2}m(r\omega)^2 \text{이다.}$$

따라서, 질량 m인 행성이 가지는 역학적 에너지는

$$E = \text{운동에너지} + \text{위치에너지}$$

$$= \frac{1}{2}m v_{\text{지름}}^2 + \frac{1}{2}mr^2\omega^2 - \frac{GMm}{r} \text{ 이다.}$$

태양에서 행성이 멀어지고 가까워지는 모습만을 살펴보자.

거리가 변하기 때문에 생기는 운동에너지는 $\frac{1}{2}m v_{\text{지름}}^2$ 이므로, 역학적 에너지의 나머지 부분은 지름방향운동에서 나타나는 일종의 위치에너지 $V_{\text{지름}}(r)$로 볼 수 있다.

$$V_{\text{지름}}(r) = \frac{1}{2}mr^2\omega^2 - \frac{GMm}{r}$$

첫째 항 $\frac{1}{2}mr^2\omega^2$은, 행성이 궤도운동할 때 지름방향으로 튀어 나가려고 하는 관성력인 원심력이 만드는 유효 위치에너지이다. 반면에, 둘째 항 $-\frac{GMm}{r}$은 중력에 의한 위치에너지이다.

$L=mr^2\omega$이므로 이 지름방향의 위치에너지는

$$V_{\text{지름}}(r) = \frac{1}{2}\frac{L^2}{mr^2} - \frac{GMm}{r} \text{이다.}$$

행성의 운동은 지름방향의 운동에너지 $\frac{1}{2}m v_{\text{지름}}^2$과 $V_{\text{지름}}(r)$라는 위치에너지를 가지고 운동한다고 볼 수 있다.

$$E = \frac{1}{2}m v_{\text{지름}}^2 + V_{\text{지름}}(r)$$

이것을 써서 행성의 궤도를 분석해 보자.

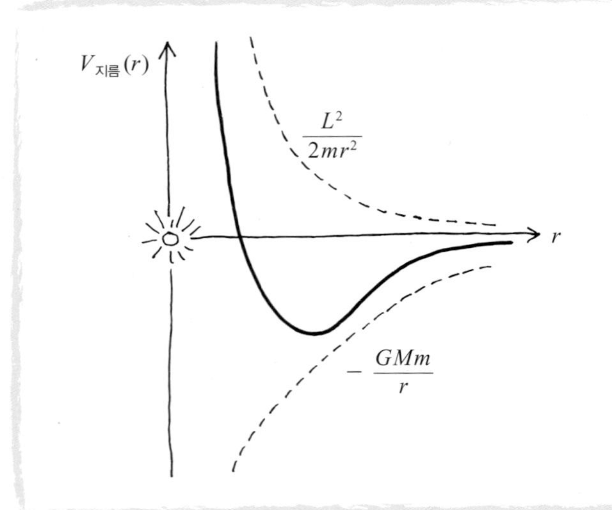

원궤도

그림처럼 역학적 에너지 E가 $V_{\text{지름}}(r)$의 최저값 E_0와 같으면 궤도반지름은 일정하게 된다 $(r=r_0)$. 따라서, 궤도는 원이 된다.

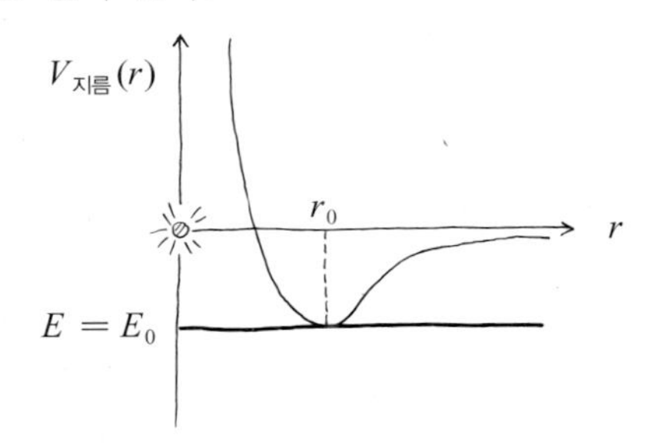

타원궤도

그림처럼 E가 E_0보다 크고 0보다 작으면 ($E_0<E<0$), 행성은 $r=r_1$과 $r=r_2$에서 운동한다.

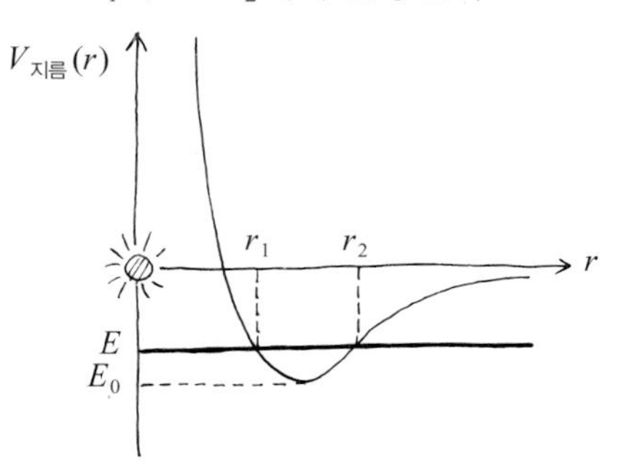

이 궤도의 반지름은 r_1과 r_2 사이의 값이 가능하다. 이러한 궤도는 타원궤도에 해당된다. r_1과 r_2는 짧은반지름과 긴반지름을 표시한다.

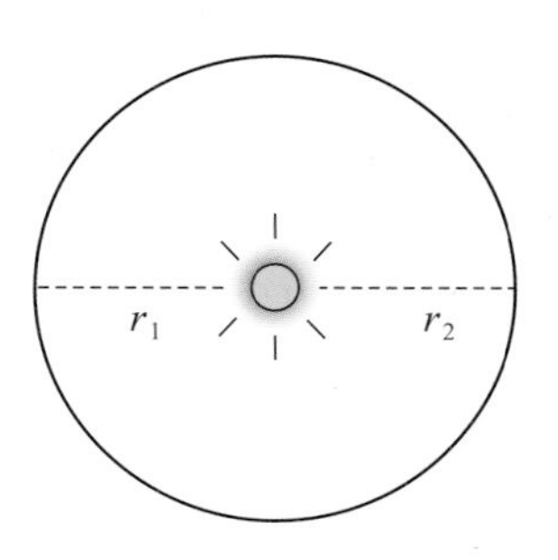

반면에 핼리혜성과 같은 혜성은 짧은반지름에 비해 매우 긴반지름을 가진 타원궤도를 돈다.

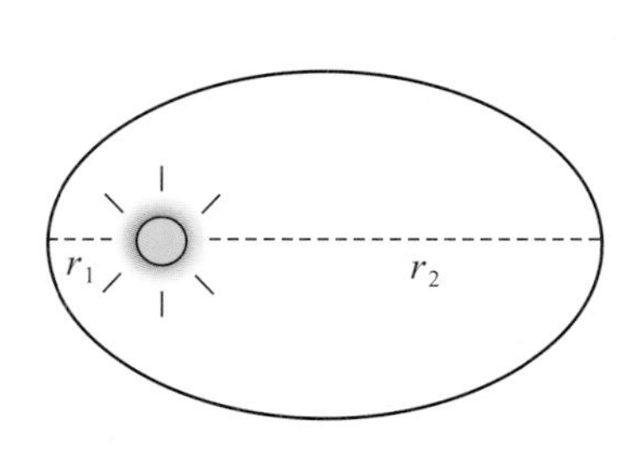

혜성의 역학적 에너지는 0보다 작지만 0에 가까워 긴반지름이 매우 크다 ($r_2 \gg r_1$).

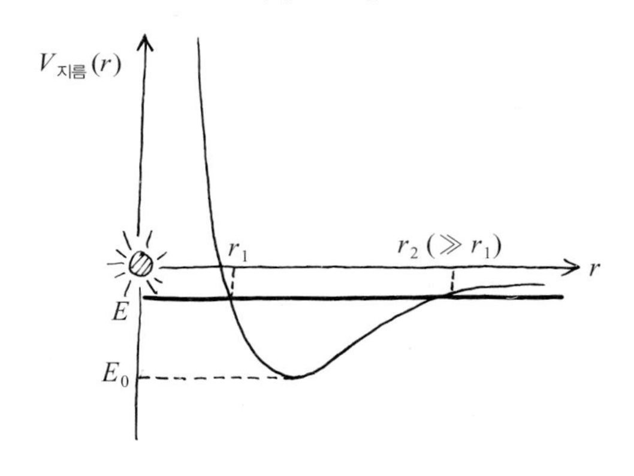

케플러 법칙은 만유인력의 결과이다. 만유인력은 행성의 운동에 대한 근본적인 답을 하고 있다.

행성은 태양의 힘만을 받는 것이 아니다.

주변 행성의 힘도 받는다. 결과적으로 행성은 케플러 법칙에서 약간 벗어나는 운동을 한다. 행성들이 케플러 법칙에 따라 움직이지 않는 경우가 관찰되면, 만유인력을 이용하여 부근에 새로운 행성이 존재함을 예측할 수 있다. 명왕성의 발견은 해왕성의 비정상적인 운동에서 찾아낸 결과이다.

단원요약

1. 만유인력과 원운동

① 만유인력 : 질량 m_1 인 입자는 질량 m_2 인 입자를 크기 $F = G\frac{m_1 m_2}{r^2}$ 의 중력으로 잡아당긴다. 만유인력 상수는 $G = 6.67\times10^{-11}\ \mathrm{N\cdot m^2/kg^2}$ 이다.

② 균일한 구에 의한 중력 : 반지름 R 인 구에 질량 M 이 균일하게 분포되어 있을 때, 이 구의 중심으로부터 거리 r 인 곳에 위치한 질량 m 인 입자가 받는 힘의 크기 $F(r)$ 은 뉴턴의 껍질정리에 의해 다음과 같다.

$$F(r) = \begin{cases} \dfrac{GMm}{R^3}r & r < R \\ \dfrac{GMm}{r^2} & r > R \end{cases}$$

③ 중력 위치에너지 : 거리 r 만큼 떨어진, 질량이 M 과 m 인 두 물체계의 중력 위치에너지는 $U(r) = -\frac{GMm}{r}$ 으로서, 두 물체를 무한히 떨어지게 하는 데 드는 일과 크기가 같고 부호는 반대이다.

④ 탈출속력 v_e : 질량 M 이고 반지름 R 인 균일한 구형 별의 표면에서 출발하여, 완전히 별의 중력을 벗어나는 데 필요한 최소의 속력은 $v_e = \sqrt{\frac{2GM}{R}}$ 이다. 지구의 경우, 이 속력은 11.2 km/s이다.

2. 케플러 법칙

① 중심력을 받는 운동에서의 보존량들 :
먼저, 각운동량 $\mathbf{L}$ 이 보존된다.

$$\mathbf{L} = \mathbf{r} \times m\mathbf{v} = \text{일정}$$

또, 역학적 에너지 $E = \frac{1}{2}mv^2_{\text{지름}} + V_{\text{지름}}(r)$ 가 보존된다. 여기서, $V_{\text{지름}}(r) = \frac{1}{2}\frac{L^2}{mr^2} + U(r)$ 이다. 첫째 항은 원심력이 만드는 유효 위치에너지이고, 둘째 항은 중심력의 위치에너지이다. 중력의 경우, $U(r) = -\frac{GMm}{r}$ 이다.

② 케플러 행성운동법칙

- 제1법칙 : 행성은 태양을 초점으로 타원궤도를 돈다.
- 제2법칙 : 한 행성이 동일한 시간에 태양을 기준으로 움직여 만든 부채꼴 면적은 그 행성궤도 어디에서나 일정하다.
- 제3법칙 : 모든 행성 궤도운동의 주기의 제곱은 타원의 긴반지름의 세제곱에 비례하며, 그 비례상수는 행성에 상관없이 일정하다.

만유인력은 케플러 행성운동법칙의 명확한 이론적 설명을 제공한다.

연습문제

1. 지구중심을 향해 터널을 뚫었다고 생각해 보자. 지구중심에서의 몸무게는 어떻게 변할까?

> **1.** 지구 속에서의 중력을 구하자.

2. 질량이 70 kg인 두 사람이 1 m 떨어져 있을 때 작용하는 중력의 크기를 구하라.

3. 화성은 지구보다 1.5배 멀리 떨어져 있다. 화성의 1년은 지구의 몇 배일까?

3. 케플러 법칙에 의하면 T^2은 R^3에 비례한다.

4. 우주선이 지구에서 태양 쪽으로 얼마나 떨어져 있을 때 우주선에 작용하는 태양과 지구 중력의 크기가 같아질까?

5. 인공위성이 5,000 m/s로 원궤도를 돌고 있다. 이 위성은 지상으로부터 얼마나 높이 떠 있을까? 또한, 주기는 얼마일까?

6. 우주선이 지구 주위에서 원궤도를 돌고 있다. 이 우주선이 순간적으로 추진력을 분사해서 속도를 늘렸다면 어떤 궤도운동을 할까? 만일 역 추진력을 분사한다면 궤도운동이 어떻게 바뀔까?

6. 속도가 늘어나면 총 에너지가 커진다.

7. 인공위성이 90분에 지구를 한 바퀴 돈다. 이 위성에서의 중력가속도는 얼마일까?

7. 구심력은 만유인력이 제공한다.

8. 지구를 도는 달의 주기가 $T = 27.3$일이고, 반지름이 $r = 3.82 \times 10^5$ km인 것을 활용하여 지구의 질량을 구하라. 편의상, 달은 지구중심을 기준으로 원궤도를 돈다고 가정하자.

9. 달에도 바다가 있다면 지구처럼 밀물과 썰물이 생길까?

9. 달과 지구는 서로 같은 크기의 중력을 상대에게 작용한다.

10. 지구 주위를 원궤도운동하는 두 우주선이 있다. 두 우주선의 궤도 반지름비가 2라면, 이 두 우주선의 속력, 가속도 그리고 주기의 비는 얼마일까?

11. 지구와 태양 사이의 평균거리는 1.5×10^{11} m이고, 지구의 평균궤도속력은 3×10^4 m/s이다. 이것을 써서 태양의 질량을 구하라.

12. 우리 태양계는 은하중심의 바깥쪽에 위치하고 있으며 원운동하고 있다. 은하계 중심으로부터의 반지름이 $r = 2.8 \times 10^{20}$ m이며, 속력은 $v = 2.5 \times 10^5$ m/s 이다.
(1) 은하계를 도는 태양의 원운동 주기는 얼마일까?
(2) 은하중심에 대한 태양의 가속도를 구하라.
(3) 위 결과들로부터 태양의 원궤도 안쪽에 있는 은하계의 총 질량을 구하라.
(가정 : 태양의 원궤도 안쪽에 위치한 은하계의 총 질량이 은하계의 중심에 있다고 생각하라.)

13. 태양풍은 태양에서 방출되어 지자기를 교란시킬 뿐만 아니라 태양계 밖까지 나가는 전하를 띤 입자들이다. 이 태양풍의 태양 탈출속도는 얼마일까? 태양의 반지름은 7×10^8 m이다.

14. 질량 M인 물체가 각각 질량이 m과 $M-m$인 두 부분으로 나뉘어 일정 거리 떨어져 있다. 두 부분 사이의 중력 크기가 최대가 되는 두 질량의 비 m/M을 구하라.

15. 화성의 질량은 $M = 6.42\times10^{23}$ kg이고, 반지름은 $R = 3.38\times10^6$ m이다. 화성 표면에서 중력가속도는 얼마일까?

16. 로켓이 지구 표면에서 $v = 2\sqrt{gR_e}$ 로 연직으로 발사되었다. (R_e는 지구 반지름)
(1) 이 로켓이 지구를 벗어날 수 있음을 보여라.
(2) 지구에서 아주 멀리 떨어진 거리에서 로켓의 속력은 $v = \sqrt{2gR_e}$ 임을 보여라.

17. 지구의 자전효과는 위도에 따라 물체의 무게에 어떤 영향을 미칠까?

18. 한 물체를 지구 표면에서 10 km/s의 속력으로 연직으로 발사하였다. 지구 표면에서 얼마나 올라갔다 내려올까?

19. 지름 1 km인 도넛모양의 우주정거장에서 중심축을 중심으로 자전시켜 도넛 내의 벽면에 지구중력과 같은 인공중력을 만들고자 한다. 이 우주정거장의 자전주기는 얼마일까?

***20.** 질량이 M과 m인 두 입자가 아주 멀리서 서로 중력에 의해 끌어 당겨져 서로를 향해 접근하고 있다. 둘 사이의 거리가 d일 때 상대속도가 $v = \sqrt{2G(M+m)/d}$ 임을 보여라.

***21.** 뉴턴의 껍질정리를 증명해 보자.
(1) 반지름 R인 구면껍질 밖에 있을 때 질량 m이 느끼는 힘은 구면껍질의 모든 질량이 중심에 놓인 경우와 같다는 것을 보여라.
(2) 반지름 R인 구면껍질 안에서 질량 m이 느끼는 힘은 0임을 보여라.

22. 지구를 질량 M이 고르게 분포된 반지름 R인 구로 생각하자. 질량 m인 인공위성이 지구의 중심에서부터 반지름 $r(>R)$인 원궤도를 따라서 운동한다.
(1) 이 위성의 속력, 주기, 운동에너지, 위치에너지, 역학적 에너지 등을 구하라.
(2) 이 위성을 주어진 원궤도에 올리기 위해서 지표에서 발사할 때의 속력 v_0을 구하라.

13. 탈출속도는 입자의 질량과 무관하다.

15. 화성표면에서 만유인력이 중력가속도를 제공한다.

16. 지구의 자전효과는 무시하자.

19. 구심력이 인공중력을 제공한다.

20. 역학적 에너지 보존법칙과 운동량 보존법칙을 활용하라.

(3) 이 위성을 지구 인력권에서 완전히 탈출시키기 위해서 공급해야 할 최소의 에너지를 구하라.

23. 지구를 질량 M이 고르게 분포된 반지름 R인 구로 생각하자. 위성의 질량 m은 $m \ll M$이고, 위성은 그림처럼 지구의 중심을 초점으로 하는 타원궤도를 돌고 있다.

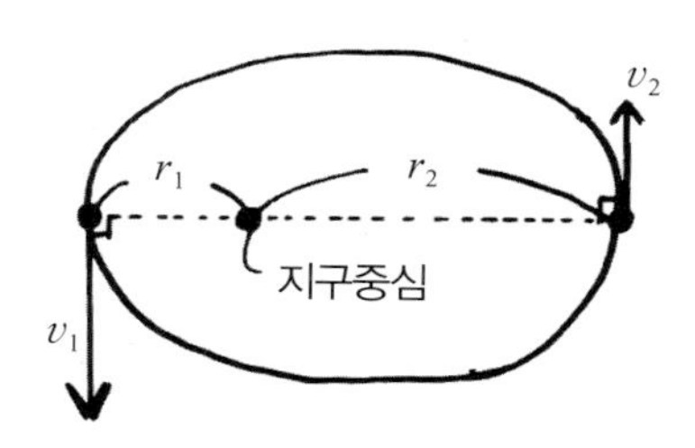

(1) 지구에 가장 근접한 거리 r_1과 가장 먼 거리 r_2에서, 위성의 속력 v_1, v_2를 주어진 값들 r_1, r_2, m, G, M 등으로 구하라. G는 만유인력상수이고, $r_2 > r_1 > R$이다.

(2) 위성의 역학적에너지 E를 r_1, r_2, m, G, M 등으로 구하라.

24. 달을 탐사하는 우주선이 달의 표면에서 고도 $h = 0.76 \times 10^6$ m에서 속력 $v = 1{,}100$ m/s로 비행하고 있다. 속도의 방향은 달의 중심에서 우주선에 이르는 위치벡터에 수직한 방향이다. 이 우주선이 달에 의한 중력만을 받아 운동한다면, 이 우주선은 달에 추락할까? 만일 그렇다면 달의 표면에 충돌할 때의 속력은 얼마일까? 우주선의 질량은 $m = 200$ kg이고, 달의 질량과 반지름은 각각 $M = 7.36 \times 10^{22}$ kg, $R = 1.74 \times 10^6$ m이다.

25. 질량 m인 질점이 원점에서부터 거리 r 떨어진 곳에서, 원점으로 끌리는 힘 $F(r) = -Kr^3$을 받아 원점 주위로 운동한다. K는 상수이고, −부호는 힘의 방향이 원점을 향하는 것을 의미한다.

(1) 이 입자의 위치에너지(퍼텐셜에너지) $U(r)$을 구하라. 원점에서 위치에너지 값을 0으로 잡자.

(2) 이 입자가 반지름 r인 원궤도를 따라 운동할 경우에 속력, 각운동량, 역학적 에너지를 구하라.

(3) 원운동에 관한 (2)의 결과는 역학적 에너지가 $V_{지름}(r)$의 최솟값인 경우의 운동임을 보여라.

26. 태양계의 행성의 역학적 에너지 E의 값이 0 혹은 양의 값일 때 행성의 궤도는 어떤 모습일까?

23. 위성의 운동에서 보존되는 양들, 즉 각운동량과 역학적 에너지를 고려하라.

24. 우주선의 역학적에너지 E와 달의 표면에서 우주선이 갖는 지름방향의 위치에너지 $V_{지름}(R)$을 비교해 보라.

27. 질량이 M이고 반지름이 R인 두 별이 거리 D만큼 떨어진 위치에 고정되어 있다. 이 별들은 구형이고 질량이 균일하게 분포되어 있다고 하자. 그림처럼 작은 질량 m을 가진 발사체가 왼쪽 별의 표면에서 초기속력 v_0로 다른 별을 향해 발사되어 직선경로를 따라서 오른쪽 별의 표면에 도달하기 위해 필요한 초기속력의 최솟값은 얼마일까? 이 발사체가 두 별로부터 받는 중력 이외에는 다른 힘을 받지 않는다고 가정한다.

> **27.** 발사체는 두 별로부터 중력을 받고, 따라서 발사체의 중력위치에너지는 각각의 별에 의한 중력위치에너지들의 합이다.

28. 질량이 M인 소행성의 주위에서 질량이 $m(\ll M)$인 위성이 반지름이 R인 원궤도를 따라 회전하고 있다. 어느 순간에 갑자기 소행성의 질량이 $M' = 3M/4$으로 축소된다면, 이 위성의 궤도는 타원궤도로 바뀔 것이다. 어째서 그렇게 되는지 설명하고, 이 타원궤도의 장반경을 구하라. 만약 축소된 질량 M'의 값이 너무 작으면, 위성의 궤도는 타원이 되지 않고 열린 궤도가 되어 소행성을 벗어날 것이다. 이런 M' 값의 조건은 무엇일까? 소행성은 축소되기 전이나 후에도 질량이 고르게 분포된 구라고 가정한다.

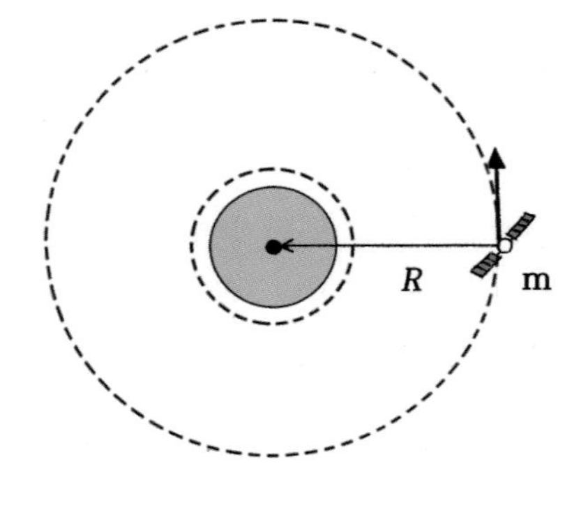

> **28.** 소행성의 질량이 갑자기 축소되면, 위성이 받는 중력이 작아지므로 위성의 역학적 에너지는 갑자기 증가한 이후 보존되고, 위성의 각운동량은 변함없이 보존된다.

29. 지구 표면에서 우주선을 발사하여 태양계를 완전히 벗어나게 하려고 한다. 우주선의 발사방향이 지구의 공전 원궤도의 운동방향과 같다고 가정할 때, 지구에 대해 우주선을 어떤 속력으로 발사해야 할까? 우주선이 받는 중력은 지구와 태양에 의한 것만을 고려하고, 지구의 자전과 공기저항은 무시한다.

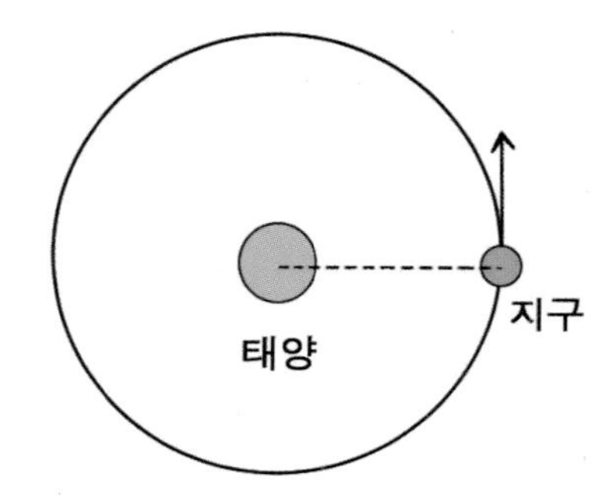

> **29.** 우주선은 지구와 태양에 의한 중력을 받고, 따라서 우주선의 중력위치에너지는 지구와 태양에 의한 것들의 합이다.

Chapter 6 진동과 파동

수면에 떨어지는 물방울이 물을 진동시키면 동심원이 퍼져 나간다. 물이 퍼져 나가는 것일까?
아니라면 도대체 무엇이 퍼져 나가는 것일까?

단진동 운동

흔들리는 그네나 추, 바람에 흔들리는 나뭇잎, 물질 속에 들어 있는 원자의 열진동 등 우리 주변에는 주기적으로 진동하는 수많은 운동을 볼 수 있다. 이러한 진동들은 단진동 운동에 가깝다.

단진동 운동이란 시간에 따라 사인 또는 코사인함수로 변하는 단순한 운동을 말한다.

$$x(t) = A \cos\omega t$$

용수철에 매달려 진동하는 운동은 가장 대표적인 단진동 운동이다. 용수철에 매달린 물체는 왜 단진동 운동을 할까?

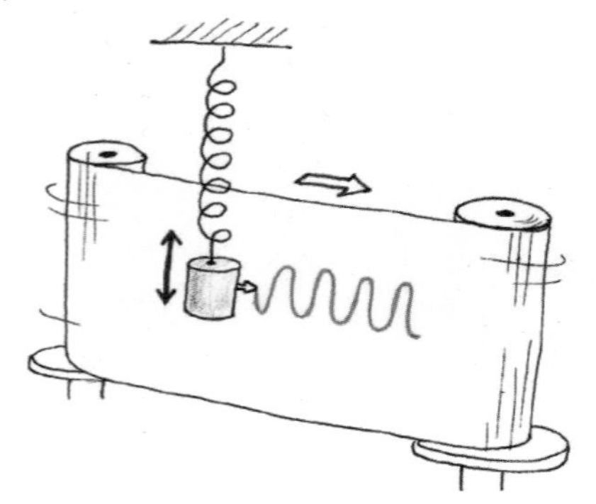

용수철에 매달린 물체는 용수철의 평형점(용수철이 늘어나거나 줄어들지 않은 점)에서 벗어나면 그림처럼 벗어난 길이에 비례하여 복원력이 생기기 때문이다. 이것을 훅의 법칙이라고 한다.

평형점을 원점으로 잡고, 질점의 위치를 x로 표시하면 복원력 F는 다음과 같이 표시된다.

$$F = -kx$$

−부호는 질점이 원점으로 돌아가도록 힘(복원력)이 작용한다는 것을 표시한다. 비례상수 k는 용수철상수로서, 단위는 N/m이다. 용수철상수가 클수록 변형이 잘 되지 않는 뻣뻣한 용수철이다.

$x>0$이면 왼쪽으로 힘이 작용하고, $x<0$이면 오른쪽으로 작용한다. 즉, 원점으로 힘이 향한다.

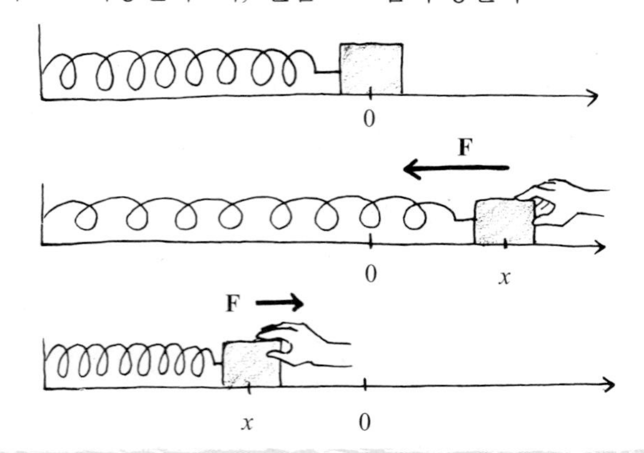

이 복원력 $F=-kx$는 어떻게 단진동 운동을 하게 만들까?

용수철에 매달린 질량은 운동방정식 $F=ma$를 만족해야 한다.

$$F = -kx(t) = m\frac{d^2x(t)}{dt^2}$$

이 방정식은 미분방정식으로서 삼각함수로 표시되는 해를 갖는다.

위치를

$$x(t) = A\cos\omega t$$

로 가정해 보자. 그러면

$$\frac{dx(t)}{dt} = -A\omega\sin\omega t$$

$$\frac{d^2x(t)}{dt^2} = -A\omega^2\cos\omega t = -\omega^2 x(t)$$ 이다.

이 결과를 운동방정식에 넣으면,

$$-k\,x(t) = -m\omega^2 x(t)$$ 를 얻는다.

위의 방정식으로부터 ω는

$$\omega = \sqrt{\frac{k}{m}}$$

를 만족한다. 이 운동은 주기운동으로서, A는 진폭이고, ω를 각진동수(또는 각속력)라 한다.

코사인함수의 주기 T는 $\omega T = 2\pi$를 만족하므로

$$T = \frac{2\pi}{\omega} = 2\pi\sqrt{\frac{m}{k}}$$

이고 진동수는 $f = \frac{1}{T} = \frac{1}{2\pi}\sqrt{\frac{k}{m}}$ 이다.

용수철 힘으로부터 운동방정식을 풀어서 용수철에 매달린 물체가 단진동 운동한다는 것을 알아냈다.

주기는 용수철상수와 질량만으로 결정되지만, 진폭 A는 초기조건으로 결정된다. 아래 그림은 $t=0$일 때, 정지한 상태로 $x=A$ 위치에 놓여 있던 물체의 시간에 따른 위치이다.

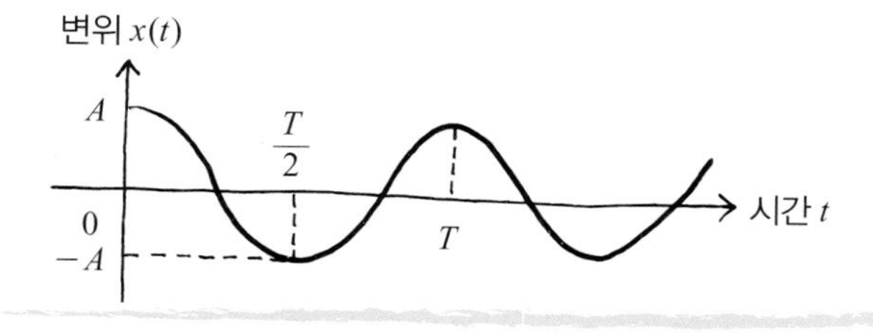

생각해보기 용수철상수의 측정

볼펜에 사용하는 용수철을 꺼내 용수철상수 k를 측정해 보자. 그림처럼 길이 25 mm인 용수철에 질량 $m=$ 300 g을 매달았더니 처음 위치에서 $d=7$ mm만큼 늘어났다. 용수철상수를 구해 보자.

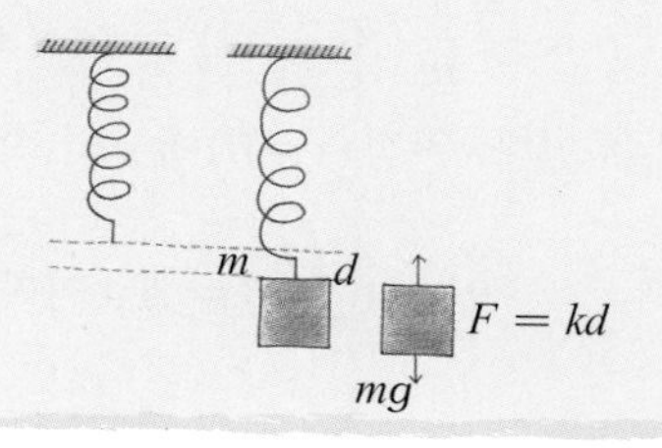

용수철이 늘어나 정지해 있다면 물체에 작용하는 용수철의 힘은 질량 m의 무게 mg와 평형을 이루고 있다. 훅의 법칙에 따라

$$F = kd = mg$$ 이므로

용수철상수 $k = \frac{mg}{d}$ 이다.

질량이 300 g이고 $d=7$ mm인 볼펜 용수철의 k는

$$k = \frac{mg}{d} = \frac{0.3\ \text{kg} \times 9.8\ \text{m/s}^2}{7 \times 10^{-3}\ \text{m}} = 4.2 \times 10^2\ \text{N/m}$$

$= 420$ N/m이다.

생각해보기 용수철의 진동

이번에는 볼펜 용수철에 매달린 물체를 살짝 당겼다 놓아 아래위로 진동운동시켜보자. 이 진동운동의 각속도 ω와 주기 T, 진동수 f는 얼마일까?

$$\omega = \sqrt{\frac{k}{m}} = \sqrt{\frac{420\ \text{N/m}}{0.3\ \text{kg}}} \simeq 37.4\ \text{rad/s}$$

$$f = \frac{\omega}{2\pi} = \frac{37.4/\text{s}}{6.28} = 6.0\ \text{Hz}$$

$$T = \frac{1}{f} = 0.17\ \text{s}$$

용수철의 퍼텐셜에너지

용수철에 매달린 물체는 복원력 때문에 위치에너지를 갖게 된다. 위치에너지는 복원력 $-kx$ 에 대항하여 외부에서 한 일과 같다.

$$V = \int_0^x kx'dx' = \frac{1}{2}kx^2$$

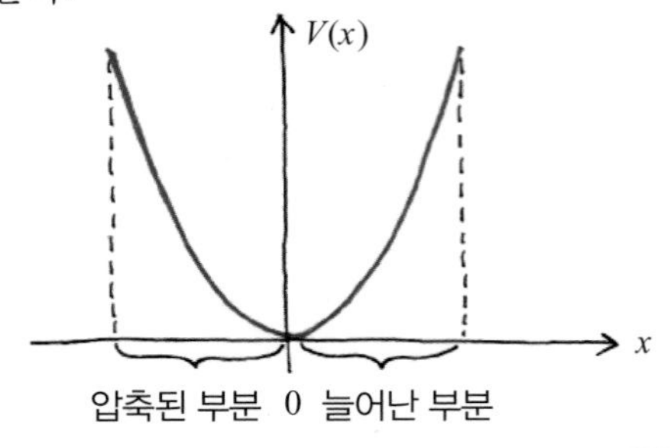

용수철에 매달린 물체의 총 에너지 E는 보존된다.

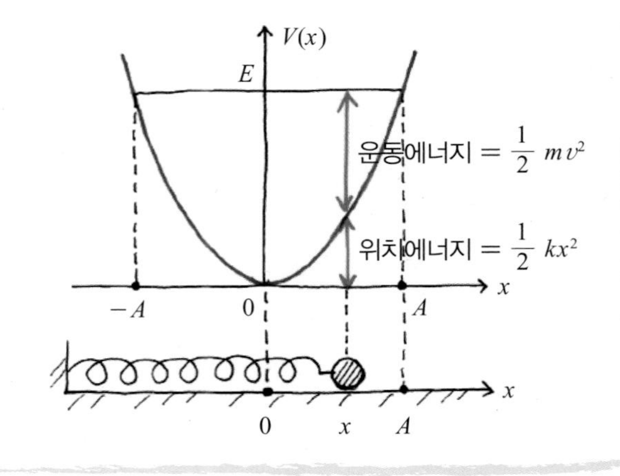

에너지보존을 쓰면, 초기조건에 따라 물체가 어떤 운동을 하는지 알 수 있다. 물체를 진폭 A만큼 늘려 놓으면, 이 물체는 그림처럼 위치 $\pm A$ 사이를 진동한다. 또한, 각 점에서 속력은

$$E = \frac{1}{2}kA^2 = \frac{1}{2}mv^2 + \frac{1}{2}kx^2\text{에서}$$

$$v = \sqrt{\frac{k}{m}(A^2 - x^2)} = \omega\sqrt{A^2 - x^2}$$

임을 알 수 있다. 원점 $(x=0)$에서의 속력은

$$v = A\sqrt{\frac{k}{m}} = A\omega\text{이다.}$$

생각해보기 시계추 운동

시계추는 중력이 복원력을 제공한다.

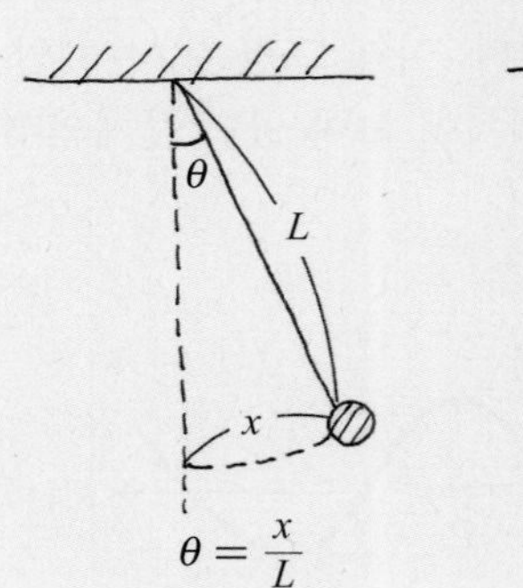

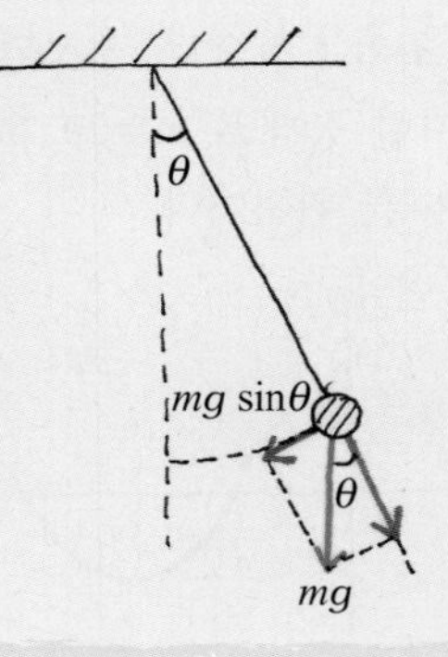

그림처럼 원의 접선방향으로 작용하는 힘의 크기는 $mg\sin\theta$이다. 원호의 길이를 $x=L\theta$라고 하면, 복원력은

$$F = -mg\sin\theta = -mg\sin\left(\frac{x}{L}\right)\text{이다.}$$

그런데 이 복원력은 위치에 비례하지 않으므로 일반적으로 단진동 운동을 하지 않는다. 그러나 추의 진폭이 너무 크지 않은 경우에는 $\sin\theta \approx \theta$로 쓸 수 있으므로 (이 경우 θ는 라디안으로 표시한다) 복원력이

$F = -mg\theta = -mg\dfrac{x}{L}$ 로 되어 단진동 운동으로 바뀐다.

용수철운동과 비교하면,

$$k = \frac{mg}{L}$$

가 되고, 따라서 진자의 주기는

$$T = 2\pi\sqrt{\frac{m}{k}} = 2\pi\sqrt{\frac{L}{g}}\text{ 이다.}$$

지표면과 달 표면에서 길이 50 cm인 진자의 주기를 찾아보자.

지표면에서 주기는

$$T_{지표} = 2\pi\sqrt{\frac{0.5\ \text{m}}{9.8\ \text{m/s}^2}} \approx 1.4\ \text{s}\ 이다.$$

달 표면에서는 중력이 1/6로 줄어들기 때문에,

$$T_{달} = 2\pi\sqrt{\frac{0.5\ \text{m}}{(9.8/6)\ \text{m/s}^2}} \approx 3.4\ \text{s}\ 이다.$$

생각해보기 **물리진자**

시계추의 경우에는 이상적인 진자로 보아 총 질량이 한 점에 있다고 생각하지만, 실제 물체의 경우에는 일정한 크기를 가진다. 이처럼 크기를 가진 강체가 매달린 진자를 물리진자라 부른다.

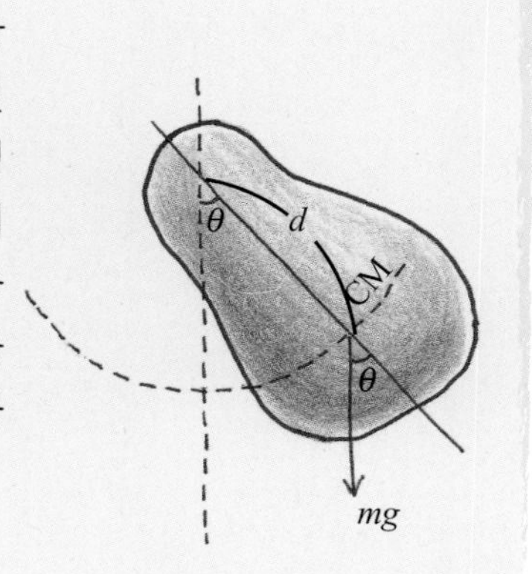

그림처럼 질량 m인 강체가 회전축을 중심으로 비교적 작은 진폭으로 진동하고 있다. 물체의 무게중심(CM)이 회전축에서 d만큼 떨어져 있고 평형 위치에서 θ만큼 회전했다고 하자. 회전축에 대한 물체의 관성모멘트가 I이면 무게 mg가 물체를 다시 평형 위치로 되돌리는 토크는

$$\tau = -mgd\sin\theta\ 이다.$$

θ가 작다면 $\sin\theta = \theta$라고 쓸 수 있으므로 복원토크는

$$\tau \simeq -mgd\theta\ 이다.$$

그런데

$$\tau = I\alpha = I\frac{d^2\theta}{dt^2}를\ 쓰면$$

$$\frac{d^2\theta}{dt^2} = -\frac{mgd}{I}\theta$$

이 방정식은 스프링에 매달린 질량 m의 단진동과 동일한 형태로서, 각진동수 ω로 진동한다.

$$\omega = \sqrt{\frac{mgd}{I}}\ 이므로$$

$$진동수\quad f = \frac{\omega}{2\pi} = \frac{1}{2\pi}\sqrt{\frac{mgd}{I}}$$

$$주기는\ T = 2\pi\sqrt{\frac{I}{mgd}}\ 이다.$$

Section 2 역학적 진동과 파동

잔잔한 수면 위에 물방울이 떨어지면 동심원이 수면을 타고 퍼져 나간다.

규칙적으로 떨어지는 물방울들은 동심원 중심의 물을 위아래로 진동시키고, 이 진동은 물이라는 매개체를 통해 밖으로 퍼져나간다. 동심원이 지나가고 있는 부분의 물도 그 순간에는 위아래로 진동한다.

이처럼 파동은 매질의 진동이 공간적으로 퍼져 나가는 현상이다.

수면에 떠 있는 은행잎을 보자.

동심원은 밖으로 퍼져 나가지만, 은행잎은 제자리에서 위아래로 출렁인다(진동한다).

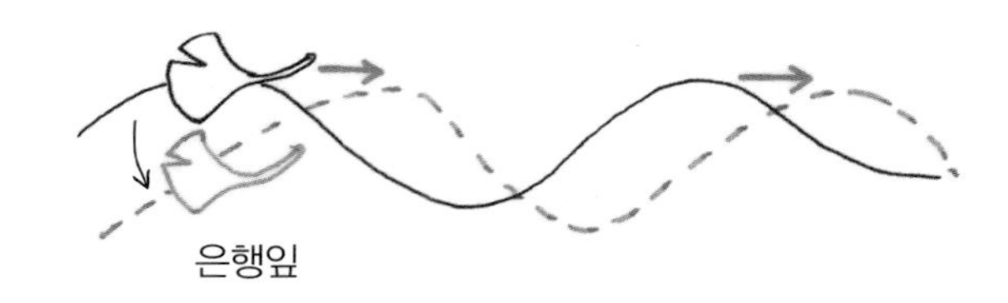

은행잎이 위아래로 진동하는 모양을 보자.

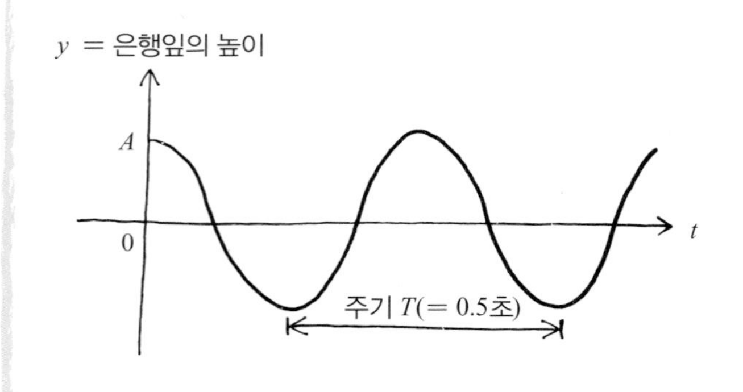

은행잎의 상하운동 주기 T가 0.5초라면 초당 2번 진동하므로 진동수 f는 2 Hz이다.

이 운동을 시간에 따라 그려 보면 옆의 그림과 같다. 이 은행잎의 진동운동을 수학적으로 표시하면

$$y = A \cos\left(\frac{2\pi t}{T}\right)$$

가 된다. 각진동수 $\omega = 2\pi/T$를 쓰면

$$y = A \cos\omega t$$ 이다.

이번에는 동심원이 퍼져 나가는 모습을 한 순간에 포착해 보면 그림처럼 보일 것이다.

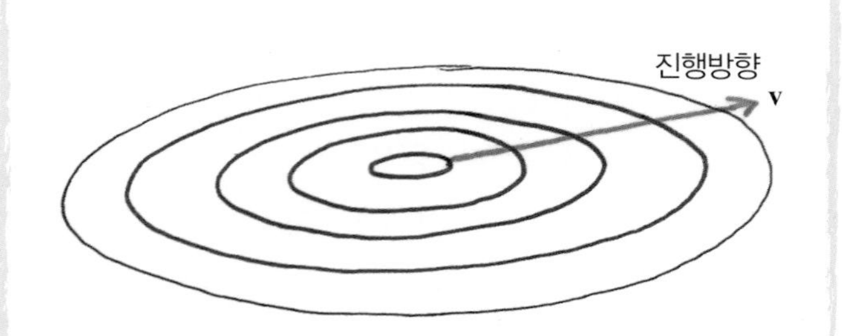

중심에서 바깥쪽으로 선을 그어 그 단면을 보면 수면의 높이는 아래 그림처럼 보일 것이다.

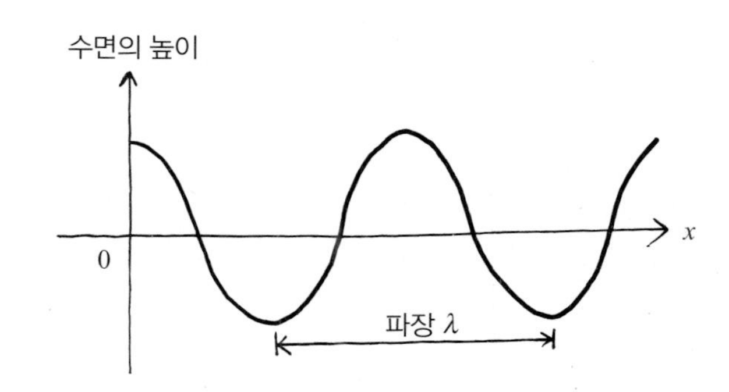

물의 높이는 일정거리마다 반복되고 있다. 이 주기적인 거리를 파장 λ라고 한다.

이 수면의 모양을 수학적으로 표현하면

$$y(x) = A\cos\left(\frac{2\pi}{\lambda}x\right) = A\cos kx$$

이 되고, $k=2\pi/\lambda$를 파수라고 한다. k의 의미는 2π를 제외하면 단위길이당 들어있는 파장의 수이다.

이제 이 수면의 모양과 t초 후의 모양을 비교하자.

이 수면파가 속력 v로 움직이므로 t초 후의 모양은 이 수면파를 x방향(진행방향)으로 vt만큼 평행이동시킨 것이다 : $x \rightarrow x - vt$

$$y(x, t) = A\cos(kx - kvt)$$

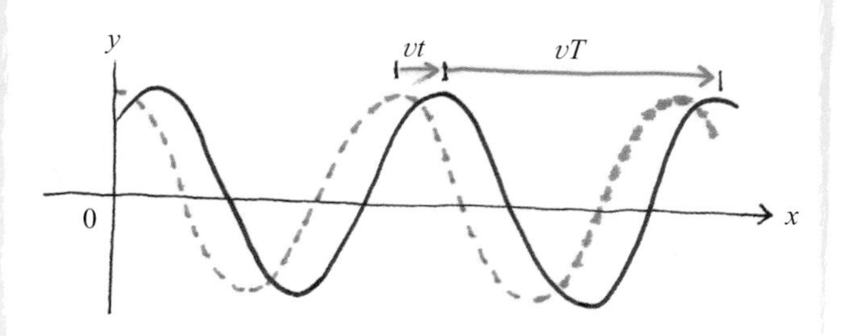

주기 T 후에는 파의 모양이 반복되므로

$$y(x, t+T) = y(x, t)$$

$A\cos(kx - kvt - kvT) = A\cos(kx - kvt)$가 되어

$$kvT = 2\pi \text{ 가 된다.}$$

각진동수 $\omega = 2\pi/T = 2\pi f$ 를 쓰면

$$kv = \omega$$

정리하면 $v = \dfrac{\omega}{k} = f\lambda = \dfrac{\lambda}{T}$ 이다.

따라서, 퍼져 가는 수면파로부터 찾아낸 진행파의 수학적 표현은

$$y(x, t) = A\cos(kx - \omega t)$$
$$= A\cos\{k(x - vt)\}\text{이다.}$$

이 진행파에는 매질이 주기운동하는 모습과 파동이 전파되는 모양이 모두 들어 있다.

생각해보기

옆의 그림처럼 펄스파가 속력 v로 진행하고 있다. 어떤 순간에 보았을 때(시각 $t=0$), 이 파의 모양은 $y(0, x) = e^{-x^2}$ 으로 표기할 수 있다. t초 후에 이 파는 어떻게 표시될까? 이 파는 처음의 파형을 vt만큼 평행이동시킨 것이다. 파동이 오른쪽으로 이동하면,

$$y(t, x) = e^{-(x-vt)^2}$$

이 되고, 파동이 왼쪽으로 이동하면,

$$y(t, x) = e^{-(x+vt)^2}$$

이 된다.

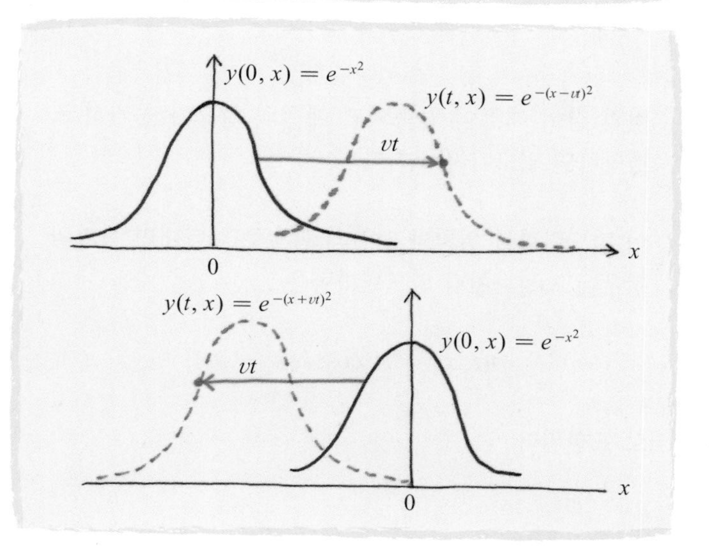

생각해보기

변위가 $y(x, t) = 3\cos(5x - 10t)$로 변하는 파동의 진폭, 파장, 주기, 파수, 각진동수, 속도를 각각 구하여라. 여기서 x와 y의 단위는 cm이고 시간의 단위는 초이다.

$y = A\cos(kx - \omega t)$와 비교하면 진폭은 $A = 3\,\text{cm}$, 파수는 $k = 5\,\text{cm}^{-1}$, 각진동수는 $\omega = 10\,\text{rad/s}$가 된다. 이로부터 파장은 $\lambda = 2\pi/k = 2\pi/5 = 1.26\,\text{cm}$이고, 주기는 $T = 2\pi/\omega = 2\pi/10 = 0.628\,\text{s}$가 된다.

한편, 파동의 속도는 $v = \omega/k = 10/5 = 2\,\text{cm/s}$가 된다.

지금까지는 파가 진행하는 방향 x와 매질이 진동하는 방향 y가 서로 수직인 경우를 살펴보았다. 이렇게 진행방향과 진동방향이 서로 수직인 파를 횡파라고 한다. 횡파의 대표적인 경우로는 줄파가 있다.

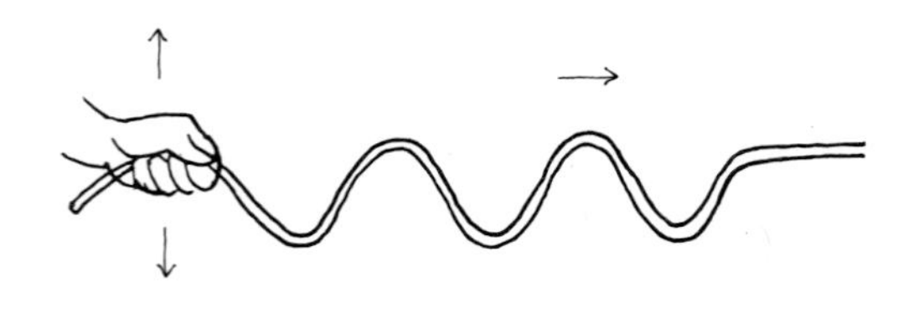

그러나 진행방향과 진동방향이 같은 경우도 있다. 이러한 파를 종파라고 한다. 음파는 대표적인 종파이다. 음파는 매질을 따라 진행하면서 그림처럼 진행방향으로 압축과 팽창을 되풀이한다.

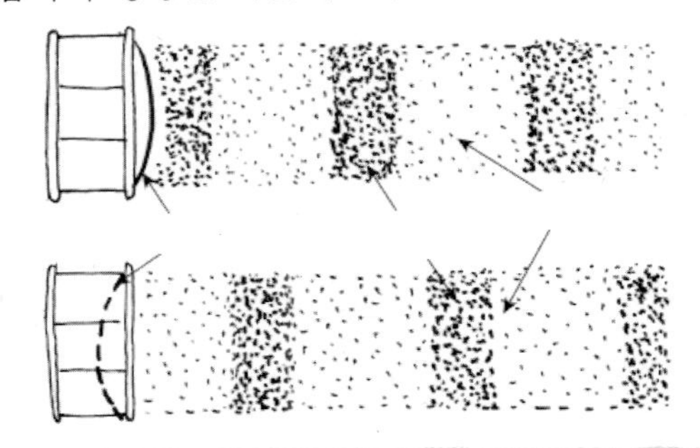

이와 같이 매질이 압축되면 매질의 밀도가 증가하고, 팽창하면 밀도가 감소한다.

이 밀도변화를 위치와 시간의 함수로 나타내면 종파의 경우에도 횡파처럼 밀도변화량은

$$\rho(t, x) = A\cos\{k(x - vt)\}$$

로 표현된다.

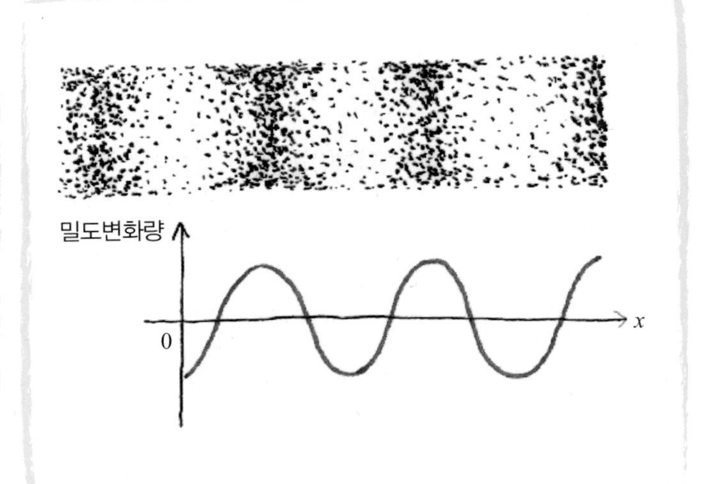

파동의 속도

매질이 진동하면 파가 전파된다. 매질의 질점이 서로 연결되어 있기 때문이다. 따라서, 이 파동의 전파속도는 매질의 역학적인 성질로 결정된다.

동심원을 그리며 퍼져 나가는 수면파는 엄밀하게 따지면 표면파로서 진폭이 일정하지 않으며, 순수한 사인파의 형태를 가지지는 않는다. 여기에서는 수면파 대신 줄을 통해 전달되는 횡파의 속도를 매질의 역학적 성질들로 구해 보자.

선밀도 μ인 줄을 장력 T로 팽팽하게 잡아당기자. 이때 줄에 수직인 방향으로 충격을 주면 횡파가 생기고, 이 파동은 그림처럼 속력 v로 움직인다.

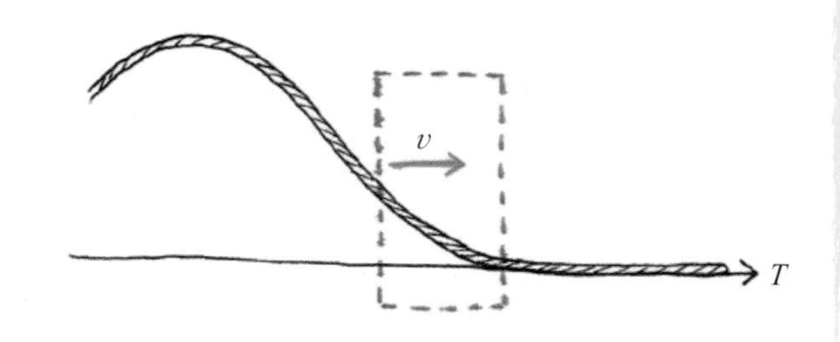

줄이 진동하는 부분은 외부에서 주는 충격력 F_y 때문에 위쪽방향으로 운동량이 변화된다. 그림처럼 줄이 속력 v_y로 위로 움직이면 Δt 동안 줄의 운동량 변화량은 외부에서 가한 충격량과 같다.

$$F_y \Delta t = (\mu v \Delta t) v_y$$

그런데 움직이는 줄의 모양은 그림처럼 장력 T와 F_y가 만드는 삼각형이 속력 v와 v_y가 만드는 삼각형과 닮은 꼴이다.

$$\frac{F_y}{T} = \frac{v_y \Delta t}{v \Delta t} = \frac{v_y}{v}$$

이 두 식에서 $F_y \Delta t = (\mu v \Delta t) v_y = \frac{v_y}{v} T \Delta t$이므로

$$v = \sqrt{\frac{T}{\mu}}\text{이다.}$$

줄을 따라 이동하는 파동의 속도는 줄에 작용하고 있는 장력과 매질 자체의 밀도로 결정된다. 파동의 전파속도는 매질의 역학적 성질로 결정된다는 것에 주목하자.

장력(복원력)이 클수록, 밀도(관성)가 작을수록 전파속도는 커진다.

생각해보기

첼로현의 길이가 60 cm이고, 질량이 2 g이다. 이 현이 내는 소리를 조율하기 위해 이 현을 장력 $T=920$ N으로 조였다. 이 현에서 만들어진 줄파의 속력은 얼마일까? 이 줄파의 기본파장은 현의 길이의 2배인 1.2 m이다. 이 줄파의 진동수는 얼마일까?

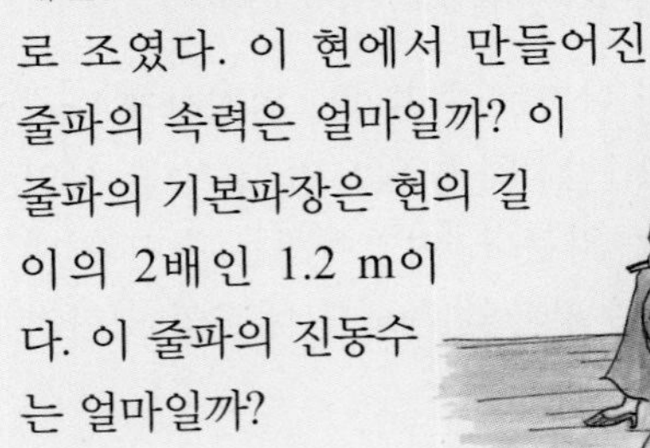

줄의 선밀도는

$$\mu = 2 \times 10^{-3}\,\text{kg}/0.6\,\text{m} = 3.3 \times 10^{-3}\,\text{kg/m}\text{ 이다.}$$

따라서 줄파의 속력은

$$v = \sqrt{\frac{T}{\mu}} = \sqrt{\frac{920}{3.3 \times 10^{-3}}} = 528\,\text{m/s}$$

이다. 이 파의 파장이 1.2 m이므로,

$$f = \frac{v}{\lambda} = \frac{528}{1.2} = 440\,\text{Hz}\text{ 이다.}$$

참고로 440 Hz는 A음(라)을 내는 진동수이다.

음파의 속력

음파는 매질에 국지적인 압력의 변화를 만들어 종파의 형태로 진동이 전달된다. 음파의 전달속도는 매질에 따라 달라지며, 횡파의 경우처럼 복원력과 관성으로 결정된다.

고체를 통해 전파되는 소리의 속력은

$$v = \sqrt{\frac{Y}{\rho}}$$

로 표시된다.

ρ는 고체의 부피밀도이고, 복원력에 비례하는 양으로는 영의 계수(영률) Y를 쓴다. 영의 계수는 고체에 힘을 가해 늘이거나 압축할 때, 길이의 변화율을 재는 양이다.

$$Y = \frac{\text{가해준 압력}}{\text{길이의 변화율}} = -\frac{\Delta P}{\Delta L/L} = -L\frac{\Delta P}{\Delta L}$$

여기서, 가해준 압력(ΔP)은 가해준 힘을 힘이 가해진 부분의 면적으로 나눈 양이다(압력의 정의와 단위는 I-8장 1절 참조). −부호는 압력이 가해질 때, 길이가 줄어들기 때문에 Y를 양수로 만들기 위한 것이다.

여러 물질에서 소리의 속도

물질	음속(m/s)	물질	음속(m/s)
〈기체〉		수은(20 ℃)	1,451
공기(28 ℃)	344	〈고체〉	
헬륨(20 ℃)	999	베릴륨	12,870
수소(20 ℃)	1,330	뼈	3,445
〈액체〉		놋쇠	3,480
액체헬륨(4 K)	211	파이렉스 유리	5,170
물(0 ℃)	1,402	폴리스티렌	1,840
물(20 ℃)	1,482	강철	5,000
물(100 ℃)	1,543		

유체를 통해 유체(액체와 기체. 유체의 정의는 I-8장 1절 참조)를 통해 전파되는 소리의 속력은

$$v = \sqrt{\frac{B}{\rho}}$$

로 표시된다.

ρ는 유체의 부피밀도이다. B는 유체의 복원력을 나타내는 양으로서, 부피압축계수라한다. 부피 V를 압축할 때 유체의 압력 P의 변화를 나타낸다.

$$B = -V\frac{\Delta P}{\Delta V}$$

보통 소리는 기체보다는 고체를 통해 더 빨리 전달된다.

이상기체의 음속

기체를 통해 전파되는 소리의 속도는 등온과정을 표시하는 이상기체의 상태방정식 PV = 일정 = c(Ⅱ-1장 1절 참조)를 써서 구할 수 있다.

상태방정식 $P = c/V$로부터 $\dfrac{\Delta P}{\Delta V} = -c/V^2$이므로,

부피압축계수는 $B = -V\dfrac{\Delta P}{\Delta V} = \dfrac{c}{V} = P$이다.

따라서, 소리의 속력은 $v = \sqrt{\dfrac{P}{\rho}}$이다.

온도 $T = 300$ K에서의 음속을 구해 보자. 상태방정식 $PV = nRT$(Ⅱ-2장 1절 참조)를 다시 쓰면

$$v = \sqrt{\frac{P}{\rho}} = \sqrt{\frac{nRT/V}{m/V}} = \sqrt{\frac{RT}{M}}$$

가 된다.

R는 기체상수로서 $R = 8.3145$ J/mol · K이며, M은 기체 1몰의 질량이다(n 몰의 질량은 $m = nM$).

공기의 평균질량은 $M = 28.8 \times 10^{-3}$ kg/mol 이므로 음속은 $v \approx 294$ m/s가 된다.

생각해보기

사람이 헬륨가스를 들이마신 후 말을 하면 목소리가 극적으로 변하여 오리 소리가 난다.

헬륨기체는 공기보다 질량이 약 7배 정도 가벼우므로 ($M = 4 \times 10^{-3}$ kg/mol), 음속이 약 $\sqrt{7} \approx 2.6$배만큼 빨라진다. 기도에서 발생되는 파장은 비슷하므로, 헬륨을 마신 후에는 진동수가 커져 소리의 높이가 올라간다.

위에서 얻은 공기에서 음속은 실제값보다 약간 작다. 이것은 소리의 전달이 등온과정이 아니라 단열과정에서 일어나기 때문이다(II-2장 2절 참조).

국지적인 압력의 변화가 순간적으로 일어나고 공기의 열전도가 나쁘므로, 주위와 열을 교환할 시간이 충분하지 않다.

뉴턴은 단열과정에서 이상기체의 상태방정식, PV^{γ} = 일정을 이용하여 부피압축계수 B를 구했다.

$$B = -V\frac{\Delta P}{\Delta V} = \gamma P$$

이 압축계수를 쓰면 음속은

$$v = \sqrt{\gamma\frac{P}{\rho}} = \sqrt{\gamma\frac{RT}{M}}$$

공기는 대부분 2원자분자로 이루어진 질소와 산소로 구성되어 있으므로 $\gamma = 1.4$(Ⅱ-2장 3절 참조, Ⅱ-2장 문제 22번)이고, 상온에서 공기에서 음속은

$$v = \sqrt{1.4} \times 294 \text{ m/s} = 348 \text{ m/s}$$

이 된다.

단원요약

1. 단진동 운동

① 용수철에 매달린 물체는 훅의 법칙에 따라 평형점에서 벗어난 길이에 비례하는 복원력 $F = -kx$을 받아 단진동 운동을 한다. 이때 각진동수 $\omega = \sqrt{\frac{k}{m}}$이고, 진동수는 $f = \frac{1}{2\pi}\sqrt{\frac{k}{m}}$이다.

② 단진자의 주기 : 길이 L인 가벼운 끈에 질량 m인 추가 매달려 작은 진폭으로 운동할 경우, 이 운동은 단진동 운동이고, 주기는 $T = 2\pi\sqrt{\frac{L}{g}}$이다.

③ 물리진자의 주기 : 질량 m인 강체가 고정된 회전축을 중심으로 작은 진폭으로 회전할 경우, 이 운동은 단진동 운동이고, 주기는 $T = 2\pi\sqrt{\frac{I}{mgd}}$이다.

여기서 I는 회전축에 대한 강체의 관성모멘트, d는 회전축과 강체의 질량중심 사이의 거리이다.

2. 역학적 진동과 파동

파동은 매질의 진동이 공간적으로 퍼져나가는 현상이다. 수학적으로 파동을 $y(x, t) = A\cos(kx - \omega t) = A\cos\{k(x - vt)\}$로 쓴다면, $k = \frac{2\pi}{\lambda}$는 파수이고 v는 파의 속력이다.

3. 파동의 속도

파동의 전파속도 v는 매질의 역학적인 성질로 결정된다. 장력 T, 선밀도 μ인 줄을 따라 이동하는 줄파의 속력은 $v = \sqrt{\frac{T}{\mu}}$로 결정되며,

고체를 통해 전파되는 소리의 속력은 $v = \sqrt{\frac{Y}{\rho}}$으로 표시된다($\rho$는 부피밀도, Y는 영의 계수이다).

유체를 통해 전파되는 소리의 속력은 $v = \sqrt{\frac{B}{\rho}}$이고 B는 유체의 부피압축계수이다.

연습문제

1. 1톤 승용차에 4인 가족이 탔다. 이 가족의 총 질량은 200 kg이고, 이때 차가 3 cm 가라앉았다. 이 차의 충격흡수장치(shock absorber)의 용수철상수는 얼마인가? 이 차가 길 위에 파인 웅덩이를 지날 때 흔들리는 진동수는 얼마일까? 만일, 300 kg의 짐을 더 싣는다면 이 진동주기는 어떻게 변할까?

2. 거미줄에 0.3 g의 나비가 걸려서 15 Hz로 거미줄이 진동하는 것이 관찰되었다. 이 거미줄의 용수철상수는 얼마일까? (거미줄의 무게는 무시하라.) 만일, 이 거미줄에 0.1 g의 모기가 걸리면 이 거미줄의 진동수는 어떻게 변할까?

1. 훅의 법칙을 쓰자.
$\omega = \sqrt{k/m}$

3. 용수철상수가 k_1, k_2인 용수철 두 개가 그림과 같이 직렬로 연결되어 질량 m이 매달려 있다. 이 용수철 질량계의 용수철상수와 진동수를 구해 보자.

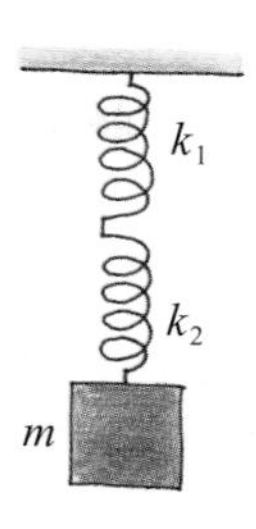

4. 이번에는 용수철 상수 k가 같은 2개의 스프링이 그림과 같이 병렬로 연결되어 질량 m이 매달려 있다면 늘어난 길이는 얼마인가? 진동수 f를 구해 보자.

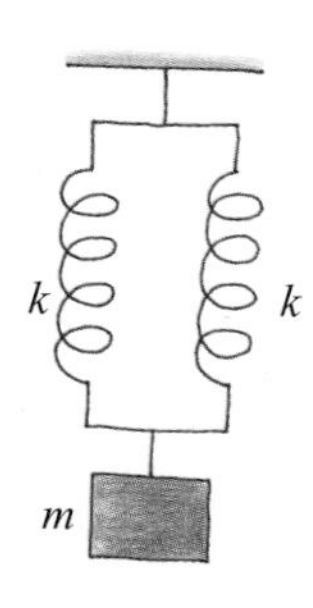

5. 길이가 $L = 1$ m인 균일한 막대가 한쪽 끝에 매달려 진동하고 있다. 이 막대의 진동주기는 얼마일까?

6. 질량 m인 물체가 임의의 회전축을 중심으로 주기 T로 진동하는 것을 측정하였다. 이 물체의 무게중심이 회전축으로부터 d만큼 떨어져 있다면 이 회전축에 대한 이 물체의 관성모멘트는 얼마일까?

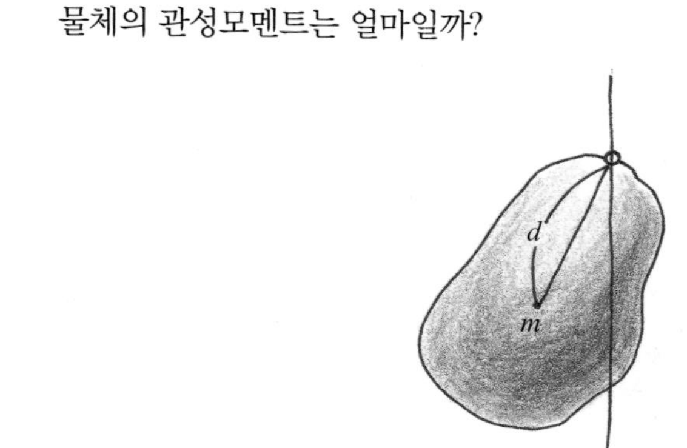

3. 각 용수철에 걸리는 힘은 같다는 것을 이용하라.

5. 물리진자로 생각하자.

6. 관성모멘트와 주기는 $I = \dfrac{T^2mgd}{4\pi^2}$ 관계가 있다.

*7. 질량 m인 입자가 직선 위에서 운동하고, 위치 x에서 위치에너지 $U(x) = U_0(x^2 - a^2)^2$를 갖는다. 여기서 U_0와 a는 주어진 상수이다. 이 입자가 $x = a$에서 약간 벗어난 곳에서, 정지상태로부터 운동하기 시작한 경우, 이 입자의 운동은 근사적으로 단진동 운동임을 보이고 그 주기를 구하라.

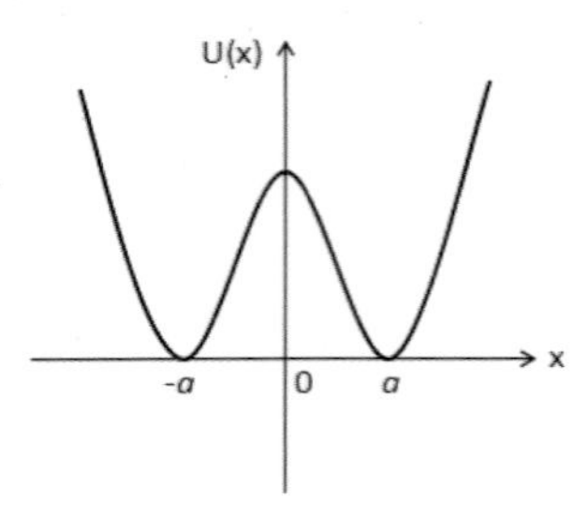

7. 입자의 위치를 $x = a + y$로 쓰고, 입자의 운동방정식을 변수 y에 대하여 써보라. $y \ll a$임을 이용하라.

8. 용수철상수 $k = 400$ N/m인 스프링에 매달린 질량이, 평형위치로부터 변위 $x = 0.1$ m인 곳에서 속도 $v = -13.6$ m/s, 가속도 $a = -123$ m/s^{2}로 단진동 운동한다. 이 단진동의 주기 T와 진폭 A을 구하라.

*9. 4개의 스프링으로 지탱한 질량 1.6 kg인 판자에, 질량 0.8 kg인 진흙덩이가 떨어진다. 판자에 닿기 직전 진흙덩이의 속력은 2 m/s이고, 진흙덩이는 판자에 비탄성 충돌하여 함께 위, 아래로 단진동운동을 한다. 단진동의 중심은 진흙덩이와의 충돌 전 판자의 평형 위치에서 아래쪽 4 cm 지점에 있다. 중력가속도는 $g = 9.8$ m/s^{2}이고, 진동의 감쇠는 무시한다.

(1) 4개의 스프링이 함께 작용하여 나타내는 용수철상수 k의 값은 얼마일까?

(2) 단진동의 주기는 얼마일까?

(3) 단진동의 진폭은 얼마일까?

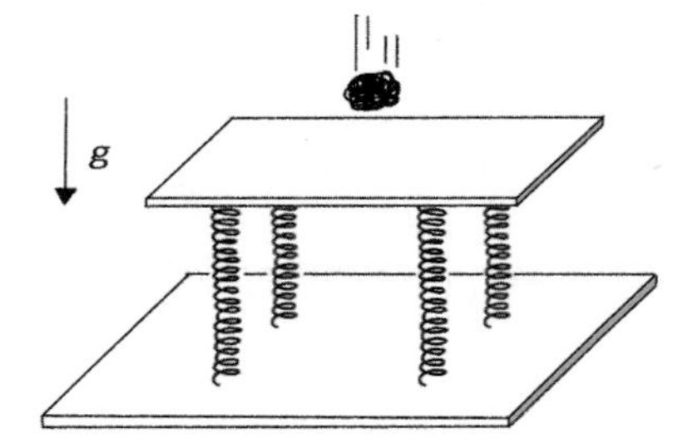

9. 용수철 상수 k인 스프링에 매달린 질량 m이 단진동하는 주기는 $T = 2\pi\sqrt{\frac{m}{k}}$이고, 역학적 에너지 $E = \frac{k}{2}x^2 + \frac{1}{2}mv^2 = \frac{k}{2}A^2$이다. 여기서 A는 단진동의 진폭이다.

*10. 질량이 M이고 반지름이 a인 속이 찬 균일한 공, 반지름이 R인 오목한 구형 표면 위에서 미끄러짐 없이 구르는 운동을 한다. 오목한 구면의 운동은 무시하고, 균일한 공이 작은 각도(θ) 범위에서 운동하는 경우에 대해 생각하자.

(1) 공의 역학적 에너지를 쓰고 이 양이 보존되는 이유를 설명하라.

(2) 공의 운동방정식을 θ에 대한 식으로 쓰고 $\theta \simeq 0$일 때, $\sin\theta \simeq \theta$의 근사를 이용하여, 공의 단진동운동의 진동주기 T를 구하라.

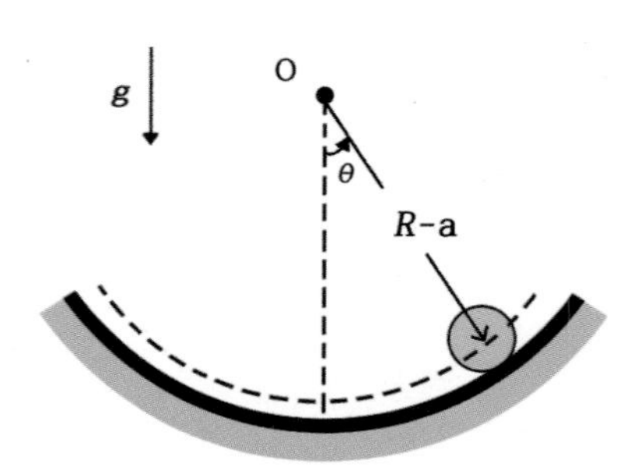

10. 공의 역학적 에너지는 공의 운동에너지와 중력위치에너지의 합이다. 또한 공의 운동에너지는 공의 질량중심의 운동에너지와 질량중심을 지나는 축에 대한 회전운동에너지의 합이다.

11. 지구를 질량 M이 고르게 분포된 반지름 R인 구로 생각하자. 그림과 같이 지구를 관통하는 직선 터널을 뚫는다고 하자. 터널의 한 입구에서 질량 m인 물체가 터널 속으로 떨어지기 시작하여 터널 안에서 운동한다. 터널 벽으로부터 받는 마찰력을 무시하고, 이 물체가 터널의 중심에서 x만큼 떨어진 곳에 있을 때 받는 총 힘의 크기와 방향을 구하라. 이 물체가 단진동 운동을 함을 보이고, 그 주기를 구하라. 이 주기는 터널의 위치에 관계없음을 알 수 있다.

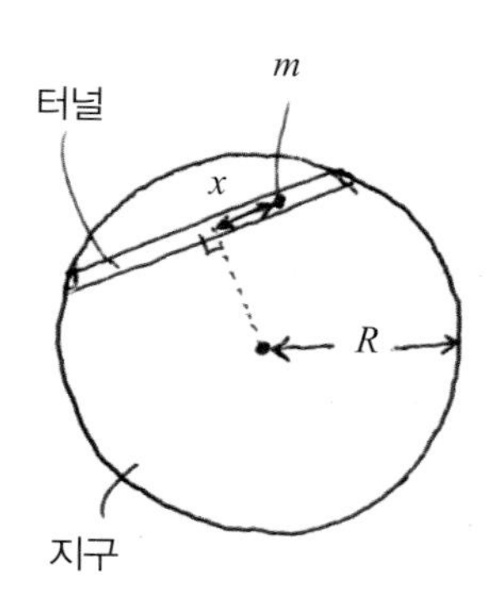

12. 파장에 비해 얕은 깊이 D인 물에서, 수면파의 속력 v는 파장에 무관함이 실험적으로 알려져 있다. 중력가속도 g와 물의 깊이 D를 조합하여 파속 v를 추측해보라. 이 식을 이용하여 깊이 $D = 5$ m인 물에서 수면파의 속력을 구하라.

13. 초당 3번 진동하고 있는 수면파의 마루 사이의 거리는 2 m이다. 이 수면파의 진동수와 파장, 그리고 속력은 얼마일까?

14. 박쥐는 60 kHz의 초음파를 이용하여 물체를 식별한다. 박쥐가 식별할 수 있는 가장 작은 곤충의 크기는 얼마나 될까?

15. 수면에 떠 있는 은행잎이 진행하는 수면파에 진폭 3 cm로 초당 4회 아래위로 진동한다. 은행잎의 y 방향 진동운동을 수식으로 표현하라.

16. 문제 15의 수면파가 파장이 $\lambda = 2$ m이고 속도 v로 진행한다. 이 진행파를 수식으로 표현하고 속도 v를 구해 보자.

17. 사람의 귀는 20 Hz부터 20,000 Hz까지 들을 수 있다.
(1) 공기 중에서 들을 수 있는 소리의 파장의 범위를 구하라.
(2) 물속에서 들을 수 있는 소리의 파장의 범위를 구하라.
(소리의 속도는 공기 중에서 $v = 344$ m/s, 물속에서 $v = 1{,}480$ m/s이다.)

11. 균일한 구의 내부에서 구의 중심으로부터 r 떨어진 곳에서 질량 m이 받는 힘의 크기는 $F(r) = \frac{GMm}{R^3}r$이다.

12. g와 D를 조합하여 속력의 차원을 갖는 양을 만들어보라.

13. $vT = \lambda$

14. 파동으로 식별할 수 있는 물체의 크기는 파장 정도이다.

18. $y = 1.5\cos(4x - 6t)$로 표현된 파동이 있다. (단위는 표준단위이다.) 이 파동의 진폭, 진동수, 파수를 구하라.

19. 도(Do) 음의 진동수는 262 Hz이다. 만일, 사람이 헬륨가스를 들이마신 후, 이 도 음을 내려고 한다면 어떤 진동수의 음이 나올까?

20. 악기에서 나오는 소리는 공기를 통해 전달되는 진동수로 높낮이가 결정된다. 현악기와 관악기는 이 진동수를 조절하는 방법이 어떻게 다를까?

21. 휴대폰의 진동수는 약 1 GHz이다. 이 휴대폰에서 나오는 전파의 파장은 얼마일까? (전파의 속도는 빛의 속도와 같다.) 안테나의 길이와 비교해 보자.

22. 길이 3 m, 질량 10 g인 줄에 10 kg의 추가 매달려 있다. 이 줄을 흔들어 횡파를 만들면 이 파의 속도는 얼마일까?

23. 1 km 떨어진 철로에서 망치로 철로를 두드리고 있다. 이때 철로에 귀를 대고 들을 때와 공기를 통해 들을 때 시간차는 얼마나 날까?

24. 줄의 장력이 120 N일 때 파동의 속도는 170 m/s이다. 파동속도를 180 m/s로 하려면 줄의 장력을 얼마로 하여야 할까?

25. 줄 위를 따라가는 횡파의 식은 다음과 같다.
$y = (2.0\ \text{mm})\sin[(20\ \text{m}^{-1})x - (600\ \text{s}^{-1})t]$ 줄의 장력은 15 N이다.
(1) 파동속도를 구하라.
(2) 줄의 선밀도를 구하라.

26. 10 m의 파장을 가진 파도가 5초에 한 번씩 밀려온다. 이 파도의 파동운동을 수학적으로 써보라.

27. 강철의 밀도는 7.9 g/cm^{3}이며, 철에서의 소리전달속도는 5 km/s이다. 강철의 영의 계수 Y를 구하라.

28. 물의 밀도는 1 g/cm^{3}이다. 20 °C 물속에서 소리 전달속도는 1,480 m/s이다. 이를 이용하여 부피압축계수 B를 구하라.

29. 2.5 m의 줄의 한끝이 매여 있고, 수평한 다른 한끝은 도르래를 통해 3 kg의 추가 달려있다. 이 줄의 질량은 50 g이다. 이 줄을 튕길 때 생기는 줄파의 속력은 얼마

---

18. $k = 2\pi/\lambda$와 $\omega = 2\pi/T$를 이용하자.

19. 성대의 길이에 따라 파장이 결정되고, 소리의 속도에 따라 소리의 높낮이(진동수)가 나온다. 그런데 헬륨가스의 경우에는 소리의 속도가 달라지므로 소리의 높낮이도 달라진다.

20. 현악기는 줄의 진동을 이용하고, 이 줄의 전파속도를 장력으로 조절한다. 그러나 관악기의 경우에는 공기의 진동을 이용하는 데, 공기의 전파속도는 정해져 있다.

22. 매질의 밀도와 장력으로 파의 속도가 결정된다.

23. 매질에 따라 음속이 다르다.

26. $\cos(kx - \omega t)$를 이용하자.

27. $v = \sqrt{\dfrac{Y}{\rho}}$

28. $v = \sqrt{\dfrac{B}{\rho}}$

29. $v = \sqrt{\dfrac{T}{\mu}}$

일까?

30. 팽팽하게 당긴 줄에서 선밀도는 5.0 g/cm, 장력은 100 N이다. 사인곡선형 파동이 진폭 0.12 mm, 진동수 100 Hz로 $-x$축 방향으로 진행한다. 이 파동의 식을 써라.

31. FM 라디오 방송국이 진동수가 99.1 MHz인 전파로 방송하고 있다. 이 전파의 파장은 얼마인가? (라디오파의 속력은 광속과 같다.)

32. 절벽에 매여 있는 길이 28 m인 로프 끝에 질량 70 kg인 사람이 연직방향으로 매달려 있다. 로프의 질량은 1.2 kg이고, 장력은 거의 일정하다고 가정하자. 사람이 로프에 펄스를 만들어 보냈을 때 절벽 쪽 로프 끝에 펄스가 도달하는 데 걸리는 시간을 구하라.

33. 지진으로 땅의 표면에 생긴 파동을 대략 사인파로 근사하자. 이 표면파의 진동수가 $f = 0.6$ Hz일 때, 지면의 물체가 땅과의 접촉을 벗어나 위로 튀어 오르려면, 표면파의 진폭은 얼마나 되어야 할까?

34. 마찰이 없는 평면 위에 질량 1 kg인 나무토막에 용수철 상수 3.98×10^4 N/m 인 용수철이 매달려 있다. 질량 5 g인 총알이 날아와 나무에 박힌 후에 용수철이 1 cm 압축되었다. 총알의 속력은?

35. 소화기관을 검사하는 초음파 진단기의 초음파 주파수는 15 MHz이다. 공기 중에서 이 음파의 파장은 얼마인가? 공기 중에서 음속은 340 m/s이다. 그리고 소화기관에서 음속이 1500 m/s이면 파장은 얼마인가?

36. 베릴륨의 밀도는 1.85 g/cm^{3}이고, 베릴륨 안에서 소리의 속도는 12870 m/s이다. 베릴륨의 영의 계수를 구하고 27번 문제와 비교해 보아라.

31. 전파도 파동이다.

33. 표면파의 연직방향 가속도의 최댓값이 g보다 큰 경우이다.

Chapter 7 파동의 성질

성덕대왕신종(일명 에밀레종, 높이 3.33 m, 입구지름 2.27 m, 두께 2.4 cm)은 771년(신라 혜공왕 7년)에 완성된 국보 제29호로서 국립경주박물관에 소장되어 있다.

에밀레종의 은은하게 반복되는 신비한 소리는 서양의 종소리와는 크게 다르다.
악기마다 다른 소리의 특색은 어떻게 생기는 것일까?

중첩과 진동모드

파동이란 매질을 구성하는 입자들 사이의 상호작용을 통하여 각 입자의 진동이 차례로 전달되는 현상이다. 즉, 파동은 입자가 직접 전달되어 전파되는 것이 아니며, 단지 흔들림만이 전달될 뿐이다. 따라서 구성 입자 자체의 특성과는 극명하게 다른 파동만의 고유한 특성들이 있다. 진행을 방해하는 벽을 만나면 에워싸 돌아가고, 두 개 이상의 파동이 만나면 그 진동이 중첩되어 새로운 모양을 만들기도 한다.

중첩의 원리

파동은 입자와 달리 두 개의 독립된 파동이 만나면 중첩된다.

위상

앞 장에서 구한 조화진동을 하는 물체의 위치를 $x(t) = A\cos(\omega t + \phi)$로 바꾸어도 운동방정식이 그대로 성립한다. 여기에서 ϕ는 위상이라고 불리고 초기 상태($t = 0$)의 위치에 의해 결정된다. ϕ에 따라서 삼각함수는 평행이동된다.

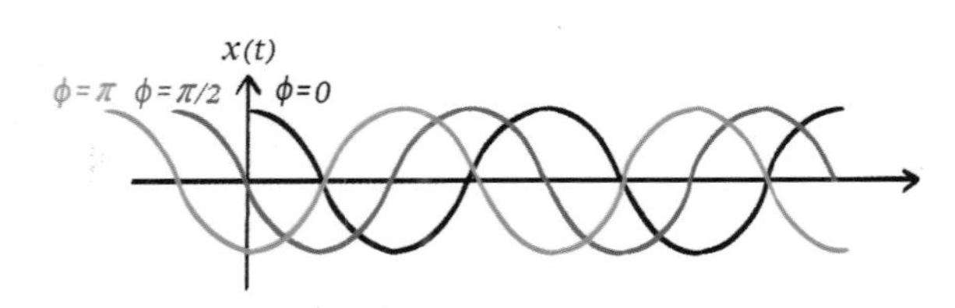

보강간섭

모양이 같은 파(위상이 같은 파)가 서로 만나면 파의 진폭이 커진다.

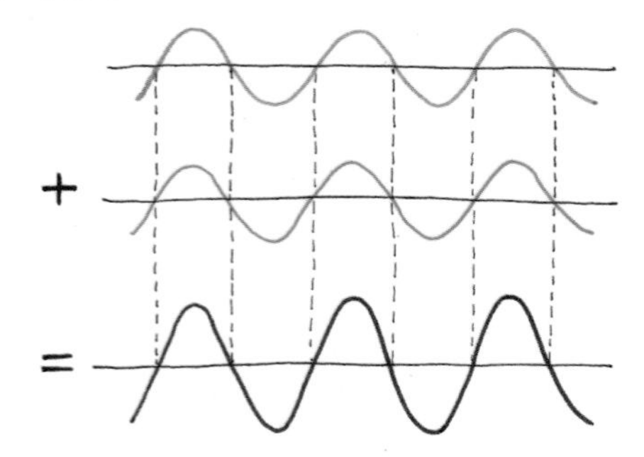

상쇄간섭

모양이 뒤집어진 (위상이 반대, 즉 $\Delta\phi = \pi$인 파)가 서로 만나면 파의 진폭이 줄어든다.

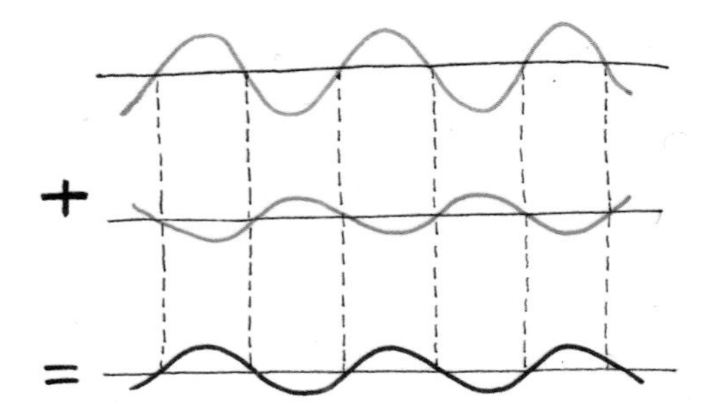

두 파의 진폭이 완전히 같은 경우에는 0이 된다.

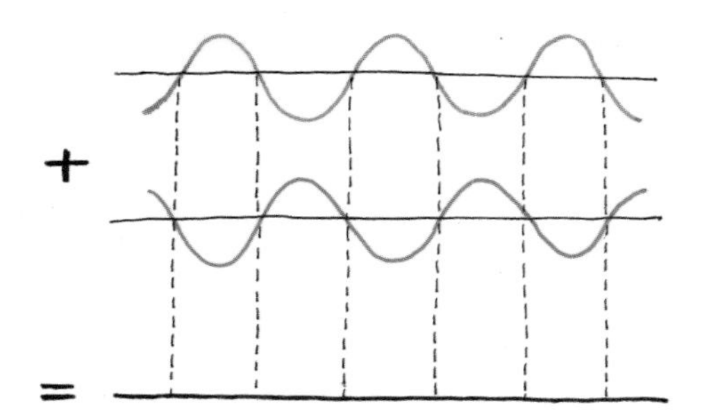

이처럼 중첩이란 두 파동의 변위가 더해져 나타나는 현상이다. 두 파동을 y_1과 y_2라고 할 때 중첩된 파동은 $y = y_1 + y_2$로 표현된다. 이 중첩의 원리는 파동의 가장 기본적인 성질이다.

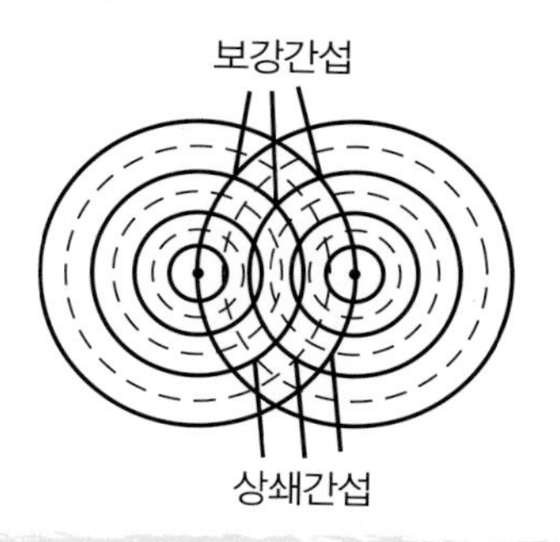

생각해보기

동일한 파장 λ를 가진 수면파가 두 점 S_1, S_2에서 동시에 같은 위상으로 발생해 퍼져나가고 있다. 점 P에서 보강간섭과 상쇄간섭이 일어날 조건들을 구하라.

파원 S_1, S_2에서 점 P까지 거리가 각각 L_1, L_2일 때 그 경로차 $\Delta L = L_1 - L_2$을 고려하자.

이 경로차가 파장 λ의 정수배이면 위상차가 2π의 정수배가 되어 같은 위상이 되므로 보강간섭이 일어나고 파장의 반정수배이면 반대위상이 되므로 상쇄간섭이 일어난다. 그 조건들을 수식으로 표현하면

보강간섭 : $\Delta L = n\lambda$ (n은 정수)

상쇄간섭 : $\Delta L = (n + 1/2)\lambda$ (n은 정수)이다.

생각해보기 **노이즈 캔슬링 헤드폰**

최근에 블루투스를 이용한 무선 헤드폰이나 이어폰이 많이 사용된다. 특히 이어폰의 경우 작기 때문에 외부의 소음이 들어와서 소리를 잘 들을 수 없게 된다. 이 경우 외부의 소음을 검출한 다음, 소음과 반대의 모양을 가진 음파를 발생시켜 중첩을 시키면 상쇄간섭에 의해 진폭이 줄어든다. 이런 식으로 지하철, 거리 같은 곳에서 소음 없이 음악이나 영화를 즐길 수 있다.

노이즈 캔슬링 헤드폰

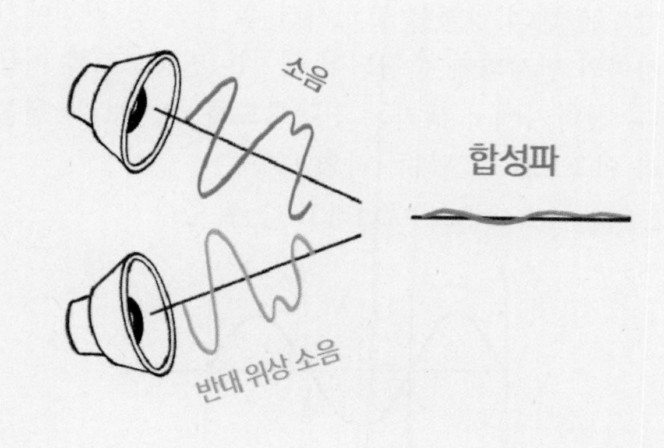

파동의 반사

벽에 매인 줄을 따라 진행하는 펄스파는 벽에서 반사하면서 모양이 뒤집어진다.

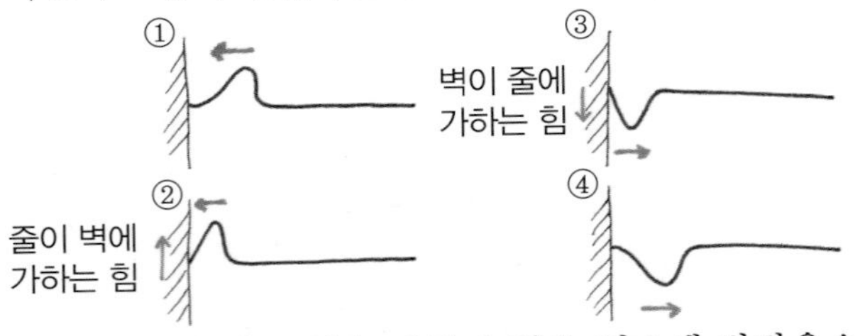

펄스가 벽에 위로 힘을 가하면 벽은 펄스에 반작용으로 힘을 아래로 가하기 때문에 모양이 뒤집어진다.

그러나 줄이 벽에 고정되지 않고 그림처럼 자유스럽게 움직일 수 있으면 줄을 따라 진행하는 파는 벽에서 반사한 후에도 모양이 그대로 유지된다.

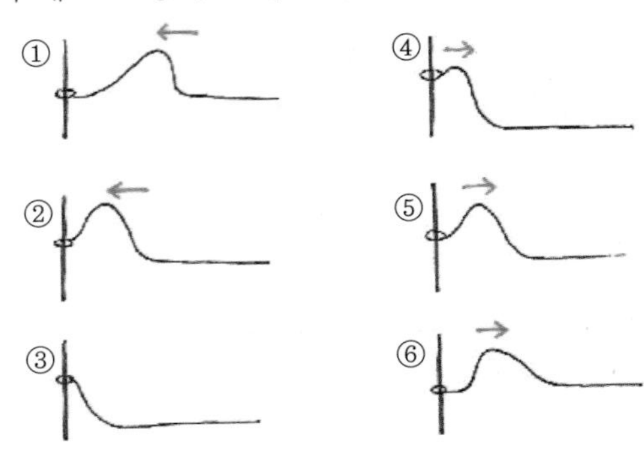

진행하는 펄스파가 밀도가 다른 줄을 만나면 이와 비슷하게 밀도에 따라 반사파 모양이 그림처럼 달라진다.

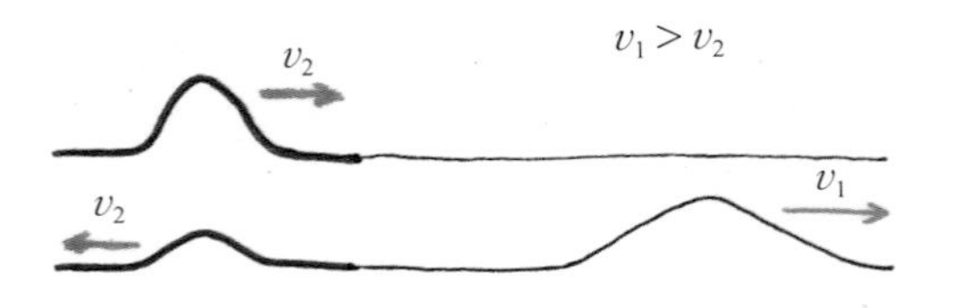

밀도가 큰 줄에서 밀도가 작은 줄로 파가 진행하면 반사파는 뒤집히지 않는다.

그러나 밀도가 작은 줄에서 밀도가 큰 줄로 파가 진행하면 반사파는 뒤집어진다.

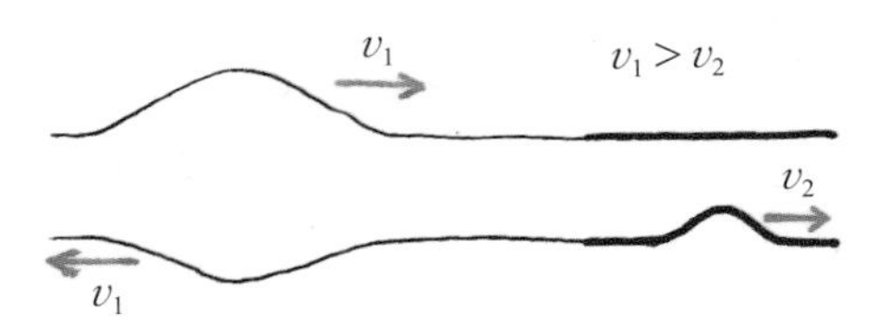

현의 진동모드

현악기는 현의 양끝을 고정시킨 후 현의 양 끝점에서 입사파와 반사파가 중첩되어 생기는 진동모드를 이용한다. 현악기에서 생기는 진동모드를 살펴보자. 현을 따라 왼쪽으로 진행하는 파의 모양은

$y_1 = A\ \sin(\omega t + kx)$라고 쓸 수 있다.

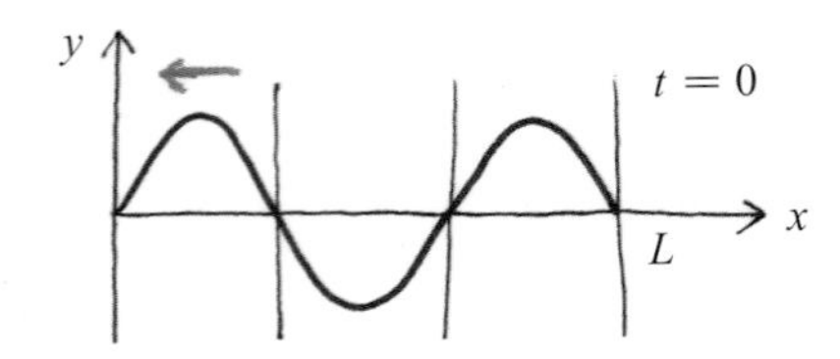

이때 왼쪽 경계면에서 반사된 파의 모양은

$y_2 = -A\ \sin(\omega t - kx)$이다.

(반사파 진폭에 −부호가 붙은 이유는 경계면에서 반사될 때 파의 모양이 뒤집어지기 때문이다.)

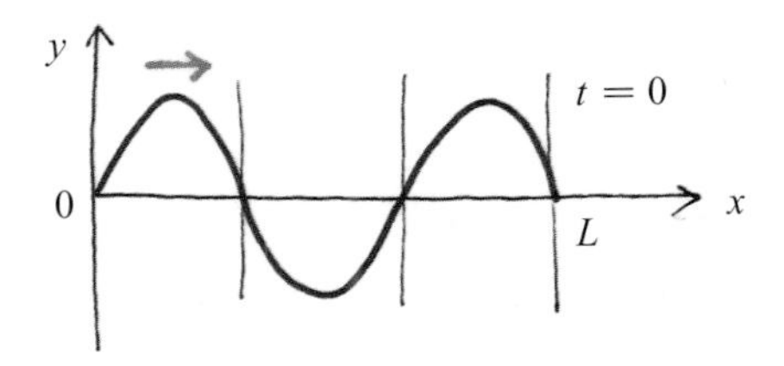

진행파와 반사파가 중첩되면,

$$y = y_1 + y_2$$
$$= A\ \sin(\omega t + kx) - A\ \sin(\omega t - kx)$$
$$= 2A\ \cos(\omega t)\ \sin(kx)\ \text{이다.}$$

여기에서 사인공식

$$\sin(a \pm b) = \sin a\ \cos b \pm \cos a\ \sin b$$

를 썼다.

$t=0$일 때 이 파가 중첩되면 그림처럼 파가 생겨난다.

왼쪽으로 진행하는 파

+

오른쪽으로 진행하는 파

⇩

중첩되는 파

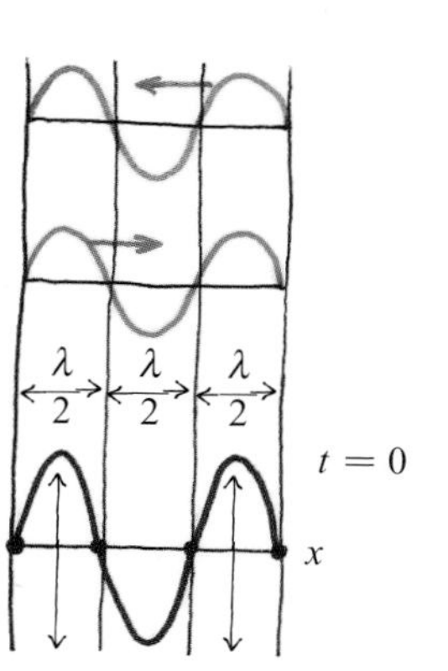

시간이 지남에 따라 이 파는 아래 그림처럼 진동하지 않는 점(마디)이 존재한다. 이러한 파를 정지파 라고 한다.

$t = \frac{1}{4}T$

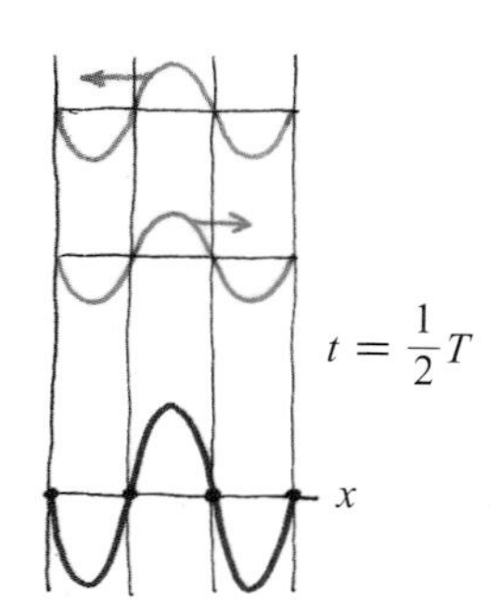

$t = \frac{1}{2}T$

$t = \frac{3}{4}T$

$t = T$

이 파의 마디는 $\sin kx = 0$이 되는 점이다.

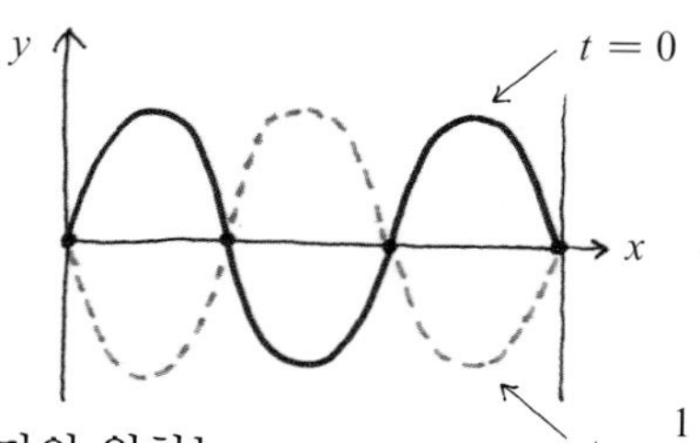

따라서, 마디의 위치는

$$x = 0,\ \frac{\pi}{k},\ 2\frac{\pi}{k},\ 3\frac{\pi}{k},\ \cdots$$
$$= 0,\ \frac{\lambda}{2},\ 2\frac{\lambda}{2},\ 3\frac{\lambda}{2},\ \cdots\ \text{이다.}$$

마디가 아닌 점은 시간에 따라 위아래로 진동한다.

$$y = B(x)\ \cos\omega t$$

이 진폭은 $B(x) = 2A\ \sin kx$로 위치마다 다르다.

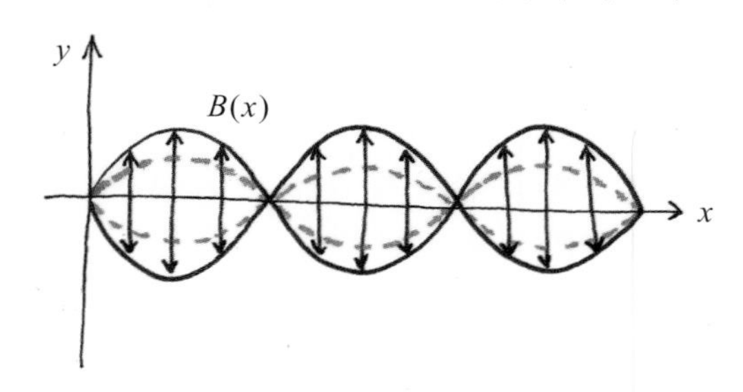

따라서, 각 시각마다 찍은 정지파의 사진을 보면 오른쪽처럼 파의 모양이 달라져 보인다.

그러나 마디는 항상 정지해 있다. 이것이 정지파의 진동모드와 진행파가 다른 점이다.

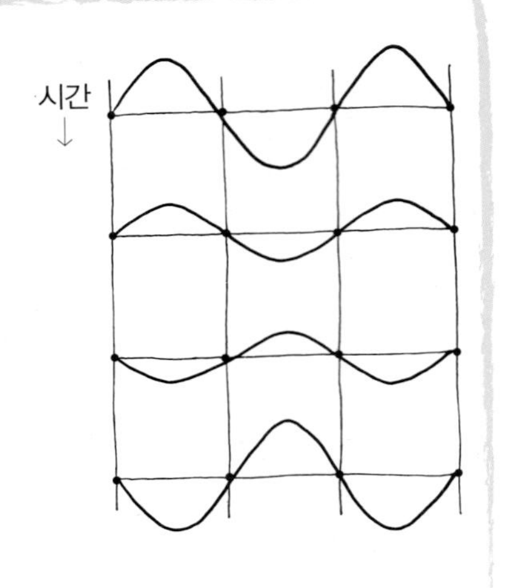

현악기에서는 현의 양끝이 마디가 된다.

$$L = \frac{\lambda}{2}, 2\frac{\lambda}{2}, 3\frac{\lambda}{2}, \cdots$$

따라서, 현에서 생기는 진동모드들의 파장은

$$\lambda = 2L, \frac{2L}{2}, \frac{2L}{3}, \cdots \text{ 을 만족한다.}$$

가장 파장이 긴 진동모드를 기본진동이라고 하며, 기본진동수는

$$f_1 = \frac{v}{2L} \text{ 이다.}$$

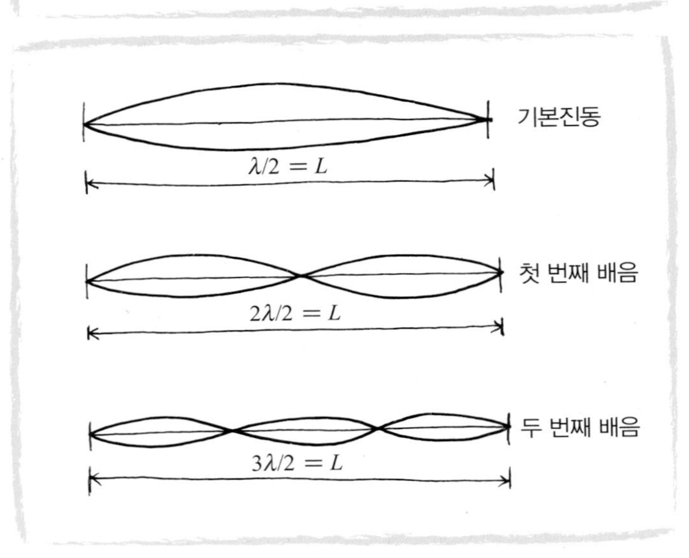

그런데, 현을 따라 진행하는 파동의 속력은 매질의 역학적 성질인 장력 T와 현의 선밀도 μ로 결정된다.

$$v = \sqrt{\frac{T}{\mu}}$$

따라서, 현악기의 기본진동수는 현의 장력을 조절함으로써 조율한다. 악기의 기본진동파장이 $\lambda_1 = 2L$ 이므로, 기본진동수는

$$f_1 = \frac{v}{\lambda_1} = \frac{1}{2L}\sqrt{\frac{T}{\mu}} \text{ 이다.}$$

생각해보기

기네스북에 오른 세계 최대의 베이스는 현의 길이가 5 m 이다.

이 현의 질량 선밀도는 40 g/m 이고, 기본진동수는 20 Hz 이다. 이 현에 작용하고 있는 장력과 첫 번째 배음의 진동수 및 파장을 구해 보자.

현에 작용하고 있는 장력

$$T = \mu(2f_1L)^2$$
$$= 0.04 \times (2 \times 20 \times 5)^2 = 1600$$

이다. 배음의 진동수 f_2는 기본진동수의 2배이므로

$$f_2 = 2 \times 20 = 40 \text{ Hz이다.}$$

기본파장은 $\lambda_1 = 2 \times 5 = 10$ m이므로, 첫 번째 배음의 파장 λ_2는 기본파장의 반인

$$\lambda_2 = \frac{\lambda_1}{2} = 5\text{이다.}$$

관악기의 진동모드

관악기는 관 속의 공기를 떨게 하여 정지파를 만든다.

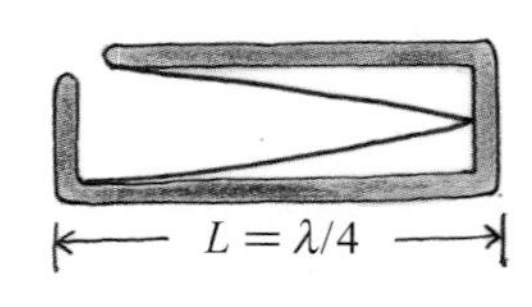

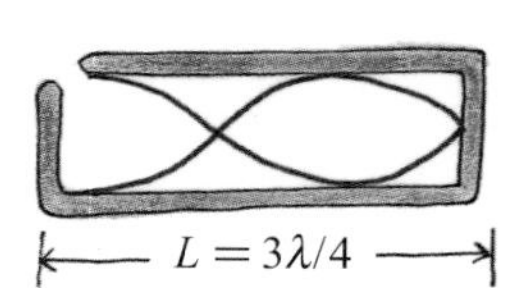

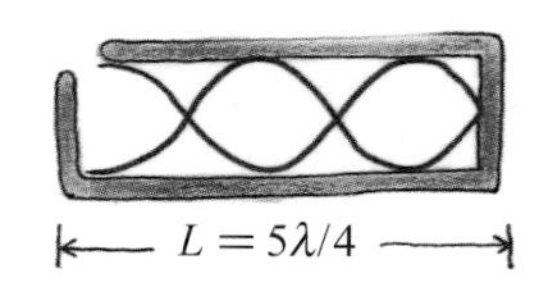

관의 한쪽이 막힌 파이프 오르간의 경우에는 옆의 그림처럼 막힌 곳이 공기분자 변위의 마디가 되고, 반대편의 터진 곳이 마루가 된다.
한쪽 관이 막힌 경우 그림에서 정지파의 파장 λ와 관의 길이 L은

$$L = \frac{\lambda}{4} \times n, (n = 1, 3, 5, \cdots)$$

을 만족한다. 이때 모드의 진동수 f는

$$f = \frac{v}{\lambda} = \frac{v}{4L} \times n, (n = 1, 3, 5, \cdots)$$ 이다.

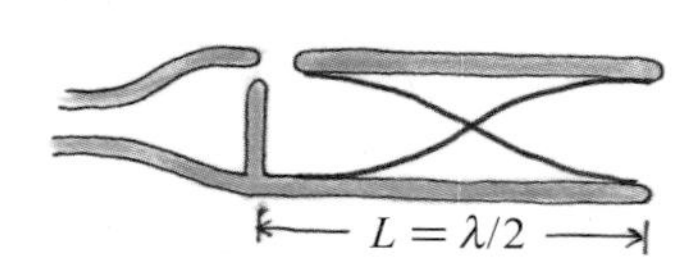

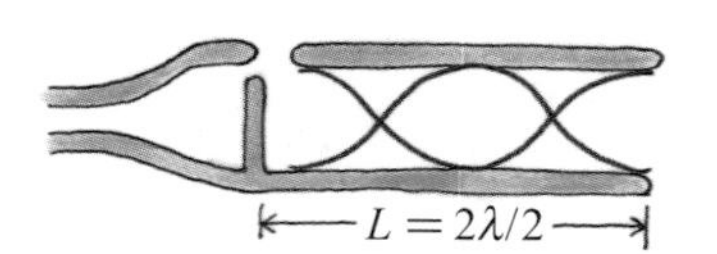

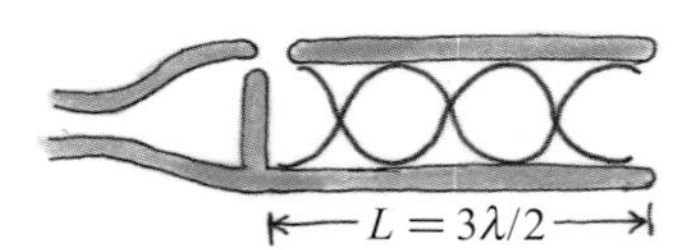

플루트처럼 관의 양쪽이 터진 경우에는 옆 그림처럼 양끝에서 공기 분자의 변위가 항상 마루가 된다.

따라서, 진동모드의 파장은

$$L = \frac{\lambda}{2} \times n, (n = 1, 2, \cdots)$$

을 만족하며, 공명진동수 f는

$$f = \frac{v}{\lambda} = \frac{v}{2L} \times n, (n = 1, 2, \cdots)$$ 이다.

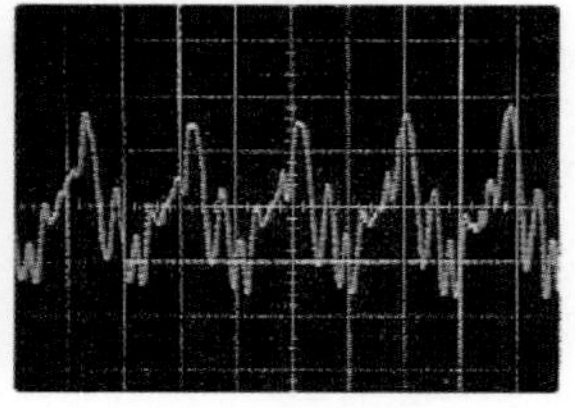

건반악기의 진동모드

관악기의 경우에는 현악기와 달리 음이 고정되어 있다. 관의 길이와 음속이 고정되어 있기 때문이다.

그럼에도 공연장의 습도와 온도에 따라 소리의 속력이 약간 달라지며, 또한 관의 구멍을 막는 손가락의 위치에 따라 모드의 모양을 약간씩 바꾸므로 이에 따라 소리의 높낮이가 민감하게 달라진다.

실제로 오케스트라 악기들의 음은 관악기인 오보에의 음으로 맞춘다.

생각해보기

양쪽 끝이 열린 관내의 음의 진행파와 반사파의 중첩을 고려해 보자.
왼쪽 경계면 쪽으로 진행하는 파의 모양은

$$y_1 = A\ \sin(\omega t + kx)$$

라고 쓸 수 있다. 이때, 왼쪽 경계면에서 반사되는 파의 모양은

$$y_2 = A\ \sin(\omega t - kx)$$

이다(반사파의 진폭의 부호가 같은 이유는 경계면에서 반사될 때 파의 모양이 그대로 유지되기 때문이다).

따라서 진행파와 반사파의 중첩은

$$\begin{aligned} y &= y_1 + y_2 \\ &= A\ \sin(\omega t + kx) + A\ \sin(\omega t - kx) \\ &= 2A\ \sin(\omega t)\cos(kx) \end{aligned}$$

가 된다. 이 경우에 경계면은 진폭이 항상 영인 마디가 아니라 진동하는 파의 마루가 된다.

예를 들어 마디가 2개인 정지파 경우, 시간이 지나면 공기의 밀도는 그림처럼 달라진다.

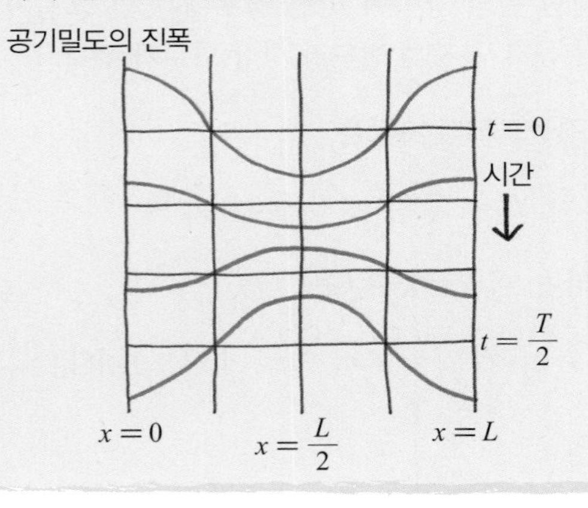

생각해보기 **유리잔 연주**

여러 개의 유리잔에 물을 담아 유리잔 음악을 연주하는 경우를 고려하자. 연주는 두 가지 방식이 가능하다. 유리잔을 막대로 치면서 연주할 수 있고 유리잔의 윗부분을 불면서 연주할 수도 있다. 유리잔의 윗부분을 옆에서 부는 경우는 관악기와 같은 원리로 소리가 난다. 그러나 유리잔을 치면서 연주하는 경우는 현악기와 유사한 원리로 소리가 난다.

옆에서 유리잔을 부는 경우는 유리잔에 담겨 있는 공기가 진동하므로 물이 많이 담긴 잔일수록 공기 기둥의 길이가 짧아져 진동모드의 파장이 줄어드는 것에 해당하여 더 높은 소리가 난다.

반면에 유리잔을 치는 경우는 물을 많이 부어 놓은 잔일수록 총 질량이 커져 진동하는 매질의 평균밀도(물과 유리잔)가 커지는 경우에 해당하므로 진동수가 작아져 낮은 소리가 나게 된다.

칠 때는 왼쪽의 유리잔에서 높은 소리가 나고, 불 때는 오른쪽의 유리잔에서 높은 소리가 난다.

생각해보기

낮말은 새가 듣고, 밤말은 쥐가 듣는다는 속담을 공기 중에서 온도에 따른 소리의 속력이 달라지는 사실로 이해할 수 있을까?

낮에는 지표면 근처의 온도가 높으므로 소리의 속력이 빨라지는 반면에, 상공으로 올라갈수록 대기의 온도가 낮아지기 때문에 소리의 속도가 느려진다(I-6장 3절 파동의 속도 참고).

이 음속의 변화는 음파의 굴절에 영향을 주어, 낮에는 소리의 진행방향이 지상에서 상공 쪽으로 굴절되도록 한다. 이런 이유로 낮에는 상대적으로 지상의 소리가 잘 들리지 않는다.

반대로 밤에는 뜨거웠던 지면이 식으므로, 소리의 진행방향이 상공에서 지상 쪽으로 굴절된다. 따라서 밤에는 지표면에 가까울수록 소리가 더 잘 들리게 된다. 이 때문에 낮에는 하늘에 있는 새가, 밤에는 땅에 사는 쥐가 소리를 더 잘 듣는다는 속담이 물리적으로 상당히 타당함을 알 수 있다.

음색

악기에서 나는 소리에는 일반적으로 기본진동뿐만 아니라 여러 배음이 언제나 조금씩 섞여 있다. 이 배음이 섞인 정도에 따라 악기의 독특한 음색이 만들어진다.

아래 그림처럼 세 개의 모드가 합쳐지면 현이 진동하는 모양은 사인파에서 약간 변형된 형태를 갖게 된다.

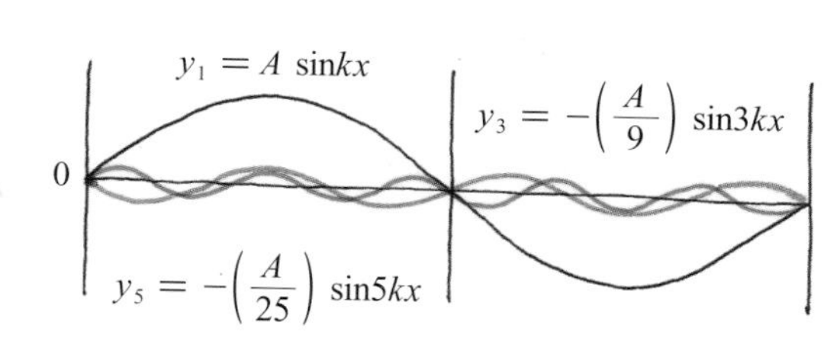

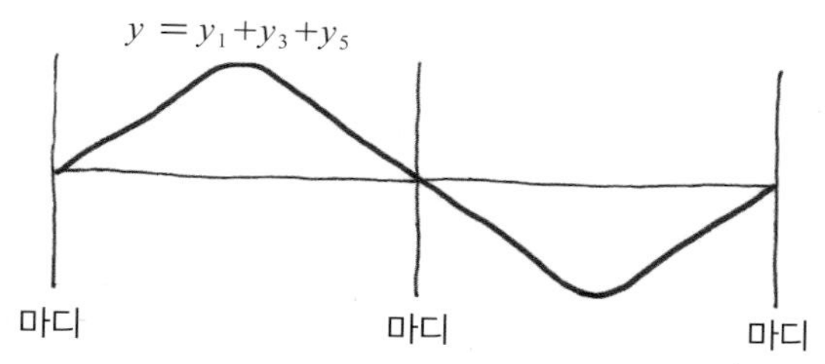

목소리의 진동모드에는 여러 배음이 섞여 있기 때문에 독특한 음색을 낸다.

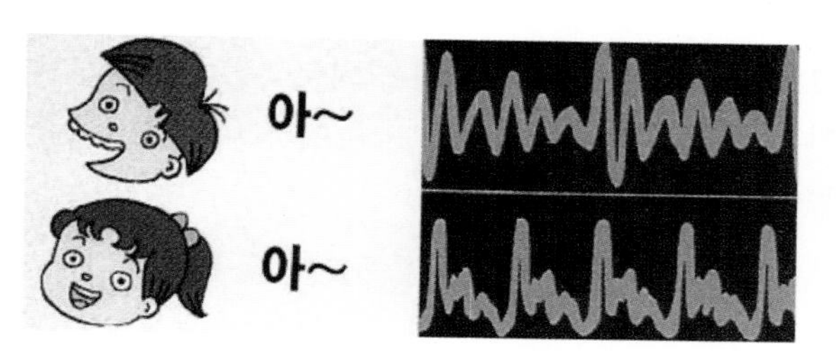

파동의 회절(에돌이)

파는 장애물을 만나면 장애물의 열린 곳을 통해 빠져나간다. 보이지 않는 곳에서 나는 소리를 들을 수 있는 것은 소리파가 돌아가기 때문이다. 회절은 장애물에 비해 파장이 클수록 잘 나타난다(III-7장 2절 참조).

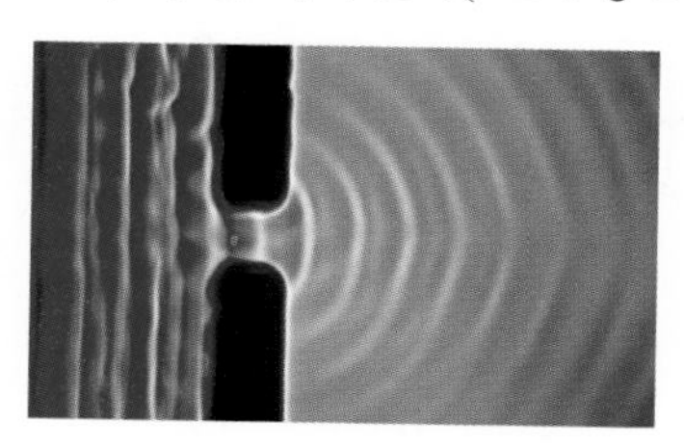

파는 장애물을 만나면 반사한다. 박쥐는 초음파의 반사를 이용하여 장애물을 알아낸다.

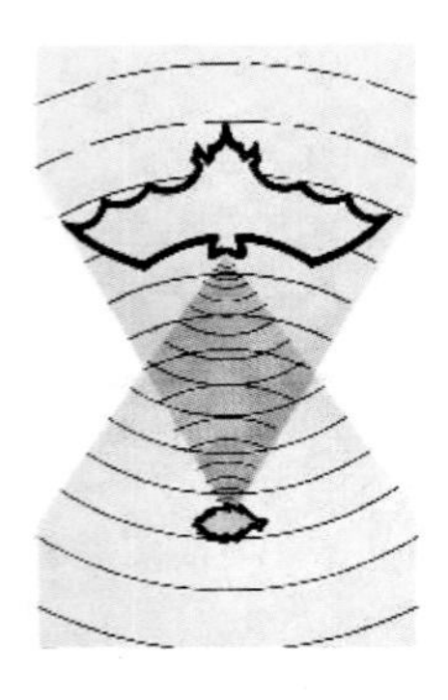

맥놀이

신라 봉덕사의 종소리(에밀레 종소리)를 들으면 은은한 소리가 커졌다 작아졌다 하는 것을 느낀다.

이것은 진동수가 비슷한 두 파가 중첩되어 파의 진폭이 커졌다 작아졌다 하는 맥놀이 현상이다.

진동수가 비슷한 두 파를 각각

$$y_1(t, x) = \cos 2\pi(ft - x/\lambda)$$
$$y_2(t, x) = \cos 2\pi((f + \Delta f)t - x/\lambda)$$

라고 하자(진동수차이 Δf는 f에 비해 아주 작다).

중첩된 파는

$$y_1(t, x) + y_2(t, x) = 2\cos(\pi\Delta ft)\cos 2\pi(ft + \Delta ft/2 - x/\lambda)$$

따라서, 중첩된 파는 마치 진폭이 $2\cos(\pi\Delta ft)$인 파처럼 보인다.

즉, 시간이 지남에 따라 진폭이 약간씩 변한다. 이 진폭 자체는 아래 그림처럼 주기는 $2/\Delta f$ 이다.

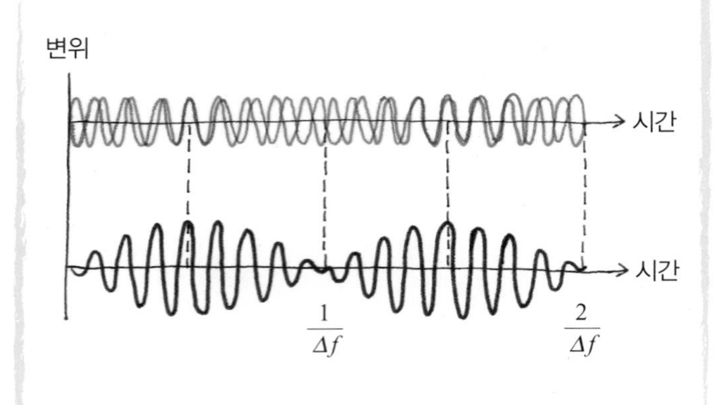

그러나 귀에 들리는 소리의 크기는 2절에서 다루듯이 진폭의 제곱에 비례하므로 맥놀이가 나타나며, 이 맥놀이의 주기는 $1/\Delta f$ 이다.

파동의 에너지 전달

외부에서 매질을 진동시키면 에너지는 매질을 통해 파동의 형태로 전달된다.

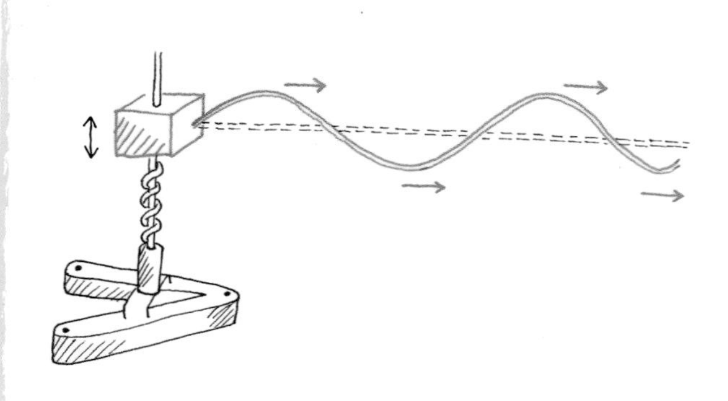

거대한 파도가 해안으로 들이닥치면 해일이 되고, 이 해일은 거대한 파괴력을 가진다. 이것은 먼 바다에서 지진이나 화산폭발, 또는 태풍 등에 의해 진동이 만들어지고, 이때 축적되는 역학적 에너지가 전파되는 것이다.

바닷물은 직접 먼 거리를 이동하지는 않으며, 단지 매질의 역할을 할 뿐이다. 그러나 에너지는 파도의 형태로 먼 지점까지 이동한다.

줄파가 전달하는 에너지

매질 자체가 에너지를 흡수하지 않는다면, 파동은 파원이 매질에 공급해 주는 에너지를 그대로 전달할 것이다.

줄파의 파원은 단진동한다. 이 단진동은 줄이라는 매질을 통해 퍼져 나간다. 줄의 선밀도가 μ이고 줄의 짧은 길이를 Δx라고 하면, 이 길이에 든 질량은 $m=\mu\Delta x$이다.

파원이 매질을 $y=A\ \cos\omega t$로 진동시킨다.

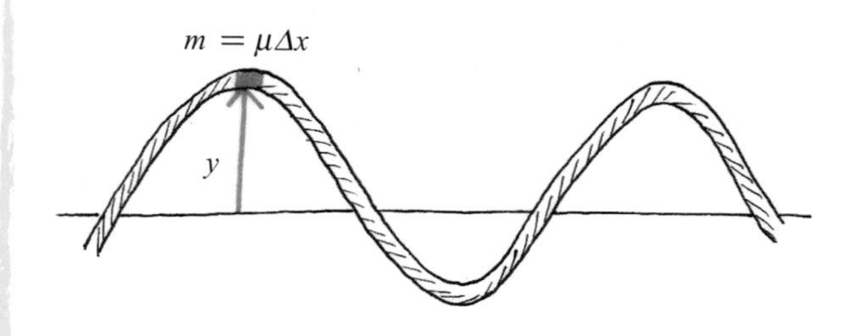

이때 매질이 상하로 진동하는 진동속도는

$$v_y = -\omega A\ \sin\omega t \text{ 이다.}$$

이 매질은 단진동 운동이므로, 매질이 갖는 총 에너지는 최대 운동에너지와 같다.

$$\Delta E = \frac{1}{2}m(v_y)^2_{\max} = \frac{1}{2}m\omega^2A^2$$

따라서, 질량 $m=\mu\Delta x$인 매질의 파동이 갖는 에너지는

$$\Delta E = \frac{1}{2}(\mu\Delta x)\omega^2A^2 \text{ 이다.}$$

매질(줄)은 Δt 동안 이 에너지를 공급받아 파동으로 전파한다. 파동의 이동속도가 v이면 Δt 동안 이동거리는 $\Delta x = v\Delta t$이므로, 단위시간마다 전파되는 일률(파워)은

$$P = \frac{\Delta E}{\Delta t} = \frac{1}{2}\mu v \omega^2 A^2 \text{ 이다.}$$

단진동 운동하는 물체가 공급하는 에너지는 진폭의 제곱에 비례하므로 파동이 전달하는 에너지도 매질이 진동하는 진폭의 제곱에 비례한다.

생각해보기

파고가 0.5 m이고, 파의 속도가 5 m/s이며, 진동수 0.1 Hz로 밀려오는 파도에 단면적 1 m^2인 사람이 서 있을 때 받는 파워는 얼마일까?

단면적 1 m^2로 밀려오는 파도를 선밀도 μ = (1000 kg/m^3) × 1 m^2인 줄을 따라 전파하는 줄파로 바꾸어 생각하자.

$$P = \frac{1}{2}\mu v \omega^2 A^2 = \frac{1}{2}(1000 \text{ kg/m}^3 \times 1 \text{ m}^2) \times 5 \text{ m/s} \times (2\pi \times 0.1 \text{ Hz})^2 \times (0.5 \text{ m})^2 \cong 250 \text{ W}$$

파원에서 멀리에서 보면, 줄파와는 달리, 그림처럼 파동이 전공간으로 퍼져 나가는데 이를 구면파라고 부른다. 이때에는 반지름 r인 구면을 균일하게 에너지가 통과한다.

단위면적을 통해 전달되는 파워는 세기(I)라고 하고, $I = P$/면적으로 정의되며, 단위는 W/m^2이다. 총 에너지는 파원에서 나오는 에너지와 같아야 하므로 파의 세기는

$$I = \frac{P}{4\pi r^2}$$

가 된다. 파의 세기 I는 파원과 거리의 제곱에 반비례하여 감소한다.

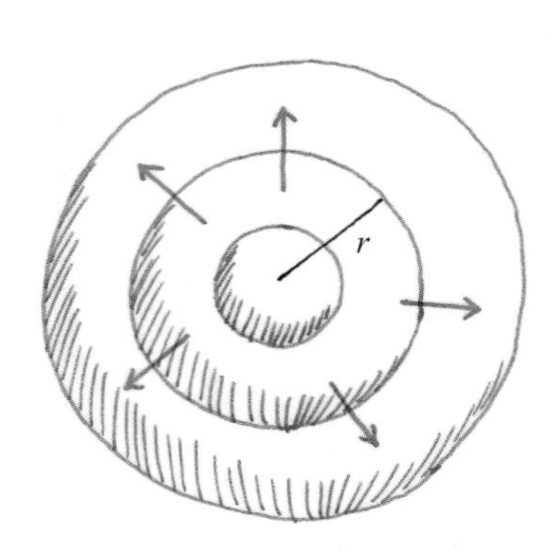

전공간으로 퍼져 나가는 파의 모습

소리의 세기등급

소리의 감각기관인 귀가 느끼는 소리의 크기는 소리의 세기에 비례하지 않고 로그함수로 비례한다.

세기의 기준을 I_0라고 하면, 소리의 세기등급은

$$\beta = 10 \log\left(\frac{I}{I_0}\right)$$

로 로그함수는 상용로그이고 단위는 데시벨(dB)이다.

I_0는 10^{-12} W/m^2으로 사람이 겨우 들을 수 있는 세기이다.

대표적인 소리의 세기등급 값들

소리의 종류	세기등급(dB)
겨우 들을 수 있는 소리	0
나뭇잎의 살랑거림	10
조용한 강당	25
사무실	60
정상적인 대화	60
혼잡한 교통 (3 m)	80
시끄러운 고전음악	95
시끄러운 록음악	120
제트엔진 (20 m)	130

생각해보기

스피커에서 100 W의 소리를 낼 때 5 m 앞에서 듣는 소리의 세기등급은 얼마나 될까?

이때 귓바퀴의 면적을 10 cm²라 하고 한쪽 귀에 들리는 소리의 파워는 얼마일까?

소리는 사방으로 균일하게 퍼진다고 생각하자.

스피커 5 m 앞에서 소리의 세기는

$$I = \frac{100}{4\pi \times 5^2} \approx 0.32\ \mathrm{W/m^2}$$

귀에 들리는 소리의 파워는 세기에 귓바퀴의 면적을 곱한 양이다.

$$P = 0.32\ \mathrm{W/m^2} \times 10^{-3}\ \mathrm{m^2} = 0.32 \times 10^{-3}\ \mathrm{W}$$

이 소리세기의 등급은

$$\beta = 10 \log\left(\frac{0.32}{10^{-12}}\right) \approx 115\ \mathrm{dB}$$

강제진동과 공명

현이 진동할 때처럼 진동하는 물체에는 자체의 진동수(고유진동수 f_0)가 있다. 물체를 고유진동수로 진동시키면 그 물체는 커다란 진폭을 갖게 된다. 이것은 진동하는 물체가 외부에서 많은 에너지를 공급받는다는 것을 뜻한다. 이러한 현상을 공명이라고 한다.

미국 타코마에 있었던 현수교의 고유진동수는 0.2 Hz였다. 건설된 지 4개월 된 1940년 어느 날 바람이 심하게 불자, 이 다리는 공명에 의해 붕괴되었다.

어떤 물체를 외부에서 힘 $F(t) = F_0 \cos\omega_f t$로 흔들어 주면($\omega_f = 2\pi f$, f는 외부에서 흔들어 주는 진동수), 이 물체의 진폭은 외부진동수 f가 고유진동수 f_0와 같을 때 무한대로 커진다.

$$\text{진폭} : A = \frac{F_0/m}{\omega_0^2 - \omega_f^2}$$

그러나 물체에는 보통 마찰력이 작용하므로, 진폭이 무한대로 커지는 대신 옆 그림처럼 유한한 값이 된다. 그럼에도 불구하고 $f = f_0$ 근방일 때 물체의 진폭이 가장 커진다. (참고: 속도의 진폭은 $f = f_0$에서 가장 크다.)

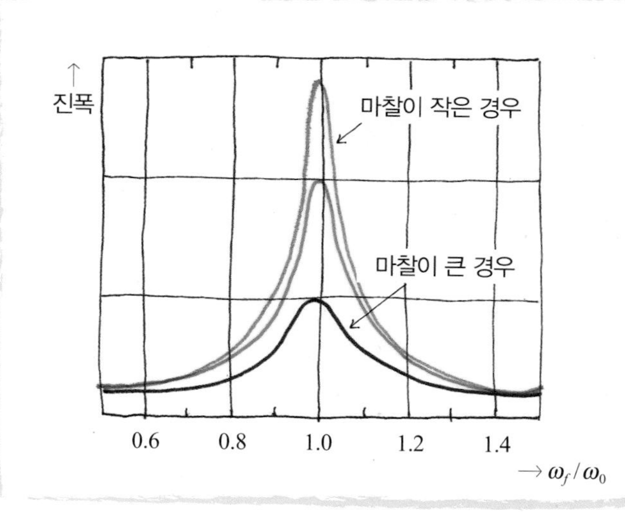

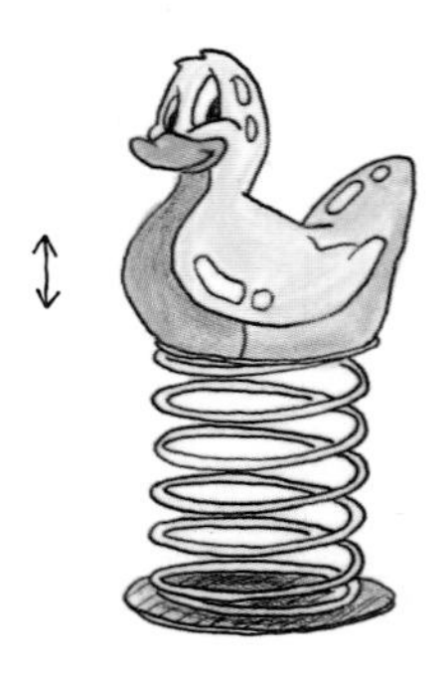

자동차 안에 놓인 용수철 인형은, 도로상태에 따라 특별한 경우에만 아래위로 진동한다.

자동차가 달릴 때 도로의 울퉁불퉁한 상태에 따라 인형을 흔들어 준다.

그러나 인형에 달린 용수철의 고유진동수 $\left(f_0 = \dfrac{1}{2\pi}\sqrt{\dfrac{k}{m}}\right)$와 자동차가 흔들리는 진동수(강제진동수)가 일치할 때만 공명을 일으켜 크게 진동하고, 그렇지 못하면 별로 진동하지 않는다.

와인잔의 고유진동수(진동모드)와 동일한 음파를 스피커로 보내면 음파가 잔을 깰 수 있다.

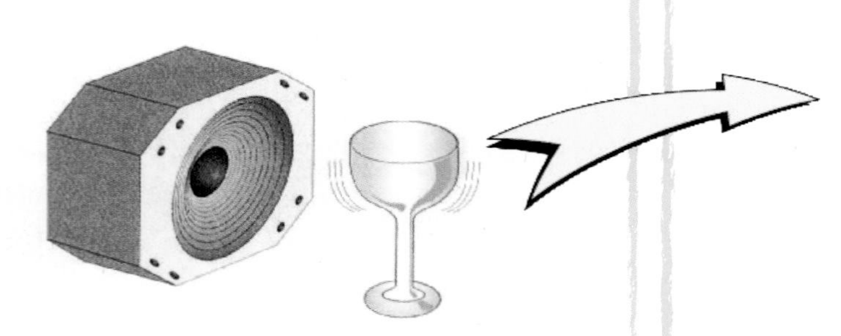

와인잔에 음파를 보내다.

깨지는 와인잔

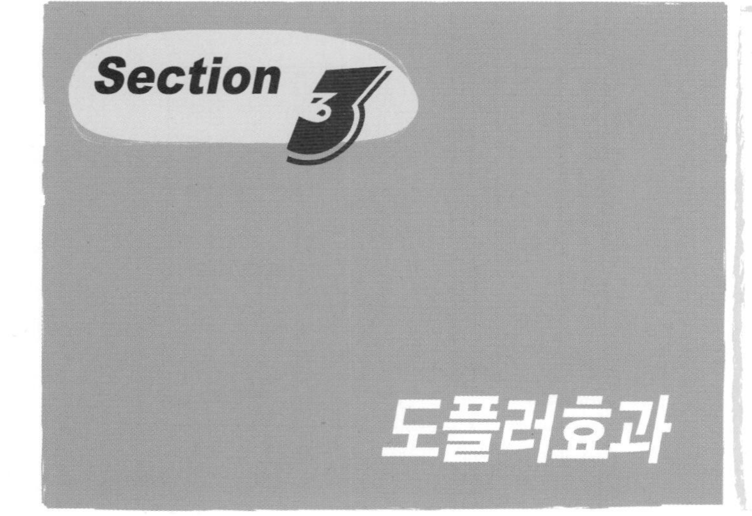

구급차가 신호음을 내며 다가오면 소리가 높아지고, 옆을 지나가는 순간 소리가 급격히 낮아지는 것을 느낀다. 이처럼 파동의 진동수가 음원이나 관찰자의 움직임에 따라 달라지는 현상을 소리의 도플러효과라고 한다.

구급차가 정지해 있으면서 신호음(파장 λ)을 내면 음파는 그림처럼 퍼져 나간다. 이때 주기와 진동수는 $T=1/f$의 관계가 있다.

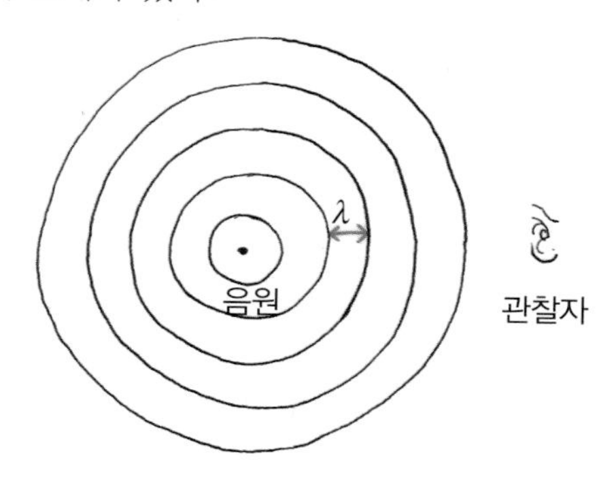

이 구급차가 속력 v_s로 다가오며 신호음을 낼 때 정지한 관찰자가 느끼는 진동수의 변화를 알아보자.

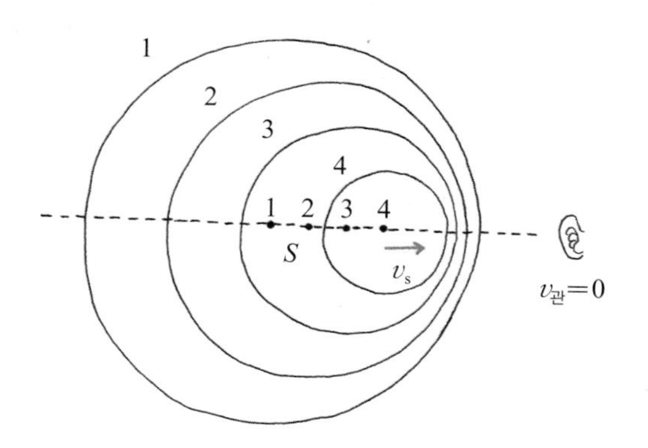

이 구급차가 오른쪽에 있는 관찰자에게 다가오면 관찰자가 느끼는 파장 $\lambda_관$은 옆 그림처럼 원래 파장보다 짧아진다.

$$\lambda_관 = \lambda - v_s T$$

그런데 관찰자는 정지해 있으므로, 공기를 통해 전달되는 음속은 여전히 $v=\lambda f=\lambda_관 f_관$을 만족한다.

음원 λ

음원이 정지한 경우

$\lambda_관 = \lambda - v_s T$

$\lambda_관$

한 주기 후
파의 모양

$v_s T$

음원이 다가오는 경우

따라서, 관찰자가 듣는 소리의 진동수 $f_관$은

$$f_관 = \frac{v}{\lambda_관} = \frac{v}{\lambda - v_s T} = \frac{v/\lambda}{1 - v_s T/\lambda} = \frac{f}{1 - v_s/v}$$

가 되며, 이 진동수는 원래 진동수 f보다 커진다. 즉, 소리가 높아진다.

반대로 왼쪽에 서 있는 사람에게는 구급차가 멀어져가므로 $v_s \to -v_s$로 바뀌며, 소리는 낮아진다.

관찰자가 음원으로 다가가며 소리를 듣는 경우에도 소리는 높아진다. 그러나 그 크기는 음원이 움직이는 경우와 약간 다르다.

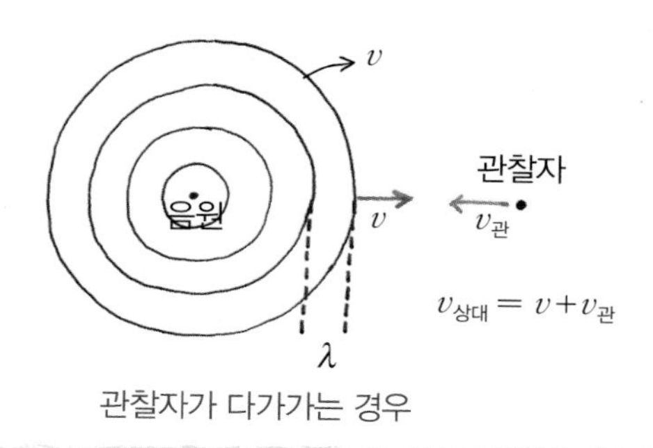

관찰자가 다가가는 경우

이번에는 음원이 정지해 있으므로 파장은 여전히 λ이다. 그러나 관찰자가 음원을 향해 속력 $v_{관}$으로 다가가므로, 관찰자가 보는 파의 상대속도는 $v_{상대}=v+v_{관}$으로 더 커질 것이다.

따라서, 관찰자가 느끼는 진동수 $f_{관}$은

$$f_{관} = \frac{v_{상대}}{\lambda} = \frac{v+v_{관}}{\lambda} = f\left(1+\frac{v_{관}}{v}\right)$$

으로 높아진다.

반면에 관찰자가 $-v_{관}$으로 멀어져 가면 상대속도는 줄어들고 ($v_{상대}=v-v_{관}$), 소리는 반대로 낮아진다.

$$f_{관} = f\left(1-\frac{v_{관}}{v}\right)$$

음원이 움직일 때와 관찰자가 움직일 때, 관찰자가 듣는 진동수를 하나의 식으로 나타내면

$$f_{관} = f\,\frac{1 \pm v_{관}/v}{1 \mp v_s/v}$$

로 쓸 수 있다. 이는 음원과 관찰자가 동시에 움직일 때도 적용할 수 있다.

생각해보기

비행기가 v_s=100 m/s로 다가오며 소리를 낸다. 이때 음속은 v=300 m/s이다.

관제탑에서 이 비행기 소리를 들으면 얼마나 높아질까? 또한, 관제탑에서 내는 경고음을 비행기에서 들으면 이 소리는 얼마나 높아질까?

진동수 f인 비행기 소리는 관제탑에서는 진동수

$$f_{관} = \frac{f}{1 - 100/300} = 1.5f$$

로 들린다. 진동수 f인 관제탑의 경고음은 비행기에서는 진동수

$$f_{관} = f\left(1+\frac{100}{300}\right) = 1.3f$$

로 들린다.

음원이 움직이는 경우와 관찰자가 움직이는 경우 음원과 관찰자의 상대속도는 같다. 그럼에도 불구하고, 음원이 움직이는 경우와 관찰자가 움직이는 경우, 도플러효과는 다르게 나타난다. 왜 그럴까?
관찰자가 느끼는 음파의 속력은 음원과 관찰자의 상대속도가 아니라, 관찰자 자신과 매질 사이의 상대운동에 의해 결정된다. 그림처럼 관찰자가 움직이는 경우와 바람이 부는 경우를 비교해보자. 두 경우 모두 음속이 커지는 양이 같지만, 바람이 부는 경우에는, 음속이 커지는 만큼 파장이 커지므로, 관찰자는 진동수의 변화를 느끼지 못한다.

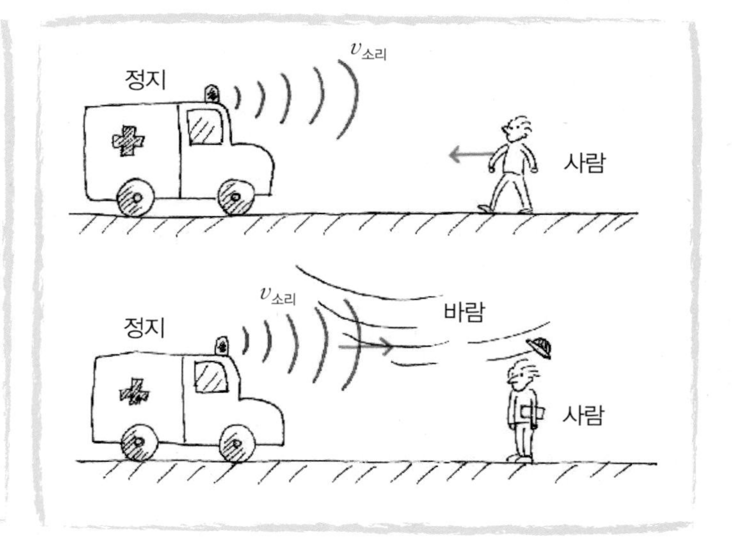

이에 비해 음원이 움직이면 음파의 속력이 아니라 관찰자가 느끼는 음파의 파장이 변하고, 이에 따라 도플러효과가 나타난다.

음파의 도플러효과는 음원과 관찰자의 상대적인 운동만으로 표시되지는 않는다. 음원이 움직이는 운동과 관찰자가 움직이는 운동은 구별된다. 매질이 두 운동을 구별하기 때문이다.

그러나 Ⅳ-1장에 나오는 빛의 도플러효과는 이와 다르다. 빛의 경우에는 관찰자가 움직이든 광원이 움직이든 단지 상대적인 운동만으로 결정된다.

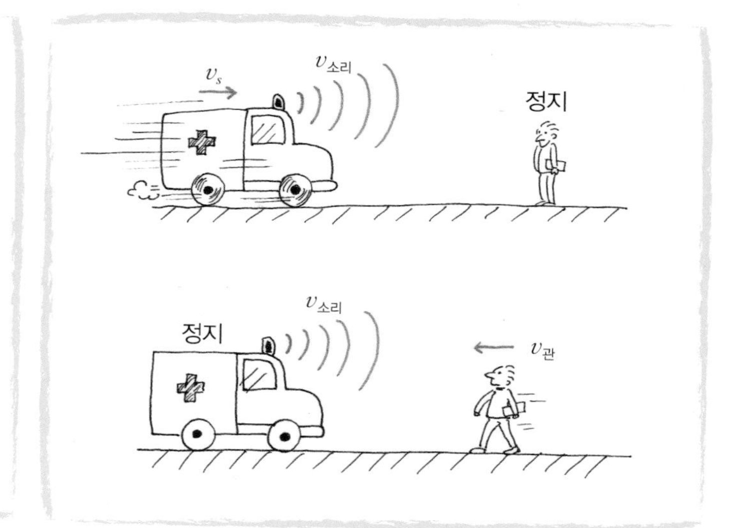

생각해보기 음원이 음속을 돌파하면

제트기가 음속으로 우리에게 접근하면 우리가 듣는 진동수는 도플러 공식에 의해 무한대로 커진다. 이 경우, 도플러 공식은 더 이상 의미가 없다.
제트기가 음속을 돌파하여 속력 $v_{제트}$로 날면 음파는 반지름 $v_{소리}t$인 구면파를 그리고, 제트기는 그림처럼 이미 $v_{제트}t$ 만큼 달려간다. 따라서, 결과적으로 원뿔모양의 파형이 생겨난다. 이 파형을 마하원뿔이라고 하며, 이 원뿔형 충격파가 지나가면서 소리붐을 만든다.

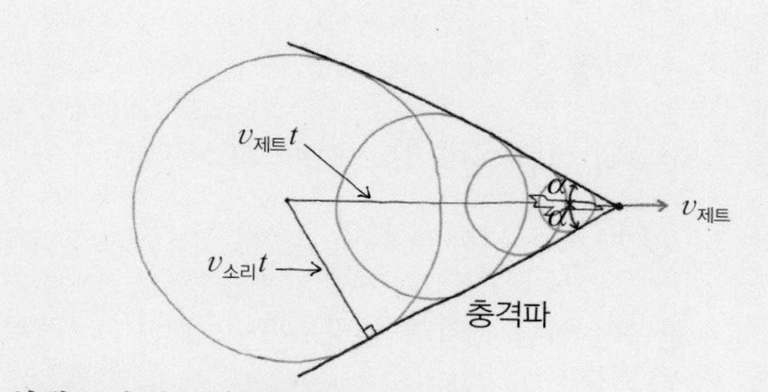

원뿔모양의 중심각 α는 그림에서

$$\sin\alpha = \frac{v_{소리}}{v_{제트}} \text{이다.}$$

$v_{제트}/v_{소리}$를 마하수라고 한다.

초음속 비행기가 지나가면 공기의 압력이 갑자기 증가했다 감소하고 다시 정상으로 돌아가면서 쿵하는 소리가 들린다.

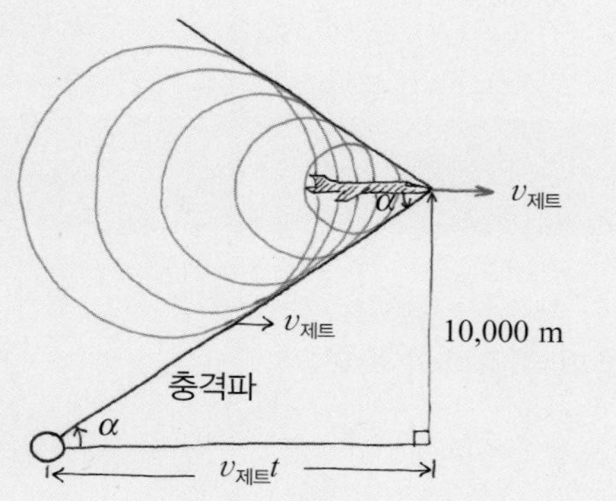

정찰기가 10,000 m 상공에서 마하 2.5로 날고 있다. 지상에서 충격파를 느낄 때 이 정찰기는 얼마나 갔을까? 음속은 320 m/s로 하자.

정찰기의 속력은 $v_{제트}=2.5\times320$ m/s$=800$ m/s이고, 그림에서 $\sin\alpha=1/2.5=0.4 \Rightarrow \alpha=0.41$ rad이다.
충격파가 제트기에서 지상에 도달하는 데 걸린 시간을 t라 하면 $\tan\alpha=10000\text{ m}/(v_{제트}t)$이므로,

$$t = \frac{10000\text{ m}}{800\text{ m/s} \times \tan 0.41} = 28.64\text{ s이고,}$$

간 거리는 $v_{제트}t = 800\text{ m/s} \times 28.64\text{ s} \approx 23\text{ km}$이다.

단원요약

1. 중첩과 진동모드

① 파의 중첩원리 : 동일 매질에서 두 개 이상의 파가 만나면, 파의 변위는 각 파의 변위를 더한 것이다. 이 원리에 따라 파의 변위가 보강되거나 상쇄되는 현상이 간섭이다.

② 정지파 : 시간이 지나도 변위가 영인 마디가 있는 파이다. 서로 반대방향으로 진행하는 동일한 진폭을 가진 두 파가 중첩이 되어 생긴다.

- 양끝이 고정된 현의 공명주파수

$$f = n\frac{v}{2L}, (n = 1, 2, 3, \cdots)$$

- 양끝이 열린 관악기의 공명주파수

$$f = n\frac{v}{2L}, (n = 1, 2, 3, \cdots)$$

- 한쪽만 열린 관악기 공명주파수

$$f = f = n\frac{v}{4L}, (n = 1, 3, 5, \cdots)$$

③ 맥놀이 : 주파수가 비슷한 두 파가 중첩되어 파의 진폭이 커졌다 작아졌다 하는 현상이다. 맥놀이 주파수는 두 파의 주파수 차이로 계산된다.

2. 파동의 에너지 전달

① 줄파가 전달하는 에너지 : 선밀도 μ인 줄에서 진폭 A, 각진동수 ω, 진행속도 v인 줄파가 전달하는 평균 파워는 $P = \frac{1}{2}\mu v\omega^2 A^2$이다.

② 구면파의 세기 : 점파원에서 파워 P로 소리를 방출하면, 거리 r 떨어진 곳에서 소리의 세기는

$I = \frac{P}{4\pi r^2}$이다.

③ 소리의 세기 : 단위면적당 전달되는 음파의 평균에너지다. 기준세기는 $I_0 = 10^{-12}$ W/m^{2}이다. 소리 세기의 등급은 $\beta = 10\log(I/I_0)$로 정의되고, 단위는 dB이다.

3. 도플러효과

파원과 관찰자가 매질에 대해 움직일 때 파의 측정 주파수가 달라지는 현상이다. 음파의 경우 측정 주파수 f'은

$f_{관} = f\frac{1 \pm v_{관}/v}{1 \mp v_s/v}$이다.

여기서 v는 음파의 속력, $v_{관}$는 관찰자의 속력, v_S는 음원의 속력이고, 위와 아래의 부호는 각각 가까워지거나 멀어지는 경우를 나타낸다.

연습문제

1. 196 Hz로 진동하는 줄의 길이는 65 cm이다. 이 현에서 전파되는 줄파의 속력은 얼마인가?

2. 동일한 파장과 진폭을 가진 두 사인파가 10 cm/s의 속력으로 줄을 따라 반대방향으로 진행하고 있다. 줄이 팽팽하게 된 시점에서 0.5초 후에 다시 팽팽하게 된다면, 합성파의 파장은 얼마인가?

3. 1.2 m 떨어진 양 끝이 고정되어 있는 줄에 두 개의 마디가 있는 정지파가 만들어졌다. 이 정지파의 진동수가 264 Hz이면 속력은 얼마인가?

4. 현의 장력이 120 N일 때 줄의 횡파속력이 170 m/s이다. 파의 속력을 180 m/s로 증가시키려면 줄의 장력을 어떤 값으로 바뀌어야 되는가?

5. 연주가들은 악기에서 나는 소리가 연주공간의 온도와 습도에 따라 예민하게 변한다고 한다. 그 이유는 무엇일까?

6. 양쪽 끝이 열린 두 오르간 파이프의 관의 길이가 각각 60 cm와 61 cm이다. 소리를 동시에 낼 때 1초 동안 맥놀이 몇 개를 들을 수 있을까? 음속은 340 m/s로 잡는다.

7. 4 m 떨어진 두 스피커 A, B가 같은 위상으로 85 Hz의 소리를 내고 있다. 어떤 사람이 B 스피커에서 3 m 거리에 서서, 두 스피커와 직각삼각형의 위치에 자리잡고 있다. 이 사람은 큰 소리를 들을까 아니면 소리를 듣지 못할까? 단, 음파의 속력은 340 m/s이다.

8. 다음과 같이 크기순으로 나열된 공명진동수들 150, 225, 300, 375 Hz 중에서 (400 Hz보다 작은) 진동수 값 하나가 빠져 있다. (1) 그 누락된 진동수 값은 얼마일까? (2) 7번째 공명진동수 값은 얼마일까?

9. 입을 대는 부분으로부터 플루트의 끝까지의 길이가 0.66 m이다. 이 플루트의 기본진동모드의 파장과 진동수는 얼마일까? 단, 소리의 속도는 340 m/s이다.

10. 거리 6.5 m 떨어진 두 개의 동일한 스피커가 진동수 688 Hz의 소리를 낸다. 두 스피커를 잇는 직선을 그린 다음, 왼쪽 스피커에서 3.5 m 떨어진 직선 상의 점에서 수직선을 그린다. 수직선에서 스피커로부터 멀어질 경우 수직선에서 얼마 떨어진 곳에서 처음으로 소리가 들리지 않게 될까? 공기 중에서 음속은 344 m/s이다.

***11.** 원래 길이가 L이고 용수철상수 k인 가벼운(즉, 질량이 무시되는) 스프링에 질량이 m인 물체를 연직방향으로 매달아서 평형상태가 되게 하였다. 스프링을 매단 점을 $\eta(t) = \eta_0 \cos \omega t$로 ($t \geq 0$)진동시킬 때, 이후 물체의 운동을 기술하자. η_0, ω는 주어진 상수이다.

5. 진동수 변화는 어떻게 생겨나는 것일까?

8. 기본진동수를 찾자.

9. 관악기에서 나는 소리의 파장은 관악기의 길이로 결정된다. 플루트는 관이 열려 있다.

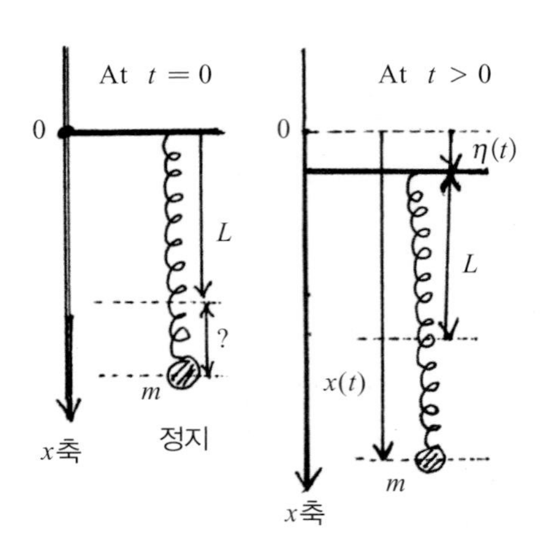

(1) 먼저 질량 m의 운동방정식을 $x(t)$에 대하여 쓰고, $x(t) = L + \dfrac{mg}{k} + y(t)$로 놓아 $y(t)$에 대한 방정식을 구하라. 그리고, $y(t) = C \cos \omega t$를 넣어서 C를 결정하라.

(2) ω와 진동계의 고유진동수 $\omega_0 = \sqrt{k/m}$의 대소 관계에 따라서 물체의 진동운동이 어떻게 다른지 논하라.

12. 다음과 같은 경계조건을 만족하며 진동하는 길이 L인 어떤 줄에 대해 생각하자. 이 줄의 왼쪽 끝($x = 0$)은 벽에 고정되어 있고, 오른쪽 끝($x = L$)은 자유롭게 움직이지만, 항상 벽에 수직을 이룬다. 이 줄이 가질 수 있는 파장의 값들을 구하라.

12. 경계조건은 줄의 왼쪽 끝의 변위, $y|_{x=0} = 0$과 줄의 오른쪽 끝의 기울기, $y'|_{x=L} = 0$ 등이다.

13. 길이 $L_1 = 0.40$ m, 선밀도 $\mu_1 = 6.4$ g/m인 알루미늄줄과 길이 $L_2 = 0.80$ m, 선밀도 $\mu_2 = 2.5$ g/m인 쇠줄을 이어서 현을 구성한다. 현의 양끝을 고정시키고 균일한 장력 $T = 256$ N을 현에 가하였다.

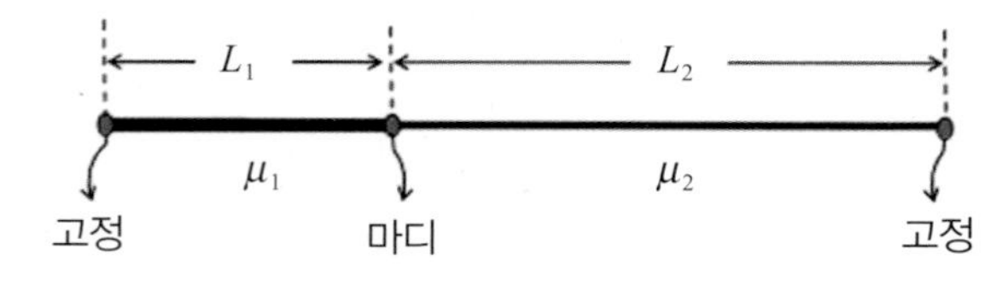

(1) 알루미늄줄과 쇠줄의 이음매는 진동의 마디가 된다고 가정하고, 알루미늄줄과 쇠줄이 각각 n_1번째, n_2번째 진동모드로 진동할 때의 진동수를 구하라. n_1, n_2는 1, 2, 3, …이다.

(2) 이 현에 있을 수 있는 정지파의 가장 낮은 진동수를 구하라. 현의 양끝 점을 포함해서 이 정지파의 마디는 모두 몇 개인가?

14. 그림처럼 P점에서 진동기가 작은 진폭으로 진동하여, 진동수가 120 Hz인 사인파를 만든다. 줄은 Q점에서 도르래를 통해 질량 m에 연결되어 있고, $L = 1.4$ m이다. $m = 0.2$ kg일 때 P, Q점을 포함하여 모두 4개의 마디를 가진 정지파가 형성되었다면, 이 줄의 선밀도는 얼마일까? 또 P, Q 점을 포함하여 마디의 수가 3개인 정지파가 형성되려면 질량 m의 값은 얼마일까?

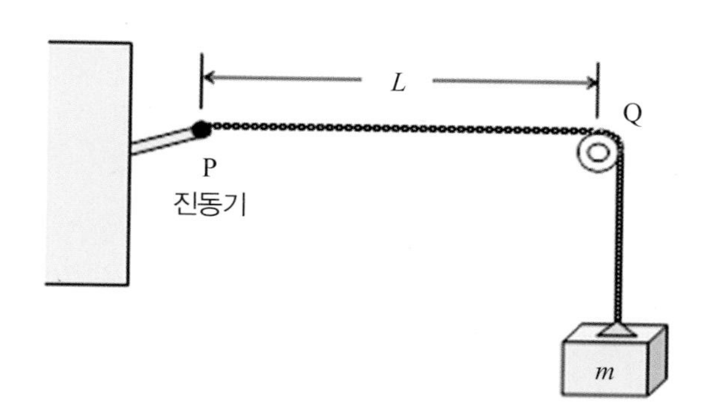

***15.** 선밀도가 각각 $\mu_1 = 0.1$ kg/m, $\mu_2 = 0.4$ kg/m인 두 줄을 이어서 만든 줄을 생각하자. 가벼운 줄을 따라 입사파 $y_{입사} = 0.05\ \sin(2\pi(x-3t))$가 오른쪽으로 진행하여, 무거운 줄과의 경계점($x = 0$)에서 일부는 반사하고, 일부는 투과하여 진행한다.

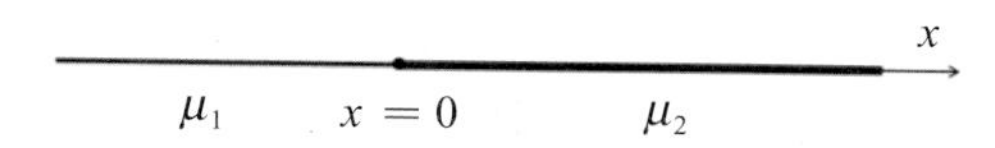

여기서 길이의 단위는 m, 시간의 단위는 초이다.

(1) 이 줄의 장력을 구하라.

(2) 입사파와 반사파의 파장 λ, 투과파의 파장 λ'을 각각 구하라.

(3) 반사파와 입사파의 진폭을 각각 구하라.

(4) 입사파가 전달하는 파워가 반사파와 투과파의 파워의 합과 같음을 보여라.

16. 6.0 cm 길이의 줄의 질량이 9 g이다. 횡파가 210 m/s의 속력으로 줄을 따라 진행하고 있다. 줄의 한끝이 0.5 cm의 진폭으로 120 Hz로 강제 진동한다면, 줄을 따라 전달되는 단위시간당 파동에너지는 얼마일까?

17. 파동의 에너지는 진폭의 제곱에 비례한다. 그런데 파의 중첩이 일어나면, 파가 일시적으로 없어지거나 파의 진폭이 커진다. 그러면, 파동의 에너지는 보존되지 않는 것일까?

15. 가벼운 줄에서($x<0$), 입사파는 $y_{입사} = 0.05\ \sin(2\pi(x-3t))$, 반사파는 $y_{반사} = A_r\sin(2\pi(x+3t))$로 표시되고, 무거운 줄에서($x>0$), 투과파는 $y_{투과} = A_t\sin(2\pi(\frac{x}{\lambda'} - 3t))$로 표시할 수 있다. 가벼운 줄에서의 줄파는 입사파와 반사파의 중첩인 $y_{입사} + y_{반사}$이고, 무거운 줄에서의 줄파는 $y_{투과}$인데, 이 두 줄파는 경계점인 $x = 0$에서 매끄럽게 연결되어야 한다. 즉, 파의 값과 기울기가 같아야 한다.

17. 파동은 매질을 구성하고 있는 입자의 운동과 상호작용에 의해 형성된다.

18. 모든 방향으로 균일하게 방출된 음원에서 2.5 m 떨어져 측정한 음의 세기가 2.0×10^{-4} W/m^{2}이었다. 파의 에너지가 보존된다고 가정하는 경우에, 음원의 출력을 구하라.

19. 연주회장에서 내는 피아노의 출력이 0.4 W이다. 10 m 떨어진 객석에서 듣는 소리 세기의 등급은 얼마일까?

> **19.** 소리세기의 등급은 로그로 증가한다.

***20.** 선밀도 μ인 줄의 한 끝($x=0$)을 위, 아래로 흔들어서, 시간 $t \geq 0$에 $y = y_0 \sin\omega t$의 변위를 갖는 단진동 운동을 시킨다. 이제 줄을 따라 진행하는 줄파에 대한 다음 질문에 답하라. 줄에 작용하는 중력은 무시한다.

(1) 줄의 장력이 F일 때, 이 줄파의 파장, 진동수, 진행속도 등을 구하라.

(2) 위치 x와 시간 t의 함수로 줄파의 변위 $y(x, t)$를 표현하고, 시간 $t = 1.25\ T$ (T는 주기)에 진행파의 모습을 그려보라.

(3) 이 진행파의 한 파장 안에 들어 있는 줄파의 역학적 에너지 E_λ를 구하라. 이로부터 줄을 따라 진행하는 줄파가 전달하는 평균 파워 P를 구하라.

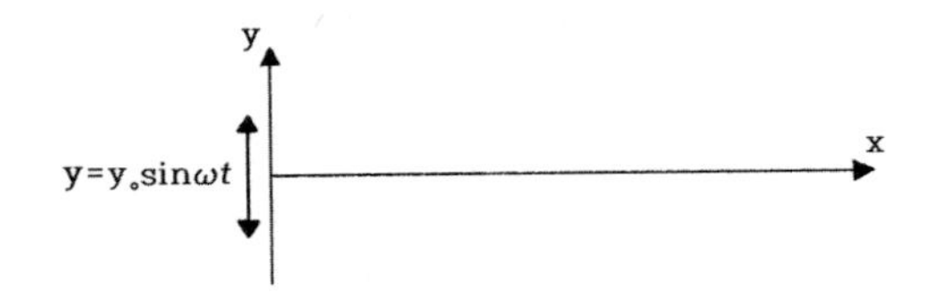

21. 선박에 설치된 수중음파탐지기의 음원이 진동수 25.0 kHz의 초음파를 발생한다. 물속에서 음속은 1482 m/s이다. 선박이 물에 정지해 있을 때 고래가 선박을 향해 속력 4.25 m/s로 직진할 경우, 이 고래에 반사한 초음파를 선박에서 탐지하면 그 진동수는 얼마일까?

> **21.** 고래에 도달한 초음파가 선박으로 접근하는 새로운 음원이 되는 셈이다.

22. 바이스 벨롯(Buys Ballot)은 1845년에 소리의 도플러효과를 확인하는 실험을 수행하였다. 기관차의 대차(flatcar)에 탄 연주자가 트랙 가까이에 서 있는 다른 연주자에게 일정한 속력으로 접근하고 있다. 두 연주자가 440 Hz의 동일 음을 연주할 때, 단위초당 맥놀이 수가 4회로 측정되었다면 대차의 속력은 얼마인가?

> **22.** 맥놀이 진동수는 Δf이다.

23. 피아노 조율사가 피아노의 현을 조율하기 위해 440 Hz의 표준음을 내는 소리굽쇠로 맥놀이를 측정하였더니 맥놀이 진동수가 5 Hz였다. 이 피아노줄의 진동수는 현재 얼마인가?

24. 소리가 나는 쪽에서 바람이 20 m/s로 불고 있다. 바람이 없는 경우에 음속이 350 m/s이고, 주파수가 700 Hz라면 바람이 부는 경우의 음속과 주파수는 얼마인가?

25. 고속도로상에서 위험표시기가 1,000 Hz의 소리를 내고 있다. 이 위험표시기 쪽으로 시속 100 km/h로 달려가고 있는 자동차에서 듣는 소리의 진동수는 어떻게 달라지는가? 단, 소리의 속도는 340 m/s이다.

26. 서 있는 운동 측정기에서 45.0 m/s로 접근하는 트럭을 향해 0.150 MHz의 음파를 발사하였다. 트럭에 반사되어 측정기기에 되돌아오는 음파의 주파수를 구하라. 이 경우 음속은 345.0 m/s이다.

27. 자동차 운전석 앞에 부착한 용수철 인형 (200 g)이 2 cm만큼 수축된 상태로 놓여 있다. 자동차가 움직이기 시작하여 요철이 심한 길을 달릴 때 인형이 최대로 진동했다면 이때 자동차를 통해 전달되는 진동수는 얼마일까?

28. 진동수 500 Hz의 음원이 반지름 1 m인 원을 각속도 50 rad/s로 돌고 있다. 원에서 아주 멀리 떨어진 정지한 관찰자가 측정할 때, 가장 높고 가장 낮은 진동수를 구하라. 음속은 350 m/s라 가정한다.

29. 정지한 구급차가 내는 사이렌 소리의 진동수가 1,550 Hz이다. 이 구급차가 50 m/s의 속력으로 직선도로를 달리며 사이렌을 울린다. 그림처럼, 이 도로에서 200 m 떨어진 곳에 사람이 서 있다. 공기 중에서 음속은 340 m/s이다.

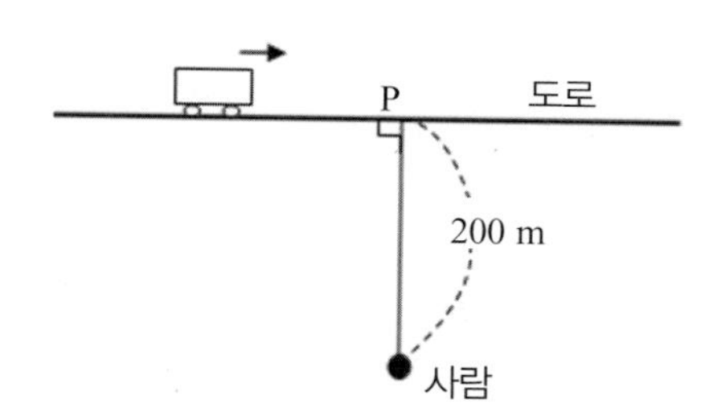

(1) 구급차가 P점을 지날 때 사람이 듣는 사이렌의 진동수를 구하라.

(2) 사람이 진동수 1,550 Hz인 사이렌 소리를 들을 때 구급차는 P점에서 얼마나 떨어진 곳에 있을까?

27. 공명진동수는 자연진동수와 같다.

28. 음원이 원운동하면서 관찰자에게 다가오기도 하고, 멀어지기도 한다.

29. 구급차가 P점을 지날 때 사람이 듣는 사이렌소리는 P점에 이르기 전에 낸 소리다.

Chapter 8 유체

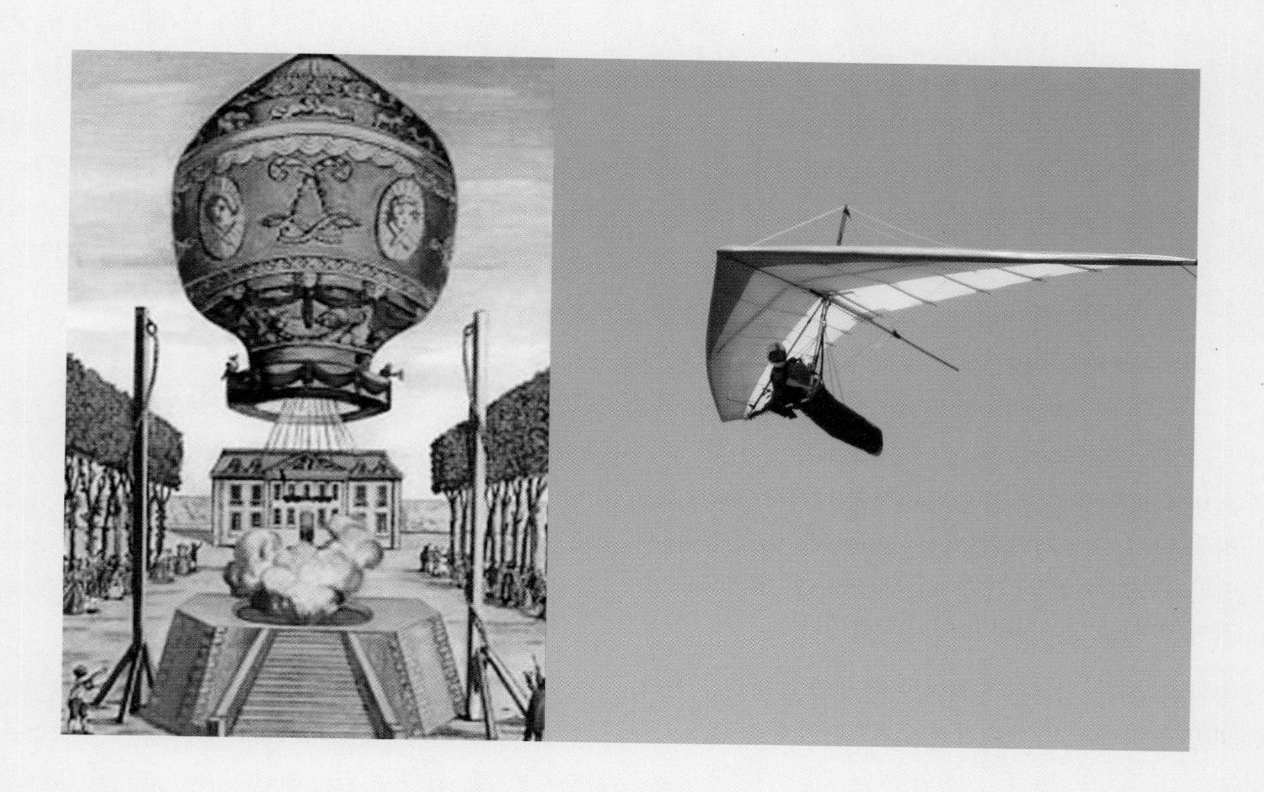

열기구는 1783년 11월 몽골피에 형제가 개발하였고, 로제(P. De Rozier)가 처음으로 파리근교에서 이륙하여 약 25분간 비행에 성공하였다. 행글라이더는 1960년대 미우주항공국(NASA)의 로갈로(Rogallo) 박사가 창안한 후 수많은 발전을 거듭해 왔다.

열기구는 어떻게 상공을 날 수 있을까? 열기구는 왜 불을 때야만 날 수 있는 것일까? 행글라이더가 상공을 나는 것은 열기구와 어떻게 다를까?

유체의 평형과 압력

우리가 주위에서 보는 물질은 보통 고체와 액체, 기체 상태 등으로 존재한다. 고체는 겉으로 볼 때 일정한 모양을 유지하지만 액체와 기체는 담긴 용기에 따라 모양이 달라진다. 따라서, 액체와 기체는 고체와 구별하기 위해 유체라고 한다.

유체는 상황에 따라 모양이 바뀌므로 유체를 구성하고 있는 각 질점들의 움직임들을 일일이 추적하는 것은 매우 어렵다. 유체질점들의 움직임을 일일이 추적하지 않고 쉽게 다룰 수 있는 거시적인 방법은 없을까?

유체는 힘을 받으면 쉽게 움직이기 때문에 고체와 달리 수평력(층밀리기힘, shear stress)을 받지 않는다. 만일, 수평력이 있다면 유체는 자신이 그 방향으로 움직여 그 힘을 상쇄시킬 것이기 때문이다.

정지한 유체에서는 그림처럼 어떤 방향을 향하는 임의의 면을 잡아도 면에 수직인 수직력만이 존재한다.

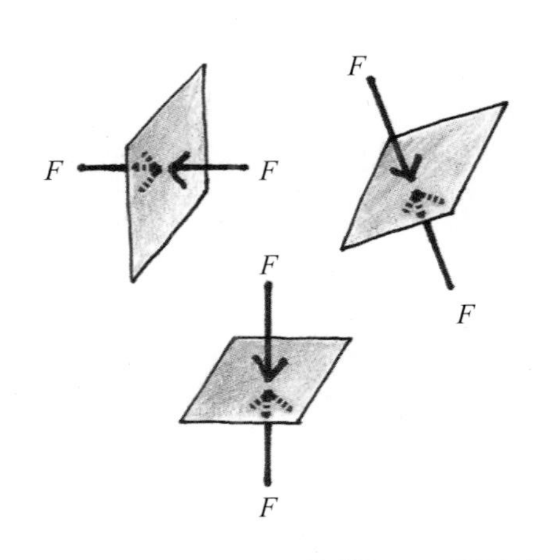

유체는 유체를 담은 용기의 표면에 수직인 힘만을 작용하고, 유체 속에 든 물체의 표면에도 수직인 힘만을 작용한다.

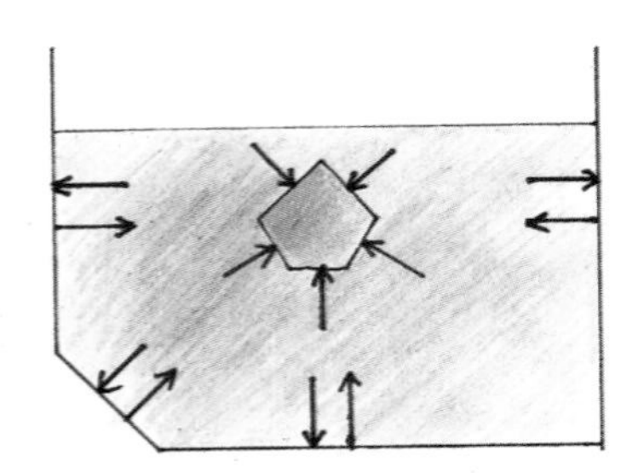

유체 내부의 한 점에서 유체의 압력 P는 그 점의 작은 면적 ΔA에 대해 수직으로 작용하는 힘 $\Delta F_{수직}$의 비로 정의한다.

$$\text{압력} : P = \frac{\Delta F_{수직}}{\Delta A}$$

압력의 크기는 작은 면적의 방향을 어떻게 잡더라도 같다. 압력의 단위는 Pa(파스칼)로서

$$\text{Pa} = \text{N/m}^2 \text{ 이다.}$$

정적평형을 이루고 있는 유체의 한 지점에 힘이 작용하면 이 힘은 유체의 모든 부분으로 전달된다. 이때 유체 내의 압력은 모든 점에서 항상 동일하다.

이 사실은 17세기에 프랑스의 파스칼이 처음 발견한 것으로 파스칼의 원리로 알려져 있다.

파스칼의 원리는 유체의 경우 힘보다는 압력을 쓰는 것이 훨씬 편리하다는 것을 가르쳐 준다.

유체가 받는 힘은 임의의 면에 수직인 방향으로만 작용한다. 이때 유체의 정적평형 조건이 파스칼의 원리와 같다는 것을 확인해 보자. 간단히 보기 위해 그림처럼 직각삼각형을 단면으로 가진 유체표면에서의 압력을 살펴보자.

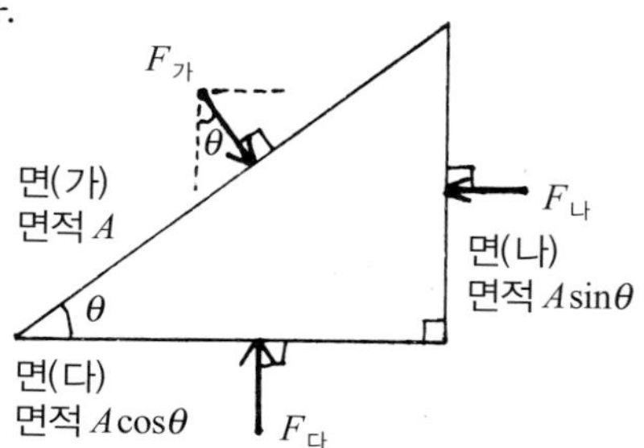

면(가) (경사각 θ, 면적 A), 면(나) (면적 $A\ \sin\theta$), 면(다) (면적 $A\ \cos\theta$)에 각각 힘 $F_{가}$, $F_{나}$, $F_{다}$가 작용하면, 힘의 평형조건은

$$F_{나} = F_{가}\sin\theta,\ F_{다} = F_{가}\cos\theta \text{ 이다.}$$

이때 (가), (나), (다)면에 작용하는 압력은

(가)에 작용하는 압력 $= F_{가}/A$

(나)에 작용하는 압력 $= F_{나}/A\ \sin\theta = F_{가}/A$

(다)에 작용하는 압력 $= F_{다}/A\ \cos\theta = F_{가}/A$

가 되어, 각 면에 작용하는 압력은 모두 같다.

증폭되는 힘

그림처럼 유압을 이용하여, 한쪽에서 F_1으로 눌러 다른 쪽에서 힘 F_2로 차를 들어올려 보자.

두 지점에서 압력은 $P=F_1/A_1=F_2/A_2$로 같지만, 힘은 면적에 비례한다. $F_2=(A_2/A_1)F_1$이다.

따라서, 작은 힘으로 무거운 차를 들어올릴 수 있다.

그러나 에너지는 새로 생겨나지 않는다. 유체가 압축되지 않는다면 두 힘이 해주는 일은 같다. 이것을 보기 위해 옆의 그림처럼 움직이는 유체의 부피가 같다는 것을 이용하자.

$$A_1 d_1 = A_2 d_2$$

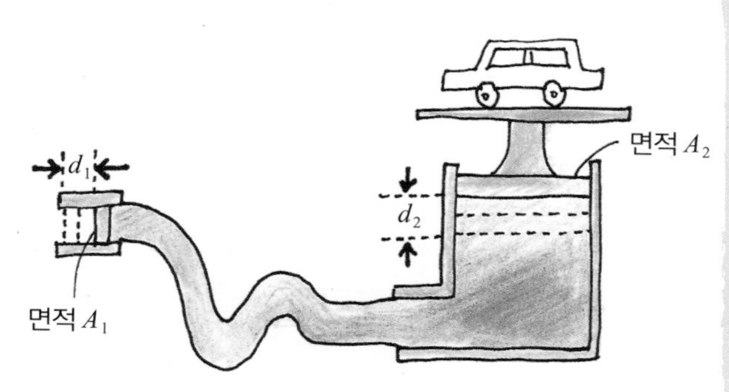

따라서,

F_1이 한 일 $= W_1 = F_1 \times d_1 = PA_1 \times d_1$은

F_2이 한 일 $= W_2 = F_2 \times d_2 = PA_2 \times d_2$와 같다.

유체의 깊이에 따라 달라지는 압력

지금까지는 유체가 받는 중력을 고려하지 않았다.

그러나 유체는 중력을 받고 있으므로 유체 자체의 무게 때문에 깊이에 따라 힘이 달라지고, 따라서 압력도 변한다.

밀도 ρ인 유체의 압력이 깊이에 따라 어떻게 달라지는지 찾아보자.

그림처럼 높이 h이고 면적 A인 작은 유체기둥은 밑의 면적에 무게 $mg=\rho Ah\times g$의 힘을 가한다.

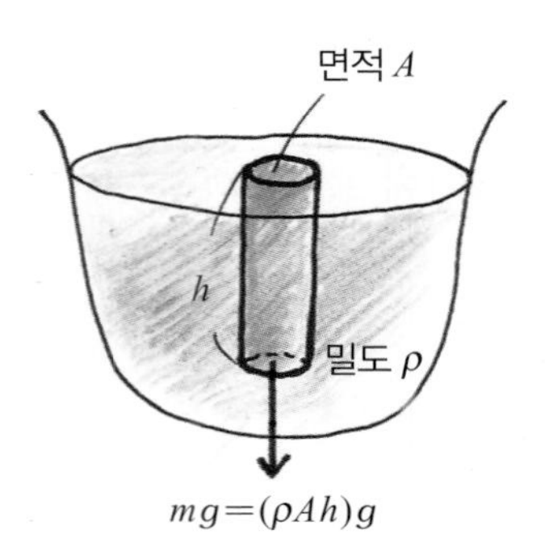

이 무게가 주는 압력은 mg/A이므로, 유체기둥은 깊이 h밑에 있는 유체에 $mg/A=\rho gh$의 압력을 가한다. 따라서, 유체 윗표면에서 압력이 P_0이면, 깊이 h에서는 ρgh만큼 압력이 더 커진다.

$$P = P_0 + \rho gh$$

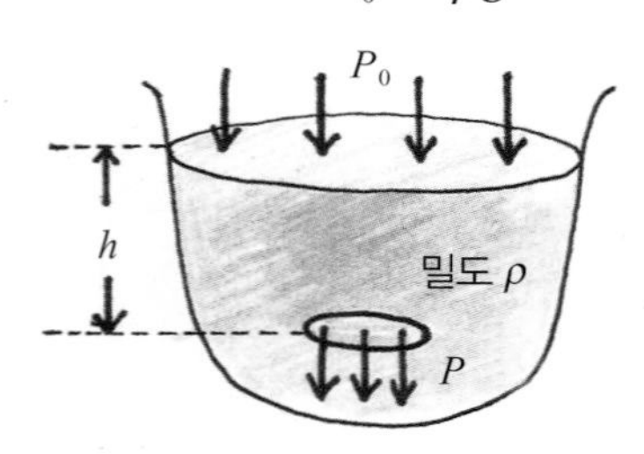

부력

물에 물체를 담가 보자. 그 물체는 밀도에 따라 물에 가라앉기도 하고 떠오르기도 한다.

유체에 잠긴 모든 물체는 부력을 받는다. 유체 내에서 물체가 받는 부력은 밀려난 유체의 무게와 같다. 아르키메데스는 B.C. 3세기에 이 원리를 알아냈다.

그러면 부력이 생기는 원인은 무엇일까?

간단히 보기 위해 유체 내에 있는 가상적인 원통을 생각해 보자.

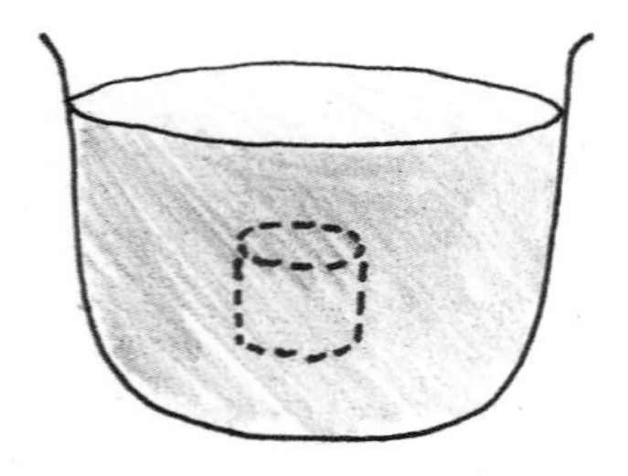

원통 안에 든 유체는 중력 때문에 자신의 무게에 해당되는 힘을 아래로 받는다. 그런데 이 유체는 정지해 있으므로 이 무게와 반대방향의 힘을 받아야 평형이 될 수 있다. 이 반대방향으로 평형을 만드는 힘이 바로 부력이다.

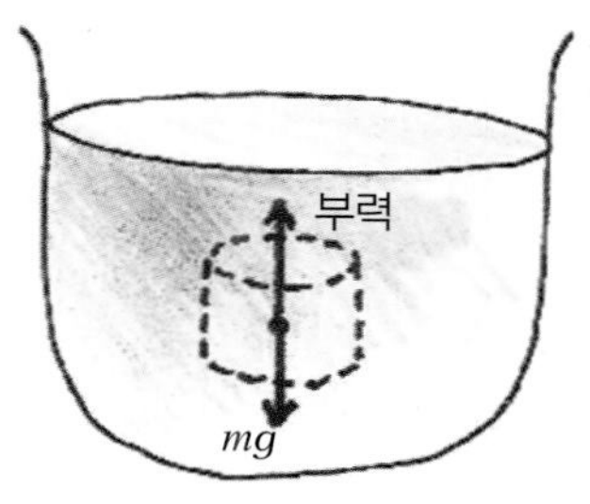

부력을 자세히 보기 위해 그림처럼 가상적인 통 안에 차 있던 유체를 제거해 보자. 이제 빈 공간에는 유체의 무게가 없지만, 부력은 남아 있다. 평형조건에서 부력의 크기는 빈 공간에 차 있던 유체의 무게와 같음을 알 수 있다.

부력=통 속에 있던 유체의 무게

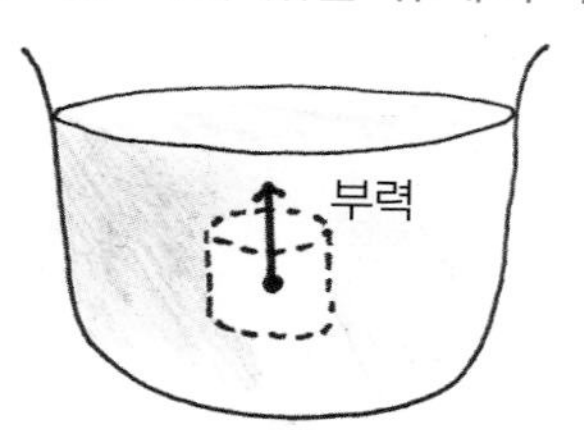

부력은 근본적으로 보면 중력으로 인해 유체의 압력이 깊이에 따라 달라지기 때문에 생기는 것으로 이해할 수 있다.

깊이가 같으면 유체의 압력은 같으므로, 빈 통의 옆면에 작용하는 압력은 그림처럼 서로 상쇄된다.

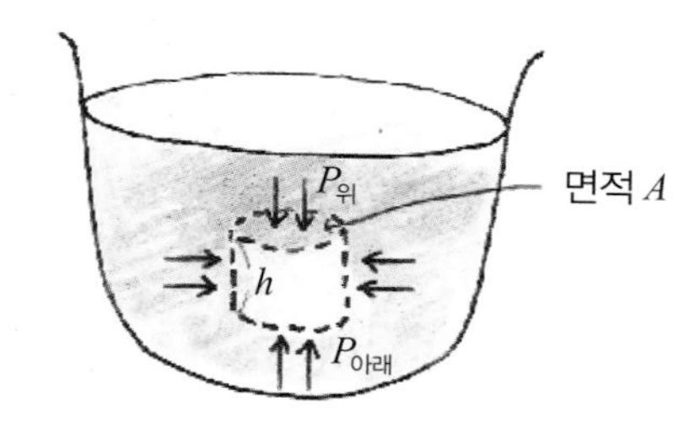

그러나 윗면과 아랫면에 작용하는 압력은 깊이가 다르므로 서로 다르다. 통의 높이를 h라고 하면 깊이에 따른 압력의 차이는

$$P_{아래} - P_{위} = \rho g h \text{이다.}$$

면적이 A인 빈 원통에 위로 작용하는 총 힘은

$$(P_{아래} - P_{위})A = \rho g h A \text{이다.}$$

$\rho h A = m$은 통 속에 있던 유체의 질량이므로, 총 힘 $\rho g h A = mg$는 통 속에 있던 유체의 무게이며, 이것이 바로 부력이다.

이 논리는 원통모양뿐만 아니라 유체에 잠긴 어떤 모양의 물체에도 똑같이 적용된다.

뿐만 아니라 유체에 잠긴 물질이 다르더라도 잠긴 부피만 같으면 똑같은 부력을 받는다. 소형 잠수정과 고래는 물속에 잠긴 부피가 같으면 같은 부력을 받는다.

생각해보기 갈릴레이 온도계

갈릴레이는 부력을 이용하는 온도계를 만들었다.

갈릴레이가 착안한 것은, 액체의 온도가 변하면 그 부피가 변하고, 이에 따라 밀도가 변하며, 따라서 액체 속에 잠겨있는 물체의 부력이 변한다는 사실이다.

실린더 모양을 한 온도계에는, 온도에 따라 부피가 많이 변하는 액체가 들어있다. 그 안에는 밀도가 조금씩 다른 구가 순서대로 들어있다. 이 구 안에는 시각적인 효과를 위하여 여러 가지 다른 색의 액체를 넣어 두었다. 온도가 변하면 액체의 밀도가 달라져 구가 실린더 내를 오르락 내리락 한다. 각 구에는 온도를 나타내는 숫자가 달려있어 온도를 읽을 수 있다.

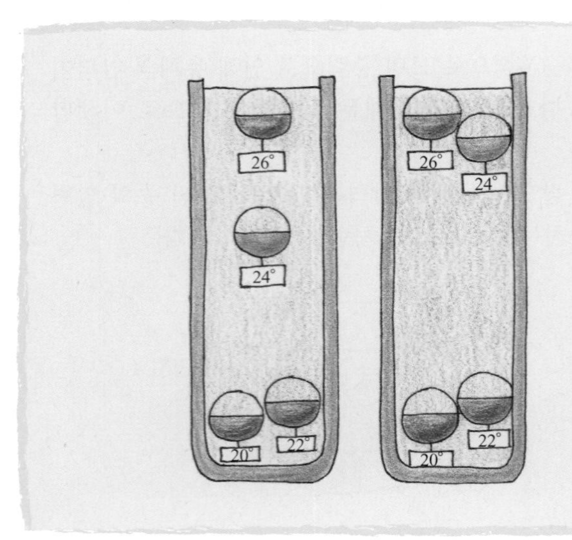

현재 온도가 24 °C라고 해 보자. 24 °C라고 쓰인 구는 밀도가 액체의 밀도와 같고, 부력과 중력이 평형을 이루게 되어 액체의 중간에 떠 있게 된다. 액체보다 밀도가 작은 구(24 °C보다 높은 온도가 적힌 구)들은 위에 떠 올라 있을 것이고, 반면에 액체보다 밀도가 큰 구(24 °C보다 낮은 온도가 적힌 구)들은 가라앉아 있을 것이다.

만일 실린더의 중간에는 구가 없고 아래와 위에 모든 구가 모여 있으면 어떻게 읽을까? 이 경우는 위쪽 그룹의 맨 아래에 있는 온도와 아래쪽 그룹의 맨 위에 있는 온도를 평균하면 될 것이다.

생각해보기

빙산은 부피의 약 11% 정도만이 바닷물(밀도 $\rho_{물}$= 1030 kg/m³)에 떠 있다. 이 빙산의 밀도는 얼마일까?

빙산의 무게=밀려난 바닷물의 무게를 쓰자.

빙산의 부피를 $V_{빙산}$이라고 하면 밀려난 바닷물의 부피는 $V_{물}=V_{빙산}\times 0.89$이다.

따라서,

$$\rho_{물}V_{물}g = \rho_{빙산}V_{빙산}g \text{에서}$$

$$\rho_{빙산} = \rho_{물} \times V_{물}/V_{빙산} = 917 \text{ kg/m}^3 \text{ 이다.}$$

대기압

지구의 대기압은 중력 때문에 높이에 따라 급격히 감소한다. 토리첼리는 17세기에 수은기둥을 써서 최초로 대기압을 측정하였다.

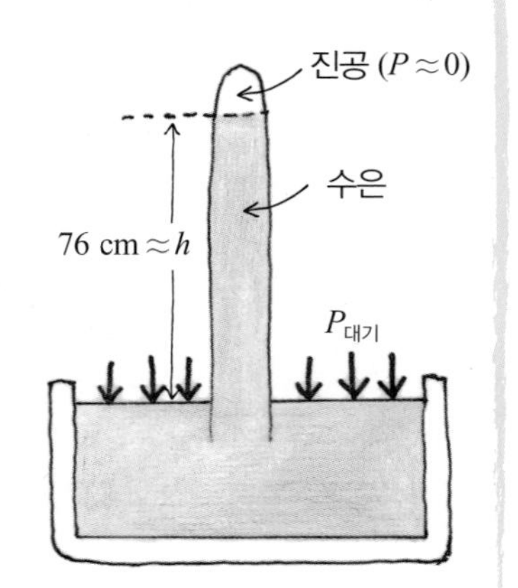

옆의 그림처럼 유리관에 수은을 채운 후 수은이 담긴 그릇 위에 거꾸로 세워 수은주의 높이를 측정하였다. 이때 수은주의 높이 h는 약 760 mm였다.

대기압은 수은주 기둥이 수은 그릇의 표면에 작용하는 압력과 같다. 이때 유리관 속에 생기는 빈 공간은 진공에 가까우므로 수은의 밀도를 $\rho_{수은}$이라 하면 1기압(atm) = $\rho_{수은}gh$이다.

수은밀도 $\rho_{수은} = 13.6 \times 10^3$ kg/m³를 쓰면

$$1\text{기압(atm)} = \rho_{수은}gh = 1.013 \times 10^5 \text{ Pa} = 760 \text{ torr}$$

1기압은 약 10^5 Pa = 10^5 N/m^{2}이므로, 대기압이 면적 1 m^{2}에 작용하는 힘은 놀랍게도 약 10^5 N에 이른다. 즉, 면적 1 m^{2}에 쌓인 대기의 무게는 질량 10톤의 무게에 해당된다.

1654년 마그데브루크에서 게리케(Guericke)는 대기 압력의 존재를 극적인 실험을 통해 보여 주었다. 쇠로 된 두 개의 반구를 붙이고 그 안의 공기를 뽑아낸 후, 말 여덟 마리로 쇠공을 양편에서 잡아당겼으나 반구들을 떼어낼 수 없었다.

토리첼리의 실험에서 수은기둥 대신 물기둥으로 바꾸어 보자.

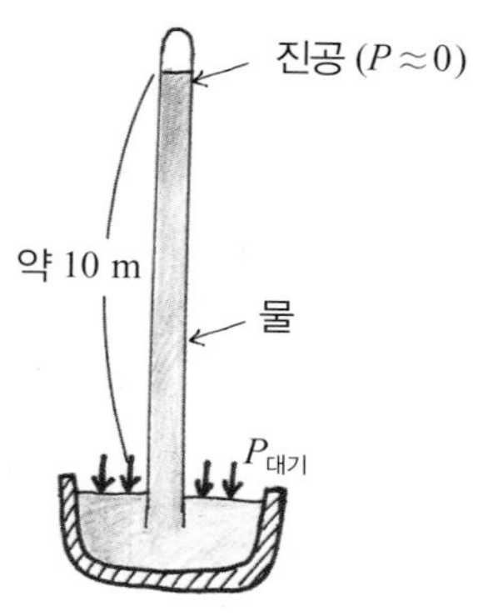

물의 밀도가 1,000 kg/m^{3}이므로, 물기둥의 높이는

$$h = 760 \times \frac{\rho_{수은}}{\rho_{물}} = 10336 \text{ mm} \cong 10 \text{ m}$$

가 된다.

물펌프는 물표면과 밸브 사이에 있는 공간의 공기를 제거하여 진공상태를 만들어 물을 빨아올리는 기계이므로, 아무리 좋은 펌프를 쓰는 양수기일지라도 원리적으로 물을 10 m 높이 이상을 빨아올릴 수 없다. 10 m 이상 높이로 물을 끌어올리면 밀펌프와 같은 다른 방법을 써야 한다.

Section 2 흐르는 유체

정지한 유체는 평형상태를 유지하므로 유체에 작용하는 힘은 압력으로 쉽게 표시할 수 있었다.

그러나 유체가 흐르게 되면 각 점마다 유체의 속도가 바뀌고, 작용하는 압력도 변한다. 이렇게 변화하는 모습은 일반적으로 운동방정식으로부터 구해야 하지만 이 방법은 극히 어렵다. 대신 유체흐름에서 보존되는 양(질량, 에너지)을 이용하여 유체운동을 간단히 다룰 수 있다.

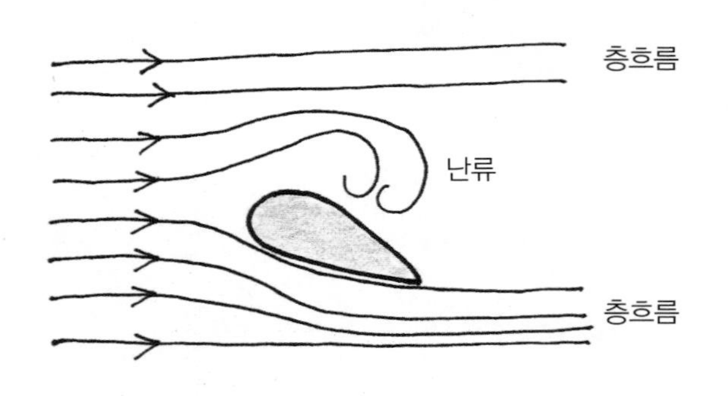

유체의 흐름은 장애물을 만나면 보통 그림처럼 소용돌이를 일으킨다. 이러한 흐름을 난류라고 한다.

이에 비해 소용돌이를 일으키지 않고 잔잔하게 흐르는 유체는 유선형으로 흐른다. 이렇게 흐르는 유체의 흐름을 층흐름 (laminar flow)이라고 한다.

난류는 다루기 어려우므로 층흐름만을 다루자.

층흐름에서는 그림처럼 각 점마다 유체속도의 방향을 따라 유선을 그릴 수 있다. 이 유선은 서로 교차하지 않으며, 유체는 유선을 따라 흐른다. 우리는 유선의 전체모양이 시간에 따라 변하지 않는 정상흐름 (steady flow)만을 다룰 것이다.

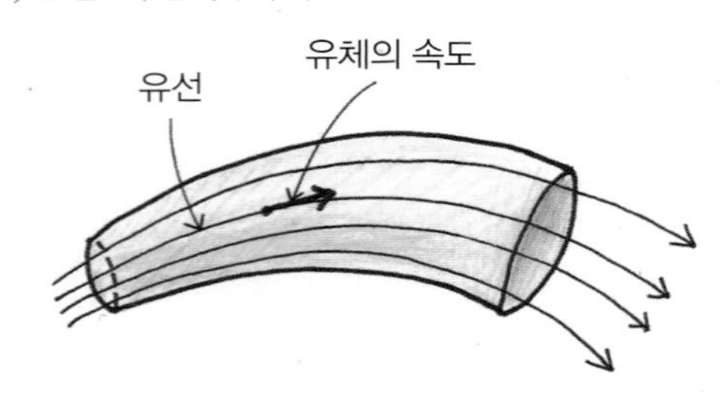

질량의 보존 – 연속방정식

아래 그림처럼 단면적이 달라지는 관의 왼쪽에서 들어온 모든 유체는 오른쪽으로 나간다. 유체의 밀도를 ρ, 유체의 속도를 v, 관의 단면적을 A로 표시하자.

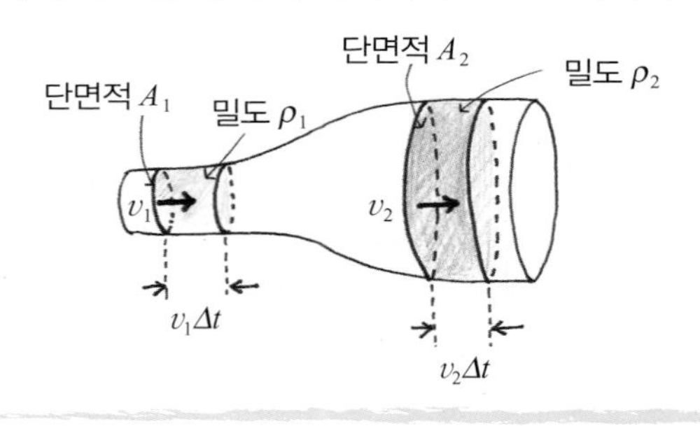

왼쪽에서 단면적 A_1인 관을 통해 속도 v_1으로 Δt 동안 들어오는 유체의 질량은 $\rho_1 A_1 v_1 \Delta t$이고, 같은 시간 동안 단면적 A_2인 관을 통해 속도 v_2로 오른쪽으로 빠져나가는 질량은 $\rho_2 A_2 v_2 \Delta t$이다. 따라서,

$$\rho_1 A_1 v_1 \Delta t = \rho_2 A_2 v_2 \Delta t$$

에서 유체의 연속방정식을 얻는다.

$$\rho_1 A_1 v_1 = \rho_2 A_2 v_2$$

유체가 압축되지 않는다면 밀도가 모든 곳에서 일정하므로 ($\rho_1 = \rho_2$),

$$A_1 v_1 = A_2 v_2 = \text{일정}\text{이다.}$$

즉, 관이 좁은 곳에서는 유속이 더 빠르다.

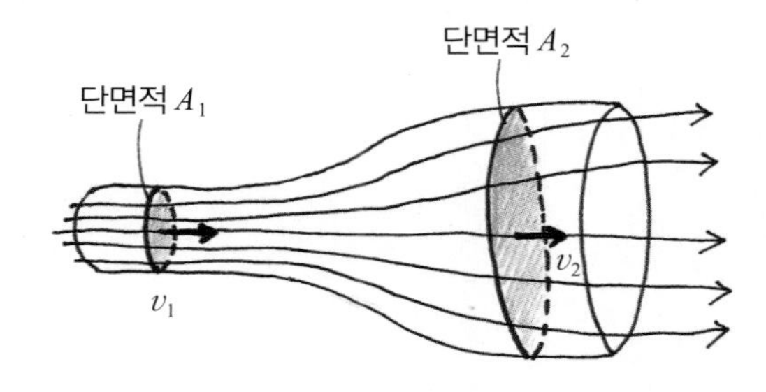

유체가 흐르는 양을 정량적으로 분석하기 위하여 보통 다음과 같은 양을 많이 사용한다. 유체의 다발은 $j=\rho v$로 정의하고 단위면적당, 단위시간당 흐르는 양(질량)을 의미한다. 부피흐름률은 $R_V=Av$이고 단위시간당 흐르는 부피를 나타낸다. 반면에 R_V에 밀도를 곱하면 $R_M=\rho Av$는 단위시간당 흐르는 질량을 나타낸다. 결국 연속방정식은 R_V 또는 R_M이 위치에 관계없이 일정하다는 것을 의미한다.

생각해보기

마당의 수돗물에서 나오는 물을 1분 동안 양동이로 받으니 40 L가 되었다. 수도관의 반지름이 0.6 cm일 경우 부피흐름률, 질량흐름률, 수돗물의 속력, 다발은 얼마나 될까?

1분에 40 L가 흘러나오니 부피흐름률은

$$R_V = 40 \times 10^{-3}/60 = 0.67 \times 10^{-3}\ \mathrm{m^3/s}$$

가 된다.

질량흐름률은

$R_M = \rho R_V = 1.0 \times 10^3 \cdot 0.67 \times 10^{-3} = 0.67$ kg/s 가 된다. 수도관에서 나오는 수돗물의 속력은

$v = R_V/A = 0.67 \times 10^{-3}/\pi(0.6 \times 10^{-2})^2 = 5.92$ m/s

이다. 이를 이용하면 수돗물 다발은

$j = \rho v = 1.0 \times 10^3 \cdot 5.92 = 5.92 \times 10^3$ kg/m²s이다.

이러한 물리량은 명절이나 휴가 때 고속도로를 빠져나가는 차의 수를 분석하는 데에도 유용하게 쓸 수 있다 (연습문제 15번 참고).

생각해보기 **수돗물의 굵기**

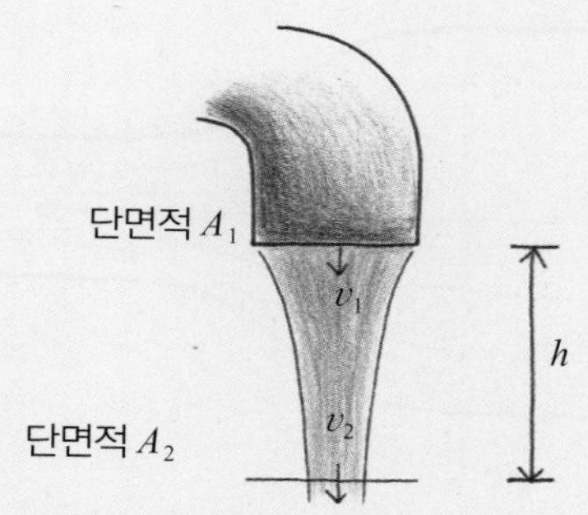

그림과 같이 수돗물이 수도꼭지에서 나오고 있다.

수돗물이 바닥에 떨어질 때는 수도꼭지에서 나오기 직후에 비해 가늘어진다. 이는 아래로 떨어질수록 수돗물의 속력이 커지기 때문이다. 수돗물에 난류는 일어나지 않는다고 가정하고 연속방정식을 이용해 보면 가늘어진 정도를 알 수 있다.

두 위치에서 연속방정식은

$$A_1 v_1 = A_2 v_2$$

가 된다. 수도꼭지에서 나오는 물은 중력 때문에 가속이 되므로 아래쪽의 속력은 역학적 에너지 보존법칙을 쓰면

$$v_2^2 = v_1^2 + 2gh$$

가 된다. 두 위치에서 면적의 비는

$$\frac{A_2}{A_1} = \frac{v_1}{v_2} = \frac{v_1}{\sqrt{v_1^2 + 2gh}} = \frac{1}{\sqrt{1 + 2gh/v_1^2}}$$

가 된다.

두 위치의 높이 차이를 50 cm, 처음속력 v_1을 30 cm/s 라고 가정하면

$$\frac{A_2}{A_1} = \frac{1}{\sqrt{1+2 \cdot 9.8 \cdot 0.5/0.3^2}} = 0.095$$

가 되어 약 10%로 줄어든다.

베르누이 방정식–에너지 보존

다음 그림처럼 관이 넓은 곳에서 좁은 곳으로 유체가 이동하면 유체의 속력이 증가한다. 이때 유체의 압력은 어떻게 변할까?

좁은 관 속으로 유체가 흘러 들어갈 때 유체의 속도가 증가한다는 것은 유체가 가속된다는 것이고, 알짜힘이 유체에 가해진다는 것을 뜻한다. 이 힘은 액체를 미는 압력차이에서 생긴다. 좁은 관 속에서 속력이 증가하므로 넓은 관 속의 압력이 더 높아야 한다. 이 사실은 우리가 보통 직관적으로 느끼는 것과 반대이다.

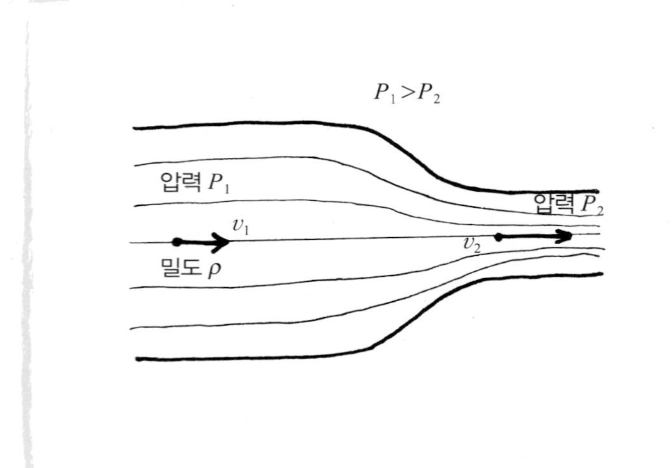

베르누이는 이 사실을

$$P_1 + \frac{1}{2}\rho v_1^2 = P_2 + \frac{1}{2}\rho v_2^2$$

으로 정리하였다. 유체의 속력은 관의 높이에 따라서도 영향을 받는다. 유체가 밑으로 내려가면 중력 때문에 속력이 증가하고 올라가면 감소한다. 이와 같이 유체의 압력과 속력, 높이까지 포함해서 쓰면 아래와 같이 쓸 수 있다.

$$P_1 + \rho g h_1 + \frac{1}{2}\rho v_1^2 = P_2 + \rho g h_2 + \frac{1}{2}\rho v_2^2$$

이것을 베르누이 방정식이라고 한다.

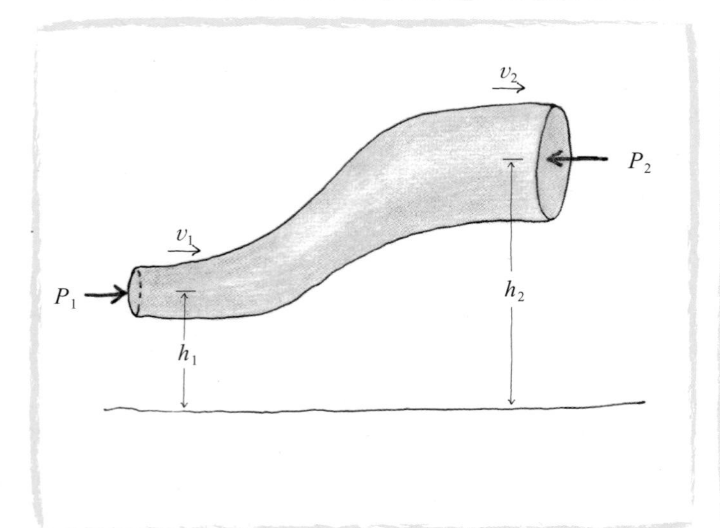

베르누이 방정식은 아래와 같이 유체의 역학적 에너지가 보존되는 것으로 이해할 수 있다.

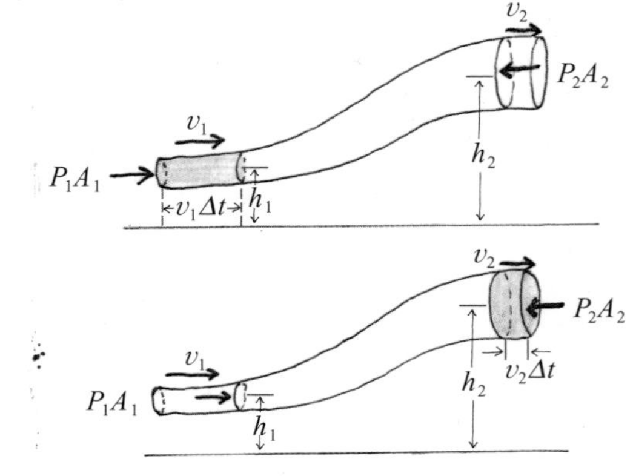

유체의 압력이 그림처럼 왼쪽에 있을 때 P_1, 오른쪽에 있을 때 P_2이다. 외부에서 유체에 이 압력을 작용하여 일을 하면 유체의 에너지를 증가시킨다. 외부에서 오른쪽으로 압력 P_1으로 밀어 유체를 $v_1\Delta t$만큼 이동 시킬 때 해주는 일은

$$F_1(v_1\Delta t) = (P_1A_1)(v_1\Delta t)$$

이고, 왼쪽에서 압력 P_2에 대항하여 $v_2\Delta t$만큼 이동될 때 유체로부터 받은 일은

$$F_2(v_2\Delta t) = (P_2A_2)(v_2\Delta t)$$ 이다.

따라서, 외력이 한 총 일은 두 일의 차이로 표시된다.

$$\Delta W = (P_1A_1)(v_1\Delta t) - (P_2A_2)(v_2\Delta t)$$

이때 두 지점에서 이동한 유체의 양은 연속방정식에 의하여 보존되므로

$$A_1v_1\Delta t = A_2v_2\Delta t = \Delta V$$

를 만족한다. 따라서, 총 일은

$$\Delta W = (P_1 - P_2)\Delta V$$ 이다.

한편, 유체는 외부에서 해준 일만큼 운동에너지와 중력 위치에너지가 증가한다(일-에너지 정리).

$$\Delta W = \Delta K + \Delta U$$

유체가 이동한 부피 ΔV 속에 든 유체의 질량 $m = \rho\Delta V$가 얻는 운동에너지 증가량은

$$\Delta K = \frac{1}{2}m(v_2^2 - v_1^2)$$

이고, 위치에너지 증가량은

$$\Delta U = mg(h_2 - h_1)$$ 이다.

따라서, $\Delta W = \Delta K + \Delta U$를 쓰면

$$(P_1 - P_2)\Delta V = \frac{1}{2}m(v_2^2 - v_1^2) + mg(h_2 - h_1)$$

이고, $m = \rho\Delta V$이므로, 양변에서 ΔV를 소거하면

$$P_1 - P_2 = \frac{1}{2}\rho(v_2^2 - v_1^2) + \rho g(h_2 - h_1)$$

이 된다. 이것이 베르누이 방정식이다.

$$P_1 + \frac{1}{2}\rho v_1^2 + \rho gh_1 = P_2 + \frac{1}{2}\rho v_2^2 + \rho gh_2$$

생각해보기 **소양강댐**

강원도 춘천시에 있는 소양강댐은 북한강 유역의 최대 다목적댐이다. 댐의 유역면적은 2,703 km²이고 높이는 123 m에 이른다. 만일 소양강댐이 만수상태에 있을 경우, 댐의 맨 밑에 있는 수평 수로를 통하여 나오는 물줄기의 속력은 얼마나 될까?

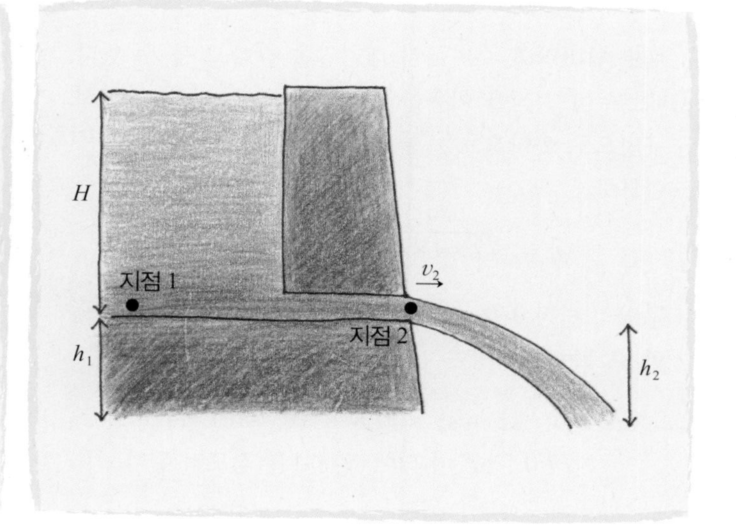

댐의 안과 밖의 두 지점에서 베르누이의 정리를 이용하자. 그림처럼, 댐 안쪽 바닥의 지점 1과 댐에서 바로 나온 물줄기의 한 지점 2에서,

$$P_1 + \rho g h_1 + \frac{1}{2}\rho v_1^2 = P_2 + \rho g h_2 + \frac{1}{2}\rho v_2^2$$

가 성립한다. 수로가 수평으로 나 있기 때문에 물의 높이가 같다($h_1 = h_2$). 댐 안에서 물은 정지해 있다고 볼 수 있고($v_1 = 0$) 양쪽의 수위에 따른 압력차이로 물이 흘러나오므로

$$v_2^2 = 2(P_1 - P_2)/\rho$$

를 얻을 수 있다.

댐 안과 밖의 대기압은 거의 같기 때문에 수위의 차이가 압력을 차이를 준다. 높이차가 H인 경우 압력 차이는 $P_1 - P_2 = \rho g H$이므로

$$v_2 = \sqrt{2gH} = \sqrt{2 \cdot 9.8 \cdot 123}$$
$$= 49.1 \text{ m/s} = 178 \text{ km/h}$$

의 속력으로 뿜어져 나온다.

생각해보기 **구멍난 보트**

보트가 물속의 암초와 충돌하여 수면 깊이 50 cm 밑 선체 바닥에 지름 1 cm의 구멍이 났다. 구멍을 찾아 막는 데 7분이 걸렸다면, 이 시간 동안 보트 안으로는 얼마나 물이 들어올까?

보트 밑바닥과 수면에서 대기압을 같다고 볼 수 있다. 베르누이 정리를 이용하면, $\rho g h = \rho v^2/2$ 이다. 따라서, 구멍으로 솟아오르는 물의 속력은 $v = \sqrt{2gh}$ 가 될 것이므로,

$$v = \sqrt{2 \times 9.8 \times 0.5} = 3.1 \text{ m/s}$$ 이다.

구멍의 면적 0.78 cm² = 7.8×10^{-5} m²을 통해 7분 동안 흐르는 물의 양은

$$vAt = (3.1 \text{ m/s}) \times (7.8 \times 10^{-5} \text{ m}^2) \times (420 \text{ s})$$
$$= 0.1 \text{ m}^3$$ 이 되어, 약 0.1톤 정도가 된다.

벤추리관

벤추리관은 유체의 압력을 이용하여 유체의 속력을 측정하는 기기이다. 다음 쪽 그림처럼 단면적이 작은 곳의 유속이 넓은 곳의 유속보다 더 크므로, 그 곳의 압력이 더 낮고, 따라서 유체기둥의 높이가 더 낮다.

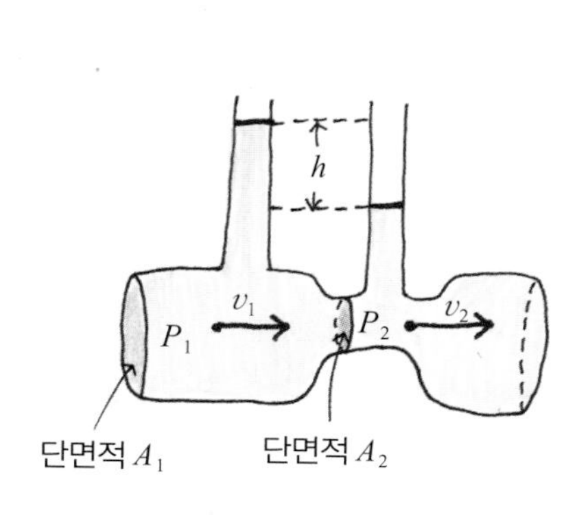

관의 단면적이 넓은 곳과 좁은 곳의 유체기둥의 높이 차 h로부터 두 지점의 압력의 차이는

$$P_1 - P_2 = \rho g h$$

임을 알 수 있다. 연속방정식 $A_1 v_1 = A_2 v_2$와 베르누이 방정식

$$P_1 + \frac{1}{2}\rho v_1^2 = P_2 + \frac{1}{2}\rho v_2^2$$

에서 v_2를 소거하면, 넓은 관의 유속은

$$v_1 = \sqrt{\frac{2hg}{(A_1/A_2)^2 - 1}}$$

가 된다.

비행기의 양력

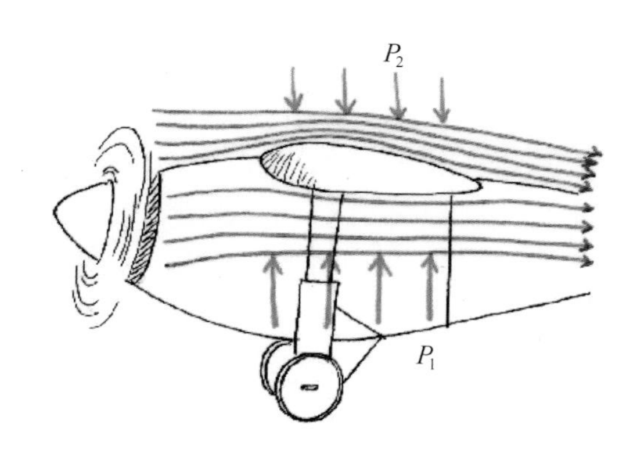

비행기의 날개는 윗면이 구부러진 유선형으로 되어 있어, 공기의 유선이 연속적이 되려면 위쪽에 유선이 밀집되고 윗면을 지나는 공기는 밑면을 지나가는 공기보다 더 빨리 흐른다.

이 속도차로 인해 날개 윗면의 압력이 낮고, 따라서 양력(물체를 위로 띄우는 힘)이 생긴다. 베르누이 방정식

$$P_1 + \frac{1}{2}\rho v_1^2 = P_2 + \frac{1}{2}\rho v_2^2$$

에서 양력은 비행기의 날개 수평면적을 A라고 하면

$$F = A(P_1 - P_2) = \frac{1}{2}\rho A(v_2^2 - v_1^2)$$ 이다.

Section 3 점성과 유체

지금까지는 유선모양으로 흐르는 유체의 흐름만을 다루었다.

이러한 유체의 흐름은 이상화된 것으로서 실제적인 유체에서는 점성이 중요한 역할을 한다.

점성과 난류는 유체의 성질을 어떻게 변화시킬까?

점성

유체의 점성은 유체 내부에서 유체끼리 마찰의 결과로서 나타난다. 점성은 유체의 흐름을 방해한다. 물에 비해 꿀이 잘 흐르지 않는 것은 꿀의 점성이 더 크기 때문이다.

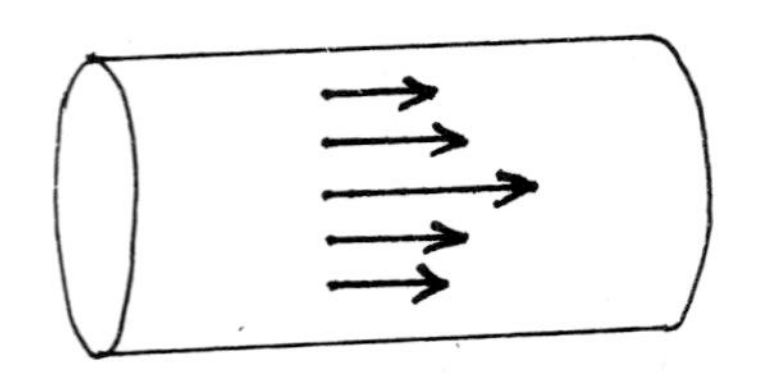

유체는 점성 때문에 접촉한 고체의 표면에 달라붙는다. 유체 속에서 운동하는 고체의 표면에는 고체에 대해 거의 정지한 얇은 유체의 막이 생긴다.

이 때문에 파이프를 흐르는 유체, 혈관을 흐르는 피, 엔진의 윤활작용 등 실제적인 유체의 운동에서 점성이 매우 중요하다. 물도 점성이 있기 때문에 노를 저어 배를 진행시킬 수 있고, 또한 노를 젓는 데도 힘이 들게 된다.

정지한 유체 위에 판을 놓고 v라는 속도로 밀어 보자.

유체의 점성이 없다면 판은 유체 위에서 힘을 받지 않고 속도 v로 계속 미끄러져 갈 것이며, 유체는 정지상태에 놓여 있을 것이다.

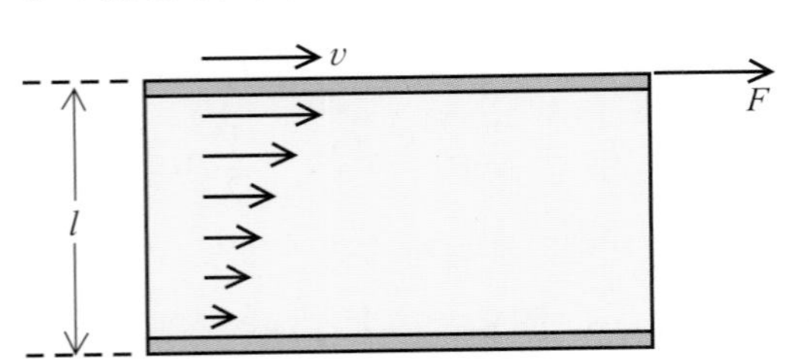

그러나 유체에 점성이 있으면, 유체가 판을 끌어당기므로, 판이 속도 v로 계속 움직이려면 외부에서 힘을 가해야 한다.

이때 유체도 따라 움직인다. 정지한 판과 운동하는 판 사이에 놓인 점성이 있는 유체는 그림처럼 윗판 부근에서는 거의 같은 속도 v로 움직이지만 아래로 갈수록 점점 줄어들어 아래판 부근에서는 거의 정지해 있다.

정지한 유체에서는 수직력만이 존재하였지만, 점성이 있는 유체에서는 유체가 흐르는 방향으로도 밀리는 힘(층밀리기힘)이 존재한다. 이 층밀리기힘 때문에 점성이 있는 유체는 점성이 없는 유체에 비해 층흐름의 변형이 생긴다. 점성이 큰 유체일수록 변형도 커진다.

두께 l이고 판의 면적이 A인 점성유체가 속도 v로 흐를 때 유체에 작용하는 층밀리기힘 F는

$$F = \eta A \frac{v}{l}$$

로 알려져 있다. 이때의 계수 η를 점성계수라고 한다.

점성계수

액체	온도(°C)	점성계수(10^{-3}Pa · s)
물	0	1.8
	20	1.0
혈액	37	0.3
에틸알코올	20	1.2
엔진 오일(SAE10)	30	200
글리세린	20	1500
공기	20	0.018
수증기	100	0.013

생각해보기 **커브 볼**

투수가 야구공을 던질 때 공에 스핀을 주면 공은 타자 위치에서 커브를 그리며 타자를 현혹시킨다. 어떻게 이런 일이 일어나는 것일까?

회전없이 왼쪽으로 날아가는 야구공을 보자. 야구공이 보면 공기는 그림처럼 오른쪽으로 흘러간다.

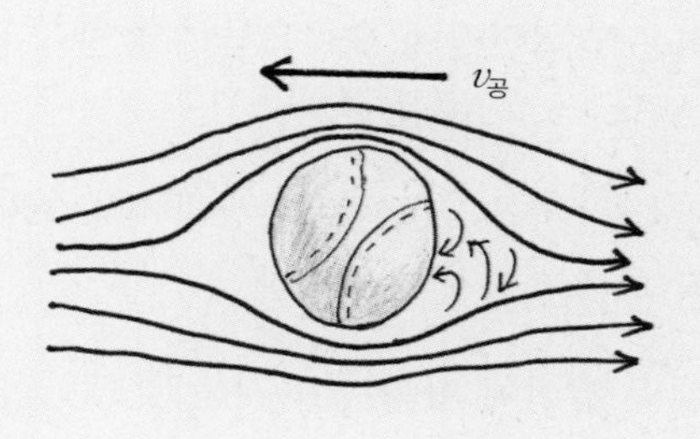

그림처럼 공에 시계 방향으로 스핀을 주어 던지면 어떻게 변할까?

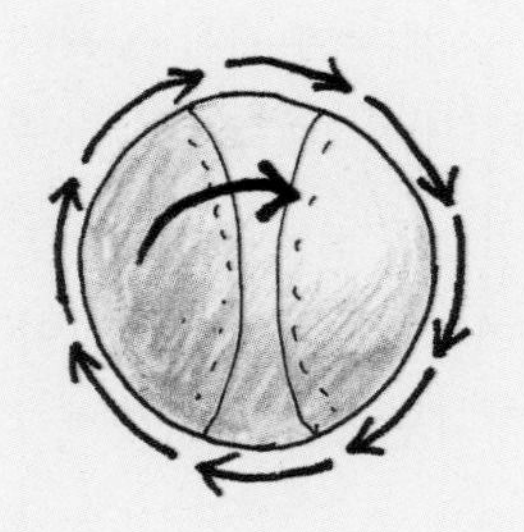

공기의 점성 때문에 공의 표면 근처의 공기층이 공의 회전 방향을 따라 움직이므로 그림처럼 위쪽 표면에서의 공기 속력이 더 빠르게 된다. 따라서, 위쪽 압력이 낮아지므로 공은 위로 뜬다.

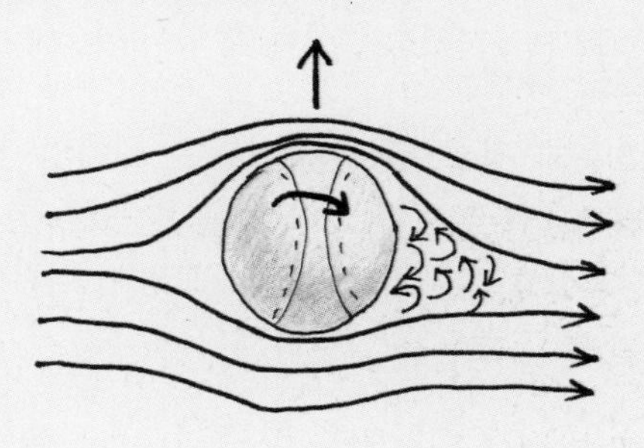

생각해보기 **포아즈이유의 법칙**

만일 유체의 점성이 η, 유체가 흐르는 관의 반지름과 길이가 각각 R과 L일 경우 유체의 부피흐름률 R_V는

$$R_V = \frac{\pi R^4(P_2-P_1)}{8\eta L}$$

와 같이 계산된다. 여기에서 P_1과 P_2는 관의 양끝의 압력이다.

이 공식을 유도하기는 아주 어려우나 그 의미를 살펴보는 것은 어렵지 않다. 점성이 있는 유체의 부피흐름률은 당연히 관의 양끝의 압력 차이 P_2-P_1에 비례할 것이고, 길이에 반비례하고 저항에 해당하는 점성에 반비례할 것이다. 더욱더 극적인 것은 물리량의 차원이 일치하려면 R^4에 비례해야 한다는 것이다. 이는 관의 반지름이 두 배로 크면 흘려보낼 수 있는 양은 16배나 증가한다. 이는 송유관을 설계하는 데 아주 중요한 역할을 한다.

단원요약

1. 유체의 평형과 압력

① 압력은 단위면적에 수직으로 작용하는 힘이다. 단위는 Pa $=$ N/m^{2}를 쓴다.

② 파스칼의 원리 : 정적 평형상태에서 유체의 압력은 모든 점에서 항상 동일하다.

③ 유체의 깊이에 따라 달라지는 압력 : 유체 윗표면에서 압력이 P_0이면, 유체의 무게 때문에, 깊이 h에서의 압력 P는 $P = P_0 + \rho gh$로 커진다. 여기에서 ρ는 유체의 밀도이다.

④ 아르키메데스의 원리(부력): 깊이에 따라 압력이 달라지므로 부력이 생긴다. 부력의 크기는 유체에 잠긴 부분에 들어 있는 유체의 무게와 같다.

2. 흐르는 유체

① 층흐름과 정상흐름 : 층흐름은 유체의 속도방향을 따라 그리는 유선으로 묘사할 수 있는 흐름을 말한다. 정상흐름은 유선의 전체 모양이 시간에 따라 변하지 않는 흐름을 말한다.

② 연속 방정식 : 유체의 밀도를 ρ, 속도를 v, 관의 단면적을 A로 표시하면, 흐름의 어느 곳에서나 항상 $\rho Av =$ 일정이다. 이는 정상흐름에서 흐르는 유체의 질량이 보존됨을 의미한다. 비압축성 유체($\rho =$ 일정)의 경우, 부피흐름률 $R_V = Av =$ 일정이다.

③ 베르누이 방정식 : 밀도 ρ인 유체의 정상흐름에서, 유체의 높이를 h, 속도를 v, 압력을 P로 표시하면, 유선을 따라 흐름의 어느 곳에서나 다음 방정식이 항상 성립한다.

$$P + \rho gh + \frac{1}{2}\rho v^2 = \text{일정}$$

정지한 유체의 경우에는($v = 0$), 이 식은 1절에서 살펴본 바와 같이 깊이에 따른 압력의 변화를 나타낸다. 유체가 수평한 곳을 흐르는 경우에는($h = 0$), 이 식은 좁은 관을 흐르는 유체의 압력이 작음을 말해주며, 유속을 측정하는 벤추리관의 원리를 제공한다.

3. 점성과 유체

① 실제 유체는 유체 내부에서 유체끼리 마찰의 결과로 점성을 나타내고, 이는 유체의 흐름을 방해한다.

② 점성계수 : 점성이 있는 유체에서는 유체가 흐르는 방향으로 밀리는 힘(층밀리기힘)이 존재한다. 두께 l이고, 단면적 A인 점성유체가 속도 v로 흐를 때 유체에 작용하는 층밀리기힘 F는 $F = \eta A \dfrac{v}{l}$로 주어지고, 계수 η를 점성계수라 한다.

③ 포아즈이유의 법칙 : 점성계수 η인 유체가 흐르는 관의 반지름과 길이가 각각 R과 L일 경우, 유체의 부피흐름률 R_V는 관의 양끝의 압력차 ΔP에 비례하며, $R_V = \dfrac{\pi R^4 \Delta P}{8\eta L}$로 주어진다.

연습문제

1. 몸무게가 60 kg인 사람이 길이가 1.4 m이고 폭이 12 cm인 스키를 타고 있다. 스키 바닥에 작용하는 압력은 얼마일까?

2. 지상에서 11 km 올라가면 기압은 대체로 1/4로 감소한다. 이 높이에서 운항하는 비행기의 창문에는 얼마의 힘이 작용할까? 비행기의 실내는 대기압으로 유지하고 창문의 크기는 20 cm × 30 cm라고 가정한다.

3. 유압 피스톤으로 중량 1.5톤인 차를 들어 올리려고 한다. 넓은 피스톤의 반지름은 63.0 cm이고 좁은 피스톤의 반지름은 20.0 cm이다. 좁은 피스톤에 적어도 얼마의 힘을 가해야 할까?

4. 지름 0.4 m, 길이 2 m인 쇠 원통이 완전히 물에 잠겨있다. 원통이 받는 부력은 얼마인가?

5. 밀도가 7,870 kg/m^{3}인 쇠 닻이 물속에 잠겨 있는데 200 N의 중량으로 보인다.
(1) 닻의 부피는 얼마일까?
(2) 공기 중에서 닻의 무게는 얼마일까?

6. 순금으로 보이는 팔찌의 무게를 달아 보았더니 50 g이었다. 이 팔지를 물속에 넣고 달았을 때 47 g이었다. 이 팔찌는 순금으로 만들어져 있을까? (순금의 밀도는 19.3 × 10^3 kg/m^{3}이다.)

7. 거의 완전한 공룡 화석을 발견하면 화석 뼈의 크기를 토대로 만든 플라스틱 모형을 이용하여 실제 공룡의 질량과 부피를 추정할 수 있다. 모형의 축적은 실제 길이의 1/20이어서 모형의 길이는 실제 길이의 1/20이고 면적은 (1/20)^2, 부피는 실제 부피의 (1/20)^{3}이다. 먼저 양팔저울의 한 쪽 팔에 모형을 달고 평형이 되도록 반대쪽 팔에 추를 올려 놓는다. 그 다음에 그림처럼 모형을 물에 완전히 담그고 다시 평형이 되도록 필요한 만큼의 추를 제거한다. 티라노사우루스 모형인 경우에는 638 g의 추를 제거해야 했다. 공룡의 밀도가 물의 밀도와 거의 같다면 실제 공룡의 질량은 얼마일까?

1. 무게와 압력과의 관계를 이용하자.

2. 비행기 내부와 외부의 압력 차이를 이용하자.

6. 아르키메데스 원리를 이용하자.

7. 부력을 이용하자.

8. 갈릴레이 온도계에서 액체로 에탄올을 사용한다고 하자. 30 °C근처에서 에탄올 질량의 변화는 0.00085 g/cm³ K이다. 온도의 간격을 2 °C로 만들려고 한다. 구에 들어있는 구의 부피를 온도판을 포함하여 15 cm³라고 하면, 각 구의 질량차이를 얼마로 하여야 할까?

9. 부피가 3 m × 4 m × 5 m인 방 안에 들어 있는 20 °C, 1기압인 공기의 질량은 얼마일까? 이때 방바닥이 이 공기 때문에 받는 힘은 얼마일까? (20 °C, 1기압에서 공기밀도는 1.21 kg/m³이다.)

10. 해수면에서 공기의 밀도는 1.2 kg/m³이다. 대기 중에서 공기의 밀도가 균일하다고 하면 1기압이 되기 위해서는 공기층의 두께가 얼마가 되어야 할까? 이 결과를 실제 대기권의 두께와 비교해 보라.

***11.** 마그데부르크에서 게리케가 행한 실험에서 반구에 작용하는 힘을 계산해 보자.

(1) 구 안과 밖의 압력차이가 Δp이고 반지름이 R인 경우 구를 잡아당기기 위해 필요한 힘은 $F=\pi R^2 \Delta p$임을 보여라. 단 구의 두께는 무시한다.

(2) R=25 cm이고 $\Delta p=1$ 기압인 경우 위의 힘을 계산하라.

11. 압력은 구표면에 수직으로 작용한다. 힘을 구하려면 구좌표를 이용하여 면적적분을 해야 한다.

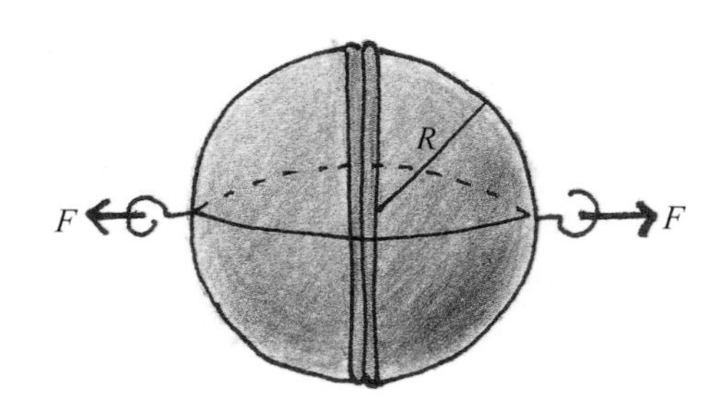

12. 밀도가 ρ이고, 밑면적이 A, 높이가 h인 원기둥 형태의 균일한 나무토막이, 그림과 같이 밀도가 ρ_ω인 물 위에 떠 있다. 중력가속도는 g이다.

(1) 이 나무토막의 평형 위치를 구하라. 즉, 물에 떠서 평형을 이룰 때 물에 잠긴 부분의 길이 l을 ρ, ρ_ω, h, g, A 등으로 표시하라.

(2) 이 나무토막을 평형위치로부터, 약간 물속으로 밀어 넣은 후에 살짝 놓으면 단진동 운동을 함을 보여라. 즉, 평형위치로부터 나무토막의 변위가 x일 때, 나무토막의 운동방정식을 쓰고, 이로부터 단진동 운동의 진동수를 구하라.

12. 아르키메데스의 원리를 이용하자.

13. 그림과 같은 수족관 유리창에 작용하는, 수압에 의한 총힘을 구하라. 창은 한 변의 길이가 2 m인 정사각형이다.

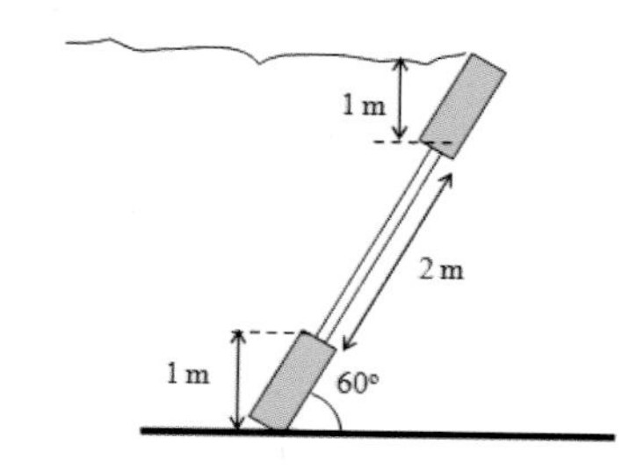

14. 2,000리터의 소방차 물탱크에 지름 10 cm인 수도꼭지로 물을 채우는 데 10분이 걸렸다면 수도꼭지에서 나오는 물의 속력은 얼마일까?

> **14.** 유체의 질량이 보존된다.

15. 서울 근처의 경부고속도로는 편도 4차선이다. 자동차의 평균속력은 100 km/h이고 차간 거리는 100 m이다. 단위차선당, 단위시간당 지나가는 차의 수는 얼마일까? 그리고 톨게이트 근처에서 평균속력이 10 km/h로 떨어지고 차간 거리를 20 m로 유지할 경우 단위차선당, 단위시간당 지나가는 차의 수를 일정하게 하기 위하여는 톨게이트의 수를 얼마나 늘려야 하는가?

16. 쏟아지는 빗속에서 짧은 거리를 갈 때 뛰어가는 것과 천천히 가는 것 중에서 어느 경우에 비를 덜 맞을까?

> **16.** 빗속을 가는 동안 몸의 옆부분으로 맞는 비의 양과 윗부분으로 맞는 비의 양을 구해 보자.

17. 피를 뇌에 공급하는 동맥의 부피흐름률은 3.6×10^{-6} m^3/s이다.
(1) 동맥의 반지름이 5.0 mm라고 할 때 혈액의 평균속력을 구하라.
(2) 하루 동안 뇌에 공급되는 혈액의 양은 모두 얼마일까?

18. 10 m 수심에서 잠수부가 호흡을 멈춘 상태로 수면으로 올라온다면 폐는 어떻게 될까?

> **18.** 압력차가 부피를 결정한다. II-1장 1절에 나오는 이상기체 상태방정식 참조.

19. 사람의 동맥의 평균혈압은 심장 높이에서 평균 100 torr이다(1 torr = 133 Pa). 서 있는 사람의 머리는 심장보다 40 cm 위에 있고 발은 120 cm 아래에 있다. 머리와 발에서의 혈압차이가 125 torr 정도 되는 것을 밝혀라(혈액의 밀도는 1.06×10^3 kg/m^{3}이다). 이 때문에 누워 있다가 갑자기 일어서면 현기증을 느낀다.

> **19.** 높이차에 따른 압력차를 구해 보자.

20. 고속도로에서 고속버스 옆으로 가까이 지나가는 소형차는 버스 쪽으로 빨려 들어가는 느낌을 받는다. 그 이유는 무엇일까?

> **20.** 유체의 속력과 압력과의 관계를 이용하자.

21. 동맥류(또는 정맥류)는 혈관이 비정상적으로 확장되는 질병이다. 만일 동맥류 때문에 혈관의 면적 A_1이 $A_2 = 1.6A_1$로 증가했다고 생각해 보자. 동맥 속에서 혈액의 밀도는 1,060 kg/m^{3}이고 속력은 0.45 m/s라고 하면 확장된 혈관에서는 정상적인 혈관에 비해 얼마나 압력이 증가할까?

22. 지붕 위로 속력이 25 m/s인 강풍이 불고 있다. 면적이 200 m^{2}인 지붕이 위로 들려지는 힘은 얼마인가? (20 ℃, 1기압에서의 공기밀도는 1.21 kg/m^{3}이다.)

23. 어떤 비행기가 양력을 얻기 위해서 날개의 유효면적이 16 m^{2}가 되어야 한다. 이 비행기가 이륙하는 순간에 날개 위쪽의 공기의 속력은 62.0 m/s인 반면에 아래쪽은 54.0 m/s가 된다. 비행기의 무게는 얼마일까?

24. 난방을 하기 위해 1층에 있는 펌프로 온수를 공급한다. 이때 압력이 3기압이고, 파이프의 지름이 4 cm이며, 온수의 속력이 0.5 m/s이다. 높이 6 m에 배관된 지름 2.5 cm의 파이프 속에서 온수의 속력과 압력은 얼마일까?

24. 높은 파이프에서 대기압을 고려하자.

25. 그림과 같이, 큰 통에 물이 높이 h로 담겨 있고, 통의 바닥은 연직방향인 가는 관에 이어져서 수평으로 놓인 배출구와 연결되어 있다. 배출구 A의 단면적은 관 바닥의 연결관 B의 단면적의 반이다. 큰 통에 담긴 유체의 표면은 매우 커서 물의 높이는 매우 천천히 낮아진다고 가정하자. 물을 이상적인 유체로 가정하고, 중력가속도는 g이다.

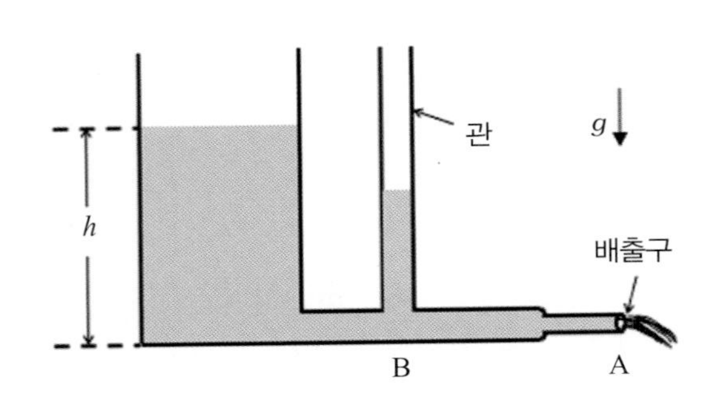

(1) A와 B 지점에서 물의 속력을 각각 구하라.
(2) 관에서 물의 높이를 구하라.

26. 다음과 같은 간단한 음수대를 생각하자. 연직 방향으로 $h = 1.3$ m 길이의 직선형 관을 통해 물을 공급한다. 관의 지름은 바닥에서는 1.2 cm이고 점점 가늘어져서, 관의 맨 위쪽 노즐부분에서는 0.6 cm이다. 노즐에서 나온 물줄기의 최고 높이를 30 cm로 하려면, 관의 바닥에서 물의 압력 P을 얼마로 해줘야 할까? 대기압은 $P_0 = 10^5$ Pa이고, 물을 이상적인 유체로 가정하자.

26. 유체의 연속방정식과 베르누이 방정식을 이용하자.

27. 단면적 $A = 0.8\ \text{m}^2$인 탱크에 물이 가득 차 있고, 물의 표면 위에 질량 $m = 100\ \text{kg}$인 피스톤이 딱 맞게 얹혀 있다. 물 표면에서 깊이 $h = 0.6\ \text{m}$인 곳에 지름 2 cm인 원형 구멍을 뚫는 순간, 이 구멍을 통해 흘러나오는 물의 부피흐름률은 얼마일까?

28. 수혈을 위해 혈액이 든 병에 고무관을 꽂아 연직방향으로 높이 들고, 수평으로 뻗은 팔뚝의 혈관에 주사바늘로 연결한다. 혈액병의 혈액의 최고점에서, 수평하게 주사바늘과 연결된 고무관까지의 연직거리를 h라고 하자. 주사바늘은 팔뚝에 수평으로 꽂혀있는 가는 원통형관으로 볼 수 있고, 그 내부 반지름은 $R = 0.4\ \text{mm}$, 길이는 $L = 25\ \text{mm}$이다.

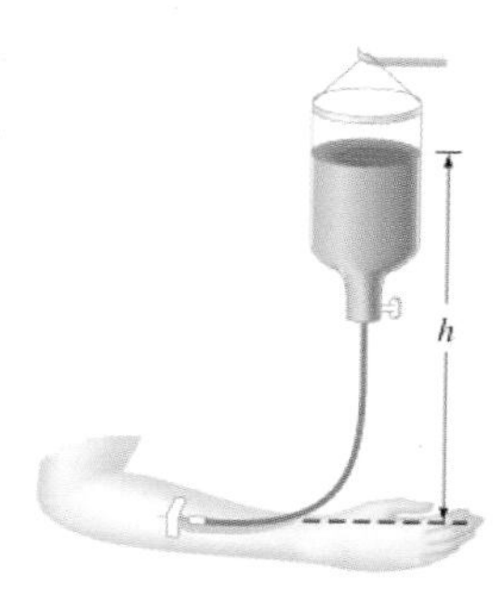

혈액의 밀도는 $\rho = 1.05 \times 10^3\ \text{kg/m}^3$이고, 점성계수는 $\eta = 4 \times 10^{-3}\ \text{Pa} \cdot \text{s}$이다. 주사바늘을 흐르는 혈액의 부피흐름률이 $R_V = 2.0\ \text{cm}^3/\text{min}$가 되게 하려면, h의 값은 얼마나 되어야 할까? 혈압은 대기압보다 78 torr만큼 더 크다고 가정하라.

28. 포아즈이유의 법칙을 이용하여 주사바늘(원통형관) 양끝의 압력 차이를 알 수 있다.

***29.** 사이펀은 정지한 유체를 한 그릇에서 다른 그릇으로 옮기는 데 쓴다. 약간 높게 놓여 있는 유체그릇에 튜브의 한쪽 끝을 담근 후 유체를 튜브 속에 가득 채운다. 아래에 있는 다른 그릇에 이 튜브의 다른 끝을 넣으면 유체가 저절로 그릇의 담을 넘어 흘러 들어간다. 이 사이펀의 원리는 무엇인가? 유체가 넘어갈 수 있는 담의 최대높이는 얼마나 될까?

***30.** 혈관이 길이가 10 cm이고 반지름이 1.5 mm이다. 점성 $\eta = 4 \times 10^{-3}\ \text{Pa} \cdot \text{s}$인 혈액이 $1.0 \times 10^{-7}\ \text{m}^3/\text{s}$의 흐름률로 흐르게 하려면 혈관 양끝의 압력차를 얼마로 유지하여야 할까?

***31.** 어떤 물체가 유체 안에서 움직일 때 유체는 저항을 가한다. 물체가 반지름이 작고 천천히 움직일 때 받는 저항은 $F=6\pi\eta Rv$로 계산된다(Stokes 법칙). 만일 반지름이 1 cm인 공이 4 m/s로 20 ℃인 물에서 움직일 경우 공이 받는 저항력은 얼마일까?

32. 대기 중에서 고도가 높아질수록 기압이 떨어진다. 만일 온도가 변하지 않는다고 가정하면 $P = P_0 e^{-h/H_0}$가 됨을 보여라. 여기서 P_0는 지표면에서 압력이고 $H_0 = RT/M_0 g$ 인데, R, T, M_0, g는 각각 기체상수, 대기의 온도, 대기의 평균 분자량, 중력가속도이다. $T = 300\text{ K}$ 에서, 실제 수치를 대입하여 H_0를 계산하고 대류권의 두께와 비교해 보아라.

33. 최근에 탄소를 배출하지 않는 발전으로 풍력발전이 많은 주목을 받고 있다. 바람개비 형 풍력발전기에서 날개가 휩쓸고 지나가는 면적을 A라고 하면 발전용량은 $P = \frac{1}{2}\rho A v^3$ 임을 보여라. 여기서 ρ, v는 공기의 밀도와 속력이다.

34. 높이 H인 댐에서 방류량(부피흐름률)이 Q일 때 발전용량이 $P = \rho Q g H$ 임을 보여라. 여기서 ρ는 물의 밀도이다. 참고로 베네주엘라의 구리댐, 중국의 싼샤댐의 최대 발전용량은 각각 10, 22.5 GW이다.

32. 공기의 밀도 계산에는 이상기체의 상태방정식 $PV = nRT$를 이용한다.

PART III

열물리학

Chapter 1 온도와 열

도자기는 굽는 온도에 따라 토기, 도기, 석기, 자기로 구분된다. 신석기시대에 만들어진 토기는 700 ℃ 정도 이상에서 구워졌으나, 철기시대에 이르러 만들어진 도기는 1,000 ℃ 이상, 삼국시대의 석기는 1,200 ℃ 이상에서 만들어졌고, 고려시대의 자기는 1,300 ℃ 이상의 가마에서 구워졌다.

온도란 차갑고 뜨거운 정도를 나타낸다. 별 내부의 온도는 수천만 도에 달한다.
그렇다면 가장 차가운 물체의 온도는 얼마나 될까?
온도는 무한히 내려갈 수 있을까?

온도와 열평형

날씨가 덥고 춥다는 것을 기온이 올라가고 내려간다는 말로 표현한다. 감각적으로 느끼는 덥고 추운 정도를 온도로 나타내는 것이다.

온도를 어떻게 정의할까? 온도를 측정하는 온도계는 어떤 원리를 사용하는가?

온도는 우리가 앞에서 배운 물체의 운동과 어떤 관계가 있을까?

온도계와 눈금

수은 온도계나 알코올 온도계는 주위에서 많이 쓰는 온도계이다. 이 온도계는 더우면 물질이 팽창하고, 추우면 수축하는 것을 이용한다.

1기압에서 물이 얼 때의 온도를 0 ℃로 정의하고, 물이 끓을 때의 온도를 100 ℃로 정의한 후, 온도계의 유리관 기둥의 간격을 등분하여 온도계의 눈금으로 사용한다.

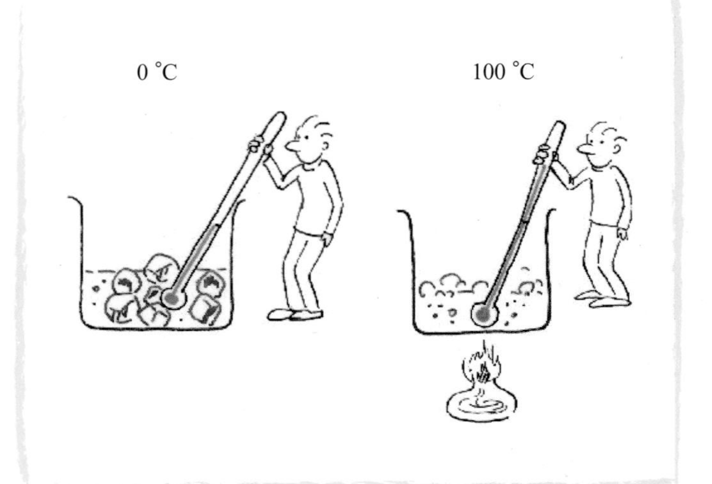

이제 액체 대신 기체를 이용해 보자. 아래 그림처럼 압력을 일정하게 하고 기체의 온도를 내려보자.

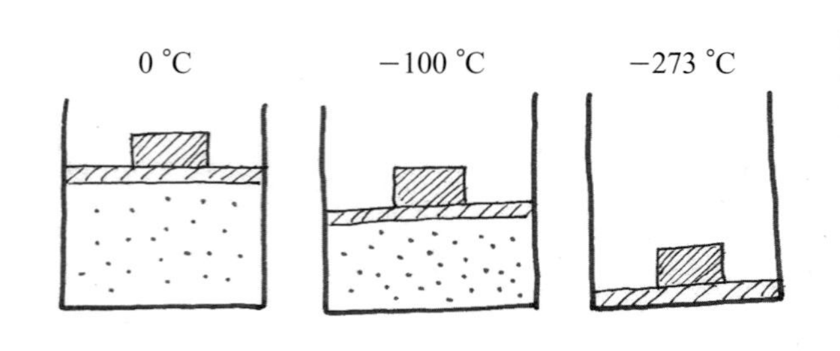

18세기에 샤를은 희박한 기체의 온도를 1 ℃씩 서서히 내릴 때마다 기체의 부피가 0 ℃의 부피에 비해 1/273씩 줄어드는 것을 발견하였다. 이 사실은 기체의 종류에 관계가 없었다.

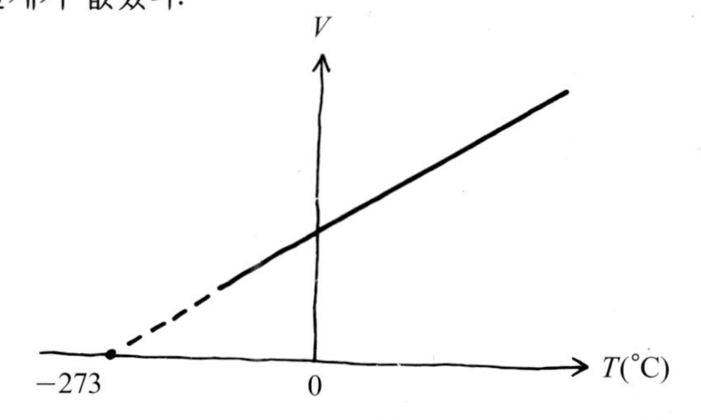

온도에는 바닥이 있다.

이 발견에 의하면 기체의 온도가 −273 ℃일 때 부피가 0이 될 것이다. 기체의 부피는 음수값이 될 수 없으므로 이보다 더 낮은 온도는 불가능하다는 것을 의미한다. 온도에는 더 내려갈 수 없는 바닥이 있다. 이 온도를 절대영도 (0 K)라고 한다.

이에 비해 온도를 높이면 기체의 부피는 계속 팽창하므로 높은 온도에는 어떤 한계가 존재하지 않는 것으로 추정된다.

절대온도

온도의 눈금을 좀더 정확히 정한 국제표준에 의하면 절대영도는 0 K = −273.15 ℃로 정의되어 있다. 절대온도는 섭씨온도와 같은 간격을 써서 정의하며 단위는 K (켈빈)이다.

절대온도(K) = 섭씨온도 + 273.15도

이 기준점을 쓰면 1기압에서 물이 어는 상태는 273.15 K (0 ℃)이고, 끓는 상태는 373.15 K (100 ℃) 이다.

이상기체 방정식

샤를이 발견한 법칙에 의하면 기체의 부피는 절대온도에 비례한다.

$$\frac{V}{T} = 일정$$

보일은 17세기 중반에 온도가 일정할 때 기체의 부피가 압력에 반비례한다는 것을 발견하였다.

$$PV = 일정$$

이 두 가지 식을 결합하면, 기체의 압력과 부피, 온도는

$$\frac{PV}{T} = 일정$$

의 관계를 만족한다.

$\frac{PV}{T}$ = 일정을 만족하는 기체를 이상기체라 한다.

부피가 일정하면 이상기체의 온도는 압력에 비례한다.

$$\frac{P}{T} = 일정$$

이 사실을 이용하면 기체의 압력으로 정확한 온도계의 눈금을 만들 수 있다. 이렇게 만든 온도계를 정적기체 온도계라 부른다. 정적기체 온도계는 기체의 종류와 무관하며 기체의 부피를 일정하게 유지한 상태에서 온도의 변화에 따라 압력이 변하는 성질을 이용한다.

정적기체 온도계

오른쪽 그림처럼 플라스크 안에 기체를 넣고 플라스크 안의 압력을 수은기둥의 높이 차이(h)로 측정한다. 이때 플라스크 안의 기체부피를 일정하게 유지하기 위해서는 오른쪽 수은통을 올리거나 내려 왼쪽 수은기둥 높이의 위치를 일정하게 유지해야 한다.

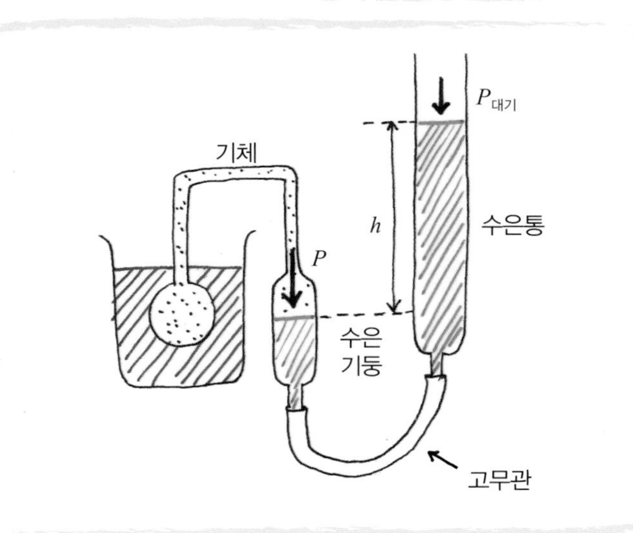

이 기체온도계는 온도가 내리면 옆 그림처럼 플라스크 안의 압력이 선형으로 줄어든다. 이 압력이 줄어드는 정도를 환산하면 정확한 온도를 잴 수 있다.

압력이 줄어드는 정도는 기체의 양에 따라 달라지지만 모든 기체의 그래프는 −273.15 °C(절대 0도)에서 압력이 0으로 수렴하는 것으로 추정된다.

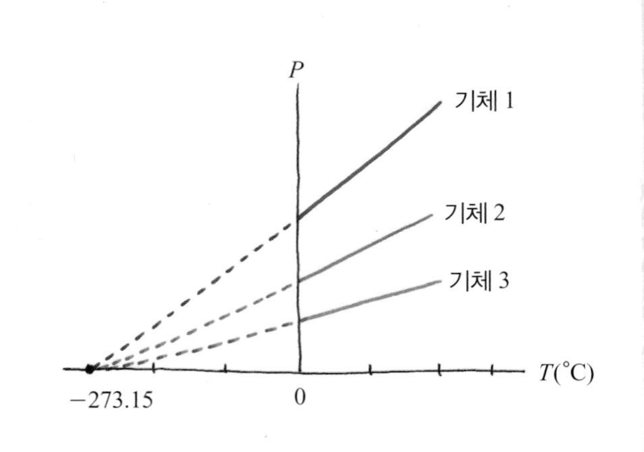

생각해보기

1기압 0 °C에서 1몰의 기체는 부피가 22.4 L라는 것을 써서 기체상수 값 (PV/T)을 구하여라. 20 °C, 1기압에서 기체 밀도는 0 °C와 비교할 때 어떻게 바뀔까?

압력, 부피, 온도단위를 표준단위로 바꾸면,

$$1\text{기압} = 1.013 \times 10^5\ \text{Pa} = 1.013 \times 10^5\ \text{N/m}^2$$
$$V = 22.4\ \text{L} = 0.0224\ \text{m}^3$$
$$T = 0\ ^\circ\text{C} = 273\ \text{K}$$ 가 된다.

이 양을 써서 기체상수를 구하면,

$$\frac{PV}{T} = \frac{1.013 \times 10^5 \times 0.0224}{273}\ \text{N} \cdot \text{m/(mol} \cdot \text{K)}$$
$$= 8.3\ \text{J/(mol} \cdot \text{K)}$$

같은 압력에서 온도가 바뀌면 V가 온도에 비례하여 바뀐다.

293 K(20 °C)에서 1몰의 부피는 293/273 = 1.07배 늘어나고 따라서 밀도는 1/1.07 = 0.93배로 줄어든다.

기체온도계는 일반온도계의 오차를 줄이기 위해 표준온도계로서 사용되며, 이상기체로는 희박한 헬륨가스 등이 쓰인다.

초기의 기체온도계는 물의 어는점과 끓는점을 이용하여 온도를 보정하였지만, 이 두 상태를 나타내는 온도는 압력에 민감하기 때문에 재현하기가 쉽지 않았다. 1954년에는 자연에 존재하는 유일한 상태인 물의 삼중점을 이용하여 새로운 온도의 표준을 채택하였으나 이 방법도 측정에 따라 정확도가 달라진다. 2019년에 볼츠만 상수(II-2장 1절)을 이용하여 재정의하였다(0장 2절 참조).

물의 삼중점은 압력이 610 Pa일 때 물과 수증기, 얼음이 공존할 수 있는 단일온도 상태이다 (610 Pa = 0.0061기압).

절대온도와 섭씨온도의 관계는 다음과 같다.

$$\text{절대온도} = \text{섭씨온도} + 273.15\ \text{K}$$

생각해보기

액체 속에서 거품이 표면으로 올라오면 그 부피가 커진다. 그 이유는 무엇인가?

기체의 경우 PV/T가 일정하다. 거품이 위로 올라가면 온도는 큰 차이가 없지만, 압력은 작아지기 때문에 거품의 부피가 커지게 된다.

온도란 무엇일까?

액체나 기체 등에는 아보가드로수(6.02×10^{23}/mol)만큼 많은 입자가 들어 있다.

이렇게 많은 입자가 있게 되면 역학법칙에서 다루듯이 각 입자의 운동상태를 일일이 추적할 수 없다. 대신 수많은 입자들의 운동상태(속도분포)는 통계적으로 다룰 수밖에 없다.

입자들의 집단을 계(system)라고 부르자.

계

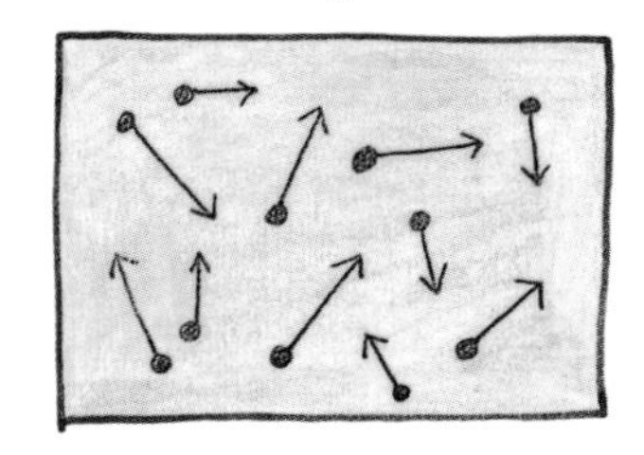

계에 들어 있는 수 많은 입자들의 운동상태는 통계적으로 볼 때, 동질성을 띠고 있다.

이러한 통계적 동질성을 표현하기 위해 열평형상태를 도입한다. 다른 열평형상태에 있다는 것은 다른 종류의 동질성을 가지고 있다는 것을 뜻한다.

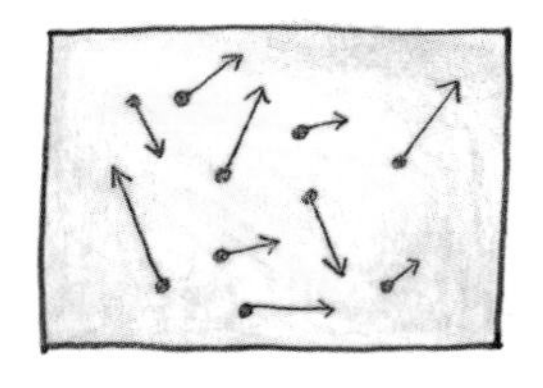

열평형계 1

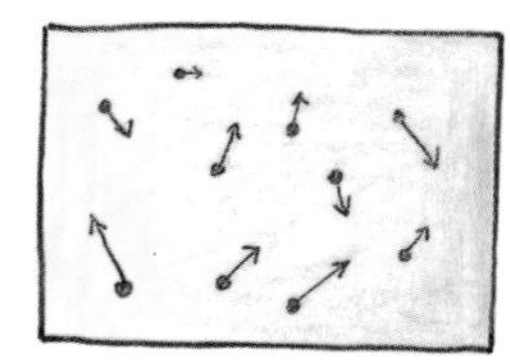

열평형계 2

열평형상태란 거시적으로 볼 때 시간이 지나도 계가 더 이상 차가워지거나 뜨거워지지 않는 상태를 말한다. 이것은 통계적으로 볼 때 이 계가 어떤 한 가지의 동질성을 가지고 있다는 것을 뜻한다.

서로 다른 두 계가 같은 열평형상태에 있게 되면, 두 계의 운동상태는 통계적으로 동등하며, 겉으로 볼 때 두 계에 들어 있는 모든 입자들의 운동상태는 모두 같다고 볼 수 있다.

온도란 특정한 열평형상태를 재는 양이다.

두 계가 서로 같은 열평형상태(동질성)에 있는지 여부를 표현하는 양이 온도이다. 온도란 입자의 집단적인 운동을 거시적으로 표현해 주는 물리량이다.

T_1

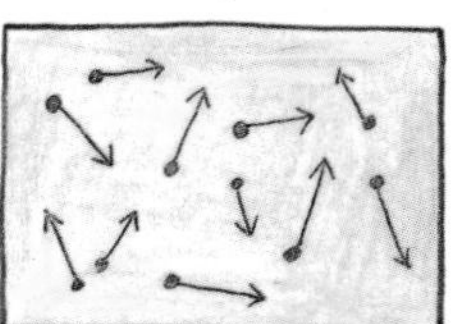

T_2

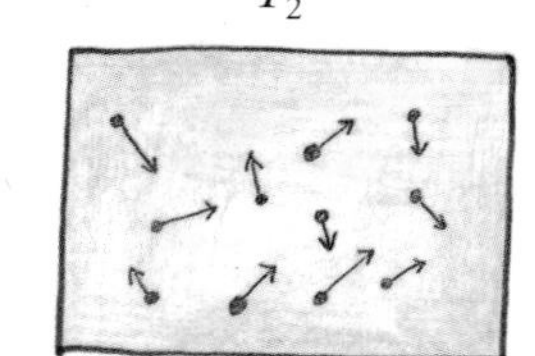

$T_1 > T_2$

열역학 제0법칙과 온도

오른쪽 그림과 같이 어떤 두 물체 A와 B가 각각 C와 열평형상태에 있다고 하면(A와 B는 서로 접촉하고 있지 않음) A와 B도 열평형상태에 있다. 이를 열역학 제0 법칙이라고 부르고 온도계의 측정원리가 된다.

가령 욕조에 있는 물을 온도계로 재어보니 40 ℃가 되었고 물통에 있는 물의 온도도 40 ℃였다. 욕조에 있는 물과 물통에 있는 물은 열평형상태에 있다고 할 수 있다. 즉, 두 계를 접촉시켜도 거시적 특성이 변하지 않는다.

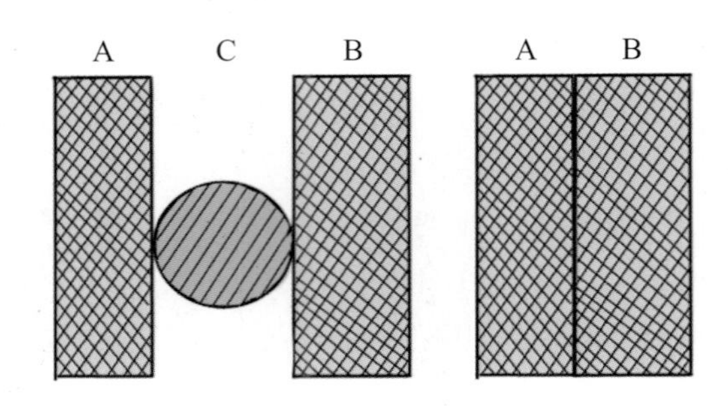

Section 2 열과 상태변화

물체에 열을 가하면 보통 물체의 온도가 높아진다. 열은 물체의 열평형상태를 변화시킨다. 그러나 같은 열을 받아도 물질에 따라 온도가 달라지는 정도는 다르다.

또한, 같은 물체에 계속 열을 가한다 해도 온도가 높아지지는 않고, 열을 흡수하여 물체의 상이 변하기도 한다. 예를 들어 얼음을 데우면 물로 변하고, 물은 다시 수증기로 바뀐다.

이러한 상태변화를 표시하기 위해서는 어떤 물리량을 도입해야 할까?

열을 가하면 물체의 온도가 올라간다.
이때 14.5 ℃의 물 1 g을 1 ℃ 올리는 데 필요한 열량을 1 cal(칼로리)로 정의한다.

줄(Joule, 1818~1889)은 1848년, 물속에 잠긴 회전바퀴를 돌려 일을 하면 물의 온도가 상승되는 실험을 수행함으로써, 역학적 에너지와 열이 동등함을 보였다.

$$1\ \text{cal} = 4.186\ \text{J}$$

줄의 실험에 사용한 기기

생각해보기

체중 50 kg인 여학생이 150 kcal의 케이크 한 조각을 먹고 계단 오르기를 하여 이 열량을 소모하고자 한다.

운동으로 소모하는 열량은 운동을 하기 위해 필요한 일의 10배 정도가 든다(효율 10%)고 하자. 이 여학생은 계단을 얼마나 높이 올라가야 할까?

높이 h m를 오르기 위해 필요한 위치에너지는 50 kg $\times g \times h = 500\ h$(J)이다. 이 에너지를 얻기 위해서 몸에서 소모해야 할 열량은 10배이므로 $5000h$ J $= 5000h \times 0.24$ cal $= 1200h$ cal $= 1.2h$ kcal가 필요하다. 150 kcal $= 1.2h$ kcal가 되려면 $h = 125$ m이다. 이 높이는 한 층의 높이를 3 m로 잡으면 42층에 해당된다.

물 100 g과 철 100 g, 금 100 g에 각각 똑같이 300 cal의 열을 가해 보자. 온도가 어떻게 달라질까?

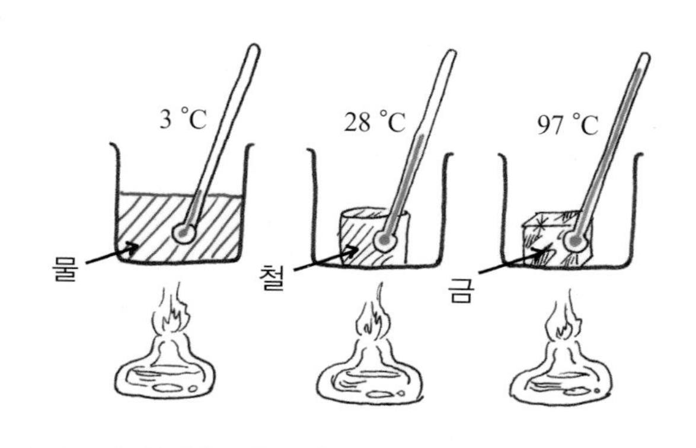

같은 열을 가해도 물질에 따라 온도가 상승하는 정도가 다르다. 질량 m인 물질을 온도 ΔT만큼 높이기 위해 드는 열량은

$$\Delta Q = cm\Delta T$$

로 표시된다. 이때 비례상수 c를 비열이라고 한다.

물의 비열은 1 kcal/kg °C이다. 같은 열을 받아도 비열이 작을수록 온도가 더 높이 올라간다.

여러 물질의 비열

물질	J/kg °C	kcal/kg °C
알루미늄	900	0.215
구리	387	0.0924
유리	837	0.200
금	129	0.0308
얼음	2,090	0.500
철	448	0.107
납	128	0.0305
은	234	0.056
수증기	2,010	0.480
물	4,186	1.00

이번에는 −20 °C 얼음 1 kg에 열을 계속 가하여 0 °C까지 온도를 올려 보자.

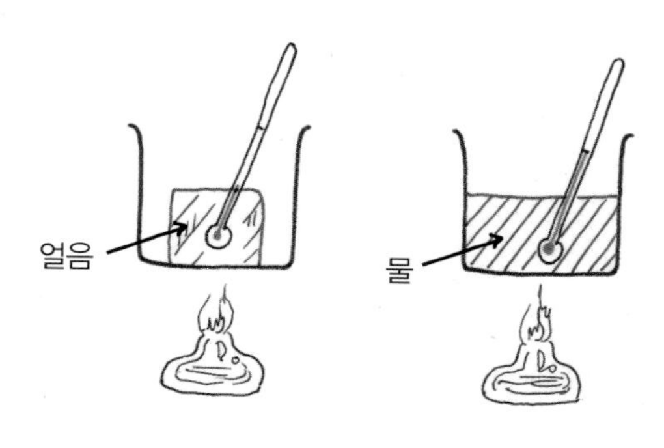

얼음의 비열이 2,090 J/kg °C이므로, 이때 필요한 총 열량은 41.8 kJ 이다.

얼음의 온도가 0 °C가 되면 얼음은 녹기 시작한다. 얼음은 완전히 녹을 때까지 열을 계속 가해도 온도는 변하지 않고 0 °C를 유지한다. 이 얼음을 완전히 녹이는 데는 총 333 kJ 이 필요하다.

이처럼 물질의 상이 바뀔 때는 일정시간 열을 가해도 온도가 올라가지 않는다. 이때 필요한 열량을 잠열이라 한다. 얼음의 잠열(융해열)은 1기압에서 333 kJ/kg 이다.

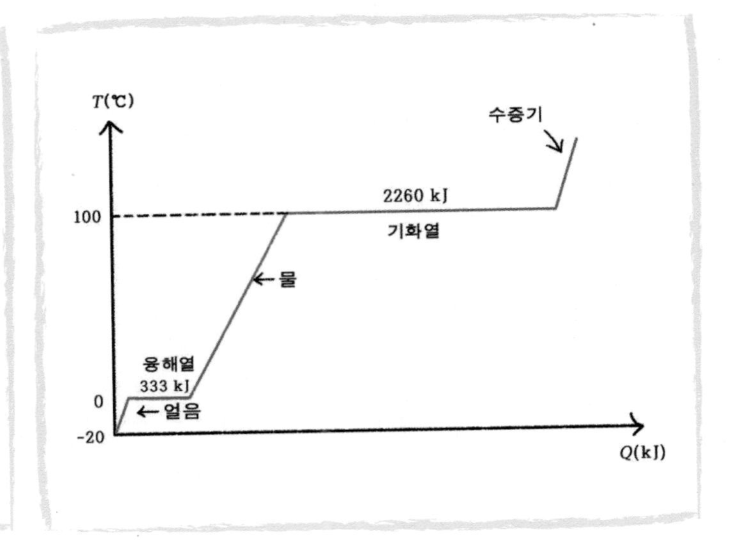

계속 열을 가하면 물의 온도는 다시 올라가기 시작한다.

물의 비열은 4,186 J/kg °C로서 얼음보다 크므로 온도가 얼음의 경우보다 서서히 올라간다.

물의 온도변화는 앞의 그림에 표시된 것처럼 얼음보다 기울기가 작으며, 100 °C까지 올리는 데 총 418.6 kJ 이 든다.

물은 100 °C에서 증기로 변하기 시작한다.

이 때에는 얼음이 녹을 때와 마찬가지로 열을 계속 가해도 물이 완전히 수증기로 변할 때까지 온도가 변하지 않는다.

물이 수증기로 완전히 변하기 위해 필요한 잠열(기화열)은 2,260 kJ/kg 이다.

여러 물질의 녹는점, 융해열, 끓는점 및 기화열

물질	녹는점(°C)	융해열(J/kg)	끓는점(°C)	기화열(J/kg)
헬륨	−269.65	5.23×10^3	−268.93	2.09×10^4
질소	−209.97	2.55×10^4	−195.81	2.01×10^5
에틸알코올	−114	1.04×10^5	78	8.54×10^5
물	0.00	3.33×10^5	100.00	2.26×10^6
알루미늄	660	3.97×10^5	2,450	1.14×10^7
은	960.80	8.82×10^4	2,193	2.33×10^6
금	1,068.00	6.44×10^4	2,660	1.58×10^6
구리	1,083	1.34×10^5	1,187	5.06×10^6

상이 바뀔 때 잠열이 필요한 것은 상이 바뀌면서 분자들의 배열구조가 바뀌기 때문이다.

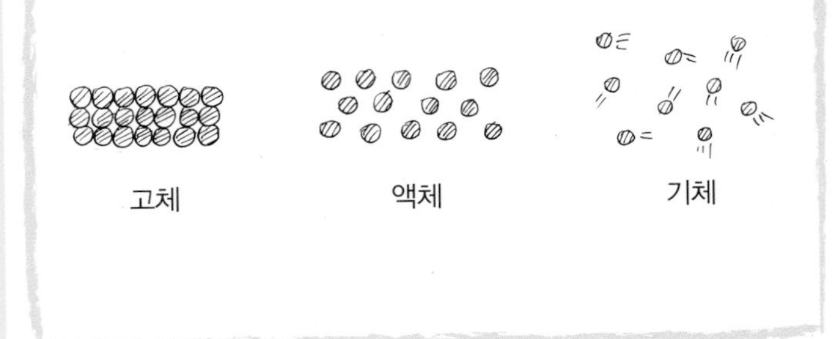

상이 바뀌기 위해서는 분자들이 이웃분자들과 결합을 느슨하게 하거나 끊을 수 있을 만한 에너지를 얻어야 한다. 잠열이 이 에너지를 제공한다.

얼음이 녹을 때는 고체의 규칙적인 분자 사이의 결합을 액체의 느슨한 결합으로 바꾸면 된다. 그러나 액체가 증발하기 위해서는 분자결합을 완전히 끊어야 하기 때문에 더 많은 에너지가 필요하고, 따라서 융해열보다 기화열이 더 크다.

생각해보기

20 ℃의 물 2 kg을 −10 ℃의 얼음으로 만들려고 한다. 냉장고가 물로부터 빼내야 할 열량은 얼마일까?

20 ℃의 물 2 kg을 0 ℃로 낮추기 위해서는
$4186\ \text{J/kg}\ ^\circ\text{C} \times 2\ \text{kg} \times 20\ ^\circ\text{C} = 167440\ \text{J} = 167.44\ \text{kJ}$
을 빼내야 한다.

0 ℃의 물을 0 ℃의 얼음으로 만드는 데는 얼음의 잠열 $333\ \text{kJ/kg} \times 2\ \text{kg} = 666\ \text{kJ}$을 빼내야 한다.

0 ℃의 얼음을 −10 ℃의 얼음으로 만드는 데는
$2090\ \text{J/kg}\ ^\circ\text{C} \times 2\ \text{kg} \times 10\ ^\circ\text{C} = 41800\ \text{J} = 41.8\ \text{kJ}$을 빼내야 한다.

따라서 빼내야 할 총 열량은

$(167.44 + 666 + 41.8)\ \text{kJ} = 875.24\ \text{kJ}$ 이다.

인류 문명의 발전은 물질의 녹는점의 이용과 밀접한 관계가 있다. 나무를 때면 700 ℃ 정도까지밖에 올릴 수 없기 때문에 오랫동안 석기를 이용할 수밖에 없었다. 6000여 년 전에 숯을 발견함으로써 비로소 금속을 녹일 수 있게 되고 청동기 및 철기 시대로 진입하게 되었다.

연료는 탄소의 함량이 많을수록 많은 열을 낸다. 숯은 나무가 불완전 연소한 것으로 나무에 비해 탄소의 함량이 많기 때문에 약 1100 ℃에서 탄다. 200쪽의 표에서 보듯이 숯으로 금, 은, 구리 등을 녹일 수 있다. 진흙 그릇을 1300 ℃에서 구우면 도기, 1300 ~ 1500 ℃에서 구우면 자기라고 하는데 가마를 이용하여 높은 온도를 얻는다.

상태그림

지금까지는 열을 가해 상태를 변화시킬 때 온도의 변화만을 보았고, 압력은 고려하지 않았다.

그러나 물질의 상태는 압력을 바꾸어도 달라진다. 높은 산에 올라가면 압력이 1기압보다 떨어지고, 물이 끓는 온도는 100 °C보다 낮아진다.

압력밥솥은 물의 부피를 일정하게 유지한다. 대신, 물이 끓을 때의 압력은 1기압 이상으로 올라가고, 끓는 온도는 100 °C보다 높아진다.

물(H_2O)의 상태를 압력과 온도의 함수($P-T$ 곡선)로 그려보자. 액체와 기체가 변하는 모습이 아래 그림처럼 나타난다.

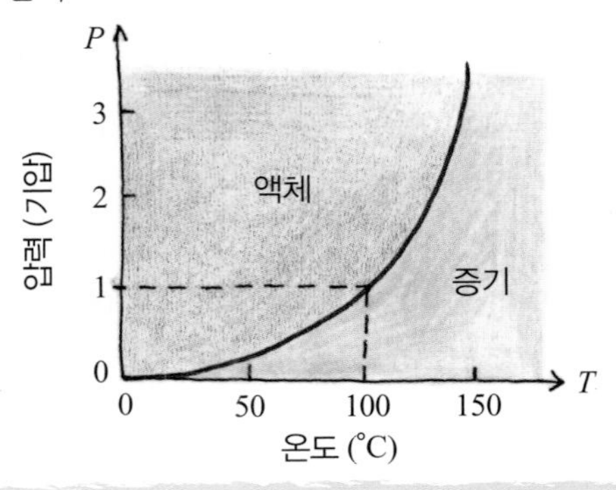

액체와 기체를 구별하는 선(기화곡선)은 액체가 끓는 온도가 압력에 따라 달라진다는 것을 표시한다.

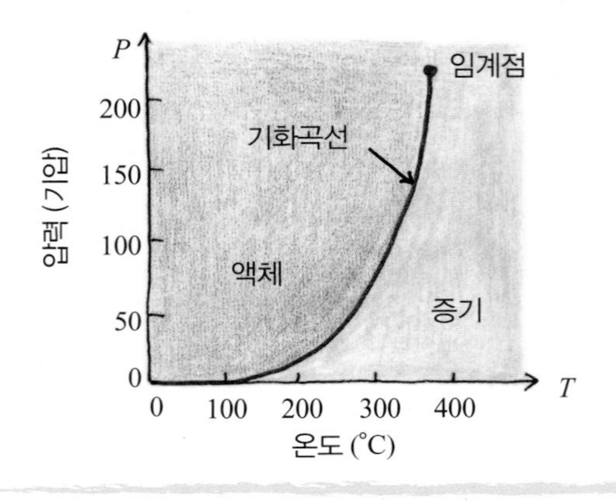

기화곡선은 고온, 고압의 상태가 되면 끊어진다. 이것은 액체와 기체의 구별이 없어진다는 것을 뜻한다. 이 끊어지는 점을 임계점(critical point)이라고 한다. 물의 임계점 온도는 647.4 K(344.3 °C)이고 압력은 221.2×10^5 Pa(약 218기압)이다.

압력이나 온도가 임계점 이상이 되면 액체와 기체상태의 구분이 모호해지고, 분자의 배열상태도 서로 크게 다르지 않다. 이 때에는 잠열도 필요하지 않다.

얼음(고체)과 물(액체)은 융해곡선으로 구별된다.

0 °C 부분을 확대하여 자세히 보면, 융해곡선이 그림처럼 약간 기울어져 있다. 그러므로 0 °C 이하에서는 압력만 높여도 얼음이 녹는다.

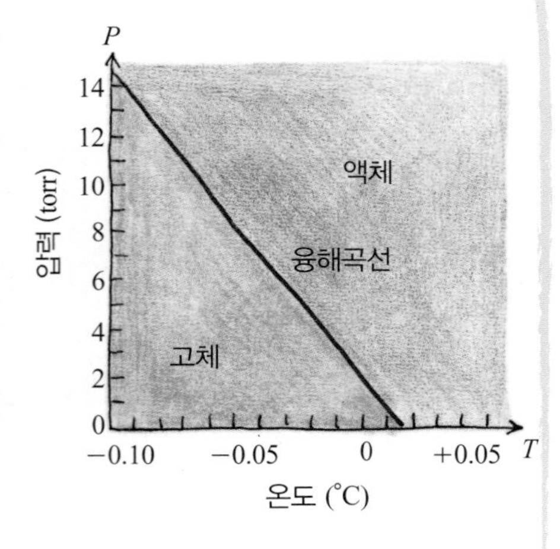

압력이 낮은 영역을 좀 더 확대하여 보자(단위에 주의. 1 torr = 1.3×10^{-3}기압). 얼음(고체), 물(액체), 수증기(기체)가 동시에 존재하는 삼중점이 보인다. 삼중점의 압력은 610 Pa(약 0.006기압, 4.6 torr)이고, 온도는 273.16 K (0.01 °C)이다.

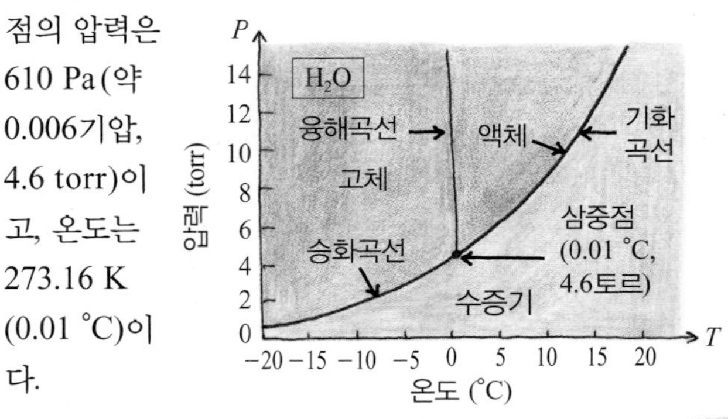

삼중점보다 낮은 기압에서는 액체가 존재할 수 없고, 고체와 기체상태만이 존재한다. 이 기압에서는 온도가 높아짐에 따라 고체상태에서 직접 기체상태로 바뀌는 승화가 일어난다. 이때 고체와 기체상태를 구분하는 곡선이 승화곡선이다.

냉동건조는 이 승화현상을 응용한 것이다. 식품을 밀폐된 방(진공조)에 넣고 물의 삼중점 아래로 냉각시킨 후 수증기를 뽑아내면 압력이 삼중점 이하로 떨어지고, 이때 얼음이 곧바로 기체로 바뀌면서 냉동건조된다.

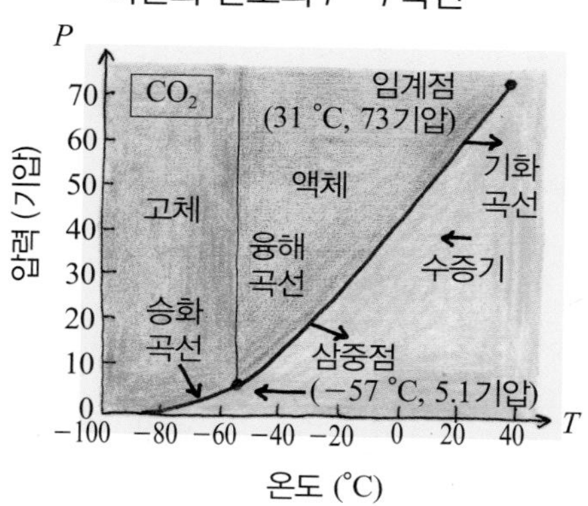

생각해보기

드라이아이스는 대기압에서 왜 녹지 않고 바로 기화될까?

드라이아이스는 이산화탄소를 저온에서 고체로 만든 것이다. 위의 그림에서 보듯이 이산화탄소의 삼중점은 216.55 K(−56.6 °C), 5.2×10^5 Pa(5.1기압)이므로 대기압에서는 이산화탄소의 액체상태가 존재하지 않는다. 따라서 드라이아이스는 대기압에서 액체로 바뀌는 대신 바로 기화되어 이산화탄소로 승화한다.

열팽창

물체에 열을 가하면 열평형상태가 바뀌고 이에 따라 온도가 증가한다. 또한, 물체의 온도가 높아지면 부피에도 변화가 나타나지만 그 변화는 아주 작게 나타나므로 보통 무시해 왔다. 그러나 그 효과가 누적되면 무시 못할 효과가 나타난다.

여름에 전선이 늘어지고, 철로가 늘어나는 것은 물질의 상태가 온도변화에 따라 부피도 변한다는 것을 알려 준다.

다리의 철이음쇄는 열팽창을 고려하여 사이를 벌려 놓는다.

열을 받으면 보통 고체는 길이와 부피가 늘어난다.

이때 늘어난 길이($\Delta L = L - L_0$)는 원래의 길이(L_0)와 온도차이($\Delta T = T - T_0$)에 비례한다.

$$\frac{\Delta L}{L_0} = \alpha \Delta T$$

비례상수 α는 물체의 열특성을 나타내며, 선팽창계수라고 한다.

여러 물질의 상온에서의 선팽창계수 $\alpha\,(10^{-6}/℃)$

물 질	α	물 질	α
얼음(℃)	51	보통유리	9
납	29	파이렉스 유리	3.2
알루미늄	23	다이아몬드	1.2
놋쇠	19	Invar(불변강: 니켈-철 합금)	0.7
구리	17		
콘크리트	12	수정	0.5
강철	11		

부피팽창계수 β는

$$\frac{\Delta V}{V_0} = \beta \Delta T \text{로 정의된다.}$$

그런데 부피는 길이의 세제곱이므로, 부피증가가

$$\Delta V = (L_0 + \Delta L)^3 - L_0^3 \cong 3L_0^2 \Delta L$$

로 표시되는 것을 쓰면,

$$\frac{\Delta V}{V_0} = 3\frac{L_0^2 \Delta L}{L_0^3} = 3\frac{\Delta L}{L_0} = 3\alpha \Delta T$$

부피팽창계수는 선팽창계수의 세 배가 된다. 같은 이유로 면적팽창계수는 선팽창계수의 두 배이다.

금속과 유리의 접합은 공학적으로 중요하다. 강철에 수정유리를 녹여 붙이기 위해서는 유리가 식으면서 깨지는 것을 방지해야 한다. 이를 위해 열팽창계수가 수정유리와 비슷한 불변강(니켈-철 합금)을 사이에 넣는다. 스위스의 과학자 기욤은 1896년에 불변강을 발견하여 1920년에 노벨 물리학상을 받았다.

생각해보기 철판에 뚫린 구멍

온도가 올라가면 이 구멍은 커질까? 20 ℃에서 100 ℃로 온도가 오를 때 원래의 구멍 면적에 비해 얼마나 변할까?

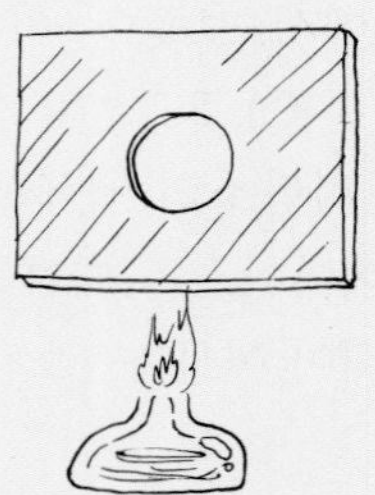

온도가 오르면 구멍도 커진다. 철의 선팽창계수는 $\alpha = 1.2 \times 10^{-5}/℃$이고, 면적팽창계수는 이것의 두 배이므로,

$$\frac{\Delta A}{A_0} = 2\alpha \times \Delta T = 1.92 \times 10^{-3}$$

원래 면적보다 1.92×10^{-3}배만큼 더 커진다.

공작실에서는 철판구멍에 꼭 끼인 철봉을 빼내기 위해 철판 부근을 가열한다. 철판구멍이 가열되면 구멍이 커지므로 철봉이 쉽게 빠진다.

온도가 올라가면 물질은 보통 부피가 늘어난다. 물도 4 ℃ 이상에서는 다른 물질처럼 온도가 오르면 부피가 늘어난다. 그러나, 0 ℃와 4 ℃ 사이에서는 오히려 비정상적으로 부피가 줄어든다. 이 결과 0 ℃의 물이 4 ℃의 물보다 더 가볍다.

물의 온도가 0 ℃ 가까이 내려가면, 차가운 물은 가벼우므로 위로 떠오르고, 덜 차가운 물은 밑으로 가라앉는다. 이 때문에 물은 표면부터 얼기 시작한다.

물의 비정상적인 열팽창

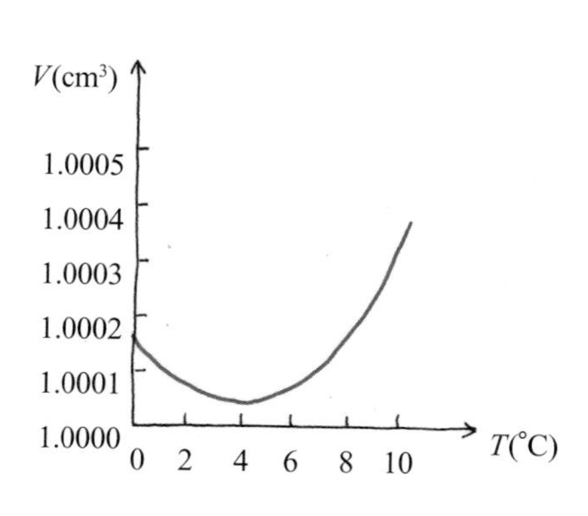

물이 다른 보통의 액체처럼 온도가 올라가면 팽창하는 가상의 세계를 상상해 보자. 이 경우, 연못이나 강은 겨울이 되면 바닥부터 얼기 시작할 텐데, 봄이 올 때까지 물속의 생태계는 어찌될까?

열의 전달

주위에서 온도 차가 있는 계가 있으면 뜨거운 곳에서 차가운 곳으로 열이 이동하여 열평형에 이르게 되는 것을 경험한다. 열을 전달하는 방법에는 어떤 것이 있을까?

열을 전달하는 방법으로는 금속 등을 매개체로 하는 열전도, 공기처럼 매개체가 직접 움직이는 대류, 그리고 열에너지가 전자기파 형태로 바뀌어 전달되는 복사 등이 있다.

열전도

유리세공을 할 때 산소불꽃에 긴 유리막대의 한쪽 끝을 대고 가열한다.

불꽃 쪽의 유리막대는 빨갛게 달아올라 녹지만 다른 한쪽은 손으로 잡아도 안전하다. 유리는 열을 잘 전달하지 않기 때문이다.
유리 대신 금속 젓가락을 대면 뜨거워 손으로 잡을 수 없다. 이것은 금속이 열을 잘 전달하기 때문이다.
금속은 자유전자(Ⅲ-2장, V-2장 참조)가 열을 직접 전달한다. 그러나 부도체인 유리막대에는 자유전자가 없다. 대신, 고체분자들이 진동하여 이웃 분자들에 열을 전달한다(분자운동과 온도와 관계는 다음 장 참조). 이 때문에 부도체의 경우 금속에 비해 열이 잘 전달되지 않는다.

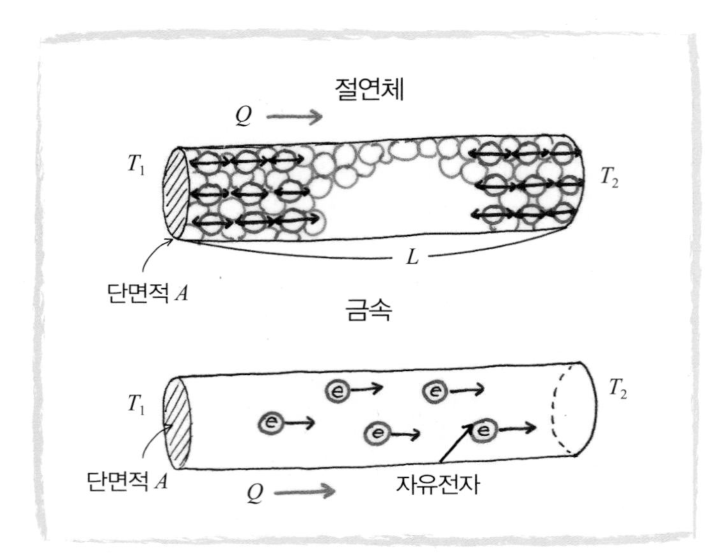

단위시간 동안 이동하는 열량을 열류라고 한다.

$$\text{열류} : H = \frac{dQ}{dt}$$

열류는 매체의 단면적 A와 양쪽의 온도차이 ΔT에 비례하며, 전달되는 길이 L에 반비례한다.

$$\text{열류} : H = kA\frac{\Delta T}{L}$$

이때 비례상수 k를 열전도도라고 하며, 단위는 W/m · K이다. 열전도도는 물질마다 다르며, k가 클수록 열이 잘 전달된다.

여러 물질의 열전도도 k (W/m · K)

금속	열전도도	여러 고체	열전도도
은	406.0	얼음	1.6
구리	385.0	유리	0.8
알루미늄	205.0	콘크리트	0.8
놋쇠	109.0	붉은 벽돌	0.6
강철	50.2	코르크	0.04
납	34.7	나무	0.12~0.04
수은	8.3	스티로폼	0.01
기체	**열전도도**	**기체**	**열전도도**
공기	0.024	헬륨	0.14
수소	0.14	산소	0.023

생각해보기

면적이 3 m^2이고 두께가 3.2 mm인 사무실 유리창을 통해 빠져나가는 열류를 구하라. 사무실 안의 온도는 15 °C이고, 밖의 온도는 −5 °C라고 한다. 유리의 열전도도는 0.8 W/m · K이다.

만약 두께가 4배인 유리창을 사용할 경우의 열류는 얼마로 바뀔까?

유리창을 통해 방을 빠져 나가는 열류는

$$H = kA\frac{\Delta T}{L} = 0.8\times 3\times\frac{15-(-5)}{3.2\times 10^{-3}}$$

$$=15000 \text{ W} = 15 \text{ kW}$$

두께가 4배인 유리창을 사용하면 열류는 1/4로 줄어든다. 따라서 H=3.75 kW가 된다.

생각해보기

스티로폼으로 만든 아이스박스는 두께가 2 cm이고 총 표면적은 1 m^2이다. 아이스박스 안에는 얼음과 물, 음료수 캔이 떠 있다.

밖의 온도가 30 °C일 때 아이스박스 안의 온도를 0 °C로 유지하려면 하루에 필요한 얼음의 양은 얼마일까? 얼음의 융해열은 3.33×10^5 J/kg이고, 스티로폼의 열전도도는 0.01 W/m · K이다.

아이스박스를 통해 들어가는 열류 H는

$$H = kA\Delta T/L$$
$$= (0.01\ \text{W/m}\cdot\text{K}) \times 1\ \text{m}^2 \times 30\ \text{K}/0.02\ \text{m}$$
$$= 15\ \text{W} = 15\ \text{J/s}$$

따라서, 하룻동안에 흘러들어가는 열의 총 양은
$Q = H \times 1일 = 15\ \text{J/s} \times 86400\ \text{s} = 1.3 \times 10^6\ \text{J}$이다.
이 열량이 얼음의 융해열과 같아야 하므로 필요한 얼음의 양은

$$m = \frac{1.3 \times 10^6\ \text{J}}{3.33 \times 10^5\ \text{J/kg}} = 3.9\ \text{kg}이다.$$

복사

햇볕을 받으면 따뜻하게 느껴진다. 태양의 열에너지가 빛인 전자기파를 타고 전달되기 때문이다. 집을 남향으로 짓고, 여름엔 흰 옷을, 겨울엔 검은 옷을 선호하는 것도 복사 때문이다.

물체가 뜨거워지면 분자가 진동하고, 전하가 진동하여 가속되면 전자기파를 내며, 이 전자기파가 멀리 다시 이동하여 물질과 만나면 흡수되어 열을 낸다.

슈테판-볼츠만 법칙

복사가 내는 파워 H(단위는 $\text{J/s} = \text{W}$)는 빛을 내는 물체의 표면온도에 따라 결정되며, 표면 절대온도의 네제곱에 비례한다. 온도가 2배가 되면 복사파워는 16배가 된다.

$$H = eA\sigma T^4$$

A는 물체의 표면적이며, 슈테판-볼츠만 상수

$$\sigma = 5.67 \times 10^{-8}\ \text{W/(m}^2\cdot\text{K}^4)$$

는 물질에 상관없는 기본상수이다.

e는 0과 1 사이의 값으로서, 방출률이라 하고, 표면상태를 나타낸다. 공기 중에서 산화된 구리표면은 약 0.6이고, 연마된 금속표면은 0.07, 검은색의 표면은 1에 가깝다. $e = 1$인 표면을 흑체라고 한다.

생각해보기 **복사에너지**

표면적이 $1.2\ \text{m}^2$인 사람의 벌거벗은 몸에서 손실되는 복사에너지는 얼마나 될까? 몸의 표면온도는 30 °C이고 공기의 온도는 0 °C이며, $e = 1$로 생각하자.

몸에서 방출되는 열류는

$$H = 1.2\ \text{m}^2 \times (5.67 \times 10^{-8}\ \text{W/m}^2\cdot\text{K}^4)(303\ \text{K})^4$$
$$= 574\ \text{W}이다.$$

그러나 몸은 에너지를 대기로 방출할 뿐만 아니라 대기로부터 복사에너지를 받기도 한다.

대기로부터 몸이 받는 열류는

$$H = 1.2\ \text{m}^2 \times (5.67 \times 10^{-8}\ \text{W/m}^2\cdot\text{K}^4)(273\ \text{K})^4$$
$$= 378\ \text{W}$$

따라서, 알짜로 손실되는 에너지율은

$$H = 574 - 378 = 196\ \text{W}이다.$$

1시간에 소모되는 열량은 $196\ \text{W}\cdot 3600초 = 705.6\ \text{kJ}$이며, 이것은 약 170 kcal에 해당된다.
(참고로 하루에 사람이 섭취하는 열량은 대략 2,000 kcal이다.)

복사에너지는 모든 물체의 표면에서 방출되며, 복사의 빛깔(스펙트럼)을 조사하면 그 물체의 표면온도를 알 수 있다. 흑체복사의 경우 세기가 최대인 파장과 표면온도는 서로 반비례관계가 있다(IV–2장, 빈의 법칙).

파이로미터(pyrometer)는 용광로에서 나오는 빛의 색깔로 용광로의 온도를 잰다.

태양에서 나오는 빛은 녹색이 가장 강하며, 태양의 표면온도가 6,000 K 정도임을 알려 준다.

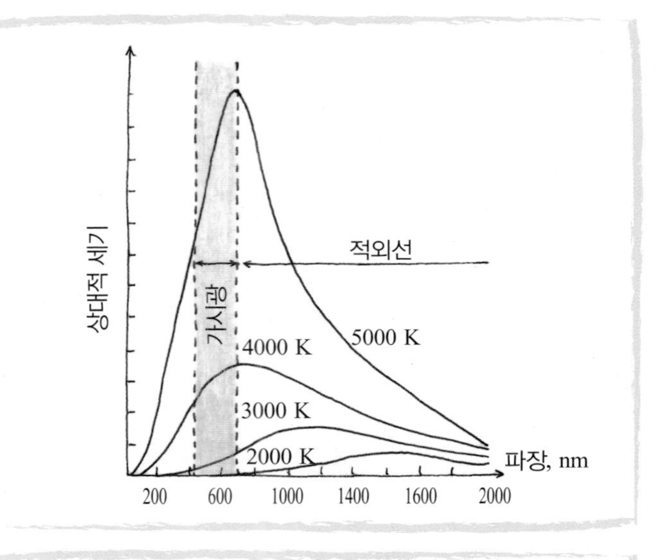

대류

기체는 더워지면 가벼워져 상승하고 차가워지면 하강한다. 온도차이가 생기면 유체는 열팽창에 의해 밀도가 달라지고, 이에 따라 유체가 이동하여 대류가 생겨난다.

자연적으로 발생되는 대류현상은 우리 주위에서 많이 볼 수 있다.

지하도 계단에서는 겨울에 내부의 따뜻한 공기와 밖의 찬 공기 사이에서 강한 바람이 생긴다.

강이나 바닷가에서는 바람이 밤과 낮에 교대로 분다. 낮에는 땅의 비열이 낮아 빨리 더워지므로 땅 위의 공기가 따뜻해져 상승하고 그 자리를 물 위의 차가운 공기가 메꾼다. 밤에는 땅의 공기가 빨리 식으므로 흐름이 반대가 된다.

온실가스와 온난화

지구는 태양에서 오는 에너지를 흡수하고 이를 반사한다. 지구가 흡수하는 복사에너지는 주로 가시광선이고 반사하는 복사에너지는 적외선이다(지구의 표면온도를 고려해 보아라). 그런데 지구 대기에 있는 질소와 산소는 가시광선과 적외선을 잘 통과시킨다. 반면에 수증기, 이산화탄소 같은 온실가스는 적외선을 반사시킨다. 따라서 지구에서 내보내는 에너지가 대기에 의해 차단되어 대기의 온도가 올라가게 되는데 이를 온실효과라고 한다.

지난 수백 년간 산업화가 진행되어 대기 중에 이산화탄소의 농도가 높아졌다. 이에 따라 온실효과에 의해 지구의 평균 기온이 꾸준히 상승해 왔다.

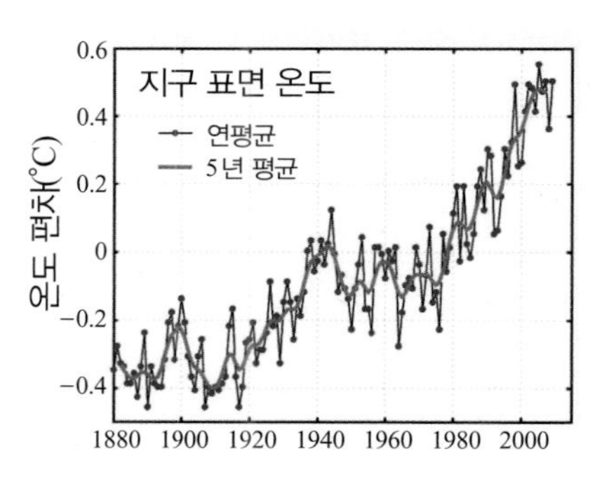

단원요약

1. 온도와 열평형

① 온도란 많은 입자들의 열평형을 재는 양이다.

② 온도는 온도계로 잴 수 있다. 온도계는 온도에 따른 물질의 팽창과 수축을 이용한다.

③ 이상기체는 PV/T = 일정이 성립하는 기체를 말한다.

④ 이상기체의 온도가 1 K 낮아지면 부피는 1/273씩 줄어든다. 부피는 음수가 될 수 없기 때문에 온도의 하한선이 존재하고 이를 절대온도의 기준을 삼는다.

⑤ 절대온도 = 섭씨온도 + 273.15 K로 계산한다.

⑥ '제3의 물체와 각각 열평형에 있는 두 물체는 서로 열평형'인데 이를 열역학 제0법칙이라고 부른다. 이는 온도계의 측정 원리가 된다.

2. 열과 상태변화

① 열은 에너지와 동등한 양으로, 1 cal = 4.186 J이다.

② 단위질량의 온도를 1 K 올리기 위해 필요한 열량을 비열이라고 부르고 $c = \Delta Q/m\Delta T$로 정의된다. 비열은 물질마다 다르기 때문에 물질의 특성이 된다.

③ 물질의 상태를 바꾸기 위해 필요한 열량을 잠열이라고 한다. 이때는 열을 가해도 온도가 변하지 않는다.

④ 물질이 존재하는 상태(고체, 액체, 기체)는 압력, 부피, 온도에 따라 다르고 상태그림으로 표시한다.

⑤ 상태그림에서 액체와 기체를 구별하는 곡선은 기화곡선, 고체와 액체를 구별하는 곡선이 융해곡선이다.

⑥ 기화 곡선이 끊어지는 점을 임계점이라고 하고, 고체와 액체, 기체가 동시 존재하는 점을 삼중점이라고 한다.

⑦ 온도변화에 의해서 단위길이당 늘어나는 길이변화를 선팽창계수라고 하고 $\alpha = \Delta L/L_0\Delta T$로 정의된다.

⑧ 부피팽창계수는 단위부피당 늘어나는 부피변화를 표시한다. 부피팽창계수는 선팽창계수의 세 배이다.

3. 열의 전달

① 열을 전달하는 방법에는 열전도, 대류, 복사가 있다.

② 단위시간 동안 이동하는 열량을 열류라고 한다.

$$H = dQ/dt$$

③ 열전도는 고체 안의 자유전자 또는 입자들의 진동에 의해 전해지는 것을 말한다. 열류는 전달되는 양단의 온도 차이와 단면적에 비례하고 길이에 반비례한다.

$$H = kA\frac{\Delta T}{L}$$

k는 열전도도로서 물질마다 다르다.

④ 복사는 열이 전자파 형태로 이동하는 것이다. 복사에너지는 표면온도(절대온도)의 네제곱에 비례한다(슈테판–볼츠만 법칙).

$$H = eA\sigma T^4$$

A는 복사체의 표면적, $\sigma = 5.67 \times 10^{-8}\ \mathrm{W/m^2K^4}$는 물질에 상관없는 상수이다. e는 방출률인데 1일 경우를 흑체라고 부른다.

⑤ 대류는 기체나 액체 등의 유체가 열팽창에 의해 밀도가 달라짐에 따라 유체가 직접 이동하여 열이 전달되는 방식이다.

⑥ 적외선을 반사하는 온실가스는 지구가 복사하는 적외선을 막아주기 때문에 온실효과를 일으킨다.

연습문제

1. 부피를 일정하게 유지하는 가스온도계를 생각하자. 물의 삼중점에서 이 기체 온도계의 압력이 120 kPa을 가리킨다. 이 기체로 만든 온도계가 압력 150 kPa을 가리킨다면 이때의 온도는 얼마일까?

> **1.** 이상기체 방정식을 쓰자.

2. 기온 10 ℃에서 고무풍선의 부피가 1 L이다. 이 풍선의 온도를 10 ℃ 더 올리면, 부피는 얼마가 될까?

***3.** 다이버가 수온 5 ℃인 10 m 물속에서 지름이 10 mm인 공기방울을 내뿜었다. 이 공기방울이 20 ℃인 호수표면에 도달하면 얼마나 커질까?

> **3.** 공기를 이상기체로 취급하자.

4. 대기의 온도가 5 ℃이고 대기압이 1기압이다. 자동차가 오랫동안 정지해 있을 때 타이어에 2기압의 공기가 들어 있고 타이어 안 공기의 부피는 0.015 m^3이다. 고속도로를 1시간가량 주행하면 타이어 공기의 온도는 50 ℃, 부피는 0.016 m^3로 늘어난다. 이때 타이어의 압력은 얼마나 될까?

5. 전자레인지로 음식을 데울 때, 밀봉된 상태로 데우면 어떤 일이 일어날까?

> **5.** 물이 수증기로 바뀌는 것을 고려하자.

6. 우리나라는 2007년 7월부터 가스요금을 산정할 때 온압보정계수를 적용하고 있다. 그동안 가스를 0 ℃에서 부피를 재서 도입한 후에 상온에 부피가 늘어난 채로 1 m^3당 가격을 받아왔다. 기체는 온도가 증가하면 부피가 늘어나기 때문에 소비자가 손해를 보아 왔다. 도입된 온압보정계수는 0.9950 정도인데 이것이 타당한지 검토해 보라.

7. 대장장이가 말굽쇠(1.5 kg)를 불에 달군 다음 이것을 0.3 kg의 철통에 담긴 1.6 L의 물에 넣었다. 이 물이 처음에 20 ℃이었다가 85 ℃로 변했다면 말굽쇠의 처음 온도는 얼마였을까?

> **7.** 비열을 이용하자.

8. 질량이 0.050 kg이고 비열이 0.73 kJ/kg ℃인 온도계의 눈금이 26.0 ℃를 가리키고 있다. 온도계를 0.7 kg의 물에 넣어 물과 같은 온도가 되게 하였더니 51.4 ℃가 되었다. 온도계를 넣기 전 물의 온도는 몇 ℃인가?

9. 뚜껑이 꽉 닫힌 뽈도장의 뚜껑은 뚜껑만을 살짝 가열하면 쉽게 뽑을 수 있다. 왜 그럴까?

> **9.** 고체는 가열되면 보통 팽창한다.

10. 철길에서 직선모양의 레일이 서로 맞닿아 있다. 이 레일들이 늘어나면 선로가 받는 압력은 $P=F/A=Y\times\Delta L/L$으로 표시된다. 여기서 Y는 영률(Young's modulus)이며, 철의 경우 $Y=2.8\times10^{11}$ Pa이다. 온도가 10 ℃ 올라가면 양끝이 고정된 선로의 양끝에는 어떤 압력이 작용할까? 선로의 단면적이 50 cm^2일 때 작용하는 힘은 얼마인가?

11. 60 kg인 사람이 40 ℃인 1 kg의 음식을 먹는다. 섭취하는 음식과 사람 몸의 대부분은 물이라 가정하자. 땀을 흘리지 않는다면, 이 사람의 체온은 얼마나 올라갈까? 사람의 체온은 37 ℃로 놓자.

12. 크리스마스 트리의 깜빡이는 전구에는 바이메탈 스위치가 들어있다. 바이메탈은 열팽창률이 다른 강철과 놋쇠를 붙여서 온도가 다르면 휘어져서 회로가 끊어지도록 한 것이다. 원래의 길이가 0.5 cm이고, 온도가 200 ℃ 증가할 경우 얼마나 길이 차이가 날까?

***13.** 다이아몬드와 사파이어는 전기를 통하지 않는 부도체이지만 열은 잘 통하게 한다. 그 이유는 무엇일까?

14. 다리 위의 콘크리트 상판의 길이가 50 m이다. 이 상판이 여름에 50 ℃, 겨울에 −30 ℃까지 늘어나거나 줄어드는 것을 고려한다면 그 간격을 얼마 이상으로 해야 할까? 콘크리트의 선팽창계수는 12×10^{-6}/℃이다.

15. 압력밥솥으로 음식을 조리하면 빨리 되는 이유는 무엇일까?

16. 뜨거운 난로나 프라이팬에 떨어진 물방울이 바로 증발하지 않고 이리저리 튀어 다니는 이유는 무엇일까?

17. 헬륨가스를 넣은 고무풍선이 하늘로 올라가면, 이 고무풍선은 어떻게 될까? 풍선이 터지거나 하늘에서 둥둥 떠다니는 현상을 어떻게 설명할 수 있을까?

18. 같은 크기의 나뭇조각과 반짝이는 금속을 햇볕에 놓으면 나뭇조각이 태양열을 더 많이 흡수한다. 그러나 손을 대면 금속이 더 뜨겁다. 왜 그럴까?

***19.** 열전도도가 k_1과 k_2로 다른 두 물질이 서로 접하고 있다. 이들의 두께가 각각 d_1과 d_2일 때, 열류는 어떻게 되는가? k_1, k_2, d_1, d_2, A, ΔT로 표현하여라.

---

12. 216쪽에 나와 있는 선팽창계수를 이용하자.

13. 금속은 전기를 잘 통하게 하는 도체이면서 동시에 열전달도 잘 한다. 자유전자가 전기와 열 전달을 한다.

구리의 열전도도
$k=385$ W/m · K

부도체의 경우에는 자유전자 대신 다른 방법으로 열을 전달한다.

다이아몬드 열전도도
$k=630$ W/m · K

사파이어 열전도도
$k=35$ W/m · K

15. 압력이 높아지면 물이 끓는 온도는 어떻게 변할까? 같은 열을 가하는 경우 온도가 높은 상태에서 열을 가하는 경우와 온도가 낮은 상태에서 열을 가하는 경우는 어떻게 다른 결과를 줄까?

18. 비열과 열전도도의 차이를 알아보자.

20. 면적이 $A=10\ \text{m}^2$인 벽에 $d=10$ cm인 벽돌을 두 겹으로 쌓았다. 방 안과 밖의 온도차가 30 °C일 때 이 벽을 통해 빠져나가는 열류를 구하라.
만일 벽 가운데를 두께 5 cm인 스티로폼으로 채웠다면, 열류는 얼마나 줄어들까? 벽돌의 열전도도는 0.6 W/m · K이고, 스티로폼의 열전도도는 0.01 W/m · K이다.

21. 보온병(듀어병)의 안벽을 은도금하는 이유는 무엇일까? 병의 벽 사이는 왜 진공으로 만들까?

***22.** 면적이 $A=3\ \text{m}^2$이고 두께가 $d=3.2$ mm인 유리창을 두 장 사용하고 그 사이를 두께 $2d$인 공기로 채워서 창문의 총 두께를 $4d$로 만들었다. 사무실 유리창을 통해 빠져나가는 열류를 구하라. 사무실 안의 온도는 15 °C이고 밖의 온도는 −5 °C이며, 유리의 열전도도는 0.8 W/m · K이다.

23. 지표면을 통해 밖으로 전도되어 나가는 에너지의 비율은 54.0 mW/m^{2}이고 지표 근처 암석의 열전도도는 2.50 W/(m · K)이다. 지표의 온도를 15 °C라고 가정하고 지표 속 37.0 km에서 온도를 구하라. (지표면을 평면으로 가정하여라.)

***24.** 태양의 표면온도는 6,000 K이다.
(1) 태양을 흑체라고 가정하면 1초에 발산하는 에너지는 얼마일까?
(2) 지구 밖에서 태양 표면에 수직인 면 1 cm^{2}가 1분 동안 받는 에너지는 얼마일까? 이를 태양상수(solar constant)라고 한다.

24. 슈테판–볼츠만 법칙을 이용한다.

25. 위의 문제를 이용하여 태양에서 지구에 비치는 (단위시간 동안) 에너지의 양을 계산하여라.

26. 지구가 실제로 흡수하는 에너지율은 24, 25번 문제와는 달리 $S=960\ \text{W/m}^2$으로 알려져 있다. 지구가 흡수하는 에너지와 방출하는 에너지는 균형을 이루고 있으므로 지구는 960 W/m^2 비율로 에너지를 방출한다. 지구를 흑체로 보고 지구의 표면 온도를 계산하여라. 이렇게 구한 온도는 현재 지구 표면의 평균온도와 상당한 차이가 나는데 이를 어떻게 해석할 수 있을까?

***27.** (1) 남극지방의 여름 3개월의 평균온도가 10 °C이다. 여름 3개월 동안 200 km × 100 km × 2 km 빙하는 얼마만큼 녹을까? (단, 빙하의 $e=1$로 잡고 빙하의 온도는 0 °C, 표면적은 200 × 100 km^{2}이라고 가정하자.)
(2) 지구온난화 때문에 지구의 평균온도가 2 °C 상승했다고 가정하자. 이 경우 빙하는 온난화 때문에 얼마나 더 녹을까?

28. 피부 온도가 33 °C인 사람이 1 cm 두께의 옷을 입고 0 °C의 공기에 있을 때, 옷을 통하여 빠져 나가는 열류를 구하여라. 그리고 옷이 비에 젖을 때 열류를 구하여라. 건조한 날씨에서 옷의 열전도도는 0.042 W/m · K이고 비에 젖었을 때는 0.64 W/m · K가 된다. 피부의 온도는 모두 균일하다고 가정하고 넓이는 1.2 m^2로 잡는다.

29. 건축에 쓰이는 넓은 판의 열특성으로 열저항($R = d/k$)이 사용된다. 문제 19의 결과를 $H = UA\Delta T$ 의 형태로 나타내어라. 여기서 U는 열관류율이라고 불리고 단위는 W/m2 · K이며 열저항으로만 표현된다.

30. 더운 날씨에 선풍기나 부채로 바람을 쐬면 시원한 이유는 무엇일까?

Chapter 2 열과 분자운동

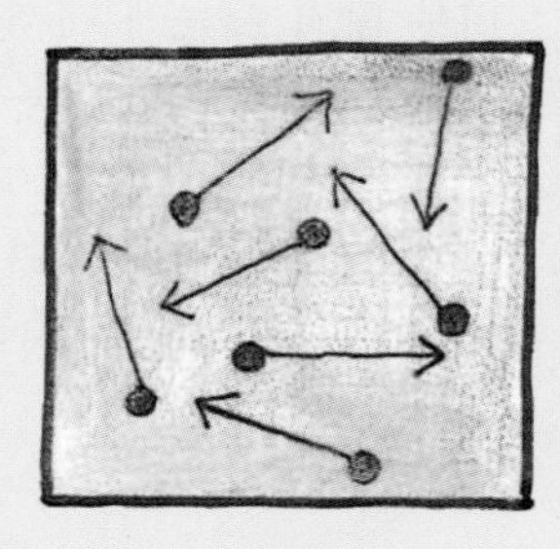
$T=300$ K

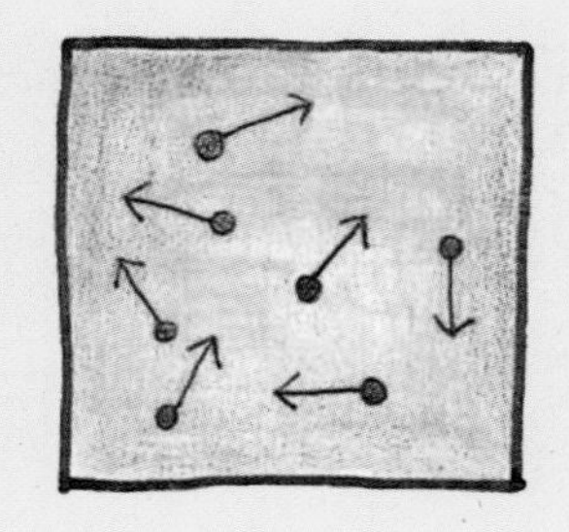
$T=100$ K

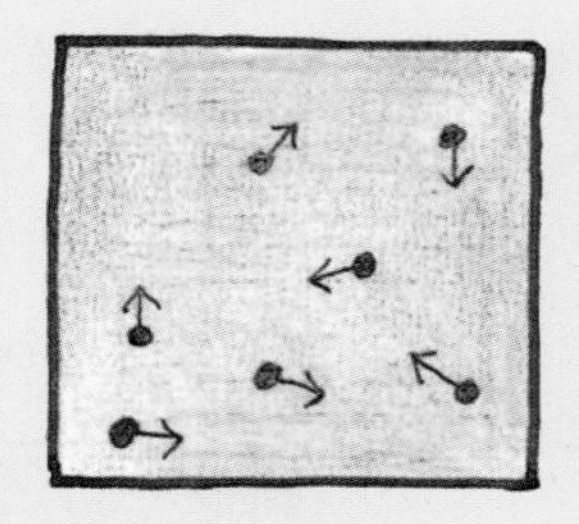
$T=10$ K

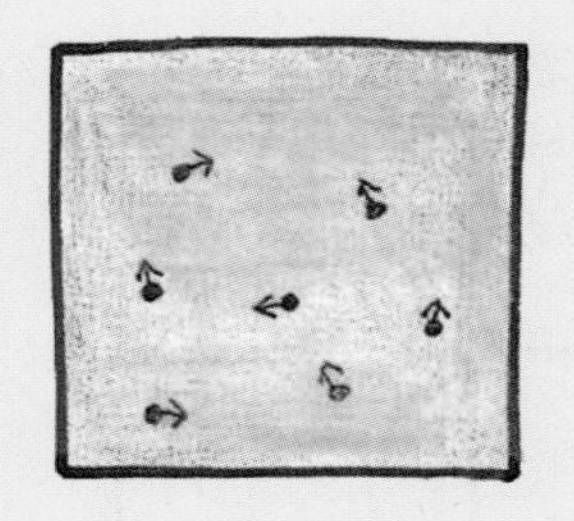
$T=1$ K

열은 미시적으로 볼 때 물질 속에 들어 있는 분자들의 집단적인 운동을 일으킨다. 그러나 분자들의 운동은 물질 속의 분자의 수가 아보가드로수만큼 많기 때문에 일일이 추적할 수 없다. 대신, 평형을 이루고 있는 집단적인 분자들의 속도분포를 온도로 표시한다.

온도가 변한다는 것은 분자들의 집단적인 속도분포가 바뀌는 것이다. 온도란, 제멋대로 춤추는 분자들을 지휘하는 안무가와 같다. 안무가가 손을 들어 "300 K"로 지정하면 분자들은 이 집단적인 분포에 맞춰 자신들의 춤을 추어야만 한다.

기체와 분자운동

앞 장의 3절에서도 약간 언급이 되었지만 분자의 운동과 열은 긴밀한 관계가 있다.

분자의 운동은 뉴턴의 운동법칙으로 그 궤적을 예측할 수 있다. 그러나 거시적인 물질 안에 있는 분자의 양은 너무 많기 때문에 개개의 분자를 추적하는 접근 방법은 현실적으로 불가능하다. 이미 배웠듯이 통계적인 접근 방법이 필요하고 계의 평형상태를 거시적인 양인 온도로 나타낸다. 그러면 미시적인 분자의 운동과 거시적인 양인 온도는 어떻게 관련이 있을까?

물질이 열을 받으면 수많은 분자들은 열운동을 한다. 기체분자들은 무질서하게 병진운동을 하지만 고체 속에 있는 분자들은 격자형태로 차곡차곡 묶여 있기 때문에 제멋대로 운동을 하지 못하고 격자점에서 진동운동만을 하게 된다.

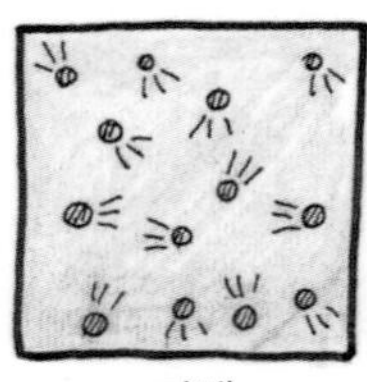

이와 같이 분자가 열을 받아 반응하는 모습은 물질의 상태에 따라 다르므로, 열운동을 통해 미시분자의 세계를 엿볼 수 있다. 분자운동은 일반적으로 매우 복잡하므로 열을 받아 움직이는 가장 단순한 이상기체의 분자운동부터 다루자.

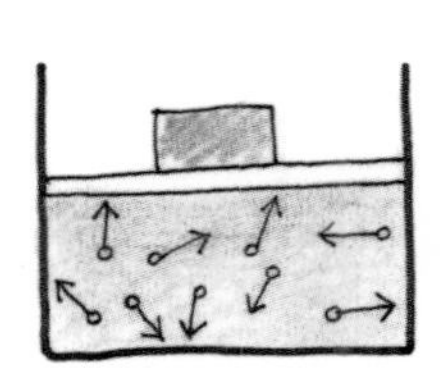
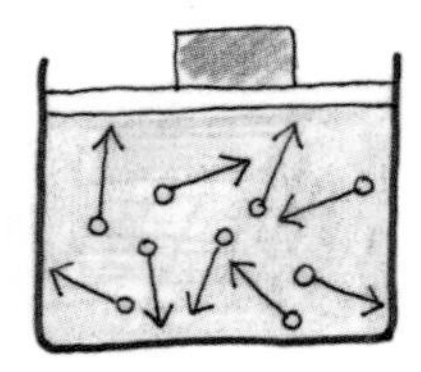

일정한 압력을 가하면 온도에 비례해서 부피가 팽창한다.

샤를에 따르면 이상기체는 압력이 일정할 때 부피가 절대온도에 비례하여 커지고(V/T=일정), 보일에 의하면 기체의 온도가 일정할 때 부피는 압력에 반비례한다(PV=일정)는 것을 앞 장에서 보았다.

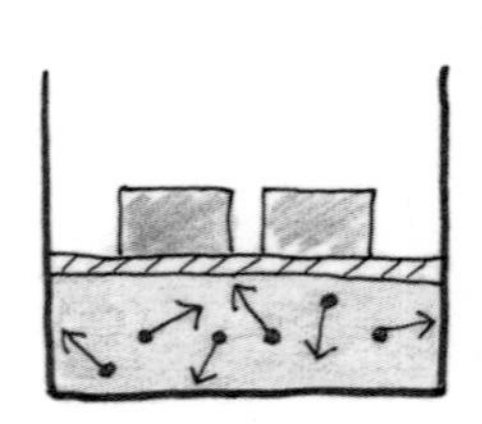
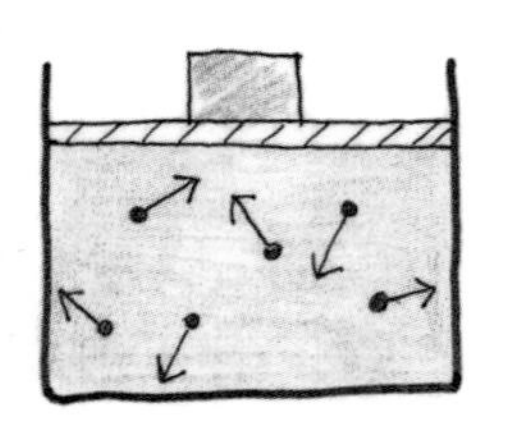

온도가 일정하면 부피는 압력에 반비례한다.

보일-샤를 법칙을 종합하면 PV/T=일정$=C$이다. 이때 비례상수 C는 기체의 종류에는 상관없고, 부피 속에 든 분자의 개수에만 비례한다는 것을 알게 되었다(아보가드로 가설).

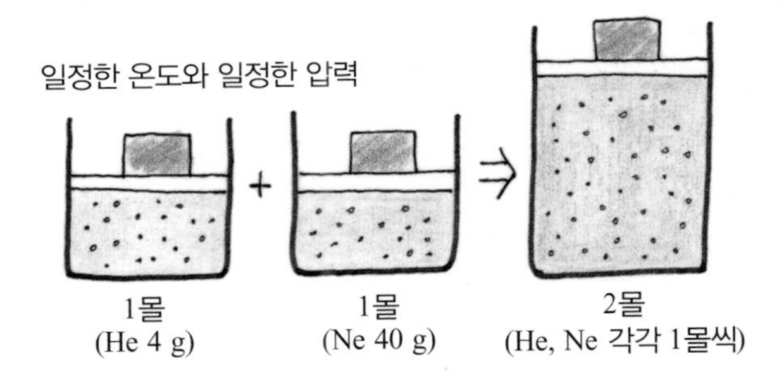

이상을 종합하면, 이상기체의 방정식은

$$PV = nRT$$

로 쓰여진다. 여기서 n은 기체분자의 수를 몰로 표현한 것이다. 1몰(mol)에는 아보가드로수(6.022×10^{23}개)만큼의 분자가 들어 있다.
R는 기체상수라고 하며, 그 값은

$$R = 8.3145 \text{ J/mol} \cdot \text{K}$$ 이다.

기체상수는 기체의 종류에 상관없이 항상 같다.

생각해보기

대기를 이상기체라고 생각할 때, 1기압, 300 K의 대기 중에는 단위부피당 분자가 얼마나 들어있을까?
이상기체 방정식을 쓰기 위해 단위를 고치자.

$P = 1\text{기압} = 1.013 \times 10^5 \text{ N/m}^2,\ \ T = 300 \text{ K}$

$$\frac{n}{V} = \frac{P}{RT}$$
$$= (1.013 \times 10^5)/(8.3145 \times 300)$$
$$= 40.6 \text{ mol/m}^3 = 0.0406 \text{ mol/L}$$
$$N = 0.0406 \cdot 6.02 \times 10^{23}\text{개/L} = 2.44 \times 10^{22}\text{개/L}$$

생각해보기

압력이 10^{-9} torr 이하인 경우를 초고진공(ultra-high vacuum; UHV)이라고 부른다. UHV의 구현으로 나노과학과 표면과학 등에 눈부신 발전이 있었다. 상온의 UHV에서 단위부피당 분자의 개수는 얼마나 될까? 그리고 분자 하나당 부피는?

$$P = 10^{-9} \text{ torr} = \frac{10^{-9}}{760} \cdot 1.013 \times 10^5 \text{ N/m}^2$$
$$= 1.33 \times 10^{-7} \text{ N/m}^2$$

$$\frac{n}{V} = \frac{P}{RT} = 5.33 \times 10^{-11} \text{ mol/m}^3$$
$$N = 32.1 \times 10^9\text{개/L}$$

분자 하나당 공간은 위의 역수이므로

$V/n = 3.1 \times 10^4\ \mu\text{m}^3$이다.

반면에 대기압에서는 $4.1 \times 10^{-8}\ \mu\text{m}^3$가 된다.

이상기체란 이상기체의 상태방정식을 만족하는 기체이다. 이상기체는 일상생활에서 보이는 실제 기체분자와 어떻게 다른가?

이상기체는 기체분자의 구조가 없고, 또한 분자들끼리의 상호작용을 무시한 것이다. 실제기체는 압력을 아주 높이거나 온도를 아주 낮추면 액체로 변하지만, 이상기체의 경우에는 기체상태로 계속 남아 있다.

먼저, 이상기체를 구성하는 기체분자가 단원자들로 만들어진 가장 간단한 이상기체를 생각하자.

단원자 기체분자들은 열을 받으면 그림처럼 무질서한 병진운동만을 하며, 서로 부딪치거나 벽에 부딪치면 탄성충돌을 할 뿐이다.

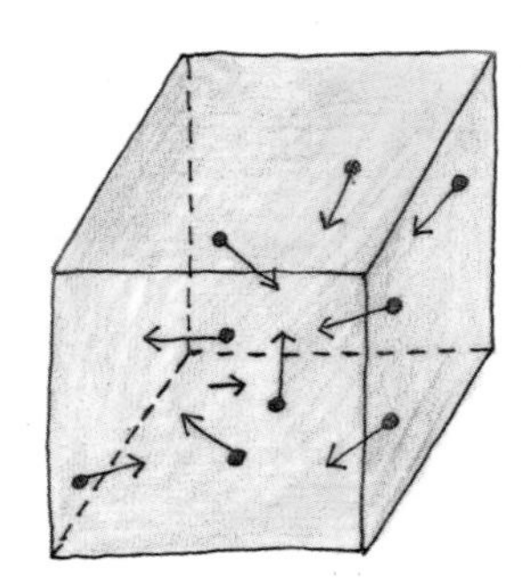

기체의 온도, 압력 등은 기체분자의 운동상태와 어떤 관련이 있을까? 기체분자의 미시적 운동상태를 보자.

분자의 질량이 m인 이상기체 분자 N개가 부피 V속에 들어 있다. 이 분자들이 벽에 충돌하면 벽에 압력을 준다.

그림처럼 x방향으로 속력 v_x로 직선운동하는 분자를 따라가 보자.

이 분자는 직선운동을 하다가 그림처럼 벽에 부딪치면 탄성충돌하므로 같은 속력으로 되돌아 나온다.

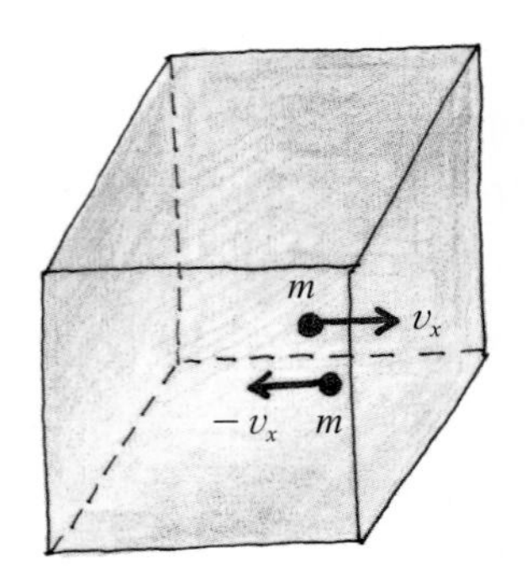

분자의 속력은 변하지 않지만, 충돌 후 속도의 방향이 바뀌므로 운동량이 변한다. 분자의 운동량 변화량은

$$(-mv_x) - mv_x = -2mv_x \text{ 이다.}$$

따라서, 분자 한 개는 $\Delta p_x = 2mv_x$의 운동량 변화량을 벽에 충격량으로 가한다.

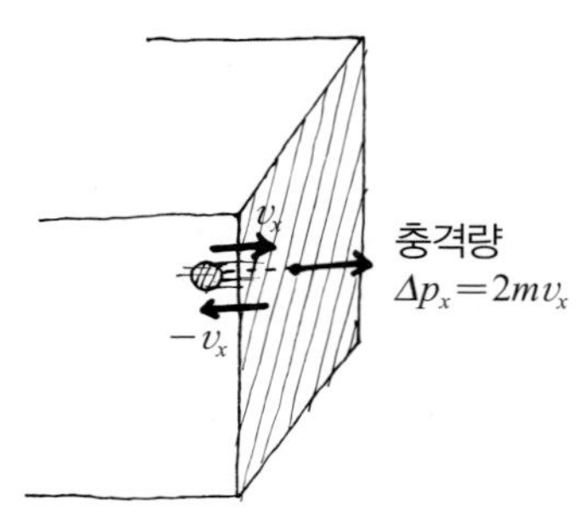

수많은 분자들은 연속적으로 벽을 때려 벽에 충격량을 주므로 총 충격량은 벽에 부딪치는 분자의 총 수를 곱하면 된다. 분자들이 단면적 A를 속도 v_x로 Δt 동안 이동하면, 부피 $\Delta V = Av_x\Delta t$ 안에 들어 있는 분자의 총 수는 부피에 밀도($=N/V$)를 곱한 것으로 표시된다.

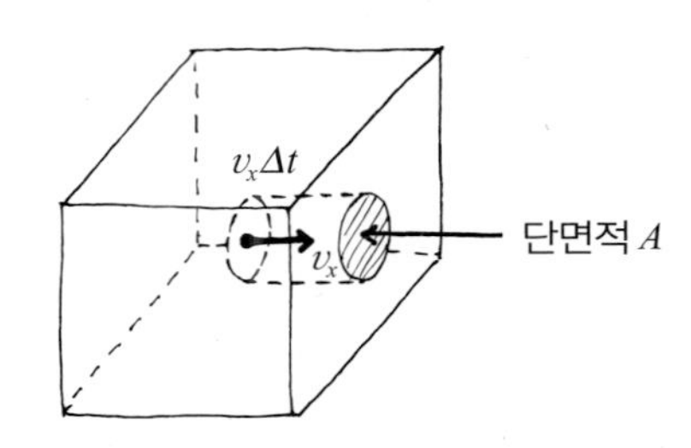

$$N_{총} = (Av_x\Delta t)\left(\frac{N}{V}\right) = \frac{Nv_xA\Delta t}{V}$$

그런데 분자들은 좌우로 움직이므로 Δt 동안 한쪽 벽의 면적 A를 때리는 분자의 총 개수는 $N_{총}$의 1/2이다.

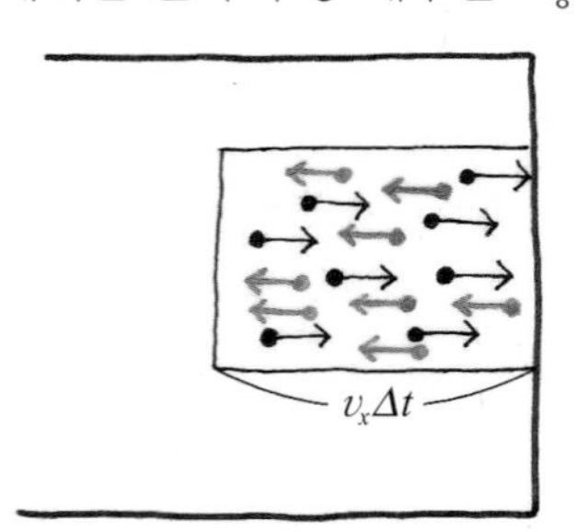

따라서, 벽이 Δt 동안 받는 총 충격량은

$$\Delta P_x = \frac{1}{2}N_{총} \times \Delta p_x = \frac{1}{2}\left(\frac{Nv_xA\Delta t}{V}\right)(2mv_x)$$

$$= \frac{Nmv_x^2A\Delta t}{V} \text{ 이다.}$$

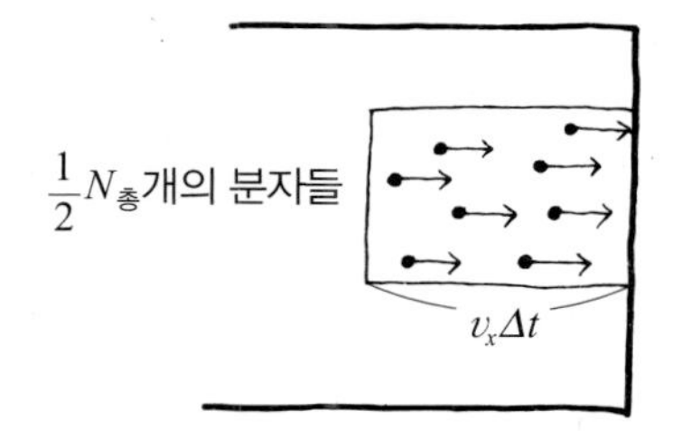

많은 분자들이 Δt 동안에 계속해서 벽에 부딪쳐 충격을 주므로, 벽이 느끼는 평균힘은 총 충격량 ΔP_x를 Δt로 나누면 된다.

$$F_x = \frac{\Delta P_x}{\Delta t} = \frac{Nmv_x^2 A}{V}$$

분자들이 벽면에 가하는 압력은 이 힘을 면적으로 나눈 것이다.

$$P = \frac{F_x}{A} = \frac{Nmv_x^2}{V}$$

지금까지는 분자가 x축방향으로 움직이는 경우를 보았지만, 분자는 일반적으로 x, y, z의 세 방향으로 움직인다.

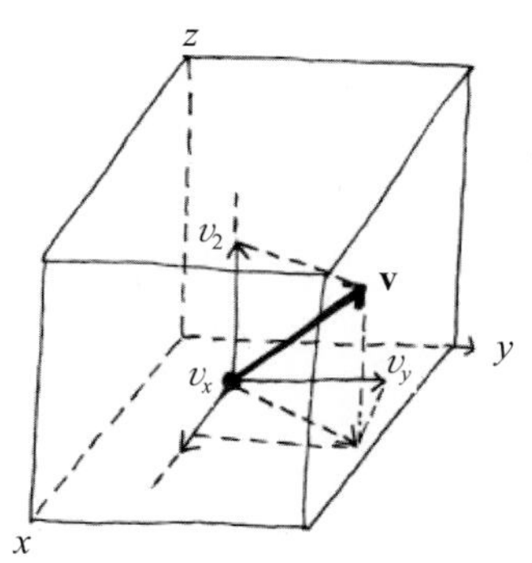

그런데 이 세 방향으로 움직이는 기체분자의 속력은 평균적으로 볼 때 모든 방향에서 같아야 할 것이다. 즉, $\langle v_x^2 \rangle = \langle v_y^2 \rangle = \langle v_z^2 \rangle$이다. 속도의 제곱은 $v^2 = v_x^2 + v_y^2 + v_z^2$이므로

$$\langle v^2 \rangle = \langle v_x^2 + v_y^2 + v_z^2 \rangle = 3\langle v_x^2 \rangle \text{이다.}$$

따라서, 평균적으로 보아 v_x^2은 $\frac{1}{3}v^2$으로 볼 수 있다.

이상기체가 벽면에 주는 압력을 이제 속력으로 쓰면

$$P = \frac{1}{3}\frac{Nmv^2}{V} \text{이다.}$$

이것을 이상기체의 상태방정식 $PV = nRT$와 비교해 보자.

$$PV = nRT = \frac{1}{3}Nmv^2$$

이것으로부터 기체분자 한 개가 가지는 평균운동에너지는

$$\frac{1}{2}mv^2 = \frac{3}{2}\frac{n}{N}RT$$

임을 알 수 있다.

부피 V 속에 기체분자 n몰이 있으므로 기체의 분자수를 아보가드로수 N_A로 표시하면 $N = n \times N_A$이므로, 분자의 운동에너지는

$$\frac{1}{2}mv^2 = \frac{3}{2}\frac{R}{N_A}T = \frac{3}{2}k_B T \text{이다.}$$

새로운 상수 k_B는 볼츠만상수라고 한다.

$$k_B = \frac{R}{N_A} = 1.38 \times 10^{-23}\ \text{J/K}$$

즉, 기체의 온도가 T일 때 단원자 기체분자 한 개의 평균병진운동에너지 KE는

$$KE = \frac{1}{2}mv^2 = \frac{3}{2}k_B T \text{이다.}$$

단원자 기체분자는 병진운동밖에 하지 않으므로, 병진운동에너지 $\frac{3}{2}k_B T$는 기체분자가 가질 수 있는 총 에너지에 해당된다.

기체의 총 에너지는 통계적으로 볼 때 기체분자의 평균에너지로서 온도만으로 결정된다.

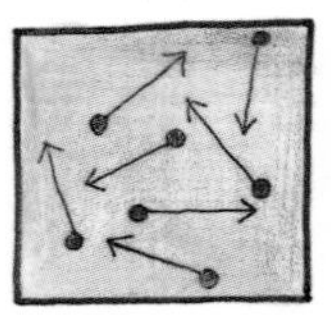

$T = 300$ K

$T = 100$ K

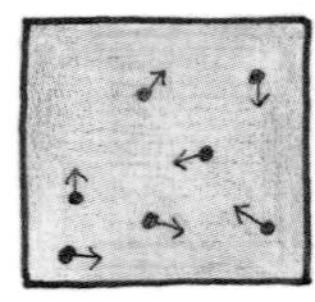

$T = 10$ K

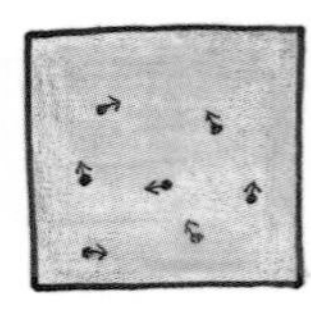

$T = 1$ K

생각해보기

헬륨기체 원자가 상온에서 가지는 평균운동에너지와 평균속력은 얼마일까? 헬륨원자의 질량은 $m = 6.7 \times 10^{-27}$ kg 이다.

헬륨원자의 평균운동에너지는 온도만으로 결정된다.

$$\begin{aligned} KE &= \frac{3}{2} k_B T \\ &= \frac{3}{2} \times (1.38 \times 10^{-23}\ \text{J/K}) \times 300\ \text{K} \\ &= 6.21 \times 10^{-21}\ \text{J} \end{aligned}$$

이 에너지는 기체의 종류에 상관없이 같지만 기체분자의 평균속력은 분자의 질량에 따라 달라진다.

헬륨원자의 평균속력은

$$v = \sqrt{\frac{2KE}{m}} = \sqrt{\frac{3k_B T}{m}} = \sqrt{\frac{12.4 \times 10^{-21}}{6.7 \times 10^{-27}}}$$
$$\cong 1.36\ \text{km/s} \cong 4900\ \text{km/h}$$

이다.

기체분자의 운동에너지는 평균적으로 $\frac{3}{2}k_B T$ 이다.

그런데 기체분자가 움직일 수 있는 세 방향이 모두 동등하므로, 기체가 움직일 수 있는 한 방향마다 기체분자는 $\frac{1}{2}k_B T$의 운동에너지를 가지고 있다고 볼 수 있다.

$$\frac{1}{2}m\langle v_x^2\rangle = \frac{1}{2}m\langle v_y^2\rangle = \frac{1}{2}m\langle v_z^2\rangle = \frac{1}{2}k_B T$$

기체분자가 만일 아래 그림처럼 1차원에서 좌우로만 움직인다면 이 기체분자가 가질 수 있는 평균운동에너지는 $\frac{1}{2}k_B T$일 것이다.

$$\frac{1}{2}m\langle v^2\rangle = \frac{1}{2}m\langle v_x^2\rangle = \frac{1}{2}k_B T$$

평면 위에서만 운동하는 2차원 상황이라면 평균운동에너지는 $\frac{1}{2}k_B T$의 2배인 $k_B T$가 될 것이다.

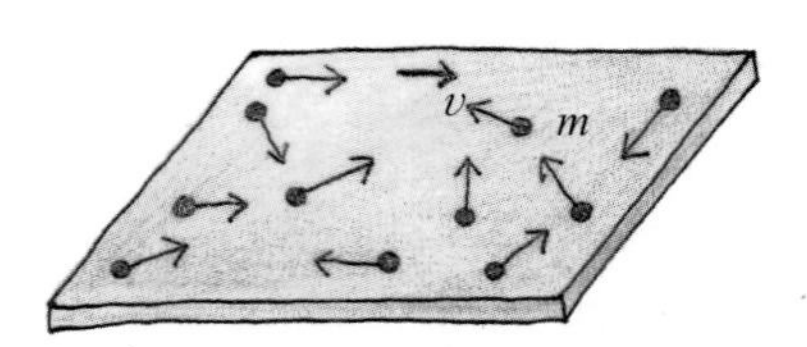

생각해보기

헬륨기체 원자가 평면에 갇혀있다. 상온에서 이 헬륨 원자의 평균운동에너지와 속력을 구하라.
평면에 놓여 있는 헬륨원자의 운동에너지는

$$KE = k_B T = 1.38 \times 10^{-23} \times 300$$
$$= 4.14 \times 10^{-21}\ \text{J}$$

이 원자의 평균속력은

$$v = \sqrt{\frac{2KE}{m}} = \sqrt{\frac{2 \times 4.14 \times 10^{-21}}{6.7 \times 10^{-27}}}$$
$$= 1.11\ \text{km/s} = 4000\ \text{km/h}$$

헬륨기체 원자가 1차원 튜브에 갇혀있다면 평균운동에너지와 속력은 어떻게 바뀔까?

1차원 튜브에 놓여 있는 헬륨원자의 운동에너지는

$$KE = \frac{1}{2} k_B T = 1.38 \times 10^{-23} \times 300/2$$
$$= 2.07 \times 10^{-21}\ \text{J}$$

이 원자의 평균속력은

$$v = \sqrt{\frac{2KE}{m}} = \sqrt{\frac{2 \times 2.07 \times 10^{-21}}{6.7 \times 10^{-27}}}$$
$$= 0.79\ \text{km/s} = 2830\ \text{km/h}$$

열역학 제1법칙

기체가 평균적으로 가지고 있는 총 에너지를 기체의 내부에너지라고 한다.

단원자 기체분자의 평균에너지는 바로 기체분자의 평균운동에너지였다. 왜냐하면 분자 간 상호작용이 없으므로 퍼텐셜에너지는 0이 된다. 그런데 단원자 이상기체 분자의 평균운동에너지는 온도만으로 결정되므로, 기체의 내부에너지는 온도와 기체분자의 수로 결정된다.

이상기체의 내부에너지는 어떤 상황에서 같으며, 어떻게 바꿀 수 있는지 알아보자.

그림처럼 N개의 단원자 기체분자가 들어 있는 용기를 다루어 보자. 온도가 T일 때, 이 기체의 내부에너지 U는

$$U = KE = N \times \frac{3}{2} k_B T = \frac{3}{2} nRT \text{ 이다.}$$

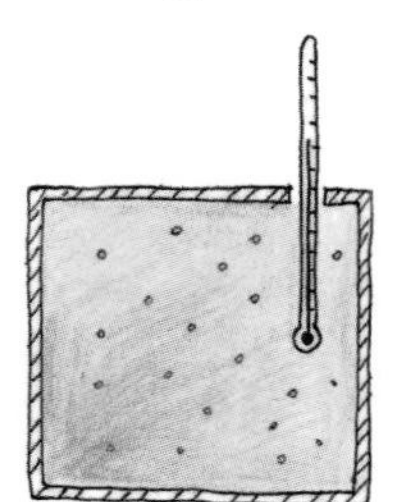

등온압축, 등온팽창

이 용기의 온도를 T로 유지하면서 서서히 압력을 가해 부피를 그림처럼 줄여보자. 이 용기 속에 들어있는 기체의 내부에너지는 처음과 같다. 마찬가지로 부피를 늘려도 내부에너지는 변하지 않는다.
기체의 온도와 기체분자의 수가 변하지 않았기 때문이다.

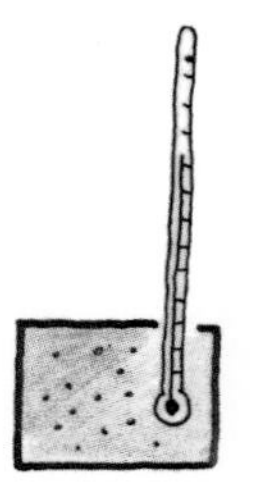

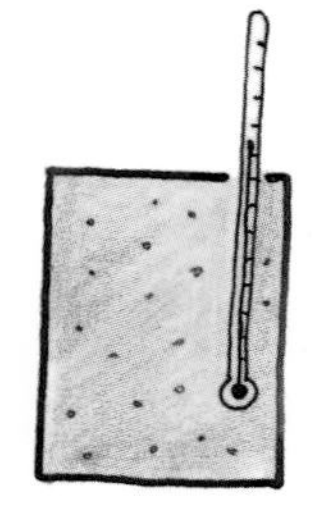

생각해보기 **등온압축**

기체의 부피를 줄이기 위해서는 외부에서 압력을 가해 일을 해주어야 한다.

그런데 기체의 온도를 일정하게 유지하는 경우에는 외부에서 기체에 일을 해주어야 한다. 그럼에도 불구하고, 이상기체의 내부에너지는 증가하지 않는다. 그렇다면 외부에서 해준 일은 어디로 간 것일까?

기체의 부피를 줄이기 위해 외부에서 일을 해주면 보통 기체의 온도가 올라가게 되어있다. 그 결과 기체의 내부에너지를 증가시킨다.

그런데 등온과정의 경우에는 기체의 온도를 변화시키지 않으므로, 기체는 외부에서 에너지를 받아 기체 내부에 축적하는 대신 외부로 에너지를 고스란히 내보낸다. 이 경우 보통 열로 방출된다.

이제는 타이어에서 바람이 서서히 빠지듯이 용기에 아주 작은 구멍을 내어 기체분자가 서서히 빠져 나가도록 해보자. 용기의 내부에너지는 어떻게 변할까?

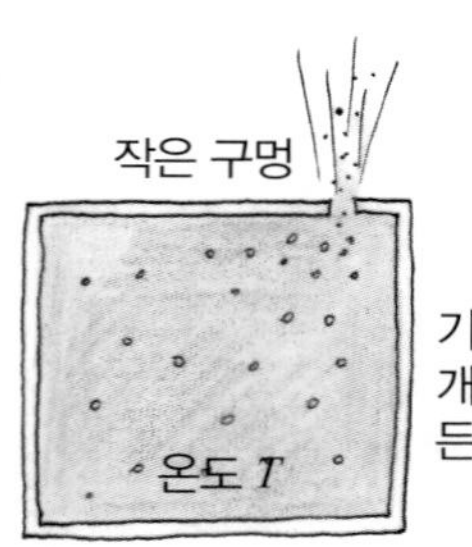

기체가 서서히 빠져나가므로, 온도는 변하지 않지만 기체의 압력은 감소한다.
그러나 기체분자의 수가 감소하므로, 내부에너지는 감소한다.

이번에는 용기에 약간 큰 구멍을 내어 풍선을 불어보자.

단열팽창

구멍을 여는 순간 용기 속에 들어 있는 기체는 풍선 속으로 들어가며 갑자기 팽창한다. 이 경우 기체의 내부에너지는 변할까?

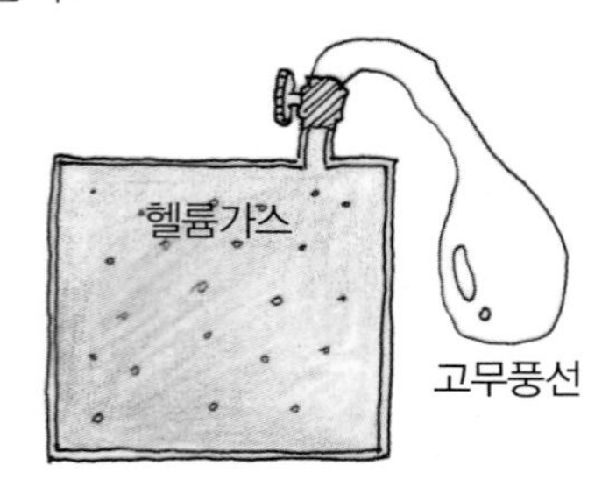

용기와 풍선 속에 들어 있는 총 기체분자의 수는 변하지 않지만 기체가 풍선 속으로 들어가면서 풍선을 팽창시킨다.

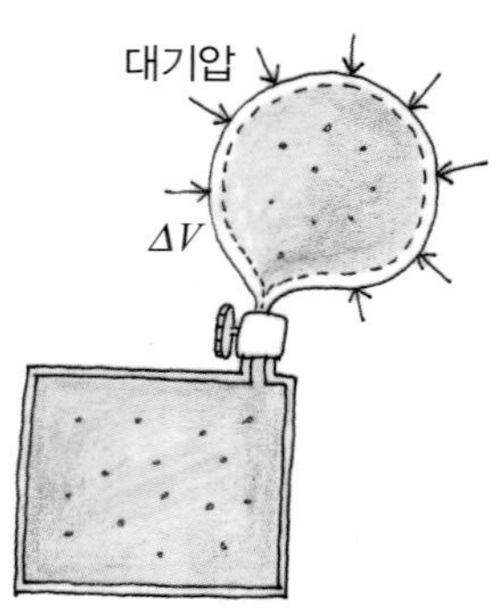

이때 기체는 풍선을 둘러싸고 있는 대기압에 반대하여 팽창을 해야 하므로 기체는 대기에 힘을 주어 일 ΔW를 하게 된다.

기체가 풍선외부에 일을 하게 되면 기체는 내부에너지 ΔU를 소모하므로 기체의 내부에너지가 감소하게 된다.

기체가 외부에 해준 일 = 내부에너지 감소량

$$\Delta W = -\Delta U$$

이때 기체는 갑자기 팽창하므로 외부에서 열이 들어올 시간이 없다. 이러한 팽창을 단열팽창이라고 한다. 단열팽창의 경우 기체의 내부에너지가 감소하므로 기체의 온도는 내려간다.

가스 라이터에 가스를 주입할 때나, 다 쓴 부탄가스통을 버리기 위해 통에 못구멍을 내어 가스가 순식간에 빠져나갈 때, 가스통이 아주 차가워지는 것도 같은 원리이다.

생각해보기

동해에서 태백산맥을 넘어 높새바람(푄바람)이 불면 태백산맥 서쪽 아래의 온도가 올라간다. 그 이유는 무엇일까?

바람이 태백산맥을 넘기 위해 빠른 속도로 상승하면 공기는 단열팽창이 일어나면서 온도가 내려간다. 이때 대기에 포함된 수증기는 포화상태가 되어 구름으로 바뀌고 산맥 동쪽엔 비가 내린다. 수증기가 제거된 건조한 바람이 산맥을 넘어 경사면을 따라 내려가면 단열수축하게 되고, 온도가 다시 상승한다(비를 내려서 수증기의 함량이 적기 때문에 온도상승률이 동쪽의 온도하강률보다 높다). 이 때문에 산맥 서쪽 아래지역은 고온건조하게 된다.

기체가 압력이나 열을 받아 상태가 변할 때 내부에너지의 변화를 구해 보자. 먼저, 아래 그림처럼 용기 속에 들어 있는 기체에 일정한 압력 P를 가해 보자. 기체는 압력을 받으면 부피가 줄어든다(압축된다).

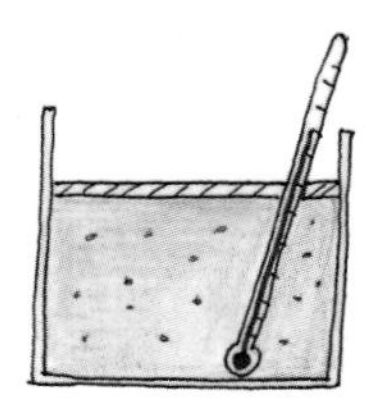

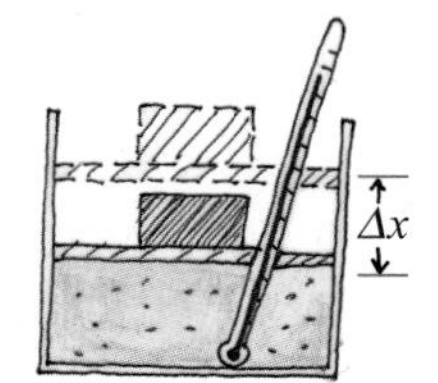

외부에서 단면적 A에 일정한 압력 P를 가하면 이 압력은 기체에 힘 $F = PA$를 준다. 이때 압축시킨 거리를 Δx라고 하자. 외부에서 기체에 해 준 일은 $\Delta W_{외부} = F\Delta x = PA\Delta x$이다.

압축된 부피는 $\Delta V = A\Delta x$이므로, $\Delta W_{외부} = P\Delta V$이다. 이 일은 기체의 내부에너지를 증가시킨다.

$$\Delta U = \Delta W_{외부} = P\Delta V$$

기체의 내부에너지가 증가되었으므로, 기체의 온도가 올라간다.

이제 같은 용기에 든 기체에 부피를 일정하게 유지하면서 외부에서 열을 가해 보자.

기체의 부피는 일정하므로 외부에서 가해준 열 ΔQ는 기체의 운동에너지를 증가시키는 데만 쓰이게 된다. 따라서, 외부에서 가해 준 열은 내부에너지를 증가시킨다.

$$\Delta U = \text{운동에너지 증가량} = \Delta Q$$

물론, 이 열은 기체의 온도를 높인다.

마지막으로 용기에 일정한 압력을 가해 부피가 변할 수 있는 상태에서 열을 가해 보자. 외부에서 기체에 가해준 열 ΔQ는 기체의 내부에너지 ΔU를 증가시키는 데 쓰인다.

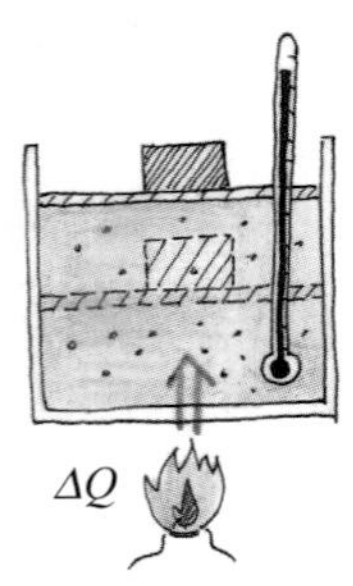

한편, 기체는 열을 받으면 팽창한다. 이때 외부에서 일정한 압력 P로 내리 누르므로 기체가 ΔV만큼 팽창하면 이에 대항하여 외부에 일 $\Delta W = P\Delta V$를 하게 된다.

따라서, 기체는 외부로부터 열을 받아 일부는 내부에너지를 증가시키며, 일부는 외부에 일을 하는 데 쓰게 된다.

$$\Delta Q = \Delta U + \Delta W = \Delta U + P\Delta V$$

열역학 제1법칙

이것으로부터 내부에너지 변화량은

$$\Delta U = \Delta Q - P\Delta V \text{ 이다.}$$

이것은 열을 포함한 에너지 보존법칙이다.

열역학 제1법칙은 이상기체뿐만 아니라 열이 수반될 때 일반적으로 적용되는 에너지 보존법칙이다.

생각해보기 **정압과정**

부피가 4리터인 이상기체가 2기압 압력을 유지한 채 팽창하여 부피가 10리터가 되었다. 이때 기체가 외부에 해준 일은 얼마일까? 기체의 내부에너지의 변화량은 얼마일까? 이 과정에서 기체는 열을 받아들일까 아니면 방출할까?

기체가 외부에 해준 일은 $\Delta W = P\Delta V$ 이다.

$$\Delta W = 2 \times 10^5 \times 6 \times 10^{-3} = 1200\ \text{J 이다.}$$

이상기체의 내부에너지는 온도로 주어진다.

$$\Delta U = \frac{3}{2}nR\Delta T$$

온도의 차이를 알기 위해 이상기체 방정식을 이용하자. 이 과정은 등압과정이므로 (압력이 일정하다),

$$P = \frac{nRT}{V} = \text{일정하다.}$$

즉, $nR\Delta T = P\Delta V$이므로 부피가 늘어나면 온도도 늘어난다.

$$\Delta U = \frac{3}{2}nR\Delta T = \frac{3}{2}P\Delta V = 1800\ \text{J 이다.}$$

내부에너지의 변화량은 1,800 J이고, 외부에 해준 일은 1,200 J이다. 따라서 이 과정이 일어나려면 3,000 J의 열을 기체가 받아들여야 한다.

즉, 기체는 3,000 J의 열을 받아들여, 그중의 1,800 J은 내부에너지를 증가시키는 데 쓰고, 1,200 J을 외부에 일을 하는 데 쓴다.

생각해보기 **정적과정**

부피가 10리터, 압력 2기압, 온도 300 K인 이상기체에 열을 가했다. 이 과정에서 기체의 부피는 변하지 않았지만, 온도가 100 K 증가되었다.

이 과정에서 기체가 한 일은 얼마일까?
기체가 받은 열은 얼마일까?
내부에너지의 변화량은 얼마일까?
기체의 최종압력은 얼마일까?

부피가 일정하므로, 기체는 외부에 일을 하지 않는다.

$$\Delta W = P\Delta V = 0$$

기체가 받은 열은 온도의 변화만으로 표시된다.

$$\Delta Q = \frac{3}{2}nR\Delta T$$

그런데 이 기체의 몰수를 구하기 위해 이상기체 방정식을 쓰면,

$$nR = \frac{PV}{T} = \frac{(2 \times 10^5) \times (10 \times 10^{-3})}{300} = \frac{20}{3}\ \text{J/K 이다.}$$

따라서 이 과정에서 기체가 받은 열은

$$\Delta Q = \frac{3}{2}\frac{20}{3} \times 100 = 10^3\ \text{J} = 1\ \text{kJ 이고,}$$

기체가 받은 열은 모두 내부에너지를 증가시키는 데 쓰인다.

$$\Delta Q = \Delta U = \frac{3}{2}nR\Delta T$$

내부에너지 증가량도 1 kJ 이다.

부피가 일정한 과정이므로, $P/T=$일정을 쓰면

$$\text{최종압력} = 2\text{기압} \times \left(\frac{300 + 100}{300}\right) = 2.67\text{기압이다.}$$

이상기체의 PV 도표

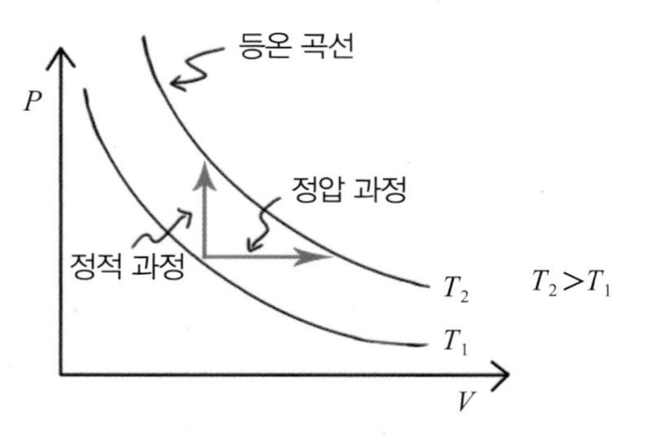

이상기체 공식 $PV = nRT$를 $P-V$ 그래프로 그리면 앞과 같다. 파란색으로 그린 각각의 곡선은 온도가 일정할 때의 것이고 쌍곡선을 나타낸다. 온도가 높아지면 오른쪽 위로 올라간다.

정압과정은 압력이 일정하므로 수평방향의 화살표가 가리키는 과정이고 정적과정은 부피가 일정하므로 수직방향의 화살표가 가리키는 과정이다. 두 과정 모두 온도가 상승한다.

상태함수

기체의 상태가 변하면서 기체가 외부에 해준 일 ΔW는 중간에 거치는 과정에 따라 값이 달라진다.

그러나 내부에너지의 변화 ΔU는 중간과정에 상관없이 처음 상태와 최종 상태만으로 결정된다. 내부에너지처럼 주어진 상태에 따라 결정되는 물리량을 상태함수라고 부른다.

Section 3 물질의 비열

비열은 물질에 따라 다르다는 것을 배웠다. 따라서 비열을 자세히 살펴보면 물질의 특성을 알 수 있다.

기체의 경우 이상기체는 기체의 종류에 상관없는 보편적인 성질을 보여준다. 그럼에도 불구하고 이상기체가 단원자로 구성되었는지 여러 개의 원자로 구성되었는지에 따라 그 성질이 달라진다. 비열을 통해 물질의 성질을 살펴보자.

이상기체의 비열

그림과 같이 용기에 든 기체에 부피를 일정하게 유지하면서 열을 가하면 기체의 온도가 올라간다. 가해준 열에 따라 온도는 어떻게 올라갈까?

단원자 이상기체의 비열을 에너지 보존법칙을 써서 구해보자. 용기의 부피가 일정하므로 기체에 가해준 열 ΔQ는 내부에너지와 같다.

$$\Delta Q = \Delta U = \frac{3}{2}nR\Delta T$$

따라서, 기체 1몰($n=1$)을 온도 $\Delta T = 1$ ℃ 올리는 데 필요한 열은 $\frac{3}{2}R$이다. 이것을 몰비열이라고 한다. 몰비열을 1몰의 질량으로 나누면 비열이 된다.

$$\Delta Q = nC_v\Delta T = cm\Delta T$$

이상기체의 몰비열은 $C_v = \frac{3}{2}R$ 이다.

이 몰비열은 기체의 부피를 일정하게 하면서 잰 몰비열이므로 정적 몰비열이라고 한다.

이제 기체의 압력을 일정하게 유지하면서 열을 가해 보자. 온도는 어떻게 변할까?

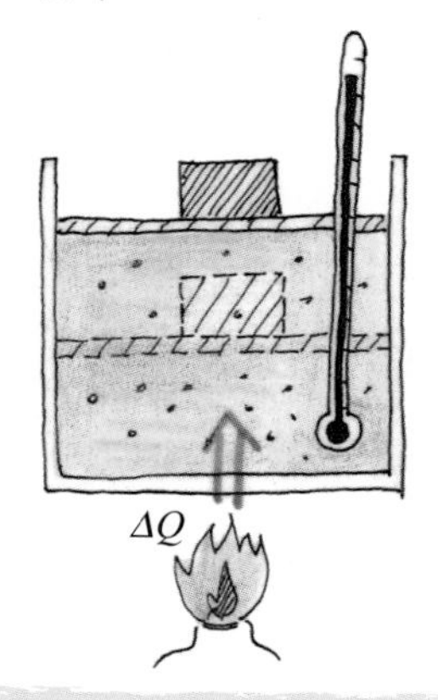

기체가 외부로부터 받는 열 ΔQ는 내부에너지만을 증가시키지 않는다. 기체가 팽창하면서 외부에 일을 하기 때문이다.

$$\Delta Q = \Delta U + P\Delta V$$

기체에 일정한 압력을 가할 때 기체가 팽창하면서 하는 일은 이상기체 방정식 $PV = nRT$에 따르면 $P\Delta V = nR\Delta T$이다. 내부에너지의 증가량은 $\Delta U = \frac{3}{2}nR\Delta T$이므로,

$$\Delta Q = \frac{3}{2}nR\Delta T + nR\Delta T = \frac{5}{2}nR\Delta T \text{ 이다.}$$

따라서, 압력이 일정할 때의 몰비열은

$$C_p = \frac{5}{2}R \text{ 이다.}$$

이것을 정압 몰비열이라고 한다. 정압 몰비열은 정적 몰비열보다 크다.

$$C_p = C_v + R$$

정압비열과 정적비열의 비는

$$\gamma = \frac{C_p}{C_v} = \frac{5}{3} \text{ 이다.}$$

생각해보기

밥솥의 뚜껑을 자주 열면 밥이 선다. 왜 그럴까?

정압비열은 정적비열보다 크다. 뚜껑을 열면 정압비열이 적용되기 때문에 온도가 빨리 올라가지 않는다. 미묘한 온도차로 쌀이 익는 상태가 달라진다.

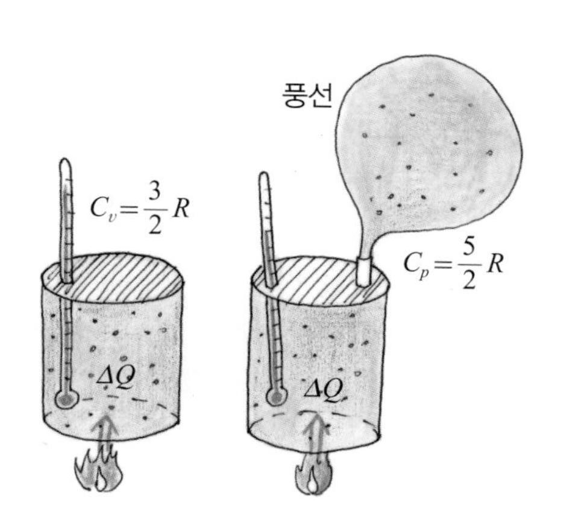

옆 그림처럼 밀폐된 캔에 든 기체에 열을 가하면 정적비열만큼 온도가 올라간다.

그러나 열린 캔에 풍선을 달면 같은 열을 가할 때 온도가 덜 올라간다. 기체의 부피가 증가하면서 외부에 일을 하기 때문이다.

생각해보기 정적과정과 정압과정의 차이

네온가스는 단원자 기체이고 이상기체로 볼 수 있다. 부피가 2 m^3인 통 안에 1기압상태로 들어있는 네온가스의 온도를 상온인 30 ℃에서 23 ℃로 낮추고자 한다.

(1) 부피를 일정하게 유지하면서 온도를 낮추는 경우 빼내야 하는 열량은 얼마인가? 이때 기체의 내부에너지 변화량은 얼마일까?

(2) 압력을 일정하게 유지하면서 온도를 낮추는 경우 빼내야 하는 열량은 얼마일까? 이때 기체의 내부에너지 변화량은 얼마일까?

(1) 정적과정의 경우(부피를 일정하게 유지한다) 빼내야 할 열량은

$$\Delta Q = nC_v\Delta T = \frac{3}{2}nR\Delta T \text{ 이다.}$$

그런데 부피가 2 m^3, 처음 온도가 $T=303$ K, 압력이 $P=10^5$ N/m^2이었으므로,

$$nR = \frac{PV}{T} = \frac{10^5\times 2}{303} \text{ J/K를 이용하면,}$$

$$\Delta Q = \frac{3}{2}\frac{10^5\times 2}{303}(-7) \text{ J} = -6931 \text{ J 이다.}$$

기체의 내부에너지 변화량은 기체의 부피가 일정하므로 기체에서 빼낸 열량과 같다.

$$\Delta U = -6931 \text{ J}$$

(−는 내부에너지가 감소한다는 것을 뜻한다.)

(2) 정압과정의 경우(압력을 일정하게 유지한다) 빼내야 할 열량을 계산하기 위해서는 정압비열을 써야 한다.

$$\Delta Q = nC_p\Delta T = \frac{5}{2}nR\Delta T$$

$$= \frac{5}{2}\frac{10^5\times 2}{303}(-7) \text{ J} = -11551 \text{ J}$$

이 과정에서 생기는 기체의 내부에너지 변화는 온도의 변화로만 결정된다.

$$\Delta U = \frac{3}{2}nR\Delta T = -6931 \text{ J}$$

이 값은 정적과정에서의 내부에너지 변화량과 같음을 알 수 있다. 그렇다면 내부에너지 변화량과 빼앗긴 열량과는 차이가 난다. 이 에너지 차이는 어떻게 설명할까?

정압과정은 정적과정과 달리 부피가 변하기 때문에 기체가 일을 하게 된다는 점이 다르다.

기체의 총 내부에너지는 6,931 J만큼 줄어들지만 11,551 J을 열로 빼앗기는 대신 −4,620 J의 일을 하게 된다.

(부호가 −라는 것은 부피가 수축하기 때문에 기체가 외부에 일을 하는 것이 아니라 외부에서 기체에 일을 해준다는 것을 뜻한다.)

이원자분자의 비열

수소, 산소와 질소 등 공기 중의 분자들은 대부분 이원자분자로 되어 있다. 이원자분자는 2개의 원자가 분자를 형성한다.

이원자분자로 구성된 기체도 단원자기체처럼 병진운동을 한다. 그러나 단원자분자와 달리 병진운동 이외에도 회전운동과 진동운동이 가능하다.

이 운동들에 의해 더해지는 내부에너지는 얼마일까?

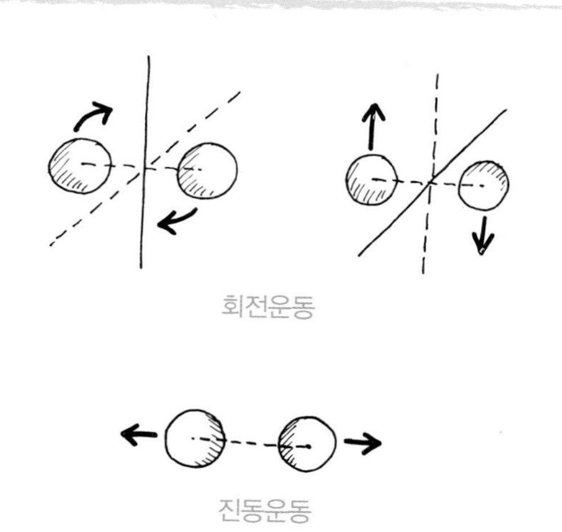

병진운동에너지는 단원자분자와 마찬가지로 $3 \times (k_BT/2)$이다.

그런데 상온에서 이원자분자는 그림처럼 원자를 잇는 축에 수직인 두 축을 중심으로 회전운동을 한다(축방향에 대한 회전운동의 효과는 나타나지 않는다).

이때 내부에너지는 운동할 수 있는 방향마다(자유도라고 한다) $k_BT/2$ 만큼의 에너지가 증가한다(등분배정리).

따라서, 회전운동에 의한 내부에너지는 $2 \times \frac{k_BT}{2}$이다.

온도가 더욱 높아지면 분자의 축방향으로 진동운동이 가능해진다. 이때의 내부에너지는 진동운동에 의해 생긴다. 진동운동에서는 운동에너지뿐만 아니라 위치에너지도 존재하며, 평균위치에너지는 평균운동에너지와 같다.

즉, 진동에너지는 $2 \times \frac{k_BT}{2} = k_BT$ 이고,

따라서 내부에너지에는 k_BT가 더해진다.

이상을 종합하면 이원자분자의 정적비열은 상온보다 낮을 때는 $C_v = \frac{3}{2}R$ 이다.

상온에서 정적비열은 회전운동 때문에

$$C_v = \left(3 \times \frac{1}{2} + 2 \times \frac{1}{2}\right)R = \frac{5}{2}R \text{ 이고,}$$

온도가 더욱 높아지면 분자의 축방향으로 진동운동이 가능해져, 비열은 $C_v = \frac{7}{2}R$ 로 증가한다.

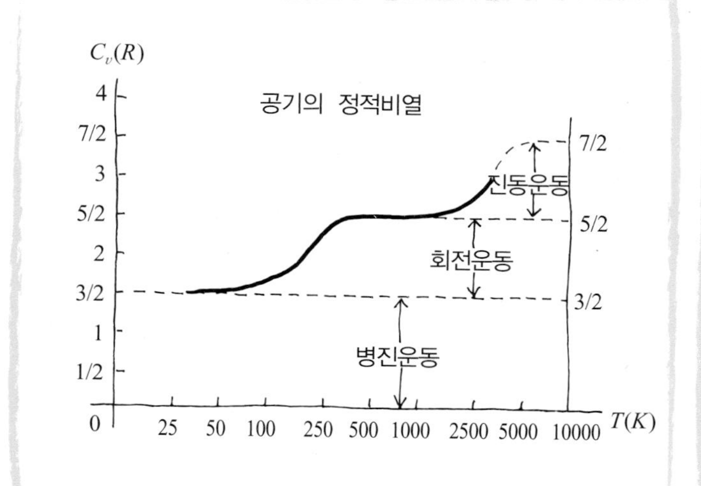

상온에서 정압비열은

$$C_p = C_v + R = \frac{5}{2}R + R = \frac{7}{2}R \text{ 이다.}$$

따라서, 상온에서 정압비열과 정적비열의 비율은 $\gamma = 7/5 = 1.4$가 된다.

이 값은 상온에서 측정한 공기비열의 실험값에 근접한 값이다.

생각해보기

헬륨은 단원자기체이고 질소는 이원자기체이다. 상온에서 헬륨의 정압비열과 질소의 정압비열은 얼마나 다를까?

헬륨(단원자기체)의 정압비열

$$C_p = \frac{5}{2}R = 20.79 \text{ J/mol} \cdot \text{K}$$ (측정값 : 20.7862 J/mol · K)

질소(이원자기체)의 정압비열

$$C_p = \frac{7}{2}R = 29.10 \text{ J/mol} \cdot \text{K}$$ (측정값 : 29.12 J/mol · K)

고체의 비열 : 뒬롱-프티의 법칙

고체분자는 질서정연하고 규칙적으로 촘촘히 배열되어 있으므로 병진운동이나 회전운동은 할 수가 없다. 대신 진동운동이 가능하다.

고체분자가 진동할 수 있는 방향은 3가지이다.
한 방향의 진동운동마다 k_BT의 내부에너지를 가지므로 총 내부에너지는 $U=3\ Nk_BT$이고, 상온에서 고체의 비열은 $C_v=3R$가 된다.

Section 

분자의 속력분포

열운동을 미시적으로 보면 개개의 분자들은 무질서하고 자유로운 운동을 하고 있다.

이상기체분자로 구성된 계가 열평형상태에 있으면 내부에너지는 온도만으로 결정된다.

$$U = \frac{3}{2}nRT$$

그러면 분자들은 모두 똑같은 속도로 운동하고 있을까? 분자들의 내부에너지는 평균운동에너지라는 것을 기억하자.

열운동은 어디까지가 무질서하고, 또한 어떤 질서가 있는 것일까?

무질서한 분자운동에도 오케스트라처럼 지휘자가 있다. 온도라는 지휘자를 따라 분자들은 오른쪽 그림처럼 속력이 일정한 분포를 이루고 있다.

기체분자의 속력분포는

$$f(v) = 4\pi\left(\frac{m}{2\pi k_BT}\right)^{3/2} v^2 e^{-mv^2/2k_BT}$$

가 되는데, 이것을 맥스웰 속력분포라고 한다.

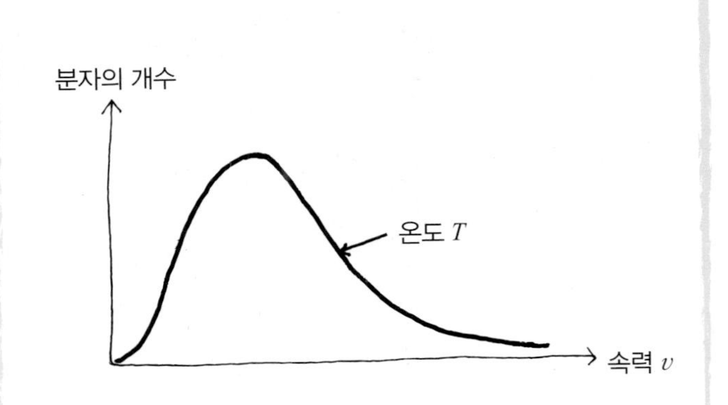

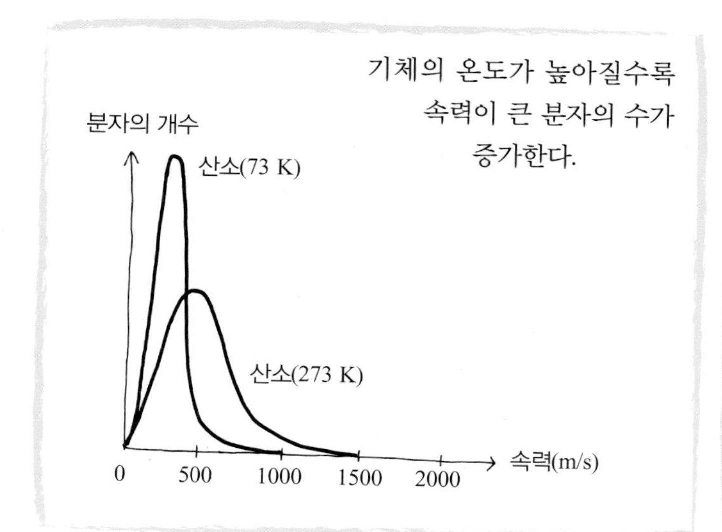

또한, 같은 온도에서도 질량이 작을수록 속력이 큰 분자의 수가 많아진다.

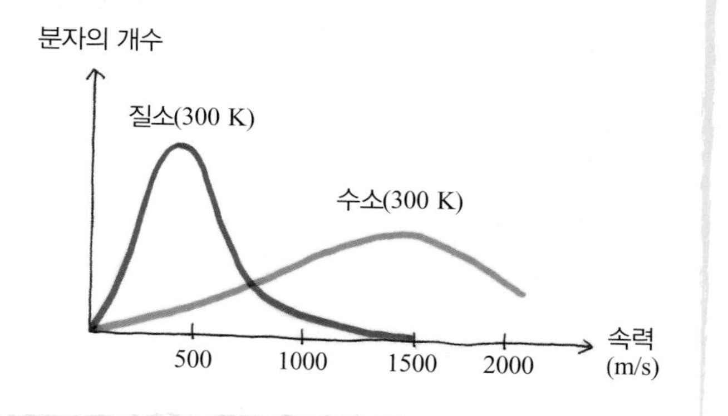

생각해보기

상온(300 K)에서 수소분자와 질소분자가 서로 섞여 있다. 이들을 이상기체로 취급할 때 이 분자들의 평균 속력(v_{rms})을 구하고, 이들의 비를 구하자.

$$\frac{1}{2}m\langle v^2\rangle = \frac{3}{2}k_BT \text{를 쓰면}$$

$$v_{\text{rms}} = \sqrt{\langle v^2\rangle} = \sqrt{\frac{3k_BT}{m}}$$

분자들의 평균속력 $v = \sqrt{\dfrac{3k_BT}{m}}$을 쓰면,

$$v_{\text{수소}} = \sqrt{\frac{12.42\times10^{-21}\ \text{J}}{3.35\times10^{-27}\ \text{kg}}} = 1.92\ \text{km/s} = 6932\ \text{km/h}$$

$$v_{\text{질소}} = \sqrt{\frac{12.42\times10^{-21}\ \text{J}}{4.7\times10^{-26}\ \text{kg}}} = 0.51\ \text{km/s} = 1851\ \text{km/h}$$

이다.

평균속력의 비는 $\dfrac{v_{\text{수소}}}{v_{\text{질소}}} = \dfrac{1.92}{0.51} = 3.76$이므로,

수소분자가 질소분자보다 상당히 빠르게 움직인다.

생각해보기

맥스웰 속력분포에서 속력의 범위는 0에서 무한대까지이다. 만일 분자의 속력이 지구 표면의 탈출속력 11.2 km/s를 초과하면 이 분자는 지구를 벗어날 수 있을 것이다. 특히 수소분자는 질량이 작기 때문에 전체적인 속력의 분포가 큰 쪽으로 많이 이동한다. 상온에서 수소 분자의 평균속력이 1.92 km/s로써 탈출속력보다는 아주 작지만 속력이 탈출속력보다 큰 분자도 존재할 것이다.

속력이 탈출속력보다 큰 수소분자의 비율은

$$\int_{v_e}^{\infty} 4\pi\left(\frac{m}{2\pi k_BT}\right)^{3/2} v^2 e^{-mv^2/2k_BT}\,dv$$

로 계산하면 된다. $v\sqrt{m/2k_BT} = x$로 놓으면 300 K에서 위의 식은 다음과 같이 된다.

$$\frac{4}{\sqrt{\pi}}\int_{7.12}^{\infty} x^2 e^{-x^2}\,dx = 7.81\times10^{-22}$$

이 수치는 아주 작지만 지구의 나이를 생각하면 무시 못 할 정도일 것이다. 실제로 지구의 대기에서 수소의 비중은 0.000055% 밖에 되지 않는다.

생각해보기 액체의 증발과 냉각

그림처럼 뜨거운 액체를 공기 중에 놓으면 액체가 증발한다. 이때 속력이 큰 분자가 액체를 떠날 확률이 더 크므로 속력이 큰 분자가 더 많이 공기 중으로 날아간다.

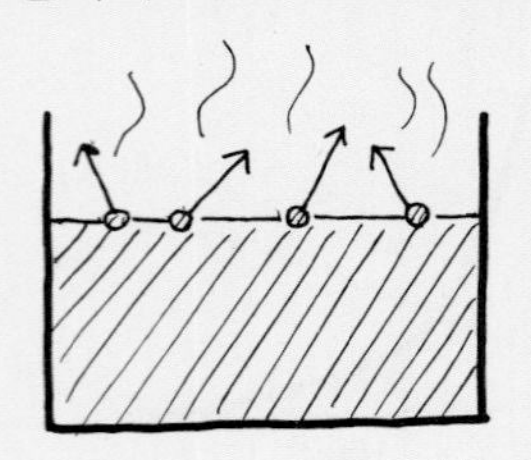

따라서, 액체기체의 속력분포는 전체적으로 그림처럼 속력이 작은 쪽으로 바뀌게 된다. 이 속력분포는 온도가 더 낮은 속력분포에 해당된다.

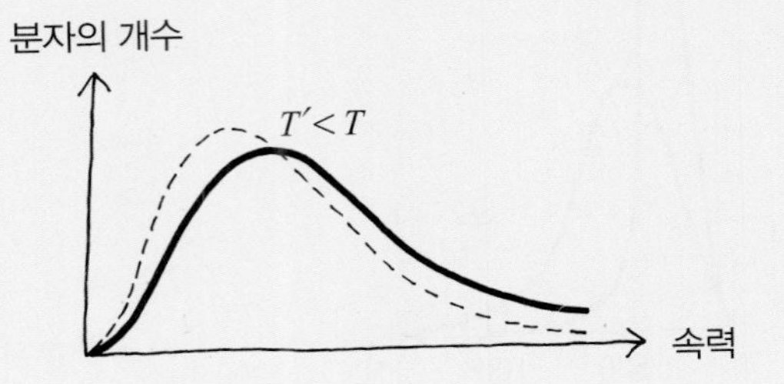

맥스웰 속력분포 함수 $f(v)$는 일종의 확률밀도함수이다. 즉 $f(v)dv$는 온도 T에서 기체분자가 속력이 v와 $v + dv$ 사이에 있을 확률이 된다. 따라서,

$$\int_0^\infty f(v)dv = 1$$

가 성립한다. 확률밀도함수의 성질을 이용하면 속력의 평균값, 속력 제곱의 평균값 등을 얻을 수 있다.

분자의 평균속력은

$$v_{av} = \int_0^\infty vf(v)dv = \sqrt{8k_BT/\pi m}$$

가 된다. 그리고 평균운동에너지를 계산하려면, $KE = mv^2/2$이므로 v^2의 평균값을 구해야 한다. 제곱근평균속력 $v_{rms} = \sqrt{(v^2)_{av}}$을 계산해 보면

$$v_{rms} = \sqrt{(v^2)_{av}} = \left(\int_0^\infty v^2f(v)dv\right)^{1/2} = \sqrt{3k_BT/m}$$ 가 된다.

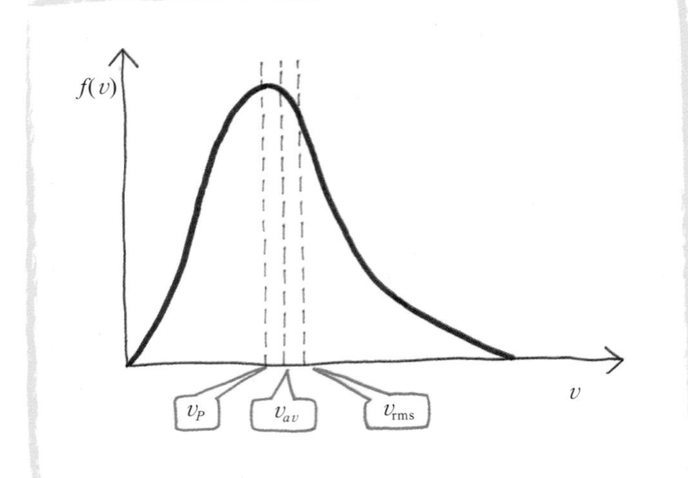

따라서, $mv^2_{rms}/2 = 3k_BT/2$가 성립한다는 의미이다. 또한, 확률이 가장 높을 때의 속력은 $df/dv = 0$에서

$$v_P = \sqrt{2k_BT/m}$$

를 얻을 수 있다. v_P와 v_{av}, v_{rms}의 상대적인 크기는

$$v_P < v_{av} < v_{rms}$$

이고 왼쪽 그림에 표시되어 있다.

단원요약

1. 기체와 분자운동

① 이상기체의 상태방정식은 $PV = nRT$이다. R은 기체상수로서 그 값은 8.31 J/mol K이다.

② 각각의 기체분자가 벽에 부딪힐 때 가하는 충격량의 합이 거시적인 물리량인 압력이 된다.

③ 이상기체의 상태방정식과 비교하여 기체분자의 평균운동에너지는

$$\frac{1}{2}mv^2 = \frac{d}{2}k_BT$$

가 된다. 여기서 d는 기체분자가 운동하는 공간의 차원이다. 3차원인 경우는 3, 2차원인 경우는 2가 된다.

④ k_B는 볼츠만 상수로서
$k_B = R/N_A = 1.38 \times 10^{-23}$ J/K이다.

2. 내부에너지와 일

① 기체가 평균적으로 가지고 있는 총 에너지를 내부에너지라고 하고 온도와 기체분자의 수만으로 결정된다. 즉, $U = (3/2)nRT$이다.

② 열을 포함한 에너지 보존법칙을 열역학 제1법칙이라고 한다. 즉, 기체의 내부에너지 변화량 ΔU는 기체가 외부에서 받은 열 ΔQ와 기체가 외부에 해준 일 ΔW의 차이이다.

$$\Delta U = \Delta Q - \Delta W$$

③ 단열팽창은 열의 출입이 없는 경우($\Delta Q = 0$)이다. 이때 외부에 일을 해주면 내부에너지가 감소한다(온도가 내려간다).

④ 내부에너지처럼 중간과정과는 관계없이 처음 상태와 최종상태만으로 결정되는 물리량을 상태함수라고 부른다.

3. 물질의 비열

① 이상기체의 비열은 열을 가하는 과정에 따라 달라진다. 단원자분자의 경우 정적비열은 $C_v = (3/2)R$이고 정압비열은 $C_p = (5/2)R$가 된다. 정압과정은 외부에 일을 해주기 때문에 열이 더 많이 필요하다.

② 이원자분자의 경우는 분자 내부의 자유도가 존재하고 온도에 따라 자유도가 기여한다.

저온에는 병진운동만 일어난다.

$$C_v = (3/2)R, \quad C_p = (5/2)R$$

상온에는 기체분자가 축의 수직을 중심으로 회전한다.

$$C_v = (5/2)R, \quad C_p = (7/2)R$$

고온에는 기체분자가 축과 나란히 진동운동을 한다.

$$C_v = (7/2)R, \quad C_p = (9/2)R$$

③ 고체분자는 병진과 회전운동이 불가능하고 진동운동만 가능하므로 상온에서 고체의 비열은 $C_v = 3R$이 된다(뒬롱-프티의 법칙).

4. 분자의 속력분포

① 분자는 온도에 따라 확률밀도함수인 맥스웰 속력분포 $f(v)$를 가진다.

$$f(v) = 4\pi(m/2\pi k_BT)^{3/2}v^2e^{-mv^2/2k_BT}$$

② 의미 있는 속력으로 확률이 가장 크게 되는 v_P, 평균속력인 v_{av}, 제곱근평균속력인 v_{rms}가 있다.

$$v_P = \sqrt{2k_BT/m}$$
$$v_{\text{rms}} = \sqrt{3k_BT/m}$$
$$v_{av} = \sqrt{8k_BT/\pi m}$$

서로 간 크기는 $v_P < v_{av} < v_{\text{rms}}$가 된다.

연습문제

1. 태양표면의 온도는 6,000 K이다. 태양 표면에서 헬륨기체의 속력은 얼마나 될까?

2. 같은 종류의 이상기체가 부피의 비가 1 : 4인 두 개의 용기에 각각 들어 있다. 작은 용기 안의 기체의 온도는 300 K, 압력은 5×10^5 Pa이고, 큰 용기 안의 기체는 온도가 400 K, 압력은 10^5 Pa이다. 두 용기의 연결관을 열어 각 용기의 온도를 유지시키면서 압력이 같아지는 평형상태로 만들었다. 이 압력의 값은 얼마일까?

3. 20 °C에서 대기 속에 있는 질소분자 N_2와 산소분자 O_2의 평균운동에너지와 속력은 각각 얼마나 될까? 질소분자와 산소분자의 질량은 각각 4.7×10^{-26}, 5.3×10^{-26} kg이다.

4. 0 °C, 1×10^{-2}기압에서 밀도가 1.24×10^{-5} g/cm^{3}인 기체가 있다. 이 기체분자의 평균속력은 얼마일까? 또 이 기체의 몰질량을 구하고 어떤 기체인지 말해 보라.

5. 동위원소 우라늄을 분리하기 위해 우라늄(U)을 불소(F)와 결합하여 기체 UF_6로 만들었다. 같은 온도에서 $^{235}UF_6$와 $^{238}UF_6$의 속력은 얼마나 차이가 날까? 어떻게 하면 우라늄 235를 농축시킬 수 있을지 생각해 보라.

6. 전자가 평면에 갇혀 운동하고 있다. 전자를 이상기체라고 생각하고, 상온에서의 운동에너지와 평균속력을 구하라.

7. 전자는 도체 속에서 이상기체처럼 행세한다. 이 전자가 상온에서 갖는 열에너지는 얼마일까? 이때 전자의 속력은 얼마일까?

8. 1 g의 물이 1기압에서 끓으면, 부피가 1,671 cm^{3}가 된다. 물의 기화열은 2,256 J/g이다. 물이 증발하면서 한 일을 구하고, 이때 증가된 내부에너지를 구하라.

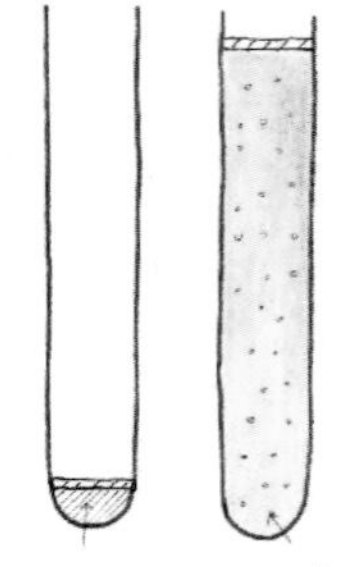

100 °C 물 1 g　　100 °C 수증기

1. 이상기체의 내부에너지를 이용하자.

3. 질소분자와 산소분자를 이상기체로 취급하자.

5. 기체분자의 속력분포를 고려해 보자.

7. 상온에서의 k_BT는 대략 0.025 eV($0.025 \times 1.6 \times 10^{-19}$ J)이다.

9. 5톤의 덤프트럭이 100 km/h의 속도로 달리고 있다. 이 트럭을 미끄러지지 않고 세운다면 브레이크에는 얼마나 열이 날까? 이 열이 총 질량 10 kg인 브레이크를 가열한다면 이 브레이크의 온도는 얼마나 올라갈까? 브레이크의 재질이 철로 되어 있다고 생각하라.

10. 1기압의 대기압에서 온도 20 ℃인 2 kg의 쇠막대를 가열하여 40 ℃로 만들었다. 이 과정에서 쇠막대가 한 일, 쇠막대에 가해진 열량, 쇠막대의 내부에너지의 증가량을 구하라. 쇠막대의 선팽창계수는 $\alpha = 11 \times 10^{-6}$/℃, 밀도는 $\rho = 7.86 \times 10^3$ kg/m^3, 비열은 $c = 448$ J/(kg · ℃)이다.

11. 이상기체가 등온과정을 거쳐 5×10^3 J의 일을 한다. 이때 기체의 내부에너지 변화는 얼마일까? 이때 기체가 열원에서 흡수한 열량은 얼마일까?

***12.** 면적 10 m^{2}이고 높이 2 m인 방 안에 에어콘을 설치하였다. 이 에어콘으로 방 안의 온도를 23 ℃로 유지하고자 한다. 대기압이 1기압이고, 외부 온도가 30 ℃일 때 에어콘이 빼내야 하는 열량은 얼마일까? 이때 기체의 내부에너지 변화는 얼마일까? 이 에너지 차이는 어떻게 설명할까?

13. 일정한 압력 3기압에서 이상기체 10 L를 5 L로 압축하였다. 다음에는 부피를 일정하게 유지하면서 열을 가하여 압력과 온도를 증가시켜 처음의 온도와 같아지게 하였다. 전 과정을 통해서 기체가 행한 일과 기체에 공급된 열을 구하라.

14. 부피가 2 L인 페트병에 물이 500 mL 남아 있다. 이 페트병을 온도가 5 ℃인 냉장고에 넣었다. 남아 있는 물의 부피는 변하지 않는다고 가정한다.

(1) 페트병의 부피가 일정하다고 하면 압력은 어떻게 될까? 단, 냉장고 밖의 온도는 32 ℃이다.

(2) 이번에는 페트병 안의 압력이 일정하다고 가정하면 부피는 어떻게 변하는가?

(3) (2)번에서 공기의 내부에너지는 얼마나 감소하는가? (단, 공기는 이원자분자이다.)

(4) 페트병이 수축하는 동안 냉장고 안의 공기가 페트병을 수축하기 위해 해준 일은 대체로 얼마인가? (페트병의 변형에 의한 탄성에너지는 무시한다.)

(5) 냉장고가 페트병의 공기에게서 빼낸 열량은 얼마나 되는가?

15. 0 ℃, 1기압에서 10 kg의 물이 0 ℃의 얼음이 되었다. 이때 물이 한 일은 얼마일까? 이때 물은 외부에 얼마나 열을 빼앗겼는가? 이때 내부에너지의 변화는 얼마나 될까?

9. 열에너지 보존법칙을 이용하자.

12. 공기는 이원자분자임을 이용하자.

15. 물의 밀도는 1,000 kg/m^{3}이고 얼음의 밀도는 920 kg/m^{3}이다.

16. 기체는 부피가 급격히 상승하면 온도가 내려간다. 20 °C, 1 L의 공기가 팽창하면서 1.5배의 부피가 되었다면 온도는 얼마나 내려갈까?

16. 대기압($\approx 10^5$ Pa)에서 열이 차단된 상태로 이상기체가 팽창되는 것으로 보자. $TV^{\gamma-1}=$ 일정을 이용.

17. 자전거 타이어에 바람을 넣기 위해 공기펌프를 압축시키면 공기펌프의 온도가 올라간다. 왜 그럴까?

18. CH_4의 회전운동 자유도는 3개이다. 저온과 상온에서 정적비열과 정압비열을 구하라.

***19.** 이상기체가 단열팽창하는 경우 온도와 부피, 압력의 관계를

$$TV^{\gamma-1} = \text{일정}, \quad PV^{\gamma} = \text{일정}$$

으로 쓸 수 있음을 보이고, γ값을 이원자분자에 대해 구하라.

***20.** 유체를 통해 전파되는 소리의 속력은 $v=\sqrt{\frac{B}{\rho}}$로 주어진다. 여기에서 B는 유체의 부피압축계수로서 $B=-V\frac{dP}{dV}$이고, ρ는 밀도이다. 소리의 전달과정에서 국지적인 압력의 변화를 단열과정으로 가정하고, $v=\sqrt{\gamma\frac{RT}{M}}$임을 보여라. 공기의 비열의 비 $\gamma=1.4$, 공기 1몰의 질량 $M=28.8\times10^{-3}$ kg/mol 등을 이용하여, t °C에서 음속이 다음과 같은 근사식 $v=332.1+0.6t$으로 주어짐을 보여라.

21. 상온에서 이원자분자인 이상기체 4몰이 압력이 일정한 채로 온도가 60 K만큼 증가한다. 이 과정에서 기체에 가해진 열, 기체의 내부에너지의 증가량, 기체가 한 일, 기체의 병진운동에너지의 증가량을 각각 구하라.

21. 상온에서 이원자분자 이상기체의 정압비율은 $\frac{7}{2}R$이다.

***22.** 기체의 속력분포를 써서 대부분의 기체가 가지는 속력에 해당되는 속력분포의 꼭짓점을 가리키는 속력이 $v_p=\sqrt{\frac{2k_BT}{m}}$이고, 평균값이 $v_{av}=\sqrt{\frac{8k_BT}{\pi m}}$, 제곱근 평균속력이 $v_{\text{rms}}=\sqrt{\frac{3k_BT}{m}}$가 됨을 보여라.

22. 맥스웰의 속력분포함수를 이용하자.

***23.** 이상기체가 처음 압력 p_0에서 자유팽창하여 나중 부피가 처음의 3배가 되었다. (1) 팽창 후의 압력은 얼마일까? (2) 그 후 기체를 천천히 단열적으로 처음의 부피가 될 때까지 압축하였다. 압축 후 압력이 $3^{\frac{1}{3}}p_0$였다면 이 기체는 단원자, 이원자, 다원자 기체 중에서 어떤 것일까? (3) 나중 상태에서 분자당 평균운동에너지는 처음 상태에 비해 몇 배나 될까?

23. 이상기체의 자유팽창 과정에서 온도는 변하지 않는다.

24. 태양 내부의 온도는 1360만 K이다. 태양 내부에서 수소의 속력은 얼마나 될까?

25. 용기에 3몰의 수소와 1몰의 헬륨이 섞여 있다. 상온에서 이 기체의 정적비열을 구하여라.

26. 300 K 상온에서 질소 분자의 v_P, v_{av}, v_{rms}를 구하여라. 질소분자의 질량은 4.7×10^{-26} kg이다.

Chapter 3 열기관과 엔트로피

자동차의 기관은 연료를 태워 나오는 열을 이용하여 일을 한다.
이 가솔린기관의 효율은 보통 20% 정도이고 디젤기관은 약 35% 정도이다.

열을 완전히 일로 바꾸는 효율 100%의 초특급 열기관은 왜 없을까?

열기관과 냉동기

고대에는 노예나 말, 또는 물레방아 등을 이용하여 동력을 얻었다. 그러나 18세기 말 제임스 와트(1736~1819)는 수증기가 열을 받으면 팽창하는 것을 이용하여 엄청난 동력을 얻는 증기기관을 개량하였다. 이 결과 산업혁명이 가능해졌다.

열기관은 본질적으로 열에너지를 기계적인 에너지(역학적 에너지)로 바꿔 동력을 얻는다. 열을 기계적 에너지로 바꾸는 원리는 무엇일까?

수증기를 이용하는 아주 간단한 열기관으로 시작해 알아보자. 아래 그림처럼 닫힌 주전자에 물을 끓여 수증기로 장난감 물레방아를 돌린다고 하자.

열을 받으면 주전자 속에 든 수증기는 온도가 높아진다. 온도가 높아지면 수증기는 주전자에 강한 압력을 가하며 좁은 주전자 주둥이를 빠른 속력으로 빠져나온다. 이 수증기는 입구에 놓인 물레방아의 날개를 때려 물레방아를 회전시킨다.

이 장난감 물레방아도 외부에 일을 해 줄 수 있다. 이 역학적 에너지는 수증기의 열에너지에서 얻어진 것이다.

높은 온도의 수증기가 물레방아를 돌리면 자신의 에너지를 잃게 되므로 수증기는 온도가 내려가 식게 된다. 즉, 열에너지를 잃게 된다.

이때 줄어든 열에너지는 물레방아의 역학적 에너지로 바뀐다. 이것을 도식으로 그리면 아래와 같다.

열원, T_H

⇩ $Q_H (= W + \Delta U)$

수증기+물레방아 ⇨ W

⇩ $Q_C (= \Delta U)$

대기, T_C

에너지의 흐름을 보자.

수증기는 열원(높은 온도 T_H)에서 열에너지 Q_H를 받아 물레방아가 일 W를 할 수 있게 한 후, 나머지 에너지는 수증기의 내부에너지 ΔU로 간직하고 있다. 이 에너지흐름은 열에너지 보존법칙(열역학 제1법칙)을 만족한다.

$$Q_H = W + \Delta U$$

시간이 지나면 수증기가 퍼져나가 대기와 평형상태에 이르고, 수증기가 가지고 있던 내부에너지는 열로 발산된다.

좀더 발전된 형태의 열기관인 자동차의 가솔린기관을 생각해 보자.

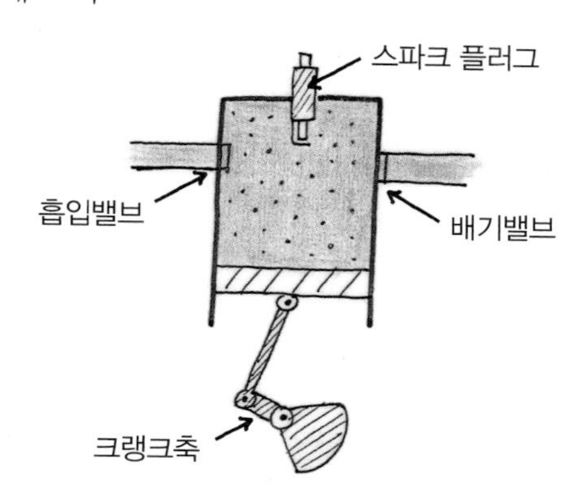

가솔린기관은 옆 그림과 같이 실린더 속에 든 혼합기체를 스파크 플러그로 폭발시켜 팽창시키고, 이때 생기는 피스톤의 왕복운동을 크랭크축이 회전운동으로 바꾼다. 기관은 이러한 순환과정을 반복한다.

열기관 입장에서 보면, 가솔린과 공기의 혼합기체가 스파크 플러그에 의해 폭발되는 순간 열이 발생되고, 이 열을 받아 기체가 팽창되면서 피스톤은 외부에 일을 하게 된다. 이 후 남은 열에너지는 기관이 식으면서 배기가스와 함께 결국 열형태로 기관 밖으로 빠져나간다.

이것을 에너지 보존의 입장에서 보면 아래 그림과 같다.

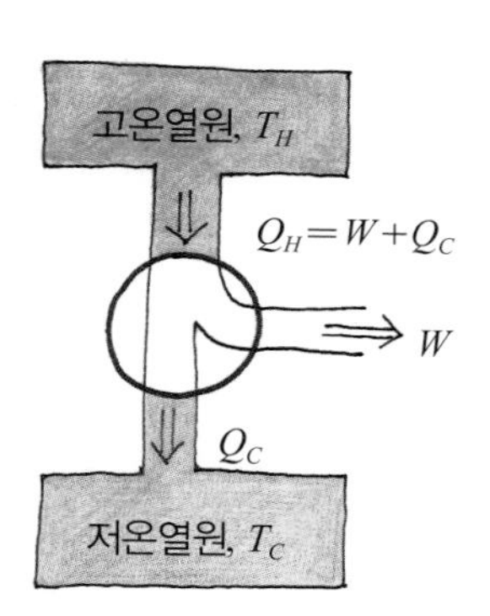

에너지 보존법칙은 기관의 순환과정을 통해 생기는 총 에너지의 변환에 대해 알려 준다.

$$Q_H = W + Q_C$$

Q_H는 열기관이 열원에서 받은 총 열에너지이고, Q_C는 열기관에서 외부로 빠져나가는 총 열에너지이다. W는 기관이 순환과정 동안 하는 총 일이다.

순환과정을 한 번 마칠 때마다 기체는 원래상태로 돌아오므로, 기체의 내부에너지의 변화는 0이 된다.

생각해보기

열기관의 효율은 $e=\dfrac{W}{Q_H}$ 이다.

열효율 20%인 자동차 엔진이 1초당 100번의 순환과정을 돌면서 150마력의 일률로 일을 한다. 이 엔진이 한번의 순환과정에서 하는 일 W, 고온열원으로부터 흡수한 열 Q_H, 그리고 저온열원으로 내보낸 폐열 Q_C를 각각 구해 보자.

한 번의 순환과정에서 하는 일은

$$W = \frac{150(\text{마력}) \times (746\text{W}/\text{마력})}{(100/\text{초})} = 1119\ \text{J}$$

이다. 고온열원에서 흡수한 열 Q_H는

$$Q_H = \frac{W}{e} = \frac{1119\ \text{J}}{0.2} = 5595\ \text{J}\text{이다.}$$

저온열원으로 내보낸 폐열 Q_C는

$$Q_C = Q_H - W = 5595\ \text{J} - 1119\ \text{J} = 4476\ \text{J}\text{이다.}$$

냉동기기

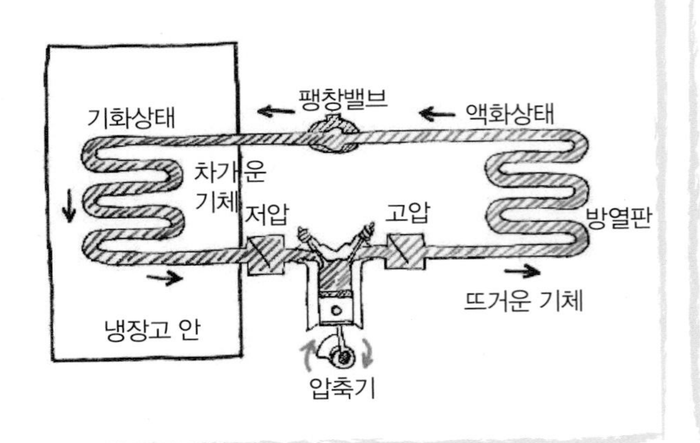

압축기(콤프레셔)로 기체에 압력을 가해 압축시키면 기체의 온도가 증가한다. 이 뜨거워진 기체가 방열판을 통과하면 기체의 열이 외부로 방출되면서 액화된다.

액화된 기체가 팽창밸브를 통과하면서 단열팽창되면 온도가 내려가므로 이 차가운 기체를 냉동기 안으로 통과시켜 냉동기 안의 온도를 낮춘다. 이때 기체는 냉동기 안의 열을 흡수하여 나온 후 다시 압축기로 들어가는 과정을 반복한다.

결국 냉동기는 외부에서 기체를 압축시키기 위해 역학적인 일을 함으로써 냉동기 안의 열을 외부로 뽑아낸다. 이것을 에너지 보존 입장에서 보면 아래 그림과 같다.

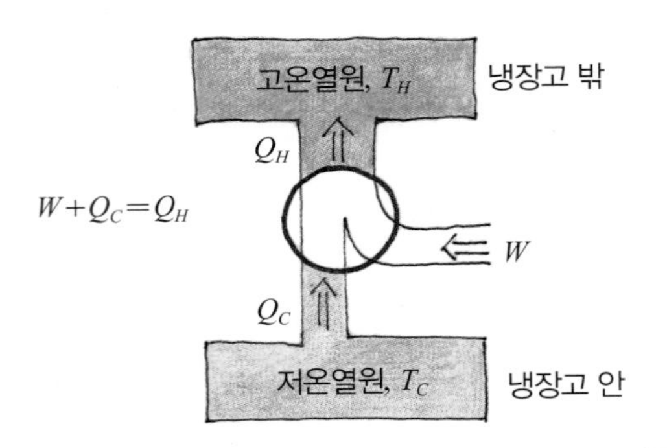

생각해보기

냉동기의 성능(혹은 실행계수)은 $K=\dfrac{Q_C}{W}=\dfrac{Q_C}{Q_H-Q_C}$ 이다. 이는 냉동기의 모터가 한일 W에 비해, 저온부에서 얼마나 열 Q_C를 뽑아내는지를 나타내는 양이다.

성능이 4인 냉장고가 한 주기당 250 J의 열을 고온부로 방출한다면, 저온부에서 주기당 뽑아내는 열은 얼마일까? 또 이때 필요한 일은 얼마일까?

고온부로 방출하는 열 $Q_H=Q_C+W=250$ J이다.

성능 $4=\dfrac{Q_C}{W}=\dfrac{Q_C}{250-Q_C}$ 에서

저온부에서 뽑아내는 열은 $Q_C=200$ J이고,

이때 필요한 일은 $W=50$ J이다.

히트 펌프(열펌프)는 냉장고의 안과 밖을 뒤집은 것이다.

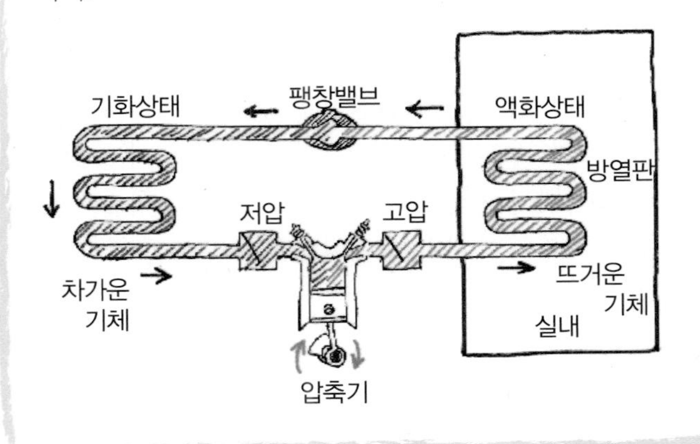

히트 펌프는 난방기로 이용한다. 차가운 외부의 대기에서 열을 뽑아 따뜻한 실내로 공급한다. 이것을 에너지보존 입장에서 보면 냉동기와 동일하다. 다만 뜨거운 부분이 실내가 되고 차가운 부분이 외부가 된다.

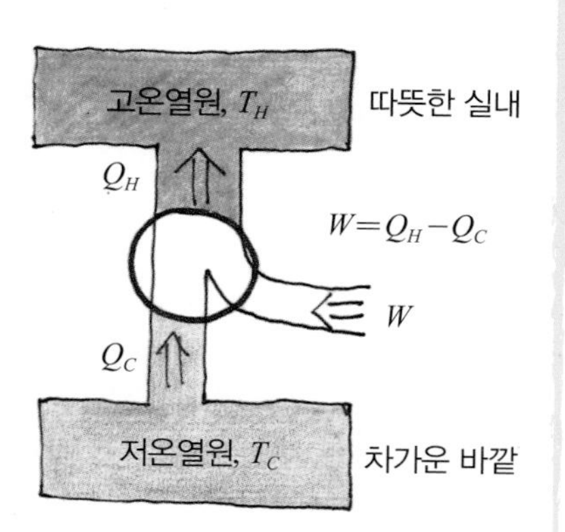

히트 펌프는 에어컨 외에도 건조기, 난방 등 우리 일상에서 자주 이용된다. 의류 건조기의 경우 기존에는 헤어드라이어 같이 온풍을 직접 빨래에 가하는 전열식이 사용되었다. 최근에는 냉매를 이용하여 빨래의 공기를 데워서 습기를 제거하는 히프 펌프 방식이 사용되기 시작했다. 이 히트 펌프 방식은 전열식보다는 훨씬 효율이 뛰어나기 때문에 이용이 늘어나고 있다.

카르노기관과 열역학 제2법칙

연료를 태워 일을 하는 자동차기관처럼 열기관은 열을 이용하여 일을 한다.

그렇다면 외부에서 흡수한 열을 모두 일로 바꿀 수는 없을까?

혹시 열기관을 공짜로 돌릴 수는 없을까? 영구기관을 만들 수는 없을까?

열기관의 효율

열기관은 외부에서 열 Q_H를 받아 일을 한 후 열의 일부 Q_C를 폐열로 내보낸다.

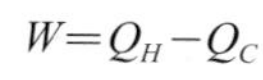

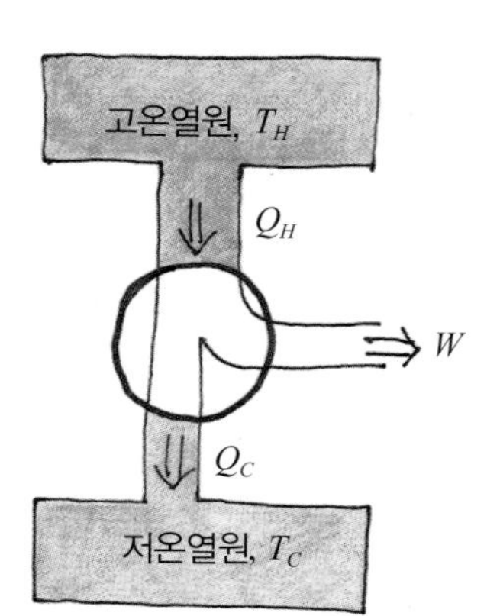

열기관의 효율은 외부에서 받은 열량 Q_H와 외부에 해준 일 W의 비이다.

$$\text{열효율} : e = \frac{W}{Q_H}$$

따라서, 에너지 보존법칙을 쓰면 열효율은

$$e = \frac{Q_H - Q_C}{Q_H} = 1 - \frac{Q_C}{Q_H} \text{이다.}$$

즉, 열효율을 높이려면 폐열 Q_C를 될 수 있는 대로 줄여야 한다.

폐열을 어떻게 줄일 수 있을까?

카르노기관

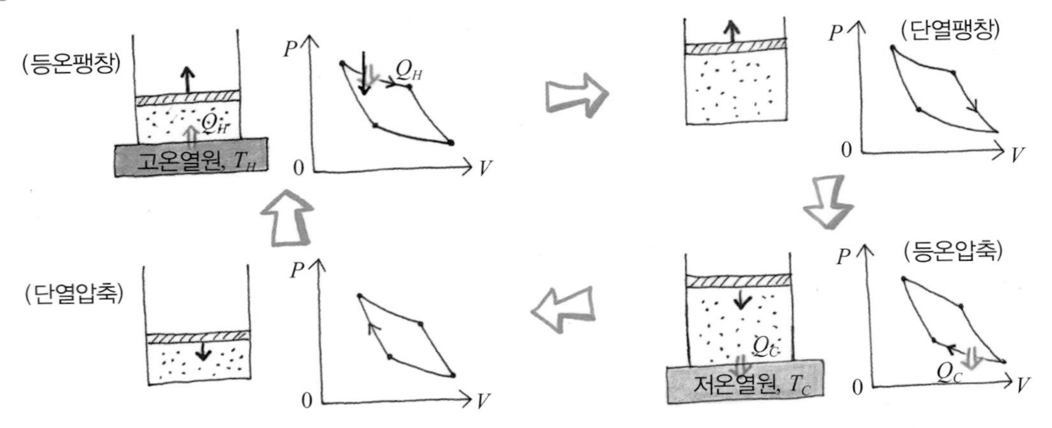

1824년 프랑스의 카르노는 이상기체를 사용하여 등온과 단열과정만을 쓰는 가상적인 열기관을 생각해 냈다.

카르노기관은 등온과정 → 단열과정 → 등온과정 → 단열과정이라는 순환과정을 통해 압축과 팽창을 반복한다. 등온과정에서는 열을 흡수하거나 방출하며, 단열과정에서는 열의 출입이 없다.

카르노기관의 효율을 구해 보자.

효율을 구하려면 흡수하는 열과 방출하는 열의 비를 알아야 한다. 먼저, 등온팽창할 때 흡수하는 열량을 구해 보자.

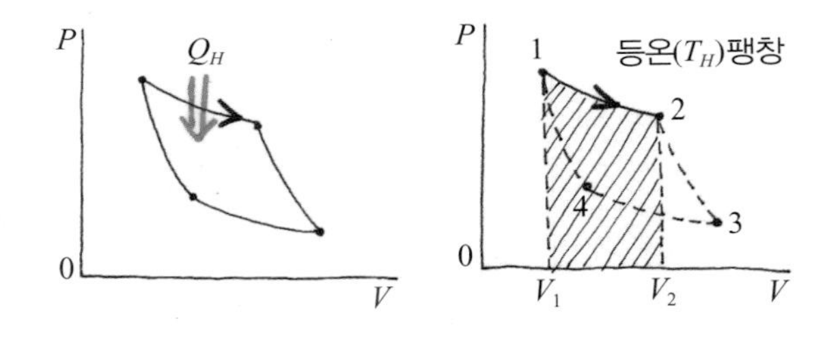

등온과정에서는 이상기체의 내부에너지는 변하지 않는다 ($\Delta U=0$). 따라서, 흡수한 열량은 기체가 팽창하면서 한 일과 같다. $Q_H=W_{1\to2}$. 기체가 온도 T_H를 유지하며 부피 V_1에서 V_2로 팽창할 때 한 일을 구해 보자.

PV 도표에서 보면 기체가 해준 일은 면적에 해당된다.

$$Q_H = W_{1\to2} = \int_{V_1}^{V_2} PdV = \int_{V_1}^{V_2} \frac{nRT_H}{V} dV$$

$$= nRT_H \ln\left(\frac{V_2}{V_1}\right)$$

낮은 온도 T_C에서는 등온수축하며 열 Q_C를 내보낸다.

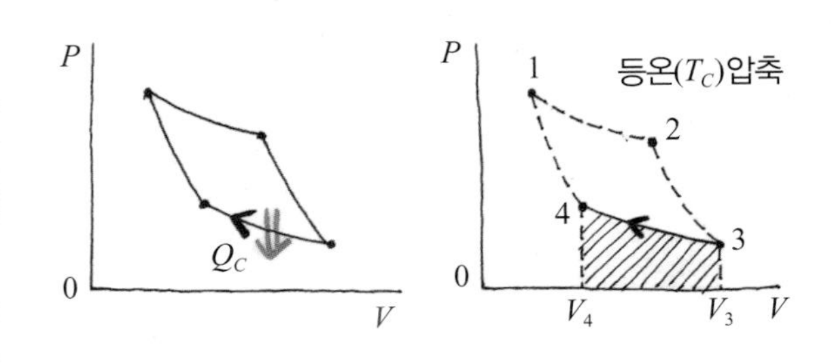

이때 기체는 외부로부터 일을 받는다. 등온과정으로 부피가 V_3에서 V_4로 수축할 때 방출되는 열 Q_C는 외부로부터 받는 일과 같으므로

$$Q_C = |W_{3\to4}| = nRT_C \ln(V_3/V_4)$$ 이다.

따라서, 들어온 열과 빠져나간 열의 비는

$$\frac{Q_H}{Q_C} = \frac{T_H}{T_C}\frac{\ln(V_2/V_1)}{\ln(V_3/V_4)}$$ 이다.

이번에는 부피의 비를 알아보자. 그림처럼 부피 V_2와 V_3는 단열과정으로 연결되어 있다. 이 부피는 어떤 관계가 있을까?

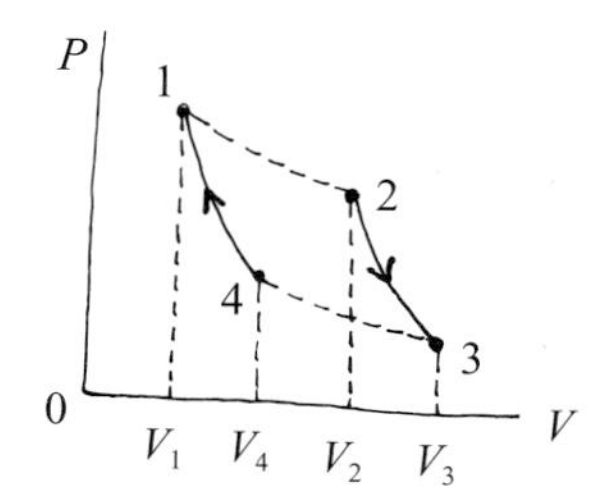

단열과정의 경우에는 이상기체가 PV^γ= 일정을 만족한다.

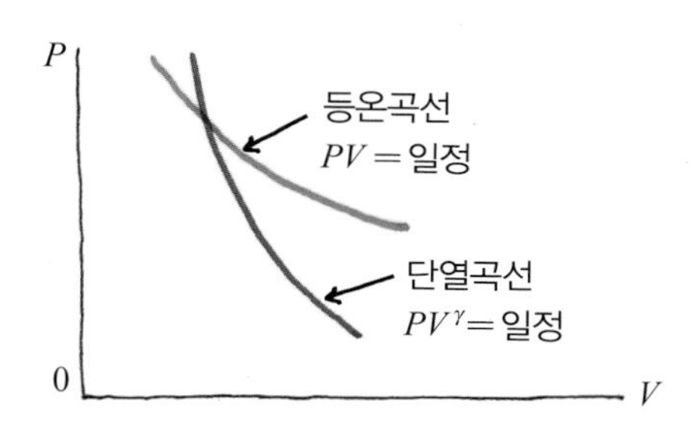

여기에서 $\gamma = C_p/C_v$는 등압비열과 등적비열의 비이다.

이원자기체인 경우 상온에서 $\gamma = 1.4$이다.

참고로, 단열과정에서 PV^γ= 일정이라는 것을 구하려면 에너지 보존법칙(열의 출입이 없으므로 $0 = \Delta Q = \Delta U + \Delta W$이다. 여기서 $\Delta W = P\Delta V$이고 $\Delta U = nC_v\Delta T$이다)과 이상기체의 상태방정식($PV = nRT$)을 써서 유도할 수 있다(II-2장 연습문제 19번 참고).

단열과정으로 연결되는 2와 3의 상태는 $P_2V_2^\gamma = P_3V_3^\gamma$를 만족한다. 이것을 $P = nRT/V$를 써서 압력을 온도로 바꾸어 쓰면

$$T_HV_2^{\gamma-1} = T_CV_3^{\gamma-1}$$ 이다.

마찬가지로 1과 4의 상태에 대해서도

$$T_HV_1^{\gamma-1} = T_CV_4^{\gamma-1}$$ 이다.

따라서, 부피의 비는

$$\frac{V_2^{\gamma-1}}{V_1^{\gamma-1}} = \frac{V_3^{\gamma-1}}{V_4^{\gamma-1}}$$

양변에 로그를 취하면

$$\ln(V_2/V_1) = \ln(V_3/V_4)$$ 를 만족한다.

이제 카르노 순환과정에서 부피의 비를 쓰면 들어오는 열과 빠져나가는 열의 비는

$$\frac{Q_H}{Q_C} = \frac{T_H}{T_C}\frac{\ln(V_2/V_1)}{\ln(V_3/V_4)} = \frac{T_H}{T_C}$$

를 만족하므로, 카르노기관의 효율은

$$e = 1 - \frac{Q_C}{Q_H} = 1 - \frac{T_C}{T_H}$$ 이다.

따라서, 카르노기관의 효율은 열원들의 절대온도의 비에 의해서만 결정된다.

예를 들어 카르노기관의 열원온도가 600 K이고, 바깥 온도가 300 K라면, 열효율은

$$e = 1 - \frac{T_C}{T_H} = 1 - \frac{300}{600} = 0.5$$

이므로 50%이다.

생각해보기

카르노기관을 거꾸로 돌려 냉동기로 사용할 때 성능을 구해 보자.

저온열원에서 뽑아내는 열은

$$Q_C = W_{4\to3} = nRT_C \ln(V_3/V_4) \text{ 이다.}$$

고온열원으로 방출하는 열은

$$Q_H = |W_{2\to1}| = nRT_H \ln(V_2/V_1) \text{ 이다.}$$

또 $\ln V_3/V_4 = \ln V_2/V_1$ 이므로,

$$Q_H/Q_C = T_H/T_C \text{ 이다.}$$

따라서, 카르노 냉동기의 성능은

$$K = \frac{Q_C}{W} = \frac{Q_C}{Q_H - Q_C} = \frac{T_C}{T_H - T_C} \text{ 이다.}$$

카르노기관의 효율과 마찬가지로, 단지 고온열원과 저온열원의 온도로 성능이 결정된다.

열기관의 효율과 열역학 제2법칙

더운 물체는 저절로 식지만, 찬 물체는 저절로 더워지지 않는다. 열역학 제2법칙은 당연하게 보이는 이 경험적인 사실을 정리한 것이다. 이 법칙은 열이 이동하는 방향성을 나타낸다.

클라우지우스가 정리한 열역학 제2법칙

(1) 열은 차가운 곳에서 더운 곳으로 저절로 흐르지 않는다(냉동기의 법칙). 이것으로 열기관의 효율이 100%가 될 수 없음을 보일 수 있다.

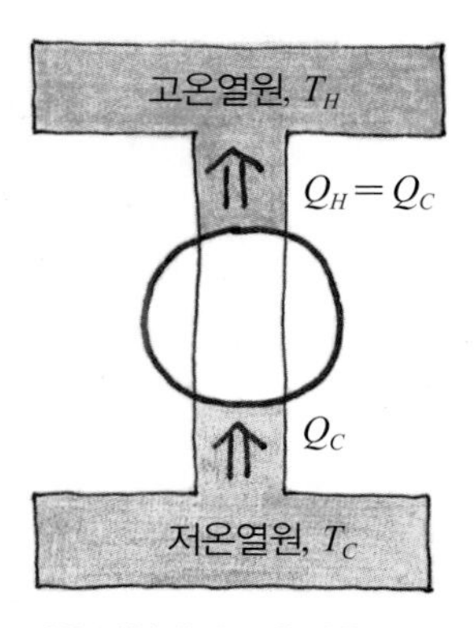

일을 하지 않고도 저온열원에서 고온열원으로 열을 전달하는 냉동기는 존재하지 않는다.

켈빈과 플랑크가 정리한 열역학 제2법칙

(2) 열기관이 단일열원에서 흡수한 열을 모두 일로 바꾼 후 열기관의 처음상태로 다시 돌아갈 수는 없다 (기관의 법칙).

만일 열을 전부 일로 바꿀 수 있는 효율 100%인 초특급 열기관이 있다고 하자. 오른쪽 그림처럼 초특급 열기관이 부착된 냉동기를 생각해 보자.

냉동기는 초특급 열기관이 W의 일을 해주면 차가운 곳에서 열 Q_C를 뽑아내어 더운 열원에 $Q_H\ (=Q_C+W)$의 열을 공급할 수 있다.

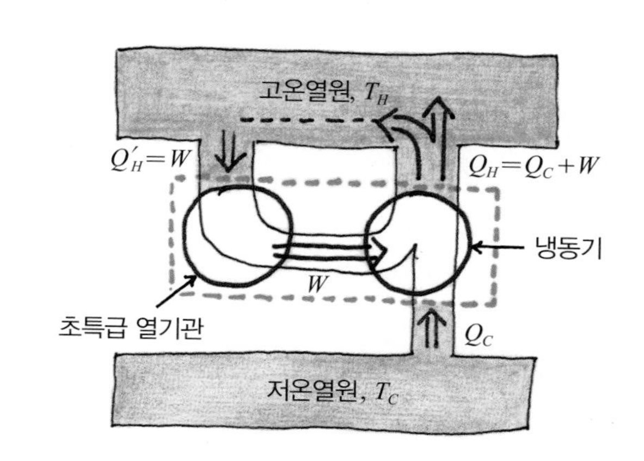

그러나 초특급 열기관이 W의 일을 하기 위해서는 W 만큼의 열만 필요하므로 Q_H에서 쓰고 남은 열 Q_C는 더운 열원에 축적된다.

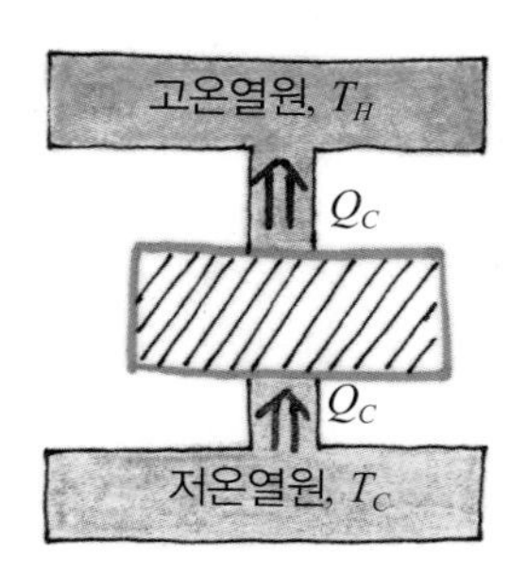

따라서, 초특급 열기관과 냉동기를 하나의 열기관으로 본다면 결과적으로 찬 곳에서 더운 곳으로 Q_C의 열이 흘러가게 된다.

즉, 열이 차가운 곳에서 더운 곳으로 저절로 흐를 수 있다는 결론에 도달하게 된다. 이것은 열역학 제2법칙(냉동기의 법칙)과 어긋난다.

열효율로 본 열역학 제2법칙

(3) 두 온도 사이에서 작동하는 열기관은 카르노기관보다 효율이 더 좋을 수 없다(카르노 정리).

카르노기관의 특징은 역과정(거꾸로 엔진을 돌리는 과정)이 가능하여 거꾸로 돌리면 카르노 냉동기가 될 수 있다는 점이다. 카르노기관에서 쓰는 등온과정과 단열과정은 열역학적으로 역과정이 존재한다.

만일, 카르노기관보다 더 효율이 좋은 초특급 열기관이 존재한다면 그림처럼 초특급 열기관을 붙인 카르노 냉동기를 생각해 보자.

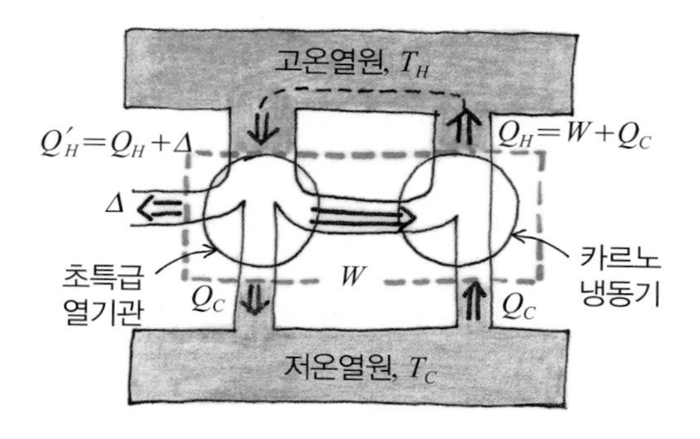

초특급 열기관이 카르노 냉동기에 W의 일을 해주면, 냉동기는 차가운 곳에서 열 Q_C를 뽑아 더운 열원에 열 $Q_H = W + Q_C$를 주게 된다.

카르노 열기관의 열효율은 $1 - Q_C/Q_H$로 표시된다. 그런데 초특급 열기관의 열효율이 더 좋다는 것은 Q_C의 열을 내놓는 초특급 열기관이 카르노 냉장고가 열원에 주는 Q_H보다 더 많은 열 $Q_H' = Q_H + \Delta$를 받아 일을 한다는 것을 의미한다.

따라서, 이 초특급 열기관은 에너지 보존에 의해 $W + \Delta$의 일을 하게 되므로 W는 냉장고를 돌리는 데 쓰여지고, 나머지 Δ는 외부에 일을 해줄 수 있다.

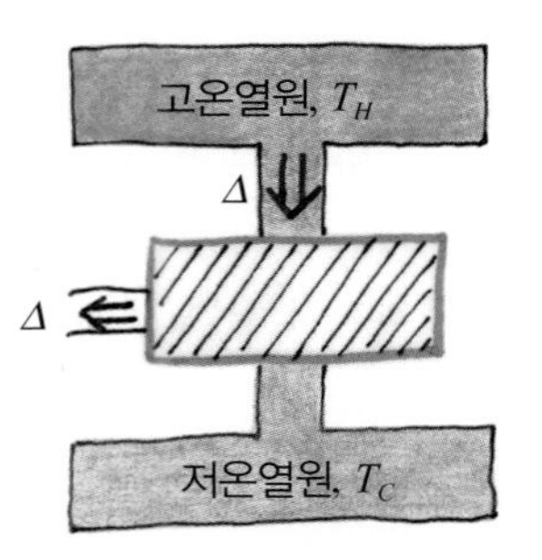

결국 초특급 열기관이 부착된 카르노 냉장고는 그림처럼 열 Δ를 열원에서 받아 이것을 완전히 일로 바꿀 수 있게 된다. 이것은 열역학 제2법칙(기관의 법칙)에 위배된다.

두 온도 사이에서 작동하는 기관은 카르노기관의 효율보다 좋을 수 없다. 두 온도 사이에서 작동하는 모든 가역기관은 카르노기관과 같은 효율을 가진다.

마지막으로 지금까지 다루었던 정적과정, 정압과정, 단열과정, 등온과정 등의 열적과정을 요약해 보자.

먼저 $p-V$ 평면에 나타내 보면 다음 그림과 같다.

(1) 등온과정 : $PV = nRT$에서 T가 일정함
(2) 단열과정 : $PV^{\gamma} =$ 일정의 곡선을 따라감
(3) 정압과정 : 압력이 일정하고 수평으로 움직임
(4) 정적과정 : 부피가 일정하고 수직으로 움직임

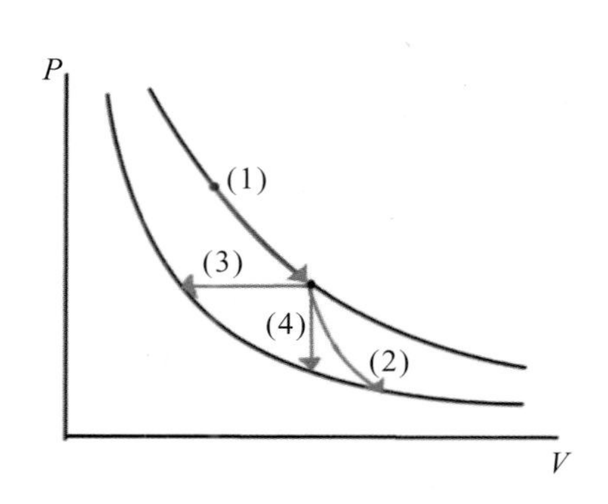

열적과정	일정한 양	열역학 제1법칙	엔트로피(Section 3 참조)
(1) 등온과정	T	$\Delta U = 0, \Delta W = nRT\ln(V_2/V_1), \Delta Q = \Delta W$	$\Delta S = nR\ln V_2/V_1$
(2) 단열과정	Q	$\Delta U = nC_v\Delta T, \Delta W = -\Delta U, \Delta Q = 0$	$\Delta S = \Delta Q = 0$
(3) 정압과정	P	$\Delta U = nC_v\Delta T, \Delta W = nR\Delta T, \Delta Q = nC_p\Delta T$	$\Delta S = nC_p\ln(T_2/T_1)$
(4) 정적과정	V	$\Delta U = nC_v\Delta T, \Delta W = 0, \Delta Q = \Delta U$	$\Delta S = nC_v\ln(T_2/T_1)$

엔트로피

카르노 열기관을 다시 보자. 카르노기관의 효율은 절대온도만으로 결정된다.

$$e = 1 - \frac{Q_C}{Q_H} = 1 - \frac{T_C}{T_H}$$

이것에서

$$\frac{Q_H}{T_H} = \frac{Q_C}{T_C}$$

라는 카르노기관의 특성을 나타내는 관계식을 얻는다.

클라우지우스는 1860년 열의 출입이 있을 때 상태를 표현하는 양으로서 엔트로피라는 개념을 도입하였다.

카르노기관의 순환과정에서 고온의 등온과정을 거치는 동안에는 열 Q_H가 흡수되고, 저온의 등온과정에서는 열 Q_C가 방출된다.

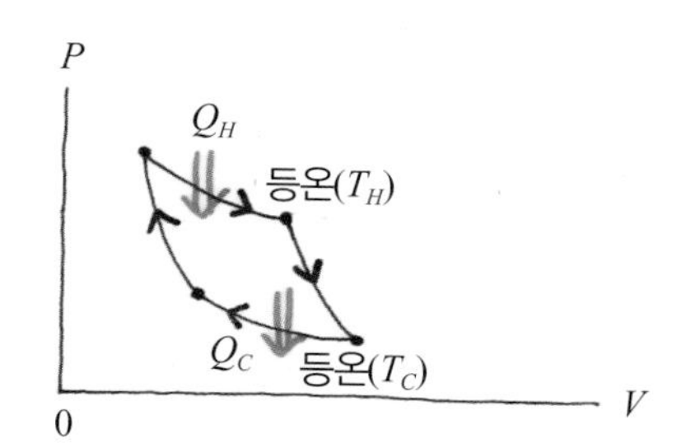

등온과정에서 열이 들어올 때 엔트로피 S의 증가량을

$\Delta S = \frac{\Delta Q}{T}$ 라고 정의하자.

고온의 등온과정에서는 열 Q_H를 받아 엔트로피는 $\Delta S_H = Q_H/T_H$만큼 증가하게 된다.

그러나 저온의 등온과정에서는 열 Q_C를 방출하기 때문에 $\Delta S_C = -Q_C/T_C$만큼 감소하게 된다.

그런데 단열과정에서는 열의 출입이 없으므로 엔트로피의 변화가 당연히 없다. 따라서, 카르노 순환과정에서 생기는 총 엔트로피의 변화는

$$\frac{Q_H}{T_H} = \frac{Q_C}{T_C}$$ 라는 사실을 쓰면

$$\Delta S = \Delta S_H + \Delta S_C = 0$$ 이다.

즉, 총 엔트로피의 변화량은 0이다.

카르노기관처럼 가역 순환과정을 쓰는 기관의 총 엔트로피 변화는 0이다.

여기서 가역 순환과정이라 함은 열적평형을 유지하며 되돌릴 수 있는 과정을 의미한다.

생각해보기 **엔트로피 증가량**

300 K의 대기 중에서 1 g의 얼음이 녹을 때의 엔트로피의 증가를 구해 보자. 얼음의 온도는 $T=273$ K이고, 얼음의 융해열은 1 g당 334 J이다. 단 녹은 물의 온도는 변하지 않는다.

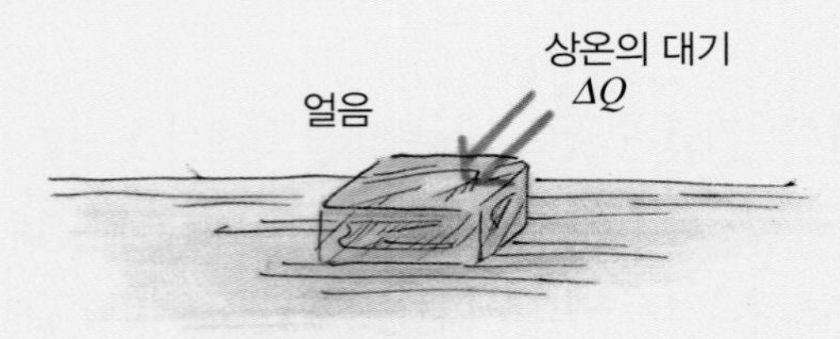

얼음이 273 K의 물로 변할 때의 엔트로피 증가는

$$\Delta S_{\text{얼음}} = \frac{\Delta Q}{T_{\text{얼음}}} = \frac{334\text{ J}}{273\text{ K}} = 1.2\text{ J/K}$$

이때 대기는 융해열을 빼앗기므로 대기의 엔트로피는 감소한다.

$$\Delta S_{\text{대기}} = \frac{\Delta Q}{T_{\text{대기}}} = -\frac{334\text{ J}}{300\text{ K}} = -1.1\text{ J/K}$$

총 엔트로피 증가는

$$\Delta S_{\text{얼음}} + \Delta S_{\text{대기}} = 1.2\text{ J/K} - 1.1\text{ J/K} = 0.1\text{ J/K}$$

얼음이 녹는 현상은 비가역과정이다. 상온에서 녹은 얼음이 다시 저절로 얼음이 되지 않기 때문이다. 비가역과정은 열적평형에서 벗어나 있으므로 PV 도표에 표시할 수 없다. 이러한 비가역과정에서 나타나는 엔트로피 변화는 어떻게 구할 수 있을까?

엔트로피는 온도나 내부에너지처럼 상태함수이기 처음상태와 나중상태만으로 결정된다. 오른쪽 PV 도표에서 경로1 또는 경로2와 같이 처음상태와 나중상태로 변하는 가역과정을 생각하여 엔트로피의 변화량을 알아내면 된다.

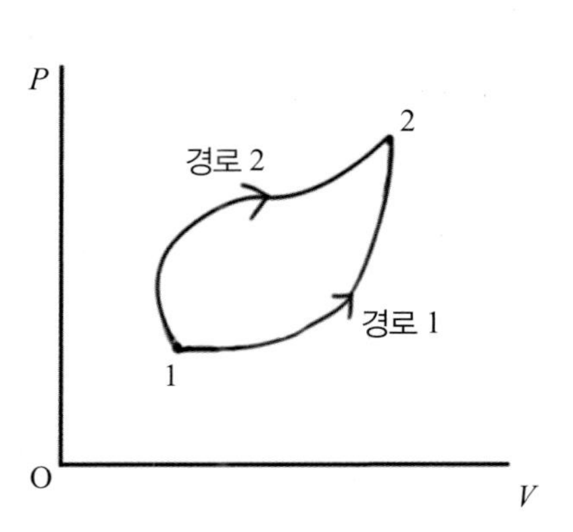

따라서 총 엔트로피의 변화량은 온도가 변하는 가역과정을 따라 적분한 값이 된다.

$$\Delta S = \int_{처음}^{나중} \frac{dQ}{T}$$

엔트로피는 상태함수이기 때문이 계가 상태1에서 상태2로 변할 때 엔트로피 변화는 경로에 무관하다. 즉 경로1과 경로2의 가역과정을 따라갈 때 변하는 엔트로피는 같다. 오른쪽의 〈생각해 보기〉에서 온도가 다른 물이 섞이거나 문제 15번에서 기체의 자유팽창과 같은 비가역과정에서도 처음 상태와 끝 상태를 연결하는 가역과정을 상정하여 엔트로피의 변화를 결정할 수 있다.

생각해보기

밀폐된 용기에 끓는 물(100 ℃) 1 kg과 0 ℃의 물 1 kg을 섞자. 2 kg의 물이 평형을 이룰 때 엔트로피의 변화를 구해 보자.

뜨거운 물이 잃은 열량은 찬물이 얻은 열량과 같아야 한다. $\Delta Q = mc\,\Delta T$를 쓰면

$$1\text{ kg} \times 4.19\text{ kJ/(kg}\cdot{}^\circ\text{C)} \times (100\ {}^\circ\text{C} - T) = 1\text{ kg} \times 4.19\text{ kJ/(kg}\cdot{}^\circ\text{C)} \times T$$

가 되므로, 물이 섞인 후의 온도는 $T = 50\ ^\circ\text{C}$가 된다.
0 ℃에서 50 ℃로 변하는 물의 엔트로피 증가량은

$$\Delta S_1 = \int_{처음}^{나중} \frac{dQ}{T} = mc\int_{273\text{K}}^{323\text{K}} \frac{dT}{T} = (4190\text{ J/K})\left(\ln\frac{323}{273}\right) = 705\text{ J/K}$$ 이다.

100 ℃에서 50 ℃로 변하는 물의 엔트로피 증가량은

$$\Delta S_2 = \int_{처음}^{나중} \frac{dQ}{T} = mc\int_{373\text{K}}^{323\text{K}} \frac{dT}{T} = (4190\text{ J/K})\left(\ln\frac{323}{373}\right) = -603\text{ J/K}$$ 이다.

총 엔트로피 증가량은

$$\Delta S = \Delta S_1 + \Delta S_2 = 705 - 603 = 102\text{ J/K}$$

이다.

물이 섞이는 과정에서 에너지변화는 없지만, 이 과정은 비가역과정이며, 총 엔트로피는 증가한다. 비가역과정에서는 섞인 물이 끓는 물과 얼음물로 저절로 분리될 수 없다는 것을 의미한다.

위의 여러 예에서 보듯이 가역과정의 경우에는 총 엔트로피의 변화가 생기지 않지만, 비가역과정에서는 총 엔트로피가 증가한다.

이것이 엔트로피를 써서 표현한 열역학 제2법칙이다.

엔트로피와 열역학 제2법칙

(4) 열이 수반되는 과정은 고립계(또는 우주 전체)의 엔트로피가 감소하는 방향으로는 일어나지 않는다.

열역학 제2법칙을 적용할 때 조심해야 할 것은 항상 고립계 전체를 고려해야 한다는 것이다. 생명이 자라거나 공장에서 물건을 생산할 때와 같은 국소적인 경우를 생각해보면, 무질서한 원재료에서 질서를 갖춘 모양으로 변하기 때문에 엔트로피가 감소하게 된다(문제 20번 참조).

생각해보기

열효율 100%인 열기관이 없다는 열역학 제2법칙을 엔트로피 증가의 법칙으로부터 설명할 수 있을까? 또 온도가 낮은 곳에서 높은 곳으로 열이 저절로 이동할 수 없다는 것도 엔트로피 증가의 법칙으로 설명할 수 있을까?

열효율 100%인 열기관이 가능하다고 가정하고, 한 순환과정에서 계(열기관+환경)의 총 엔트로피의 변화량을 살펴보자. 열효율이 100%이므로,

$$Q_C = 0\text{이고, } \Delta S_{\text{저온열원}} = \frac{Q_C}{T_C} = 0\text{이다.}$$

또한 순환과정에서 $\Delta S_{\text{열기관}}=0$ 이다. 따라서,

$$\begin{aligned}\Delta S_{\text{총}} &= \Delta S_{\text{고온열원}} + \Delta S_{\text{저온열원}} + \Delta S_{\text{열기관}} \\ &= -\frac{Q_H}{T_H} + 0 + 0 < 0\text{이다.}\end{aligned}$$

즉, 엔트로피 증가의 법칙에 어긋난다. 엔트로피 증가의 법칙이 옳은 한, 열효율 100%인 열기관은 불가능한 것이다.

또, 온도 T_C인 물체에서 그보다 높은 온도 T_H인 물체에 열 $Q(>0)$가 저절로 전달되는 경우의 총 엔트로피 변화량을 살펴보자.

$$\Delta S_{\text{총}} = \Delta S_{\text{고온물체}} + \Delta S_{\text{저온물체}} = \frac{Q}{T_H} + \frac{(-Q)}{T_C} < 0$$

이므로, 이 역시 엔트로피 증가의 법칙과 모순된다.

1870년대 볼츠만은 이 엔트로피를 통계적으로 다룰 수 있는 기초를 만들었다.

원자들이 에너지 E를 가질 확률은 e^{-E/k_BT} (볼츠만 인자)에 비례한다. 이 원자들의 운동은 열 때문에 무질서해지며, 이 무질서도(엔트로피)는 원자가 평균에너지를 가지는 세부적인 운동상태의 가지수 W로 정의된다.

$$\text{엔트로피} : S = k_B \ln W$$

이로부터 열평형상태는 확률적으로 가장 그럴듯한 원자들의 열운동상태이며, 이때 엔트로피는 극대가 된다고 말할 수 있다.

간단한 예를 통해 열평형상태와 무질서도에 관한 볼츠만의 통계적인 아이디어를 알아보자.

동전 2개가 든 박스를 생각하자. 동전 앞면에는 0이, 뒷면에는 1이 쓰여 있다. 동전값의 합을 박스값이라고 부르자.

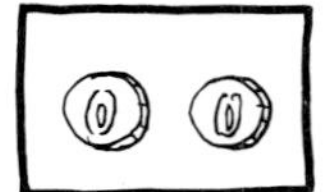

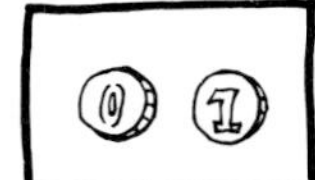

동전의 앞면과 뒷면이 보일 확률이 같다면 박스의 평균값은 1이다. 그러나 실제로 박스를 흔들어 값을 계산하면 평균값 이외의 값도 나올 것이다. 평균값은 다른 박스값과 어떤 관계가 있을까? 각기 다른 박스값이 나올 경우의 수를 보자. 박스값이 0일 경우의 수는 1, 박스값이 2일 경우의 수는 2, 박스값이 2일 경우의 수는 1이다.

이에 대하여 볼츠만의 엔트로피를 계산해 보면 박스값이 0, 1, 2인 경우 엔트로피는 각각 k_B ln1(= 0), k_B ln2, k_B ln1(= 0)가 된다. 따라서 확률이 가장 높은 경우가 엔트로피가 가장 크게 되고 일어날 가능성이 높은 것이다.

박스값	경우의 수	동전의 경우
0	1	(0, 0)
1	2	(1, 0) (0, 1)
2	1	(1, 1)

박스를 10,000번 흔들어 조사하면, 박스값은 0부터 20,000까지 나올 수 있다. 이때 각 값마다 나온 횟수는 오른쪽 그림처럼 기댓값 10,000을 중심으로 분포되어 있다. 횟수가 커지면 폭이 좁아지는 분포를 보인다(문제 21번 참조).

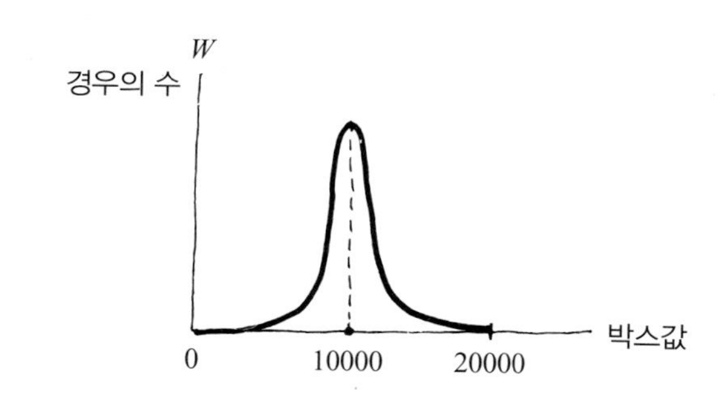

조사하는 횟수 N이 커질수록 평균값인 $N/2$이 나올 횟수는 2^N으로 커진다. 따라서, 우리가 다루는 기체처럼 N이 아보가드로수(~10^{23}) 정도로 아주 커진다면 다른 값을 보는 것은 거의 가능하지 않다.

이것을 열운동하는 원자들의 열평형에 적용하면 내부에너지(평균값) 아닌 다른 값을 가질 경우의 수는 평균값을 가질 경우의 수에 비해 완전히 무시해도 된다.

열평형상태가 되면 평균값(내부에너지)을 가질 경우의 수가 가장 크므로 이때 엔트로피는 극대가 된다.

N개의 기체분자가 평형상태(온도 T)에 있으면 내부에너지 $E=\frac{3}{2}Nk_BT$ 를 가진다. 이때 원자들의 세부상태가 어떻게 분포되었을 때 엔트로피가 극대가 될까?

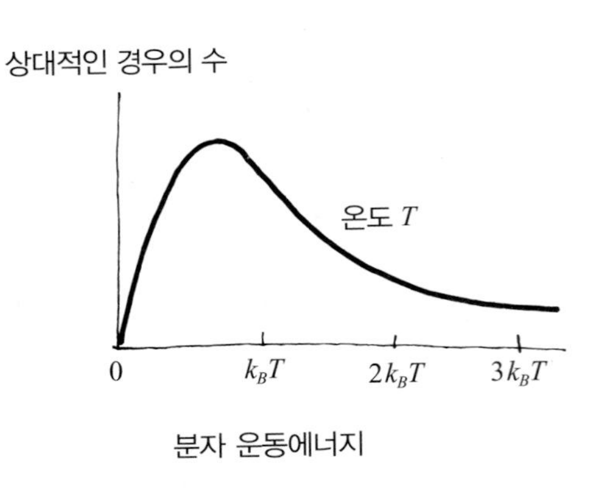

이것을 계산하는 것은 쉽지 않지만, 맥스웰 속도분포가 바로 속도에 따른 경우의 수를 알려 주고 있다. 따라서, 이를 모두 더하면(적분하면) 총 경우의 수가 된다.

원자들 세부상태의 총 경우의 수 W는 $T^{3N/2}$에 비례한다. $W = aT^{3N/2}$ (a는 온도와 무관한 비례상수이다, 문제 23).

따라서, 엔트로피는

$$S = k_B \ln W = k_B N \ln(T^{3/2})$$이 된다.

(N에 비례하는 항만 고려한다.)

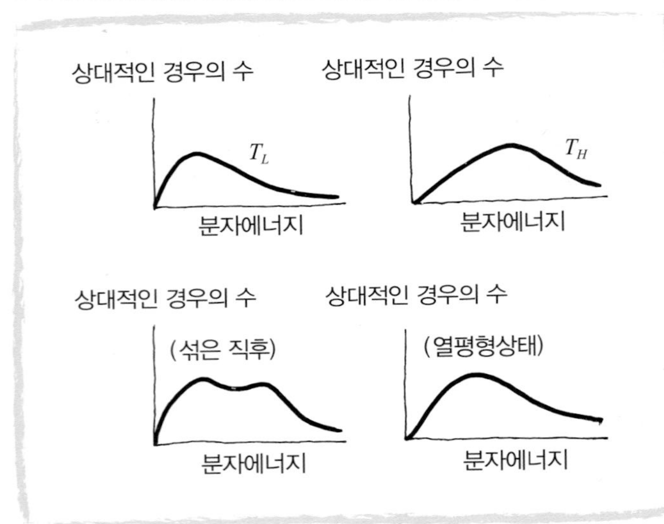

이제, 각각 N개의 원자가 들어 있는 두 기체(온도 T_L과 T_H)를 섞어보자.

두 기체를 섞은 직후와, 열평형$\left(T_F = \dfrac{T_H + T_L}{2}\right)$에 도달한 경우 내부에너지는 모두 같다. 그런데 엔트로피는 어떨까?

섞은 직후의 엔트로피는 각 온도에서 두 기체의 엔트로피를 더한 값이다.

$$S_{\text{평형 전}} = k_B N \ln(T_L^{\ 3/2}) + k_B N \ln(T_H^{\ 3/2})$$

열평형이 되면 엔트로피는

$$S_{\text{평형 후}} = k_B(2N)\ln(T_F^{\ 3/2})$$

엔트로피 차이는

$$\Delta S = S_{\text{평형 후}} - S_{\text{평형 전}} = \frac{3k_B N}{2} \ln\left(\frac{T_F^2}{T_L T_H}\right)$$이다.

$(T_H - T_L)^2 > 0$을 쓰면

$$(2T_F)^2 = (T_H + T_L)^2 = (T_H - T_L)^2 + 4T_H T_L > 4T_H T_L$$ 이므로

$$\ln\left(\frac{T_F^2}{T_L T_H}\right) > \ln 1 = 0$$이다.

즉, $\Delta S > 0$이다.

온도가 다른 두 기체가 섞여 평형상태가 되면 경우의 수가 증가하고, 따라서 엔트로피도 증가한다. 이것이 볼츠만이 본 열역학 제2법칙이다.

단원요약

1. 열기관과 냉동기

① 열기관은 순환과정을 통해 온도 T_H인 고온열원에서 Q_H의 열에너지를 받아 W의 일을 하고 Q_C의 열을 온도 T_C인 저온열원에 방출한다. 이때 $Q_H = W + Q_C$이다.

② 열기관의 효율은 $e = W/Q_H = 1 - Q_C/Q_H$이다.

③ 냉동기는 순환과정을 통해 일 W를 가하여 온도 T_C인 저온열원에게서 Q_C의 열에너지를 뽑아내고 $Q_H = W + Q_C$의 열을 온도 T_H인 고온열원으로 방출한다.

④ 냉동기의 성능은 실행계수 $K = Q_C/W = Q_C/(Q_H - Q_C)$로 나타낸다.

2. 카르노기관과 열역학 제2법칙

① 등온과정에 적용되는 식은 $PV = nRT$이고 단열과정에 적용되는 식은 PV^{γ} = 일정이다.

② 카르노기관은 이상기체를 '등온팽창 → 단열팽창 → 등온압축 → 단열압축' 의 네 단계를 거치는 순환과정으로 구성된다. 카르노기관의 열효율은 $e = 1 - T_C/T_H$이다.

③ 열역학 제2법칙은 다음과 같이 서로 동등한 세 가지의 형태로 정리된다.

- 냉동기의 법칙 : 열은 온도가 낮은 곳에서 높은 곳으로 저절로 흐르지 않는다.
- 기관의 법칙 : 열효율이 100%인 열기관은 존재하지 않는다.
- 카르노 정리 : 두 온도 사이에서 작동하는 열기관의 효율은 카르노기관보다 효율이 더 좋을 수 없다.

3. 엔트로피

① 등온과정에서 열이 들어올 때의 엔트로피 증가율을 $\Delta S = \Delta Q/T$로 정의한다.

② 엔트로피는 온도와 내부에너지처럼 열역학적 상태만의 함수이다.

③ 카르노기관처럼 가역 순환과정을 쓰는 기관의 총 엔트로피 변화는 0이다.

④ 비가역과정에서 엔트로피 변화량은 처음상태에서 나중상태로 변하는 가역과정을 상정하여 이 과정을 따라 적분한 값이 된다.

$$\Delta S = \int_{\text{처음}}^{\text{나중}} \frac{dQ}{T}$$

여기에서 dQ는 온도 T일 때 전달되는 열량이다.

⑤ 열역학 제2법칙은 계와 환경의 총 엔트로피의 변화에 대한 법칙으로 다음과 같이 표현된다. 즉, 가역과정에서 총 엔트로피의 변화는 없지만, 비과역과정에서는 총 엔트로피가 증가한다.

⑥ 볼츠만은 통계적으로 엔트로피를 $S = k_B \ln W$와 같이 정의하였다. 여기에서 W는 원자가 평균에너지를 가지는 세부적인 운동 상태의 가지 수이다.

연습문제

1. 등온과정에서는 효율이 100%임에도 불구하고 카르노 열기관의 효율은 왜 1보다 작을까?

2. 매시간 300톤의 석탄을 소비하며 700 MW로 일을 하는 화력발전소의 효율을 구하라. 석탄 1 kg을 연소하여 발생되는 열량은 28 MJ이다.

> **2.** 열기관의 효율
> $e=\frac{W}{Q}$

3. 열기관이 15 kcal의 열을 받아 7,000 J의 일을 한다. 이 기관의 효율은 얼마일까?

4. 히트 펌프의 성능은 Q_H/W이다. 이것은 모터가 한 일 W에 비해 얼마나 열 Q_H를 넣어주는지를 보여주는 양이다. 카르노기관의 경우, 이 성능은 $\frac{T_H}{T_H-T_C}$ 이다.

밖의 온도가 −5 ℃이고, 방 안의 온도가 20 ℃일 때, 히트펌프가 1.5 kW의 전력을 사용한다. 이 히트 펌프가 방 안에 공급하는 열은 얼마인가? 어떻게 전력보다 더 많은 열을 얻을 수 있을까?

***5.** 단원자 이상기체 1몰이 그림과 같은 순환과정을 돈다. 다음 물음에 답하여라.

> **5.** 이상기체의 비열, 상태방정식을 이용하자.

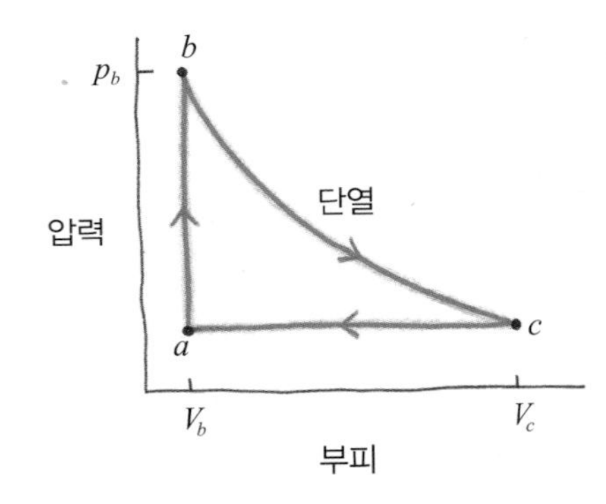

(1) $a \rightarrow b$ 과정에서 열기관이 흡수한 열(Q_{ab})과 열기관이 한 일(ΔW_{ab}), 내부에너지 증가량(ΔU_{ab})을 구하여라.

(2) $b \rightarrow c$ 과정에서 Q_{bc}, ΔW_{bc}, ΔU_{bc}를 구하여라.

(3) $c \rightarrow a$ 과정에서 Q_{ca}, ΔW_{ca}, U_{ca}를 구하여라.

(4) 이 기관의 열효율을 구하여라.

6. 위의 문제에서 p_b = 100기압, $V_b = 10^{-3}\text{m}^3$, $V_c = 8V_b$일 경우 각각의 문항의 양을 계산하여라.

7. 카르노기관이 320 K의 고온부와 260 K의 저온부 사이에서 작동한다. (1) 한 순환 주기 동안 고온부에서 500 J의 열을 흡수한다면 하는 일은 얼마일까? (2) 이 기관을 거꾸로 작동하여 냉동기로 사용한다면, 저온부에서 1,000 J의 열을 제거하기 위하여 공급해야 하는 일은 얼마일까?

***8.** 그림은 Stirling 열기관의 순환과정이다. 이것은 $a \to b$의 등온팽창, $b \to c$의 등적과정, $c \to d$의 등온압축, $d \to a$의 등적과정으로 이루어져 있다. 이 순환과정에서 열기관이 한 일과 열효율을 구하라.

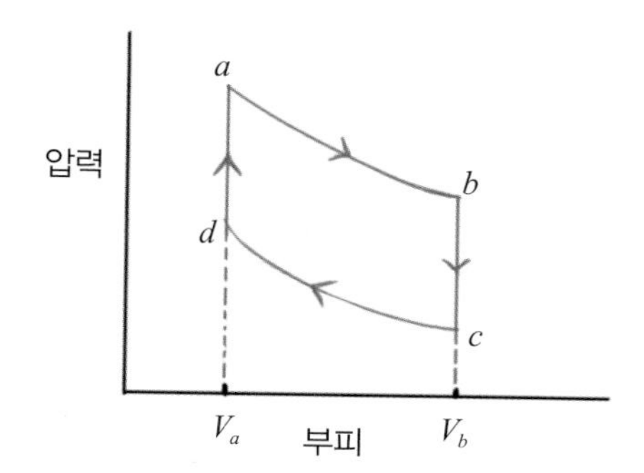

***9.** 다음과 같은 2단계의 카르노기관을 생각해 보자. 1단계의 카르노기관은 온도 T_1인 고온부에서 Q_1의 열을 흡수하여 W_1의 일을 하고, 온도 T_2인 저온부로 Q_2의 열을 방출한다. 2단계의 카르노기관은 1단계에서 방출한 열 Q_2로 W_2의 일을 하고, 온도 $T_3(<T_2)$인 저온부로 Q_3의 열을 방출한다. 위의 열기관의 효율이 $(T_1 - T_3)/T_1$임을 보여라.

10. 9번에서 첫 번째 기관은 1,500 ℃의 고온부에서 열을 흡수하여 600 ℃의 저온부로 열을 보낸다. 두 번째 기관은 첫 번째 기관에서 나온 열을 이용하여 50 ℃의 저온부로 보낸다. 각각의 기관의 열효율과 전체 기관의 열효율을 계산하여라.

11. 냉장고의 모터는 200 W의 일률로 돌고 있다. 냉장실의 온도가 270 K, 외부의 온도가 300 K일 때 이상적인 효율을 가정한다면 10분 동안 뽑아낼 수 있는 최대열량은 얼마일까?

12. 열기관이 1,000 K의 열원과 650 K의 열원 사이에서 2,500 J의 열을 받아 550 J의 일을 한다.

(1) 이 열기관의 효율과 카르노기관의 효율을 비교하라.

(2) 한 행정이 끝났을 때 이 열기관 때문에 생긴 전체의 엔트로피 변화는 얼마인가? 이것은 카르노 열기관의 경우와 얼마나 다를까?

11. 카르노 냉동기의 성능은 $K = \dfrac{T_C}{T_H - T_C}$ 이다.

12. 열기관의 효율 $= 1 - \dfrac{Q_C}{Q_H}$

카르노기관의 효율 $= 1 - \dfrac{T_C}{T_H}$

***13.** 카르노기관 순환과정의 각 단계별로 엔트로피 변화량을 구하고, 총 엔트로피 변화가 0임을 보여라.

14. 온도 T_H인 고온열원과 온도 T_C인 저온열원 사이에서 작동하는 열기관의 한 순환과정에서 고온열원, 저온열원, 열기관의 엔트로피 변화량을 각각 쓰고, 이들의 총합이 $\Delta S_{총} \geq 0$임을 보여라.

***15.** 차단막으로 구분되어 열이 차단된 두 공간이 있다. 한 공간에 온도 T인 이상기체가 채워져 있고 다른 공간은 진공이다. 이 차단막이 터져 기체가 전체공간으로 흩어진다면 엔트로피는 얼마나 변할까?

16. 2 kg인 구리의 온도를 가역적으로 25 ℃에서 100 ℃로 높일 때 구리가 흡수한 열과 엔트로피의 변화를 구하라.

17. 구리 막대기의 양 끝에 각각 25 ℃와 100 ℃의 열원이 접촉하여 평형을 이루고 있다. 구리 막대를 통해 1,000 cal의 열이 고온열원에서 저온열원으로 전달될 때 총 엔트로피의 변화를 구하라.

18. 100 ℃인 알루미늄 200 g과 20 ℃인 물 50 g이 섞여 있다. 열평형이 이루어지는 온도는? 열평형이 이루어지는 과정에서 알루미늄과 물, 각각의 엔트로피 변화량 및 계의 총 엔트로피 변화량을 구하라.

19. 1 kg의 물과 1 kg의 얼음 중 엔트로피가 높은 것은 어느 것일까? 이것은 얼음이 녹는 현상과 어떤 관련이 있을까?

20. 생명체는 태어나서 자라면서 더 정교한 형태로 조직되어 간다. 즉, 시간이 지남에 따라 엔트로피가 작아진다. 이것은 열역학 제2법칙에 위배되는 것이 아닐까?

***21.** 동전을 던질 때 앞면이 0과 1이 나올 확률이 같다고 하자.

(1) 동전의 기댓값은 얼마인가?

(2) 만일, 46억의 인구가 모두 동시에 동전 한 개씩 던져서 나온 값을 모두 더하면 0에서부터 46억까지의 경우가 나올 수 있다. 이것을 수없이 반복하면 0~46억까지의 동전값은 어떤 분포를 가질까?

22. 현재 실험적으로 내려간 가장 낮은 온도는 10^{-7} K 정도이다. 온도가 내려갈수록 기체의 운동은 느려진다. 저온에서 모든 운동이 멈추는 상태가 존재할까?

15. 이상기체의 경우 내부에너지가 변하지 않으면 온도도 변하지 않는다. 기체가 서서히 팽창하면 $dQ = dW = PdV$이다. 엔트로피 변화량은 처음 상태와 나중상태만으로 결정된다는 것을 이용하자. 적당한 중간과정을 생각해 보자. 이상기체의 등온팽창은 어떨까?

22. 고체헬륨은 존재하지 않는다.

23. 236쪽 다섯 번째 칸에 나와 있는 맥스웰 속력분포 $f(v)$를 써서 경우의 수 W가 $T^{3N/2}$에 비례함을 보여라.

24. 실행계수가 2.5인 냉동고를 500 W로 1시간 작동시키면 0 ℃의 물을 얼마나 얼릴 수 있는가?

25. 5번 문제에서 $p_b = 100$기압, $V_b = 10^{-3}$ m^3, $V_c = 8V_b$일 경우, 각 점에서 기체의 온도와 압력을 구하여라.

26. 윷놀이에서 도, 개, 걸, 윷, 모의 경우의 수와 엔트로피를 구하여라. 단, 윷가락의 등과 배가 나올 확률은 같다.

23. 맥스웰의 속력분포 $f(v)$는 기체분자가 속력 v와 $v+dv$ 사이에 있는 확률을 표시한다. 따라서 기체분자 하나가 가지는 경우의 수는 $f(v)$에 나오는 지수함수 $e^{-mv^2/2k_BT}$를 dv_x, dv_y, dv_z에 대해 적분한 양에 비례한다.
$dv_x\, dv_y\, dv_z = v^2 dv\, d\Omega$
$(d\Omega = \sin\theta\, d\theta\, d\phi)$

PART III

빛과 전자기학

Chapter 1 전기장과 전위

코로나 방전. (왼쪽 : 손을 대기 직전) 헬륨-네온 기체에 강한 전기장이 걸리면 기체가 이온화되면서 전기장이 센 곳을 따라 코로나 방전이 퍼져 나간다.
(오른쪽 : 손을 댄 후) 유리구에 손을 대면 기체에 걸리는 전기장이 달라지므로 코로나 방전이 퍼져 나가는 길도 달라진다.

전하 사이에 작용하는 힘은 주변에 전기장을 만들어 낸다. 코로나 방전이 퍼져 나가는 모양은 이 보이지 않는 전기장의 실재를 알려 준다.

Section 1 전하와 쿨롱힘

우리 주위에는 수많은 물질과 다양한 생명체와 이들과 관련된 재미있는 현상이 존재한다. 생명체를 비롯한 물질을 잘게 쪼개면 결국은 원자라는 작은 알갱이에 도달한다. 원자는 원자핵과 전자라는 더 작은 알갱이로 쪼갤 수 있다. 그러면 원자는 어떻게 원자핵과 전자를 한곳에 모아둘 수 있을까? 이는 원자핵과 전자 사이에 잡아당기는 힘이 작용하기 때문인데 이 힘을 전자기력이라고 한다.

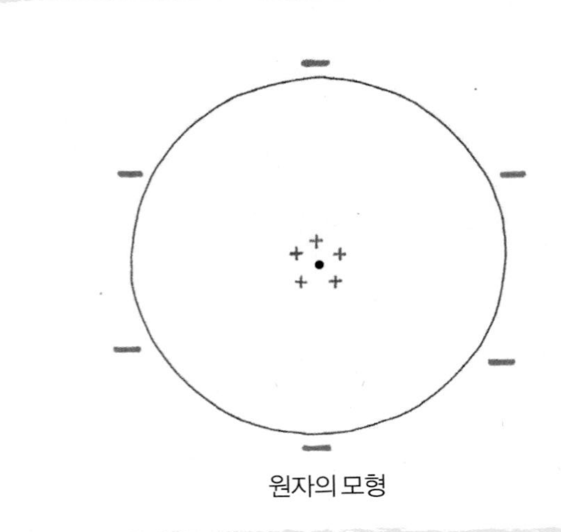

원자의 모형

전기력이 작용하는 근원을 전하라고 한다. 전하에는 양전하와 음전하 두 종류가 있다. 원자핵은 양전하를 띠고, 전자는 음전하를 띤다. 같은 부호의 전하 사이에는 서로 밀치는 척력이 작용하고 다른 부호의 전하 사이에는 당기는 힘이 작용한다. 물론, 전하가 없으면 전자기력은 작용하지 않는다.

수소와 탄소 같은 원자들이 서로 다른 것은 원자핵 속에 들어 있는 전하의 양(또는 양성자의 개수)이 다르기 때문이다. 그리고 원자는 음전하와 양전하의 양이 꼭 같기 때문에, 겉으로 보기에는 전하가 없는 것 같이 보인다. 이를 전기적으로 중성이라고 한다.

그러면 어떻게 중성 원자들이 모여서 물질을 만들게 될까? 생명에 없어서는 안되는 물은 어떻게 온도에 따라 특이하게 변할까? 아미노산은 어떻게 복잡한 단백질을 만들까? 유전자는 어떻게 자신의 유전정보를 다음 세대에 넘길까?

이렇게 신비하고 재미있는 현상의 근원에는 바로 전자기 상호작용이 있다. 원자에 있는 일부 전자가 빠져나가 다른 원자에 들어가게 되어 서로 다른 전하를 띠며, 원자들을 서로 잡아당긴다. 또는 원자 안의 전하 분포가 변하면서 다른 원자들을 잡아당기기도 한다.

지금부터 전하와 이들 사이에 작용하는 힘에 대해 자세히 알아보자.

전기적인 힘이 존재한다는 것은 기원전 그리스 시대에 벌써 사람들이 알고 있었다. 호박(보석의 일종)을 깃털에 문질렀을 때, 깃털을 끌어당기는 현상을 발견하였다.

이러한 현상은 마찰에 의해, 물질의 전기적 성질이 변화한 것이라는 것이 알려졌다. 이와 같이 마찰에 의해 발생된 전기는 유리나, 고무, 헝겊 같은 부도체 표면에 존재하게 되는데, 이를 정전기라 부른다.

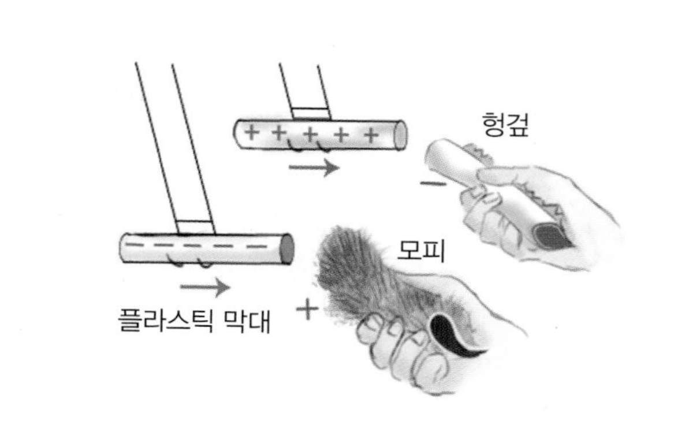

물질이 전기를 띠게 되는 현상을 대전이라 하고, 전기를 띠게 되는 근본 원인은 전하이다. 대전된 전하의 양을 전하량이라 한다.

즉 물체의 표면에 전하가 축척되어 정전기 현상이 생긴다. 전하가 축척된 물체를 대전체라 한다.

대전된 플라스틱자가 전기를 띤 물줄기를 휜다.

마찰에 의해서 물질이 전기를 띠는 이유는 무엇일까? 대부분의 물체는 외부의 자극이 있지 않는 한 전기적으로 중성인 상태에 있다. 하지만, 마찰 등과 같은 자극을 받으면, 물질을 구성하고 있는 분자나 원자의 특성에 따라 전자를 쉽게 잃어버리거나, 받아들이게 되어 전기를 띠게 된다. 유리와 헝겊을 문질렀을 때, 마찰이나 접촉을 통해 표면에 붙어 있던 전하가 이동한다.

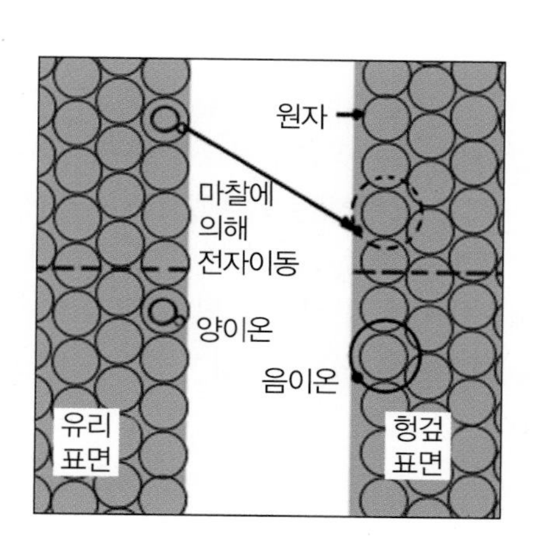

일상생활에서도 정전기 현상을 많이 볼 수 있다. 겨울철 두터운 외투를 입고 외출할 때 자동차 손잡이를 만지는 순간 작은 전기적 충격을 느끼고, 머리카락 등이 옷에 들러붙는다든지 하는 경우가 그렇다. 냉장고 문이 빈틈없이 닫히는 이유는 냉장고 문에 있는 고무의 정전기 현상을 이용한 것이고, 물건을 포장할 때 사용하는 비닐 랩도 정전기 현상을 이용한다.

이러한 정전기는 미세한 전하에도 영향을 받는 반도체 소자 등과 같은 정밀 전자기기에는 치명적이다. 이를 방지하기 위해서 정전기가 생기지 않는 특별한 포장지를 사용한다.

전자기기를 포장하는 정전기 방지용 포장재

접촉이나, 마찰 등을 통해 전하가 이동함으로써 정전기가 발생됨을 배웠다. 반 데 그라프(Van de Graaff) 정전발생기라는 기계적인 방법을 이용하여 전하를 모으는 장치가 있다.

그림과 같이 도체구에 고무벨트를 통해 전하를 실어 나른다. 모터로 동작하는 고무벨트는 표면에 전하를 붙여 계속해서 전하를 도체구로 실어 나른다. 결과적으로 도체구에 전하가 쌓이게 되며, 전압이 올라간다. 이 반 데 그라프 장치는 대전입자 가속시키는 장치로도 사용된다.

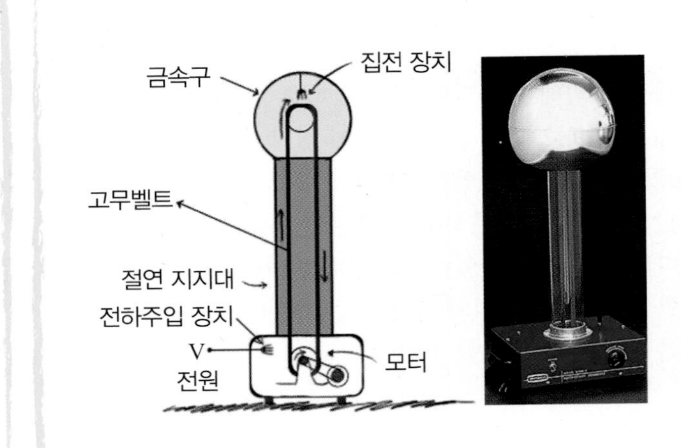

전하가 쌓인 반 데 그라프 금속구에 손을 갖다 대면 쌓인 전하가 도체인 사람 몸으로 들어와 부도체인 옷이나 머리카락에 쌓인다. 쌓인 전하는 같은 전하를 띠므로 머리카락이 반발력 때문에 서게 된다. 이때 전하가 땅속으로 들어가지 않도록 전기가 통하지 않는 바닥 위에 올라서야 한다.

정전기 현상을 일으키는 전하에는 몇 가지 기본 성질이 있다.

첫 번째가 전하보존에 관한 것이다. 미국의 정치가이자, 과학자인 프랭클린은 1774년 다음과 같은 제안을 하였다. 전하는 새로 만들어지거나, 없어지지 않고, 단지 한 물체에서 다른 물체로 이동할 뿐, 총 전하의 양은 변하지 않는다. 이를 전하보존의 법칙이라 부른다.

두 번째는 전하의 양자화에 관한 것이다. 영국의 물리학자 톰슨은 1897년 전자를 발견하고, 전자의 전하량과 전자의 질량의 비가 일정함을 음극선관 실험을 통해 밝혔다. 이어, 1909년 밀리컨은 전하는 연속적인 값을 가지지 않고, 최솟값이 있음을 실험적으로 알아냈다.

어떤 물체의 전하량, Q는 다음과 같이 표시되는데, $Q = Ne$, 여기서 N은 정수, e는 최소 전하량을 말한다. 나중에 전자 1개의 전하량이 $-e$임이 밝혀졌다. 모든 전하는 전자의 전하량을 기본단위로 양자화되어 있다. 전하의 SI 표준단위는 쿨롱(C)을 사용한다. 우리 주변에서 흔히 볼 수 있는 정전기에 의한 전하량은 1nC에서 1μC 정도이다.
전자의 전하량은 $-e = -1.602 \times 10^{-19}$ C이고, 원자핵에 있는 양성자의 전하량은 전자의 전하량과 같고, 부호만 반대이다.

쿨롱법칙

1785년 쿨롱은 비틀림 저울을 이용하여 실험적으로 정지해 있는 전하와 전하 사이에 작용하는 힘의 법칙을 찾아냈다.

두 점전하 q_1, q_2 사이에 작용하는 힘은 두 전하 사이의 거리의 제곱에 반비례하고, 두 전하량의 곱에 비례한다. 힘의 방향은 두 점전하를 잇는 선상에 존재한다. 같은 부호의 전하끼리는 반발하고, 다른 부호의 전하끼리는 서로 끌어당긴다.

$$\mathbf{F}_e = k\frac{q_1 q_2}{r^2}\hat{\mathbf{r}}$$

k는 쿨롱상수라 부르며, 그 값은 8.9876×10^9 $\text{Nm}^2/\text{C}^2(\approx 9 \times 10^9\ \text{Nm}^2/\text{C}^2)$이다.

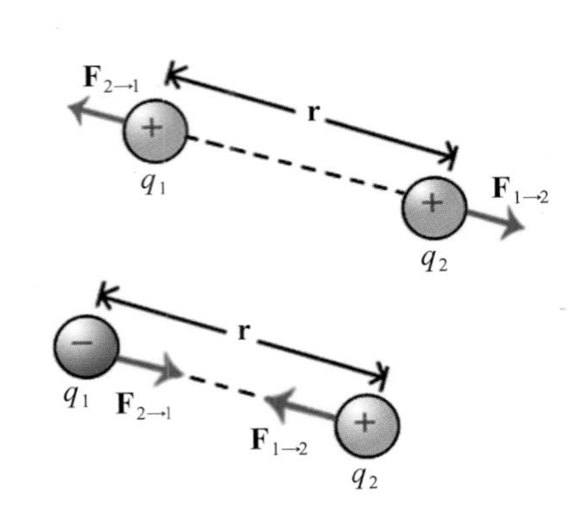

쿨롱상수와 빛의 속도

쿨롱상수 k는 진공에서의 유전율 ε_0을 이용하여 다음과 같이 쓰기도 한다.

$$k = \frac{1}{4\pi\varepsilon_0},\quad \varepsilon_0 = 8.854 \times 10^{-12}\ \text{C}^2/\text{Nm}^2$$

또한 빛의 속도 c와의 관계는 다음과 같다.

$$\begin{aligned} k &= c^2 \times 10^{-7}\ \text{Nm}^2/\text{C}^2 \\ &\approx (3 \times 10^8\ \text{m/s})^2 \times 10^{-7} \\ &= 9 \times 10^9\ \text{Nm}^2/\text{C}^2 \end{aligned}$$

생각해보기 수소원자에서 전기력과 중력의 크기비

수소원자는 $+e$의 전하량을 갖는 원자핵과 $-e$의 전하량을 갖는 1개의 전자로 이루어져 있다. 전기력과 중력의 크기의 비를 대략 계산해보자.

전기력(F_e), 중력(F_g)의 크기 비는

$$\begin{aligned} \frac{F_e}{F_g} &= \left(k\frac{e^2}{r^2}\right)\Big/\left(G\frac{m_e m_p}{r^2}\right) = \frac{k}{G}\frac{e^2}{m_e m_p} \\ &\approx \frac{9 \times 10^9}{6.7 \times 10^{-11}}\frac{(1.6 \times 10^{-19})^2}{(9 \times 10^{-31})(1.7 \times 10^{-27})} \\ &\approx 5 \times 10^{40} \end{aligned}$$

수소원자에서 중력은 전기력에 비해서 완전히 무시할 수 있을 만큼 작다는 것을 알 수 있다. 이렇게 미약한 중력이 천체의 운동을 지배하는 이유는 무엇일까?

생각해보기

1 m 떨어진 1 C의 전하 두 개 사이에 작용하는 쿨롱힘을 계산해 보자.

$$\begin{aligned} F &= k\frac{Q^2}{r^2} \approx 9 \times 10^9 \frac{(1\ \text{C})^2}{(1\ \text{m})^2} = 9 \times 10^9\ \text{N} \\ &= 9 \times 10^5\ \text{ton중} \end{aligned}$$

무려 100만 톤 정도의 무게에 해당하는 힘이 작용하니 1 C이라는 전하는 엄청나게 큰 양임을 알 수 있다.

생각해보기

정전기 실험을 통해 10 μC의 전하가 이동했다. 전자 몇 개가 이동하였는지 계산해보자, 일반적으로 정전기 실험을 통해서 이동하는 전하량은 대략 1 nC~1 μC 정도이다. 전자의 1개의 전하량은 1.6×10^{-19} C이므로

$$Q = ne$$

$$n = \frac{q}{e} = \frac{10\times10^{-6}}{1.6\times10^{-19}} = 6.25\times10^{13}$$

개의 전자가 이동한다.

생각해보기

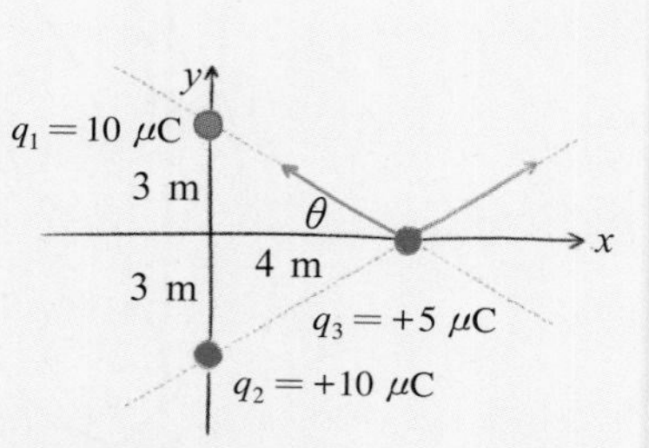

그림과 같은 전하 분포에서 $q_1 = +10\ \mu$C와 $q_2 = +10\ \mu$C가 $q_3 = +5\ \mu$C 점전하에 작용하는 힘의 크기와 방향을 구해보자. 쿨롱힘의 방향은 두 점전하를 있는 선상에 있으므로, 각각의 점전하가 q_3 전하에 작용하는 힘을 그려보면 그림과 같다. 두 힘의 방향이 다르므로 힘의 합력을 구해보자.

두 힘이 크기는 같고 방향이 다르다. 먼저 힘의 크기를 구해보자.

$$|\mathbf{F}_{1\to3}| = F_{1\to3} = k\frac{q_1q_3}{r_{13}^2} = (9\times10^9)\times\frac{(10\times10^{-6})\times(5\times10^{-6})}{5^2} = 0.018\ \text{N}$$

$$|\mathbf{F}_{2\to3}| = F_{2\to3} = k\frac{q_1q_3}{r_{23}^2} = (9\times10^9)\times\frac{(10\times10^{-6})\times(5\times10^{-6})}{5^2} = 0.018\ \text{N}$$

두 힘의 크기는 18 mN으로 같다. 힘의 x방향 성분은 반대 방향이지만, y방향 성분은 같은 방향이므로, 이를 고려하여 더하면, 합력의 크기는

$$|\mathbf{F}_{1,2\to3}| = 2\sin(\theta)F_{2\to3} = 2\times\frac{3}{5}\times0.018\ \text{N}$$

합력의 방향은 $+y$ 방향이다.

각각의 힘의 방향을 나타내는 단위 벡터를 이용하여 이 문제를 풀어보자.

$$\mathbf{r}_{13} = (4,0)-(0,3) = (4,-3),\ \hat{\mathbf{r}}_{13} = \left(\frac{4}{5}, -\frac{3}{5}\right)$$

$$\mathbf{r}_{23} = (4,0)-(0,3) = (4,3),\quad \hat{\mathbf{r}}_{23} = \left(\frac{4}{5}, \frac{3}{5}\right)$$

두 힘의 합은

$$\mathbf{F} = 0.018(-\hat{\mathbf{r}}_{13}) + 0.018\hat{\mathbf{r}}_{23} = 0.018\left(-\frac{4}{5}, \frac{3}{5}\right) + 0.018\left(\frac{4}{5}, \frac{3}{5}\right)$$
$$= 2\times0.018\left(0, \frac{3}{5}\right)\text{N}$$

으로 구할 수 있다. 힘의 x성분은 0이고, y 방향 성분만 남게 됨을 알 수 있다.

Section 2 전기장을 도입하자

전기장

대전된 도체공에 손을 대면 머리카락이 사방으로 곤두서는 것을 볼 수 있다. 머리카락에 대전된 전하가 전기적 힘을 받고, 이 힘의 방향을 따라 머리카락이 늘어서기 때문이다. 다시 말해, 이 머리카락의 방향은 전기력의 방향을 표시하고 있다.

전기력의 크기는 머리카락에 대전된 전하량(q)에 비례하므로 전기장 $\mathbf{E}$를 도입하면 편리하다.

$$\mathbf{F} = q\mathbf{E}$$

패러데이의 전기력선

전하가 힘을 받아 따라가야 할 방향을 선으로 그려 시각적으로 나타낸 것이 전기력선(역선)이다. 이것을 패러데이가 처음 고안해 내었다.

전하가 힘을 받는 방향은 아래 그림처럼 역선의 접선 방향이고, 역선이 촘촘히 그려진 곳은 전기장이 센 곳이다.

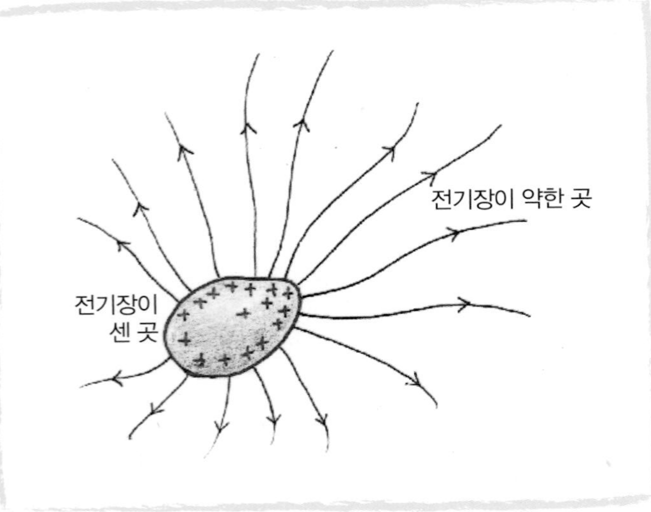

전기장은 전하의 위치에 따라 달라진다. 전기장은 전하가 놓인 위치마다 전하가 받는 힘의 방향과 크기를 알려준다. 따라서, 전하가 그 점에서 전기력을 받을 때 가야 할 길을 알려 주는 셈이다. 전기장 **E**는 단위시험 전하가 받는 전기력이다.

전기장을 도입하면 전기장이 어떻게 생성되었는지 구체적으로 알지 못하더라도, 전하가 놓인 점의 전기장만 알면 그 전하가 받을 힘의 크기와 방향을 바로 알 수 있다. 전기장은 전기력을 다루는 데 아주 간편하고 실용적인 방법이다.

전선을 따라 흐르는 전하(전류)는, 외부에서 도선 내에 만들어 준 전기장을 따라 움직이는 것이다.

빛이나 전파는 전기장의 진동이 공간으로 퍼져나가는 것이다. 휴대폰의 안테나에 들어 있는 전자들은 이 전기장을 따라 진동함으로써 신호를 수신한다.

이와 같이 전기장은 힘을 편리하게 표시하기 위해 도입한 것 이상으로, 우리 주위에서 실제로 흔히 보고 느끼는 실제적인 양이다.

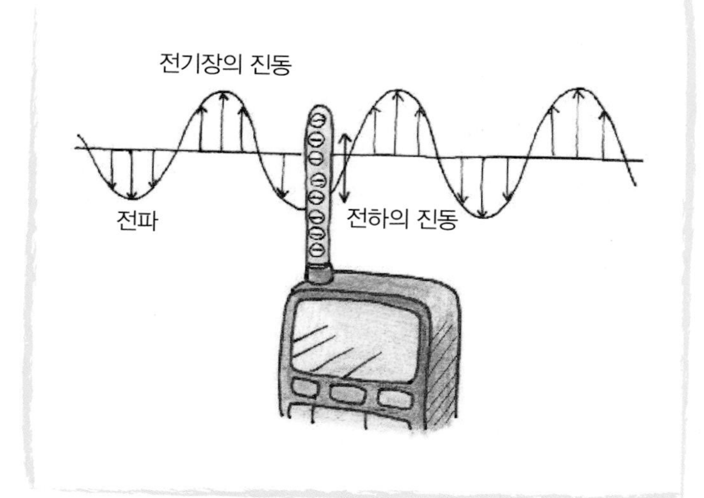

점전하 사이의 쿨롱힘을 알면, 옆의 그림처럼 점전하가 만들어 내는 전기장을 알수 있다.

$$\mathbf{E} = \frac{\mathbf{F}}{q} = k\frac{Q}{r^2}\hat{\mathbf{r}}$$

전기장의 단위 : N/C

+전하가 만드는 전기장의 지름 바깥방향을 향하고,
−전하가 만드는 전기장의 지름 안쪽방향으로 향한다.

역선은 양전하로부터 나오고, 음전하로 들어간다.

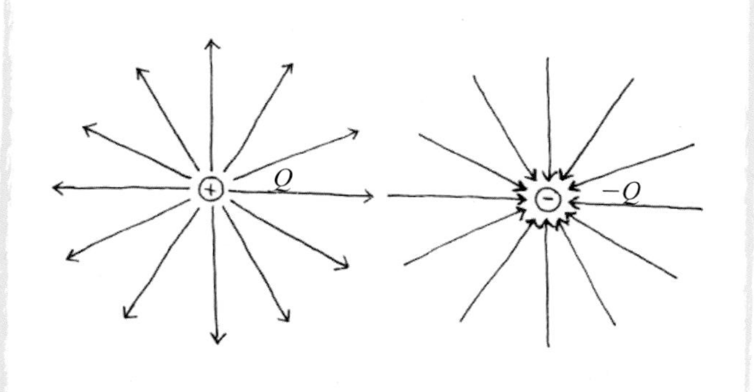

하나의 점전하가 만드는 전기장은 쿨롱법칙으로 구할 수 있음을 살펴보았다. 여러 개의 점전하 또는 연속적으로 분포된 전하들이 주위 공간에 만드는 전기장은 어떻게 될까?

분포된 원전하들에 의해서 시험전하 q가 받는 힘이 $\mathbf{F}$일 때, 전기장은 $\mathbf{E} = \mathbf{F}/q$로 정의된다.

그런데 힘 $\mathbf{F}$는 각각의 원전하들로부터 받는 힘들의 (벡터)합이므로, 전기장 $\mathbf{E}$는 각각의 원전하들이 만드는 전기장들의 (벡터)합임을 알 수 있다. 이를 중첩의 원리라고 한다.

$$\mathbf{E} = \mathbf{E}_1 + \mathbf{E}_2 + \mathbf{E}_3 \cdots$$

+전하와 −전하가 만드는 역선

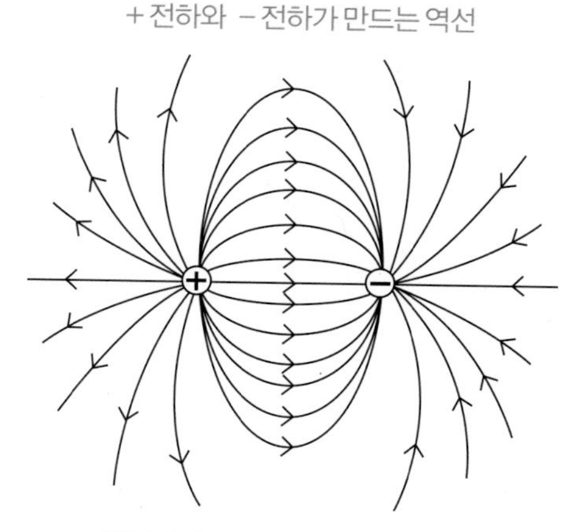

+전하에서 나와서 −전하로 들어간다.

생각해보기

같은 크기의 +전하와 −전하가 거리를 두고 배치된 것을 전기 쌍극자라고 한다. 이때 전기장은 중첩의 원리에 의해 구할 수 있다.

옆그림과 같이 +1 μC 전하와 −1 μC 전하가 각각 (−1 cm, 0)와 (+1 cm, 0)에 놓여있다. 주위의 점에서 각 전하에 의한 전기장을 중첩하여 그려보아라.

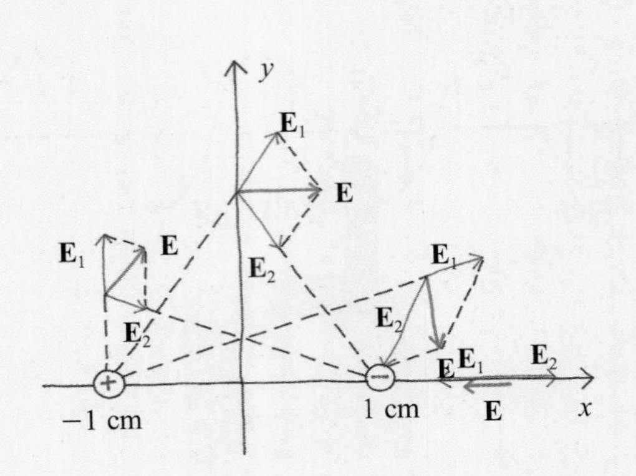

구체적으로 (0, +3 cm)점에서 만드는 전기장을 계산해보자.

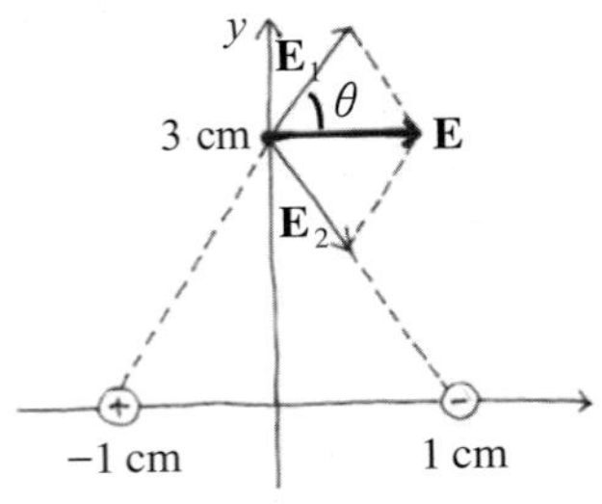

두전하가 각각 만드는 전기장의 크기는 같고 방향만 다르고, 대칭성에 의해 +x 방향을 향하고 있다는 것을 알 수 있다.

먼저 벡터를 성분으로 분리하기 위해, $\sin(\theta)$, $\cos(\theta)$를 구해보자. 그림으로부터,

$$\sin(\theta) = \frac{3}{\sqrt{10}}, \quad \cos(\theta) = \frac{1}{\sqrt{10}}$$

두벡터의 합을 구해보면,

$$\mathbf{E}_1 = k\frac{q}{d^2}\hat{\mathbf{r}}_1 = 9\times10^9\times\frac{1\times10^{-6}}{(\sqrt{10}\times10^{-2})^2}\times(\cos(\theta), \sin(\theta))$$
$$= 9\times10^9\times\frac{1\times10^{-6}}{(\sqrt{10}\times10^{-2})^2}\left(\frac{1}{\sqrt{10}}, \frac{3}{\sqrt{10}}\right)\text{N}$$
$$\mathbf{E}_2 = k\frac{q}{d^2}\hat{\mathbf{r}}_2 = 9\times10^9\times\frac{1\times10^{-6}}{(\sqrt{10}\times10^{-2})^2}\times(\cos(\theta), -\sin(\theta))$$
$$= 9\times10^9\times\frac{1\times10^{-6}}{(\sqrt{10}\times10^{-2})^2}\left(\frac{1}{\sqrt{10}}, -\frac{3}{\sqrt{10}}\right)\text{N}$$
$$\mathbf{E} = \mathbf{E}_1 + \mathbf{E}_2 = k\frac{q}{d^2}(\hat{\mathbf{r}}_1 + \hat{\mathbf{r}}_2) = 9\times10^9\times\frac{1\times10^{-6}}{(\sqrt{10}\times10^{-2})^2}\left(\frac{2}{\sqrt{10}}, 0\right)\text{N}$$

전기장은 +x 방향을 향하고 있다.

생각해보기

우리 몸이 편의상 탄소 한 종류로만 되어 있다고 가정하자. 60 kg인 몸속에는 전하량이 얼마나 될까?

탄소 원자의 질량은 2×10^{-26} kg이고 원자번호는 6이다.

탄소 원자의 개수는 $\dfrac{60\text{ kg}}{2\times10^{-26}\text{ kg}} = 3\times10^{27}$개이다.

총 전하량은 $\pm(3 \times 10^{27}) \times 6 \times (1.6 \times 10^{-19}\text{ C})$
$= \pm2.9 \times 10^{9}$ C 이다.

수십 억 C이나 되는 전하가 몸속에 있지만, 양성자와 전자의 부호가 서로 반대가 되어 원자는 중성이므로 센 전기력이 작용하지 않는다.

가우스법칙을 쓰자

전기장을 만드는 전하(원전하)가 점전하가 아니고, 전하가 공간에 연속적으로 분포되어 있을 때는 어떻게 전기장을 구할 수 있을까?

원리적으로는 전하의 분포를 잘게 나누어 각 전하를 점전하로 취급하고, 각 점전하가 만드는 전기장을 합성하면 될 것이다. 그러나 이 방법은 벡터를 더해야 하므로 매우 어렵다.

이에 비해 가우스법칙을 쓰면 전기장을 좀더 쉽게 구할 수 있다. 이 방법은 특별히 선, 원통, 구, 평면 등처럼 대칭성을 띤 전하분포의 경우에 큰 위력을 발휘한다.

먼저, 점전하에 의한 전기력선을 보자. 옆의 그림처럼 역선의 개수가 점전하의 양 Q에 비례하도록 그려 보자.

이때 전기장 E는

$$E = k\frac{Q}{r^2} \text{ 이다.}$$

점전하 주위에 반지름 r인 구면을 그리면 점전하에서 나온 역선들은 모두 이 구면을 통과하여 밖으로 나간다.

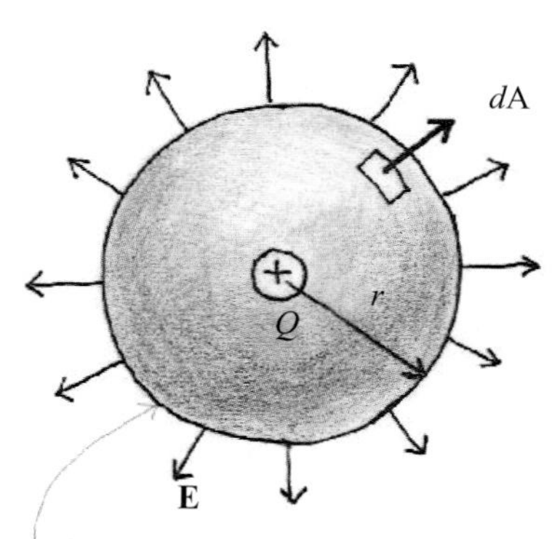

점전하를 둘러싸는 가우스 폐곡면

전기장다발 Φ_E는
$\Phi_E =$ (구의 표면적) $\times E$로 정의한다.

$$\Phi_E = 4\pi r^2 E = 4\pi r^2 \times \left(k\frac{Q}{r^2}\right)$$
$$= 4\pi kQ$$

전기장다발은 전하량 Q와 비례하고, 따라서 역선의 수에 비례한다.

이번에는 점전하 주위에 오른쪽 그림과 같이 구면이 아니라 임의의 폐곡면(가우스 폐곡면)을 그려 보자.

이 폐곡면을 통과해 나가는 역선의 수는 역시 구면의 경우와 같다.

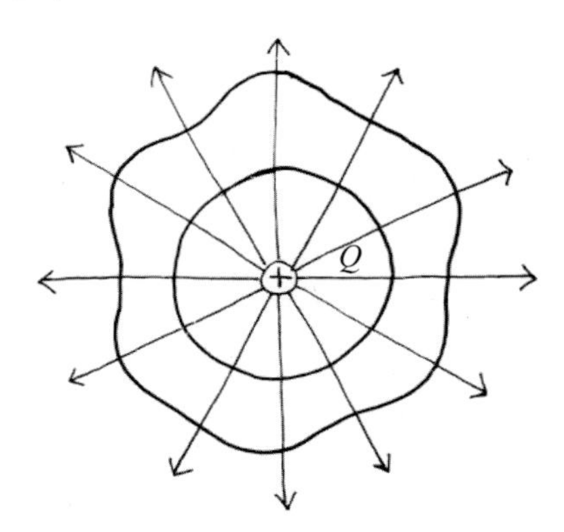

이러한 임의의 폐곡면을 뚫고 나가는 전기장다발 Φ_E를 표현해 보자.

다음 그림과 같이 표면에 수직인 전기장의 성분 $E_\perp$만이 면적 $|d\mathbf{A}|$를 빠져나가므로, 작은 면적 $d\mathbf{A}$를 통과하는 전기장다발은 $\mathbf{E} \cdot d\mathbf{A}$로 표현되는 양이다.

여기서 면적벡터 $d\mathbf{A}$는 크기가 면적이고, 방향은 면과 수직인 방향으로 그림처럼 바깥쪽을 향하는 방향을 + 방향으로 잡는다.

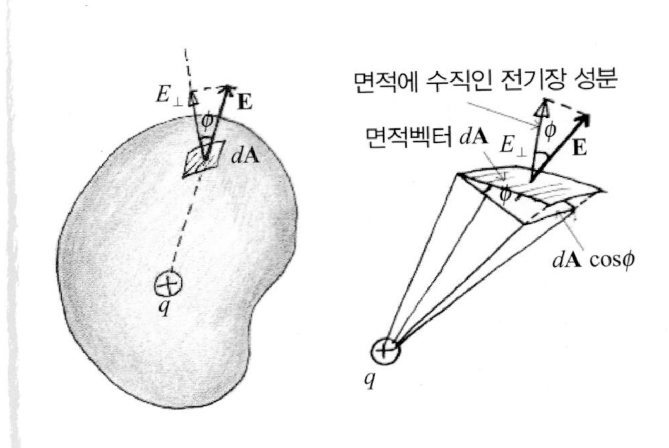

점전하 Q를 둘러싼 임의의 폐곡면을 통과하는 전기장다발 Φ_E는 폐곡면을 만드는 작은 부분면적들을 통과하는 전기장다발을 모두 더한 것이므로, 다음과 같은 적분으로 표현된다.

$$\Phi_E = \Sigma\, \mathbf{E} \cdot \Delta\mathbf{A} = \oint \mathbf{E} \cdot d\mathbf{A}$$

동그라미 적분기호 $\oint$는 폐곡면에 대한 적분을 표시한다.

점전하 Q를 둘러싼 임의의 폐곡면을 통과하는 전기장다발은

$$\Phi_E = \Phi_E^{\text{구면}} = 4\pi kQ \text{ 이다.}$$

이제 전기장을 만드는 전하가 한 개의 점전하가 아니라, 여러 개의 점전하로 되어있는 일반적인 경우의 전기장다발을 생각해 보자.

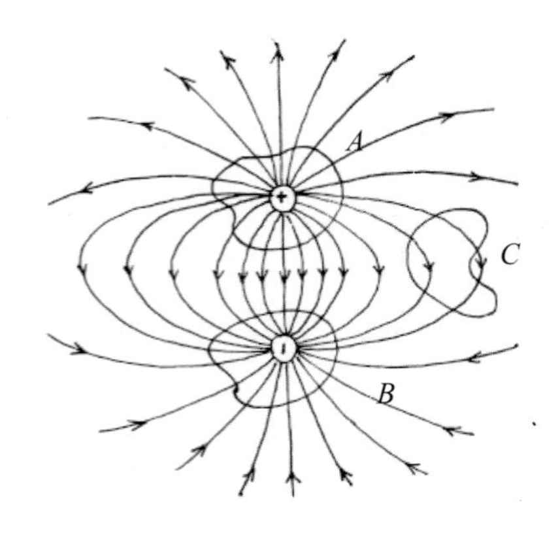

그림에서 보는 바와 같이 양전하를 둘러싼 폐곡면 A를 통과해 나가는 전기장다발은 폐곡면 안에 있는 전하량에 비례한다.

음전하를 둘러싼 폐곡면 B를 통과해서 들어오는 전기장다발도 역시 폐곡면 안에 있는 전하량에 비례한다.

그러나 폐곡면 C와 같이 폐곡면 안에 전하를 포함하지 않은 경우에는 폐곡면을 통과해 들어온 전기장다발과 나간 전기장다발은 동일하므로 총 다발수는 0이다.

가우스법칙

일반적으로 폐곡면을 통과하는 전기장다발 Φ_E는 폐곡면 안에 든 총 전하량 $Q_{안}$에 비례한다.

$$\Phi_E = \oint \mathbf{E} \cdot d\mathbf{A} = 4\pi k\ Q_{안} = \frac{Q_{안}}{\varepsilon_0}$$

가우스법칙으로 전기장을 구하자.

가우스법칙의 면적적분은 일반적으로 계산하기가 매우 어렵다.

그러나 전하가 대칭적으로 분포되어 있는 경우에는 쉽게 전기장을 구할 수 있다. 구형, 평면, 원통모양 등에 대해 가우스 법칙을 써서 전기장을 구해 보자.

A. 공에 균일하게 분포된 전하

전하 Q가 반지름 R인 공 안에 균일하게 분포되어 있다. 공 안팎의 전기장을 구해 보자.

구면대칭이므로 모든 전기장의 방향이 지름방향이다. 가우스 곡면을 반지름 r인 구면으로 잡으면 곡면 위의 모든 전기장은 세기가 같다.

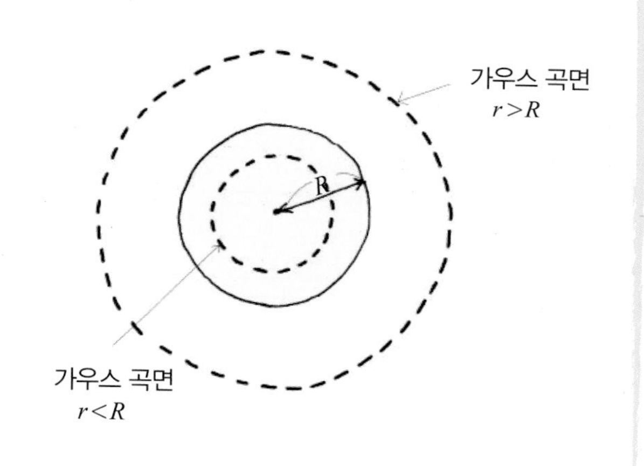

(1) 공 밖의 경우 : $r > R$

$$\Phi_E = E(r) \times 4\pi r^2 = \frac{Q}{\varepsilon_0} \text{ 로부터}$$

$$E(r) = \frac{1}{4\pi\varepsilon_0} \frac{Q}{r^2}$$

따라서, 공 밖의 전기장은

$$\mathbf{E} = \frac{1}{4\pi\varepsilon_0} \frac{Q}{r^2} \hat{\mathbf{r}}$$

이 전기장은 공의 중심에 Q가 놓인 경우와 같다.

(2) 공 안의 경우 : $r < R$

r에서의 전기장다발 $\Phi_E = E \times 4\pi r^2 = \dfrac{Q_r}{\varepsilon_0}$ 이다.

반지름 r 속에 든 전하량 $Q_r = Q(r/R)^3$이므로,

$$\mathbf{E} = \frac{1}{4\pi\varepsilon_0} \frac{Q}{R^3} \mathbf{r}$$

결론 : 가우스 곡면 안에 들어 있는 전하만이 전기장을 형성하는 데 기여하는 것처럼 보인다. 이것은 대칭성 때문이다. 가우스 곡면 밖의 전하가 만드는 전기장의 영향은 대칭성 때문에 모두 상쇄된다.

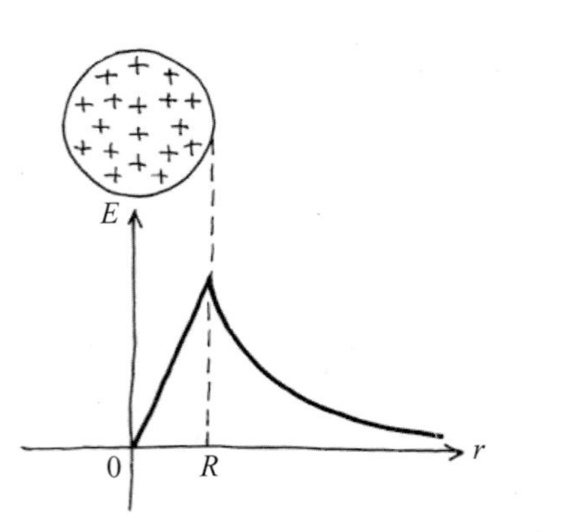

전하가 균일하게 분포된 공이 만드는 전기장의 모습

B. 무한평면에 분포된 전하

무한평면 위에 전하가 면전하밀도 σ로 균일하게 분포되어 있다. 이 평면 근처에서 전기장은 얼마일까?

평면 대칭성 때문에 전기장은 평면에 수직이어야 한다. 가우스 곡면을 다음 그림과 같이 원통표면으로 잡고 가우스법칙을 적용하자.

원통의 옆면은 전기장과 수직이므로 전기장다발값이 0이다.

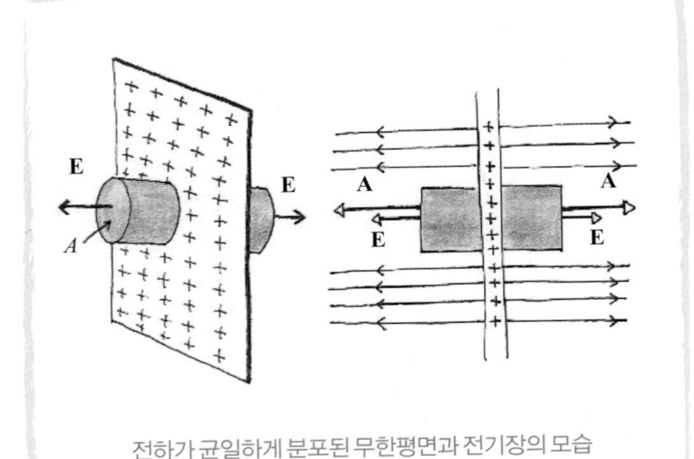

전하가 균일하게 분포된 무한평면과 전기장의 모습

폐곡면 안에 든 전하량을 Q라고 하고, 가우스법칙을 적용하자.

$$\Phi_E = 2EA = Q/\varepsilon_0\text{로부터}$$

$$E = \frac{1}{2\varepsilon_0}\frac{Q}{A} = \frac{\sigma}{2\varepsilon_0}$$

만일 무한평면 두 개가 왼쪽 아래 그림처럼 나란히 놓여 있고, 각각 균일한 면전하밀도 $+\sigma$, $-\sigma$로 대전되어 있다면, 각 점에서의 전기장은 서로 중첩되어 있다.

무한평면 밖 : 두 전기장이 상쇄됨 $\Rightarrow E = 0$

무한평면 안 : 두 전기장이 보강됨 $\Rightarrow E = \dfrac{\sigma}{\varepsilon_0}$

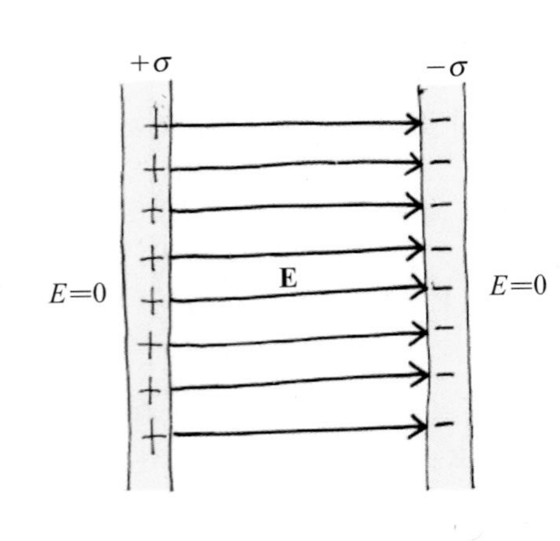

반대로 대전된 무한평면 주위에서의 전기장

생각해보기

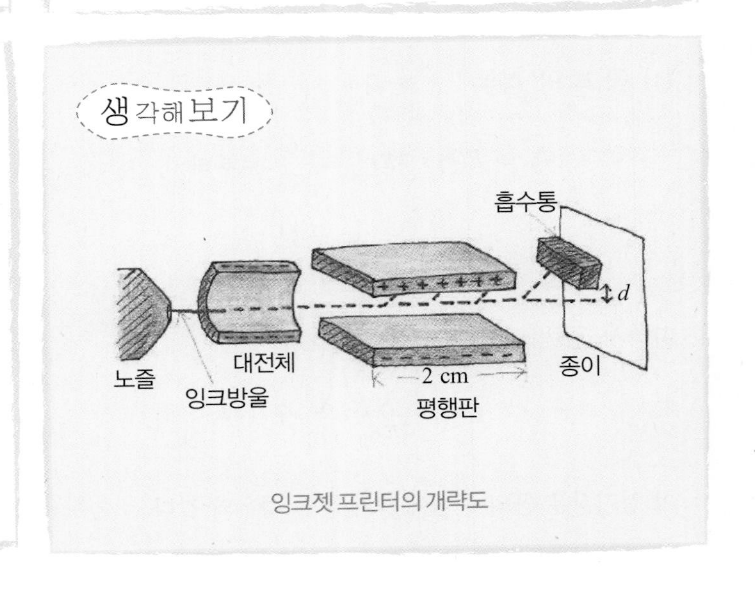

잉크젯 프린터의 개략도

잉크젯 프린터는 노즐로부터 질량이 4.2×10^{-12} kg인 잉크방울이 뿜어져 나온다. 잉크방울은 대전체로부터 음전하를 받은 후 평행판을 통과하여 종이에 닿는다. 평행판의 길이는 2.0 cm이고, 수직 전기장은 1.0×10^{5} N/C 이다.

잉크방울이 위로 0.5 mm 이상 휘어지면 종이에 묻지 않고 재사용된다. 종이에 인쇄하려면 대전체는 잉크방울에 최대 어느 정도의 전하를 주어야 될까?

잉크방울의 전하량을 q, 질량을 m이라 하자. 방울이 평행판을 통과하는 데 걸리는 시간 t는

$$t=\frac{\text{평행판의 길이}}{\text{잉크방울의 속력}}=\frac{2.0\times10^{-2}\ \text{m}}{20.0\ \text{m/s}}=0.001\text{초}$$

균일한 전기장 때문에 잉크방울이 받는 위쪽방향 가속도는 $a=qE/m$이므로, 방울이 휘어지는 거리는

$$d=\frac{1}{2}at^2=\frac{1}{2}\frac{qE}{m}t^2 \text{ 이다.}$$

따라서, $d<0.5$ mm가 되려면 $q<4.2\times10^{-14}$ C이 되어야 한다.

C. 무한도선에 균일하게 분포된 전하

무한도선이 선밀도 λ로 대전되어 있다. 주위에서의 전기장을 구하자.

가우스 곡면을 다음 그림처럼 반지름 r, 길이 l인 원통의 표면으로 잡으면, 원통대칭성 때문에 원통 위에서의 전기장의 크기가 같으며, 전기장의 방향은 원통면에 수직이어야 한다.

가우스법칙 : $E\,(2\pi rl)=\dfrac{\lambda l}{\varepsilon_0}$

$$\Rightarrow E=\frac{1}{2\pi\varepsilon_0}\frac{\lambda}{r}$$

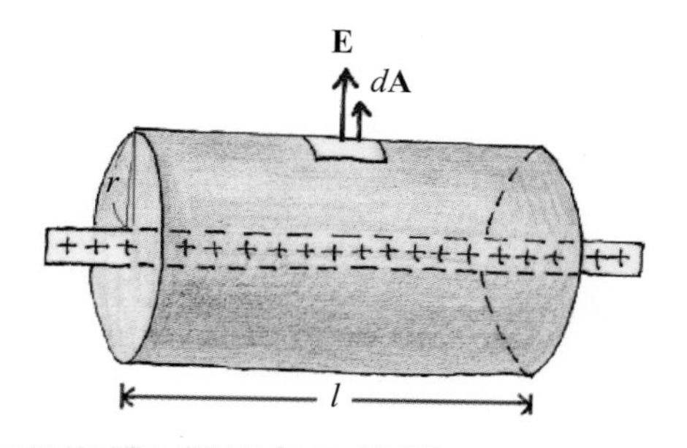

생각해보기

번개칠 때 공기 중에 밝게 빛나는 부분은 강한 전기장에 의해 대기가 이온화되어 있다. 이때 번개치는 부분의 전기장은 세기가 적어도 3×10^{6} V/m 이다.

번개를 무한도선으로 취급하고 번개의 빛나는 반지름이 1 m 정도가 되려면 전하의 선밀도는 얼마가 되어야 할까?

무한도선 주위의 전기장을 쓰면,

$E=\dfrac{1}{2\pi\varepsilon_0}\dfrac{\lambda}{r}$이므로,

선밀도는

$$\begin{aligned}\lambda &= 2\pi\varepsilon_0\, rE\\ &= 2\times3.14\times(8.85\times10^{-12})\\ &\quad\times1\times(3\times10^{6})\ \text{C/m}\\ &= 1.67\times10^{-4}\ \text{C/m}\end{aligned}$$

가 된다.

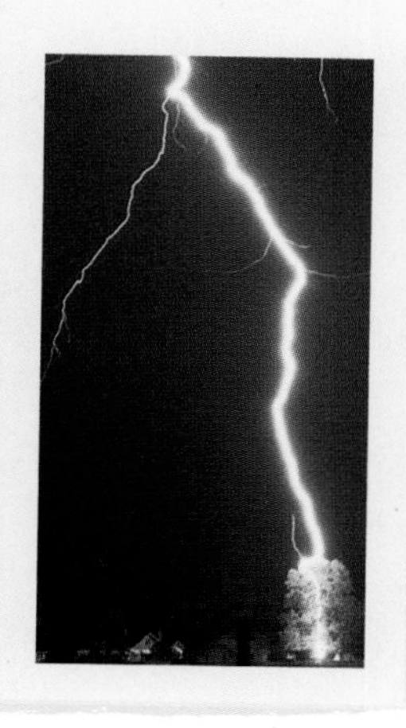

생각해보기

반지름이 각각 $a, b(a<b)$인 동심 구껍질에서, 안쪽 구껍질에는 전하 Q_1, 바깥 구껍질에는 전하 Q_2가 고르게 대전되어 있다. 구의 중심에서 거리 r인 곳의 전기장을 구해보자.

구면대칭이므로 전기장의 방향은 지름 방향이다.

가우스 법칙을 이용하여, 각 영역에서 전기장을 구하자.

$0<r<a$

$$\Phi = E(4\pi r^2) = \frac{0}{\varepsilon_0},\ E=0$$

$0<r<b$

$$\Phi = E(4\pi r^2) = \frac{Q_1}{\varepsilon_0},\ E = \frac{Q_1}{4\pi\varepsilon_0 r^2}$$

$r>b$

$$\Phi = E(4\pi r^2) = \frac{(Q_1+Q_2)}{\varepsilon_0},\ E = \frac{(Q_1+Q_2)}{4\pi\varepsilon_0 r^2}$$

전기장은 가우스면 내부의 알짜 전하량에만 의존함을 알 수 있다.

Section 4 전기퍼텐셜(전위)로 쓰자

등고선의 비유

전기장은 벡터량이기 때문에, 방향과 크기를 항상 고려해야 한다. 이런 골치 아픈 일로부터 벗어날 수는 없을까?

눈이 쌓인 산 위에서 산악스키를 탄다고 하자. 스키는 중력을 받아 미끄러져 내려온다. 이때 지도를 보면 스키가 받을 힘의 크기와 방향을 알 수 있다.
지도에는 역선은 그려져 있지 않지만, 등고선이 그려져 있기 때문이다. 이와 같이 등고선은 역선이 보여줄 정보를 대신 알려 준다.

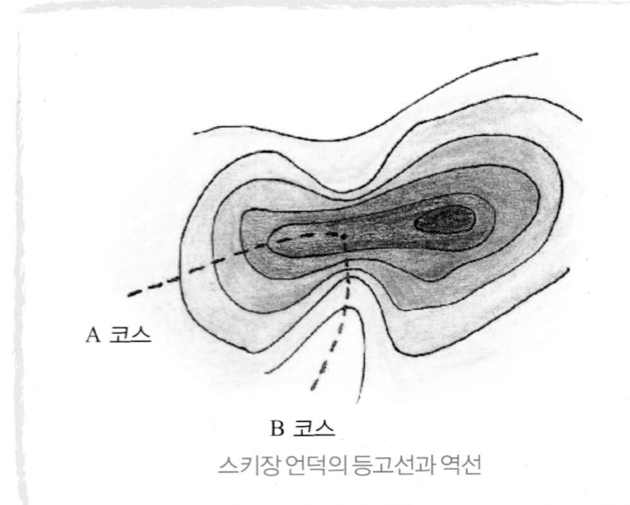

스키장 언덕의 등고선과 역선

등고선은 산의 지형을 나타내고, 이것은 중력에 의한 위치에너지를 보여 주고 있다. 등고선 간격은 위치에너지가 얼마나 급격하게 변하는지를 알려준다.

힘은 위치에너지가 높은 곳에서 낮은 곳으로 향한다. 이것은 역선의 방향이 등고선방향과 수직이라는 것을 뜻한다.

등고선이 촘촘할수록 중력이 세므로, 옆 그림에서 등고선이 촘촘한 코스(B)를 따라 곧장 언덕 밑으로 내려오는 일은 아주 위험할 것이라는 것을 짐작할 수 있다.

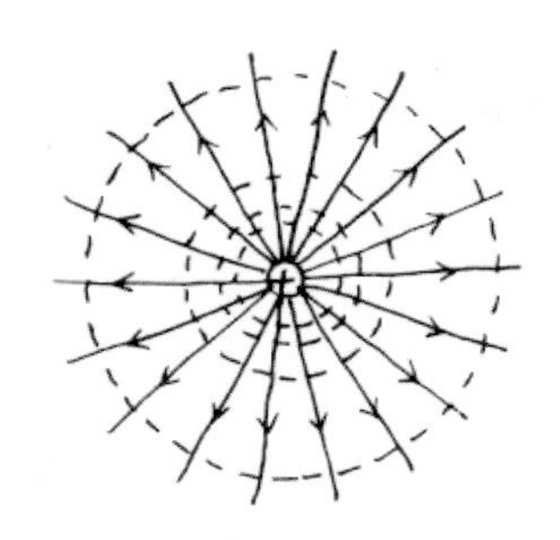

등전위면과 전기력선 (단일전하)

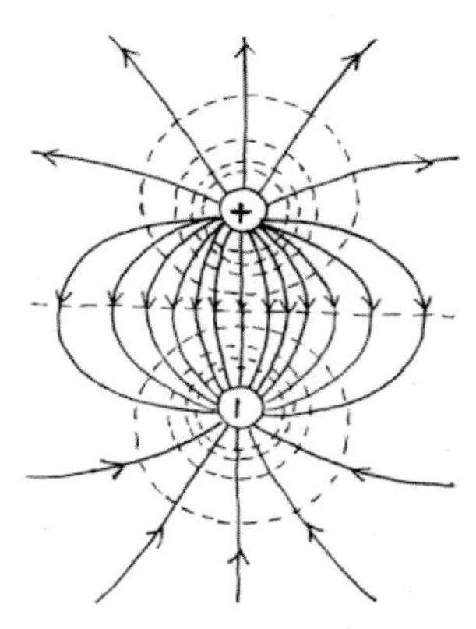

등전위면과 전기력선 (쌍극자)

등전위면

전하의 경우에도 등고선의 개념을 똑같이 적용할 수 있다. 전기장이 있는 곳에 전위를 정할 수 있다. 등전위면은 등고선에 해당된다. 등전위면이 그려져 있으면, 역선이 주는 것과 같은 정보를 알아 낼 수 있다.

전하는 등전위면 방향으로 힘을 받지 않는다. 오로지 등전위면과 수직방향으로만 힘을 받는다. 따라서, 등전위면과 역선은 수직이다. 또한, 전기장이 센 곳은 등전위면이 촘촘하다.

전기장이 있는 곳에 전하를 가져다 놓기 위해 외부에서 해준 일은 전기적 위치에너지로 간직된다. 이에 비해 전위 (전기퍼텐셜, 전압)란 단위 시험전하를 옮기기 위해 해준 일이다.

전위를 정의하자

전위, V는 단위시험전하당 전기위치에너지(U), 또는 단위시험전하를 옮기기 위해 해준 일로 정의된다.

$$V = \frac{U}{q} = \frac{W}{q}$$

전위의 SI 표준 단위는 볼트(V)를 사용한다. 볼트의 단위는 에너지를 나타내는 줄(J) 나누기 쿨롱(C), [V] = [J/C]이다.

힘이 위치에 따라 일정하지 않은 경우 전위 구하기

힘이 위치에 따라 일정하지 않을 때, 일(W)과 퍼텐셜 에너지(U)의 관계를 구해보자. a 점에서 b 점으로 갈 때, 보존력 F에 반해서 해준 일(W)과 위치에너지(U) 변화량은 다음과 같다.

$$W = \int_a^b (-\mathbf{F}) \cdot d\mathbf{l} = \Delta U = U_b - U_a$$

전기력 $\mathbf{F}=q\mathbf{E}$로 표시되므로, 전기력에 반해서 한일은 전기 위치에너지로 저장된다.

$$W=\int_a^b(-q\mathbf{E})\cdot d\mathbf{l}=\Delta U_e=U_b-U_a$$

단위 시험전하로 나누면

$$\frac{W}{q}=\int_a^b(-\mathbf{E})\cdot d\mathbf{l}=\frac{\Delta U_e}{q}=\frac{U_b-U_a}{q}$$

가 된다.

$V=\frac{W}{q}$ 이므로 a 점과 b 점 사이의 전위차는 다음과 같이 표시된다.

$$\Delta V=V_b-V_a=\int_a^b(-\mathbf{E})\cdot d\mathbf{l}$$

전기장은 벡터량이지만 전위는 스칼라량이다.

1. 균일한 전기장이 만드는 전위를 구하자.

두 평행판 사이의 균일한 전기장 $\mathbf{E}$가 그림처럼 왼쪽에서 오른쪽으로 향할 때 $(+x$ 방향), 단위시험전하를 $x=0$에서 $x=d$으로 옮긴다.

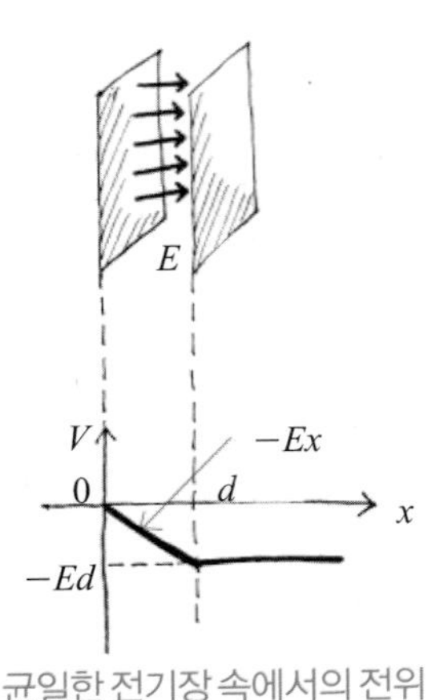

균일한 전기장 속에서의 전위

이 때 전기장에 의한 전위는

$$\Delta V=V_b-V_a=\int_a^b(-\mathbf{E})\cdot d\mathbf{l}$$

$V_d-V_0=\int_0^d(-E)\,dx=-Ed$ 이다.

$$V_0=0,\ V_d=-Ed$$

이때 전위의 기준점을 $x=0$으로 놓았다. 만약 $x=d$ 점이 전위의 기준점이라면, $V_0=+Ed$가 된다. 전위의 기준점이 달라지더라도, $x=0$인 지점의 전위가 $x=d$ 점의 전위보다 Ed 만큼 높다는 점은 변화가 없다. 전기장은 전위가 높은 곳에서 낮은 곳을 향한다. 전위는 상대값이다.

등전위면과 전기장

균일한 전기장이 만드는 등전위면은 두 평행판과 나란한 면(x = 일정)이다. 등전위면의 전위는 왼쪽 면의 전위가 오른쪽에 있는 면의 전위보다 높다.

등전위면과 전기장의 방향은 서로 수직이고, 전기장은 전위가 높은 곳에서 낮은 곳으로 향한다.

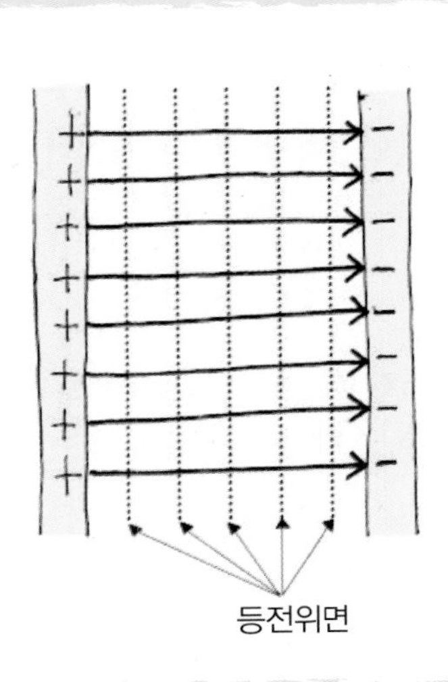

균일한 전기장 안의 위치에너지

균일한 전기장 $\mathbf{E}$ 속에 놓인 전하 q의 위치에너지는

$$W = qV = -qEx \text{ 이다.}$$

전위는 양전하와 음전하의 구분이 없지만, 위치에너지는 서로 부호가 반대이다. 옆 그림의 왼쪽은 양전하의 위치에너지를 나타내고, 오른쪽은 음전하의 위치에너지를 나타낸다. 전하는 전기에너지가 높은 곳에서 낮은 곳으로 힘을 받으므로, 양전하는 오른쪽($+x$ 방향)으로 힘을 받고, 음전하는 왼쪽($-x$ 방향)으로 힘을 받는다.

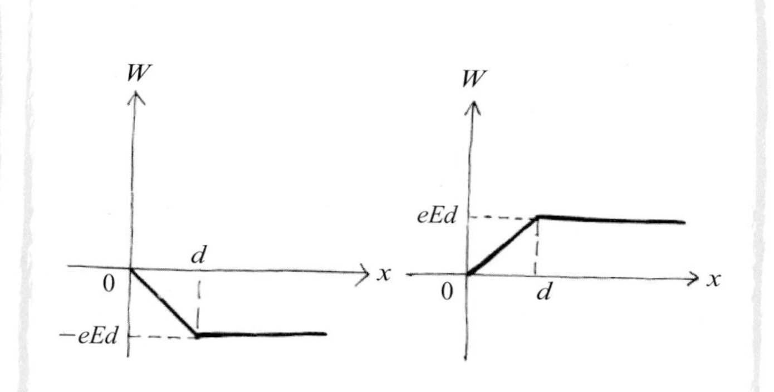

양전하 e의 위치에너지 음전하 $-e$의 위치에너지

2. 점전하 주변의 전기장을 구하자.

단위시험전하를 a 점에서 b 점까지 이동시킬 때, 전위의 차이를 구해보자.

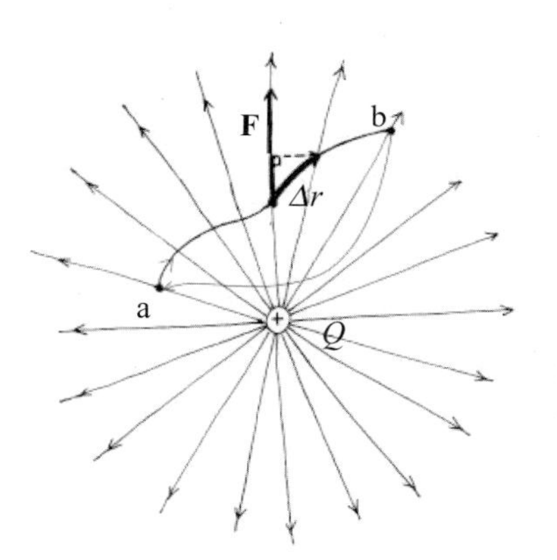

전기장은 지름 방향을 향하므로, 변위의 지름방향 성분만 전위에 기여한다. 전위의 차이는 다음과 같이 표시된다.

$$V(b)-V(a) = -\int_a^b \mathbf{E}\cdot d\mathbf{l} = -\int_a^b \frac{1}{4\pi\varepsilon_0}\frac{Q}{r^2}\hat{\mathbf{r}}\cdot d\mathbf{r}$$

$$= -\int_a^b \frac{1}{4\pi\varepsilon_0}\frac{Q}{r^2}dr = \left[\frac{1}{4\pi\varepsilon_0}\frac{Q}{r}\right]_a^b = \frac{1}{4\pi\varepsilon_0}\frac{Q}{b} - \frac{1}{4\pi\varepsilon_0}\frac{Q}{a}$$

만약 출발점 $r=a$를 점전하로 부터 무한히 멀리 떨어진 곳이라 하면 $(r=\infty)$, $r=b$ 점의 전위는

$$V_b = \frac{1}{4\pi\varepsilon_0}\frac{Q}{b}$$

가 된다. 점전하의 경우 전위가 $0(V=0)$인 지점은 전하로부터 무한히 멀리 떨어진 점($r=\infty$)이 된다.

생각해보기

소금(NaCl) 결정에는 그림과 같이 Na^+ 이온과 Cl^- 이온이 교대로 정육면체 격자점에 자리잡고 있다. 나트륨이 전자 하나를 염소에 주어서 전하를 띠게 되고, 이들 사이에 쿨롱 인력이 존재한다. 소금 결정 안에서 가장 가까이 있는 나트륨과 염소이온 사이에 작용하는 쿨롱힘과 퍼텐셜에너지를 계산하여라.

여기서 나트륨과 염소 사이의 거리는 2.82 Å ($=2.82 \times 10^{-10}$ m)이다.

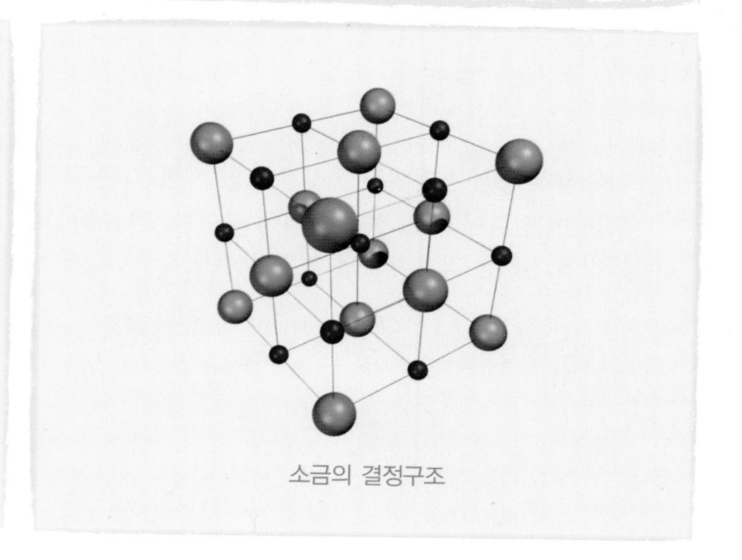

소금의 결정구조

나트륨과 염소의 전하는 각각 $+e$와 $-e$이므로 쿨롱 힘은

$$F = -k\frac{e^2}{r^2} = -8.99 \times 10^9 \frac{(1.6 \times 10^{-19})^2}{(2.82 \times 10^{-10})^2}$$
$$= -2.89 \times 10^{-9}\ \text{N 이다.}$$

두 전하의 퍼텐셜에너지는

$$W = -k\frac{e^2}{r} = -8.99 \times 10^9 \frac{(1.6 \times 10^{-19})^2}{2.82 \times 10^{-10}}\ \text{J}$$
$$= -8.16 \times 10^{-19}\ \text{J}$$
$$= -5.10\ \text{eV 이다.}$$

원자 수준의 에너지는 크기가 아주 작기 때문에 전자의 전하값인 1.6×10^{-19} C을 나눈 값을 자주 사용하는데 이를 전자볼트(eV)라고 한다($1\ \text{eV} = 1.6\times10^{-19}\ \text{J}$).

생각해보기

오른쪽 그림처럼 전하량 Q인 점전하 3개를, 한 변이 L인 정삼각형 꼭짓점에 고정시켜 놓았다.

(1) 정삼각형 중심에서의 전위는 얼마일까?

(2) 이 중심에 전하 Q를 하나 더 가져다 놓기 위해서는 얼마의 일을 해야 할까?

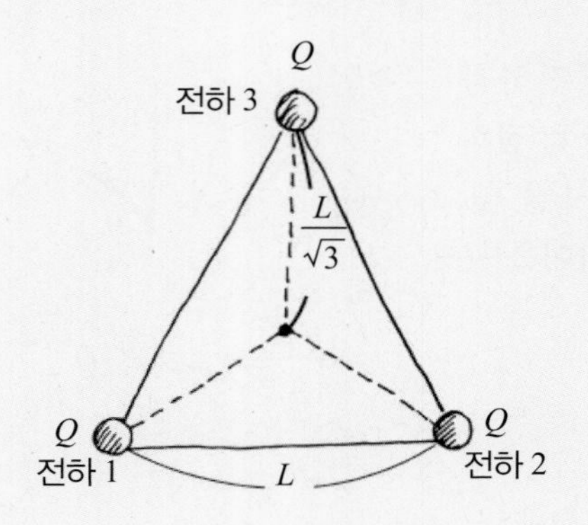

(1) 삼각형의 중심의 전위는 꼭짓점에 있는 전하(원전하)들이 만들어 주는 전위를 더해 주어야 한다. 각 꼭짓점 전하는 각자 똑같은 전위를 주므로,

$$V = 3 \times \frac{1}{4\pi\varepsilon_0}\frac{Q}{L/\sqrt{3}} = \frac{3\sqrt{3}}{4\pi\varepsilon_0}\frac{Q}{L}\ \text{이다.}$$

(2) 정삼각형의 중심에 전하 Q를 하나 더 가져다 놓기 위해서 필요한 일은, 바로 전하 Q가 중심에서 갖는 전기 위치에너지이다.

$$QV = \frac{3\sqrt{3}}{4\pi\varepsilon_0}\frac{Q^2}{L}$$

생각해보기

정삼각형의 가운데에 음전하나 양전하를 가두어 놓을 수 있을까?

오른쪽 그림에 그려진 등전위면을 보자. 세 전하 사이에 놓인 가운데 점은 불안정한 평형점이다. 왜냐하면, 양전하를 가운데 놓은 후 살짝 건드려도 밖으로 밀려 나가버리기 때문이다. 음전하의 경우에는 살짝 건드리면 곧바로 다른 전하에 달라붙어 버린다.

시간에 따라 변하지 않는 전기장(정전기장)으로는 일반적으로 전하를 가둘 수 없다.

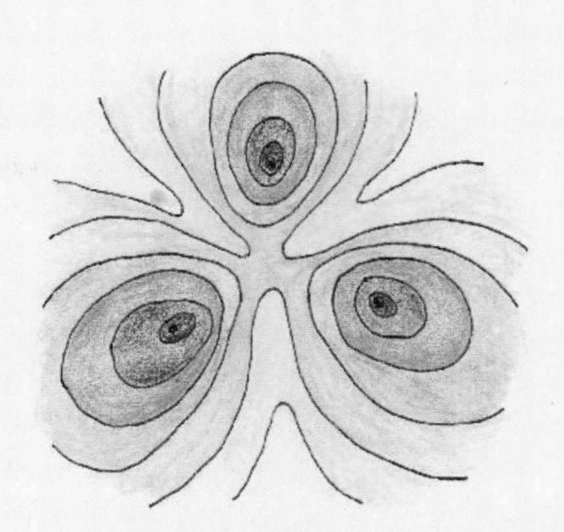

정삼각형의 꼭짓점에 놓인
같은 점전하 세 개가 만드는 등전위면

생각해보기

무한히 멀리 떨어진 4개의 전하를 그림과 같이 정사각형으로 위치시키는 데 필요한 일은 얼마일까?

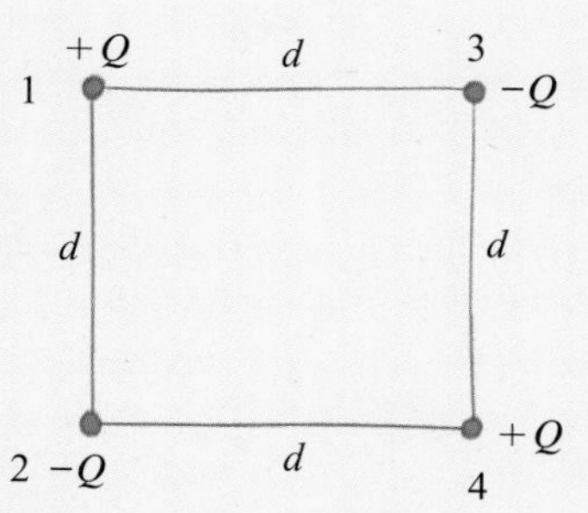

먼저 1번 전하를 위치시킬 때 필요한 일은 아무런 전위가 존재하지 않으므로 0이다. 1번 전하가 위치한 상태에서 2번 전하를 위치시킬 때, 1번에 의한 전위를 고려해야한다.

3번 전하를 이동시킬 때는 먼저 위치한 1, 2번 전하에 의한 전위를 고려해야 하고, 마지막 4번 전하를 이동시킬 때는 1, 2, 3번 전하에 의한 전위를 고려해야하므로, 필요한 일은 다음과 같이 표시된다.

$$W_{12}=Q_2V_1=Q_2\left(k\frac{Q_1}{d}\right)=-k\frac{Q^2}{d}$$

$$W_{123}=Q_3(V_1+V_2)=Q_3\left(k\frac{Q_1}{d}+k\frac{Q_2}{\sqrt{2}\,d}\right)=\left(-k\frac{Q^2}{d}+k\frac{Q^2}{\sqrt{2}\,d}\right)$$

$$W_{1234}=Q_4(V_1+V_2+V_3)=Q_4\left(k\frac{Q_1}{\sqrt{2}\,d}+k\frac{Q_2}{d}+k\frac{Q_3}{d}\right)$$

$$=\left(k\frac{Q^2}{\sqrt{2}\,d}-k\frac{Q^2}{d}-k\frac{Q^2}{d}\right)$$

$$W=W_{12}+W_{123}+W_{1234}=-4\times k\frac{Q^2}{d}+2\times k\frac{Q^2}{\sqrt{2}\,d}$$

해준 일만큼 위치에너지로 저장되고, 음의 위치에너지를 가지므로 이 전하 배치는 안정한 상태를 유지한다.

생각해보기

반지름이 각각 $a, b(a<b)$인 동심 구껍질에서, 안쪽 구껍질에는 전하 Q_1, 바깥 구껍질에는 전하 Q_2가 고르게 대전되어 있다. 구의 중심에서 거리 r인 곳의 전위를 구해보자.

먼저 가우스 법칙을 이용하여 전기장을 구하자.

먼저 가우스 법칙을 이용하여 전기장을 구하자.

$$0<r<a,\ E=0$$

$$0<r<b,\ E=\frac{Q_1}{4\pi\varepsilon_0 r^2}$$

$$r>b,\ E=\frac{(Q_1+Q_2)}{4\pi\varepsilon_0 r^2}$$

전기장의 방향은 지름 방향이다.

각 영역에서 전위를 구해보면,

1. $r>b$

$$V(r)-V(\infty)=-\int_\infty^r \frac{(Q_1+Q_2)}{4\pi\varepsilon_0 r^2}\hat{\mathbf{r}}\cdot d\mathbf{r}=-\int_\infty^r \frac{(Q_1+Q_2)}{4\pi\varepsilon_0 r^2}dr$$

$$=\left[\frac{1}{4\pi\varepsilon_0}\frac{(Q_1+Q_2)}{r}\right]_\infty^r=\frac{1}{4\pi\varepsilon_0}\frac{(Q_1+Q_2)}{r}$$

2. $a<r<b$

$$V(r)-V(\infty)=-\int_\infty^b \frac{(Q_1+Q_2)}{4\pi\varepsilon_0 r^2}dr-\int_b^r \frac{Q_1}{4\pi\varepsilon_0 r^2}dr$$

$$=\frac{1}{4\pi\varepsilon_0}\frac{Q_2}{b}+\frac{1}{4\pi\varepsilon_0}\frac{Q_1}{r}$$

3. $0<r<a$

$$V(r)-V(\infty)=-\int_\infty^b \frac{(Q_1+Q_2)}{4\pi\varepsilon_0 r^2}dr$$

$$-\int_b^a \frac{Q_1}{4\pi\varepsilon_0 r^2}dr-\int_a^r 0\,dr$$

$$=\frac{1}{4\pi\varepsilon_0}\frac{Q_2}{b}+\frac{1}{4\pi\varepsilon_0}\frac{Q_1}{a}$$

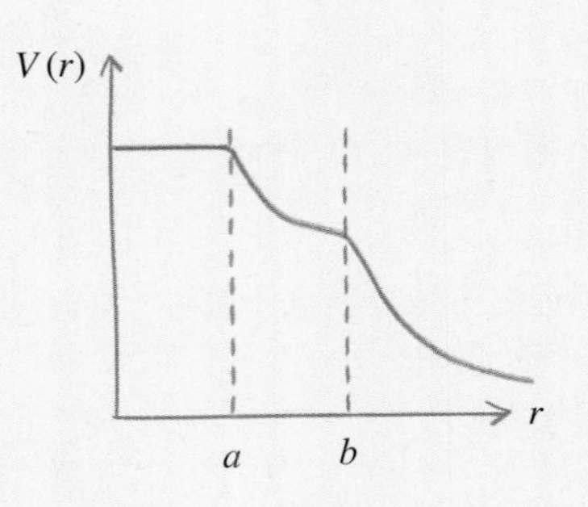

안쪽 구껍질에는 전하 Q_1, 바깥 구껍질에는 전하 Q_2가 고르게 대전되어 있는, 반지름이 각각 a, b인 동심 구껍질에서 전위의 모습.

생명의 근원과 전자기력

생명 현상은 아주 신비로운 현상이다. 지금 자신의 몸을 두루 살펴보고, 자신의 몸이 움직이고 있다는 사실에 경이로움을 느껴보자. 인간을 비롯한 생명체는 모두 매우 작은 세포라는 단위로 이루어져 있고, 이들 세포는 다시 단백질, 지방질, 물 등으로 구성되어 있다. 또한 단백질은 아미노산이라는 분자들이 구성요소가 된다.

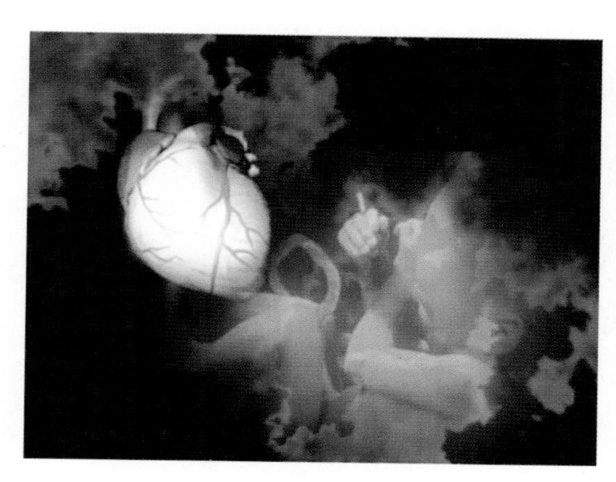

출처 : 한국물리학회

이들 분자들은 많은 원자들을 포함하고 있는데, 그러면 원자들을 한 곳에 묶어두는 힘은 무엇일까? 그리고 생명현상에 필수적인 물은 어떻게 한 곳에 모여있을까?

생명체의 특징 중의 하나는 번식을 하여 후손을 남긴다는 것이다. 번식의 핵심은 자신과 닮은 후손을 남기는 것인데, DNA가 핵심적인 역할을 하고 유전정보를 후손에게 넘겨준다.

DNA는 왓슨과 크릭이 밝힌 대로 이중 나선의 모습을 하고 있다. 각각의 이중 나선은 인산이라는 구성단위가 뼈대를 형성하며, 뼈대에는 유전정보를 지닌 아데닌(A), 구아닌(G), 시토신(C), 티민(T)의 네 종류의 핵산이 특정한 패턴으로 붙어있다. 이런 뼈대가 거울상 같이 하나 더 존재하고, 이 둘이 모여서 꽈배기같이 꼬여 이중 나선 사다리가 된다.

두 뼈대가 결합할 때는 아데닌은 티민과, 시토신은 구아닌하고만 결합한다. 그러면 도대체 어떤 신비로운 힘이 작용하기에 DNA의 분자를 한 곳에 모아두고 복제를 가능하게 할까?

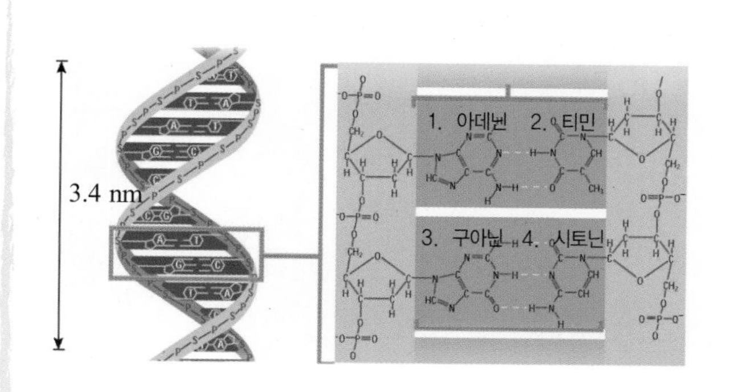

앞 절에서 기술했듯이 원자는 원자핵과 전자로 구성되어 있다. 원자핵은 양전하를 띠며, 전자는 음전하를 띤다. 이들은 전자기력으로 서로 잡아당기며 원자를 유지한다.

원자들이 전자를 공유하여 분자가 되는 현상은 바로 전자와 원자핵 사이에 인력이 작용하여 생기는 결합이고, 이를 공유결합이라고 부른다. 그리고 물이 얼음이 될 때나 DNA의 핵산끼리 결합할 때는 수소결합이 작용한다. 수소결합은 산소와 수소원자 간의 전자기력 때문에 생긴다.

생각해보기 수소결합

물이 얼음이 될 때 수소가 어떤 역할을 할까?

물분자에는 산소원자 하나와 수소원자 두 개가 들어있다. 그런데 산소원자는 전자를 잡아당기는 경향이 있고, 수소는 상대적으로 전자를 내어주려는 경향이 있다. 전체적으로 보면, 전자가 산소원자에 치우쳐 있으므로, 산소는 음의 전하를 띠고 수소는 양의 전하를 띤다.

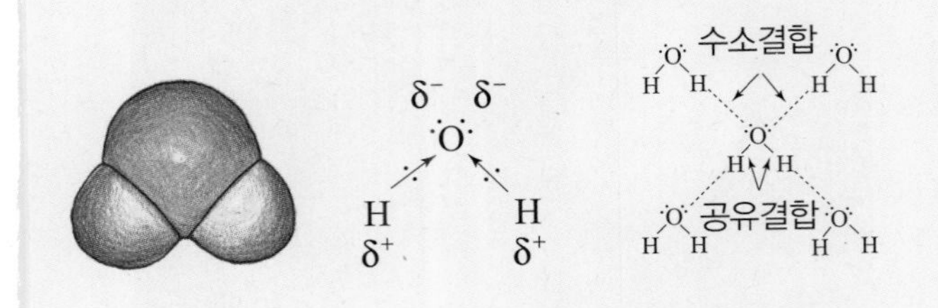

물분자의 전하분포와 수소결합

물이 얼음이 될 때 물분자들은 규칙적으로 정렬을 하게 된다. 이때 다른 부호의 전하들은 서로 당기기 때문에 수소는 산소를 향하게 된다. 이렇게 수소를 매개로 하는 결합을 수소결합이라고 한다.

액체는 분자들이 자유롭게 움직인다. 물분자들이 서로 움직이더라도 수소와 산소 사이에는 서로를 당기는 힘이 작용한다. 이 때문에 물분자들은 몇 개씩 모여서 덩어리(클러스터)를 만들기도 한다.

그러면 이들 생명은 어떻게 생겨난 것일까?

지구 생성 초기에 분자들이 태양의 자외선과 반응하여 유기물이 생겨나고, 이들이 더욱 정교해져 세포가 만들어졌다고 추정하고 있다. 생명을 가능하게 했던 필수적인 자외선(지금은 해로워서 피하게 된 것은 아이러니라고 할 수 있다)은 빛의 일종이며, 이는 시간에 따라 변하는 전기와 자기의 상호작용에 따른 것이다.

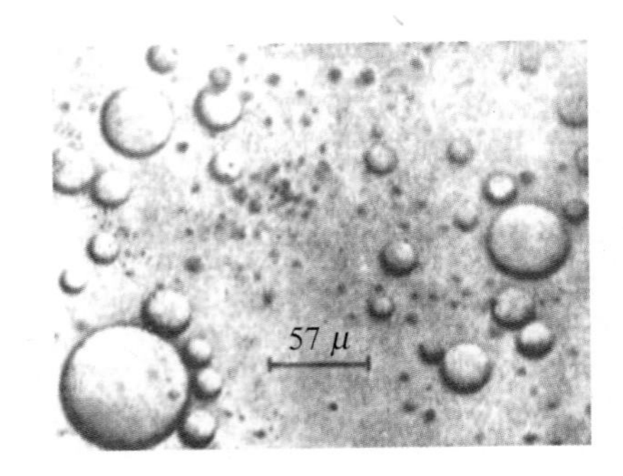

지구역사 초기에 형성되었다고 여겨지는 유기물인 코아세르베이트 (출처: 인사이클러피디아)

지구 자기가 태양풍을 막아주는 상상도

지구 자기 현상도 생명 유지에 없어서는 안 될 요소이다. 지자기는 태양을 비롯한 외계에서 날아오는 유해한 입자들을 막아주는 보호막 역할을 한다. 따라서 지자기가 없어지면 모든 생명체가 사라지게 된다. 이런 중요한 지자기가 발생하는 원인은 철과 니켈을 다량 포함한 액체상태의 외핵의 회전이라 할 수 있다. 이 또한 전기와 자기의 상호작용이다.

출처: 한국물리학회

이렇게 신비한 물리적 현상을 바탕으로 태어난 인류가 눈부신 현대 문명을 이룩한 것도 인류가 전기와 자기 현상을 이용하고 나서이다. 휴대전화 같은 무선 송신은 전자기파인 마이크로파를 이용한 것이다.

우리가 매일 이용하고 있는 컴퓨터, MP3, TV 등 모든 기기의 작동에도 전하의 상호작용과 전자기 현상이 바탕에 있다. 따라서, 생명의 발생, 생명현상의 이해 그리고 인간의 미래를 이해하기 위해서는 전자기학 지식이 아주 중요함을 알 수 있다.

단원요약

1. 전하와 쿨롱힘

① 물질이 전기를 띠게 되는 근본 원인은 전하이다. 전하에는 양전하와 음전하 두 종류가 있다.

② 전하가 마찰이나 접촉을 통해 이동함으로써 정전기 현상이 생긴다.

③ 전하는 새로 만들어지거나, 없어지지 않고, 단지 한 물체에서 다른 물체로 이동할 뿐, 총 전하의 양은 변하지 않는다. 이를 전하 보존의 법칙이라 부른다.

④ 모든 전하는 전자의 전하량($e = 1.602 \times 10^{-19}$ C)을 기본단위로 양자화되어 있다.

⑤ 점전하 사이에 작용하는 힘은 쿨롱힘으로 잘 기술된다. 힘의 방향은 두 점 전하를 잇는 선상에 있으며, 힘의 크기는 거리의 제곱에 반비례하고 두 전하의 곱에 비례한다. 즉, $\mathbf{F}_e = k\frac{q_1 q_2}{r^2}\hat{\mathbf{r}}$, k는 쿨롱상수라 부르며, 그 값은 8.9876×10^9 Nm²/C² ($\approx 9 \times 10^9$ Nm²/C²)이다.

2. 전기장을 도입하자

① 전하가 힘을 받아 따라가야 할 방향을 선으로 그려 시각적으로 나타낸 것이 전기력선이다.

② 전기장은 단위전하가 받는 쿨롱힘으로 정의되며($\mathbf{E} = \mathbf{F}/q$), 전기장을 알면, 전하가 받는 힘을 쉽게 계산할 수 있다. 전기력선의 방향은 전기장의 방향과 일치한다.

③ 중첩의 원리 : 전기장은 각각의 전하가 만드는 전기장의 벡터합이다.

3. 가우스법칙을 쓰자

① 전하가 연속적으로 분포되어 있을 경우 원리적으로 쿨롱법칙으로부터 전기장을 구할 수 있으나, 모든 전하 분포에 대해 벡터 적분을 행하여야 하므로 매우 어렵다.

② 선, 구, 원통, 평면 등 대칭성을 띤 전하 분포의 경우 가우스 법칙을 이용하면 전기장을 쉽게 구할 수 있다.

③ 가우스 법칙 : 임의의 폐곡면을 통과하는 전기장 다발 Φ_E는 폐곡면 안에 있는 전하의 총합에 비례한다.

즉, $\Phi_E \equiv \oint \mathbf{E} \cdot d\mathbf{A} = \frac{Q_{안}}{\varepsilon_0}$

④ 면전하 밀도가 σ로 균일하게 분포된 무한 평면 위의 전기장의 크기는 $E = \sigma/2\varepsilon_0$이다.

⑤ 선전하 밀도가 λ로 균일하게 분포된 무한 도선에서 r만큼 떨어진 곳에서 전기장의 크기는

$E = \frac{1}{2\pi\varepsilon_0}\frac{\lambda}{r}$이다.

4. 전기퍼텐셜(전위)을 쓰자

① 전기장은 벡터양이므로 항상 방향과 크기를 동시에 고려하여야 한다. 이를 피하기 위하여 스칼라양인 전위를 도입하면 편리하다.

② 단위 시험전하당 전기퍼텐셜 에너지(U)를 전위(V)라 한다. 전위는 절댓값이 아니므로 물리적 의미를 갖는 양은 전위차(ΔV)이다. 전위차는 다음과 같이 정의된다.

$$\Delta V = (V_f - V_i) = \frac{\Delta U}{q} = -\int_i^f \mathbf{E} \cdot d\mathbf{l}$$

③ 전위는 지도에 비유하면 고도에 해당하는 것으로, 지도의 등고선이 등전위선(면)에 해당한다.

④ 전하는 등전위선(면)에서는 힘을 받지 않는다. 등전

위면과 역선은 수직이다. 등전위면이 촘촘한 곳이 전기장이 센 곳이다.

5. 생명의 근원과 전자기력

① 인간을 비롯한 생명체는 세포라는 단위로 이루어져 있고, 세포는 다시 단백질, 지방질, 물 등으로 구성되며, 단백질은 아미노산이라는 분자로 구성된다. 분자는 원자로 이루어져 있으며, 이들 원자나 분자는 전자기력으로 서로 잡아당기며 전체를 유지한다.

② 물이 얼음이 될 때나 DNA의 핵산끼리 결합할 때 수소 결합이 작용한다. 수소 결합은 산소와 수소 간의 전자기력 때문에 생긴다.

연습문제

1. 아미노산이나 유기분자에서 원자를 묶는 상호작용을 공유결합이라고 한다. 공유결합이 무엇인지 조사해 보고 우리 주위에 공유결합을 하는 다른 물질의 보기를 들어 보아라.

2. 갠 날 지구표면 부근에는 보통 하늘에서 땅쪽으로 향하는 100 N/C의 전기장이 존재한다. 이때 전자 하나가 받는 전기력은 중력과 비교할 때 몇 배나 될까? (전자의 질량은 9.11×10^{-31} kg이고, 전자의 전하량은 -1.6×10^{-19} C이다.)

3. 대전된 플라스틱 빗이 대전되지 않은 얇은 종이를 당기는 이유는 무엇인가?

4. 일정한 전기장 $E = 1.0$ N/C이 $-x$ 방향으로 걸려있다. 이 속에 전자를 놓게 되면 $+x$ 방향으로 운동을 할 것이다.

(1) 정지한 상태에서 전자가 출발하면 1.0 m 움직일 때 전자의 속력은 얼마나 되는가?

(2) 이때 전자의 운동에너지는 얼마나 되는가?

5. (1) 위의 문제에서 전자가 출발한 지점과 도착한 지점 사이의 전위차는 얼마인가?

(2) 전위차에 따른 위치에너지 차이와, 문제 4(2)에서 구한 운동에너지를 비교해보고, 1 eV의 의미를 생각해 보아라.

2. 중력은 쿨롱힘에 비해 무시할 수 있다.

6. 그림과 같은 편향판에 일정한 전기장 $E = 500$ N/C이 $-y$ 방향으로 걸려 있다. 길이가 $L = 50$ cm인 이 편향판 속으로 전자가 속력 10^7 m/s로 x 방향으로 입사되었다.

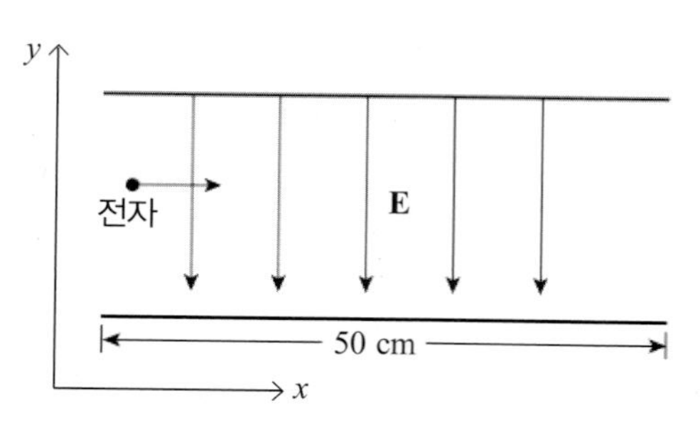

(1) 이 전자는 어떤 힘을 받는가?

(2) 이 전자는 얼마 후 이 편향판을 벗어나는가? 이때 y 방향으로 편향된 거리는 얼마인가?

(3) 이 전자가 전기장을 벗어나면 어떤 운동을 할까?

7. 양성자와 전자가 각각 하나 있는 수소 원자를 생각해보자. 태양계와 같이 전자가 원자핵(양성자) 주위를 원운동하고 있다고 가정하면 전자의 속력은 얼마나 얼마나 되겠는가? 수소 원자에서 원자핵과 전자 사이의 거리는 0.53 Å이다(참고 : 이런 원자의 모형을 러더퍼드 모형이라고 한다).

8. $2q$인 전하와 $-q$인 전하가 거리 r만큼 떨어져 있다. 이때 전기장이 0인 점은 어디에 있을까?

9. 전하밀도가 0.4 μC/m^{2}인 무한 평면위에 전자가 50 cm 떨어져 있다. 전자에 작용하는 힘은 얼마인가?

10. 크기가 $E = 230$ N/C인 전기장이 x 방향으로 향하고 있다. 크기가 30 cm × 50 cm인 직사각형이 그림과 같이 전기장에 대하여 (면적벡터 방향이) $\theta = 40°$ 로 놓여있다. 직사각형을 통과하는 전기장다발을 구하여라.

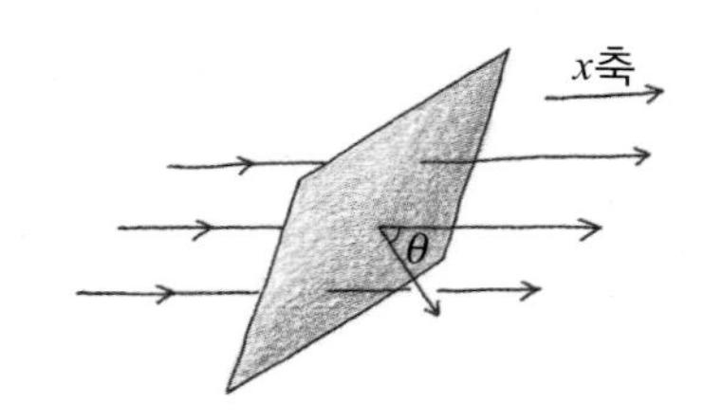

6. 뉴턴의 운동방정식을 쓰자.

7. 쿨롱힘이 구심력이 된다.

8. 두 전하를 잇는 선 위에 놓인 점의 전기장을 계산해 보자.

10. $\Phi_E = \mathbf{E} \cdot \mathbf{A}$를 이용하자.

11. 아래 그림과 같이 전자가 한 변의 길이가 $a = 10$ cm인 정사각형의 중심 위에 놓여 있는데 사각형에서 거리는 5 cm이다. 사각형을 통과하는 전기장다발의 값을 구하여라.

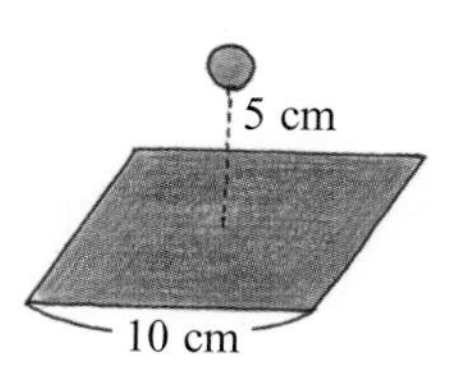

> **11.** 중심이 전하의 위치와 일치하고 한 면이 문제의 정사각형과 똑같은 정육면체를 생각해 보아라.

12. 속이 빈 공껍데기가 균일한 전하로 대전되어 있다. 이 공의 안과 밖에서 전기장과 전위는 얼마일까?

> **12.** 공의 안과 밖에서 각각 가우스법칙을 응용하자.

***13.** 속이 빈 무한히 긴 원통이 균일한 전하로 대전되어 있다. 이 원통의 안과 밖에서 전기장과 전위는 얼마일까?

14. 면전하밀도가 σ로 대전된 무한평면판과 -2σ로 대전된 무한평면판이 거리 d만큼 떨어져 있다. 이때 평면판 사이에서의 전기장은 얼마일까?

> **14.** 두 평면판이 만드는 전기장을 중첩의 원리에 따라 더한다.

15. 전위가 아래 그림과 같이 주어질 때
(1) 각 구간에서 전기장의 크기를 구하여라.
(2) 음전하가 받는 가속도의 방향을 표시하여라.

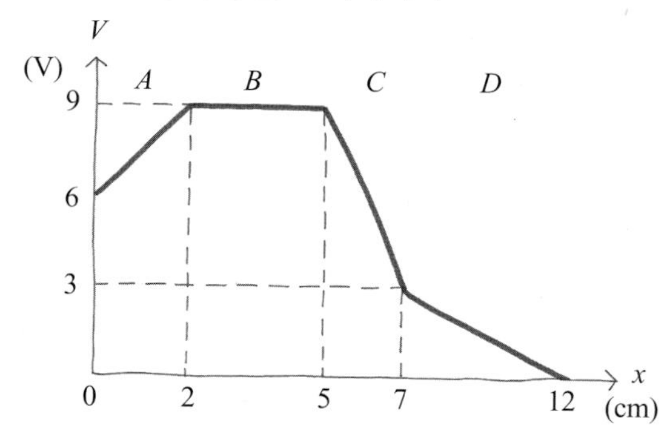

16. 전압 22,000 V의 고압선에 앉아 있는 까치는 왜 위험하지 않은가?

17. 500 V 사이에서 가속된 전자의 운동에너지는 얼마인가? 이때 전자의 속력은 얼마인가? (전자의 질량은 9.11×10^{-31} kg이고, 전자의 전하량은 -1.6×10^{-19} C이다.)

> **17.** 에너지 보존법칙을 이용하자.

18. 알파입자의 전하는 $2e$이고, 질량은 6.7×10^{-27} kg이다. 금의 원자핵에서 1 m 떨어진 곳에서 알파입자를 속도 2×10^7 m/s로 정면충돌시킨다면 알파입자는 금 원자핵에 얼마나 가까이 다가갈 수 있을까? 금의 원자핵이 가지는 전하는 $79e$이고, 금 원자핵은 정지해 있다고 생각하라.

18. 알파입자는 자신의 위치에너지가 최대가 되는 점까지 다가간다.

19. 문제 15의 전위 그림의 원점($x = 0$)에서 $+x$ 방향으로 운동하고 있는 양성자의 운동에너지가 25 eV이다. $x = 7$ cm에 도달할 때 전자의 운동에너지는 얼마인가?

20. 반지름이 10 cm인 공의 표면에 전하가 균일하게 분포되어 있다. 전하의 표면밀도는 5 μC/m^{2}이다. 중심에서 20 cm 떨어진 점 A에서 전위는 얼마인가? 그리고 구가 구의 중심과 A를 통과하는 면으로 2등분되면 A에서 전위는 어떻게 되는가?

21. $(-1$ cm, $0)$에 있는 $+1$ μC전하와 $(1$ cm, $0)$에 있는 -1 μC전하가 $(0$, 3 cm$)$점에서 만드는 전기장을 구하라.

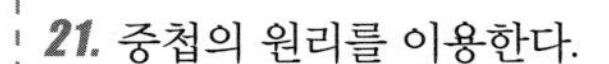
21. 중첩의 원리를 이용한다.

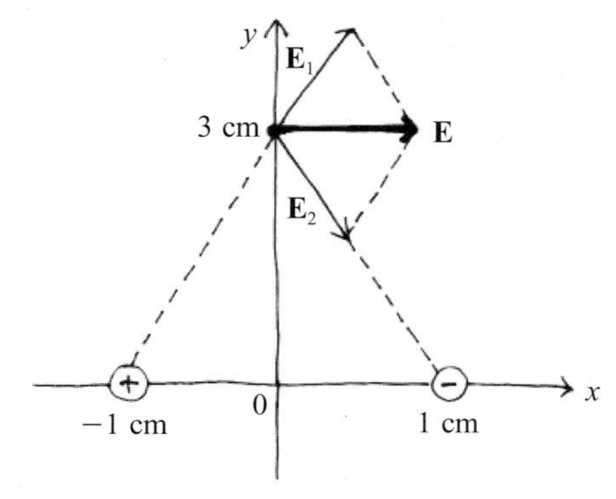

22. 길이 $2L$인 직선에 전하가 선밀도 λ로 대전되어 있다. 직선의 중심에서 거리 a 떨어진 점 P에서의 전기장을 구하라.

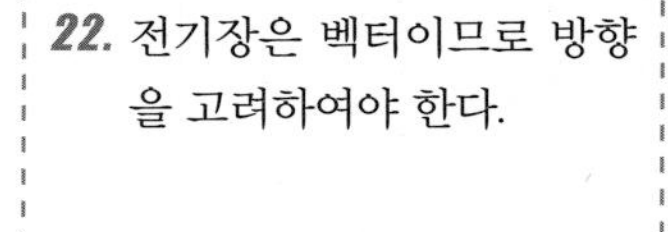
22. 전기장은 벡터이므로 방향을 고려하여야 한다.

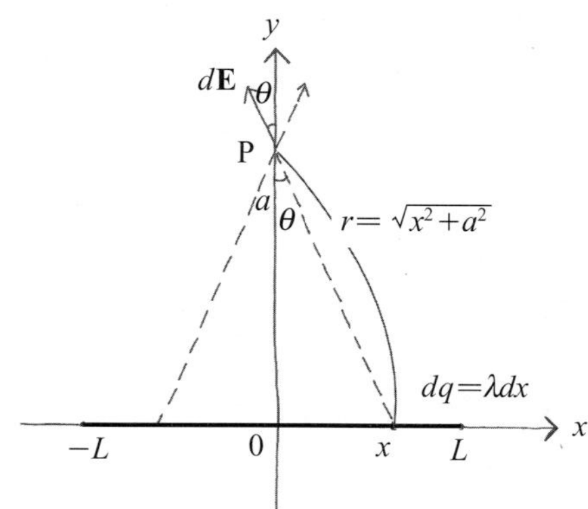

***23.** 그림에서 $d = 2$ m, $q_1 = +5$ nC, $q_2 = +1$ nC, $q_3 = -4$ nC 이다.
(1) 원점에서 전기장의 방향과 크기를 구하라.
(2) 원점에서 전위를 구하라.

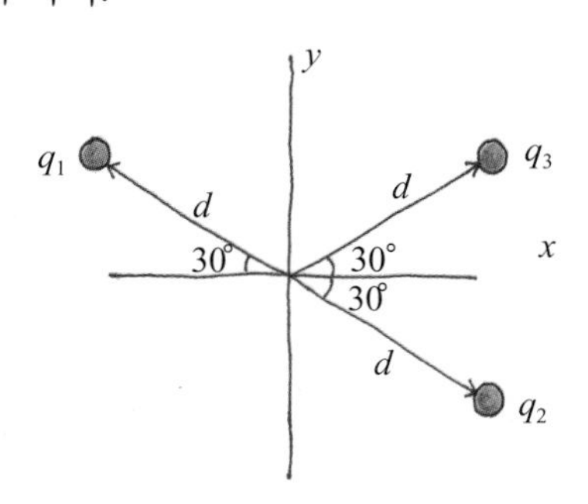

***24.** 반지름 R인 반원의 원둘레에 선전하밀도 λ로 균일하게 전하가 분포되어 있다. 반원의 중심에서의 (1) 전기장, (2) 전위를 구하라.

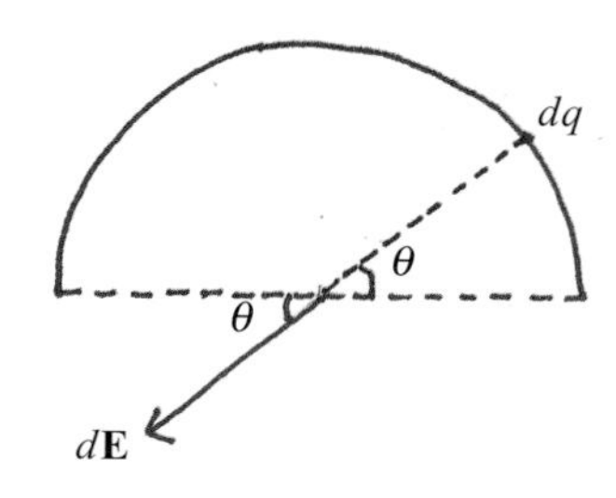

***25.** 반지름 r인 원형 고리에 전하 Q가 고르게 분포되어 있다. 원형 고리의 중심에서 거리 x만큼 떨어진, 중심축 위의 한 점에서의 전기장을 구하라.

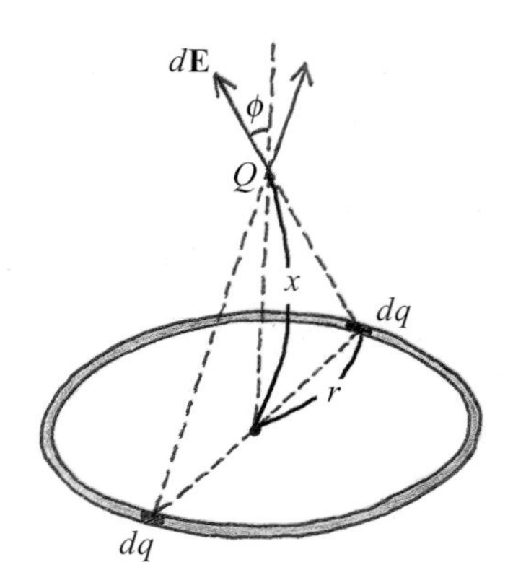

***26.** 반지름이 R이고 면전하밀도 σ로 균일하게 대전된 원판이 있다. 원판의 중심에서 $x(>0)$떨어진 중심축 위의 한 점 P에서의 전기장을 구하라. 또 $R\rightarrow\infty$를 취하여, 무한 평판에 의한 전기장을 구하라.

27. 지표 근처의 전기장은 모두 연직 하방을 향하고 있다. 지표 200 m 상공과 300 m

23. 중첩의 원리를 이용한다.

25. dq가 만들어내는 전기장을 생각하고 이를 모두 합친다. 전기장은 벡터임을 유의한다.

27. (2) 가우스 법칙을 이용하자.

상공에서 전기장의 크기가 각각 $E = 100$ V/m, $E = 60$ V/m로 관측되었다고 하자. 지표 상공 200 m와 300 m 사이에 놓여있는 한 변이, 100 m인 정육면체를 생각하자.

(1) 이 정육면체를 뚫고 지나가는 전기장다발은 얼마인가?

(2) 이 정육면체 안에는 전하가 얼마나 들어있을까?

28. 반지름 R인 반구가 있다. 반구의 적도면을 수직으로 뚫고 나가는 균일한 전기장(크기 E)이 걸릴 때 반구의 곡면 부분에 대한 전기장다발의 크기는 얼마일까? 반구 내부에는 전하가 없다고 하자.

28. 전하가 없는 경우의 가우스 법칙을 이용한다.

***29.** 반지름이 각각 a, $b(a<b)$인 동심 구껍질에서, 안쪽 구껍질에는 전하 Q_1, 바깥 구껍질에는 전하 Q_2가 고르게 대전되어 있다. 구의 중심에서 거리 r인 곳의 전기장과 전위를 구하라.

30. 반지름이 a인 구에 부피 전하밀도 ρ로 균일하게 전하가 분포되어 있다. 구의 내부와 외부에서의 전위를 구하라.

***31.** 구의 내부에 부피 전하밀도 ρ로 균일하게 전하가 분포되어 있다. 위치벡터가 $\mathbf{a}$인, 구 내부의 점 P를 중심으로 해서, 구 안에 작은 구형공동을 만들었을 때, 이 공동 안의 어느 곳에서나 전기장은 $\mathbf{E} = \dfrac{\rho\mathbf{a}}{3\varepsilon_0}$임을 보여라.

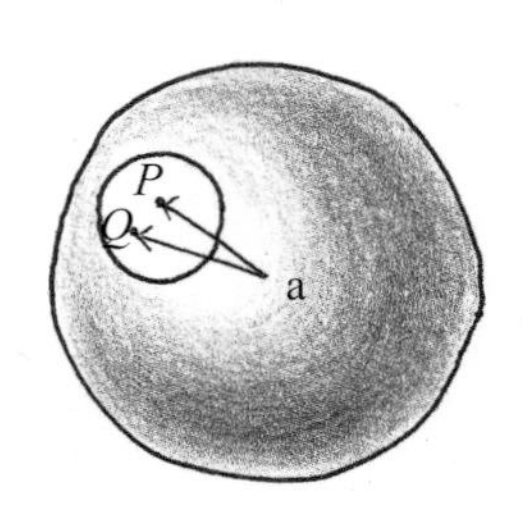

31. 구형 공동에 전하가 가득 차 있다면, 공동 내부의 임의의 점 Q에서 전기장은 공동의 전하에 의한 전기장과 문제와 같이 공동이 비어있는 전하에 대한 전기장의 합과 같다.

***32.** 속이 빈 무한히 긴 원통에 면 전하밀도 σ로 균일하게 전하가 분포되어 있다. 원통 내부와 외부에서의 전기장과 전위를 구하라.

***33.** 두께 $2a$인 무한히 큰 평판($-a<x<a$인 영역)을 부피 전하밀도 ρ로 균일하게 분포된 전하가 채우고 있다. 이 전하분포에 의한 전기장과 전위를 평판 안과 밖에서 하라.

33. 밑면이 원점을 지나고 높이가 x인 원기둥을 잡아서 가우스법칙을 적용한다.

34. 전하량 Q인 점전하 3개가 한 변이 L인 정삼각형 꼭짓점에 고정되어 있다. 이 전하들이 간직하는 총 전기위치에너지는 얼마인가?

***35.** 반지름이 r인 원형고리에 전하 Q가 균일하게 분포되어 있다.

(1) 원형고리의 중심을 지나는 축 위로, 중심에서 $x(>0)$ 떨어진 한 점 P에서의 전위를 x의 함수로 구하라.

(2) 이 전위로부터 전기장을 구하라.

***36.** 반지름이 R이고 면전하밀도 σ로 균일하게 대전된 원판이 있다.

(1) 원판의 중심에서 $x(>0)$ 떨어진 중심축 위의 한 점 P에서의 전위를 x의 함수로 구하라.

(2) 이 전위로부터 전기장을 구하라.

***37.** 그림과 같이, 무한히 긴 직선 위에 양이온과 음이온이 일정한 간격 R로 배열되어 이루어진 1차원 이온결정의 분자 하나 당의 결합에너지를 구하라(이 전하계의 총 전기퍼텐셜에너지를 이온결정의 결합에너지라고 한다). 이온들의 개수는 총 $2N$이다. 즉, 양이온과 음이온이 하나의 분자를 이룬다고 가정했을 때, 분자의 개수가 N이다.

⊕ ⊖ ⊕ ⊖ ⊕ ⊖ ⊕ ⊖ ⊕ ⊖ ⊕

37. 임의로 이온을 잡아서 이 이온과 다른 이온 사이에 작용하는 에너지를 모두 더한다.

Chapter 2 도체와 절연체의 전기장

방전되는 부근에 놓인 새장 안에서 새는 무사할까?

도체와 전기장

도체는 전기를 통한다. 한 변이 1 cm인 정육면체의 구리 속에는 약 8×10^{22}개의 자유전자가 있다. 자유전자는 음의 전하를 띠고 있고, 전하량은 $e=1.6\times10^{-19}$ C 이다. 도체가 전기장을 받으면, 자유전자들은 그 전기장을 따라 자유로이 움직이기 시작하고, 더 이상 움직이지 않는 상태까지 재배치된다.

이 자유전자 때문에 도체의 독특한 전기적 성질이 나타난다.

도체의 독특한 성질

(1) 도체 내부에는 전기장이 없다.

(2) 도체에 추가된 전하는 표면에만 존재한다.

(3) 도체는 전기장을 차단한다.

(4) 도체 자체는 등전위면이다.

(1) 도체 내부에는 전기장이 없다.

도체 속에서 자유전자들은 전기장을 따라 자유로이 움직일 수 있으므로, 도체 외부에서의 전기장 여부에 상관없이 도체 내부에서의 전기장은 없다.

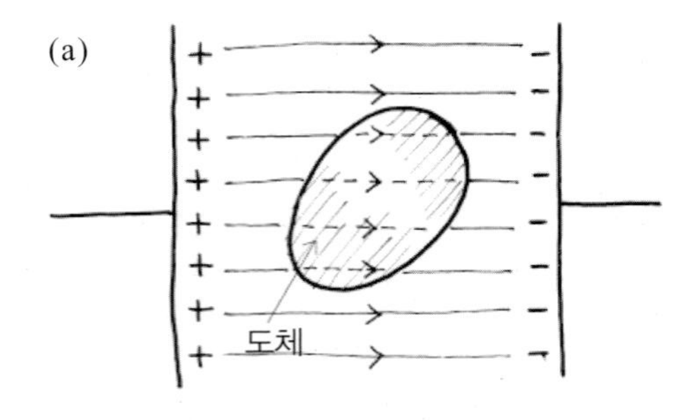

도체 외부에서 전기장을 걸어보자.

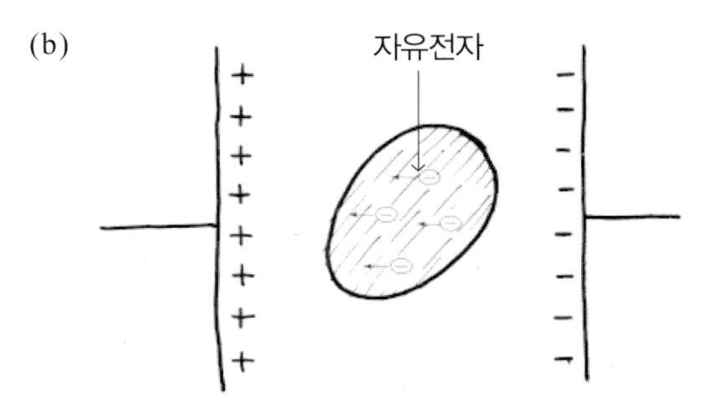

자유전자들을 모두 힘을 받아 전기장의 반대방향인 왼쪽으로 움직인다.

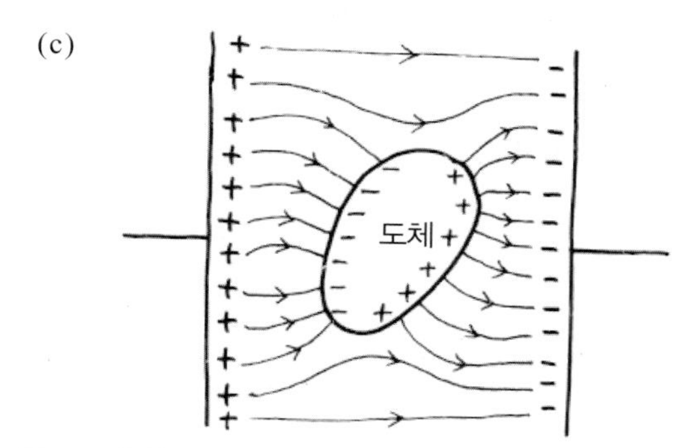

도체 표면에는 오른쪽에 + 전하가 왼쪽에 − 전하가 재배치된다. 그 결과 도체 내부에는 전기장이 완전 상쇄되어 전기장이 존재하지 않는다.

(2) 도체에 추가된 전하는 표면에만 존재한다.

양동이에 대전된 도체공을 넣어 보자.

양동이의 안쪽표면에는 음전하가 모이고 바깥표면에는 같은 양의 양전하가 나타난다.

이제 도체공을 양동이에 접촉시키자.

양동이 안에 있던 음전하와 도체공에 있는 양전하는 상쇄되어 결국 바깥표면에만 양전하가 남는다.

이와 같이 도체에 전하를 넣으면 추가된 전하는 도체의 바깥표면에만 쌓이게 된다.

그 이유를 도체 사이에 작용하는 힘 때문이라고 볼 수도 있다. 즉, 도체공에 있던 양전하는 양동이와 접촉하는 순간 양동이로 옮겨진 후, 양전하들이 서로 척력을 작용하여 밀쳐내므로, 전하는 양동이 도체의 가장 먼 표면으로 이동해야만 한다.

(3) 도체는 전기장을 차단한다.

도체로 둘러싸인 공간 속으로는 외부의 전기장이 도체를 뚫고 들어올 수 없다. 외부로부터 전기장을 받으면, 자유전자가 도체의 바깥표면에 재배치되어 도체로 둘러싸인 빈 내부공간의 전기장도 없앤다.

외부의 전자기파는 도체로 둘러싸인 공간 안으로 들어갈 수가 없다.

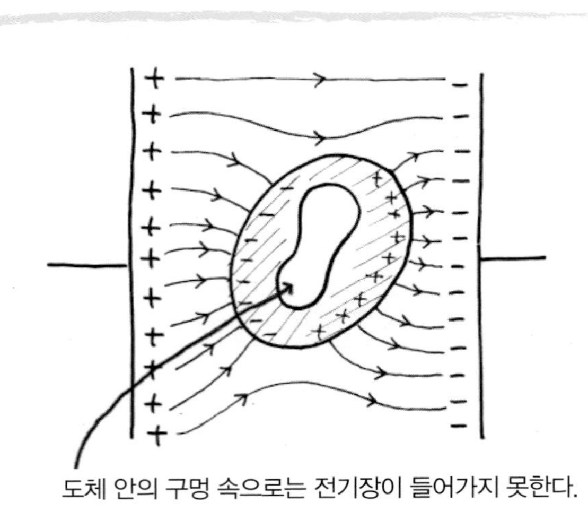

도체 안의 구멍 속으로는 전기장이 들어가지 못한다.

번개칠 때 자동차 안에 사람이 있거나 새장 안의 새가 방전에 노출되어도 둘러싸인 금속이 전기장의 침투를 막아 준다.

터널이나 지하철 속에서도 전파장애가 일어난다. 이것은 주변을 둘러싸는 흙이 도체역할을 하여 외부 전기장이 안으로 들어오지 못하기 때문이다. 지하철이나 터널 속에서 이동통신을 사용할 수 있도록 하기 위해서는 터널 속에 외부와의 교신을 위한 전자기파의 송수신 시설을 설치하는 것이 필요하다.

생각해보기

그림처럼 도체로 둘러싼 빈 공간 안에 전하 Q를 놓자. 밖에서 보면 전하는 얼마로 보이겠는가?

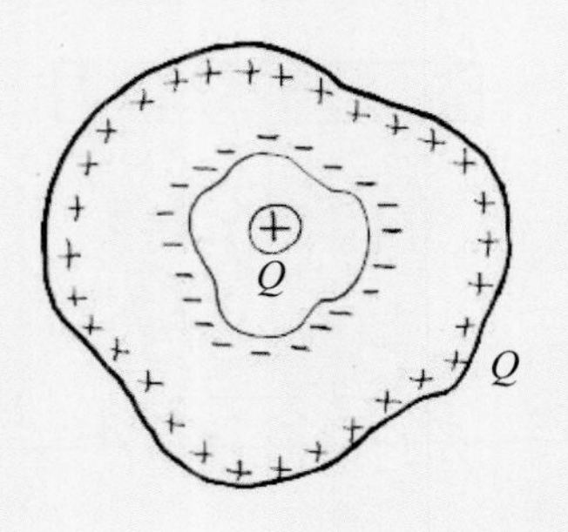

도체 안의 빈 공간 안에 전하가 있으면, 이 전하는 도체 안쪽벽에 $-Q$를 유도하고, 도체 바깥면에 $+Q$의 전하를 유도한다. 도체는 원래 중성이었지만, 이제 전하 $+Q$와 $-Q$가 분리되어 배치되었기 때문에 외부에서 보면 도체는 전하 $+Q$로 대전된 것으로 보인다.

이것 역시 도체가 전하배치에 대한 정보를 차단시키고 있음을 보여준다. 전하가 도체에 대전된 것인지, 아니면 내부의 빈 공간 어딘가에 놓인 것인지를 구분할 수가 없다. 내부에 직접 들어가 확인하기 전까지는 도체 안의 빈 공간 속에 전하가 있는지 없는지를 알 수 없다.

(4) 도체 자체는 등전위면이다.

도체 속은 전기장이 없다. 따라서, 도체 내부와 표면 모두 전위가 같다. 즉, 도체 자체는 등전위면(공간)이 된다.
대전된 도체일지라도 도체는 등전위면이다.

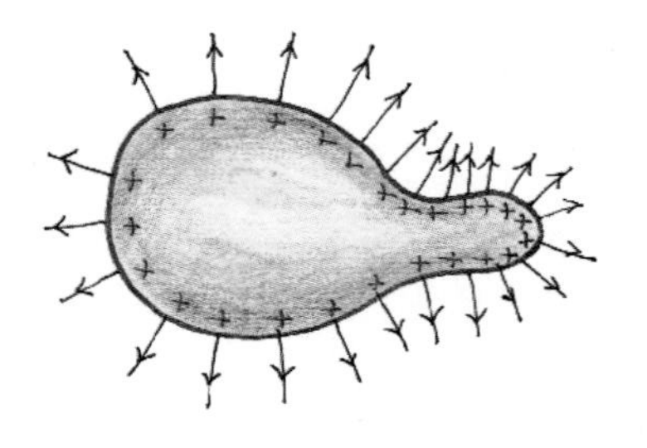

도체가 만들어 내는 전기장

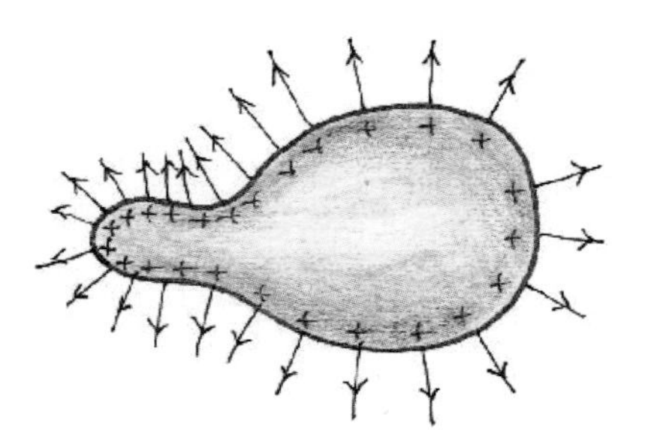

도체 안에는 전기장이 없고, 도체 밖의 전기장은 도체 표면에 수직이다.

도체 안에는 전기장이 없지만 도체는 외부에 전기장을 만들어 낼 수 있다.

대전된 도체는 전기장을 도체 밖으로만 만들어 내며, 이 전기장은 도체표면에 수직이다. 왜냐하면, 도체표면방향으로 전기장이 있다면, 도체표면을 따라 자유전자가 힘을 받아 이동할 것이기 때문이다.

도체면 바로 위에서의 전기장을 구하자.

도체평면 바로 위에서의 전기장

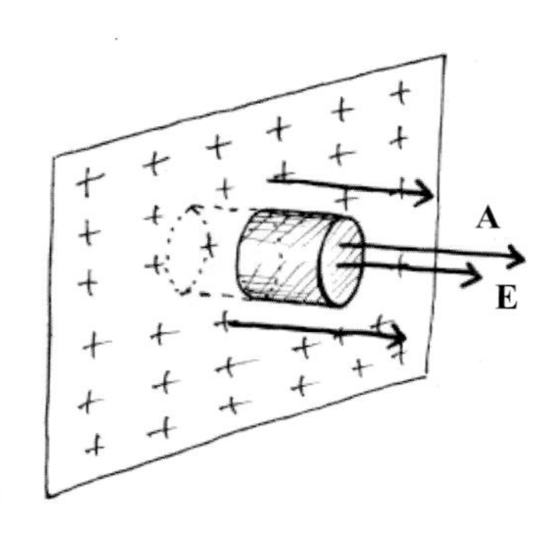

도체표면에 수직이고, 일부는 도체 안에 있는 작은 원통표면을 가우스 곡면으로 잡자.

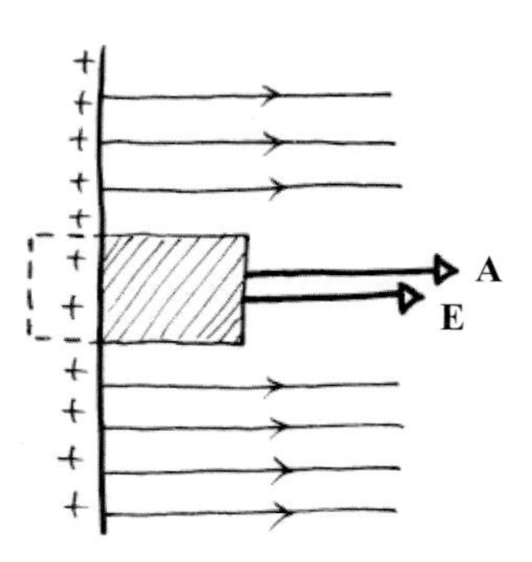

자유전자는 도체표면에만 분포하고, 도체 안에서의 전기장은 0이라는 것을 기억하자. 도체표면의 면전하밀도가 σ 일 때, 전기장다발 Φ는

$$\Phi = EA = \frac{\sigma A}{\varepsilon_0} \text{ 이므로,}$$

도체면 바로 위에서의 전기장은

$$\mathbf{E} = \frac{\sigma}{\varepsilon_0}\mathbf{n} \text{ 이다.}$$

n은 도체면에 수직인 바깥쪽 방향을 나타낸다.

아래 그림처럼 도체면 위에서의 전기장은 항상 표면에 수직이고, 세기는 $\frac{\sigma}{\varepsilon_0}$ 이다. σ는 그 지점의 전하밀도이다.

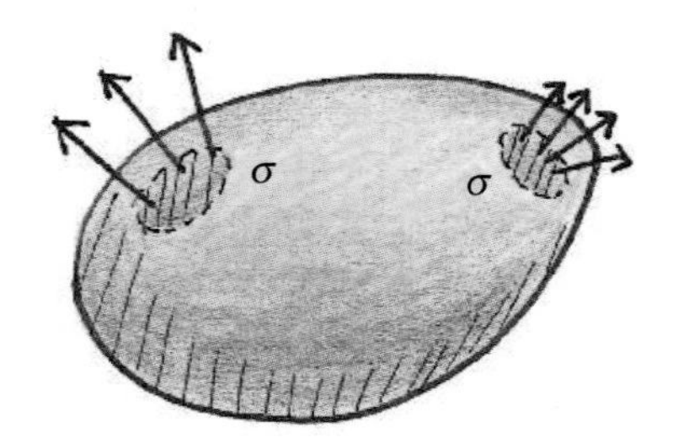

생각해보기 구멍이 있는 도체구 속의 전하

반지름 r이고 중성인 도체구 속에, 임의의 모양의 구멍을 도려내고 그 속 어딘가에 q인 전하를 놓았다. 도체구 밖에서의 전기장은 얼마인가?

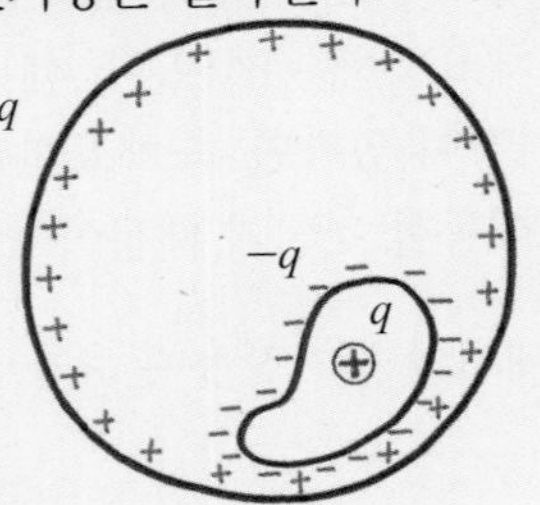

얼핏 보면 위의 문제의 답은 전하가 놓인 위치에 따라 달라질 것처럼 보인다. 그러나 그렇지 않다.

정답은 언제나 $\dfrac{q}{4\pi\varepsilon_0}\dfrac{\hat{\mathbf{r}}}{r^2}$ 이다.

이 구면 도체는 구멍이 가진 모든 정보를 차단하고, 총 전하에 대한 정보만 나타낸다. 왜 그럴까?

전하 q때문에 구멍 벽에 총 $-q$인 전하가 유도되어, 도체내의 모든 점에서 q가 만드는 전기장을 완전히 상쇄한다. 그리고 도체는 원래 중성이었으므로, q인 전하가 도체구(바깥) 표면에 분포된다.

또한, 원래 구멍 안의 전하 q때문에 생긴 비대칭 효과는, 안쪽 구멍 벽에 분포된 $-q$에 의해 완전히 제거되므로, 이 도체구 바깥 표면의 전하 분포는 균일하다. 그 결과 도체구 밖에서는, 바깥 표면에 고르게 분포한 전하 q에 의한 전기장만 남게 된다.

뾰족한 도체가 만드는 전기장

뾰족한 곳의 전기장은 뭉툭한 부분보다 훨씬 세다.

그 까닭을 알아보자.

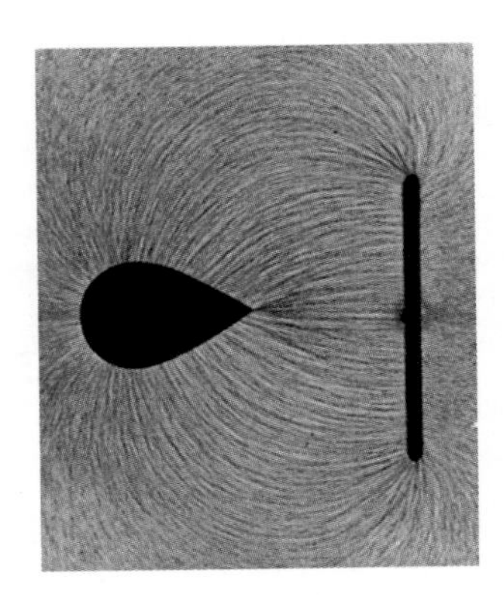

그림처럼 작은 도체구(반지름 r)와 큰 도체구(반지름 R)를 긴 도선으로 연결한 경우를 통해 살펴보자.

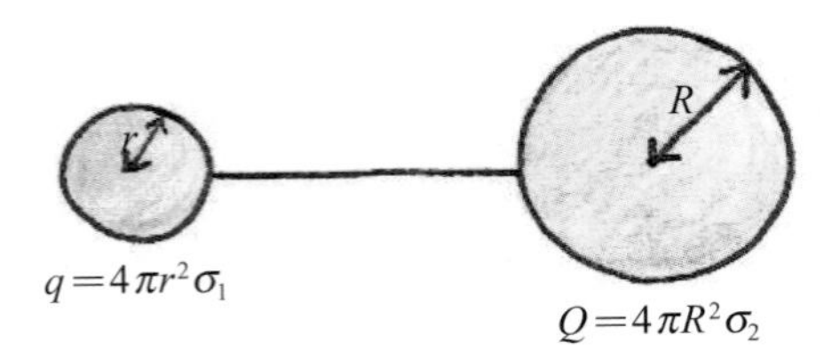

작은 도체의 전위는

$$V_1 = \frac{1}{4\pi\varepsilon_0}\frac{q}{r} = \frac{1}{\varepsilon_0}r\sigma_1 \text{ 이고,}$$

큰 도체의 전위는

$$V_2 = \frac{1}{4\pi\varepsilon_0}\frac{Q}{R} = \frac{1}{\varepsilon_0}R\sigma_2 \text{ 이다.}$$

도체는 등전위면이므로, 두 전위가 같아야 한다.

$$\frac{r\sigma_1}{\varepsilon_0} = \frac{R\sigma_2}{\varepsilon_0}$$

따라서, 면전하밀도는 반지름에 반비례한다.

$$\frac{\sigma_1}{\sigma_2} = \frac{R}{r}$$

전기장은 전하밀도에 비례하므로 작은 구면의 전기장이 큰 구면의 전기장보다 세다.

$$\frac{E_1}{E_2} = \frac{\sigma_1/\varepsilon_0}{\sigma_2/\varepsilon_0} = \frac{R}{r}$$

작은 구는 뾰족하고(반지름이 작다), 큰 구는 뭉툭하므로(반지름이 크다) 전위는 같지만, 뾰족할수록 전기장이 세어진다.

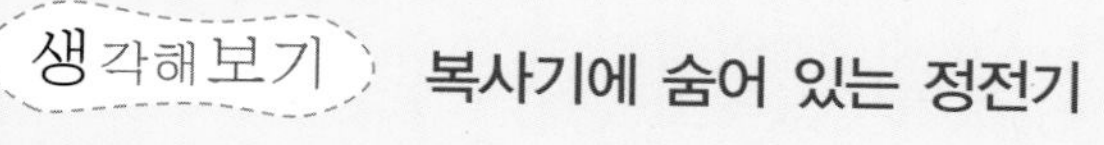

생각해보기 **복사기에 숨어 있는 정전기**

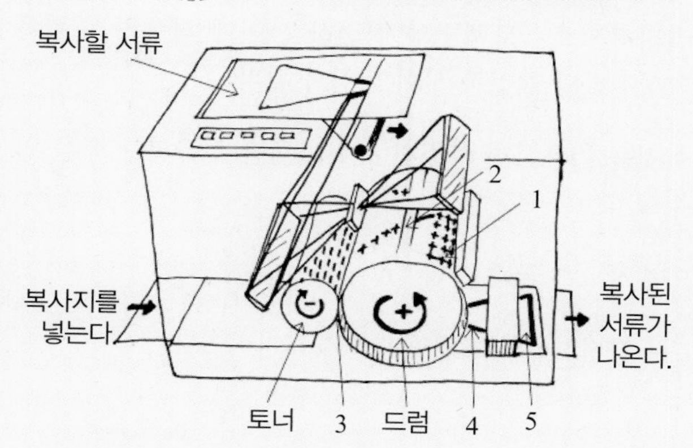

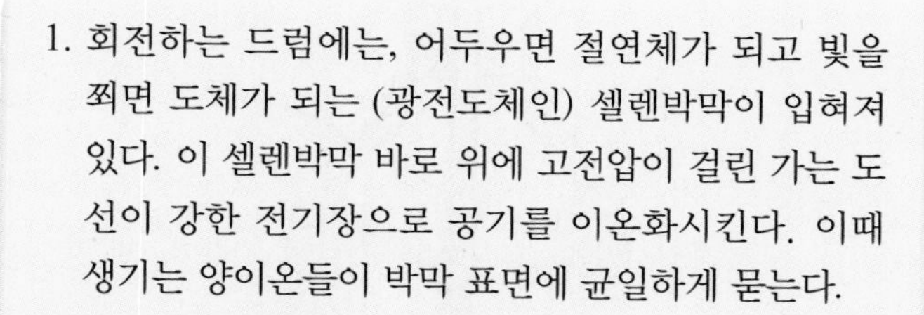

1. 회전하는 드럼에는, 어두우면 절연체가 되고 빛을 쬐면 도체가 되는 (광전도체인) 셀렌박막이 입혀져 있다. 이 셀렌박막 바로 위에 고전압이 걸린 가는 도선이 강한 전기장으로 공기를 이온화시킨다. 이때 생기는 양이온들이 박막 표면에 균일하게 묻는다.

2. 반사된 빛을 드럼에 비추면, 밝은 부분은 도체가 되므로 전하가 흘러 없어진다.

3. 음전하로 대전된 토너를 드럼에 가져가면 토너가 드럼에 붙어 그림의 영상이 만들어진다.

4. 종이를 양전하로 대전시킨 후 드럼의 표면에 접촉시키면, 종이에 검은 가루가 들러붙는다.

5. 종이를 가열시켜 가루를 종이에 정착시키면 복사가 된다.

생각해보기 **도체는 왜 전하를 끌어당길까?**

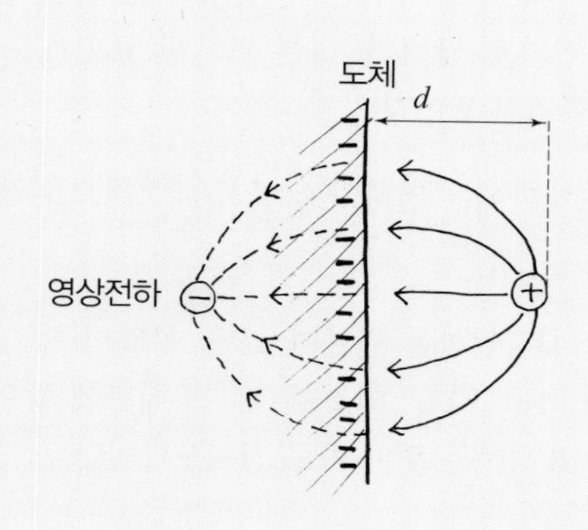

도체 앞에 양전하 $q(>0)$을 놓으면, 이 전하는 전기장을 만들어 도체의 자유전자를 끌어당긴다. 따라서, q에 가까운 쪽의 도체표면으로 음전하가 모인다.

이것은 마치 거울에 맺힌 영상처럼 부호가 다른 전하(영상전하)가 도체면 반대편에 있는 것과 같다.

결과적으로, 도체면과 점전하 사이에 작용하는 힘은 영상전하와 점전하 사이의 힘과 같다.

이것을 이용하면 양전하 q가 도체판에 끌리는 힘을 알 수 있다.

양전하 q가 끌리는 힘 : $F = -\frac{kq^2}{(2d)^2}$

d는 양전하 q와 도체판과의 수직거리이다.

도체에 쌓이는 전하들

전하 담아두기

처음 전기 현상을 연구한 사람들은 전하를 담아두는 데 큰 어려움을 겪었다. 열심히 물체를 대전시켜 놓아도, 공기 중의 수증기 등으로 중화가 일어나 전하가 사라져 버리기 때문이었다. 많은 물리학자들이 공기나 수증기 등에 의해 전하가 사라지는 것을 막아 전하를 효율적으로 저장하는 방안을 고민하였다. 이 문제를 말끔하게 해결한 것이 바로 1700년대 중반에 네덜란드 라이덴 대학의 물리학자 뮈센부르크가 발명한 라이덴 병이다.

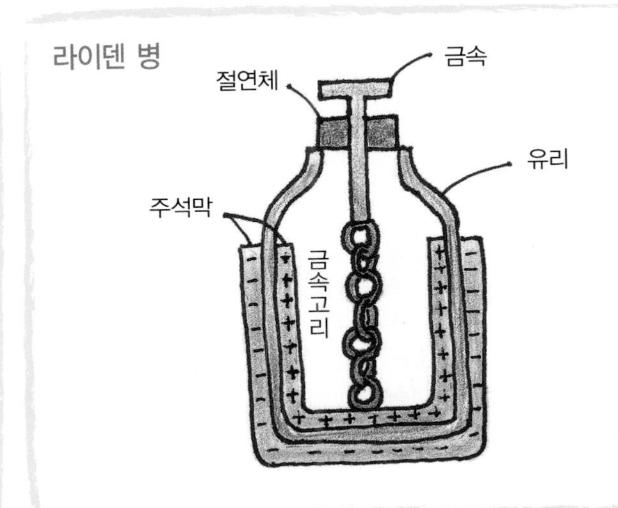

라이덴 병은 오른쪽 위 그림처럼 유리병의 안쪽과 바깥쪽에 금속박을 붙이고, 안쪽 금속박을 마찰전기나 번개 등으로 대전시키는 간단한 전하 저장장치이다. 두 금속박에 대전된 반대 부호 전하가 서로 끌어당겨 전하가 방전되는 것을 막는 것이 라이덴 병의 핵심 원리이다. 이후의 모든 축전장치가 이 원리를 따르고 있다. 물론 현재는 라이덴 병보다 더 작은 부피에 더 많은 전하를 담아 둘 수 있는 다양한 축전기들이 개발되어 전하 보관에 사용되고 있다.

평행한 두 도체판에 배터리를 연결하면 배터리의 전위차 V 때문에 전하가 쌓이게 된다. 한 도체판 표면에 + 자유전하가 추가로 쌓이면, 다른 도체판 표면에는 − 자유전하가 추가로 쌓인다.

그러면 이 도체판에는 전하가 무한히 계속적으로 쌓일 것인가?

도체판에 쌓이는 전하는 한계가 있다. 무엇이 이 한계를 결정할까? 배터리를 연결할 때 도체판에 쌓이는 전하의 양을 표시하는 것이 바로 전기용량이다.

전기용량이란 외부에서 전압 V를 가해줄 때 도체판에 쌓이는 전하량 Q의 비로 정의된다.

$$C \equiv \frac{Q}{V}$$

단위는 F(패럿)이다.

도체판이 클수록 더 많은 전하가 쌓일 것은 분명하다.

따라서, 전기용량은 도체판의 면적이 클수록 커질 것이다. 축전기의 전기용량이 도체판의 모양과 배열에 따라 어떻게 달라지는지 알아보자.

무한평면 축전기의 전기용량

간격 d만큼 떨어져 있고 면적 A인, 넓은 두 개의 도체 평면으로 된 축전기의 전기용량을 알아보자.

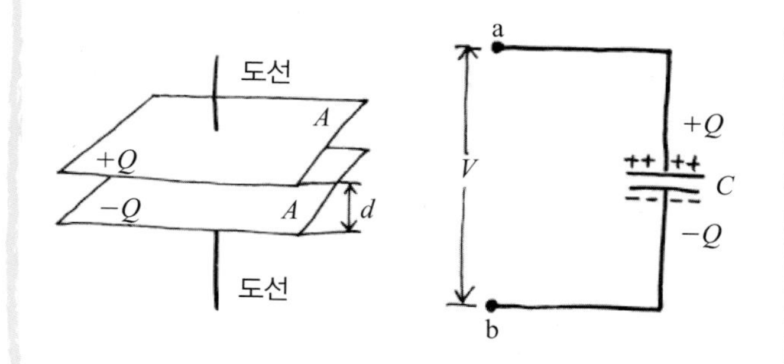

외부에서 도체판 양단에 전압 V를 걸면 도체판에는 전하가 쌓인다. 이 쌓인 전하는 도체판 사이에 전기장을 만들어 낸다. 평면에 쌓이는 전하량이 Q이면 면전하밀도는 $\sigma = Q/A$이다. 이때 도체 사이의 전기장은 $E = \sigma/\varepsilon_0$이다.

이 전하가 도체판 사이에 만드는 전위차는

$$V = Ed = \frac{\sigma}{\varepsilon_0} d \text{ 이다.}$$

평행판 사이에 같은 전압을 거는 경우, 도체판 사이의 간격이 좁아지면 면전하밀도는 커진다.

즉, 더 많은 전하를 쌓을 수 있다. 따라서, 도체판에 쌓이는 전하량의 한계, 즉 전기용량은 면적과 도체판 사이의 간격으로 결정된다.

전기용량을 정의에 따라 구해보면

$$C = \frac{Q}{V} = \frac{\varepsilon_0 A}{d} \text{ 이다.}$$

평행판 축전기의 전기용량은 전하량이나 전압에 관계없이 도체판의 면적과 간격으로 결정된다.

생각해보기 컴퓨터 키보드

바닥에는 축전기가 붙어 있다. 글자판을 누르면 축전기의 두께가 변화하므로, 전기용량이 증가하게 된다. 컴퓨터가 이 변화를 인식하면 글자가 입력된다.

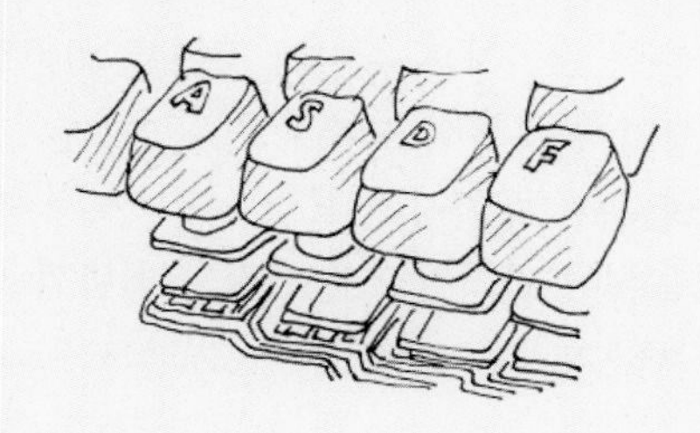

컴퓨터 자판에 달린 축전기의 면적이 1 cm²이고, 두께는 3 mm이다. 자판을 2 mm 누를 때 컴퓨터가 이 자판을 인식한다면, 이때의 전기용량은 얼마인가?

도체판 사이의 간격은 1 mm 정도이므로 글자판의 전기용량은

$$C = \varepsilon_0 \frac{A}{d} = 8.85 \times 10^{-12} \times \frac{10^{-4}}{10^{-3}} \text{ F}$$
$$= 0.885 \times 10^{-12} \text{ F} = 0.885 \text{ pF 이다.}$$

일상생활에서 쓰는 축전기의 단위는 보통 μF이나 pF이다. 그 이유는 F의 단위가 너무 크기 때문이다.

간격 1 mm인 도체판으로 1 F의 축전기를 만들려면 도체판의 면적이 10^8 m^2 정도 되어야 한다. 이것은 사방 10 km인 도체판에 해당된다.

원통모양 축전기의 전기용량

그림처럼 반지름이 각각 a와 b이고, 속이 빈 두 개의 원통형 도체로 된 축전기를 생각해 보자. 이러한 모양의 도체는 동축 케이블에서 많이 보인다.

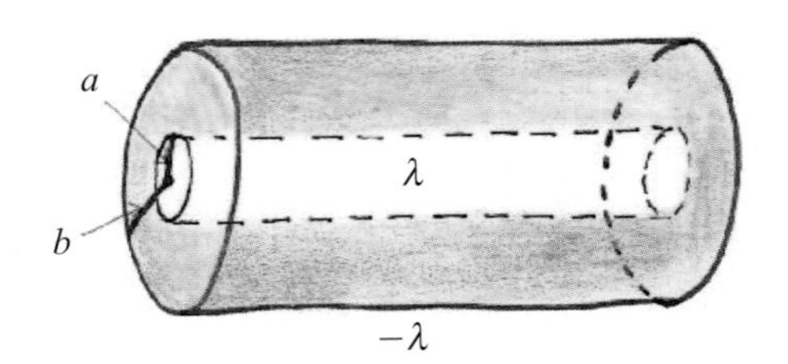

전기용량을 구하기 위해 안쪽 도체에 선전하밀도 λ를, 바깥쪽에 전하 $-\lambda$를 놓자. 안쪽 도체로부터 반지름 r인 곳의 전기장은 가우스법칙에 의해

$$E = \frac{1}{2\pi\varepsilon_0}\frac{\lambda}{r} \text{이다.}$$

이 전기장에 의한 $r = a$ 점과 $r = b$ 점의 전위차는

$$V(b) - V(a) = -\int_a^b E(r)\,dr = -\frac{\lambda}{2\pi\varepsilon_0}\ln\left(\frac{b}{a}\right)$$

$r = a$ 지점의 전위가 높으므로, 두 원통사이의 전위차는

$$\Delta V = V(a) - V(b) = \frac{\lambda}{2\pi\varepsilon_0}\ln\left(\frac{b}{a}\right) \text{이고,}$$

따라서 단위길이당 전기용량은

$$C = \frac{1}{L}\frac{Q}{\Delta V} = \frac{\lambda}{\Delta V} = \frac{2\pi\varepsilon_0}{\ln(b/a)} \text{이다.}$$

생각해보기

집진기는 정전기를 이용하여 굴뚝을 통과하는 연기의 그을음(오염물질)을 모으는 장치이다.

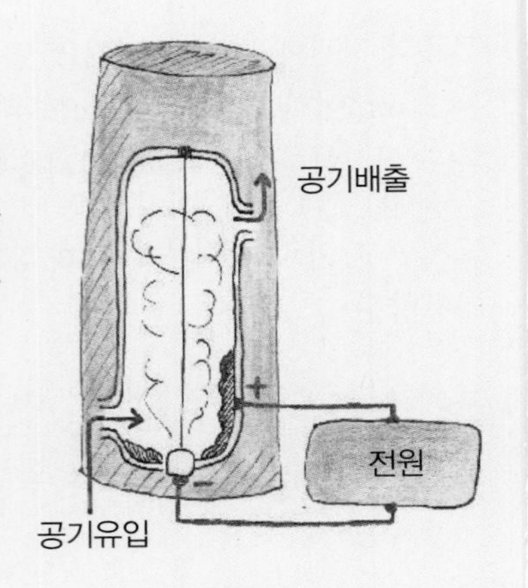

이 집진기의 원리는 다음과 같다.

1. 원통모양의 도체판에 +전압을 건다.
2. 내부 중심축의 아주 가는 도선에 −전압을 건다. 이때 전기장은 중심쪽을 향하고, 중심축 부근은 매우 강하다.
3. 중심축 부근의 전기장은 주변의 공기를 이온화시킨다. 이때 생긴 전자들이 굴뚝으로 올라오는 그을음에 붙어 그을음을 대전시킨다.
4. 대전된 그을음이 전기장으로 가속되어 바깥 도체벽에 들러붙는다.

다음과 같은 집진기의 모형을 생각해 보자.

중심도선의 반지름 : $a = 100\ \mu\text{m}$
중심도선과 도체판 사이의 거리 : 20 cm
중심도선과 도체판 사이의 전압 : 200 kV

반지름 10 cm 떨어진 점에서, 50 μg 되는 그을음에 전자 10만 개가 묻을 때, 그을음이 갖는 가속도를 구하자.

중심도선에서 반지름 r 떨어진 곳에서 전위가

$$V(r) = V_0 \ln\left(\frac{r}{a}\right)$$

임을 이용하자.

먼저 V_0를 구하자. 반지름 r=20 cm인 곳에서 V=200 kV이므로,

$$200\ \text{kV} = V_0 \ln\left(\frac{20 \times 10^{-2}}{100 \times 10^{-6}}\right) = V_0(\ln 2000)$$

$$\Rightarrow V_0 = \frac{200}{7.6}\ \text{kV} \approx 26.3\ \text{kV}$$

반지름 r=10 cm인 곳에서 전기장은

$$E(r) = \frac{V_0}{r} = 26.3\ \text{kV} \times \frac{1}{0.1\ \text{m}}$$
$$= 2.63 \times 10^5\ \text{V/m}$$

전하 Q = 전자 10만 개의 전하량이고, 질량 m = 50 μg인 그을음의 가속도는

$$\frac{QE}{m} = \frac{10^5 \times (1.6 \times 10^{-19})\ \text{C}}{50 \times 10^{-6}\ \text{kg}} \times 2.63 \times 10^5\ \text{V/m}$$

$$= 8.4 \times 10^{-5}\ \text{m/s}^2$$

축전기를 연결하자.

그림처럼 축전기를 병렬로 연결하면, 축전기에 쌓이는 총 전하량은 각 축전기에 쌓이는 전하량을 더한 것과 같다.

$$Q = Q_1 + Q_2 + \cdots$$

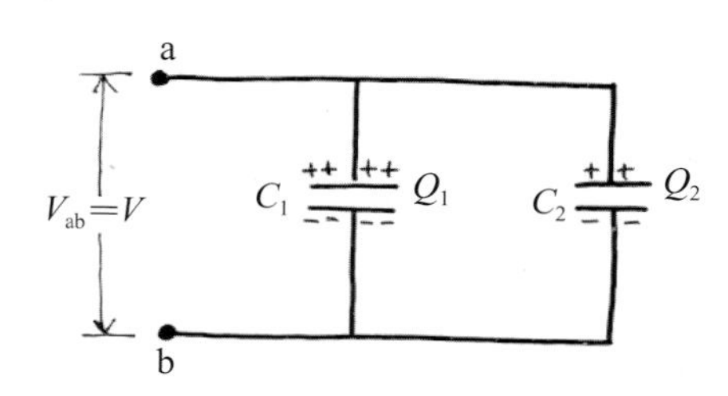

그런데 각 축전기에 걸리는 전압은 같으므로,

$Q = CV$,
$Q_1 = C_1V$,
$Q_2 = C_2V$, ⋯ 를 쓰면,

$$CV = C_1V + C_2V + \cdots \text{ 이다.}$$

따라서, 총 전기용량은 각 전기용량을 합한 것과 같다.

$$C = C_1 + C_2 + \cdots$$

축전기를 직렬로 연결하면, 이번의 총 전압은 각 축전기 양단에 걸리는 전압을 합한 것과 같다.

$$V = V_1 + V_2 + \cdots$$

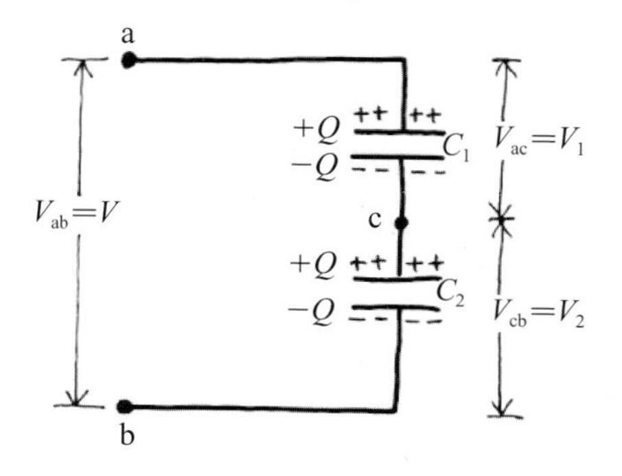

그런데 직렬연결하면, 앞 그림처럼 각 축전기에 걸리는 전하량은 모두 같다. 따라서,

$$\frac{Q}{C} = \frac{Q}{C_1} + \frac{Q}{C_2} + \cdots$$

이것을 종합하면, 직렬연결된 축전기의 전기용량은

$$\frac{1}{C} = \frac{1}{C_1} + \frac{1}{C_2} + \cdots$$

생각해보기

전기용량이 2 μF인 축전기를 100 V로 충전했다. 이 축전기를 충전되지 않은 1 μF인 축전기와 그림처럼 병렬로 연결했다. 이때, 두 축전기 양단에 걸리는 전압은 얼마인가?

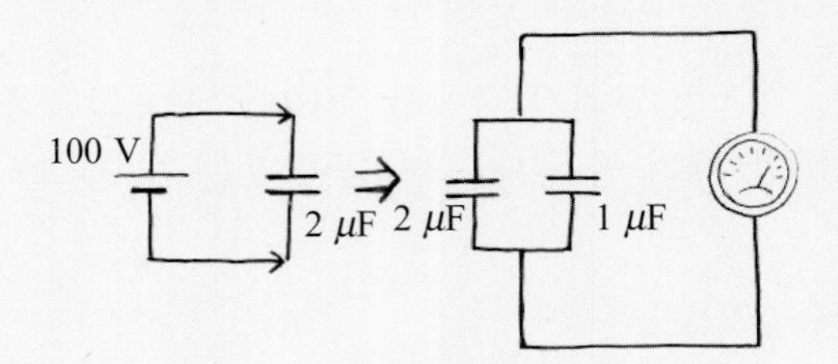

처음 2 μF에 저장된 전하량은

$$2\ \mu F \times 100\ V = 200\ \mu C \text{ 이다.}$$

1 μF와 2 μF로 만들어진 전기용량은

$$C = 1\ \mu F + 2\ \mu F = 3\ \mu F \text{ 이므로,}$$

양단에 걸리는 전압은

$$V = \frac{Q}{C} = \frac{200\ \mu C}{3\ \mu F} = 66.7\ V \text{ 이다.}$$

각각의 축전기에는 전기용량에 비례하는 전하가 저장된다. 만일 이것을 직렬로 연결하면 어떤 결과가 나오겠는가?

생각해보기

그림과 같이 축전기가 직렬과 병렬로 연결되어 있을 때, 축전기에 저장되는 전하량의 비(Q_1: Q_2: Q_3)는 어떻게 될까?

$C_1 = 2\ \mu F$, $C_2 = 3\ \mu F$, $C_3 = 4\ \mu F$ 이다.

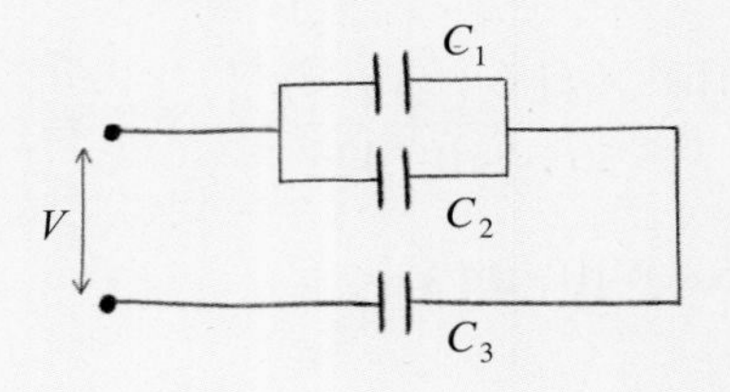

축전기의 직렬연결과 병렬연결에 대해 생각해보자. 직렬연결의 경우 전하량이 일정한 반면 전압이 나누어지고, 병렬의 경우 반대로 전압은 일정하고 전하량이 나누어짐을 고려하면,

$$Q_3 = Q_1 + Q_2,\ V_1 = V_2,\ \frac{Q_1}{C_1} = \frac{Q_2}{C_2}$$

$$Q_3 = Q_1\left(1 + \frac{C_2}{C_1}\right)$$

$$Q_1 : Q_2 : Q_3 = 1 : \frac{C_2}{C_1} : \left(1 + \frac{C_2}{C_1}\right) = 1 : \frac{3}{2} : \left(1 + \frac{3}{2}\right) = 2 : 3 : 5$$

가해준 전압(V)의 크기와 관계없이 일정한 비율로 각 축전기에 전하가 저장된다.

축전기에 저장되는 전기에너지

축전기에 전하를 저장하려면 외부에서 일을 해주어야 한다. 이미 축전기에 들어 있는 전하가 새로 들어올 전하를 밀어내기 때문에, 전하를 많이 저장할수록 더 많은 일을 해주어야 한다. 결국, 외부에서 해준 일은 축전기의 전기에너지로 저장된다.

전하 q가 쌓여 있는 축전기에 dq의 전하를 더 넣어 보자. 이 축전기에 해주어야 하는 일은

$$dW = dq \times V(q) = dq \times \frac{q}{C} \text{ 이다.}$$

총 전하량 Q를 축전기에 넣는다면, 각 순간마다 해 주어야 하는 일을 모두 더해 주면 된다. 따라서, 축전기에 저장되는 총 전기에너지는

$$W = \int_0^Q dq \frac{q}{C} = \frac{1}{2} \frac{Q^2}{C} = \frac{1}{2} VQ \text{ 이다.}$$

여기서 V는 총 전하 Q가 축적된 때의 최종전압이다. 전기에너지에 1/2이 붙은 이유는 전하를 축적하는 동안 전압이 축적된 전하에 비례하여 점점 더 커지기 때문이다.

평행판 축전기에 전하 Q가 충전되면 이 축전기에 저장된 총 전기에너지는

$$W = \frac{VQ}{2} = \frac{CV^2}{2} \text{ 이다.}$$

이 에너지를 전기용량 $C=\varepsilon_0 A/d$와 전압 $V=Ed$를 써서 전기장으로 다시 표현하면

$$W = \frac{1}{2} \varepsilon_0 E^2 Ad = \frac{1}{2} \varepsilon_0 E^2 \times \text{부피이다.}$$

이 전기에너지는 다른 입장에서 볼 수도 있다.

전하가 축적되면 도체판 사이에는 처음에 없던 전기장이 생겨나고, 전기에너지는 이 전기장의 형태로 축적되어 있다.

즉, 전기장이 있는 공간에는 단위부피당 전기에너지가

$$\frac{1}{2} \varepsilon_0 E^2$$

저장되어 있는 것으로 해석할 수 있다. 이 결과는 평행판 축전기에서 살펴본 것이지만, 일반적인 경우에도 적용된다.

생각해보기

방 안에 들어오는 햇빛의 평균적인 전기장을 재보니 0.01 V/m이다. 이때 2 m×3 m×6 m 되는 방 안에 전기장으로 존재하는 전기에너지를 구해 보자.

$$W = \frac{1}{2} \varepsilon_0 E^2 \times \text{부피}$$

$$= \frac{1}{2} \times (8.85 \times 10^{-12}) \times (0.01)^2 \times 36 \text{ J}$$

$$= 1.6 \times 10^{-14} \text{ J}$$

Section 3 절연체에 유도되는 전하들

전하가 저장된 도체 사이에 종이와 같은 절연체를 채워 넣으면 그림처럼 전압이 떨어지는 것을 볼 수 있다.

진공

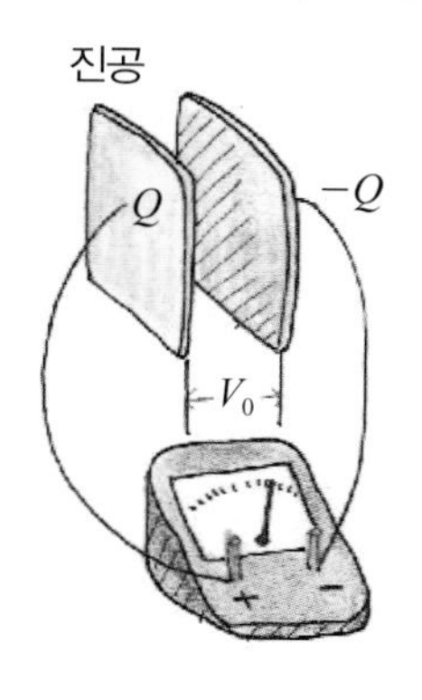

유전체

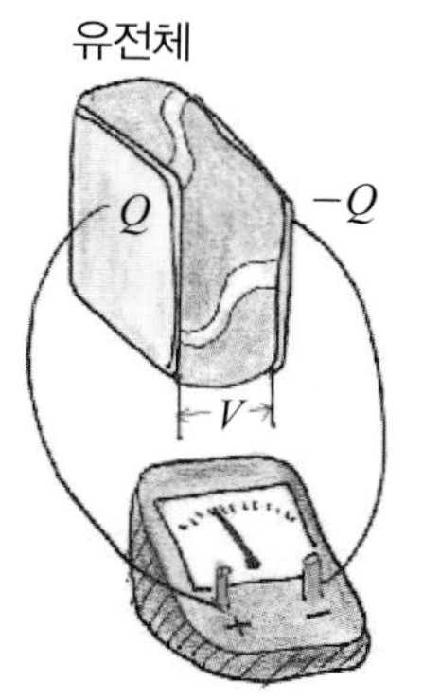

이 경우 전하량 Q는 변하지 않고, 전압 V 만 작아지므로 ($C = Q/V$), 축전기의 전기용량이 커졌다고 볼 수 있다. 그렇다면, 절연체가 무슨 일을 했기에 축전기의 용량이 커진 것일까?

전압이 떨어진다는 것은 절연체를 넣으면 평행한 도체 사이의 전기장이 작아짐을 뜻한다.

$$V = Ed$$

결국, 축전기의 전기용량이 변하는 것을 이해하려면, 절연체 내부에서 전기장이 왜 작아지는지를 이해해야 한다.

절연체에 전기장이 걸리면, 절연체를 이루는 분자들은 전기장의 힘을 받아 그림처럼 전기 쌍극자가 유도된다.

이것은 분자 내의 +전하와 −전하의 위치가 약간씩 변하여 생기는 분극현상이다.

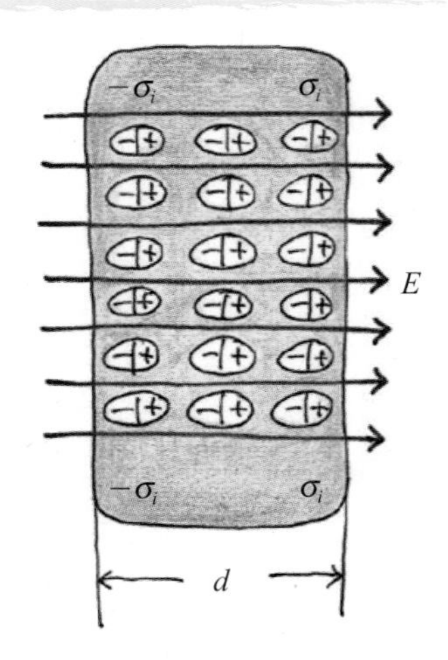

이 쌍극자들은 절연체 표면에 마치 반대부호를 가진 전하가 있는 것처럼 보이게 한다. 축전기의 도체판에 사이에 끼워진 절연체에 유도된 쌍극자들은 결과적으로, 절연체표면에 붙박이 전하밀도 $-\sigma_i$를 만들어 낸다.

이 때문에 절연체를 유전체라고도 부른다.

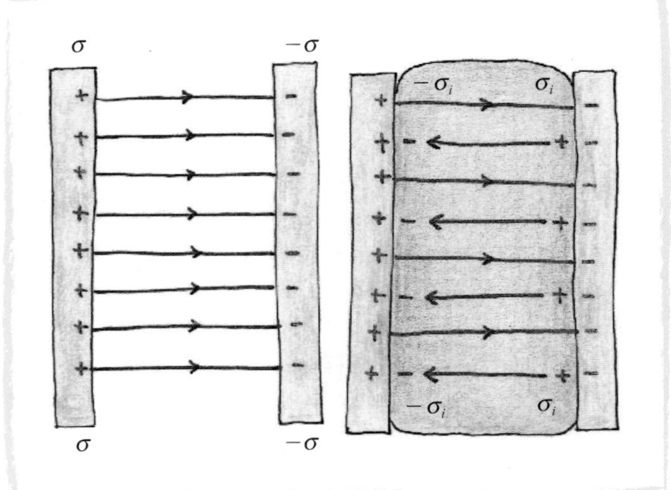

유전상수 K

절연체를 넣었을 때, 전압이 K배만큼 줄었다면 새로운 유전용량 C는 절연체를 넣기 전의 유전용량 C_0의 K배가 된다.

$$C = \frac{Q}{V} = \frac{Q}{V_0/K} = KC_0$$

K를 유전상수라고 한다. $K \geq 1$이다.

전하 Q를 저장한 평행한 축전기의 도체 사이에 유전상수 K인 절연체를 끼워 넣으면, 도체 사이가 진공(공기)일 때에 비해서

1. 전기용량이 K배로 커진다 :

$$C = KC_0$$

2. 이것은 전압이 $1/K$로 작아지는 현상으로 나타난다 :

$$V = \frac{V_0}{K}$$

3. 따라서, 도체판 사이의 전기장도 $1/K$로 작아진다 :

$$E = \frac{E_0}{K}$$

절연체를 넣은 평행판 축전기의 전기용량은

$$C = KC_0 = K\varepsilon_0 \frac{A}{d} = \varepsilon \frac{A}{d}$$ 로 쓸 수 있다.

$\varepsilon = K\varepsilon_0$을 절연체의 유전율이라 한다. 진공은 유전상수 $K=1$인 절연체이다. 공기의 유전상수도 거의 1 이다.

유전체에 유도된 전하

대전된 도체판 사이에 놓인 절연체에 유도되는 유도 전하를 구해보자. 도체는 절연체에 균일한 외부전기장을 만들어 주고, 절연체 표면에 전하를 유도한다.
도체표면에 놓인 자유전하밀도를 σ라고 하면 총 전기장은

$$E = \frac{\sigma}{\varepsilon_0} - \frac{\sigma_i}{\varepsilon_0} = \frac{\sigma}{K\varepsilon_0}$$ 이므로

유전체에 유도된 전하의 면전하밀도는

$$\sigma_i = \sigma\left(1 - \frac{1}{K}\right)$$ 이다.

축전기에 저장되는 에너지는

$$W = \frac{1}{2} CV^2 = \frac{1}{2} \frac{Q^2}{C}$$ 임을 기억하자.

절연체를 넣은 축전기는 전기용량이 K배만큼 증가하므로 같은 전압을 걸면 절연체를 넣지 않은 축전기와 비교하여 전기에너지는 K배만큼 증가한다.

생각해보기

축전기에 일정한 전압을 외부에서 걸어 주자. 유전상수가 2.5인 절연체가 끼여 있는 축전기에는 절연체가 없는 경우에 비해 전하량은 몇 배가 저장될까? 또, 저장되는 전기에너지는 몇 배인가?

전기용량이 2.5배가 된다. $Q=CV$이므로, 전하량은 2.5배가 된다. 물론 전기에너지도 2.5배가 저장된다.

그림처럼 축전기를 충전한 후 배터리를 떼면, 절연체는 안으로 끌려 들어간다. 왜냐하면, 절연체가 안에 있게 되면 $C=KC_0$, $V=V_0/K$가 되어 전기에너지는 $1/K$배로 줄어들기 때문이다.

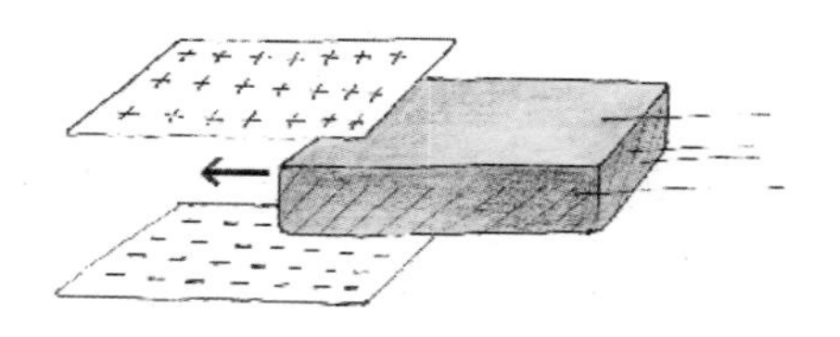

생각해보기

축전기는 전하를 일시 저장하는 장치로 트랜지스터와 더불어 집적회로에서는 없어서는 안되는 중요한 전자 소자이다. 하지만 전기용량이 커지면, 축전기의 크기도 커지는 문제가 있다. 이런 문제를 개선하기 위하여 MLCC(Multilayer Ceramic Capacitors, 적층 세라믹 축전기)라는 세라믹 소재의 축전기를 사용한다. 크기는 작게 하고, 병렬로 연결된 여러 층의 축전기를 만들고 유전상수가 큰 절연체를 전극 사이에 배치해 전기용량을 늘린다.

MLCC의 각층은 병렬로 연결되어 있으며, 유전상수가 큰 절연물질로 채워져 있다. 그림에서 검은 부분이 금속전극이며, 노란 부분은 절연 세라믹이다. 전기용량은 다음과 같이 표시된다.

$$C = n\varepsilon\frac{A}{d} = nK\varepsilon_0\frac{A}{d}$$

n은 층수를 말한다. 층수를 늘리고, 유전상수를 크게 하면, 작고 용량이 큰 축전기를 만들 수 있다.

유전체에는 수정처럼 전기장의 방향에 따라 유전상수가 달라지는 비등방형 물질과, 강유전체 등처럼 전기장이 변함에 따라 유전상수의 값이 달라지는 비선형물질도 있다.

실온에서 여러 물질의 유전상수와 한계전기장

물질	유전상수, K	한계전기장(V/m)
진공	1.0	–
공기	1.00059	3×10^6
베이클라이트	4.9	24×10^6
수정	3.78	8×10^6
파이렉스 유리	5.6	14×10^6
폴리스티렌	2.56	24×10^6
테플론	2.1	60×10^6
나일론	3.4	14×10^6
종이	3.7	16×10^6
티탄산스트론튬	233	8×10^6
물	80	–
실리콘 기름	2.5	15×10^6

방전

도체에 전하가 아주 많이 쌓이면 어떤 일이 벌어질까?

도체에 많은 전하가 쌓이면 도체주위에 강한 전기장이 생긴다. 도체의 전기장이 어떤 한계를 넘어서면서(한계전기장, 유전강도) 도체주위에 있던 절연체는 더 이상 이 전기장에 버틸 수 없게 된다.

결국 절연체 속의 전자들이 분자에서 떨어져 나와 이온화되는 과정을 겪게 된다. 이렇게 되면 더 이상 절연체로서의 역할을 못하고 방전이 일어난다. 도체에 있던 전하는 전도체가 된 "절연체"를 통해 도체 밖으로 사라진다.

생각해보기 한계전기장과 축전기

유전상수 $K=2.8$이고, 한계전기장이 1.8 MV/m인 유전체를 평행판 축전기 사이에 채워 넣어, 전기용량 $C=0.05\ \mu\text{F}$이고, 4 kV의 전압까지 견디는 축전기를 만들려고 한다. 이를 위해 사용할 도체판의 면적은 최소한 얼마 이상이어야 할까?

축전기 양단의 전압은

$$V = Ed \le V_{최대} = 4 \times 10^3\ \text{V}$$ 이다.

전기장은 $E \le \frac{V_{최대}}{d} \le E_{한계} = 1.8 \times 10^6\ \text{V/m}$이어야 하므로, 도체판 사이의 거리는 허용되는 최솟값이 있다. 즉, $d \ge \frac{4 \times 10^3}{1.8 \times 10^6} = 2.22 \times 10^{-3}$이다.

전기용량은 $C = K\frac{\varepsilon_0 A}{d}$이므로, 도체판의 면적은

$$A = \frac{Cd}{K\varepsilon_0} \ge \frac{0.05 \times 10^{-6} \times 2.22 \times 10^{-3}}{2.8 \times 8.85 \times 10^{-12}}\ \text{m}^2 \simeq 4.5\ \text{m}^2$$

이어야 한다.

번개와 낙뢰는 구름과 지구 사이의 전기장이 공기의 한계전기장(3×10^6 V/m)을 넘을 때 나타난다.

강한 전기장에 의해 공기 분자들 속의 붙박이 전하가 분자로부터 떨어져 나오면, 이것이 다시 다른 분자들과 부딪혀 더 많은 전자를 방출하여 이온화된 플라즈마로 바뀐다.

이 방전현상 중 일부 전자는 분자에 다시 갇히며 빛을 수반하고, 격렬한 이온운동에 의해 공기를 진동시켜 소리(천둥)도 난다.

또한, 전자는 전도가 잘 되는 길(저항이 적은 길)을 택하기 때문에 반듯한 길을 가지는 않는다.

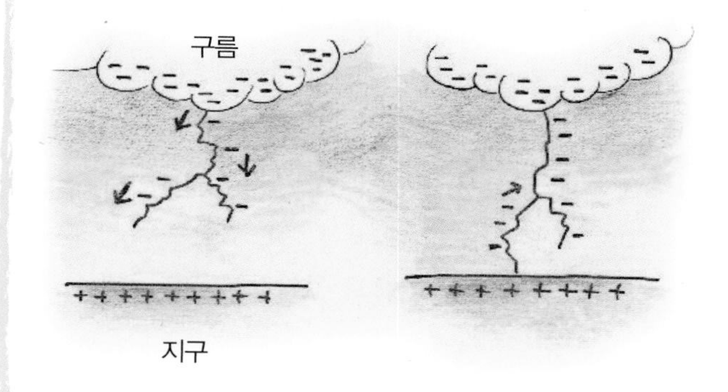

단원요약

1. 도체와 전기장

① 도체는 전기가 잘 통하는 물질이며, 전하가 자유스럽게 움직일 수 있다.

② 도체 내부에는 전기장이 0이다. 도체 속에서 자유전자들은 전기장을 따라 자유스럽게 움직일 수 있으므로, 외부에서의 전기장 여부에 상관없이 도체 내부의 전기장은 0이다.

③ 도체에 전기장이 걸리면 도체 내의 전하는 전기장을 따라 움직이며, 더 이상 움직이지 않는 상태까지 재배치된다.

④ 도체에 추가된 전하는 표면에만 존재한다. 도체 속에서 전하는 자유롭게 움직일 수 있으므로, 더 이상 움직일 수 없는 표면에만 존재하게 된다.

⑤ 도체는 전기장을 차단한다. 외부로부터 전기장을 받으면, 전하가 도체의 바깥 표면에 재배치되어 도체로 둘러싸인 빈 내부 공간의 전기장도 없애므로, 외부의 전기장은 안으로 들어갈 수 없다.

⑥ 도체 자체는 등전위면을 형성한다. 도체 내부의 전기장은 0이므로, 도체 내부와 표면은 모두 같은 전위를 갖는다. 즉 도체 전체가 등전위면을 형성한다.

⑦ 도체 표면의 전기장은 표면에 수직하며, 전기장의 크기는 전하밀도의 크기에 비례한다. 즉,

$\mathbf{E} = \dfrac{\sigma}{\varepsilon_0}\mathbf{n}$, $\mathbf{n}$은 도체면에 수직인 바깥쪽 방향을 나타내는 단위벡터이다.

2. 도체에 쌓이는 전하들

① 축전기는 전기적 방법으로 전하를 모으는 장치를 말하며, 전하를 저장할 수 있는 능력을 전기용량이라 하고, C로 표시한다. C의 표준 단위는 F(패럿)이며, 일상생활에서 쓰는 축전기의 단위는 μF ~ pF 정도이다.

② 전기용량 C는 전하량(Q)에 비례하고 가해준 전압(V)에 반비례한다. 즉, $C = Q/V$ 이다.

③ 평행판 축전기의 전기용량은 단면적에 비례하고, 간격에 반비례한다. 즉 $C = \varepsilon_0 \dfrac{A}{d}$ 이다.

④ 간격 1 mm인 도체 판으로 1 F 전기용량의 축전기를 만들려면 사방이 10 km인 도체 판이 필요하다.

⑤ 축전기 여러 개를 직렬로 연결하면 전기용량이 줄어들고, 각 축전기의 전하량은 동일하다. 총 전기용량은 $\dfrac{1}{C} = \dfrac{1}{C_1} + \dfrac{1}{C_2} + \dfrac{1}{C_3} + \dfrac{1}{C_4} \cdots$이다.

⑥ 축전기 여러 개를 병렬로 연결하면 전기용량이 늘어나며, 총 전하량은 각 축전기에 쌓이는 전하량의 합과 같다. 총 전기용량은 $C = C_1 + C_2 + C_3 + \cdots$이다.

⑦ 전하 q가 있는 축전기에 dq만큼씩의 전하를 더 넣어 총 전하량이 Q가 되도록 하기 위해 외부에서 해준 일(W)은 축전기에 전기에너지로 저장되므로, 축전기의 전기에너지는,

$$W = \int_0^Q \frac{q}{C}dq = \frac{1}{C}\int_0^Q q\,dq = \frac{1}{2}\frac{Q^2}{C}$$

$$= \frac{1}{2}CV^2 = \frac{1}{2}QV$$이다.

⑧ 전기장이 있는 공간의 단위 부피당 전기 에너지는 $\dfrac{1}{2}\varepsilon_0 E^2$이다.

3. 절연체에 유도되는 전하들

① 분자나 원자 내에서 + 전하와 − 전하의 위치가 약간 변하여 쌍극자가 생기는 현상을 분극이라 한다.

② 절연체에는 전기장이 가해지면 + 전하와 − 전하로 이루어진 전기 쌍극자들이 전기장에 따라 배열한다. 이 때문에 절연체를 유전체라 부르기도 한다.

③ 전하가 저장된 도체사이에 유전체를 넣었을 때, 전압이 K배만큼 줄어들었다면, 전기용량은 K배만큼 증가한다. 유전체에 유도된 표면 붙박이 전하들에 의하여 전기장이 $1/K$로 줄어들기 때문이다.

④ 유전체를 넣은 평행판 축전기의 전기용량은 다음과 같이 표시된다.

$$C = KC_0 = K\varepsilon_0\frac{A}{d} = \varepsilon\frac{A}{d}$$

ε는 절연체의 유전율이며, ε_0는 진공에서의 유전율이다.

⑤ 도체에 많은 전하가 쌓이면 도체 주위에 강한 전기장이 생긴다. 도체의 전기장이 어떤 한계를 벗어나면, 도체 주위의 절연체 속 전자들이 분자로부터 떨어져 나와 이온화 과정을 거치며, 절연이 파괴된다. 이러한 상태에 이르는 전기장을 한계전기장이라 한다.

연습문제

1. 1771년 캐번디시는 속이 빈 도체구 속에 다른 도체구를 넣고 바깥 도체 구와 안쪽 도체구를 도선으로 연결하였다. 밖의 도체구를 Q로 대전시킨 후 도선을 끊고 안의 도체구가 대전되었는지를 확인하였다. 안의 도체구에는 얼마의 전하가 대전되었을까?

2. 도체로 둘러싸인 방 안에서 휴대폰으로 외부와 연락을 할 수 없다. 그 이유는 무엇일까?

3. 자동차를 타고 가다가 2,000 V 고압선이 끊어져 자동차 위에 얹혀지는 사고가 발생했다. 차 안에 앉아 있는 것이 안전할까 아니면 밖으로 나오는 것이 안전할까?

4. 안쪽 반지름이 a, 바깥쪽 반지름이 b인 구 껍질 형태의 도체의 중심에 점전하 Q가 놓여 있다. 이 도체의 순전하량이 $4Q$라고 한다. 중심에서부터 잰 거리를 r이라 하자. $r<a$, $a<r<b$, $r>b$인 곳의 전기장을 구하여라. 또 구 껍질의 안쪽과 바깥쪽 표면의 전하를 각각 구하라.

3. 도체의 성질을 이용하자.

4. 가우스법칙을 이용하여 전기장을 구한다. 표면 전하밀도는 $\sigma = \varepsilon_0 E$ 로 구한다.

5. 축전기 양단에 전원을 연결하여 축전기를 대전시킨 후 전원을 떼면 축전기의 전위차는 왜 전원의 전압과 같을까? 만일, 크기가 서로 다른 두 평행판으로 만든 축전기 양단에 전원을 연결해도 양단에 같은 양의 +전하와 −전하가 대전될까? 이 때에도 전원을 떼면 축전기의 전위차는 전원의 전압과 같을까?

6. 반지름 a인 구형도체와 반지름 $b(>a)$인 동심 구 껍질에 각각 전하 $+q, -q$가 대전되어 있다. 이 구형축전기의 전기용량을 구하라.

7. 반지름 R인 도체구에 전하 $+q$가 대전되어 있다. $-q$의 전하로 대전된 다른 하나의 극판이 무한대의 반지름을 가진 도체구라고 가정하고, 이 고립된 도체구의 전기용량을 구하라. 또 이 도체구에 저장된 전기퍼텐셜에너지는 얼마일까?

8. 지구를 반지름 6,400 km인 도체구로 보았을 때 전기용량은 얼마일까?

9. 전기용량이 2 μF, 3 μF인 두 개의 축전기를 각각 100 V로 충전하였다. 각 축전기의 양극을 다른 축전기의 음극에 연결하여 폐회로를 구성한 후에 각 축전기에 저장된 전하를 구하라.

10. 공기 중에서 방전이 일어날 때의 전기장은 약 3×10^6 V/m이다. 이때 공기 중의 전기장에 축적된 에너지밀도는 얼마나 될까? 평행판 간격이 0.1 mm인 평행판 축전기에 걸 수 있는 최대전압은 얼마일까?

11. 5 μF의 축전기에 220 V로 연결한 후 전원을 떼었을 때 이 축전기에 저장된 전기에너지는 얼마일까?

12. 도체판의 면적이 A, 도체판 사이의 거리가 d인 평행판 축전기의 사이에 단면적이 A이고, 두께가 $b(<d)$인 구리판을 축전기의 두 도체판에 평행하게 끼워 넣었다. 전기용량은 얼마일까? 또, 일정한 전하가 주어졌을 때 구리판을 넣기 전과 후의 전기퍼텐셜에너지를 비교하라.

13. 도체판의 면적이 A인 평행판 축전기에 저장된 전하량이 q일 때, 두 도 체판 사이에 작용하는 인력이 $F=\dfrac{q^2}{2\varepsilon_0 A}$임을 보여라.

14. 공기가 들어 있는 평행판 축전기에 50 V의 전원을 연결한 후 끊었다. 그 후 평행판 사이에 테플론(유전상수 $K=2.1$)을 채웠다. 이 축전기의 전위차는 얼마일까?

6. 가우스 법칙을 활용하여 두 구껍질 사이의 전기장을 구하자.

10. 평행판 사이의 전기장이 3×10^6 V/m를 넘으면 축전기가 터진다.

13. 두 도체판 사이의 간격을 Δd만큼 증가시키면 이에 필요한 일만큼 전기퍼텐셜에너지가 증가할 것이다.

14. 부도체로 축전기를 채우면 축전기 내의 전기장이 줄어든다.

15. 도체판의 크기가 5 cm^2이고, 두 판 사이의 거리가 2 mm인 평행판 축전기에 종이 ($K=3.7$)로 두 판 사이를 채웠다. 이 축전기의 전기용량은 얼마인가? 또 이 축전기에 저장할 수 있는 최대전하량을 구하라.

16. 도체판의 면적이 A, 도체판 사이의 거리가 d인 평행판 축전기에 전하 q가 충전되어 있다. 두 도체판 사이에 단면적이 A, 두께가 $b(<d)$이고, 유전상수가 K인 유전체를 평행판 축전기의 두 도체판에 평행하게 끼워 넣었다. 전기용량은 얼마일까? 또 유전체의 표면에 유도된 전하의 양은 얼마일까?

17. 전기용량 C인 두 개의 동일한 평행판 축전기를 직렬로 연결한 후 전원에 연결했다. 이후 한 축전기의 평행판 사이에 유전상수 K인 부도체를 끼워 넣으면 각 축전기의 전하량은 어떻게 변할까?

***18.** 도체판의 면적이 A, 도체판 사이의 거리가 d인 평행판 축전기에 유전상수 K_1, K_2인 유전체를 채워 넣는다. 각 유전체의 단면적은 $A/2$이고 두께는 d로서, (도체판의 면적의 반)×(도체판 사이의 거리)인 공간을 각 유전체가 채우고 있다. 이 축전기의 전기용량이 $C=\frac{\varepsilon_0 A}{d}\left(\frac{K_1+K_2}{2}\right)$임을 보여라.

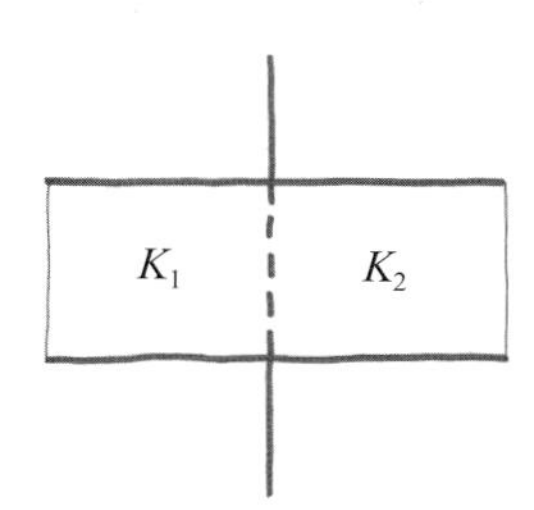

***19.** 도체판의 면적이 A, 도체판 사이의 거리가 d인 평행판 축전기에 유전상수 K_1, K_2인 유전체를 채워 넣는다. 각 유전체의 단면적은 A이고 두께는 $d/2$로서, 두 도체판 사이의 공간이 이들 유전체로 채워져 있다. 이 축전기의 전기용량이 $C=\frac{2\varepsilon_0 A}{d}\left(\frac{K_1K_2}{K_1+K_2}\right)$임을 보여라.

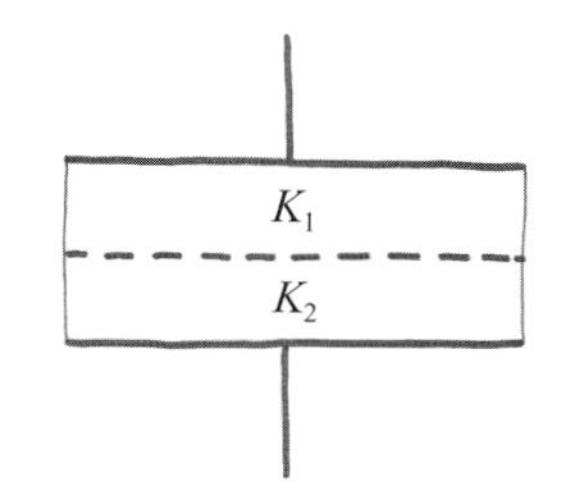

18. 두 판의 전위차는 같다.

***20.** 판의 면적이 2 m^2, 판 사이의 간격이 0.5 cm인 평행판 축전기에서 도체판 사이를 유전상수가 5인 유리로 완전히 채웠다. 이 축전기를 10 V 전압으로 충전한 후 전원으로부터 떼 내었다. 이 축전기에서 유리판을 꺼내기 위해 해야 할 일은 얼마일까?

21. 그림처럼 축전기에 전압을 건 상태에서 도체 판 사이에 절연체를 넣으면, 이 절연체는 어떤 힘을 받을까?

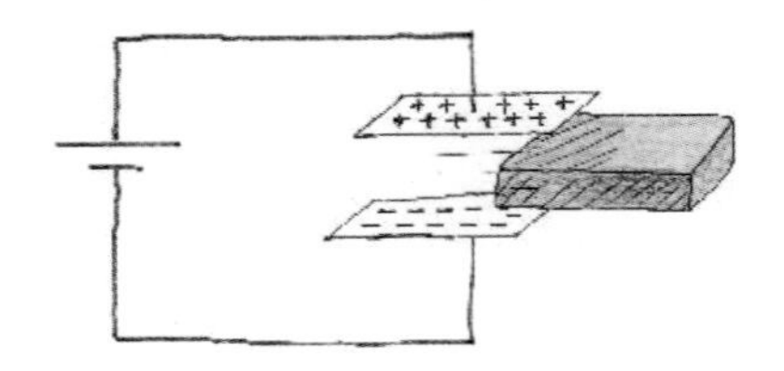

20. 유리판을 꺼내기 전후의 축전에너지 차이를 구하라.

21. 절연체가 축전기 안에 있을 때 가지는 에너지 $\frac{1}{2}CV^2$과 배터리가 축전기를 가져다 놓는 데 드는 일 $-QV$를 모두 고려하자.

Chapter 3 전류와 자기장

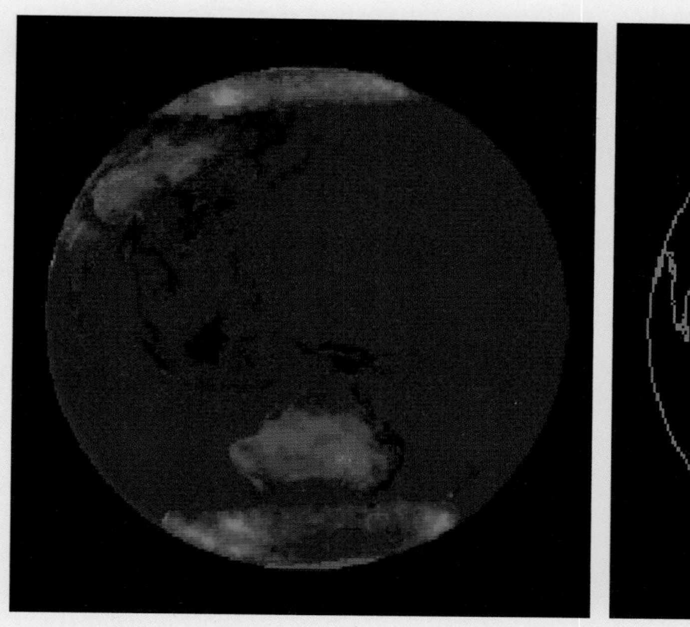

2001년 10월 22일 미국 NASA의 POLAR PROBE 위성이 지구의 북극(Aurora Borealis)과 남극(Aurora Australis)에서 동시에 생긴 대칭적인 오로라를 찍은 사진.

오로라는 지구 밖에서 고속으로 날아오는 전자와 양성자들이 지구 자기장에 갇혀 지구 상층부의 대기와 충돌하여 생기는 빛이다. 이 빛은 지구 극지방 상공 약 4,000 km에서 컬러띠를 만든다.

전류와 저항

전류는 전하의 흐름이다. 1 cm^3의 구리에 대략 8×10^{22}개의 자유전자가 있다.

이 자유전자가 전기장의 반대방향으로 움직이면서 전자의 흐름을 형성한다. 이를 전류(current)라 부른다.

도선의 경우 자유전자가 움직여 전류가 되지만, 전해질이나 플라스마 상태의 경우 이온이 움직여 전류를 만들기도 한다. 전류는 전기장에 따라 한 방향으로 이동하는 전하를 띤 입자의 흐름을 말한다.

전류는 단위시간당 도선을 통과하는 전하량으로 정의된다.

$$I=\frac{dQ}{dt}$$

전류의 단위는 A(Ampere)이며, 1초당 1 C의 전하가 통과하면 이를 1 A라 정의한다. A는 SI 7 대 기본단위 중의 하나이다.

전류의 미시적 이해

도선 안의 이동전하의 부피(체적) 밀도를 $n(=N/V)$이라 하면, 이동 전하의 전하량을 q, 속도를 v라 하자. N은 이동전하의 총수이다.

단위시간 동안(dt) 도선을 통과하는 이동전하의 양(dQ)은 다음과 같다.

$$dQ=nq\,(\text{부피})=nq\,(vdtA)$$
$$I=\frac{dQ}{dt}=(nqv)A$$

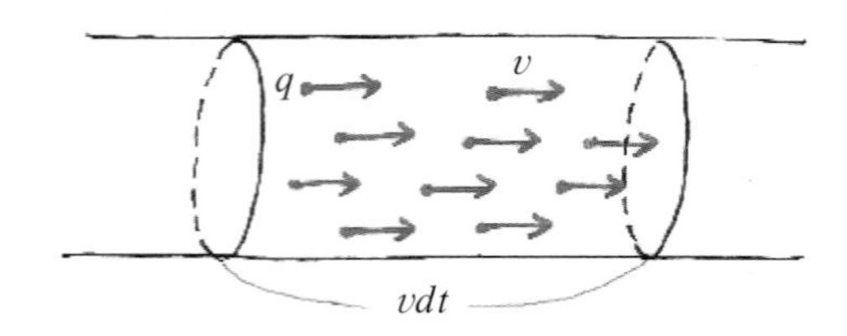

이동전하의 선밀도($\lambda=\dfrac{N}{L}$)를 이용하면, 전류를 다음과 같이 쓸 수도 있다.

$$n=\frac{N}{V}=\frac{N}{LA}=\frac{\lambda}{A}$$
$$I=(nqv)A=(nA)\,qv=\lambda qv$$

전류는 미시적으로 이동전하의 밀도와 속도에 비례한다. 같은 크기의 전기장에서 자유전자의 밀도가 큰 금속에서 전류가 커지는 것은 당연하고, 도선 내에서 자유전자의 속도가 커야 전류가 커지게 된다.

단위면적당 흐르는 전류를 전류밀도(J)라 하고, 단위는 $\mathrm{A/m^2}$이다.

$$J=\frac{I}{A}=nqv \qquad (\mathrm{A/m^2})$$

전하는 물질 속을 직접 움직인다. 전선 양쪽에 배터리로 전압을 걸어 전선 속의 전하에 전기장을 가하면, 이 전하는 계속 가속될 것이다.

전하의 속도는 무한히 커질까?
실제로 전하는 도선 속을 얼마나 빨리 움직일까?
전류가 흐르는 전선에서는 왜 열이 나는 것일까?
다음 상황을 먼저 생각해 보자.

생각해보기

지름이 2 mm인 구리전선에 1 A의 전류가 흐르고 있다. 전선 속 자유전자의 체적밀도는 8.5×10^{28}개/m^{3}이다. 이때 자유전자의 평균속력은 얼마일까?

전류를 선밀도 λ으로 쓰면 $I = \lambda q v$이다. 전선의 선밀도는 체적밀도에 단면적을 곱한 양이다.

$$\begin{aligned}\lambda &= \text{체적밀도} \times \text{단면적} \\ &= (8.5 \times 10^{28}) \times (3.14 \times 10^{-6})\text{개/m} \\ &= 2.67 \times 10^{23}\text{개/m}\end{aligned}$$

따라서, 전하의 평균속도는

$$\begin{aligned}v &= \frac{I}{\lambda q} = \frac{1}{(2.67 \times 10^{23}) \times (1.6 \times 10^{-19})}\text{m/s} \\ &= 0.243 \times 10^{-4}\text{ m/s} \approx 0.0243\text{ mm/s}\end{aligned}$$

놀랍게도 자유전자는 전선 속에서 아주 느린 유동속도($v \approx$ 수 mm/s)로 움직인다. 그런데도 전화를 이용하면 통신이 아주 빨리(빛의 속도로) 이루어지는 이유는 무엇인가?

우리가 전달하고자 하는 정보는 수많은 전자에 의한 집단적인 운동(파동현상)을 통해 전달된다. 한끝에서 전자를 움직이기 시작하게 하는 전기장은 전선 속에 있는 전하집단이 매개체가 되어 전선 다른쪽 끝의 전하에게 전달된다. 전하 자체는 빨리 움직이지 않지만 전기장은 광속으로 전달된다.

저항의 근원

도체 내의 자유전자가 빨리 움직이지 못하는 까닭은 무엇인가? 도체의 전하는 외부전압 때문에 가속되기 시작하지만, 얼마가지 못해 방해받기 때문이다.

미시적으로 보면, 도체 속의 원자들은 격자에 배열한 상태에서 열진동하고 있다. 자유전자들은 진행하면서 열진동하는 원자들과 충돌하며, 또한 곳곳에 놓인 격자결함이나 불순물과도 충돌한다. 결국 자유전자들은 이 충돌로 인해, 그림처럼 지그재그 운동을 한다.

따라서, 전기장이 걸리면, 자유전자들은 짧은 시간 동안은 가속되지만, 긴 시간에 대해 평균적으로 보면 전기장 반대방향으로 일정한 속도로 흘러가는 것처럼 보인다. 이 일정한 속도를 유동속도라 한다. 마치 자동차가 신호에 걸려 가다서다를 반복하지만, 결국 어떤 일정속도로 움직이는 것처럼 보이는 것과 같다.

점선은 전기장이 없을 때 전자의 열운동을 표시한다.

전기장이 걸리면 전자는 실선처럼 가속운동이 추가되어 평균적인 유동속도 v_d로 움직이게 된다.

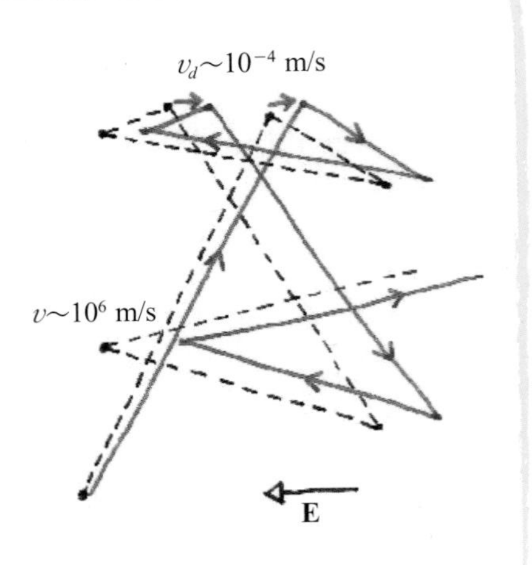

옴의 법칙

이것을 종합하면 전류 I는 가해진 전압 V에 비례하여 흐른다.

$$V = RI$$

이 비례상수 R을 저항이라고 하며, 단위는

Ω (옴)이다. 저항은 물질에 따라 다르며, 각 물질의 전기적 특성을 반영한다.

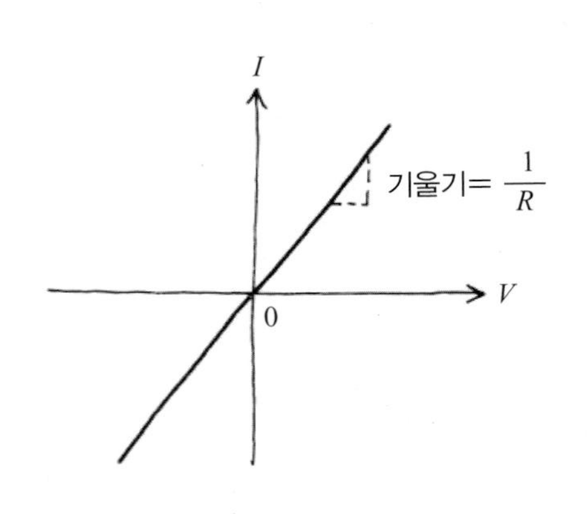

저항에 의한 열손실

외부에서 전압 V를 걸어 전류 I를 흘려보내주는 것은, 외부에서 에너지를 공급하는 것과 같다. 그러나 외부로부터 공급받는 에너지는 저항 R 때문에 열로 사라진다.

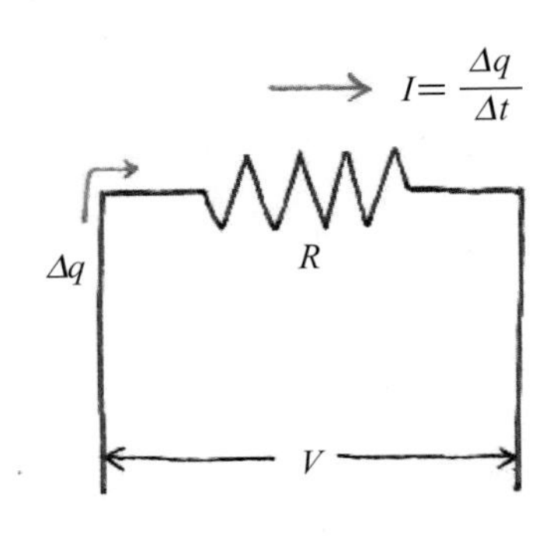

외부에서 공급하는 에너지를 구해 보자.
Δt 동안 $\Delta q = I\Delta t$의 전하가 도선 속을 통과하면, Δt 동안 공급하는 에너지는 ΔW는

$$\Delta W = V\Delta q = VI\Delta t \text{ 이다.}$$

따라서, 외부에서 공급하는 파워(일률)는

$$P = \frac{\Delta W}{\Delta t} = VI \text{ 이다.}$$

이 파워는 결국 저항에서 열로 사라지므로, 저항에서 사라지는 열에너지는

$$P = IV = I^2R = \frac{V^2}{R} \text{ 이다.}$$

생각해보기

1 cm에 100번씩 감은 솔레노이드가 있다. 이 코일은 200 V용이며, 1 kW의 전력을 사용한다. 이 코일중심의 자기장은 얼마일까?

이 코일에 100 V 전원을 잘못 연결하면 무사할까?

코일이 원래 200 V용이라는 것은 코일에 저항이 있으며, 저항 양단에 200 V전압이 걸릴 것을 고려하여 코일을 감았다는 것을 뜻한다. $P=V^2/R$을 쓰면, 코일의 저항은 $R=40\ \Omega$ 이다.
이때 전류는 5 A가 흐르고, 따라서 코일중심에서 나오는 자기장은 (Section 2 참조)

$$\begin{aligned} B &= \mu_0 nI \\ &= 4\pi \times 10^{-7}\ \mathrm{T\ A/m} \times (10^4/\mathrm{m}) \times 5\ \mathrm{A} \\ &= 6.28 \times 10^{-2}\ \mathrm{T} = 628\ \mathrm{Gauss} \end{aligned}$$
이다.

이제 코일을 100 V 전원에 연결하면, 열은 1/4로 줄어든다.

$$P = \frac{V^2}{R} = 250\ \mathrm{W}$$

따라서, 코일이 탈 염려는 없다. 이때 흐르는 전류는 원래의 반이므로 (2.5 A), 자기장도 절반으로 줄어든다 (314 Gauss).

그러나 이 코일을 혹시라도 400 V에 연결한다면 전류와 자기장은 2배가 되지만 (10 A, 1,256 Gauss), 열은 4배 (4 kW)가 나므로 코일이 타버릴 것이다.

전력과 전력량

파워(일률)는 단위시간(1초)당 한 일로 정의된다. 전기의 경우 1초 동안 공급된 전기에너지를 전력이라고도 부른다. 전력량(E)은 전력에 사용시간을 곱한 양으로, 전기 사용량을 말한다.

$$E = Pt$$

일상 생활에서 보통 전력량을 계산할 때 편의상 초(s)를 쓰지 않고 시간(시, hour)을 쓴다. 이 경우 전력량의 단위는 kW시 또는 kWh로 쓴다.

30 kW 전력의 충전기로 1시간 동안 전기자동차를 충전했을 때, 전력량은 30 kW × 1 hour = 30 kWh가 된다.

보통 전기자동차의 배터리 용량은 64 kWh이므로, 이 충전기로 완전 충전하려면 2시간 8분 정도 걸린다. 이 배터리를 가정용 전기(전력 2 kW)로 충전하려면, 32시간이 걸린다.

비저항과 물질의 전기적 특성

물질의 전기저항 특성을 나타내려면, 크기나 모양에 상관없이 같은 물질이라면 같은 양으로 표시할 수 있어야 한다. 저항은 도선의 길이 L에 비례하고, 단면적 A에 반비례한다. 따라서, 저항이

$$R = \rho \frac{L}{A}$$

로 표시되면, 비례상수 ρ는 비저항이라고 한다.
비저항은 도선의 길이나 부피 등 모양에 상관없는 물질의 고유한 전기적 특성을 나타낸다.

물질의 비저항은 전하운반자가 원자나 불순물과 충돌이 일어나는 시간간격 τ에 반비례하며, 다음과 같이 표시된다.

$$\rho = \frac{m}{nq^2}\frac{1}{\tau}$$

(여기에서 m과 n은 각각 전하운반자의 질량과 체적밀도를 나타낸다.)

온도가 올라가면 도체 속의 원자들은 열운동이 활발해지므로, 전자와의 충돌도 빈번해진다. 결국 충돌시간이 짧아지고 비저항은 커진다. 따라서, 도체는 온도가 높아질수록 비저항이 커진다.

이에 반해 반도체는 비저항이 오히려 작아지는 경향이 있다. 온도가 높아지면 충돌 시간간격이 짧아지는 것은 같지만, 전하운반자 밀도 n이 커지기 때문이다.

온도가 내려가면 열운동이 줄어들고, 이에 따라 충돌 횟수가 줄어들어 비저항이 아주 작아 질 수 있다.
초전도체는 저온에서 비저항이 0이 된다.
반도체의 전기적 특성은 V-2장에서 다시 나온다.

생각해보기

전기도선을 늘려서 길이가 4배가 되었을 때 도선의 전기저항은 원래의 몇 배로 될지 알아보자. 저항은 도선의 단면적이 작을수록, 길이가 길수록 커진다. 전류가 많이 흐르는 도선일수록 굵고, 짧은 도선을 사용하여야 한다.

길이가 4배로 늘어났으므로,

$$L = 4L_0$$

일반적으로 도선의 부피는 늘림 과정을 통하여 변하지 않으므로, 단면적은 1/4로 줄어들게 된다.

$$V_0 = A_0 L_0 = AL, \; A = \frac{A_0}{4}$$

$$R = \rho \frac{L}{A} = \rho \frac{4L_0}{A_0/4} = 16R_0$$

저항은 16배로 늘어나게 된다.

전류의 변신 -자기장

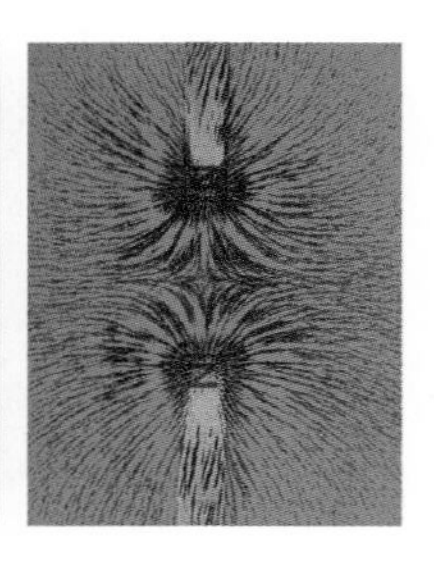

자석에 N극과 S극이 존재하는 것은 오래전부터 알려져 왔다. 그림처럼 자석주위에는 자기력선(자기장)이 생긴다. 같은 극끼리는 밀고, 다른 극끼리는 서로 당기는 것이 보인다.

19세기 초 볼타전지의 등장으로 전류를 흘려 보낼 수 있게 되었다. 그러던 어느날 덴마크의 외르스테드는 전지의 두 극을 철사로 연결하여 강한 전류를 보내자 철사주위에 놓여 있던 나침반 바늘이 갑자기 움직이는 것을 보게 되었다. 전류의 방향이 바뀌면 나침반의 바늘이 움직이는 방향도 바뀌었다.

전류가 자기장을 만들어 내는 것을 발견한 것이다.
전류가 만드는 자기장은 도선의 전류와 어떤 관계가 있을까?

외르스테드의 실험 : 전류의 방향에 따라 나침반의 방향이 바뀐다.

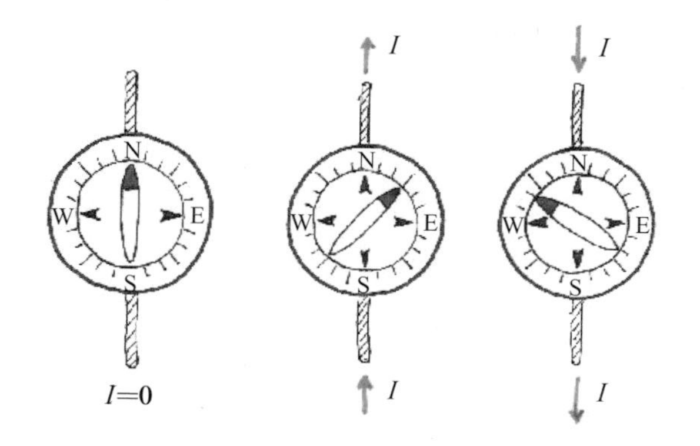

비오와 사바르는 외르스테드의 발견 직후 전류주위에 생기는 자기장을 실험적으로 연구하여, 비오-사바르 법칙을 만들었다. 이 법칙에 의하면, 자기장은 전류가 흐르는 전선의 각 토막이 만들어 내는 자기장을 더한 것과 같다.

$$d\mathbf{B} = \frac{\mu_0}{4\pi} \frac{I\, d\mathbf{l} \times \hat{\mathbf{r}}}{r^2}$$

여기에서 상수 μ_0는 진공에서의 투자율이며, 그 값은

$\mu_0 = 4\pi \times 10^{-7}$ Tm/A이다.

T는 자기장을 측정하는 SI 단위로서 테슬라 (tesla, T)를 뜻한다. 흔히 사용되는 자기장의 단위인 가우스 (gauss, G)는 1 G$=10^{-4}$ T이다.

그러나 비오-사바르 법칙을 써서 자기장을 구하는 것은 일반적으로 쉽지 않다. 특히, 전선의 조각이 자기장을 만든다는 생각은 물리적으로 적합하지 않다. 전류가 흐르는 전선조각이란 존재하지 않기 때문이다.

그림과 같이 전류가 흐르는 도선주위의 자기장의 방향은 전류방향에 따라 오른손 법칙을 따른다. 자기장의 크기는 도선으로부터 멀어질수록 작아진다.

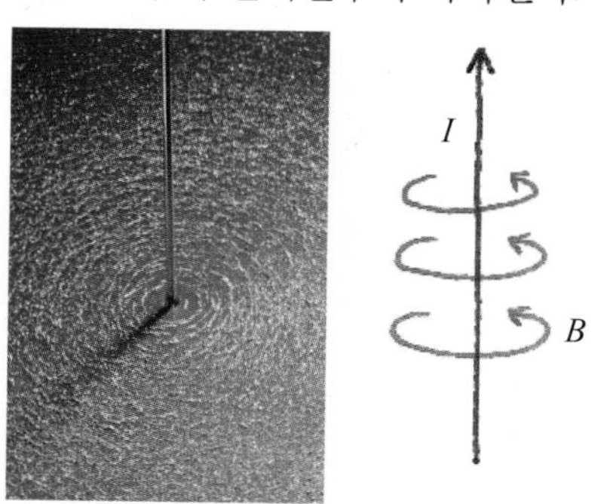

긴 도선에 전류 I가 흐르면, 전선으로부터 r만큼 떨어진 점에서의 자기장의 세기는

$B = \frac{\mu_0}{2\pi} \frac{I}{r}$ 이다.

대신 앙페르는 전류가 만드는 자기장을 구하는 유용한 관계식을 알아냈다. 이것은 전기의 경우 쿨롱법칙 대신 가우스 법칙을 쓰는 것과 같다.

전기에서와 마찬가지로 전류가 대칭적으로 분포되어 있으면, 앙페르의 법칙을 이용하여 자기장을 쉽게 구할 수 있다.

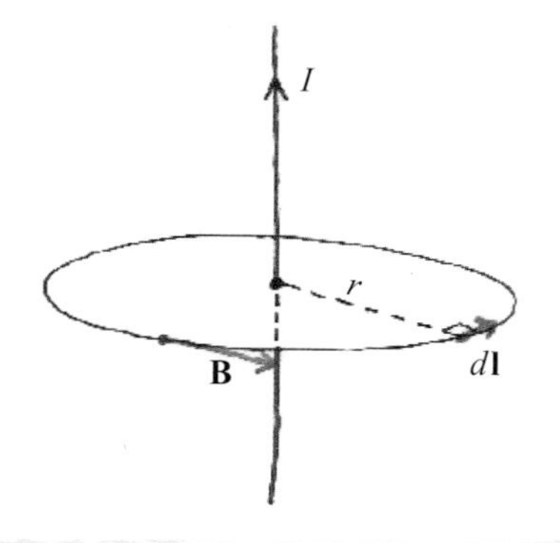

앙페르를 따라 전선주위에 반지름 r인 원(앙페르 폐곡선)을 그리자. 자기장의 방향은 원을 따라간다. 그 원 위에서 자기장은 일정하므로, 자기장을 선적분한 값을 쉽게 구할 수 있다.

$$\oint \mathbf{B} \cdot d\mathbf{l} = 2\pi r \times B$$
$$= 2\pi r \times \frac{\mu_0}{2\pi} \frac{I}{r}$$
$$= \mu_0 I$$

이 값은 원(앙페르 폐곡선)을 뚫고 통과하는 전류에 비례한다. 이것을 일반화한 것이 앙페르의 법칙이다.

앙페르의 법칙

앙페르 폐곡선을 따라 자기장을 선적분한 값은 폐곡선 안으로 통과하는 전류에 비례한다.

$$\oint \mathbf{B} \cdot d\mathbf{l} = \mu_0 I$$

일반적으로 I는 그림처럼 앙페르 폐곡선 안을 뚫고 나가는 전류들을 모두 합한 양이다. 폐곡선을 따라 선적분하는 방향으로 오른손을 감았을 때, 엄지손가락 방향의 전류는 +이므로 합하고, 그 반대방향의 전류는 −이므로 뺀다.

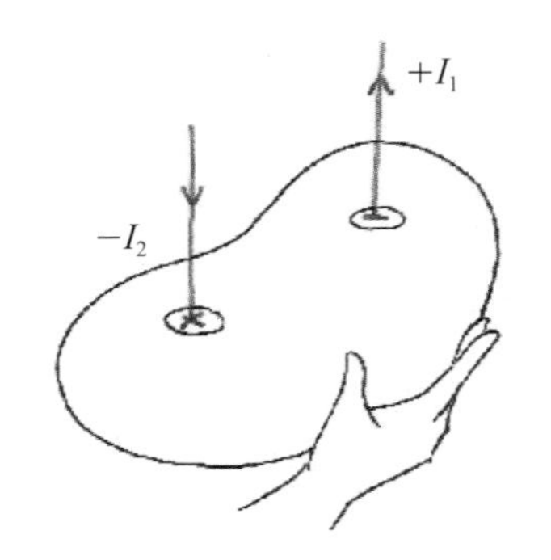

솔레노이드가 만드는 자기장

도선고리에 전류가 흐르면, 도선고리는 납작하고 둥근 자석처럼 자기장을 만든다. 좀더 강한 전자석을 만들기 위해 전선을 촘촘히 감아 긴 원통모양으로 만든 코일을 솔레노이드라 한다.

솔레노이드는 여러 개의 전류고리가 겹쳐 있는 것으로 볼 수 있다. 각 전류고리가 만드는 자기장은 중첩된다. 솔레노이드 중심에서의 자기장은 균일하고 세기 때문에 센 자석을 얻으려는 실험실에서는 주로 이 중심부분을 이용한다.

하나의 도선고리가 만드는 자기장과 여러 개의 도선고리를 중첩으로 해서 만드는 자기장

솔레노이드 내부의 자기장

긴 솔레노이드에 코일이 단위길이당 n번 감겨 있다. $n = \frac{N}{L}$로 표시되며, N은 감은 수, L은 길이를 나타낸다.

이 코일 안의 중심부에는 균일한 자기장이 축과 평행하게 나타난다. 코일 밖에는 자기장이 거의 없다(0으로 취급하자).

코일에 전류 I가 흐를 때 솔레노이드 축중심에서의 자기장을 구해 보자.

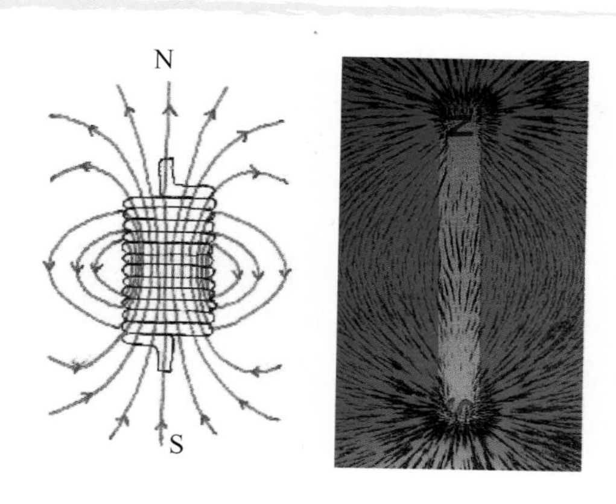

도선고리를 중첩하여 만든 솔레노이드의 자기장과 막대자석의 자기장

앙페르의 법칙을 이용하여 솔레노이드 속에서의 자기장을 구하기 위해 그림처럼 직사각형 폐곡선을 잡자.

코일 안에서는 자기장이 균일하고, 축과 평행하다. 솔레노이드 밖에서는 자기장이 0이므로, 그림처럼 직사각형 앙페르 폐곡선에 대해서 앙페르의 법칙을 쓰면, $BL = \mu_0 N \times I$ 이므로,

$$B = \mu_0 \left(\frac{N}{L}\right) I = \mu_0 nI \text{ 이다.}$$

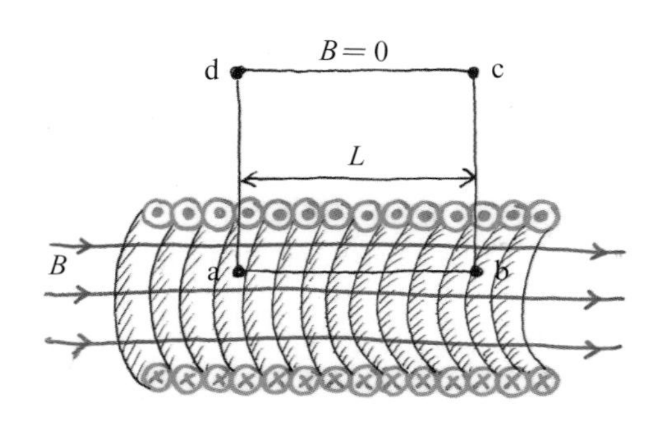

앙페르 곡선을 따라 적분하면, ab부분에서만 0이 아니다.

자성체와 자기장

솔레노이드 코일의 자기장은 전류에 비례하여 세어진다. 전류를 많이 흘리면 솔레노이드 코일의 자기장은 세어지지만, 코일의 저항 때문에 많은 열이 나며, 이 열은 코일을 태워 버릴 수도 있다.

이것을 피하는 방법으로서 솔레노이드 코일에 철심을 넣는다.

철심을 넣으면 철심이 없는 솔레노이드 코일보다 1,000~10만 배 이상 센 자석이 된다. 어떻게 이런 일이 가능한 것일까?

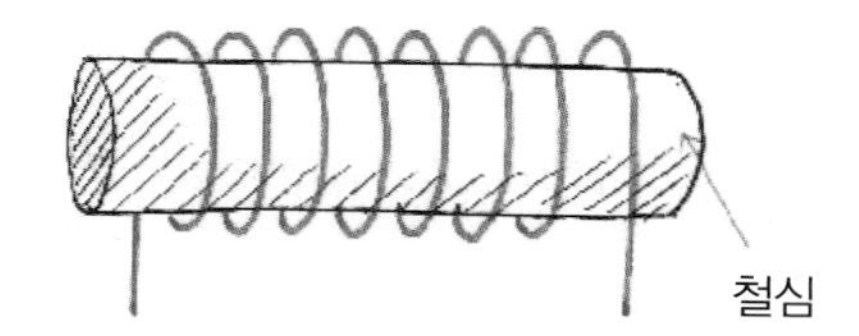

철은 코발트, 니켈 등과 함께 자석을 만드는 물질(강자성체)이다. 철이 자성을 띠는 것은 원자 속에 있는 전자의 스핀(미세한 자석에 해당된다) 때문이다. 스핀들은 강하게 상호작용하여, 오른쪽 그림처럼 작은 구역(자구) 안에서 서로 정렬된다.

이 자성체에 외부에서 자기장을 걸지 않으면, 이 자구들의 방향은 무질서하므로, 외부에서 볼 때 자기장이 나타나지 않는다.

자구 내의 스핀은 서로 정렬되어 있으나, 외부에서 자기장이 걸리지 않으면 자구들의 스핀방향은 무질서하다.

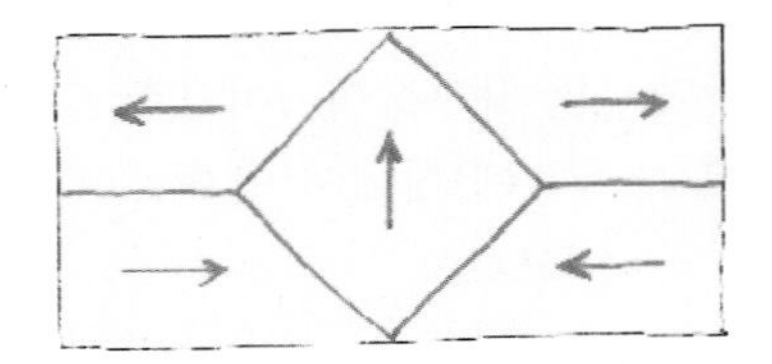

그러나 외부에서 자기장을 걸어 주면, 이 자구들은 자기장의 방향과 같은 방향으로 정렬하여 외부에 큰 자기장을 만들어 낸다. 이렇게 정렬되는 정도에 따라 자석의 세기가 결정된다.

자화되는 정도인 자화도 **M**(자석의 세기)과 외부에서 걸어주는 자기장 **H**와의 관계는

$$\mathbf{M} = \chi \mathbf{H}$$

로 표시된다. χ(자기감수율)는 자기장에 따라 변하지만 대략 1,000~10,000 정도가 된다.

외부에서 자기장을 걸어 주면 이 자구들은 외부의 자기장의 방향과 정렬되려고 한다.

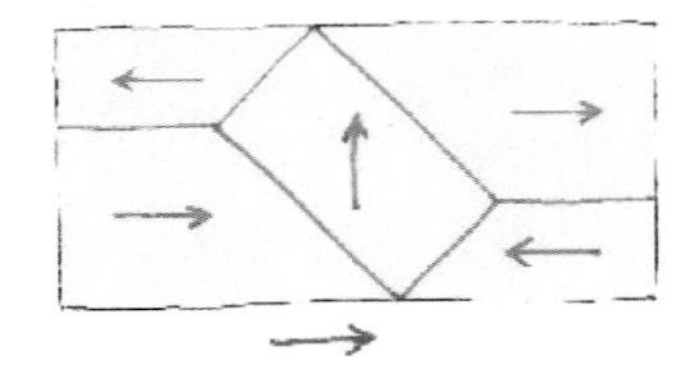

외부의 자기장이 커짐에 따라 정렬된 자구의 크기는 커지고, 다른 방향으로 자화된 자구의 크기는 줄어든다.

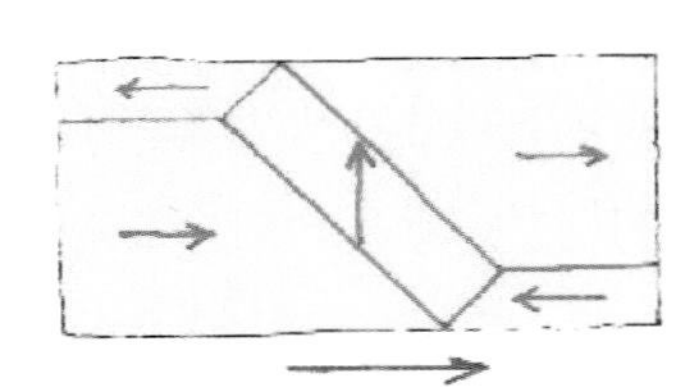

자성체에 외부에서 자기장을 걸어 준 후에는, 자기장을 없애더라도 자성이 사라지지 않고 남아 자석이 된다. 자구의 일부가 정렬된 채 남아 있기 때문이다. 옆의 그림처럼 자화도는 0에서 시작하여 유한한 값으로 남게 된다. 자화도의 정도를 외부 자기장의 세기에 따라 그린 곡선을 히스테리시스 곡선이라고 한다.

자성체의 자성을 없애 주려면 외부에서 반대방향으로 자기장을 걸어 주거나, 자성체를 바닥에 떨어뜨려 자구의 방향을 무질서하게 만들어 주면 된다.

히스테리시스 곡선

자성체에 외부에서 자기장을 걸면 히스테리시스 곡선을 따라 자화도가 나타난다.

자성체를 가열하면 자구가 없어지고, 대신 스핀들이 전체적으로 무질서하게 자리잡는다. 자성체를 식혀 어떤 임계온도 이하로 떨어뜨리면, 자구가 생겨난다. 이러한 현상을 이해하려면, 원자세계를 다룰 수 있는 양자역학을 알아야 한다(Part Ⅳ에 나온다).

상자성체는 외부에서 자기장을 걸어 주면 외부의 자기장에 비례하여 자화도가 생긴다. 알루미늄, 나트륨 등 자석에 끌리는 물질이 이에 해당된다. 상자성체의 자기감수율 χ은 10^{-6}~10^{-4} 정도로 아주 작다.

상자성체는 외부에서 자기장을 걸어 주지 않으면 스핀이 무질서하게 놓인다.

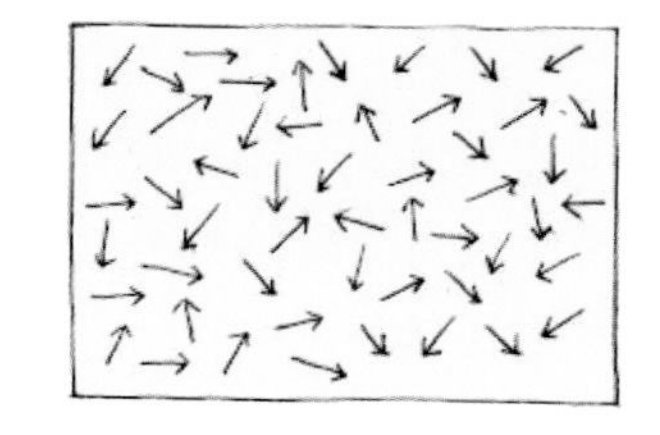

상자성체에 외부에서 자기장을 걸어 주면 스핀들이 자기장에 정렬하여 자성을 띤다.

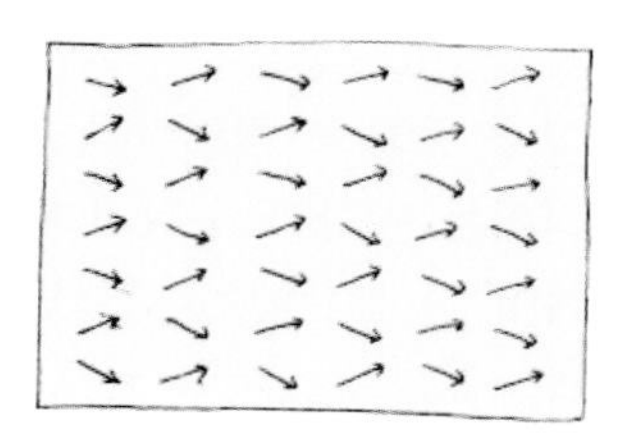

자성체가 자성을 띠는 까닭은 미세한 자석에 해당하는 전자의 스핀이 있기 때문이다. 이 스핀은 마치 전하를 띤 전자가 자전하여 스스로 "전류고리"를 만든다고 볼 수 있다.

그런데 전자는 원자궤도를 돌기 때문에, 원운동에 의한 전류고리가 자기장을 만들어 내지는 않을까?

무질서하게 배열된 전류고리에 외부에서 자기장을 걸면, 전류고리는 스핀과 달리 외부 자기장과 반대로 정렬하는 성질을 보인다.

이것은 외부에서 가해 주는 자기장을 방해하려는 성질(렌츠의 법칙) 때문이다.

은, 다이아몬드, 납, 구리 등은 전자의 궤도운동에 의해 자성을 띠는 물질들로서 자석을 대면 반발한다. 즉, 반자성체가 된다. 이러한 물질들은 원자번호가 짝수이며, 전자의 스핀효과는 상쇄되어 나타나지 않는다.

반자성체의 자기감수율 χ은 음수이고, 10^{-6} 정도로 아주 작다.

Section 3 로렌츠 힘

그림처럼 자석 사이를 지나는 전선에 전류를 흘리면 전선은 힘을 받아 휘는 것을 볼 수 있다. 전선이 받는 힘을 어떻게 이해할 수 있을까? 전류는 전하의 흐름이다.

먼저 전하가 움직일 때 받는 힘을 알아보자.

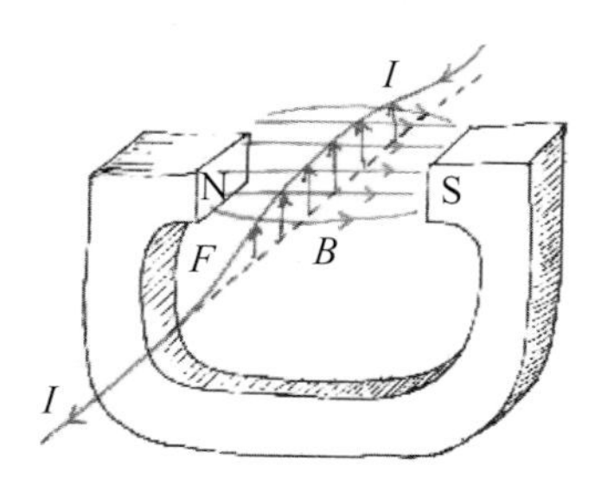

자기장 속에서 전하가 받는 이상한 힘

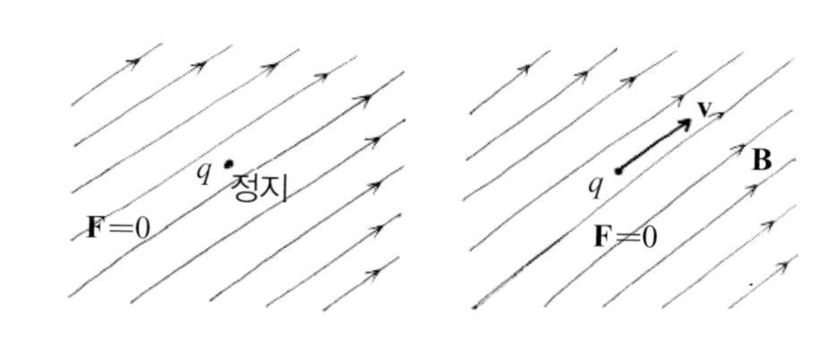

정지한 전하는 자기장 속에 놓여도 힘을 받지 않으므로 움직이지 않는다. 또한, 전하가 자기장 방향과 같은 방향으로 움직이더라도 힘을 받지 않는다.

그러나 전하가 자기장과 수직인 방향으로 움직이면 힘을 받는다. 이때 전하가 힘을 받는 방향은 이상하게도 자신이 운동하던 방향도 아니고 자기장 방향도 아닌, 두 방향 모두와 수직인 제3의 방향이다.

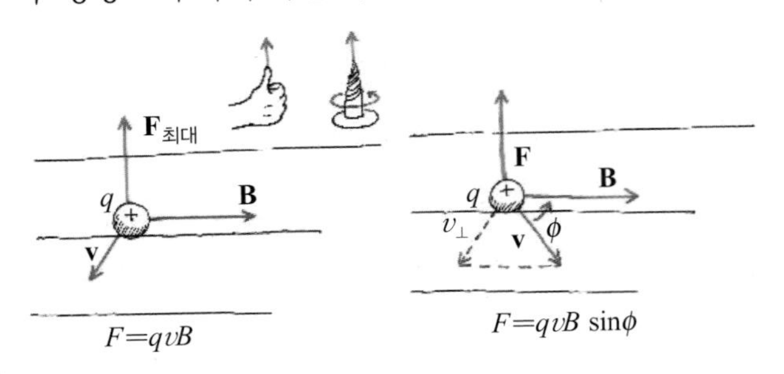

로렌츠 힘

전하의 크기를 q, 전하가 움직이는 속도를 $\mathbf{v}$라고 하면, 전하가 자기장 $\mathbf{B}$ 속에서 받는 힘은 벡터의 회전 연산으로 쓸 수 있다.

$$\mathbf{F} = q\mathbf{v} \times \mathbf{B}$$

이 힘을 로렌츠 힘이라고 한다. 전하는 자기장 속에서 움직이는 방향과 수직인 방향으로 힘을 받기 때문에 속력이 변하지 않는다. 다만 속도의 방향이 바뀔 따름이다.

자기장 속에서 전하의 궤적은 휘어진다.

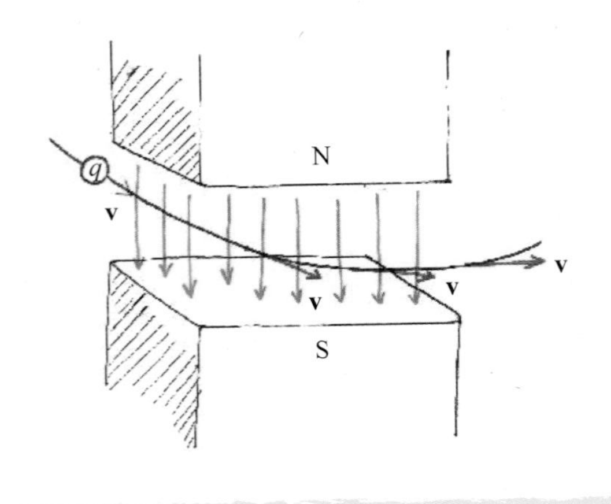

생각해보기 원운동의 반지름

전하 q는 균일한 자기장 $\mathbf{B}$속에서 원운동한다. 원운동의 반지름 R과 주기 T를 구해 보자.

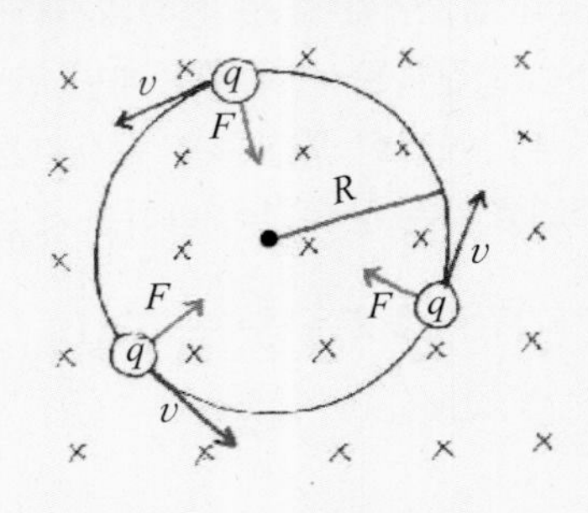

입자의 질량을 m, 속력을 v라고 하면, 자기력이 구심력을 제공하므로, 뉴턴의 운동방정식을 쓰면 $mv^2/R= qvB$이다. 따라서, 원운동의 반지름은

$$R = \frac{mv}{qB} = \frac{p}{qB} \text{ 이고}$$

원운동의 주기는

$$T = \frac{2\pi R}{v} = \frac{2\pi m}{qB} \text{ 이다.}$$

이 주기는 반지름에 무관하다. 각진동수

$$\omega = \frac{2\pi}{T} = \frac{qB}{m}$$

를 사이클로트론 진동수라고 한다.

사이클로트론

전하를 띤 입자를 가속시키려면(에너지를 높이려면) 전기장이 필요하다.

반주기마다 부호가 바뀌는 교류의 전기장을 사이클로트론 진동수에 맞춰 가하면, 하전입자의 에너지를 계속해서 증가시킬 수 있다.

그림의 흰 부분 사이(반원판 사이의 갭)에 전기장이 가해지면, 전하의 속력이 커지고, 운동에너지가 증가한다.

입자의 운동량 p가 증가하면 원궤도의 반지름이 커지고, 일정한 반지름에 도달하면 가속된 입자가 밖으로 나온다.

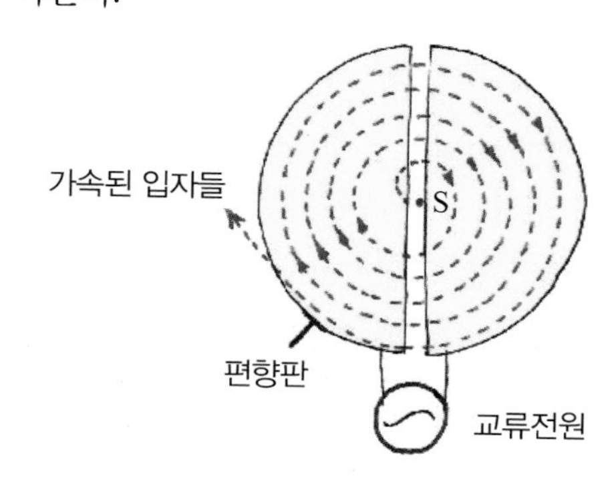

속도선택기 E×B (필터)

E × **B** 필터장치는 주어진 **E**와 **B**를 써서 특정한 속도를 가진 입자만이 슬릿을 통과하도록 하는 장치이다.

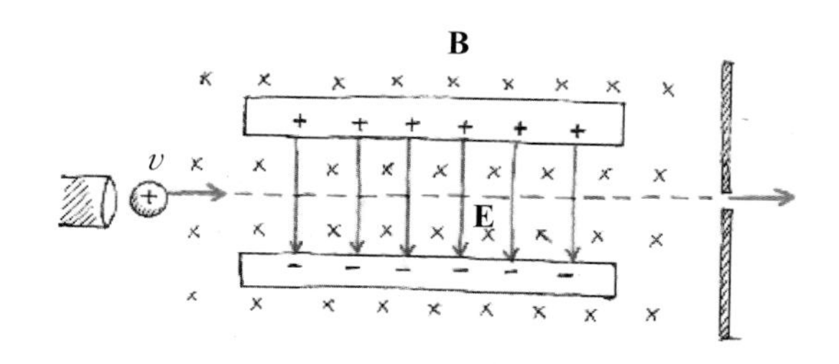

이 장치에는 전기장 **E**와 자기장 **B**가 그림처럼 수직으로 걸려 있다. 이 공간에 전기장과 자기장에 대한 수직 방향으로 전하를 띤 입자를 보내면, 이 입자는 전기장과 자기장으로부터 서로 반대방향의 힘을 받는다.

이 입자의 속도가 얼마일 때 휘지 않고 진행할까?

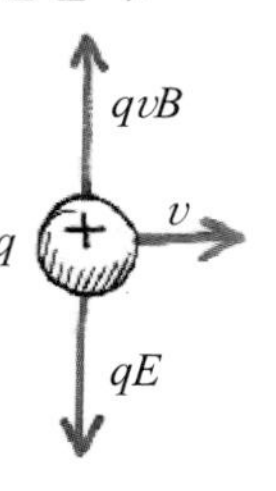

전기장이 주는 힘과 자기장이 주는 힘이 평형을 이루어야 하므로, $qE=qvB$이다. 따라서, 입자의 속도가 $v=E/B$일 때만 슬릿을 통과한다.

생각해보기 **E×B 필터를 써서 전자의 질량을 알아내자.**

전압 V를 걸어 전자를 가속시키자.

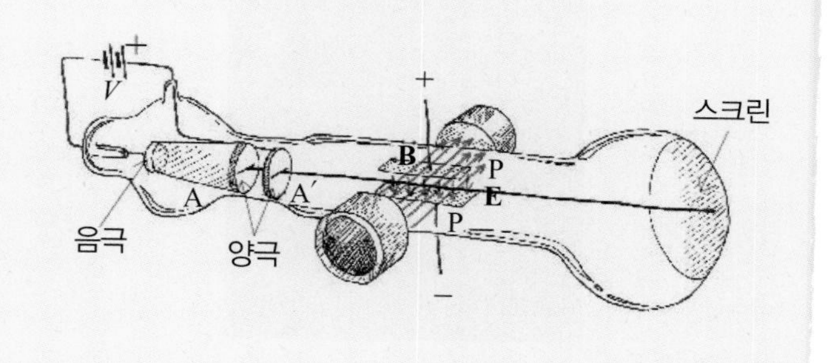

전자는 전기에너지를 공급받아 운동에너지를 얻는다. $mv^2/2=eV$. 따라서, 전자의 속력은 $v=\sqrt{2eV/m}$이다.

이 전자를 속도선택기에 넣으면, 전자의 속력을 알 수 있다 ($v=E/B$). 따라서, $e/m=E^2/(2VB^2)$은 전기장과 자기장, 전자를 가속한 전압으로 표시된다. 실험값에 의하면 $e/m=1.75882\times10^{11}$ C/kg이므로, 전자의 질량이 $m=9.10934\times10^{-31}$ kg임을 알 수 있다.

반알렌대

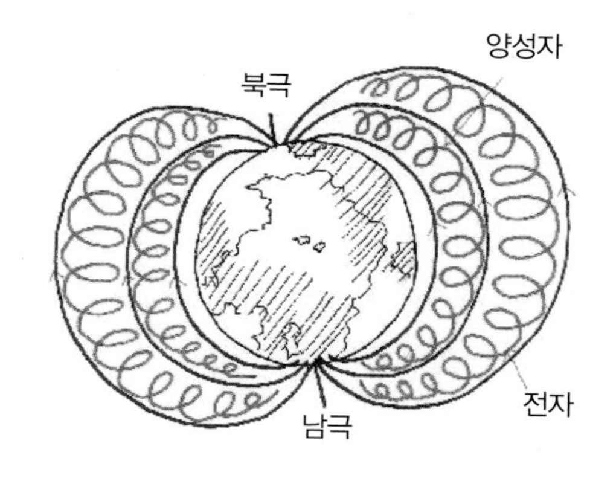

지구 상층부에는 높은 에너지를 가진 우주선이 쏟아져 들어오고 있다. 이러한 대전입자들은 주로 태양에서 오고, 일부는 별과 다른 천체에서 오기도 한다. 이 우주선들은 지구의 자기장에 의해 대부분은 반사되어 지표에 도달하지 못한다. 우주선의 일부는 지구의 균일하지 않은 자기장에 의해 가두어져 반알렌대를 형성한다.

이 대전입자들은 남극과 북극 사이의 지구자기장을 따라 진행하면서 원운동을 한다(나선운동).

이 반알렌대는 1958년 반알렌 연구팀이 처음으로 발견했다. 여기에 갇힌 전하들은 북극이나 남극에서 빠져나가 오로라를 형성한다.

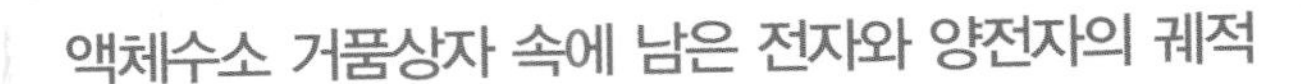

액체수소 거품상자 속에 남은 전자와 양전자의 궤적

고에너지의 감마선이 위쪽으로부터 들어와 수소의 전자와 충돌하면, 전자는 아래로 튀어나가고, 이때 전자와 양전자의 쌍이 만들어진다.

이 두 입자는 지면에 수직으로 놓인 자기장 속에서 그림처럼 원운동을 한다. 두 입자는 전하의 부호가 반대이므로 반대방향의 원운동을 한다.

이 전자와 양전자는 수소와 충돌하면서 에너지를 잃게 되므로 운동량이 줄어들고, 이에 따라 반지름이 줄어든다.

전류와 로렌츠 힘

앞에서 도선에 흐르는 전류는 선전하 밀도 λ를 이용하여

$$I = \lambda q v$$

로 표시됨을 배웠다.

자기장 속에서 전하가 흐를 때 전하가 받는 힘은 결국 자기장 속에서 도선이 받는 힘과 같다. 이 힘을 전류를 이용하여 표현해 보자.

도선 속의 전하는 모두 같은 속도로 움직이므로 λ개가 받는 로렌츠 힘은 그림처럼

$$\mathbf{f} = \lambda q\, \mathbf{v} \times \mathbf{B}$$ 가 된다.

즉, 힘의 크기는

$$f = \lambda q v B \sin\theta$$ 이다.

θ는 전류의 방향과 자기장의 방향이 이루는 각이다.
이 힘을 전류로 표현하면

$$f = I B \sin\theta$$ 이다.

도선의 단위길이 속에는 λ개의 전하가 들어 있으므로 이 힘은 단위길이의 전선에 작용하는 힘이다.

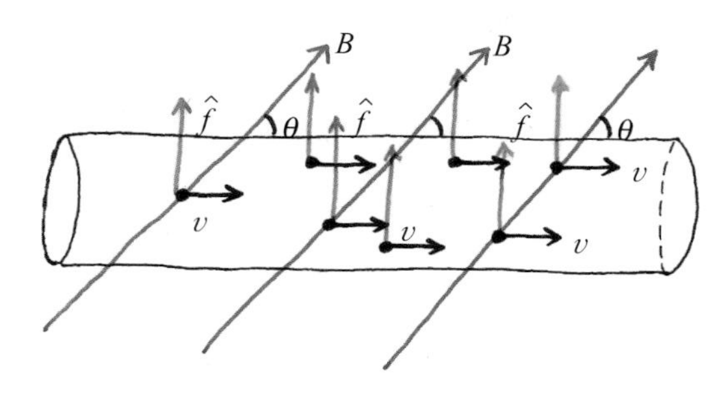

$\hat{f}$ 는 전하 하나가 받는 로렌츠 힘

전선에 작용하는 로렌츠 힘의 방향은 전류의 방향과 수직이고, 자기장의 방향과도 수직이다. 즉, 전류 방향으로부터 자기장 방향으로 돌릴 때, 오른나사가 진행하는 방향이다.

이 힘을 벡터로 표현하면 길이 L인 도선이 자기장 속에서 받는 힘은

$$\mathbf{F} = L\,\mathbf{I} \times \mathbf{B} \text{ 이다.}$$

I는 전류를 벡터로 표시한 것으로서, 방향은 전류가 흐르는 방향과 같다.

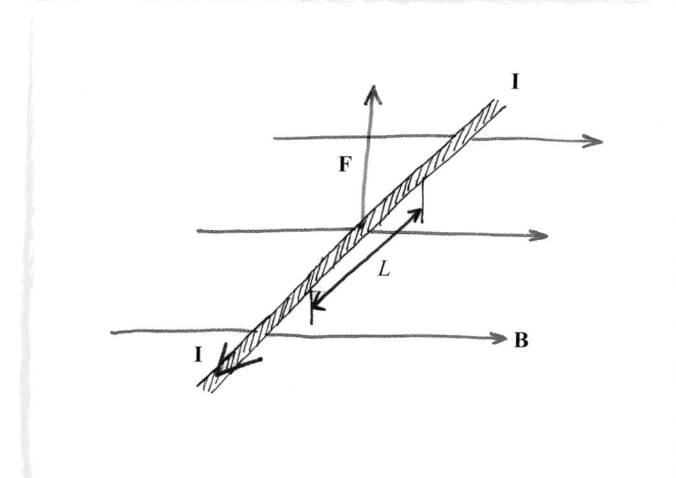

생각해보기

간격이 d이고, 전류 I_1과 I_2가 흐르는 두 전선이 주고받는 힘의 크기를 구해 보자.

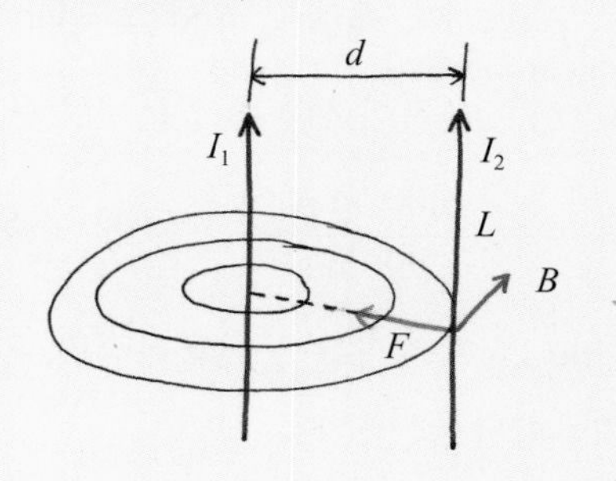

전류 I_1이 r만큼 떨어진 곳에서 만드는 자기장의 세기는 $B = \dfrac{\mu_0}{2\pi}\dfrac{I_1}{r}$이므로, d만큼 떨어진 상대방 전류 I_2에 만드는 자기장의 세기는 $B = \dfrac{\mu_0 I_1}{2\pi d}$ 이다.

따라서, 전류 I_2에 작용하는 힘은

$$F = I_2 B\, L = \mu_0 \frac{I_1 I_2}{2\pi d} L \text{ 이다.}$$

반대로 전류 I_1은 전류 I_2가 만드는 자기장 때문에 힘을 받지만, 그 크기는 위와 같고 방향은 반대이다(작용-반작용 법칙이 성립한다).

평행한 두 전선 사이에는 로렌츠 힘이 작용한다. 한 전선이 자기장을 만들고 다른 전선이 힘을 느낀다.
이때 전류의 방향이 같으면 서로 당기고, 방향이 다르면 밀친다.

참고로 두 전선 사이의 힘을 이용하여 암페어의 표준을 정할 수 있다. 같은 크기의 전류가 1 m 떨어져 평행하게 흐를 때 단위길이당 2×10^{-7} N의 힘을 받으면 이 때의 전류를 1 A로 정의하여 암페어의 표준으로 사용하였으나, 2019년 기본전하 기반의 전류 표준으로 새롭게 정의되었다(물리로의 초대, Section 2, 표준과 측정 참조).

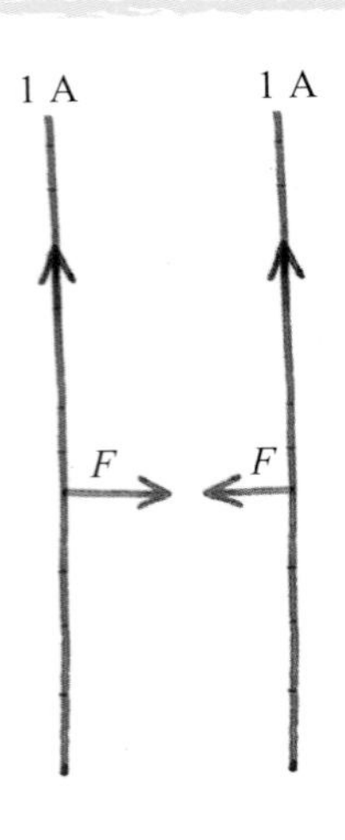

생각해보기 **자기 부양력**

50 A가 흐르는 10 m 길이의 도선 2개를 50 cm 간격으로 지면과 평행하게 놓자. 도선에 수직으로 자기장을 가하여 500 kg의 물체를 지상 위로 들어올리고자 한다. 자기장의 세기는 얼마면 되겠는가?

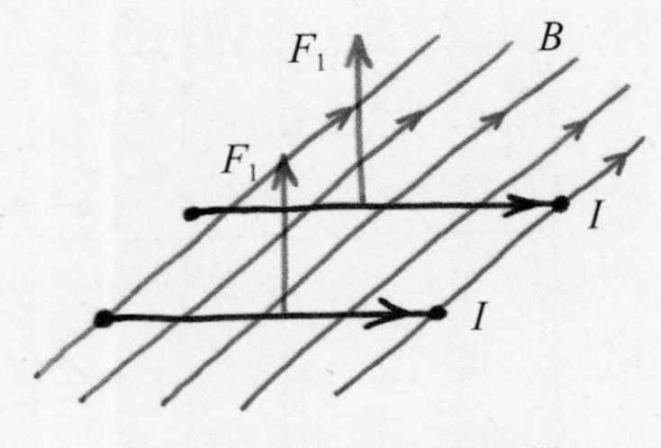

자기 부상의 초보적인 모형

B(Tesla)의 자기장이 한 도선에 작용하는 로렌츠 힘은 $F_1 = 10\ \mathrm{m} \times 50\ \mathrm{A} \times B = 500\ B\ \mathrm{N}$이다. 2개의 도선에 작용하는 힘은

$$F = 2F_1 = 2 \times 500 \times B\ \mathrm{N} = 1000 \times B\ \mathrm{N}$$

이므로, 이 힘으로 들어올릴 수 있는 질량은

$$m = \frac{F}{g} = \frac{1000 \times B\ \mathrm{N}}{9.8\ \mathrm{m/s^2}} = 102 \times B\ \mathrm{kg}$$ 이다.

따라서, 500 kg의 질량을 들어올리려면, 약 5 T의 자기장이 필요하다.

전류고리가 받는 토크

전류고리가 균일한 자기장에 놓이면 전류고리가 받는 힘은 서로 상쇄되어 균형을 이룬다. 그러나 이 힘이 어긋나 있으므로 토크가 생겨 고리가 돌게 된다.

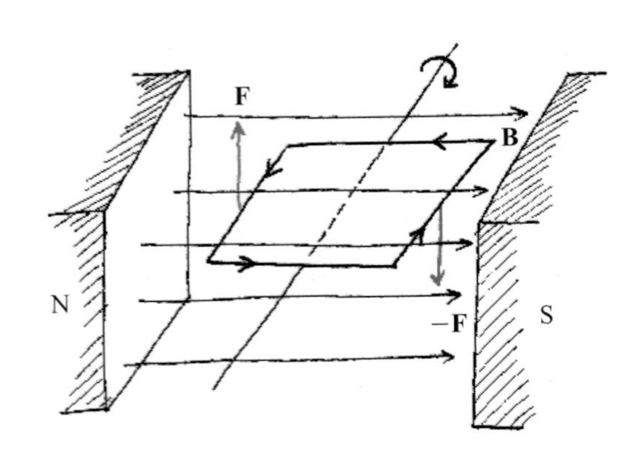

균일한 자기장 속에 놓인 전류고리는 토크를 받는다.

회전축에 걸린 직사각형 전류고리가 자기장 속에 놓여 있다. 그림처럼 자기장에 수직인 길이 a인 전선이 받는 힘은 $F=IaB$이다. 맞은편 길이 a에도 같은 힘이 반대 방향으로 작용한다. 이 힘은 서로 평형을 이루지만, 어긋나 있으므로 회전축 방향으로 토크가 생긴다.

그러나 길이 b인 전선에 작용하는 힘 f는 고리 사이에서 서로 평형을 이룰 뿐 토크를 만들어 주지는 않는다.

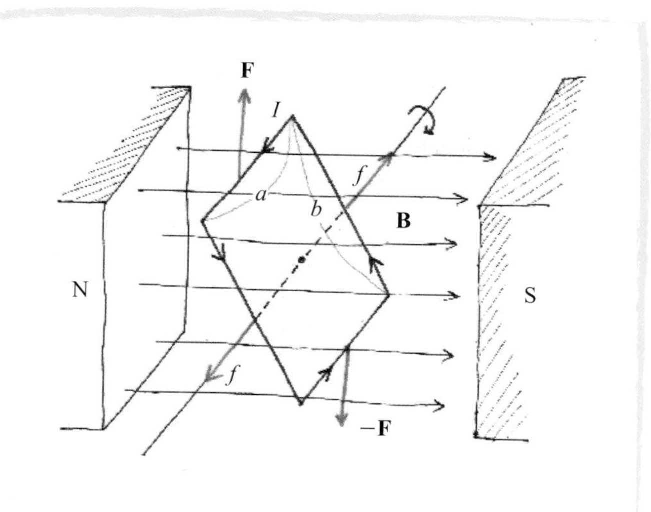

고리에 작용하는 토크의 크기

$$\tau = bF\sin\phi = I(ab)B\sin\phi = I\,AB\sin\phi$$

$A=ab$는 고리의 면적이고, ϕ는 면적벡터 방향(고리면과 수직인 방향)과 자기장이 이루는 각이다.

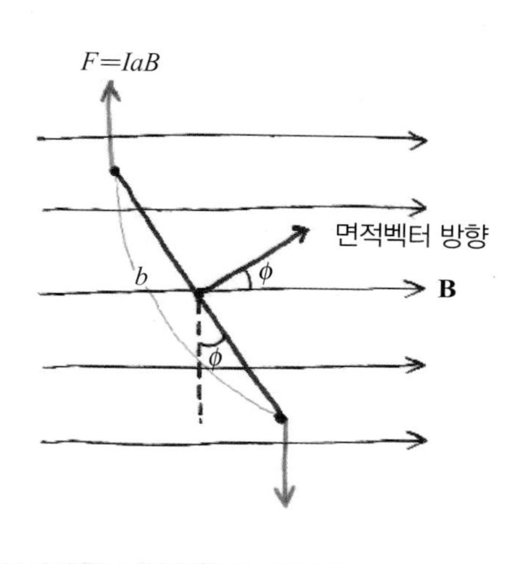

생각해보기

전류고리와 평행으로(면적벡터 방향과 수직이다) 100 Gauss의 자기장을 걸고, 이 코일에 전류 5 A를 흘려보내자. 고리의 면적이 0.5 m^2이고, 100번 감겨 있으면 이 고리에 작용하는 토크의 크기는 얼마인가?

전류고리 하나가 받는 토크는

$$\tau = (5\text{ A} \times 0.5\text{ m}^2) \times 0.01\text{ T} = 2.5 \times 10^{-2}\text{ N m}$$

100개의 고리가 겹쳐 있으므로, 총 토크는 고리 하나가 받는 토크의 100배가 된다.

$$\tau = 2.5 \times 10^{-2}\text{ N m} \times 100 = 2.5\text{ N m}$$

자기모멘트와 토크

전류고리의 면적을 면적벡터 **A**로 나타내어 토크를 다시 써보자. 면적벡터 **A**의 크기는 면적과 같고, 방향은 면에 수직이다.

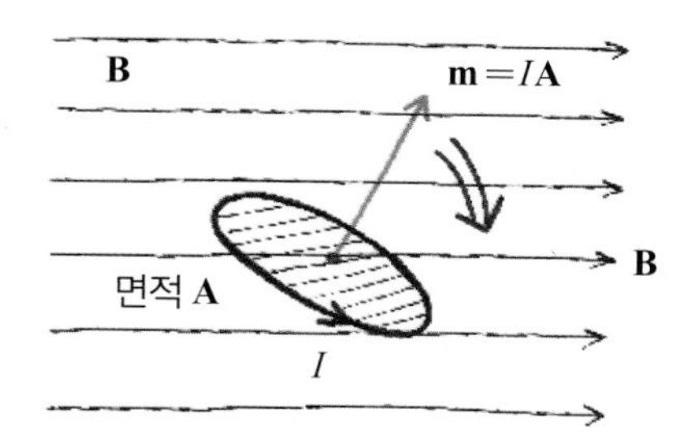

자기 쌍극자의 자기모멘트를 $\mathbf{m}=I\mathbf{A}$라고 정의하면, 자기모멘트의 방향은 그림처럼 면적벡터 방향이다.

벡터곱을 써서 토크를 다시 쓰면,

$$\tau = \mathbf{m} \times \mathbf{B}$$

전류고리는 자기장 속에서 작은 자석처럼 행동한다. 작은 자석과 전류고리는 모두 자기쌍극자이다.

전류고리는 자기장 속에서 나침반 바늘이 반응하는 것과 비슷하게 반응한다.

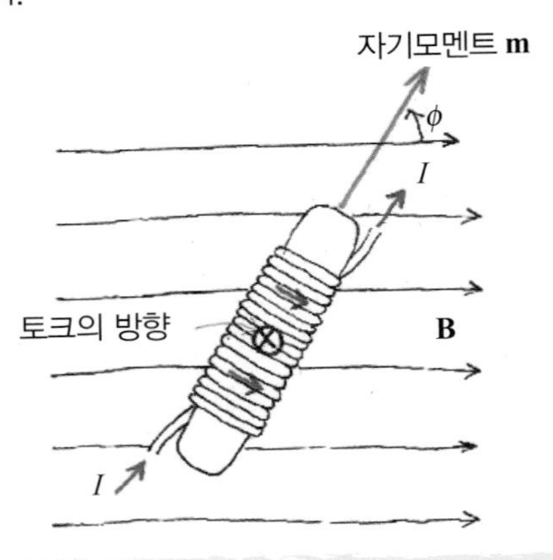

생각해보기 자석끼리는 왜 밀고 당길까?

조그만 자석들을 서로 가까이 놓으면 다른 극끼리는 달라붙고, 같은 극끼리는 밀쳐낸다. 자석들이 서로 회전하기도 하지만, 서로 힘을 주고받는 이유는 무엇인가?

균일한 자기장 속에 전류고리가 놓이면 토크를 받아 회전한다. 그러나 자기장이 균일하지 않으면 서로 힘을 느낄 수 있다. 자석들이 밀고 당기는 것은 서로가 균일하지 않은 자기장 속에 놓여 있기 때문이다.

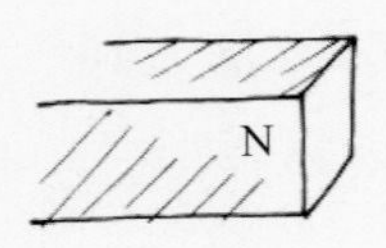

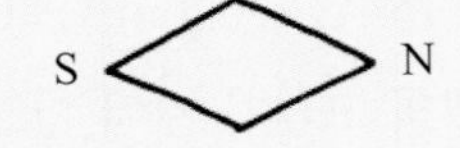

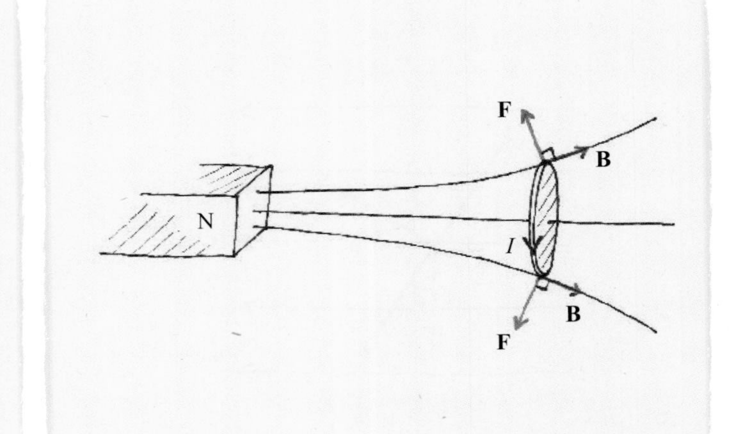

이것을 이해하기 위해 왼쪽 그림처럼 오른쪽에 놓인 자석 하나를 전류고리로 바꾼 후, 왼쪽 자석이 전류고리에 작용하는 로렌츠 힘을 조사해 보자.

왼쪽의 자석은 오른쪽 전류고리의 위치에 자기장을 만들어 낸다. 고리에 흐르는 전류는 이 자기장 때문에 그림처럼 자석쪽으로 비스듬한 로렌츠 힘을 받는다.

전류고리 전체에 작용하는 힘을 모두 합하면 자석쪽으로 끌리는 힘이 된다. 결국 나침반은 왼쪽의 자석에 끌려가게 된다.

생각해보기 홀 효과

전류를 흘려 보내는 전하 운반자의 부호를 알아볼 수 있는 방법을 알아보자.

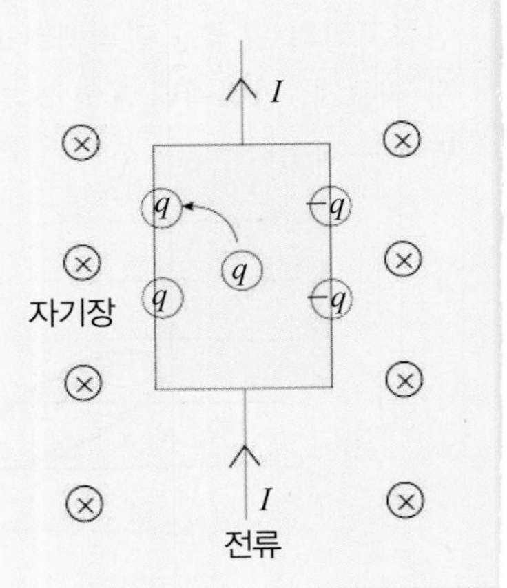

전류가 흐르는 도체판에 수직으로 자기장을 걸면 이 전하운반자는 로렌츠 힘을 받아 도체판 평면의 한쪽 끝으로 쏠리게 될 것이다.

전하운반자가 전자라면 어떤 쪽에 −전하가 쌓이겠는가? 만일 p형 반도체에서처럼 +전하(정공)가 전하운반자라면 이 결과는 어떻게 바뀔까?

단원요약

1. 전류와 저항

① 전류는 단위시간당 도선을 통과하는 전하량이며, $I = \dfrac{dQ}{dt}$로 정의된다. 단위는 A(암페어)이다.

② 도선에 흐르는 전류는 전하량(q)과 선 전하 밀도(λ), 전하의 속도(v) 등의 미시변수를 이용하여 $I = \lambda q v$로 표시할 수 있다.

③ 도선 내의 자유전자는 아주 느린 속도로 전기장의 방향으로 이동한다. 도체 내의 자유전자들은 진행하면서 열진동하는 원자들과 충돌하거나, 격자 결함, 불순물 등과 충돌하여 전기장의 방향으로 지그재그 운동을 하면서 이동한다. 이 속도를 유동 속도(v_d)라 부른다. 유동 속도는 대략 10^{-4} m/s 정도이다.

④ 전압은 전류에 비례하고 그 비례상수를 저항이라 한다. 옴의 법칙, $V = IR$.

⑤ 저항에서 손실되는 에너지의 파워는 $P = IV = I^2R = V^2/R$로 표시된다.

⑥ 물질의 비저항(ρ)은 크기나 모양에 상관없이 같은 물질에 대해서는 같은 값을 나타낸다. 물질 고유의 전기적 특성을 나타내는 양으로 $\rho = R\dfrac{A}{L}$이다.

2. 전류의 변신-자기장

① 덴마크 과학자 외르스테드는 도선에 전류를 흘려보낼 때 도선 주변에 있는 나침반의 바늘이 갑자기 움직이는 것을 발견하였다. 외르스테드의 실험은 전기적 상호작용과 자기적 상호작용이 밀접한 관계를 가진다는 것을 알려준다.

② 전류가 자기장을 만들어 낸다. 비오-사바르 법칙을 통해 전류요소가 만드는 자기장을 계산할 수 있다.

$$d\mathbf{B} = \frac{\mu_0}{4\pi}\frac{I d\mathbf{l}}{r^2} \times \hat{\mathbf{r}}$$

③ 긴 도선주위의 자기장의 방향은 원주방향이며 오른손 법칙을 따르고, 도선으로부터 거리에 반비례하여 줄어든다. $B = \dfrac{\mu_0}{2\pi}\dfrac{I}{r}$

④ 앙페르의 법칙은 폐곡선을 따라 자기장을 선적분한 값이 폐곡선 안을 통과하는 전류의 합과 같음을 말해준다. $\oint \mathbf{B} \cdot d\mathbf{l} = \mu_0 I_{\text{안}}$

⑤ 긴 솔레노이드 내의 자기장은 균일하고, 그 크기는 $B = \mu_0 n I$이다.

⑥ 강자성체는 철, 코발트, 니켈과 같이 자석을 만드는 물질이다.

⑦ 자석의 자화되는 정도를 나타내는 자화도 $\mathbf{M}$과 외부에서 걸어주는 자기장 $\mathbf{H}$와의 관계는 $\mathbf{M} = \chi \mathbf{H}$이며, χ는 자기 감수율이라 부른다. 강자성체의 경우 값은 대략 1,000 ~ 10,000 정도가 된다.

⑧ 상자성체는 외부에서 자기장을 걸어주면 외부 자기장에 비례하여 자화도가 생긴다. 상자성체의 자기 감수율, $\chi = 10^{-6} \sim 10^{-4}$ 정도로 아주 작다.

3. 로렌츠 힘

① 자기장 속에서 운동하는 전하는 로렌츠 힘, $\mathbf{F} = q\mathbf{v} \times \mathbf{B}$을 받는다. 속도 벡터와 자기장 벡터가 만드는 면에 대해 수직 방향으로 로렌츠 힘이 작용한다. 움직이는 전하는 운동 방향과 수직 방향으로 힘을 받기 때문에 속도의 크기 변하지 않고, 방향이 변한다.

② 균일한 자기장에 수직으로 입사한 하전입자는 원운동을 하며, 로렌츠 힘이 구심력으로 작용한다. 원운동의 반지름(R), 주기(T), 각진동수(ω)는 다음과 같다.

$$R = \frac{mv}{qB}, \ T = \frac{2\pi R}{v} = \frac{2\pi m}{qB}, \ \omega = \frac{2\pi}{T} = \frac{qB}{m}$$

4. 전류와 로렌츠 힘

① 전류가 흐르는 도선이 자기장에 놓이면 힘을 받게 된다. 힘의 크기와 방향은 $\mathbf{F} = L\mathbf{I} \times \mathbf{B}$이다.

② 평행한 두 전선 사이에 로렌츠 힘이 작용하며, 전류의 방향이 같으면 서로 당기고, 다르면 밀어낸다.

두 전선 사이의 힘의 크기는 $F = \mu_0 \dfrac{I_1 I_2}{2\pi d} L$ 이다.

③ 전류고리의 자기모멘트는 $\mathbf{m} = I\mathbf{A}$이고, 자기장 $\mathbf{B}$ 속에 놓이면 다음과 같은 토크를 받는다.

$$\tau = \mathbf{m} \times \mathbf{B}$$

연습문제

1. 북쪽을 향하고 있는 나침반의 바로 아래 10 cm 떨어진 지점에, 나침반의 바늘방향과 나란하게 전선이 놓여 있다고 하자. 남쪽에서 북쪽방향으로 5 A의 전류를 이 전선에 흘렸다. 지구자기장이 0.5 G라면 나침반의 바늘은 어떻게 움직이겠는가?

2. 문제 1에서 전선에 전류를 증가시켜 나침반의 바늘을 180° 회전시킬 수 있는가? 즉, 북쪽을 향하던 바늘을 남쪽을 향하게 할 수 있는가?

3. 길이가 20 cm이고 지름이 4 cm인 솔레노이드에 도선이 200회 감겨있다. 이 솔레노이드 안에서 지구자기장을 상쇄시키려고 한다. 솔레노이드에 얼마의 전류를 흘려보내야 할까?

4. 동축케이블에는 가운데 반지름이 a인 전선이 있고, 그 밖으로 반지름 b인 다른 전선이 둘러싸고 있다. 물론, 이 두 전선 사이는 부도체로 절연되어 있다. 이 동축케이블의 두 전선에 전류 I가 서로 다른 방향으로 흐를 때 부도체에서의 자기장과 동축케이블 밖에서의 자기장을 구하라.

5. 반지름 R인 원통형의 긴 도선에, 도선의 단면에 균일하게 전류 I가 흐른다. 원통의 중심축에서의 거리가 r인 곳의 자기장을 앙페르 법칙을 이용하여 구하라.

3. 지구자기장의 세기는 0.5 Gauss이다.

4. 앙페르 법칙을 응용하자.

6. 그림과 같이 무한히 큰 평판(y=0 평면)에 z축 방향으로 선밀도가 J인 전류가 균일하게 흐른다. 이 무한 평판 주위의 자기장의 크기가 $B = \frac{\mu_0 J}{2}$ 임을 앙페르 법칙을 이용하여 보여라.

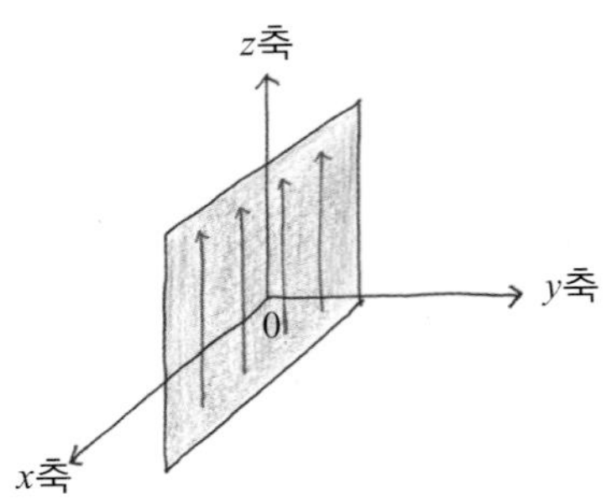

7. 긴 직선 도선에 흐르는 전류값이 각각 2 A이고, 방향은 그림과 같이 각각 종이면을 수직으로 뚫고 나오는 방향과 들어가는 방향이다. 두 도선 사이의 거리가 6 m일 때, 두 도선으로부터 각각 5 m 떨어진 점 P에서의 자기장을 구하라.

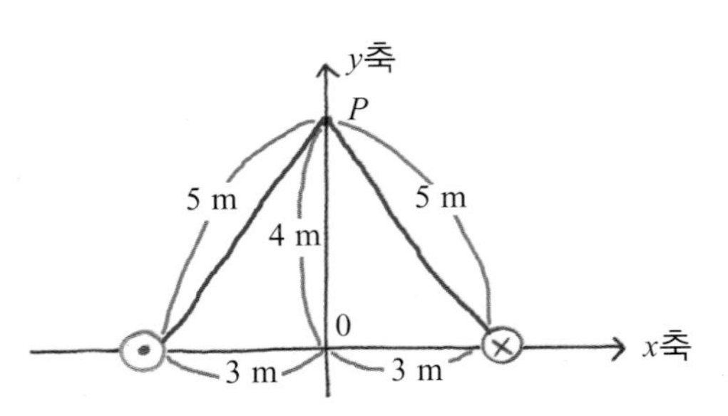

8. 지구 적도 근처에서 전자가 남동쪽으로 운동할 때, 전자가 휘는 방향은?

9. 1 T의 자기장으로 작동하고 있는 사이클로트론으로 양성자를 가속시키려면 교류의 진동수는 얼마가 되어야 할까? (양성자의 질량은 1.67×10^{-27} kg이다.)

10. 0.01 T의 자기장을 써서 사이클로트론 가속기를 만든다. 가속기 안에서 가능한 원운동의 최대 반지름이 5 cm라면, 이 가속기로 가속된 전자의 속력과 운동에너지는 각각 얼마일까?

11. 균일한 자기장 $\mathbf{B} = (2\times10^{-4}\ T)\ \mathbf{k}$이 작용하는 영역에, 양성자가 속도 $\mathbf{v} = (1.5 \times 10^4\ \text{m/s})\ (2\ \mathbf{j}+5\ \mathbf{k})$로 입사하였다. 양성자의 전하량은 1.6×10^{-19} C이고, 질량은 1.67×10^{-27} kg이다. 이 양성자의 운동을 xy 평면에 투영해보면, 원궤도를 그릴 것이다. 이 원궤도의 반지름을 구하라. 또 xy 평면에서 원궤도를 한 번 도는 동안에, 양성자가 z축 방향으로 진행한 거리를 구하라.

6. 전류의 선밀도란 단위길이당 흐르는 전류를 뜻한다 (그림에서 총 전류량 I를 x축방향 길이 L로 나눈값이다).

9. 사이클로트론 진동수

12. 그림과 같이 긴 도선에 전류 I_1이 흐르고, 사각형 고리에 전류 I_2가 흐를 때, 사각형 고리가 받는 힘의 방향과 크기를 구하라.

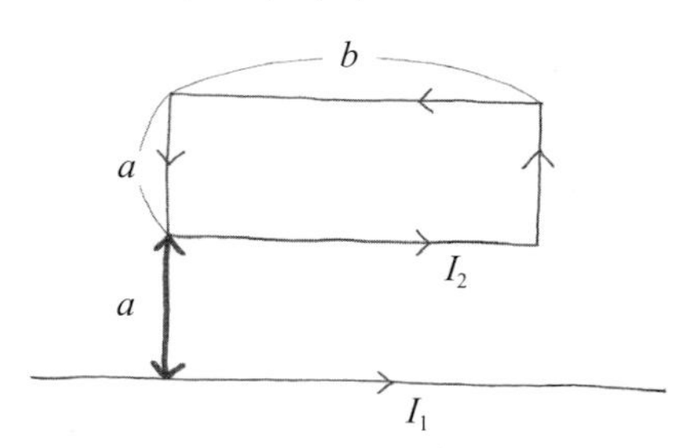

13. 전류 I가 흐르는 도선이 그림과 같이 균일한 자기장 속에 놓여 있다. 반지름 R인 반원 부분의 도선이 받는 로렌츠 힘을 구하라.

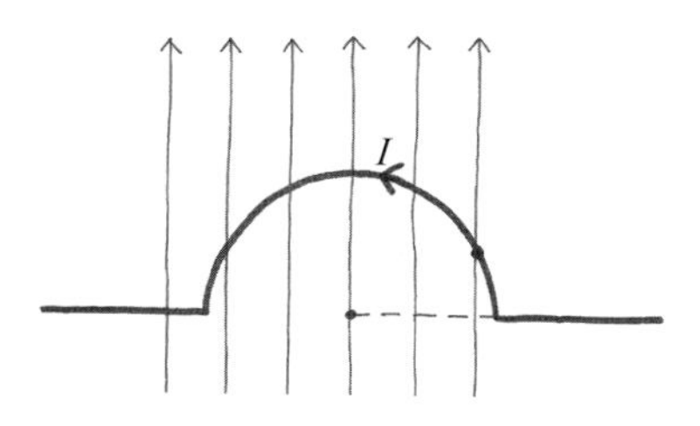

14. 전하를 띤 입자가, 태양에서 날아오는 태양풍이 지구에 도달하면 지자기 때문에 극쪽으로 끌리고 공기 속의 분자는 이 전하와 충돌하면서 빛을 내므로 극지방에 오로라가 생긴다. 그런데 전하를 띤 입자는 왜 극지방으로 끌리는 것일까?

> **14.** 로렌츠 힘의 방향을 고려하자.

15. 자동차 시동을 걸기 위해 방전된 배터리를 충전하는 데 사용하는 두 점퍼 케이블의 간격이 1 cm이고, 길이가 50 cm이다. 이 전선에 300 A가 흐를 경우 이 전선 사이에 작용하는 힘은 얼마일까?

16. 저울의 한쪽 팔에 직사각형 모양의 전류고리를 매달자. 아래쪽 부분의 도선은 땅과 평행하고 길이는 10 cm이다. 땅과 평행하고 도선에 흐르는 전류의 방향과 수직으로 자기장을 걸어 주고 도선에 전류를 보내어 이 도선이 땅쪽으로 힘을 받게 하자. 전류 0.2 A가 흐를 때 정밀한 저울로 이 힘을 재었을 때 0.01 N이라면 자기장의 크기는 얼마일까?

17. 0.1 m × 0.1 m 모양으로 10번 감은 전류고리에 0.1 T의 자기장이 걸려 있다. 이 고리에 2 A의 전류를 흘려보내면 이 고리가 받는 최대 토크는 얼마일까?

> **17.** 전류고리의 면적벡터방향과 자기장의 방향이 수직일 때 최대토크가 생긴다.

***18.** 전하 q, 질량 m인 입자가 각속력 ω로 반지름 r인 원을 따라 원운동을 하고 있다. 이 궤도운동에 의한 전류값과 자기모멘트의 크기를 구하라. 이 입자의 각운동량 $\mathbf{L}$과 자기모멘트 μ 사이에 $\mu = \frac{q}{2m}\mathbf{L}$의 관계가 있음을 보여라.

19. 길이 50 cm, 단면적 3 mm²인 구리도선의 저항은 얼마인가? 도선의 재질이 은일 때 저항은? (구리의 비저항 : $1.7\times10^{-8}\ \Omega\cdot\text{m}$, 은의 비저항 : $1.5\times10^{-8}\ \Omega\cdot\text{m}$)

20. 문제 19에 주어진 은 도선에 0.5 A의 전류가 흐를 때 도선 안에서의 전기장과 양 끝의 전위차를 구하라.

***21.** 기전력이 $\mathscr{E}$ 이고 내부저항이 r인 직류전원에 저항 R을 달아 회로를 구성할 경우의 전류값은 얼마인가? 또 저항 R에서 소모되는 전력이 가장 큰 경우의 저항값은 얼마일까?

22. 저항이 있는 전선에서 소모되는 전력은 $P=V^2/R$로 표시된다. 송전선에서 열손실로 없어지는 전력을 줄이기 위해 고압으로 전류를 보내는 이유는 무엇인가?

23. 구리의 비저항은 $\rho=1.7\times10^{-8}\ \Omega\cdot\text{m}$이다. 자유전자의 체적밀도가 $n=8.5\times10^{28}$ 개/m³인 구리도선 속에서 자유전자들의 충돌 사이의 평균적인 시간간격 τ를 구하라.

24. 실험실에서 흔히 이용하는 토로이드는 그림과 같이 토러스 모양에 도선을 감은 것이다. 앙페르 법칙을 이용하여 토러스 내부의 자기장을 구하라.

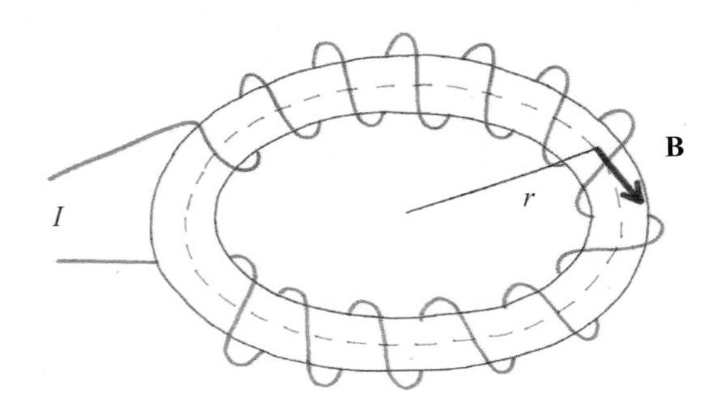

22. 여기에서 V는 전선 양단에 걸리는 전압이다. 전선에 흐르는 전류가 i일 때 $V=iR$이다.

23. 337쪽 다섯 번째 칸에 나와 있는 비저항 관계식을 이용하자.

Chapter 4

전자기 유도

볼타전지를 쓰지 않고 전류를 만들 수 있는 방법은 없을까? 전류가 자석을 만드는데, 자석으로 전류를 만들 수는 없을까?

이런 엉뚱한 가능성을 현실로 보여준 사람이 영국의 패러데이이다. 1831년 패러데이는 위의 사진처럼 자석 사이에 놓인 도체원판을 회전시켜 도체판 속의 자유전자를 움직이게 함으로써 연속적인 전류를 처음으로 얻었다. 패러데이가 찾아낸 전자기 유도의 비밀은 무엇일까?

자석으로 전류를…
-패러데이법칙

자기장 속에서 움직이는 자유전자는 이미 배운 것처럼 로렌츠 힘을 받는다. 이 로렌츠 힘을 이용하여 도선 속에 전류를 흘려보낼 수 있을까?

도선고리를 그림처럼 자석쪽으로 밀어 보자. 어떤 일이 벌어질까?

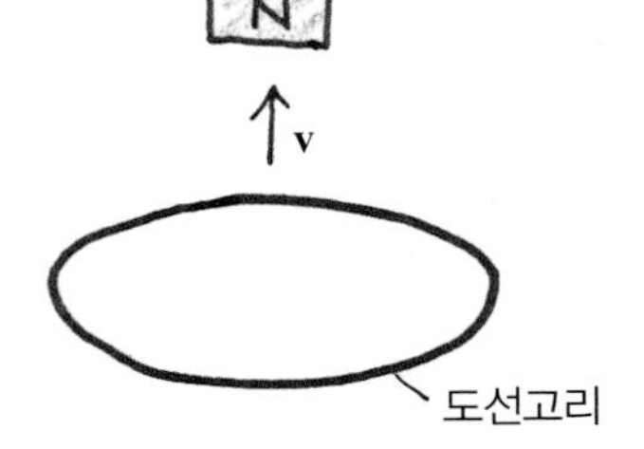

자석은 그림처럼 도선고리에 자기장을 만든다. 도선고리 속에는 체적밀도, $n \approx 10^{23}$개/cm³ 정도의 수많은 자유전자들이 들어 있고, 이 전자들은 도선고리를 미는 방향으로 모두 일정속도 **v**로 움직인다.

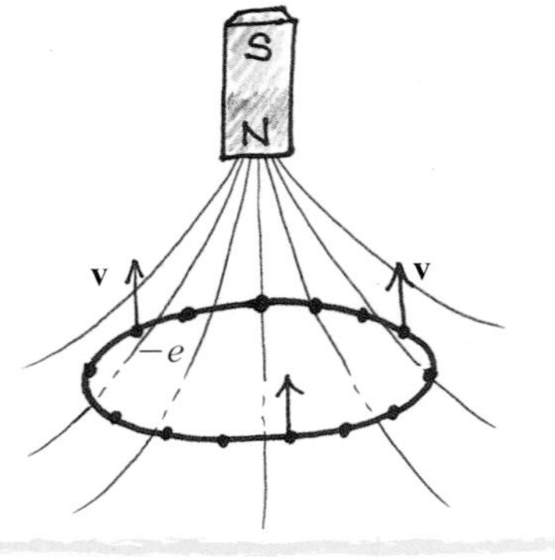

자석이 만드는 자기장 속에서 움직이는 전자들은 로렌츠 힘을 받는다. 이 로렌츠 힘은 도선의 접선방향을 향한다.

모든 전자가 그림처럼 같은 접선방향으로 힘을 받는다.

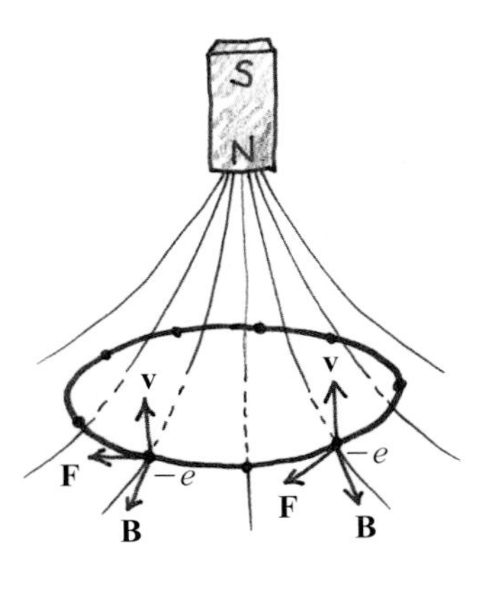

기전력

접선방향을 따라 생기는 로렌츠 힘은 도선을 따라 전자를 밀어 준다. 이 힘 때문에 모든 자유전자는 고리를 따라 같은 방향으로 일주할 수 있다.

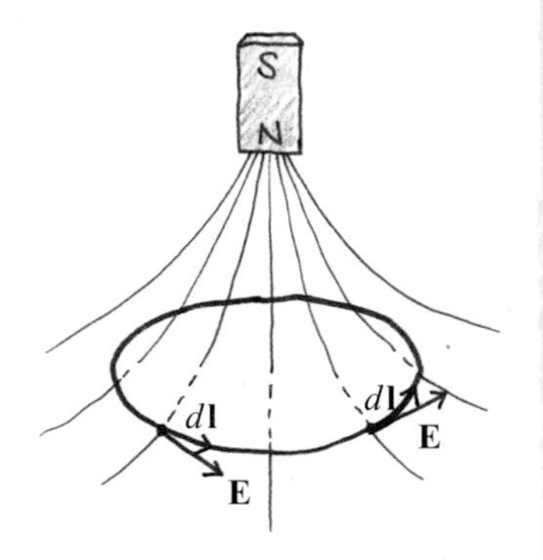

이 로렌츠 힘 **F**는 자유전자(전하량 $q=-e$)에 외부에서 전기장 **E**를 가해 주는 것과 같은 역할을 한다.
즉, $\mathbf{F}=q\mathbf{E}$이다. 전하가 도선고리를 따라 일주한다면 로렌츠 힘은 전하 q에

$$W = \oint \mathbf{F} \cdot d\mathbf{l} = q \oint \mathbf{E} \cdot d\mathbf{l}$$

라는 일을 해줄 것이다.

즉, 로렌츠 힘 때문에 고리를 따라 일주할 수 있는 전기 퍼텐셜에너지가 전하 q에 저장되어 있는 것으로 볼 수 있다.

이 전기퍼텐셜을 기전력이라고 한다.

$$\text{기전력} : \mathscr{E} = \frac{W}{q} = \oint \mathbf{E} \cdot d\mathbf{l}$$

고리를 따라 생기는 로렌츠 힘 $F = qvB_{\parallel}$은 전하 q에 전기장 $E = F/q = vB_{\parallel}$을 준다. ($B_{\parallel}$은 도선고리 평면 방향의 자기장의 성분이다.)
이 힘의 크기는 고리 (반지름 r)의 모든 부분에서 같으므로, 이 로렌츠 힘이 만들어 내는 기전력은

$$\mathscr{E} = \oint \mathbf{E} \cdot d\mathbf{l} = vB_{\parallel}(2\pi r)\text{이다.}$$

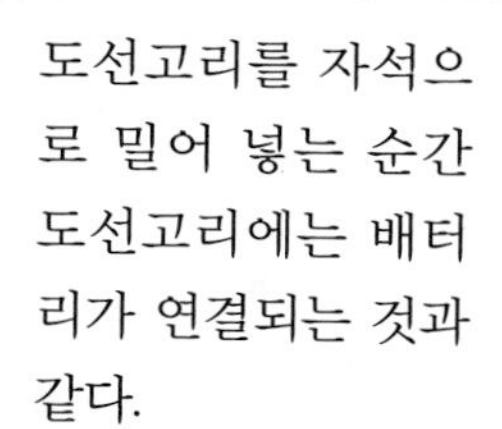

도선고리를 자석으로 밀어 넣는 순간 도선고리에는 배터리가 연결되는 것과 같다.

기전력은 전기퍼텐셜이므로 기전력의 단위는 힘의 단위 (N)가 아니라 볼트 (V)이다.

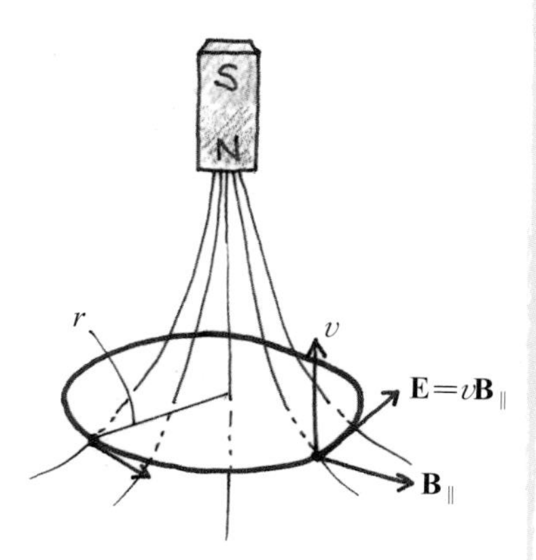

패러데이의 전자기 유도

이제 도선고리 대신 자석을 움직이면 어떤 일이 벌어질까?

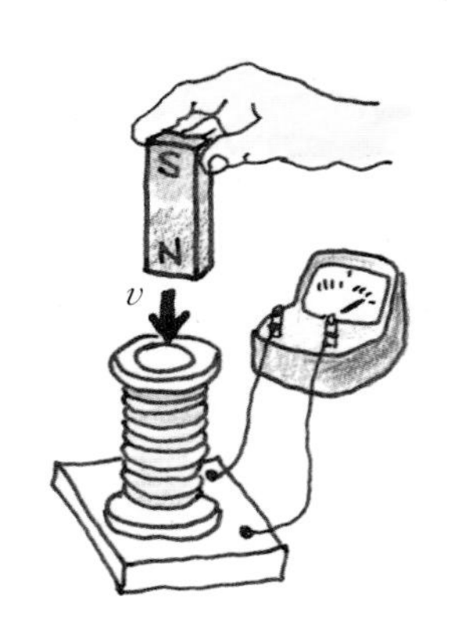

패러데이는 일찍이 (1831년) 고리모양의 코일주위에서 자석을 흔들면 코일에 전류가 흐른다는 것을 찾아냈다.

코일 대신 자석을 움직여도 전류가 생겨나는 것은 어떻게 이해할 수 있을까?

이 경우에는 전하가 정지해 있고, 따라서 로렌츠 힘은 없다. 대신 자기장이 바뀐다. 패러데이는 놀라운 직관력으로, 기전력이 유도되는 것은 전류고리를 통과하는 자기장다발이 변하기 때문이라는 것을 알아냈다.

패러데이의 유도전기력

$$\mathscr{E} = -\frac{d\Phi_B}{dt}$$

$\Phi_B = \int \mathbf{B} \cdot d\mathbf{A}$는 자기장다발 (자속)이다. 자기장 다발은 그림처럼 폐곡선을 경계로 만든 평면에 대해 자기장을 적분한 것으로서, 면을 통과하는 자기장의 총양을 나타낸다.

자기장다발의 단위는 $\mathrm{Wb} = \mathrm{T} \cdot \mathrm{m}^2$(weber) 이다.

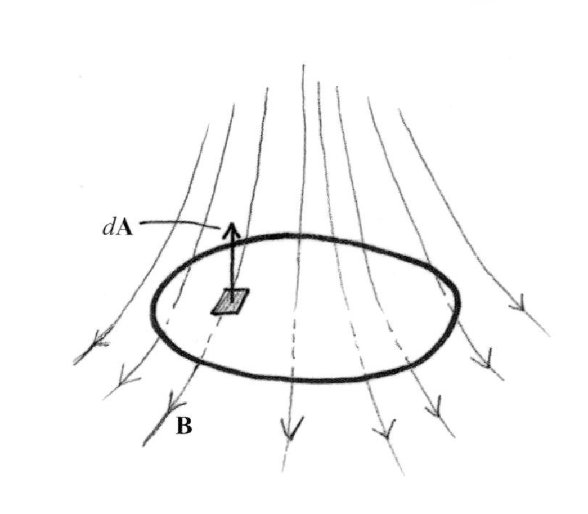

패러데이 발전기

로렌츠 힘이 만드는 기전력과 패러데이의 유도 기전력은 어떻게 다른가?

옆의 그림과 같이 발전기 초기형태인 구리도체 원판 발전기를 통해 기전력을 두 가지 입장에서 살펴보자.

반지름 R인 구리 도체원판을 생각해 보자. 수직인 자기장 B 속에서 원판을 각속도 ω로 돌린다고 하자.

1. 로렌츠 힘의 입장

로렌츠 힘이 기전력을 만든다.

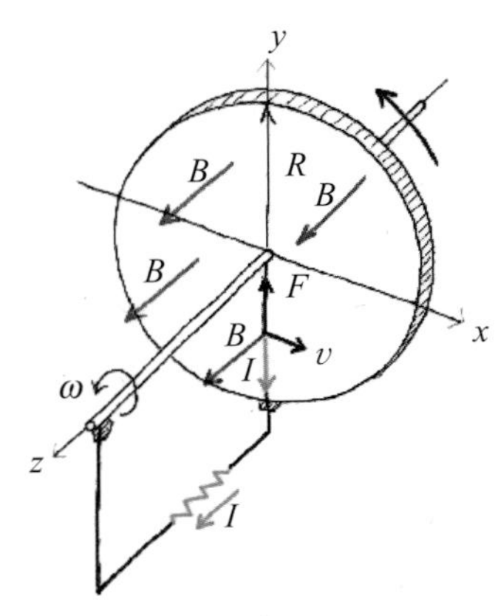

원판이 돌면 원판 속의 자유전자는 그림처럼 원판을 따라 돈다. 회전하는 전자는 그림처럼 원판 중심쪽으로 로렌츠 힘을 받는다. 전자는 중심쪽으로 움직이지만, 전류의 방향은 중심에서 바깥으로 향한다. 이때 기전력을 구해 보자.

원판의 중심에서 r만큼 떨어진 위치에서 자유전자는 속력 $v=r\omega$로 움직이므로, 로렌츠 힘의 크기는

$$F = evB = e(r\omega)B$$ 이다.

로렌츠 힘이 전자를 지름방향으로 dr만큼 밀어줄 때 해주는 일은

$$dW = F\,dr = eBr\omega\,dr$$ 이다.

이 때문에 원판중심에는 전압이 높고, 바깥쪽에는 전압이 낮은 전위차가 생겨난다.

따라서, 패러데이 발전기의 기전력 크기는

$$|\mathscr{E}| = \frac{W}{e} = \int_0^R Br\omega\,dr = \frac{1}{2}BR^2\omega$$ 이다.

2. 패러데이의 입장

전자기 유도가 기전력을 만든다.

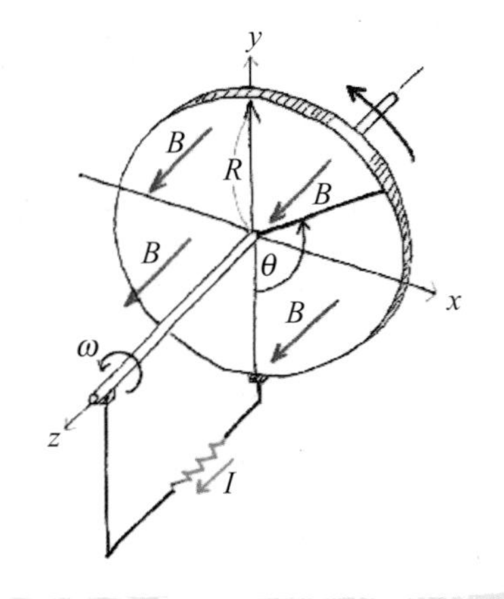

도체가 자기장 속에서 움직인다.
원판이 돌면 외부도선과 원판 사이의 접촉면은 그림처럼 부채꼴 면적을 휩쓴다. 호의 각을 $\theta=\omega t$라고 하면, 이 부채꼴을 통과하는 자기장다발은

$$\Phi_B = B(\pi R^2 \times \theta/2\pi) = \frac{1}{2}BR^2\omega t$$ 이다.

자기장다발이 시간이 지남에 따라 커지므로 기전력이 유도된다. 기전력의 크기는

$$|\mathscr{E}| = \frac{d\Phi_B}{dt} = \frac{1}{2}BR^2\omega$$ 이다.

이 기전력은 로렌츠 힘의 입장의 결과와 같다.

로렌츠 힘의 입장과 전자기 유도의 입장은 상대적이다.

정지한 자석주위에서 도선고리가 움직이면 로렌츠 힘이 보이고, 정지한 도선고리 주위에서 자석이 움직이면 전자기 유도가 보인다.

서로의 관점은 자석과 고리의 상대운동에 따른 입장차이일 뿐인데, 현상을 분석하는 방식은 왜 이렇게 다를까? 그런데도 계산결과는 같다. 어찌된 일일까?

정지한 도선고리의 입장에서 보면, 전하도 정지해 있으므로 로렌츠 힘은 없다. 그렇다면 기전력은 도대체 어떻게 생겨나는 것일까?

이 정지해 있는 전하에게는 전기장이 보인다. 아인슈타인의 상대론에 의하면 자기장이 움직이면 전기장이 생겨난다. 아인슈타인은 로렌츠 힘과 전자기 유도현상이 상대운동을 각각 다른 관점에서 볼 때 나타나는 자연스러운 결과라는 것을 보였다.

패러데이의 유도 기전력은 바로 정지한 전하의 입장에서 볼 때 느끼는 전기장을 알려 주는 식이다.

전자기 유도와 전기적 관성

기전력이 유도되는 현상은 상대적인 입장에 따라, 로렌츠 힘으로 보이기도 하고 전자기 유도로 보이기도 하는 것을 배웠다. 그러나 이 두 가지 입장이 연결되는 모습은 간단하지 않기 때문에, 어떤 입장을 취하느냐에 따라 현상을 보는 방식이 상당히 달라진다.

이제 전자기 유도의 입장에서 기전력이 나타나는 모습을 다시 살펴보자. 특히, 패러데이 법칙에 나오는 −부호를 자세히 살펴보자. 재미있는 비밀이 여기에 숨어있다. 앞 절에서 살펴본 도선고리와 자석으로 다시 돌아가자.

렌츠의 법칙

그림처럼 도선고리를 자석에 집어넣으면, 도선고리에는 기전력이 생기고 유도전류가 흐른다.

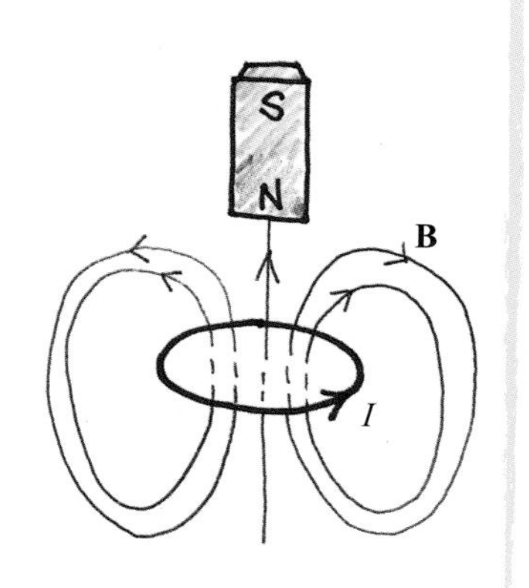

그러나 유도전류가 흐르기 시작하면 이번에는 유도전류가 스스로 고리 주위에 자기장을 만든다.

유도전류가 만드는 자기장을 보면, 고리가 원래 있던 자석을 밀어내는 자석처럼 행동하는 것을 볼 수 있다.

고리가 자석과 반발하므로, 고리를 자석쪽으로 계속 밀어 넣으려면 외부에서 강제로 힘을 가해 주어야 한다.

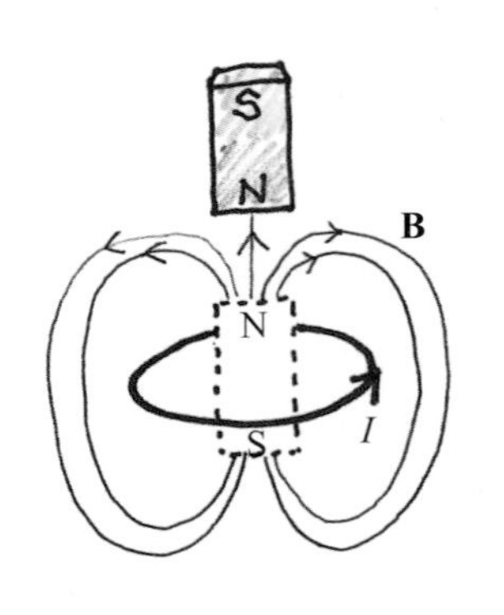

이것을 다시 해석해 보자. 고리에 유도되는 전류는 원래 있던 자석을 밀쳐내는 방향으로 생겨난다.

유도전류의 방향과 유도 기전력의 방향은 같으므로, 기전력의 방향은 결국 자기장다발의 변화에 반발하는(상쇄시키는) 방향으로 유도된다. 이것이 렌츠의 법칙이다.

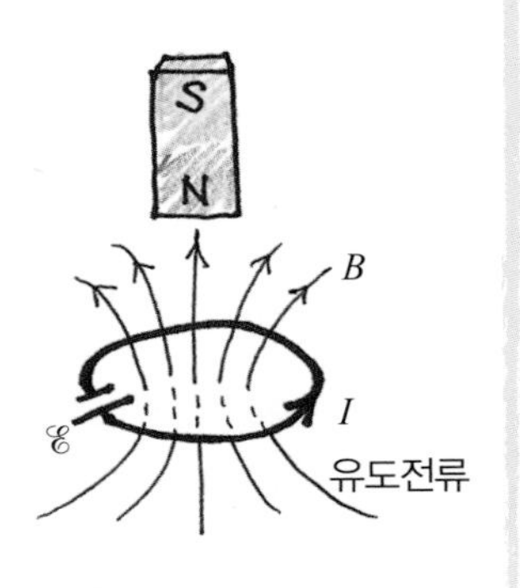

도선고리는 고리를 통과하는 자기장다발이 변하는 것을 아주 싫어한다.
자기장다발의 변화가 감지되면, 고리는 적극적으로 이를 상쇄시키려고 한다. 즉, 도선고리는 자신을 통과하는 자기장다발을 항상 같은 상태로 유지하고자 하는 자기적 관성을 가지고 있다.

이 자기적인 관성(렌츠의 법칙)은 패러데이법칙의 − 부호로 나타난다. 유도 기전력은 자기장다발의 변화를 상쇄시키는 쪽으로 생긴다.

$$\mathscr{E} = -\frac{d\Phi_B}{dt}$$

도선고리 속으로 N극의 자석을 위에서 넣으면, 도선고리는 어떻게 이 N극에 반발하는 유도자석을 만들어 내는가?

그림처럼 도선고리에 유도전류가 반시계방향으로 생겨나면 된다.

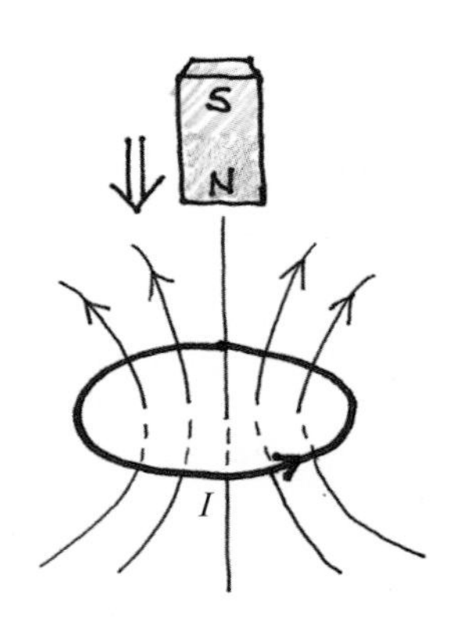

S극을 넣으면 S극에 반발하는 자석이 유도된다.

이 경우 유도전류는 시계방향으로 흐른다.

이처럼 패러데이법칙의 −부호는 유도되는 기전력이 어느 방향으로 생기는지를 알려준다.

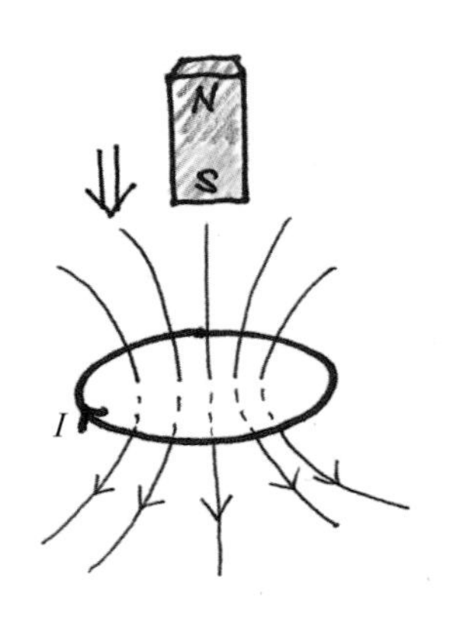

렌츠의 법칙에 관한 현상들을 살펴보자.
그림처럼 저항이 작은 도체고리로 그네를 만든 후 영구자석 사이에서 움직이게 해보자. 도체고리가 영구자석 사이로 들어가면 속도가 현저히 떨어지면서 정지한다.

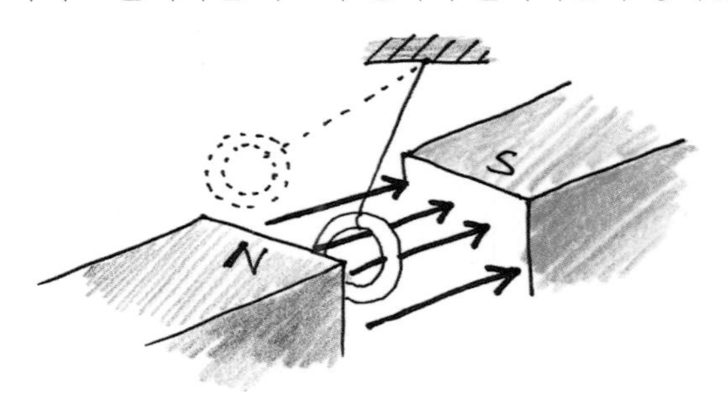

그 이유는 고리가 자석 가까이 가면 고리를 통과하는 자기장다발에 변화가 생기므로 렌츠의 법칙에 따라 그림처럼 자석과 반발하는 방향으로 기전력이 유도된다. 이 반발력 때문에 도체고리의 속도가 줄어들고 결국 정지하게 된다.

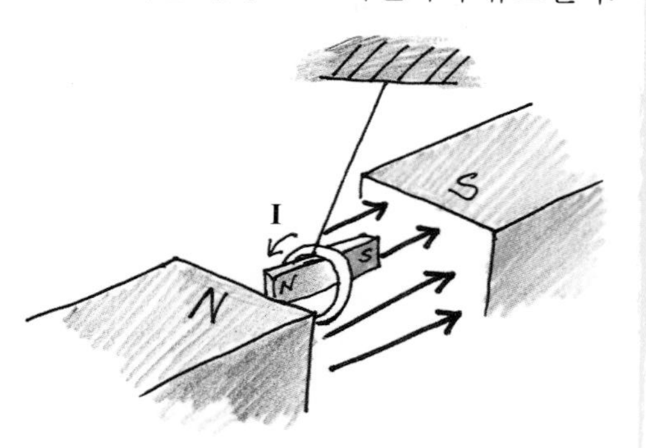

맴돌이 전류

도체고리 대신 도체원판을 집어넣어도 결과는 마찬가지이다. 특히, 알루미늄처럼 그리 좋지 않은 도체로 그네를 만들면, 판 외곽 전체를 도는 전류가 유도되는 것이 아니라 자기장이 급격히 변하는 부분에만 맴돌이 형태의 전류가 유도된다.

만일 도체판에 홈을 내어 맴돌이 전류가 만들어지지 않도록 방해하면, 그네는 정지하는 대신 자기적인 반발력이 줄어들어 부도체처럼 계속 왕복운동을 하며 흔들린다.

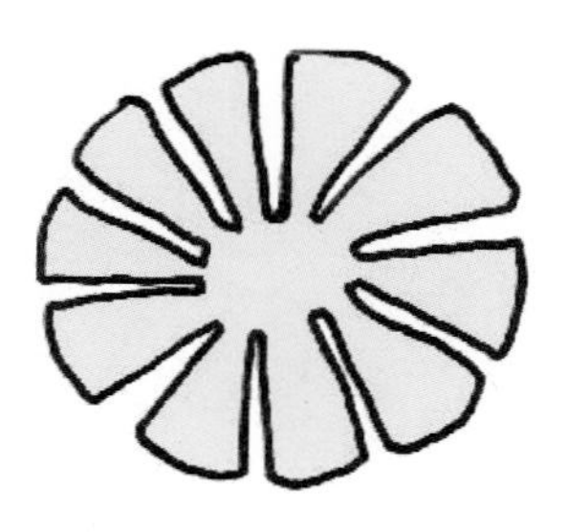

생각해보기 자이로드롭

놀이동산에 가면 흔히 볼 수 있는 놀이 기구로서 자이로드롭이 있다. 높은 곳에 사람들을 올려놓고 자유낙하 시켜서 짜릿한 감정을 느끼게 한다. 그런데 자이로드롭에서는 어떻게 안전하게 감속을 하여 정지시킬까?

이 자이로드롭의 감속에 전자기 유도 현상이 사용된다. 떨어지는 자이로드롭의 가운데에는 자석이 장착되어 있고, 밑에 있는 지지대는 금속으로 만들어져 있다.

자이로드롭 자석이 떨어지면 지지대의 금속에 자기장 변화에 의한 유도전류가 생겨난다. 이 유도전류는 자기장의 변화를 방해하는 방향으로 생겨나기 때문에 자석을 정지시킨다.

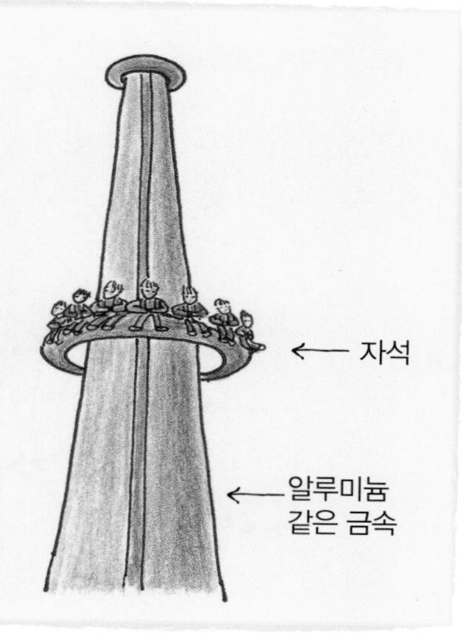

유도전류를 이용한 감속은 전기를 이용하거나 일반적인 브레이크에 비하여 상당한 장점을 가지고 있다. 전기를 사용하지 않으므로 정전의 경우 발생할 수 있는 사고의 우려가 없고, 장기간의 사용에 따른 브레이크의 파열의 염려도 없는 극히 안전한 방법이라고 할 수 있다.

생각해보기 **금속탐지기**

금속탐지기는 여러 분야에서 광범위하게 쓰인다.
공항에서 탑승할 때 금속물체를 검색할 때나, 지뢰를 찾아낼 때, 또는 음식물에 금속 이물질이 들어있나 검사할 때 사용된다.

금속탐지기는 코일 두 개로 구성되어 있다. 하나는 교류전류를 통하여 시간에 따라 변하는 자기장을 발생하고, 다른 하나는 자기장을 검출한다.

금속탐지기가 금속 가까이 다가가면 시간에 따라 변하는 자기장 때문에 금속에 맴돌이 전류가 생긴다. 이 맴돌이 전류는 시간에 따라 변하는 자기장을 만들어 낸다. 검출코일은 이 자기장을 검출하여 금속물체가 존재하는지 확인한다.

맴돌이 전류로 안전한 오븐을 만들자.

사기로 만들어진 판 밑에 유도코일을 놓고 그 위에 냄비를 놓으면 냄비에 맴돌이 전류가 생기고, 냄비의 전기저항 때문에 열이 나므로 음식을 덥힐 수 있다.

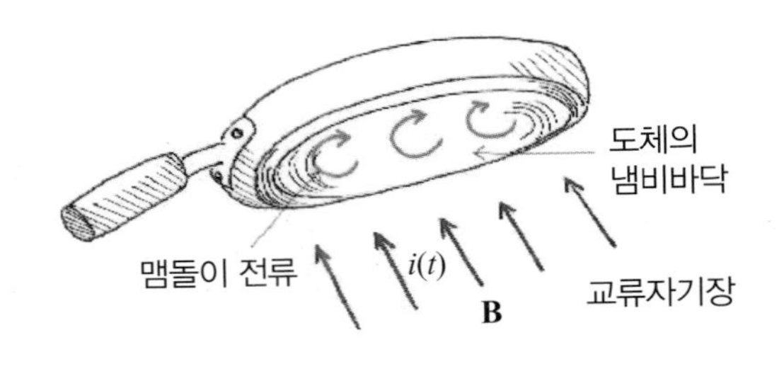

유도전류 오븐에는 그림처럼 사람이 손을 올려놓아도 데지 않는다.

전류고리의 자체유도

이번에는 아래 그림처럼 원형고리에 전류를 흘려 보내어 코일의 반응을 보자.

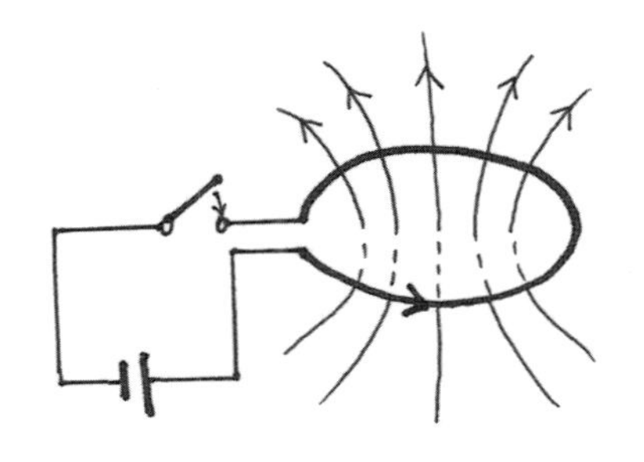

고리에 전류가 흐르기 시작하면 고리주위에는 자기장이 생긴다. 그런데 이 순간 생겨나는 자기장은 고리 자신의 자기장다발을 변화시키므로, 고리 자신은 이 자기장다발의 변화에 반응한다. 즉, 자신의 전류고리에 유도 기전력과 유도전류를 만들어 낸다.

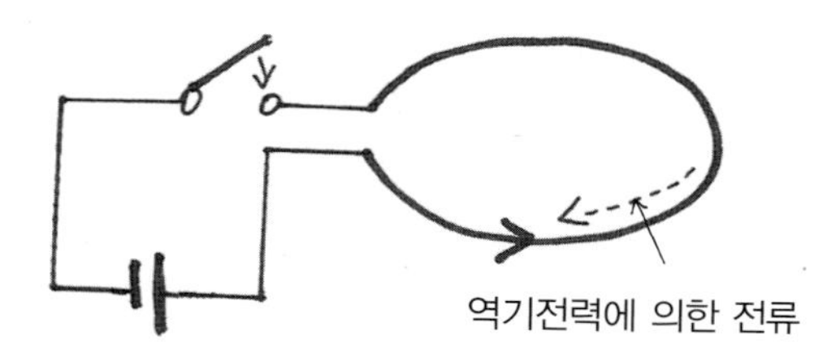

이 유도전류는 자신의 코일에 생기는 자기장의 변화에 대항하기 위해 만들어진 것이므로, 처음 흐르던 전류를 억제시키는 방향, 즉 반대방향으로 생겨난다. 따라서, 코일 자체에는 원래 흐르는 전류에 반대가 되는 기전력이 생겨난다. 이것을 역기전력이라고 한다.

역기전력은 코일 자체에서 생기는 것이므로 코일에 교류가 흐르기 힘든 요인이 된다.

역기전력은 자기장다발의 변화량에 비례하고, 이것은 원래 흘려준 전류의 변화량에 비례한다.

$$\text{역기전력} = \mathscr{E} = -L\frac{di}{dt}$$

비례상수 L을 자체 인덕턴스라고 한다. 자체 인덕턴스의 단위는 $\mathrm{H} = \Omega \cdot \mathrm{s}$ (헨리)이다.

솔레노이드는 원형고리를 여러 개 겹쳐 놓은 것과 같으므로, 원형고리와 마찬가지로 자체 인덕턴스가 존재한다.

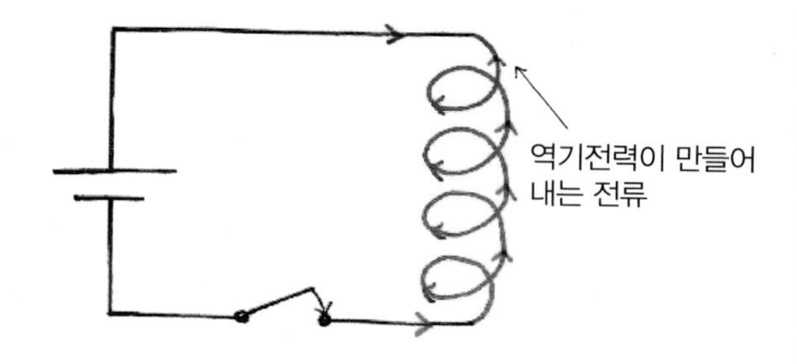

솔레노이드에 교류를 연결하면, 전류의 변화에 저항하는 역전기력을 만들어 역전류가 흐르게 되므로 교류에 대해서 저항과 같은 역할을 한다.

그러나 이것은 교류의 흐름을 방해하지만 직류의 저항과는 성격이 다르다. 저항은 전기적인 에너지를 열로 발산시키지만, 코일은 자체유도 덕분에 전기적인 에너지를 저장하여 간직하고 있다(연습문제 22, 23 참고).

코일에는 전기에너지가 저장된다.

코일에 전류를 흘려 보내려면 역기전력을 이겨내고 전류가 흐를 수 있도록 외부에서 일을 해주어야 한다. 전류를 0에서 I로 만들기 위해 외부에서 해주어야 할 일은 일률을 써서 계산할 수 있다.

$$P = \frac{dW}{dt} = -\mathscr{E}i = Li\frac{di}{dt}$$

$$W = \int_0^T \frac{dW}{dt}\,dt = \int_0^I Li\ di = \frac{1}{2}LI^2$$

여기서 T는 전류가 I가 될 때까지 걸린 시간이다. 외부에서 해준 이 일은 코일 속에 자기에너지 형태로 저장된다.

솔레노이드의 예를 통해 알아보자. 솔레노이드의 길이를 l, 단면적을 A, 코일의 감은 횟수를 N이라고 하자. 코일에 전류 I가 흐르면 솔레노이드 내부에 생기는 자기장은

$B = \mu_0(N/l)\ I$ 이다.

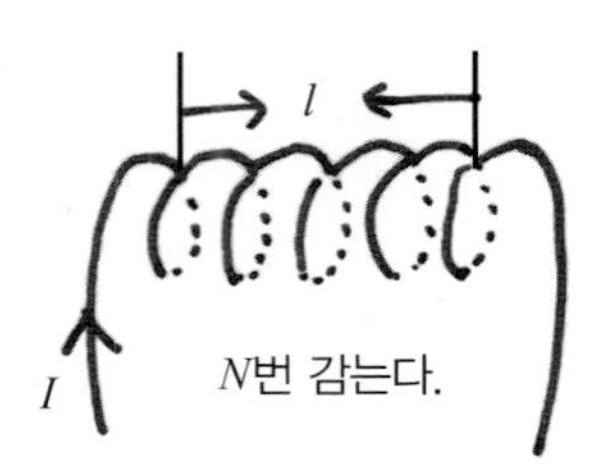

한 번 감은 코일의 자기장다발은 $\Phi_B = BA$이므로, N번 감은 코일에 유도되는 역기전력은

$$\mathscr{E} = -N\frac{d\Phi_B}{dt} = -NA\left(\mu_0\frac{N}{l}\frac{di}{dt}\right)$$

이다. 따라서, 솔레노이드의 자체 인덕턴스는

$L = \mu_0 N^2A/l$ 이다.

길이 l인 이 솔레노이드 코일에는

$$W = \frac{1}{2}LI^2 = \frac{\mu_0 N^2 A}{2l}I^2$$

의 자기에너지가 간직되어 있다.

솔레노이드 코일에 전류가 흐르면, 없던 자기장이 코일주위에 만들어진다. 따라서, 전류가 흘러가는 것을 보는 대신 자기장이 주위에 생긴 것을 보고, 외부에서 일을 해주었음을 알 수도 있다.

이러한 새로운 관점에서 보면, 자기장 속에 에너지가 저장되어 있다고 해석할 수 있다. 전기장에 에너지가 축적되어 있다고 보는 입장과 비슷하다.

긴 솔레노이드 결과를 쓰면 에너지의 체적밀도는

$$u = \frac{W}{Al} = \frac{1}{2\mu_0}\left(\mu_0\frac{N}{l}I\right)^2$$

$$= \frac{1}{2}\frac{B^2}{\mu_0}$$ 이다.

솔레노이드 코일뿐 아니라, 일반적으로 자기장에 들어있는 에너지 체적밀도는

$u = \frac{1}{2}\frac{B^2}{\mu_0}$ 이다.

코일의 상호유도

이번에는 솔레노이드 코일을 다른 쪽 솔레노이드 코일에 끼워 넣고 안쪽 솔레노이드 코일의 전류를 변화시켜 보자.

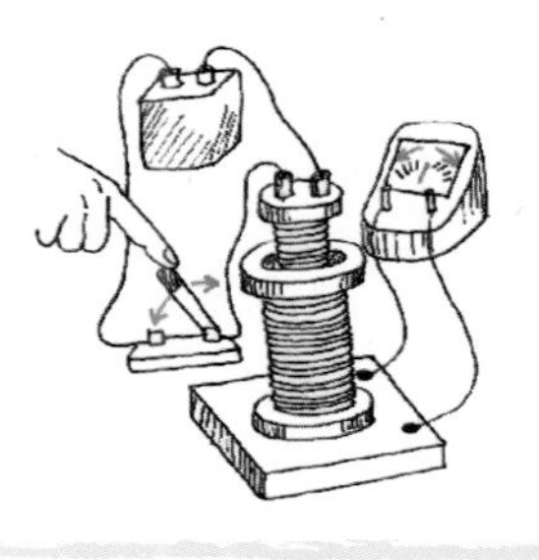

안쪽 솔레노이드 코일의 자기장이 변화하므로 솔레노이드 코일의 자기장다발이 변하고, 이를 상쇄시키려고 솔레노이드 코일에 유도전류가 생겨난다. 유도 기전력 $\mathscr{E}$은 상대방 코일의 전류 i의 변화에 비례하므로

$$\mathscr{E} = -M\frac{di}{dt}$$

라고 쓴다. M을 상호 인덕턴스라고 한다.

교류와 변압기

교류는 상호유도를 통해 전압을 쉽게 올리고 내릴 수 있다. 변압기 안에는 철심을 중심으로 두 개의 코일이 감겨 있다. 철심은 한 코일에서 나오는 자기장다발을 다른 코일로 모아주는 역할을 한다.

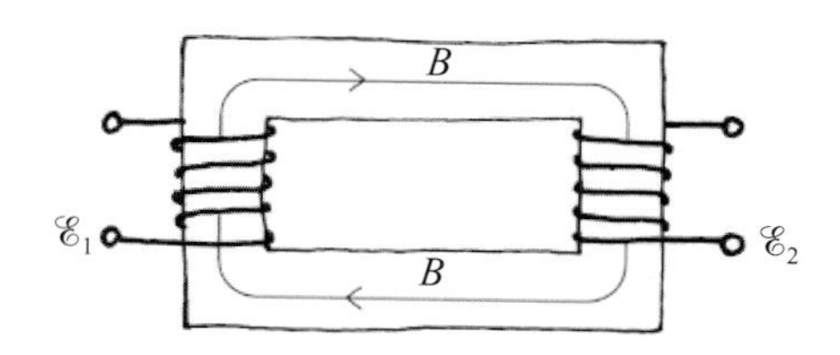

1차코일에 교류가 흐르면 2차코일에 교류 기전력이 유도된다. 마찬가지로 2차코일에 교류가 흐르면 1차코일에 기전력이 유도된다.

코일을 통과하는 자기장다발의 변화는 두 코일 모두 같으므로, 각 코일에 유도되는 기전력 $\mathscr{E}_1$과 $\mathscr{E}_2$는 코일의 감은 수에 비례한다. 이로부터 각 코일의 양단에 걸리는 전압 $V_1\,(=\mathscr{E}_1)$과 $V_2\,(=\mathscr{E}_2)$가 결정된다.

$$\frac{V_1}{V_2} = \frac{\mathscr{E}_1}{\mathscr{E}_2} = \frac{N_1}{N_2}$$

변압기에서 전압은 바뀌지만 변압기의 열손실을 무시하면, 전력은 변하지 말아야 한다.

전력은 1차코일에서 공급한 만큼 2차코일에서 나온다.

$$I_1V_1 = I_2V_2$$

변압기에서 나오는 전류는 전압에 반비례하여 나온다. 따라서, 전류는 코일의 감은 수에 반비례한다.

생각해보기 송전선에 의한 열손실

발전소에서는 왜 직류 대신 교류를 생산하여 공급하는가?
교류의 장점은 발전소에서 소비지까지 송전할 때 열손실을 줄일 수 있다는 점이다.

발전소에서 소비지까지 송전할 때 구리선을 쓴다. 전선에서 발산되는 열은 $P = I^2R$이다. 구리선은 좋은 도체이지만, 길이가 길어지면 저항이 길이에 비례하므로 열손실이 커진다(전력의 20~30% 정도까지 된다).

교류는 변압기를 사용하여 전압을 쉽게 올릴 수 있고, 따라서 송전선에 흐르는 전류의 양을 최소로 줄일 수 있다. 송전선의 저항은 변하지 않지만 전류가 줄어들기 때문에 열손실이 줄어든다.

전압을 10배로 높이면 전력$(=IV)$은 같아야 되므로, 전류가 10배로 줄고, 따라서 열은 100배 줄어든다.

역학적 에너지를 전기에너지로

패러데이법칙은 기계적인 에너지를 전기적인 에너지로 바꾸는 방법을 암시하고 있다.

전기를 생산하는 과정은 자기장 속에서 도선을 회전시켜 도선 속으로 전류를 흐르게 하는 자유전자 "몰이"에 기초하고 있다.

전기적인 에너지와 역학적인 에너지의 변환을 살펴보자.

교류발전기

그림처럼 $B = 0.1$ T의 자기장 속에서 면적이 0.3 m^2이며, 100번 감은 도선고리를 각속도 $\omega = 120\pi$/s로 회전시킨다.

발전기에 유도되는 기전력을 구하자.

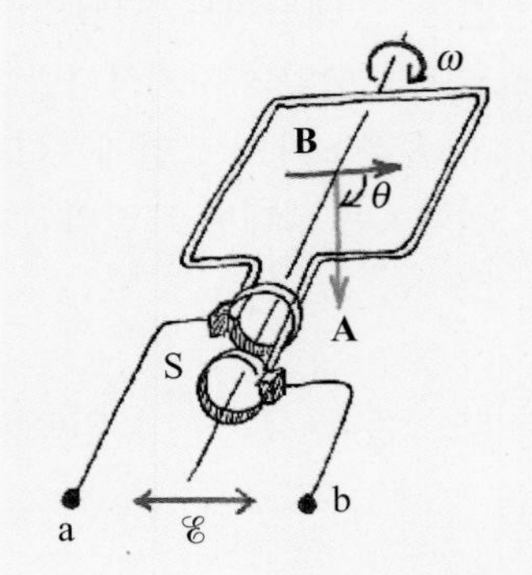

도선고리를 통과하는 자기장다발의 시간 변화량을 구하자. 코일 하나의 자기장다발은

$$\Phi_B(t) = 0.1 \times 0.3 \cos(\omega t) \text{ Wb}$$ 이다.

자기장다발의 변화율은

$$\frac{d\Phi_B}{dt} = -0.03 \times 120\,\pi \sin(\omega t) \text{ V}$$

$$= -3.6\,\pi \sin(\omega t) \text{ V}$$ 이다.

유도되는 기전력은 코일 수에 비례하므로

$$\mathscr{E} = -N\frac{d\Phi_B}{dt} = 360\,\pi \sin(\omega t) \text{ V}$$

$$\simeq 1.1 \sin(\omega t) \text{ kV}$$ 가 된다.

이 발전기에 전기기기를 연결하면 전력이 소모된다. 이 전력은 어디에서 오는 것인가?

자전거를 탈 때, 발전하여 불빛을 밝히는 경우와 발전하지 않는 경우 중에서 어떤 경우에 바퀴 밟기가 더 힘들까?

전력을 공짜로 얻을 수는 없다. 소모되는 전력은 결국 외부에서 역학적 에너지로 공급되고 있음을 구체적으로 알아보자.

인력발전기

그림처럼 10 m × 1 m 크기의 네모난 형태의 도선고리를 400번 감아 손으로 잡아당기는 간단한 발전기를 살펴보자.

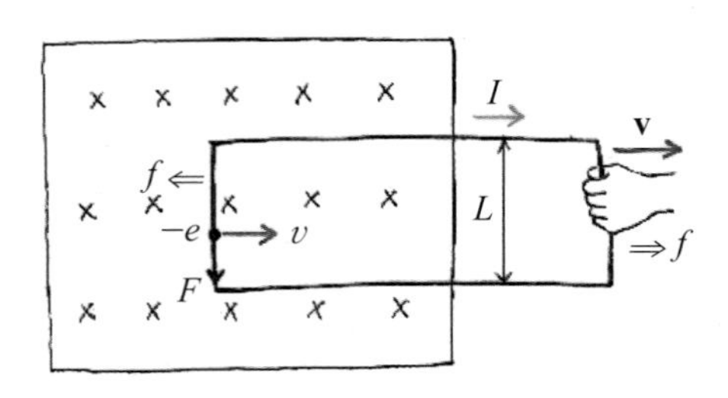

500 Gauss의 자기장이 지면 아래로 걸려 있는 지역에서 이 고리를 일정한 속력 $v = 0.5$ m/s로 당긴다.

도선고리를 오른쪽으로 잡아당기면 자기장다발이 감소한다. Δt초 후 자기장다발의 변화량은

$$\Delta\Phi_B(t) = -(0.5\,\Delta t \times 1)\text{ m}^2 \times 0.05 \text{ T}$$

$$= -0.025 \times \Delta t \text{ Wb}$$

따라서,

$$\mathscr{E} = -N\frac{\Delta\Phi_B}{\Delta t} = 400 \times 0.025 \text{ V} = 10 \text{ V}$$

의 기전력이 유도된다.

이제 이 발전기에 저항 100 Ω인 전구를 달아 보자. 이 전구를 달면 도선에 흐르는 전류는

$$\frac{\mathscr{E}}{100\ \Omega} = 0.1\ \text{A}$$이므로

전구에서 소비되는 전력은

$$P = I^2 R = (0.1\ \text{A})^2 \times 100\ \Omega = 1\ \text{W}$$이다.

에너지가 저항에서 열로 사라진다면 분명 에너지가 어디에선가 공급되고 있다는 것을 뜻한다. 이 에너지는 어디에서 나오고 있는가?

기전력을 로렌츠 힘의 입장에서 다시 보자.

도선 속의 전하는 오른쪽으로 움직이기 때문에 로렌츠 힘 ($F = qvB$)을 도선방향으로 받는다. 따라서, 전하는 도선을 따라 외부에서 준 전기장을 느낀다.

$$\begin{aligned} E &= \frac{F}{q} = vB \\ &= 0.5 \times 0.05\ \text{V/m} \\ &= 0.025\ \text{V/m} \end{aligned}$$

이 전기장은 1 m의 도선을 따라 있으므로, 400번 감긴 도선에 생기는 총 기전력은

$$\begin{aligned} \mathscr{E} &= N \times (EL) \\ &= 400 \times 0.025\ \text{V/m} \times 1\ \text{m} = 10\ \text{V} \end{aligned}$$이다.

이것은 패러데이 법칙으로 계산한 기전력과 같다.

이 기전력 때문에 도선에 전류가 흐르면 도선은 렌츠의 법칙에 의해 원래 상태로 복귀하려고 한다. 따라서, 도선은 오른쪽으로 순순히 끌려오지 않는다.

도선을 오른쪽으로 움직이려면 힘을 주어 당겨야 한다. 로렌츠 힘 때문에 도선에 생기는 복원력은

$$f = 0.1\ \text{A} \times 0.05\ \text{T} \times (400 \times 1)\ \text{m} = 2\ \text{N}$$이다.

사람은 이 복원력과 맞먹는 힘을 주면서 도선을 $v = 0.5$ m/s로 당겨야 하므로, 해주는 일률은

$$fv = 2\ \text{N} \times 0.5\ \text{m/s} = 1\ \text{W}$$이다.

물론, 이 일률은 전구에서 소비되는 전력과 같다. 발전에서 역학적 에너지가 전기에너지로 바뀌고 저항에서 다시 열로 바뀐다.

전기회로

전기회로는 일상생활에서 사용하는 모든 전기기구에 사용된다.

앞절에서 본 바와 같이 회로에 흐르는 전류가 시간에 따라 변하면, 코일 (인덕터 L)은 자기장의 변화를 싫어하는 자기적 관성 때문에 전류의 흐름을 방해하면서 자기장으로 에너지를 축적하고 있다.

한편, 축전기 (capacitor, C)는 전하를 전기장의 형태로 축적하려고 한다. 저항 (R)은 에너지를 열로 발산한다.

L C R

이 세 가지 요소의 결합으로 회로의 시간상수, 공명, 필터, 주파수 특성 등 여러 가지 회로의 기능을 만들어 낸다.

먼저 자기장이 주도하는 L과 R가 결합된 경우를 보자.

LR 회로는 코일(인덕터)을 이용하는 회로이다. 이 회로는 코일과 저항으로 이루어져 있다.

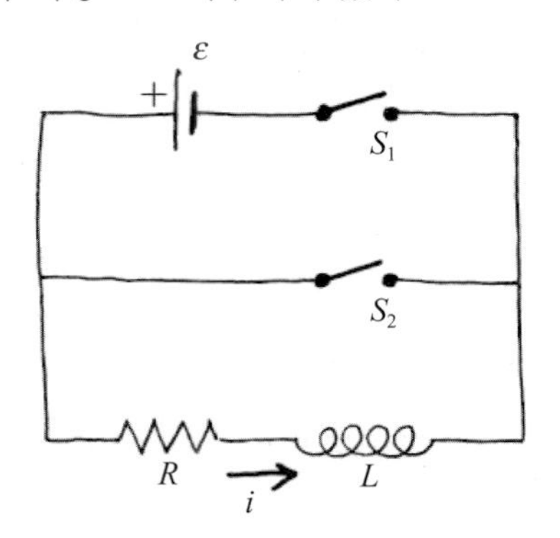

코일의 특성은 전류가 바뀌는 것을 방해하는 것이다. 회로의 스위치 S_1을 켜면 전류의 변화가 생기므로 당연히 코일은 전류가 흐르지 못하도록 역전기력을 낼 것이다. 따라서, 전류는 스위치를 켜자마자 급격히 증가하지 못하고 그림처럼 천천히 증가하게 된다(저항만으로 구성된 회로와 비교해 보라).

어느 정도의 시간이 지나면 일정한 전류가 흐르게 되고, 이때는 전류의 변화가 없으므로 코일은 더 이상 역할을 하지 않는다.

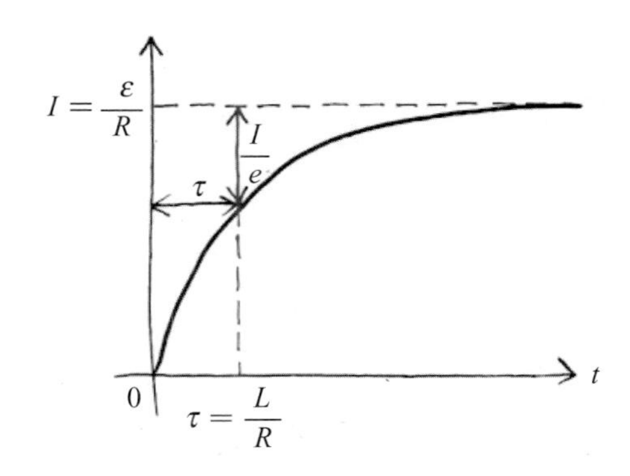

시간 $\tau=\frac{L}{R}$ 이 지난 후에야 전류가 일정하게 흐른다.

회로의 각 소자에 흐르는 전류와 전압을 알아내기 위해서는, 전하와 에너지가 보존되는 성질을 쓰는 것이 편리하다. 이것을 키르히호프법칙이라 한다.

(1) 전선이 만날 때 꼭짓점으로 들어오는 전류의 합은 0이다(전하가 보존 된다).

(2) 전류가 폐회로를 따라 한 바퀴 돌아 제자리로 올 때 전하가 느끼는 총 전압강하는 0이다(에너지가 보존된다).

이것을 LR회로에 적용해 보자. LR회로가 전원에 연결되면, 총 전압강하는 0이 된다.

$$\mathscr{E} - L\frac{di}{dt} - iR = 0$$

LR회로에 흐르기 시작할 때의 전류는

$$i(t) = \frac{\mathscr{E}}{R}(1 - e^{-Rt/L})$$

으로 쓰여진다(이 해를 위의 미분방정식에 넣어 확인해 보라). 이 식을 보면, 시간 $\tau=L/R$이 지난 후에야 전류가 일정하게 흐른다는 것을 알 수 있다.

전류가 흐르기 시작하여 시간 $\tau = L/R$이 지나면 전류는 최종값 $\mathscr{E}/R$의 63%에 이른다. $\tau = L/R$은 이 LR 회로의 시간적 특성을 나타내는 양이며, 시상수라 한다.

충분한 시간이 지나면 코일에는 전기적인 에너지

$$\frac{1}{2}LI^2 = \frac{1}{2}L\left(\frac{\mathscr{E}}{R}\right)^2$$

이 저장된다.

전류가 흐르고 있는 상태에서 회로의 스위치 S_2를 켜고 S_1을 끄면, 이제 전원이 없이 L과 R로만 구성된 회로에 전류가 흐르게 된다.

$$i(t) = \frac{\mathscr{E}}{R}e^{-Rt/L}$$

이 회로에서는 $\tau = L/R$이 지나면 전류가 37% 정도로 떨어진다. 이때 코일에 저장되었던 에너지는 저항의 열로 사라진다.

생각해보기

100 Ω 저항과 자체 인덕턴스가 10 H인 코일로 만들어진 회로의 시상수는

$$\tau = \frac{L}{R} = \frac{10\text{ H}}{100\ \Omega} = 0.1\text{초이다.}$$

안전과 LR 회로

전기난로를 켠 채 전기코드를 갑자기 빼면 스파크 불꽃이 생기는 것도 짧은 시간에 많은 전류가 갑자기 멈추면서 높은 전압이 단자에 유도되어 방전이 일어나기 때문이다.

큰 전류를 사용하는 공장의 스위치를 작동할 때도 유도전압 때문에 매우 위험하다. 이 위험을 줄이기 위해 공장에서는 LR 회로를 이용한 스위치(서킷 브레이커)를 만들어 전류를 천천히 차단시킨다.

LC 회로와 전하의 진동

이제 LR 회로에서 저항을 없애고 대신 축전기(C)를 연결해 보자.

LC 회로는 코일과 축전기로 이루어진 회로이다.

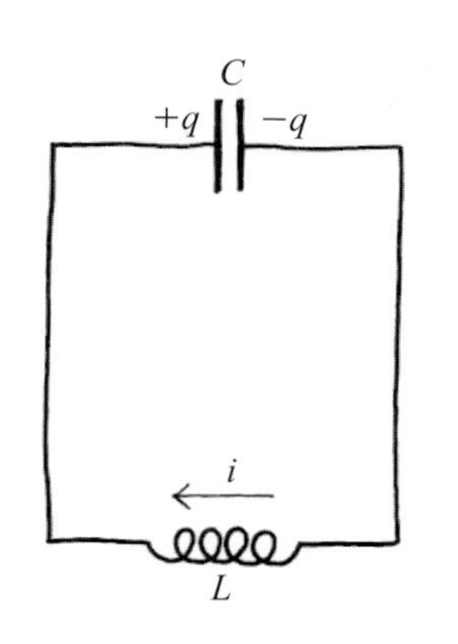

이 회로에는 저항이 없으므로 전기에너지의 손실이 없다. 그러면 전기에너지는 어떤 상태로 있을까?

축전기는 전류의 변화를 좋아하고 코일은 변화를 싫어하므로, 전하를 떠넘기려 한다. 이 때문에 축전기에 축적되는 전하는 다음 그림처럼 한쪽 도체판에서 다른 도체판으로 왕복하며 진동한다.

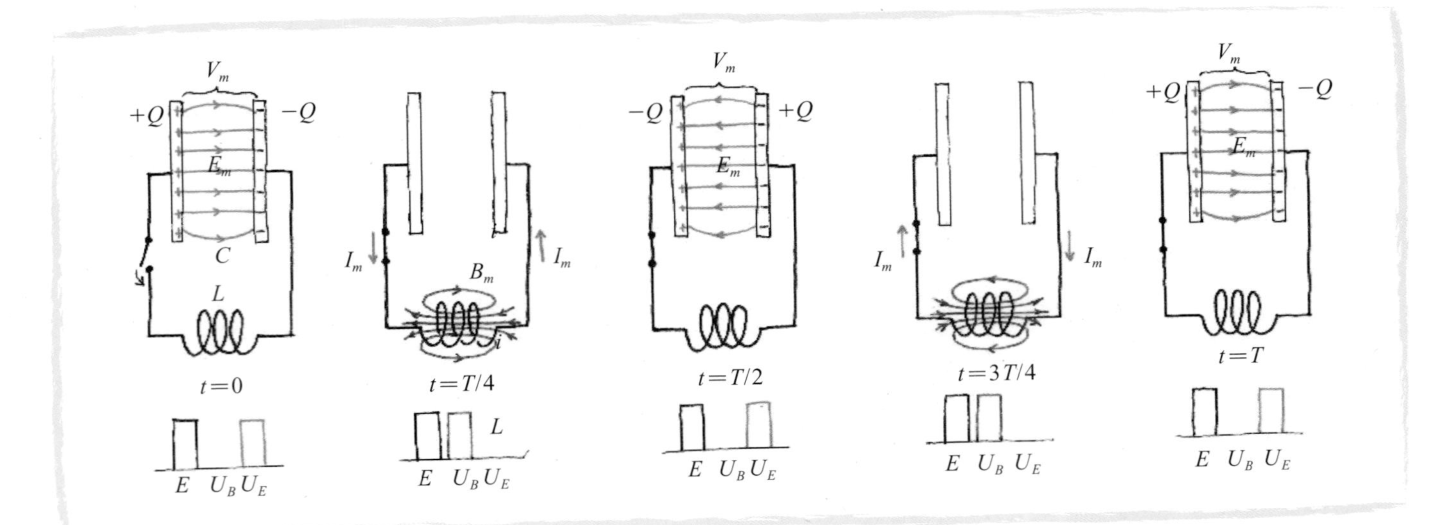

키르히호프 법칙을 적용하여 LC 회로에서 전하의 진동을 살펴보자.

1. 회로의 전압강하는 0이다.

$$-L\frac{di}{dt} - \frac{q}{C} = 0$$

2. 전류가 흐르면 축전기에 전하가 쌓인다.

$$i = \frac{dq}{dt}$$

회로방정식을 전하로 고쳐쓰면,

$$\frac{d^2q}{dt^2} + \left(\frac{1}{LC}\right)q = 0$$

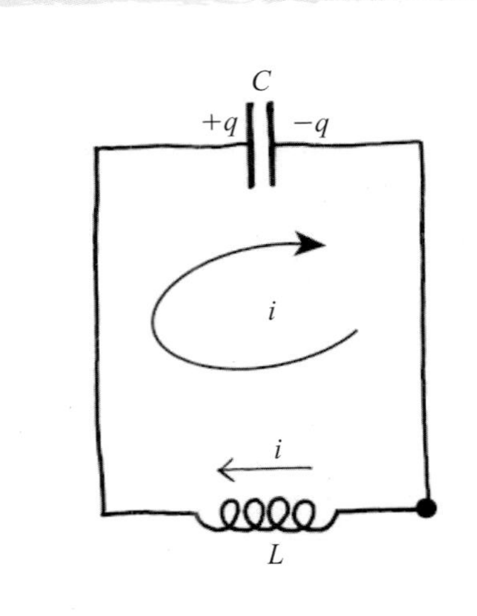

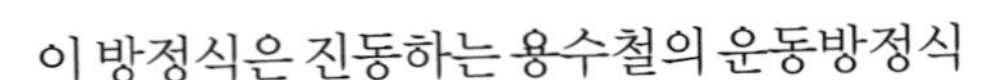
이 방정식은 진동하는 용수철의 운동방정식

$$\frac{d^2x}{dt^2} + \omega_0^2 x = 0$$

과 유사하다. 즉, 전하가 단진동하고 있음을 보여준다. 이 회로의 각진동수는 당연히

$$\omega_0 = 2\pi f_0 = \sqrt{\frac{1}{LC}} \text{ 이다.}$$

LC 회로에서 축전기에 쌓인 전하의 크기가 커졌다 작아졌다 하는 모습은 단진동하는 용수철에 매달린 물체의 진폭이 커졌다 작아졌다 하는 모습과 완전히 같다.

LC 회로와 용수철의 단진동

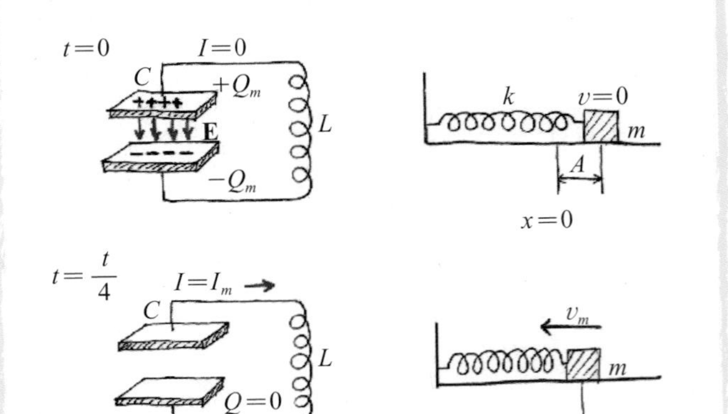

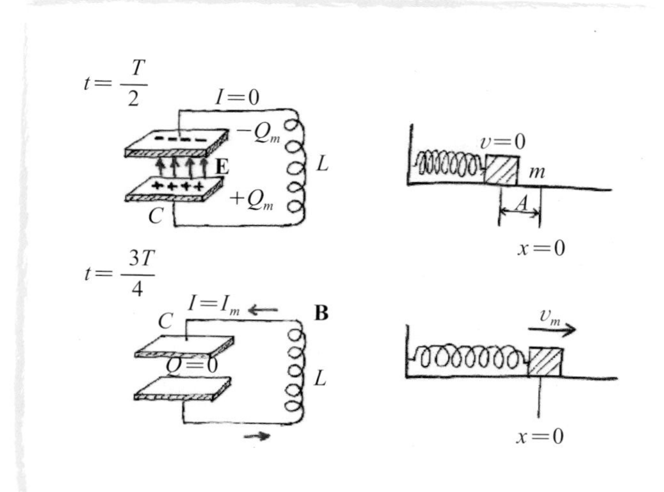

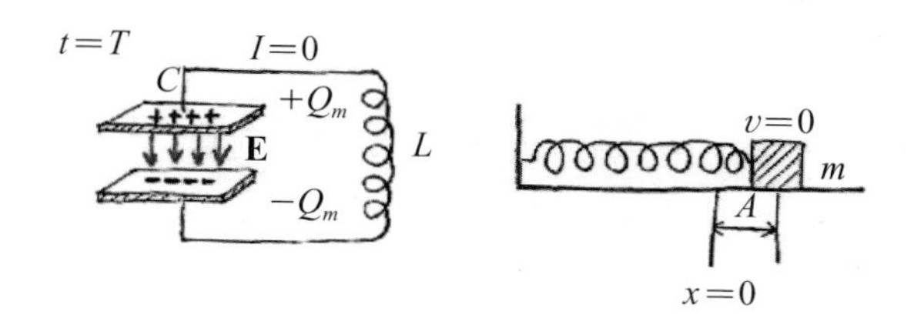

위쪽 도체판에 있던 전하는 아래판으로 이동한 후, 다시 위판으로 되돌아온다. 주기는 $T=2\pi/\omega_0$ 이다.

생각해보기

앞의 LC 회로와 용수철 단진동은 상당히 유사성이 있음을 알 수 있다. 이를 구체적으로 대응해 보자.

LC 회로	용수철
q (전하)	x (변위)
$i=\dfrac{dq}{dt}$ (전류)	$v=\dfrac{dx}{dt}$ (속력)
$\dfrac{1}{2}\dfrac{q^2}{C}$ (축전기)	$\dfrac{1}{2}kx^2$ (퍼텐셜에너지)
$\dfrac{1}{2}Li^2$ (코일)	$\dfrac{1}{2}mv^2$ (운동에너지)
$\sqrt{\dfrac{1}{LC}}$ (주파수)	$\sqrt{\dfrac{k}{m}}$ (진동수)

RC 회로

축전기와 저항으로 만들어진 회로는 RC 회로이다.

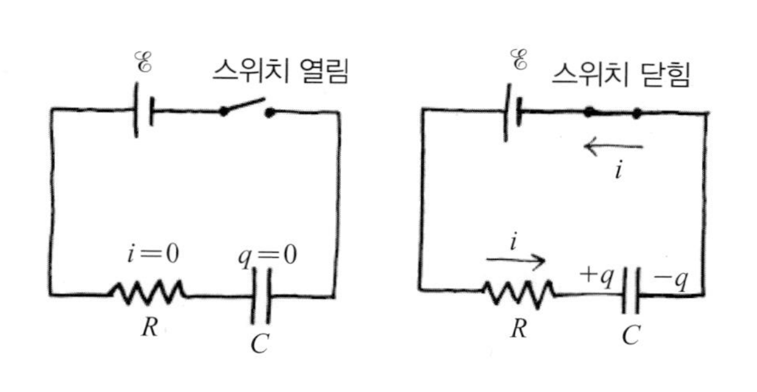

스위치를 넣어 회로에 전류를 흘려 보내자. 이 회로에는 어떤 전류가 흐를까?

이 회로의 소자인 축전기 속을 들여다보면, 두 개의 도체판 사이가 떨어져 있으므로 직류는 흐를 수 없다.

처음 스위치를 넣으면 전류가 흘러 축전기에 전하를 축적한다. 일정시간이 지나 전하가 완전히 축적되면 전류는 더 이상 흐르지 못한다. 전하가 축전기에 축적되면, 전기에너지가 축전기에 저장된다.

이 회로에 키르히호프법칙을 적용하자.

$$\mathscr{E} - i(t)R - \frac{q(t)}{C} = 0$$

$q(t)$는 축전기에 축적되는 전하량이다. 전류가 흐르면 축전기에 전하가 쌓이므로 전류와 전하는

$$i(t) = \frac{dq(t)}{dt}$$

관계가 있다. 이 미분방정식의 해는

$$q(t) = C\mathscr{E}\,(1 - e^{-t/RC})$$ 이다.

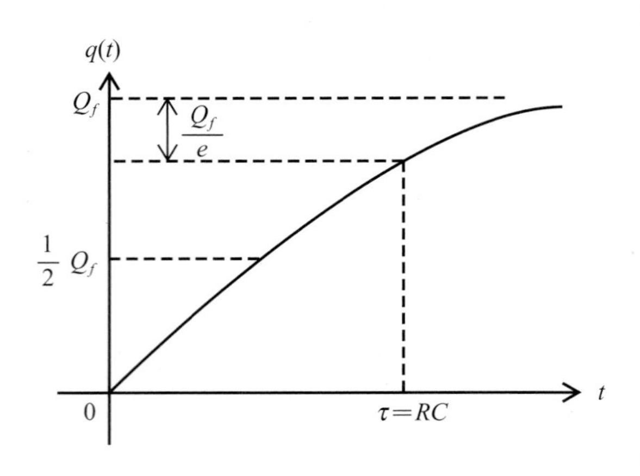

$$i(t) = \frac{dq(t)}{dt} = \frac{\mathscr{E}}{R}e^{-t/RC}$$

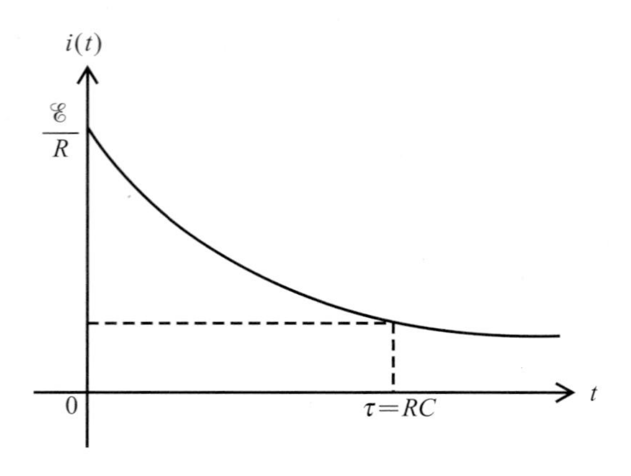

RC 회로의 시상수

RC 회로에서 전류가 흐르기 시작하여 시간 $\tau = RC$가 지나면 처음 전류값의 37%로 떨어지고, 축전기의 전압도 최종값의 63%에 이른다. $\tau = RC$는 이 *RC* 회로의 시상수이다.

예를 들어, 저항이 5 kΩ이고 전기용량이 10 μF (=10 ×10⁻⁶ F)인 회로의 시상수는

$$\tau = (5 \times 10^3) \times (10 \times 10^{-6})\ \text{s}$$
$$= 50\ \text{ms}$$ 이다.

Ⅲ-4장 2절에서 교류발전기의 동작원리에 대해 살펴보았다. 우리가 사용하는 가정용 교류 전기는 주기적으로 변화하는 유도 기전력에 의해 생기며, 1초에 60번 진동하고, 전압은 220V이다.
대부분의 전자기기는 직류를 사용하는데, 발전소에서 공급되는 교류를 직류로 바꾸어 사용한다. 교류는 직류에 비해 많은 장점이 있다. 그중 하나가 교류는 변압기를 이용하여 쉽게 전압을 올리거나, 내릴 수 있어, 고압을 이용한 송전 면에서 직류에 비해 크게 유리하다.
에디슨과 테슬라 간의 직류와 교류에 대한 논쟁은 과학사의 유명한 일화이다.

자기장 B 속에서 단면적이 A이고, N번 감은 도선이 각속도 ω로 회전하고 있는, 교류발전기로부터 발생되는 기전력은 다음과 같이 표시된다.

$$\Phi = BA\cos(\omega t)$$

$$\mathscr{E} = -N\frac{d\Phi_B}{dt} = -N\frac{d[BA\cos(\omega t)]}{dt}$$

$$= NBA\omega\sin(\omega t)$$

$$\mathscr{E} = \mathscr{E}_m\sin(\omega t),\ \mathscr{E}_m = NBA\omega$$

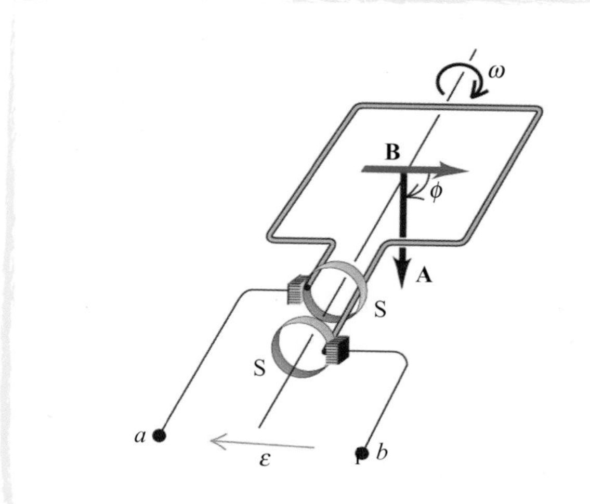

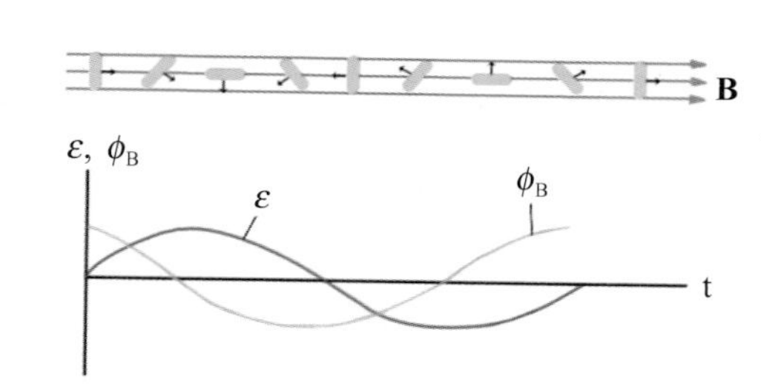

전자회로에서 교류값을 나타낼 때는 영어의 필기체 소문자 사용한다. 즉, 직류 전류는 I, 교류 전류는 i, $i(t)$로, 직류 전압은 V, 교류 전압은 v, $v(t)$ 등이다. 교류 기전력 장치는 ⊙ 기호를 사용하며, 일반적으로 교류 전압과 전류는 다음과 같이 표시한다.

$$v = V\cos(\omega t + \phi)$$

$$i = I\cos(\omega t + \phi)$$

ϕ는 교류의 위상을 말한다.

교류전압이 걸려있는 저항 R에서 소모되는 일률은 $P = i^2R = I^2R\cos^2(\omega t + \phi)$

교류의 경우 일률이 시간에 따라 변화하므로 한 주기에 대해 평균일률을 구해보면,

$$\langle P\rangle = I^2R\langle\cos^2(\omega t + \phi)\rangle = \frac{I^2R}{2} = I_{\text{rms}}R,$$

$I_{\text{rms}} = \dfrac{I}{\sqrt{2}}$이다.

교류전압계나 전류계는 전류나 전압의 최댓값을 표시하지 않고, 제곱–평균–제곱근 값을 읽게 된다. 이를 실효치 라고도 부른다. 우리가 알고 있는 가정용 전압 220 V는 실효치이며, 최대 피크전압은

$V = 220\text{ V} \times \sqrt{2} = 311\text{ V}$이다.

저항이 있는 교류회로

저항값 R을 가진 저항에 전류 $i = I\cos(\omega t)$로 주어진 교류가 흐르는 회로를 생각하자. 옴의 법칙으로부터 저항에 걸리는 전압은 $v_R = iR = IR\cos(\omega t)$임을 알 수 있다.

이 경우는 전류 i와 전압 v_R은 모두 $\cos(\omega t)$에 비례하므로 전류와 전압의 위상은 같다.

$$v_R = iR = IR\cos(\omega t)$$

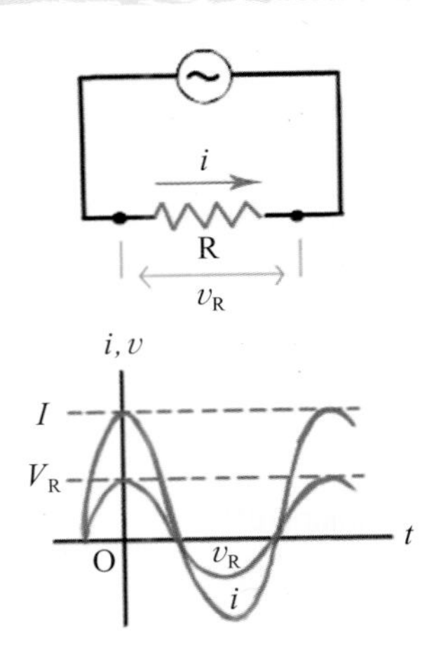

인덕터가 있는 교류회로

이번에는 저항 대신에 자체 인더턴스가 L인 인덕터를 달아보자. 인덕터에 걸리는 전압은 다음과 같다.

$$\begin{aligned} v_L &= L\frac{di}{dt} = L\frac{d}{dt}[I\cos(\omega t)] \\ &= -I\omega L\sin(\omega t) = I\omega L\cos(\omega t + \pi/2) \end{aligned}$$

이 경우에는 전압과 전류의 위상이 다르다. 즉 전압의 위상이 전류보다 90도, ($\pi/2$) 앞서 감을 알 수 있다. 인덕터에 걸리는 전압의 진폭 $V_L = I\omega L$로 표시되고, $X_L = \omega L$이 교류저항의 역할을 한다. 이를 유도 리액턴스라 부른다. 주파수가 커질수록 저항이 커짐을 알 수 있다. 고주파일수록 인덕터를 통과하기 힘들다.

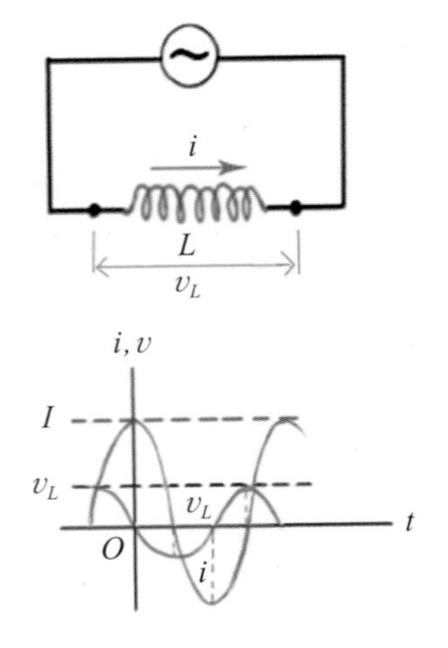

축전기가 있는 교류회로

이번에는 전기용량이 C 인 축전기를 연결한 경우에 대해 알아보자. 축전기에 걸리는 전압은 다음과 같이 표시된다.

$$i = \frac{dq}{dt} = I\cos(\omega t),\ q = \frac{I}{\omega}\sin(\omega t)$$

$$v_C = \frac{q}{C} = \frac{I}{\omega C}\sin(\omega t) = \frac{I}{\omega C}\cos\left(\omega t - \frac{\pi}{2}\right)$$

이 경우에는 전압의 위상이 전류보다 90도 ($\pi/2$) 늦게 감을 알 수 있다. 축전기에 걸리는 전압의 진폭 $V_c = \dfrac{I}{\omega C}$로 표시된다. $X_C = \dfrac{1}{\omega C}$이 교류저항의 역할을 하며, 이를 용량 리액턴스라 부른다. 주파수가 커질수록 저항이 작아짐을 알 수 있다. 고주파일수록 축전기를 통과하기 쉽다.

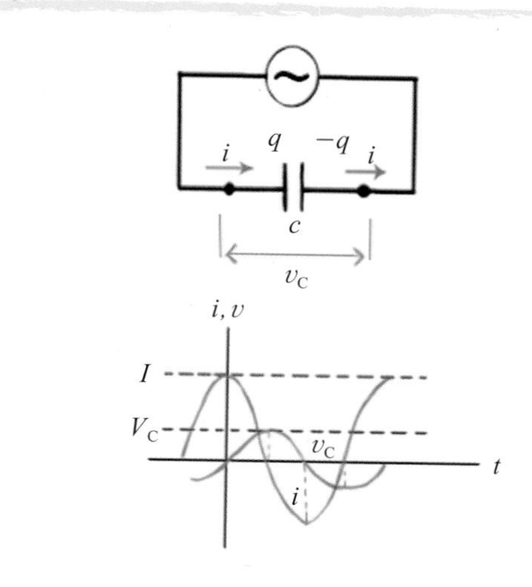

LRC 교류 직렬회로

각진동수가 ω인 교류전압이 공급되는 LRC 직렬회로를 생각해보자. 저항, 인덕터, 축전기 걸리는 순간 전압을, v_R, v_L, v_C라 하면, 앞에서 배운 대로, 각각의 전류 및 전압은 다음과 같이 표시된다.

$$i = I\cos(\omega t),\ v_R = V_R\cos(\omega t)$$
$$v_L = V_L\cos(\omega t + \pi/2),\ v_C = V_C\cos(\omega t - \pi/2)$$

따라서 회로에 걸리는 총 전압 v는 다음과 같다.

$$\begin{aligned} v &= v_R + v_L + v_C \\ &= V_R\cos(\omega t) + V_L\cos(\omega t + \pi/2) \\ &\quad + V_C\cos(\omega t - \pi/2) \end{aligned}$$

전압의 위상이 다르므로 직류의 경우에서처럼 피크전압을 합해서는 안 된다($V \neq V_R + V_L + V_C$).

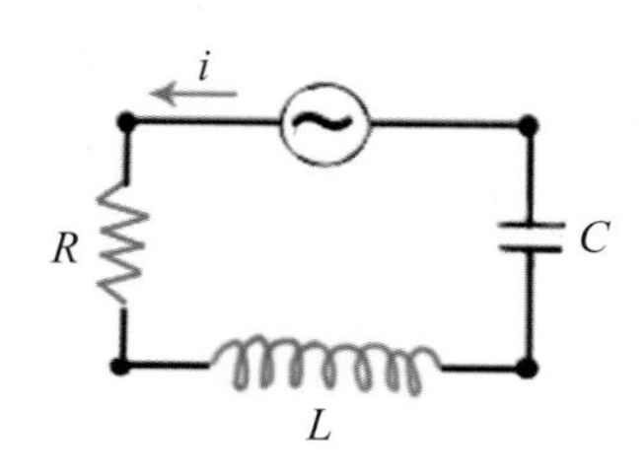

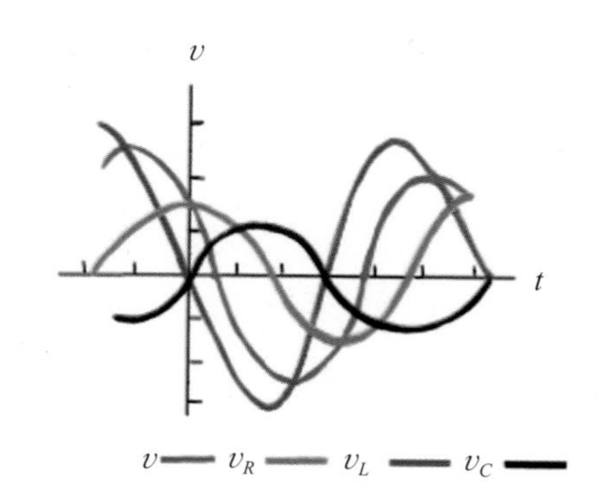

위상이 다른 경우 피크전압을 계산할 때 위상자 그래프를 사용하면 편리하다. $+x$축을 위상이 0인 경우로 생각하면, $+y$축이 위상이 $\pi/2$로 생각할 수 있다. 아래와 같이 v_R, v_L, v_C를 위상을 고려하여 그릴 수 있다. 피크 전압의 합은 위상자 그래프에서 각 피크 전압의 벡터합으로 구할 수 있다.

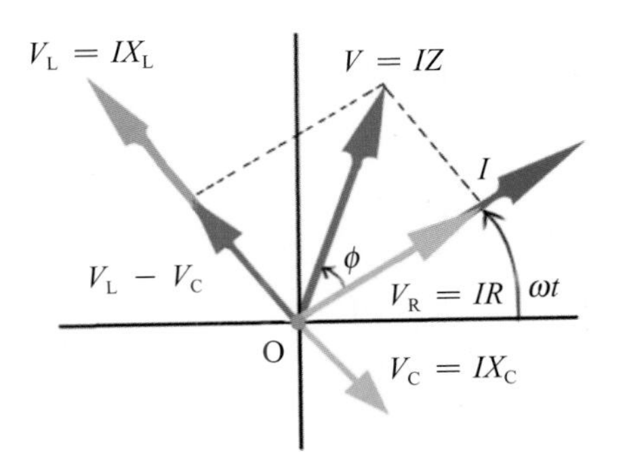

위상을 고려하여 총 전압을 구해보면 다음과 같이 쓸 수 있다.

$$v = \sqrt{V_R^2 + (V_L - V_C)^2}\cos(\omega t + \phi)$$
$$= V\cos(\omega t + \phi)$$
$$\tan(\phi) = \frac{V_L - V_C}{V_R}$$

직류회로의 전류가 $i = I\cos(\omega t)$임을 고려하면, ϕ는 회로에서 전류와 전압의 위상차를 의미한다. 총 피크 전압 V는 다음과 같이 쓸 수 있는데,

$$V = \sqrt{V_R^2 + (V_L - V_C)^2} = \sqrt{(IR)^2 + (IX_L - IX_C)^2}$$
$$= I\sqrt{R^2 + (\omega L - 1/\omega C)^2}$$

이때 회로의 총 저항에 해당하는
$Z = \sqrt{R^2 + (X_L - X_C)^2}$를

교류회로의 임피던스(Z)라 부른다.

생각해보기

직렬 LRC 회로에서,
$R = 100\ \Omega$, $L = 20$ mH, $C = 2\mu$F이고,
교류 전압원의 $V = 10$ V, $f = \dfrac{\omega}{2\pi} = 60$ Hz일 때,
X_L, X_C, Z, I, $\tan(\phi)$를 구해보자.

$$X_L = \omega L = 2\pi \times 60 \times 20 \times 10^{-3} = 7.54\ \Omega$$
$$X_C = 1/\omega C = 1/(2\pi \times 60 \times 2 \times 10^{-6})$$
$$= 1.33\ \text{k}\Omega$$

$$Z = \sqrt{R^2 + (X_L - X_C)^2}$$
$$= \sqrt{100^2 + (1{,}330 - 7.54)^2} = 1.32\ \text{k}\Omega$$
$$I = V/Z = 10\ \text{V}/(1.32\ \text{k}\Omega) = 7.56\ \text{mA}$$
$$\tan(\phi) = (X_L - X_C)/R = -13.2$$

교류회로에서의 전력

LRC 직렬회로에서 교류에 의한 일률 즉, 소비전력, P를 계산해보자. 순간교류전력은 $P = iv = I\cos(\omega t)\ V\cos(\omega t + \phi)$로 표시된다. 평균소비전력 $\langle P \rangle$를 구해보면,

$$\langle P \rangle = \langle I\cos(\omega t)\ V\cos(\omega t + \phi) \rangle$$

$$= \int_0^T [I\cos(\omega t)\ V\cos(\omega t + \phi)]dt = \frac{1}{2} IV\cos(\phi)$$

위상차가 0일 때의 평균소비전력은 $\frac{IV}{2} = \left(\frac{I}{\sqrt{2}}\right)\left(\frac{V}{\sqrt{2}}\right) = I_{rms}\ V_{rms}$이고, 위상차가 $\pi/2$일 때 전력손실이 0임을 알 수 있다. 저항 성분이 없는 순수 인덕터와 축전기에서는 위상이 $\pm\pi/2$이므로, 평균 전력 소모는 0이다.

LRC 회로에서의 전류

LRC 직렬회로에서 전류의 크기는 $I = \frac{V}{Z} = \frac{V}{\sqrt{R^2 + (\omega L - 1/\omega C)^2}}$이다. 이때 임피던스 Z가 최소가 되는 지점에서 전류가 최대가 된다. 즉, $\omega = \omega_0 = 1/\sqrt{LC}$가 되면 전류값이 최대가 된다. 이렇게, 특정 진동수에서 최고점이 나타나는 현상을 공명이라 한다.

공명점에서 전류와 전압의 위상차를 구해보면,

$$\tan(\phi) = \frac{\omega L - 1/\omega C}{R} = 0, \quad \phi = 0$$

이 된다. 공명점에서는 마치 인덕터와 축전기가 전혀 없는 것처럼 행동한다.

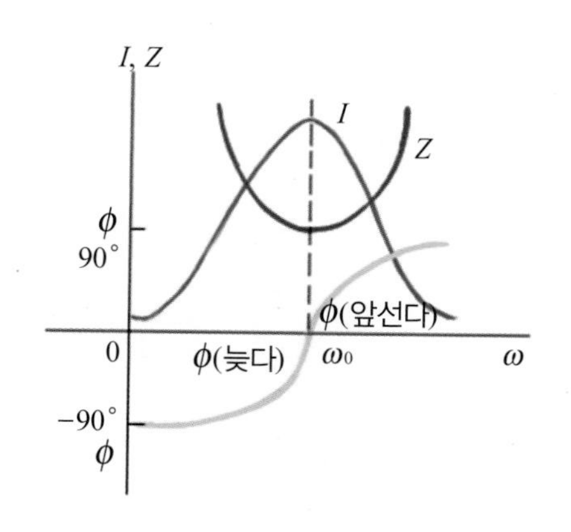

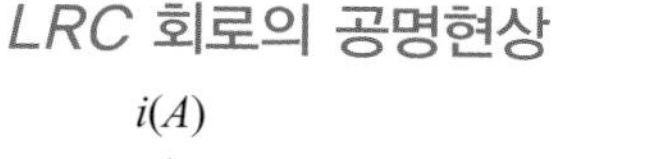

LRC 회로의 공명현상

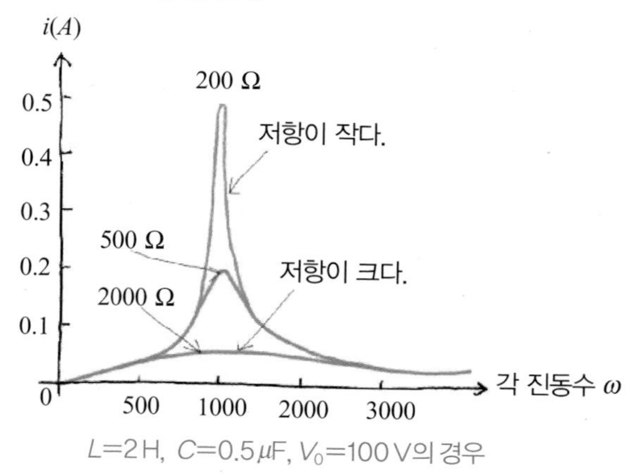

L=2 H, C=0.5 μF, V_0=100 V의 경우

생각해보기 **전파수신**

라디오나 텔레비전의 전파수신은 이 공명현상을 이용한다. 방송국에서 송신하는 전파의 진동수는 정해져 있으므로, 수신기에 있는 LC 회로의 공명진동수를 조정하여 외부전파의 진동수에 맞추면 된다. 외부 전자기파는 공명하는 유도전류를 회로에 만들기 때문에, 최대의 에너지가 회로에 흡수된다.

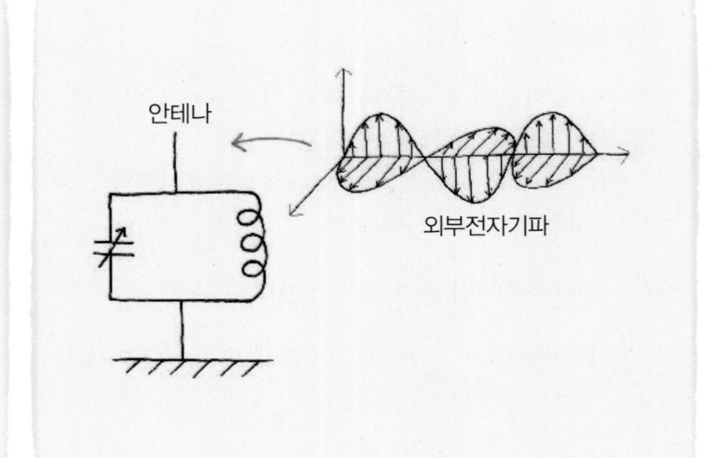

생각해보기

공명회로에 사용되는 것이 가변축전기이다. 기계적으로 축전용량을 바꾸는 것이 오른쪽 그림에 나타나 있다. 회전자를 기계식으로 회전시켜 고정자와 접촉면적을 변화시킨다. 축전용량이 $C = \varepsilon_0 A/d$임을 기억해 보면, 접촉면적의 변화는 바로 축전용량의 변화로 이어진다. 따라서 라디오나 TV 회로의 공명주파수를 바꿀 수 있다.

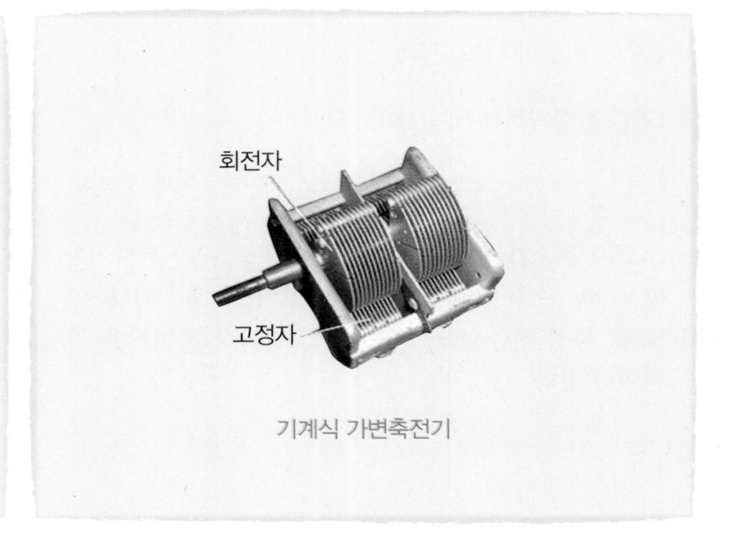

기계식 가변축전기

또 다른 종류는 오른쪽 그림과 같은 전자식이 있다. 반도체의 다이오드에 역방향 전압을 걸어주면 p형 반도체와 n형 반도체 계면(p-n 계면) 사이에 자유전하가 없는 층이 생긴다. 이 층의 두께는 걸어준 전압에 따라 달라진다. 따라서 이번에는 d를 바꾸어 축전용량을 바꾼다.

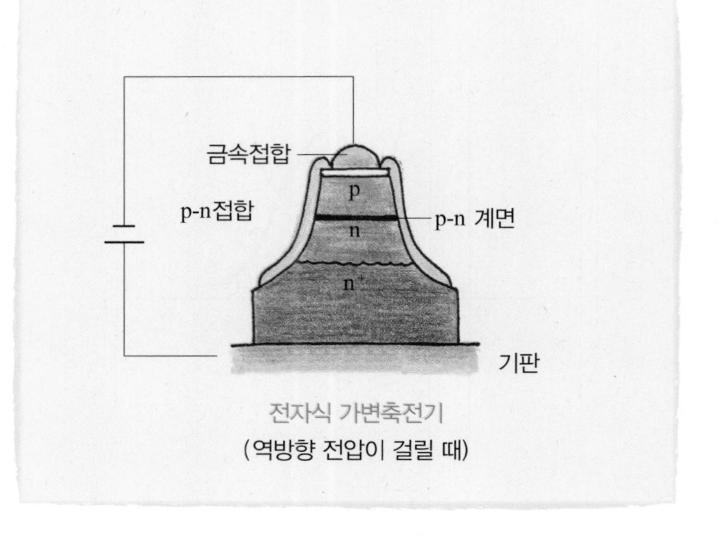

전자식 가변축전기
(역방향 전압이 걸릴 때)

단원요약

1. 자석으로 전류를… 패러데이 법칙

① 자기장하에서 도선 고리를 움직일 때 도선 내의 전하 q가 로렌츠 힘을 받아 도선 고리를 따라 일주할 때 유도되는 전기퍼텐셜을 기전력($\mathscr{E}$)이라 하고 다음과 같이 표시된다.

$$\mathscr{E} = \frac{W}{q} = \oint \mathbf{E} \cdot d\mathbf{l}$$

② 도선 고리 대신에 자석을 움직일 경우 자기장 다발(Φ_B)이 변화하면서 기전력이 유도된다. 이를 패러데이 전자기 유도 법칙이라 부른다. 유도 기전력의 크기는 $\mathscr{E} = -\frac{d\Phi_B}{dt}$, $\Phi_B = \int \mathbf{B} \cdot d\mathbf{A}$로 표시된다.

③ 패러데이 발전기는 균일한 자기장하에서 도체원판을 회전시켜 기전력을 발생시킨다. 로렌츠 힘의 입장에서는 로렌츠 힘이 기전력을 만든다고 볼 수 있고, 패러데이의 입장에서는 전자기 유도가 기전력을 만든다고 본다.

④ 로렌츠 힘의 입장과 전자기유도의 입장은 상대적이다.

2. 전자기 유도와 전기적 관성

① 패러데이 법칙에서 나타나는 "−" 기호는 유도 기전력의 방향을 결정하는 것으로, 기전력의 방향이 자기장 다발의 변화에 반발하는 방향으로 유도된다. 이를 렌츠의 법칙이라 부른다.

② 회로에서 전류가 변할 때, 코일에는 전류의 흐름을 방해하는 방향으로 기전력이 생기는데 이를 역기전력이라 한다.

③ 코일에서 생기는 역기전력은 흘려준 전류의 변화량에 비례하며, $\mathscr{E} = -L\frac{di}{dt}$로 표시된다. L은 자체 인덕턴스로 단위는 H(헨리)이다.

④ 코일에 저장된 자기에너지 에너지는 $W = \int_0^I Lidi = \frac{1}{2}LI^2$이다.

⑤ 교류는 변압기를 통해 전압을 쉽게 올리고 내릴 수 있다. 변압기의 입력전압(V_1)과 출력전압(V_2)의 관계는 $\frac{V_1}{V_2} = \frac{N_1}{N_2}$이다.

3. 전기 회로

① 인덕터(L)는 자기장의 형태로 에너지를 축척하고, 축전기(C)는 전기장으로 에너지를 축척한다. 저항(R)은 에너지를 열로 발산한다.

② 회로의 전압과 전류를 알아내기 위하여 다음과 같은 키르히호프의 법칙을 사용한다. (a) 전선이 만날 때 꼭짓점으로 들어오는 전류의 합은 같다(전하 보존의 원리). (b) 전류가 폐회로를 따라 한 바퀴 돌 때 총 전압강하는 0이다(에너지 보존).

③ LR 직렬 회로에 전류를 흘릴 때, 역기전력 때문에 전류가 흐르기 시작하여 $\tau = L/R$이 지나면 전류의 최종 값의 63%에 도달한다. 이때 τ를 LR 회로의 시상수라 부른다.

④ RC 직렬 회로에 축전기에 전하를 충전할 때, $\tau = RC$이 지나면 전류의 최댓값의 37 %에 도달한다. 이때 τ를 RC 회로의 시상수라 부른다.

⑤ LR 회로에서 전류는 축전기에 전기에너지의 형태로 저장되어 있다가, 코일에 자기에너지로 저장되면서 왕복 진동 운동을 한다. 회로의 각진동수는 $\omega_0 = 2\pi f_0 = \sqrt{\frac{1}{LC}}$이다.

4. 교류

① 교류전압계나 전류계는 전류나 전압의 최댓값(V_p)

을 표시하지 않고, 제곱-평균-제곱근 값(V_{rms})을 읽게 된다. 이를 실효치라고도 부른다.

$V_{rms} = \frac{V_p}{\sqrt{2}}$이다.

② 교류회로에 있는 저항의 경우 전류와 전압의 위상은 같다.

③ 교류회로에 있는 용량이 L인 인덕터의 경우 전압의 위상이 전류의 위상보다 90도, ($\pi/2$) 앞서 간다. 인덕터에 걸리는 전압의 진폭은 $V_L = I\omega L$이다. $X_L = \omega L$이 교류저항의 역할을 하며, 이를 유도 리액턴스라 부른다. 주파수가 커질수록 저항이 커진다.

④ 전기용량이 C인 축전기를 연결한 경우 전압의 위상이 전류의 위상보다 90도 ($\pi/2$) 늦다. 축전기에 걸리는 전압의 진폭 $V_C = \frac{I}{\omega C}$이다. $X_C = \frac{1}{\omega C}$이 교류저항의 역할을 하며, 이를 용량 리액턴스라 부른다. 주파수가 커질수록 저항이 작아진다.

⑤ LRC 직렬 회로의 경우 저항, 인덕터, 축전기에 걸리는 전압의 위상이 서로 다르므로 직류의 경우에서처럼 피크전압을 합해서는 안 된다. 위상을 고려하여 위상자 그래프로 각 전압의 벡터합을 구한다.

⑥ LRC 직렬 회로의 총 임피던스 $Z = \sqrt{R^2 + (X_L - X_C)^2}$이며, 전류와 전압의 위상차, $\tan(\phi) = \frac{X_L - X_C}{R}$이다.

연습문제

1. 솔레노이드 코일에 N극을 집어넣을 때 +방향의 전류가 흘렀다. N극을 뺄 때는 어느 방향으로 전류가 흐르겠는가? 만일 S극으로 실험하면 전류의 방향은 어떻게 바뀌겠는가?

2. 책상 위에 놓여 있는 전선에 전류가 오른쪽으로 흐르고 있다. 책상 바로 위에 있는 금속 고리를 책상과 나란하게 하면서 전선에 수직인 방향으로 움직일 경우 전류는 어느 방향으로 유도되는가?

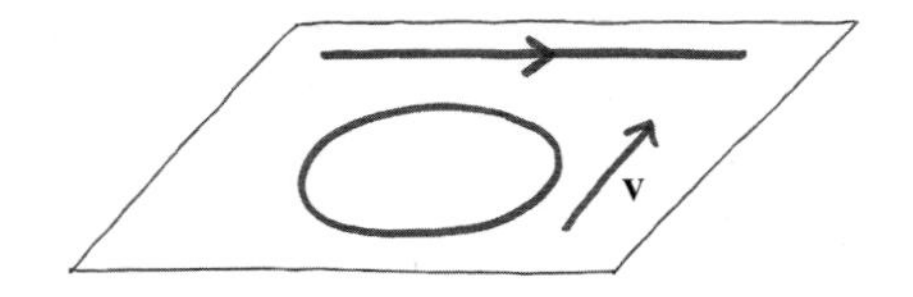

1. 렌츠의 법칙

2. 전선 주위에 발생하는 자기장을 생각해 보아라.

3. 패러데이 발전기에서 도체원판의 반지름이 15 cm일 때 자기장 0.5 T를 걸고 1 V의 기전력을 발생시키려면 도체원판을 얼마나 빨리 회전시켜야 할까?

4. 그림과 같이 길이 15 cm인 프리즘이 x축과 나란히 누워있다. 빗면은 y축과 5 cm, z축과 4 cm인 점에서 만나고 있다. 크기가 2 T인 자기장이 y방향일 때 빗면을 지나는 자기장다발을 구하라.

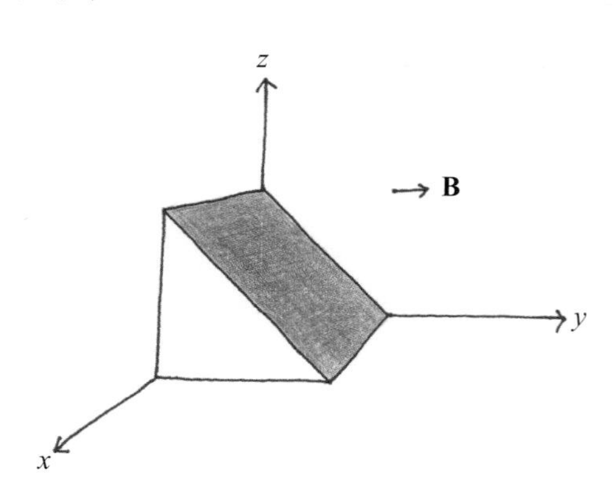

5. 책상 위에 반지름이 7 cm인 전선고리가 놓여있고 끝에는 크기가 100 Ω인 저항이 연결되어 있다. 시간에 따라 변하는 자기장이 책상 아래로 향하고 있다. 자기장다발이 $\Phi_B = 0.5\,t^2 + 3.0\,t$와 같이 변할 때 생성되는 전류의 크기는 얼마인가? 단, Φ_B의 단위는 mWb(밀리웨버)이고 시간은 초이다.

6. 그림과 같이 전류 I가 흐르는 직선 도선 주위에 길이와 폭이 각각 L_1, L_2인 사각형 전선고리가 있다. 도선에서 R만큼 떨어져 있을 때 고리를 통과하는 자기장다발은 얼마인가?

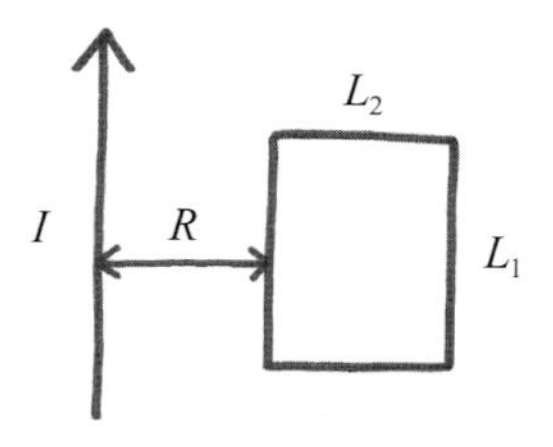

7. 문제 6에서 고리가 전선을 향해 수직으로 v만큼의 속력으로 다가가고 있을 때 생기는 기전력의 크기는? 그리고 그 방향은 어떻게 되는가?

8. 지표면에는 자기장이 있다. 0.5 G 되는 자기장 사이를 900 km/h로 비행하는 에어버스사의 비행기 A380의 날개 양끝 사이(80 m 떨어져 있다)에 유도되는 최대 기전력은 얼마나 될까?

3. 패러데이 유도 기전력을 구하자.

4. $\Phi_B = \mathbf{B} \cdot \mathbf{A}$

6. 사각형 고리에서 자기장이 일정하지 않으므로 잘게 쪼개서 더하는 적분을 하면 된다.

7. R이 변하므로 이것을 시간에 따라서 미분을 해 주면 된다.

8. 로렌츠 힘을 이용하자.

9. 혈액 속에는 이온이 움직인다. 혈관의 지름이 2 mm이고, 혈관에 수직으로 0.1 T의 자기장을 걸었을 때, 혈관 지름 사이로 0.12 mV의 기전력이 나왔다. 이때 혈액의 속도는 얼마일까?

10. 60 Hz의 전기를 생산하기 위해 면적 1 m^2에 200번 감은 코일을 돌린다. 교류의 최대 기전력이 200 V가 되려면 코일 양단에 가해 주어야 하는 자기장의 크기는 얼마일까?

11. 자기장 속에서 진동하는 물체를 정지시키는 브레이크를 만들고자 한다. 어떻게 하면 될까?

12. 서울에서 지자기의 최대 크기는 0.5 G라고 한다. 서울의 면적이 600 km^2인데 높이 2 km까지 공간에 저장되는 최대 자기에너지는 얼마인가?

13. 문제 6의 그림에서 사각형 전선고리의 상호 인덕턴스 M은 얼마인가?

14. 솔레노이드 C가 반지름 R인 솔레노이드 S 주위를 동심원 모양으로 감싸고 있다. C에는 전선이 단위길이당 N번 감겨 있고 S에는 n번 감겨 있다. 두 솔레노이드 시스템의 상호 인덕턴스는 $M = \mu_0 \pi R^2 nN$임을 보여라.

***15.** 코일 두 개가 그림과 같이 직렬로 연결되어 있다. 이들의 자체 인덕턴스가 각각 L_1과 L_2라고 한다. 이들의 상호 인덕턴스가 M이면 이 두 코일을 자체 인덕턴스가 $L_{eq} = L_1 + L_2 + 2M$인 코일 하나로 바꿀 수 있음을 보여라.

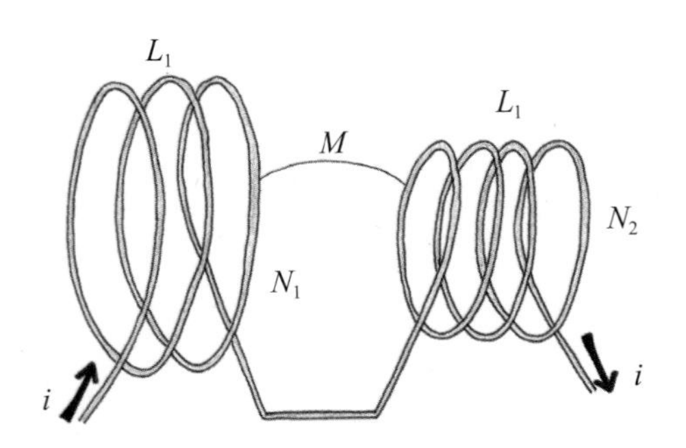

16. 네온사인을 켜는 데 12,000 V가 필요하다. 이것을 220 V에 사용하려고 하면 승압기가 필요한가 아니면 감압기가 필요한가?
변압기의 1차코일의 감은 횟수가 500회라고 하면 2차 코일의 감은 횟수는?

9. 혈관벽에 자기장을 걸면 혈액은 자기장에 수직인 방향으로 로렌츠 힘을 받는다. 이 힘은 기전력을 만들어 내므로 이것을 이용하면 혈액의 속도를 잴 수 있다.

11. 맴돌이 전류를 고려해 보자.

13. 전류가 시간에 따라 변할 때 고리에 기전력이 얼마나 유도되는지 생각해 보라.

15. 왼쪽 코일이 만드는 자기장이 오른쪽 코일에 어떤 영향을 줄지 생각해 보라.

17. 220 V에서 작동하는 공기 정화기 안에 승압을 하는 변압기가 들어있다. 코일의 감은 횟수의 비가 25:1이고 2차코일의 전류가 1.7 mA인 경우 공기 정화기가 소모하는 전력은 얼마인가?

18. 20 mH의 인덕턴스에 흐르던 전류가 0.01 s 동안에 0으로 떨어진다. 역기전력이 평균적으로 0.5 V라면 처음에 흐르던 전류는 얼마였을까?

19. 집에서 냉장고가 켜지는 순간 전등의 불빛이 잠깐 흐려지는 까닭은 무엇일까? 전열기를 많이 사용할 때 불빛이 계속 흐려지는 것과는 어떻게 다른가?

20. 선풍기 날개를 돌지 못하도록 잡은 채 선풍기를 켜놓으면 모터가 탄다. 왜 그럴까? 여름에 에어컨 사용량이 늘면 발전소가 위험한 이유는 무엇인가?

21. 어떤 순간에 전류와 자체유도된 기전력(emf)의 방향이 그림과 같다. 전류는 증가하고 있는가 아니면 감소하고 있는가? 유도된 전압이 24 V이고 전류의 변화율이 33 kA/s이면 인덕턴스는 얼마인가?

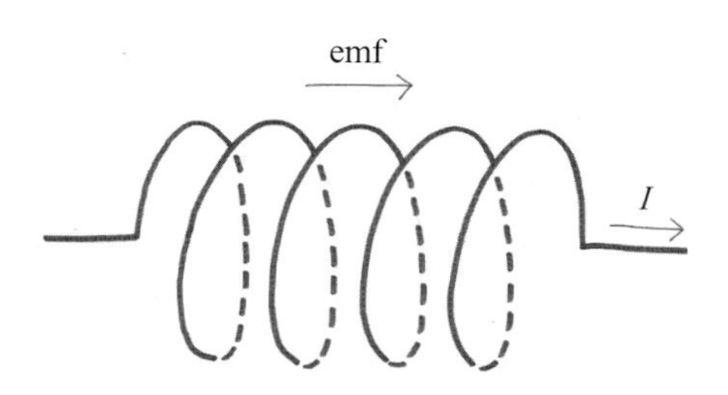

***22.** 교류전류가 $I = I_0 \sin(\omega t - \phi)$가 저항 R에 흐를 때, 저항에서 한 주기 동안 소비하는 평균일률은?

***23.** 문제 22의 교류전류가 축전용량 C인 축전기에 연결되어 있을 때 축전기가 소비하는 평균전력은 0이 됨을 보여라. 그리고 인덕턴스 L인 코일에도 마찬가지임을 보여라.

24. 직렬로 연결된 RCL 회로의 공명주파수는 943 MHz이다. 축전용량이 0.025 μF일 경우 코일의 인덕턴스는?

19. 역기전력의 역할이 여러 형태로 나타난다.

22. $P=IV=I^2R$을 한 주기 동안 적분하고 주기로 나누어 주면 된다.

23. 축전기는 $P=IQ/C$를, 코일는 $P=ILdI/dt$를 한 주기 동안 적분하면 된다.

Chapter 5

맥스웰 방정식

푸에르토리코에서 1998년부터 가동 중인 세계최대의 Arecibo 전파망원경. 산을 깎아 만든 지름 305 m의 곡면에 놓인 약 4만 개의 조정 가능한 알루미늄 패널을 반사판으로 사용하는 안테나이다. 가운데 공중에 매달려 있는 부분이 움직일 수 있는 전파수신기이다. 이 전파망원경은 외계로부터 오는 전파를 수신하여 천체를 관측한다. 불행히도 이 망원경은 2020년 12월 붕괴되어 더 이상 작동하지 않으며, 대신 중국 구이저우성에 Arecibo 보다 더 큰 지름 500 m의 "텐옌(天眼 · 하늘의 눈)" 망원경이 2020년 1월부터 작동하기 시작하였다.

변하는 전기장과 공간전류

전류는 도선을 따라 흐른다. 그런데 축전기가 달린 회로를 보면 축전기 속은 도선이 끊어져 있는 것과 같다. 직류전원이 연결되면, 도선에는 축전기에 전하가 쌓이는 동안 전류가 흐른다. 도선에 전류가 흐르는 것은 당연해 보이지만, 축전기 도체판 사이의 빈 공간에도 전류가 흐르는 것일까?

이 질문은 아주 엉뚱해 보이지만, 맥스웰은 이 문제를 심각하게 생각하였다. 축전기에 전류가 흐르는 모습을 다시 한 번 살펴보자.

그림처럼 직류전원에 축전기를 연결하고 스위치를 넣자. 축전기가 충전되는 동안 전류가 흐르면 도선주위에는 자기장이 생긴다.

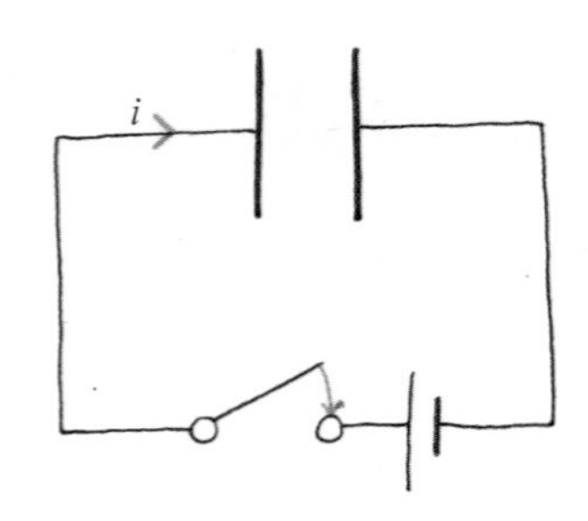

도선주위에서 그림처럼 폐곡선을 따라 자기장을 적분하면 폐곡선 안을 뚫고 지나가는 전류 i에 비례할 것이다.

$$\text{앙페르 법칙 : } \oint \mathbf{B} \cdot d\mathbf{l} = \mu_0 i$$

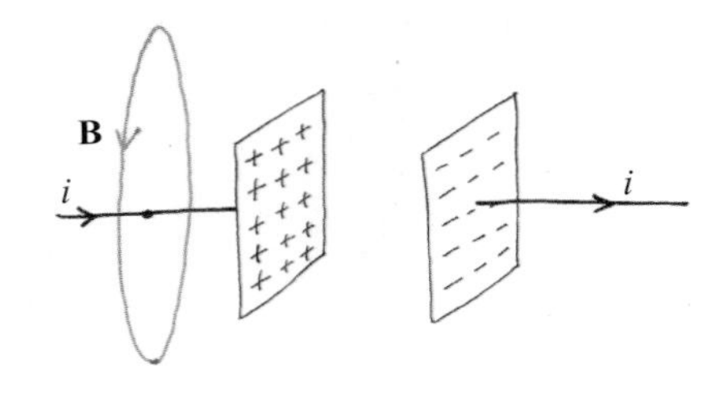

그런데 도선이 중간에 끊어져 있기 때문에 문제가 생긴다. 왜냐하면, 폐곡선을 뚫고 지나가는 전류가 분명하지 않기 때문이다. 폐곡선으로 둘러싸인 면적을 그림처럼 축전기 내부의 곡면으로 생각하면 폐곡선을 뚫고 지나가는 전류는 없는 것처럼 보인다.

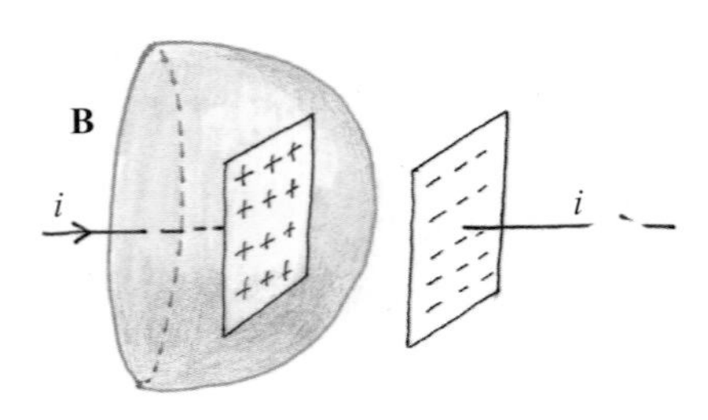

공간전류

두 경우 모두 앙페르법칙의 왼쪽 항(자기장을 적분한 값)은 같지만, 오른쪽 항(전류)은 다르게 나오므로 모순이다. 여기에 앙페르법칙의 문제점이 있다.

맥스웰은 도체판 사이의 공간에서도 어떤 형태로든지 도선에 흐르는 전류의 양 i와 같은 양의 전류(공간전류 또는 변위전류, i_d)가 흘러야만 한다고 생각했다.

새로운 형태의 전류인 공간전류는 어떻게 정의해야 할까?

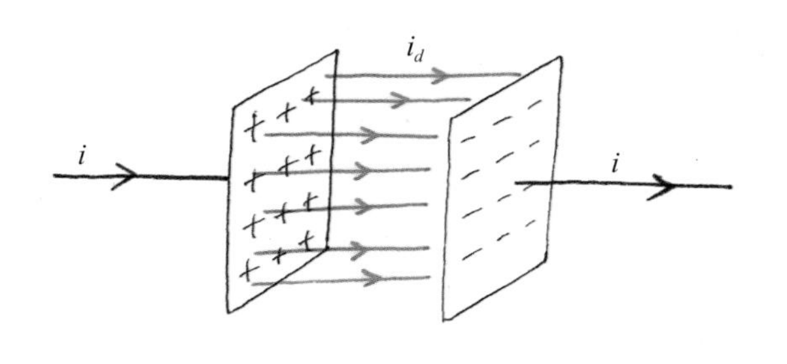

도선에 전류가 흐르면 축전기의 도체판에 전하가 쌓이고, 공간에는 전기장이 만들어진다. 공간전류를 축전기 내부에서의 전기장의 변화율로 표시해 보자.

축전기 도체판의 면적이 A이고 전하량이 q일 때, 도체판 사이에서 전기장은 $E = \sigma/\varepsilon_0 = q/(\varepsilon_0 A)$이다. 전기장다발은

$$\Phi_E = EA = \sigma A/\varepsilon_0 = q/\varepsilon_0 \text{ 이다.}$$

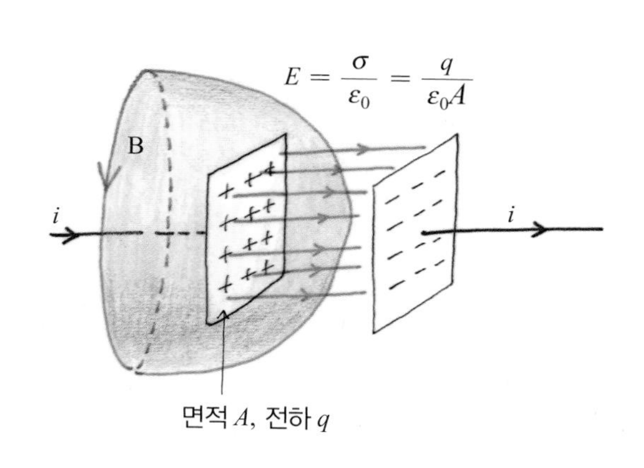

도선에 흐르는 전류는 도체에 쌓이는 전하량의 변화율이다.

$$i = \frac{dq}{dt}$$

공간전류 i_d는 도선에 흐르는 전류와 같도록 정의해야 한다. $i_d = i$.

$q = \varepsilon_0 \Phi_E$이므로, 공간전류는 전기장다발의 변화율로 표시할 수 있다.

$$\text{공간전류 : } i_d = \frac{dq}{dt} = \varepsilon_0 \frac{d\Phi_E}{dt}$$

따라서, 도선이 끊어진 일반적인 경우에 앙페르법칙은

$$\oint \mathbf{B} \cdot d\mathbf{l} = \mu_0(i + i_d)$$
$$= \mu_0\left(i + \varepsilon_0 \frac{d\Phi_E}{dt}\right)$$

로 고쳐야 한다. 즉, 도선이 끊어진 부근에서는 도선전류가 없으므로 ($i = 0$),

$$\oint \mathbf{B} \cdot d\mathbf{l} = \mu_0\left(i + \varepsilon_0 \frac{d\Phi_E}{dt}\right) = \mu_0 \varepsilon_0 \frac{d\Phi_E}{dt}$$

이고,

도선부근에서는 공간전류가 없으므로 ($i_d = 0$),

$$\oint \mathbf{B} \cdot d\mathbf{l} = \mu_0\left(i + \varepsilon_0 \frac{d\Phi_E}{dt}\right) = \mu_0 i \text{ 이다.}$$

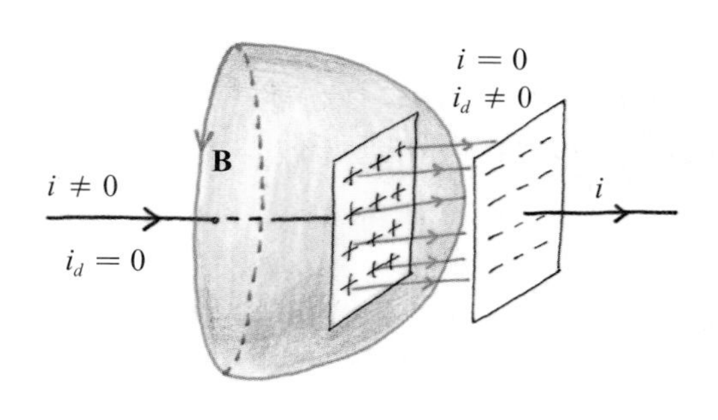

개선된 앙페르법칙에 따르면, 전기장이 변할 때 자기장이 유도된다. 이것은 전류가 흐르면 주위에 자기장이 생겨난다는 외르스테드의 발견과 비슷하게 들리지만 크게 다른 점이 있다.

외르스테드에 의하면 도선에 직류가 흐르더라도 도선 주변에 자기장이 생긴다. 그러나 맥스웰이 발견한 공간전류는 전기장이 시간에 따라 변해야 생기며, 이에 따라 자기장도 시간에 따라 변한다는 점이다.

그림처럼 축전기에 전하가 저장되면 더 이상 전류는 흐르지 않는다. 따라서, 도선주위에는 자기장이 없고, 물론 공간전류도 없다.

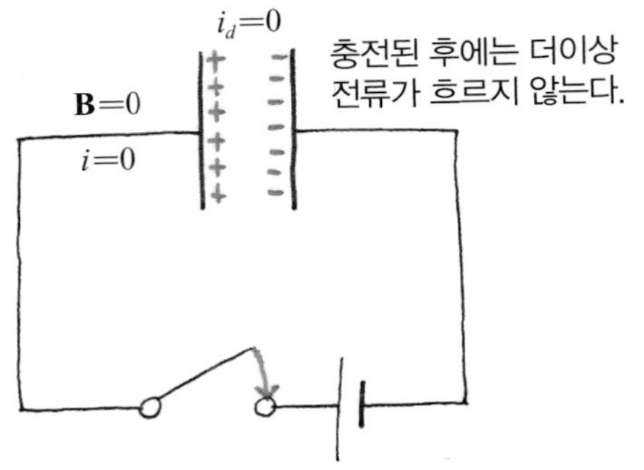

생각해보기

개선된 앙페르법칙은 도선에 흐르는 전류뿐만 아니라 공간전류도 자기장을 만든다는 것을 알려 준다. 그림처럼 생긴 원형 축전기 내부공간에서 자기장을 구해 보자.

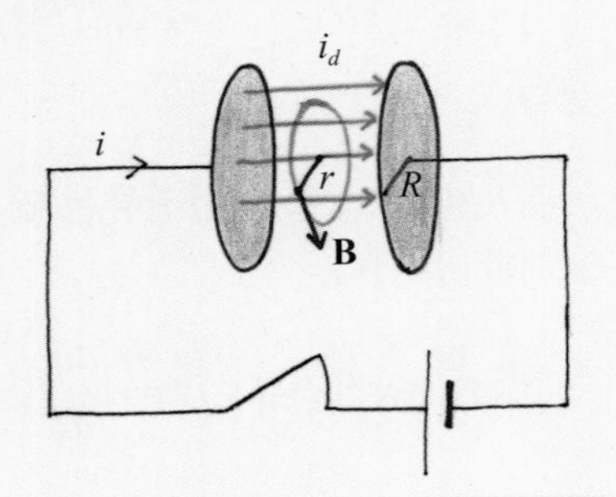

앙페르 폐곡선을 축전기 내부에서 반지름 r인 원으로 잡자. 원형 대칭성 때문에 반지름 r인 원에서의 자기장은 모두 원주방향이고 크기는 모두 같다. 따라서, 자기장을 앙페르 곡선을 따라 적분하면

$$\oint \mathbf{B} \cdot d\mathbf{l} = 2\pi r B \text{ 이다.}$$

이 값은 폐곡선 안에 들어 있는 공간전류에 비례한다. 공간전류는 면적에 비례하므로

$$\text{공간전류 : } i_d = i \times \frac{\pi r^2}{\pi R^2} = i\,\frac{r^2}{R^2} \text{ 이다.}$$

따라서, 축전기 내부의 반지름 $r\,(\le R)$에서 자기장은 $2\pi r B = \mu_0\, i_d = \mu_0\, i\, r^2/R^2$로부터

$$B = \mu_0 i \frac{r}{2\pi R^2} \text{ 이다.}$$

물론, 축전기 내부에서 반지름이 R 보다 커지면 $(r \ge R)$ 공간전류는 $i_d = i$이므로, 이때의 자기장은 도선주위에서의 자기장과 같다.

즉, $2\pi r B = \mu_0\, i_d = \mu_0\, i$이므로,

$$B = \frac{\mu_0 i}{2\pi r} \text{ 이다.}$$

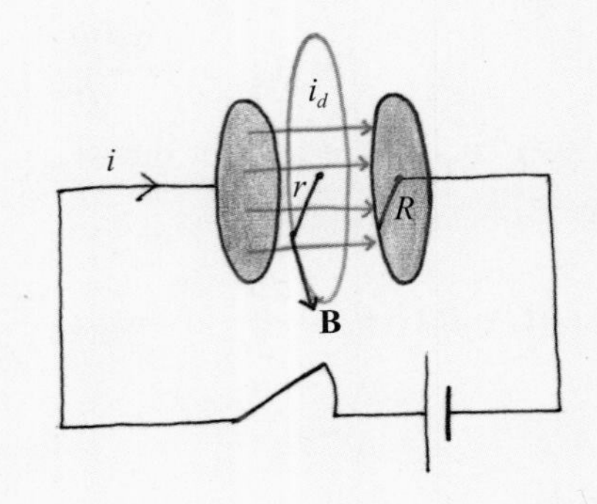

맥스웰 방정식

맥스웰은 개선된 앙페르법칙을 포함하여 전자기 방정식을 4개로 요약하였다. 이것을 맥스웰 방정식이라고 한다.

1. $\oint \mathbf{E} \cdot d\mathbf{A} = \dfrac{Q_{안}}{\varepsilon_0}$　가우스법칙
2. $\oint \mathbf{B} \cdot d\mathbf{A} = 0$　자기홀극이 없다.
3. $\oint \mathbf{E} \cdot d\mathbf{l} = -\dfrac{d\Phi_B}{dt}$　패러데이법칙
4. $\oint \mathbf{B} \cdot d\mathbf{l} = \mu_0\left(i + \varepsilon_0 \dfrac{d\Phi_E}{dt}\right)$　개선된 앙페르법칙

첫 번째 식은 잘 알려진 가우스법칙이다.
두 번째 식은 폐곡면을 뚫고 나가는 자기장다발이 항상 0이라는 사실을 보여준다. 즉, 자기장을 만드는 근원인 자기홀극이 존재하지 않는다는 것을 말한다.

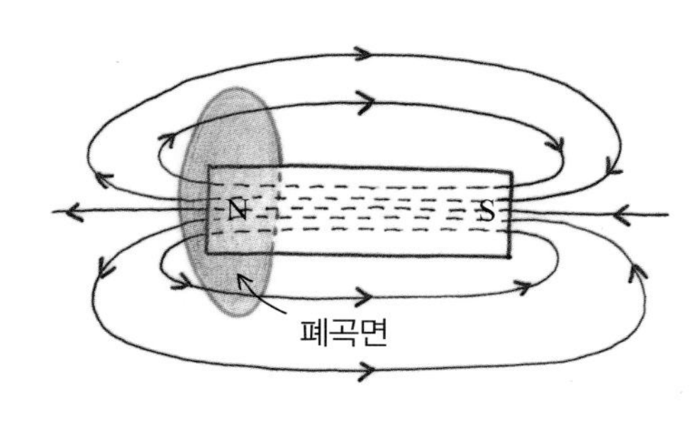

세 번째 식은 패러데이의 전자기 유도법칙이다.
왼쪽항은 유도 기전력이며,

$$\mathscr{E} = \oint \mathbf{E} \cdot d\mathbf{l}$$

이 기전력은 자기장다발의 변화가 만들어 낸다.

네 번째 식은 개선된 앙페르법칙이다. 맥스웰이 앙페르법칙을 개선할 수 있었던 것은 전선이 끊긴 부분에서도 전류의 흐름이 연속적이어야 한다는 전하의 보존법칙을 논리적으로 살펴본 결과였다.

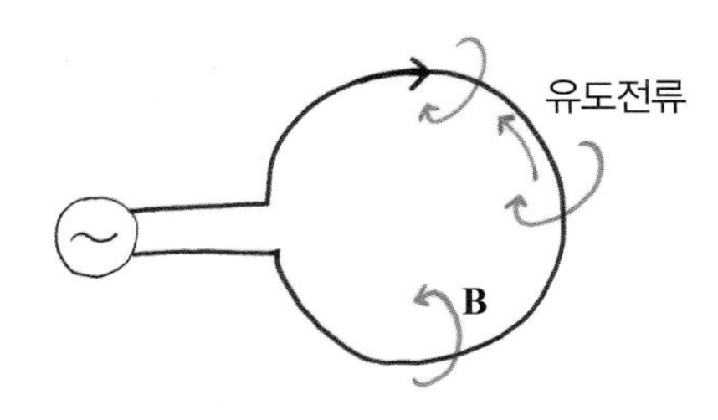

패러데이법칙과 개선된 앙페르법칙에 의하면 전기장과 자기장이 서로 조직적으로 연결되어 있다.
도선고리에 시간에 따라 변하는 전류를 흘려 보내면 앙페르법칙에 의해 도선주위에는 시간에 따라 변하는 자기장이 생겨나고, 패러데이법칙에 의해 도선에 역기전력이 유도된다.

진공에서 맥스웰 방정식

진공에서는 전하도 없고($Q=0$), 전류도 없다($i=0$). 그러면 맥스웰 방정식은 다음과 같이 쓸 수 있다.

진공; $Q=0,\ i=0$

$$\oint \mathbf{E}\cdot d\mathbf{A}=0,\qquad \oint \mathbf{B}\cdot d\mathbf{A}=0,$$

$$\oint \mathbf{E}\cdot d\mathbf{l}=-\frac{d\Phi_B}{dt},\qquad \oint \mathbf{B}\cdot d\mathbf{l}=\frac{1}{c^2}\frac{d\Phi_E}{dt}$$

$\mu_0\varepsilon_0=\dfrac{1}{c^2}$ 을 이용하였다.

이 식을 살펴보면 전기장과 자기장이 서로 대칭적으로 보이게 될 것이다. 전기장은 자기선속이 시간에 따라 변하면 만들어지고, 반대로 자기장은 전기선속이 시간에 따라 변하면 만들어지는 것을 명확하게 알 수 있다.

만약 공간전류가 없다면, 마지막 앙페르 법칙의 항이 0이 될 것이고, 그러면 대칭성은 없어지고, 식이 이상하게 보일 것이다.

공간전류의 존재는 전기장과 자기장이 서로 물고 물리며 연속적으로 진공에서 생겨날 수 있게 한다.

놀라운 것은 전기장이 시간에 따라 바뀌면 도선이 끊어진 도체 밖 공간에서도 공간전류에 의해 자기장이 유도된다는 점이다.

자기장이 바뀌면 당연히 패러데이법칙에 의해 전기장이 생겨나므로, 이제 전기장과 자기장이 물고 물리며 연속적으로 공간에 생겨날 수 있게 된다.

이러한 전기장과 자기장의 연결고리는 다음에 나오는 전자기파에서 극적으로 볼 수 있다.

맥스웰은 전자기파가 전파되는 모습을 물 위의 수면파처럼 생각했다. 전기장이 에테르라는 가상의 매질을 진동시키면 공간전류가 만들어지고, 이에 따라 전자기파가 전파된다고 생각했다. 이 공간전류를 맥스웰은 변위전류 (displacement current)라고 불렀다.

그러나 아주 직관적이고도 그럴 듯하게 보였던 에테르란 개념은 바로 다음 세대에 아인슈타인에 의해 폐기되었다. 빛이 전파되는 데에는 매질이 필요 없다. 전자기파는 진공을 통해 전파된다. 에테르 때문에 도입되었던 절대좌표계도 사실상 필요하지 않게 되었다.

전자기파의 생성 – 물고 물리는 전기장과 자기장

앞절에서 전류가 흐르지 못하는 도체 밖 공간에서도 전기장의 변화는 공간전류를 만들고, 이것은 다시 자기장을 유도한다는 것을 보았다.

이렇게 만들어지는 전기장과 자기장은 전자기파동을 형성하여 자유공간 속을 퍼져 나간다.

전자기파가 생성되는 과정을 자세히 살펴보자.

다시 축전기로부터 시작해 보자. 이번에는 축전기에 교류를 흘려 보내자. 축전기의 도체에 쌓이는 전하의 부호는 주기적으로 바뀐다. 이 전하는 도체 사이의 공간에 전기장을 만들며, 이 전기장의 크기와 방향도 주기적으로 바뀐다.

도체 사이의 공간에는 주기적인 공간전류가 생겨나 자기장이 만들어진다. 이 자기장도 크기와 방향이 주기적으로 바뀐다.

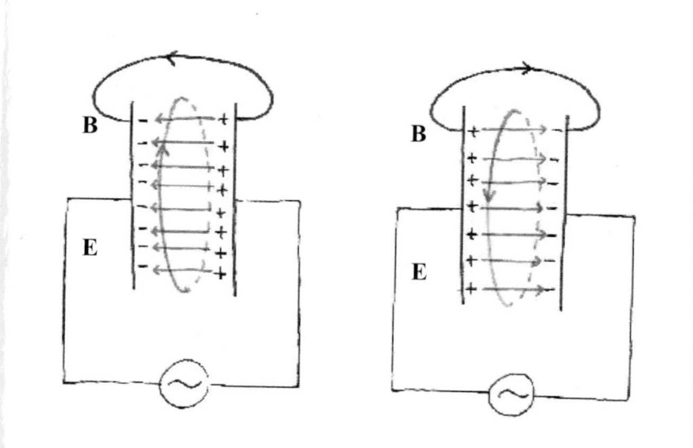

이 전기장과 자기장은 축전기 밖의 공간에도 조금은 존재하지만 공간 밖으로는 거의 퍼져 나가지 않는다. 공간 밖으로 전기장과 자기장이 효과적으로 퍼져 나가게 하려면, 그림처럼 축전기의 도체판을 옆으로 벌려 놓으면 된다.

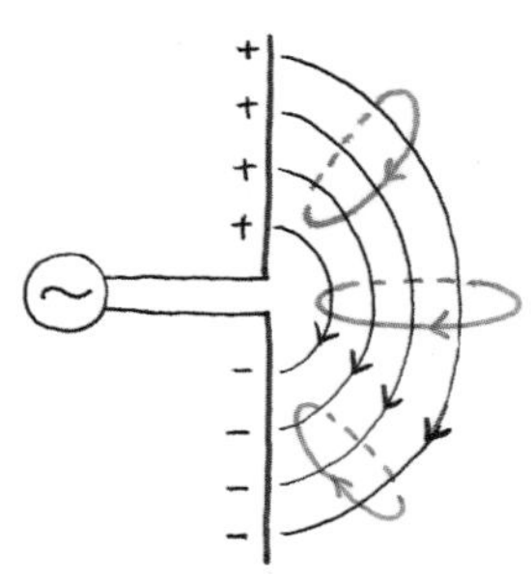

이 도체판에 고주파 교류를 흘려 주면, 전류가 주기적으로 바뀌고, 도체판에 모이는 전하도 주기적으로 바뀐다. 특히, 도체판 양끝에는 +전하와 −전하가 교대로 모여 있는 것처럼 보이므로 이러한 안테나를 전기쌍극자 안테나라고 한다.

이 안테나에서 전기장과 자기장이 생겨나 공간으로 퍼져 나가는 것을 대략 도식적으로 살펴보자.

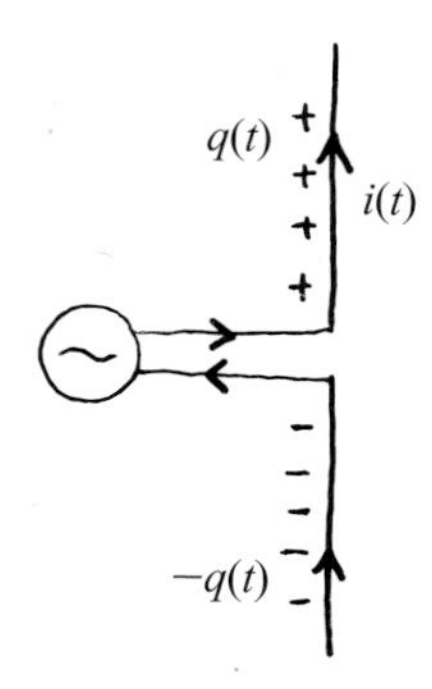

주기 T인 전류를 축전기에 흘려 줄 때 도체판에 쌓이는 전하 $q(t)=q_0 \sin(2\pi t/T)$와 이때 흐르는 전류는

$$i(t) = \frac{dq}{dt} = i_0 \cos\left(\frac{2\pi t}{T}\right)$$

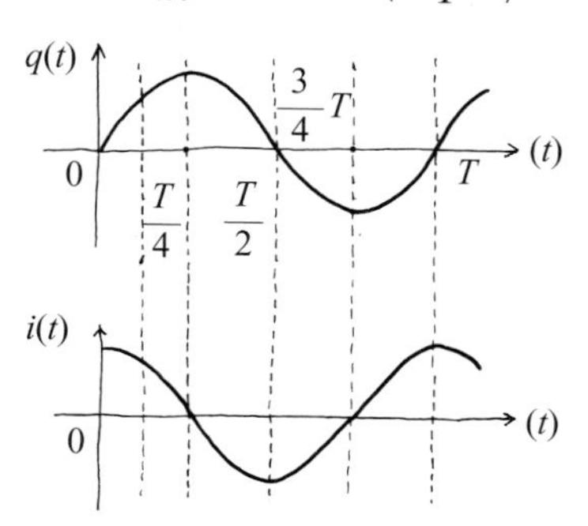

전류가 +방향으로 흐르기 시작할 때 ($t=T/8$)를 보자. 이때는 도체판에 +전하가 쌓이기 시작하고, 공간에 그림처럼 전기장 (선으로 표시되어 있다)과 지면으로 들어가는 자기장 (×로 표시되어 있다)이 서로 수직으로 생긴다.

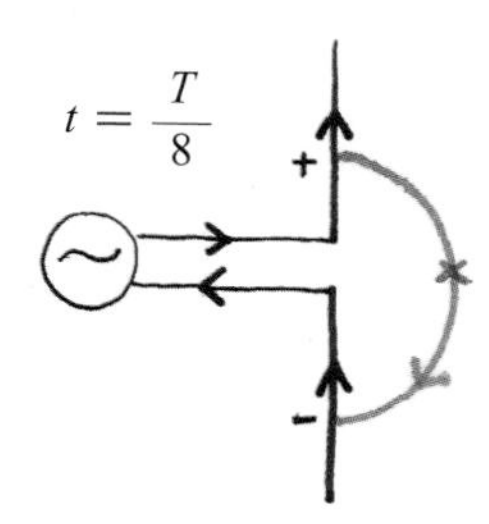

$t=T/4$가 되면 전류는 멈추고, 위쪽의 도체판에는 +전하가 최대로 쌓인다. 공간에는 그림처럼 전기장과 자기장이 보일 것이다.

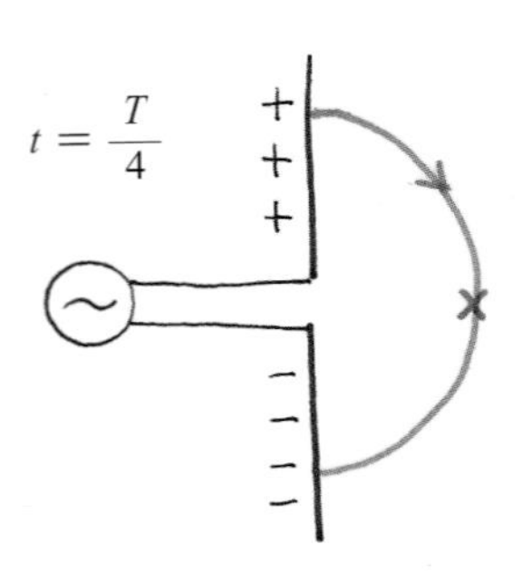

시간 $t=3T/8$의 모습을 보자. 전류의 방향이 바뀌어 −방향으로 흐르고, 위 도체판에서는 전하가 빠져 나가기 시작한다. 이것을 도체판에 −전하가 쌓이는 것으로 보자. 공간에는 이제 반대방향의 전기장이 새로 생기고 지면 위로 나오는 자기장이 보이기 시작한다.

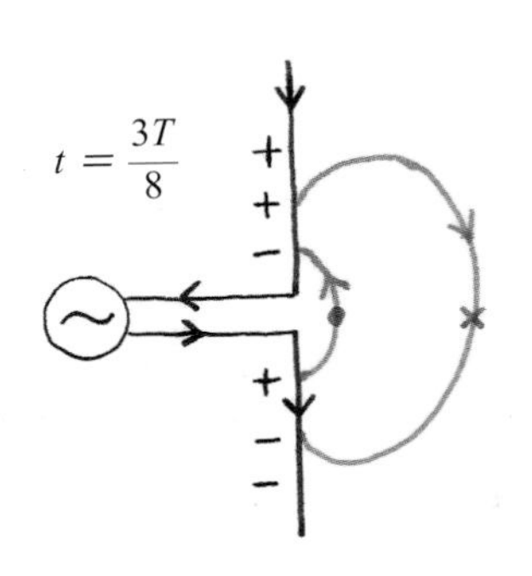

시간 $t=T/2$가 되면 도체판의 전하는 중성이 된다. 공간에는 그림처럼 방향이 반대인 전기장이 서로 연결되면서 공간 밖으로 퍼져 나간다. 시간이 더욱 지나면 옆 그림처럼 위의 내용을 반복한다.

이때는 전류와 전하가 $t=0$에서 시작할 때와 반대가 되므로 전기장과 자기장의 방향이 $t=0$에서 시작하는 모습과 반대방향으로 반복되게 된다.

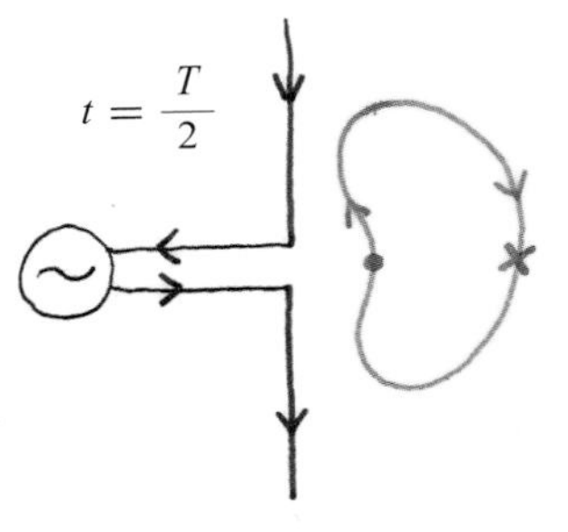

$t = \frac{5}{8}T$ $t = \frac{3T}{4}$ $t = \frac{7T}{8}$ $t = T$

한 주기가 지나면 $t=0$에서 시작하는 모습을 반복하게 되므로 두 개의 전기장 고리가 반복적으로 퍼져 나가는 모습이 오른쪽 그림처럼 보이게 될 것이다.

전기장이 있는 공간에는 그림처럼 항상 자기장이 수직으로 붙어 있으며, 이 전기장과 자기장은 함께 전파된다. 대부분의 전자기파는 대부분 안테나 길이방향(y 방향)과 수직인 x방향으로 전파된다. 즉, 이 전자기파는 안테나에서 자유전하가 진동되는 방향(y방향)에 수직인 방향(x방향)으로 전파된다.

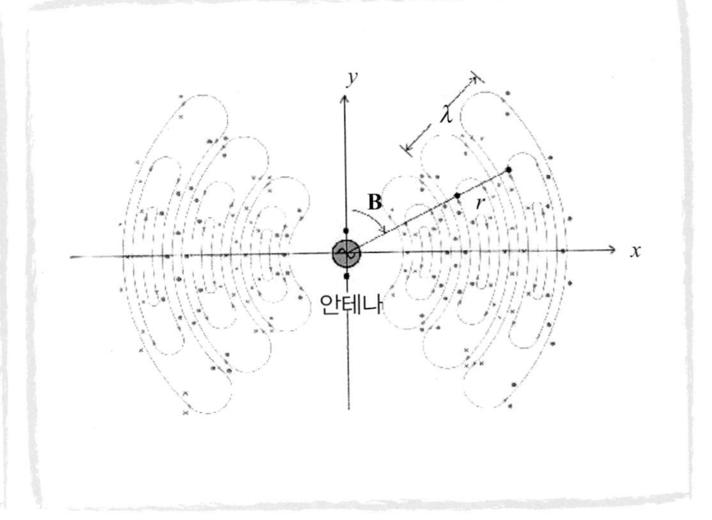

이 전자기파의 전기장과 자기장을 안테나에서 멀리 떨어진 부분에서 파동이 전파되는 방향(x축)을 따라 그려 보면 오른쪽 그림처럼 보일 것이다.

전기장과 자기장의 방향은 반주기마다 바뀐다. 특히, 전기장의 세기가 커지면 자기장의 세기도 커진다. 이것을 "전기장과 자기장의 위상이 같다"고 말한다.

전자기파가 전파되는 방향은 그림처럼 전기장과도 수직이고, 자기장과도 수직이다.

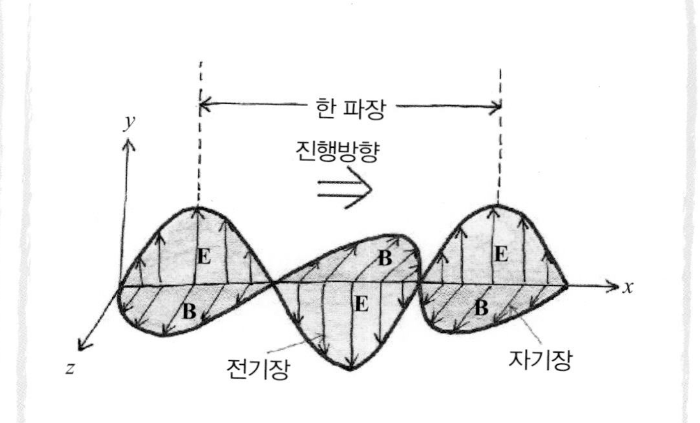

도선에 흐르는 전류는 도체판 양끝에 전하를 쌓으므로 안테나는 전기쌍극자처럼 행동한다. 따라서, 이러한 안테나를 전기쌍극자 안테나라고 한다.

선형전선 대신에 원형전선에 교류를 흘리면 자기쌍극자 안테나가 된다. 이 자기쌍극자가 자기장을 만들고 이 자기장이 전기장을 유도하는 형식이다. 그러므로 전기쌍극자의 경우와 비교해서 전기장과 자기장의 역할이 바뀌어 있지만 전파되는 모습은 비슷하다.

그러면 맥스웰이 말한 공간전류는 어디로 흘러가는가?

이 공간전류는 +전하에서 나와 전기장 바깥공간을 타고 흘러간다고 생각할 수 있다. 전기장이 전파됨에 따라 전기장 바로 밖에서 공간전류가 생기고, 이 공간전류가 퍼져 가는 자기장을 만들어 낸다.

생각해보기

진공에서 전자기파에 대한 자기장의 식이 다음과 같이 표시될 때, 전자기파의 진행 방향과 전기장, 자기장 벡터의 방향을 알아보자.

$$\mathbf{B}(t) = B_0\,\mathbf{i}\sin(ky + \omega t)$$

이 식은 $-y$ 방향으로 진행하는 파동을 표시하고 있으며, x축 방향으로 진동하는 자기장의 파동을 나타낸다.

자기장이 x축 방향으로 진동하므로 전기장은 자기장과 진행 방향에 수직인 z 방향으로 진동할 것이다. 자기장이 $+x$ 방향을 향한 순간, 전기장은 $-z$ 방향을 향할 것이다.

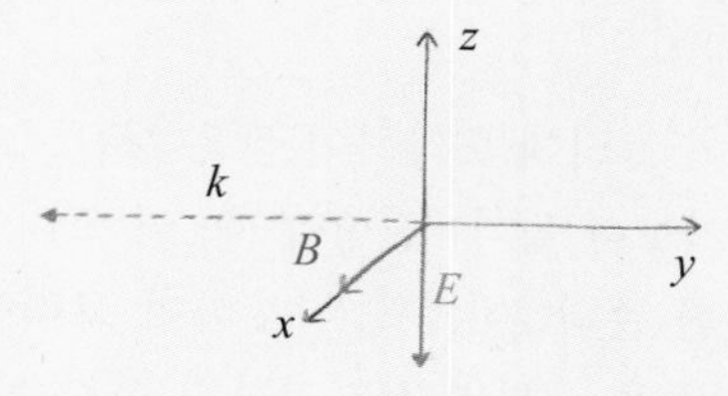

따라서 전기장은 다음과 같이 쓸 수 있다.

$$\mathbf{E}(t) = -E_0\,\mathbf{k}\sin(ky + \omega t)$$

전자기파의 전파속도

전자기파가 발생되면 안테나 부근에서의 전기장과 자기장의 모습은 복잡하게 보이지만 안테나에서 멀리 떨어진 부근에서 보면 이 전자기파는 평면파로 진행된다.

전기장과 자기장은 서로 수직인 방향으로 진동하며, 또한 전파되는 방향은 이 전기장과 자기장의 진동방향들과도 수직이다. 즉, 전자기파는 횡파이다.

이 전자기파는 어떤 속력으로 이동하는가?

역학적인 파동의 속력은 앞에서 본 것처럼 매질이 결정한다. 전자기파는 매질 속에서도 전파하지만 매질이 없는 진공에서도 퍼져나간다. 그렇다면 전자기파의 속력은 무엇이 결정하는가?

전자기파의 속력은 파동이 진동하는 모양, 즉 전기장과 자기장이 공간에서 맞물려 유도되는 형태를 표현하는 방정식인 패러데이와 앙페르법칙이 결정한다.

맥스웰 방정식을 써서 진공 속에서 전파되는 전자기파의 속력을 찾아내 보자.

공간을 퍼져 나가는 전자기파에 패러데이법칙과 앙페르법칙을 적용하기 위해 그림과 같이 전기장과 자기장이 진동하며 오른쪽으로 이동하는 평면파를 생각하자.

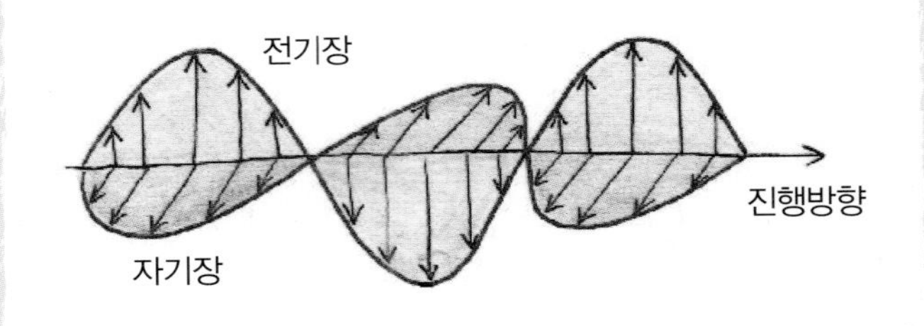

패러데이법칙의 적용

이 평면파가 진행하는 방향에 그림처럼 가상적인 사각형 고리를 놓아서 전자기파의 자기장이 고리에 수직으로 지나가도록 하자.

전자기파가 이 고리에 도착하여 짧은 시간 Δt 동안(전자기파의 주기보다 짧다) 진행할 때, 이 고리에 자기장 다발의 변화를 준다. 이것을 이용하여 고리에 유도되는 유도 기전력을 구하면 전자기파의 전기장과 자기장의 관계를 알아낼 수 있다.

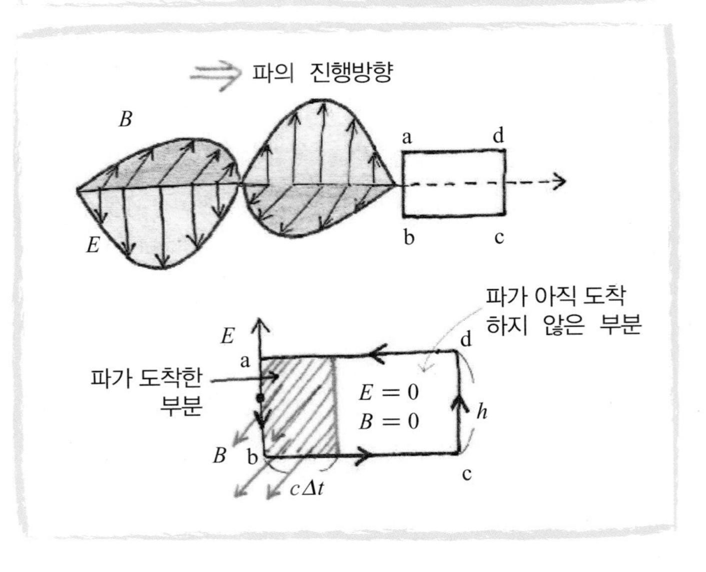

그림에서 보면 자기장은 고리의 면적에 수직으로 다가오므로 자기장다발의 변화량은 자기장의 크기에 자기장이 Δt동안 고리 안으로 들어오는 면적을 곱한 것과 같다.

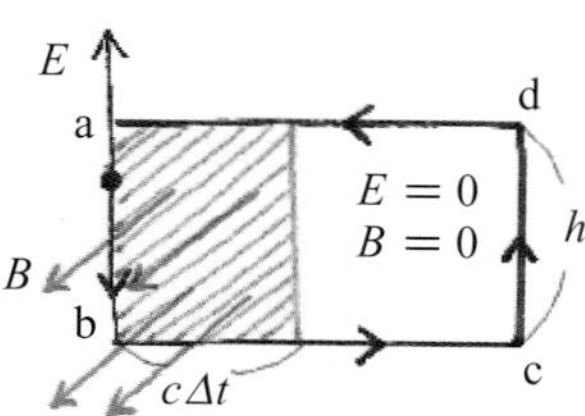

고리 안에서 생긴 자기장다발의 변화량은

$$\Delta\Phi_B = B(hc\ \Delta t) \text{ 이다.}$$

따라서, 자기장다발의 변화율은

$$\frac{\Delta\Phi_B}{\Delta t} = \frac{B(hc\ \Delta t)}{\Delta t} = Bhc \text{ 이다.}$$

유도 기전력을 구하기 위해 전기장의 선적분을 해보자. 고리 위에서 전기장은 윗변 a−d와 아랫변 b−c에 수직이고, 왼쪽 변 a−b와 평행이므로 유도 기전력은

$$\mathscr{E} = \oint \mathbf{E}\cdot d\mathbf{l} = -Eh \text{이다.}$$

이 결과를 패러데이법칙 $\oint \mathbf{E}\cdot d\mathbf{l} = -\dfrac{d\Phi_B}{dt}$ 에 대입하면 $Eh = Bhc$이므로

$$E = cB$$

라는 관계를 얻는다.

개선된 앙페르법칙의 적용

이번에는 가상적인 사각형 고리의 방향을 90° 돌려 그림처럼 놓고, 이 고리를 따라 변화하는 전기장다발의 변화를 구해 보자.

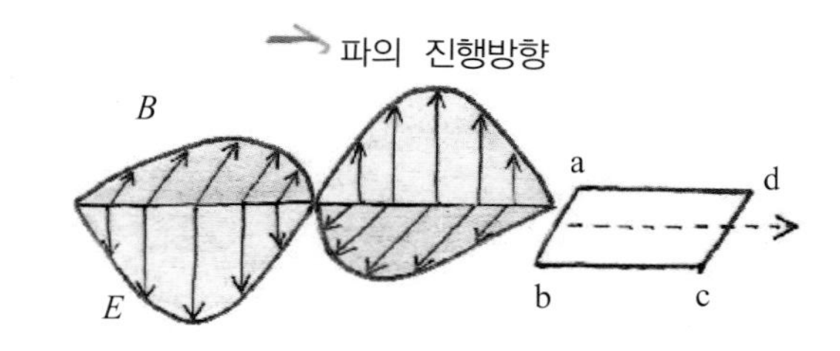

이 고리에는 Δt 동안 전기장이 수직으로 지나간다. 전기장다발의 변화량은 전기장의 크기에 전기장이 Δt 동안 고리 안으로 들어오는 면적을 곱한 것과 같다. 즉, 고리 안에서의 전기장다발의 변화량은

$$\Delta\Phi_E = E(hc\ \Delta t) \text{ 이다.}$$

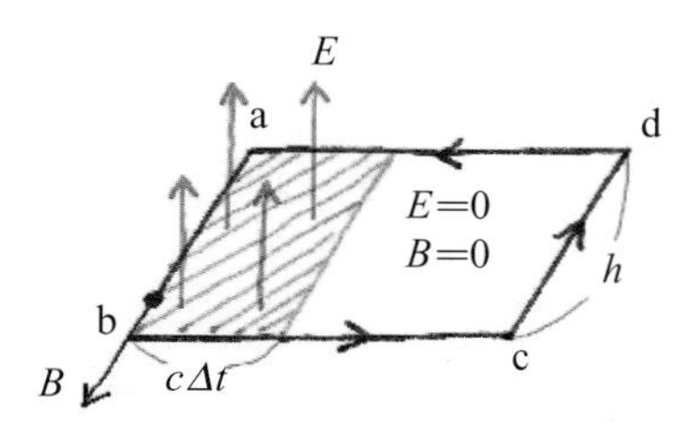

따라서, 전기장다발의 변화율은

$$\frac{\Delta\Phi_E}{\Delta t} = \frac{E(hc\ \Delta t)}{\Delta t} = Ehc \text{ 이다.}$$

고리 주위의 자기장은 윗변 a−d 및 아랫변 b−c와 수직이고, 왼쪽 변 a−b에 평행하므로 자기장의 선적분은

$$\oint \mathbf{B}\cdot d\mathbf{l} = Bh \text{ 이다.}$$

이것을 앙페르법칙

$$\oint \mathbf{B} \cdot d\mathbf{l} = \mu_0 \varepsilon_0 \frac{d\Phi_E}{dt}$$

에 대입하면, $Bh = \mu_0\varepsilon_0(Ehc)$에서

$$B = \mu_0 \varepsilon_0 c E$$

라는 또 다른 관계식을 얻는다.

광속

위의 두 관계식 $E=cB$와 $B=\mu_0\varepsilon_0 cE$를 쓰면 $E=cB=c^2\varepsilon_0\mu_0 E$이다. 이것으로부터 진공에서 진행하는 전자기파의 속력은 다음과 같이 된다.

$$c = \frac{1}{\sqrt{\varepsilon_0 \mu_0}}$$

$\varepsilon_0 = 8.85 \times 10^{-12}\ \mathrm{C^2/N \cdot m^2}$은 진공의 유전율이고
$\mu_0 = 4\pi \times 10^{-7}\ \mathrm{T \cdot m^2/A}$는 진공의 투자율이다.

진공의 유전율과 투자율 값을 쓰면, 광속은

$$c = \frac{1}{\sqrt{(8.85 \times 10^{-12}) \times (4\pi \times 10^{-7})}}\ \mathrm{m/s}$$

$= 3.00 \times 10^8\ \mathrm{m/s}$ 이 된다.

이 값은 놀랍게도 광속의 측정값과 정확히 일치한다.

유전율과 투자율은 진공의 전기와 자기의 정적인 성질을 나타내는 값인 데 비해, 두 값이 결합되어 뜻밖에도 전자기파의 동적인 성질을 표현해 준다.

매질 속의 광속

물이나 유리와 같이 투명한 물질 속에서 광속은 어떻게 바뀔까?

부도체 속에서는 전기장이 물질과 반응하여 붙박이 전하를 유도하기 때문에 유전상수가 달라지고, 따라서 유전율이 바뀌어 $\varepsilon = K\varepsilon_0 > \varepsilon_0$이다. 이것은 앙페르법칙이 물질 속에서 약간 달라진다는 것을 뜻한다.

$$\oint \mathbf{B} \cdot d\mathbf{l} = \mu_0 \varepsilon \frac{d\Phi_E}{dt} = \mu_0 \varepsilon_0 K \frac{d\Phi_E}{dt}$$

따라서, 물이나 유리와 같은 부도체 속에서는 광속이 달라진다. 위에서 구한 전자기파의 속력에서 ε_0 대신 ε를 넣으면,

$$v = \frac{1}{\sqrt{\varepsilon \mu_0}} = \frac{1}{\sqrt{\varepsilon_0 \mu_0 K}} = \frac{c}{\sqrt{K}}$$ 이다.

K는 1보다 크므로 물질 속에서의 광속은 진공에서보다 느려진다.

광속의 차이는 굴절률로 나타나므로

$$\text{굴절률} : n = \frac{c}{v} = \sqrt{K} > 1$$

유전상수가 굴절률을 결정한다.
공기에서의 굴절률은 거의 1에 가깝다. 물의 굴절률은 1.33, 유리의 굴절률은 1.52이다.

여러 물질의 굴절률

물질	광속(km/s)	굴절률
진공	299792	1.00
공기	299790	1.00
물	225442	1.33
유리	197349	1.52
다이아몬드	124083	2.42

그러나 다이아몬드의 굴절률은 2.42로 아주 크다. 따라서, 다이아몬드에서의 광속은 진공에서의 광속보다 2.42배가 느려져 124,083 km/s가 된다.

Section 4 전자기파의 에너지전달

먼 바다에서 만들어지는 역학적 에너지는 거대한 파도의 형태로 해안에 전달된다. 파원이 매질을 진동시키면 이 진동에너지가 매질을 따라 멀리 전파되는 것이다. 이처럼 전자기파도 안테나에서 만들어지는 전기장과 자기장의 진동에너지를 멀리 전달한다.

그러나 전자기파는 역학적 파동과 달리 매질 없이도 자유공간을 통해 멀리 전달될 수 있다. 전자기파가 전달하는 에너지를 알아보자.

축전기에 전하가 쌓여 생기는 전기에너지는 전기장의 형태로 저장된다. Ⅲ-2장에서 배운 것처럼 단위부피당 저장되는 에너지는 $u_{전} = \frac{1}{2}\varepsilon_0 E^2$이다.

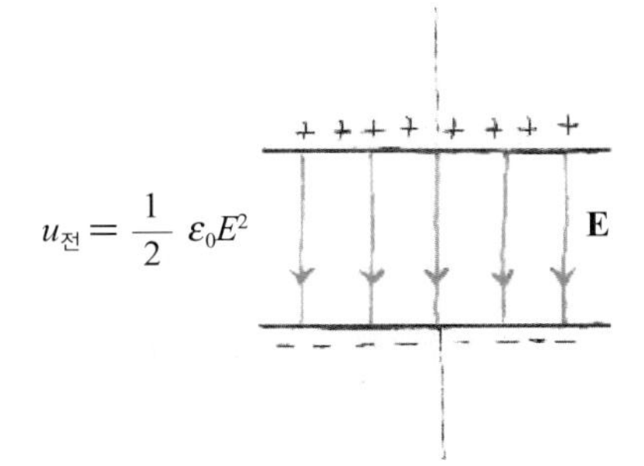

솔레노이드에 전류를 흘려 보내면 자기에너지가 자기장의 형태로 저장된다. 이때 단위부피당 저장되는 에너지는 $u_{자} = \frac{1}{2\mu_0}B^2$이다.

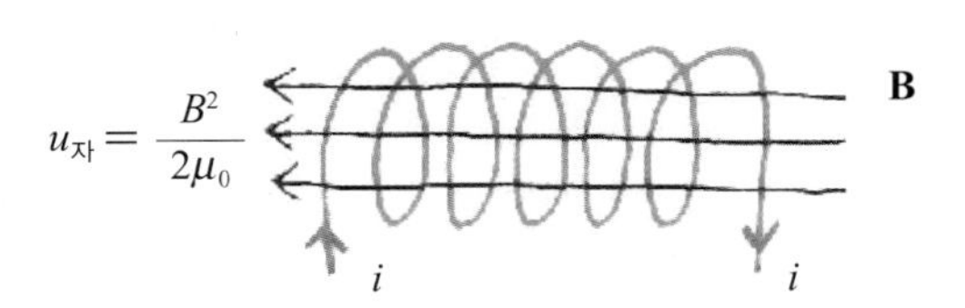

전자기파에는 전기장과 자기장이 함께 존재하므로 전자기파에는 전기장의 에너지와 자기장의 에너지가 같이 존재한다.

단위부피 속에 전자기파가 가지는 에너지밀도는

$$u = u_{전} + u_{자} = \frac{\varepsilon_0 E^2}{2} + \frac{B^2}{2\mu_0}$$

이다.

그런데 전기장과 자기장의 크기는 항상 $E = cB$의 관계가 있으므로 광속을 $c^2 = \frac{1}{\mu_0 \varepsilon_0}$로 쓰면,

$$u_{자} = \frac{B^2}{2\mu_0} = \frac{E^2}{2\mu_0 c^2} = \frac{\varepsilon_0 E^2}{2}$$

이 되어 자기장이 가지고 있는 에너지는 전기장이 가지고 있는 에너지와 같다.

$$u_{전} = u_{자}$$

이것을 종합하면 전자기파의 에너지밀도는

$u = 2u_{전} = \varepsilon_0 E^2$이다.

전자기파는 그림처럼 광속으로 진행하므로 단면적 A를 통해 Δt 동안 전달하는 에너지는 $u\ Ac\ \Delta t$이다.
이때 단위면적당 전달되는 평균파워를 빛의 세기라고 한다.

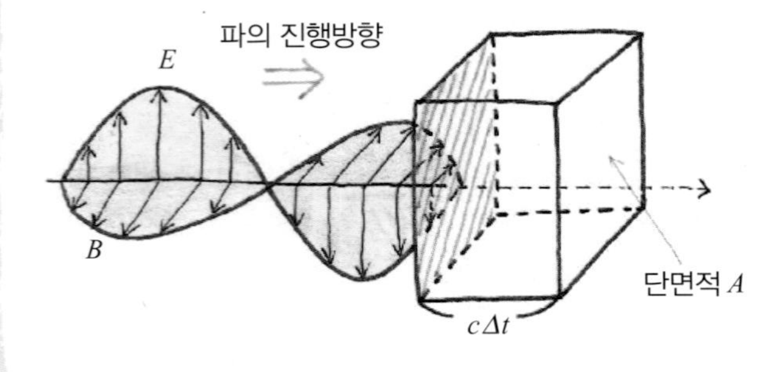

빛의 세기는

$$I = \frac{\langle u \rangle\ Ac\ \Delta t}{A \Delta t} = \langle u \rangle\ c$$

로 표시된다. $\langle u \rangle$는 전자기 에너지밀도를 시간에 대해 평균한 값이다.

전자기파의 경우 보통 전기장과 자기장은 시간에 따라 사인파로 진동하므로 평균파워는 최댓값의 반이 된다.

$$I = \frac{u_{최대}}{2} c = \frac{1}{2} c \varepsilon_0 E_m^2$$

여기서 E_m은 전기장의 진폭이다.

생각해보기

5 m^2 면적의 태양전지판으로 자동차가 얻을 수 있는 최대파워는 얼마일까?

태양이 내는 평균파워는 3.9×10^{26} W이고 태양에서 지구까지 거리는 대략 1.5×10^{11} m이다. 태양전지의 효율은 100 %라고 생각하자. 태양에서 나오는 에너지는 전체 공간으로 퍼져 나가므로 전지판이 받는 빛의 세기는 태양까지의 거리의 제곱에 반비례한다.

$$I = \frac{P}{4\pi r^2}$$

따라서, 자동차가 받는 빛의 세기는

$$I = \frac{3.9\times 10^{26}\ \text{W}}{4\pi \times (1.5 \times 10^{11}\ \text{m})^2}$$

$= 1.4 \times 10^3\ \text{W/m}^2$ 이다.

자동차의 태양전지가 얻을 수 있는 최대파워는 면적을 곱하면 된다.

파워 $= I \times$ 면적 $= 1.4\times 10^3 \times 5$ W $= 7.0$ kW 이다.

이것은 대략 10마력 정도이고, 이 파워라면 소형차를 움직일 수 있다.

버스카드나 자동차에 붙이는 주차카드에는 전자기파를 흡수하는 수신장치와 정보를 알려 주는 송신장치를 가진 칩 (IC)이 들어 있다.
이 칩은 카드확인 장치에서 나오는 전자기파를 흡수하고, 이것을 전원으로 삼아 자신이 가진 정보를 송출한다.

이를 RFID (radio frequency identification)라고 부른다.

RFID는 물체의 정보를 원격으로 간단히 얻어낼 수 있기 때문에 사회 전반에 광범위하게 이용될 것이다. 특히 유통업에서는 물건마다 RFID를 붙여 놓으면 재고정리가 간단해지고 계산대에서 바코드를 읽느라고 길게 줄을 설 필요가 없을 것이다. 왜냐하면 전파는 금속이 아니면 물체 내부로 들어갈 수 있기 때문에 현재와 같이 물건을 하나씩 계산대에 올려놓을 필요가 없기 때문이다. 이 외에도 가축이나 애완동물 확인, 도서관의 장서 확인 등에도 유용하게 사용될 것이다.

전자기파는 에너지만 전달하는 것이 아니라 운동량도 전달한다. 빛은 단위부피 속에 운동량 $p=u/c$를 가지고 있다. 따라서, 물체가 빛을 받으면 빛의 운동량 때문에 복사압을 느낀다.

그림처럼 Δt 동안 빛을 쪼이면 부피 $Ac\Delta t$ 속에 들어 있는 빛은 물체에 운동량 Δp를 전달한다.

$$\Delta p = \frac{u}{c}(Ac\Delta t) = \frac{I}{c^2}(Ac\Delta t)$$

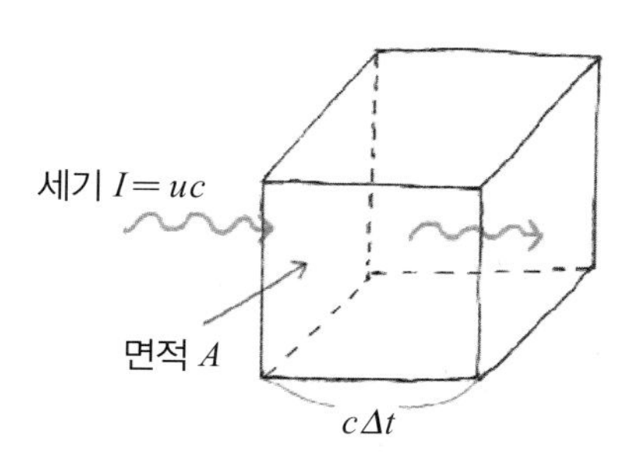

이때 물체가 빛을 모두 흡수한다면 빛이 물체에 주는 복사압은

$$p_{복} = \frac{F}{A} = \frac{1}{A}\frac{\Delta p}{\Delta t} = \frac{I}{c}$$ 이다.

만일 물체가 전자기파를 모두 반사한다면 복사압은 이것의 두 배가 된다.

생각해보기 혜성의 꼬리와 빛의 운동량

혜성이 태양주변을 지나갈 때는 꼬리가 태양 바깥쪽으로 밀린다. 어떻게 이런 일이 생길 수 있을까?

혜성의 경우 꼬리는 먼지들로 이루어져 있는데, 밀도는 대략 $\rho = 3.3\times10^3$ kg/m^{3}이고, 전하는 띠고 있지 않다. 먼지를 반지름이 R인 구라고 생각하고, 이 먼지가 햇빛을 모두 흡수한다고 하자.

태양에서 먼지까지의 거리를 d라고 하면, 태양으로부터 먼지 하나가 받는 중력은

$$F_{중} = G\frac{M_{해}(4\pi R^3\rho/3)}{d^2}$$ 이다.

먼지 하나가 태양의 복사압 때문에 받는 힘은

$$F_{복} = \frac{I}{c} \times 먼지면적 = \frac{1}{c}\ \frac{P_{해}}{4\pi d^2} \times \pi R^2$$

태양이 내는 평균파워는 $P_{해} = 3.9\times10^{26}$ W이므로, 중력과 복사힘이 맞먹을 때 ($F_{중}=F_{복}$)의 먼지반지름은

$$R_0 = \frac{3P_{해}}{16\pi c\rho GM_{해}} = 1.7 \times 10^{-7}\ \mathrm{m}$$ 이다.

태양근처에서 혜성의 먼지반지름이 대략 0.2 μm보다 크면 중력이 더 세므로 혜성의 핵을 따라 같이 움직이지만, 반지름이 더 작은 먼지는 복사압을 받아 태양 반대쪽으로 밀려나가 꼬리를 형성한다.

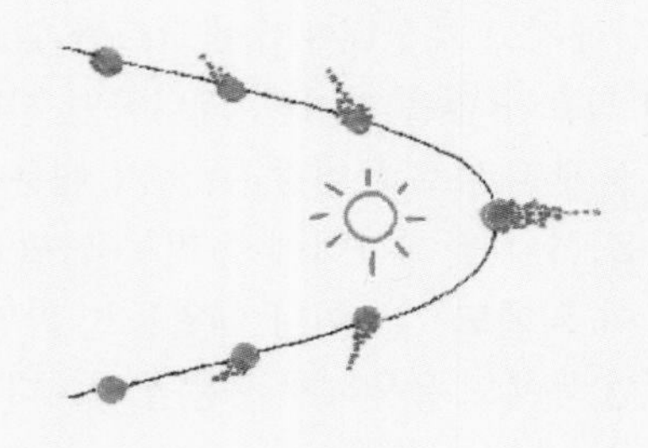

전자기파의 스펙트럼

모든 전자기파는 진동수 f로 분류된다. 진동수는 광속 $c=f\lambda$를 써서 파장 λ로 쓸 수도 있다.

$$f = \frac{c}{\lambda}$$

이 진동수를 써서 전자기파를 분류하면 그림과 같은 전자기파의 스펙트럼이 나타난다.

가시광선도 전자기파의 하나이다.
빨간빛은 4.3×10^{14} Hz (파장은 0.7 μm)이고
보라빛은 7.5×10^{14} Hz (파장은 0.4 μm)이다. 가시광선은 이 진동수의 범위에 들어 있다.

색은 사람의 눈이 가시광선의 진동수를 구분하는 방법이다.

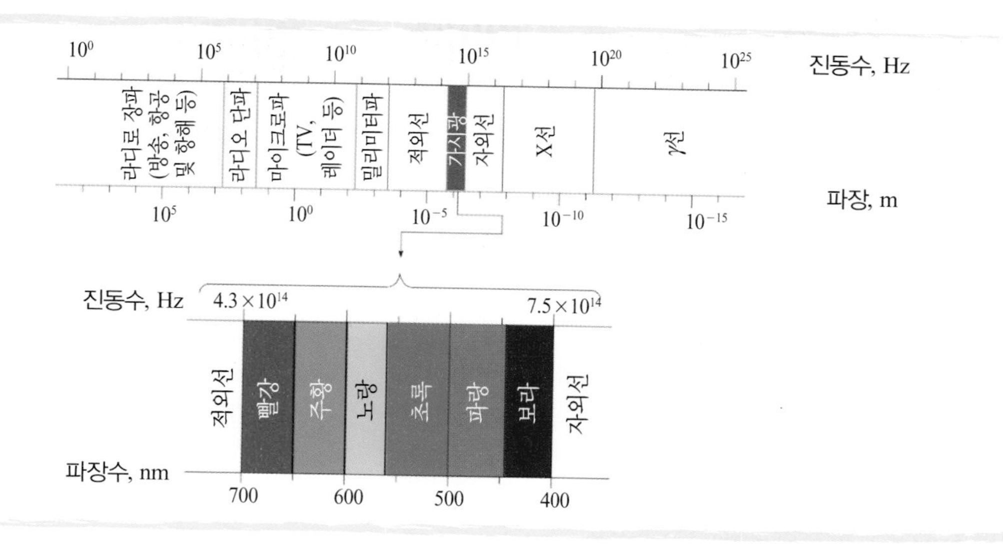

그런데 무엇 때문에 같은 전자기파이면서도 가시광선은 눈에 보이고, 라디오파는 보이지 않을까? 적외선은 왜 따뜻하게 느껴지고, 자외선은 몸에 해로운 것일까?

물질 속에 있는 전하는 전자기파를 만나면 전기장 때문에 힘을 받는다. 이것은 외부에서 강제진동시키는 것과 같다. 전기장의 진동수가 물질의 고유진동수와 같으면 공명을 일으키며, 이때 전자기파는 물질과 강하게 반응한다. 이 고유진동수는 물질의 원자와 화학적 결합에 따라 다르므로 각 전자기파는 물질에 따라 다르게 반응한다.

자외선은 가시광선보다 파장이 짧고, 진동수는 크다. 자외선이 물질의 색을 띠는 염료분자와 반응하면 분자의 화학적 결합을 끊으므로, 색을 띠는 물질이 자외선에 오래 노출되면 색이 바랜다. 적외선은 물질의 분자에 흡수되어 물질을 데운다.

라디오파보다 파장이 짧은 마이크로파는 대기상층부의 이온층을 뚫고 통과한다. 이 때문에 인공위성과 통신을 할 때에는 마이크로파를 사용한다. 또한, 마이크로파에 해당되는 2.4 GHz는 물에 잘 흡수되므로 마이크로웨이브 전자레인지를 써서 음식을 덥힌다.

단원요약

1. 변하는 전기장과 공간전류

① 전장에서 전류가 흐르는 도선 주위에 만들어지는 자기장은 앙페르 법칙을 통해 구할 수 있었다.

$$\oint \mathbf{B} \cdot d\mathbf{l} = \mu_0 i$$

그러나 평행판 축전지 내부와 같이 실제 전류가 흐르지 않는 빈 공간에도 충전되는 동안에 전기장이 시간에 따라 변화하면 빈 공간에도 공간전류(변위전류)가 흐르고, 이것은 전기장다발의 변화로 표시할 수 있다. 공간전류는 전기장이 시간에 변할 때 만들어지고 물질 내부뿐만 아니라 빈 공간에도 존재한다.

$$i_d = \varepsilon_0 \frac{d\Phi_E}{dt}$$

공간전류까지 포함하는 일반적인 개선된 앙페르 법칙은 다음과 같이 쓸 수 있다.

$$\oint \mathbf{B} \cdot d\mathbf{l} = \mu_0(i + i_d) = \mu_0\left(i + \varepsilon_0 \frac{d\Phi_E}{dt}\right)$$

② 공간전류를 앙페르의 법칙에 추가하여 맥스웰은 다음과 같이 전자기 방정식을 요약하였다.

가. $\oint \mathbf{E} \cdot d\mathbf{A} = Q_{안}/\varepsilon_0$

나. $\oint \mathbf{B} \cdot d\mathbf{A} = 0$

다. $\oint \mathbf{E} \cdot d\mathbf{l} = -d\Phi_B/dt$

라. $\oint \mathbf{B} \cdot d\mathbf{l} = \mu_0(i + \varepsilon_0 d\Phi_E/dt)$

2. 전자기파의 생성

전기장이 시간에 따라 변하면 물질 내부뿐만 아니라 빈 공간에도 공간전류가 생겨나고 공간전류는 자기장을 유도하고, 변화하는 자기장은 다시 전기장의 변화를 유도하여 전자기파를 만든다. 전자기파의 전기장과 자기장은 서로 수직이고 진행방향과도 수직이므로 횡파이다.

3. 전자기파의 전파속도

전자기파는 매질을 필요로 하지 않고 진공에서 전파속도는 $c = \frac{1}{\sqrt{\varepsilon_0 \mu_0}} = 3.00 \times 10^8$ m/s이다. 유전율이 K인 물질 안에서 빛의 속도는 $v = c/\sqrt{K}$로 감소한다.

4. 전자기파의 에너지전달

전자기파는 전기장과 자기장으로 이루어져 있기 때문에 에너지와 운동량을 전달한다. 그리고 파장의 크기에 따라서 다양한 성질을 띤다.

연습문제

1. 반지름이 5.0 mm인 원형평행판 축전기에 전기장이 시간에 따라 변하고 있다. 중심축에서 거리가 9.0 mm인 지점에서 유도된 자기장은 2.6×10^{-6} T이다. 축전기 사이의 전기장의 변화율 dE/dt를 구하라.

1. 개선된 앙페르의 법칙을 이용한다.

2. 단면적이 10 mm^2이고 거리가 0.5 mm인 평행판 축전기에 전류가 $i = 0.5 \sin(120\pi t)$ A(A는 암페어)로 공급되고 있다. 축전기 내부에서 공간전류를 구하라.

3. 본문 376쪽의 생각해 보기에서 $R = 10$ mm, $i = 0.4$ A일 때 r이 각각 2, 12 mm일 때 자기장 B의 값을 구하라. 그리고 자기장을 B의 함수로 그래프로 그려라.

4. 축전용량이 C이고 전위차가 V인 평행판 축전기에서 공간전류는 $i_d = C\ dV/dt$임을 보여라.

5. 축전용량이 3.0 μF인 축전기에서 2.0 A의 공간전류를 만들기 위해서는 축전기의 전위차는 얼마의 비율로 변해야 하는가?

6. 그림과 같이 전기장이 시간에 따라 변하고 있다. 면적이 2.0 m^2이고 전기장과 수직인 면을 통과하는 공간전류를 A, B, C 세 영역에서 구하라.

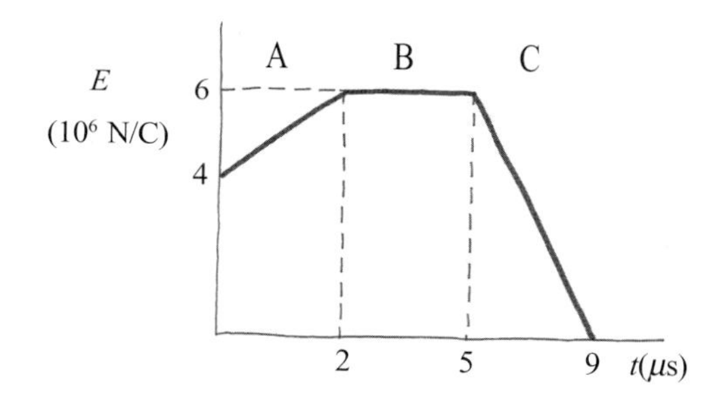

7. 그림과 같이 한 변의 길이가 $L = 1.2$ m인 정사각형 모양의 평행판 축전기에 전류가 1 A 흐르고 있고 이 전류가 만드는 전기장이 평행판에 수직으로 향하고 있다.

(1) 축전기 내부에서 공간전류 i_d를 구하라.

(2) 축전기 내부에서 dE/dt는 얼마인가?

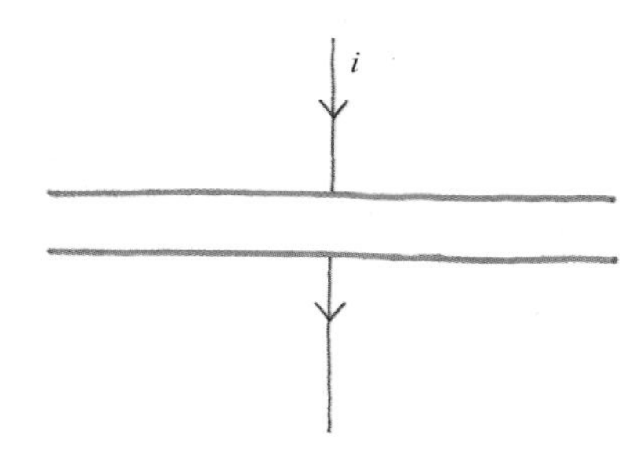

4. 전위 = (전기장) × (거리)를 이용한다.

6. 공간전류 $i_d = \varepsilon_0 A \dfrac{dE}{dt}$ 임을 이용한다.

7. 먼저 전기장을 구하여 공간전류를 계산한다.

8. 문제 7에서 축전기 내부에 한 변의 길이가 0.4 m이고 중심이 축전기의 중심과 일치하는 정사각형을 생각해 보자.

(1) 이 정사각형이 축전기와 나란하다고 하면 사각형을 통과하는 공간전류는 얼마인가?

(2) 사각형을 따라서 적분한 값 $\oint \mathbf{B} \cdot d\mathbf{l}$은 얼마인가? 단 적분방향은 $\mathbf{B}$의 방향과 같다.

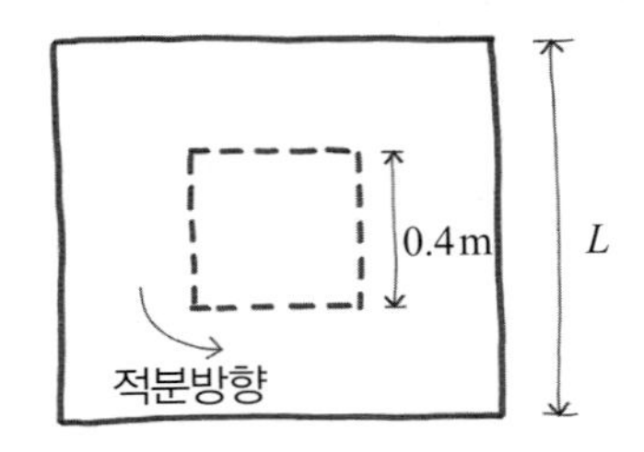

9. 아래 그림과 같이 위가 잘린 피라미드가 있다. 크기가 0.1 T인 자기장이 윗방향을 향하고 있고 윗면의 면적은 3 cm^2이다. 아랫면으로는 바깥쪽으로 통과하는 자기장다발이 $\Phi_B = 10.0\ \mu\text{Wb}$일 때 옆면을 통과하는 자기장다발의 크기는 얼마인가? 그리고 그 자기장다발의 방향은 안쪽과 바깥쪽 중 어느 쪽인가?

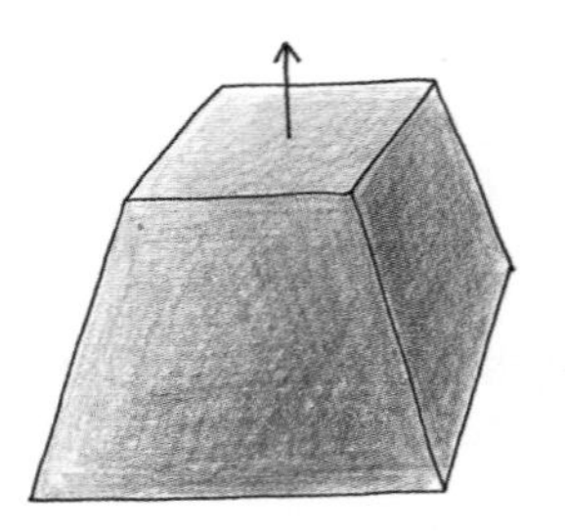

10. 선형안테나(전기쌍극자 안테나)와 원형안테나(자기쌍극자 안테나)의 원리는 어떻게 다른가? 이 안테나들이 만들어 내는 전자기파의 진행방향은 안테나의 방향과 어떤 관계가 있을까?

11. 전자기파의 자기장과 전기장이 각각 $\mathbf{E} = \mathbf{i} - \mathbf{j}$ V/m이고 $\mathbf{B} = \frac{1}{c}(\mathbf{i} + \mathbf{j})$ T이다. 여기서 c는 빛의 속력이다. 이 전자기파의 진행방향을 구하라.

12. 진공 중에서 파장이 600 nm인 빛의 파장을 본문 350쪽의 표에 있는 물질에 대하여 계산해 보아라.

8. (2) 개선된 앙페르의 법칙을 이용한다.

9. 맥스웰방정식의 두 번째 식을 사용한다.

11. 전자기의 에너지가 전달되는 파방향은 $\mathbf{E} \times \mathbf{B}$임을 이용한다.

13. 전자기파의 전기장이 $E = E_m \sin\omega t$로 변하고 있다. 한 주기 동안 전기장의 제곱 E^2의 평균값을 구하라.

14. 어떤 별에서 지구의 전 표면으로 오는 신호의 출력이 1 pW이다. 5장 표지에 있는 Arecibo 전파망원경에 도달하는 신호는 얼마인가? Arecibo의 지름은 305 m이다. 그리고 그 별이 지구에서 2.2×10^4 광년 떨어진 은하 중심에서 균등하게 신호를 보내고 있다고 가정하면 초당 방출하는 에너지는 얼마인가?

15. 노란빛의 파장은 550 nm이다. 이 빛의 진동수를 구하라.

16. TV방송에서 쓰이는 대표적인 전자기파의 진동수는 70 MHz이다. 파장은 얼마인가?

17. 지구표면에서의 태양빛의 세기는 1.4 kW/m^{2}이다. 이 빛의 전기장과 자기장의 크기를 구하라.

18. 10 kW의 출력을 내는 방송국 안테나에서 100 m 떨어진 곳의 전파의 세기와 전기장의 크기를 구하라.

19. 90 MHz의 FM방송을 수신하기 위해 튜너를 돌릴 때 가변축전기의 전기용량은 얼마일까? 튜너회로의 인덕턴스는 0.4 μH이다.

20. 휴대폰은 900 MHz ~ 1 GHz영역의 전파를 송수신한다. 출력이 300 mW일 때 휴대폰 안테나에서 10 cm 떨어진 머리에서의 전기장의 크기는 얼마나 될까? 만약 2.4 GHz의 전파 (마이크로파)를 사용한다면 머리에 어떤 일이 일어날지 상상할 수 있을까?

15. $c = 3.0 \times 10^8$ m/s

Chapter 6

빛의 반사와 굴절

밤하늘에 펼쳐지는 불꽃놀이를 실내에서 찍은 사진들. 왼쪽 사진에는 방 안의 조명이 유리에 반사되어 비쳐 보인다. 오른쪽 사진에는 유리창에 반사되는 조명이 거의 사라져 보인다. 유리에 반사되는 빛은 보는 각도에 따라 편광상태가 달라지므로 편광필터의 방향을 조절하면 반사되는 빛을 제거할 수 있다.

빛이 반사하고 굴절할 때 광선이 나가는 방향은 기하학적으로 쉽게 다룰 수 있다. 그러나 빛은 전자기파이다. 빛이 반사되고 굴절되는 현상을 파동학적으로 어떻게 다룰 수 있을까?

호이겐스 원리와 빛의 파면

빛은 전자기파이다. 빛이 진행하는 자세한 형태를 표현하기 위해서는 맥스웰 방정식이 필요하지만, 대부분의 광학적 현상을 이해하는 데는 빛의 파동성만으로도 충분하다.

호이겐스는 맥스웰보다 훨씬 앞선 시기에 빛의 파동성을 써서 빛이 퍼져 나가는 모습을 이해할 수 있는 쉬운 방법을 찾아내었다.

호이겐스를 따라 빛이 반사하고 굴절하는 현상을 다루어 보자.

파동과 호이겐스의 원리

진행하는 파를 보면 파면에 있는 모든 점이 새로운 파를 만드는 파원이 된다. 이 파원은 작은 구면파를 만들어 내고, 이 2차파들이 중첩되면 새로운 파면들이 형성된다. 진행파는 이렇게 파면을 반복하여 만들어 내며 퍼져 나간다.

파면들이란 파들의 모양이 같은 점들을 모두 연결한 면이다.

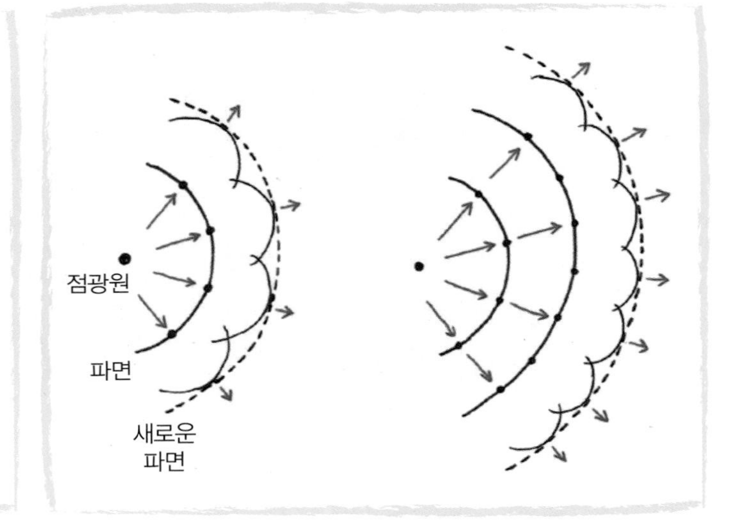

점광원에서 나오는 빛은 구면파를 형성하며 퍼져 나간다. 점광원에서 멀리 떨어진 구면파의 일부를 보면 평면파처럼 보인다.

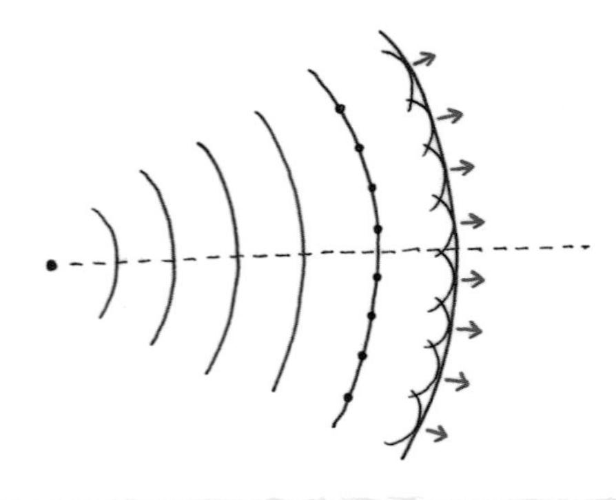

평면파도 호이겐스의 원리에 따라 파면을 형성하며 전파되는 것을 볼 수 있다.

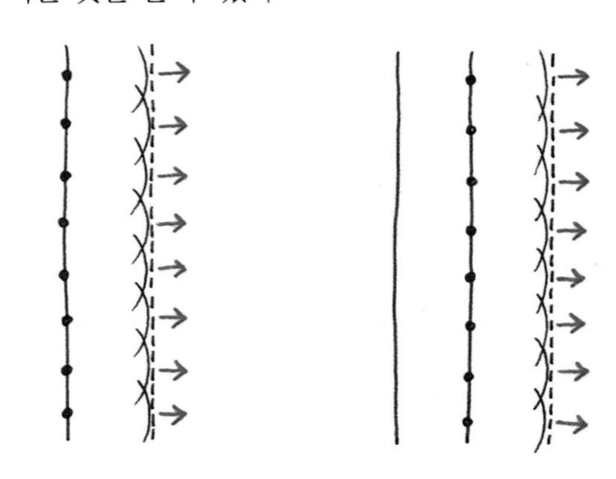

반사와 굴절법칙

파가 매질이 다른 면을 만나면 일부는 반사하고, 일부는 굴절한다. 호이겐스 원리에 따라 반사법칙과 굴절법칙을 알아보자.

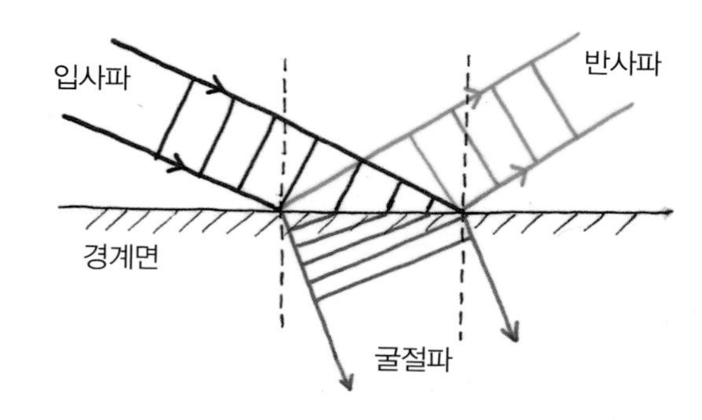

반사법칙

빛이 경계면을 만날 때 호이겐스의 원리에 따르면 경계면의 모든 점은 파원이 되고, 이 파원은 다시 반사되는 파면을 형성한다. 이 파면은 진행방향과 서로 수직이다.

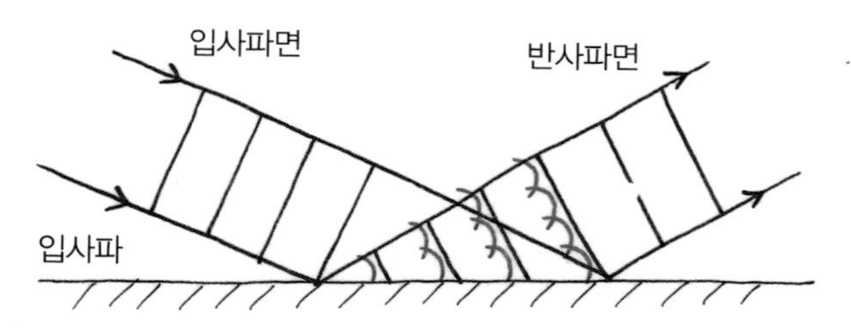

경계면과 파면이 이루는 직각삼각형을 보면, 입사되는 파와 반사되는 파의 파면은 같은 시간(t) 동안 같은 거리(ct)를 가야 되므로, 그림처럼 경계면에서 이루는 두 각이 같아야 한다.

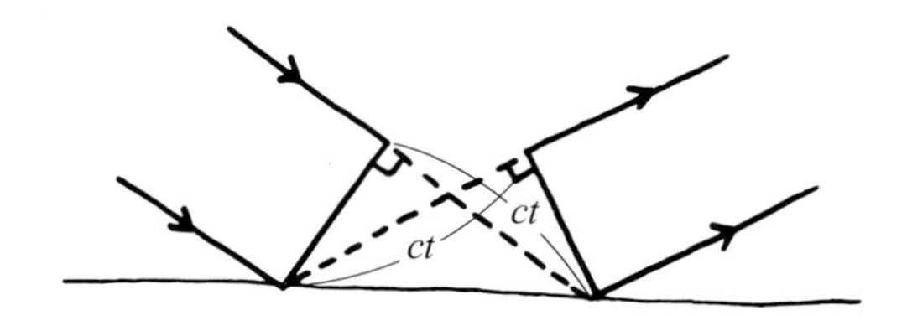

파면을 형성하면서 빛이 진행하는 모습을 파면에 수직인 광선으로 표시하면 직관적으로 보기에 편리하다. 경계면에서의 반사법칙은 그림처럼 광선의 입사각과 반사각이 같다는 것으로 표시된다.

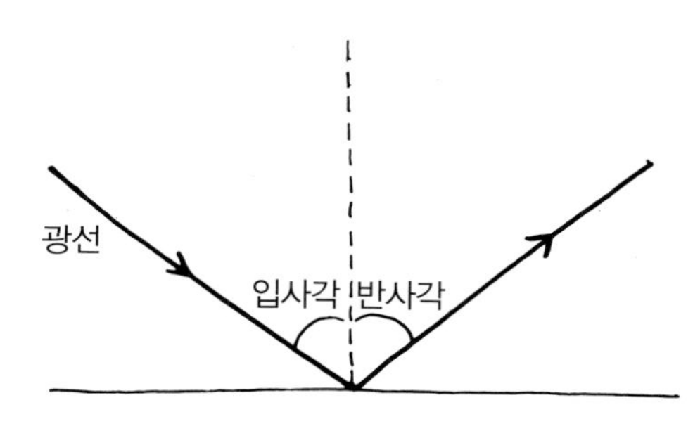

직각거울에 반사된 카메라

굴절법칙

빛이 경계면을 지나게 되면 호이겐스의 원리에 따라 경계면은 파원이 되고, 이 파원은 다른 매질 속으로 진행하는 파면을 만들어 낸다.

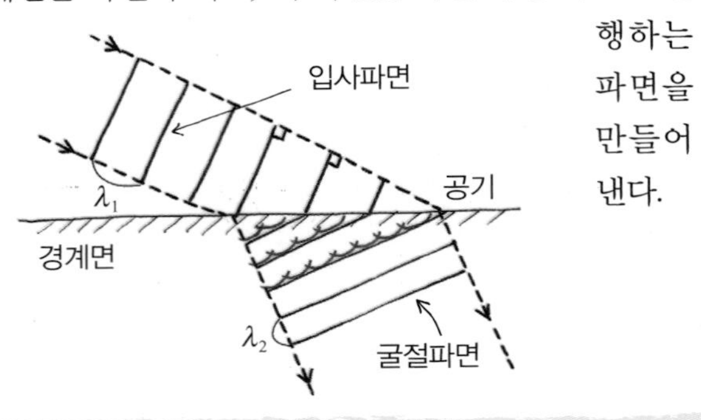

경계면을 지나 t초 동안 진행하는 파면이 이루는 직각 삼각형을 보자. 이때 매질 속에서의 빛의 속력을 v, 경계면의 길이를 L, 굴절각을 θ_2라 하면 $L\sin\theta_2 = vt$ 이다.

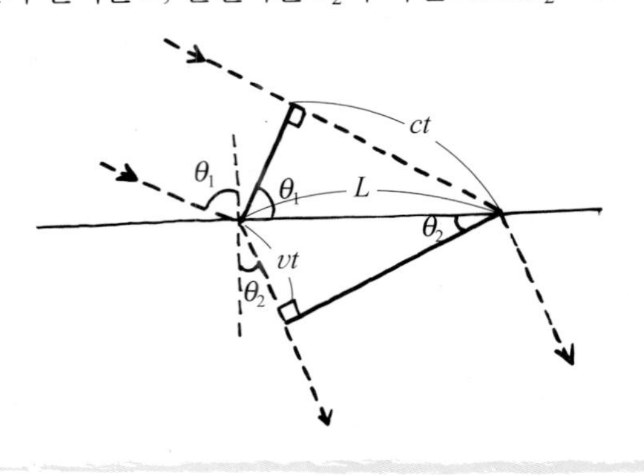

그런데 공기 중에서의 광속은 c이므로 입사각 θ_1은 $L\sin\theta_1 = ct$를 만족한다. 즉,

$$L = \frac{vt}{\sin\theta_2} = \frac{ct}{\sin\theta_1} \text{ 이다.}$$

따라서,

$$\frac{c}{v} = n = \frac{\sin\theta_1}{\sin\theta_2}$$

윗식에서 n을 굴절률이라고 한다.
굴절각은 매질 속에서의 광속의 차이로 결정된다.
이것을 스넬의 법칙이라고 한다.

여러 물질의 굴절률

물질	굴절률	물질	굴절률
공기	1.0003	물	1.33
아황산가스	1.63	얼음	1.31
에틸알코올	1.36	벤젠	1.50
석영	1.54	유리(크라운)	1.52
지르콘	1.92	다이아몬드	2.42

생각해보기 빛의 분산

물질의 굴절률은 빛의 파장에 따라서 변한다. 만약 파장변화에 따른 굴절률의 변화가 없다면 무지개는 생기지 않을 것이다. 일반적으로 빛의 파장이 길어질수록 굴절률은 점차 감소한다. 예를 들면, 녹색보다는 빨간색의 빛이 덜 굴절된다. 이는 도로에서 빨간색 등을 위험신호로 쓰는 이유이기도 하다.

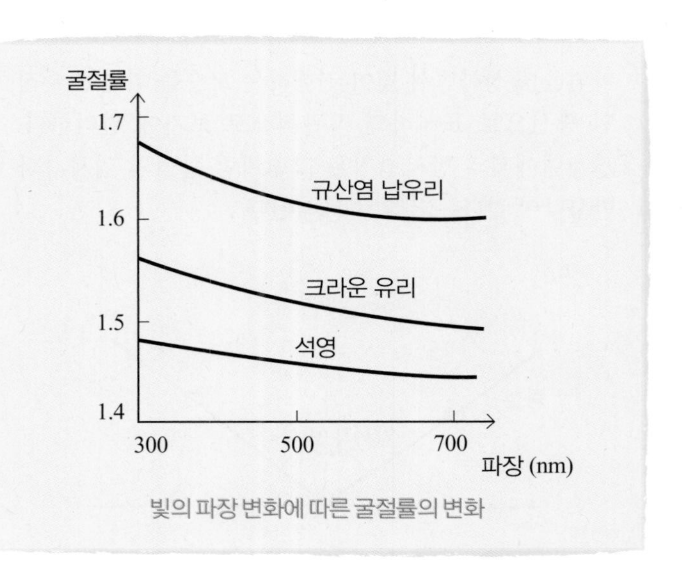

빛의 파장 변화에 따른 굴절률의 변화

매질 속에서 광속은 왜 느려질까?

맥스웰 방정식에 의하면 물질 속에서는 유전상수에 따라 광속이 느려진다. 이것을 다른 입장에서 보면 빛이 물질 속에서 진행하면서 빛의 전기장이 물질을 구성하는 원자에 속박되어 있는 전자를 강제 진동시키는 것으로 볼 수 있다.

빛의 에너지는 진동하는 전자에 잠시 흡수되었다가, 이 전자가 잠시 후 다시 빛을 내어 에너지를 돌려준다.

빛은 진행하면서 전자를 진동시키고, 여기에서 나오는 빛은 호이겐스 원리에 따라 파면을 형성하며 계속하여 진행한다. 전자를 진동시키면서 빛이 진행하기 때문에 전자의 전기적인 관성으로 인해 물질 속에서는 광속이 느려진다.

광속은 느려지지만 빛의 진동수는 매질 속에서도 변하지 않는다. 빛의 진동수는 파원의 진동에 의해 결정되기 때문이다.

전반사

굴절률(n_2)이 큰 매질에서 굴절률(n_1)이 작은 매질로 빛이 진행할 때는 더 이상 굴절하지 않고 경계면에서 모두 반사되는 전반사가 일어날 수 있다.

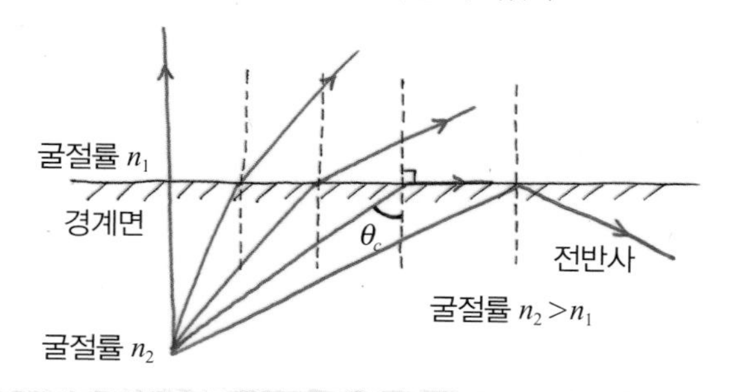

그림처럼 입사각이 임계각 θ_c에 도달하면 굴절각이 90° 가 되어, 경계면에 평행하게 나아간다. 임계각보다 더 큰 각으로 입사하면 전반사가 일어난다.

스넬의 법칙으로부터 $\sin 90° / \sin\theta_c = n_2/n_1$ 이므로 임계각은

$$\sin\theta_c = \frac{n_1}{n_2}$$

를 만족한다.

광섬유와 전반사

광섬유는 지름이 5~50 μm 인 유리선으로 되어 있다. 유리면에서는 41° 가 전반사의 임계각이며, 전반사를 이용하면 유리섬유 속으로 빛을 멀리 전달시킬 수 있다.

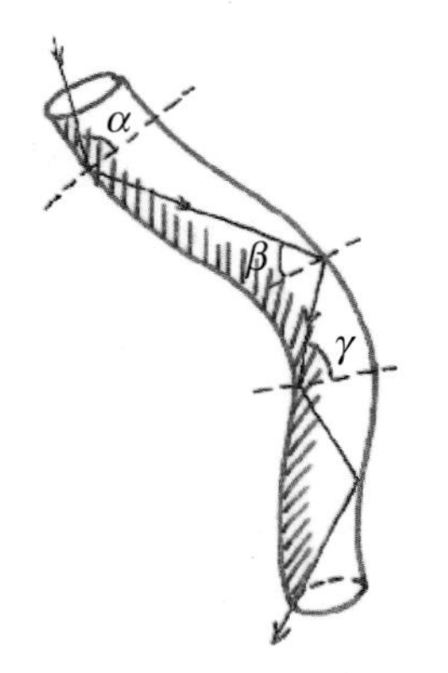

광섬유는 광통신에 사용되는데, 이론적으로는 광섬유 한 가닥에 백만 통화가 동시에 가능하다. 그러나 실제 해저케이블에서는 광섬유 6가닥으로 4만 통화가 동시에 이루어진다.

또한, 광섬유는 초고속 인터넷 컴퓨터 통신에도 이용된다. 광섬유다발은 일정한 면적의 빛을 전달할 수 있으므로 내시경이나 조명등에도 이용된다.

다이아몬드의 브릴리언트 컷

다이아몬드는 브릴리언트 컷이라 부르는 형태로 보석으로 가공한다. 그림처럼 윗면에는 33개면, 아랫면에는 25개면이 있다.

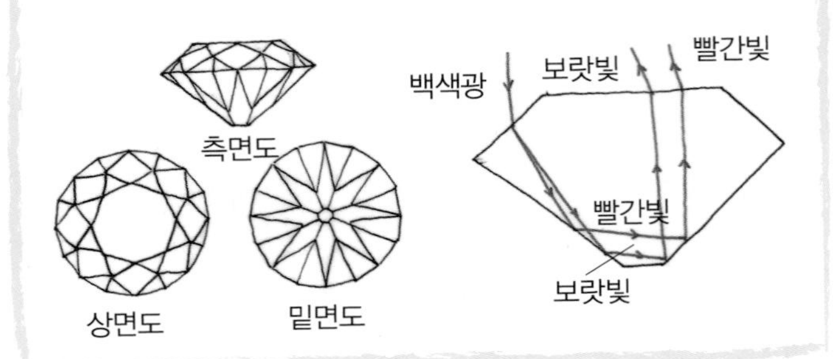

이렇게 깎인 면에서는 다이아몬드 속으로 들어온 빛 대부분이 전반사되어 나간다. 다이아몬드의 굴절률이 아주 커서(굴절률 2.42) 임계각이 24°로 작기 때문이다.

그런데 다이아몬드는 보는 각도에 따라 색이 현란하게 달라 보인다. 그 이유는 무엇인가? 빛의 진동수에 따라 굴절률이 약간 달라지기 때문이다. 이런 현상을 분산이라고 한다.

햇빛이 프리즘이나 물방울에 의해 파장별로 무지개 색으로 보이는 것도 같은 원리이다.

거울 속에 비치는 상

거울 속에 비친 글자는 좌우가 바뀐다. 이것은 거울에 반사되는 좌표축이 뒤집어지기 때문이다.

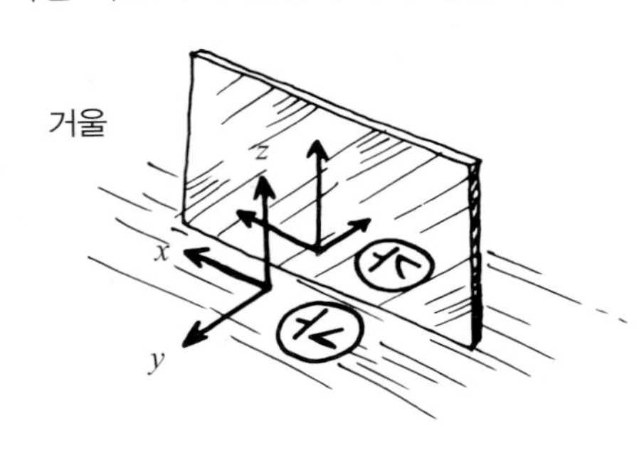

두 개의 거울 속에 비치는 글자 중에는 좌우가 두 번 바뀌어 정상으로 보이는 글자도 있다.

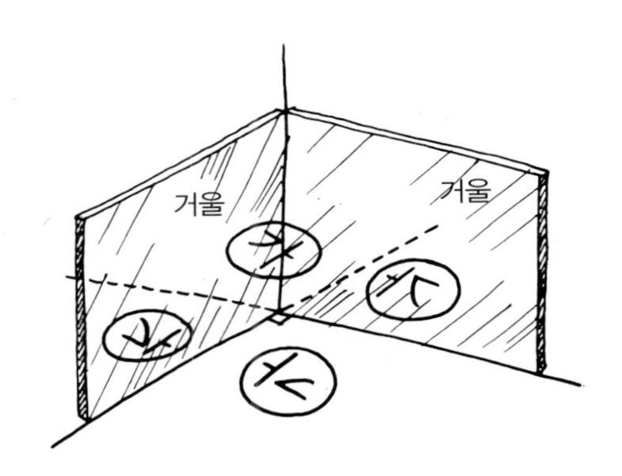

이제 세 개의 거울을 직각으로 붙인 후 거울의 모서리를 들여다보자. 이 거울에서 빛이 반사되면 아래 그림처럼 제자리로 되돌아온다. 물론 영상도 모두 뒤집힌다.

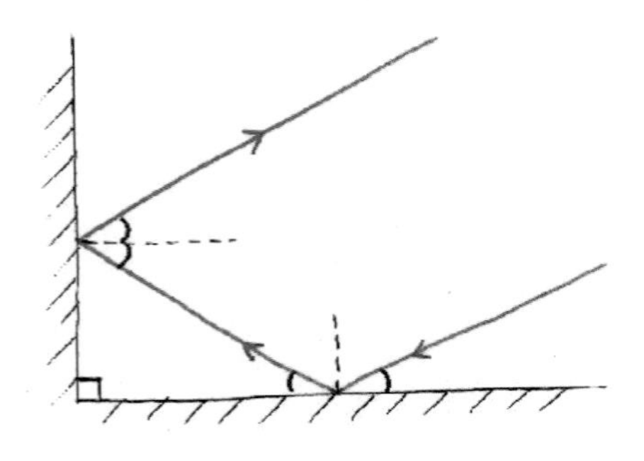

코너큐브 거울을 달에 놓고 지구에서 보낸 레이저 빛을 반사시킴으로써 지구와 달까지의 거리를 15 cm 이내로 정밀하게 측정했다.

생각해보기

그림과 같이 수영장 바닥에서 쏘아진 레이저 빛이 수영장 밖으로 45도 각도로 나온다. 이때 물의 깊이는?

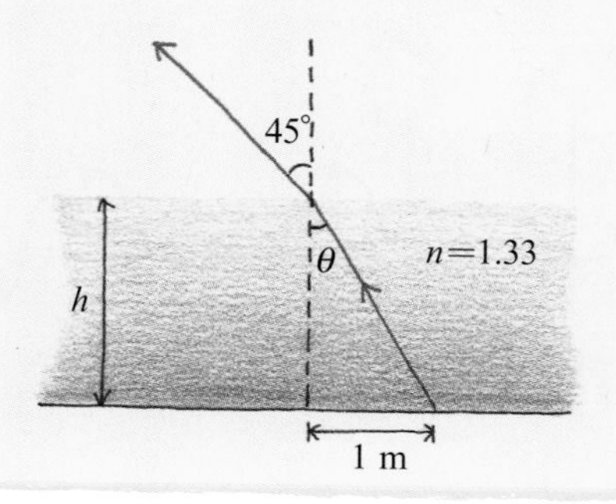

스넬의 법칙을 이용하면,

$$\sin 45^\circ = 1.33 \times \sin\theta = 1.33 \times \frac{1}{\sqrt{h^2 + 1^2}}$$

따라서

$$\frac{1}{\sqrt{2}} = \frac{1.33}{\sqrt{h^2 + 1^2}}$$

그러므로

$$h \simeq 1.59 \text{ m}$$

생각해보기

동전이 깊이 1 m의 물속 바닥에 있다고 하자. 바로 위에서 동전을 내려다 볼 때, 동전의 겉보기 깊이 d_2는?

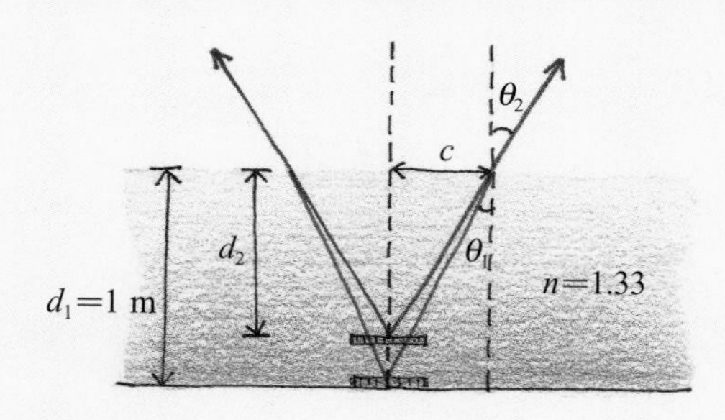

그림에 주어진 변수와 스넬의 법칙을 이용한다. 물 밖에서 동전을 볼 때는 굴절률의 차이로 인해 빛이 휘어져 도달하게 되는 실제 깊이 d_1이 아니라(빨간색 경로 참조), 빛이 휘지 않은 상태인 겉보기 깊이 d_2에 놓인 것으로 보이게 된다. 그림에서의 각도는 편의상 실제보다 크게 주어져 있음에 유의하자.

스넬의 법칙으로부터,

$$n \sin\theta_1 = \sin\theta_2 \tag{1}$$

그림에 주어진 변수를 이용하면,

$$\tan\theta_1 = \frac{c}{d_1},\ \tan\theta_2 = \frac{c}{d_2} \tag{2}$$

$$\text{따라서 } \frac{\tan\theta_1}{\tan\theta_2} = \frac{d_2}{d_1} \tag{3}$$

눈으로 동전을 내려다 볼 때 눈을 통해 들어오는 동전에 대한 시야각이 아주 작으므로 c 값은 매우 작다. 따라서 θ를 라디안으로 쓰면, $\theta \ll 1$인 경우이며, 이때 $\tan\theta \simeq \sin\theta$이다. 따라서 식 (1)을 이용하면,

$$\frac{\tan\theta_1}{\tan\theta_2} \simeq \frac{\sin\theta_1}{\sin\theta_2} = \frac{1}{n} \tag{4}$$

식 (3)과 식 (4)로부터,

$$\frac{d_2}{d_1} = \frac{1}{n}$$

겉보기 깊이 d_2는 다음과 같이 주어진다.

$$d_2 = \frac{d_1}{n} = \frac{1}{1.33} = 0.75 \text{ m}$$

따라서 실제 깊이보다 약 25% 얕게 보인다.

편광

전기장의 진동방향이 정렬되어 있으면 그 빛은 편광되어 있다고 말한다. 방송국 안테나에서 나오는 전기장은 그림처럼 한 방향으로 진동한다. 이러한 전자기파는 선편광되어 있다.

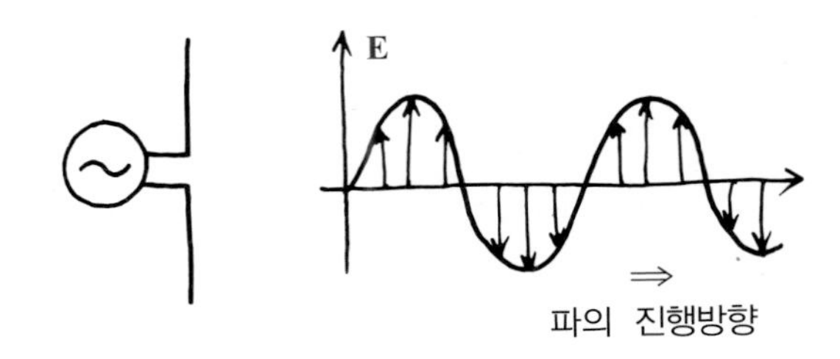

편광자

햇빛은 이와 달리 모든 방향의 편광이 무질서하게 섞여 있다. 빛의 편광상태는 편광자로 알아볼 수 있다. 편광되지 않는 빛이 편광자를 통과하면 한 방향으로 선편광된 빛이 나온다.

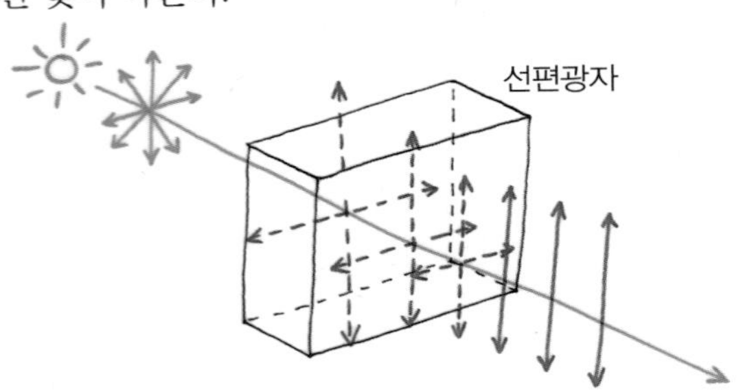

편광자(polarizer)는 사슬처럼 나란히 정렬된 폴리머 분자를 요오드 용액에 담가 전도성을 띠도록 한 것이다.

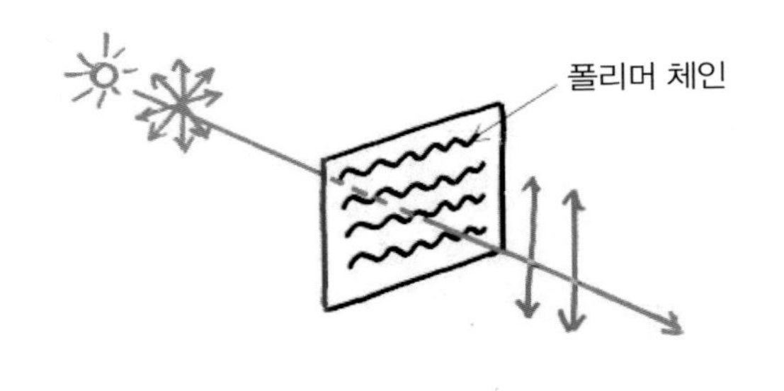

이때 분자 속의 전자는 전도성 때문에 폴리머 체인의 긴 사슬방향으로 쉽게 움직이므로, 외부에서 사슬방향과 평행한 전기장을 가진 빛을 받으면 흡수하여 다시 반사시킨다.

그러나 사슬과 수직인 방향의 전기장을 가진 빛은 그대로 투과시킨다. 따라서, 편광자의 편광방향은 폴리머 체인 방향과 직각을 이룬다.

편광자를 어떤 각도로 돌려 보더라도 햇빛의 밝기는 변하지 않고 일정하게 보인다. 그러나 편광자를 통과한 햇빛의 밝기는 편광자를 통과하기 전의 빛의 밝기에 비해 반으로 줄어든다. 그러나 편광자를 통과하여 만들어진 빛을 또 다른 편광자로 보면 어떻게 보일까?

또다른 두 번째 편광자를 검광자라고 한다. 검광자와 편광자 사이의 방향에 따라 빛의 밝기가 달라진다. 두 방향을 일치시키면 밝게 보이지만, 수직으로 교차시키면 어둡게 보인다.

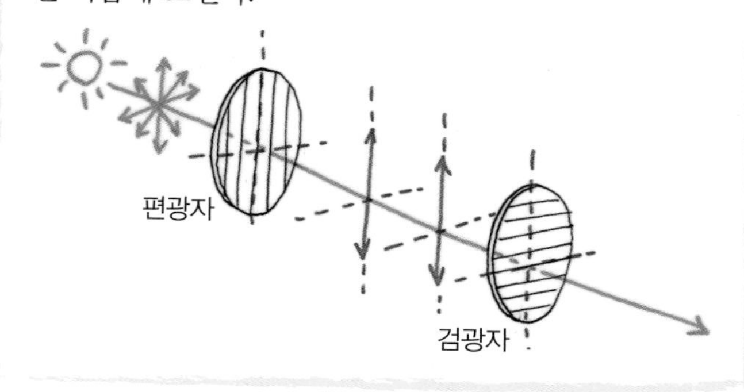

일반적으로 두 편광자 사이의 각이 θ이면 빛의 밝기는 방향이 같을 때에 비해 $\cos^2\theta$로 줄어든다. 이것은 첫 번째 편광자를 통과하여 만들어진 전기장 중에서 일부만이 검광자를 통과하기 때문이다.

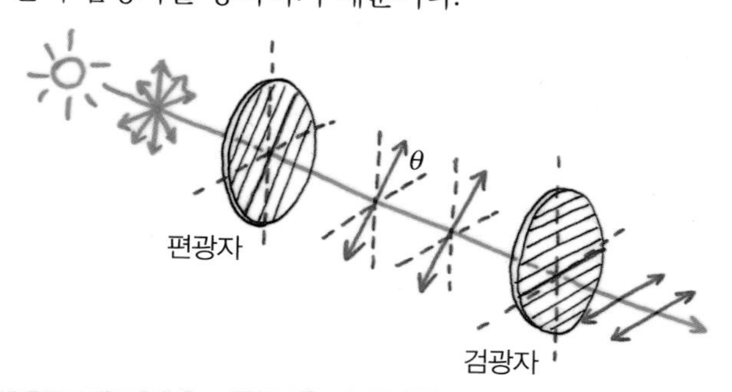

그림처럼 편광된 빛의 전기장 **E**를 검광자의 방향과 그에 수직인 두 성분으로 나누어 보자.

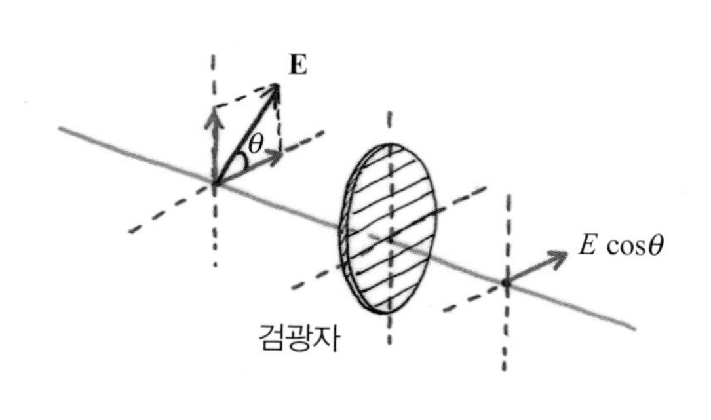

검광자 방향의 전기장 성분 $E\cos\theta$는 검광자를 투과하지만, 편광자와 직각방향의 전기장 성분 $E\sin\theta$는 반사되고 통과하지 못한다. 따라서, 통과되는 전기장의 크기는 $\cos\theta$로 줄어든다.

그런데 빛의 세기는 전기장의 제곱에 비례하기 때문에 검광자를 통과하는 빛의 세기가 $\cos^2\theta$로 줄어든다.

두 개의 편광자를 90° 교차시켜서 보면 빛이 통과하지 못하므로 어둡게 보인다($\cos 90° = 0$).

그러나 두 개의 직각으로 교차된 편광자 사이에 45° 로 편광자 하나를 더 끼워 놓으면 놀랍게도 빛이 보인다.

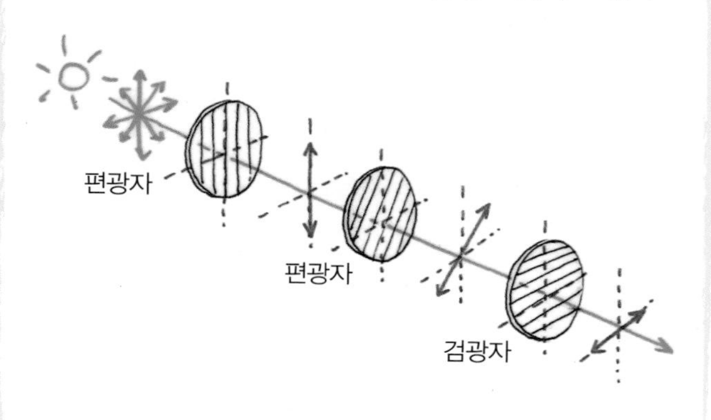

그 이유는 빛이 두 번째 편광자를 통과할 때 전기장이 $\cos 45° = 1/\sqrt{2}$ 로 줄어들고, 마지막 편광자를 통과하면서 전기장이 $1/\sqrt{2}$ 로 다시 준다.

따라서, 최종 전기장은 처음에 비해 1/2로 줄어들고, 이에 따라 빛의 세기는 1/4로 줄어든다.

그러나 0이 아니므로 검게 되지 않고 빛이 보인다.

반사와 편광

유리면에 입사되는 빛은 반사와 굴절 법칙에 따라 일부가 반사되고 일부는 굴절한다. 그러나 이때 반사되는 빛의 세기는 편광상태에 따라 달라진다.

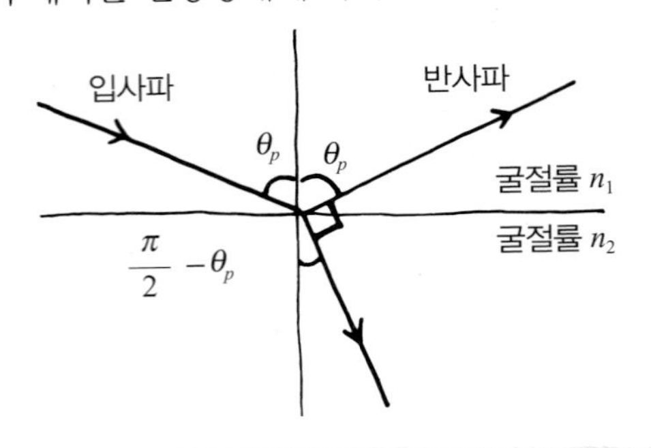

옆 그림처럼 반사되는 빛과 굴절되는 빛이 서로 90° 를 이루는 경우를 보자.
이 경우 입사각이 θ_p라면, 굴절각은 $\pi/2-\theta_p$이다.
입사각과 굴절각은 스넬의 법칙을 따르므로,

$$n_1 \sin\theta_p = n_2 \sin(\pi/2-\theta_p) = n_2 \cos\theta_p$$

여기에서 θ_p는 굴절률로 결정된다.

$$\tan\theta_p = \frac{n_2}{n_1}$$

이때의 입사각을 브루스터각이라고 한다.

입사각이 브루스터각이 되면 반사되는 빛은 모두 편광된다. 즉, 반사되는 빛은 입사면(입사광과 반사광이 만드는 평면)에 수직방향의 전기장만을 갖게 된다.

왜 브루스터각에서 반사되는 빛은 모두 편광될까?

왜 브루스터각에서 반사되는 빛에는 입사면에 평행으로 진동하는 전기장이 존재하지 않을까?

반사와 굴절되는 빛의 전기장은 일반적으로 옆 그림처럼 두 성분 모두를 가진다.

입사하는 빛의 전기장은 입사면에 평행한 성분(→ 표시)과 수직인 성분(X 표시)의 합으로 되어 있다.

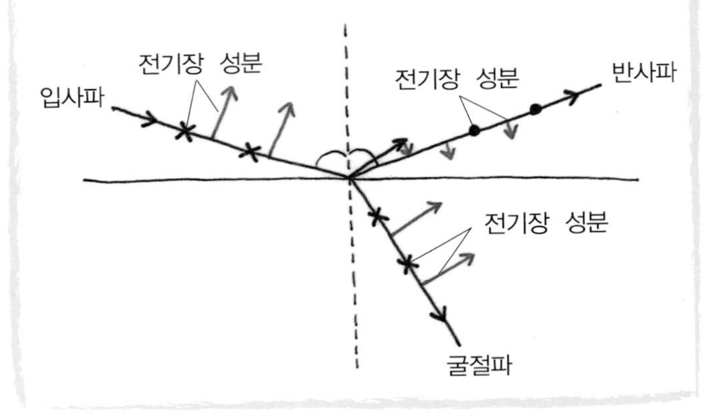

입사각이 브루스터각이 될 때에는 반사되는 빛의 편광이 달라진다. 이를 자세히 살펴보자.
먼저 입사파의 전기장 중에서 입사면에 수직으로 진동하는 전기장(• 으로 표시)은 반사 후에도 입사면에 수직으로 진동한다.

그러나 입사면과 평행으로 진동하는 전기장(↔으로 표시)은 반사 후에는 그림처럼 반사파가 진행하는 방향으로 진동해야 한다. 그런데 빛은 횡파이므로 이런 빛이 생겨날 수 없다. 즉, 전기장의 진동방향이 입사면에 평행인 빛은 반사되지 않는다.

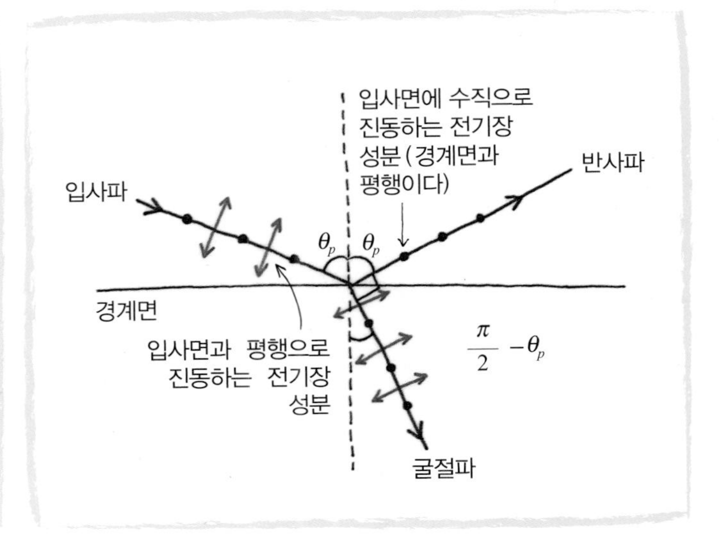

운전할 때 아스팔트에 반사되는 빛도 위의 원리에 따라 일부가 아스팔트면과 수평으로 선편광되어 있다. 따라서, 편광자의 방향이 이와 수직인 폴라로이드 안경을 쓰면 선편광된 강한 반사광을 피할 수 있으므로 운전자의 눈을 보호할 수 있다.

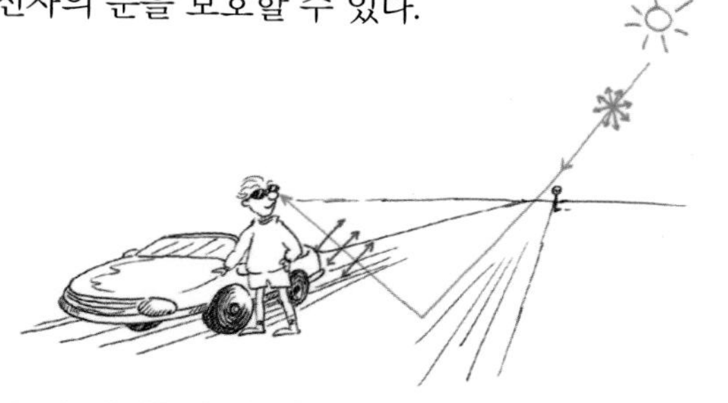

산란과 편광

대기에서 빛이 산란되는 것은 햇빛이 공기분자나 먼지, 수증기 등의 전자를 진동시키고, 이 전자가 다시 빛을 내는 것으로 이해할 수 있다.

우리 머리 위에서 산란이 일어나는 빛을 보면 편광이 강하게 생긴다. 그 원리는 반사되는 빛이 편광되는 경우와 비슷하다.

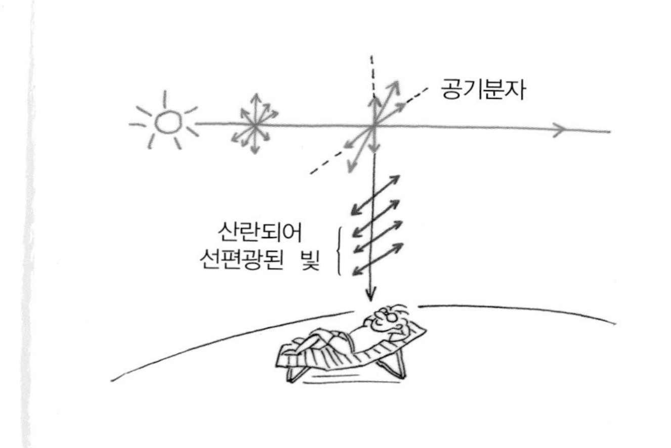

지면과 평행으로 진동하는 전기장을 가진 햇빛은 공기에 산란된 후 별 영향 없이 우리 눈에 도달할 수 있다.

그러나 지면과 수직으로 진동하는 전기장을 가진 빛은 산란 후에도 우리 시선과 같은 방향으로 진동할 것이므로 우리 쪽으로는 전파되지 않는다.

꿀벌은 놀랍게도 산란된 햇빛의 편광을 이용하여 방향을 찾는 것으로 알려져 있다.

하늘이 파랗게 보이는 것도 햇빛이 공기에 의해 산란되기 때문이다.

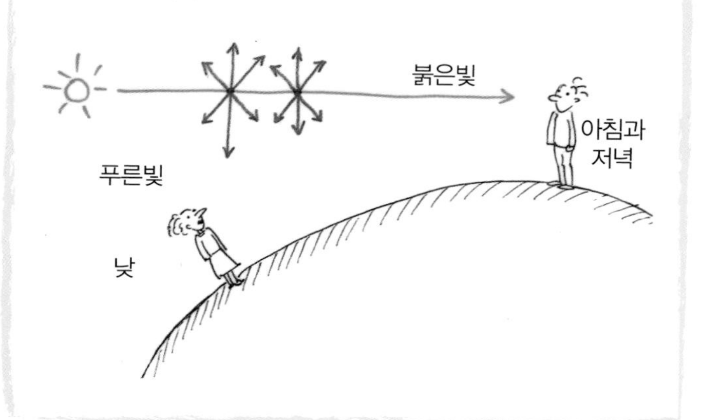

공기분자의 전자가 햇빛에 의해 진동된 후 다시 빛을 내는 산란현상은 쌍극자 안테나가 전자기파를 방출하는 것과 비슷하다. 산란은 빛의 진동수가 높을수록 더 잘 일어난다(진동수의 4제곱에 비례한다). 이것은 푸른빛이 붉은빛보다 산란이 더 잘된다는 것을 뜻한다.

하늘이 파란 것은 햇빛 중에 있는 푸른빛이 공기에 의해 산란되기 때문이다. 아침 저녁으로 보이는 붉은 놀은 햇빛이 긴 공기층을 지나면서 푸른빛이 더 많이 산란되어 빠져 나가고 붉은빛이 남기 때문이다.

생각해보기

빛은 선형으로만 편광되어 있는 것이 아니다. 예를 들어, 그림과 같이 진폭은 같지만 위상이 주기의 1/4만큼 어긋나 있는 두 선형 편광된 전자기파가 서로 직각을 이루고 진동한다고 하자.

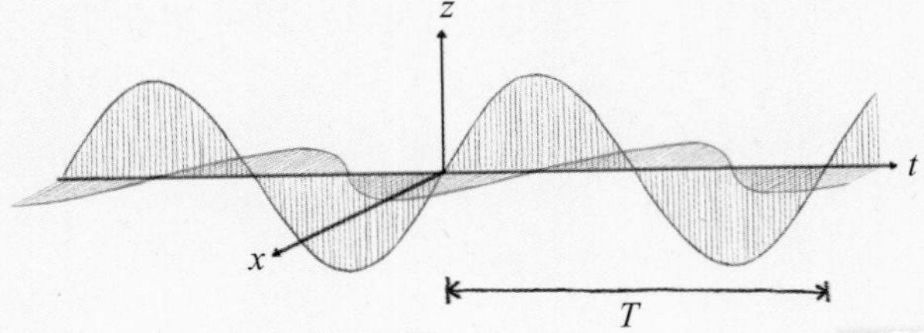

중첩의 원리를 이용하면 xz 평면에서의 매 순간의 편광은 다음과 같이 나타난다.

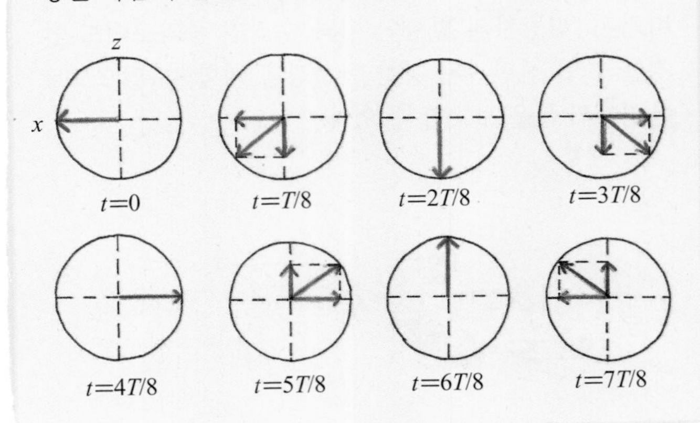

이를 통해 시간에 따라서 편광방향이 반시계방향으로 회전함을 알 수 있다. 두 개의 선형 편광된 전자기파의 중첩으로 나타나는 이러한 빛을 왼쪽으로 원형 편광된 빛이라고 한다. 경우에 따라 오른쪽으로 원형 편광된 빛을 만들 수 있다. 두 전자기파의 위상차가 주기의 1/4이 아니라면 타원 편광된 빛이 얻어진다.

렌즈와 광학기구

렌즈는 유리처럼 투명한 물질로 만들며, 물체로부터 나오는 빛을 굴절시켜 상을 맺는다.

렌즈에는 수렴(볼록, converging)렌즈와 발산(오목, diverging)렌즈가 있다.

렌즈는 어떻게 빛을 모으거나 발산할까?

렌즈의 유리 속을 지나는 빛의 속력은 공기 중에서보다 느려지므로 유리를 통과하는 데 걸리는 시간이 더 길어진다. 따라서, 수렴렌즈의 중앙부분으로 입사하는 광선은 렌즈의 양끝으로 입사하는 광선보다 천천히 간다.

그 결과 파면은 그림처럼 렌즈를 통과한 후에 한 점에 모이게 된다.

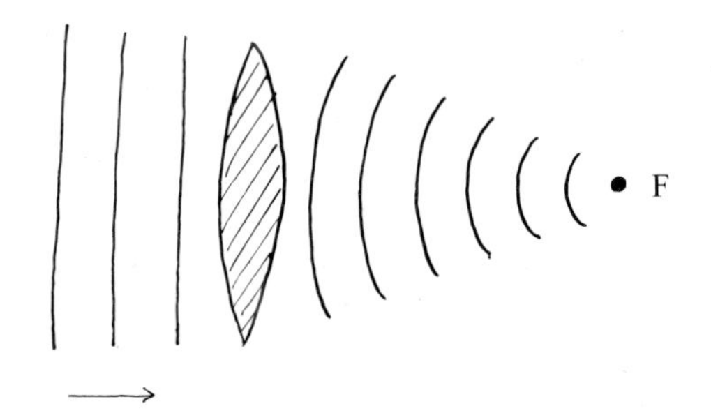

발산렌즈에는 수렴렌즈의 경우와 정반대의 현상이 나타난다.

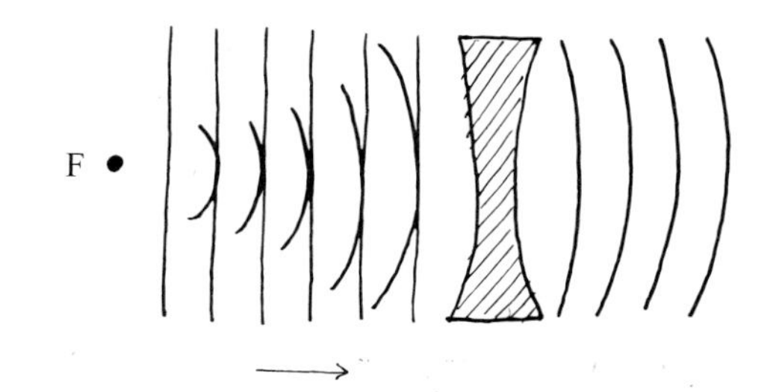

렌즈의 상

렌즈에 의한 상은 렌즈를 지나는 광선을 추적하면 쉽게 알 수 있다. 일반적으로 두께와 곡면의 곡률에 따라 빛이 진행하는 경로가 다르므로 구면의 곡면을 이용하는 얇은 렌즈의 경우만을 살펴보자.

옆 그림처럼 렌즈의 중심면으로 들어온 빛은 굴절없이 통과하며, 축에 평행으로 들어온 빛은 초점을 지나고, 초점으로 들어온 빛은 평행으로 나아간다.

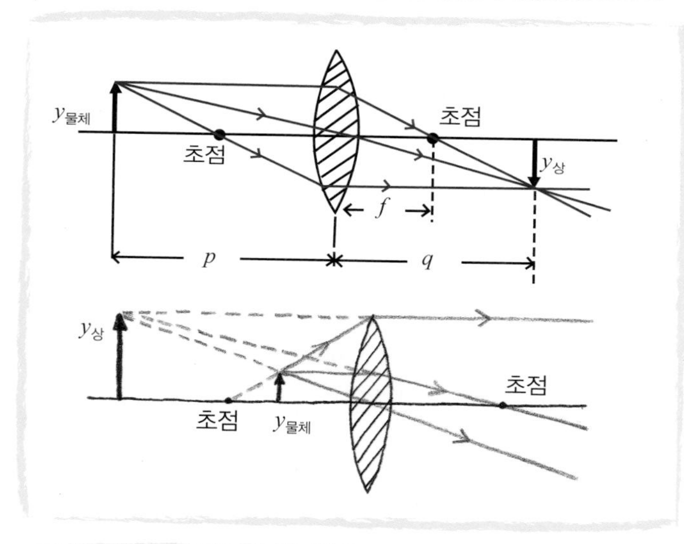

이때 볼록렌즈는 물체의 거리 p와 상의 거리 q, 초점거리 f가 렌즈공식으로 연결되어 있다.

$$\frac{1}{p} + \frac{1}{q} = \frac{1}{f}$$

물체의 거리가 초점 밖$(p>f)$에 있으면 그림처럼 거꾸로 된 실상이 맺히고, q는 양수가 된다.

그러나 물체를 초점거리 안$(p<f)$에 놓으면 바로 놓인 허상이 맺힌다. 이때 q는 음수가 된다.

이것은 허상이 렌즈 왼쪽에 생기는 것을 뜻한다.

오목렌즈는 발산렌즈이다. 렌즈공식은 볼록렌즈의 렌즈공식에서 초점거리 f를 음수로 쓰면 된다. 오목렌즈는 항상 똑바로 된 허상만이 보인다.

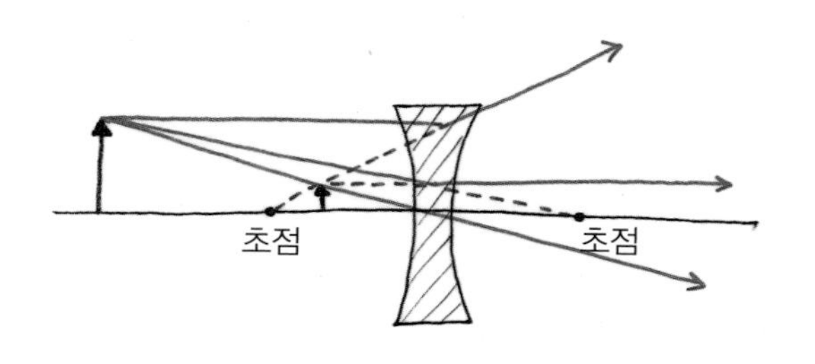

상의 배율은 렌즈에 의한 상의 크기와 물체의 크기의 비를 말한다. 상의 배율은 윗그림의 삼각형에서 보듯이

$$m = \frac{y_{상}}{y_{물체}} = -\frac{q}{p}$$ 로 표시된다.

여기서 배율 m이 $-$값을 지니면 물체의 반대편에 맺힌 거꾸로 된 실상, $+$값을 지니면 물체와 같은 편에 맺힌 바로 놓인 허상이다.

간단한 돋보기 (확대경)

확대경은 볼록(수렴)렌즈를 써서 물체의 허상을 확대해 보는 것이다. 이때 우리가 보는 상의 크기는 망막에 생기는 상의 크기이며, 아래 그림처럼 각도 θ(크기각)로 결정된다.

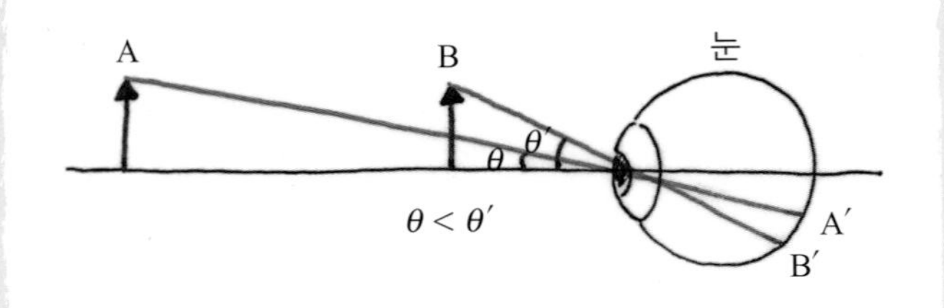

맨눈으로 볼 때는 물체를 눈의 초점거리인 25 cm에 놓으면 자세히 볼 수 있다. 이때 물체의 크기를 y라고 하면 크기각은

$$\tan\theta = \frac{y}{25\ \text{cm}} \text{ 이다.}$$

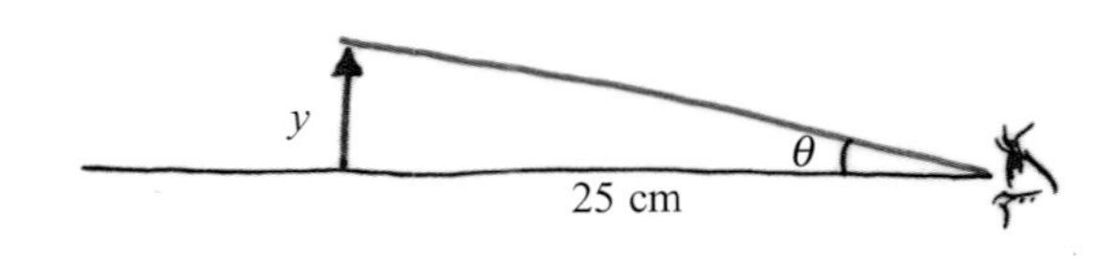

그런데 확대경을 쓸 때는 물체를 렌즈의 초점 바로 안쪽에 놓는다. 이때의 크기각은

$$\tan\theta' = \frac{y}{f} \text{ 이다.}$$

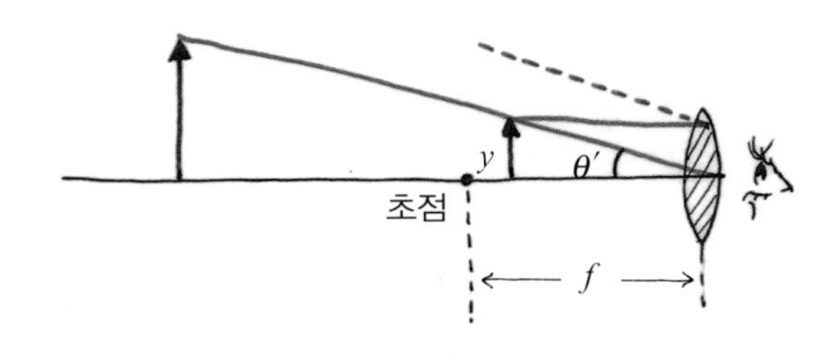

따라서, 망막에서 느끼는 배율 M은 크기각의 비로 결정된다.

$$M = \frac{\tan\theta'}{\tan\theta} = \frac{y/f}{y/(25\ \text{cm})} = \frac{25\ \text{cm}}{f}$$

확대경의 경우 보통 배율은 2~4배 정도이다.

그러나 더욱 확대하려면 색에 따른 굴절률 차이 때문에 상이 흐릿해진다. 이러한 수차를 보정하면 10~20배 정도의 배율도 얻을 수 있다.

색수차는 색에 따라, 즉 파장에 따라 유리의 굴절률이 다르기 때문에 나타나는 현상이다. 빛의 색에 따라 렌즈의 초점거리가 그림처럼 약간씩 달라진다. 한 렌즈의 의해 생긴 색분산은 다른 렌즈(수렴렌즈 또는 발산렌즈)를 결합하여 보정할 수 있다.

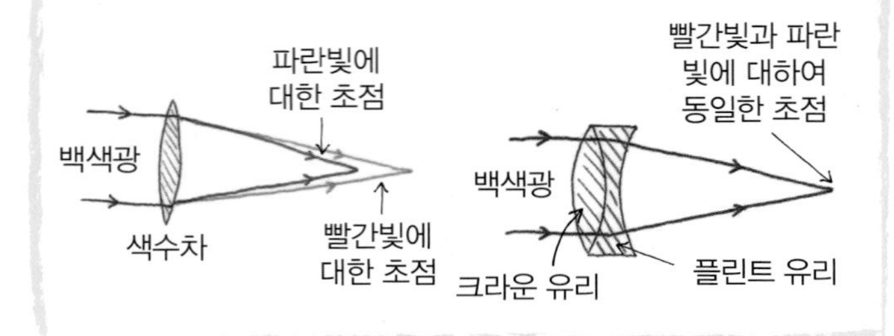

렌즈공식은 렌즈축 근처를 통과하는 빛에 대해 맞는 식이다. 렌즈 가장자리를 통과하는 빛은 축부근을 통과하는 빛보다 더 많이 굴절하여 가까운 곳에 상이 맺힌다. 이 때문에 상이 뒤틀려 보인다. 이러한 현상을 구면수차라고 한다. 구면수차를 줄이기 위해 곡률과 재질이 다른 여러 렌즈를 결합한 복합렌즈를 사용한다.

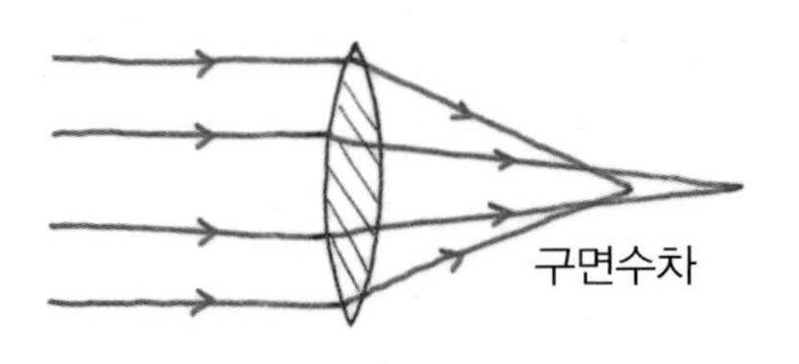

카메라는 기본적으로 실상을 만드는 수렴렌즈와 상이 맺히는 필름부분으로 되어 있으며, 렌즈와 필름 사이의 거리를 조정하여 선명한 상을 얻도록 되어 있다.

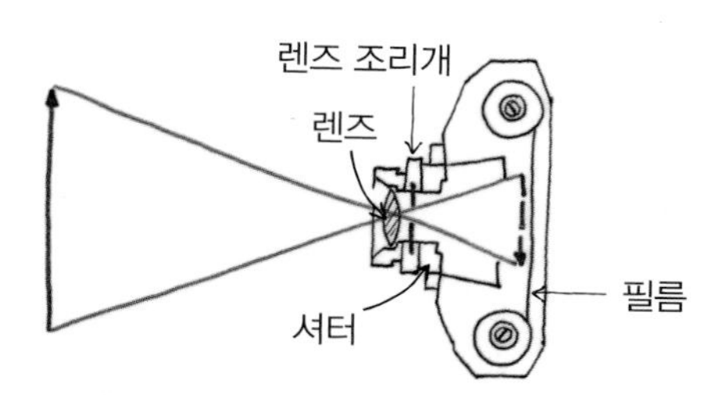

셔터는 필름에 노출되는 시간을 조절한다. 전형적인 셔터간격은 1/4, 1/8, 1/15, 1/30, 1/60, 1/125, 1/250, 1/500초 등이다.

또한, 렌즈에는 조리개가 있어서 필름에 도달하는 빛의 세기를 조절한다. 상의 밝기는 렌즈의 유효지름 D와 초점거리 f에 따라 다르다.

f수는 f/D로 정의되며, 빛을 모으는 능력을 나타낸다. 초점거리가 50 mm이고, 조리개의 지름이 25 mm라면 f수는 2이다. f수가 작을수록 빛을 더욱 많이 모을 수 있으며, 따라서 더 밝은 렌즈이다.

필름에 도달하는 빛은 조리개 구멍의 면적에 비례하므로 지름의 제곱에 비례한다. 지름이 $\sqrt{2}$ 배가 되면 빛은 2배가 된다.

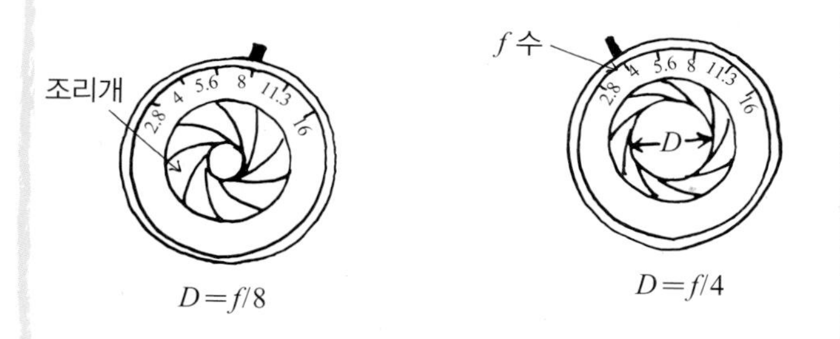

$D=f/8$　　$D=f/4$

카메라에는 조리개 주위에 f수가 보통 $\sqrt{2}$ 배씩 배열되어 있다(숫자가 크면 구멍이 작다).

2　2.8　4　5.6　8　11　16　22

f수 5.6에 셔텨속도 1/125초라면 4에 1/250초의 경우와 필름에 비치는 빛의 양은 동일하다.

그러나 사진에 찍히는 효과는 다르다. 그 이유는 조리개의 구멍크기에 따라 상의 심도가 달라지기 때문이다. 심도란 초점이 맞는 피사체의 앞뒤 범위를 말한다.

그림처럼 조리개의 구멍을 작게 하고 대신 셔터속도를 느리게 하면(f를 증가시키면) 배경과 인물의 상 모두가 필름에 선명하게 맺히므로 심도가 깊다.

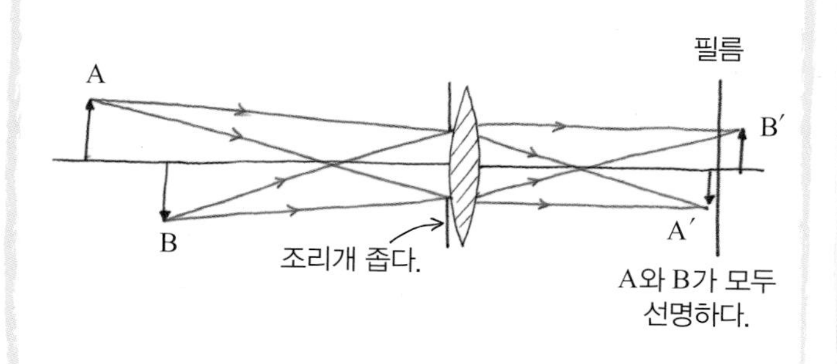

조리개 구멍을 크게 하고 셔터속도를 빠르게 하면 그림처럼 특정부분만 선명하게 보이고 배경이 흐릿하게 나오므로 심도가 적다. 배경을 흐리게 함으로써 피사체를 더욱 돋보이게 하기 위해서는 심도를 적게 해서 촬영하면 된다.

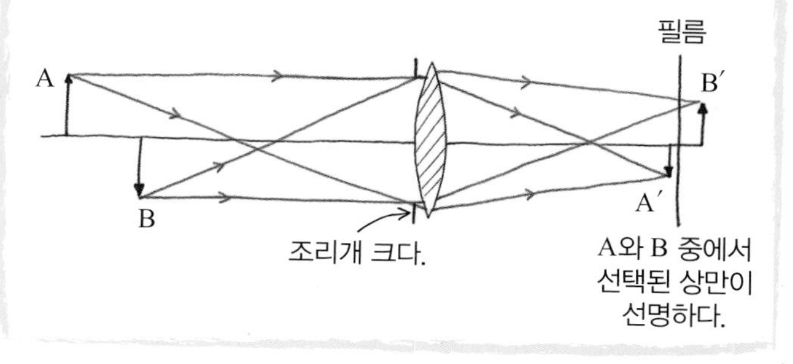

단원요약

1. 호이겐스의 원리

진행하는 파는 파면의 모든 점이 새로운 파를 만드는 파원이 되고, 이 파원은 작은 구면파를 만들어내고 이 2차 파들이 중첩되어 새로운 파면을 형성하며 퍼져나간다.

2. 빛의 반사와 굴절

① 빛은 전자기파다. 그러나 빛이 진행하고 반사되고 굴절하는 현상은 호이겐스의 원리에 의해 파동적으로 다룰 수 있다. 호이겐스의 원리에 의하면 진행하는 빛의 파면에 있는 모든 점은 새로운 파원을 만들고, 이 파원의 구면파들이 서로 중첩하여 파면을 형성하며 이런 파면들이 반복하여 만들어지며 퍼져나간다. 파면이 경계면을 만나면 경계면의 모든 점은 파원이 되어 진행방향과 수직인 파면을 형성하고 반사되고 굴절된다.

② 빛이 물질 속으로 들어가면 맥스웰 방정식에서 알 수 있듯이 유전상수에 따라 속도가 느려진다. 광속은 느려지지만 빛의 진동수는 매질 속에서도 변하지 않고 빛의 파장이 변한다. 빛의 굴절은 매질 속에서의 광속(v)의 차이로 결정되며, 진공에서의 광속 와의 비 $c/v=n$을 그 매질의 굴절률이라 부른다.

③ 스넬의 법칙 : 빛이 굴절률 n_1인 매질로부터 입사각 θ_1의 각도로 굴절률 n_2인 매질로 진행할 때 굴절각을 θ_2라고 하면 다음이 성립한다.

$$n_1 \sin\theta_1 = n_2 \sin\theta_2$$

$n_1 > n_2$인 경우 전반사가 일어날 수 있으며 이때의 굴절각 $\theta_2 = 90°$ 이므로, 임계각은 다음과 같이 주어진다.

$$\sin\theta_c = \frac{n_2}{n_1}$$

3. 편광

편광은 빛이 특정 방향으로 진동하는 것을 말한다. 선형 편광, 원형 편광, 타원형 편광 등이 있다. 편광되지 않은 빛이 반사면에서 특정한 조건이 되면 입사면에 수직인 방향으로 편광될 수 있다. 이때의 입사각을 브루스터각이라고 하며 다음과 같이 주어진다.

$$\tan\theta_p = \frac{n_2}{n_1}$$

여기서 n_1은 입사되는 영역의 매질의 굴절률, n_2는 반사시키는 물질의 굴절률이다.

4. 렌즈와 광학기구

① 초점거리 f를 지니는 얇은 렌즈에 대한 공식은 다음과 같이 주어진다.

$$\frac{1}{p} + \frac{1}{q} = \frac{1}{f}$$

여기서 p는 렌즈로부터 물체까지의 거리, q는 렌즈로부터 상까지의 거리이다.

② 상의 배율 m은 다음과 같이 주어진다.

$$m = \frac{y_{상}}{y_{물체}} = -\frac{q}{p}$$

연습문제

1. 잔잔한 물속으로 입사각 30° 로 진행한 빛의 반사각과 굴절각을 구하라. (물의 굴절률 = 1.33)

2. 수면 아래의 물고기를 45° 로 바라보고 있다. 이 물고기를 잡기 위해 입사각 몇 도로 작살을 던져야 하는가?

3. 그림과 같이 굴절률 1.52인 크라운 유리로 프리즘을 만들었다. 레이저 빛으로 그리과 같이 프리즘을 향해서 최초 면에 90° 로 입사시켰을 때 반사되어 나오는 빛이 입사된 빛과 이루는 각도는?

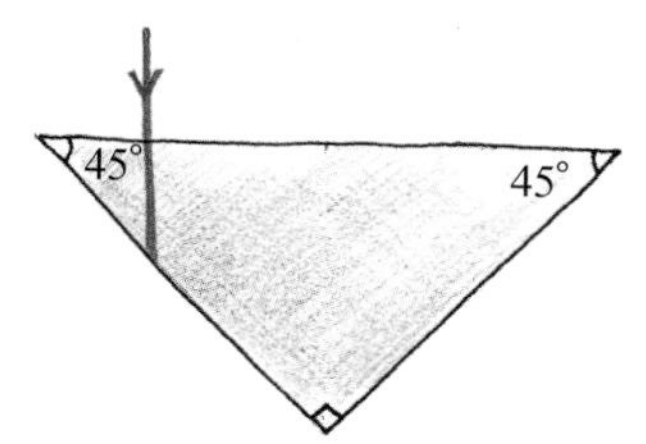

4. 다이아몬드 속에서 빛은 얼마나 느려질까? (다이아몬드의 굴절률 = 2.42)

5. 다이아몬드 (굴절률 = 2.42)와 유리 (굴절률 = 1.52)의 전반사 임계각은 얼마일까?

6. 물속에서 수면을 향해 레이저 빛을 쏠 때 전반사가 되게 하기 위한 입사각은? (물의 굴절률 = 1.33)

7. 공기 중에서 파장 514.5 nm를 지니는 아르곤-이온 레이저의 물속에서의 파장을 구하라.

8. 60° 의 각으로 붙인 거울 속을 들여다보면 자신이 몇 명으로 보일까?

9. 직각으로 만들어진 거울 모서리에 시계를 비추면 왜 반대로 보이지 않을까?

10. 무지개의 바깥쪽에서 안쪽으로 갈수록 빨간색에서 보라색으로 파장이 짧아짐을 설명하라.

11. 요트에서 본 물의 깊이가 3 m로 보였다. 실제 깊이는 얼마일까? (물의 굴절률 = 1.33)

12. 유리판을 통과하는 빛이 가장 많이 통과되기 위해서는 어떤 각도로 입사시켜야 할까?

13. 두 개의 편광자를 60° 의 각으로 겹쳐 놓았다. 빛의 세기는 한 개의 편광자를 통과할 때에 비해 얼마나 줄어들까?

7. 물속에서 $\lambda f = v$이다. v는 물속에서의 광속. 진동수 f는 공기에서나 물속에서나 같다.

8. 직각거울에서는 3명이 보인다.

11. 입사파와 굴절파의 삼각형을 비교해 보자.

12. 편광을 고려하자.

13. 빛의 세기는 전기장의 제곱에 비례한다.

14. 초점거리가 8 cm인 확대경 통해 얻어지는 배율은?

15. 입사각이 얼마일 때 바다표면에서 반사되는 빛이 완전히 편광되는가?

16. 오른쪽으로 편광된 빛을 만들기 위한 조건을 생각해 보자.

17. 아스팔트로부터 산란된 편광되지 않은 햇빛이 아스팔트 면에 수평으로 편광되기 위한 입사각을 구하라(아스팔트의 굴절률 = 1.64).

18. 사진기를 들고 물체에 접근하여 사진을 찍을 때는 사진기의 렌즈 위치를 앞으로 움직여야 할까 아니면 뒤로 움직여야 할까?

19. 점광원에서 나와 퍼져 나가는 빛을 평행광선으로 만들려면 어떻게 하면 될까?

20. 초점거리가 10 cm인 얇은 볼록렌즈로부터 15 cm되는 지점에 길이 2 cm의 물체를 놓았다. 이 물체에 대한 상의 크기와 배율은?

21. 초점거리가 10 cm인 얇은 볼록렌즈로부터 5 cm되는 지점에 길이 2 cm의 물체를 놓았다. 이 물체에 대한 상의 크기와 배율은?

22. 초점 50 mm인 렌즈의 사진기로 태양을 찍으면 상의 크기는 얼마나 될까? 200 mm 초점렌즈로는 얼마나 클까?(태양은 1억 5천만 km 떨어져 있고 태양의 지름은 140만 km이다.)

23. 밝은 날 f수 5.6과 셔터시간 1/125초로 사진을 찍으니 적정 노출이 되었다. 같은 노출을 유지하면서 심도를 얕게 하여 피사체 주변의 풍경을 흐리게 하고자 한다. 이를 위해 심도가 얕아지는 순으로 조리개 수와 셔터속도의 조합을 나열하라.

***24.** 근시안을 교정하기 위해서는 멀리 있는 물체를 실제보다 더 앞쪽으로 이동시켜 망막 앞쪽에 맺히는 초점을 망막에 맺히도록 해줄 수 있는 오목렌즈를 사용해야 한다. 근시의 원점이 눈 앞 40 cm에 있다고 하면 멀리 있는 물체를 보기 위해서 초점거리가 얼마인 오목렌즈를 사용해야 하는가? 안경렌즈는 눈 앞 1.5 cm에 있다고 하자.

25. 문제 24에서 콘택트렌즈를 사용한다면 몇 디옵터의 렌즈를 사용해야 하는가? 디옵터는 초점거리의 역수로서 그 단위는 m^{-1}이다.

26. 굴절률 n_1 인 매체에서 굴절률 n_2 인 매질로 빛이 진행한다. 입사각 θ_1 과 굴절각 θ_2 사이에 $\dfrac{\sin\theta_1}{\sin\theta_2} = \dfrac{n_2}{n_1}$ 가 만족됨을 보여라.

16. 서로 수직으로 편광된 두 전자기파 사이의 위상차를 고려하자.

18. 상의 위치를 알아보자.

19. 렌즈를 이용하자.

22. 상은 초점에 맺힌다.

26. 굴절은 매질속에서 광속이 달라지기 때문에 생긴다.

Chapter 7

빛의 간섭과 회절

브라질에 사는 Morpho나비의 날개는 푸른색으로 번쩍인다. 나비날개의 비늘은 폭이 50 μm이고, 길이가 100 μm로서 비늘 자체는 갈색 먼지처럼 보인다. 그러나 이 비늘 속에 있는 더 작고 규칙적인 0.2 μm의 미세구조가 빛의 간섭을 일으켜 푸른색으로 번쩍인다.
인간이 대량 생산하여 사용하는 CD의 홈간격은 2 μm 정도이다. 이 홈들이 반사하는 빛도 간섭을 일으키기 때문에 우리 눈에 여러 색으로 번쩍인다.

빛의 간섭과 회절현상은 어떻게 나타나는 것일까?

빛의 간섭

두 파동이 만나면 간섭현상을 일으키듯이 빛은 전자기파이므로 두 빛이 만나면 간섭을 일으켜야 한다. 그러나 빛은 파장이 짧기 때문에 보통의 경우에는 간섭현상이 보이지 않는다. 이 때문에 역사적으로 빛이 입자인지 파동인지에 대해 커다란 논쟁이 있었다.

이 논쟁에 결정적인 역할을 한 것이 영의 간섭실험이다. 영은 1801년 빛이 간섭하는 모습을 실험으로 보여줌으로써 빛이 파동이라고 판단하는 데 결정적인 역할을 하였다. 영의 간섭실험을 자세히 살펴보자.

영의 간섭실험

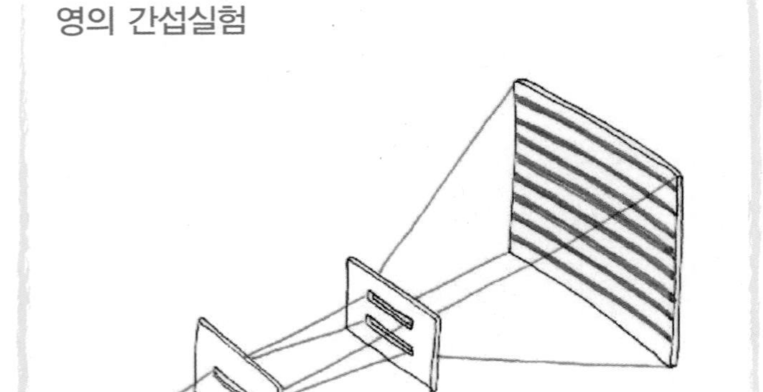

단색광원에서 나온 빛을 첫 번째 슬릿에 통과시키면 그 빛은 호이겐스 원리에 의해 그림처럼 퍼져 나간다.

이 빛을 다시 이중슬릿에 통과시키면 두 개의 빛으로 나뉘어 퍼져 나간다. 이 두 빛은 슬릿을 통과할 때 파면이 함께 출발하므로 두 빛의 위상이 같다.

이 빛을 멀리 떨어진 스크린에 비치면, 그림처럼 밝고 어두운 간섭무늬가 나타난다.

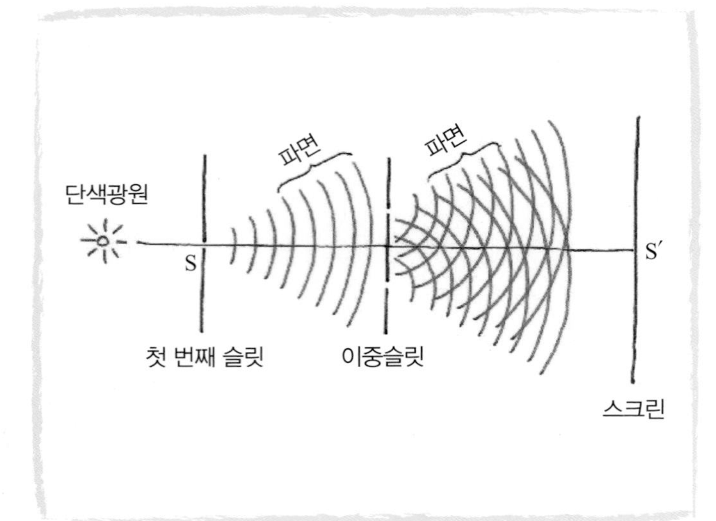

두 빛이 이중슬릿을 출발할 때는 위상이 같지만 스크린에 도착할 때는 그림처럼 파의 경로가 달라 두 빛에 위상차가 생긴다.

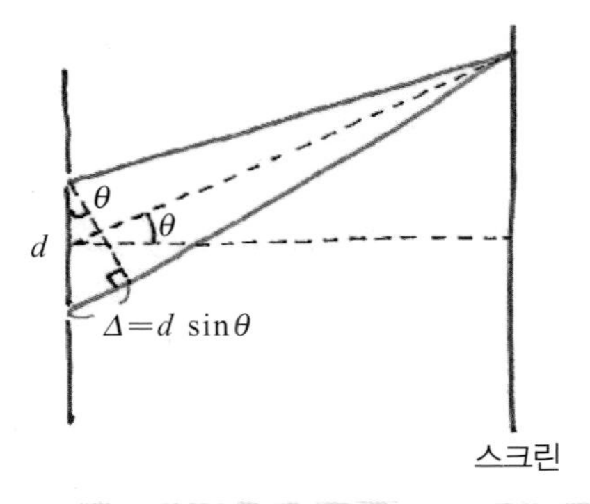

두 개의 슬릿 사이의 간격을 d라고 하면, 슬릿으로부터 각도 θ를 이루면서 나오는 빛의 경로차는 그림과 같이 직각 삼각형 모양의 한 변인 $d\sin\theta$이다.

따라서, 두 빛의 경로차 Δ는

$$\Delta = d\sin\theta \text{ 이다.}$$

이 경로차는 스크린에서 두 빛이 만날 때 위상차를 만들어 낸다. 위상차는 경로차를 빛의 파장 λ와 비교하여 표시한다.

$$\text{위상차} : \Phi = 2\pi \times \frac{\Delta}{\lambda}$$

위상차가 2π의 정수배 ($\Phi = 2\pi m$)이면 두 빛은 같은 위상을 가지므로 보강간섭이 일어난다 (밝은 무늬).

위상차가 반정수배 ($\Phi = 2\pi (m+1/2)$)이면 두 빛은 반대위상을 가지므로 상쇄간섭이 일어난다 (어두운 무늬).

보강 및 상쇄간섭의 조건

보강간섭의 조건 : $\Phi = 2\pi m$

$$d\sin\theta = m\lambda$$

상쇄간섭의 조건 : $\Phi = 2\pi\left(m + \frac{1}{2}\right)$

$$d\sin\theta = \left(m + \frac{1}{2}\right)\lambda$$

여기서 $m=0, \pm1, \pm2, \cdots$이다.

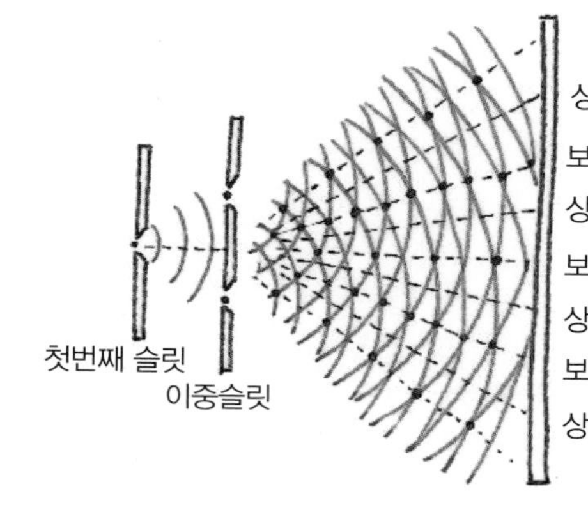

가시광선을 써서 밝고 어두운 간섭무늬를 보려면 슬릿 사이의 간격 d는 얼마나 되어야 할까?

가시광선의 파장 λ는 약 550 nm 정도이고, 각은 30° 정도 이내에 해당될 것이다.

$$d = \frac{m\lambda}{\sin\theta} > \frac{550\text{ nm}}{0.5} = 1.1\ \mu\text{m}$$

즉, 간격 d는 수 μm 정도가 되어야 한다.

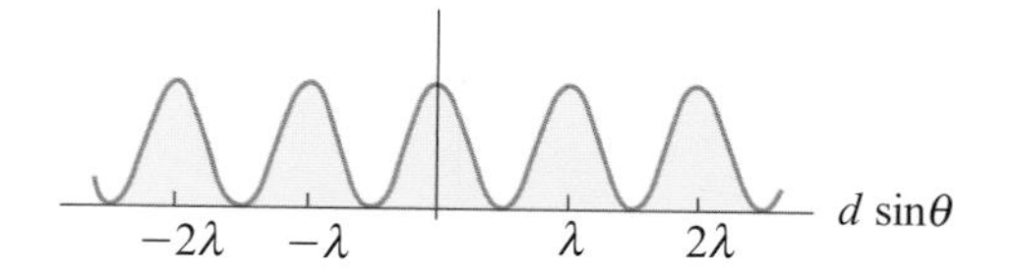

반사에 의한 간섭

빛의 간섭현상은 두 슬릿을 통해서만 생기는 것이 아니라 반사할 때도 생긴다.

비눗방울에서 반사되는 빛이나 물 위에 퍼진 얇은 기름 방울막으로부터 반사되는 빛은 간섭에 의해 여러 빛깔의 무늬로 보인다.

기름방울이 만드는 간섭무늬를 살펴보자.

공기의 굴절률은 1.00, 기름의 굴절률은 1.47, 물의 굴절률은 1.33으로, 굴절률이 서로 다르다. 따라서, 물 위에 퍼진 기름방울에 입사하는 빛은 두 개의 경계면(기름의 윗면과 아랫면)에서 반사하여 다시 만난다.

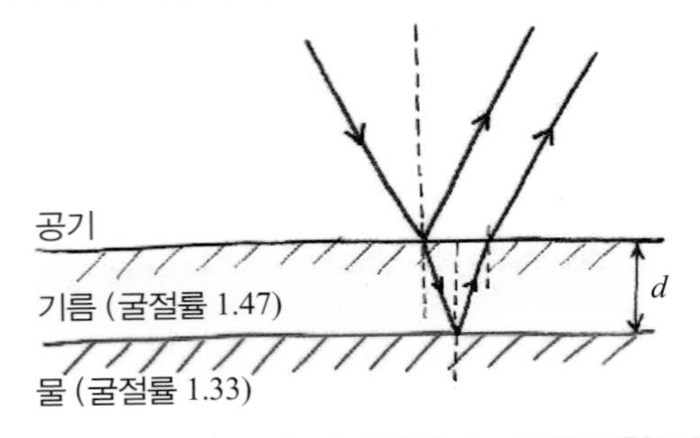

두께 d인 기름표면에서 반사되어 만나는 두 빛을 위에서 내려다볼 때의 간섭조건을 구해 보자.

기름의 윗면에서 반사되는 빛과 아랫면에서 반사되는 빛의 경로차는 $2d$이다. 공기에서라면 이러한 경로차가 파장의 정수배이면 보강간섭이 일어난다.

공기에서의 보강간섭의 조건

$$2d = \lambda \times m \ (m\text{은 정수이다})$$

그러나 기름박막에서 반사되어 생기는 간섭무늬에는 두 가지 면을 더 고려해야 한다.

1. 반사면에서 위상이 바뀐다.

굴절률이 작은 매질(공기)에서 큰 매질(기름)로 빛이 진행할 때 반사되는 빛은 그림처럼 π만큼 위상차가 생긴다(파가 뒤집어진다). 그러나 기름에서 물로 진행할 때에는 반사파의 위상이 바뀌지 않는다.

따라서, 기름의 양면에서 반사되어 만나는 빛이 보강간섭을 일으키려면 반파장($\lambda_{기름}/2$)의 경로차가 나야 한다.

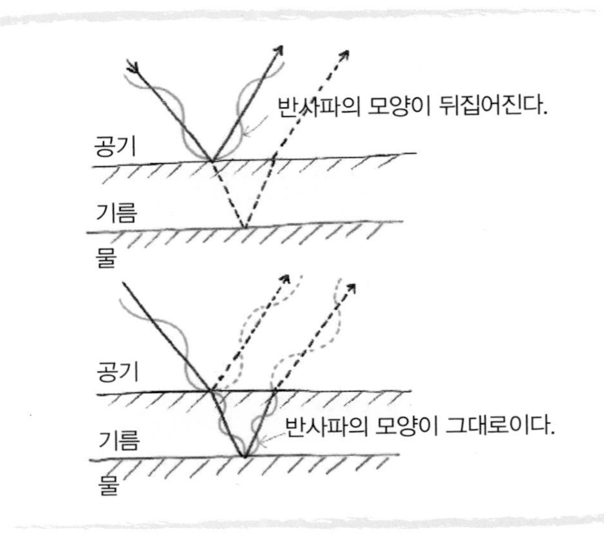

2. 기름 속에서의 광속은 공기에서의 광속과 다르다.

기름 속에서는 광속이 굴절률만큼 느려지므로 파장도 굴절률만큼 짧아진다. $\lambda_{기름}=\lambda/n$

따라서, 보강간섭을 일으킬 조건은

$$2d = \lambda_{기름} \times \left(m + \frac{1}{2}\right)$$

로 바뀐다.

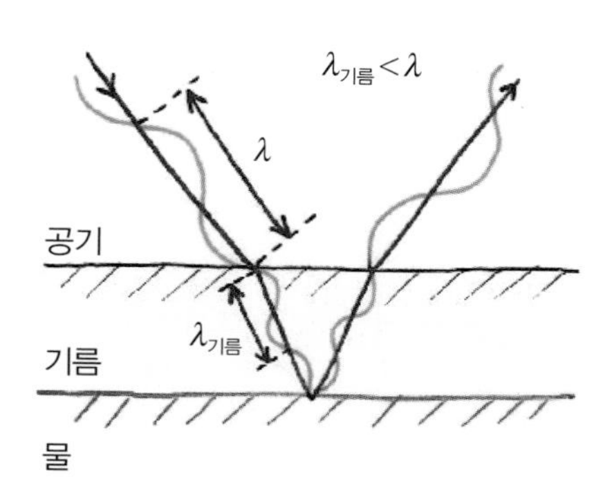

이것을 공기 중의 빛과 파장 λ로 다시 쓰면 밝은 무늬가 될 조건은

$$2dn = \lambda \times \left(m + \frac{1}{2}\right)$$ 이고,

어두운 무늬가 될 조건은

$$2dn = \lambda \times m$$ 이다.

그런데 실제로 기름은 여러 빛깔로 보인다.

햇빛은 레이저처럼 단색광이 아니고, 여러 빛깔이 섞여 있으므로, 빛이 반사될 때 여러 빛깔의 효과가 섞여 나타나기 때문이다.

파장에 따라 밝고 어두운 무늬가 약간씩 다른 각도에서 일어나므로, 기름막에서처럼 여러 가지 색이 나타난다.

색깔이 같아 보이는 면은 반사되는 빛의 위상이 같은 면이다.

뉴턴 링

그림처럼 유리면 위에 한쪽이 볼록한 렌즈를 올려놓을 때 간섭무늬가 생기는 것을 뉴턴 링이라고 한다.

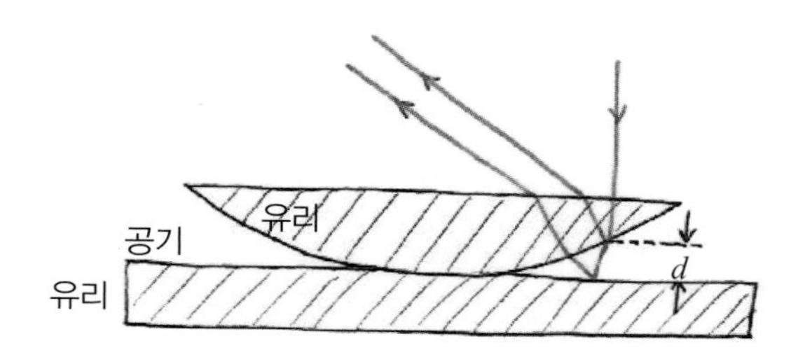

렌즈의 곡면에 따라 공기층의 두께가 다르므로 밝고 어두운 동심원들이 나타난다.

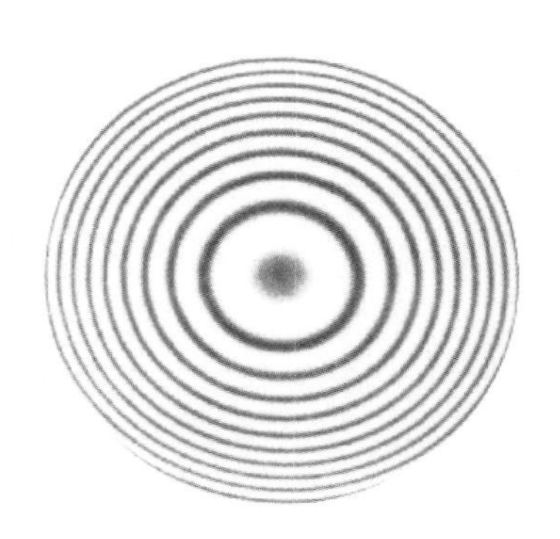

이때 뉴턴 링의 가운데는 어두운 무늬가 나타난다.

오른쪽 그림처럼 두 유리면이 접촉하는 면의 윗면(유리→공기)에서 반사되는 빛은 위상이 바뀌지 않고 반사되지만, 아랫면(공기→유리)에서 반사되는 빛은 위상이 π만큼 바뀌기 때문이다.

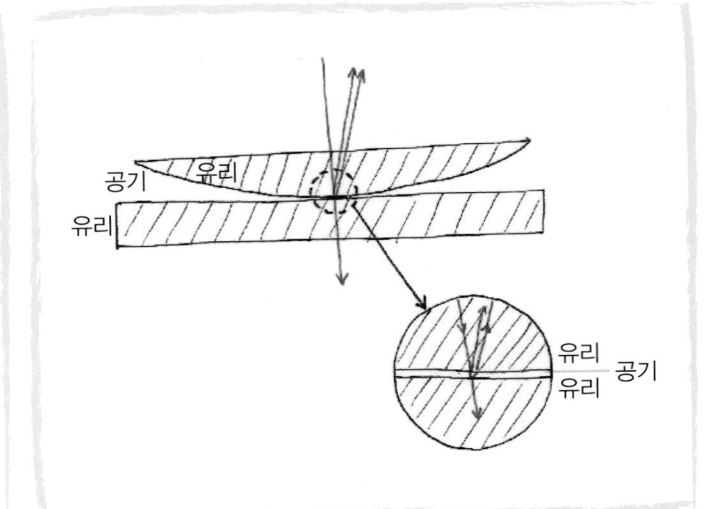

생각해보기 **뉴턴 링과 구면 렌즈의 곡률반지름과의 관계**

두 유리면 사이의 간격을 d라고 하면 두 유리면에서 반사되는 빛의 파장이 밝은 무늬가 될 조건은 다음과 같다.

$$2d + \frac{1}{2}\lambda = m\lambda, \quad m = 1, 2, 3, \cdots$$

따라서 다음이 얻어진다.

$$d = \frac{1}{2}\left(m + \frac{1}{2}\right)\lambda, \quad m = 0, 1, 2, \cdots$$

마찬가지로 어두운 무늬가 될 조건은 다음과 같다.

$$2d + \frac{1}{2}\lambda = \left(m - \frac{1}{2}\right)\lambda, \quad m = 1, 2, 3, \cdots$$

$$d = \frac{1}{2}m\lambda, \quad m = 0, 1, 2, \cdots$$

렌즈의 곡률반지름을 R, 뉴턴 링에서 어두운 원 무늬의 반지름을 r이라고 하면 다음이 성립한다.

$$d = \frac{r^2}{2R}(r \ll R\text{을 가정})$$

위의 두 식으로부터,

$$R = \frac{r^2}{m\lambda}$$

두 유리면 사이가 공기층이 아니고 굴절률 n인 물질로 채워져 있다면,

$$R = \frac{nr^2}{m\lambda}$$

따라서 빛의 파장과 뉴턴 링의 원 무늬의 반지름을 이용해 렌즈의 곡률반지름을 아는 것이 가능하다. 뉴턴 링에서 어두운 무늬 사이의 간격은 반파장의 정수배가 된다. 보다 완벽한 곡률을 지니는 렌즈를 얻기 위해서는 뉴턴 링이 보다 완벽한 원에 가깝도록 렌즈표면을 가공해야 한다.

무반사 코팅

광학렌즈나 안경면에는 경계면을 지날 때마다 4% 정도의 빛이 반사된다. 다중렌즈의 경우에는 빛 손실이 30% 정도까지 이르기도 한다.

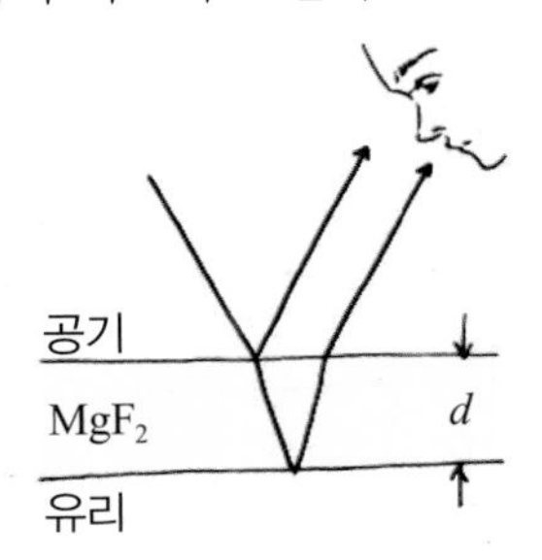

이러한 빛손실을 막기 위해 렌즈표면에 투명한 얇은 막을 코팅한다. 코팅된 막의 양면에서 반사되는 빛의 간섭현상을 이용하여 빛이 반사되지 못하게 하는 것이다. 이 때 코팅의 두께를 구해 보자.

유리면에 코팅하는 물질은 MgF_2이다. 이 재료의 굴절률은 1.38로서, 공기의 굴절률보다 크고, 유리의 굴절률보다 작다. 코팅재료의 양면에서 반사되는 빛은 모두 소한 매질에서 밀한 매질로 들어가므로 경계면에서 반사될 때마다 180° 위상변화가 생긴다. 결국 반사에 의한 위상효과는 상쇄되므로 고려할 필요가 없다.

따라서, 두 면에서 반사되는 빛이 상쇄간섭을 일으키려면 코팅재료의 두께 d에 의한 경로차 $2d$는

$$2dn = \lambda\left(m + \frac{1}{2}\right) \quad m = 0, 1, 2, \cdots$$

이 되어야 한다.

코팅면의 최소두께는 $m=0$에 해당되며,

$$d = \frac{\lambda}{4n} \text{이다.}$$

햇빛은 녹색이 가장 강하므로 녹색파장(550 nm)을 중심으로 두께를 정한다. 따라서, 코팅의 최소두께는

$$d = \frac{550\text{ nm}}{4 \times 1.38} = 99.6\text{ nm} \text{ 가 된다.}$$

이 두께에서는 붉은색이나 푸른색은 상쇄간섭의 조건이 만족되지 않으므로 약간의 반사가 일어난다.

이러한 무반사 코팅을 하면 백색광의 평균반사율을 1% 정도로 줄일 수 있다. 스텔스 전투기는 파장 2 cm 정도의 레이더파가 반사되지 않도록 코팅되어 있다.

Section 2 단일슬릿과 회절

빛의 파장은 아주 짧기 때문에 보통 직진하는 것처럼 보인다. 따라서, 빛의 파동성 때문에 나타나는 회절현상은 보통 보기 힘들다. 햇빛은 백색광이고, 태양 또한 크기가 있기 때문에 그림자 가장자리에 보이는 희미한 모습을 단순히 회절무늬로 보기는 어렵다.

그러나 그림처럼 점광원에서 나오는 단색광으로 면도날을 비추어 보면 면도날 그림자 가장자리에 간섭에 의한 회절무늬가 보인다.

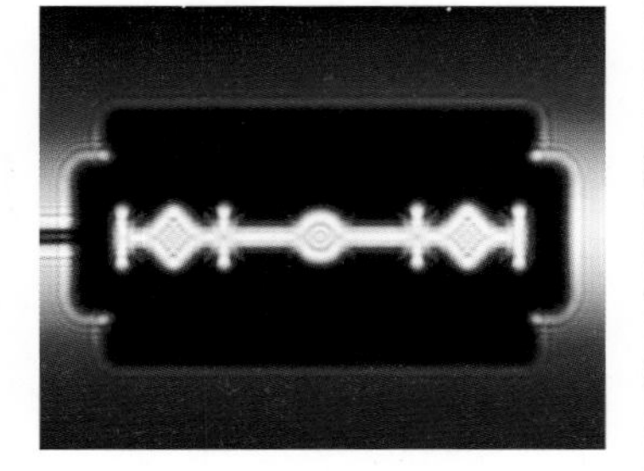

이 회절무늬는 호이겐스 원리에 따라 각 점이 파원이 되어 나오는 2차파들 사이의 간섭현상이다.

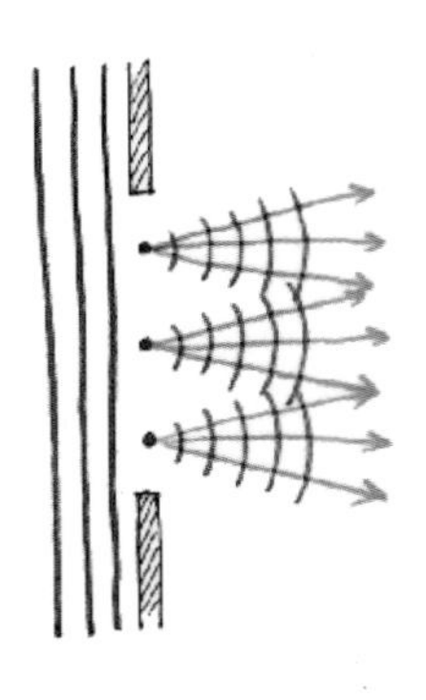

앞에서 살펴본 영의 간섭무늬에서는 슬릿 자체의 폭을 무시하고 두 슬릿에서 나오는 파의 간섭효과를 보았다.

그러나 폭이 있는 슬릿의 경우에는 슬릿 하나에서도 그 안에서 발생하는 여러 2차파들이 있으며, 이 2차파들이 서로 간섭을 일으켜 회절무늬를 만들어 낸다.

단일슬릿에 의한 회절무늬

폭이 a인 하나의 슬릿에 평행광선을 입사시키고, 멀리 떨어진 스크린에서 간섭무늬를 보자.

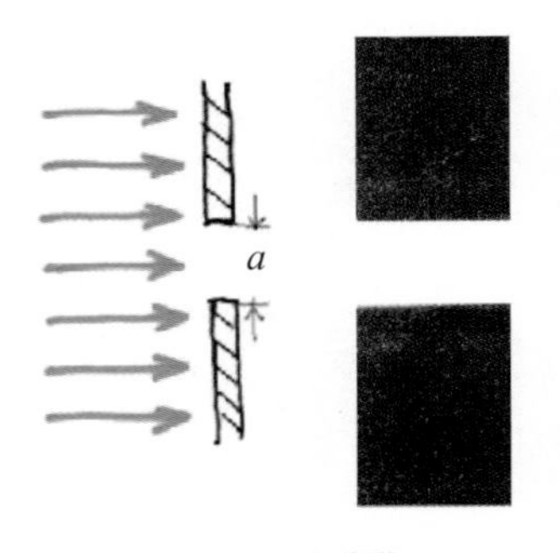

스크린에는 중앙의 밝은 띠 양쪽에 밝고 어두운 무늬가 보인다. 어두운 무늬는 슬릿에서 나오는 모든 2차파원이 서로 상쇄간섭을 일으켜 생긴다. 첫 번째 어두운 무늬가 생길 조건을 찾아보자.

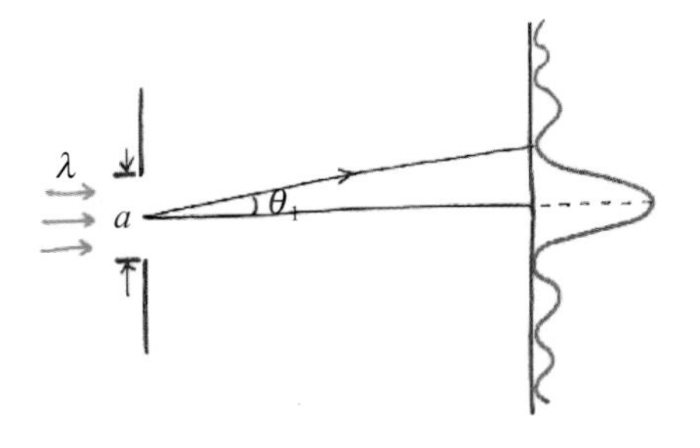

슬릿 안의 파원들은 모두 위상이 같다. 빛이 서로 상쇄되는 조건을 찾으려면 슬릿을 반으로 나누어 생각하는 것이 편리하다.

그림처럼 $a/2$만큼 떨어진 임의의 두 개의 2차파원들이 만드는 경로차가 반파장 ($\lambda/2$)이 되면 상쇄간섭이 일어난다.

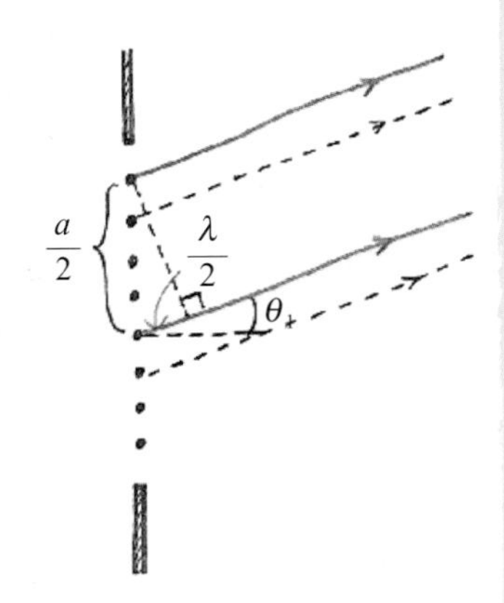

여기에서 슬릿과 스크린이 멀리 떨어져 있어 2차파원에서 나오는 모든 빛이 윗그림처럼 각 θ_1으로 평행하게 비치는 경우만을 보기로 하자. 이 경우 빛의 경로차는

$$\frac{a}{2}\sin\theta_1 = \frac{\lambda}{2} \text{ 이다.}$$

이 조건을 만족하면 슬릿 내 상반부의 모든 파원들이 만들어 내는 파가 하반부의 파원들이 만드는 파와 상쇄된다. 즉, 스크린에 어두운 무늬가 생긴다. $\sin\theta \sim \theta$로 쓰면, 어두운 부분의 각도는 대략 $\theta_1 = \lambda/a$이다. 이 각도는 중앙의 밝은 무늬가 퍼지는 정도를 표시한다.

다음의 어두운 무늬는 어느 각에서 보일까? 슬릿을 4 등분해서 생각하자.

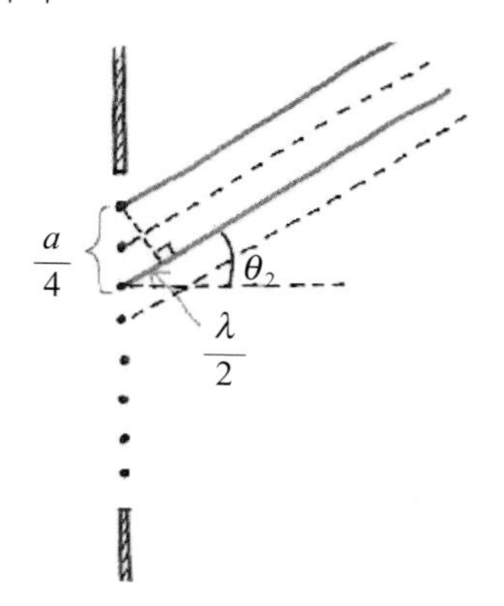

지난번과 마찬가지로 슬릿 안에서 $a/4$만큼 떨어진 임의의 두 파원들이 만드는 경로차가 반파장$(\lambda/2)$이 되면 슬릿 안에서 나오는 모든 파가 상쇄된다.

두 번째 어두운 무늬 조건 : $\frac{a}{4}\sin\theta_2 = \frac{\lambda}{2}$

$$\Rightarrow a\sin\theta_2 = 2\lambda$$

이런 식으로 슬릿을 2, 4, 6,⋯, $2m$개 등의 작은 부분들로 나누어 생각하면,

$$a\sin\theta_m = m\lambda,\ m = 1, 2, 3, \cdots$$

을 만족하는 각도 θ_m에서 어두운 무늬가 각각 나타나는 것을 쉽게 알 수 있다.

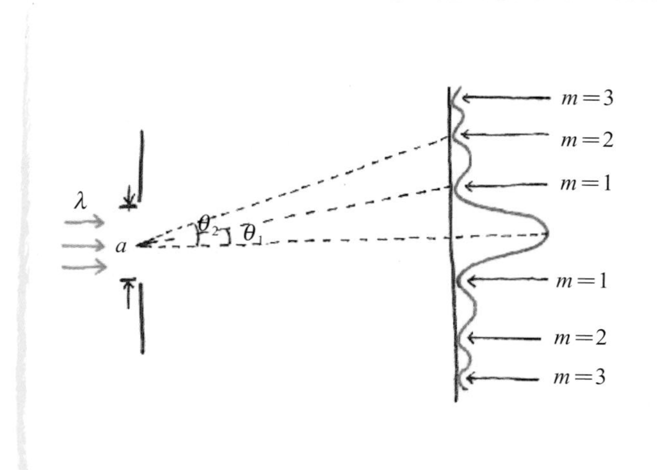

생각해보기

레이저빔은 직진성이 뛰어나지만 슬릿을 통과하면 회절 때문에 레이저빔의 폭이 넓어진다.

파장이 633 nm인 레이저빔으로 0.3 mm 폭을 가진 네모난 슬릿을 통해 5 m 떨어진 스크린에 비추었을 때, 빔의 폭을 구해 보자.

첫 번째 어두운 무늬는 $\sin\theta_1 = \lambda/a$에서 생긴다. 스크린에 생기는 어두운 무늬의 위치 y는 중앙으로부터 약 $y = L\theta_1$ 정도 되는 곳에 생기므로,

$$y = L\theta_1 \approx L\sin\theta_1 = \frac{L\lambda}{a}$$

$$= 5\text{ m} \times \frac{633\text{ nm}}{0.3\text{ mm}}$$

$$= 10.6\text{ mm}$$

따라서, 밝은 무늬의 폭은 이것의 2배이므로 21.2 mm이다. 다시 말하면, 레이저빔의 자체폭이 작을수록 레이저 빛이 많이 퍼져 나간다는 것을 뜻한다.

동그란 구멍에 의한 회절무늬

지금까지는 네모난 슬릿에 의한 회절무늬만을 살펴보았다. 동그란 구멍에 의해 회절무늬가 생기는 원리는 네모난 슬릿의 경우와 같다.

그러나 둥근 구멍은 네모난 구멍과 기하학적인 모형이 다르므로 어두운 무늬가 생기는 위치는 약간 달라진다. 구멍의 지름을 D라고 하면, 첫 번째 어두운 원이 나타나는 각은

$$\sin\theta_1 = 1.22 \times \frac{\lambda}{D}$$

에서 나타난다.

원형구멍을 통과한 빛은 아래 그림처럼 회절무늬가 보인다. 에어리 원판이라고 하는 이 회절무늬에는 가운데의 밝은 원과 그 주위에 어둡고 밝은 고리들이 보인다.

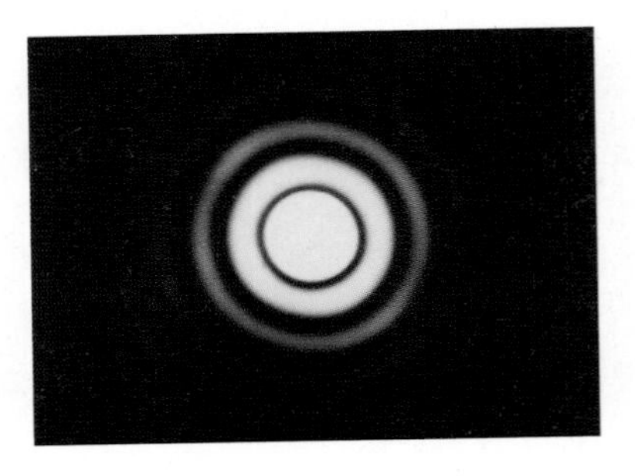

분해능

렌즈에 의해 맺히는 물체의 상은 회절 때문에 선명도가 흐려진다. 서로 가까이 있는 두 점광원의 상도 그림처럼 겹쳐 보일 것이다.

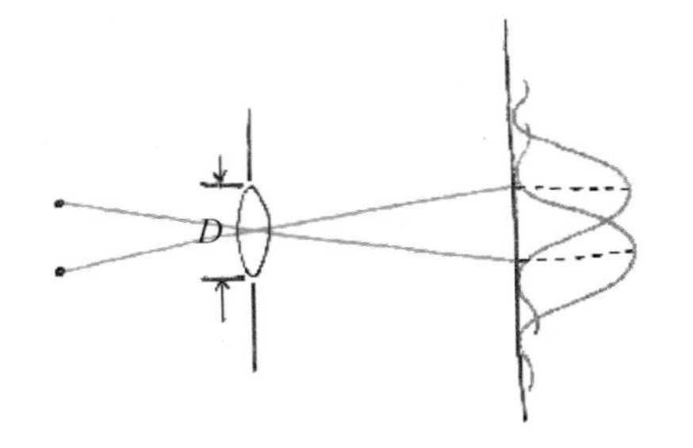

지름 D인 렌즈(둥근 슬릿)를 통과하여 맺히는 상을 분해할 수 있는 한계는 얼마일까? 두 광원을 구별하려면 한 광원의 밝은 상이 적어도 다른 광원의 어두운 무늬 밖으로 벗어나 있어야 할 것이다.

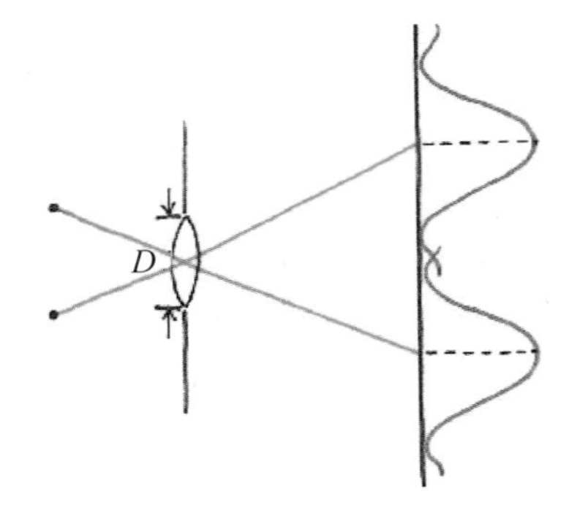

따라서, 두 물체를 식별하기 위한 최소조건은 두 광원 사이의 사이각 θ가 첫 번째 어두운 무늬가 생기는 각 θ_1보다 커야 한다.

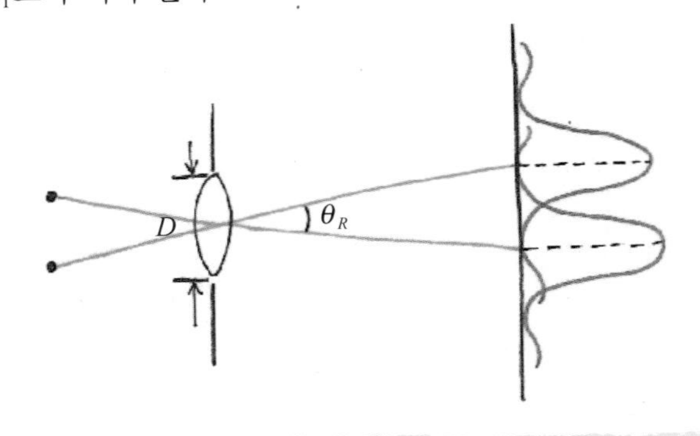

레일리 분해능 기준

레일리는 이 조건을 써서 분해능의 기준을 만들었다. 즉, 기준각 θ_R는 θ_1이다.

$$\theta \geq \theta_R = \theta_1 = 1.22\frac{\lambda}{D}$$

지름이 작은 렌즈를 쓰는 망원경으로는 광원들이 아래 그림처럼 겹쳐 보인다.

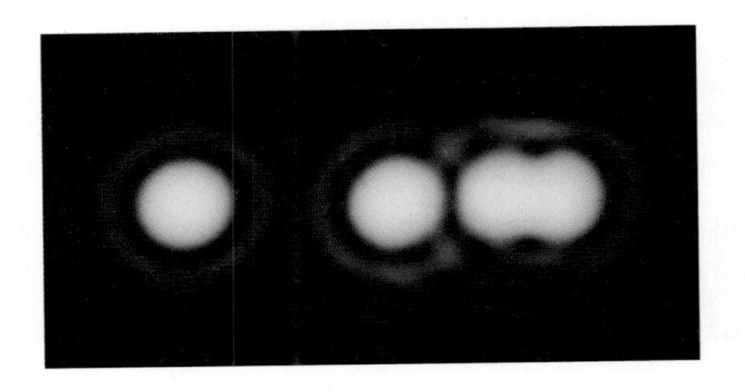

그러나 지름이 더 큰 렌즈를 사용하면 D가 커지므로 기준각 θ_R가 작아지고, 따라서 아래 그림처럼 광원들이 구별될 수 있다.

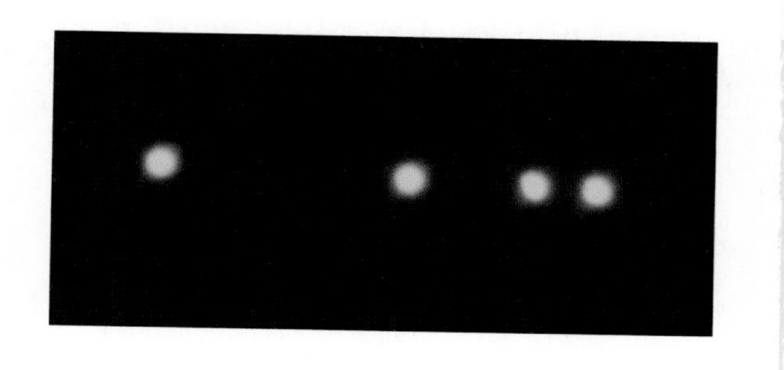

생각해보기

레일리의 분해능 기준을 이용해 눈의 분해능을 알아보자.

사람의 동공의 크기는 낮에 약 2 mm이다. 녹색파장(550 nm)을 고려하면,

$$\theta_R = 1.22\frac{\lambda}{D} = 1.22\frac{550 \times 10^{-9}\ \text{m}}{2 \times 10^{-3}\ \text{m}}$$
$$= 3.36 \times 10^{-4}\ \text{rad}$$

눈으로부터 30 cm 떨어진 두 물체 사이의 거리를 d라고 하면,

$$d = \theta_R \times 0.3\ \text{m} = 3.36 \times 10^{-4} \times 0.3\ \text{m} = 0.1\ \text{mm}$$

매의 동공 크기는 사람의 동공 크기보다 약 3배 크다. 매의 경우 분해능이 얼마나 향상될지 생각해 보자.

생각해보기

레일리의 분해능 기준을 렌즈에 적용해보자.
그림과 같이 렌즈에 평행하게 입사된 빛을 생각해 보자. 빛을 초점면에 어느 정도까지 모을 수 있을까?

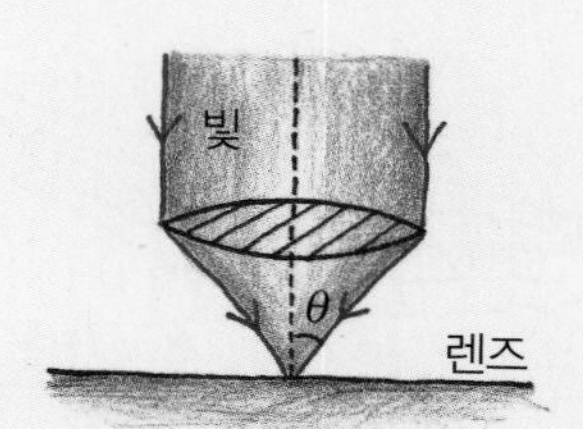

렌즈는 빛을 초점에 모으는 역할을 하지만, 빛이 지닌 본질적인 회절의 한계로 인해서 무한하게 작은 영역에 빛을 모으는 것은 불가능하다. 일반적으로 파장 λ의 빛을 그림과 같이 광학축 방향으로부터 θ의 각도로 모을 때 초점면에 맺히는 상의 크기는 빛이 통과하는 매질의 굴절률을 고려하면 다음과 같이 주어지며 이를 공간 분해능이라고 한다.

$$\text{공간 분해능} = \frac{0.61\,\lambda}{n \sin\theta}$$

파장이 짧은 빛일수록 더 잘 모이며 공간 분해능은 향상된다. 파장 λ=633 nm인 헬륨 – 네온 레이저를 이용하면 공간 분해능은 약 400 nm가 된다(θ는 90° 이내이며 공기의 굴절률은 1이다). 빛이 렌즈를 가득 채울수록 θ가 증가하므로 공간 분해능이 향상됨에 유의하자.

프라운호퍼 회절과 프레넬 회절

지금까지는 광원과 물체, 물체와 스크린 사이의 거리가 충분히 떨어져져 빛을 평행광선으로 다룰 수 있는 이상적인 경우만을 다루었다. 이때 생기는 회절을 프라운호퍼 회절이라고 한다.

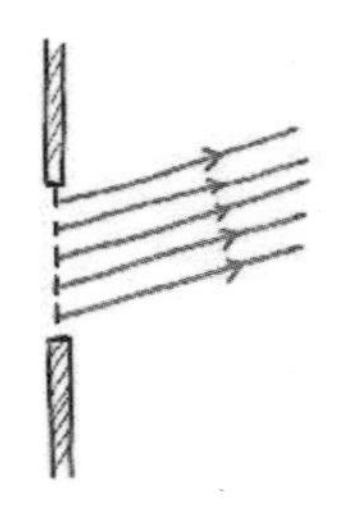

이에 비해 광원이나 스크린이 슬릿과 가까이 있는 일반적인 경우에도 회절이 생긴다. 이 때는 광선이 평행하지 않게 진행하여 회절이 생기며, 이러한 회절을 프레넬 회절이라고 한다. 이 회절무늬도 물론 2차파원의 간섭으로 생긴다. 그러나 간섭무늬의 위치를 계산하는 것은 프라운호퍼 회절처럼 간단하지 않다.

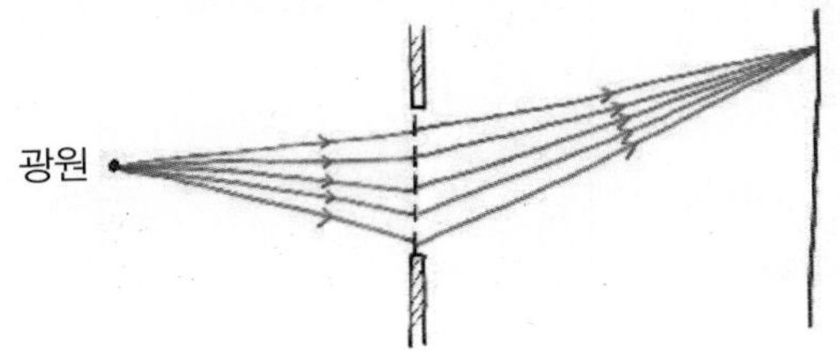

프라운호퍼 회절에서는 무한히 멀리 떨어져 있는 스크린에 회절무늬가 맺힌다. 그러나 실제적으로는 수렴렌즈로 광선을 초점에 있는 스크린에 맺히게 하면 이상적인 프라운호퍼 회절로 생기는 무늬를 볼 수 있다. 수렴렌즈는 멀리 떨어진 스크린을 초점에 가져다놓는 역할을 한다.

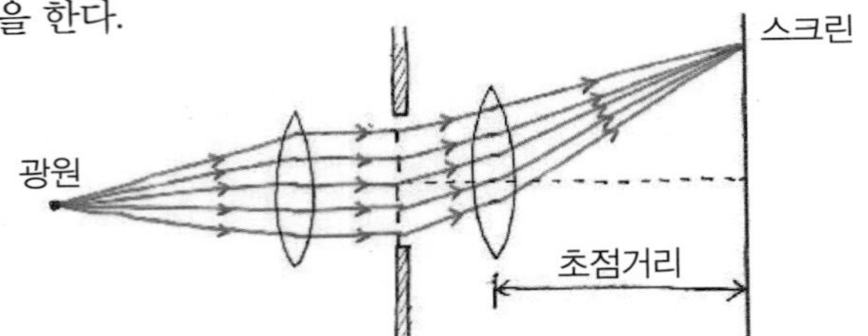

프레넬의 밝은 점

둥근 구멍 대신 원판을 놓으면 어떤 무늬가 나타날까? 물론, 원판 그림자 주위에는 회절무늬가 나타난다.

그러나 놀랍게도 그림자 가운데에도 밝은 점이 나타난다. 원판 밖에 있는 2차파원들이 그림자 가운데에서 보강간섭을 일으키기 때문이다.

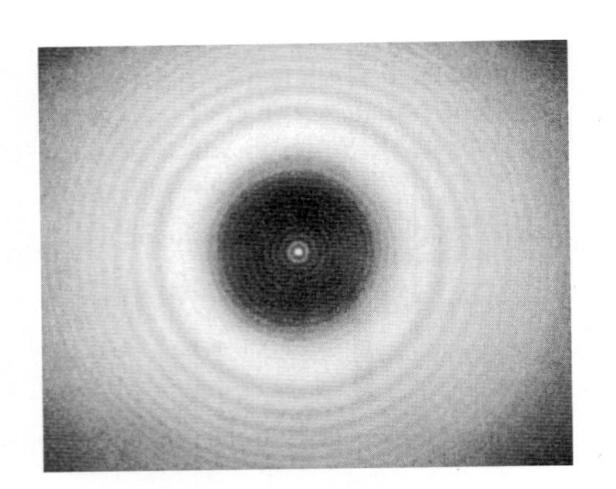

원판 그림자 중앙에 밝은 점이 보인다.

빛의 입자들이 집합이라는 기하광학의 입장에서 보면 원판 그림자의 중앙이 어두워야 할 것이다.

중앙에 밝은 점이 생긴다는 것을 몰랐던 푸와송은 1818년 빛이 파동이라면 그림자 중앙에 보강간섭에 의한 밝은 점이 생겨야 한다며 프레넬의 파동이론을 공격했다.

그러나 실제로 이 밝은 점이 존재한다는 것이 알려짐에 따라 이 쟁점은 오히려 빛이 파동이라는 사실을 더욱 공고하게 만드는 결과가 되었다.

회절격자
-더 선명해진 간섭무늬

두 개의 가는 슬릿에 단색광을 통과시키면 간섭무늬가 스크린에 나타난다. 그러나 단색광이 아닌 빛을 슬릿에 통과시키면 어떤 일이 벌어질까? 파장이 다른 두 가지 색이 섞인 빛은 그림처럼 간섭무늬가 겹쳐 보일 것이다.

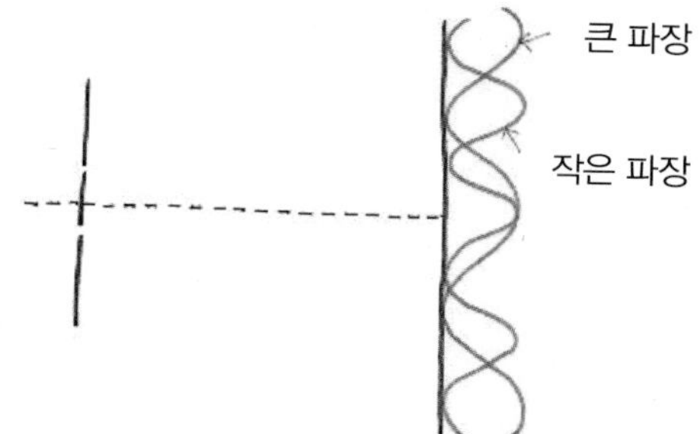

백색광을 쓴다면 여러 파장이 섞여 있으므로 간섭무늬에는 무지개 색이 겹쳐 보일 것이다. 이렇게 겹쳐 보이는 빛을 더욱 선명하게 구별할 수 있는 방법은 없을까?

간격이 일정한 4중슬릿(슬릿의 폭을 무시할 수 있는 아주 가는 슬릿이다)이 만드는 간섭무늬를 보자.

4중슬릿을 그림처럼 2중슬릿 두 쌍으로 생각하면 편리하다. 2중슬릿이 만드는 간섭무늬의 위치는 4중슬릿이 만드는 간섭무늬의 위치와 같을 것이다.

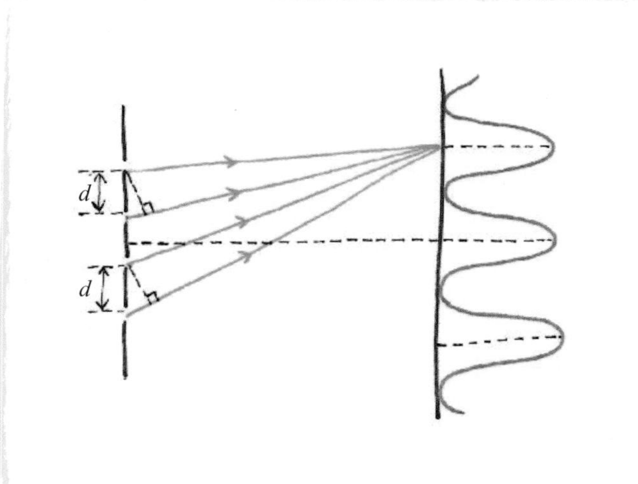

간격 d인 이중슬릿이 만드는 간섭무늬는 이중의 슬릿에서 본 것처럼

$$d\sin\theta = m\lambda,\quad m = 0, 1, 2, 3, \cdots$$

을 만족하는 각도에서 밝은 띠가 나타나고,

$$d\sin\theta = (m + 1/2)\lambda,\quad m = 0, 1, 2, 3, \cdots$$

일 때 어두운 점이 나타난다.

그러면 4중슬릿의 간섭무늬는 2중슬릿과 비교할 때 어떻게 다를까?

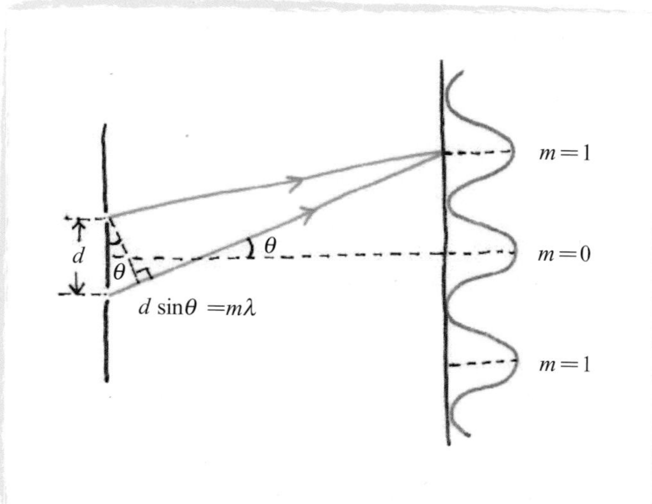

4중슬릿으로 만들어지는 간섭무늬는 2중슬릿이 두 개 있으므로 더 밝아질 것이다.

밝기는 진폭의 제곱에 비례한다는 것을 기억하자.

4중슬릿에서 나오는 빛은 2중슬릿에서 간섭되어 나오는 빛에 비해 진폭이 2배로 커지므로 4배가 된다.

다음으로 밝은 무늬의 폭에 대해 알아보자.

4중슬릿에서 나오는 빛을 옆 그림처럼 $2d$ 떨어진 2중슬릿으로 짝지어 보면 새로운 상쇄간섭 조건이 생기는 것을 알 수 있다.

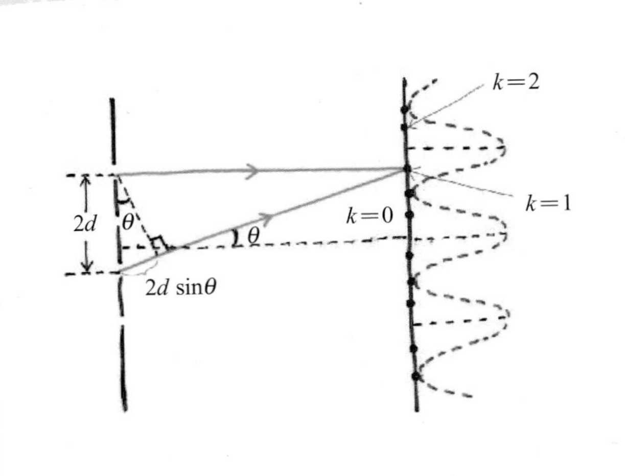

이 상쇄간섭의 조건은

$$2d\sin\theta = \left(k + \frac{1}{2}\right)\lambda, \quad k = 0, 1, 2, 3, \cdots \text{이다.}$$

4중슬릿이 만드는 상쇄간섭 조건은 2중슬릿만으로 만들어진 간섭무늬에 비해 두 슬릿 사이의 간격이 $2d$로 2배 넓어졌으므로, 윗그림에서 점으로 표시된 것처럼 어두운 부분이 더 있다는 것을 보여준다.

이것을 종합하면 옆의 그림처럼 4중슬릿으로 만든 간섭무늬의 밝은 무늬는 폭이 2배 정도로 줄어들고, 동시에 밝기는 4배($4\,I_0$)가 된다.

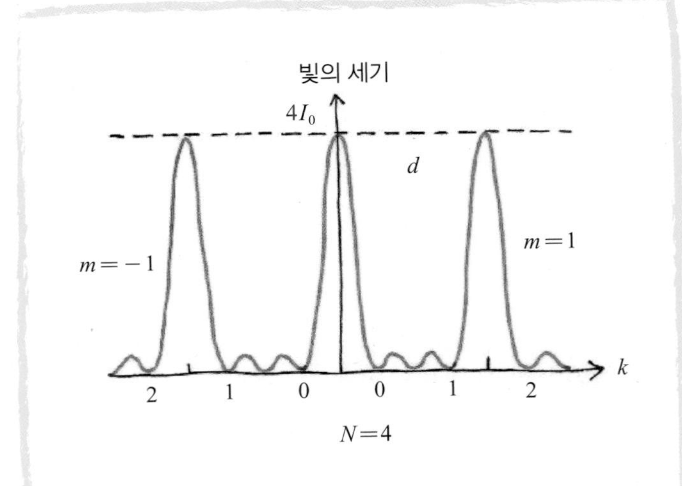

이제 슬릿의 개수를 늘려 8중슬릿이 만드는 간섭무늬를 보자.

이 간섭무늬는 2중슬릿 4개가 만드는 간섭무늬와 비슷하게 될 것이므로, 밝은 무늬의 진폭은 4배로 커져 실제밝기는 16배로 더 밝아진다. 또한, 8중슬릿들이 만드는 어두운 점들은 4중슬릿의 경우보다 추가로 더 생겨난다.

$2d$ 떨어진 4쌍의 다중슬릿이 만드는 상쇄간섭 이외에, 이번에는 옆 그림에서 ×표시된 것처럼, $4d$ 떨어진 4쌍의 2중슬릿이 만드는 어두운 점이 추가로 더 생겨난다.

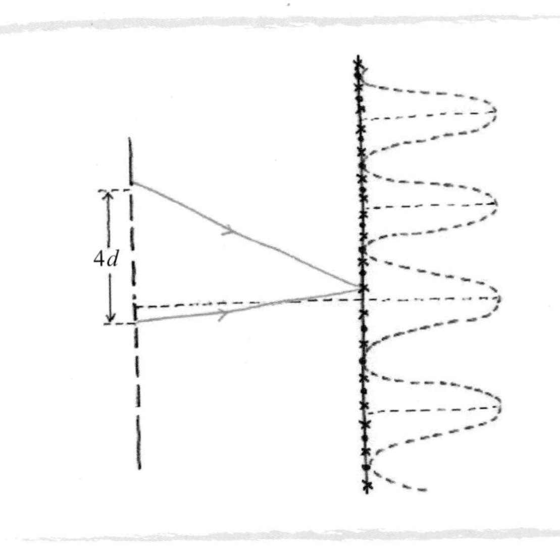

따라서, 밝은 무늬는 한 쌍의 슬릿이 만드는 경우에 비해 이번에는 폭이 4배로 줄어들고, 밝기는 16배가 된다.

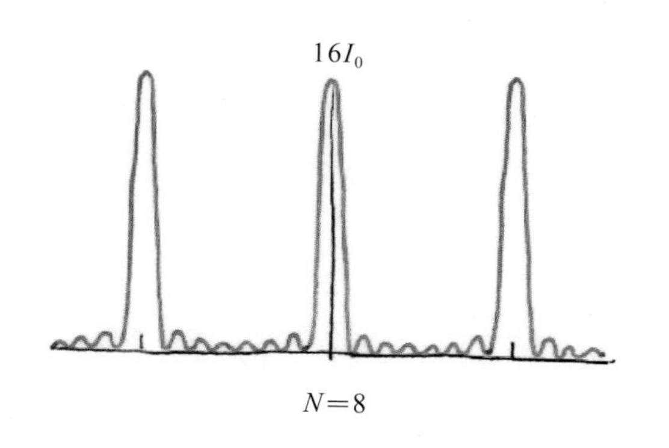

회절격자

회절격자란 수많은 가는 슬릿들을 촘촘하게 넣어 만든 기기로서, 빛을 분광하는 분해기로 주로 사용된다.

보통 가시광선용의 회절격자에는 가는 슬릿이 500~1,500개/mm 들어 있으며, 이 때의 슬릿간격 d는 대략 1 μm 정도이다.

회절격자를 쓰면 단색광의 간섭무늬가 아주 선명하게 보인다. 색이 섞여 있는 빛이 회절격자를 통과하면 간섭무늬의 위치가 색에 따라 다르기 때문에 빛에 들어 있는 색을 구별해 낼 수 있다.

회절격자로 분리된 스펙트럼 사진은 원자의 지문에 해당된다.

촘촘한 슬릿의 간격을 d라고 하면,

$$d\sin\theta = m\lambda, \quad m = 0, 1, 2, 3, \cdots$$

을 만족하는 각도에서 밝은 띠가 나타날 것이다.

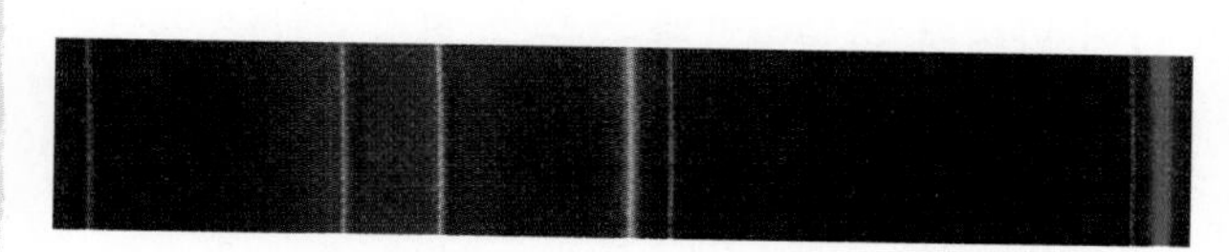

회절격자로 분리한 카드뮴의 가시광 스펙트럼 사진

이때 m번째 생기는 밝은 띠를 m차 무늬라고 한다. m차 무늬가 생기는 각도는 파장에 따라 다르다.

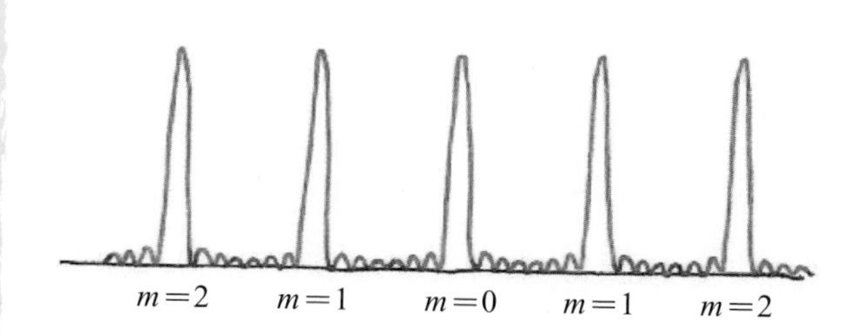

회절격자 안에 들어 있는 슬릿의 개수를 N개라고 하면, 밝은 무늬는 한 쌍의 슬릿인 경우에 비해 $(N/2)^2$배로 더 밝아진다.

또한, m차 밝은 무늬 주위에 생기는 첫 번째 어두운 점의 위치가 그림처럼

$$Nd\sin\theta = (Nm + 1)\lambda \text{ 가 되므로,}$$

밝은 무늬의 폭은 $\dfrac{N}{2}$ 배로 가늘어진다.

따라서, 밝은 무늬는 더욱 더 선명하게 나타난다.

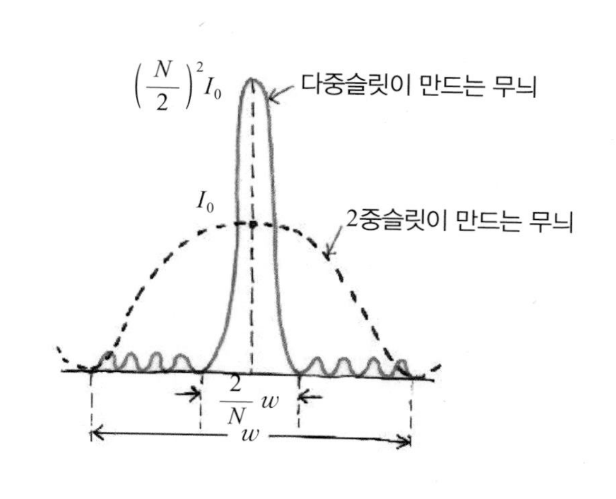

생각해보기

1 mm의 폭에 800개의 슬릿이 든 회절격자가 있다. 푸른빛(파장 450 nm)과 초록빛(파장 550 nm), 붉은빛(파장 650 nm)이 섞인 빛을 이 회절격자에 쪼였다. 이 빛들의 밝은 무늬는 어떻게 분해될까?

가는 슬릿의 간격은

$d=1\ \text{mm}/800=1.25\times10^{-6}\ \text{m}$이고, m차 밝은 무늬는

$$\sin\theta = m \times \frac{\lambda}{d}$$ 에서 나타난다.

푸른빛(450 nm)의 경우 $\sin\theta_b = m \times 0.36$이다.

1차무늬 : $\theta_b = 21.1^\circ$
2차무늬 : $\theta_b = 46.0^\circ$

$m=3$이면 $\sin\theta$값이 1보다 커지게 되므로 각이 존재하지 않고, 따라서 푸른빛은 2차무늬까지 보인다.

초록빛(550 nm)의 경우 $\sin\theta_g = m \times 0.44$

1차무늬 : $\theta_g = 26.1^\circ$
2차무늬 : $\theta_g = 61.6^\circ$

붉은빛(650 nm)의 경우 $\sin\theta_r = m \times 0.52$

1차무늬 : $\theta_r = 31.3^\circ$

초록빛은 2차무늬까지 보이고, 붉은빛은 1차무늬만이 보인다.

생각해보기

CD에는 1 mm마다 약 500개의 홈이 있다. CD에 레이저 포인터를 비추어 벽면에 반사시켜 보자.

반사되는 빛이 4개의 붉은 점으로 분해되어 보인다. 직접 반사되는 점(거울 반사점) 이외에 3개의 점은 CD에 파여진 홈들이 3개 차수의 회절무늬를 만들어 낸 것이다.

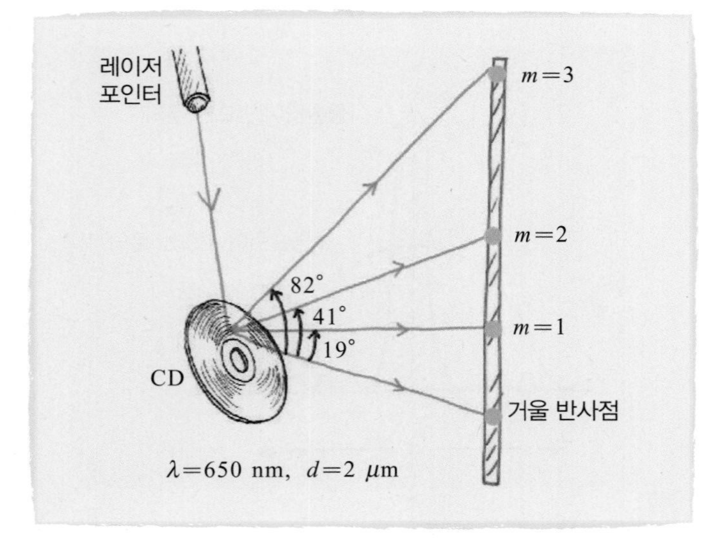

이 홈들의 간격은 $d=2\ \mu\text{m}$ 정도이고, 레이저의 붉은빛 파장은 약 650 nm이므로, 간섭무늬는

$$\sin\theta_r = m\times\frac{\lambda}{d} = m\times\frac{650\times10^{-9}}{2\times10^{-6}} = m\times0.325$$

에서 그림처럼 나타난다.

1차무늬 : $\theta_r = 19^\circ$
2차무늬 : $\theta_r = 41^\circ$
3차무늬 : $\theta_r = 77^\circ$

4차무늬 이상은 나오지 않는다.

단원요약

1. 빛의 간섭

① 빛은 파동이므로 두 빛이 만나면 중첩되어 간섭을 일으킨다. 가장 대표적인 간섭무늬는 영의 이중슬릿에서 볼 수 있다. 단색광원에서 나온 빛을 첫 번째 슬릿을 통과시켜 이중슬릿에서 위상이 같도록 출발시키면 스크린에 도착할 때 두 빛은 경로차가 달라 위상차를 만들어 간섭무늬를 만든다.

이중슬릿에서의 간섭 조건

- 보강간섭 : $d\sin\theta = m\lambda$
- 상쇄간섭 : $d\sin\theta = \left(m + \frac{1}{2}\right)\lambda$

여기서 d는 슬릿 사이의 간격, $m = 0, 1, 2, \cdots$ 이고 λ는 빛의 파장이다.

② 반사에 의한 간섭 1(물 위의 기름 막)

물 위에 얇게 퍼진 기름 막으로부터 반사되는 빛은 기름을 통과하여 물에 반사된 빛과 간섭을 일으켜 여러 빛깔의 무늬를 보인다. 두 가지 조건을 고려해야 한다. 첫째, 두 매질의 굴절률에 따라 반사면에서 위상이 뒤집어지기도 하고 바뀌지 않기도 한다. 물 위의 기름 막의 경우에는 기름 막에 반사되는 파는 위상이 뒤집어지지만 물에서 반사되는 파는 위상이 바뀌지 않는다. 둘째, 기름 속에서 광속이 느려져 파장이 변한다. 간섭 조건은 다음과 같다.

- 보강간섭 : $2dn = \left(m + \frac{1}{2}\right)\lambda$
- 상쇄간섭 : $2dn = m\lambda$

여기서 n은 기름의 굴절률, $m = 0, 1, 2, \cdots$ 이고 λ는 공기 중의 빛의 파장이다.

③ 반사에 의한 간섭 2(뉴턴 링에서의 간섭 조건

유리면 위에 반쪽면만 볼록한 렌즈를 올려놓으면 렌즈의 곡면 때문에 공기층의 두께가 달라 밝고 어두운 동심원의 간섭무늬를 만든다. 간섭 조건은 다음과 같다.

- 보강간섭 : $d = \frac{1}{2}\left(m + \frac{1}{2}\right)\lambda, \quad m = 0, 1, 2, \cdots$
- 상쇄간섭 : $d = \frac{1}{2}m\lambda, \quad m = 0, 1, 2, \cdots$

여기서 d는 두 유리면 사이의 간격, λ는 공기 중의 빛의 파장이다.

④ 반사에 의한 간섭 3(무반사 코팅)

광학렌즈나 안경면에서는 경계면에서 빛이 반사된다. 경계면에 투명한 얇은 막을 코팅하면 막의 양면에서 반사된 빛의 상쇄간섭을 이용하여 반사되는 빛이 없도록 할 수 있다. 상쇄간섭 조건은 다음과 같다.

무반사 코팅 박막 두께의 상쇄간섭 조건

$$2dn = \left(m + \frac{1}{2}\right)\lambda, \quad m = 0, 1, 2, \cdots$$

여기서 d는 코팅 박막의 두께, n은 박막의 굴절률, λ는 공기 중의 빛의 파장이다.

2. 단일슬릿과 회절

① 단일슬릿에서의 간섭 조건

이중슬릿이 아닌 단일슬릿도 경계면에서 호이겐스의 원리에 의한 이차 파들 간의 간섭현상을 볼 수 있다. 첫 번째 어두운 무늬가 중요하다. 어두운 무늬의 간섭 조건은 다음과 같다.

- 어두운 무늬 : $a\sin\theta_m = m\lambda, \quad m = 1, 2, 3, \cdots$

여기서 a는 슬릿의 크기, λ는 빛의 파장이다.

② 동그란 구멍에 의한 회절 조건
(레일리의 분해능 기준)

동그란 구멍은 네모난 단일슬릿과 모양이 다르므로

어두운 무늬가 생기는 위치가 조금 다르다. 구멍의 지름이 D라고 하면 첫 번째 어두운 원이 나타나는 각은 다음과 같이 표현되며 지름이 D인 렌즈에 적용하면 레일리의 분해능 기준이 된다.

$$\theta_R = 1.22\frac{\lambda}{D}$$

여기서 D는 렌즈의 지름, λ는 빛의 파장이다.

3. 회절격자

회절격자는 이중슬릿을 연속해서 붙여서 만든 다중슬릿이며 분광기의 핵심부품이다. 4중슬릿을 예로 들면 간섭무늬는 이중슬릿과 같지만 간섭무늬의 밝은 무늬의 폭은 2배로 줄고 밝기는 4배 증가하게 된다. 일반적으로 슬릿의 개수를 N개라면 N^2배 더 밝아지며 밝은 무늬의 폭은 N배 가늘어진다. 회절격자는 mm당 수백 개의 이중슬릿으로 만들어 빛을 높은 분해능과 밝기를 가진 분광기를 만드는 데 쓰인다.

연습문제

1. 간격이 0.5 mm인 이중슬릿에 650 nm의 붉은빛을 비추면 첫 번째 밝은 무늬는 어떤 각도에서 보일까? 450 nm의 빛은 어떨까?

2. 슬릿 사이의 간격이 1 μm인 이중슬릿에 500 nm의 초록빛을 비출 때 25 cm 떨어진 스크린의 중앙과 다음에 나타나는 밝은 무늬 사이의 간격을 구하라.

3. 직사각형 모양의 스피커들을 붙여서 나란히 놓을 때 관중석으로 소리가 잘 퍼지게 하려면 어떻게 배치하는 것이 좋을까?

3. 회절을 고려하자.

4. 겹쳐진 두 개의 유리판 사이의 한쪽 끝에 지름 5×10^{-3} mm인 가느다란 철사 한 개가 끼워져 있다. 650 nm의 붉은빛이 이 유리판에 비치면 위에서 볼 때 몇 개의 어두운 간섭무늬가 나타날까?

4. 유리판 사이에 있는 가장 큰 경로차는 $2d = 10^{-2}$ mm이다.

5. 편광 선글라스와 보통의 선글라스를 구분해 낼 수 있는 방법을 생각해 보라.

6. 비눗방울을 정면에서 쳐다볼 때 주황색(620 nm)이 보인다. 비눗방울의 굴절률이 1.35라면 이 비눗방울의 최소두께는 얼마일까?

6. 비눗방울에 의한 보강간섭 조건을 이용하자.

7. 두 개의 얇은 유리판을 서로 겹친 후 위로부터 파장 488 nm의 빛을 비추었다. 두 개의 유리판 사이 끝 부분에 두께가 0.1 mm인 종이를 살짝 집어넣었더니 유리판에 어둡고 밝은 간섭무늬가 생겼다. 유리판의 길이가 20 cm라고 할 때 간섭무늬 사이의 간격을 구하라.

8. 문제 7에서 유리판 사이에 물이 있다면 어두운 무늬의 개수에 어떤 변화가 일어날까? 유리판의 굴절률이 물의 굴절률 보다는 크다고 하자.(물의 굴절률 = 1.33)

9. 지름 10 μm의 동그란 구멍을 통해서 초록색 레이저포인터를 이용하여 파장 532 nm의 빛을 비추었다. 구멍으로부터 1 m 거리에 스크린이 놓여있을 때 회절되어 나타나는 가운데 밝은 부분의 지름을 구하라. 파장 630 nm의 빛을 내는 빨간색 레이저포인터를 이용하면 회절무늬의 크기에 어떤 변화가 있을까?

10. 매가 하늘에서 땅에 있는 두 물체를 200 m 떨어진 곳에서 식별하고자 한다. 레일리의 분해능 기준을 이용해 두 물체 사이의 최소 간격을 구하라.(낮에 매의 동공 크기는 약 6 mm이다.)

11. 레일리의 분해능 기준을 이용해 파장 550 nm의 빛을 이용할 때 얻어지는 현미경의 분해능을 구하라. (대물렌즈의 구경 = 1 cm, 초점거리 = 2 cm)

12. 문제 11에서 물체와 대물렌즈 사이에 굴절률이 1.33인 기름을 채우면 분해능에 어떤 영향을 주겠는가?

13. 1,000개/mm 선이 들어 있는 5 cm의 회절격자로 보면 450 nm의 푸른빛과 700 nm의 붉은빛은 어떤 각도에서 나타날까? 이 회절격자는 700 nm의 빛과 699 nm 빛을 구분해 낼 수 있을까?

14. 뉴멕시코의 전파망원경(VLA, very large array)에는 9개의 안테나가 10.81 km의 직선 위에 일정간격으로 배치되어 있다. 21 cm 파장의 전자기파로 관측할 때 이 안테나가 분해할 수 있는 최소각도 차이는 얼마일까?

15. 팔로마 망원경의 지름은 5.08 m(200인치)이다. 파장 550 nm의 빛을 쓸 때 달표면에 있는 물체를 분해할 수 있는 최소길이는 얼마일까?

16. 허블위성의 가시광선 망원경은 지름 2.4 m의 반사망원경이다. 550 nm의 빛을 쓸 때 이 망원경이 분해할 수 있는 최소각은 얼마일까? 대기의 요동 때문에 0.5초각 정도의 분해능을 가지는 지상 망원경과 비교해 보라.

14. 이 안테나 array를 거대한 회절격자로 생각하라.

15. 지구에서 달까지의 거리는 3.84×10^8 m이다.

16. 레일리의 분해능 기준을 쓰자.

17. DVD의 홈들 사이의 간격은 약 1.32 μm이다. 파장 500 nm의 빛을 이용할 때 몇 차 간섭무늬까지 관찰할 수 있는가?

18. CD, DVD, 블루레이 디스크는 각각 780 nm, 650 nm, 405 nm의 파장을 지니는 레이저를 이용하여 데이터를 읽고 저장한다. 이들 디스크의 데이터 저장 용량은 각각 700 MB, 4.7 GB, 25 GB이며 사용하는 레이저의 파장이 짧아질수록 증가한다. 그 이유를 생각해 보자.

* **19.** 태양전지의 에너지 효율을 늘리기 위해서는 전지 내에 흡수된 태양에너지의 반사를 최소화할 필요성이 있다. 이산화규소를 이용하여 전지 표면에 반사방지 박막을 만들 때, 이 박막의 최소 두께를 구하라. (이산화규소의 굴절률 = 1.46)

20. 1,000개/mm의 선이 들어 있는 회절격자를 이용하여 수직으로 입사된 백색광을 50 cm 떨어진 스크린에 분산시킨다. 스크린에 펼쳐진 무지개 모양의 1차 스펙트럼의 폭을 구하라. (백색광의 파장 영역을 400~700 nm라고 하자.)

PART IV

현대물리학의 탄생

Chapter 1 상대성의 세계

아인슈타인의 강의 장면. 아인슈타인이 도입한 상대론적 사고방식은 현대물리학의 모든 분야에 근본적인 영향을 끼쳤다.

빛의 속도는 어떤 관성계에서 재더라도 값이 같아야 한다. 이 사실은 갈릴레이나 뉴턴의 생각으로 보면 정말로 이상한 것이다. 평소에 당연히 여겼던 시공간에 대한 사고방식이 완전히 바뀌지 않으면 절대로 이런 일이 일어날 수 없다.

아인슈타인의 특수상대론

20세기에 들어서면 물리학은 그 범위가 크게 넓어진다. 뉴턴의 운동방정식으로 대표되는 고전역학, 맥스웰 방정식으로 종합되는 전자기학, 그리고 열을 분자운동으로 다루기 시작하는 열 물리학이 바탕이 되어 물질의 근본을 다룰 수 있는 학문으로 발전하게 된다. 물질과 우주에 대한 근본을 다룰 수 있는 방법론과 그 체계가 만들어지고, 물리학이 다룰 수 있는 과학적 범위가 획기적으로 넓어지게 된 것이다.

현재 물리학으로 다룰 수 있는 대상은 원자와 분자, 그리고 이들이 만들어내는 물질뿐이 아니다. 원자를 구성하는 핵 물질과 한 걸음 더 나아가 은하와 우주자체로 확대되었다.

이러한 발전은 원자세계를 다룰 수 있는 양자론의 발견과 함께 뉴턴이 제 1법칙으로 도입했던 관성계에 대한 새로운 해석으로부터 시작한다. 양자론에 대해서는 다음 장부터 자세히 나온다. 양자론을 다루기에 앞서 뉴턴이 생각했던 관성계에 어떤 문제가 생겼는지를 먼저 살펴보자.

우주선을 타고 가는 외계인이 지구를 지나고 있다.

이 외계인이 레이저총을 발사하였다. 외계인이 본 빛의 속도와 지상에 서 있는 사람이 본 레이저 광선의 속도는 같을까?

일상경험에 의하면 지상에서 본 빛의 속도는 우주선의 속도 v와 빛의 속도가 더해져 $c+v$가 될 것이라 예상된다.

그러나 실제로 측정한 빛의 속도는 $c+v$가 아니라 c이다. 광속과 관련된 속도의 합은 보통 우리가 알고 있는 상식과 다름을 알 수 있다.

빛은 전자기파이다. 일반적으로 파동이 전파되려면 매질이 필요하다. 19세기 말까지도 과학자들은 우주공간에 가득 찬 에테르라는 전자기파의 매질이 존재한다고 생각하였다.

이와 같이 절대적으로 정지한 에테르를 통해 빛이 전파된다고 가정하고 보면, 광속은 에테르에 대한 관찰자의 운동속도에 따라 달라질 것이다.

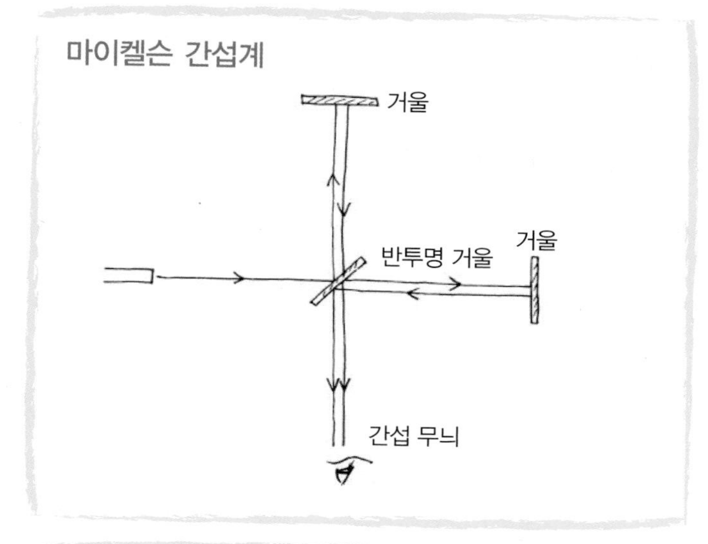

이것을 확인하기 위해 마이켈슨과 몰리는 그림과 같이 간섭계를 이용하여 서로 수직인 방향으로 진행하는 두 빛의 속도를 정밀하게 비교하였다. 실험결과 지상의 어느 방향에서 보아도 서로 수직으로 움직이는 두 빛의 속력은 변함이 없음을 알아냈다.

정지한 에테르에 대한 지구의 상대속도 때문에 나타날 것으로 예상했던 광속의 차이가 보이지 않았기 때문이다.
따라서, 정지한 에테르라는 절대계의 존재에 대해 다시 생각하게 되었다.

이번에는 달리는 배의 돛대 위에서 자유낙하하는 물체를 보자. 배 안에서 보면 이 물체는 연직으로 떨어진다.

그러나 해안에 서 있는 사람이 보면 이 물체는 포물선을 그리며 떨어진다. 두 경우 속도는 다를지라도 물체의 가속도는 똑같은 중력가속도이다. 따라서, 두 사람 모두에게 힘은 똑같아 보인다.

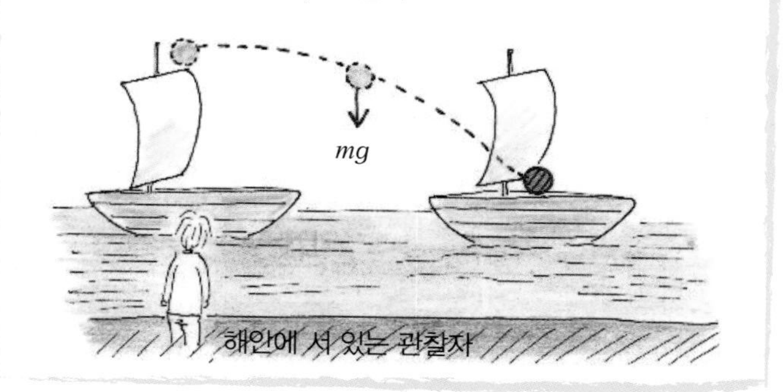

그러나 자기장 속에서 전하가 움직이면 전하는 속도에 비례하는 힘(로렌츠 힘, Ⅲ-3장 Section 3 참고)을 받는다. 그림처럼 배에 실려 가는 전하가 받는 힘을 보자. 해안에 서 있는 관찰자가 보면 분명히 전하가 움직이므로 전하는 로렌츠 힘을 받는 것으로 보인다.

그러나 배 안에서 보면 전하는 정지해 있다. 따라서, 로렌츠 힘은 없다. 그럼에도 불구하고 전하는 어떤 힘을 받는다. 관찰자에 따라 힘의 종류가 달라 보인다.

해안에 서 있는 관찰자

그렇다면 보는 사람에 따라 물리법칙이 달라지는 것일까? 또한, 절대계의 존재를 인정해야만 할까?

아인슈타인은 어떤 관성계에서 보아도 물리법칙은 동일하게 적용된다고 주장하였다.

광속 또한 모든 관성계에서 같다고 가정하여 새로운 상대성 이론의 체계를 만들었다.

아인슈타인의 가정

(1) 어떤 관성계의 관찰자가 보아도 물리법칙은 동일하게 보여야 한다.

(2) 광속은 어떤 관성계에서 보아도 같다.

관성 기준계 (또는 간단히 관성계) 란 어떤 물체도 힘을 받고 있지 않을 때, 처음에 정지해 있으면 계속 정지해 있고, 움직이고 있으면 방향과 속력을 바꾸지 않고 처음 속도 그대로 움직이는 시공간 영역을 말한다.

지구의 자전이나 공전효과 등을 무시할 수 있는 경우 마찰이 없는 실험대나 등속도로 직선운동하는 기차 내부는 수평방향으로 좋은 관성계이다.

생각해보기 자유유영계

자유낙하하는 엘리베이터 안이나 지구 주위를 돌고 있는 인공위성 내부 등도 관성계로 볼 수 있다. 이 계에서는 관찰자에 대해 물체가 자유롭게 유영할 수 있으므로 관성계를 자유유영계라고 부르기도 한다.

지구상에서 대포에 의해 발사되어 날아가는 있는 엘리베이터 안에 한 사람이 타고 있다. 공기에 의한 저항은 무시하고 다음 상황을 생각해 보자.

엘리베이터가 날아가는 동안 사람이 바닥을 차고 점프했다고 하면 그 사람은 엘리베이터 안에서 어떤 운동을 할까?

얼핏 생각하면 사람이 다시 바닥으로 떨어질 것으로 예상하겠지만, 실제는 엘리베이터 안에서 등속도 운동하여 천장에 부딪친다.

엘리베이터가 지상으로 추락하기 전에는 엘리베이터에 타고 있는 사람은 바깥을 보지 않는 경우 엘리베이터가 어떤 운동을 하는지, 맨 꼭대기에 도달하였는지 아닌지를 알 수가 없다.

자유유영계에서는 등속도로 달리는 기차 안과 달리 중력을 무시할 수 있다는 점에서, 아인슈타인은 이 관성계를 특별히 국소적 관성계라고 불렀다.

상대적인 시공간

시간의 팽창

달리는 기차 안에 탄 사람의 시간과 기차 밖에 서 있는 사람의 시간은 같을까?

두 사람이 측정하는 시간을 비교해 보자.

기차 안에 탄 사람이 레이저 포인터로 천장에 놓인 거울에 빛을 반사시켜 왕복하는 시간을 잰다고 하자.

기차 안에서 레이저 포인터를 가진 사람(가)이 잰 왕복 시간은

$$\Delta t_{(가)} = \frac{2L}{c} \text{ 이다.}$$

그러나 기차 밖 관찰자(나)가 보면 그림처럼 빛이 비스듬하게 진행한다. 아인슈타인의 주장에 의하면 광속이 같으므로, 왕복시간은 당연히 더 길 것이다.

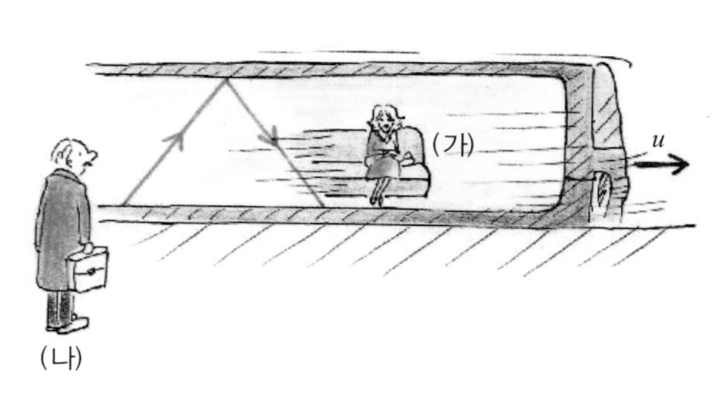

빛이 왕복하는 시간을 $\Delta t_{(나)} = 2t$라고 하면, 그림에서처럼 ut와 L, ct는 직각삼각형을 이룬다.

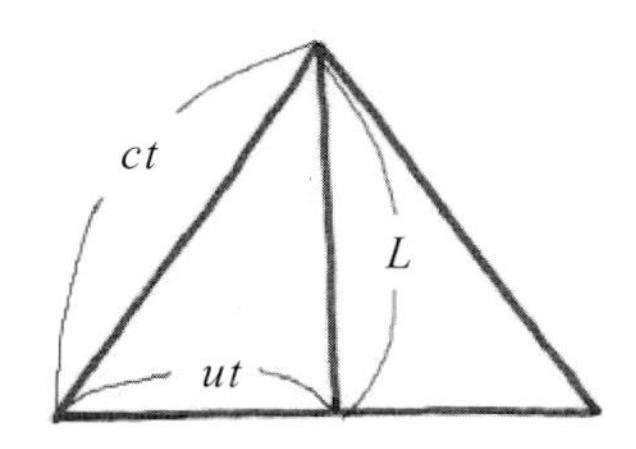

피타고라스 정리를 쓰자.

$$(ct)^2 = L^2 + (ut)^2$$

$$\Rightarrow t^2 = \frac{L^2}{c^2 - u^2}$$

관찰자 (나)가 잰 빛의 왕복시간은

$$\Delta t_{(나)} = 2t = \frac{2L}{c\sqrt{1-(u/c)^2}}$$

$$= \frac{\Delta t_{(가)}}{\sqrt{1-(u/c)^2}}$$ 이다.

따라서, 기차 밖에 있는 사람(나)에게는 기차 안에 있는 사람(가)의 시계가 분명히 느리게 간다.

$$\Delta t_{(나)} = \gamma \Delta t_{(가)}$$

여기서

$$\gamma = \frac{1}{\sqrt{1-(u/c)^2}}$$ 이다.

상대속도 u가 클수록 시간은 그림처럼 급격히 느려진다. 이처럼 움직이는 시계의 시간이 느려지는 현상을 시간팽창(또는 시간지연)이라고 한다.

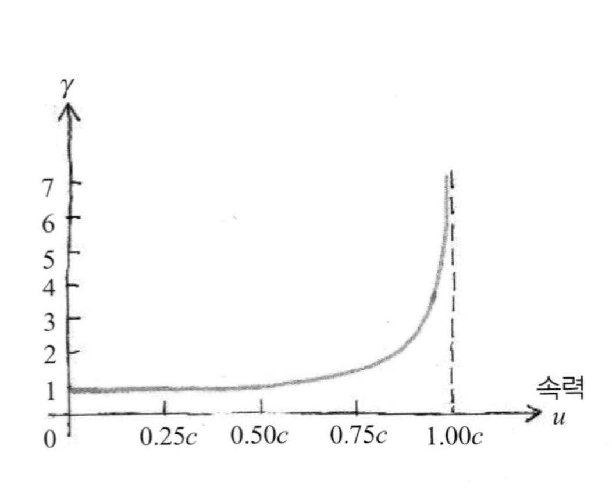

상대속도에 따라 변하는 시간지연효과

그런데 입장을 바꾸어 기차 안에 탄 사람의 입장에서 보면 밖에 서 있는 사람이 반대방향으로 상대속도 $-u$로 움직인다고 볼 수도 있다.

그러면 기차 밖에 있는 사람이 관찰한 시간 $\Delta t_{(나)}$가 오히려 느리게 보이지 않을까?

$$\Delta t_{(가)} = \gamma \Delta t_{(나)} ???$$

서로 상대방의 시계가 느리게 간다고 주장하면 과연 누가 옳은 것일까?

답은 두 주장 모두 다 옳다.

두 사람은 서로 다른 현상을 보고 있기 때문이다.

기차 밖의 시계가 느리게 간다고 주장하는 경우에는 옆 그림처럼 기차 밖에 있는 사람이 레이저 포인터를 가지고 자신에 대해 정지한 거울에 반사시켜 측정하는 현상을 기차 안에서 관찰하고 있는 것이다.

레이저 포인터 (시계)가 기차 안에 있는 경우와 기차 밖에 있는 경우는 서로 다른 현상이다.

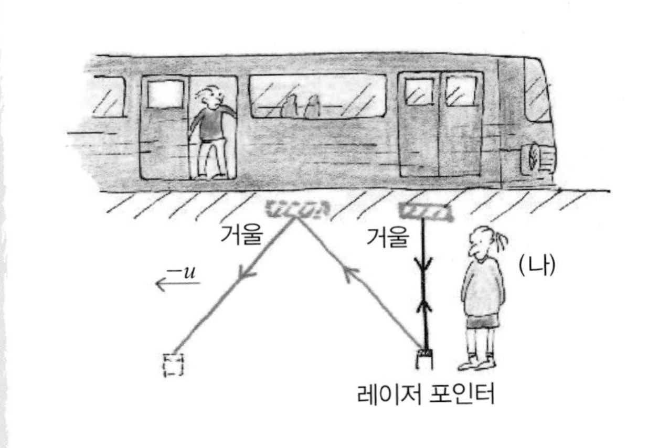

시계에 대해 정지한 관찰자가 잰 시간 (고유시간)은 시계에 대해 움직이는 관찰자가 잰 시간보다 항상 느리게 간다.

이처럼 움직이는 대상의 시간팽창 효과는 물리현상뿐만 아니라 생리현상에도 적용된다.

그러나 움직이는 사람이 오래 산다는 것은 남이 볼 때 그럴 뿐이고, 자신의 입장에서는 단지 고유시간 동안만을 살 뿐이다.

생각해보기

우주에서는 강력한 에너지를 가진 전하를 띤 입자인 우주선(cosmic ray)이 지구로 쏟아져 들어온다.

우주에서 날아온 입자는 공기와 충돌하여 분당 1 cm^2에 한 개꼴로 지표면에 도달한다.

지상 1 km 높이에서 뮤온이 만들어진 후 속력 $12c/13$로 지표면으로 다가온다고 하자. 이 뮤온이 지표면까지 도달할 수 있을까?

뮤온의 평균수명은 $\tau \approx 2 \times 10^{-6}$초로 아주 짧다. 단순하게 생각하면 뮤온이 살아 있는 동안 갈 수 있는 거리는

$$v\tau = \frac{12}{13}c \times 2 \times 10^{-6}\text{s} = 550 \text{ m}$$이다.

따라서, 뮤온이 지표면에 도달할 수 없을까?
그렇지 않다. 시간팽창 효과를 고려해야 한다.

지상에서 관찰하면 뮤온의 수명이

$$\gamma = \frac{1}{\sqrt{1-\left(\frac{12}{13}\right)^2}} = 2.6$$배 늘어난다.

따라서, 도달거리는

$$v \times (\gamma\tau) = 1.44 \text{ km}$$ 이고,

뮤온은 지면에 충분히 도달할 수 있다.

생각해보기

21살된 쌍둥이, 톰과 제리가 있다. 이 중 톰이 $3c/5$의 속력으로 우주여행을 떠났다.

톰이 41살이 되어 지구로 돌아왔다면 제리의 나이는 몇 살이 되었을까?

톰이 우주여행을 하는 데 걸린 시간(고유시간)은 $\tau=$ 20년이다. 제리의 나이는 시간팽창 때문에

$$\gamma = 1/\sqrt{1-(3/5)^2} = 5/4$$배만큼

나이를 더 먹었으므로 46살이다. 쌍둥이의 나이차는 5살이다.

쌍둥이 역설

"어째서 우주여행을 했던 톰이 정지해 있고, 대신 지구에 있던 제리가 움직인 것으로 보면 안 될까? 이렇게 보면 톰이 나이를 더 먹지 않았겠는가?"

그러나 우주여행을 하기 위해서는 우주선을 가속시켜야 하므로 움직인 사람이 우주여행을 했던 톰이라는 것을 분명히 알 수 있다. 따라서, 제리가 나이를 더 먹는다.

동시성과 사건의 순서

달리는 기차 앞(A)과 뒤(B)에서 동시에 번개가 치는 것을 역에 서 있는 사람(나)가 보았다.

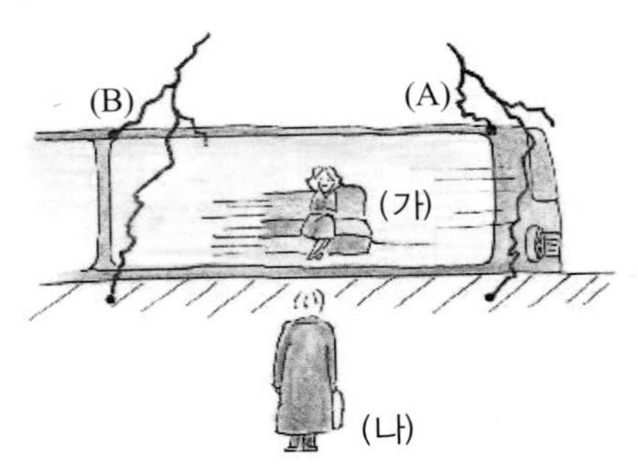

그러나 기차 안에 있는 사람(가)에게는 앞에서 친 번개(A′)가 뒤에서 친 번개(B′)보다 먼저 도착한다. 광속이 유한하기 때문이다.

이처럼 한 사람에게 동시에 일어난 사건이 다른 사람에게는 동시에 일어나지 않을 수도 있다.

관찰자에 따라서는 사건의 순서가 뒤바뀔 수도 있다. 동시에 일어난 사건은 관찰자에 따라 순서가 뒤바뀔 수 있으므로, 이러한 사건들은 인과관계가 없는 우연한 사건에 해당된다.

이에 비해 어머니와 아들의 탄생과 같은 두 사건(인과관계)의 순서는 바뀌지 않는다. 정보교환으로 연결되어 있는 인과적인 사건은 광속이 유한하기 때문에 순서가 바뀔 수 없다.

시공간에서 일어나는 사건들은 우연한 사건과 인과적인 사건으로 크게 두 가지로 분류한다.

움직이는 자는 짧아진다.

상대론에 의하면 길이도 변화해야 한다.

그림처럼 움직이는 방향으로 놓인 자를 따라 빛을 앞뒤로 왕복시킬 때, 상대운동을 하는 두 관찰자가 측정한 시간을 비교해 보자.

레이저 포인터와 같이 있는 관찰자(가)가 볼 때는 빛이 길이 L인 거리를 왕복하므로, 걸리는 시간은 당연히

$$\Delta t_{(가)} = 2\frac{L}{c} \text{ 이다.}$$

이제 같은 사건을 기차 밖에 있는 관찰자(나)의 입장에서 관찰하자. (나)가 관찰한 자의 길이를 l이라고 하자(L이라고 놓지 않는 이유가 금방 나온다).

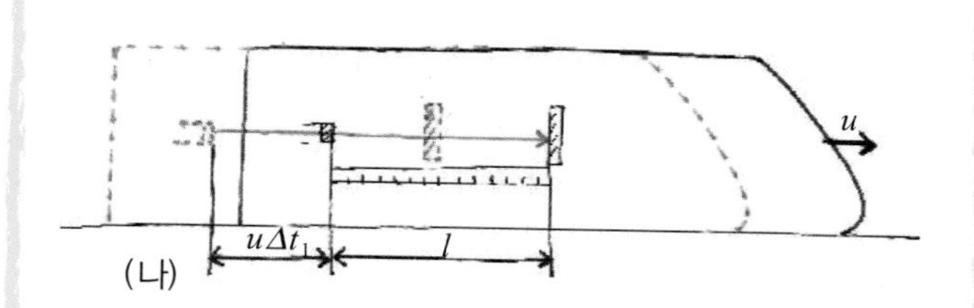

빛이 거울에 닿는다.

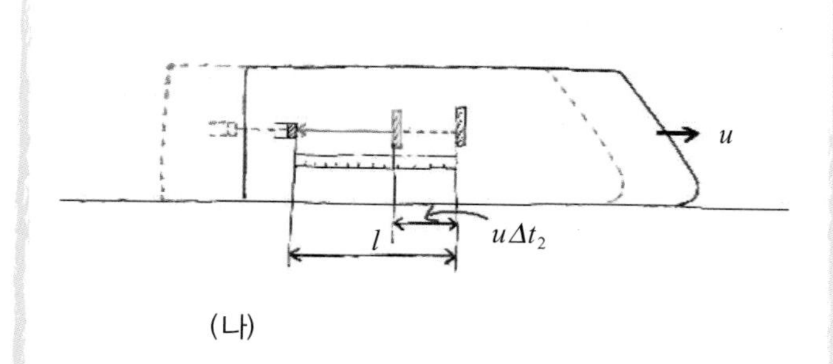

거울에 반사된 빛이 되돌아온다.

기차가 움직이고 있으므로, 뒤쪽에서 앞쪽으로 가는 데 걸린 시간은

$$\Delta t_1 = \frac{(l + u\Delta t_1)}{c} \Rightarrow \Delta t_1 = \frac{l}{c - u},$$

돌아오는 데 걸리는 시간은

$$\Delta t_2 = \frac{(l - u\Delta t_2)}{c} \Rightarrow \Delta t_2 = \frac{l}{c + u}.$$

두 식으로부터 빛이 왕복하는 데 걸린 총 시간은

$$\Delta t_{(\text{나})} = \Delta t_1 + \Delta t_2 = \frac{l}{c-u} + \frac{l}{c+u}$$

$$= \frac{2l}{c\left(1-\left(\frac{u}{c}\right)^2\right)} = \frac{2l}{c}\gamma^2 \text{ 이다.}$$

그런데 (나)가 관찰한 시간과 레이저 포인터를 가진 (가)의 시간은 시간팽창에서 본 것처럼

$\Delta t_{(\text{나})} = \gamma \Delta t_{(\text{가})} = \gamma \times 2L/c$ 이 되어야 한다.

따라서,

$$l = \frac{L}{\gamma} = \sqrt{1-(u/c)^2}\,L$$

움직이는 자의 길이(l)는 본래길이(L, 고유길이)보다 짧아진다. 이러한 현상을 로렌츠 수축이라고 한다.

그러나 움직이는 방향과 수직인 길이는 관찰자 (가)와 (나) 모두에게 똑같다.

생각해보기

속도 u로 카메라 앞을 정면으로 스쳐 움직이는 한 변의 길이가 L인 정육면체의 사진을 찍자.

빠르게 움직이는 정육면체는 로렌츠 수축 때문에 찌그러진 모양으로 보이는 것이 아니라 회전된 모양으로 보인다. 그 이유는 무엇일까?

그 이유는 옆면이 보이기 때문이다. 그림처럼 뒷면 AB에서 출발한 빛이 앞면 CD보다 L/c전에 출발하면 동시에 카메라에 도착한다.

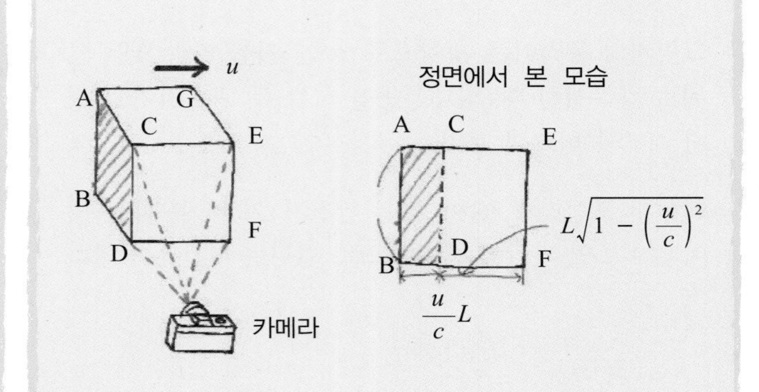

사진에 찍히는 옆면 BD의 길이는 $u \times L/c$이다. 또한, 사진에 찍히는 앞면 DF의 길이는 $L\sqrt{1-(u/c)^2}$ 로 짧아져 보인다.

사람이 이 사진을 보면 회전된 정육면체 모습으로 상상하게 된다. 그림처럼 기울어진 각을 θ라고 하면, 이 사진은 $\sin\theta = u/c$를 만족하기 때문이다.

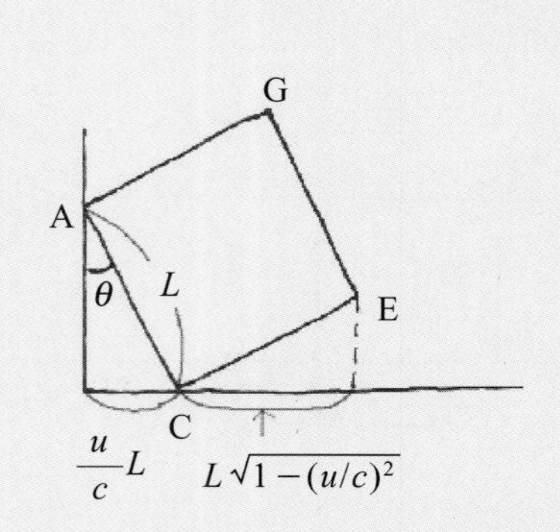

참고 자료 로렌츠 (Lorentz) 변환

관성계 S′ 은 관성계 S에 대해 공통의 x, x' 축 양의 방향으로 u의 속도로 움직이고 있다. 이때 한 사건(event)이 S에 대해 위치 (x, y, z)에서 시간 t에 일어났다면 S′ 에서 관측되는 이 사건의 시공간 좌표는 로렌츠(Lorentz) 변환식이라 불리는 다음 관계식들로 주어진다.

$$x' = \gamma(x - ut)$$
$$y' = y$$
$$z' = z$$
$$t' = \gamma(t - ux/c^2)$$

여기서 $\gamma = 1/\sqrt{1-u^2/c^2}$ 이고, 편의상 두 관성계의 시간과 공간상의 원점은 동일하게 잡았다. 만약 (모든 물체의 최대속력인) 빛의 속력 c가 무한대라면 위의 로렌츠 변환은 단순한 갈릴레이 변환 관계식

$$x' = x - ut$$
$$t' = t$$

로 된다. 이 경우에는 뉴턴 역학에서 주장하는 것처럼 시간이 모든 관찰자에게 동일함을 알 수 있다.

Section 3 상대론적 질량과 에너지

상대운동을 하면 시간은 팽창하고 길이는 수축한다. 이에 따라 우리가 평소에 생각하던 질량, 운동량, 에너지 등도 달라질 수 있다.

아인슈타인은 움직이는 물체의 질량이 물체의 속력에 따라 달라진다는 것과 질량과 에너지가 밀접하게 연결되어 있다는 것을 알아냈다.

상대론적 질량

물체가 움직이면 질량은 속도에 따라 달라진다. 정지하고 있을 때의 질량(정지질량)이 m_0일 때, 속도 u로 운동하게 되면 물체의 질량은 $m_0\gamma$로 변한다.

$$m_0\gamma = \frac{m_0}{\sqrt{1-(u/c)^2}}$$

전자의 정지질량은 9.1×10^{-31} kg 이다.

이 전자가 가속되어 속도가 $0.9999c$가 되면,
$\gamma = 1/\sqrt{1-0.9999^2} = 70.7$이므로,
이 전자의 상대적인 질량은 70.7배가 된다.

$$m_0\gamma = 9.1 \times 10^{-31} \times 70.7 \text{ kg} = 643 \times 10^{-31} \text{ kg}$$

광속에 접근할수록 상대론적인 질량은 ∞로 접근한다. 그러므로 질량을 가진 물체는 광속을 넘어갈 수 없다.

상대론적 에너지와 운동량

물체의 속도가 광속에 비해 매우 작으면,

$$
\begin{aligned}
m_0\gamma c^2 &= m_0\frac{1}{\sqrt{1-(u/c)^2}}c^2 \\
&\approx m_0\left(1+\frac{1}{2}(u/c)^2\right)c^2 \\
&= m_0c^2+\frac{1}{2}m_0u^2 \text{ 이다.}
\end{aligned}
$$

따라서, 이 상대론적 질량 속에는 운동에 의한 에너지가 포함되어 있다.

아인슈타인은 $E \equiv m_0\gamma c^2$을 상대론적인 에너지로 정의하였다.

$$E \equiv m_0\gamma c^2$$

또한, 속도 $\mathbf{u}$로 움직이는 물체의 상대론적 운동량은

$\mathbf{p} = m_0\gamma\mathbf{u}$로 정의된다.

상대론적 총 에너지와 총 운동량은 한 사람이 볼 때 보존되면, 상대운동을 하는 다른 사람이 볼 때에도 보존되도록 정의되어있다.

생각해보기

정지질량 M인 핵이 분열하여 같은 두 개의 작은 핵으로 분열하였다. 작은 핵은 각각 속도 $3c/5$로 움직인다. 이때 작은 핵의 정지질량 m_0를 구해 보자.

$\frac{3}{5}c$ ← m_0 M m_0 → $\frac{3}{5}c$

(1) 질량이 같은 두 개의 작은 핵이 서로 반대속도로 움직이므로 운동량은 자동적으로 보존된다.

(2) 에너지가 보존되어야 하므로, 작은 핵이 가진 에너지는 총 에너지의 반이다.

작은 핵 하나가 가진 에너지 $= \frac{1}{2}Mc^2$

작은 핵 하나의 에너지 $E = m_0\gamma c^2$이므로

$m_0\frac{1}{\sqrt{1-(3/5)^2}}c^2 = \frac{1}{2}Mc^2$이 되어야 한다.

따라서, $m_0 = \frac{2}{5}M$이다.

작은 두 핵의 정지질량을 합해도 원래 핵의 질량 M보다 작다.

$$M - 2m_0 = \frac{1}{5}M$$

이 질량차가 결국 핵의 운동에너지로 바뀐다.

생각해보기

지구에 도달하는 태양빛의 세기는 $I = 1.4\ \text{kW/m}^2$이다.

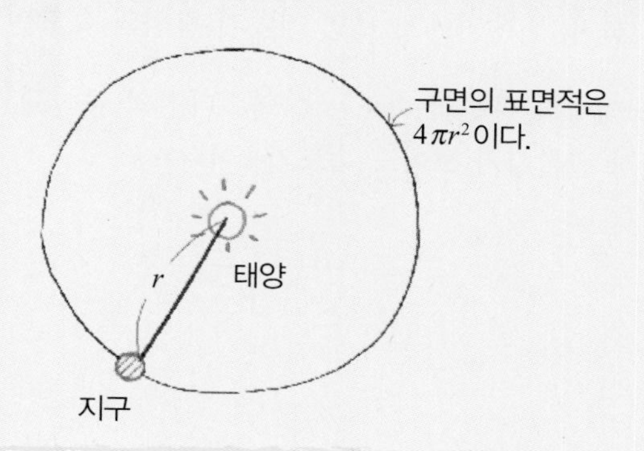

이러한 복사에너지를 방출하기 위해서 태양 내부에서는 핵융합이 이루어진다. 이때 줄어드는 태양의 질량은 얼마일까? 지구의 공전궤도 반지름은 1.5×10^{11} m이다.

태양이 방출하는 파워는

$$\begin{aligned} P &= I \times A \\ &= 1.4\ \text{kW/m}^2 \times 4\pi \times (1.5 \times 10^{11}\ \text{m})^2 \\ &= 4.0 \times 10^{26}\ \text{W} \end{aligned}$$

이다.

따라서, 1초 동안 내는 에너지는 $E = 4.0 \times 10^{26}$ J이다. 이 에너지와 동등한 질량 m_0은

$$m_0 = \frac{E}{c^2} = 4.4 \times 10^9\ \text{kg}$$

이다.

태양에서는 적어도 초당 440만 톤의 질량이 연료로 사라지고 있다. 이 엄청난 질량도 태양 전체의 질량 2×10^{30} kg에 비하면 아주 보잘것 없는 양에 불과하다.

상대속도

속도 u로 날고 있는 비행기에서의 미사일을 속도 v로 쏘면, 지상 관찰자에게는 미사일의 속도는 보통 상식에 따르면 $v+u$로 보일 것이다. 그런데도 어떻게 서로 움직이는 두 관찰자에게 빛의 속도가 똑같이 나타날까?

앞에서 배운 것처럼 시간과 길이는 상대속도 u에 따라 달라진다. 이 변화를 고려하여 아인슈타인은 두 상대속도의 더하기 공식을 찾아냈다.

$$v' = \frac{v + u}{1 + \frac{uv}{c^2}}$$

옆 그림처럼 비행기에서 미사일 대신 레이저포를 쏜다고 하자. 비행기에서 보면 레이저 광선의 속도는 c다.

이 레이저 광선의 속도는 아인슈타인의 공식에 의하면 지상 관찰자가 보아도 속도가 c이다.

$$v' = \frac{c+u}{1+\frac{uc}{c^2}} = c$$

생각해보기

스타베이스에서 볼 때 $0.5c$로 멀어져 가는 엔터프라이즈가 $0.3c$의 속력으로 다가오는 워버드를 확인했다.

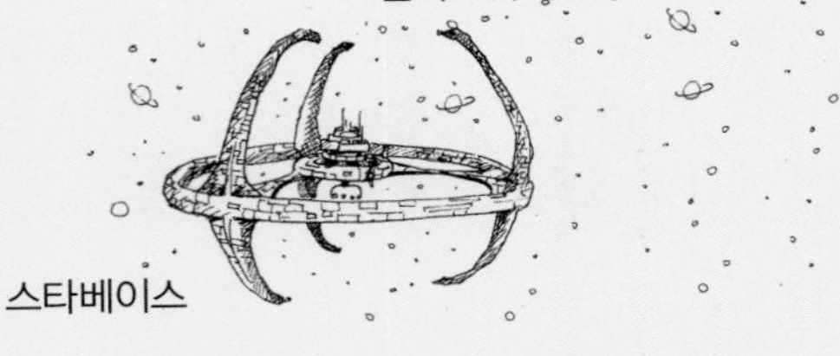

스타베이스에서 관찰한다면 워버드의 속력은 얼마일까?

엔터프라이즈에서 본 워버드의 속도는 $v=-0.3c$, 스타베이스에서 본 엔터프라이즈의 속도는 $u=0.5c$, 스타베이스에서 본 워버드의 속도는

$$v' = \frac{0.5c+(-0.3c)}{1+0.5\times(-0.3)}$$
$$= \frac{4}{17}c \cong 0.24\,c \text{ 이다.}$$

색이 바뀌는 도플러효과

고속철에서 진동수 f_0 (주기 $\tau=1/f_0$)인 레이저 광선이 발사된다.

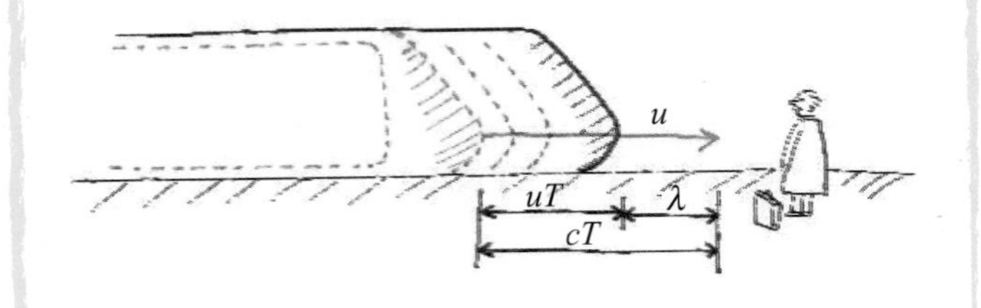

이때 고속철이 그림처럼 속력 u로 우리에게 다가오면, 우리에게는 어떤 빛이 관찰될까?

우리가 관찰하는 빛의 파장을 λ, 주기를 T라고 하자. 고속철이 다가오므로, 그림처럼 우리에게 보이는 파장은 짧아진다.

$$\lambda = cT - uT = (c-u)T$$

이러한 파장을 가진 빛의 진동수는

$$f = \frac{c}{\lambda} = \frac{c}{(c-u)}\frac{1}{T} \text{ 이다.}$$

그런데 우리가 관찰한 주기 T는 원래 빛의 주기 τ (고유시간)에 비해 시간지연 효과 때문에 길어진다.

$$T = \gamma\tau = \frac{\gamma}{f_0}$$

따라서, 원래의 빛이 내는 진동수 f_0와 우리가 관찰하는 진동수 f를 비교하면,

$$f = \frac{c}{c-u}\frac{1}{T} = \frac{c}{c-u}\frac{f_0}{\gamma}$$
$$= f_0\frac{\sqrt{1-(u/c)^2}}{1-u/c} = f_0\sqrt{\frac{1+u/c}{1-u/c}}.$$

레이저 광선의 진동수 f는 원래의 진동수보다 커진다.

$$f = f_0\sqrt{\frac{1+u/c}{1-u/c}} > f_0$$

따라서 레이저 광선은 원래의 빛보다 색깔이 푸른색 쪽으로 변한다.

빛의 진동수 변화는 소리의 도플러효과와 달리 파원이 움직이든 관찰자가 움직이든 상관없이 상대속도만 같으면 차이가 없다. 빛이 전달되기 위해서는 매질이 필요 없으며, 상대운동을 하는 어느 누가 보아도 진공에서의 광속은 항상 c로 일정하기 때문이다.

생각해보기 적색편이

도플러효과는 먼 별의 속도를 조사하는 데 아주 좋은 방법이다. 지상의 원자가 내는 빛이 5.08×10^{14} Hz일 때, 별에 있는 같은 종류의 원자가 내는 빛의 진동수가 5.07×10^{14} Hz로 관찰되었다면, 이 별의 속력은 얼마일까?

도플러효과이므로,

$$\frac{f}{f_0} = \sqrt{\frac{1+u/c}{1-u/c}} = \frac{5.07 \times 10^{14}}{5.08 \times 10^{14}} \cong 1 - 0.002$$

따라서, $u \cong -0.002c = -6 \times 10^5$ m/s이다. 이 별은 우리로부터 $0.002c$로 멀어져 가고 있다.

허블 (Hubble)은 도플러효과를 써서 많은 별들이 원래 색보다 붉은 쪽의 빛을 내는 것을 발견했다. 이것은 별들이 우리로부터 멀어지고 있으며, 우주가 팽창하고 있다는 것을 시사한다.

단원요약

1. 아인슈타인의 특수상대론

아인슈타인의 특수상대론은 다음 2가지의 가정에서 출발한다.

- 어떤 관성계의 관찰자가 보아도 물리법칙은 동일하게 보여야 한다.
- 광속은 어떤 관성계에서 보아도 같다.

2. 상대적인 시공간

① 움직이는 시계는 느리게 간다. 고유시간은 정지해 있는 시계가 가리키는 시간이다. 이에 비해 상대속력 u로 움직이는 시계는 고유시간에 비해 γ배 느려진다.

$$\gamma = \frac{1}{\sqrt{1 - \left(\frac{u}{c}\right)^2}}$$

② 상대속력 u로 움직이는 자의 길이는 $1/\gamma$배 짧아진다.

3. 상대론적 질량과 에너지

① 정지한 상태의 질량을 정지질량 m_0이라고 부른다. 정지상태에 있는 물체도 정지질량 에너지 $E = m_0c^2$를 가진다. 질량이 움직이면 상대론적 질량에너지를 가진다. 상대론적 질량 에너지는 정지질량 에너지에 비해 γ배 늘어난다.

② 기차 안에서 상대속도 u로 움직이는 물체를 기차 밖에서 보면 기차의 속도가 v일 때 상대속도의 합은 단순한 합이 아니다. 아인슈타인의 속도 더하기 공식에 의하면 $\dfrac{u + v}{1 + \dfrac{uv}{c^2}}$이다.

③ 움직이는 물체가 내는 빛은 도플러효과가 나타난다. 상대속도 u로 멀어지는 빛이 내는 진동수 f는 원래진동수 f_0에 비해 낮아진다.

$$f = f_0 \sqrt{\frac{1 - u/c}{1 + u/c}}$$

연습문제

1. 어떤 우주선이 오늘 아침 지구를 출발하여 어젯밤에 화성에 도착했다. 이렇게 과거로 돌아가는 타임머신이 특수상대론에서 가능할까?

2. 6광년 거리를 진행하는 데 빛보다 2년이 더 걸린 입자의 속력은 얼마일까?

3. 덮개 없는 차가 등속도로 달리면서 쓰레기를 위로 던졌다. 공기저항이 없다면, 이 쓰레기는 도로에 떨어질까 아니면 다시 차로 떨어질까?

2. 1광년은 빛이 1년 동안 날아간 거리이다.

4. 정지한 뮤온입자의 평균수명은 2.2 μs이다. 지구상에서 관찰한 우주선 속의 뮤온입자의 평균수명이 16 μs이었다면 지구에 대한 뮤온입자의 속력을 구하라.

> **4.** 시간지연을 이용하자.

5. $3c/4$의 속력으로 도망가는 범인의 차를 향해 $c/3$로 달리는 경찰차가 총을 쏘았다. 경찰이 볼 때 이 총알은 $c/2$로 튀어나갔다. 이 총알이 범인의 차를 맞힐 수 있을까?

> **5.** 상대속도를 구해 보라.

6. 우주선의 길이가 정지상태의 값에 비해 정확히 반인 것으로 측정되었다.
(1) 관찰자에 대한 우주선의 속력은 얼마인가?
(2) 우주선의 시계는 관찰자가 지니고 있는 시계에 비해 어떻게 흐르는가?

> **6.** 로렌츠 수축을 이용하자.

7. 움직이는 입자의 수명이 5배 늘어나는 것이 관찰되었다. 이 입자는 얼마나 빨리 움직이고 있을까?

***8.** 시계가 x축을 따라 $0.6c$의 속력으로 움직여 $t=0$일 때 원점을 통과하였다.
(1) 로렌츠 인자 γ를 계산하라.
(2) $x=180$ m을 통과할 때 시계에 표시된 시간을 구하라.

9. 광속 가까운 고속으로 회전하는 반지름 R인 원판의 원둘레는 $2\pi R$가 못 됨을 보여라.

> **9.** 회전하는 원판의 원주방향이 움직이는 방향이 된다.

10. 한 입자가 S' 계에서 x' 축의 양의 방향으로 $0.4c$의 속력으로 날아가고 있다. S' 이 계 S에 대해 같은 방향으로 $0.6c$의 속력으로 움직일 때 이 입자의 S에서 측정한 속력은 얼마인가?

> **10.** 속도 더하기 공식을 이용하자.

11. 전자현미경 속에서 전자는 100 keV로 가속된다. 이에 비해 입자가속기에서 전자는 1 GeV로 가속된다. 이 전자들의 속도는 얼마나 다른가? 이때 상대론적인 질량은 각각 얼마인가? 전자의 정지질량은 0.5 MeV/c^2이다.

12. 적색편이현상을 이용하여 퀘이서 Q_1이 $0.8c$의 속력으로 멀어짐을 알았다. 또한 같은 방향으로 좀 더 가까운 위치에 있는 퀘이서 Q_2가 $0.4c$의 속력으로 멀어지고 있다. 그때 Q_2에서 관측한 Q_1의 속력은 얼마인가?

13. $0.9c$의 속도로 양성자와 반양성자가 서로 충돌하면, 양성자와 반양성자가 사라지고 대신 두 개의 빛으로 바뀐다. 이때 어떤 에너지를 가진 빛이 나올까?

> **13.** 에너지 보존법칙을 이용하자.

14. 정지 길이가 350 m인 우주선이 한 관성계에서 $0.82c$의 속력으로 진행하고 있고, 유성이 같은 속력으로 정확히 반대방향으로 날아오고 있다. 우주선에서 측정했을 때, 이 유성이 우주선을 지나가는 데 걸린 시간은 얼마인가?

***15.** 자동차의 속도를 재기 위해 도로에는 레이저 광선총이 설치되어 있다. 반사된 레이저의 진동수가 원래진동수보다 500만분의 1만큼 커졌다. 이때 차의 속력은 얼마인가?

16. 지구에 대해 $0.900c$의 속력으로 멀어지는 우주선이 100 MHz의 파를 지구로 향해 쏘았다면 지구에서 관측하는 주파수는 얼마인가?

17. 전자가 정지상태에서 속력 (1) $0.60c$와 (2) $0.80c$로 움직이려면 얼마의 일을 해야 되는지 구하라. (전자의 정지질량은 $0.5\ \mathrm{MeV}/c^2$이다.)

18. 운동에너지가 정지에너지의 2배인 입자의 속력을 구하라.

19. 질량 m인 입자가 관성계 S에서 속력 $c/2$로 움직이고 있다. 이 입자가 같은 계에서 정지해 있는 동일한 정지질량의 입자와 충돌하였다. 이 입자의 총 선운동량이 영으로 측정되는 계 S'는 S에 대해 얼마의 속력으로 움직이고 있는가?

20. 운동에너지가 각각 0.2 eV, 0.4 MeV 그리고 10 MeV인 광자(photon), 전자와 양성자가 있다.

(1) 가장 빨리 그리고 가장 늦게 움직이는 입자는?

(2) 운동량이 가장 큰 입자는 무엇인가? (편의상 전자와 양성자의 정지질량은 $0.5\ \mathrm{MeV}/c^2$와 $1\ \mathrm{GeV}/c^2$로 한다.)

15. 도플러효과가 두 번 생긴다.

18. 운동에너지와 정지에너지 합이 총 에너지이다.

Chapter 2 빛의 입자성

1927년 솔베이 학술회의

빛이 파동이라는 사실은 19세기 초 영의 간섭무늬 실험에 의해 결정적으로 증명되었다. 그럼에도 불구하고 20세기 초 흑체복사를 설명하기 위해 플랑크가 어쩔 수 없이 도입한 양자개념과 아인슈타인이 광전효과를 설명하기 위해 도입한 광량자에 의해 빛을 더 이상 파동으로만 볼 수 없는 새로운 상황이 시작되었다.
빛은 더 이상 파동의 성질만을 가지는 것이 아니라 뉴턴이 주장했던 입자의 성질도 갖는 광량자이다.

플랑크의 양자

빛의 본질은 무엇인가? 파동인가 입자인가?

빛이 파동이라고 주장한 측은 영 (Young)의 간섭실험으로 승리했고, 그 후 맥스웰에 의해 빛이 전자기파라는 사실이 확고하게 굳어지는 것처럼 보였다.

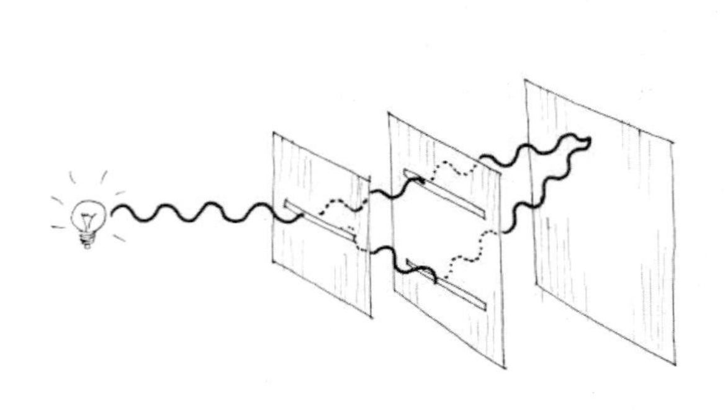

그러나 19세기가 끝나갈 무렵 빛이 파동이라는 확고한 믿음에 금이 가기 시작했다. 뉴턴으로 대표되던 입자 진영에 서광이 비치기 시작한 것이다.

뜨겁게 달아오른 물체가 내는 빛은 기존의 전자기파 이론으로 설명할 수 없다는 실마리를 보여 주었다.

플랑크는 1900년 여기에서 출발하여 양자론으로 대표되는 새로운 세계를 여는 선구자가 되었다.

용광로나 도자기로에서 뜨겁게 달아오른 물체는 온도에 따라 여러 가지 다른 빛을 낸다. 도공들은 이 색을 보고 온도를 짐작했다.

도자기를 구울 때 온도에 따라 내는 색

500~550 ℃ : 초기의 검붉은색
650~750 ℃ : 짙은 붉은색
850~950 ℃ : 밝은 붉은색
1050~1150 ℃ : 주황색
1250~1350 ℃ : 밝은 노란색
1350~1550 ℃ : 흰색

물체가 내는 빛을 자세히 조사하려면 뜨겁게 달아오른 속이 빈 검은 물체에서 작은 구멍으로 나오는 빛의 색깔과 세기를 조사하면 된다. 이렇게 빛이 나오는 작은 구멍을 가진 속이 빈 검은 물체를 흑체라고 하며, 이 구멍에서 나오는 빛을 흑체복사라고 한다.

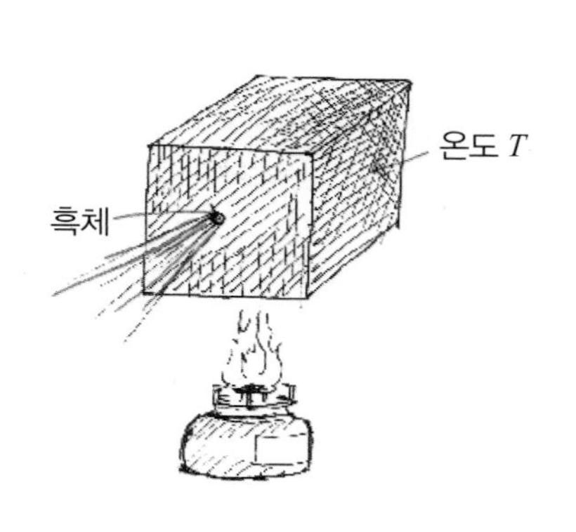

뜨겁게 달아오른 흑체에서 나오는 빛은 보통 다음과 같은 색깔분포를 가진다. 달구어진 물체의 색 이외에도 파장이 더 크거나(적외선 쪽) 더 짧은(자외선 쪽) 빛도 적게나마 나온다.

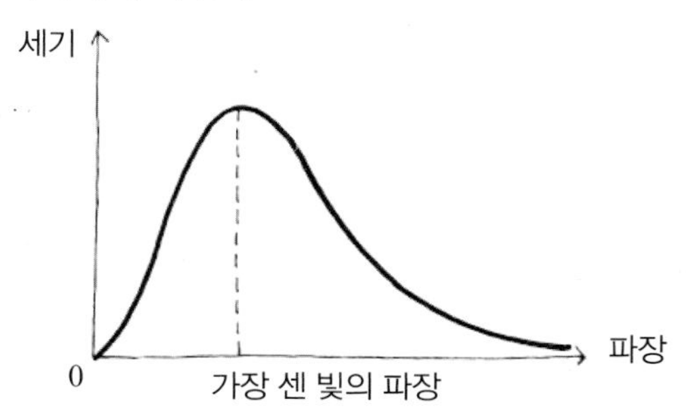

복사는 열을 이동시키는 방법 중의 하나이다. 흑체가 내는 빛은 온도에 따라 세기와 색깔이 달라진다.

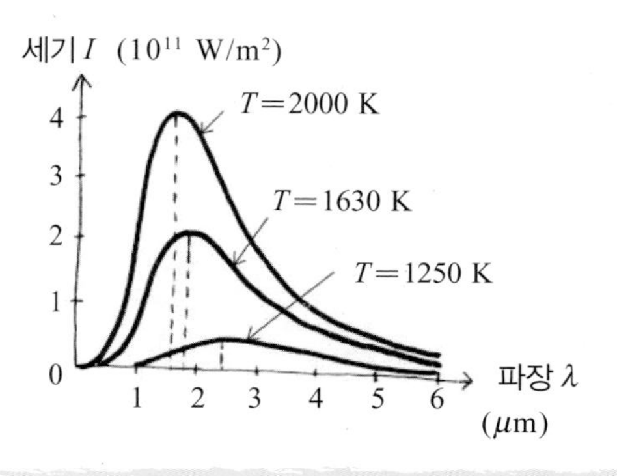

이 복사의 세기분포를 설명하기 위해 레일리–진스는 1900년 맥스웰의 전자기파 이론과 열평형상태에서 진동모드가 가지는 평균에너지를 사용하고자 했다.

그림처럼 네모난 흑체 내부(공동)를 들여다보자. 이 속에는 물체가 열운동하여 내는 여러 파장의 빛(진동모드, 정상파)이 열평형상태에 놓여 있다.

열평형이론에 의하면 온도 T일 때 각 모드는 $k_B T$의 열에너지를 가지고 있다.

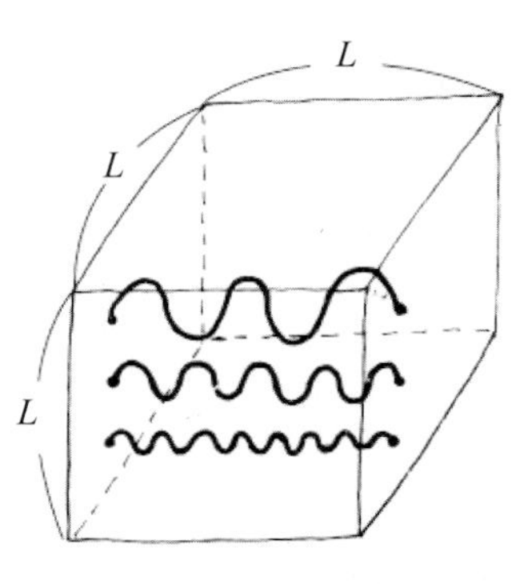

흑체 안에 있는 전자기파의 여러 가지 진동모드들

빛은 횡파로 진동방향이 2개가 있다.

$2 \times \frac{1}{2} k_B T = k_B T$. 또한 각 파장마다 내는 빛의 세기는 흑체 내에 있는 모드의 개수에 비례할 것이다. 길이 L 속에 들어 있는 정상파의 모드 수를 알아보자. 정상파는

$$\frac{2L}{\lambda} = \frac{2fL}{c} = n = \text{정수}$$

를 만족한다. f는 진동수이다. 파장이 연속적으로 분포하고 있으므로, 진동수 f와 $f+\Delta f$ 사이에 있는 모드의 수 Δn은 $\Delta n = 2L\Delta f / c$로 표시된다.

3차원 공간 안에 들어 있는 경우에는 (x, y, z) 세 방향의 모드를 모두 고려해야 한다. 모드 수를 구면좌표 형식으로 쓰면

$$\Delta n \propto f^2 \Delta f \propto \Delta\lambda / \lambda^4 \text{ 이다.}$$

따라서, 흑체복사의 파장에 따른 에너지의 세기는

$I(\lambda, T) \propto (k_B T) \times$ 모드밀도 $\propto (k_B T)/\lambda^4$ 이다.

즉, 에너지 세기는 파장의 4제곱에 반비례한다.

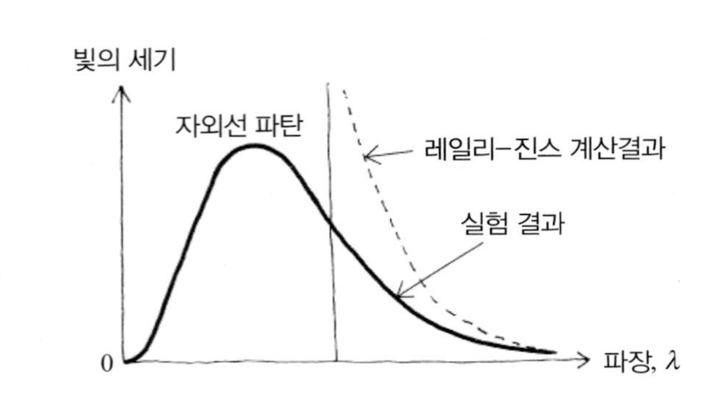

그러나 이 계산결과는 파장이 긴 부분에서는 잘 맞지만, 파장이 짧아지면 실험사실과 전혀 맞지 않는다.

레일리-진스의 결과는 분명히 잘못되었다. 만일 레일리-진스가 옳았다면 파장이 짧을수록 더 많은 빛이 나와야 할 것이므로, 뜨겁게 달구어진 물체에서는 대량의 자외선이 쏟아져 나올 것이다.

당시에 전자기파 이론에 이러한 문제점을 자외선 파탄이라고 불렀다.

벽난로 앞에 선 고양이는 안전한가?

참고 자료

이 자외선 파탄의 문제점은 어디에서 오는가?

문제의 원인은 전자기파의 각 모드가 균등분배 원리에 의해 $k_B T$라는 일정한 에너지를 갖는 데 있었다.

모드의 개수는 진동수가 클수록(파장이 짧아질수록) 공동에 더 많은 형태의 파동들이 생겨나므로 이에 비례하여 빛의 세기는 무한대로 커질 수 있기 때문이었다.

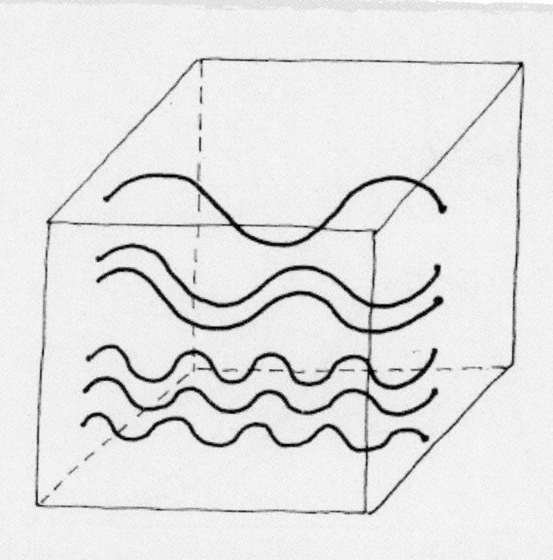

흑체 안에 있는 전자기파의 진동모드 수는 파장이 짧을수록 엄청나게 많아진다.

1900년 플랑크는 자외선 파탄의 문제를 해결해 보기 위해 전자기파를 통계적인 방법으로 다루려고 공동 내의 전자기파에너지를 잘게 조각냈다.

플랑크는 전자기파를 에너지 덩어리들이 모여 만들어진 것으로 생각하고, 전자기파의 가장 작은 에너지 E_0가 있다고 가정하였다.

$$E = nE_0, \qquad n = 0, 1, 2, \cdots$$

이러한 에너지를 가지는 전자기파들이 열평형을 이루고 있다면 이들이 가지는 평균에너지 $<E>$는 단순히 k_BT가 아니라, 약간 복잡하게 쓰여진다.

$$<E> = E_0 \times \text{에너지 덩어리의 분포밀도}$$
$$= E_0 \times \frac{1}{e^{E_0/k_BT} - 1}$$

만일 $E_0 \to 0$으로 가면 평균에너지 $<E>$는 k_BT로 바뀐다.

이에 비해 E_0가 0이 아니면 평균에너지는 k_BT보다 작아지며, $E_0 \to \infty$가 되면 0으로 간다.

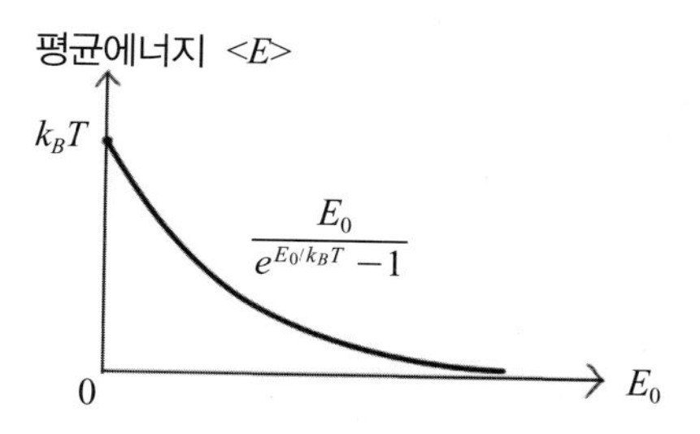

이제 복사에너지의 세기는

$$I(\lambda, T) = \frac{c}{4}\frac{E_0}{e^{E_0/k_BT} - 1} \times \text{모드밀도}$$
$$= \frac{E_0}{e^{E_0/k_BT} - 1} \times \frac{2\pi c}{\lambda^4}$$

가 된다. 그런데 짧은 파장에서 나오는 색깔의 에너지 세기의 실험결과는 빈(Wien)에 의하면

$$I(\lambda, T) \propto e^{-B/\lambda T}/\lambda^4$$

이 되는 것이 알려져 있었다. B는 실험결과에 의해 결정되는 적당한 상수이다.

플랑크는 기본에너지 E_0가 파의 진동수에 비례한다고 가정할 때 실험적인 결과와 일치하는 것을 보일 수 있었다.

$$E_0 = hf = \frac{hc}{\lambda}$$

플랑크가 계산한 빛의 세기는 다음과 같다.

$$I(\lambda, T) = \frac{2\pi hc^2}{\lambda^5(e^{hc/\lambda k_BT} - 1)}$$

여기에서 비례상수 h는 새로운 보편상수이다.

$$\text{플랑크상수} : h = 6.626 \times 10^{-34}\ \text{J}\cdot\text{s}$$

긴 파장에서는 에너지 E_0가 0에 가까우므로 레일리-진스가 계산한 결과와 같고, 짧은 파장에서는 빈의 경험법칙과 일치한다.

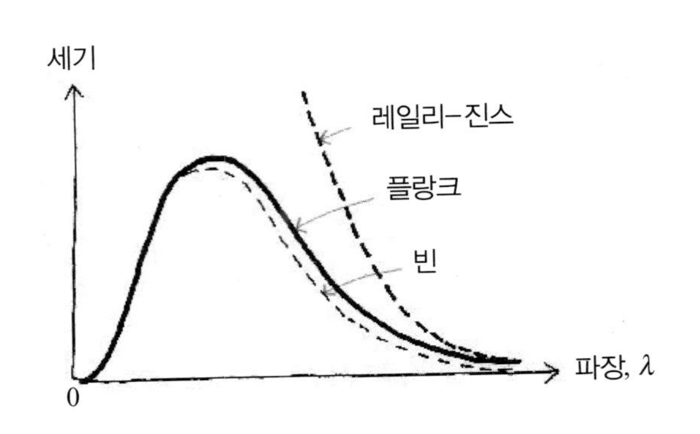

플랑크와 광량자

플랑크는 빛을 전자기파로 보는 대신에 에너지 덩어리로 보았다. 플랑크의 업적은 결과적으로 전자기파 모드를 전혀 다른 관점에서 보는 계기가 되었다는 점이다.

맥스웰에 의하면 빛은 전자기파이고, 빛의 에너지는 전기장의 진폭의 제곱에 비례한다.

이와 달리 플랑크에 의하면 빛은 에너지 덩어리로 만들어지며, 덩어리 하나의 에너지는 빛의 진동수에 비례한다.

$$E = hf$$

이러한 에너지 덩어리를 광량자 (또는 광자)라고 한다. 빛의 에너지는 연속적으로 변하는 양이 아니라 기본단위를 가지는 덩어리로 존재한다.

Section 2

광량자

플랑크의 양자개념을 받아들인 아인슈타인은 1905년 빛이 광량자라는 생각으로부터 광전효과를 설명하였다.

광전효과란 빛을 쬐면 금속판에서 전자가 튀어나오는 현상이다. 1887년 헤르츠는 코일로 전자기파를 발생시킬 때, 방전용 금속구에 빛을 쬐어 주면, 방전이 더 잘 되는 현상을 우연히 발견하였다.

그 후 아연판에 자외선을 쬐어 주면 아연판이 양전하로 대전됨이 알려졌고, 1899년 톰슨은 이 판으로부터 튀어 나오는 입자가 전자라는 것을 알아냈다. 나트륨이나 칼륨, 세슘 같은 알칼리금속에서는 가시광선을 쬐어도 전자가 튀어나온다.

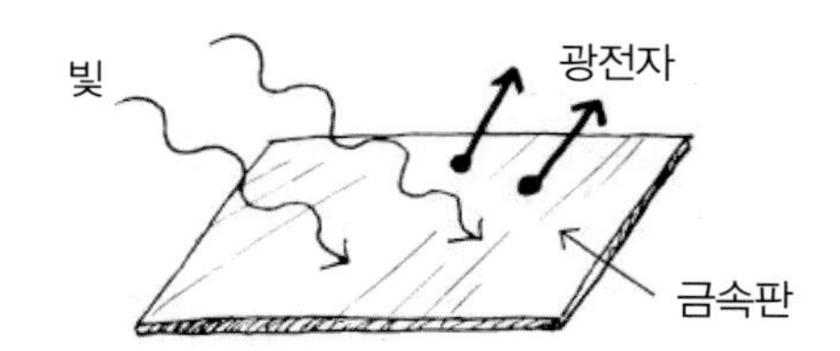

광전효과를 측정하기 위해 그림처럼 1899년 레나드가 한 실험을 해보자.

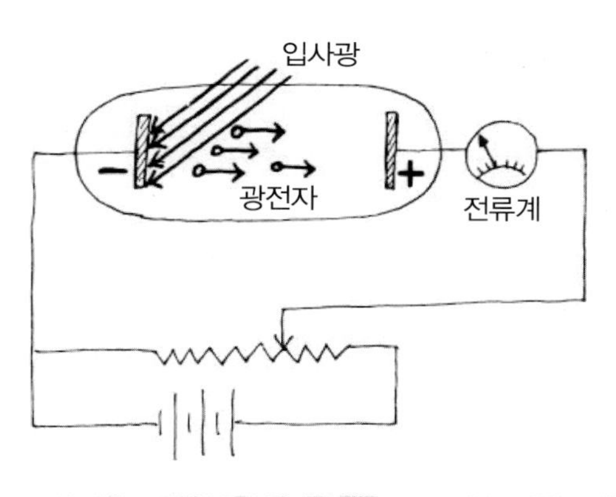

(1) 진공 속에 들어 있는 두 금속판 양단에 그림처럼 전압을 걸어 주고, 한쪽 금속판(음극)에 단색광을 쬐어 주자.
이때 쬐어 주는 빛의 진동수가 어떤 값(문턱진동수)보다 작으면 아무리 밝은 빛을 쬐어도 두 금속 사이에는 전류가 흐르지 않는다.

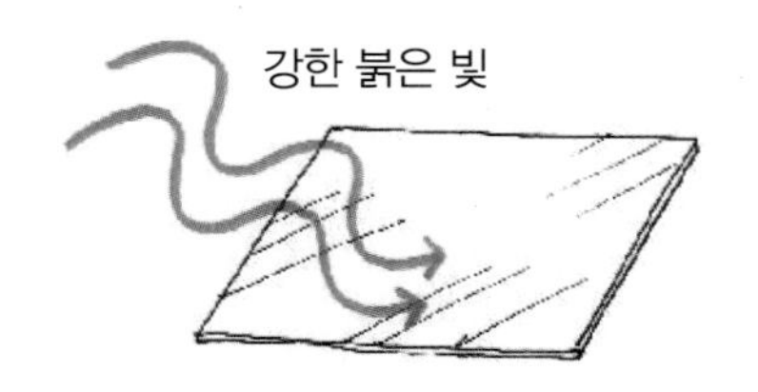

그러나 문턱진동수 이상의 빛을 쬐면 약한 빛에서도 전류가 흐르기 시작하며, 빛이 강할수록 전류도 많이 흐른다. 빛의 세기가 일정할 때는 도체판 양단의 전압을 높인다 하더라도 전류에는 변화가 없다.

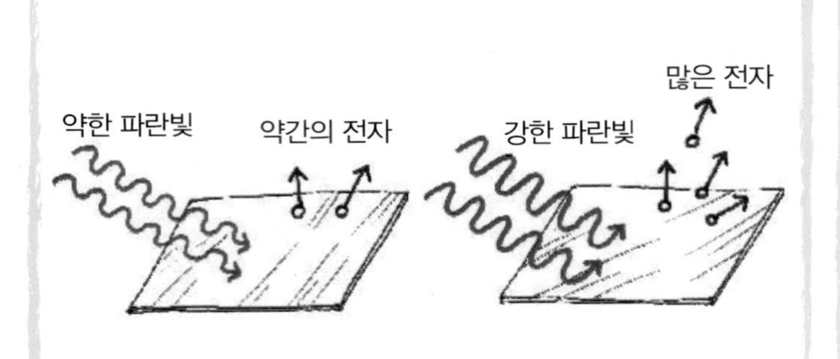

(2) 이번에는 전류가 흐르지 못하도록 금속 사이에 역전압을 걸어 주고, 문턱진동수보다 큰 단색광을 쬐어 보자.

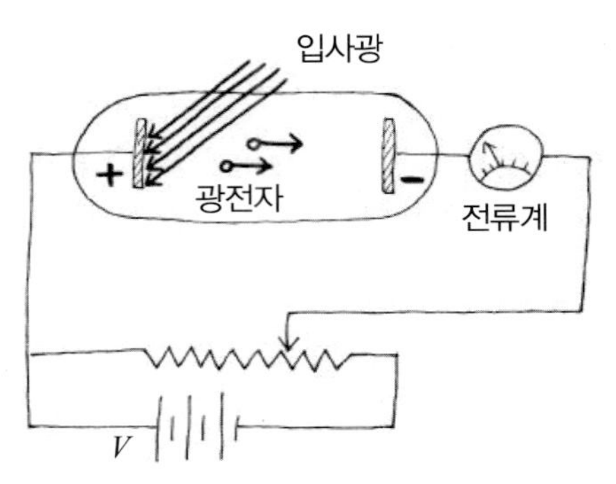

역전압이 약할 때는 전류가 흐르지만, 역전압이 V_0(저지전압) 이상 걸리면 빛을 세게 쬐어도 전류는 더 이상 흐르지 않는다. 이때 저지전압 V_0는 빛의 밝기와는 상관이 없다.

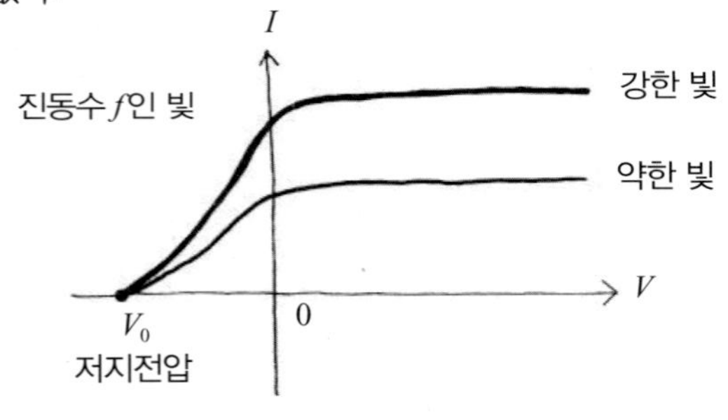

그러나 V_0는 빛의 색(진동수)에 따라 달라진다.

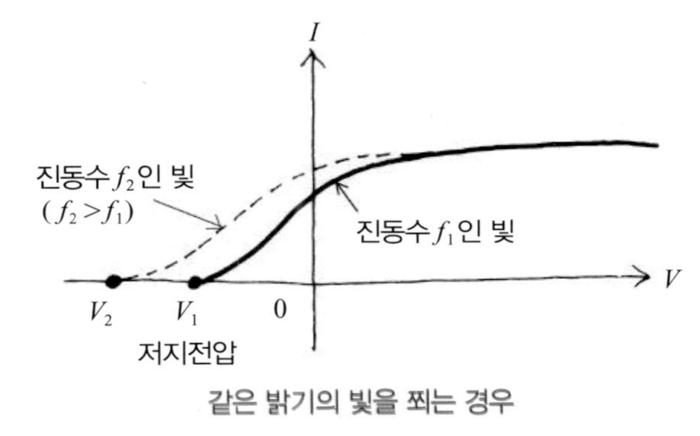

같은 밝기의 빛을 쬐는 경우

광전효과와 광량자

전자기 이론으로는 빛이 밝으면 에너지가 크므로 전류의 세기가 증가한다는 것을 설명할 수 있다. 그러나 문턱진동수보다 작은 진동수를 가진 빛을 아무리 강하게 쬐어도 전류가 흐르지 않는 현상은 전자기파의 이론으로 설명할 수 없다.

그러나 아인슈타인은 빛이 광량자라는 생각으로부터 광전효과의 임계 저지전압이 진동수 f에 비례한다는 것을 다음과 같이 보였다.

전자는 광량자의 에너지 $E=hf$를 받아 표면에서 튀어나온다. 이때 전자는 표면에서의 위치에너지 ϕ(일함수라고 한다)를 이기고 나와야 한다.

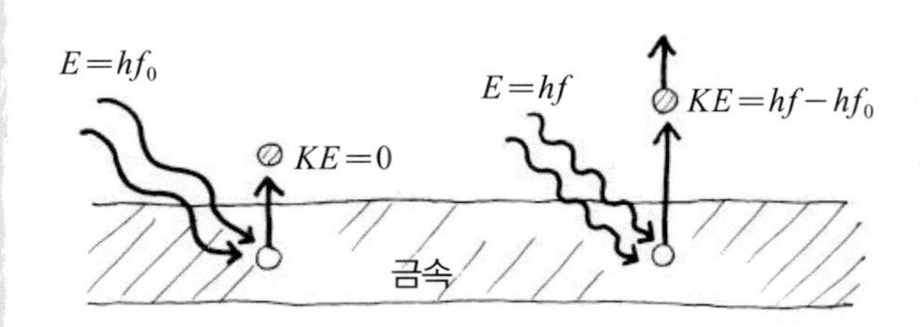

전자가 가지고 나오는 운동에너지(KE)는 광량자의 에너지에서 일함수 ϕ를 뺀 양이다.

$$KE = hf - \phi$$

문턱진동수 f_0를 가지는 빛을 쬐어 주면 운동에너지가 최소가 되므로

$$hf_0 - \phi = 0$$

를 만족한다. 즉, 일함수는

$$\phi = hf_0 \text{ 이다.}$$

문턱진동수보다 더 큰 빛을 쬐면 빛의 밝기에 상관없이 금속표면에서 전자가 순간적으로 튀어나온다. 강한 빛을 쬐면 튀어나오는 전자의 개수가 증가하므로 전류도 증가한다.

저지전압을 걸어 전자가 튀어나오지 못하게 하려면, 저지전압으로 전자를 막는 위치에너지 eV_0가 전자가 가지는 운동에너지와 맞먹어야 한다. 전자가 가질 수 있는 최대 운동에너지는

$$\text{최대 운동에너지} = \frac{1}{2} mv^2_{\text{최대}} = eV_0\text{이다.}$$

따라서, 저지전압과 광량자의 진동수는

$$eV_0 = hf - \phi = h(f - f_0)\text{이다.}$$

빛의 진동수를 바꾸어 가면서 저지전압을 측정하면 오른쪽 그림처럼 기울기가 일정한 직선을 얻게 된다.

여기에서 기울기는 플랑크상수 h에 해당되고, 이 실험으로부터 h를 측정할 수 있다.

플랑크상수 : $h = 6.626 \times 10^{-34}\ \text{J} \cdot \text{s}$
$= 4.14 \times 10^{-15}\ \text{eV} \cdot \text{s}$

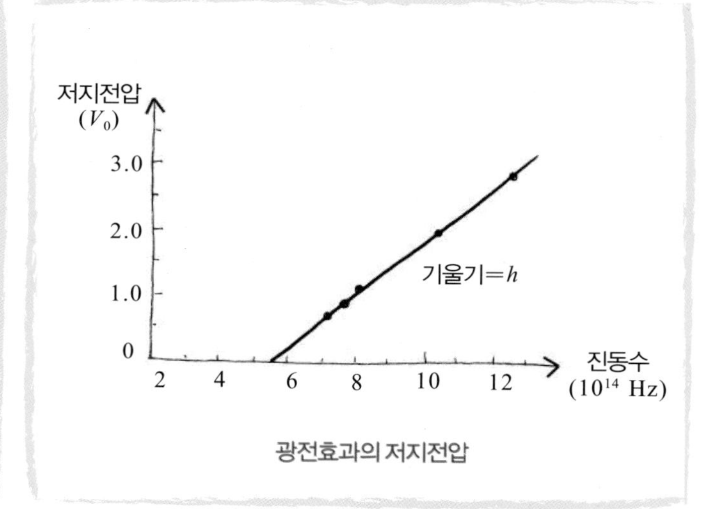

광전효과의 저지전압

빛의 파동설을 굳게 믿었던 밀리칸은 이 광량자설을 부정하기 위해 5년에 걸친 정밀한 실험을 하였으나, 오히려 1914년 광량자 이론이 옳다는 것을 인정할 수밖에 없었다.

결국 광량자 이론은 파동론의 진영으로부터 인정을 받았으며, 이 이론으로 아인슈타인은 1921년 노벨상을 받았다.

생각해보기

나트륨 금속의 일함수는 2.46 eV이다. 이 표면에 어떤 파장의 빛을 쬐면 광전효과를 얻을 수 있겠는가?

일함수 $\phi = 2.46\ \text{eV} = 3.94 \times 10^{-19}$ J는 임계파장 $\lambda_0(=c/f_0)$를 가진 빛의 에너지와 같다.

$\phi = hf_0 = hc/\lambda_0$로부터,

$$\lambda_0 = \frac{hc}{\phi} = \frac{(6.63\times10^{-34}\,\mathrm{J\cdot s})(3.00\times10^{8}\,\mathrm{m/s})}{3.94\times10^{-19}\,\mathrm{J}} = 5.05\times10^{-7}\,\mathrm{m} = 505\,\mathrm{nm} = 5050\ \text{Å}$$

따라서, 5,050 Å (초록에 가까운 빛)보다 작은 파장의 빛을 써야 한다.

실제로 1919년 개기일식 때, 에딩턴 (영국)은 수성에서 반사된 빛이 태양 중력의 영향으로 휘기 때문에, 원래 있어야 할 위치에서 수성이 벗어나 보인다는 것을 확인했다.

1960년에는 파운드와 레브카(미국)가 높이 H = 22.5 m에서 지표면으로 보낸 빛의 진동수가 지표면에 있던 같은 빛에 비해 증가한다는 것을 확인했다. 이 실험도 높이 H에 있는 빛의 경우, 마치 질량 $m = hf/c^2$이 있어 중력에너지가 더 있다는 것으로 볼 수 있다는 일반상대론의 예측을 검증한 것이다.

생각해보기 빛과 중력

광량자의 에너지는 $E=hf$이다. 그런데 빛의 진동수는 중력에 따라 달라질까?

뉴턴에 의하면 빛은 질량이 없기 때문에 중력의 영향을 받지 말아야 한다. 그러나 아인슈타인은 중력의 효과를 시공간이 휘어진 것으로 보았기 때문에, 빛도 중력의 영향을 받을 수 있다고 보았다(일반 상대성 이론, 1916년).

지상에서 광량자 에너지가 $E = hf$이면, 높이 H에서는 $E' = E + mgH$이다. 이것을 진동수로 환산하면, $f' = f + (gH/c^2)\,f$이다. 중력에 의한 진동수 차이는 $f' - f = (gH/c^2)\,f = 2.5\times10^{-15}\,f$이다(청색편이가 생긴다). 그들이 실험한 14 keV 감마선의 경우, 진동수는 $f = 3.4\times10^{18}$ Hz 이므로, 지표면에서 본 청색편이는 8,500 Hz 가 된다.

생각해보기 전구가 방출하는 광자 수

효율이 100%인 100 W 나트륨 전구에서 초당 몇 개의 광자가 나오는지 구해 보자(나트륨 빛의 파장은 590 nm 이다).

광자의 에너지와 파장 사이의 관계식으로부터 광자 하나당 에너지는

$$E = hc/\lambda = \frac{(6.63\times10^{-34}\,\mathrm{Js})(3.00\times10^{8}\,\mathrm{m/s})}{590\times10^{-9}\,\mathrm{m}} = 3.37\times10^{-19}\,\mathrm{J}$$ 이다.

즉, 나트륨 원자가 광자 하나를 방출할 때마다 원자는 3.37×10^{-19} J 또는 2.1 eV의 에너지를 잃는다.

초당 나오는 광자 수는 전구의 출력을 광자 하나의 에너지로 나누면 구할 수 있다.

$$R = \frac{P}{E} = \frac{100\,\mathrm{W}}{3.37\times10^{-19}\,\mathrm{J/광자}} = 3.0\times10^{20}\ \text{광자/s}$$

이다. 30분당 아보가드로수에 버금가는 많은 광자가 방출된다.

X선과 콤프턴 산란

X선의 발견

광전효과에 의하면 빛의 에너지는 전자의 운동에너지로 변환된다. 그러면 전자의 운동에너지를 빛에너지로 바꿀 수는 없을까?

1895년 뢴트겐은 여러 가지 방전관을 이용하여 실험하던 중 방전관을 덮은 형광물질이 발라진 마분지를 뚫고 나와 사진건판을 감광시키는 것을 발견하였다. 이것이 X선(뢴트겐선)의 발견이다.

그림처럼 가열된 금속(음극)에서 나온 전자를 가속하여 다른 금속(양극)에 부딪치면 눈에 보이지 않는 전자기파가 발생된다. 이때 나오는 전자기파가 X선이다.

이것은 광전효과의 역과정에 해당된다.

X선의 파장은 대략 1 nm(=10^{-9} m=10 Å)에서 1 pm(=10^{-12} m=0.01 Å) 사이에 해당된다.

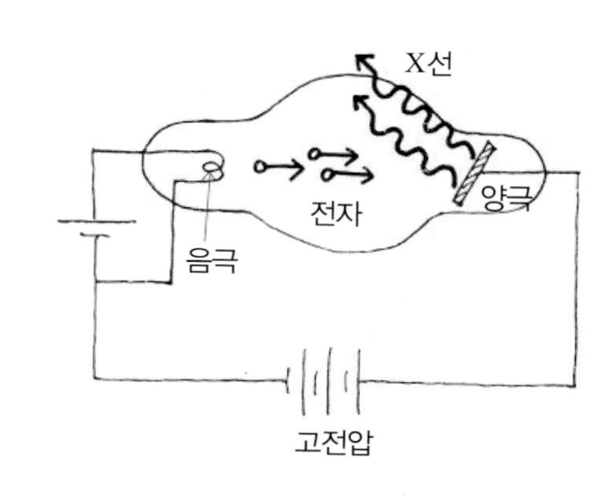

제동 X선과 특성 X선

전자가 금속표면에 충돌하면 표면에서 전자가 감속되어 멈추게 된다. 이때 전자가 감속되면서 전자기파가 발생된다. 이때 나오는 X선을 제동 X선이라고 한다. 제동 X선의 에너지는 전자의 운동에너지가 바뀐 것이다. 전자를 전압 V로 가속하면 X선의 최대 진동수 $f_{최대}$는

$$hf_{최대} = \text{최대 운동에너지} = eV$$

를 만족한다.

전자가 금속표면에 충돌할 때 나오는 X선에는 제동 X선 이외에도 특별한 파장을 가진 강한 세기의 X선이 나온다.

이러한 특성 X선의 파장은 금속의 종류에 따라 다르다. 특성 X선은 금속 안에 들어 있는 원자가 전자의 운동에너지를 받아서 잠깐 들뜬 후 다시 원상태로 복귀하면서 내는 빛이다.

X선의 스펙트럼에는 그림처럼 여러 파장이 연속적으로 들어 있다.

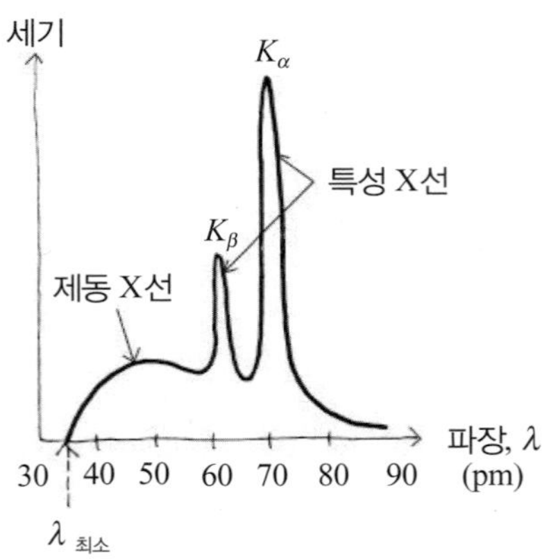

X선은 전자기파이다.

X선을 고체에 쬐면, 고체의 결정격자에 의해 간섭하여 그림처럼 회절무늬가 생긴다.

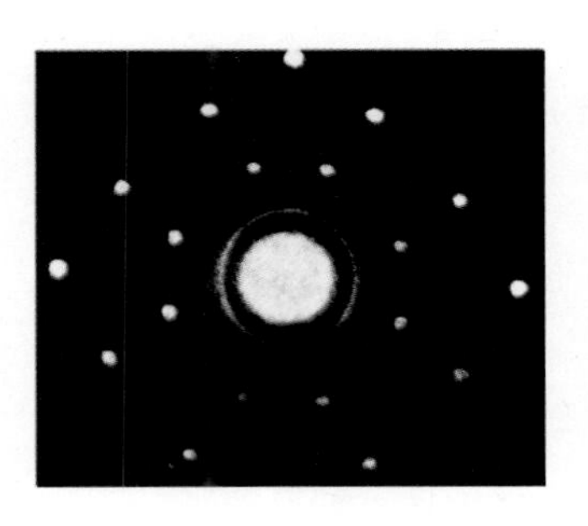

X선은 광량자이다.

그러나 X선은 때로 입자의 성질도 보여준다.

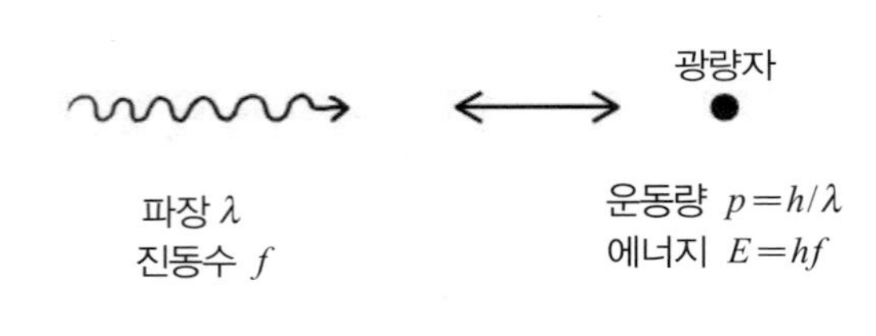

콤프턴이 1924년 X선을 흑연 덩어리에 비추어 수행한 콤프턴 산란실험을 보자.

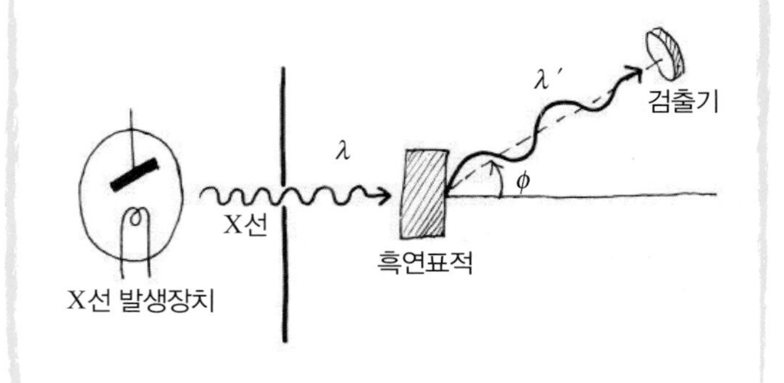

콤프턴 산란

입사방향으로부터 각 ϕ로 산란되어 관찰된 X선에는 원래의 파장(λ)과 또 하나의 더 큰 파장(λ')이 보인다.

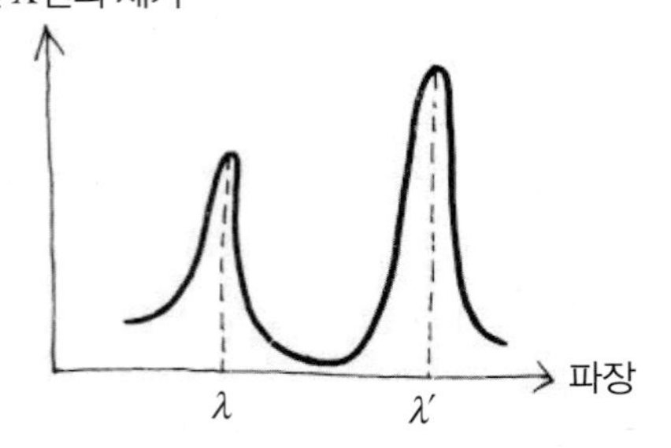

이 X선은 흑연 덩어리에 들어 있는 전자에 의해 산란된 것이다. 원래의 파장을 가진 X선은 흑연의 원자와 산란된 것이고, 더 큰 파장을 가진 X선은 흑연의 자유전자와 산란된 것이다.

만일 X선이 순수한 파동이었다면 산란된 X선의 파장은 변하지 않을 것이다. 왜냐하면, X선의 진동수가 변하지 않으므로 파장도 바뀌지 않기 때문이다.

따라서, 그림에 나타난 새로운 파장의 X선은 입자와 충돌한 후 산란되는 모습으로 보아야 한다.

광량자가 정지한 전자에 충돌하여 각도 ϕ로 탄성충돌한다.

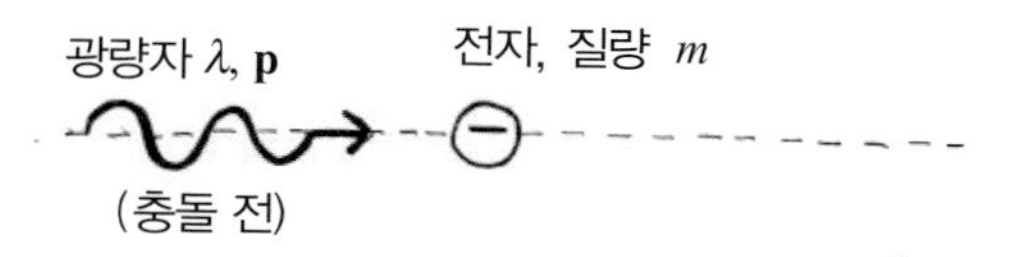

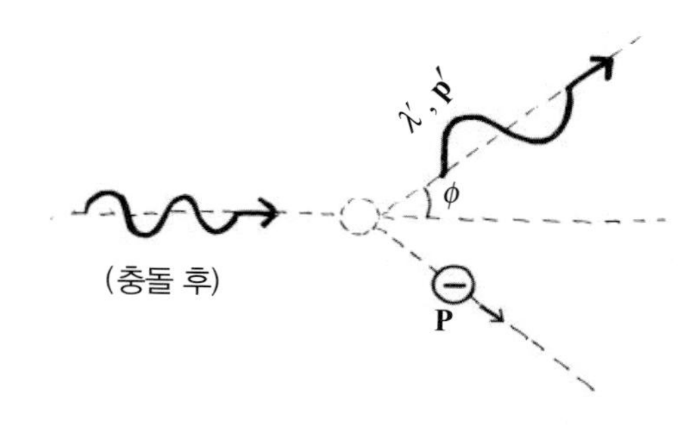

X선을 광량자로 보고, 전자와 충돌하는 모습을 분석해 보자.

광량자의 에너지는 $E=hf$이다. 빛은 질량이 없으므로 에너지와 운동량의 관계는 상대론에서 $E=pc$로 주어진다. 광량자의 운동량도 이 관계를 유지해야 하므로, $\lambda f=c$를 쓰면, 광량자의 운동량은 $p=E/c=h/\lambda$이다.

$$\text{광량자의 운동량} = p = \frac{h}{\lambda}$$

에너지 보존과 운동량 보존법칙을 써서 광량자가 정지한 전자에 충돌한 후에 나타나는 파장의 변화를 구하자. 충돌 후 전자의 속도가 광속 정도로 커질 수 있으므로, 상대론 공식을 쓰자.

광량자의 처음 운동량을 $\mathbf{p}$, 충돌 후 광량자의 운동량을 $\mathbf{p}'$, 충돌 후 전자의 운동량을 $\mathbf{P}$라고 하자. 운동량이 보존되어야 하므로,

$$\mathbf{p} = \mathbf{p}' + \mathbf{P} \text{ 이다.}$$

충돌 전 에너지는 광량자의 에너지 pc와 전자의 정지 질량에너지 mc^2을 더한 양이다.

$$\text{충돌 전의 에너지} = pc + mc^2$$

충돌 후의 에너지는 광량자의 에너지 $p'c$와 전자의 에너지 $E' = m\gamma c^2 = \sqrt{m^2c^4 + c^2P^2}$ 를 더한 것이다.

$$\text{충돌 후의 에너지} = p'c + E'$$

따라서, 에너지 보존을 쓰면

$$pc + mc^2 = p'c + E' \text{ 을 만족한다.}$$

운동량 보존법칙 $\mathbf{P}=\mathbf{p}-\mathbf{p}'$의 양변을 각각 제곱하자.

$$P^2 = p^2 - 2pp'\cos\phi + p'^2$$

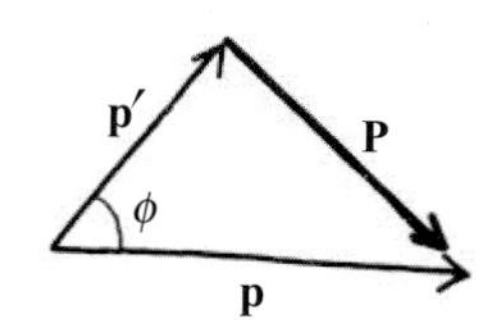

에너지 $pc-p'c+mc^2=E'$ 의 양변을 각각 제곱한 후

$$(pc-p'c+mc^2)^2 = E'^2 = (mc^2)^2 + (Pc)^2$$

앞에서 구한 P^2 식을 대입하여 정리하면

$$\frac{mc}{p'} - \frac{mc}{p} = 1 - \cos\phi$$

여기에 빛의 운동량과 파장 사이의 관계를 쓰면,

$$\lambda' - \lambda = \frac{h}{mc}(1 - \cos\phi)$$ 를 얻는다.

따라서, 콤프턴 산란 후 X선의 파장변화는

$$\lambda' - \lambda = \frac{h}{mc}(1-\cos\phi)$$ 이다.

산란 후 X선의 파장 변화량은 입사된 X선 파장과는 무관하고, 산란각에 따라 달라진다.

이 계산결과는 앞에서 보았던 대로 X선의 파장이 산란 후 달라지는 실험결과와 일치한다.

X선의 파장이 변하는 모습은 광량자(입자)가 전자와 산란되어 입자의 운동량이 바뀌는 것과 같다. 즉, 콤프턴 산란은 X선이 입자임을 보여주는 현상이다.

이때 달라지는 X선 파장의 변화량은 전자의 콤프턴 파장이라고 불리는 h/mc 정도의 길이가 된다.

$$\lambda_c = \frac{h}{mc} = 2.426 \times 10^{-12}\ \text{m} = 2.426\ \text{pm}$$

생각해보기

0.2 nm의 파장을 지닌 X선이 탄소 덩어리에 의해 산란되었다. 이때 $\phi=135°$에서 발견되는 X선의 파장은 원래의 파장(200 pm)과 얼마나 다른가?

산란 후 X선 파장의 변화는

$\Delta\lambda = 2.426\ \text{pm}(1-\cos 135°) = 4.14\ \text{pm}$ 이다.

원래 파장과 약 2%의 차이가 난다.

X선은 탄소 덩어리와 산란함에도 불구하고, 콤프턴 파장에 왜 탄소 덩어리나 탄소원자의 질량 대신 전자의 질량을 썼는지 생각해 보자.

탄소질량은 전자질량보다 24,000배 정도 크므로 산란 후 파장변화는 24,000배 정도 작다. 이것은 파장변화가 생기지 않는 것과 같다. 실제로 산란된 X선에는 두 가지 파장이 보인다.

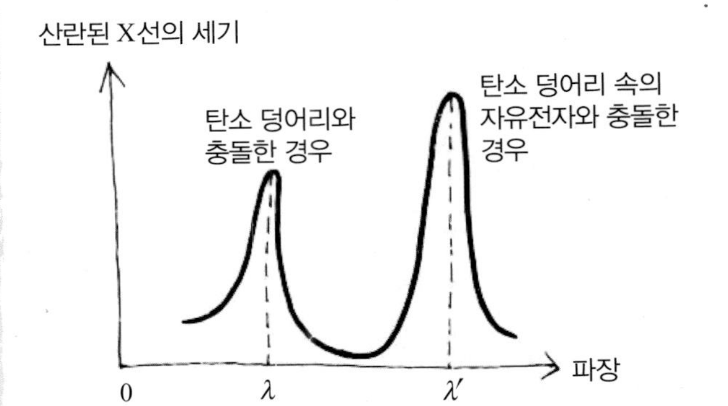

단원요약

1. 플랑크의 양자

플랑크는 빛이 에너지 덩어리로 되어 있다는 사실을 알아냈다. 이 빛 덩어리를 광자라고 부른다. 광자의 에너지는 진동수 f에 비례한다. $E = hf$

2. 광량자

광전효과는 빛이 광자임을 보여주는 실험이다. 이 실험으로부터 플랑크상수 h가 결정되었다.

$h = 6.626 \times 10^{-34}$ J·s

3. X선과 콤프턴 산란

X선은 1 nm에서 1 pm에 해당되는 파장을 가진 빛이다. X선은 고체에 산란되면 회절무늬를 보여주는 전자기파다. 그러나 X선은 콤프턴 산란에서처럼 광자의 특성도 보여준다. 이 때 광자의 운동량은 파장 λ에 반비례한다.

$$p = \frac{h}{\lambda}$$

연습문제

1. 흑체복사에서 나오는 가장 센 빛의 파장과 온도는 $\lambda T = 2.9 \times 10^{-3}$ m · K의 관계(빈의 법칙)를 만족한다. 태양빛은 녹색부근인 500 nm 파장이 가장 세다. 태양표면의 온도는 얼마일까?

2. eV로 잰 광자에너지 E와 nm로 잰 파장 λ와 관계가 $E = 1240/\lambda$임을 보여라.

3. 산소용접을 할 때 금속에서 410 nm의 푸른빛이 나온다. 용접될 때 금속의 온도는 대략 얼마일까?

4. 천문학적 관측에 특별한 의미를 가진 분광 방출 스펙트럼은 21 cm의 파장을 가지고 있다. 이 파장에 해당하는 광량자의 에너지는 얼마인가?

5. 도자기를 구울 때 온도에 따라 나오는 파장은 얼마인가?

6. 태양은 광량자를 1초에 얼마나 방출할까? 태양빛이 파장이 $\lambda = 550$ nm인 단색광이라 가정하자. 태양이 방출하는 에너지율 P은 3.9×10^{26} W이다.

> **1.** 빈의 법칙 $\lambda T = 2.9 \times 10^{-3}$ m·K
>
> **3.** 빈의 법칙을 써라.

7. 60 W의 전등에서 나오는 빛의 출력은 실제로는 5 W이고 나머지는 열로 소모된다. 전등에서 나오는 빛이 600 nm의 파장의 광량자라면 이 광량자들은 초당 몇 개씩 나올까?

8. 텅스텐의 일함수는 4.50 eV이다. 텅스텐 표면에 광자에너지가 5.80 eV인 빛을 쏴 방출시킨 전자가 가질 수 있는 최대 속력은 얼마인가?

9. 일함수가 2.36 eV인 나트륨 금속의 표면에 650 nm의 빛과 450 nm의 빛을 쬘 때 광전효과에 의해 튀어오르는 전자의 운동에너지는 얼마일까?

10. 빛이 나트륨 표면에 조사되어 광전효과를 유발하였다. 방출된 전자의 저지전압 V가 5.0 V이고 나트륨의 일함수 ϕ가 2.2 eV이라면 입사된 빛의 파장은 얼마인가?

11. 식물은 빛을 이용하여 광합성 작용을 한다. 엽록소는 이산화탄소 1개당 580 nm 광량자 9개를 이용하여 탄수화물과 산소로 바꾼다. 이 엽록소의 효율은 얼마나 될까? 참고로 탄수화물을 태우면 이산화탄소 하나가 나올 때 4.9 eV의 열이 나온다.

12. (1) 에너지가 전자의 정지질량에너지와 같은 광자의 운동량은 얼마인가?
(2) 이 광자의 파장과 주파수를 구하라.

13. 일함수가 각각 2.1 eV(세슘), 2.4 eV(나트륨), 4.5 eV(철), 4.7 eV(구리)인 금속이 있다. 가시광선을 비출 때 전자가 튀어나오지 않는 금속은 어떤 것인가?

***14.** 광자와 자유전자 사이의 충돌을 고려하여 광자가 모든 에너지를 전자에 전달해 줄 수 없음을 보여라.

15. 다음 여러 파장의 빛이 가지는 광량자에너지는 얼마나 될까?
(1) 가시광선(600 nm)
(2) X선(0.1 nm)
(3) 마이크로파(1 mm)
(4) TV파(1 m)

***16.** 질량 m이고 속력 v인 전자가 에너지 hf_0인 감마선 광자와 정면충돌해 광자를 입사 반대방향으로 튕겨 보냈다. 이 튕겨진 광자의 에너지를 구하라.

17. 왜 흑백사진을 현상하는 암실에서는 붉은등을 켤까?

7. 빛의 출력은 광량자를 만드는 데 쓰인다.

9. 광량자에너지 중 일부만이 전자의 운동에너지로 변환된다.

11. 탄수화물을 태우는 과정은 광합성의 역과정이다.

12. 빛의 에너지와 운동량은 $E = pc$를 만족한다.

13. 가시광선이 전자에 줄 수 있는 에너지를 비교해 보자.

17. 광전효과를 고려하라.

18. 에너지 E인 광자가 정지한 전자와 충돌해 전자에 전이한 최대 운동에너지를 구하라.

***19.** 660 nm보다 짧은 파장의 빛에서만 감광되는 필름이 있다. 이 필름과 화학반응을 일으키는 전자의 에너지는 얼마인가?

20. 양성자의 콤프턴 파장은 얼마인가? 탄소의 콤프턴 파장은 얼마인가? 이들은 전자의 콤프턴 파장에 비해 얼마나 작은가?

20. 양성자 질량 $m_p = 1.67 \times 10^{-27}$ kg은 전자질량의 약 2,000배이다. 탄소의 질량은 양성자 질량의 약 12배이다.

Chapter 3

물질파

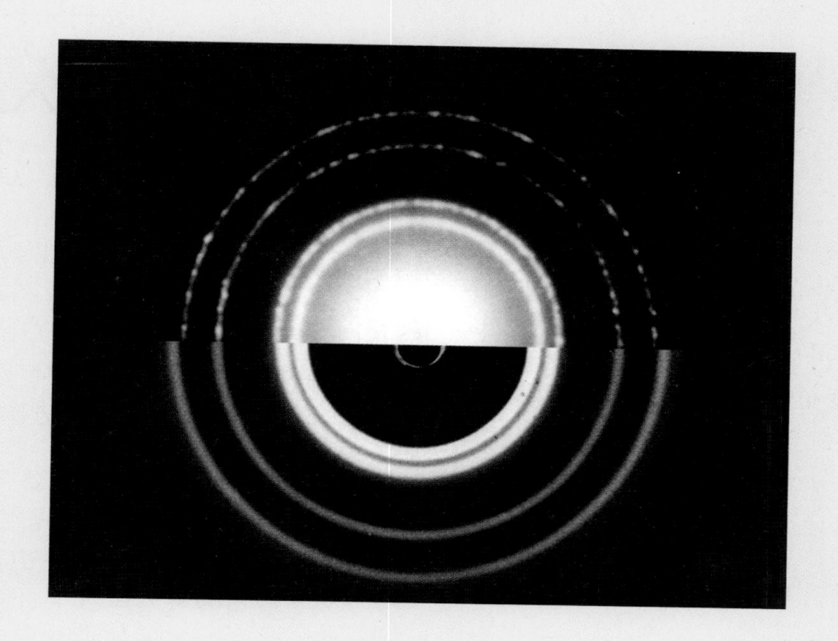

아랫부분은 알루미늄 분말박지에 파장 71 pm인 X선으로 찍은 회절무늬이고, 윗부분은 600 eV의 전자선으로 찍은 회절무늬이다.

전자는 입자로 생각되지만, X선처럼 회절무늬도 보여준다. 전자가 간섭을 일으킨다면 전자는 입자가 아니고 파동인가?

전자의 파동성

물질은 전통적으로 입자의 입장에서 다루어졌다. 그러나 빛이 파동현상만으로 설명되지 않고 입자의 성질도 띠는 이중성이 확실해지자, 1924년 드브로이는 엉뚱하게도 물질도 파동의 성질을 띨 수 있다고 주장하였다. 빛이 이중성을 띤다면 물질도 이중성을 띠지 않겠는가?

m $\mathbf{p}$

$\lambda = \dfrac{h}{p}$(?)

물질파

전자가 입자라는 사실은 운동량 p와 에너지 E로 나타낸다. 전자가 파동성을 띤다면 전자의 상태를 파장과 진동수로 표현할 수 있어야 한다.

드브로이는 빛의 경우와 비슷하게 전자의 파장과 진동수를 다음과 같이 정의하였다.

전자의 파장 : $\lambda = \dfrac{h}{p}$

전자의 진동수 : $f = \dfrac{E}{h}$

왼쪽 항은 파동의 특성 (λ, f)을 나타내며, 오른쪽 항은 입자의 특성 (p, E)을 나타낸다. 여기에서 플랑크상수 h가 입자와 파동의 특성을 연결하는 역할을 하고 있다.

드브로이가 물질파를 제안한 지 3년 후인 1927년 데이비슨과 젤머는 전자가 파동성을 띠고 있다는 사실을 간섭무늬 실험으로 확인하였다. 이들은 니켈결정에 전자선을 쬐어 생기는 전자 회절무늬와, 같은 파장의 X선이 만드는 회절무늬가 같다는 것을 알아냈다.

전자의 간섭성

54 eV의 전자선을 니켈결정 표면에 충돌시키자 반사각 $\theta = 50^\circ$ 에서 강한 반사가 일어났다.

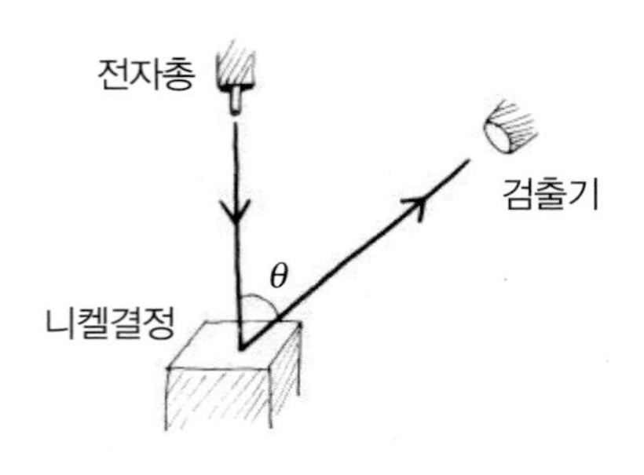

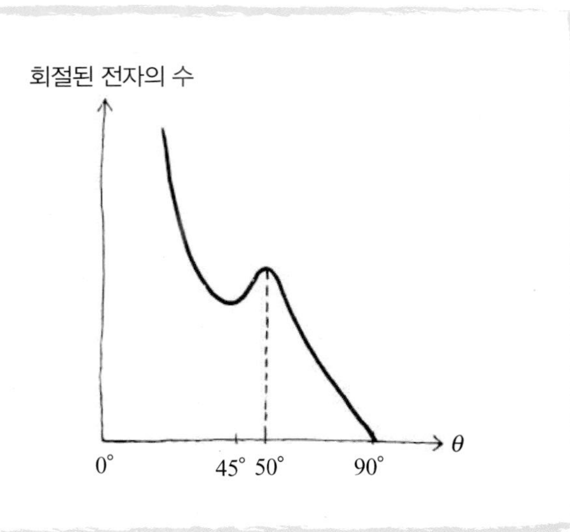

니켈표면에서 전자가 반사되는 모습이 전자가 파동일 때 보강간섭되는 모습과 같다는 것을 확인해 보자.

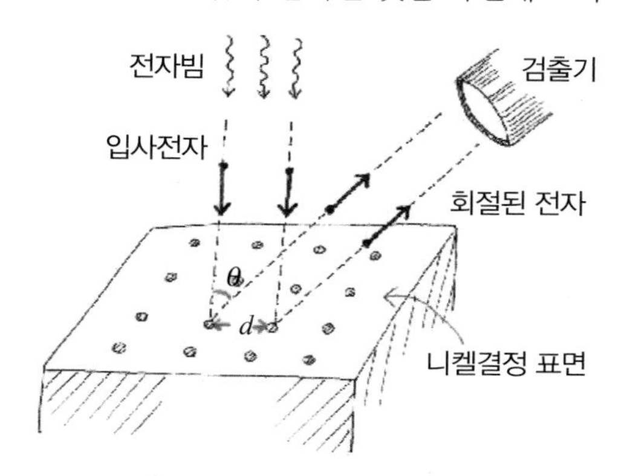

전자들은 그림처럼 니켈결정 표면에 일렬로 서 있는 원자들에 의해 반사되어 간섭을 일으킬 것이다. 원자 줄 사이의 간격을 d라 하자.

이 경우 $d = 2.15\times10^{-10}$ m $= 0.215$ nm 이다.

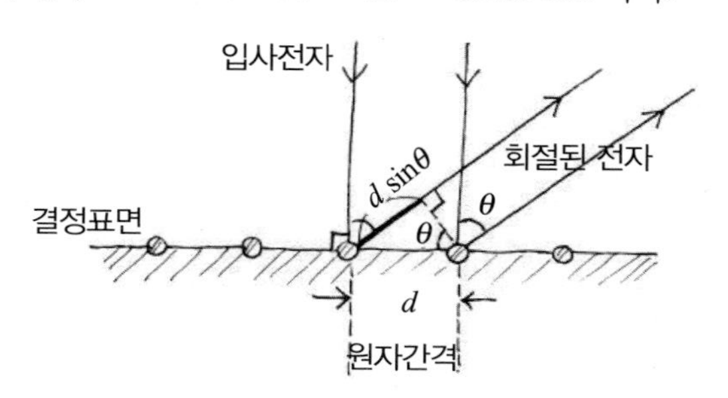

이 결정간격에서 반사된 파가 간섭하여 밝은 무늬를 만들 조건은 $d\sin\theta = m\lambda$ $(m = 1, 2, 3, \cdots)$ 이다.

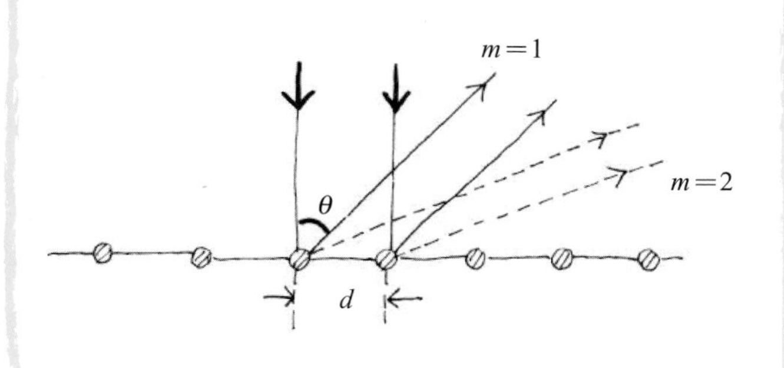

$m = 1$일 때의 파장은

$$\begin{aligned}\lambda &= d\sin\theta \\ &= (2.15\times10^{-10}\ \text{m})\ (\sin 50^\circ) \\ &= 1.65\times10^{-10}\ \text{m}\end{aligned}$$

이다.

한편, $U = 54$ eV로 가속되는 전자의 드브로이 파장 $\lambda = h/p = h/(mv)$는 얼마일까? 전자의 운동에너지 $\frac{1}{2}mv^2 = U$를 쓰면,

$$\begin{aligned}\lambda &= \frac{h}{\sqrt{2mU}} \\ &= \frac{6.626\times10^{-34}\ \text{J}\cdot\text{s}}{\sqrt{2(9.109\times10^{-31}\ \text{kg})(1.6\times10^{-19}\ \text{C})(54\ \text{V})}} \\ &= 1.67\times10^{-10}\ \text{m}\end{aligned}$$

이다.

이 파장은 회절이 일어날 전자의 물질파 파장(=1.65 $\times10^{-10}$ m)과 일치한다.

니켈표면에서 반사되는 전자가 보여주는 최고점은 전자가 드브로이의 파장을 가진 물질파라는 것을 알려준다.

생각해보기

800 kg의 마티스 승용차가 30 m/s(약 100 km/h)로 달리고 있다. 이 차의 드브로이 파장은 얼마인가?

드브로이 파장은

$$\lambda = \frac{h}{mv} = \frac{6.63 \times 10^{-34}\ \text{J}\cdot\text{s}}{800\ \text{kg} \times 30\ \text{m/s}} = 2.8 \times 10^{-38}\ \text{m}$$ 이다.

이 파장은 차의 크기에 비해 너무 작아 아무런 파동성도 기대할 수 없다.

생각해보기

고체를 이루고 있는 원자들의 격자간격은 대략 0.1 nm (1 Å) 정도이다. 이 격자구조를 보기 위해서는 이 간격보다 작은 파장의 빛이 필요하다. 만일, 빛 대신 전자의 드브로이파를 사용한다고 하자. 전자를 가속시켜 파장이 0.01 nm가 되게 한다. 가속에 필요한 전압 V는 얼마인가?

양극
λ=0.01 nm
음극
V=?
가속전압

운동에너지 KE는 전자의 위치에너지 $U=eV$를 받아 생겨난다.

$$KE = \frac{p^2}{2m} = \frac{(h/\lambda)^2}{2m} = U = eV$$

따라서,

$$V = \frac{h^2}{2me\lambda^2} = \frac{(6.63\times10^{-34}\ \text{J}\cdot\text{s})^2}{2(9.1\times10^{-31}\ \text{kg})(1.60\times10^{-19}\ \text{C})(10^{-11}\ \text{m})^2} = 15\ \text{kV}$$

X선과 전자선의 회절무늬

같은 파장의 X선과, 같은 파장의 전자선을 알루미늄 분말박지에 쬐어 회절무늬를 조사하면 옆 사진처럼 똑같은 회절무늬가 보인다.

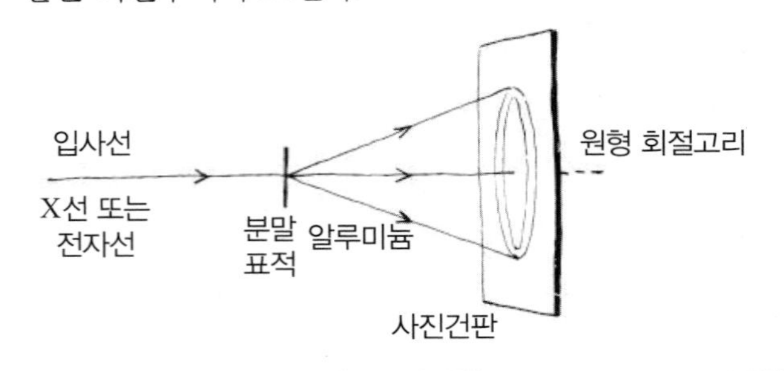

아래 반쪽은 파장 71 pm인 X선으로 얻은 회절무늬이고 위 반쪽은 운동에너지 300 eV인 전자선에 의한 회절무늬이다.

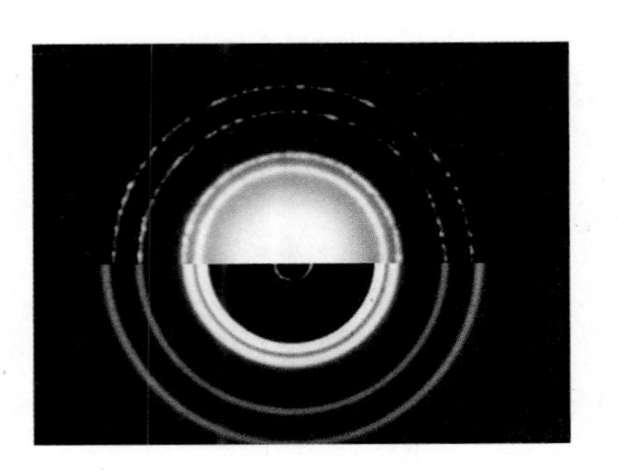

투과 전자현미경

전자가 물질파라는 성질을 이용하면, 빛 대신 전자선으로 현미경을 만들 수 있다.

광학현미경으로는 가시광선의 파장(수백 nm)보다 작은 물체를 선명하게 볼 수 없다. 그러나 전자선은 가시광선보다 파장이 짧으므로, 회절효과가 현저하게 줄어들고 분해능이 커진다.

투과 전자현미경(TEM)은 수백 kV로 가속된 전자를 이용하여 옆 그림처럼 자기렌즈를 통하여 시료의 상을 얻는다.

전자선 나오는 곳
자기 접속렌즈
물체
자기 대물렌즈
회절무늬 보는 곳
전자경로
자기 확대렌즈
실상이 맺히는 곳
상

이 전자선은 대략 0.001 nm의 파장을 가지고 있으며, 전자의 강한 운동에너지 때문에 10~100 nm 정도의 얇은 시료는 잘 투과된다.

전자현미경 안은 전자선과 공기분자의 충돌로 인한 상의 흐려짐을 막기 위해 진공을 유지한다.

수차를 적게 하기 위해 정전기장을 이용하는 렌즈를 쓰기보다는 자기장을 이용하는 렌즈를 쓴다.

집속렌즈를 통해 가속된 전자를 평행하게 만든 후 보고자 하는 샘플에 통과시킨다. 샘플을 통과한 전자선을 대물렌즈의 초평면에 모으면 회절무늬가 만들어진다.

회절무늬를 보는 대신 확대기에 해당되는 자기장 렌즈에 전자선을 통과시키면 스크린에 실상이 생긴다. 이 실상은 형광판 스크린으로 보거나 필름에 사진을 찍을 수 있다.

얇지 않은 시료를 볼 수 있는 전자현미경은 흔히 주위에서 보는 주사형 전자현미경(SEM)이다.

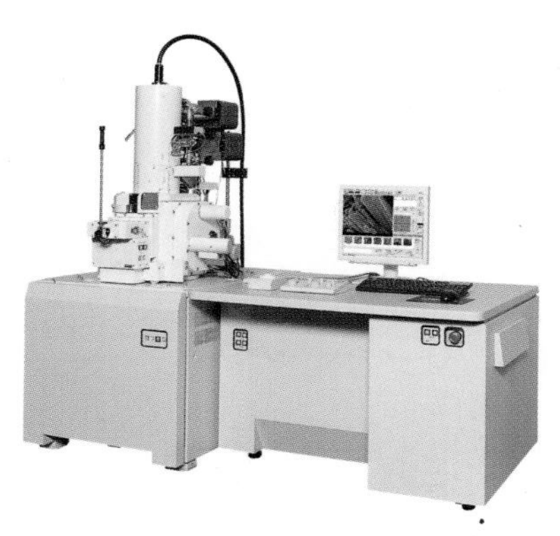

SEM은 투과한 파동을 렌즈로 모아 상을 얻는 TEM이나 광학현미경과는 다르다. SEM은 전자선을 가늘게 모은 후 샘플 위에 줄을 긋듯이 주사한다. 이때 샘플에서 튀어나오는 2차전자들을 양극판에서 모아 증폭하여 브라운관 위에 상을 보여준다.

Section 2

불확정성 원리

전자는 전하를 띤 입자이다. 전기장과 자기장을 써서 가속시킬 수 있고, 거품상자 등에서는 그 궤적을 볼 수도 있다.

그러면 전자가 파동의 성질을 띠고, 간섭현상을 보인다는 것은 무엇을 의미하는 것일까?

하이젠베르크는 물리량 측정에 대한 근본적인 한계 때문에 물질파가 생긴다는 사실을 꿰뚫어 보았다. 전자가 파동으로 보인다는 근본적인 의미는 전자의 위치를 정확하게 나타낼 수 없다는 뜻이다.

전자가 물질파라면 이 전자는 파동으로 보일 것이다. 이 물질파를 ψ라고 하자(ψ는 그리스 문자로 프사이라고 읽는다).

질량 m이고, 속도 v로 움직이는 전자가 물질파로 보인다면 이 물질파의 파장은 드브로이 파장 $\lambda=h/(mv)$를 가질 것이다.

그런데 이 전자가 Δx 안에 존재한다면 물질파는 대략 그림처럼 보인다.

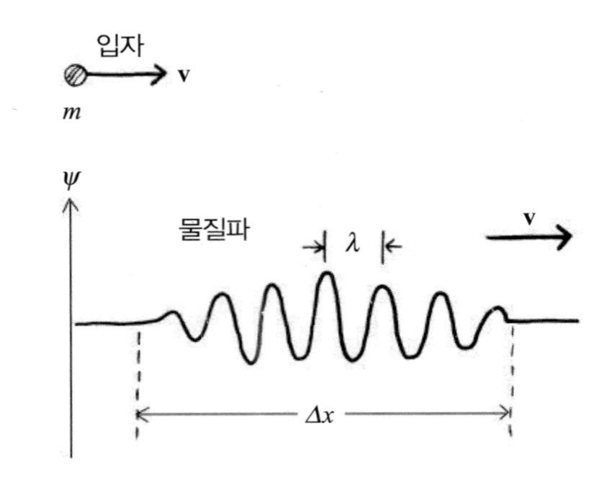

그런데 이렇게 Δx 안에 들어 있는 파는 파장이 일정한 파가 아니다. 옆 그림처럼 파장이 서로 다른 여러 개의 파가 섞여야만 이러한 모양의 파를 만들 수 있다. 이러한 파를 파 덩어리 또는 파속이라고 한다.

이 파속은 평균파장을 중심으로 파장이 조금씩 다른 여러 개의 파가 있으므로 파장을 정확히 말할 수 없고, 따라서 파장에는 오차가 생긴다.

파속만들기

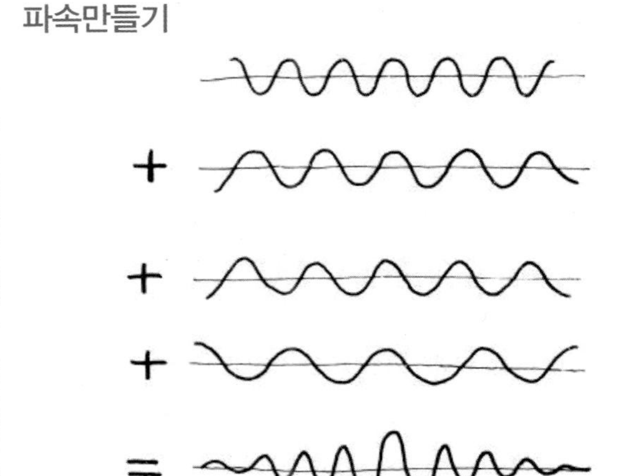

이 물질파가 정확한 파장을 가졌다면 그림처럼 파는 전 공간에 퍼져 있어야 한다. 그 대신 전자의 위치는 어디에 있는지 전혀 알 수 없게 된다.

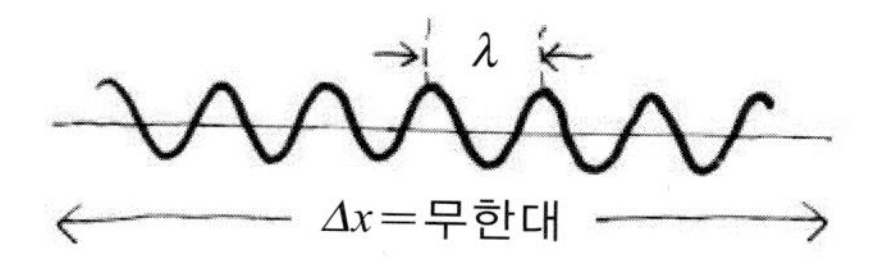

즉, 전자의 위치가 정확히 알려지면 물질파 파장의 정확도가 떨어지고, 물질파의 파장이 정확히 주어지면 전자의 위치를 정확히 알 수 없다.

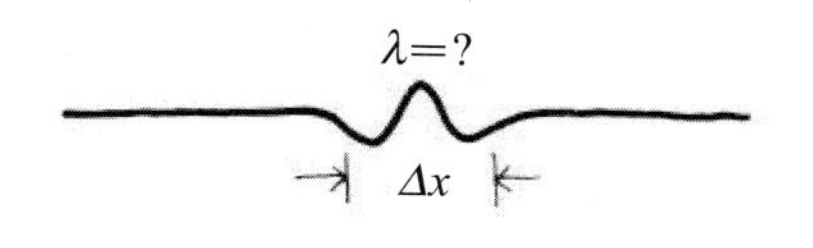

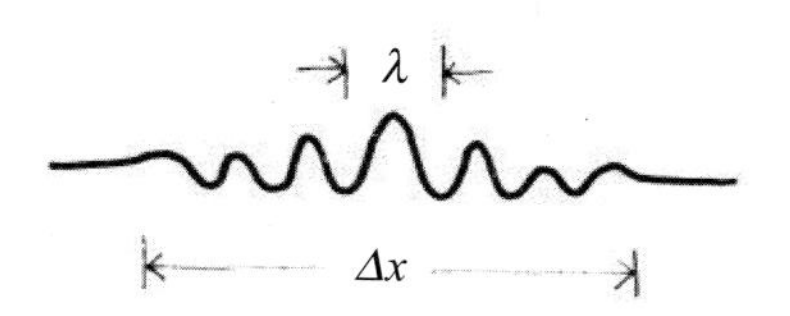

하이젠베르크의 불확정성 원리

1927년 하이젠베르크는 전자의 위치와 운동량을 동시에 정확히 측정할 수 없는 근본적인 한계가 있다는 것을 알아냈다.

x축 방향으로 움직이는 전자의 위치와 운동량을 각각 x, p_x라고 하자. 그리고 위치의 오차를 Δx, 운동량의 오차를 Δp_x라고 하자. 이 두 오차는 동시에 줄일 수 없으며, 오차의 한계가 존재한다.

$$\Delta x \times \Delta p_x \geq \frac{\hbar}{2}$$

여기서 $\hbar = \dfrac{h}{2\pi} = 1.055 \times 10^{-34}\ \mathrm{J \cdot s}$이다.

불확정성의 원리를 물질파의 입장에서 다시 생각해 보자. 전자의 운동량은 $p = h/\lambda$이므로, 불확정성 원리가 뜻하는 바는

$$\Delta x \times \Delta p_x = \Delta x \times \Delta\left(\frac{h}{\lambda}\right) \geq \frac{\hbar}{2} \text{이므로,}$$

$$\Delta x \times \Delta\left(\frac{1}{\lambda}\right) \geq \frac{1}{4\pi} \text{ 이다.}$$

이것은 물질파에서 보았던 대로 파장의 오차와 위치의 오차에 불가피한 한계가 존재한다는 것을 다시 표현하고 있다.

평행하게 진행하는 전자선을 폭 a인 단일슬릿에 통과시켜 보자. 파장 λ인 전자는 그림처럼 형광 스크린에 회절무늬를 만들 것이다.

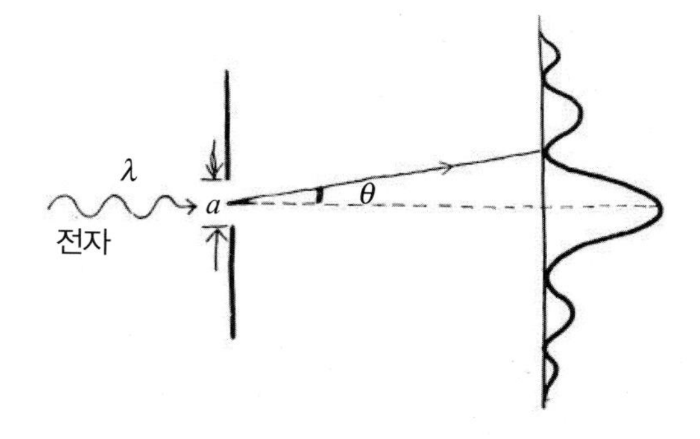

회절무늬의 어두운 점이 생기는 각 θ는 $a\ \sin\theta = m\lambda$ ($m = 1, 2, \cdots$)를 만족한다.

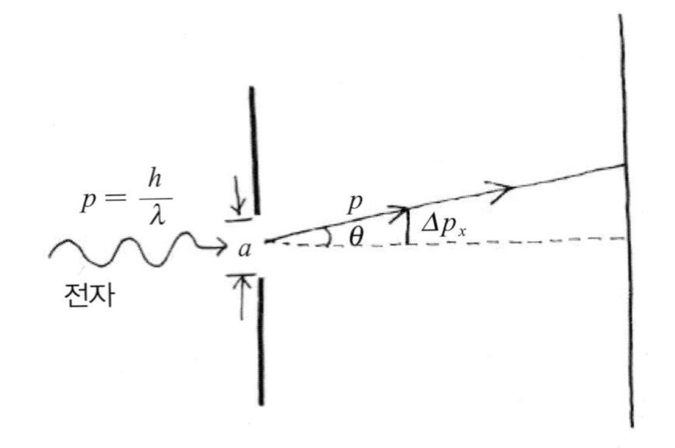

이렇게 회절무늬가 생기는 것을 입자의 입장에서 보자.

전자가 단일슬릿 폭을 통과하면 전자의 위치는 폭 a안에 있었다는 것을 알 수 있다. 즉, 전자의 위치에 $\Delta x = a$라는 오차가 있는 것으로 볼 수 있다(x는 스크린상의 상하 위치를 나타낸다).

전자가 슬릿을 통과하는 동안 전자는 슬릿폭 방향으로 운동량의 불확정성 $\Delta p_x = p\ \sin\theta$가 생겨난 것을 알 수 있다.

따라서,

$$\begin{aligned}\Delta x\ \Delta p_x &= a\ (p\ \sin\theta) \\ &= mp\lambda\ (m = 1, 2, \cdots) \\ &\geq p\lambda = \frac{h}{\lambda} \times \lambda = h\end{aligned}$$

즉, 전자선의 회절은 입자의 입장에서 보면 불확정성 원리로 나타난다.

이 불확정성 원리는 파동의 입장에서 직접 볼 수도 있다. 그림과 같이 파장 λ가 아주 짧은 감마선을 써서 전자의 위치를 관찰한다고 하자.

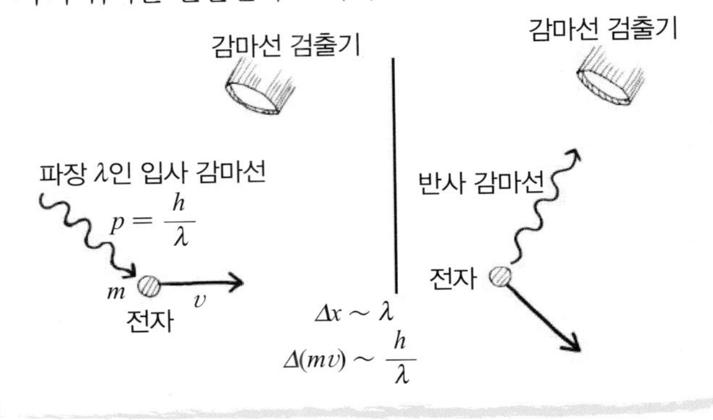

입사되는 빛의 운동량은 h/λ이다. 전자의 위치를 확인하기 위해 감마선을 전자에 반사시키면 전자의 운동량 변화량 $\Delta(mv)$는 대략 빛의 운동량과 비슷할 것이다.

파장이 긴 빛을 쓰면 운동량의 불확정성은 적어지지만, 전자의 위치는 λ 정도로 알 수 있기 때문에 위치의 오차가 커질 것이다. 파장이 짧으면 위치의 정확도는 커지지만, 운동량의 정확도가 떨어질 것이다. 즉,

$$\Delta x\ \Delta(mv) \geq \lambda \times \frac{h}{\lambda} = h$$

정도의 한계가 존재한다.

생각해보기

수소원자 속에 갇혀 있는 전자를 살펴보자. 수소원자의 크기는 0.53×10^{-10} m (=0.53 Å) 정도이다. 이 전자가 가질 수 있는 최소의 운동량과 운동에너지를 구해 보자.

불확정성 원리에 의하면

$$\Delta p_x \geq \frac{\hbar}{\Delta x} = 2.0 \times 10^{-24}\ \text{kg} \cdot \text{m/s}$$

이때 전자의 운동에너지는 대략

$$\frac{(\Delta p_x)^2}{2m} = 2.2\times10^{-18}\ \mathrm{J} = 14\ \mathrm{eV}$$

정도 이상이 된다.

만일, 전자가 핵 안에 갇혀 있다면 원자 안에 갇혀 있을 때에 비해 공간의 크기가 대략 10^4 배 이상 작다 (10^{-15} m 정도). 이 때의 운동에너지는 수백 MeV를 넘는다. 전기 위치에너지로는 이러한 전자를 가둘 수 없으므로 핵 속에는 전자궤도가 존재하지 않는다.

생각해보기 **영점에너지**

질량 m이고 용수철상수 k인 단조화 진동자의 총 에너지는

$$E = \frac{p^2}{2m} + \frac{1}{2}m\omega^2x^2$$

이다. 여기서 첫 번째 항은 운동에너지이고 두 번째 항은 위치에너지이다($\omega = \sqrt{k/m}$ 는 각 진동수이다).

총 에너지의 최솟값은 얼마인가?

고전역학적으로 최저 에너지는 $x=p=0$일 때 $E_{최소}=0$이다(I-6장, Section 1 참고).

반면에 양자 역학적으로는 위치와 운동량을 동시에 0으로 정확히 놓을 수 없다. 위치와 운동량의 불확정도에 의한 총 에너지는

$$E = \frac{(\Delta p)^2}{2m} + \frac{1}{2}m\omega^2(\Delta x)^2 \text{ 이다.}$$

최소 불확정도 $\Delta x\Delta p = \hbar/2$가 만족된다면

$$E = \frac{\hbar^2}{8m(\Delta x)^2} + \frac{1}{2}m\omega^2(\Delta x)^2$$

로 주어진다. 이 에너지의 최솟값은 $\Delta x = \sqrt{\hbar/2m\omega}$ 일 때

$$E_{최소} = \frac{\hbar\omega}{2} \text{ 이다.}$$

최소 에너지는 단조화 진동자가 가지는 가장 작은 에너지로서, 영점에너지라고 부른다. 고전역학 결과와 달리 양자역학적으로 영점에너지는 0이 아니라 0보다 큰 유한한 값이다.

영점에너지는 다양한 양자역학계에 나타난다. 고체격자나 다원자 분자 내에서 갇혀 진동하는 원자들은 바닥에너지로 0인 에너지를 가질 수 없으며, 절대영도에서도 양자역학적으로 끊임없이 진동한다. 이 영점진동 때문에 아무리 온도를 낮추어도 액체 헬륨-4는 대기압에서 얼지 않는다.

에너지와 시간의 불확정성 원리

전자의 에너지 $E=hf$를 정밀하게 알려면 물질파가 가진 진동수 f를 정밀하게 알아야 한다.

이 진동수를 정확히 재려면 지나가는 파를 오랫동안 관찰하여야 한다.

만일, 유한한 시간 Δt 동안 관찰한다면 진동수의 측정에 불확정성이 존재하여 결국 에너지에 오차가 생긴다.

$$\Delta E \times \Delta t \geq \frac{\hbar}{2}$$

전자가 짧은 시간 동안 어떤 상태에 놓여 있다면, 전자가 가지는 에너지에는 오차가 있을 수밖에 없다.

생각해보기

어떤 원자 속에 놓인 전자가, 들뜬 에너지상태에 1.6×10^{-8} 초 동안 있다가 바닥상태(에너지가 가장 낮은 상태)로 떨어지면서 2.1 eV의 에너지를 가지는 빛을 낸다고 하자.

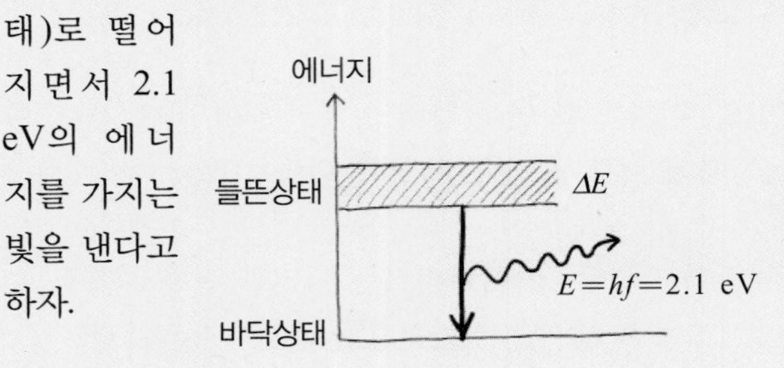

이때 나오는 빛에너지는 어느 정도의 오차를 갖고 있으며, 빛의 파장오차는 얼마나 될까?

들뜬 에너지상태에 전자가 머무리는 시간이 $\Delta t=1.6\times10^{-8}$초이다. $\Delta E\Delta t=\hbar/2$를 쓰면 에너지준위의 오차는

$$\begin{aligned}\Delta E &= \hbar/(2\Delta t)\\ &= 3.3\times10^{-27}\ \text{J}\\ &= 2.1\times10^{-8}\ \text{eV}\end{aligned}$$ 이다.

빛은 $E=2.1$ eV의 에너지를 가진다.
따라서, 빛이 내는 평균파장은 $E=hf=hc/\lambda$를 쓰면 $\lambda=hc/E=5.9\times10^{-7}$ m이다.

이 빛의 파장오차는

$$\Delta\lambda = hc\Delta(1/E) = hc\Delta E/E^2 = \lambda \times (\Delta E/E)$$

를 쓰면,

$$\begin{aligned}\Delta\lambda &= 5.9\times10^{-7}\,\text{m} \times \frac{2.1\times10^{-8}}{2.1}\\ &\approx 5.9\times10^{-15}\,\text{m}\end{aligned}$$ 가 된다.

생각해보기 π 중간자 질량 예측

원자핵 안에 있는 핵자(양성자 또는 중성자)들 사이에는 핵력이 존재한다. 1935년 일본의 물리학자 유카와는 이 핵력이 새로운 소립자인 파이(π) 중간자의 교환에 의하여 일어난다고 생각하였다.

핵자가 질량 m_π인 π 중간자를 방출하면 핵자의 에너지는 $\Delta E\sim m_\pi c^2$만큼 달라진다. 불확정성 원리에 의하면 에너지 불확실성의 정도는 $\Delta t\sim\hbar/\Delta E\sim\hbar/(m_\pi c^2)$ 기간에만 일어날 수 있다. 이 시간 동안 π 중간자가 갈 수 있는 거리는 $c\Delta t\simeq\hbar/(m_\pi c)$이 된다.

한편 핵력이 미치는 거리는 $r\sim1.4\times10^{-13}$ cm 정도임을 실험을 통해 알았다. 따라서 π 중간자의 진행거리와 이 핵력의 작용거리가 비슷하다고 가정하여

$$\frac{\hbar}{m_\pi c} \simeq 1.4\times10^{-13}\ \text{cm}$$ 으로 놓으면,

π 중간자 질량이 약 140 MeV/c^2됨을 예측할 수 있었다. 그 후(1947년) 이 질량의 입자가 자연에서 실제로 발견되었다(자세한 내용은 V-4장 Section 2 참고).

확률과 파동함수

양자세계의 아주 극적인 현상은 물질파라는 개념에서 비롯된다.

불확정성 원리는 전자가 왜 입자와 파동의 이중성을 갖는지 극명하게 보여준다. 전자를 입자로 보고 위치를 정밀하게 측정하면 운동량의 오차는 커질 수밖에 없다. 마찬가지로, 전자를 물질파로 보고 파장(운동량)을 정확하게 측정하면 전자 위치의 오차가 커지므로 어디에 놓여 있는지를 정밀하게 알 수 없다.

불확정성 원리는 전자가 입자로서 행세할 뿐만 아니라 때로는 파동성이 불가피하게 나타나는 것을 알려 준다. 따라서, 양자세계를 제대로 다루려면 물질파를 잘 다룰 수 있어야 한다.

$$\psi(x, t) = ?$$

물질파도 일종의 파동이므로, 이 물질파를 파동함수로 나타낼 수 있다. 1925년 슈뢰딩거는 물질파를 나타내는 파동함수로서 $\psi(x, t)$를 도입하고 물질파의 상태가 시간에 따라 어떻게 변하는지를 알려주는 방정식을 찾아냈다.

물질파를 표현하는 파동함수 ψ는 도대체 물리학적으로 무엇을 나타내는 양일까?

1926년 막스 보른은 파동함수 ψ를 양자 역학적 확률로 해석하였다.

파동함수 절댓값의 제곱은 전자 1개가 그 위치에서 발견될 확률밀도를 표현한다.

$$P(x) = |\psi(x)|^2$$

따라서, 여러 개의 전자로 실험한다면, 확률이 큰 부분에는 전자가 많이 존재할 것이고, 확률이 적은 부분에는 전자가 적게 존재할 것이다.

빛 대신 전자선을 이용하여 그림처럼 영의 간섭실험을 해보자.

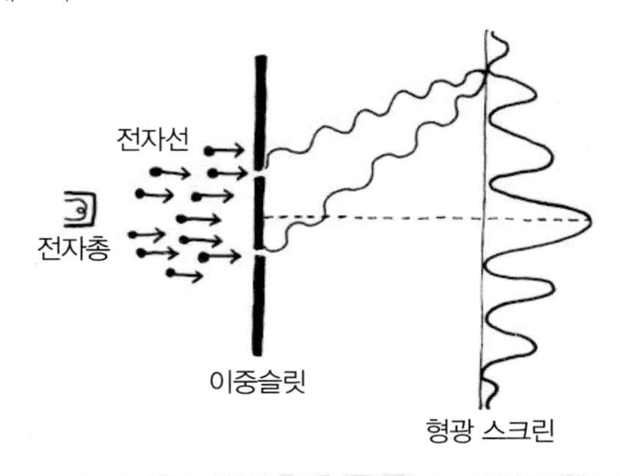

이중슬릿의 오른쪽에 놓인 형광 스크린에는 간섭무늬가 나타난다. 이 간섭무늬의 밝기는 파동함수 절댓값의 제곱에 비례한다.

형광 스크린에 밝은 무늬가 나타나는 부분은 전자가 많이 도달한 부분이고, 어두운 부분은 전자가 적게 도달한 부분이다. 시간이 지날수록 이중슬릿을 통과하는 전자의 수가 많아지고, 이에 따라 형광 스크린에 축적된 전자의 자국은 더욱 분명하게 회절무늬로 바뀐다.

전자의 자국 수가 많을수록 회절무늬가 확실하게 보인다.

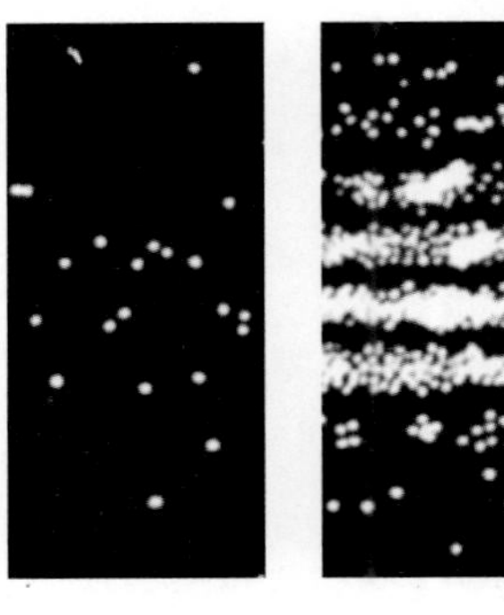
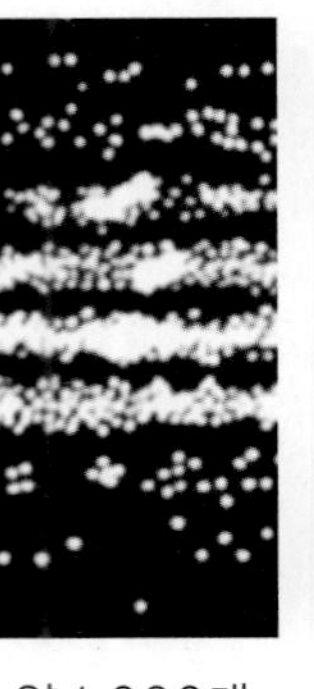
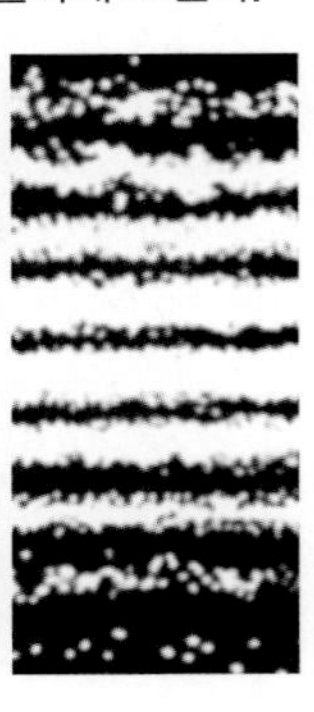

약 30개 약 1,000개 약 10,000개

파동함수의 다른 예를 보자.

수소원자의 바닥상태에 놓인 전자의 파동함수는

$$\psi(r, \theta, \phi) = \frac{1}{\sqrt{\pi}}\left(\frac{1}{a_B}\right)^{3/2} e^{-r/a_B}$$

로 표시된다. a_B는 보어 반지름이라고 불리는 길이이다.

보른의 해석에 의하면 원자 안의 3차원 공간에서 전자를 발견할 확률밀도는

$$P(r, \theta, \phi)r^2\,dr = |\psi(r, \theta, \phi)|^2 r^2\,dr$$ 이다.

바닥상대에 놓인 전자의 확률밀도는

$$r^2|\psi|^2 = \frac{1}{\pi}\left(\frac{1}{a_B}\right)^3 r^2 e^{-2r/a_B}$$

로, 구대칭 분포를 하고 있다.

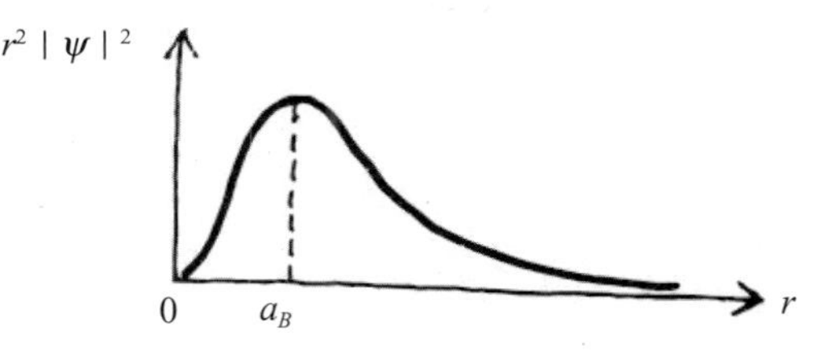

이 확률밀도를 3차원 공간에 그려 보면 전자는 전공간에 구형 대칭적으로 분포한다.

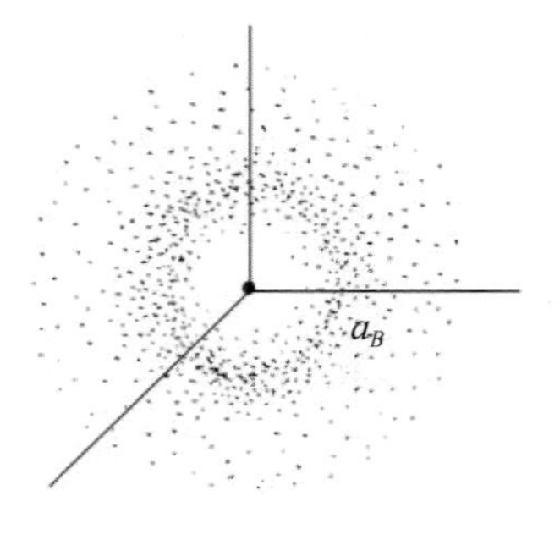

전자는 수소원자 속에서 반지름 a_B근방에서 대부분 발견된다. 우리가 전자를 관측한다면 전자의 궤도 반지름이 a_B로 보일 것이다.

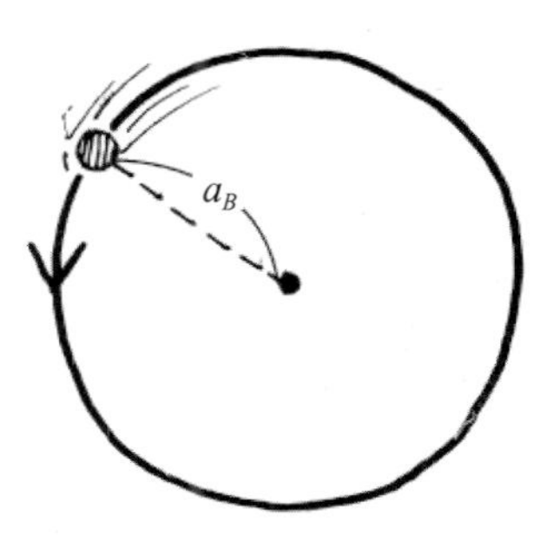

전자는 파동성을 띠기도 하고 입자성을 띠기도 하는 이중성을 가지고 있다. 그러나 전자는 파동의 모습과 입자의 모습을 동시에 보여 주지는 않는다.

역학에서는 전자를 입자로 취급하여 궤적을 구했다. 이제 전자를 파동으로 취급한다면 역학에서 얻은 궤적은 어디로 간 것일까?

코펜하겐학파의 해석

이렇게 한 물체에서 파동과 입자의 모습은 서로를 배척하고 있다.

그러나 한 물체의 성질을 완전히 이해하려면, 두 가지 모두가 필요하다고 보어는 주장했으며, 이러한 상황을 상보성이라고 불렀다.

전자가 입자로 행세할는지, 아니면 파동으로 행세할는지는 우리가 측정하는 방법에 달려 있다.

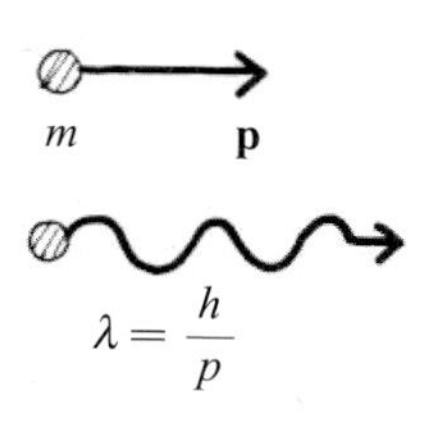

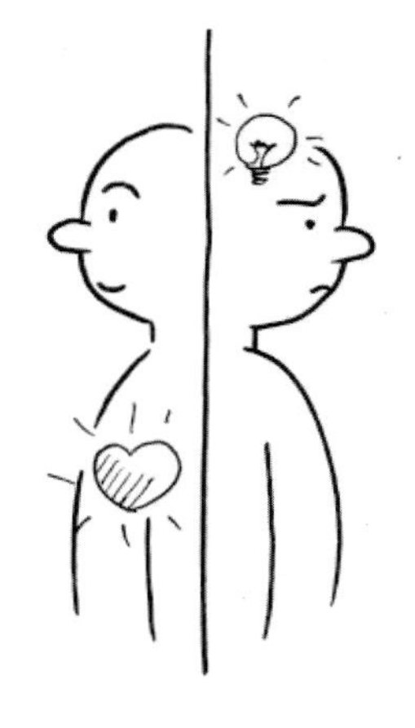

보어는 (하이젠베르크, 파울리, 보른과 더불어) 측정하기 전의 양자상태는 결정되어 있지 않고, 다만 어떤 값을 가질 수 있는 확률적 가능성만이 존재한다고 생각했다.

이것을 코펜하겐학파의 해석이라고 한다. 이 해석은 현재까지도 올바른 것으로 받아들여지고 있다.

슈뢰딩거 고양이와 양자 측정문제

양자상태란 여러 가지 상태의 중첩으로 되어 있으며, 측정하기 전에는 어느 상태에 있는지 알지 못한다.

슈뢰딩거는 파동함수에 관한 보른의 확률적 해석과 측정에 관한 코펜하겐 해석이 얼마나 이상한가를 단번에 보여줄 수 있다고 여겨지는 "사고실험"을 고안해 냈다.

슈뢰딩거는 아주 이상한 실험을 머릿속에 그렸다.

상자 속에 방사성 원소, 가이거 카운터, 망치, 치명적인 독가스를 봉한 유리 플라스크와 함께 살아 있는 고양이가 놓여 있다.

방사성 원소가 붕괴되면 카운터가 자극되고, 망치를 떨어뜨려 플라스크를 부순다. 그러면 독가스가 나와 고양이를 죽일 것이다.

양자론 예측에 따라, 한 시간에 한 번 붕괴될 확률이 50%인 방사성 원소가 들어 있다고 하자.

한 시간이 지나면, 상자뚜껑을 열어 확인(측정)하지 않는 한, 살아 있는 고양이와 죽은 고양이 상태의 두 가지 상태가 똑같은 확률로 중첩되어 존재할 것이다.

이 고양이는 살아 있으면서 동시에 죽을 수 있을까?

코펜하겐 해석을 따르는 양자론에 의하면, 실험이 시작된 지 정확히 한 시간이 지나면, 상자 안에는 완전히 살아 있지도 않고 그렇다고 완전히 죽지도 않은, 두 가지가 섞인 상태의 고양이가 있게 될 것이다. 이것을 나타내는 파동함수는 두 가지의 중첩상태로 표현된다.

양자예측이 정확한지를 알아보기 위해 우리가 상자뚜껑을 열자마자, 이 어려움은 해결된다.

우리의 관측행위는 중첩되어 있던 파동함수의 상태를 하나의 상태로 바꾸어 버린다. 고양이가 완전히 죽든지, 아니면 완전히 살아 있는 상태로.

이것이 코펜하겐 해석인데 얼마나 이상한가? 그럼에도 불구하고 이 해석이 틀리는 경우를 아직 찾지 못했고, 양자물리는 코펜하겐의 해석을 기초로 서 있다.

단원요약

1. 전자의 파동성

전자는 입자로 발견되었지만, 드브로이가 주장한 물질파의 특성도 가지고 있다. 전자의 파장은 운동량에 반비례하고, 전자의 진동수는 에너지에 비례한다.

$$\lambda = \frac{h}{p}, f = \frac{E}{h}$$

2. 불확정성 원리

전자가 물질파라는 사실의 이면에는 하이젠베르크의 불확정성 원리가 있다.

$$\Delta x \, \Delta p \geq \frac{\hbar}{2}$$

3. 확률과 파동함수

물질파는 파동함수로 표현된다. 파동함수의 크기(절대치)의 제곱은 입자가 공간에 분포할 확률밀도를 나타낸다.

연습문제

1. TV 브라운관에서 전자는 대략 20,000 eV로 가속된다. 이 전자의 파장은 얼마인가? 전자총 구멍의 크기가 5 cm라면 화면에 나타나는 전자의 위치를 구할 때 회절무늬를 고려해야 할까?

2. 전자와 양성자가 동일한 (1) 운동에너지, (2) 운동량 또는 (3) 속력을 가지고 있는 각각의 경우에 어떤 입자가 더 짧은 드브로이 파장을 가지는가?

3. 파장 λ인 빛이 지름이 D인 구멍을 통과하면 각 $\theta \sim \lambda/D$ 정도로 회절한다. 이것을 광량자의 불확정성 원리와 비교해 보라.

> **3.** 불확정성 원리와 입자의 파동성은 밀접한 관련이 있다.

4. 운동량과 운동에너지의 비 상대론적 관계식을 활용하여 nm 단위로 전자의 드브로이 파장이 $\lambda = 1.226/\sqrt{E_K}$ 로 주어짐을 보여라. 여기서 운동에너지 E_K 의 단위는 eV 이다.

5. 전자의 위치를 0.1 nm 정도의 정밀도로 잰다면, 동시에 이 전자의 속도는 얼마나 정밀하게 잴 수 있을까?

> **5.** 불확정성 원리를 이용하자.

6. 0.020 m/s의 속력으로 떨어지는 10×10^{-9} kg의 먼지 알갱이의 드브로이 파장은 얼마인가?

7. 니켈표면에서 회절되는 전자의 에너지를 구할 때는 비상대론적으로 취급했지만, X 선과 전자의 콤프턴 산란실험에서 전자의 에너지를 구할 때는 상대론적으로 취급했다. 그 까닭은 무엇인가?

8. (1) 1.00 keV 전자, (2) 1.00 keV 광자, 그리고 (3) 1.00 keV 중성자의 드브로이 파장들을 구하라.

9. 전자현미경에서 사용할 0.1 nm 파장의 전자선을 만들려고 한다. 이 전자는 몇 볼트로 가속시켜야 하는가?

10. 한 전자와 광자가 동일한 0.20 nm 파장을 가지고 있는 경우에 운동량과 에너지를 구하라.

11. 1973년에 발견된 입자(J/ψ)의 질량은 3.1 GeV/c^2 이다. 그런데 이 입자의 수명 때문에 질량의 오차가 63 keV/c^2 로 측정되었다. 이 입자의 수명은 얼마나 될까?

12. 100 keV의 X 선이 90° 의 각도로 전자로부터 콤프턴 산란되었다. 산란 후 X선의 파장을 구하라.

13. 약력을 매개하는 입자인 Z 보존은 1983년에 발견되었다. 이 보존의 질량은 91.19 GeV/c^2이고, 수명 때문에 생기는 오차는 2.50 GeV/c^2이다. Z 보존의 수명은 얼마나 될까?

14. 전자 위치의 불확정도가 50 pm이다. 이 전자의 운동량을 위치와 동시에 측정하는 경우 그 운동량의 최소 불확정도는 얼마인가?

15. 전자 하나를 이중슬릿에 통과시키면 스크린에 어떤 무늬가 나타날까? 전자 10,000 개를 통과시키면 스크린에 어떤 무늬가 나타날까? 이때 이중슬릿 바로 뒤에서 전자가 어떤 구멍을 통해 나가는지 조사한다면 무늬는 어떻게 바뀔까?

16. 녹색 광 (λ=546 nm)의 광자가 1.00×10^{-9} 초 이내에 방출될 경우에 이 광자의 에너지와 에너지 불확정도를 구하라.

9. 운동량 $= p = \dfrac{h}{\lambda}$

10. 상대론적 에너지를 써야 한다.

11. 질량의 오차가 에너지의 오차를 준다.

15. 코펜하겐의 해석을 따라가 보자.

17. 전자와 총알이 같은 속도로 움직이고 있다. 어느 것의 파장이 더 짧을까? 입자가 무거울수록 위치를 더 정밀하게 표시할 수 있는 이유는 무엇일까?

18. 전자를 핵의 크기에 해당하는 약 1.0×10^{-14} m 이내 공간에 가두기 위해 필요한 에너지를 대략 계산하라.

***19.** 수소원자의 반지름은 5.3×10^{-11} m이다. 불확정성 원리를 적용하여 전자가 이 원자 내에서 가질 수 있는 가장 작은 에너지를 계산하라.

20. 질량이 m이고 운동에너지가 KE인 입자의 드브로이 파장을 구하라.

19. 지름방향의 불확정성 원리 $\Delta r \Delta P_r = \hbar/2$

20. 아인슈타인의 상대론적 운동에너지 표현을 사용하라.

Chapter 4 보어원자

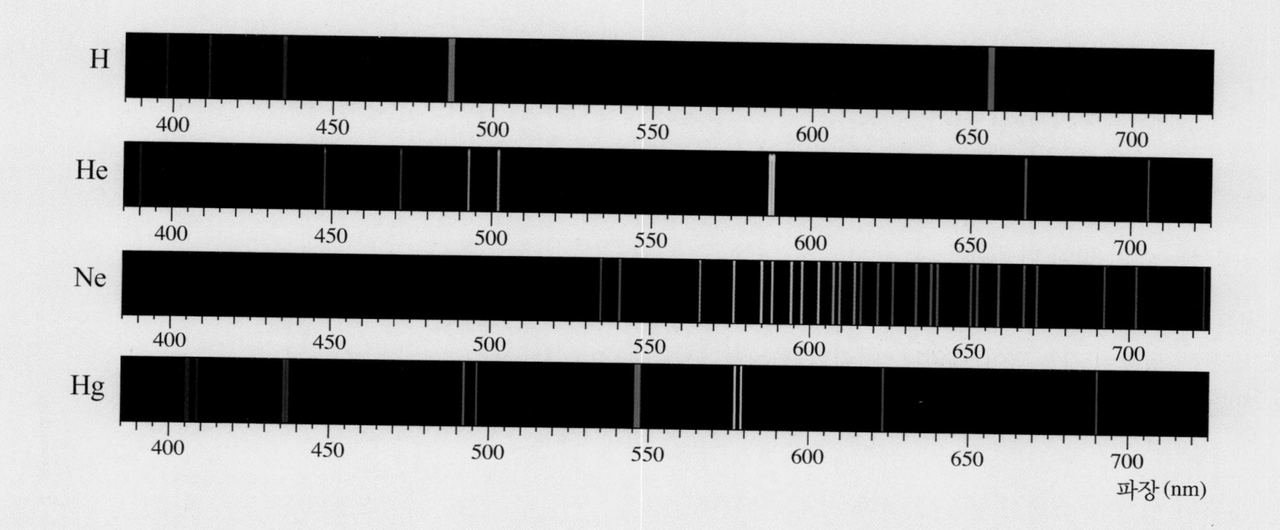

흑체가 내는 빛은 연속적이다. 그러나 원자들이 내는 빛은 특별한 색만을 가지고 있어서 연속적이지 않다. 이런 선스펙트럼은 맥스웰의 전자기파 이론으로는 설명할 수 없다. 보어는 원자가 내는 빛깔을 설명해 줄 수 있는 원자모형을 만들었다.

원자모형

원자내부의 구조는 어떻게 알게 되었을까?

원자구조에 대한 본격적인 조사는 19세기 말 분광학으로부터 시작되었다. 물체가 높은 온도로 가열되면 연속적인 스펙트럼이 나오는 것과는 달리 방전된 기체에서는 불연속적인 선스펙트럼들이 나온다.

이러한 선스펙트럼은 당시로는 이해할 수 없는 것이었다. 리더포드의 알파입자 산란실험을 통해 원자의 구체적인 구조가 알려지기 시작했고, 이에 따라 선스펙트럼도 이해되기 시작했다.

원자에서는 어떤 빛이 나올까?

뜨거운 가스에서 나오는 빛을 회절격자로 보면 몇 가지 뚜렷한 색줄이 구별되어 보인다. 이러한 무늬를 선스펙트럼이라고 한다.

소금결정을 줄에 꿰어 분젠불꽃 위에 올려놓으면, 노란 불꽃이 생긴다. 소금이 불꽃에 녹아 기체가 되면서 이 기체가 노란색 계통의 두 가지 색을 내기 때문이다. 도로의 가로등으로 많이 쓰이는 노란등에는 나트륨 기체가 들어 있다.

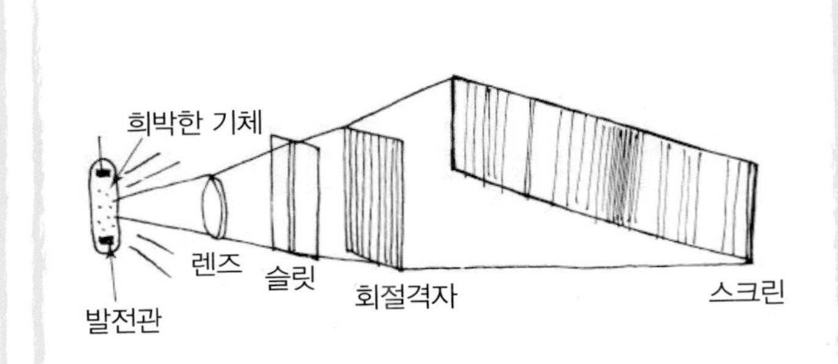

네온등에서는 붉은빛이 나오고, 수은등에서는 푸른빛이 나온다. 원자들이 내는 선스펙트럼은 원소마다 다르므로 이 분광장치를 쓰면 기체의 종류를 알아낼 수 있다.

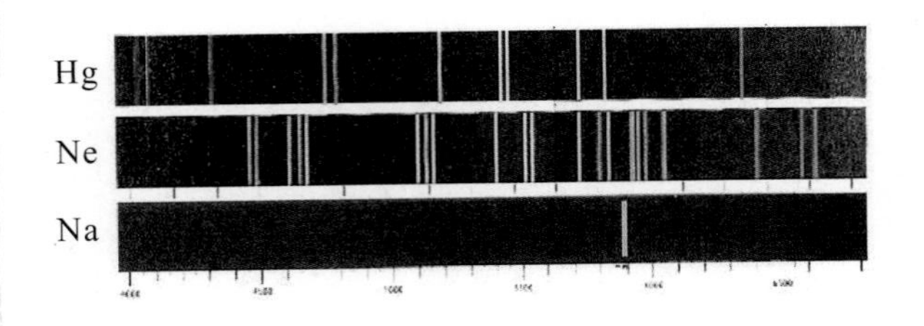

백색광이 차가운 기체를 통과하면 연속적인 빛의 스펙트럼 속에 검은 줄이 생긴다. 이 검은 줄은 차가운 기체의 원자에 의해 특정한 색의 빛이 흡수된 것이다. 태양에 헬륨기체가 있다는 것을 알아낸 것도 이 방법이다.

1814년 프라운호퍼(1787~1826)는 태양에서 오는 백색광을 분광하면 연속적인 스펙트럼 속에 수많은 어두운 선(프라운호퍼선)이 나타나는 것을 발견하였다. 이것이 천체 분광학의 시작이었다.

키르히호프(1824~1887)는 그 후 오랫동안 태양의 프라운호퍼선을 연구했다. 소금을 불에 달구었을 때 나오는 노란색 선과 프라운호퍼선의 일부가 일치되는 것을 보고 태양에는 차가운 소금기체(나트륨)가 있다는 것을 알아냈다.

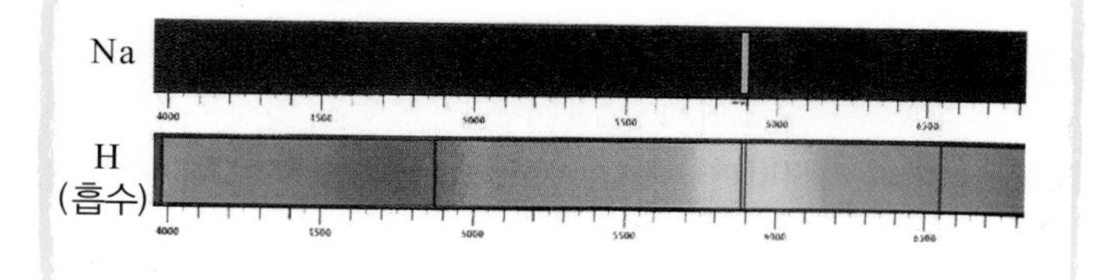

다른 검은 선들은 그 때까지 알지 못했던 새로운 원소에 의한 것이었다. 실험실에서 분리된 이 새로운 원소는 냄새도 없고 화학반응도 하지 않는 비활성 기체였다. 그 원소는 태양(그리스어로 헬리오스)을 따라 헬륨이라고 이름지어졌다.

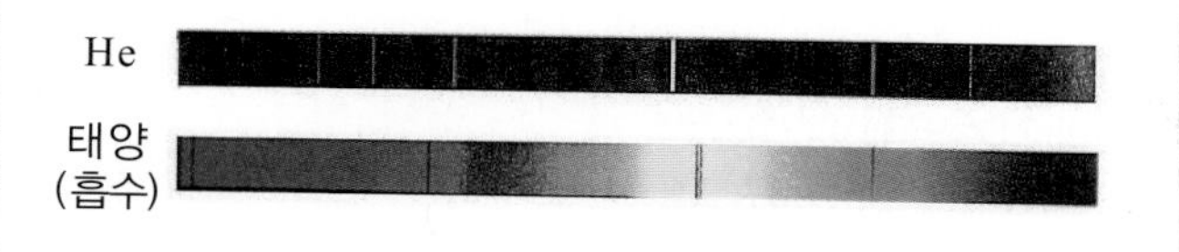

1862년 스웨덴 천문학자 옹스트롬(1814~1874)은 수소원자에서 나오는 4개의 가시광선을 정밀하게 측정했다. 이것으로부터 태양에 수소가 있다는 것을 알게 되었다.

수소원자의 선스펙트럼

수소원자는 가장 간단한 원소이다. 수소원자의 선스펙트럼에 관한 많은 연구가 이루어짐에 따라 이 선스펙트럼은 후에 원자구조 이론으로부터 설명되게 된다.

1885년 스위스의 수학교사였던 발머(1825~1898)는 수소원자에서 나오는 가시광선 진동수가 매우 독특한 배열을 하고 있다는 것을 알아냈고, 이 파장(λ)에 대한 공식을 만들었다.

발머계열 공식

$$\frac{1}{\lambda} = R\left(\frac{1}{2^2} - \frac{1}{n^2}\right), \quad n = 3, 4, 5, \cdots$$

$R = 1.097 \times 10^7\ \mathrm{m}^{-1}$은 리드베리상수이다.

실제 실험값과 발머가 얻은 값

실험값		발머의 공식값	
파장(nm)	주파수(10^6 MHz)	주파수(10^6 MHz)	n값
656.210(red)	457.170	457.171	3
486.074(green)	617.190	617.181	4
434.01(blue)	691.228	691.242	5
140.12(violet)	731.493	731.493	6

그 후 다른 계열의 수소원자 스펙트럼도 알려졌다.

라이먼계열(1906~1914) 공식

$$\frac{1}{\lambda} = R\left(\frac{1}{1^2} - \frac{1}{n^2}\right), \quad n = 2, 3, 4, \cdots$$

파셴계열(1908) 공식

$$\frac{1}{\lambda} = R\left(\frac{1}{3^2} - \frac{1}{n^2}\right), \quad n = 4, 5, 6, \cdots$$

브래킷계열(1922) 공식

$$\frac{1}{\lambda} = R\left(\frac{1}{4^2} - \frac{1}{n^2}\right), \quad n = 5, 6, 7, \cdots$$

이 수소원자 스펙트럼들은 가시광선이 아니다.

라이먼계열은 자외선에 해당되며, 파셴계열과 브래킷계열은 적외선에 해당된다. 오직 발머계열만이 가시광선이다.

수소원자의 선스펙트럼에는 왜 이런 특별한 빛이 보일까?

이 스펙트럼의 공식이 설명되려면 원자를 제대로 이해해야 한다. 1890년대에는 원자의 구조가 어떻게 생겼는지 아무도 몰랐다.

1911년이 되어서야, 러더퍼드가 원자모형을 확인하기 위한 실험을 함으로써 원자의 구조를 이해할 수 있는 기틀이 마련되었다.

러더퍼드 실험에서는 방사성 원소에서 나오는 알파입자(전하량은 $+2e$)를 금박지에 충돌시켰다. 이때 산란되어 나오는 알파입자는 360도 주위에 펼쳐 놓은 형광 스크린에 부딪쳐 빛을 내므로 산란각에 따른 알파입자의 숫자를 알아낼 수 있었다.

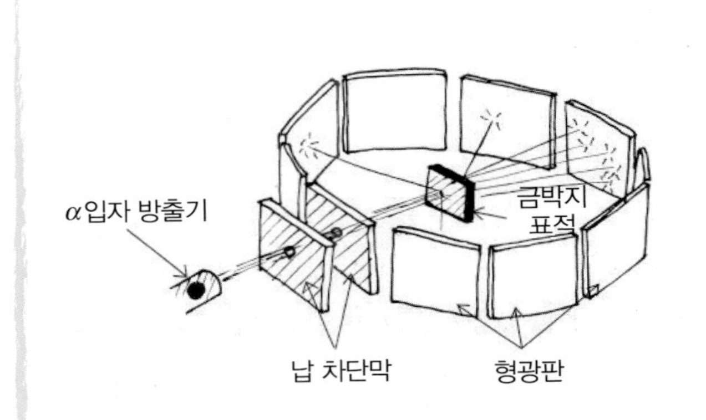

당시에 알려진 원자모형은 톰슨의 모형이었다.
1897년 전자를 발견한 톰슨이 제안한 푸딩모형에 따르면 양전하를 띤 핵이 구 전체에 고루 퍼져 있고, 음전하를 띤 전자가 군데군데 박혀 있다.

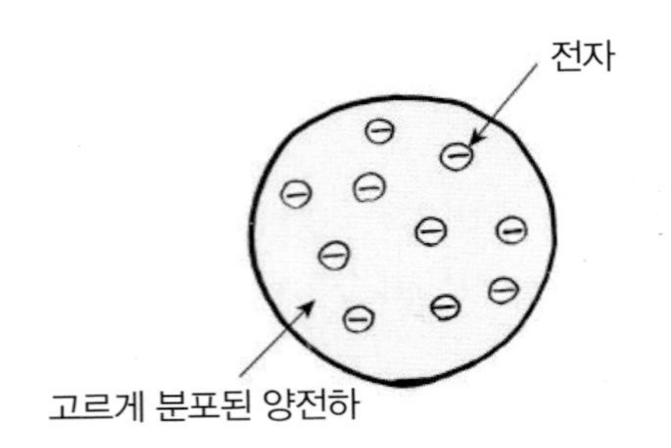

알파입자가 금박지를 통과할 때는 전하에 의해 전자기 힘을 받을 것이다. 전자는 아주 가벼우므로 알파입자에 운동량 변화를 일으키지 않을 것이고, 원자 속에 고루 퍼져 있는 양전하만이 알파입자를 약간(몇 도 이내로) 휘게 만들 것이다.

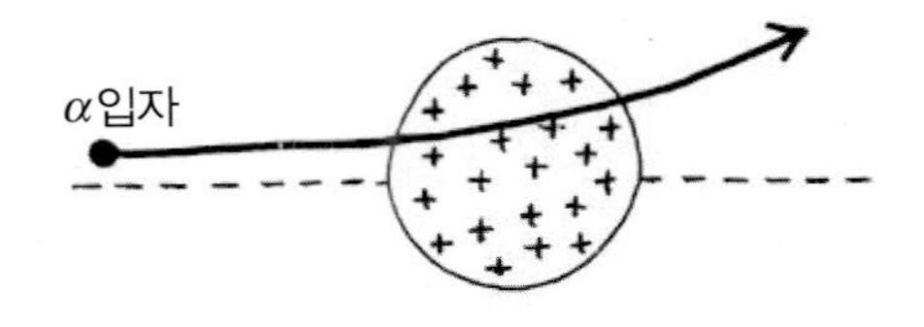

그러나 러더퍼드의 실험결과는 전혀 예상을 빗나갔다.

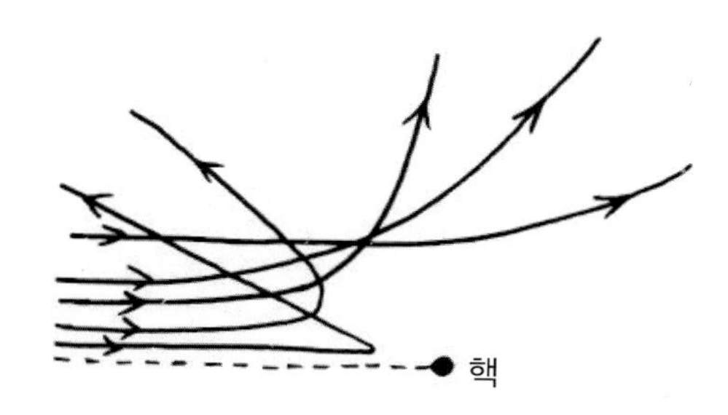

대부분의 알파입자는 마치 빈 공간을 통과하듯 거의 휘지 않고 금박지를 뚫고 나갔으며, 어떤 알파입자는 오히려 되튀어 나왔다. 이것은 원자 내에서 원자핵이 차지하는 공간이 거의 없고, 핵의 전하도 퍼져 있는 것이 아니라 뭉쳐 있다는 증거였다.

이 실험결과에 의하면, 핵의 크기는 10^{-14} m 정도로 매우 작고, 대부분의 공간이 비어 있다. 핵이 차지하고 있는 공간은 원자 전체부피의 $1/10^{12}$ 정도일 뿐이다.

러더퍼드 모형

실험결과에 의하면 원자중심에는 아주 작은 핵이 놓여 있고, 전자는 핵주위에 놓여 있다.

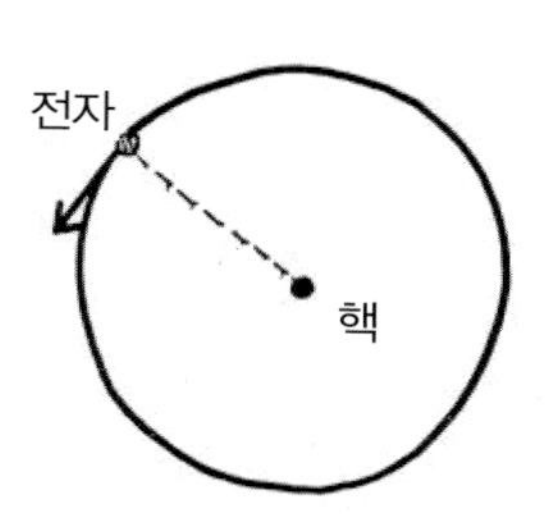

전자는 음전하를 띠고 있고, 핵은 양전하를 띠고 있기 때문에 전자와 핵 사이에는 잡아당기는 전기력이 작용한다. 전자가 핵으로 떨어지지 않으려면 전기력을 구심력으로 삼아 핵주위를 공전해야 한다. 마치 행성이 태양 주위를 도는 것처럼.

겉으로 보기에 별 문제없어 보이는 이 모형에는 심각한 문제점이 도사리고 있다. 전하가 원운동을 하게 되면 전자기파를 발생해야 한다. 안테나에서 전자기파가 나오듯이.

공전하는 전자는 전자기파를 발생시켜야 하고, 이때 나오는 전자기파는 전자의 에너지를 빼앗아 간다.

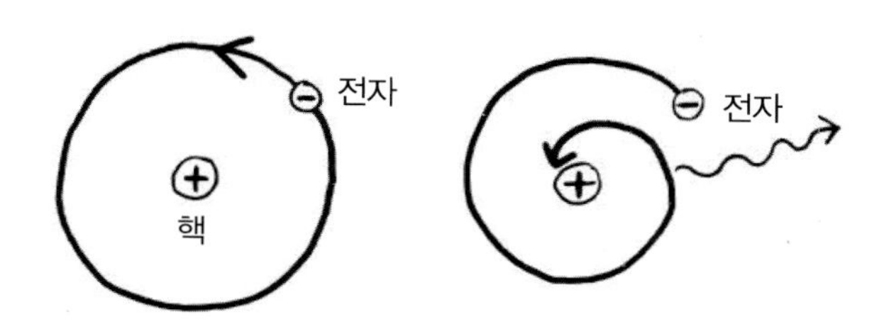

따라서, 전자는 핵주위를 돌기 시작하자마자 (약 10^{-8} 초 후) 에너지를 모두 잃고 핵쪽으로 떨어져 버려야 한다. 원자가 존재할 수 없게 되는 것이다. 이렇게 되면 러더퍼드 원자모형이 알려주는 원자는 매우 불안정하다.

또한, 이때 나오는 전자기파는 선스펙트럼이 아니라 연속적인 스펙트럼이 나와야 할 것이다.

원자는 도대체 어떻게 안정된 상태로 존재할 수 있는 것일까?

보어의 원자

러더퍼드 원자모형에 따르면 원자가 불안정하여 존재할 수 없다. 그러나 보어는 러더퍼드 모형에 신뢰를 가지고 이것을 해결하려고 하였다. 1913년에 보어가 발머공식을 접하게 되면서 원자구조를 이해하는 데 커다란 진전이 이루어졌다.

보어는 전자가 안정된 상태에 있으려면 전자가 가진 각운동량이 어떤 기본값의 정수배가 되어야 한다고 제안했다. 이로부터 보어는 분광학에서 발견된 선스펙트럼도 설명할 수 있었다.

각운동량의 양자화

보어가 제안한 각운동량의 양자화 조건은

$$L = mvr = n\frac{h}{2\pi}, \quad (n = 1, 2, 3, \cdots)$$ 이다.

이 조건은 고전역학적으로 볼 때 도저히 이해할 수 없는 것이었다. 이 양자화 조건은 어떻게 합리화될 수 있었을까?

전자가 그림처럼 반지름 r인 원주를 따라 움직인다고 하자. 각운동량의 조건을 전자가 파동이라는 물질파의 개념으로 바꾸어보자.

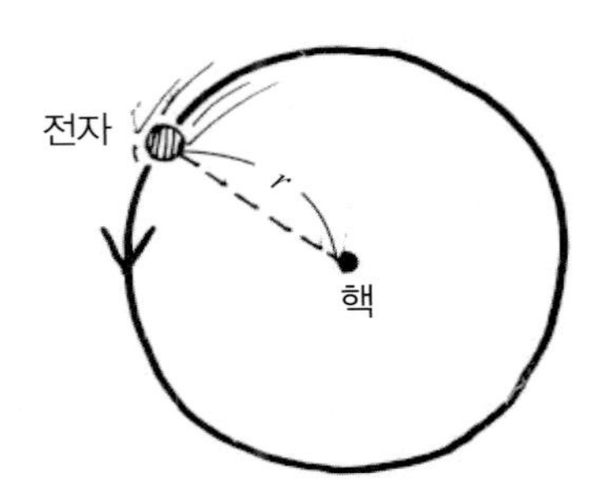

원주상의 궤도에서 전자가 정상파를 이루려면 원둘레는 전자가 갖는 물질파 파장의 정수배가 되어야 한다.

$$2\pi r = n\lambda, \quad (n = 1, 2, 3, \cdots)$$

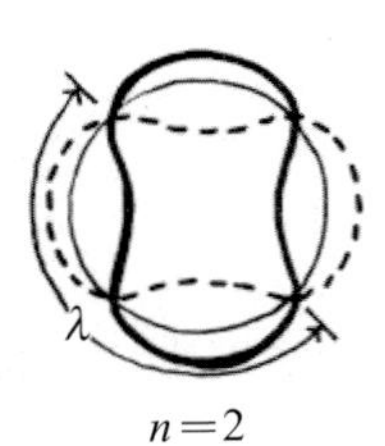

$n=2$

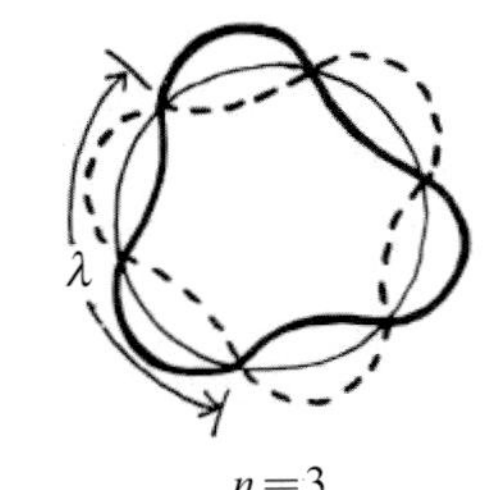

$n=3$

입자의 관점에서 이 조건을 보면 물질파의 파장은 운동량과 $\lambda = h/p = h/(mv)$의 관계가 있으므로

$$2\pi r = n\frac{h}{p} = n\frac{h}{mv}$$ 가 된다.

이것을 각운동량으로 고쳐쓰면

$$mvr = n\frac{h}{2\pi}$$ 이다.

이 결과는 바로 보어의 각운동량 양자화 조건과 일치한다.

보어생각과 전자의 에너지

파동이 원궤도에서 정상파로 있을 조건과 입자의 각운동량이 양자화된다는 것은 같은 표현이다.

보어의 제안에는 전자가 물질파라는 의미가 감추어져 있었다.

수소원자 속에 든 가장 낮은 에너지상태의 전자는 13.6 eV로 묶여 있다. 보어의 원자모형으로 이것을 찾아보자.

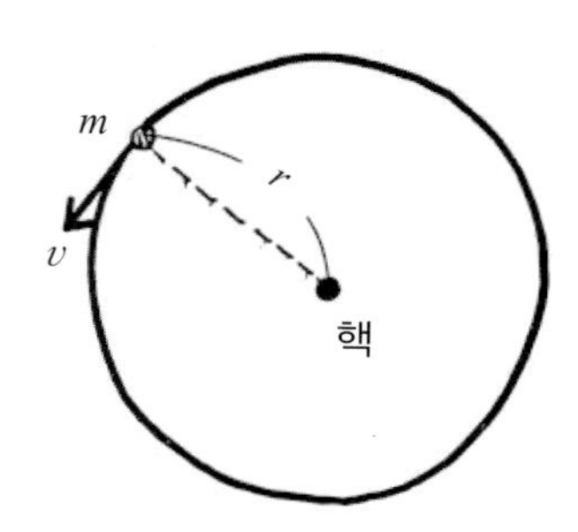

수소원자 속에 있는 전자의 운동을 보자.

(1) 전자는 핵으로부터 정전기힘을 받아 원운동을 한다. 쿨롱힘이 구심력이 된다.

$$\frac{1}{4\pi\varepsilon_0}\frac{e^2}{r^2} = \frac{mv^2}{r}$$

여기서 m은 전자의 질량이다.

(2) 전자가 안정된 상태에 있으려면 전자의 각운동량이 양자화되어야 한다.

$$mvr = nh/2\pi,\ (n=1, 2, 3, \cdots)$$

이 두 식으로부터 전자궤도의 반지름과 속력을 쉽게 구할 수 있다.

궤도 반지름 $= r = n^2 a_B$

원운동의 속력 $= v = \dfrac{1}{n}\,\dfrac{e^2}{2\varepsilon_0 h}$

여기에서 $a_B = \varepsilon_0 h^2/\pi m e^2$은 $n = 1$일 때의 반지름으로서 보어 반지름으로 알려져 있다.

보어 반지름의 값은 0.53 Å (=0.053 nm) 이다.

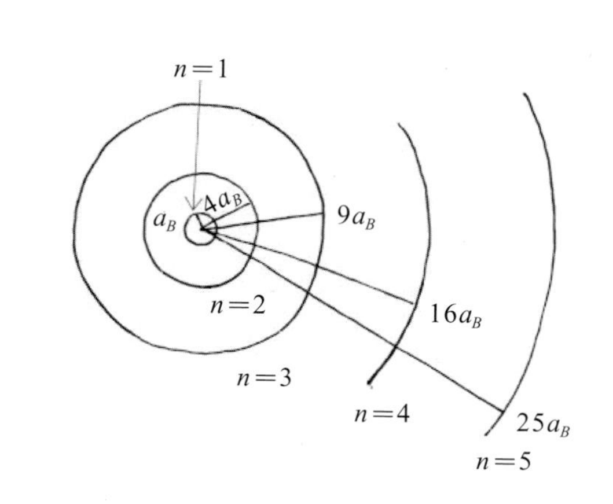

n번째 궤도에 있는 전자가 갖는 에너지를 구해 보자. 위의 반지름과 속도를 쓰면 운동에너지는

$$KE = \frac{m}{2}v^2 = \frac{1}{n^2}\,\frac{me^4}{8\varepsilon_0^2 h^2}$$ 이고,

위치에너지는

$$U = -\frac{1}{4\pi\varepsilon_0}\frac{e^2}{r} = -\frac{1}{n^2}\,\frac{me^4}{4\varepsilon_0^2 h^2}$$ 이다.

수소원자 속에 갇혀 있는 전자의 위치에너지와 운동에너지는 $U = -2\ KE$의 관계가 있다.

총 에너지는 운동에너지와 위치에너지를 더한 것이다.

$$총\ 에너지 : E = KE + U = -KE$$

총 에너지가 음수가 되는 것은 전자가 원자에 속박되어 있기 때문이다.

$$E = -\frac{1}{n^2}\frac{1}{\varepsilon_0^2}\frac{me^4}{8h^2}$$

가장 작은 궤도($n=1$)에 있을 때의 전자의 에너지는 기대했던 대로

$$E_1 = -\frac{1}{\varepsilon_0^2}\frac{me^4}{8h^2} = -13.6\ \text{eV}\ 이다.$$

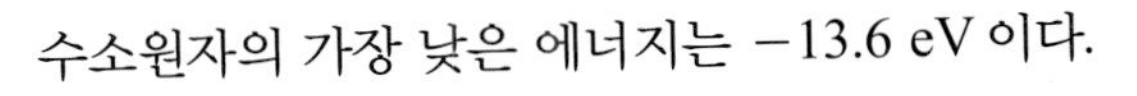

수소원자의 가장 낮은 에너지는 −13.6 eV 이다.

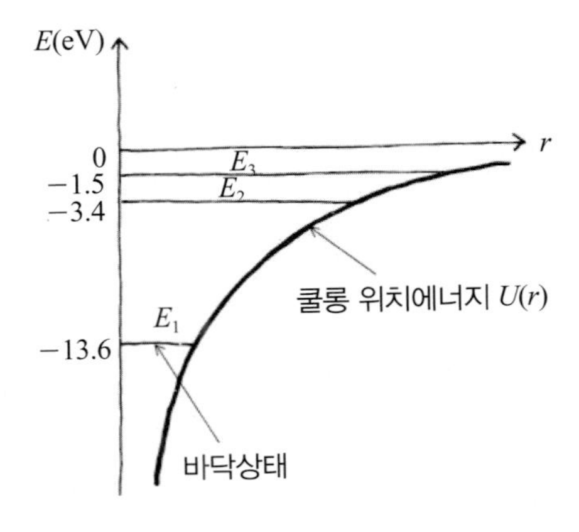

주양자수

전자의 총 에너지는 n에 따라 구분된다. 이 n은 보어가 각운동량 양자화 조건에서 도입한 정수이며, 궤도를 구별한다. n번째 궤도에 있는 전자의 에너지는 가장 작은 궤도에 있는 에너지보다 $1/n^2$로 줄어든다.

$$E_n = \frac{E_1}{n^2}$$

각 궤도마다 전자의 에너지가 양자화되어 있으며, 이 불연속적인 에너지(에너지준위)를 구별하는 양이 n이므로 $n=1, 2, 3, \cdots$을 주양자수라고 한다.

보어생각과 원자 선스펙트럼 (1913년)

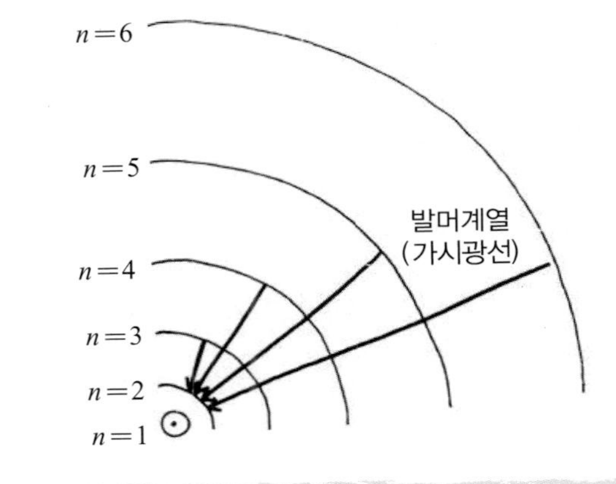

선스펙트럼

보어는 원자 속에서 전자의 에너지가 양자화되어 있다는 것으로부터 선스펙트럼을 설명하였다.

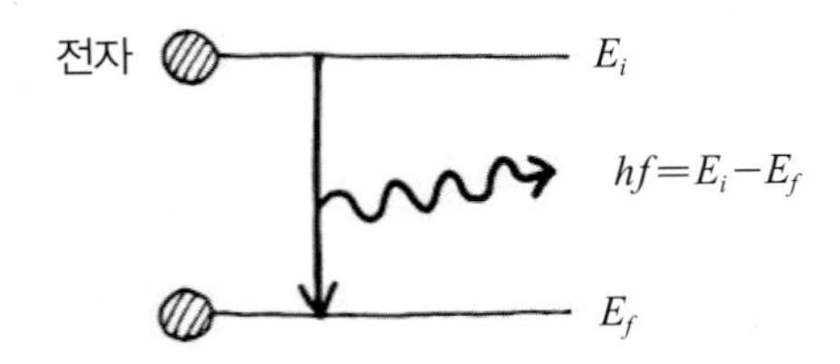

(1) 전자는 높은 에너지상태(E_i)에 있다가 낮은 에너지 상태(E_f)로 떨어진다.

(2) 이때 빛이 방출된다. 이 빛이 갖는 에너지 hf는 전자가 잃은 에너지 $\Delta E = E_i - E_f$ 와 같다.

$$\Delta E = E_i - E_f = hf$$

(3) 따라서, 이 빛의 진동수 f는 전자가 잃은 에너지에 비례한다.

$$f = \frac{E_i - E_f}{h}$$

발머계열

보어생각에 따르면 발머계열은 주양자수 n인 에너지상태에서 주양자수 2인 상태로 떨어진다(n은 2보다 커야 하므로 $n=3, 4, 5, \cdots$이다).

이때 원자에서 나오는 빛의 진동수는

$$f = \frac{E_n - E_2}{h} \text{ 이고,}$$

파장과 진동수는 $f = c/\lambda$의 관계가 있으므로

$$f = \frac{c}{\lambda} = \frac{E_n - E_2}{h} \text{ 가 된다.}$$

따라서,

$$\frac{1}{\lambda} = \frac{1}{hc}(E_n - E_2) = \frac{|E_1|}{hc}\left(\frac{1}{2^2} - \frac{1}{n^2}\right)$$

$$= R\left(\frac{1}{2^2} - \frac{1}{n^2}\right) \text{을 얻는다.}$$

리드베리상수는 보어생각에 의하면

$$R = \frac{|E_1|}{hc} = \frac{me^4}{8\varepsilon_0^2 h^3 c}$$

$$= 1.097 \times 10^7 \text{ m}^{-1} \text{이 되고,}$$

이 값은 실험값과 일치한다.

보어생각을 쓰면 발머계열 이외에도 라이먼이나 파셴계열 등의 선스펙트럼을 모두 설명할 수 있다.

라이먼계열은 $n=1$로 떨어지는 빛이며, 진동수가 높으므로 자외선이다.

이에 비해 파셴계열은 $n=3$으로 떨어지는 빛이며, 진동수가 낮으므로 적외선에 해당된다.

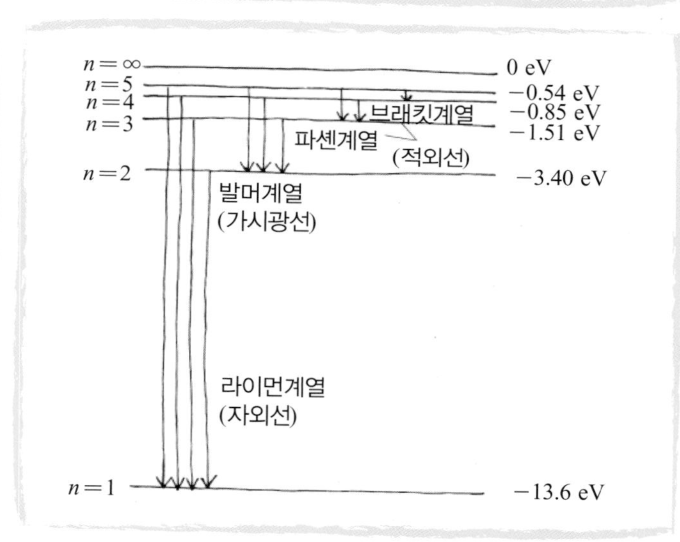

프랑크-헤르츠 실험

보어는 원자 내의 전자에너지가 양자화된다고 예측하였다. 이 생각은 프랑크와 헤르츠에 의해 1914년 확인되었다.

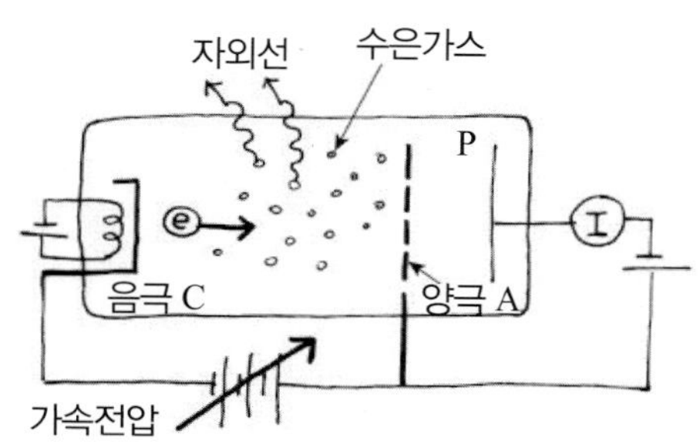

그림처럼 진공관 속에 있는 필라멘트에 열을 가하면 전자가 튀어 나온다. 이 부근에 음극(C)을 놓고, 떨어진 곳에 양극(A)를 놓은 후 가변전압을 C와 A 양단에 걸면 필라멘트에서 나온 전자가 가속되어 양극을 통과한 후 전극(P)에 도달한다. 이 전자가 P극의 도체를 통해 전선으로 흘러가면 전류(I)가 흐르게 된다.

프랑크와 헤르츠는 이 진공관 속을 낮은 전압의 수은 기체로 채우고, 가변전압을 증가시켰다. 전압이 증가함에 따라 전류도 증가하였다. 그러나 전압이 4.9 eV를 넘어서면 다음 그림처럼 전류가 갑자기 떨어지는 것을 볼 수 있었다.

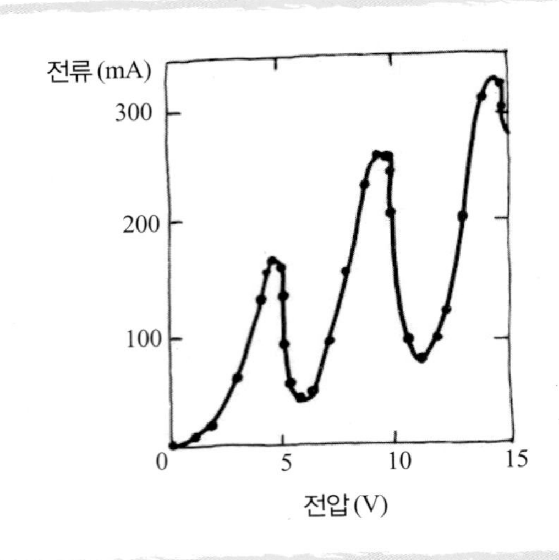

이것은 전자가 수은원자와 충돌하여 4.9 eV의 전자가 가진 운동에너지를 수은원자에게 준 것으로 볼 수 있다.

전자는 수은원자와 한 번 충돌할 때마다 4.9 eV를 잃게되므로 가속전압을 올려 4.9 V의 배수가 되면, 전자가 다른 수은원자와 다시 충돌하여 에너지를 잃는 흡수곡선을 볼 수 있다.

이때 들뜨게 된 원자들이 바닥상태로 떨어지면 4.9 eV에 해당되는 자외선(2,540 Å)을 낸다.

프랑크와 헤르츠는 수은원자가 2,540 Å의 자외선을 내는 것을 발견하였고, 결과적으로 보어의 원자모형을 실험적으로 확인할 수 있었다.

생각해보기

수은원자의 들뜬상태와 바닥상태의 에너지 차이가 4.9 eV이다. 이때 전자가 들뜬상태에서 바닥상태로 떨어질 때 내는 빛이 2,540 Å임을 보여라.

빛이 갖는 에너지 $hf = hc/\lambda$는 전자가 전해 준 에너지와 같다.

$$\frac{hc}{\lambda} = E_1 - E_0 = 4.9\ \text{eV}\,(= 7.84 \times 10^{-19}\ \text{J})$$

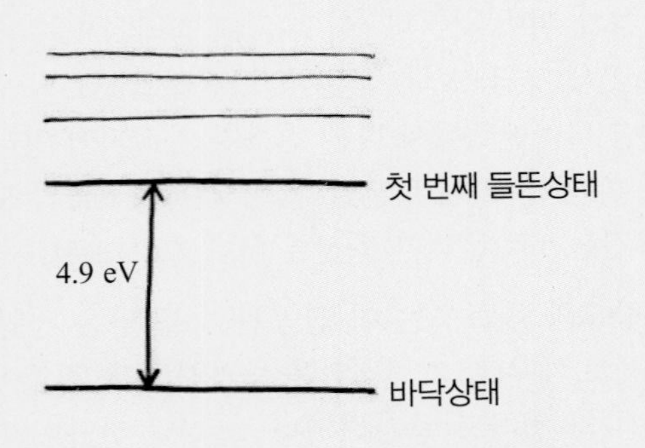

따라서, 빛의 파장은

$$\lambda = \frac{hc}{E_1 - E_0}$$

$$= \frac{(6.63 \times 10^{-34}\ \text{J}\cdot\text{s})(3.0 \times 10^{8}\ \text{m/s})}{(7.84 \times 10^{-19}\ \text{J})}$$

$= 2.54 \times 10^{-7}\ \text{m} = 2540$ Å이 된다.

양자화된 에너지

보어는 러더퍼드 원자모형으로부터 수소원자의 선스펙트럼을 성공적으로 설명할 수 있었다.

이 성공의 이면에는 물질파라는 개념이 중심에 서 있었다. 물질파를 통해 양자세계를 바라보는 아주 극적인 발상의 전환이 결정적인 역할을 한 것이다. 이 새로운 세계는 20세기 이전의 고전적인 사고방식으로는 도저히 이해할 수 없었던 부분이었다.

보어모형에 의하면, 파동은 궤도의 길이에 맞추어 파장을 조정하고, 전자의 전하가 원둘레에 퍼져서 정상파 모양을 이룬다. 수소원자 속에 있는 전자가 핵주위를 돌고 있다가 한 궤도에서 다른 궤도로 뛰어오르거나 떨어진다.

그러나 정상파를 이루는 전자의 궤도는 실제로 눈에 보이지 않는다. 보이지 않는 전자궤도로 선스펙트럼을 설명한다는 것을 받아들일 수 있을까?

슈뢰딩거는 이렇게 이상하게 보이는 보어모형의 결과를 전자가 물질파라는 입장에서 자연스럽게 볼 수 있는 방법을 찾아냈다.

슈뢰딩거는 전자를 파동함수로 표시하고, 원자의 에너지를 구하는 문제를 공명하는 진동의 마디수를 찾는 문제로 바꾸었다.

전자가 전기력을 받아 원자 속에 갇혀 있는 문제는 어려우므로, 그림처럼 상자모양의 장벽 속에 전자가 갇혀 있는 경우로 바꾸어 생각해 보자.

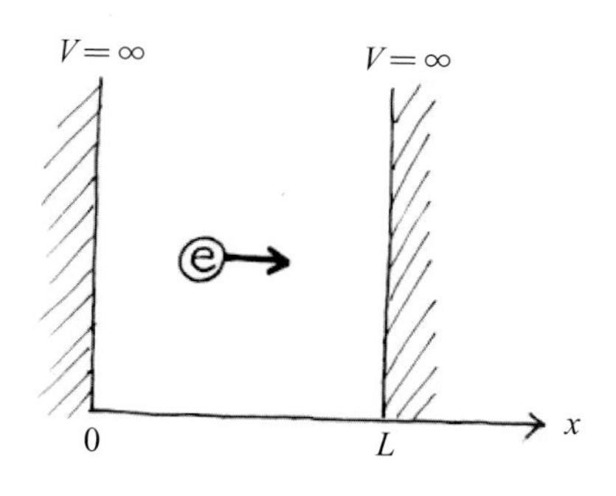

질량 m인 전자는 상자 안에서는 자유롭게 움직이지만, 벽이 있는 위치 ($x=0$, L)에서는 반사되기 때문에 현의 공명처럼 정상파를 만든다.

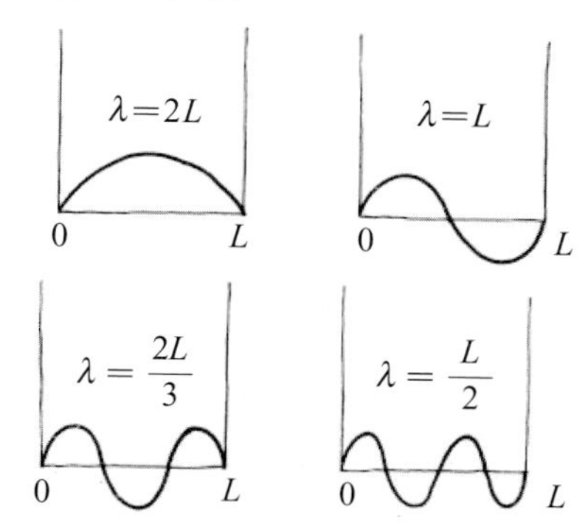

전자의 파장은 정상파 조건으로부터 $\lambda = 2L,\ 2L/2,\ 2L/3,\ \cdots$이다. 따라서, 파장은

$$\lambda = \frac{2L}{n}, \quad (n = 1, 2, 3, \cdots)$$ 이다.

전자가 갖는 총 에너지는 $E = \frac{p^2}{2m} + V$이지만 상자 안에서는 전자의 위치에너지가 0이므로 전자의 총 에너지는 운동에너지만으로 결정된다.

$$E = \frac{p^2}{2m}$$

드브로이에 의하면 운동량과 파장은 $p = h/\lambda$의 관계를 가지므로, 전자의 운동량은

$$p = \frac{h}{\lambda} = \frac{nh}{2L}, \quad n = 1, 2, 3, \cdots$$ 이다.

이에 따라 상자 안에 갇혀 있는 전자는 특별한 값만을 에너지로 가질 수 있다. 즉, 전자의 에너지는 양자화 되어 있다.

$$E_n = \frac{p^2}{2m} = \frac{h^2}{8mL^2}n^2, \quad (n = 1, 2, 3, \cdots)$$

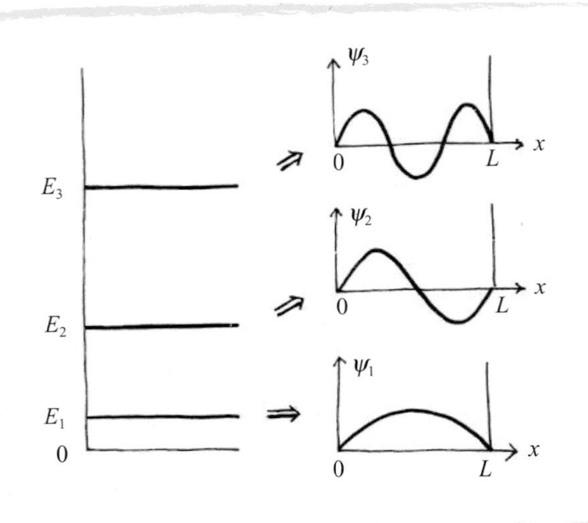

전자는 상자 안의 어느 곳에 존재할까?

전자가 존재할 확률밀도는 파동함수의 절댓값의 제곱으로 표현되므로 전자의 파동함수를 알면 전자가 존재할 곳을 알아낼 수 있다.

상자 안에 갇힌 전자의 정상파는 $x=0$과 $x=L$에서 0이 되어야 하므로,

$$\psi(x) = A\sin\left(n\pi\frac{x}{L}\right)$$

로 쓸 수 있다$(n = 1, 2, 3, \cdots)$.

이 상태의 확률밀도는 절댓값의 제곱으로 표시된다.

$$\text{확률밀도} = |\psi(x)|^2 = |A|^2\sin^2\left(n\pi\frac{x}{L}\right)$$

그런데 확률은 모두 더하면 1이 되어야 한다.

$$\int_0^L dx\,|\psi(x)|^2 = 1$$

이 조건을 만족하려면 $|A| = \sqrt{\frac{2}{L}}$ 이다.

따라서, 각 에너지준위에 해당되는 전자의 파동함수는

$$\psi_n(x) = \sqrt{\frac{2}{L}}\sin\left(n\frac{\pi x}{L}\right)$$

n번째 에너지준위에 놓인 전자의 확률밀도는

$$P_n(x) = |\psi_n(x)|^2 = \frac{2}{L}\sin^2\left(n\frac{\pi x}{L}\right)$$ 이다.

전자가 상자 안에 놓일 위치는 다음 그림처럼 에너지준위에 따라 다르다.

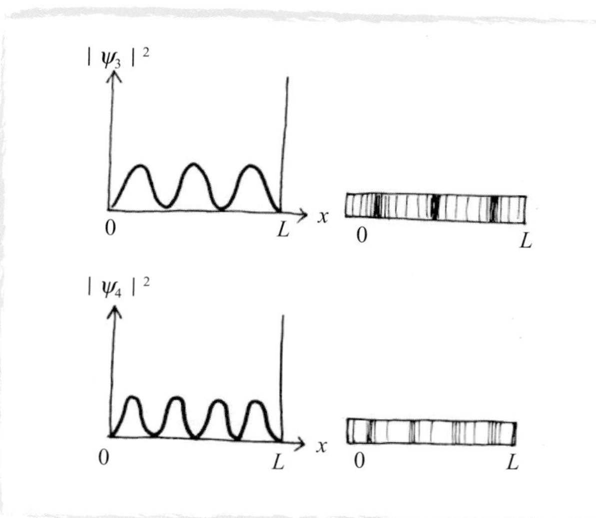

전자가 가질 에너지의 구체적인 값은 전자를 가두는 위치에너지의 구체적인 형태에 따라 달라진다. 그러나 전자가 유한한 공간 안에 갇혀 있기만 하면 전자가 가지는 총 에너지는 언제나 양자화된다.

수소원자 속의 전자는 수소핵과의 전기적인 위치에너지로 갇히게 된다. 원자 속의 좁은 공간에 갇힌 전자는 보어가 구한 것처럼 에너지가 양자화된다.

$$E = \frac{E_1}{n^2}, \quad n = 1, 2, 3, \cdots$$

고체 안에 놓인 원자가 진동하는 경우에는 마치 용수철이 받는 것처럼 위치에너지

$$V(x) = \frac{1}{2}kx^2 \text{를 갖게 된다.}$$

따라서, 각 원자는 용수철 에너지장벽 속에 갇히게 된다. 결국 질량 m인 원자의 진동에너지는 아래 그림처럼 양자화 된다. 양자화된 진동에너지는 $E=\left(n+\frac{1}{2}\right)\hbar\omega$ 로 표시된다. n=0, 1, 2, ⋯이고, $\omega = \sqrt{k/m}$ 이다.

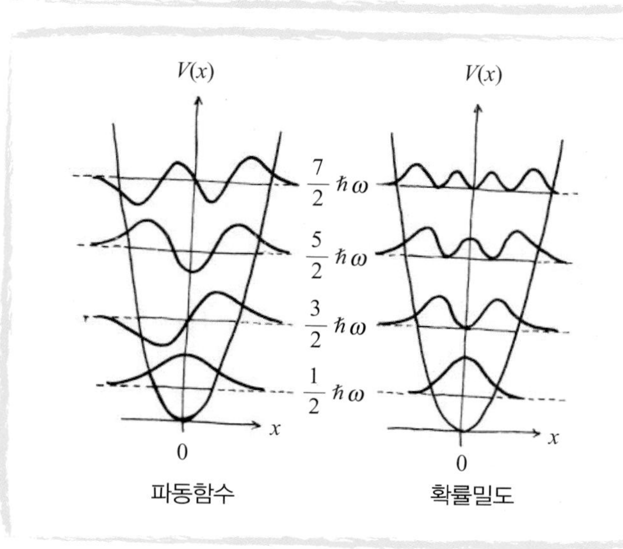

파동함수 확률밀도

전자가 실제로 어떤 상태에 있는지 알아보기 위해 전자를 측정한다고 하자. 우리 주변의 거시세계에서는 측정되는 물체에 영향을 거의 주지 않고 측정하는 데 큰 어려움이 없다.

그러나 양자세계에서는 측정하는 행위로 인해 전자의 상태를 바꿀 수밖에 없는 한계가 있다. 이 때문에 측정에 따라 결과가 달라지는 문제를 신중하게 고려해야 한다. 전자를 측정하게 되면 어떤 문제가 나타나는지 알아보자.

측정 전의 양자상태와 측정 후의 양자상태는 어떻게 다른가?

상자 안에서 전자가 운동하고 있다. 이 전자의 에너지를 측정해 보자.

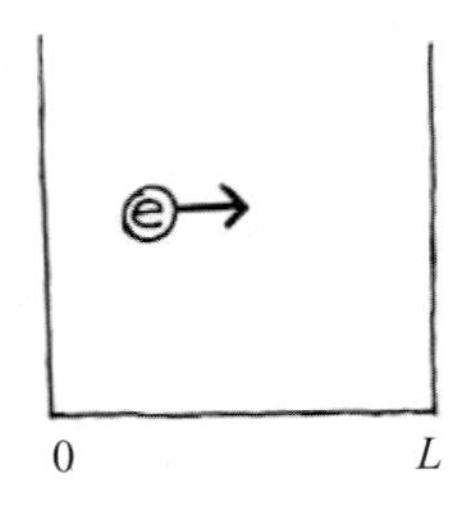

먼저 단색광을 흡수시켜 전자의 에너지를 측정해 보니 전자가 바닥상태에 있었다고 하자.

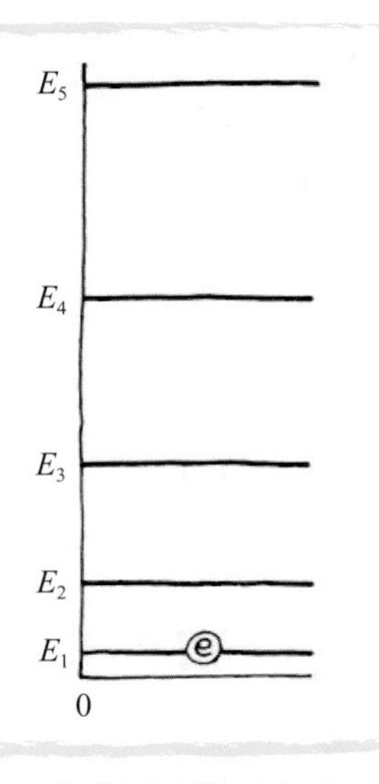

이 전자가 가진 에너지는

$E_1 = h^2/(8mL^2)$이다.

이처럼 정확한 에너지를 가진 상태를 에너지 고유상태라고 한다.

이 전자의 파동함수는

$\psi_1(x) = A \sin\left(\frac{\pi x}{L}\right)$ 이다.

이 전자는 상자 안 어디에 있을까?

전자가 어디에 있을지는 파동함수로 짐작할 수 있다.

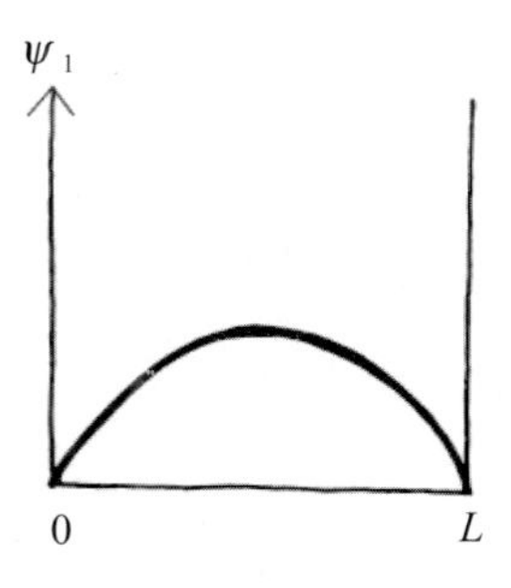

파동함수 절대값의 제곱(확률밀도)으로 보면 전자는 가운데 있을 확률이 제일 크고, 벽 근방에 있을 확률이 제일 작다.

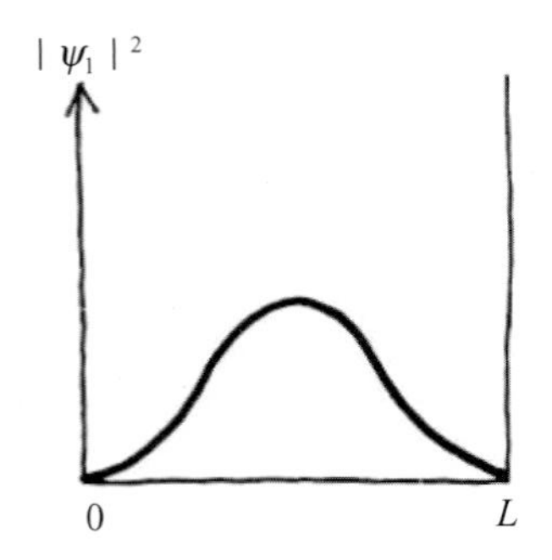

우리는 전자가 있을 위치를 정확하게 알지 못하고, 단지 확률적으로만 알 뿐이다.

그런데 이 전자의 위치를 실제로 측정한다면 어떻게 될까?

이번에는 집속된 가느다란 레이저 빔으로 바닥상태에 있는 전자의 위치를 측정해 보자. 이 결과 전자가 한가운데 있다는 것을 알게 되었다고 하자.

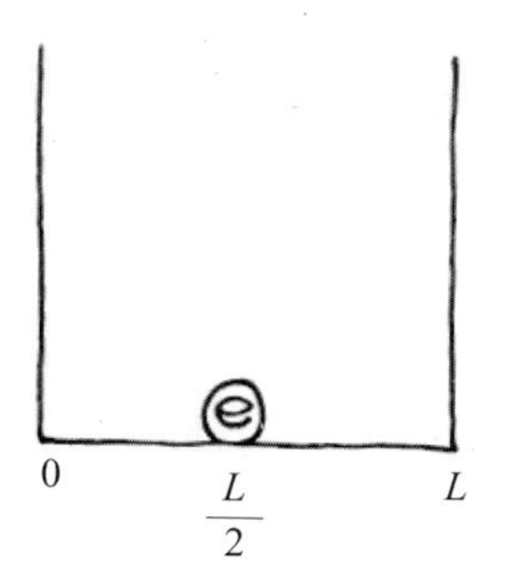

이제는 전자의 위치를 확률적으로 아는 것이 아니라 실제의 위치를 알게 되었다. 전자의 위치가 정확히 알려졌으므로, 이 전자는 위치 고유상태에 놓여 있다고 한다.

$|\psi|^2$

위치 고유상태

0 $\frac{L}{2}$ L

그렇다면 측정한 후 전자의 상태는 위치를 측정하기 전에 있던 전자의 상태(바닥상태)와 어떻게 다른가?

첫 번째 측정으로 전자상태는 에너지가 잘 알려진 에너지 고유상태(바닥상태)에 있었고, 두 번째 측정 후에는 위치가 정확하게 알려진 위치 고유상태에 있다.

이 상태함수를 그림으로 그리면 아래와 같다.

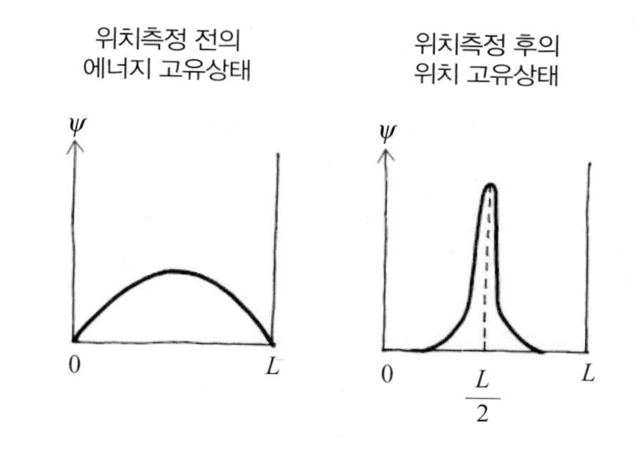

그런데, 두 번째 측정 후에는 위치 고유상태의 에너지값이 정확히 얼마라고 말할 수 없다. 위치 고유상태가 에너지 고유상태들의 중첩으로 되어 있기 때문이다.

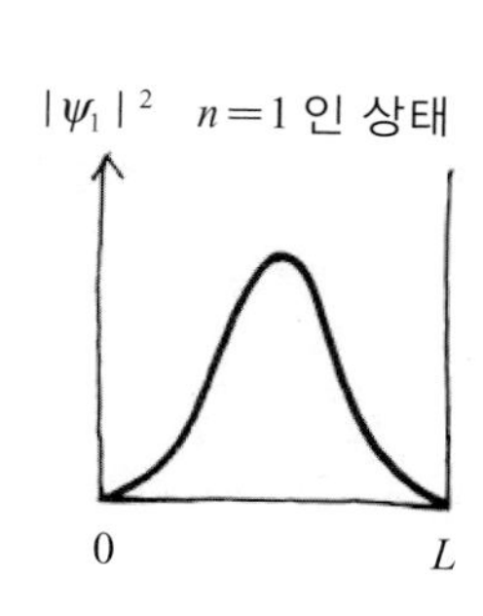

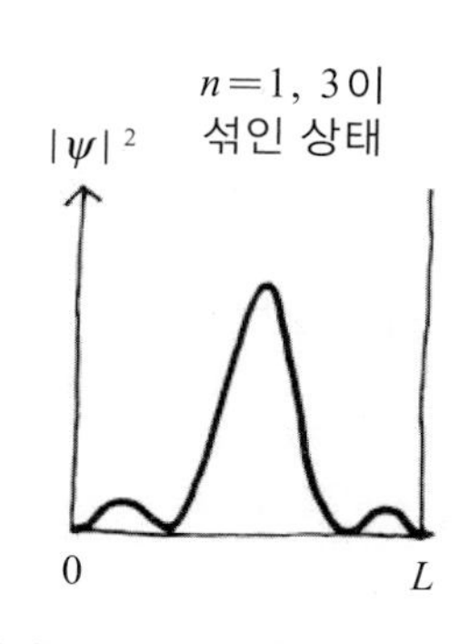

이것을 보기 위해 그림처럼 바닥상태에 있을 때의 확률밀도와 에너지 고유상태 $n=1$과 $n=3$이 섞인 상태의 확률밀도를 비교해 보자.

바닥상태에 비해 $n=1$과 $n=3$이 섞인 상태가 측정된 전자상태를 더 잘 나타내는 것을 알 수 있다.

이제 오른쪽 그림처럼 에너지 고유상태 n=1, 3, 5, 7, 9가 중첩된 상태의 확률밀도를 보면 점점 더 위치가 정확하게 나타나는 것을 알 수 있다.

따라서, 에너지 고유상태들을 더 많이 중첩시키면 위치 고유상태의 확률밀도와 같아진다.

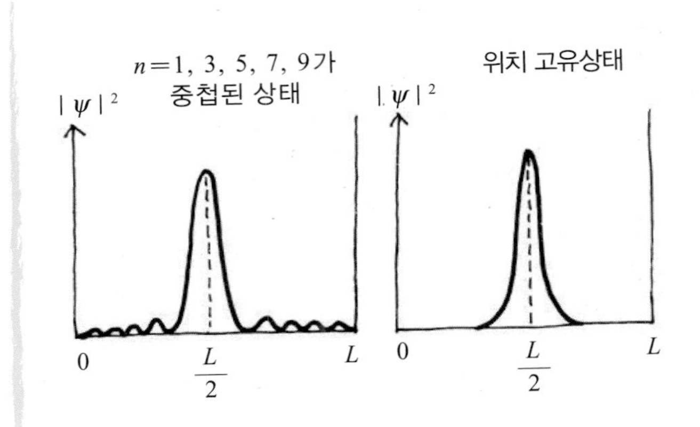

달리 말하면, 위치가 정확하게 측정된 상태라는 것은 에너지값이 불분명하다는 뜻이고, 수많은 에너지 고유상태들이 중첩되어 있다는 것을 뜻한다.

위치 고유상태는 에너지 고유상태들의 중첩들로 표시된다.

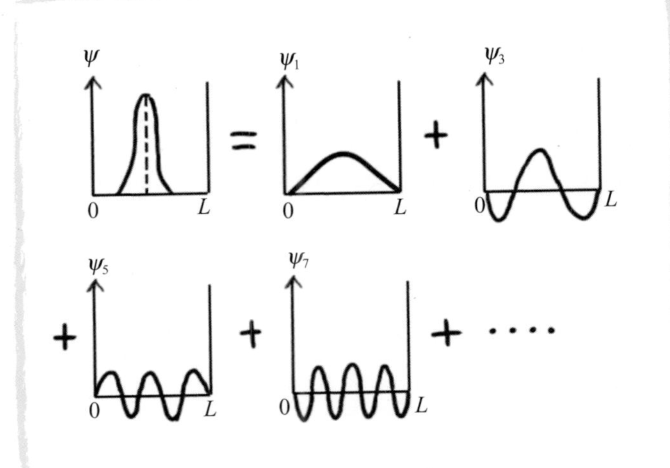

이와 같이 측정을 하고 나면, 전자의 상태는 측정한 양의 고유상태로 바뀐다.

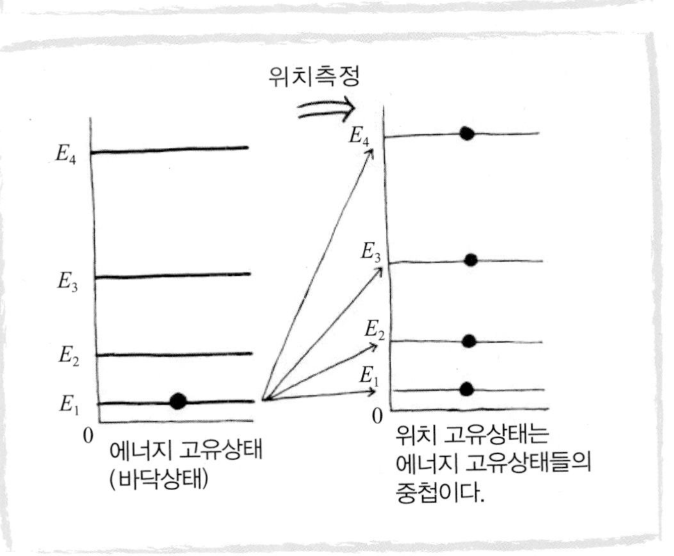

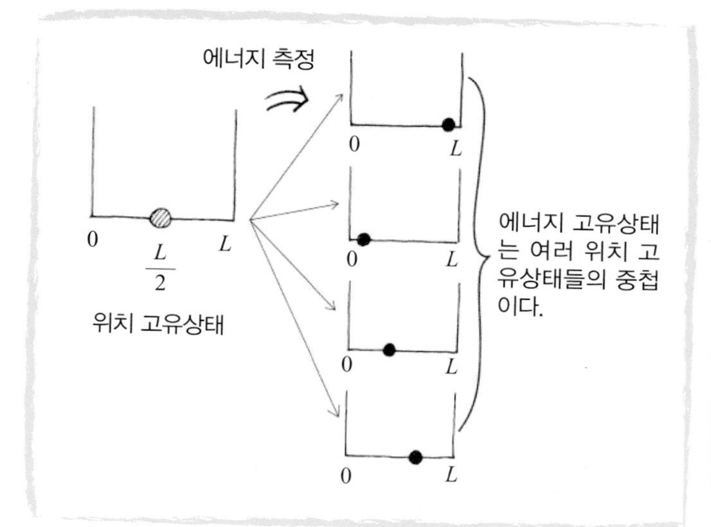

에너지 고유상태에 있던 전자의 위치를 측정하게 되면, 전자는 더 이상 에너지 고유상태에 있지 못하고 여러 에너지가 섞인 중첩된 상태로 변한다.

전자의 위치를 측정한 후 다시 전자의 에너지를 측정하려고 한다면 이번에는 전자가 어떤 에너지값을 가질지에 대해 정확하게 예측할 수가 없다. 다만 확률적으로밖에 말할 수 없다.

양자세계는 거시적인 세계에 익숙한 우리들에게 이상하게 보이는 문제들을 제기한다. 양자계를 측정하는 행위는 직관적으로 이해할 수 없는 결과들을 만들어 낸다.

양자세계에서는, 측정하기 전까지는 가능한 상태들이 확률로만 존재한다. 또한, 어떤 양을 측정하고 나면 이와 다른(상보적인) 물리량을 정확하게 예측하는 것이 가능하지 않다.

슈뢰딩거는 이렇게 이상하게 보이는 양자세계를 슈뢰딩거 고양이로 표현하였다. 우리가 고양이를 보기 전에는 살아 있는 상태와 죽어 있는 상태의 중첩상태로 존재할 것이다. 그런데, 이 고양이를 측정하는 순간, 살아 있는 상태와 죽어 있는 상태의 두 가지 중에서 한 가지 상태로 변할 것이다.

슈뢰딩거 고양이를 양자계로 볼 수 있다면 살아 있는지 죽어 있는지를 측정하는 순간 고양이는 살아 있든지 죽어 있든지 둘 중의 한 가지 상태로 변해 버릴 것이다.

고양이를 생사가 아닌 다른 상태로 측정할 수 있는 방법은 없을까?

단원요약

1. 원자모형

① 기체상태의 원자는 고유한 빛을 낸다. 이 빛을 파장별로 나타낸 것을 선스펙트럼이라고 부른다. 선스펙트럼으로 원자를 구분할 수 있다.

② 러더퍼드 원자모형은 아주 작은 원자핵이 원자의 중심에 있고, 전자가 주위를 도는 모형이다. 그러나 전자가 전하를 가지고 있기 때문에 원운동을 하면 전자기파를 발산하여 에너지를 잃게 되는 모순을 가지고 있었다.

2. 보어의 원자

① 보어 원자모형은 러더퍼드 원자모형의 단점을 보완한 것이다. 전자가 특별한 조건을 가지는 궤도에 놓일 때만 안정된 상태에 남아 있을 수 있다. 이 조건을 양자화 조건이라고 부른다. 양자화 조건은 각운동량으로 표시되었지만, 드브로이의 물질파로 다시 쓰면, 정상파가 되어야 한다는 조건으로 바뀐다. $2\pi r = n\lambda$. r은 궤도의 반경이고, λ는 전자의 파장이다.

② 원자에서 방출되는 빛의 에너지(hf)는 전자가 잃는 에너지(ΔE)와 같다.

$hf = \Delta E = E_i - E_f$

3. 양자화된 에너지

상자 안에 갇힌 전자는 특별한 값만을 에너지로 가질 수 있다.

연습문제

1. 태양에는 극소량의 산소가 있다는 것이 알려져 있다. 태양에 산소가 있다는 것을 어떻게 알 수 있을까?

2. 기체, 액체, 고체상태 중에서 선스펙트럼을 낼 수 있는 상태는 어떤 것일까? 연속스펙트럼을 내는 것은 어떤 것일까?

***3.** 수소원자는 상온에서 대부분 바닥상태에 놓여 있다. 태양표면의 온도는 6,000 K이다. 태양표면에서 바닥상태($n = 1$)에 비해 $n = 2$ 상태에 있을 원자의 비는 얼마나 될까?

4. 수소원자에서 전자가 $n = 3$인 에너지상태에서 $n = 2$로 떨어질 때 나오는 빛(발머계열)의 파장은 얼마인가? 만일, $n = 1$로 직접 떨어진다면(라이먼계열)이 빛의 파장은 얼마인가? $n = 2$로 떨어진 다음 다시 $n = 1$로 떨어지면서 빛이 나온다면

3. 맥스웰-볼츠만 분포의 통계적 확률을 써라.

4. 보어생각을 쓰자.

어떤 파장의 빛들이 나올까?

5. 헬륨이온 He^{+}을 He^{2+}로 이온화시키려면 어떤 파장의 빛이 필요한가?

6. 태양 내의 헬륨이온 He^{+}이 $n = 2$ 상태에서 $n = 1$ 상태로 떨어질 때 내는 에너지는 얼마인가? 이 빛이 수소원자에 흡수된다면 수소원자를 어떤 상태로 만들겠는가?

7. 수은원자가 상온에 있을 때의 운동에너지는 얼마인가? 플랑크-헤르츠 실험에서 전압이 4.9 V에 약간 못 미쳐도 전자가 수은을 들뜨게 할 수 있는 이유는 무엇인가?

8. 뮤온은 전자보다 약 200배 무겁고, 뮤온의 전하는 전자와 같다. 수소원자에서 전자를 뮤온으로 대치하여 원자를 만든다면 원자의 크기는 얼마나 달라질까?

9. 전자를 퍼텐셜장벽 안에 가두어 놓으면 전자가 가질 수 있는 에너지가 항상 양자화되는 이유는 무엇인가?

10. 열을 가해 수소원자의 전자를 바닥상태에서 $n = 2$ 상태로 올려 놓으려고 한다. 온도를 얼마로 높여야 할까?

11. 태양의 자외선은 피부를 태운다. 이에 비해 가시광선은 그렇지 못하다. 그 이유는 무엇일까?

12. 원자가 파장 392 nm인 빛을 흡수한 뒤 712 nm 파장의 빛은 내었다. 얼마 후 이 원자가 계속하여 빛을 낸다면 두 번째 나오는 빛의 파장은 얼마일까?

6. He^{+}는 질량이 4배이고 전하가 2배인 수소핵에 전자가 1개 있는 것으로 생각하자.

7. 전자의 열운동에너지를 고려하자.

8. 수소원자의 반지름은 전자의 질량에 반비례한다.

10. 열에너지는 $\frac{3}{2}k_BT$이다.

12. 에너지보존을 이용하자.

PART V

현대물리학의 여러 분야들

Chapter 1

원자와 양자수

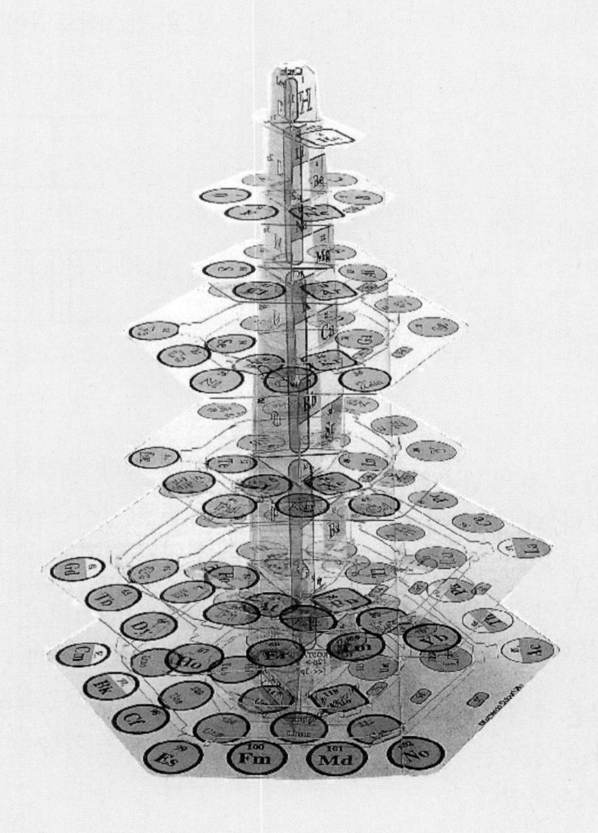

원자의 주기율표

물질은 왜 화학적으로 주기적인 성질을 가지고 있을까?

각운동량과 스핀

보어가 원자의 스펙트럼을 설명했지만, 가장 단순한 수소원자에서도 더 많은 스펙트럼이 있다는 것이 알려졌다. 1896년 제만은 원자가 자기장 속에 놓이면, 더 많은 선스펙트럼이 존재한다는 것을 찾아냈다.

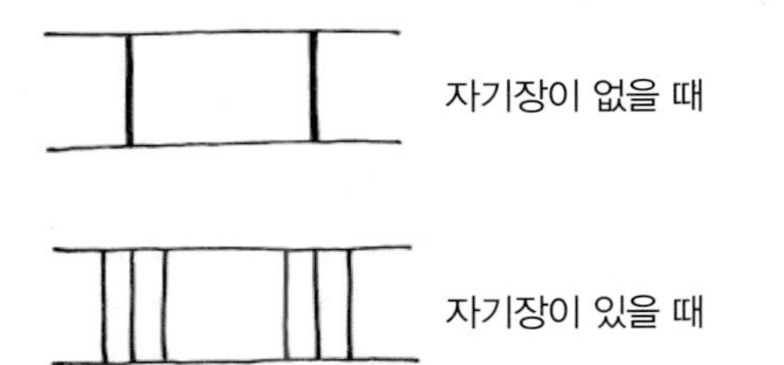

더 많은 선 스펙트럼이 있다는 것은 단순한 수소원자에도 보어가 생각한 모형보다 더 많은 에너지준위가 있다는 것을 말한다. 주양자수 n 이외에도 더 많은 상태가 있는 것 같았다. 보어모형이 틀린 것일까? 어떻게 보어 모형이 살아남게 되었을까?

좀머펠트(1868~1952)는 같은 주양자수 n을 가지면서도 여러 타원궤도가 존재할 수 있다는 생각으로 1916년 보어모형을 타원궤도에 적용하였다.

이에 따라 주양자수 에너지준위 부근에 약간 크거나 작은 에너지준위들이 생겨나고 이 에너지들 사이에서 천이가 일어나 빛이 방출된다.

자기장이 걸리면, 전자는 자기장의 방향과 다른 여러 방향의 타원궤도를 택할 수 있는 가능성이 늘어난다.

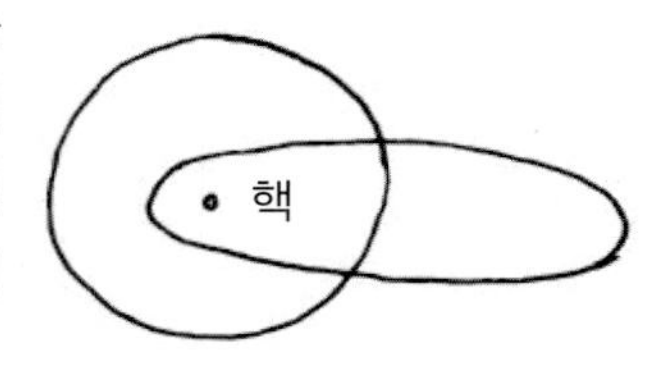

전자가 궤도운동을 하면 전류고리로 볼 수 있으므로 그림처럼 원자의 자기모멘트가 생겨난다.

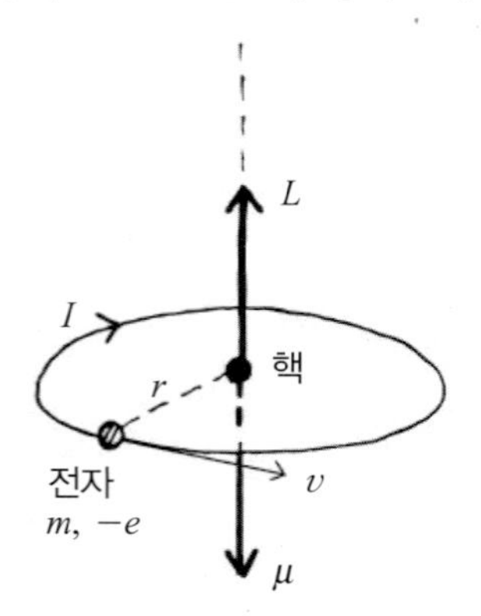

자기모멘트 크기 μ는 전류×면적$=IA$이다.
전류는 전자의 속도에 비례하고$(I=-ev/2\pi r)$,
면적은 반지름의 제곱에 비례한다$(A=\pi r^2)$.
따라서, 자기모멘트는 각운동량에 비례한다.
각운동량 $\mathbf{L}$은 보어모형에서 보았듯이 $\hbar$의 정수배이므로 원자의 자기모멘트를

$$\boldsymbol{\mu} = I\mathbf{A} = -\mu_B \mathbf{L}/\hbar$$ 로 쓴다.

비례상수 μ_B는 보어 자기모멘트

$$\mu_B = e\hbar/2m = 9.274\times10^{-24}\ \mathrm{J/T}$$ 이다.

원자 내의 전자의 궤도 각운동량 $\mathbf{L}$의 크기 L은 양자화 되어, 다음의 불연속적 값만 가질 수 있다.

$$L = \sqrt{l(l+1)}\,\hbar$$

궤도 각운동량 양자수 l은 원자의 주양자수 n에 대하여 $l = 0, 1, \cdots, n-1$ 중 한 값을 가진다.

제만효과와 자기양자수

자기모멘트가 균일한 자기장 $(\mathbf{B} = B\hat{\mathbf{z}})$ 속에 놓이면 토크를 받아 세차운동을 한다.

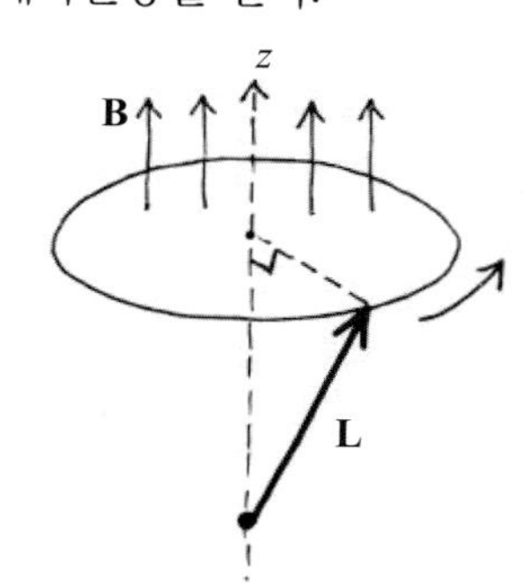

이 토크 때문에 전자는 자기에너지 $E = -\boldsymbol{\mu}\cdot\mathbf{B}$ 를 갖게 된다. 따라서, 자기에너지는 각운동량에 비례한다.

$$E = -\boldsymbol{\mu}\cdot\mathbf{B} = \mu_B B\frac{L_z}{\hbar} \propto \frac{L_z}{\hbar}$$

이 자기에너지로부터 불연속적인 제만 스펙트럼은 궤도 각운동량 $\mathbf{L}$의 자기장 방향의 성분 L_Z의 양자화 효과로 설명이 된다.

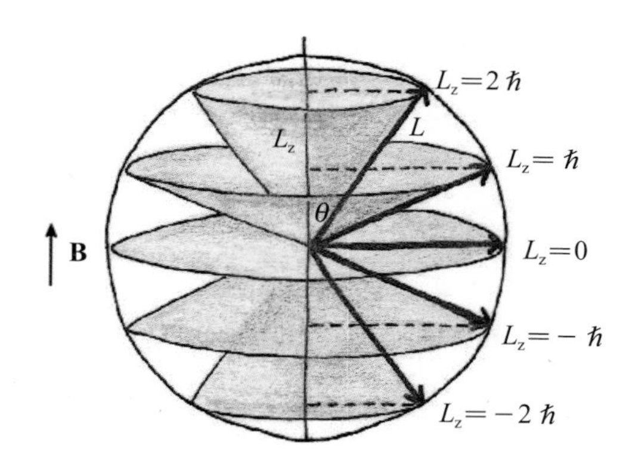

자기장을 걸어주면 자기 양자수가 보인다.

각운동량은 벡터이며, 각운동량 성분이 양자화되고, 여러 개의 값을 갖는다.

$$L_z = m_l\hbar$$

따라서, 이때 자기장 속에서 원자가 갖는 에너지는

$$E = -\boldsymbol{\mu}\cdot\mathbf{B} = \frac{\mu_B L_z B}{\hbar} = m_l\mu_B B \text{ 이다.}$$

자기에너지는 여러 개의 에너지준위를 가지며, 이 에너지차이 때문에 제만 스펙트럼에서 몇 개의 섬세한 선(fine structure)들이 더 보이게 된다.

이 에너지준위는 자기장을 걸면 보이기 때문에 m_l을 자기 양자수라고 한다.

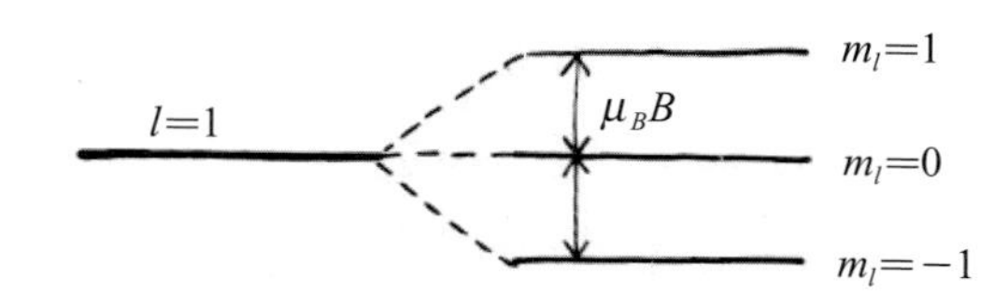

슈뢰딩거가 푼 결과에 의하면 자기 양자수 m_l은

$$m_l = 0, \pm1, \pm2, \cdots, \pm l$$

을 가진다. m_l이 가질 수 있는 가장 큰 값은 l이고, 이 l을 각운동량의 크기라고 한다.

l은 주양자수 n보다 적다.

$$l = 0, 1, 2, \cdots, n-1$$

주양자수, n	각운동량, l	자기양자수, m_l
1	0 (1s)	0
2	1 (2p)	0, ±1
	0 (2s)	0
3	2 (3d)	0, ±1, ±2
	1 (3p)	0, ±1
	0 (3s)	0

전자가 가지는 각운동량 상태는 l값에 따라 이름이 붙어 있다. 각운동량이 $l = 0, 1, 2, 3$인 상태를 각각 **s, p, d, f** 상태라고 한다.

주양자수 $n = 1$에서는 $l = 0$만이 존재하므로, 이 상태를 1s라고 쓴다. 이때 자기 양자수는 $m_l = 0$만이 존재한다. 이 상태의 전자가 갖는 확률밀도 분포는 그림처럼 구형 대칭성을 띠고 있다.

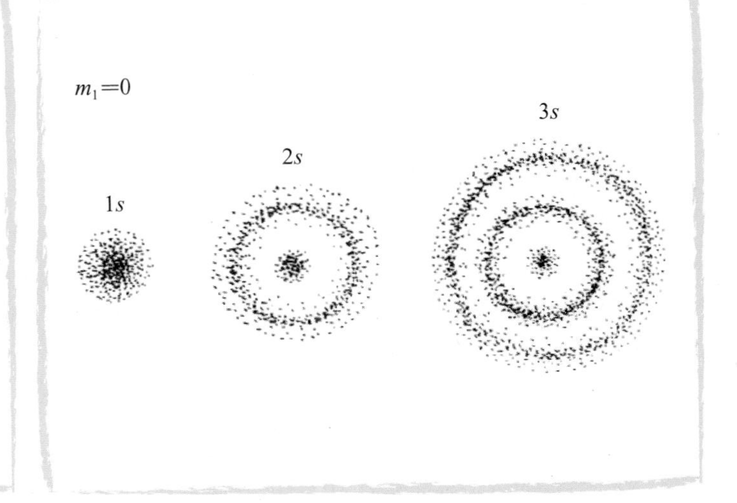

주양자수 n=2에서는 $l = 0, 1$이 존재한다.

$l = 0\,(2s)$일 때는 자기 양자수 $m_l = 0$만이 있지만, $l = 1\,(2p)$인 경우에는 $m_l = 0, \pm1$이 존재한다.

주양자수 $n = 3$에서는 $l = 0, 1, 2$가 존재한다.

$l = 0\,(3s)$일 때는 자기양자수 $m_l = 0$만이 있지만, $l = 1\,(3p)$인 경우에는 $m_l = 0, \pm1$이 존재하고, $l = 2\,(3d)$인 경우에는 $m_l = 0, \pm1, \pm2$가 존재한다.

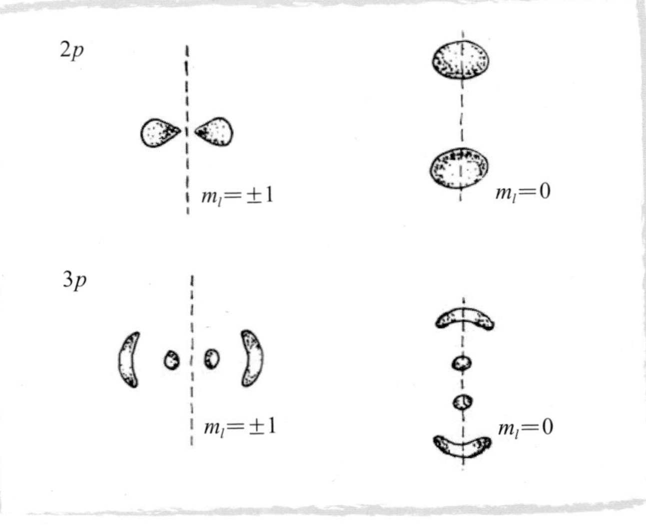

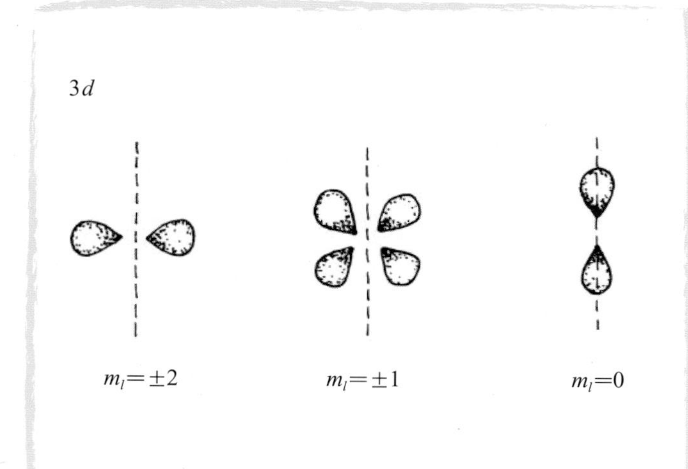

스핀 양자수

제만효과는 자기 양자수로 설명할 수 있었다. 그러나 원자에 따라서는 자기장 속에서 자기 양자수로 설명할 수 없는 새로운 스펙트럼이 발견되었다. 이것을 비정상 제만효과라고 한다.

비정상 제만효과는 전자의 자전현상(스핀) 때문이라는 것이 곧 확인되었다. 울렌벡과 굿슈미트는 전자에 스핀이라는 새로운 각운동량을 도입했다.

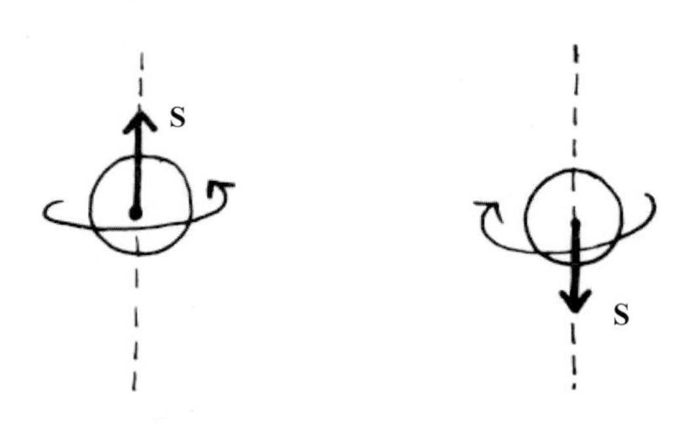

전자는 궤도운동에 의한 자기모멘트 이외에 자기장과 반응하는 독자적인 스핀 각운동량 **S**를 가지고 있다.

스핀 **S**는 궤도 각운동량 **L**과 비슷한 성질을 띠고 있다. 벡터량이며, 자기장과 반응한다.

궤도 각운동량에서처럼 전자가 가진 스핀의 성분은

$$S_z = m_s \hbar \text{ 이다.}$$

m_s는 스핀 양자수라고 하며, $+1/2$, $-1/2$값을 가진다.

전자의 스핀값은 궤도 각운동량값($\hbar$)의 반값만을 가지고, 따라서 스핀 1/2이다.

전자의 스핀은 때로는 up 스핀(스핀 +1/2)과 down 스핀(스핀 −1/2)으로 쓴다.

전자의 스핀은 전자를 회전하는 작은 구로 묘사하는 고전역학적 방식으로는 설명할 수가 없다. 전자뿐만 아니라 모든 기본입자의 스핀은 순수 양자역학적 고유물리량으로 단순히 고전역학 모형으로 묘사될 수가 없는 것이다.

자기장 속에서 스핀에 의한 에너지 차이는

$$\Delta E = 2 m_s \mu_B B$$

로 양자화된다.

생각해보기

주양자수 $n = 3$인 에너지 궤도로 여기가 된 나트륨 원자는 그림과 같이 각각 파장이 588.995 nm와 589.592 nm로 파장의 차가 작은 두 개의 스펙트럼선을 방출한다. 이 현상은 전자의 스핀이 전자 자체의 궤도 운동에 의해 유도된 내부 자기장의 영향을 받아 일어난다. 이 자기장의 세기를 구해 보자.

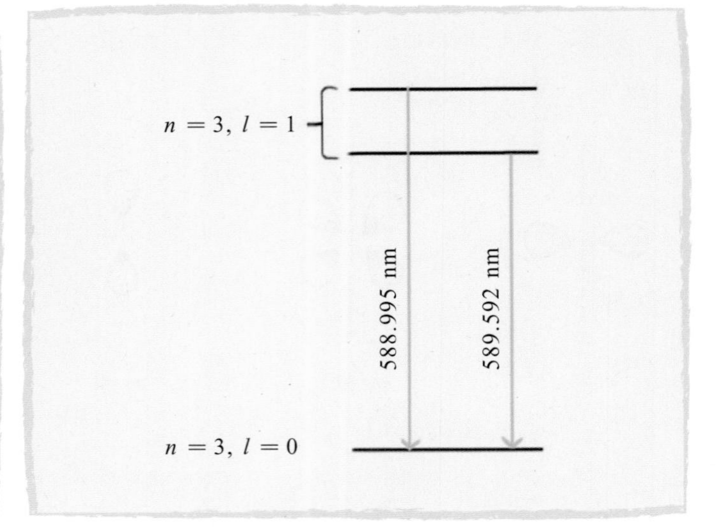

방출된 광자의 에너지 차는 $n = 3,\ l = 1$ 궤도의 비정상 제만 효과에 의한 두 에너지 레벨 차와 같으므로 다음 관계식

$$hc/\lambda_+ - hc/\lambda_- = 2\mu_B B$$

에서 전자 궤도운동에 의한 내부 자기장 B는

$$B = \frac{hc}{2\mu_B}\left(\frac{1}{\lambda_+} - \frac{1}{\lambda_-}\right)$$

$$= \frac{6.63 \times 10^{-34} \times 3.00 \times 10^{8}}{2 \times 9.27 \times 10^{-24}} \times \left(\frac{10^9}{588.995} - \frac{10^9}{589.592}\right)\mathrm{T}$$

$$= 18.4\ \mathrm{T}$$

이다. 이 크기는 우리가 일상적으로 만들어 사용하는 전자석의 자기장 세기에 비해 상당히 큰 값이다.

슈테른-게를라흐 실험

슈테른과 게를라흐는 1921년 옆 그림과 같이 전기오븐에서 은을 가열하여 기체로 만들고, 이 은원자들을 가는 구멍으로 나오게 한 후, 자석 가장자리 부분의 균일하지 않은 자기장 속을 은원자가 통과하도록 실험하였다.

이 은기체들은 유리판 스크린의 중심으로부터 떨어진 두 곳에 쌓였다.

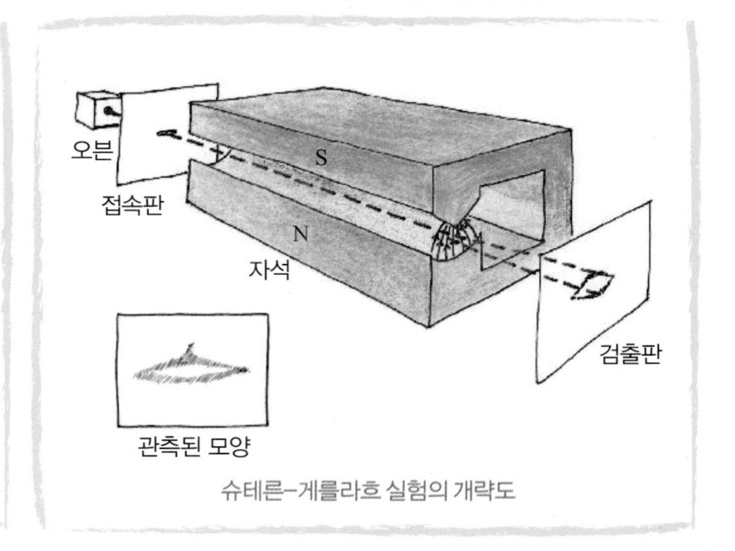

슈테른-게를라흐 실험의 개략도

은원자는 전기적으로 중성이며, 궤도 각운동량은 s 상태$(l=0)$로 되어 있다. 그러나 원자의 외곽전자는 짝을 이루고 있지 않은 스핀을 가지고 있다. 이 스핀은 균일하지 않은 자기장 때문에 힘을 받아 휘므로 유리판 스크린 중심에서 떨어진 곳에 쌓이게 된다.

이때 전자가 스크린의 두 곳에 쌓이는 것은 부호가 다른 자기모멘트를 가졌다는 것을 말한다.
스핀 자기모멘트(μ_s)는 전자의 스핀에 비례하므로 스핀 양자수가 $\pm 1/2$임을 알려준다.

슈테른과 게를라흐는 처음으로 스핀 up과 down을 가진 원자가 있다는 것을 발견한 것이다.

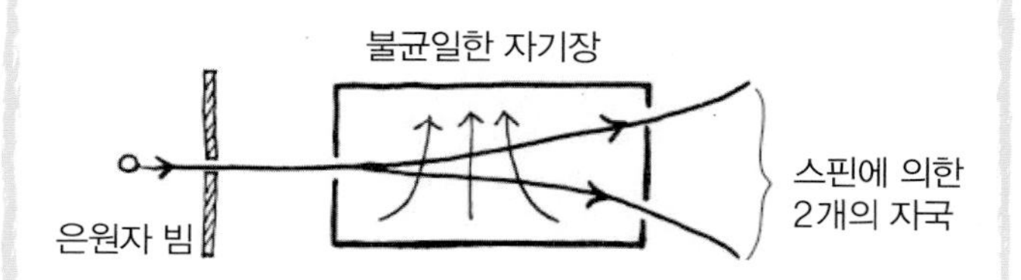

이 실험결과는 전자의 궤도운동 때문에 생기는 궤도 자기모멘트(μ_l)로는 설명되지 않는 새로운 것이었다.

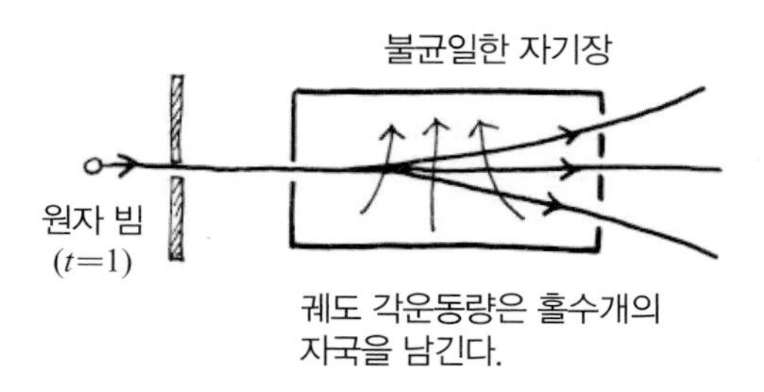

만일, 궤도 자기모멘트 때문에 은이 힘을 받았다면 홀수개 $(2l+1)$의 자국이 생겼을 것이기 때문이었다.

슈테른-게를라흐 실험결과는 후(1925년)에 울렌벡과 굿슈미트가 도입한 스핀으로 설명되었다.

Section 2 배타원리와 주기율표

이제 수소원자의 구조를 알게 되었다. 이로부터 다른 원자의 구조도 이해할 수 있을까?
다른 원자들 속에는 많은 전자가 들어 있다.
이 전자들은 어떤 상태에 있을까?
왜 여러 개의 전자가 모두 가장 낮은 에너지상태에 함께 존재하지 않는 것일까?

파울리는 원자의 각각의 양자상태마다 전자가 1개씩만 들어갈 수 있다는 배타원리를 찾아냄으로써 이 문제를 해결했다.

이 원리는 전자뿐만이 아니라 고유 스핀이 $\hbar/2$의 홀수배인 양성자와 중성자와 같은 모든 페르미온 입자에 대해서도 항상 성립된다. 반면에 광자와 같이 스핀이 $\hbar$의 정수배인 보존 입자는 이 원리가 적용되지 않는다. 원자의 허용되는 양자상태를 이 원리를 적용하여 파악해 보자.

수소원자가 가지는 에너지준위는 주양자수 n으로 분류된다. 이 에너지는 각 준위마다 큰 차이가 나며, 전자의 궤도반지름은 n^2에 비례하여 커진다. 이에 따라 전자들의 각 궤도에는 이름이 붙어 있다.

$n=1, 2, 3, 4$인 상태를 각각 K, L, M, N 껍질 등으로 부른다.

각 양자수에 속하는 전자의 상태

양자수 이름	기호	값
주양자수	n	$1, 2, 3, \cdots$
궤도각운동량	l	$0, 1, 2, \cdots n-1$
자기양자수	m_l	$-l, \cdots, 0, \cdots, l$
스핀 자기양자수	m_s	$-1/2, +1/2$

전자의 양자상태

n (껍질)	l (분광학적 기호)	m_l	상태수	
1(K)	0(1s)	0	2	
2(L)	0(2s)	0	2	8
	1(2p)	−1, 0, 1	6	
3(M)	0(3s)	0	2	18
	1(3p)	−1, 0, 1	6	
	2(3d)	−2, −1, 0, 1, 2	10	
4(N)	0(4s)	0	2	32
	1(4p)	−1, 0, 1	6	
	2(4d)	−2, −1, 0, 1, 2	10	
	3(4f)	−3, −2, −1, 0, 1, 2, 3	14	

K껍질에는
s상태(1s)에 스핀 up과 down이 존재하므로 2개의 상태가 존재한다.

L껍질에는
$l=0$인 상태(2s)와 $l=1$인 상태(2p)가 존재하므로 각운동량에 의한 상태수는 4개이다.

$l=0$에는 $m_l=0$이고, $l=1$에는 $m_l=0, \pm 1$이 있기 때문이다. 그러나 각 상태마다 스핀 up과 down을 고려하면 전체 상태수는 8개이다.

M껍질에는
각운동량이 $l=0, 1, 2$인 상태가 존재하므로(3s, 3p, 3d) 총 상태수는 스핀을 고려하면 18개이다.

이것을 반복하면 주양자수가 n인 상태에는 n^2개의 궤도상태가 있음을 알 수 있다. 따라서, 스핀을 고려하면 총 $2n^2$개의 상태가 존재한다.

원소의 주기율표

금속 / 반금속 / 비금속

알칼리 금속 (IA) · 전이원소 금속 · 비활성 기체 (0)

주기	IA	IIA	IIIB	IVB	VB	VIB	VIIB	VIIIB	VIIIB	VIIIB	IB	IIB	IIIA	IVA	VA	VIA	VIIA	0
1	1 H																	2 He
2	3 Li	4 Be											5 B	6 C	7 N	8 O	9 F	10 Ne
3	11 Na	12 Mg											13 Al	14 Si	15 P	16 S	17 Cl	18 Ar
4	19 K	20 Ca	21 Sc	22 Ti	23 V	24 Cr	25 Mn	26 Fe	27 Co	28 Ni	29 Cu	30 Zn	31 Ga	32 Ge	33 As	34 Se	35 Br	36 Kr
5	37 Rb	38 Sr	39 Y	40 Zr	41 Nb	42 Mo	43 Tc	44 Ru	45 Rh	46 Pd	47 Ag	48 Cd	49 In	50 Sn	51 Sb	52 Te	53 I	54 Xe
6	55 Cs	56 Ba	57~71 *	72 Hf	73 Ta	74 W	75 Re	76 Os	77 Ir	78 Pt	79 Au	80 Hg	81 Tl	82 Pb	83 Bi	84 Po	85 At	86 Rn
7	87 Fr	88 Ra	89~103 †	104 Unq	105 Unp	106 Unh	107 Uns	108 Uno	109 Une		• • •							

희토류 원소

란탄족 *	57 La	58 Ce	59 Pr	60 Nd	61 Pm	62 Sm	63 Eu	64 Gd	65 Tb	66 Dy	67 Ho	68 Er	69 Tm	70 Yb	71 Lu
악티늄족 †	89 Ac	90 Th	91 Pa	92 U	93 Np	94 Pu	95 Am	96 Cm	97 Bk	98 Cf	99 Es	100 Fm	101 Md	102 No	103 Lr

주기율표는 1869년 멘델레프(1834~1907)가 원자들이 보여 주는 비슷한 화학적 성질을 근거로 정리했다. 원자들을 원자번호에 따라 행과 열의 테이블로 만들면 원자의 화학적 성질이 반복되는 것을 볼 수 있다.

원자 속에는 원자번호 수만큼의 전자가 들어 있다. 원자번호가 1 변할 때 전자 개수는 1개밖에 변하지 않지만 화학적 성질은 크게 변한다. 그럼에도 원자번호에 따라 비슷한 화학적 성질이 주기적으로 반복되는 이유는 무엇일까?

원자의 화학적 성질은 이온화에너지에 반영되어 있다.

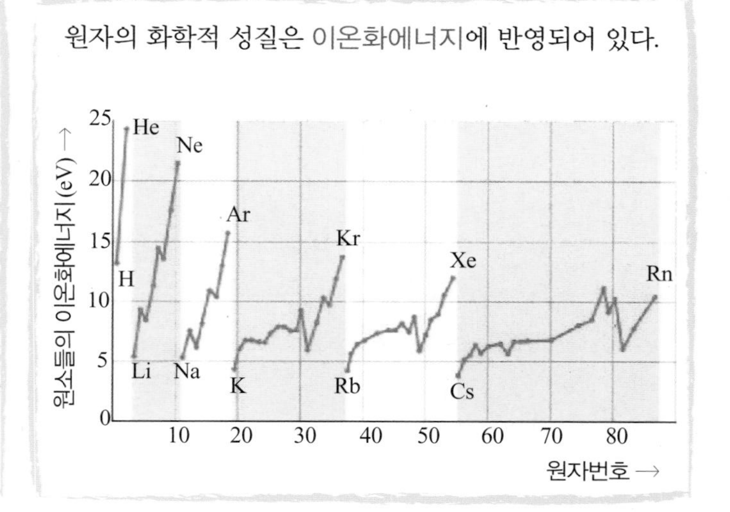

이온화에너지는 그 원소로부터 전자 한 개를 떼어내는 데 드는 에너지이다.

옆 그림에서 보면 헬륨(He), 네온(Ne), 아르곤(Ar), 크립톤(Kr), 크세논(Xe) 등의 원소는 다른 원소에 비해 이온화에너지가 월등히 높다. 이것은 이 원소들이 화학적으로 아주 안정되어 있음을 나타낸다.

이러한 원소는 주기율표에서 Ⅷ족에 해당되며, 비활성 원소라고 한다. 비활성 원소는 화학적으로 아주 단단히 결합되어 화학적으로 안정적이다.

이에 비해 리튬(Li), 나트륨(Na), 칼륨(K), 루비듐(Rb), 세슘(Cs) 등의 원소는 이온화에너지가 아주 작다.

이 원소들은 전자를 쉽게 내주고 이온으로 변하여 다른 원소들과 결합하기 때문에 화학적으로 반응이 아주 왕성하다. 이러한 원소들은 주기율표의 Ⅰ족에 해당되며, 알칼리 원소라고 한다.

이러한 주기적인 화학적 성질은 원자의 가장 바깥쪽에 위치해 있는 최외곽 전자들에 의해 결정된다.

원자 속에는 원자번호(양성자수)만큼의 전자가 들어 있다. 보어모형에 의하면 바깥에 분포하는 전자일수록 에너지가 높다. 따라서, 이 전자들은 적은 에너지로도 쉽게 떨어져 나가거나 들러붙는다.

원자 속에서 전자들이 배치되는 상황과 최외곽 전자들의 상태를 알면 주기율표에 의한 화학적 성질을 물리적으로 설명할 수 있다.

전자의 에너지준위는 어떻게 배치되어 있는가? 전자의 에너지준위는 수소원자의 경우처럼 주양자수가 커질수록 높아지는 경향이 있다.

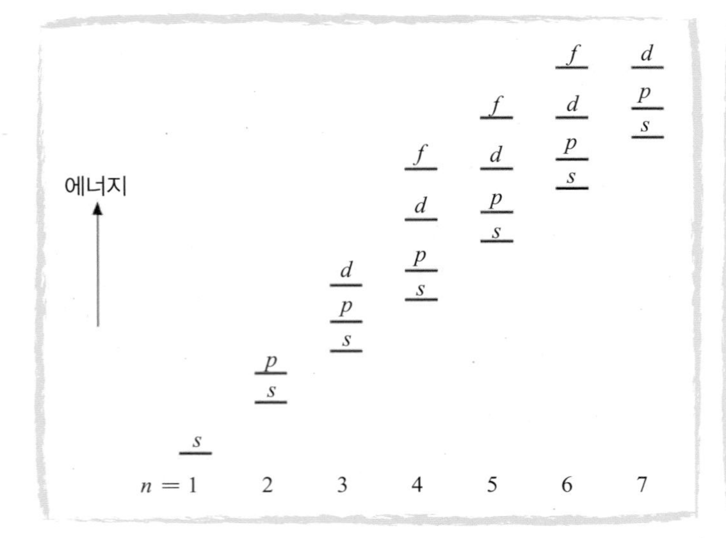

그러나 에너지준위는 수소원자와 완전히 같지는 않다. 원자번호가 커짐에 따라 전자들이 많아지면 전자들의 전기적 상호작용이 중요한 역할을 하여 에너지준위의 높낮이가 약간 바뀌게 된다.

실제로 전자가 채워지는 순서는 옆 그림처럼 먼저 ($1s$)가, 다음에 ($2s$, $2p$)가, 그 다음에는 ($3s$, $3p$)이다. 다음에는 ($4s$, $3d$, $4p$), ($5s$, $4d$, $5p$), ($6s$, $4f$, $5d$, $6p$) 등의 순서로 채워진다.

위의 괄호로 표시된 상태를 통틀어 껍질이라고 한다.

전자가 채워지는 순서

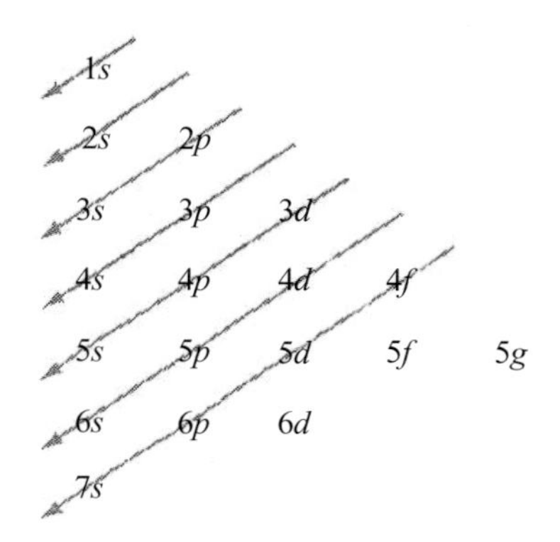

비활성 원자의 최외곽 전자상태

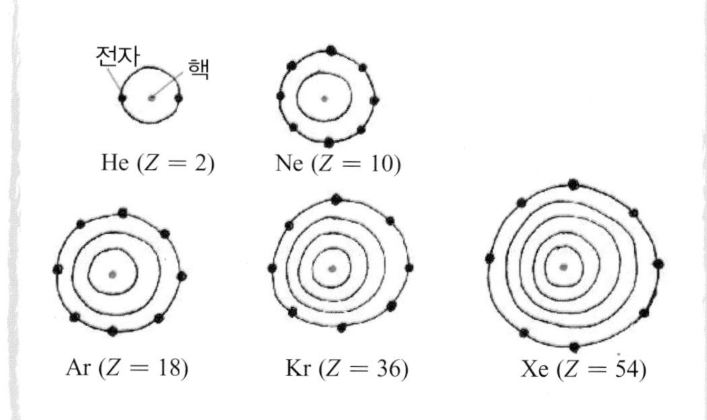

He ($Z = 2$) Ne ($Z = 10$)

Ar ($Z = 18$) Kr ($Z = 36$) Xe ($Z = 54$)

비활성 원자는 옆 그림처럼 껍질마다 전자가 가득 채워져 있다. 껍질 안의 전자상태가 전자로 모두 채워지면 닫혔다고 말한다.

비활성 원자는 닫혀진 껍질을 가지고 있고, 이 원자들의 전자분포는 완전히 구형을 이루므로 전기쌍극자 모멘트가 없다. 따라서, 다른 원자들과의 전기적인 상호작용이 아주 미약하므로, 화학적으로 아주 안정된 상태에 놓여 있다.

알칼리 원소들은 그림처럼 껍질이 모두 채워진 후, 최외곽전자가 하나 더 붙어 있다. 이 최외곽 전자는 쉽게 떨어져 나가므로 알칼리 원소는 쉽게 양이온이 된다.

원자번호 $Z = 21$ (Sc)에서 시작하여 $Z = 30$ (Zn)에서 끝나는 전이원소는 $4s$ 상태의 전자에너지가 $3d$ 상태에 비해 작기 때문에 $3d$가 채워지기 전에 $4s$ 상태에 전자가 먼저 채워진다. 따라서, 전이원소에는 $3d$ 상태가 많이 비어 있으며, 이 때문에 전자가 쉽게 이동할 수 있으므로 금속의 성질을 띤다.

알칼리 원소의 최외곽 전자상태

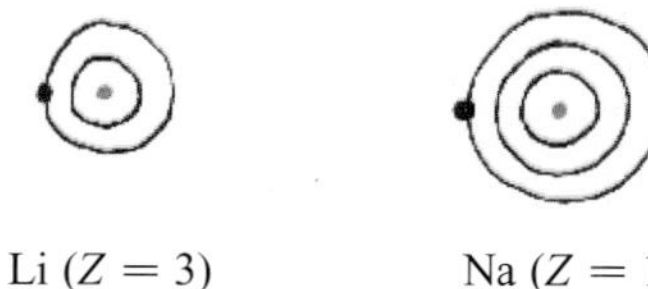

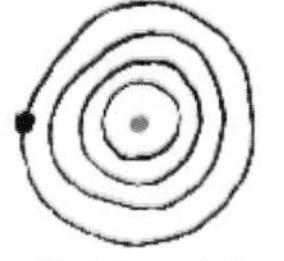

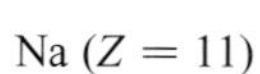

Li ($Z = 3$) Na ($Z = 11$) K ($Z = 19$)

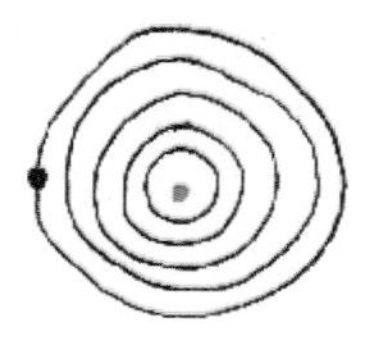

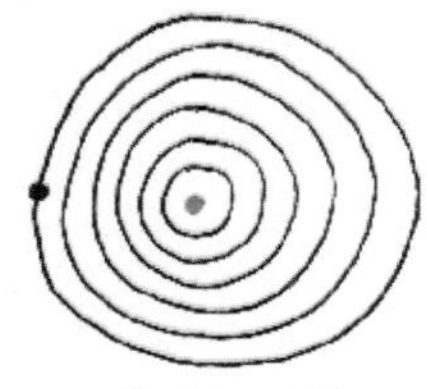

Rb ($Z = 37$) Cs ($Z = 55$)

이와 비슷한 일이 5s와 6s에서도 일어나며, d전자상태가 금속의 성질을 주므로 전이원소는 주기율표의 Ⅱ족과 Ⅲ족 사이에 배치되어 있다. 대부분의 금속은 여기에 속한다.

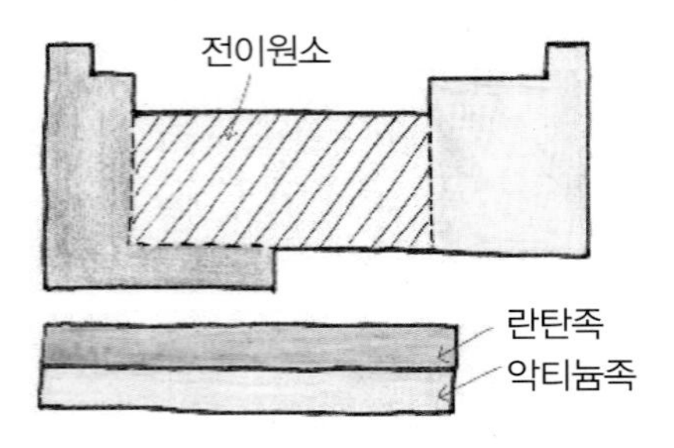

원자번호 Z=57 (La)에서 71 (Lu)까지의 (란탄족) 희토류 원소는 6s 상태는 채워져 있으나 4f, 5d는 일부만이 채워져 있으며, 4f 상태에 놓인 외곽전자가 화학적 성질을 결정한다.

원자번호 Z=89 (Ac)에서 103 (Lr)까지의 원소(악티늄족)도 5f 전자 때문에 화학적으로 비슷하다.

이 원소들은 주로 주기율표 아래쪽에 따로 배치한다.

Section 3

원자에서 나오는 빛 –레이저

원자는 빛을 흡수하면 전자가 높은 에너지상태로 들뜨게 되고, 전자가 낮은 에너지상태로 떨어지면서 원자에서는 빛이 나온다.

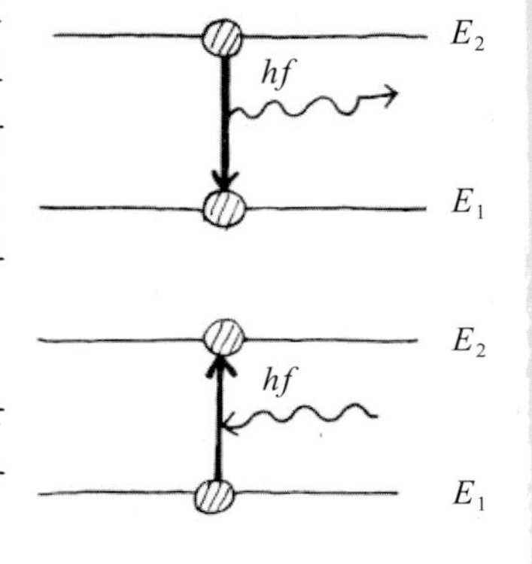

개개의 원자에서 나오는 빛은 흑체복사와 달리 특정한 색을 가진 빛이다.

$$hf = E_2 - E_1$$

전자를 높은 에너지상태로 올리는 방법에는 크게 두 가지가 있다.

원자에 빛을 쬐어 빛에너지를 흡수하게 함으로써 전자를 들뜨게 하는 경우와, 네온사인에서처럼 원자들을 서로 충돌시켜 한 원자가 가지고 있던 운동에너지를 다른 원자의 전자에 전달하여 들뜨게 하는 경우가 있다.

이렇게 들뜬 전자가 내는 빛이 어떻게 레이저가 될까?

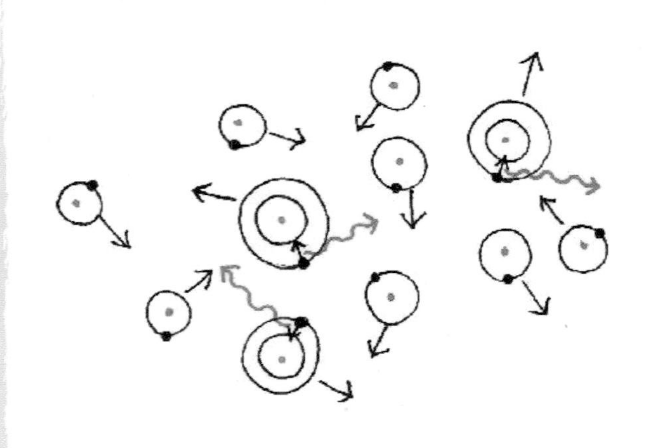

레이저(laser)란
유도방출에 의한 빛의 증폭(light amplification by stimulated emission of radiation)의 준말이다.

레이저광은 다음과 같은 놀라운 특징이 있다.

레이저는 지구에서 보낸 빛이 달에 설치된 거울에 반사되어 돌아와도 지구에서 감지될 정도로 직진성이 뛰어나다.
레이저광은 금속 절단기로도 쓸 수 있을 정도로 어떤 빛보다 파워가 세다.
또한, 같은 에너지준위에서 나온 빛이므로 완벽한 단색광이고, 위상이 모두 일치하는 결이 맞는 빛이다. 레이저 포인터로도 손쉽게 영의 간섭무늬를 볼 수 있다.

전자가 높은 에너지상태로 들뜨게 되면 높은 에너지상태에 오래 있지 못하고 대부분 짧은 시간(수십 나노초)후에 바닥상태로 떨어지면서 빛을 낸다.

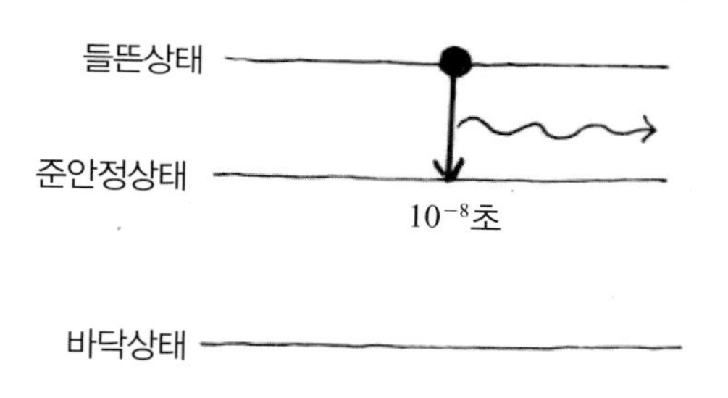

그러나 준안정상태라고 하는 에너지상태에서는 상당히 오랜 시간(밀리초) 동안 머물 수 있다. 레이저를 동작시키는 데는 이러한 준안정상태가 필수적이다.

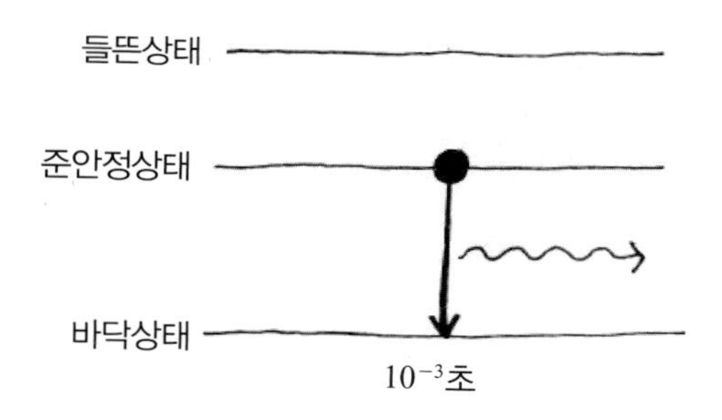

전자가 높은 에너지상태에서 낮은 에너지상태로 떨어지면서 빛을 내는 과정에는 두 가지 경우가 있다. 외부의 빛이 없을 때 들뜬 원자가 저절로 빛을 내는 경우를 자발적 방출이라고 한다.

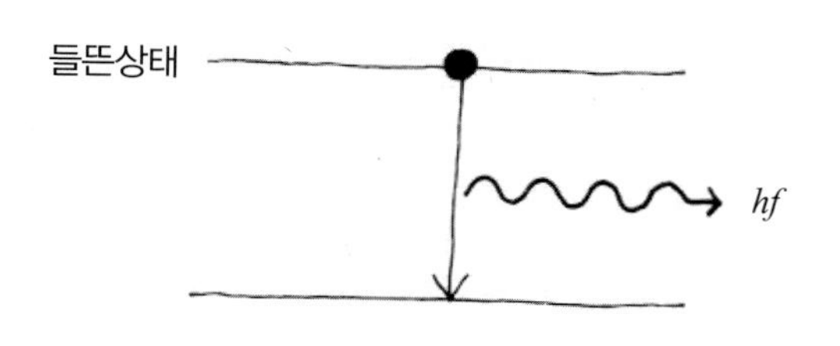

이에 비해 들뜬 원자가 주위에 있는 다른 빛의 자극을 받아 빛을 내는 것을 유도방출이라고 한다.

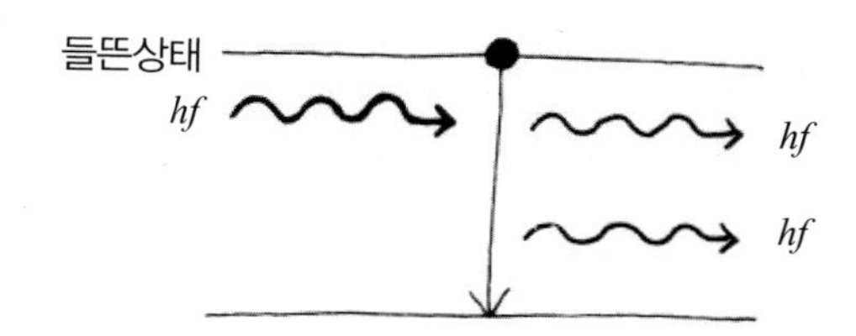

유도방출은 원자 외부에서 자극하는 빛(광량자)이 많을수록 쉽게 일어난다.

더욱 중요한 것은 유도방출되는 빛은 외부에서 자극을 주는 빛과 똑같다는 점이다. 즉, 자극을 주는 빛과 똑같은 위상과 방향을 가지고 나온다. 이것을 결이 맞았다고 한다.

펭귄이 줄지어 나오는 것처럼.

이에 비해 자발적 방출로 나오는 빛들은 위상과 방향이 무질서하다. 레이저는 이 유도방출을 이용하여 결이 맞는 다량의 증폭된 빛을 만든다.

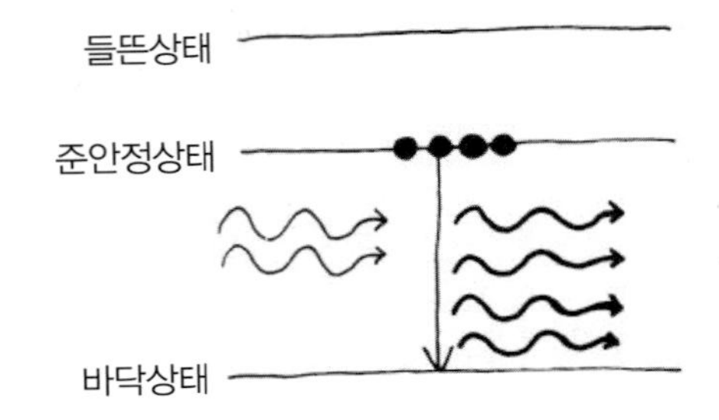

레이저광 방출

열 평형상태에서는 대부분의 전자가 낮은 에너지상태에 놓여 있다. 낮은 에너지상태에 놓인 원자의 수가 높은 에너지상태에 있는 원자 수보다 훨씬 많다.

그러나 레이저광이 나오려면 바닥상태에 놓인 원자 수보다 들뜬 에너지상태에 놓인 원자 수가 훨씬 더 많아야 한다. 이러한 상황을 밀도반전이라고 한다.

보통의 경우처럼 대부분의 원자들이 바닥상태에 놓여 있다면 준안정상태에서 바닥상태로 떨어지며 내는 빛이 다른 원자에 의해 흡수되어 버린다.

따라서, 빛이 증폭되려면 준안정상태에 있는 원자의 수가 바닥상태에 있는 원자 수보다 훨씬 더 많아야 된다. 이 때문에 밀도반전이 필요하다.

레이저광을 만들기 위해 밀도반전을 일으키는 작업을 펌핑이라고 한다.

그림처럼 바닥상태와 들뜬상태 사이에 준안정상태가 있는 원자를 사용하여 펌핑을 해보자.

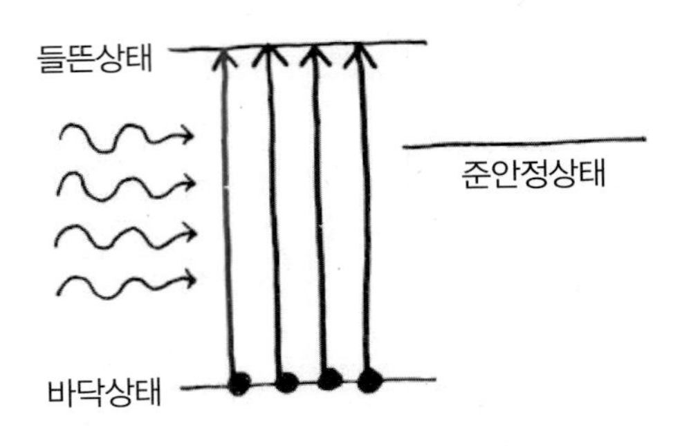

전자는 외부에서 빛에너지를 받아 들뜬상태로 변한 후 곧바로 빛을 내어 준안정상태로 떨어진다. 준안정상태는 수명이 상당히 길고, 원자는 이 상태를 오래 유지하므로 준안정상태에 있는 원자 수가 늘어나 밀도반전이 이루어질 수 있다.

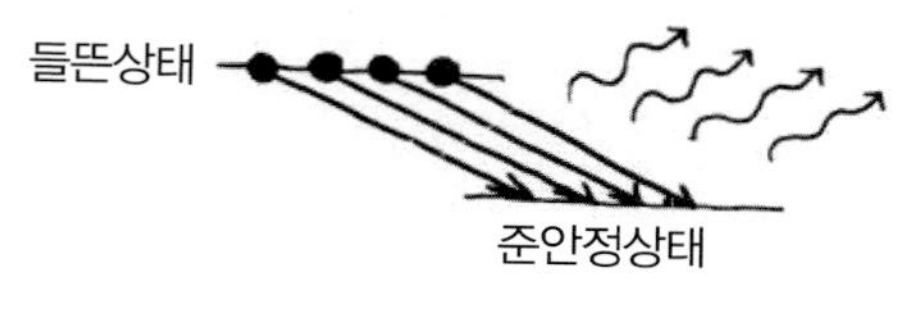

밀도반전상태가 되면 자발적으로 방출된 빛의 자극을 받아 나오는 유도방출이 바닥상태에 있는 원자에 흡수되는 빛보다 더 많이 나오므로 결맞는 빛이 증폭된다.

루비 레이저

1960년 마이만은 루비를 이용하여 처음으로 레이저를 만들었다.

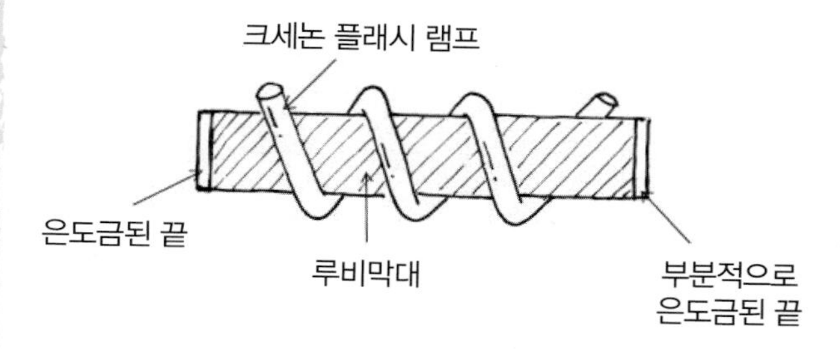

루비-크롬 레이저의 개략도

루비는 Al_2O_3 결정에 극소량의 불순물인 Cr^{3+} 이온이 Al^{3+}을 대치한 것으로 붉은색을 띤다. 외부 크세논 램프를 이용하여 크롬 불순물이 만드는 준안정상태로 광펌핑한다.

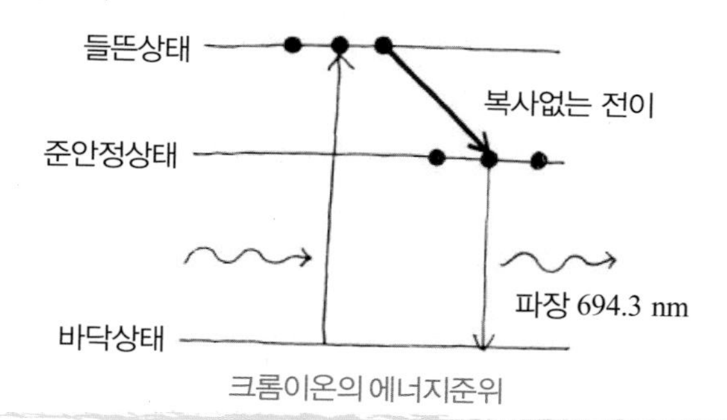

크롬이온의 에너지준위

크세논 플래시 램프에 의해서 들뜬 전자들은 높은 에너지로 올라간 후 곧바로 준안정상태로 떨어진다. 준안정상태의 수명은 3 ms 정도이다. 준안정상태에서 자발적으로 떨어지는 빛은 루비막대의 양끝에 은으로 도금된 거울 사이를 왕복하며 광학적 정상파가 된다. 이 정상파는 원자를 자극하여 다시 유도방출을 시키므로 방출되는 빛들은 위상이 같다.

루비 레이저는 플래시 램프의 섬광을 이용하여 순간적으로 펌핑을 하기 때문에 펄스 레이저가 된다.

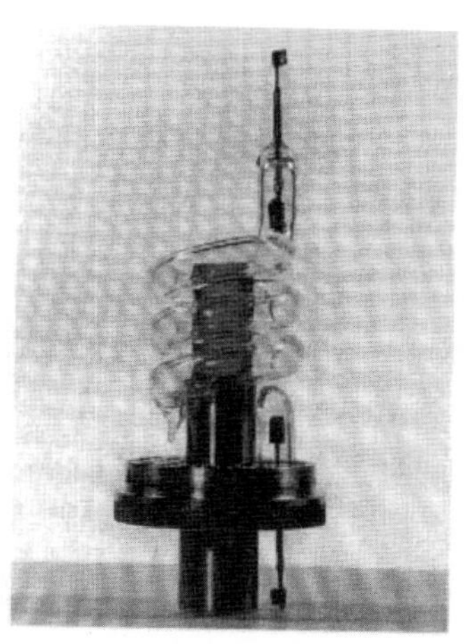

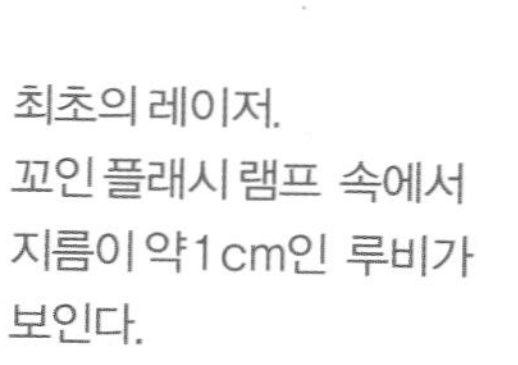

최초의 레이저.
꼬인 플래시 램프 속에서 지름이 약 1 cm인 루비가 보인다.

He–Ne 레이저

헬륨–네온 레이저는 실험실에서 흔히 볼 수 있는 가장 대표적인 기체 레이저이다.

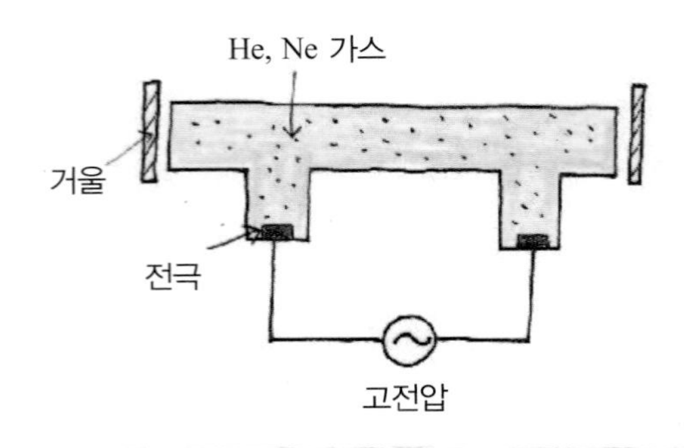

이 기체 레이저는 루비 레이저와는 전혀 다른 방식으로 밀도반전을 일으킨다.

헬륨과 네온의 혼합기체는 두 거울 사이에 놓인 유리관 속에 들어있다. 전극에 고전압을 걸어 전기적 방전을 일으키면, 이때 나오는 전자는 헬륨과 네온에 충돌되며, 특히 많은 헬륨원자를 20.61 eV의 준안정상태로 들뜨게 만든다.

들뜬 헬륨원자는 네온원자와 충돌하여 바닥상태의 네온을 20.66 eV의 준안정상태로 들뜨게 만든다.

이때 모자라는 0.05 eV의 추가적인 에너지는 헬륨의 운동에너지로부터 공급된다.

들뜬 네온원자들은 그림처럼 중간의 다른 들뜬상태로 떨어지면서 파장 632.8 nm인 붉은색 레이저광을 낸다.

헬륨원자를 혼합하는 이유는 결과적으로 레이저광을 내게 되는 네온원자들의 수를 증가시키기(밀도반전) 위한 것이다.

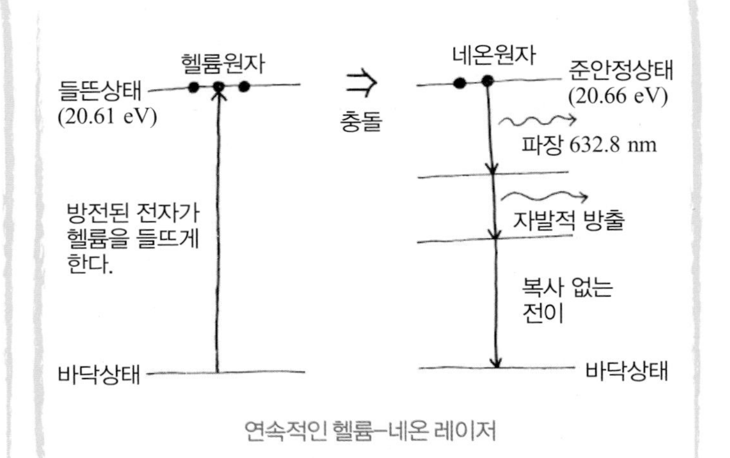

연속적인 헬륨–네온 레이저

빛을 내고 난 네온의 전자는 바로 아래에 있는 에너지준위로 떨어지면서 빛을 자발적으로 방출하고, 다시 벽면과 충돌하여 열을 발생시키며 바닥상태로 떨어지게 된다.

헬륨을 네온원자에 충돌시켜 밀도반전을 일으키는 과정은 연속적으로 일어나므로 헬륨–네온 레이저는 루비 레이저와는 달리 연속적인 레이저로서, 레이저광이 연속적으로 나온다.

그 밖에도 분자들의 화학반응으로 펌핑하여 대량의 파워를 내는 화학 레이저와, pn접합을 이용하여 전류의 형태로 전자를 준안정상태에 공급하는 높은 효율을 갖는 반도체 레이저 등 많은 형태의 레이저가 개발되고 있다.

단원요약

1. 각운동량과 스핀

① 원자 내의 전자의 궤도운동과 관련된 궤도 각운동량 **L**에 비례하는 자기모멘트를 가진다. 이 궤도 각운동량의 크기 L과 특정방향의 성분 L_Z은 양자화가 되어 각각 $\sqrt{l(l+1)}\,\hbar$ 와 $m_l\hbar$ 값을 가진다. 여기서 궤도 각운동량 양자수 l은 주양자수 n에 대해 0, ⋯, $n-1$ 중 한 값을 취하고 궤도 자기양자수 m_l의 값은 주어진 l에 대해 0, ±1, ±2, ⋯, $\pm l$ 중 하나가 된다.

② 전자의 스핀 각운동량 S의 크기는 항상 $\frac{\sqrt{3}}{2}\hbar$ 이고 이 스핀 각운동량의 특정 방향의 성분은 $m_s\hbar$ 값을 가진다. 여기서 m_s는 스핀 자기양자수로 $\pm\frac{1}{2}$ 인 두 값을 가진다.

2. 배타원리와 주기율표

원자 내의 많은 전자들은 배타원리에 따라 에너지 준위 K, L, M, N 껍질에 차례대로 들어가며 각 원소들은 주기율표로 분류할 수 있다.

3. 원자에서 나오는 빛

① 원자는 빛을 흡수하면 전자가 높은 에너지 상태로 들뜨게 되고 전자는 낮은 에너지 상태로 떨어지면서 빛을 낸다. $hf = E_i - E_f$

② 전자가 높은 에너지 상태에서 낮은 에너지 상태로 떨어지며 빛을 내는 과정은 원자가 저절로 떨어져 빛을 내는 자발적 방출과 주위의 빛의 자극을 받아 빛을 내는 유도방출이 있다.

③ 레이저 광 방출 : 열평형 상태보다 들뜬 에너지 상태에 놓인 원자의 수가 훨씬 많은(밀도반전) 상태에서 유도방출에 의해 결맞은 빛인 레이저광이 방출된다.

연습문제

1. 원자번호 10번인 네온의 이온화에너지는 21.6 eV이고, 원자번호 11번인 나트륨의 이온화에너지는 5.1 eV이다. 이온화에너지가 이렇게 차이가 나는 이유는 무엇일까?

2. 형광물질은 빛을 흡수한 후 더 긴 파장의 빛을 낸다. 어떻게 이러한 일이 가능할까?

3. 인광물질은 빛을 흡수한 후 오랜 시간에 걸쳐 빛을 낸다. 이것을 설명해 보라.

4. 출력 0.6 W의 헬륨-네온 레이저가 632.8 nm의 붉은빛을 30 ms 동안 낸다. 이 레이저광에 저장된 에너지는 얼마인가? 이 레이저광에는 광량자 몇 개가 들어 있을까?

1. 최외곽 전자상태에 주목하자.

4. 총 에너지는 광량자 1개가 가진 에너지 (hf)에 광량자 개수를 곱한 양이다.

***5.** 지름 3 mm인 레이저빔으로 달을 비추었다. 레이저의 파장이 632.8 nm라면 달표면에서의 레이저빔의 지름은 얼마나 될까? 지구에서 달까지의 거리는 3.8×10^8 m이다.

***6.** 금속을 전자로 충돌시키면 전자가 정지하면서 나오는 제동 X선 이외에도, 금속원자의 K껍질($n = 1$)에 있는 전자가 떨어져 나가고 높은 에너지준위에 있던 전자가 빈 K껍질로 떨어지면서 특성 X선이 나온다. $n = 2$에서 $n = 1$로 떨어지면서 나오는 X선을 K_α라 하고, $n = 3$에서 $n = 1$로 떨어질 때 나오는 X선을 K_β라고 한다. 원자번호 26인 철의 K_α선의 파장은 196 pm이다. K_α선의 파장이 229 pm인 물질은 어떤 물질일까?

7. 주양자수 $n = 3$일 때 몇 개의 l이 가능한가? 또한 $l = 1$일 때 가능한 m_l값은 무엇인가?

8. 수소원자가 $l=3$으로 주어지는 상태에 있다. 가능한 n, m_l, m_s값들은 무엇인가?

9. 수소원자의 최대 m_l값이 $+3$인 상태에 있다고 할 때 다른 양자수들에 대해 기술해보자.

10. 헬륨원자는 두 개의 전자를 가진다. 이 전자가 바닥상태에 있을 때 양자수 n, l, m_l, m_s를 써라.

11. 나트륨($Z = 11$) 원자의 11번째 전자가 갖는 바닥상태와 첫 번째 들뜬상태에서의 양자수 n, l, m_l, m_s를 써라.

***12.** 각운동량 벡터 **L**이 z축과 이루는 각도 θ를 구하고, $l = 1$일 때 가능한 θ를 찾아보라.

13. $n = 5$인 껍질까지 점유하고 있는 원자가 있다고 하자. 이 원자 내에는 총 몇 개까지의 전자가 포함될 수 있는가?

***14.** 원자 속에 놓인 전자가 각운동량 양자수 $l = 1$인 상태에서 $l = 0$ 상태로 떨어질 때 600 nm인 빛을 방출한다. 이 원자가 2.5 T의 자기장에 놓인다면 어떤 파장의 빛들이 나올까?

15. 양성자도 전자와 같이 스핀 각운동량 양자수가 1/2이다. 수소원자의 바닥상태는 전자와 양성자의 스핀 방향이 같은 방향인지 반대방향인지에 따라 두 개의 에너지 궤도로 분리가 된다. 이 궤도의 에너지 차에 의해 따라 미세하나마 파장이 21 cm인 광자가 방출되거나 흡수될 수 있다. 양성자의 자기모멘트에 의해 형성되어 전자에 작용하는 유효 자기장 세기를 구하라.

5. 동그란 구멍에 의한 회절을 이용하자.
$\sin\theta = 1.22\dfrac{\lambda}{D}$

6. 모즐리 법칙을 써서 K_α선 파장으로부터 원자번호를 알아내자. 모즐리 법칙은
$f = (Z-1)^2 \times 2.48 \times 10^{15}$ Hz
이다.

14. 자기장때문에 원자에너지가 갖는 에너지는
$E = m_l \mu_B B$
이다.

Chapter 2 고체와 에너지띠

STM으로 찍은 GaAs의 원자배열상태. Ga은 붉은색으로, As는 푸른색으로 표시되어 있다.

원자나 분자는 고체 속에서 결합하여 주기적인 구조를 갖는다. 이 주기적인 구조와 고체의 전기적 성질은 어떤 관계가 있을까?

고체의 결합

우리 주위에는 수많은 물질을 볼 수 있다. 생명에 필요한 물과 공기부터 아름답게 보이는 다이아몬드와 금까지 헤아릴 수 없이 많이 있다.

자연에 존재하는 이들 물질은 대부분 개별적인 원자상태로 존재하는 것이 아니라 산소나 질소, 물처럼 분자상태로 결합되어 있고, 이 분자들이 많이 모여 더 큰 덩어리인 액체나 고체상태로 존재한다.

이 사실은 원자들은 독립적으로 떨어져 있는 것보다 서로 결합되면 총 에너지가 낮아지고, 더욱 안정된 상태로 있다는 것을 알려준다.

분자결합

예를 들어 수소분자들은 왜 분리된 2개의 수소원자보다 더 낮은 에너지를 가지게 되는가?

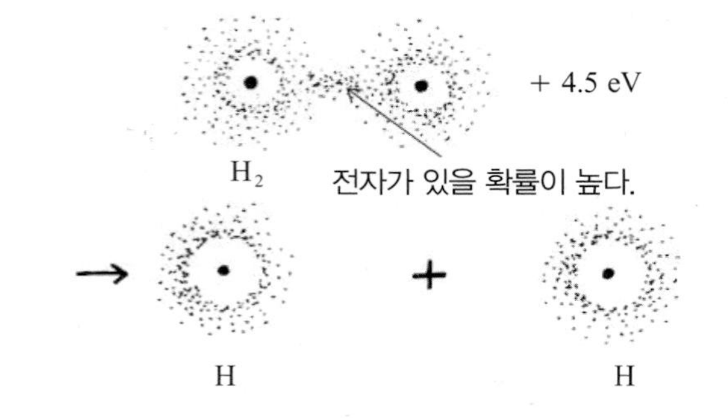

두 개의 원자가 떨어져 있는 경우에는 왼쪽 아래 그림처럼 전자는 각각의 원자에 갇혀 있다.

그런데 왼쪽 위 그림처럼 수소원자 2개가 전자들을 공유하면서 분자를 이루면(공유결합) 전자들은 원자 하나의 좁은 공간에서 벗어나 원자 2개의 더 넓은 공간에 놓이게 되므로, 불확정성 원리에 의해 전자의 운동량이 작아진다.

$$\Delta x \Delta p \cong \hbar$$

(Δx가 더 커지므로 Δp가 더 작아진다.)

따라서, 운동에너지 $(\Delta p)^2/2m$는 더 작아진다.

이때 전자들이나 양성자들 사이에 작용하는 쿨롱위치에너지를 고려하더라도 총 에너지(위치에너지 + 운동에너지)는 낮아진다. 특히, 전자가 그림처럼 양성자 사이에 놓이게 되면 그렇지 않은 경우에 비해 에너지가 더 낮아진다.

결국 수소분자를 수소원자 2개로 분해하려면 4.5 eV의 결합에너지를 외부에서 가해 주어야 한다.

$$H_2 + 4.5\ \text{eV} \rightarrow H + H$$

참고로 이 분자 결합에너지 4.5 eV는 원자에서 전자를 떼어내는 데 드는 에너지 13.6 eV보다 훨씬 작다.

$$H + 13.6\ \text{eV} \rightarrow p^+ + e^-$$

따라서, 수소분자 안에 있는 전자들은 어느 한 원자에 완전히 속박되지 않고 두 원자 사이에 공유된다.

원자들이 결합하여 분자가 되는 방법에는 공유결합 외에도 NaCl처럼 전자가 한 원자에서 떨어져 나와 다른 원자에 들어붙는 이온결합 등이 있다.

고체

원자들이 결합하여 분자를 이루는 분자결합은 많은 수의 원자를 결합시켜 액체나 고체를 만든다. 대부분의 고체들은 원자들이나 분자들이 규칙적이고 반복적인 형태로 배열되어 있는 결정체(크리스탈)이다.
고체 안에서 반복적인 최소 단위를 단위세포라고 하는데 오른쪽 그림의 평행사변형이 그 예이다.
고체 내의 분자나 원자들이 이와 같이 주기적으로 배열되는 까닭은 분자나 원자들의 총 에너지가 고체결정을 이루기 전과 비교하여 더 낮은 상태가 되기 때문이다.

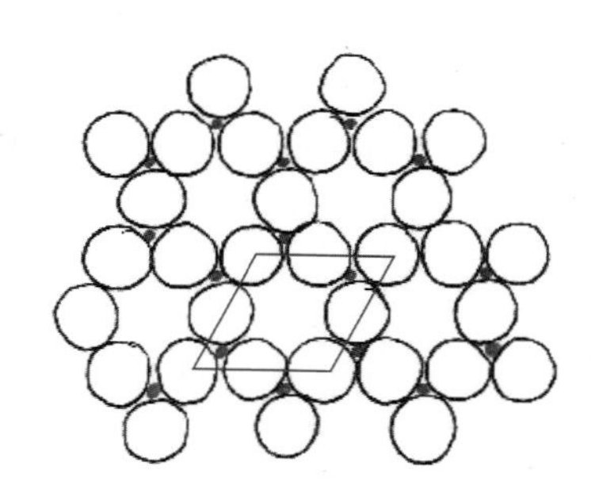

산소
붕소 주기적인 배열을 가진 결정 B_2O_3

결정체로는 다이아몬드나 크리스탈을 연상하지만 미세한 흑연가루나 쇳가루도 원자세계에서 보면 수백만 개의 원자들이 규칙적인 배열을 하고 있는 결정체이다.

고체들 중에는 유리나 플라스틱처럼 최인접 원자 사이에서만 결합이 반복될 뿐 장거리 질서가 없는 비정질 고체도 있다.

고체결합에는 공유결합, 이온결합, 금속결합, 판데르발스 결합 등의 4가지가 있다.

생각해보기 X선 회절

결정체와 비정질 물질을 어떻게 알아낼 수 있을까? 가장 일반적으로 쓰이는 방법은 X선 회절을 이용하는 것이다. 결정체에 X선을 비추면 454쪽 두 번째 칸에 있는 그림과 같은 점이 있는 무늬가 나타난다. 이 점을 라우에 반점이라고 부른다.

라우에 반점이 나타나는 조건은 다음 그림과 같이 산란된 X선의 경로차 $2d\sin\theta$가 파장의 정수배일 때이다(브라그 조건). 여기에서 d는 결정면 사이의 간격이고 θ는 입사하는 X선과 결정면 사이의 각도이다. 반면에 비정질 고체의 경우는 라우에 반점이 나타나지 않는다.

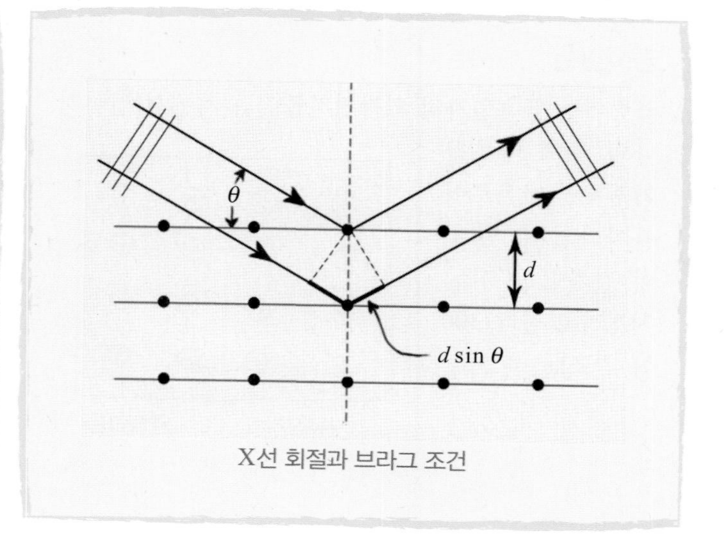

X선 회절과 브라그 조건

공유결합

공유결합을 하는 대표적인 물질에는 다이아몬드나 Si, Ge 등이 있다. 이들은 Ⅳ족의 원소로서 4개의 외곽전자를 가지고 있다. 고체를 이루면서 각 전자들은 주변에 있는 탄소원자에 공유된다.

공유결합하는 물질의 결합에너지는 다른 물질에 비해 크며, 녹는 온도도 높다. 다이아몬드의 경우 녹는 온도는 4,000 K 정도이다.

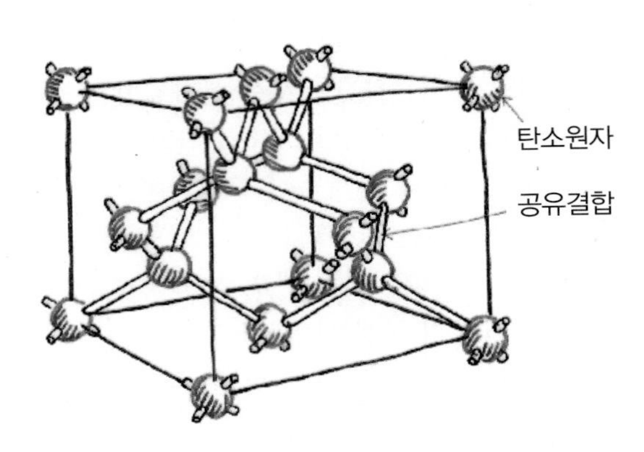

다이아몬드의 원자배열과 공유결합

이온결합

이온결합을 이루는 고체의 대표적인 예는 소금이다.

소금은 이온결합에 의해 소금분자 NaCl이 만들어진다. 이때 Na는 전자 한 개를 잃어 양이온 Na^+가 되며, Cl은 전자 한 개를 얻어 음이온 Cl^-이 된다.

Na^+는 6개의 Cl^-이온이 둘러싸고 있고, 마찬가지로 Cl^-이온은 6개의 Na^+이온으로 둘러싸여 이온결합에 의한 NaCl결정을 만든다.

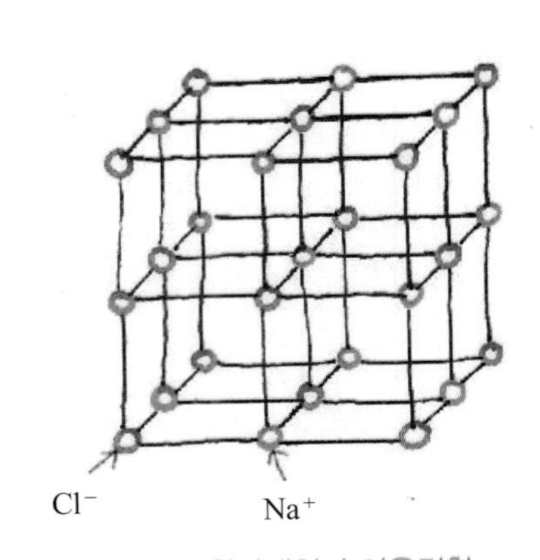

소금의 원자배열과 이온결합

금속결합

금속에는 금속원자의 외곽전자들이 원자에서 떨어져 나와 고체 내부를 기체처럼 자유로이 돌아다닐 수 있다. 이 전자들을 자유전자라고 한다(300쪽 참조).

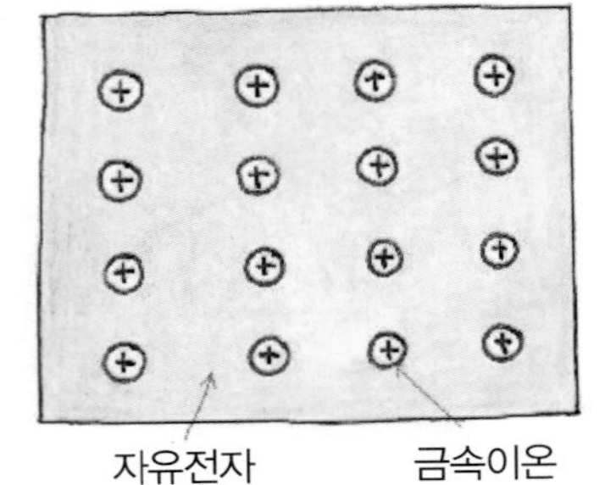

음전하를 띤 자유전자들은 양전하를 띠고 있는 금속이온들을 서로 묶는 역할을 한다.

금속을 결정으로 결합시키는 힘을 바로 이 자유전자들이 제공한다.

금속은 자유전자 때문에 열과 전기를 잘 전달하고 빛을 반사시킨다.

판데르발스 결합

판데르발스 결합은 원자들이 영구쌍극자는 없지만 잠깐씩 유도되는 작은 쌍극자의 요동들 때문에 분자들을 고체로 뭉치게 하는 결합이다.

판데르발스 결합은 가장 약한 형태의 고체결합이다. 아주 저온에서 비활성 기체가 고체로 될 때 이 결합을 볼 수 있다. 그리고 흑연의 원자층을 묶는 결합도 판데르발스 결합이다.

원자 1이 원자 2에 작용하는 힘

1   2

원자 1에 생긴 요동 쌍극자 원자 2에 유도된 쌍극자

쌍극자 요동과 판데르발스 결합

생각해보기 그래핀과 흑연

그래핀은 탄소원자가 벌집모양으로 배열되어있는 탄소원자층 하나를 의미한다. 원자층 안의 탄소원자들은 공유결합으로 묶여있다. 오른쪽 그림 같이 수많은 그래핀이 3차원으로 쌓여 있는 것을 흑연이라고 부른다. 흑연에서 그래핀들은 약한 판데르발스결합으로 묶여 있다. 실제로 가임과 노보셀로프는 스카치테이프로 그래핀을 떼어내어 그래핀의 특성을 밝혀내서 2010년 노벨물리학상을 수상하였다.

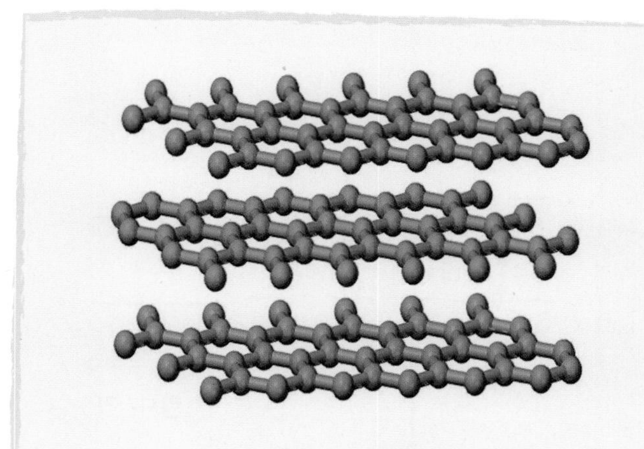

흑연의 원자구조

고체에서 결합에너지란 고체를 개별 원자로 떼어내기 위해 드는 에너지를 말한다. 결국 결합에너지는 물체가 얼마나 안정한지를 재는 척도가 된다. 따라서 결합에너지가 클수록 녹는점이 높다.

그리고 이 결합에너지는 공유결합일 때 큰 경향이 있다. 결합에너지는 옆의 표처럼 수 eV 정도이다.

고체의 결합에너지

결합형태	물질	원자당 결합에너지	녹는점
공유결합	다이아몬드	7.37 eV	>3770 K
	Ge	3.85 eV	1231 K
	SiC	6.15 eV	2870 K
금속결합	Fe	4.32 eV	2080 K
	Cu	3.52 eV	1631 K
	Pb	2.04 eV	874 K
이온결합	NaCl	3.19 eV	1074 K
	LiF	4.16 eV	1143 K
	CsI	2.68 eV	621 K
판데르발스 결합	CH_4	0.1 eV	89 K
	Ar	0.08 eV	84 K

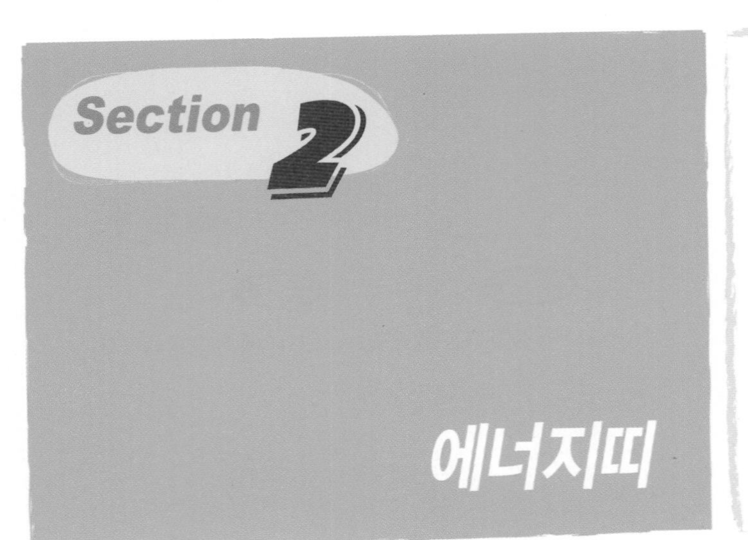

고체의 전자 준위는 원자와는 어떻게 다를까? 그리고 고체의 전자 준위는 고체의 특성과 어떤 관계가 있을까?

아주 먼곳에 떨어져 있는 원자들을 점점 서로 가까이 가져가 고체로 만든다고 생각하자.

원자 내의 외곽전자들의 파동이 서로 겹치면, 원자들의 비슷한 에너지준위들도 서로 겹친다. 외곽전자들은 더 이상 독립된 원자나 분자 하나에 갇혀 있지 않게 되고, 이 전자들이 만드는 에너지준위는 원자나 분자상태와는 전혀 다른 에너지띠를 만든다.

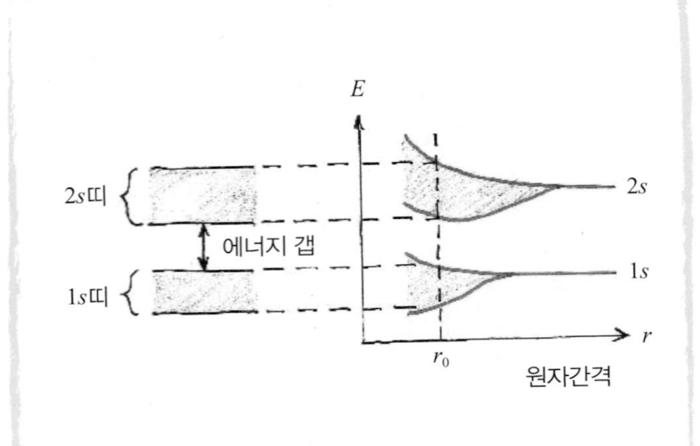

그림처럼 멀리 떨어져 있던 원자나 분자들이 고체를 이루며 가까워지면 결합 전의 각 원자나 분자의 에너지 준위들이 서로 점차 겹쳐 대략 eV 정도에 해당되는 에너지띠를 형성한다.

$1\,(\mu\text{m})^3$의 고체부피 안에는 약 10^{10}개 정도의 원자들이 있다. 약 10^{10}개의 에너지준위가 겹쳐서 eV의 에너지띠를 만들기 때문에 에너지준위의 간격은 10^{-10} eV 정도로 아주 촘촘하게 된다. 따라서, 고체의 에너지준위는 연속적으로 분포되어 있다고 볼 수 있다.

원자 주위의 전자는 중심 쪽에 들어있는 내부전자와 바깥쪽에 있는 외곽전자(또는 가전자)로 나눌 수 있다. 내부전자는 주위 환경에 거의 영향을 받지 않고 외곽전자는 고체결합에 관여하는 전자이다. 외곽전자의 에너지준위들로 만들어지는 에너지띠는 그림처럼 보통 여러 개가 만들어진다. 반면에 내부전자의 에너지준위는 거의 변하지 않는다.
물질의 종류에 따라 에너지띠들은 서로 겹칠 수도 있으며, 겹쳐지지 않고 갭이 생겨날 수도 있다. 에너지띠 사이에 해당하는 에너지준위는 금지되어 있다. 금지된 에너지준위를 에너지갭이라고 한다.

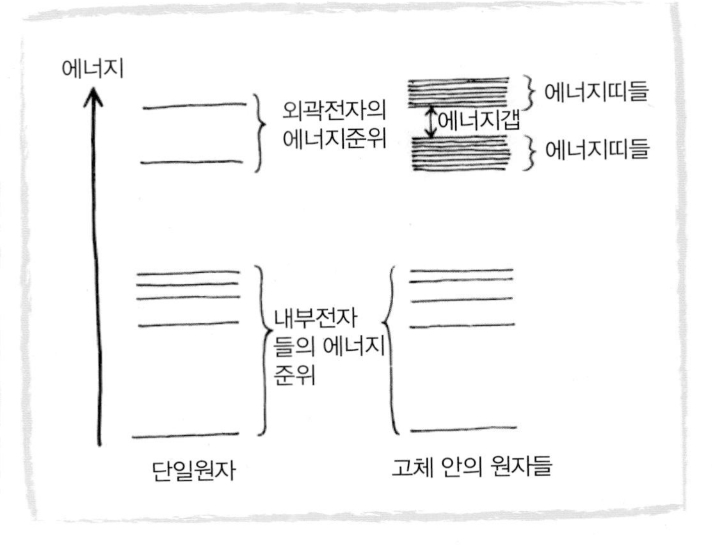

고체 속의 전자들은 파울리의 배타원리를 만족한다.

전자는 같은 상태에 있을 수 없으므로, 낮은 에너지상태부터 차곡차곡 쌓이게 된다. 이때 전자가 가질 수 있는 가장 높은 에너지를 페르미준위라고 한다.

페르미준위가 놓이는 에너지띠를 가전자띠라고 한다. 고체의 전기적인 성질은 페르미준위 근방에 있는 가전자띠의 구조에 따라 결정된다.

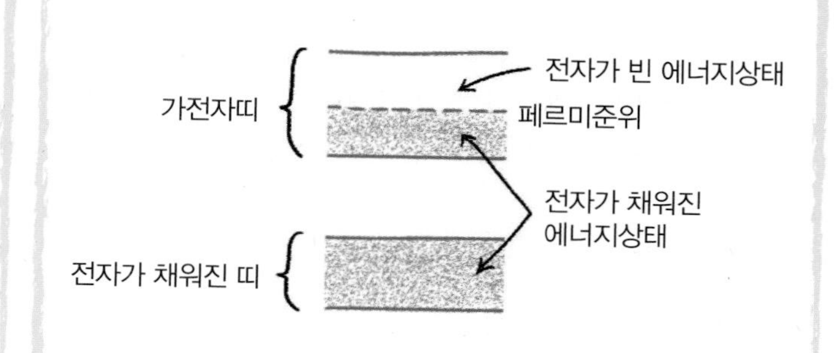

도체

도체, 부도체, 반도체의 성질은 가전자띠에 의해 결정된다.

페르미준위가 가전자띠 중간에 있으면 고체는 도체가 된다. 이것은 페르미준위 근방에 비어 있는 수많은 에너지준위가 있어서 전자가 자유롭게 움직일 수 있기 때문이다.

도체의 페르미준위는 가전자띠 중간에 있다.

에너지띠

가전자띠 페르미준위

부도체

부도체는 가전자띠가 전자로 가득 채워져서 빈 에너지상태가 없으므로 전기장을 걸어도 움직일 곳이 없어 전기를 통하지 않는다.

페르미준위 근방에 있는 전자는 에너지갭 때문에 5~10 eV의 에너지갭 이상의 에너지를 받아 전도띠로 올라서지 않는 한 움직일 수가 없다.

예를 들어, 다이아몬드의 에너지갭은 6 eV로 부도체이다.

부도체의 페르미준위는 가전자띠의 맨 위쪽 끝과 일치한다.

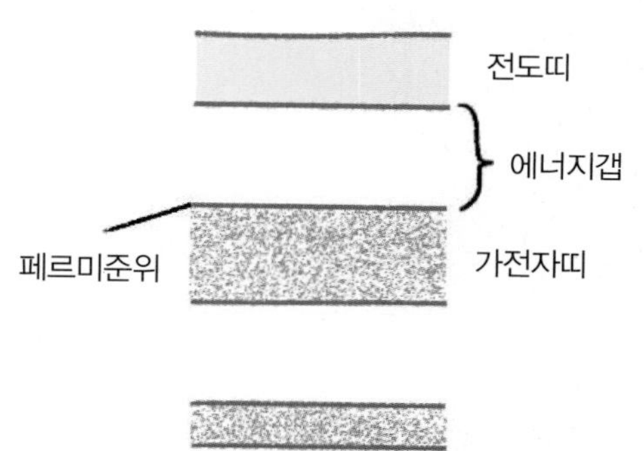

반도체

그러나 에너지갭이 작아져서 Si의 경우처럼 1.1 eV 정도가 되면 상온에서 열적으로 들뜬 전자가 위의 에너지띠(전도띠)로 쉽게 올라갈 수 있으므로 반도체의 성질이 나타난다.

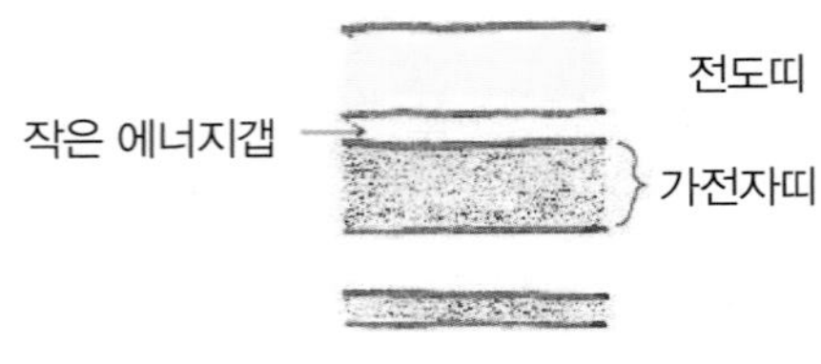

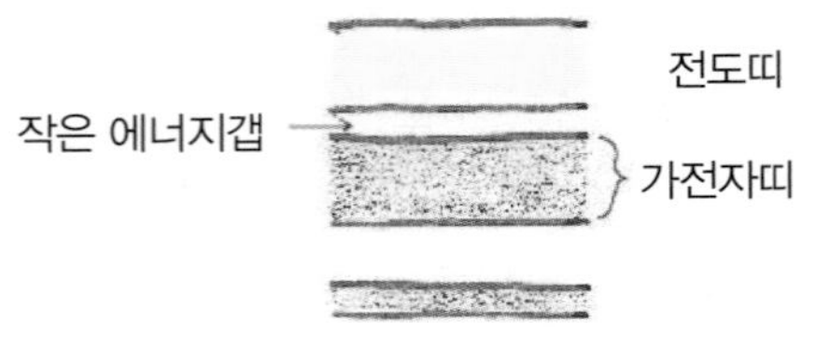

생각해보기 홀수 개의 전자를 가진 원자와 도체

Li 원자는 전자가 $1s^2 2s^1$에 들어 있다. 여기서 $1s^2$는 내부전자이고 $2s^1$은 외곽전자이다.

N개의 Li 원자가 고체를 형성하면 $1s$ 준위가 겹쳐 $1s$ 띠를 만들고(실은 내부전자이기 때문에 겹침이 거의 없어서 띠의 폭은 무시할 만하다) $2s$ 준위가 겹쳐 가전자띠를 만들게 된다.

각 띠에는 각각 $2N$개의 전자가 들어갈 수 있는 에너지상태가 있다(스핀 때문에 2배가 된다는 것을 기억하자).

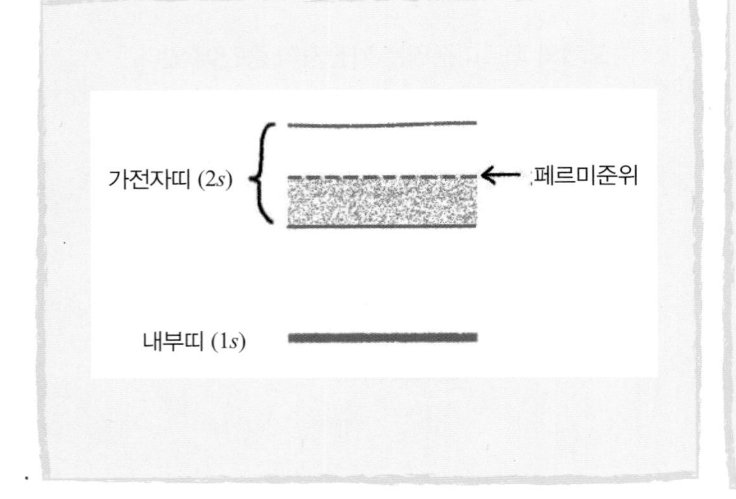

$1s$ 띠에 $2N$개의 전자가 들어가고 나면 가전자띠에 들어갈 전자는 N개 밖에 없다.

따라서, $2s$ 띠에는 옆 그림처럼 $2N$개 상태 중 전자가 반밖에 차 있지 않으므로 전자는 빈 에너지상태로 쉽게 이동할 수 있는 자유전자가 된다. 따라서, 이 고체는 도체가 된다.

이에 비해 짝수 개의 전자를 가진 원자들이 고체를 이루면, 가전자띠에 빈 에너지상태가 없어 전자들이 움직일 수 없으므로 대부분이 부도체가 된다.

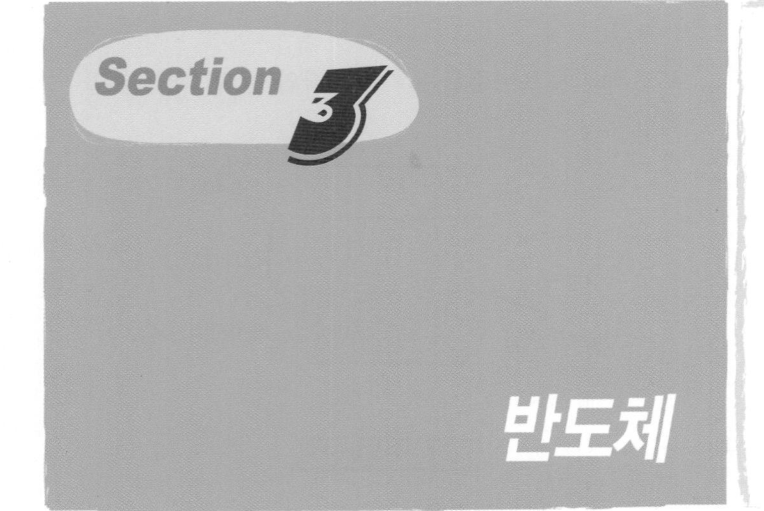

부도체이지만 에너지갭이 그다지 크지 않은 물질을 다시 살펴보자.

상온에서 전자는 열운동을 하고, 이때 전자가 갖는 운동에너지는 대략 $k_B T = 0.025$ eV이다.

Si의 경우 에너지갭이 1 eV 정도로 낮으므로, 페르미준위에 있던 전자의 일부가 에너지갭을 넘어 전도띠로 넘어갈 수 있는 확률이 비록 작지만 존재한다(연습문제 12번).

따라서, 상온에서 가전자띠가 완전히 차 있지 않고 약간의 빈 자리가 존재하며, 전도띠에도 약간의 전자가 있다.

이 상태에서 외부 전기장을 걸면 가전자띠의 전자와 전도띠의 전자가 빈 자리로 이동하여 움직일 수 있으므로 전류가 약하게나마 흐를 수 있다. 이러한 물질을 고유반도체라고 한다.

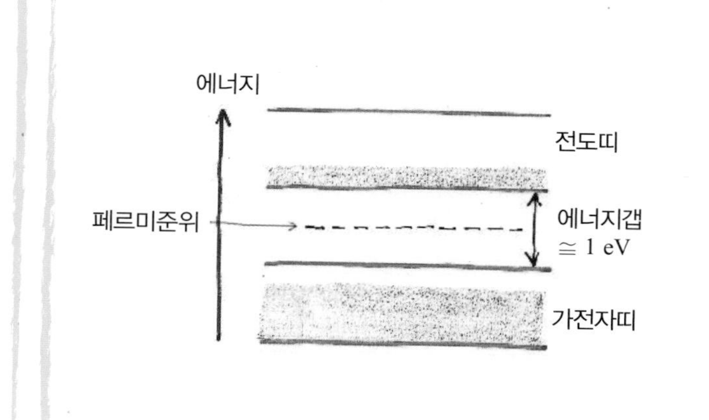

정공

가전자띠는 그림처럼 대부분이 전자로 차 있고 아주 일부만이 비어 있다. 이때 전기장이 걸리면 빈 자리 옆에 있는 전자가 움직여 간다.

이 모습은 마치 +전하를 띤 구멍이 옮겨가는 것으로 볼 수도 있다. 가전자띠에서 이 구멍이 옮겨가는 것은 반도체에서 아주 중요한 역할을 한다.

이 구멍의 역할을 하는 운반자를 정공 (또는 홀)이라 한다.

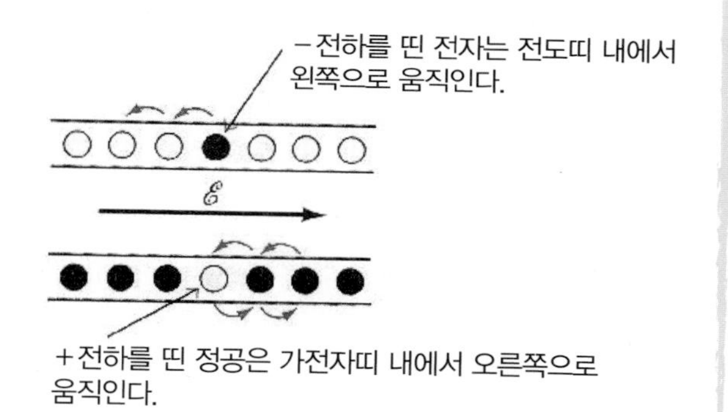

불순물 반도체

Si과 같은 고유반도체에는 상온에서 전류가 아주 약하게 흐른다. 열운동에 의해 에너지갭을 뛰어넘는 전자의 수가 아주 작기 때문이다. 이 에너지갭을 줄일 수 있다면 더 많은 전류를 흘릴 수 있다.

에너지갭을 줄이기 위해서는 에너지갭이 작은 새로운 물질을 찾아내거나 만들어야 한다. 그러나 손쉽게 에너지갭이 작은 효과를 얻을 수 있는 방법이 있다. 에너지갭 사이에 징검다리를 만드는 방법이다.

주개와 n형 반도체

Si은 Ⅳ족원소로서 다이아몬드와 같은 구조를 갖는다. 여기에 P와 같은 Ⅴ족원소를 불순물로 도핑 (첨가)해 보자.

P의 외곽전자는 5개이며 이 중 4개는 공유결합에 참가하고 나머지 1개는 약하게 결합되어 있다. 따라서, 낮은 온도에서 쉽게 떨어져 나가서 자유롭게 움직일 수 있어 전기를 통하게 한다. 이처럼 Ⅴ족원소는 전자를 공급하므로 주개라고 한다.

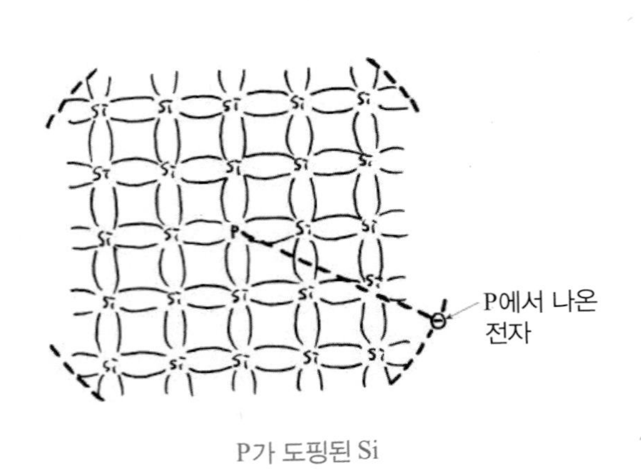

P가 도핑된 Si

주개의 에너지준위는 아래 그림처럼 비어 있는 전도띠 바로 아래에 위치하고 있어서 약간의 열에너지를 받아도 쉽게 전도띠로 올라간다.

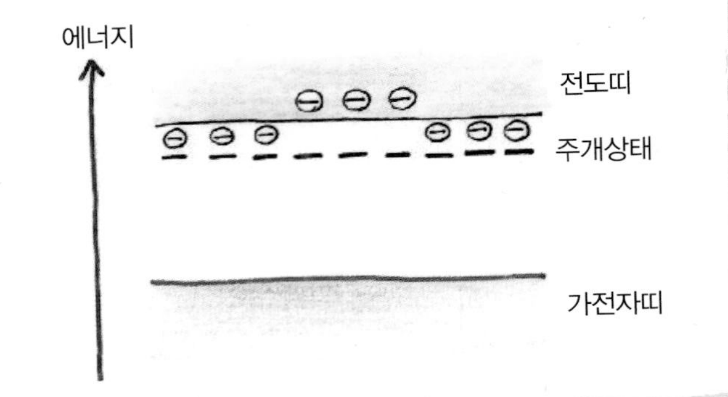

주개는 상온에서 많은 전자를 전도띠에 준다. 전압을 걸면 이 전자가 움직이므로 주개가 있는 반도체를 n형 반도체라고 한다.

같은 원리로, Si 대신 Ⅳ족원소인 Ge을 쓰고 Ⅴ족원소인 As로 불순물을 써도 n형 반도체를 만들 수 있다.

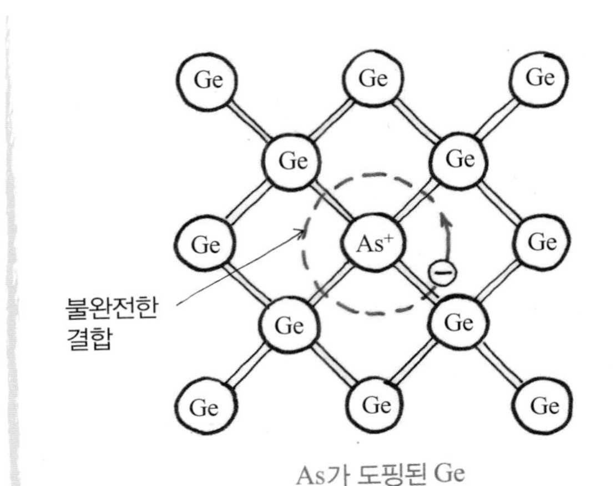

As가 도핑된 Ge

받개와 p형 반도체

Si에 Ⅲ족원소인 Al을 불순물로 넣거나 Ge에 Ga를 불순물로 쓰면 p형 반도체를 만들 수 있다.

Ⅲ족원소를 불순물로 넣으면, n형 반도체의 경우와는 반대로 결합해야 할 전자가 하나 부족하여 불완전한 결합이 존재하게 된다. 이 불완전한 결합은 마치 구멍과 같이 행동하여 온도가 높아지면 다른 결합으로부터 전자를 빼앗을 수 있게 된다. 이 결과 연속적으로 정공이 생겨 전류가 흐를 수 있게 된다.

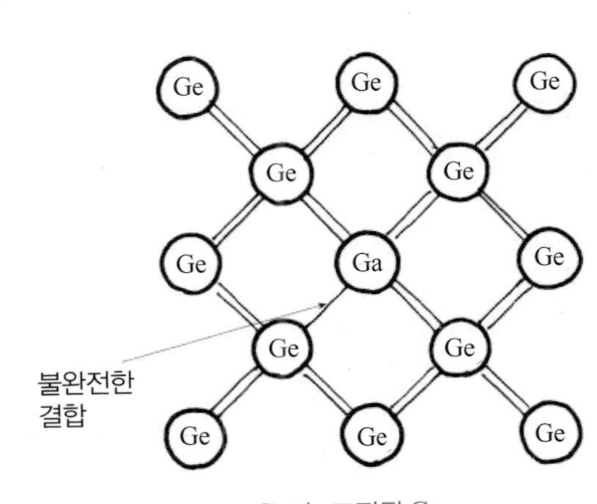

Ga가 도핑된 Ge

그림처럼 받개의 에너지준위는 가전자띠 바로 위에 있기 때문에 이제는 가전자띠에 있던 전자들이 받개의 에너지준위로 올라가고, 가전자띠에는 많은 정공이 생긴다.

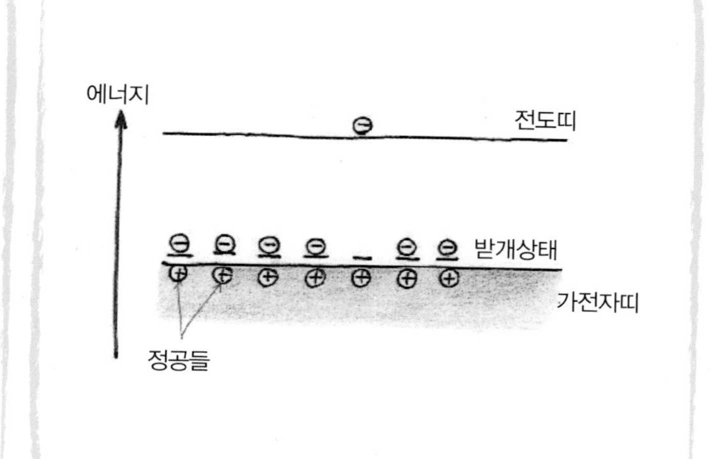

이처럼 소량의 불순물을 첨가해도 반도체의 전기전도도에는 큰 변화가 나타난다. Si원자 100만 개당 1개의 불순물 원자가 첨가되면 전기전도도가 10배 정도 증가한다. 반도체에는 Si 외에도 GaAs, GaN, GaP, InSb, InAs 등의 중요한 화합물 반도체가 있다.

반도체 소자 : 다이오드

그림처럼 p형 반도체와 n형 반도체를 붙여 소자를 만들면 전류가 한쪽방향으로만 잘 흐르고 반대방향으로는 거의 흐르지 않는 다이오드가 된다. 그 이유를 살펴보자.

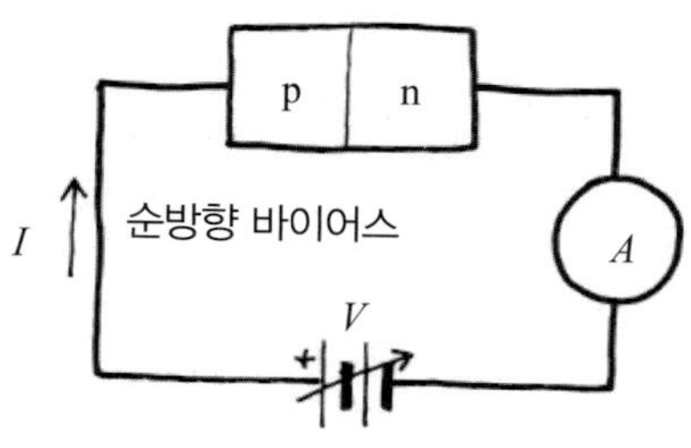

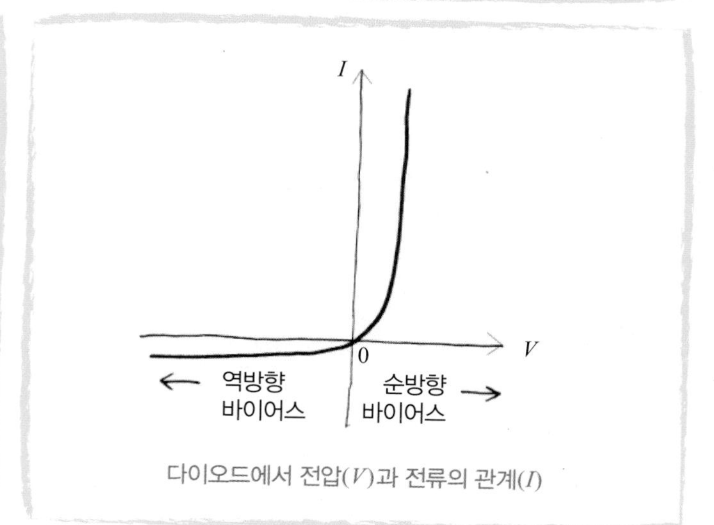

다이오드에서 전압(V)과 전류의 관계(I)

1. 외부전압이 걸리지 않는 경우

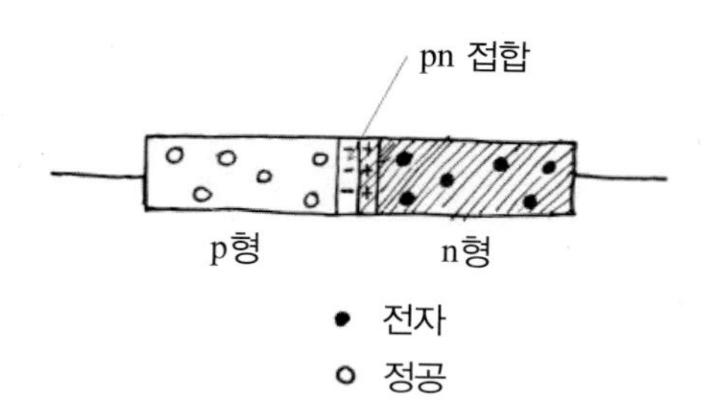

n형에는 전자가, p형에는 정공이 많이 있다.

두 반도체를 서로 붙여 놓으면 p형의 정공은 n형 쪽으로 확산되어 들어가 전자와 결합하여 없어진다. 마찬가지로, n형의 전자는 p형으로 확산되어 여기에 있던 정공과 합해져 없어지게 될 것이다.

그러나 n형쪽의 접합부근에는 전자가 없어지므로 +전하가 남고, p형쪽에는 홀이 사라지므로 −전하가 남게 된다. 이 영역에 생긴 전기장 때문에 더 이상의 확산이 일어나지 않고 평형이 이루어진다. 따라서, 전류는 흐르지 않는다.

2. 외부에서 역방향으로 전압을 걸어 주는 경우

n형 끝에 +전압을 걸고 p형 끝에 −전압을 걸어 보자.

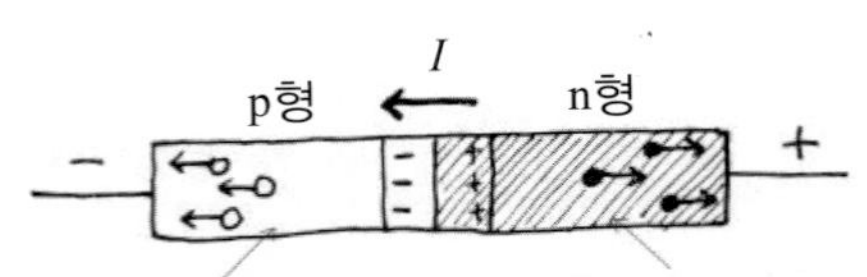

이 경우 n형의 전자들은 +전극 쪽으로 흘러가게 되고, p형의 정공들은 −전극쪽으로 이동할 것이다.

그러나 어느 정도의 전자와 정공들이 이동하게 되면 접합부근의 전기장은 더욱 커져 더 이상의 전류가 흐르는 것을 방해한다.

따라서, 이 경우 전류가 흐르지 못하므로 역방향 바이어스가 걸렸다고 말한다.

3. 외부에서 순방향으로 전압을 걸어주는 경우

이번에는 p형에 +전압을 걸고 n형에 −전압을 걸어 보자.

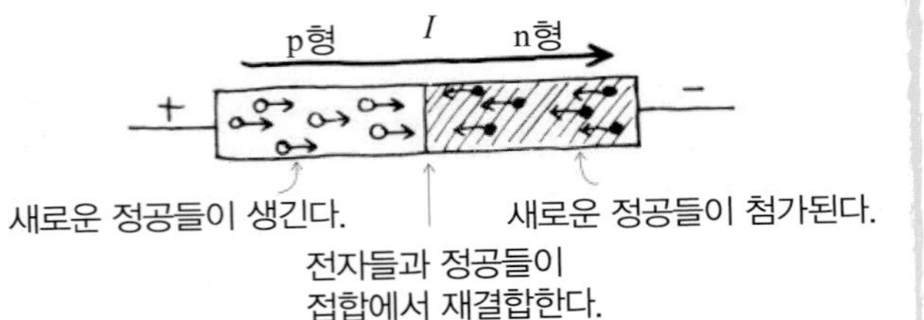

전자들은 p형 쪽으로 이동하게 되고 정공들은 n형 쪽으로 이동하게 된다. 이때 전선으로부터 n형 쪽에는 전자들이 계속하여 공급되고, p형 쪽에는 새로운 정공들이 생성된다.

p−n접합 부근에서는 전자들과 정공들이 재결합하여 없어진다. 결과적으로 p형에서 n형으로 전류가 흐르게 된다.

이 방향으로 전압을 걸어주는 것을 순방향 바이어스라고 한다.

다이오드의 이러한 성질을 이용하면 교류를 직류로 바꿀 수 있다. 다이오드 한 개를 쓰면 한쪽 방향의 전류만이 흐르므로 그림처럼 반파의 전류가 흐른다.

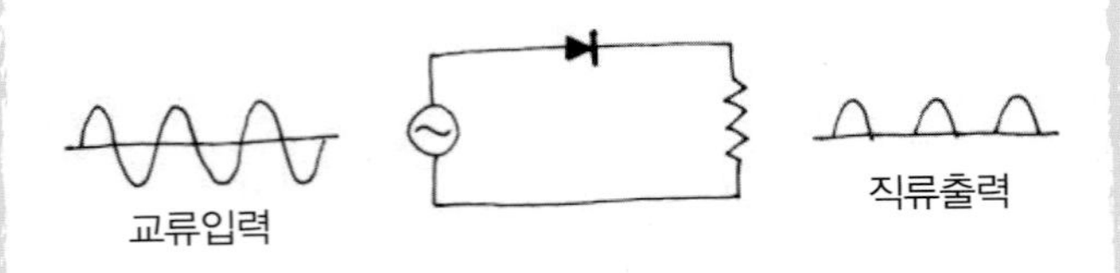

그러나 다이오드 4개로 그림처럼 “브리지” 형태의 정류기를 만들면 모든 전류를 직류로 만들 수 있다.

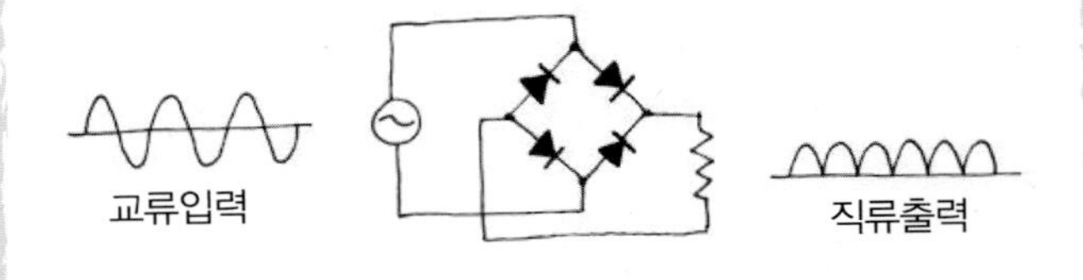

생각해보기 LED

전자와 정공을 만들기 위해서는 에너지가 든다. 그런데 다이오드에 전류가 흐를 때 접합부근에서 전자와 정공이 재결합하면 이 에너지는 일반적으로 열에너지로 발산된다.

그러나 GaAs와 같은 화합물 반도체에서는 전자와 정공이 재결합할 때 그 에너지가 빛으로 방출된다.

이것을 이용하는 것이 발광 다이오드(LED)이다. 또한, 이 빛을 이용하여 레이저 다이오드를 만들기도 한다.

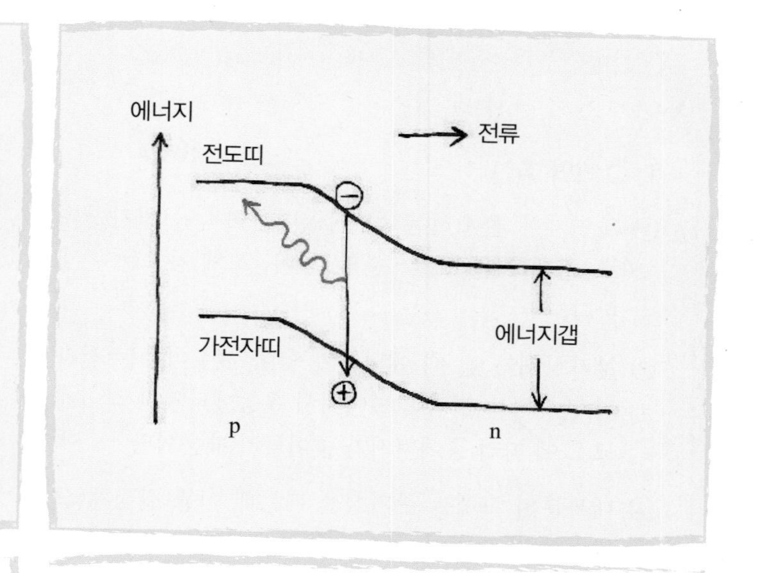

LED는 전류를 흘려주어서 빛을 내는 반도체 소자이다. LED에서 나오는 빛은 반도체의 에너지갭의 크기에 따라 결정된다. 가령 빨간색은 AlGaAs, 파란색은 InGaN가 사용된다.

LED의 장점으로는 다른 조명에 비해 전력소비가 적고, 수명이 길고, 크기가 작고 튼튼하다. 이런 장점 때문에 LED의 수요가 폭발적으로 늘어나고 있다. 조명등, 신호등(오른쪽 그림), 광고판, LCD TV(LED TV라고 불리는 것)의 백라이트 등에 쓰인다. 적외선 LED는 전자제품의 리모콘에 사용된다.

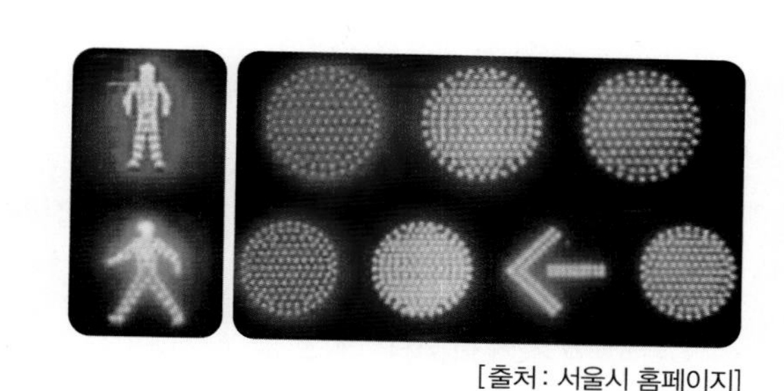

[출처 : 서울시 홈페이지]

신호등에 사용된 LED

생각해보기 트랜지스터

트랜지스터는 다이오드와는 달리 전극을 세 개를 붙여서, 신호의 증폭과 스위치 기능을 할 수 있게 만든 소자이다. 1948년에 바딘 등이 n형, p형, n형 반도체를 나란히 연결하여 최초로 트랜지스터를 만들었다.
이와는 다르게 1960년에 강대원과 아탈라는 MOS-FET이라는 새로운 구조의 트랜지스터를 만들었다. 이것은 바딘의 접합형 트랜지스터보다 효율이 좋고 집적회로를 만들기에 유리해서, 현재 사용되는 반도체 소자의 절대 다수를 차지한다.

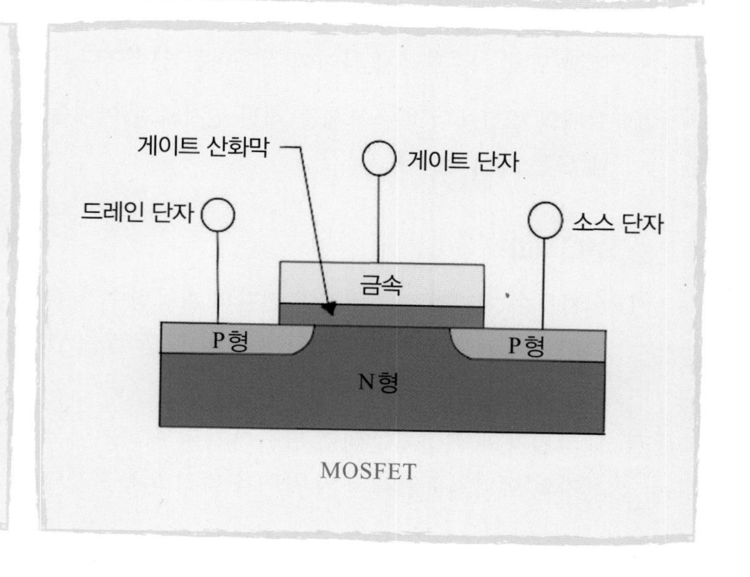

MOSFET

단원요약

1. 고체의 결합

① 자연계에 존재하는 물질들은 개별적인 원자상태로 존재하는 것보다 분자, 액체, 고체 등으로 존재한다.

② 분자상태가 될 때 에너지가 낮아지는 이유는 전자가 존재하는 영역이 넓어져서 운동에너지가 작아지고 그에 따라 총에너지가 줄어들기 때문이다.

③ 대부분의 고체는 주기성을 띠는데 이를 결정체(크리스탈)라고 한다. 주기성은 X선 회절로 측정할 수 있다.

④ 주기성이 없는 고체를 비정질 고체라고 한다.

⑤ 고체의 결합에는 공유결합, 이온결합, 금속결합, 판데르발스결합 등이 있다.

⑥ 공유결합에서는 고체를 이루는 원자들이 전자를 공유하면서 결합을 만든다.

⑦ 이온결합은 전자의 이동에 의해 형성된 이온 사이에 작용하는 쿨롱 인력에 의한 결합이다.

⑧ 금속결합에서는 금속원자에서 떨어져 나온 자유전자들이 금속이온을 묶어 놓는다.

⑨ 판데르발스 결합은 원자 안에 있는 전자의 요동에 의해 생겨나는 쌍극자 사이에 작용하는 인력이다.

⑩ 고체의 결합에너지는 고체를 개별 원자로 떼어내는 데 드는 에너지이다.

2. 에너지띠

① 원자들이 거리가 가까워지면 전자의 파동함수가 겹치면서 원자의 에너지준위가 퍼져서 띠 모양을 만드는데 이를 에너지띠라고 한다.

② 내부전자의 에너지준위로 만들어지는 에너지띠는 원자의 에너지준위와 거의 차이가 없고 외부전자의 에너지준위는 많이 변해서 외부에너지띠(가전자띠)가 된다.

③ 에너지 띠 사이에 전자가 들어갈 수 없는 틈이 생기는데 이를 에너지갭이라고 부른다.

④ 전자는 페르미온이기 때문에 에너지준위가 낮은 곳부터 차례로 쌓인다. 전자가 가질 수 있는 가장 높은 에너지를 페르미준위라고 한다.

⑤ 페르미준위가 가전자띠 안에 있으면 금속이 되고 가전띠가 가득 차 있으면 부도체가 된다. 부도체 중에서 에너지 갭이 작은 것은 반도체라고 부른다.

3. 반도체

① 순수한 반도체물질은 고유반도체라고 하고 아주 약한 전류를 흐르게 한다.

② 전자가 비어있는 공간을 정공이라고 하는데 마치 +전하를 띤 것 같이 행동한다.

③ 반도체에 불순물을 도핑하면 에너지갭 중간에 전자상태가 생기고 전류가 잘 흐르게 된다. 이를 불순물 반도체라고 한다.

④ Ⅳ족 반도체에 V족 불순물을 넣으면 전자가 하나 남게 되는데 이를 n형 반도체라고 부르고 불순물을 주개라고 한다.

⑤ Ⅳ족 반도체에 Ⅲ족 분술물을 넣으면 전자가 하나 모자라게 되는데 이를 p형 반도체라고 부르고 불순물을 받개라고 한다.

⑥ p형과 n형을 접합시켜 만든 소자를 다이오드라고 부른다. p형에 +, n형에 −전극을 걸 경우를 순방향, 그 반대 방향으로 걸 때를 역방향이라고 한다. 순방향일 경우 전류가 잘 흐르고 역방향일 경우 전류가 거의 흐르지 않는다. 이를 이용하여 교류를 직류로 바꿀 수 있다.

연습문제

1. NaCl은 부도체이다. 전자들은 어떤 에너지띠에 어떻게 채워져 있을까?

2. 자유전자와 도체 속의 전자는 어떻게 다른지 생각해 보라.

3. 529쪽 두 번째 칸에 있는 결정 B_2O_3의 그림에서 단위세포 안에 있는 붕소와 산소 원자의 개수를 구하라.

4. Si의 원자구조는 530페이지 두 번째 칸에 나타낸 다이아몬드의 구조와 같다. Si의 경우 정육면체 한 변의 길이는 a = 5.43 Å으로 알려져 있다. Si원자 사이의 최소 거리를 구하라.

5. 상온에서 전자가 열을 흡수하여 부도체가 도체로 되려면 에너지갭은 대략 얼마나 되어야 할까?

***6.** 소금 NaCl의 비중은 2.165 g/cm^{3}이다. NaCl의 분자량이 58.44라는 것을 이용하여 Na과 Cl 사이의 간격을 구해 보아라(530페이지의 네 번째 칸에 나타낸 정육면체 안에는 NaCl 분자가 네 개 들어 있다).

7. TV 리모컨으로 적외선을 쓴다. 1.14 eV의 에너지갭을 가진 Si을 TV의 리모컨 센서로 쓴다면 어떻게 가시광선에 반응하지 않게 할 수 있을까?

8. Ge 고체는 0.67 eV의 에너지갭을 가지고 있다. 따라서, 상온에서 Ge은 좋은 도체가 되지 못한다. 여기에 어떤 파장의 빛을 쬐면 전기가 잘 통하겠는가?

9. 태양전지는 태양에서 나오는 빛을 흡수하여 전기로 사용한다. 전지가 1,000 nm보다 짧은 파장을 모두 흡수하도록 하려면 에너지갭이 얼마나 되어야 할까?

10. 650 nm의 레이저를 내는 다이오드의 에너지갭은 얼마일까? (다이오드의 전도띠로 주입된 전자가 바닥상태로 떨어지면서 내는 빛이 레이저이다.)

***11.** 비활성 기체인 아르곤은 −189 ℃에서 정육면체 모양의 고체가 된다. 열을 가하면 이 열은 잠열로서 고체의 결합을 깨뜨리는 데 쓰인다. 결합 1개당 결합에너지가 3.9×10^{-3} eV라면 1몰의 잠열은 얼마나 될까?

---

4. 원점에 원자가 있을 경우 가장 가까이 있는 다른 원자는 (a/4, a/4, a/4)에 있다.

5. 상온에서의 열에너지와 에너지갭을 비교하자.

6. NaCl 1몰의 질량은 58.44 g이다.

9. 빛에너지와 에너지갭을 비교해 보자.

11. 정육면체가 고체가 되면 아르곤 원자 하나마다 3개의 결합이 생겨난다.

12. Si의 에너지갭은 E_g=1.12 eV이다. 300 K에서 전도띠로 들뜨게 되는 전자는 외각 전자들에 비해 얼마나 될까?

13. 다이오드에 강한 역방향 바이어스를 걸면 어떤 일이 벌어질까?

14. 537쪽 다섯 번째 칸에 있는 그림에서 외부에서 전압이 걸리지 않아도 접합 부근에 전압이 걸린다. 이 전압의 크기는 다음과 같이 계산된다.

$$V_0 = \frac{k_B T}{e} \ln \frac{N_a N_d}{n_i^2}$$

여기서 k_B는 볼츠만 상수, T는 절대온도, e는 전자의 전하량, N_a는 p형 반도체에서 도핑농도, N_d는 n형 반도체에서 도핑농도, n_i는 고유반도체에서 전하의 농도인데 300 K에서 약 1.5×10^{10} cm^{-3}이다. 만일 $N_a = 10^{18}$ cm^{-3}, $N_d = 5 \times 10^{15}$ cm^{-3}일 경우 300 K에서 V_0를 계산하라.

12. 볼츠만 확률밀도 $e^{-E_g/k_B T}$를 쓰자.

13. 에너지띠를 조사해 보자.

Chapter 3 원자핵

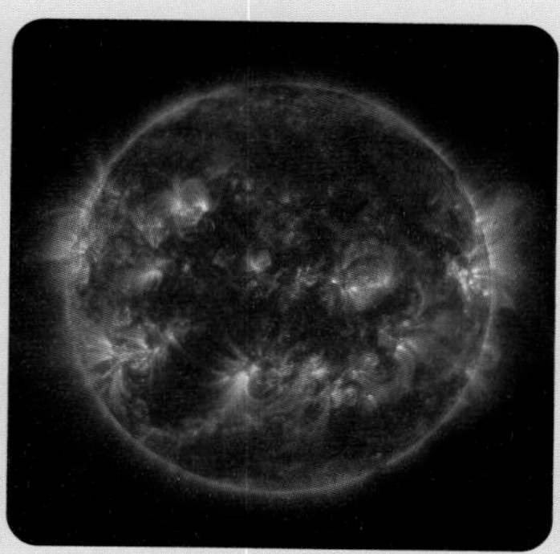

Yohkoh 위성이 가시광선(왼쪽), 자외선(가운데), X선(오른쪽) 등으로 찍은 태양사진. 태양의 내부온도는 1,600만 °C에 달한다.

태양은 50억 년이 지난 지금에도 4×10^{26} W의 막대한 에너지를 내고 있다. 태양이 화학반응으로 에너지를 낸다면 수명은 1,000년 정도밖에 되지 않았을 것이다. 만일, 태양의 크기가 작아지면서 중력에너지를 소모하며 에너지를 낸다면 그 수명은 약 1,000만 년 정도가 되었을 것이다. 그렇다면 태양은 어떻게 이처럼 많은 에너지를 오랫동안 낼 수 있는 것일까?

핵의 구조

러더퍼드가 발견한 대로 원자핵은 원자 속의 아주 작은 공간(약 10^{-15} m = 1 fm)에 놓여 있다. 핵의 크기는 수 옹스토롬(10^{-10} m)인 원자 크기에 비해 십만 배 만큼이나 작다.

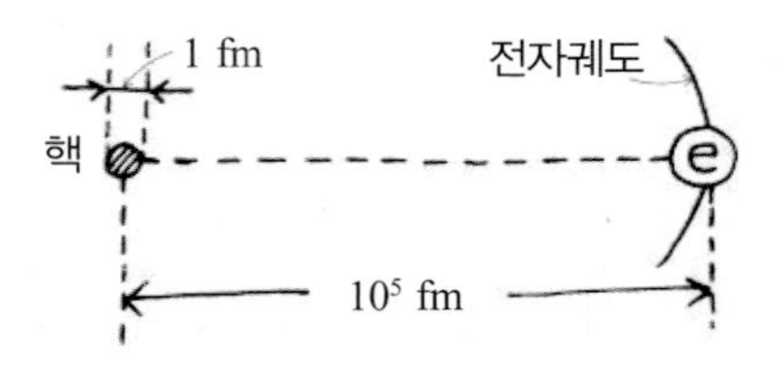

핵의 구성

원자는 전기적으로 중성이므로 원자핵 속에는 전기적으로 양전하를 띠는 양성자가 들어 있다. 실제로 원자핵에는 양성자와 전기적으로 중성인 중성자가 들어 있다.

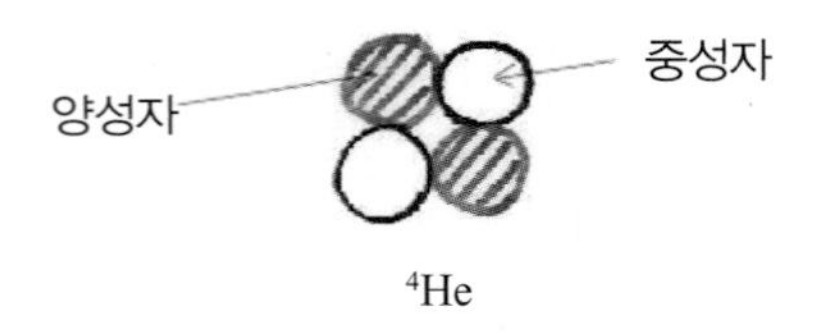

^{4}He

예를 들어, 헬륨핵에는 2개의 양성자와 2개의 중성자가 들어 있다. 일반적으로 가벼운 원소의 핵에는 같은 수의 양성자와 중성자가 들어 있다.

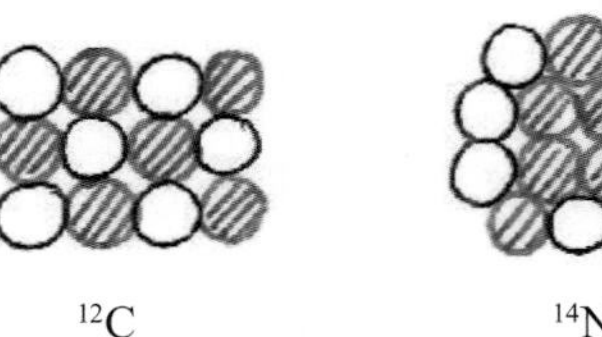
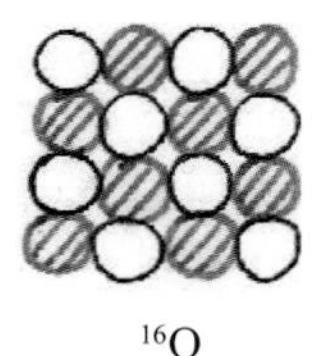

^{12}C　　^{14}N　　^{16}O

양성자 수는 원소의 원자번호와 같다. 양성자와 중성자를 통틀어 핵자라고 하며, 핵자의 개수를 질량수라고 한다.

원자질량의 대부분은 핵의 질량으로 결정된다. 전자는 핵에 비해 질량이 아주 작기 때문이다.

양성자의 질량과 중성자의 질량은 거의 같다. 따라서, 미세한 차이를 무시하면, 원소의 질량은 질량수에 비례한다.

핵자와 전자의 질량

양성자 질량 : m_p = 1.007276 u = 938.28 MeV/c^2
중성자 질량 : m_n = 1.008665 u = 939.57 MeV/c^2
전자의 질량 : m_e = 0.000549 u = 0.511 MeV/c^2

u는 원자질량단위로서 ^{12}C의 질량은 정확히 12 u이다.

$$1 \text{ u} = 1.66056 \times 10^{-27} \text{ kg} = 931.5 \text{ MeV}/c^2$$

핵을 표기할 때는 원소를 표시하는 기호 왼편 위쪽에 질량수, 아래쪽에 원자번호를 쓴다.

$${}^{A}_{Z}\mathrm{X}\ (A = \text{질량수},\ Z = \text{원자번호})$$

원소기호의 원자번호는 같은 정보를 주므로 때로는 생략하기도 한다.

탄소는 ${}^{12}_{6}\mathrm{C}$ (또는 ${}^{12}\mathrm{C}$),
질소는 ${}^{14}_{7}\mathrm{N}$ (또는 ${}^{14}\mathrm{N}$),
산소는 ${}^{16}_{8}\mathrm{O}$ (또는 ${}^{16}\mathrm{O}$).

같은 원소일지라도 중성자 수가 약간씩 다른 원소가 존재한다. 이러한 원소를 동위원소라고 한다.

탄소는 대부분이 ${}^{12}\mathrm{C}$이지만, ${}^{13}\mathrm{C}$이나 ${}^{14}\mathrm{C}$ 등이 동위원소로서 존재한다.

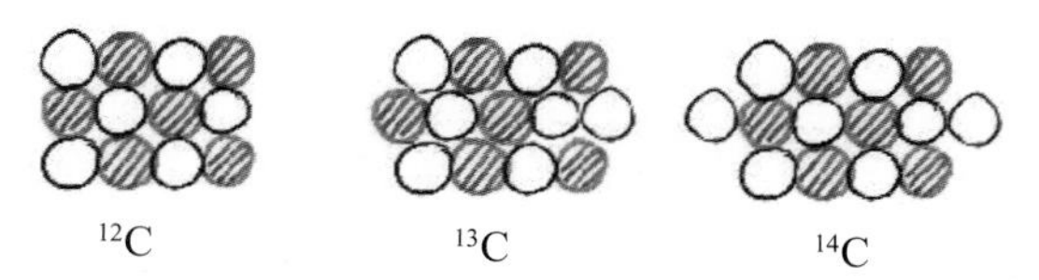

핵의 크기

핵의 모양은 공 모양과 유사하다. 실험 결과에 의하면 핵의 부피는 핵자 수 A에 비례하며, 핵의 반지름은

$$r = r_0 A^{1/3}$$
$$r_0 = 1.2 \times 10^{-15}\ \mathrm{m}$$

으로 표시된다. 이 결과에 의하면 핵은 핵자로 가득 찬 공처럼 보이며, 모든 핵의 밀도는 대략 같다.

생각해보기

양성자의 질량을 써서 핵의 밀도를 구해 보자.

핵의 부피 $= V = \dfrac{4\pi r^3}{3} = \dfrac{4\pi r_0^3}{3} A$

핵의 질량 $= M$

핵의 밀도 $= \rho = \dfrac{M}{V} = \dfrac{1\ \mathrm{u}}{\left(\dfrac{4\pi r_0^3}{3}\right)}$

$= 2.3 \times 10^{17}\ \mathrm{kg/m^3}$

보통 물질의 질량밀도가 $1 \times 10^3\ \mathrm{kg/m^3}$인 것을 고려하면, 핵의 밀도는 보통물질에 비해 2.3×10^{14} 배가 된다.

핵력

핵은 원자에 갇혀 있는 전자보다 더 좁은 공간에 존재하기 때문에, 핵자들은 불확정성 원리에 의해 전자보다 훨씬 더 큰 운동에너지를 갖게 된다. 핵자는 수 MeV 정도의 운동에너지를 가지며, 속도가 무시하지 못할 정도로 크기 때문에 핵 속에서는 상대론적인 현상이 나타난다.

또한, 핵 속의 아주 작은 공간에 들어 있는 양성자들은 전기적으로 강하게 서로 밀치고 있다.

이러한 핵자들을 묶으려면 양성자들의 전하 때문에 생기는 전기적 척력을 이겨낼 수 있는 훨씬 더 큰 인력이 존재해야 한다. 이 힘은 전기력과는 다른 전혀 새로운 힘이며, 핵력(강력)이라고 한다.

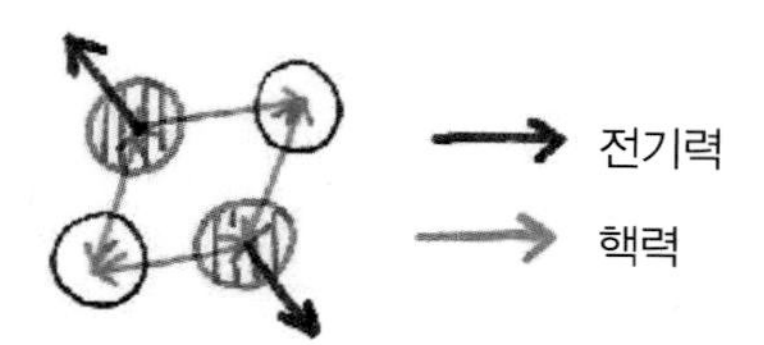

핵력은 양성자와 중성자를 구별하지 않으며, 항상 인력으로 작용한다. 전기적으로 중성인 중성자는 양전하를 띤 양성자를 떨어지도록 할 뿐만 아니라 핵력으로 핵을 묶어 주는 시멘트 역할을 한다.

가벼운 핵의 경우에는 중성자와 양성자의 수가 같고, 무거운 핵의 경우 점점 더 많은 중성자가 필요하다.

그렇다면 중성자가 많을수록 핵은 더욱 안정한 상태가 될까?

그렇지 않다.

중성자들은 원자 속의 전자들처럼 배타원리에 따라 짝을 지어 핵의 에너지준위에 차곡차곡 쌓이게 되므로, 중성자 수가 많을수록 총 에너지가 높아질 수밖에 없다. 필요 이상으로 중성자가 많아지면 핵은 불안정해진다. 따라서, 안정된 핵에는 옆의 그림처럼 양성자보다 약간 많은 적정 수의 중성자가 존재한다.

지구상에 자연적으로 존재하는 동위원소들을 살펴보면 양성자나 중성자의 수가 적어도 하나가 짝수인 물질이 안정적으로 존재한다.

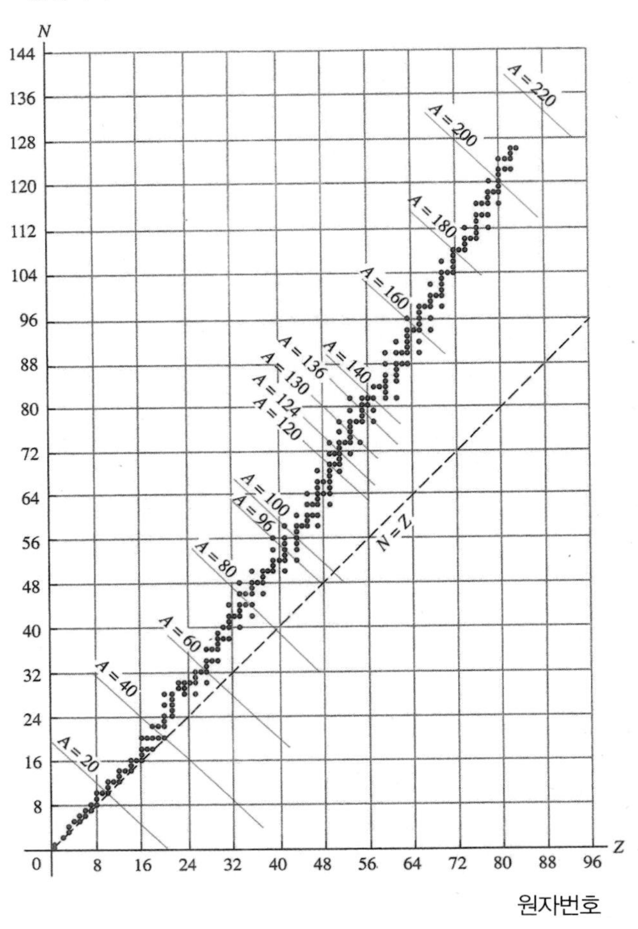

지구상에 존재하는 동위원소 핵의 다량분포도

몰리브덴 (Z=42)	A = 95 : 15.92%, A = 96 : 16.68%, A = 98 : 24.13%, A = 100 : 9.63%
주석 (Z=50)	A = 112 : 0.97%, A = 114 : 0.66%, A = 115 : 0.34%, A = 117 : 7.68%, A = 118 : 24.22%, A = 119 : 8.95%, A = 120 : 32.58%, A = 122 : 4.63%, A = 124 : 5.79%
납 (Z=82)	A = 204 : 1.4%, A = 206 : 24.1%, A = 207 : 22.1%, A = 208 : 52.4%

지구상에 존재하는 동위원소 핵의 다량분포도 (계속)

헬륨 (Z=2)	A = 4 : 99.99986%, A = 3 : 0.00014%
산소 (Z=8)	A = 16 : 99.761%, A = 18 : 0.20%
칼슘 (Z=20)	A = 40 : 96.941%, A = 42 : 0.647% A = 43 : 0.135%, A = 44 : 2.086%, A = 46 : 0.004%, A = 48 : 0.187%
니켈 (Z=28)	A = 58 : 68.077%, A = 60 : 26.223%, A = 61 : 1.140%, A = 62 : 3.635%, A = 64 : 0.926%
몰리브덴 (Z=42)	A = 92 : 14.84%, A = 94 : 9.25%,

핵의 결합에너지

핵자들이 핵력을 받아 결합하여 핵이 만들어지면, 핵의 총 에너지는 핵이 만들어지기 전보다 낮아진다. 핵력이 인력이기 때문이다. 이때 줄어드는 에너지를 결합에너지 E_B라고 한다.

핵자가 모두 멀리 떨어져 있을 때의 총 에너지는 핵자의 총 질량에너지($E = mc^2$)와 같다.

$$Zm_pc^2 + Nm_nc^2$$

그러나 핵자가 결합하면 총 에너지는 핵의 질량(m_x)에너지 m_xc^2와 같다.

이 두 에너지의 차이가 바로 핵의 결합에너지이다.

$$E_B = (Zm_p + Nm_n - m_x)\,c^2$$

즉, 핵이 형성되면 총 질량이 작아진다는 것을 뜻한다.

생각해보기 **탄소핵의 결합에너지**

탄소 $^{12}_{6}C$의 질량은 12 u이다. 따라서, 전자의 질량을 빼면 탄소핵의 질량 m이 된다.

$$m = [12 - 6 \times (0.000549)]\ \text{u} = 11.996706\ \text{u}$$

따라서, 탄소핵의 결합에너지는

$$\begin{aligned} E_B &= [(6 \times 1.007276) + (6 \times 1.008665) \\ &\quad - 11.996706]\ \text{u} \\ &= 0.09894\ \text{u} \end{aligned}$$

이것을 MeV로 환산하면,

$$\begin{aligned} E_B &= 0.09894\ \text{u} \times (931.5\ \text{MeV/u}) \\ &= 92.16\ \text{MeV} \end{aligned}$$ 이다.

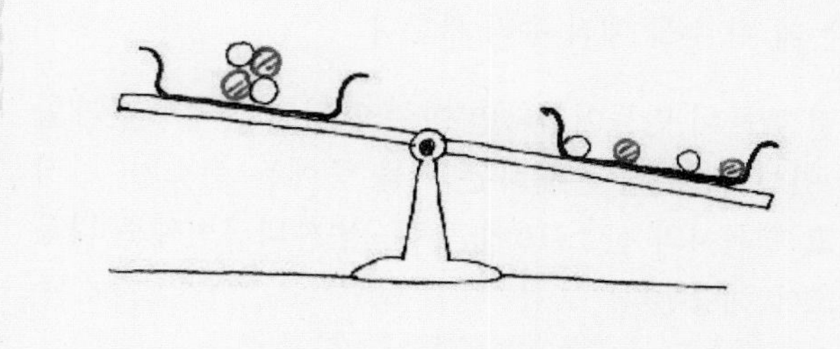

질량수에 따른 결합에너지의 비교

핵이 얼마나 안정되어 있는지를 알아보려면, 질량수를 변화시킬 때 결합에너지가 어떻게 달라지는지를 비교해 보면 된다. 핵자 하나의 평균결합에너지 E_B/A는 결합에너지를 총 질량수로 나눈 양이다.

그림에서 보듯 대부분 원소의 E_B/A는 8 MeV로 거의 일정하다. 다만 가벼운 원소와 무거운 원소에서 약간의 변화가 있다.

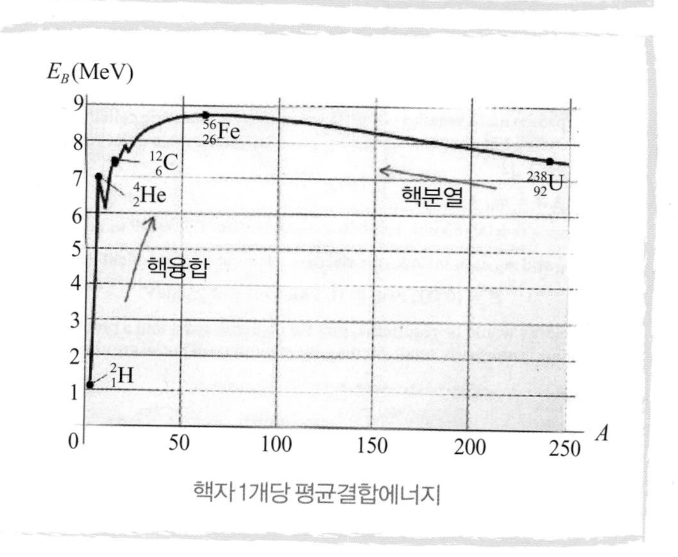

핵자 1개당 평균결합에너지

핵력은 거리가 가까울 때만 작용하며, 핵 밖에서는 핵력을 느낄 수 없다.

수소나 헬륨 등 아주 가벼운 원소에는, 무거울수록 핵자당 결합에너지가 커진다. 이것은 가장 가벼운 원소인 수소가 모여 헬륨으로, 다시 리튬으로 바뀌어도 총 에너지는 더 낮아질 수 있음을 알려준다.

가벼운 원소로부터 가장 안정된 원소인 철까지 점차 무거운 원소를 만들어 내는 과정을 핵융합이라고 한다.

그러나 철보다 원자번호가 큰 원소는 원자번호가 클수록 핵자당 결합에너지가 오히려 작아진다. 따라서, 무거운 원소는 이제 가벼운 원소 둘로 쪼개지는 것이 더욱 안정된 상태가 된다. 이 때문에 핵분열이 가능하며, 원자력 발전을 통해 에너지를 얻을 수 있다.

정상적인 상태에서는 철보다 무거운 원소가 만들어지지 않는다. 지구에 존재하는 무거운 원소는 별중심의 고온 고압상태에서 만들어진 뒤, 초신성의 폭발을 통해 우주로 퍼져 나온 것이다.

핵의 매직 수

핵이 안정된 상태에 있기 위해서는 양성자나 중성자의 수가 짝수여야 한다. 양성자나 중성자 수가 2, 8, 20, 28, 50, 82, 126인 경우에는 특히 핵이 안정된 상태가 되는데 이 수를 매직 수라 부른다.

이런 핵들이 만들어진다면 아주 안정된 상태로 존재할 수 있다. 우주에 존재하는 핵들 중에는 수소가 가장 많고 헬륨-4와 산소-16이 각각 2번째와 3번째로 많은 원소에 해당된다.

양성자와 중성자 모두 매직 수를 가진 핵들

$^{4}_{2}He$, $^{16}_{8}O$, $^{40}_{20}Ca$, $^{48}_{20}Ca$, $^{48}_{28}Ni$,
$^{56}_{28}Ni$, $^{92}_{42}Mo$, $^{100}_{50}Sn$, $^{132}_{50}Sn$, $^{208}_{82}Pb$,

Section 2 핵붕괴와 방사능

중성자수가 많아지면 핵이 불안정해진다. 불안정한 핵은 안정된 상태에 도달하기 위해서 다른 가벼운 원소로 바뀌거나 감마선을 방출한다.

핵이 붕괴하는 모양은 핵의 불안정 정도에 따라 다르다. 불안정성이 심하지 않으면, 핵은 알파, 베타, 감마 붕괴를 하고, 불안정성이 심하면 핵분열을 한다.

20세기 초 베크렐과 큐리 부부 등의 핵물리학자들은 무거운 핵들이 방사선을 방출하면서 자발적으로 다른 핵으로 변환되는 것을 발견했다.

핵붕괴할 때 나오는 방사선에는 3종류가 있다. 라듐과 같은 물질에서 나오는 방사선에 옆의 그림처럼 자기장을 걸어 보자. 자기장의 영향으로 휘어지는 두 가지 종류의 전하를 띤 입자(알파선과 베타선)와, 자기장의 영향을 받지 않고 똑바로 나오는 방사선(감마선)이 있다는 것을 알 수 있다.

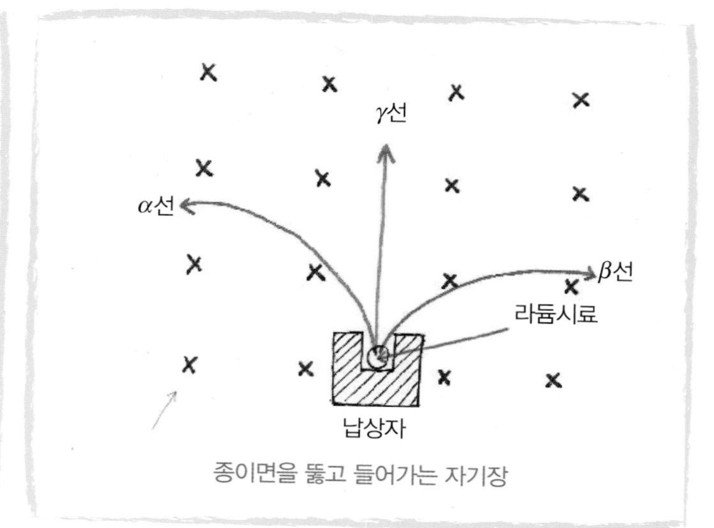

알파붕괴

알파(α)선은 헬륨핵($^4_2$He)이 방출되는 것이다. 헬륨핵은 전하가 $+2e$이므로 알파선을 방출하면 핵은 원자번호가 둘 줄고(원소가 바뀐다), 질량수는 넷 줄어든다.

$$^{A}_{Z}\mathrm{X} \rightarrow {}^{A-4}_{Z-2}\mathrm{Y} + \alpha$$

X를 어미핵, Y를 딸핵이라고 한다.

예를 들어, Ra(라듐)이 알파붕괴하면 Rn(라돈)으로 바뀐다.

$$^{226}_{88}\mathrm{Ra} \rightarrow {}^{222}_{86}\mathrm{Rn} + \alpha$$

138 ○ 88 ⊘ → 136 ○ 86 ⊘ + α입자

Ra　Rn　α입자

핵이 붕괴할 때 양성자나 중성자를 따로따로 방출하지 않고 알파입자 형태로 방출하는 이유는 무엇일까?

에너지 입장에서 보면 간단하다. 이것은 알파입자가 큰 결합에너지를 가지고 있기 때문이다. 2개의 양성자와 2개의 중성자가 묶여 알파입자(헬륨핵)을 형성하면 결합에너지 때문에 결합 전보다 총 질량이 작아진다. 따라서, 양성자와 중성자를 따로따로 방출하게 되면 방출 전보다 에너지가 오히려 높아지는 데 비해, 알파입자를 방출하면 결합에너지만큼 낮아진다.

이 때문에 알파입자는 운동에너지도 가지고 나온다. Ra이 붕괴하여 Rn으로 바뀔 때 나오는 알파입자의 운동에너지는 4.7 MeV이다.

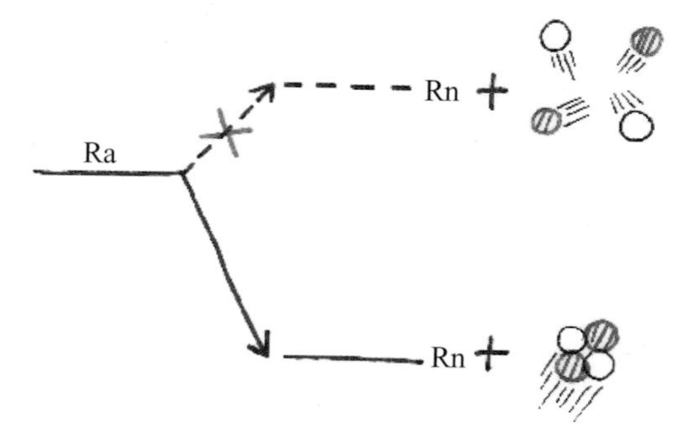

베타붕괴

베타(β)선은 전자가 방출되는 것이다. 핵은 전자를 내며 중성자가 양성자로 바뀌므로 원소의 원자번호는 하나 늘지만, 질량수는 변하지 않는다.

n p e^-

탄소 동위원소가 질소로 바뀌는 것은 대표적인 베타붕괴이다.

$$^{14}_{6}C \rightarrow ^{14}_{7}N + e^-$$

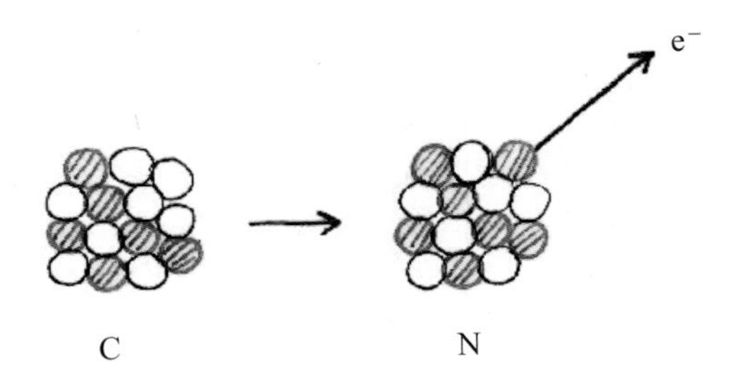

베타선의 전자는 원자궤도에 놓여 있던 전자가 아니라는 것을 어떻게 알 수 있는가?

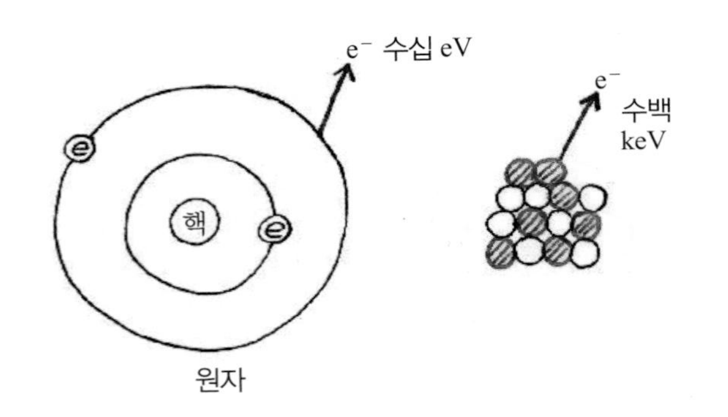

전자가 가지는 에너지의 크기로 구별할 수 있다.

베타선 전자의 운동에너지는 보통 수백 keV 정도이다. 이에 비해 원자궤도에 있던 전자가 방출되었다면 기껏해야 수십 eV 정도의 운동에너지를 가지고 나올 것이다.

베타붕괴와 뉴트리노

$^{14}_{6}C$가 붕괴될 때 ($^{14}_{6}C \rightarrow ^{14}_{7}N + e^-$) 나오는 전자의 최대 운동에너지는 156 keV이다.

이 운동에너지는 $^{14}_{6}C$핵이 질소원자 $^{14}_{7}N$와 전자로 나올 때 생기는 질량에너지 차이와 같다.

$$\Delta E = \text{탄소핵의 질량에너지} - (\text{질소핵} + \text{전자})\text{의 질량에너지}$$

질소원자는 탄소원자보다 전자가 하나 더 많다는 것을 이용하면 이 에너지 차이는 두 원자의 질량 차이와 같다.

따라서,

$$\begin{aligned}\Delta E &= \text{탄소원자의 질량에너지} - \text{질소원자의 질량에너지} \\ &= 14.003242\ \text{u} - 14.003074\ \text{u} \\ &= 0.000168\ \text{u} \\ &= 0.156\ \text{MeV} = 156\ \text{keV}\end{aligned}$$

그러나 전자는 대부분의 경우 이러한 최대 운동에너지를 가지고 나오지 않는다. 전자들은 그림처럼 최대 운동에너지보다 낮은 여러 가지의 에너지분포를 가지고 있다.

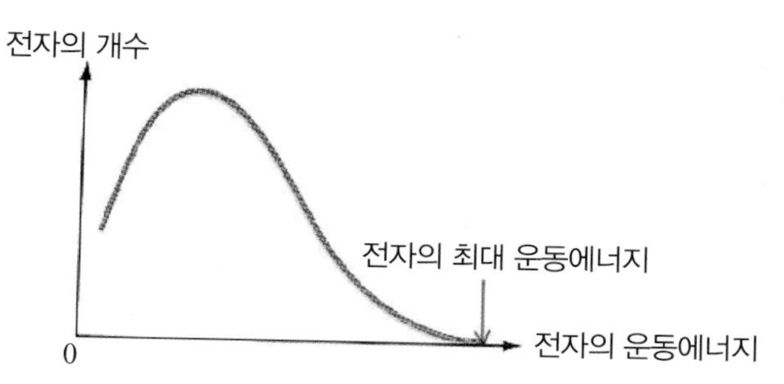

그러면 나머지 에너지는 어디로 갔을까?

1900년 베크렐에 의해 베타붕괴가 발견된 이래로 에너지와 운동량이 보존되지 않는 것처럼 보이는 이 실험은 물리학자들에게 최대의 수수께끼였다.

이것을 해결하기 위해 1930년 파울리는 베타붕괴할 때 질량이 없고 전기적으로 중성인 보이지 않는 입자가 나머지 에너지를 가지고 방출된다고 예측하였다.

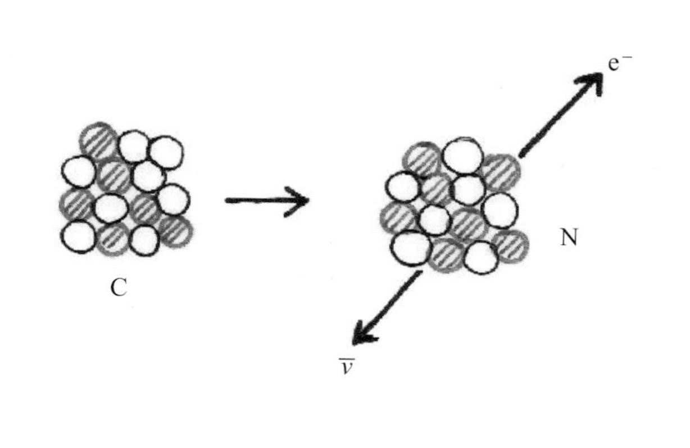

페르미는 보이지 않는 이 입자를 뉴트리노 (ν)라고 이름 붙였다(반뉴트리노는 $\overline{\nu}$).

$${}^{14}_{6}C \rightarrow {}^{14}_{7}N + e^- + \overline{\nu}$$

뉴트리노는 물질과는 상호작용이 아주 작아서 관측하기가 매우 어렵다. 1956년에 와서야 비로소 정밀한 실험을 통해 확인되었다.

감마선

알파나 베타붕괴를 하여 생성된 핵은 종종 들뜬 에너지상태로 남아 있다. 들뜬상태의 핵은 감마선(빛)을 낸 후 바닥상태로 돌아간다.

감마선이 나올 때는 원소가 바뀌지 않는다. 이때 내는 감마선은 에너지가 보통 수 keV에서 수 MeV 정도이다. 예를 들어, ${}^{12}_{5}B$이 베타붕괴하면 전자와 뉴트리노가 나오면서 탄소로 변한다(${}^{12}_{5}B \rightarrow {}^{12}_{6}C$).

그러나 일부는 탄소의 바닥상태로 바로 떨어지지 않고 들뜬상태 ${}^{12}_{6}C^*$로 떨어진 후 다시 바닥상태 ${}^{12}_{6}C$로 떨어지면서 4.4 MeV의 감마선도 따라나온다.

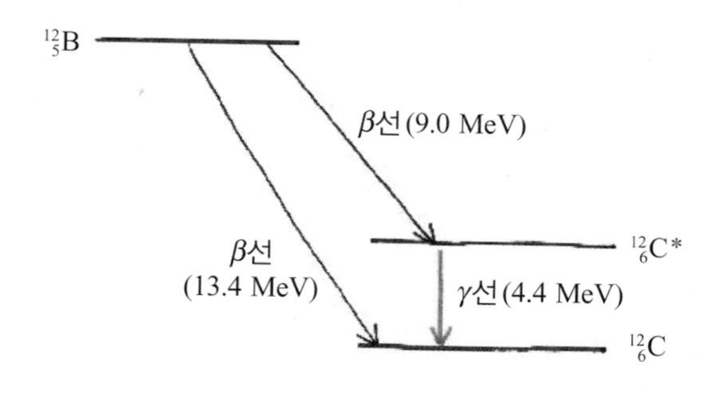

연속적인 핵붕괴

$^{238}_{92}U$ (우라늄)은 불안정하므로, 옆 그림처럼 연속적인 14단계의 알파선과 베타선을 내면서 안정된 납으로 바뀐다.

$$^{238}_{92}U\ (\text{우라늄}) \rightarrow\ ^{206}_{82}Pb\ (\text{납})$$

자연에는 이외에도 다른 핵붕괴 시리즈가 존재한다.

$$^{232}_{90}Th\ (\text{토륨}) \rightarrow\ ^{208}_{82}Pb\ (\text{납})$$
$$^{235}_{92}U\ (\text{우라늄}) \rightarrow\ ^{207}_{82}Pb\ (\text{납})$$
$$^{237}_{93}Np\ (\text{넵튜늄}) \rightarrow\ ^{209}_{83}Bi\ (\text{비스무스})$$

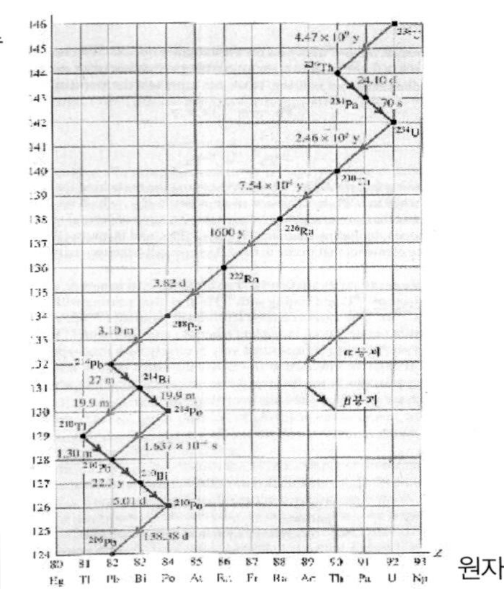

연속적인 핵붕괴과정에 있는 라돈은 방사능을 내므로 쉽게 탐지된다. 라돈은 방사성 원소이지만 화학적으로는 안정한 비활성 원소이다. 라돈이 바위에 스며들면 다른 원소와 화학 반응하지 않은 채 오래 남아 있게 된다.

건물이나 지하철 역사의 벽에 스며든 라돈은 내부에 방사능을 방출하므로 환기를 하지 않으면 건강에 해롭다.

또한, 지각에 라돈이 갑자기 증가하게 되면 지진을 의심하게 된다. 지진이 일어나기 전 지각의 바위에 틈이 생겨 내부에 있던 라돈가스가 지상으로 나오기 때문이다.

핵붕괴는 방사능을 낼 뿐만 아니라 입자들의 운동에너지가 열로 바뀌므로 열도 방출한다. 지구 내부에 있는 방사능 물질이 내는 열은 무시하지 못할 정도이며, 지구 내부의 온도를 높이므로 지각변동을 일으키는 원인이 된다.

반감기와 수명

불안정한 원소는 여러 방사능을 내고 안정한 상태의 다른 원소로 바뀐다.

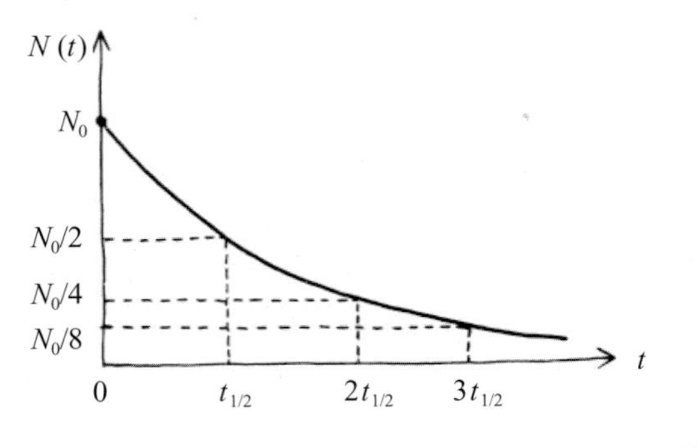

원소가 처음 N_0개 있었다면 남은 원소의 개수 N은 시간이 지남에 따라 지수함수로 감소한다.

$$N = N_0 e^{-\lambda t}$$

비례상수 λ는 붕괴상수이다.

원소의 양이 반으로 주는 시간을 반감기라고 한다. 양변에 자연로그를 취하면

$$\ln N = \ln N_0 - \lambda t \text{ 이다.}$$

따라서, 반감기가 되면 $N/N_0 = 1/2$이므로,

$$t_{1/2} = \ln\left(\frac{N_0}{N}\right)/\lambda = \ln 2/\lambda = 0.693/\lambda \text{ 이다.}$$

라돈의 동위원소 ^{222}Rn의 반감기는 3.8일이다. 라돈 1 mg을 밀폐된 용기에 넣어놓으면, 3.8일 후에 0.5 mg이 남고 7.6일 후에는 0.5 mg의 반인 0.25 mg이 남는다.

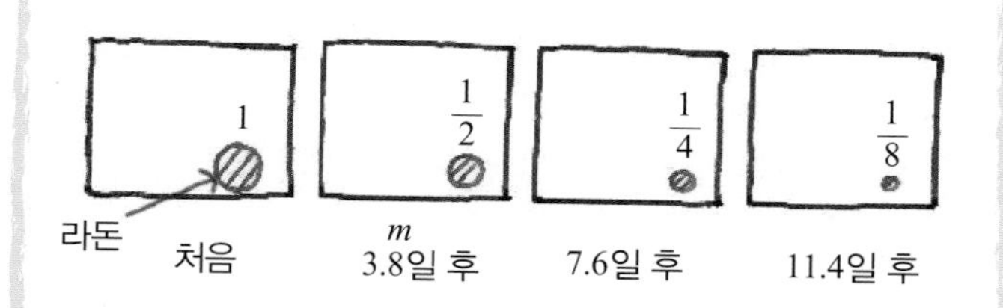

여러 원소의 반감기

원소	반감기
^{216}Ra	0.18 μs
^{194}Po	0.7 s
^{226}Ra	1600년
^{222}Rn	3.8일
^{237}Np	214만 년
^{235}U	7억 년
^{238}U	5억 년
^{232}Th	140억 년

방사능

일상생활에서 쓰는 방사능은 주어진 원소의 숫자가 줄어드는 비율을 말한다.

$$R = -\frac{dN}{dt}$$

방사능의 단위는 베크렐이다 : 1 Bq = 1개/s.

그러나 실제적으로 많이 쓰는 단위는 큐리이다.

$$1 \text{ Ci (curie)} = 3.7 \times 10^{10} \text{ Bq}$$

주어진 물질의 방사능은 시간에 따라 줄어든다.

방사능은 $R = -dN/dt$이므로, $N = N_0 e^{-\lambda t}$을 쓰면, $R = \lambda N_0 e^{-\lambda t}$ 이다.

따라서, 처음의 방사능이 R_0라면, 시간이 지남에 따라 방사능은 지수함수로 줄어든다.

$$R = R_0 e^{-\lambda t}$$

이 된다. 방사능이 시간에 따라 줄어드는 사실을 쓰면 물체의 연대를 측정할 수 있다.

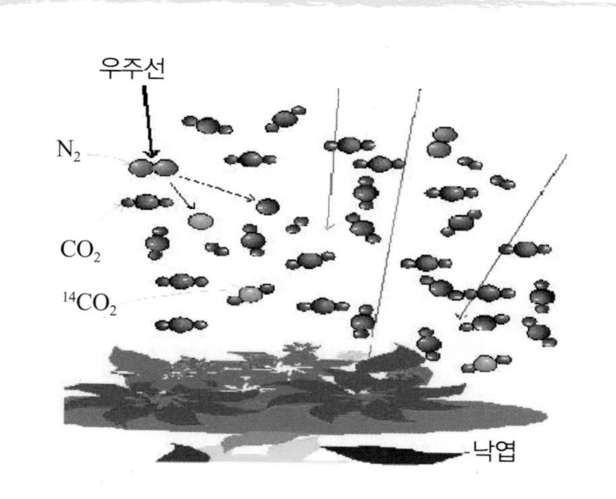

살아 있는 식물은 공기 중에 있는 탄소를 흡입하므로 공기 중에 있는 탄소의 동위원소 비율을 유지하고 있다. 동물도 식물을 섭취하므로 마찬가지로 이 비율을 유지한다.

그러나 생명체가 죽으면 동위원소의 비율이 시간에 따라 달라진다. 공기 중의 탄소를 흡수하지 못하고, 대신 생명체에 들어 있던 동위원소가 붕괴하기 때문이다.

탄소 동위원소 ^{14}C의 반감기는 5,730년이다. 이 반감기를 이용하면 연대를 측정할 수 있다.

생각해보기

죽은 생명체 10 g의 샘플에서 30(개/분)의 방사능이 검출되었다. 이 물체의 사망연대는 언제일까?

식물은 탄소동화작용을 위해 이산화탄소를 흡입한다. 그런데 공기 중에는 탄소의 동위원소 비율이 $^{14}C/^{12}C = 1.3 \times 10^{-12}$으로 유지된다. 왜냐하면, 우주로부터 계속 날아오는 우주선(cosmic ray)이 질소와 충돌하여 동위원소 ^{14}C를 계속 만들어 내며, 일부는 ^{14}N으로 베타붕괴하기 때문이다.

사망 당시 생명체 내에 있던 ^{14}C의 개수와 방사능을 찾아보자. 1몰(12 g) 속에는 아보가드로수의 탄소가 들어 있다. 그런데 10 g의 샘플 속에는 ^{12}C가 대부분이므로 ^{12}C의 개수는

$$(10\ g/12\ g) \times 6.02 \times 10^{23} = 5.0 \times 10^{23} \text{ 개이다.}$$

사망 당시에는 $^{14}C/^{12}C = 1.3 \times 10^{-12}$ 비율을 유지했을 것이므로 ^{14}C의 개수 N_0는

$$N_0 = 5.0 \times 10^{23} \times (1.3 \times 10^{-12}) = 6.5 \times 10^{11} \text{ 개이다.}$$

사망 당시($t=0$)의 방사능 R_0은

$$R_0 = \lambda N_0 = (0.693/t_{1/2})N_0 = (0.693/5730\text{년}) \times (6.5 \times 10^{11}) = 2.5 \text{ Bq이었을 것이다.}$$

현재의 샘플에서 측정된 방사능이

$$R = 30\text{개/분} = 0.5 \text{ Bq}$$

이므로, 이것은 사망 당시에 비해 5배로 준 양이다.

그런데 주어진 물체의 방사능은 시간에 따라 $R = R_0 e^{-\lambda t}$으로 감소하므로,

$$\frac{R}{R_0} = \frac{1}{5} = e^{-\lambda t} \text{ 이다.}$$

따라서, 죽은 후 경과한 시간은

$$t = \ln(R_0/R)/\lambda = \ln 5 \times \frac{t_{1/2}}{0.693} = 2.32 \times 5730\text{년} = 13300\text{년이다.}$$

따라서, 이 생명체는 사망한 지 13,300년이 되었다.

방사능의 단위로서 베크렐은 물질에서 얼마나 입자가 방출되는가를 표시한다. 그러나 베크렐은 방사선이 생명체에 미치는 영향을 적절하게 표시하지 못한다. 방사능이 생명체에 미치는 영향을 표시하기 위해서는 방사능을 받는 물질에 흡수되는 에너지의 양으로 표시한다.

$$1 \text{ Gy(그레이)} = 100 \text{ rad}$$

1 Gy는 생명체 1 kg당 1 J이 흡수되는 방사능이다.

특히 인간의 몸에 흡수되는 방사능의 양을 표시할 때는 Gy 대신 Sv(siviert) 또는 rem이라는 단위를 쓴다.

$$1 \text{ Sv} = 100 \text{ rem} = \text{인간의 몸 1 kg당 1 J이 흡수되는 방사능}$$

방사선은 지구상 어디에나 존재한다. 그 원인은 주로 두 가지이다. 한 가지는 지구가 처음 생성될 때 지구내부에 축적되었던 방사선 동위원소가 붕괴되면서 나타나는 경우이다.

지구 초기에는 이 방사선 동위원소가 붕괴하면서 많은 열을 냈기 때문에 지구 내부를 덥히는데 상당한 역할을 했을 것으로 추정하고 있다. 현재 지상에서 발견되는 방사선의 주요한 원인이 되는 비활성 기체형태의 라돈도 지구 초기에 축적된 방사선 원소가 붕괴되는 과정에서 나오는 핵붕괴 물질이다.

다른 주요 원인은 지구 외부로부터 온다. 태양의 활동으로 나오는 태양풍이나, 우주에서 별이 폭발할 때 생기는 강력한 입자(우주선)들, 또는 무거운 별(블랙홀)들에 끌리면서 나오는 감마선들이 그 원인이 된다.

이러한 강력한 입자들은 대부분 지구의 자기장과 대기권의 대기 때문에 지상에 직접 도달하지는 못한다. 전하를 띠고 있는 물질들은 자기장 때문에 지상으로 떨어지는 대신 지구 상공에 반알렌대를 형성한다.

이 때문에 지구 상공에는 지구외부에서 오는 우주선이 주요한 역할을 한다. 하늘을 운행하는 비행사들이나 우주 비행사들은 이러한 방사선의 피해를 막기 위한 노력을 기울여야 한다.

또한 강력한 에너지를 가진 우주선들이 대기와 충돌하게 되면, 2차 우주선이 생기게 되며, 질소 등은 이때 탄소 동위원소로 변하기도 한다. 지상에서 수없이 검출되는 뮤온 등도 대기와의 충돌과정에서 생긴 물질이다.

자연방사능의 크기

자연으로부터 흡수되는 라돈가스 = 200 mrem/년
우주로부터 오는 방사능 = 20~30 mrem/년
60시간 비행기를 탈 때 받는 방사능 = 2 mrem
X선 한 번 촬영시 받는 방사능 = 10~50 mrem
CT 한 번 촬영시 받는 방사능 = 150~1300 mrem

여기에서 mrem $= 10^{-3}$ rem을 뜻한다.

핵분열과 핵융합

철을 중심으로, 가벼운 원소와 무거운 원소의 핵자당 결합에너지 변화가 서로 반대이다. 이 때문에 무거운 원소에서는 핵분열이 일어나고 가벼운 원소에서는 핵융합이 일어날 수 있다.

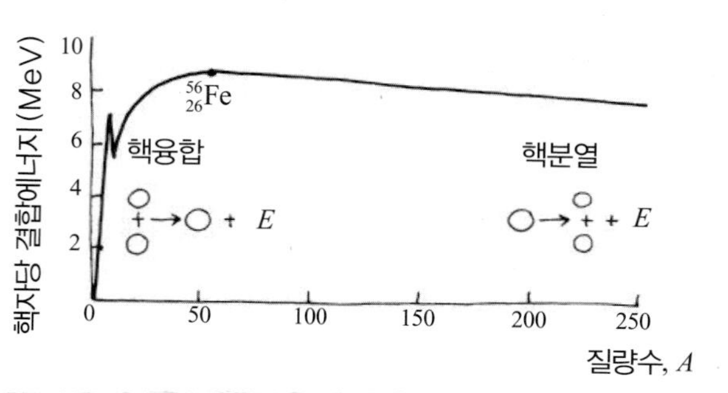

중성자 포획에 의한 핵분열

핵분열은 우라늄이나 플루토늄과 같은 무거운 원소가 가벼운 두 개의 원소로 쪼개지는 과정이다. 이때 큰 에너지가 방출된다.

그러나 핵이 두 조각으로 분열되기 위해서는 전기적 힘과 핵력 때문에 생기는 장벽을 넘어서야만 가능하다. 이를 위해 핵에 중성자를 집어넣으면 핵이 불안정한 상태로 되면서 다음 그림처럼 아령모양으로 변하게 되고, 두 조각으로 분열이 일어난다.

천천히 움직이는 중성자가 우라늄 ^{235}U를 때려 핵 속으로 들어가게 되면 질량수가 커지면서 (^{236}U), 불안정한 들뜬상태로 변한다.

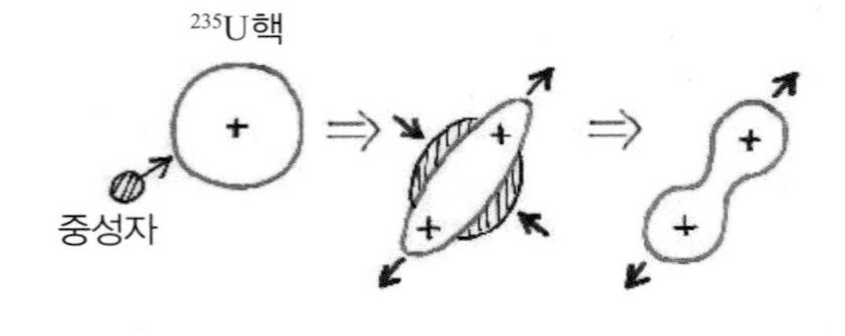

불안정한 핵은 진동으로 흔들리면서 점점 길이가 늘어나 아령모양으로 변하고 짧은 시간 (10^{-12} s) 동안에 두 개의 작은 핵 (딸핵)으로 쪼개진 후, 연속적인 핵붕괴를 거쳐 안정된 원소로 바뀐다.

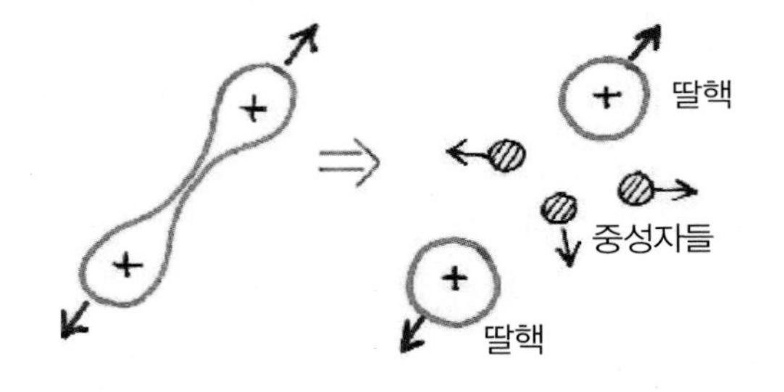

이때 나오는 딸핵은 일정하지 않고 옆의 그림처럼 여러 가지가 나온다.

$$^{236}_{92}U^* \rightarrow {}^{143}_{56}Ba + {}^{90}_{36}Kr + 3n + Q$$

또는

$$^{236}_{92}U^* \rightarrow {}^{140}_{54}Xe + {}^{94}_{38}Sr + 2n + Q \text{ 등등}$$

따라서, 핵분열이 한 번 일어날 때마나 보통 2~3개의 중성자가 나온다.

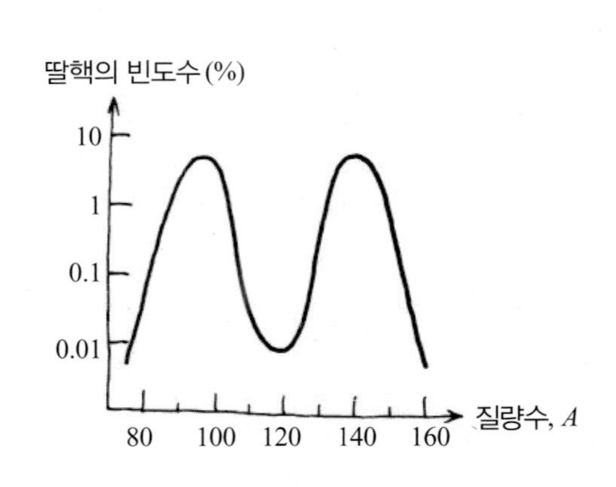

이렇게 핵분열이 일어나면 많은 에너지가 방출된다. 어미핵의 핵자당 결합에너지는 7.6 MeV 정도이지만 딸핵은 8.5 MeV 정도로 커진다.

결국 핵자당 0.9 MeV 정도의 결합에너지가 방출되는 셈이 되므로 핵분열이 한 번 일어날 때마다 약 200 MeV 정도의 에너지가 방출된다.

$$236 \times 0.9 \text{ MeV} \cong 200 \text{ MeV}$$

이 에너지는 화학반응에 의해 얻어지는 에너지에 비하면 어마어마하게 크다.

휘발유 옥탄분자 한 개를 태워내는 에너지는 수 eV 정도이므로, 수억 개의 옥탄분자를 태워야만 우라늄 1개의 핵분열에너지를 얻을 수 있다.

연쇄적인 핵분열

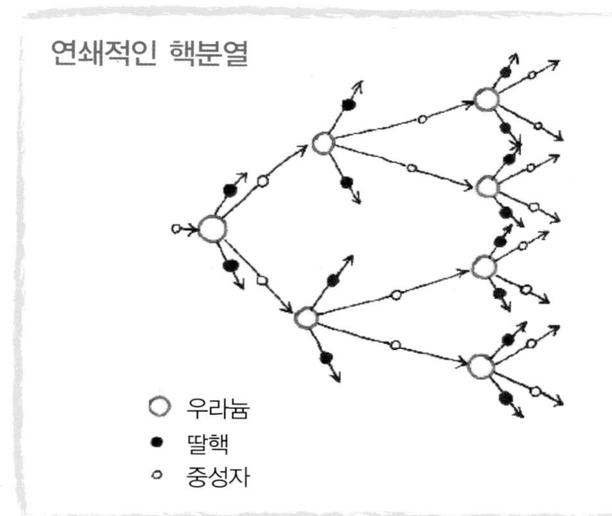

핵분열이 연속적으로 일어나기 위해서는 중성자가 계속적으로 핵에 의해 포획되어야 한다.

그런데 핵분열할 때마다 나오는 2~3개의 중성자는 운동에너지가 수 MeV 정도로 크며, 이처럼 빠른 중성자는 다른 핵에 다시 포획되기 어렵다. 따라서, 핵분열이 연속적으로 일어나기 위해서는 수 eV의 운동에너지를 가지도록 중성자의 속도를 느리게 만들어 주어야 한다.

핵분열마다 느린 중성자가 하나 이상 나오면 핵반응이 연쇄적으로 일어난다. 연쇄반응이 급격히 증가하면 에너지가 폭발적으로 커지고, 핵폭탄이 된다.

그러나 핵에너지를 안전하게 이용하려면 안정적으로 연쇄반응이 일어나도록 하는 조치가 필요하다.

이를 위해 원자로에서는 임계질량 이상의 원료로 중성자가 연료에 포획될 확률을 높인다. 또한, 감속장치를 써서 중성자의 속도를 줄이고 제어봉으로 중성자의 수를 조절한다.

감속제는 핵분열에서 나오는 빠른 중성자와 탄성 충돌하여 중성자의 속도를 감소시킨다.

감속제로는 탄소봉이나 물(경수, H_2O 또는 중수, D_2O)을 쓴다.

제어봉으로는 중성자를 포획하는 카드뮴과 같은 물질을 사용한다.

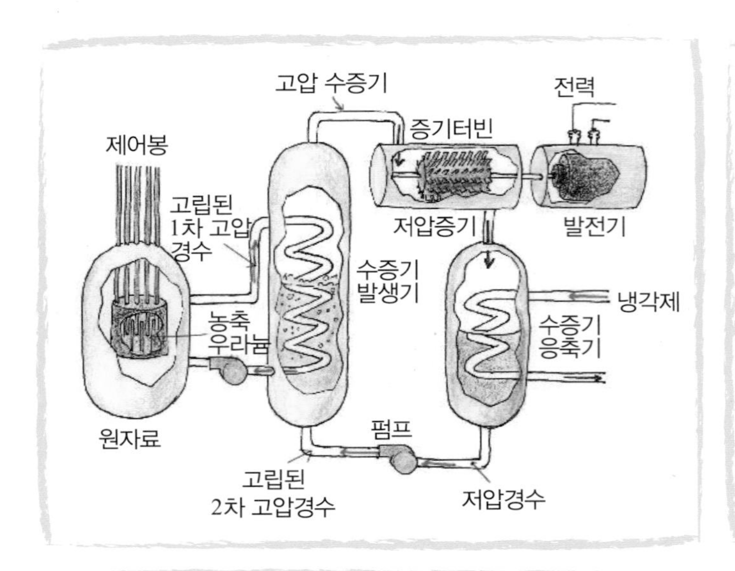

경수로 원자로에서는 3% 정도로 농축된 우라늄을 연료로 쓴다. 핵분열로 나오는 열은 그림처럼 고립된 상태에 있는 물(경수, H_2O)을 280 ℃에서 320 ℃로 가열시킨다. 이 경수는 끓지 않도록 155기압의 고압상태를 유지하고 있으며, 감속제로도 작용한다.

이 고립된 물은 파이프를 통해 다른 탱크를 통과하면서 이 탱크 안에 들어 있는 물을 가열시켜 증기로 만들고, 이 증기가 증기터빈을 돌림으로써 발전이 이루어진다.

생각해보기

^{235}U 1 g이 핵분열할 때 나오는 에너지는 얼마인가?

1 g속에 들어 있는 ^{235}U의 개수를 구하기 위해 ^{235}U 1몰의 질량이 235 g이라는 것을 이용하자.

$$\frac{6\times10^{23}\text{개}}{235\ \text{g/mol}} = 2.6\times10^{21}\ \text{개이다.}$$

(또는 ^{235}U의 질량이 235.0439 u$=3.903\times10^{-25}$ kg라는 것을 이용하면, 1 g 속에 들어있는 핵의 개수는 $10^{-3}/3.903\times10^{-25} = 2.6\times10^{21}$개이다.)

한 개마다 200 MeV의 에너지를 방출하므로

$$\begin{aligned}\text{총 에너지 방출량} &= 2.6\times10^{21}\times200\ \text{MeV}\\ &= 5.2\times10^{23}\ \text{MeV}\\ &= 23\ \text{MWh}\end{aligned}$$

핵융합

태양의 중심에서는 고온 고압에서 수소가 융합되어 헬륨으로 변하면서 대량의 열에너지가 나온다.

이 핵융합반응은 아래처럼 양성자-양성자 순환에 의해 핵융합이 이루어진다.

$$\begin{aligned}&p + p \rightarrow {}^{2}H + e^{+} + \nu_e\ ; && Q = 0.4\ \text{MeV}\\ &p + {}^{2}H \rightarrow {}^{3}He + \gamma\ ; && Q = 5.5\ \text{MeV}\\ &{}^{3}He + {}^{3}He \rightarrow {}^{4}He + p + p\ ; && Q = 12.9\ \text{MeV}\end{aligned}$$

헬륨 ^{4}He이 합성되기 위해서는 처음 두 반응이 각각 두 번씩 일어나야 하므로, 총 열량은 24.7 MeV가 나온다.

핵융합의 조건

핵융합을 인공적으로 만들려면 핵자들 사이에 작용하는 전기적 척력의 장벽을 이겨내고 핵자들을 가까이 보내야 한다.

예를 들어 중수소(^{2}H) 2개를 각각의 반지름(≈ 2 fm)의 2배 정도 떨어진 곳에 놓을 때 갖는 쿨롱 위치에너지는

$U = 6 \times 10^{-14}$ J ≈ 400 keV 이다.

핵들이 이러한 쿨롱장벽을 넘어가도록 중수소를 고온에 넣는다면, 온도는 $k_B T = 400$ keV로부터 $T \approx 4.6 \times 10^9$ K 정도 되어야 한다.

따라서, 인공적인 핵융합을 위해서는 10^8 K 이상의 고온과, 충돌이 잘 일어날 수 있도록 고밀도 상태를 유지하기 위한 고압과 한 곳에 오랫동안 모아 놓을 수 있는 감금장치가 필요하다.

왼쪽그림은 우리나라 대전시 유성구에 있는 국가핵융합연구소의 핵융합연구시설인 KSTAR의 진공용기 내부의 사진이다.

자기 핵융합로는 지난 40여 년 동안 발전되어 왔으며, 궁극적인 성공이 예상되지만 아직 극복되어야 할 기술적인 문제점들이 많이 남아 있다.

핵융합은 값싸고 본질적으로 연료가 무한하며, 방사능이 나오지 않기 때문에 폐기물이 없는 깨끗한 미래의 에너지원으로 계속 주목받고 있다.

단원요약

1. 핵의 구조

① 핵은 양성자와 중성자로 구성되어 있으며, 핵의 표기는 원소를 표시하는 기호 왼편 위쪽에 질량수, 아래쪽에 원자번호를 쓴다.

$$^{A}_{Z}\mathrm{X}\,(A = \text{질량수},\ Z = \text{원자번호})$$

원소기호와 원자번호는 같은 정보를 주므로 때로 생략하기도 한다.

② 핵자들이 결합하여 핵이 만들어지면 총 에너지는 핵이 만들어지기 전보다 낮아진다. 이때 줄어드는 에너지를 결합에너지 E_B라고 부른다.

$$E_B = (Zm_p + Nm_n - m_X)c^2$$

m_p는 양성자의 질량, m_n은 중성자의 질량, m_X는 핵의 질량이다.

③ 핵자 하나의 평균결합에너지는 결합에너지를 총 핵자 수로 나눈 양 E_B/A이다. 대부분 원소의 핵자당 평균결합에너지는 8 MeV로 거의 일정하다.

2. 핵분열과 핵융합

① 철을 중심으로 가벼운 원소와 무거운 원소의 핵자당 결합에너지는 작아진다. 이 때문에 무거운 원소에서는 핵분열이 일어나고 가벼운 원소에서는 핵융합이 일어날 수 있다.

② 자연방사능에는 3종류가 있다.
알파선은 헬륨핵에 해당되며, 베타선은 전자에, 그리고 감마선은 빛에 해당된다.

③ 방사능을 내는 원소는 시간이 지남에 따라 다른 원소로 바뀌면서 원소의 수가 지수함수로 줄어든다. $N = N_0 e^{-\lambda t}$. N_0는 처음 원소의 개수이고, N은 시간이 지남에 따라 남는 원소의 개수이다. λ는 붕괴상수이다. 반감기는 원소의 양이 반으로 주는 시간이다.

$$t_{1/2} = \ln 2/\lambda = 0.693/\lambda$$

④ 방사능은 주어진 원소의 숫자가 줄어드는 비율이다.

$$R = -dN/dt = \lambda N_0 e^{-\lambda t}$$

방사능의 단위는 베크렐이다 : 1 Bq=1개/s
(실제적으로 많이 쓰는 단위는 큐리이며,

$$1\ \mathrm{Ci\ (curie)} = 3.7 \times 10^{10}\ \mathrm{Bq}$$

시간이 지남에 따라 방사능은 지수함수로 줄어든다. $R = R_0 e^{-\lambda t}$. R_0는 처음의 방사능이다. 방사능이 시간에 따라 줄어드는 사실을 쓰면 물체의 연대를 측정할 수 있다.)

연습문제

1. 핵의 부피는 질량수에 비례한다. 수소원자핵(양성자)의 크기가 2.4×10^{-15} m일 때 철 $^{56}_{26}\mathrm{Fe}$과 납 $^{208}_{82}\mathrm{PB}$의 원자핵의 크기는 얼마일까?

2. 핵의 밀도는 대략 2.3×10^{17} kg/m^{3}로 물의 밀도보다 약 10^{14}배 정도 크다. 중성자별의 밀도는 핵의 밀도와 같다. 반지름 10 km의 중성자별의 질량은 얼마일까? 표면에서의 중력의 세기는 얼마일까?

3. 헬륨의 질량은 4.002602 u이고, 질소 $^{14}_{7}N$의 질량은 14.003074 u, 철 $^{56}_{26}Fe$의 질량은 55.9349 u, 납 $^{208}_{82}Pb$의 질량은 207.976627 u이다. 헬륨과 질소, 철, 납의 결합에너지를 구하고, 핵자 1개당 결합에너지를 비교하여 보라.

4. 1 mg의 $^{232}_{92}U$(우라늄, 질량 232.037131 u)가 알파붕괴하여 $^{228}_{90}Th$(토륨, 질량 228.028716 u)로 변할 때 알파입자(질량, 4.002602 u)의 운동에너지는 얼마인가? 이 운동에너지가 모두 열로 바뀐다면 물 1 kg의 온도를 얼마나 올릴 수 있겠는가?

5. 비스무스 동위원소 $^{211}_{83}Bi$의 반감기는 2.14분이다. 1 μg의 $^{211}_{83}Bi$의 방사능은 얼마인가? 이 동위원소가 0.125 μg 남는 데 걸리는 시간은 얼마인가?

6. 다음의 물음표는 무엇을 나타낼까?

$^{11}_{6}C \rightarrow e^{+} + ?$ $\qquad$ $^{14}_{6}C \rightarrow e^{-} + ?$

$^{239}_{93}Np \rightarrow ^{239}_{94}Pu + ?$ $\qquad$ $^{234}_{94}Pu \rightarrow \alpha + ?$

7. 다음의 수소핵 융합과정을 통해 얻을 수 있는 열량은 얼마일까?

$$^{2}H + ^{3}H \rightarrow ^{4}_{2}He + n$$

(^{2}H의 질량은 2.014102 u, ^{3}H의 질량은 3.016049 u, ^{4}He의 질량은 4.002602 u, n의 질량은 1.008665 u이다.)

8. $^{90}_{38}Sr$은 우라늄이 핵분열할 때 나온다. 이 물질은 베타붕괴하며 반감기는 29.1년이다. 1%로 줄어들기 위해서는 얼마나 오래 기다려야 하는가? 이 물질을 흡입했다면 왜 위험할까? 화학반응과 핵반응을 모두 생각해 보라.

9. 미이라 1 g의 샘플에서 1분당 2개의 탄소동위원소의 방사능이 검출되었다. 이 미이라의 사망시기는 얼마나 될까?

10. ^{216}Ra의 반감기는 0.18 μs이다. 시간이 얼마 지나면 라듐 1 g이 라듐 0.1 g으로 줄어들까?

11. 플루토늄 239의 반감기는 24,100년이다. 이 플루토늄의 1 kg에서 나오는 방사능은 얼마나 되는가?

2. 만유인력의 법칙을 이용하자.

$g = GM/R^2$

$G = 6.67\times10^{-11}$ N·m^2/kg^2

4. 물의 비열 = 4.186 J/kg · ℃

6. 질량수와 전하량을 살펴보자.

7. 질량에너지차가 결국 열량으로 변한다.

8. 반감기란 50%로 줄어드는 데 걸리는 시간이다. Sr은 Ⅱ족 원소이다.

Chapter 4 소립자

스위스와 프랑스 국경근방의 지하에 있는 CERN 연구소의 가속기 LHC. 둘레가 27 km이며, 지하 100 m 터널 속에 있는 LEP은 그 동안 전자와 양전자를 가속시켜 $W^{\pm}$ 보존과 Z보존을 만들어 내고, 그들의 정확한 값을 측정하였다. 현재는 이 터널 속에 7 TeV 에너지를 가지는 2개의 양성자를 정면충돌시킬 수 있는 LHC를 2008년 건설하였으며, 2009년부터 본격적으로 가동하고 있다.

원자는 핵과 전자로 구성되어 있다. 핵 속에는 양성자와 중성자가 있다. 이제 양성자와 중성자 속을 들여다보면 무엇이 보일까? 물질을 구성하는 궁극적인 기본입자는 무엇일까? 기본입자 사이에는 어떤 힘이 작용하여 물질을 구성할까?

원자는 중심에 놓인 핵과 그 주위에 배치되어 있는 전자로 구성되어 있다. V-3장에서 본 것처럼 핵은 양성자와 중성자로 이루어져 있다.

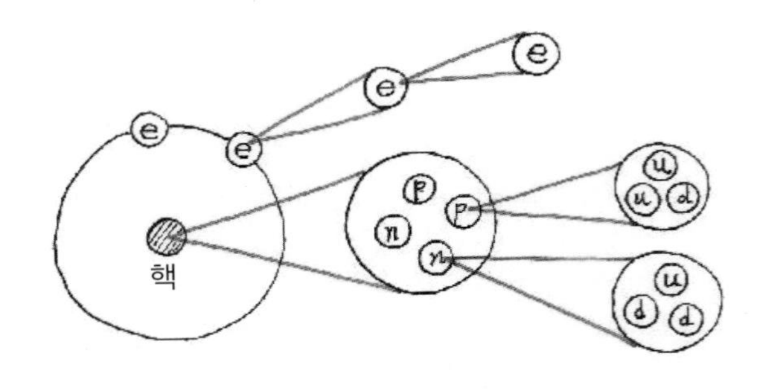

그렇다면 양성자와 중성자는 무엇으로 구성되어 있을까? 과연 물질을 형성하는 궁극적인 구성입자란 존재하는 것일까?

양성자와 중성자 내부를 들여다보기 위해서는 큰 에너지를 가진 감마선이나 양성자들이 필요하다. 양성자나 중성자의 크기는 10^{-15} m 정도이므로, 이 크기의 파장을 가진 감마선이나 양성자의 에너지는 대략

$$E \approx pc = \frac{hc}{\lambda} \cong 1.24 \times 10^{9} \text{ eV} = 1.24 \text{ GeV}$$

정도이다.

이렇게 큰 에너지를 가진 입자를 얻기 위해서는 입자 가속장치가 필요하다. 전하를 가진 양성자를 가속하기 위해서는 원형가속기를 쓰며, 가벼운 전자를 가속하기 위해서는 원형가속기와 더불어 선형가속기를 쓴다. 옆의 그림은 제네바 근방 스위스와 프랑스 접경지대에 위치하고 있는 지상 최대 원형 입자가속기인 거대강입자가속기(LHC)의 전경이다. 이 가속기는 둘레가 27 km 이며 현재까지는 양성자와 양성자를 각각 6.5 TeV가 되도록 가속하였고 조만간 각각 7 TeV로 즉 총 14 TeV의 에너지를 얻도록 가속한다. 이 양성자들은 이 가속기 내에서 거의 광속으로 돌면서 충돌한다.

흰 원형둘레로 표시된 LHC가 있는 CERN 연구소 전경

20세기 초 핵이 발견된 이래 핵 속을 구성하고 있는 물질 속을 TeV 에너지로 들여다볼 수 있게 되었다. 이 에너지는 10^{-18} m 정도의 크기에 해당된다.

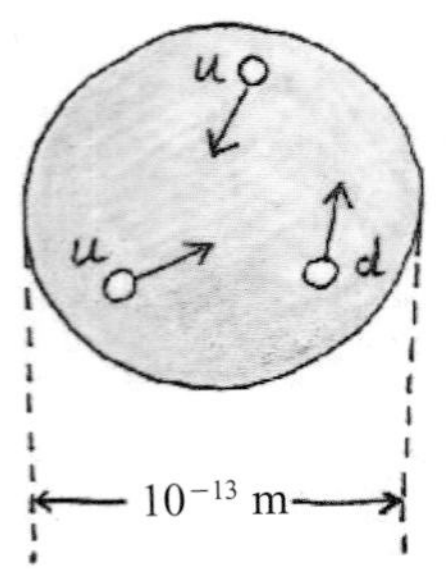

가속기 실험 결과 물질을 구성하는 기본입자와 이 기본입자들 사이에 작용하는 힘을 매개하는 입자는 다음과 같다는 사실이 알려져 있다.

렙톤	e	μ	τ
	ν_e	ν_μ	ν_τ
쿼크	u	c	t
	d	s	b

힘의 매개입자	γ	$W^{\pm}$	Z	g

전자와 그 형제들 –렙톤(lepton, 경입자)

전자는 대표적인 렙톤(경입자)이다. 전자는 전하를 띠고 있으므로 전기적인 힘을 받는다.

그런데 핵의 베타붕괴에서 보듯이 전자가 나오면 전자(반)뉴트리노 $\overline{\nu}_e$가 함께 나온다. 뉴트리노는 전하를 띠고 있지 않기 때문에 전기적인 힘을 받지 않는 대신 약력의 영향을 받는다.

이처럼 렙톤은 전기적인 힘과 약력의 상호작용을 한다. 또한, 렙톤은 전자처럼 구조가 없는 점입자이다. 크기도 없으며, 내부구조도 없다.

뮤온(μ)은 전자와 성질이 아주 비슷한 형제지간의 물질이다. 질량만 전자의 약 200배(106 MeV/c^2)일 뿐 전자와 모든 성질이 거의 동일하다.

뮤온은 대기 상층부에서 우주선(cosmic ray)이 공기와 충돌할 때 많이 생겨난다. 그러나 뮤온은 불안정해서 결국 전자로 붕괴한다. 뮤온의 수명은 약 2×10^{-6}초이다. 이때 보이지 않는 뮤온뉴트리노도 나온다.

$$\mu^- \rightarrow e^- + \overline{\nu}_e + \nu_\mu$$

대기 상층부에서 대기와 우주선과의 충돌로 생성된 뮤온이 전자로 붕괴하는 모습이 사진건판에 찍혔다.

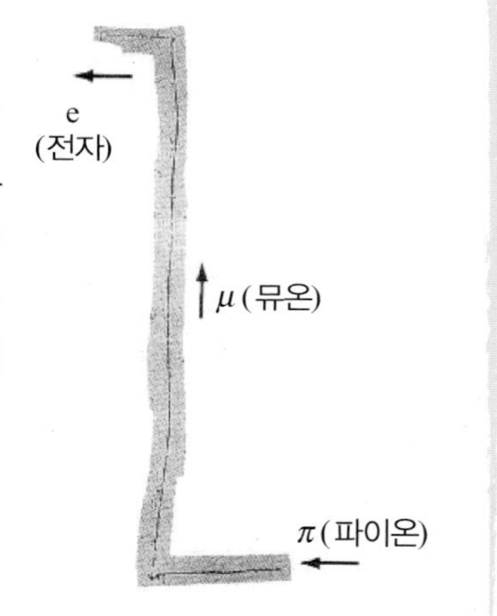

이외에도 전자와 비슷한 입자로서 타우(τ)가 있다. 타우는 전하가 전자와 같고 질량은 전자의 약 3,000배(1777 MeV/c^2)이다. 타우의 질량은 양성자보다도 크다.

렙톤의 질량(MeV/c^2)

렙톤	질량	렙톤	질량
전자(e)	0.5	전자뉴트리노	$< 2\times10^{-5}$
뮤온(μ)	106	뮤온뉴트리노	< 0.25
타우(τ)	1777	타우뉴트리노	< 35

타우는 무겁기 때문에 불안정하여 뮤온이나 전자로 붕괴하며, 이때 타우뉴트리노가 나온다. 타우의 수명은 약 2.9×10^{-13}초이다.

뉴트리노에는 전자뉴트리노(ν_e), 뮤온뉴트리노(ν_μ), 타우뉴트리노(ν_τ) 등 세 가지가 존재한다. 뉴트리노는 전하가 없어 전기적으로 물질과 거의 반응하지 않기 때문에 검출하기가 매우 어렵다.

뉴트리노의 질량은 거의 0으로 알려져 있지만 정확한 값은 아직 알려져 있지 않다.

뉴트리노는 핵이 융합될 때도 생성되기 때문에 태양에서는 엄청나게 많은 뉴트리노가 나온다. 초신성이 폭발할 때에도 중성자별 내부에서 많은 뉴트리노가 나온다.

이 뉴트리노는 물질과 거의 반응하지 않기 때문에 먼 우주를 통과할 수 있으며, 지구도 그냥 통과한다. 이때문에 뉴트리노를 검출하는 것은 극히 어렵다. 반면에 뉴트리노는 태양이나 별 내부의 정보를 알려주는 역할도 한다. 별빛은 별의 표면에서만 나오지만 뉴트리노는 별 내부에서 만들어진 후 외부로 나오기 때문이다.

결론적으로 렙톤에는 전자와 전자뉴트리노, 뮤온과 뮤온뉴트리노, 타우와 타우뉴트리노 등 3종류(세대)가 있는 것으로 확인되었으며, 이들은 모두 스핀이 1/2이다.

또한, 렙톤에는 각 입자에 대응되는 반입자가 존재한다. 반입자는 입자와 질량이 같지만 전하는 반대부호를 가지고 있다.

입자와 반입자

반입자의 존재는 디랙이 처음으로 예측하였다. 전자의 반입자인 양전자는 1932년 앤더슨(Carl D. Anderson, 1905~1991)이 우주선이 대기나 지구상의 물질과 충돌하여 나오는 전자와 양성자를 구름상자에서 관찰하다가 발견하였다.

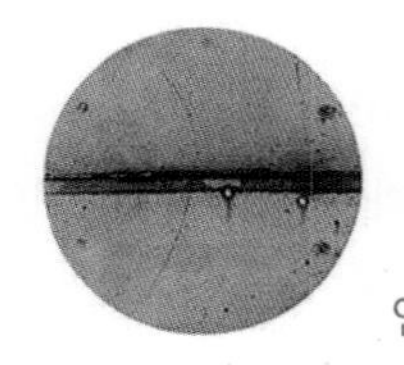

앤더슨이 찍은 양전자 검출사진

위 사진이 바로 양전자의 존재를 실험적으로 확인한 사진이다. 구름상자의 가운데에 납으로 이루어진 장벽을 만들어 전하를 띤 입자가 통과 후 속도가 줄어 자기장 내에서 더 많이 휘게 만들었다. 이를 통해 입자의 진행방향과 그 휨 정도로 전하의 부호 그리고 질량을 파악할 수 있었던 것이다.

전자 질량에너지(0.5 MeV)의 2배 이상이 되는 감마선을 핵과 충돌시키면 핵과 전자기힘을 주고받으면서 전자와 양전자가 만들어진다.

$$\gamma + \text{핵} \rightarrow e^- + e^+ + \text{핵}$$

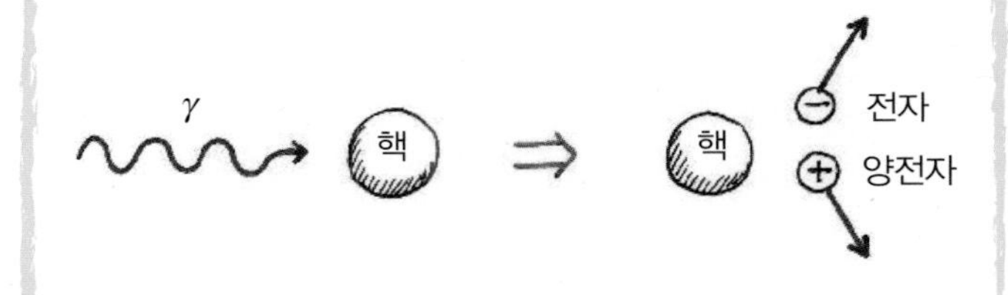

감마선이 핵과 충돌하면 핵이 전기힘을 매개하면서 전자와 양전자가 생겨난다. 이 전자와 양전자는 자기장 속에서 서로 반대방향으로 휘어진다.

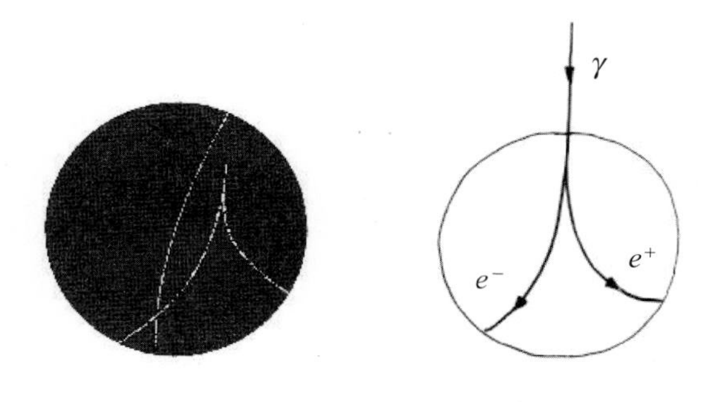

일반적으로 입자와 반입자가 만나면 빛으로 변한다. 양전자가 전자를 만나면 양전자와 전자가 사라지면서 감마선이 나온다.

$$e^- + e^+ \rightarrow 2\gamma$$

생각해보기 **전자와 양전자 쌍소멸**

질량이 동일하게 0.511 MeV/c²인 전자와 양전자가 질량 중심계에서 만나면 순식간에 쌍소멸하여 두 개의 광자로 바뀐다. 이때 광자의 파장은 아인슈타인의 질량-에너지 등가식과 광자의 양자역학적 에너지 식을 적용하여 구할 수 있다. 에너지 보존 관계식과 $2\,mc^2 = 2\,E_\gamma$과 파장으로 주어진 광자 에너지 식 $E_\gamma = hc/\lambda$로부터 광자의 파장은 약

$$\lambda = h/mc = 2.43 \times 10^{-12}\ \mathrm{m}$$

이다. 즉 원자 크기보다 만 배 정도 작다.

핵을 구성하는 물질 –하드론(hadron, 강입자)과 쿼크(quark)

핵을 구성하는 물질에는 양성자와 중성자, 그리고 이들을 묶는 역할을 하는 파이온들이 있다. 이외에도 수백개의 입자들이 발견되었다. 오른쪽 표에는 대표적인 하드론들이 나와 있다.

양성자와 중성자들과 같이 무거운 페르미온을 배리온(baryon, 중입자)이라고 하며, 파이온처럼 가벼운 보존을 메존(meson, 중간자)이라고 한다(페르미온은 스핀이 반정수인 입자이고, 보존은 스핀이 정수인 입자이다). 이들을 통틀어 하드론(hadron, 강입자)이라고 한다.

대표적인 하드론 입자

입자		질량 (MeV/c^2)	전하량	스핀	반입자	수명(초)
배리온	p	938.3	+1	1/2	$\bar{p}$	무한대
	n	939.6	0	1/2	$\bar{n}$	879
	Λ^0	1115.6	0	1/2	$\bar{\Lambda}$	2.63×10^{-10}
메존	π^+	139.6	+1	0	π^-	2.6×10^{-8}
	π^0	135.0	0	0	π^0	8.5×10^{-17}
	K^+	493.6	+1	0	K^-	1.2×10^{-8}
	K^0	497.7	0	0	$\bar{K}^0$	5.1×10^{-8} 8.9×10^{-11}

이 입자들 사이에는 전기력과 약력 이외에 강력이 작용한다. 강력이 작용하기 때문에 양성자와 중성자 이외에는 수명이 아주 짧다.

이 하드론들도 처음에는 렙톤처럼 기본입자로 생각되었다. 그러나 하드론이 주기율표의 원소들보다 더 많이 발견됨에 따라 하드론을 구성하는 더 기본적인 입자를 찾아보게 되었다.

1960년대 초에 겔만(Murray Gell-Mann, 1929~현재)과 즈바이크(George Zweig, 1937~현재)은 하드론을 구성하는 더 기본적인 입자로서 쿼크를 제안했다.

쿼크와 전하량

쿼크	기호	전하량(e)
up	u	2/3
down	d	−1/3
charm	c	2/3
strange	s	−1/3
top	t	2/3
bottom	b	−1/3

쿼크에는 렙톤처럼 3족(세대)가 존재한다.

(u, d), (c, s), (t, b)

u, c, t의 전하는 $2e/3$이며, d, s, b의 전하는 $-e/3$이다. 이들의 스핀은 모두 1/2이다.

쿼크는 실험실에서 직접 관찰된 적이 없지만 여러 정황으로 보아 배리온은 쿼크 3개가 결합하여 만들어지며, 메존은 쿼크와 반쿼크가 결합하여 만드는 것으로 알려져 있다.

양성자는 핵을 구성하는 물질로서 극히 안정된 입자이다. 양성자의 수명은 우주의 나이보다 길다. 양성자의 전하는 $+e$, 스핀은 1/2, 질량은 938.3 MeV/c^2이다.

양성자는 uud 쿼크로 구성되어 있다.

$$p = (uud)$$

양성자의 전하는 쿼크들의 전하의 합이다.

$$\frac{2}{3} + \frac{2}{3} + \left(-\frac{1}{3}\right) = 1$$

양성자

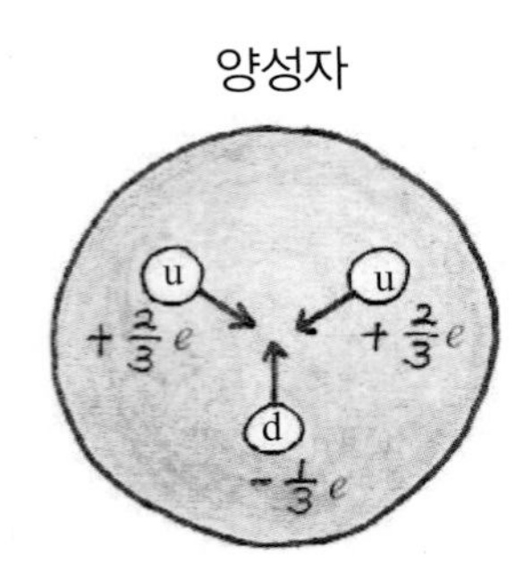

중성자

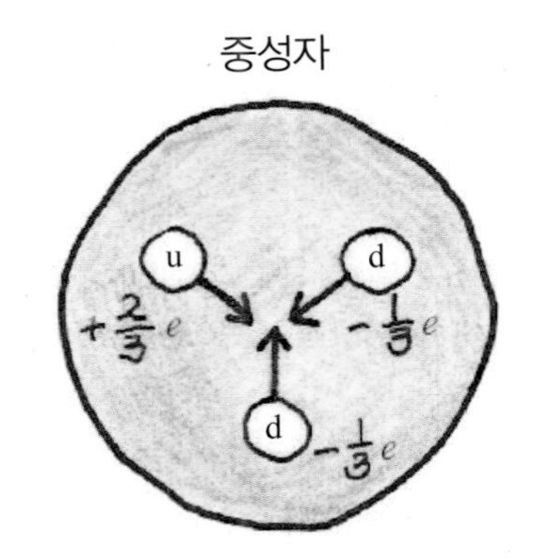

중성자는 양성자와 함께 핵을 구성하는 주요입자이다. 중성자의 질량은 양성자보다 약간 큰 939.6 MeV/c^2이며 전하는 0이다. 중성자는 udd 쿼크로 구성된다.

$$n = (udd)$$

중성자의 전하는

$$\frac{2}{3} + \left(-\frac{1}{3}\right) + \left(-\frac{1}{3}\right) = 0$$이다.

양성자와 중성자의 질량은 비슷하므로 u쿼크와 d쿼크의 질량이 비슷하다.

중성자는 핵 밖으로 나오면 아주 불안정한 물질이 된다. 중성자가 붕괴하면 양성자로 바뀐다. 중성자의 수명은 약 15분이다.

$$n \rightarrow p + e^- + \bar{\nu}_e$$

핵의 베타붕괴는 핵 속에서 중성자가 양성자로 바뀌는 과정이다.

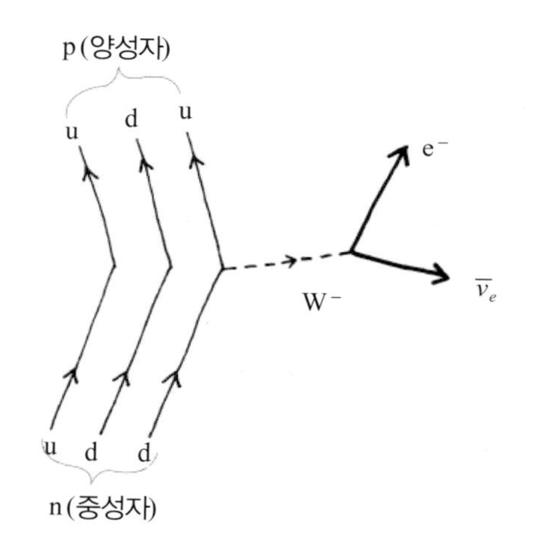

양성자의 반입자는 반양성자이다. 1955년 챔벌린(Owen Chamberlain, 1920~2006), 세그레(Emilio Gino Segre, 1905~1989)와 버클리의 공동 연구팀은 양성자를 가속시켜 구리핵 속에 들어 있는 양성자와 충돌시켜 반양성자를 찾았다.

$$p + p \rightarrow p + p + p + \bar{p}$$

이 반응 하나를 찾기 위해서는 약 40,000개의 충돌반응을 조사해야 했다.

반중성자도 같은 실험에서 확인되었다.

$$p + p \rightarrow p + p + n + \bar{n}$$

중성자와 반중성자는 모두 전하가 없지만, 둘은 서로 다른 물질이다.

파이온

양성자와 중성자로 이루어진 핵은 핵력으로 묶인다. 핵을 묶는 데 필요한 에너지는 수백 MeV이다. 핵력은 어떻게 작용할까?

유카와(Hideki Yukawa, 1907~1981)는 1935년 핵을 묶는 강력을 매개하는 입자가 있을 것이라고 제안했다. 두 핵자 사이에 힘이 작용하려면 그림처럼 보존입자(파이온)를 교환하면 된다.

이 제안에 따르면 파이온은 순간적으로 생겼다 없어졌다 하므로, 파이온의 질량에너지 ΔE는 불확정성 원리에 의해 $\Delta E \Delta t \geq \hbar/2$를 만족할 것이다.
Δt는 대략 빛이 핵의 크기 $R \sim 10^{-15}$ m를 지나가는 시간 정도가 될 것이므로, $\Delta t \sim R/c$이다.
따라서, $\Delta E \cong \hbar/(2\Delta t) = m_\pi c^2$으로부터 파이온의 질량은 대략

$$m_\pi \approx \frac{\Delta E}{c^2} \approx \frac{\hbar}{2c^2}\frac{c}{R} \approx 100 \text{ MeV}/c^2$$

이 될 것이며, 이것은 양성자 질량의 약 1/10에 해당된다.

당시에는 핵자들을 서로 충돌시켜 파이온을 만들 수 있는 가속기가 없었으므로, 파이온을 찾기 위해 피레네산맥과 안데스 꼭대기에 사진건판을 놓은 후 수거하여, 이 건판자국으로부터 질량이 140 MeV/c^2되는 전하를 띤 파이온을 찾아냈다.

파이온은 뮤온과 질량이 비슷하여 뮤온이 처음 발견되었을 때 파이온으로 착각되기도 하였다.

파이온은 $+e$, $-e$, 0의 전하를 가지는 세 가지가 존재하며 스핀이 0인 보존이다. 파이온은 빛과 비슷하게 생겨났다가 없어지며 핵력을 전달한다.

파이온은 쿼크와 반쿼크가 결합되어 만들어진다.

+파이온은 $\pi^+ = (\mathrm{u}\bar{\mathrm{d}})$, −파이온은 $\pi^- = (\bar{\mathrm{u}}\mathrm{d})$로 구성되며, 중성 파이온 π^0은 $(\bar{\mathrm{u}}\mathrm{u})$와 $(\bar{\mathrm{d}}\mathrm{d})$의 선형조합으로 만들어진다.

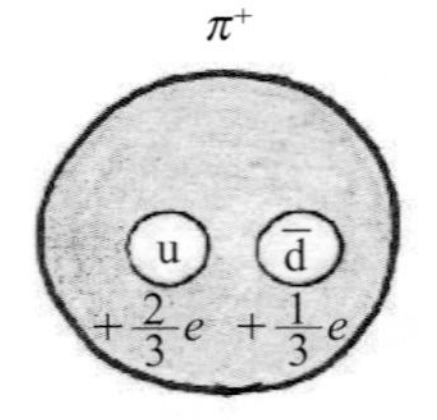

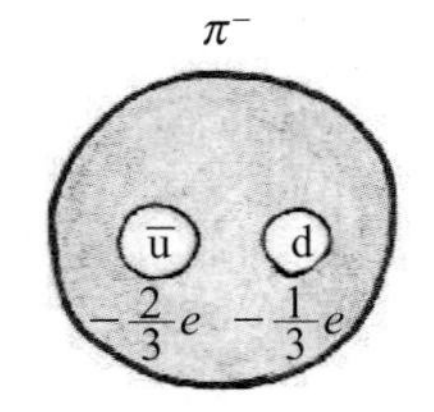

발견된 하드론들을 쿼크로 구성해 보면 규칙성이 잘 나타난다.

예를 들어 양성자, 중성자, $\Sigma^\pm$, Σ^0, Ξ^-, Ξ^0, Λ^0 등 질량이 비슷한 8개의 스핀 $\frac{1}{2}$ 배리온을 s쿼크의 수와 u-d 쿼크의 수로 배열하면 오른쪽 그림처럼 6각형의 꼭짓점과 중앙에 표시한다.

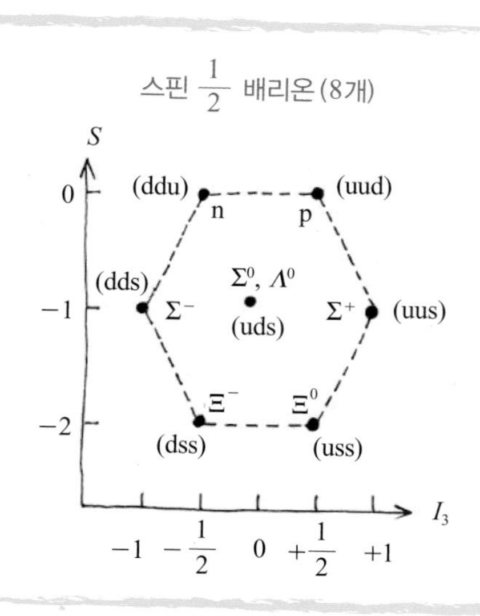

이번에는 다음으로 무거운 배리온인 Δ입자 4개와 Σ입자 3개, Ξ입자 2개 등 총 9개의 입자를 도표로 그려 보면 그림처럼 나타난다.

1963년 당시에는 꼭짓점에 있는 입자 Ω^-가 발견되지 않았다. 배리온에 나타나는 규칙성을 써서 Ω^- 입자의 전하가 $-e$이고, 질량이 1,680 MeV하는 것을 예측하였고, 1964년 실험에서 1,675 MeV에 해당하는 Ω^-를 발견하였다.

강력에 나타나는 대칭성은 이처럼 미지의 세계를 이해하는 데 도움이 되었다.

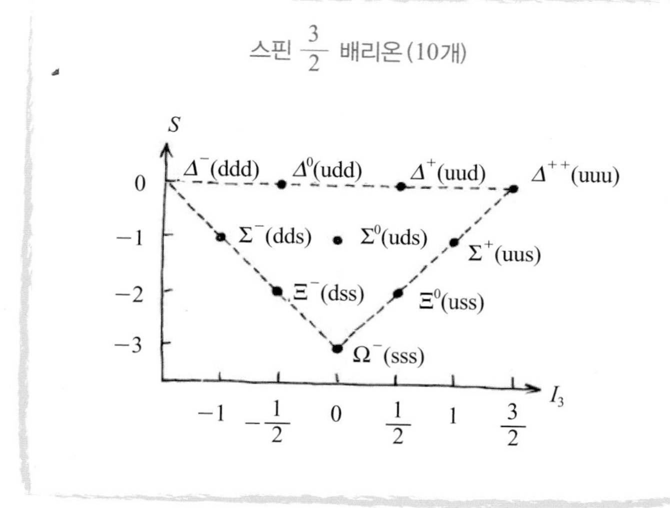

Section 3 힘을 매개하는 입자

입자들은 보존(boson)을 교환하며 힘을 주고받는다. 전하를 띤 렙톤과 쿼크들은 광량자(photon)를 교환하며 전자기 상호작용을 한다. 광량자는 질량과 전하가 없다.

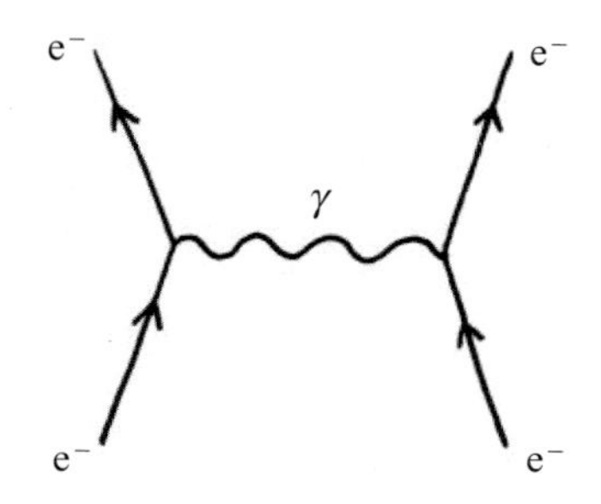

중성자가 양성자로 변하는 베타붕괴나 뮤온이 전자로 바뀌는 붕괴과정에는 약력이 작용한다. 약력이 작용할 때는 보통 (반)뉴트리노가 나온다.

$$n \rightarrow p + e^- + \overline{\nu}_e$$

약력을 매개하는 입자는 W^+, W^-보존과 Z보존이다. $W^\pm$보존의 전하는 $\pm e$, 질량은 80 GeV/c^2이며, Z보존의 전하는 0, 질량은 91 GeV/c^2이다.

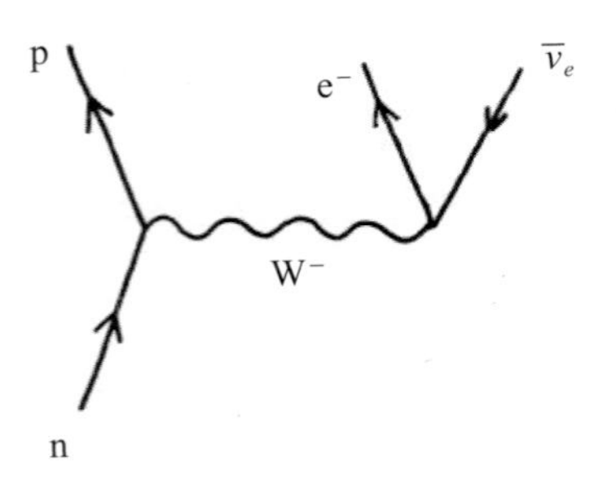

쿼크에는 색소(color)라고 하는 3가지의 새로운 전하가 있으며, 이 색소전하 사이에 작용하는 강력이 쿼크를 묶어 준다. 강력을 매개하는 입자가 글루온이며, 글루온에는 8개가 존재한다.

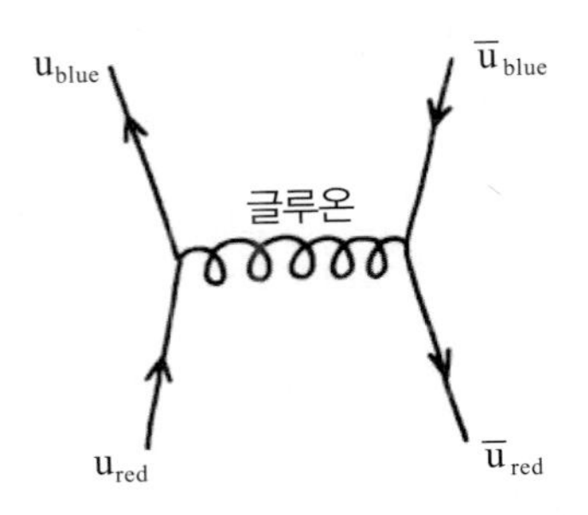

네 가지의 기본 상호작용

상호작용	매개입자	상대적인 세기	역할
강력	글루온	1	쿼크를 묶는다.
전자기힘	광량자	10^{-2}	원자를 만든다.
약력	$W^\pm$, Z	10^{-13}	핵붕괴
중력	중력자	10^{-40}	별을 만든다.

기본입자들 사이에 작용하는 힘에는 전자기력, 약력, 강력 등이 있다. 중력은 행성처럼 거시적인 세계에서만 나타나며, 양자세계에서 중력은 다른 힘에 비해 아주 작기 때문에 보통 무시한다.

전하 사이에 작용하는 전기력과 자석 사이에 작용하는 자기력은 별개의 힘이 아니다. 패러데이는 자석으로 전류를 유도할 수 있음을 보였고, 맥스웰은 전류로 전자기파를 만들어 낼 수 있음을 보임으로써 전기와 자기의 근원이 하나라는 것을 알아냈다.

이와 비슷하게 전자기력과 핵을 붕괴시키는 약력은 전혀 연관성이 없어 보이지만 두 힘은 서로 깊은 관련이 있다.

약 100 GeV 정도의 높은 에너지상태에서는 광량자와 $W^\pm$, Z보존이 서로 밀접하게 연관되어 있는 것이 분명하게 보인다. 1967년 와인버그(Steven Weinberg, 1933~현재)–살람(Abdul Salam, 1926~1996)–글래쇼(Sheldon Lee Glashow, 1932~현재)는 전자기 힘과 약력을 합해 하나의 통일된 이론으로 만들었다.

이 통일이론을 위한 작업에 이휘소 박사(Benjamin Whisoh Lee, 1935~1977)가 커다란 공헌을 했다는 사실은 잘 알려져 있다.

이 통합된 이론의 근간이 되는 현상은 대칭성의 자발적 깨짐이다. 갓 탄생한 매우 뜨거운 우주의 초기에는 모든 소립자들 그중에 특히 전자기력과 약력을 매개하는 광량자와 $W^{\pm}$, Z 보존의 질량이 영이어서 전자기력과 약력은 게이지 대칭성을 통해 하나로 통일되어 있었다. 하지만 우주가 식어서 진공이 대칭성이 없는 상태로 전환되어 게이지 대칭성이 자발적으로 깨지게 된다. 이 과정에서 대부분의 기본 입자가 질량을 가지게 되었다.

대칭성의 자발적 파괴는 자연계에 널리 나타나는 현상으로 그중에 대표적인 것이 자석이다. 철로 이루어진 자석을 뜨겁게 하면 일정온도(임계온도) 이상에서 철 원자의 스핀방향이 제각각으로 흩어진다. 그 결과 평균적으로 방향에 특별한 의미가 없어져 철 전체의 자성이 영이 된다. 그런데 온도가 낮아져서 철 원자의 스핀방향이 가지런해지면 방향이 의미를 가지게 되며, 즉 방향 대칭성이 자발적으로 파괴되어 자성이 생기는 것이다.

표준모형에서는 1964년에 영국의 물리학자 힉스를 포함한 6명의 학자가 소위 힉스메커니즘에 의해 전자기약력 게이지 대칭성이 파괴되어 입자의 질량이 생겼으리라고 제창하였다.

초고온인 우주가 식어서 진공의 대칭성이 자발적으로 파괴되면 영이 아닌 힉스장이 진공에 가득 차게 된다. 이전에 광속으로 날아다니던 일부 입자는 힉스장과 상호작용하여 질량을 가지게 되었다. 특히 약력의 $W^{\pm}$, Z 보존이 양성자 질량의 약 100배가 되는 질량을 가지게 되어 약력이 매우 약하게 된 것이다.

질량은 힉스장에 대해 반응하는 정도에 비례하여 그 크기가 결정된다.

진공에 가득 찬 힉스장이 요동하면 힉스의 이름을 딴 힉스입자가 생성되는데 바로 이 입자를 검출하는 것이 지난 40년 가까이 거대 가속기장치를 가지고 진행해온 소립자 물리실험이 핵심목표 중 하나가 되었던 것이다.

2012년 7월 4일 바로 이 힉스입자와 거의 동일한 성질을 가진 보존입자가 LHC 실험에서 발견되었다. 아직은 그 특성을 더 정밀하게 측정하여 50여 년 전에 예견된 표준모형 힉스입자인지 검증하여야 한다. 정말 표준모형 힉스입자이면 표준모형을 완결하게 되는 것이고 만약에 조금이라도 다른 특성을 가지면 새로운 혁명적인 발견인 것이다.

2012년 7월 4일 새로운 보존입자 발견발표 장소의 사진

아인슈타인은 등가원리를 도입하여, 시공간이 질량에 의해 휘어진다는 일반상대성 이론으로 뉴턴보다 더 정밀하게 중력을 설명했다. 또한, 중력 속에서 빛이 휘어지는 현상도 이 일반상대론을 써서 정밀하게 예측했다.

나아가 그는 중력과 전자기력을 한 가지로 설명하려고 노력했다. 그러나 불행히도 일반상대성 원리는 양자론과 쉽게 부합되지 않는다. 아인슈타인이 양자론의 비국소성과 확률적인 해석에 그토록 반대했던 것도 이 때문이다.

그렇다면 중력을 제외하고 전자기력, 약력, 강력을 모두 묶어 한 가지로 설명할 수 있을까? 아쉽게도 그 가능성에 대한 많은 시도에도 불구하고 아직 확실한 결론은 나오지 못하고 있다.

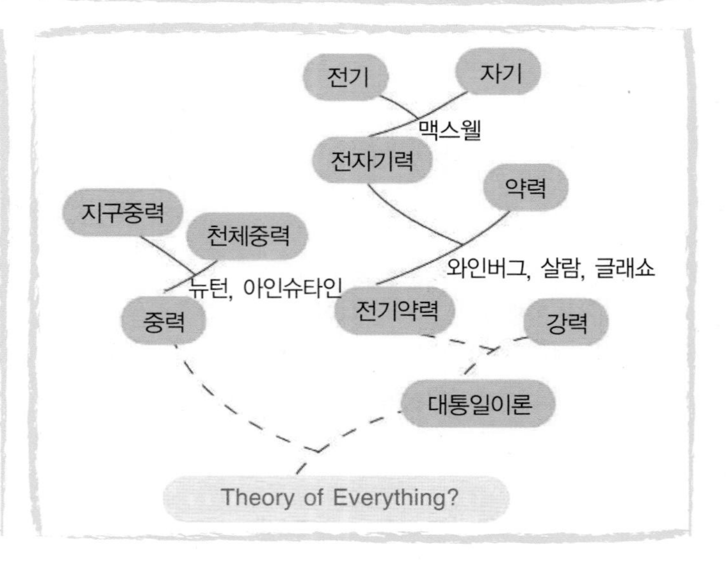

단원요약

1. 전자와 그 형제들

① 전자와 동일한 전자기와 약한 상호작용을 하지만 단지 질량만 차이 나는 입자들을 경입자라고 부른다. 전하를 띠는 전자, 뮤온, 타우 입자가 있으며 최근에 질량이 있는 것으로 확인된 중성인 전자뉴트리노, 뮤온뉴트리노, 타우뉴트리노 등 6가지가 존재한다.

② 모든 입자에는 질량은 같고 단지 전하의 부호만 다른 반입자가 존재한다. 따라서 6개의 경입자의 반입자가 있다.

2. 핵을 구성하는 물질

① 원자핵은 양성자와 중성자로 구성되어 있고 양성자와 중성자는 각각 스핀이 1/2인 u쿼크와 d쿼크 그리고 이들의 강한 상호작용을 매개하는 질량이 0이고 스핀이 1인 8개의 글루온 보존 입자로 이루어져 있다.

② 실험과 관측을 통해 무수히 많은 3개의 쿼크로 구성된 배리온과 쿼크와 반쿼크로 구성된 메존으로 분류된 하드론들이 발견되었다. 이를 자세히 분류한 결과 모든 하드론은 u, d 쿼크뿐 아니라 c, s, b 그리고 t 쿼크 6가지의 기본 입자로 구성되어 있다. 더불어 이 6가지의 쿼크의 반입자도 존재한다.

3. 힘을 매개하는 입자

① 자연계에는 세기가 강해지는 순서로 중력, 약력, 전자기력, 강력의 4가지 기본 상호작용이 있다.

② 각각의 기본 힘은 스핀이 1인 보존입자로 전자기 힘을 매개하는 1개의 질량이 없는 광량자, 약력을 매개하는 3개의 스핀이 1인 질량이 양성자의 약 100배인 $W^{\pm}$, Z 보존 그리고 강력을 매개하는 8개의 스핀이 1인 질량이 없는 글루온 입자가 있고 중력을 매개하는 스핀이 2인 질량이 없는 중력자가 있다.

③ 중력을 제외한 나머지 3가지 힘은 게이지 대칭성과 이 대칭성의 일부를 자발적으로 파괴하는 힉스 메커니즘에 기반을 하여 정립된 표준모형에 의해 완벽하게 기술이 된다.

④ 2012년 7월 4일에는 힉스 메커니즘이 예견한 힉스 입자와 거의 동일한 새로운 보존입자의 LHC 실험을 통한 발견이 발표되었다.

⑤ 더욱 정밀한 실험을 통해 질량의 근원에 대한 명확한 이해와 모든 힘의 통일 여부를 확고하게 검증하는 것이 소립자 물리학의 최대 과제이다.

연습문제

1. 소립자를 보기 위해서는 왜 고에너지 가속기가 필요한가?

> ***1.*** 불확정성 원리를 생각하자.

2. 0.1 T의 자기장이 거품상자에 수직으로 걸려있고, 전하 $-e$를 띤 입자가 반경이

0.53 m의 원궤도 운동을 한다. 이 전하의 운동량은 얼마일까?

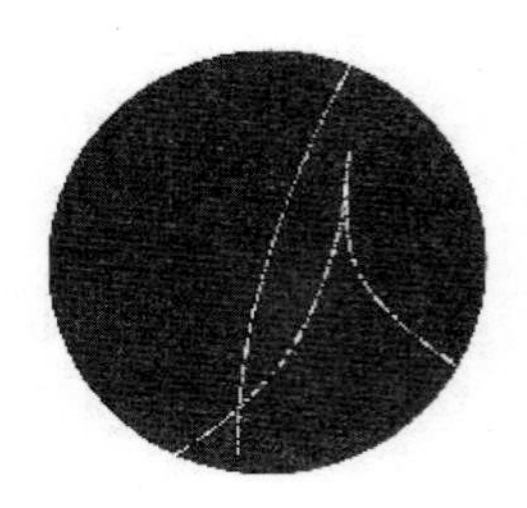

3. 반물질로 구성된 반원자와 이것으로 만들어진 반은하가 우주에 존재할까? 만일, 이러한 우주가 물질로 구성된 우주와 만난다면 어떤 일이 벌어질까?

4. 양성자와 반양성자가 만나서 생기는 빛의 파장은 얼마인가?

***5.** 1 TeV로 가속된 양성자의 파장은 얼마인가?

6. 다음과 같이 쿼크로 구성된 입자들은 어떤 입자들인가?

$$u\bar{s},\ \bar{u}s,\ u\bar{d},\ \bar{u}d,\ uud,\ udd$$

***7.** 반지름 1 km가 되는 Tevatron 가속기(미국 시카고 페르미연구소)에는 약 900 MeV의 운동에너지를 가지는 5×10^{13} 개의 양성자가 들어 있다. 이 양성자 빔이 만드는 전류는 얼마나 될까?

8. 중성 중간자 π^0는 $\pi^0 \to \gamma\gamma$과정을 통해 2개의 광량자로 붕괴한다. 붕괴하는 π^0가 정지한 경우에 광량자의 파장은 얼마인가?

9. 파이온이 붕괴하여 뮤온을 거쳐 전자로 바뀌는 사진건판 자국을 보면 파이온의 운동량과 뮤온의 운동량, 전자의 운동량이 보존되지 않는다. 이것을 어떻게 설명할 수 있을까?

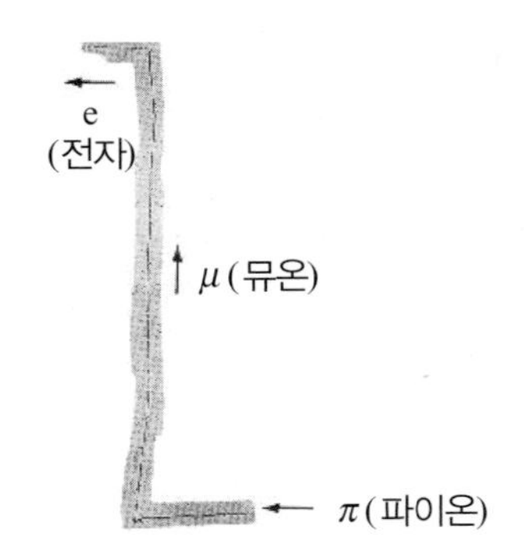

4. 아인슈타인의 에너지-질량 공식 $E = mc^2$을 이용하자. 광량자에너지는 $E = hf$이다.

6. 쿼크의 전하량과 쿼크의 개수를 고려하자.

7. 전류는 1초당 흐르는 전하량이다.
($I = nqv$, n은 전하의 선밀도)

9. 전하를 띤 입자의 자국만이 사진건판에 나타나 있다.

10. K^0에는 5.2×10^{-8} 초와 8.9×10^{-11} 초의 두 가지 수명이 존재한다. 어떻게 한 가지 입자에 두 가지 수명이 존재할까?

***11.** 반지름 4.25 km인 LEP 터널(스위스 제네바 CERN) 속으로 7 TeV의 에너지를 가진 양성자가 돌기 위해서는 자기장의 세기가 얼마나 되어야 할까?

10. K^0상태는 양자상태로서, 긴 수명을 가지는 K_L상태와 짧은 수명을 가지는 K_S상태의 중첩으로 표현된다.

11. 로렌츠 힘이 구심력을 제공한다.
로렌츠 힘 $= qvB$,
구심력 $= mv^2/R$

Chapter 5

우주

더 큰 은하를 배경으로 앞에 놓인 나선은하의 정면사진. 두 은하가 일렬로 정렬된 절호의 기회 덕분에, 뒤에서 나오는 빛을 배경으로 앞 은하 안에 있는 암흑물질의 실루엣을 볼 수 있다. NGC 3314라고 부르는 이 은하는 남반구 바다뱀자리쪽으로 지구에서 1억 4천만 광년 떨어져 있다. 이 사진은 1999년 4월에서 2000년 3월 사이에 찍은 것으로, 허블 망원경이 가시광선 사진기로 찍은 가장 좋은 천체풍경 사진이다. 이 사진은 뉴욕국제사진센터의 "Infinity Award for Applied Photography" 의 수상작으로 뽑혔다.

우주는 언제 어떻게 시작되었으며, 언제 끝날 것인가? 우주 저 멀리에는 끝이 있을까?

별과 은하

밤하늘의 많은 별들은 지구로부터 태양계 너머 아주 멀리 떨어져 있다. 우주는 광대하며, 그 곳에서 벌어지는 일들을 자세히 알 수는 없다. 밤하늘에 보이는 행성은 케플러 법칙과 만유인력으로 그 움직임이 정리되었다. 그러나 신비하게 보이는 수많은 별들은 어떤 법칙을 따르는 것일까?

현대물리학과 천문학은 우주가 변하지 않는 절대적인 공간이 아니라 지구에서 알게 된 자연의 법칙을 따라 생성하고 움직이며 사라지는 역동적인 공간이라는 것을 알려준다.

우리은하는 얼마나 클까?

우리은하는 천억 개(10^{11}개) 이상의 별로 구성되어 있다. 우리은하는 폭이 약 10만 광년, 두께가 2,000광년 정도가 되고 가운데가 불룩한 원반형태이다.

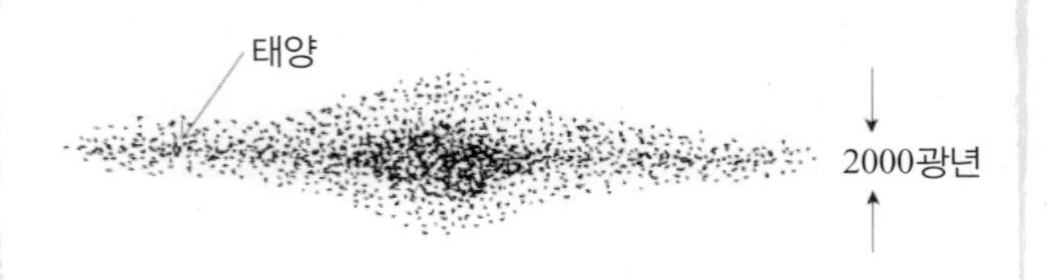

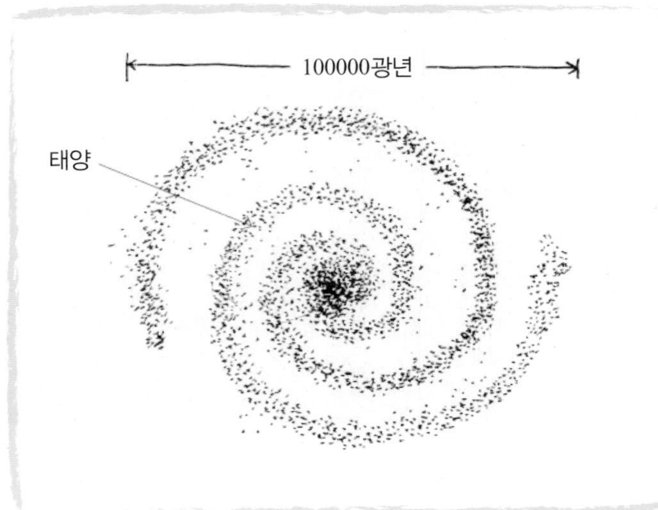

우리은하를 위에서 보면 거대한 팔을 가진 나선형 은하로서 가운데를 중심으로 서서히 회전하고 있다.

태양은 은하의 중심에서 2만 8천 광년 떨어져 있으며, 250 km/s의 속력으로 은하중심을 2억 4천만 년을 주기로 회전하고 있다.

태양과 가장 가까운 별은 프록시마 켄타우리(Proxima Centauri)로서 4.25광년 떨어져 있다.

전형적인 나선형 은하

생각해보기 우리은하의 총 질량

은하의 대부분의 질량이 은하의 볼록한 중심에 모여 있다고 생각하고 은하에 대한 태양의 운동으로부터 은하의 총 질량을 계산해 보자.

태양(질량 m)은 은하의 질량 M이 작용하는 만유인력 때문에 회전운동을 한다. 이 때의 구심력은 만유인력이 제공한다.

$$G\frac{Mm}{r^2} = \frac{mv^2}{r}$$

r은 은하의 중심으로부터 떨어진 태양의 거리이고(r = 2만 8천 광년), v는 태양의 회전속력(v = 250 km/s)이다.

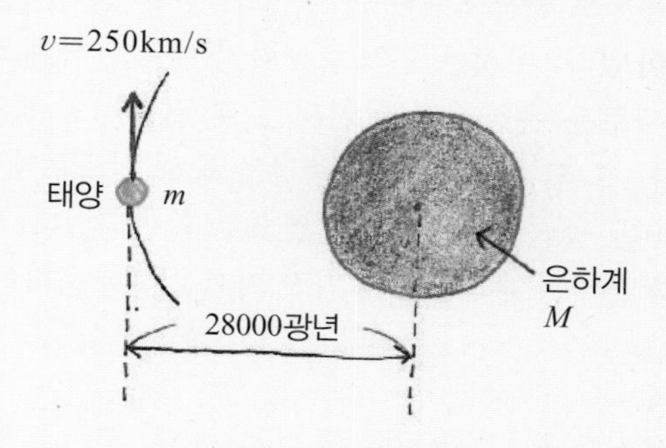

따라서, 은하의 질량은

$$M = \frac{rv^2}{G}$$
$$\cong \frac{(28000\text{광년}\times 10^{16}\ \text{m/광년})\times(2.5\times 10^5\ \text{m/s})^2}{6.67\times 10^{-11}\ \text{N}\cdot\text{m}^2/\text{kg}^2}$$
$$\cong 3\times 10^{41}\ \text{kg}\text{이다.}$$

이것을 태양의 질량($m = 2 \times 10^{30}$ kg)을 가진 별로 환산하면 약 10^{11}개(천억 개)가 된다.

우리은하의 중심에서는 라디오파, 적외선, X선 등이 뿜어 나온다. 최근의 관측결과에 의하면 은하의 중심에서 약 12광년 정도 떨어진 별의 속도는 약 120 km/s로 알려져 있다.

이러한 속도를 가지려면 은하 중심부분에는 질량

$$M = \frac{rv^2}{G}$$
$$\cong \frac{(12\text{광년}\times 10^{16}\ \text{m/광년})(1.2\times 10^5\ \text{m/s})^2}{6.67\times 10^{-11}\ \text{N}\cdot\text{m}^2/\text{kg}^2}$$
$$\cong 3\times 10^{37}\ \text{kg}\text{이 존재해야 한다.}$$

이것은 태양질량의 약 1,000만 배 정도가 된다. 이렇게 큰 질량이 좁은 공간에 존재한다는 것은 은하중심에 블랙홀이 있을 가능성을 암시한다.

옆 사진은 우리은하에 거대 블랙홀이 있다고 추정되는 이미지를 찬드라 관측위성이 찍은 것이다. 흰 원으로 표시된 중앙의 궁수 A*자리(Sagitarius A*)에 태양의 415만 배 되는 질량이 있으며, 이 질량의 지름은 6억 km 정도이다.

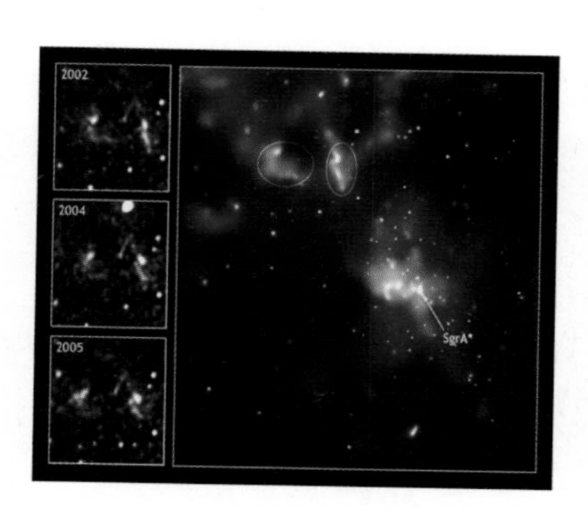

궁수 A* 자리의 찬드라 위성사진[Wikipedia]

외부은하와 은하밀도

1923년 허블은 팔로마산의 200인치 반사 망원경을 써서 처음으로 안드로메다가 약 80만 광년 떨어져 있음을 알아냈다. 이것은 안드로메다가 우리은하계 밖에 있는 새로운 은하계로 확인되는 데 결정적인 증거가 되었다. 그 후 더욱 정밀한 측정을 통해 안드로메다는 약 250만 광년 정도 떨어진 것으로 확인되었다. 안드로메다 은하는 우리은하와 가장 가까운 외부은하이다.

안드로메다 은하

우주를 망원경으로 관찰하면 은하수 내부와 외부에서 보이는 별들 이외에도 희미하게 보이는 성운(nebulae)들이 보인다. 이러한 성운들에는 별들이 모여 만드는 성단(star cluster), 안드로메다나 오리온과 같은 은하(galaxy), 빛을 내는 기체에 해당하는 보통의 성운들이 있다.

은하는 최신 망원경으로 약 2×10^{11}개 정도가 보인다. 은하들의 형태는 나선모양, 타원모양 등이 있고, 불규칙적인 모양도 있다.

타원모양의 은하

하늘에 보이는 수많은 은하들은 어떻게 분포되어 있을까?

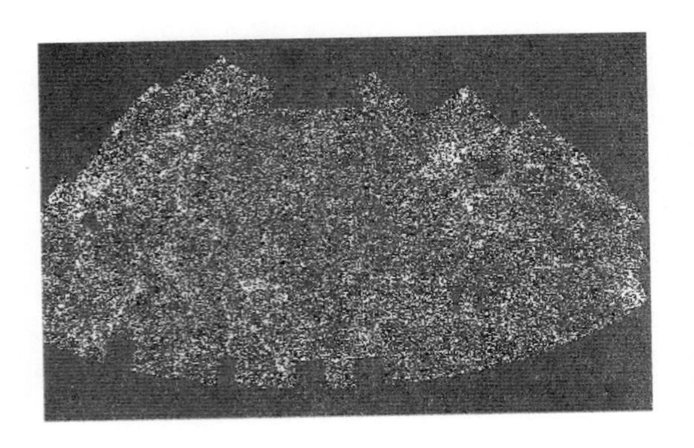

은하들이 모여 있는 모습은 고르게 퍼져 있는 것이 아니라, 옆의 그림처럼 덩어리나 필라멘트처럼 뭉쳐 있다.

옆의 그림은 하늘의 1/10 부분에 보이는 2백만 개의 은하들의 밀도를 표시한 것이다. 밝은 부분은 밀도가 높고, 어두운 부분은 밀도가 낮다.

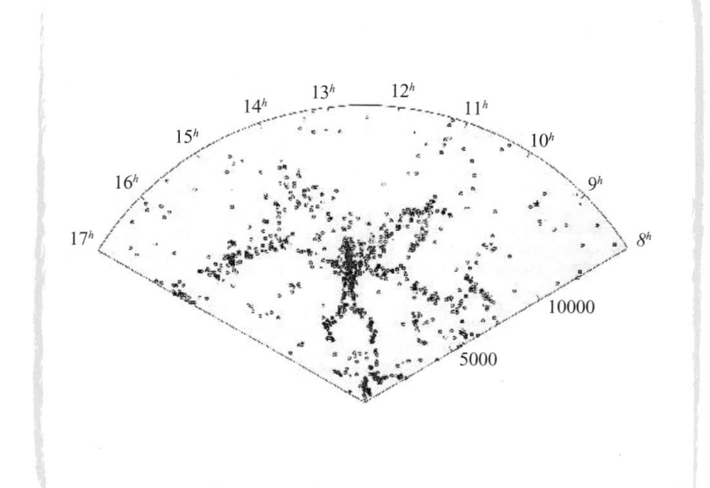

왼쪽 그림은 12° 두께로 135° 안에 펼쳐진 하늘에서 5억 광년 거리 안에 있는 은하분포를 거리에 따라 표시한 것이다. 이 그림에는 팔을 펼친 사람들이 놓인 것처럼 은하들이 덩어리(cluster)로 뭉쳐 있는 모양이 보인다. 중심부분은 Coma cluster이다.

이 덩어리 왼쪽부분에는 지름 50 Mpc(1억 6천만 광년 정도) 크기의 공동(void : 은하밀도가 적은 부분)이 보인다. 1 pc은 3.26광년이다.

우리은하는 안드로메다, 마젤란 성단 등과 함께 약 30개의 은하가 모여 국부 은하군(Local Group)을 형성한다. 이 은하군의 폭은 약 1 Mpc 정도이다.

국부 은하군 바깥에는 약 2,000개의 은하가 들어 있는 Virgo 은하단(cluster)이 있으며, 이 은하단의 폭은 약 5 Mpc 정도이다.

국부 은하군과 Virgo 은하단은 모여서 국부 초은하단(Local Super Cluster)에 포함되어 있다. 이것은 폭이 약 50 Mpc 정도 된다.

이 은하단들은 서로 모여 초은하단(Super Cluster)들을 이루고, 이 초은하단들이 서로 연결되어 만리장성과 같은 모양(Great Wall)을 이룬다.

옆의 사진은 허블 망원경이 찍은 은하단 사진이다. 빛나는 각각의 물체들은 우리은하 크기 정도이거나 더 큰 은하에 해당된다.

팽창하는 우주

은하들까지의 거리는 어떻게 측정할 수 있을까?

은하들 속에는 많은 경우에 빛의 밝기가 주기적으로 변하는 케페이드 변광성이 있다. 이 변광성을 이용하면 은하들까지의 거리를 측정할 수 있다.

변광성의 주기는 2~150일 정도이며, 아래 그림처럼 주기가 길수록 더 밝고, 주기가 짧을수록 덜 밝다는 것이 천문학적으로 알려져 있다. 이 주기를 이용하면 변광성의 절대밝기를 알 수 있다.

관측된 여러 케페이드 변광성의 주기를 x축에, 절대밝기를 y축에 로그로 표시하였다.

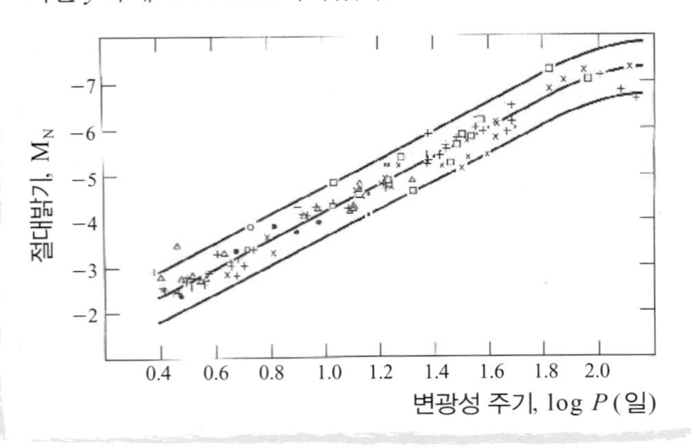

그런데 변광성의 겉보기 밝기는 거리의 제곱에 반비례한다. 따라서, 절대밝기와 겉보기 밝기를 비교하면 은하들까지의 거리를 측정할 수 있다.

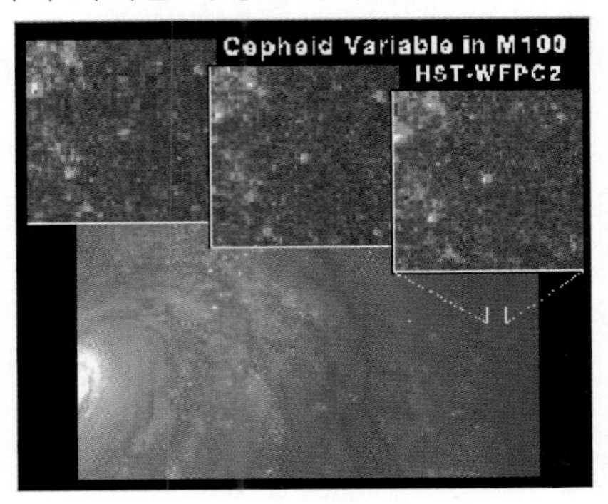

은하들의 속도는 어떻게 알 수 있을까?

1929년 허블은 다른 은하의 별에서 오는 빛을 처음으로 분광학적으로 관찰하였다. 별에서 내는 원소의 빛깔이 도플러효과 때문에 적색편이를 보여 주는 것을 발견하였다. 이것은 은하들이 우리로부터 멀어져 가고 있다는 것을 말해 준다.

오른쪽 그림에는 칼슘이온에 의해 생기는 H & K 흡수선 및 마그네슘 원자에서 나오는 b선이 은하의 속도에 따라 적색쪽으로 이동되는 모습이 보인다.

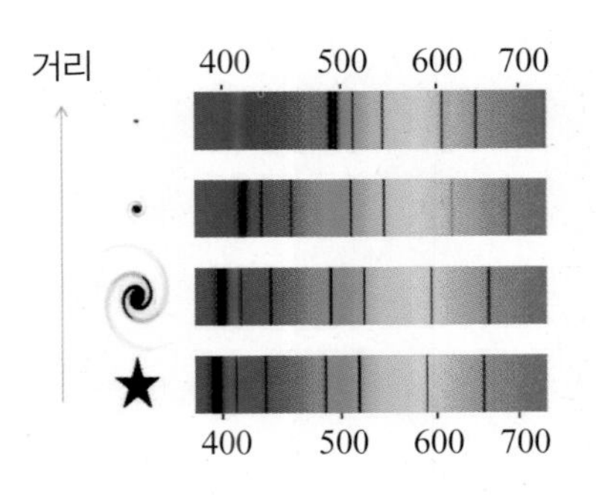

거리에 따른 대상 천체와 적색편이 정도

허블이 관측한 결과에 의하면 여러 은하들은 모두가 우리로부터 멀어져 가며, 멀리 있는 은하일수록 더 빠른 속도로 멀어져 간다.

허블은 케페이드 변광성과 도플러효과를 이용하여 은하계들의 거리와 속도의 관계가 옆의 그림처럼 은하들이 멀어져 가는 속도는 은하까지의 거리에 비례한다는 것을 보였다.

$$v = H_0 l$$

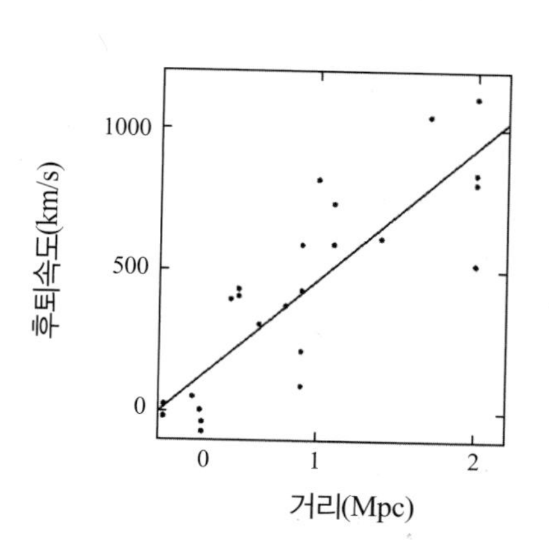

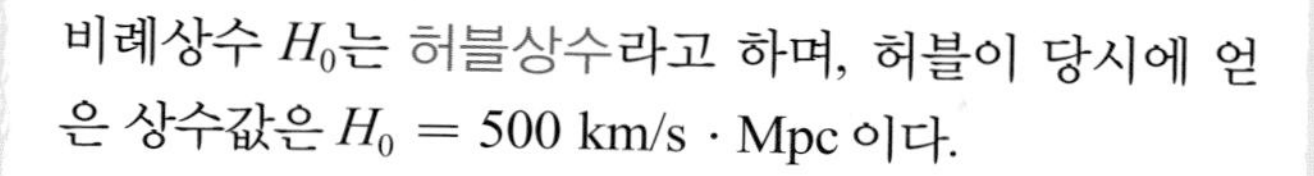

비례상수 H_0는 허블상수라고 하며, 허블이 당시에 얻은 상수값은 $H_0 = 500$ km/s · Mpc 이다.

현재 다양한 방식으로 약 3% 정확도를 가지고 정교하게 측정된 허블상수의 값들은 서로 4σ 정도로 불일치하고 있는 상황이다. 허블상수 H_0의 평균크기는 약 70 km/s · Mpc 이다. 천문측정들이 더욱 정밀해져 기존의 정립된 천문이론을 비판적으로 분석해야 할 상황이 되었다.

생각해보기

큰곰자리에서 나오는 빛의 스펙트럼은 조사해 보면 우리로부터 1.5×10^4 km/s로 멀어져 가고 있다는 것을 알 수 있다. 큰곰자리까지의 거리를 허블상수로부터 예측해 보자.

허블상수를 $H_0 = 70$ km/s · Mpc으로 잡으면 큰곰자리까지의 거리는

$$l = \frac{v}{H_0} = \frac{1.5 \times 10^4 \text{ km/s}}{70 \text{ km/s} \cdot \text{Mpc}}$$
$$= 214.3 \text{ Mpc} = \text{약 7억 광년}$$

허블의 법칙에 따르면 은하들이 우리로부터 멀어져 가고 있으므로 과거에는 은하들이 우리로부터 훨씬 가까기 있었을 것이다. 이것은 우주가 시간이 지남에 따라 팽창하고 있다는 것을 보여 준다.

그렇다면 우주가 팽챙한다는 사실은 지구에서 보았을 때 특별히 나타나는 것인가?

그렇지 않다. 허블의 법칙은 우주 어느 곳에서 보아도 똑같이 나타난다. 우주가 팽창한다는 사실은 우주 어느 곳에서 보아도 똑같이 보일 것이다.

그림처럼 풍선을 부풀리면 풍선 위에 놓인 두 점 사이의 간격은 어느 곳에서나 똑같이 증가한다.

우주 대폭발과 배경복사

그렇다면 우주는 과거에 아주 작은 점에서부터 대폭발에 의해 만들어졌을 것인가? 이에 대한 또 다른 증거는 아주 우연히 얻어졌다.

우주의 배경복사를 발견한 윌슨과 펜지아스

1964년 펜지아스(Arno Allan Penzias, 1933~2024)와 윌슨(Robert Woodrow Wilson, 1936~현재)은 벨연구소에서 통신에 쓰던 마이크로파 안테나로 우주전파 연구를 하려고 준비하고 있었다. 그들은 7 cm파로 카시오페이아자리의 초신성 잔재를 관측하려고 하였으나, 안테나를 아무리 손질해도 7.35 cm 파장의 잡음을 없앨 수가 없었다.

그 잡음은 우리은하계 방향에서만 나오는 것이 아니라 우주의 모든 방향에서 나오고 있었다. 이 잡음이 바로 우주초기의 상태를 그대로 전달해 주는 신호라는 것을 추후 알게 되었다.

이 우주 배경복사의 근원은 무엇인가?

우주초기에 대폭발로 만들어진 불덩어리는 계속 팽창하면서 식어 갔으며, 이 불덩어리가 계속 팽창하여 현재 우리가 보는 우주가 되었다. 이때 만들어진 빛도 우주가 팽창함에 따라 파장이 길어져 현재 마이크로파에 해당하는 전자기파로 우주공간에 퍼져 나가고 있다.

1964년 윌슨과 펜지아스가 발견한 마이크로파는 바로 우주초기에 만들어진 빛이다.

아래 사진은 1989년 COBE 위성이 찍은 배경복사 사진이다. 이것은 대폭발 후 30만년 된 우주의 이미지이다. 아주 미세한 온도차가 색으로 표시되어 있다.

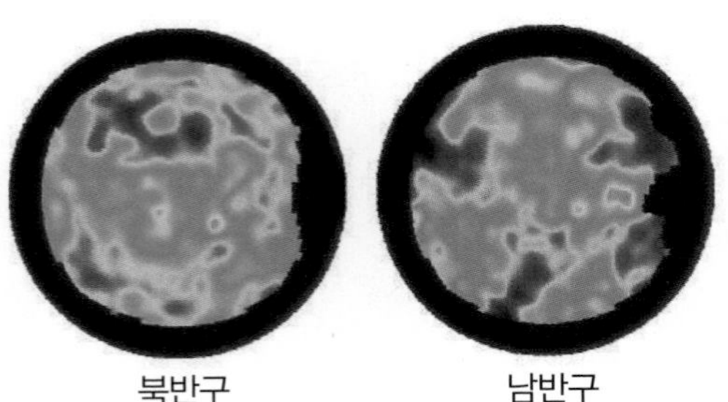

COBE위성에서 측정한 파장별 복사세기는 다음의 그림처럼 정확히 2.736 K에 해당되는 흑체복사를 나타내고 있다. 이 복사의 세기는 160.2 GHz에 해당되는 마이크로파가 가장 세며, 하늘의 모든 방향에 대해 거의 일정하게 나타난다.

이 배경복사는 우주가 처음 불덩이로 만들어진 후 팽창이 이루어지면서 식었다는 강력한 증거가 되고 있다.

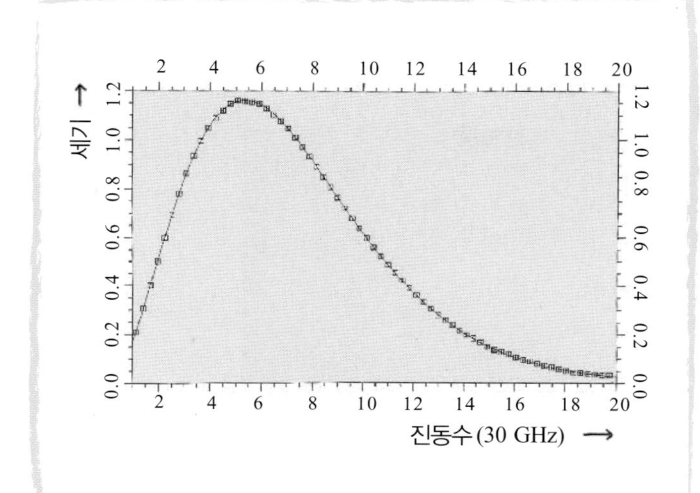

COBE보다 훨씬 높은 해상도로 빅뱅의 잔재인 우주배경복사 온도를 재는 천문관측위성인 WMAP과 Plank 각각 2001년 6월과 2009년 5월에 성공적으로 발사되었다. 이 위성이 보낸 왼쪽 사진을 분석하여 현재 우주의 나이가 137.72 ±0.40억 년이고 우주 전체에너지의 약 69%는 암흑에너지, 약 26%는 암흑물질이며 단지 약 5%만이 우리가 알고 있는 보통물질로 이루어 졌음이 밝혀졌다.

더 나아가 태양보다 수억 배의 밝기를 가진 초신성을 찾아내어 먼 거리 떨어진 은하까지 거리와 후퇴속도를 측정한 결과 우주는 팽창할 뿐만 아니라 그 팽창속도가 증가하는 가속팽창하고 있음이 밝혀졌다(2011년 노벨물리학상 수상업적임).

지금부터 약 30억 년 전에 본격적으로 시작한 우주가속팽창의 근원은 음의 압력을 주는 암흑에너지로 이 에너지의 특성을 밝히는 것이 천체물리학의 최대 과제 중의 하나이다.

Section 3 우주의 역사

허블상수와 우주의 나이

우주는 오랫동안 팽창해 왔다. 우주가 허블의 법칙에 따라 팽창해 왔다고 가정해보자. 허블상수는

$$H_0 \cong \frac{70\ \text{km/s}}{\text{Mpc}} = \frac{21\ \text{km/s}}{100\text{만 광년}}$$

이므로, 100만 광년의 거리를 21 km/s로 팽창해 왔던 것과 같다. 따라서, 허블상수의 역수는 대략 우주의 나이를 표시한다. 이렇게 구한 우주의 나이를 허블의 나이라고 한다.

허블의 나이 : $H_0^{-1} \cong 140$억 년

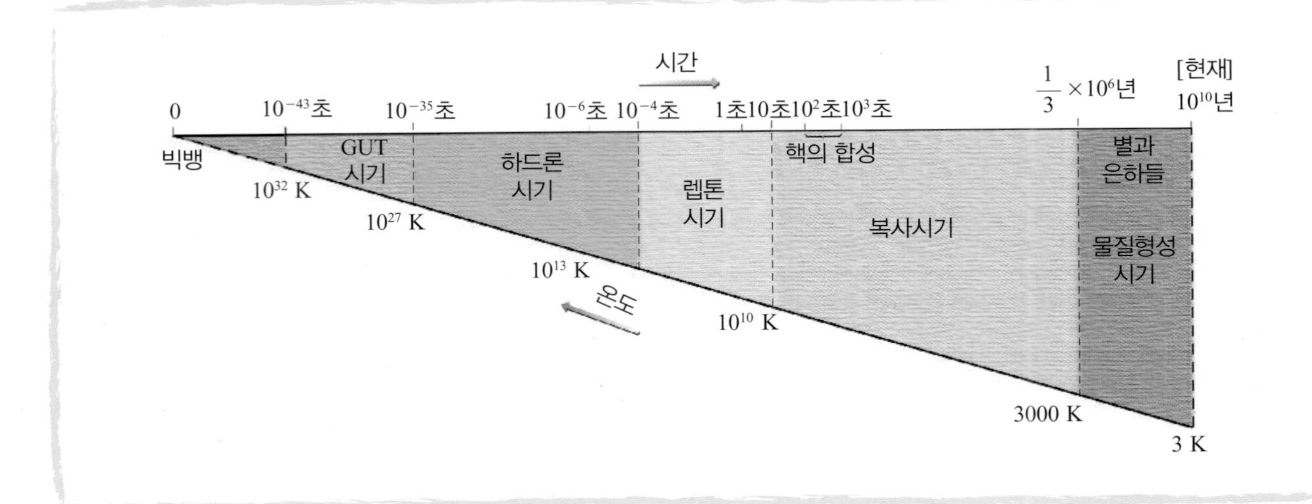

그러나 우주가 팽창하는 허블상수는 우주초기에는 이보다 더 빨랐으며, 우주의 나이는 이 값보다 더 작아야 한다. 또한, 우주의 나이는 지구암석의 나이나, 은하의 나이보다 길어야 한다. 현재 밝혀진 우주 나이는 약 138억 년이다.

우주가 처음 빅뱅으로 생겨나 팽창하며 차거워지는 과정을 "표준 우주모형"의 시나리오에 따라 살펴보자.

(1) 우주의 시작 : 대폭발이 일어난 지 10^{-43}초까지

우주가 대폭발로 생겨났을 때에는 밀도가 아주 높고 온도도 높아 현재 중력의 효과가 양자역학과 합해져 나타난다.

이 시간을 알기 위해 뉴턴의 중력상수와 빛의 속도, 플랑크상수를 조합하여 시간의 단위를 만들어 보면 플랑크 시간은

$$t_p = \sqrt{\frac{\hbar G}{c^5}} = 0.54 \times 10^{-43}\text{초}$$

불확정성 원리에 의하면 이 때의 에너지(플랑크에너지)는 10^{19} GeV에 달한다. 이 때의 온도는 $k_B T = 10^{19}$ GeV를 쓰면 10^{32} K에 해당한다.

이 당시에는 만유인력과 전자기력, 그리고 약력과 강력 모두가 비슷하게 보였을 것이다. 이 상태를 다루기 위해서는 중력과 양자역학이 합해진 이론이 필요하지만, 아직 이에 대한 믿을 만한 이론은 존재하지 않는다. 현재 초끈이론과 브레인이론을 통해 이 상황을 알아보려는 연구가 진행되고 있다.

(2) 10^{-43}초 후 10^{-35}초까지

우주는 팽창하면서 약간 식어감에 따라, 중력은 다른 힘과 구분되어 나타난다. 그러나 쿼크와 전자 등이 모두 동등하게 상호 작용한다. 이러한 시기를 대통일(GUT)의 시기라고 한다.

이때 입자와 반입자의 생성과 소멸의 비율이 약간 달라 반입자보다 입자가 약간 더 많이 생긴다고 본다. 따라서, 쿼크와 반쿼크의 개수가 같지 않게 된다. 빛은 전자와 쿼크 등과 강하게 상호 작용하므로 멀리 갈 수가 없다. 아직 우주는 불투명하게 보이며, 암흑으로 둘러싸여 있다.

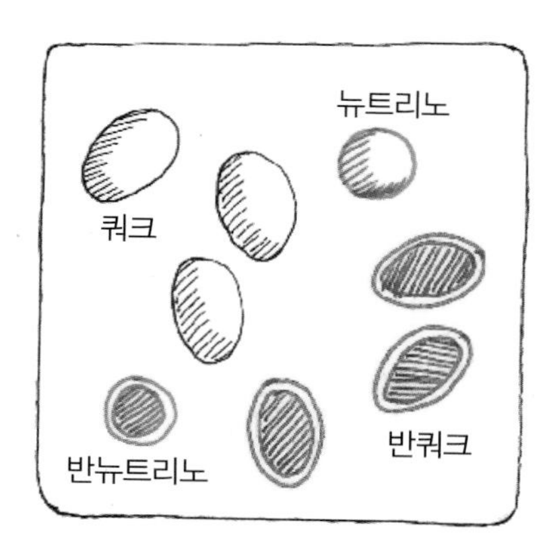

(3) 10^{-35}초 이후 급팽창하는 우주

우주는 더욱 식어 10^{27} K 정도가 되면, 쿼크와 전자의 구별이 생긴다. 강력과 약력이 구분되어 나타나기 때문이다.

이때 우주는 끓는 물방울처럼 갑작스런 팽창이 일어났다고 여겨지고 있다. 아마도 10^{-32}초에는 약 10^{50}배로 늘어났다고 여겨진다.

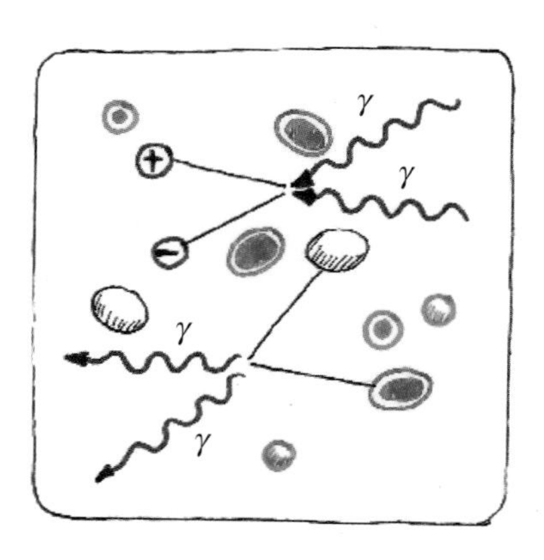

(4) 10^{-12}초에서 14초까지의 하드론 시기

10^{-12}초가 되면 광량자와 $W^{\pm}$, Z 보존과의 구별이 생기며, 10^{-6}초가 되면 이제 쿼크 대신 양성자와 중성자들이 나타난다.

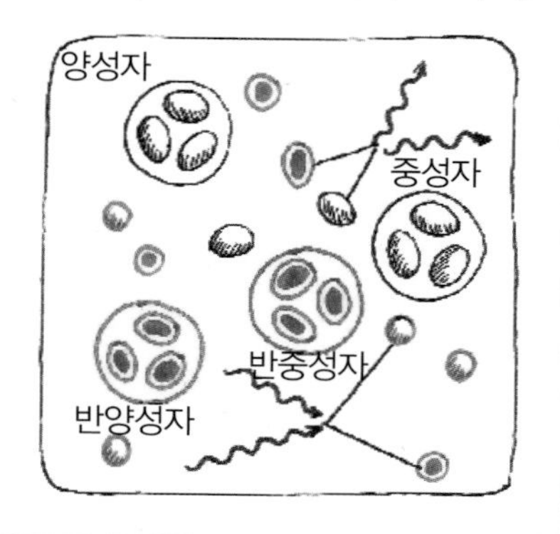

10^{-2}초가 되면 광량자의 에너지가 양성자와 반양성자를 만들어 낼 수 없을 정도로 작아지므로, 더 이상 강입자의 반입자는 나타나지 않고, 강입자만 보인다. 이때 입자의 개수가 반입자의 개수보다 약간 많이 존재한다. 따라서, 쌍소멸이 생겨 입자와 반입자가 1대 1로 서로 없어지고 입자인 양성자와 중성자가 약간 남아 있게 된다.

(5) 14초에서 38만 년까지의 핵의 합성 시기

약 14초가 되면, 광량자의 에너지는 약 1 MeV로 더 작아져서, 이제는 전자와 반전자를 쌍생성할 수 없게 된다. 따라서, 이 때까지 남아 있던 반입자인 반전자는 전자와 쌍소멸하여 없어지고, 양성자와 중성자, 전자 등의 입자만이 남아 있다.

약 3분이 지나면, 온도는 약 10^9 K로 떨어지고, 이제 핵융합이 일어나 중수소(^2H)가 만들어지기 시작하여, 3중수소와 헬륨 등이 생겨난다. 현재 발견되는 수소와 헬륨은 대부분이 이때 만들어진 것으로 추정된다.

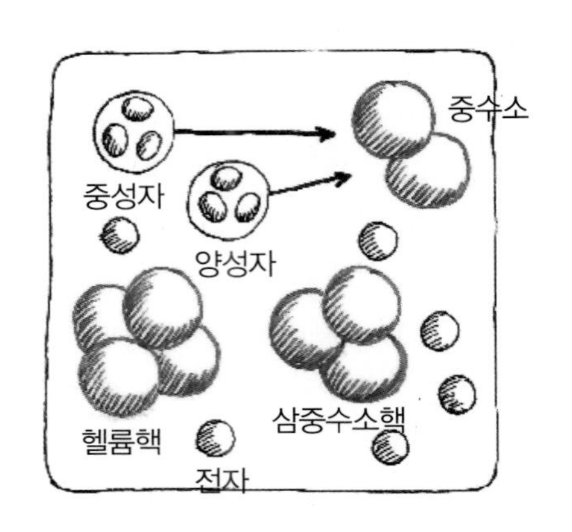

(6) 38만 년 이후의 복사 시기

드디어 우주가 보이기 시작하고 원자와 은하가 만들어지기 시작한다.

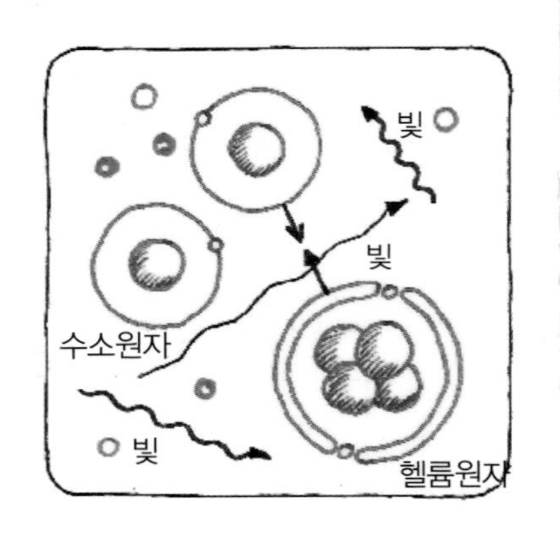

약 70만 년(2×10^{13}초) 정도가 지나서야 온도가 충분히 식어 3,000 K 정도로 떨어지고, 평균에너지가 eV에 달하게 된다. 이 때가 되면, 전자는 핵에 묶이게 되어 전기적으로 중성인 원자가 생겨난다.

특히, 빛의 에너지가 크지 않으므로, 이제는 더 이상의 빛은 원자에서 전자를 떼어낼 수 없다. 이것은 빛이 물질에 잘 흡수되지 않는다는 것을 뜻하고, 빛이 자유롭게 퍼져 나갈 수 있게 된다.

1965년 펜지아스와 윌슨이 발견한 2.7 K 배경복사는 바로 이때 만들어진 빛이 남아 그 후 우주가 팽창하면서 식은 것이다.

전기적으로 중성인 원자들은 중력에 끌려 뭉치게 되고, 이에 따라 은하가 생겨나며 별이 만들어진다. 이후 핵융합에 의해 별이 빛나게 된다.

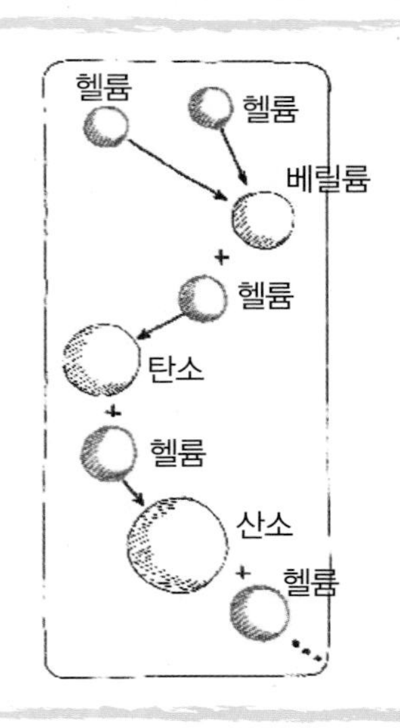

미래의 우주는 어떻게 바뀔 운명을 타고난 것일까?

1922년 러시아의 프리드만은 아인슈타인의 일반상대론 방정식으로부터 우리우주가 시간에 따라 어떻게 변할 것인지를 알려주는 해를 찾았다.

그가 얻은 해에 의하면 우주의 운명은 우주전체의 질량에 따라 세 가지가 가능하다. 그림처럼 우주의 총 질량이 한계질량보다 크면 우주는 어느 시간 후에 다시 수축할 것이고, 그렇지 않으면 계속 팽창할 것이다.

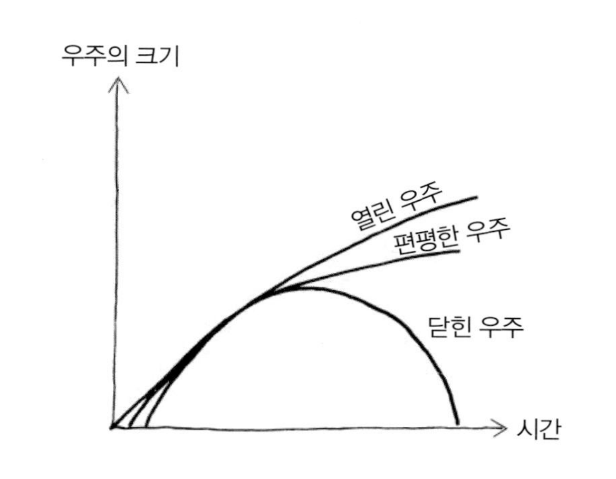

우리의 우주는 계속 팽창할 것인가 아니면 오랜 시간 후 다시 수축할 것인가?

이것에 대한 결론은 아직 확실하지 않다. 다만 최근(2000년 말)에 남극점 상공에 띄운 기구에 설치된 망원경 부메랑(Boomerang)이 얻은 영상은 우주가 편평할 것이라는 것을 암시하기도 하였다.

우주가 편평하다면 우주의 질량밀도가 한계밀도에 해당된다는 것을 뜻한다.

아래 사진은 부메랑이 얻은 결과와 시뮬레이션으로 예측한 결과를 비교한 사진이다.

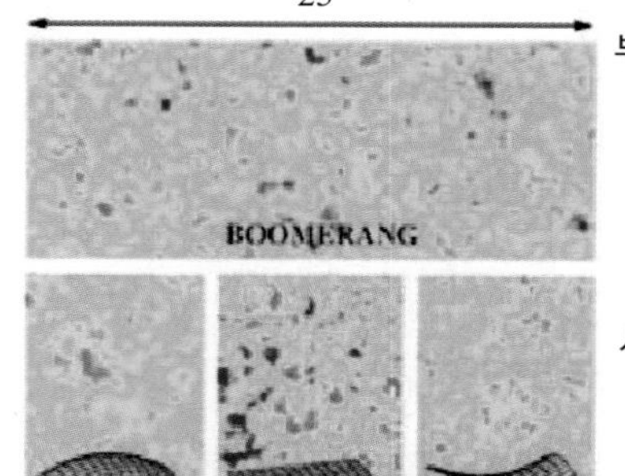

생각해보기

우주의 한계질량에 해당하는 우주의 밀도를 구해 보자.

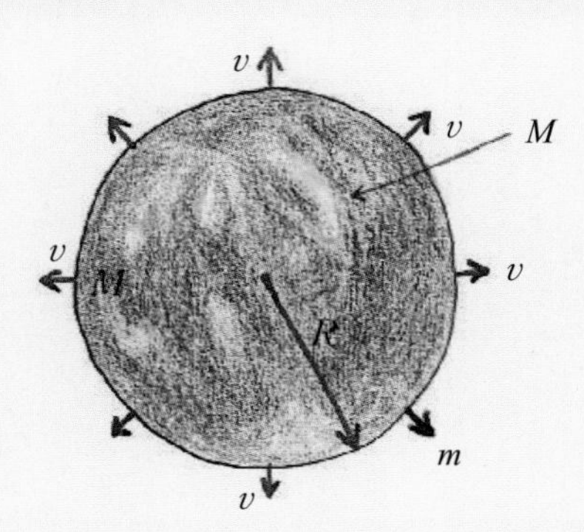

반지름 R 속에 질량 M이 들어 있고, 질량 m인 작은 입자가 속도 v로 탈출한다고 하자.

이 입자가 계속 탈출할 수 있으려면, 운동에너지와 중력에 의한 위치에너지가 균형을 이루어야 한다.

$$E = \frac{1}{2}mv^2 - \frac{GMm}{R} = 0$$

여기서 우주의 질량 $M = \frac{4}{3}\pi R^3 \rho_c$와 속도 관계식 $v = H_0 R$를 쓰면, 우주밀도의 한계값은

$$\rho_c = \frac{3H_0^2}{8\pi G} = 5.8 \times 10^{-27}\ \text{kg/m}^3$$이다.

수소원자의 질량이 1.67×10^{-27} kg이므로, 이 한계밀도는 1 m^3 속에 수소원자가 3개 정도 있는 것에 해당된다.

회전하는 은하들 바깥부분의 운동을 분석하면 이 운동을 유지하기 위해서는 은하들의 질량이 현재 망원경으로 관측된 질량 이외에 관측되지 않은 다른 물질이 더 있어야 한다는 것을 알 수 있다.

현재 관측된 우주의 질량은 전체 우주 질량의 약 5%에 지나지 않는 것으로 알려져 있다. 95%의 에너지는 아직 발견되지 않은 채 이상하게 어두운 형태로 숨겨져 있다. 이 중에서, 현재 관측되지 않은 채 보이지 않는 물질을 암흑물질이라고 부르며, 우주 전체 에너지의 약 26%가 되는 것으로 추정하고 있다.

또한 초신성들의 움직임으로부터 유추된 거리와 속도에 의하면 우주는 가속팽창하고 있는데, 우주가 가속팽창하려면 암흑에너지가 필요하다. 암흑에너지는 우주에 음의 압력을 가하고 이에 따라 암흑에너지는 인력이 아니라 척력 효과를 나타낸다.

우주적 스케일에서 보면, 암흑에너지 때문에 생기는 척력효과가 보통 중력이 작용하는 인력을 이겨낸다. 이 때문에 우주가 가속팽창하는 것이다. 현재 알려진 자료에 의하면, 암흑에너지는 우주 전체 에너지의 약 69%를 차지하는데, 암흑에너지의 구체적인 형태는 아직 알려져 있지 않다.

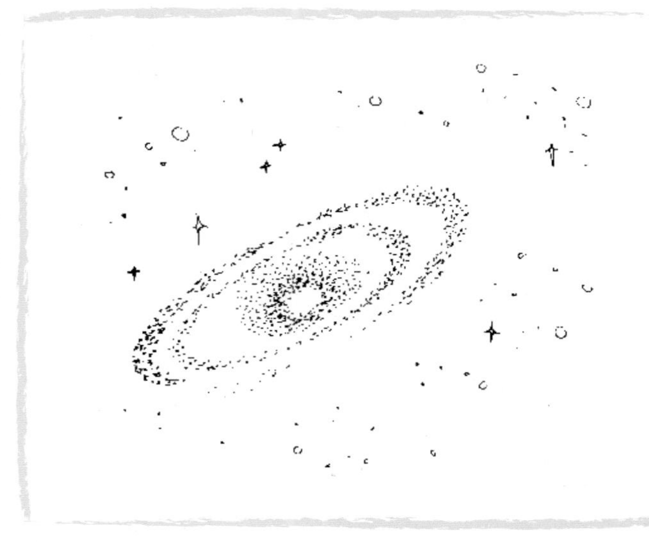

단원요약

1. 별과 은하

① 관측 가능한 영역의 우주는 약 2천억 개 은하가 있고 각각의 은하에는 다시 약 천억 개 별들이 있다. 태양은 특별한 것 없는 보통의 별에 해당한다.

② 은하는 형태에 따라 타원형 은하와 나선형 은하 등이 있으며, 은하들은 전 우주에 덩어리나 필라멘트처럼 뭉친 형태로 전체적으로 보면 고르게 널리 퍼져 있다.

③ 우리은하는 나선형 은하로 태양계는 우리은하의 바깥쪽 부분에 위치해 있다. 우리은하 이웃에 안드로메다은하가 있고 마젤란 성단과 함께 약 30개의 은하가 모여 국부은하군을 형성한다. 국부은하군 바깥에는 Virgo 은하단이 있으며, 이들이 약 50 Mpc 정도 크기의 국부 초은하단을 형성한다.

2. 팽창하는 우주

① 가까운 은하는 케페이드 변광성을 기준으로 하고 먼 은하는 태양의 수억 배 밝기인 초신성을 찾아내어 그 밝기를 측정해 은하까지 거리를 스펙트럼선의 적색편이를 측정하여 후퇴속도를 알아낸다.

② 우주는 30억 년 이전에는 감속 팽창을 하다가 그 후에 암흑에너지에 의해 가속 팽창을 하고 있다. WMAP과 같은 정교한 천문관측을 통해 현재 3% 정도의 정확도로 측정된 허블상수 H_0 의 평균값은 70 km/s · Mpc이다.

③ 우주는 대폭발로부터 시작되어 38만 년경에 원자가 형성되어 풀려나온 우주배경복사의 분포를 측정한 결과 현재 우주의 온도는 약 2.725 K로 주파수로 160.2 GHz 그리고 파장으로 1.873 mm인 마이크로파 광자로 꽉 차 있다.

3. 우주의 역사

① 우주는 대폭발(Big Bang)로 생겨나 식어 감에 따라 중력과 다른 힘들과 분리되는 시기를 거쳐 급팽창(Inflation) 과정을 통해 10^{-12}초에는 10^{50}배 정도로 우주가 커졌다. 이후 양성자와 중성자인 핵자가 형성되고, 38만년이 경과한 후에는 핵자와 전자가 결합하여 가벼운 중성원자가 만들어지며, 약 70만년 정도 지난 후에는 온도가 충분히 떨어져 빛이 우주 공간을 자유롭게 퍼져 나갈 수 있게 되었다.

② 전기적으로 중성인 원자들은 중력에 의해 뭉치게 되어 핵융합에 의해 빛을 내는 별들과 은하가 만들어진다. 자유롭게 퍼진 빛은 계속 식어가고 은하의 분포에 따라 온도가 약 10^{-5} 정도 변이를 가지고 고르게 분포하게 되었다.

③ 현재 다양한 천문학적 관측 자료를 통해 현재 우주는 가속팽창 중이며 우주 질량의 95%는 암흑에너지와 암흑물질로 구성되어 있고, 알려진 물질의 구성비는 단지 5%인 것으로 밝혀졌다. 암흑에너지와 암흑물질의 특성을 구체적으로 밝히는 것이 물리학과 천문학의 가장 중요한 과제인 것이다.

연습문제

***1.** 태양의 기체는 중력 때문에 중심으로 뭉쳐져야 한다. 그러나 핵융합 반응에서 나오는 뜨거운 열 때문에 이 중력을 이기고 부피를 유지하고 있다. 태양의 핵연료가 다 타면 태양에는 어떤 일이 생길까?

2. 태양보다 큰 별에서는 보통 다음과 같이 탄소를 융합하여 에너지를 얻는다.

$$^{12}_{6}\mathrm{C} + {}^{12}_{6}\mathrm{C} \rightarrow {}^{24}_{12}\mathrm{Mg} + \gamma$$

이 반응에서는 얼마나 에너지가 나올까? ($^{24}_{12}$Mg의 질량은 23.985042 u이다.)

> **2.** 질량차에 의한 에너지가 열에너지로 변한다. ^{12}C의 질량은 12 u이다.
> 1 u = 931.5 MeV/c^2

***3.** 우주 배경복사는 우주가 빅뱅에 의해 만들어진 것을 보여주는 아주 좋은 증거이다. 이 배경복사에 의하면 우주 전체가 하나의 2.7 K의 흑체복사를 하고 있다. 이 흑체복사에서 나오는 대표적인 파장은 얼마인가?

> **3.** 빈의 법칙을 쓰자.
> $\lambda T = 2.9 \times 10^{-3}$ m · K

4. 은하가 c/100로 멀어져 가는 것이 관찰되었다. 이 은하는 얼마나 멀리 있는가?

5. 100억 광년 떨어진 우주 끝에 있는 은하는 얼마나 빨리 멀어져 갈까?

6. 우주의 크기는 온도에 반비례한다. 우주가 태어난 지 10^{-35}초 되었을 때의 우주의 크기는 현재(140억 광년 정도)에 비해서 얼마나 작을까? 우주가 생긴 지 10초가 되었을 때의 우주는 얼마나 큰가? 별이 생겨나기 시작하는 100만 년이 되었을 때는 어떤가?

> **6.** 3절에 나오는 온도표 참고.

***7.** 펄서는 중성자로 알려져 있다. 태양질량의 1.5배이며 지름이 10 km인 어떤 펄서가 초당 1번 자전하고 있다. 만일 이 회전운동에너지 $\frac{1}{2}I\omega^2$중에서 10억분의 1 정도의 에너지가 매일 빛으로 바뀐다면 이 펄서의 출력은 얼마인가?

> **7.** 중성자별의 회전 관성모멘트는 균일한 구의 관성모멘트 $I = (3/5)MR^2$을 쓰자.

8. 먼 거리 떨어진 은하나 준성의 후퇴속력은 광속에 가깝기 때문에 상대론적 도플러 편이 관계식을 사용해야 한다. 적색편이는 보통 기준 파장에 대한 변화 비율인 $z = \Delta\lambda/\lambda_0$로 주어진다.
(1) 이 z로 광속 대 후퇴속도 비인 $\beta = v/c$가

$\beta = \dfrac{z^2 + 2z}{z^2 + 2z + 2}$ 로 주어짐을 보여라.

(2) 1987년에 발견한 준성은 z값이 4.43이다. 이 준성의 후퇴속력을 구하고, 허블의 법칙을 적용하여 이 준성까지의 거리를 구하라.

9. 질량이 M인 은하를 구성하는 물질이 반경 R인 구 안에 고르게 분포되었다고 가정하자. 질량이 m인 별이 은하의 중심에서 반경 $r(<R)$인 원궤도를 돌고 있다.

(1) 별의 궤도속력이 $v = r\sqrt{GM/R^3}$ 이고 회전주기는 $T = 2\pi\sqrt{R^3/GM}$ 임을 보여라.

(2) 만약에 은하 구성물질이 은하 중심에 강하게 밀집되어 분포하고 있어 별이 거의 은하의 바깥에 위치해 있다면 그 때의 궤도속도와 주기는 어떻게 되는가?

연습문제 풀이와 해답

물리로의 초대

1. "새로운 물리학의 세계" 책 전체의 두께를 먼저 재고, 총 종이 장수로 나누면 된다.

3. 500 m를 속력 10 km/h 차이로 뒤쫓아 가므로 500 m/(10 km/h) = 500 m/(10000 m/h) = 0.05 h = 3분. 3분 후면 추월할 수 있다.

5. 백만 분의 1의 정밀도로 지구와 달의 왕복시간을 측정한다면 이를 위해 필요한 정밀도는 백만분의 1이다. (정밀도는 거리에 상관없다.)

7. 10 km/0.5 L = 20 km/L
1 L로 20 km 간다.

9. 물 100 g은 100 g/18 g = 5.56 몰이고, 1몰 안에는 아보가드로수(6.02×10^{23})만큼의 분자가 들어 있다. 5.56몰 × 6.02×10^{23}개/몰 = 3.34×10^{24} 개이므로 약 3×10^{24}가 들어 있다.

11. 1년 = 3.156×10^7 s이고,
$\pi\times10^7$ s = 3.142×10^7 s이므로
$=(3.156\times10^7\,\text{s}-3.142\times10^7\,\text{s})/(3.156\times10^7\,\text{s})=0.004$.
약 0.4% 차이가 난다.

13. 1일×(100−99)%=86400 s×0.01=864 s=14.4분
하루에 약 14분 정도의 오차가 생긴다.

*15. 무한개를 더하는 문제는 때로 혼란을 야기시킨다. 다음과 같이 각 단계로 나누어 생각해보자.

(1) 현재 토끼와 거북이사이의 거리를 L이라고 하고, 토끼가 L까지 가는 시간을 T라고 하자.
(2) 토끼가 L만큼 가는 동안 (시간 T동안) 거북이는 S만큼 간다고 하자. 구체적으로 $S=0.5L$이라고 하자. (이 경우 거북이는 토끼보다 2배 느리다.)
(3) 그러면 토끼는 $0.5L$을 더 가야 하고, 이때 걸리는 시간은 당연히 $0.5T$이다.
(4) 이 시간동안 거북이는 $0.5\times(0.5)L$을 간다.
(5) 다시 토끼는 $0.5\times(0.5)L$ 거리를 더 가야 하므로 토끼가 가는 시간은 $0.5\times(0.5T)$이다.

이를 반복하여 표와 그림으로 나타내면 다음과 같다.

토끼가 간 거리	토끼가 걸린 시간	누적시간
L	T	T
$L\times0.5$	$T\times0.5$	$1.5T$
$L\times0.5\times0.5$	$T\times0.5\times0.5$	$1.75T$
$L\times0.5\times0.5\times0.5$	$T\times0.5\times0.5\times0.5$	$1.875T$

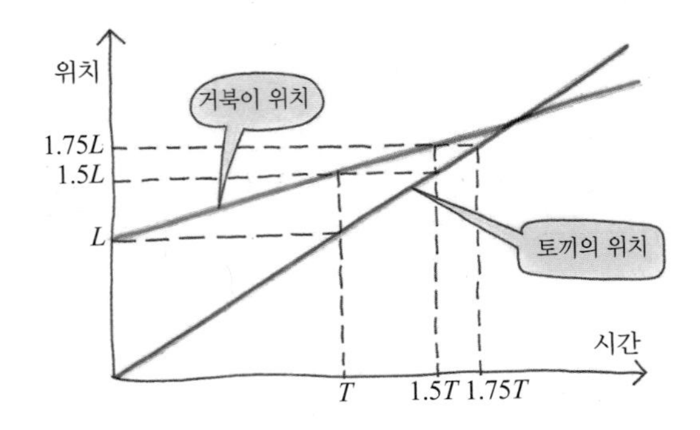

따라서 토끼가 가는 데 걸리는 총 시간은
$$T(1+0.5+0.5^2+0.5^3+0.5^4+\ldots)$$
$$=T\times\frac{1}{1-0.5}=2T$$
로서 유한한 값이다. 일반적으로 거북이가 토끼에 비해 n배 느리다면 총 걸리는 시간은
$$T\times\frac{1}{1-1/n}=T\times\frac{n}{n-1}$$
이 된다. 이 시간이 지나면 토끼는 거북이를 따라 잡을 수 있다. 이 역설에서 배울 수 있는 점은 어떤 양을 무한 번 더한다고 해서 결과가 무한대가 되는 것은 아니라는 것이다. 유한한 값이 나오는지 또는 무한한 값이 나오는지는 따져보아야 한다.

짝수 번 해답

2. 3.15576×10^7초
4. 0.315
6. 1.6×10^{-15}
8. 지구의 밀도= 5.5 g/cm³
태양의 밀도= 1.4 g/cm³, 물의 평균밀도 = 1.0 g/cm³
10. 약 1.2×10^{57}개
12. 0.5펨토 초

Part I Chapter 1

1. (1) $a = \dfrac{v}{t} = \dfrac{\dfrac{100000\ \text{m}}{3600\ \text{s}}}{5\ \text{s}} = 5.55\ \text{m/s}^2$

(2) $x = \dfrac{1}{2} \times 5.55\ \text{m/s}^2 \times (5\ \text{s})^2 = 69.4\ \text{m}$

3. 두 차가 만나는 위치를 x라고 하면 서쪽에서 동쪽으로 가는 차에 대해서

$x = v_1 t = 60[\text{km/h}] \times t$ (1)

동쪽에서 서쪽으로 가는 차에 대해서

$x = 20[\text{km}] + v_2 t = 20[\text{km}] - 40[\text{km/h}]t$ (2)

(1)−(2) : $t = 20/100 = 1/5$시간, $x = 60 \times 0.2 = 12\ \text{km}$

두 차는 서쪽에서 동쪽으로 12 km되는 지점에서 만난다.

5. $x = vt,\ t = x/v = 200/90 = 2.22\ \text{h}$, 약 2시간 13분

$t = x/v = 200/50 = 4\ \text{h} \rightarrow$ 약 1시간 47분 더 걸린다.

7. $v(t) = \dfrac{dx}{dt} = 3\ \text{m/s}$

$a(t) = \dfrac{dv}{dt} = 0$

9. 비행거리는 다음과 같다.

$$R = \frac{v_0^2 \sin 2\theta}{g} = \frac{30^2 \times \sin 90°}{9.8} = 91.8\ \text{m}$$

따라서 홈런이다.

11. 구호식량이 떨어질 때의 속도는 비행기의 속도와 같다. 수직방향의 초속도성분은 없으므로 구호식량이 100 m 떨어지는데 걸리는 시간은 다음과 같다.

$$y = 100\ \text{m} = \frac{1}{2}gt^2,\ t = \sqrt{\frac{200}{9.8}} = 4.5\ \text{s}$$

따라서 떨어지는 시간동안 식량이 움직이는 거리는 다음과 같다.

$$x = v_{0x}t = 50 \times 4.5 = 225\ \text{m}$$

13. $R = \dfrac{v_0^2 \sin 2\theta}{g} = \dfrac{36.11^2 \times \sin 100°}{9.8} = 131.03\ \text{m}$

15. $R = \dfrac{v_0^2 \sin 2\theta}{g} = \dfrac{(20)^2 \times \sin 90°}{9.8} = 40.82\ \text{m}$

$t = \dfrac{R}{v_{0x}} = \dfrac{40.82}{20 \cos 45°} = 2.89\ \text{s}$

$\bar{v} = \dfrac{R}{t} = \dfrac{40.82}{2.89} = 14.12\ \text{m/s}$

17.

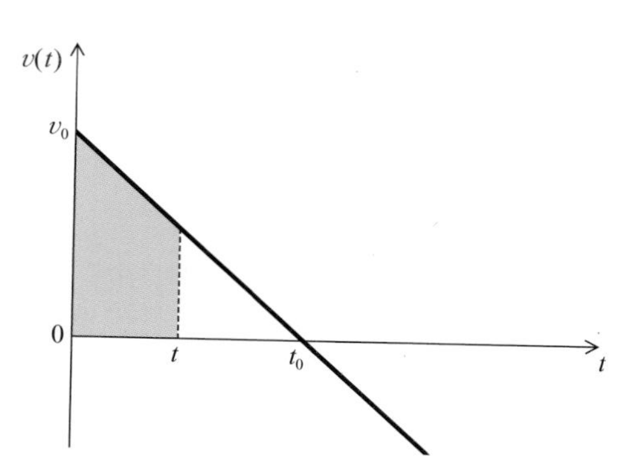

시간 T가 경과한 후 그래프에 표시된 면적 A는 다음과 같다.

$$A = v_0 T - \frac{1}{2}gT^2$$

속도가 +인 경우에 면적을 +로, −인 경우에 면적을 −로 계산한다. 정점까지 올라가는데 걸리는 시간을 t_0라고 하자. $2t_0$가 경과한 후라면 위쪽과 아래쪽의 면적은 같지만 부호가 서로 반대이므로 위치는 0, 즉 처음 던진 위치이다. 그 이후에는 총 면적 −가 나오므로 이 경우 공의 위치는 처음 던진 지점의 아래쪽에 있다.

19. (1) 공의 비행시간을 T라 하자. 최고점에 이른 후에 $T/2$ 동안 낙하한 높이가 H이므로, $\dfrac{1}{2}g\left(\dfrac{T}{2}\right)^2 = H$. 따라서,

$T = \sqrt{\dfrac{8H}{g}}$이다.

(2) 공은 수평방향으로 등속도 운동을 한다. 즉,

$$v\cos\theta T = R \Rightarrow v\cos\theta = \frac{R}{T} = \sqrt{\frac{g}{8H}}R.$$

공의 속도는 최고점에서 연직성분이 없다. 즉,

$$v\sin\theta - g\left(\frac{T}{2}\right) = 0 \Rightarrow v\sin\theta = g\left(\frac{T}{2}\right) = \sqrt{2gH}.$$

이 두 식에서 $\tan\theta = \dfrac{4H}{R}$, $v = \sqrt{g\left(2H + \dfrac{R^2}{8H}\right)}$이다.

21. 비행지점 x와 그 지점까지 운동하는 시간 t와 관계식은 다음과 같다.

$$x = v_{0x}t = v_0 \cos\theta \cdot t$$

따라서 $t = \dfrac{x}{v_0 \cos\theta}$ (1)

총 비행거리 R은 다음과 같다.

$$R = \frac{2v_0^2 \sin\theta\cos\theta}{g} \quad (2)$$

따라서 총 비행시간은 R값을 (1)식의 x에 대입하여 얻는다.

$$t = \frac{R}{v_0\cos\theta} = \frac{2v_0\sin\theta}{g}$$

따라서 30° 각도로 던진 공이 먼저 떨어진다. 속도의 y성분이 작을수록 비행시간이 짧아진다.

***23.** 회전하는 버스 안의 사람이 제자리에 있기 위해서는 구심력과 평형을 이루는 어떤 힘이 작용해야 한다. 그 힘을 원심력이라 한다. (자세한 내용은 2장의 비관성계에 대한 내용 참고)

25. 주기 $= T = \frac{60}{1800}$초 $= \frac{1}{30}$초

$$v = \frac{2\pi r}{T} = \frac{2\pi r\times 0.1\text{ m}}{\frac{1}{30}\text{초}} = 6\pi\text{ m/s}$$

27. $a = \frac{v^2}{r} = \frac{(83.3\text{ m/s})^2}{r} \le 0.05g$

$$r \ge \frac{(83.3\text{ m/s})^2}{0.05\times 9.8} = 14\text{ km}$$

따라서 최소 반지름은 약 14 km이다.

29. 주기 $T = 0.5$ s, 각속력 $\omega = \frac{2\pi}{T} = 4\pi/\text{s}$,

속력 $v = \frac{2\pi r}{T} = 8\pi\text{ m/s}$,

구심가속도 $a = \frac{v^2}{r} = 32\pi^2\text{ m/s}^2$

31. $a = 50g = rw^2$

$$\omega = \sqrt{\frac{50g}{r}} = \sqrt{\frac{50\times 9.8}{2}} = 15.7\text{ rad/s}$$

짝수 번 해답

2. 120 km/h
4. 1.8 s, 9 m
6. 90 km/h
8. $14\sqrt{3}$ m/s
10. 40 m
12. 0.44 s, 1.396 m, 41.89 m/s
16. (1) 공이 자유낙하하는 경우 공이 받는 중력과 운동방향이 같다. 공을 위로 던질 때에는 공이 받는 힘과 운동 방향이 서로 반대방향이다.
(2) 시간에 따른 속도와 위치의 차이는 없다. 중력 또한 바뀌지 않는다.

짝수 번 해답

18. (1) $\sqrt{\frac{2h}{g+a}}$, (2) $-\sqrt{2(g+a)h}$
20. (2) $\theta = 45°$
22. (1) $v = 2.33$ m/s, (2) $x = 240$ m, (3) $\theta = 53°$
24. 13.95 m
26. 80.6 배
28. $\frac{4\pi^2}{5}$ m/s²
30. $\frac{1}{\sqrt{2}}$ 배
32. $\sqrt{5}$ 배

Part I Chapter 2

1. 로프가 팽팽해지는 순간에 걸리는 힘은 사람의 무게와 로프의 무게 이외에도 사람과 로프가 가속되기 때문에 생기는 힘이 더 걸린다. 즉, 로프와 사람의 총 질량을 M이라고 하면, 가속도 a 때문에 힘 $f = Ma$가 더 걸린다.

3. 트럭이 다리 위를 이동할 때 다리에 가하는 힘은 자체 무게뿐만 아니라 상하좌우로 흔들릴 때 생겨나는 가속도로 인한 힘 ($F = Ma$)이 더 가해지기 때문이다.

5. 물속에서 몸을 위로 떠오르게 하기 위해서는 자신 이외의 외부로부터 힘을 위로 받아야 한다. 또는 수영을 하듯 물을 발로 차거나 바닥을 차면 반작용으로 힘을 위로 받아 물 위로 떠오르게 된다.

7. 물미끄럼틀을 따라 어린이에게 작용하는 중력은 $mg\sin 40°$이다. 이 힘을 받아 움직이는 어린이는 $g\sin 40°$의 가속도를 가진다. 즉, $9.8\times\sin 40°\text{ m/s}^2 = 6.29\text{ m/s}^2$ 이다.

9. 초기 운동량 $= P_1 = (100\text{ kg} + 10\text{ kg})\times 500\text{ km/h}$
분리된 직후 운동량 $= P_2 = 100\text{ kg}\times 510\text{ km/h} + 10\text{ kg}\times u$
(u는 연료통의 속도)
운동량 보존 $P_1 = P_2$을 이용하면, $u = 400$ km/h

11. 일정속도로 내려오려면 나무상자에 비탈면 방향으로 작용하는 중력과 미끄럼마찰력이 비겨야 한다. 경사각을 θ라고 하자.

그림에서 보면 비탈면을 따라 작용하는 중력의 세기는

$$F = mg\sin\theta$$

비탈면을 내려오지 못하게 막는 미끄럼마찰력의 세기는 수

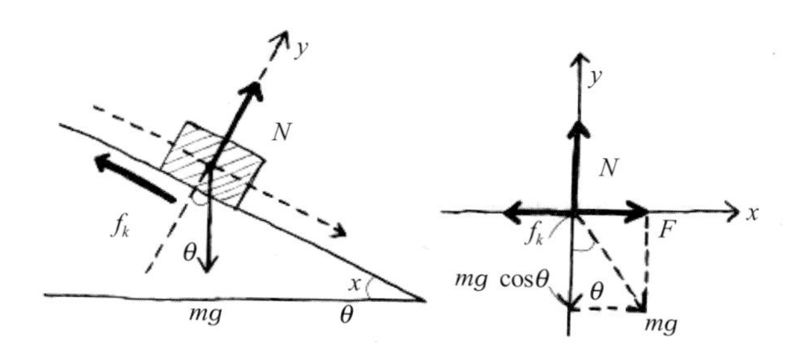

직력에 비례한다. 수직력은 $N = mg\cos\theta$이다.
따라서, 미끄럼마찰력은 $\mathbf{f_k} = \mu_k N = \mu_k mg\cos\theta$이다.
두 힘의 세기가 균형을 이루어야 등속도운동을 하므로
$F=f_k$, $mg\cos\theta=\mu_k mg\cos\theta$이다.
따라서, 경사각은 $\tan\theta=\mu_k$가 되어야 한다. $\mu_k=0.3$을 쓰면, $\theta=16.7°$ 이다.

***13.** 가속도는 $a=F/m$로 주어진다. F는 총 힘이며, $F= mg-f$ 이다(f는 마찰력). 따라서 $a=g-f/m$이다. 마찰력 f가 같아도 질량이 다르면 가속도는 달라진다. 즉, 질량이 작을수록 f/m이 커지기 때문에 낙하하는 가속도는 줄어든다.

15. 자동차 기어는 바퀴에 전달하는 힘을 조절한다. 기어 1단이 바퀴에 작용하는 힘은 기어 2단이 바퀴에 작용하는 힘보다 크다. 눈길에서 출발하기 위해 1단 기어의 강한 힘을 바퀴에 가하면 바퀴와 눈길사이에 작용하는 힘이 정지마찰력보다 크게 작용하고, 이에 따라 바퀴가 헛돌게 된다. 대신 기어 2단을 써서 보다 약한 힘을 가하게 되면 눈길과 바퀴 사이의 정지마찰력을 적절히 이용할 수 있다.

17. 경사면을 따라 작용하는 중력이 최대 정지마찰력을 이길 때까지 정지해 있다. 최대 경사각을 θ라고 하면 $mg\sin\theta=\mu_s mg\cos\theta$가 되어야 한다. 즉, $\tan\theta=\mu_s=0.4$ 가 되어, 최대 경사각은 21.8° 가 된다. 일단 미끄러지기 시작하면 미끄럼마찰력이 작용하므로, 경사면을 따라 작용하는 힘은 중력과 미끄럼마찰력의 합성으로 표시된다.

$$F = mg\sin\theta - \mu_k mg\cos\theta$$

이 힘으로 책이 가속되므로, 가속도는
$a = g\sin\theta - \mu_k g\cos\theta$
$= 9.8 \times (0.37 - 0.3 \times 0.93)\ \mathrm{m/s^2} = 0.89\ \mathrm{m/s^2}$이다.

19. (1) 두 블록이 함께 같은 가속도 a로 운동하고, 두 블록에 작용하는 수평방향의 외력은 F뿐이다. 뉴턴의 운동방정식은 $F=(M+m)a$이고, 이로부터 $a=F/(M+m)$이다.
(2) 블록 A와 B의 운동방정식을 써보자. 블록 A는 블록 B와 함께 운동하므로, 블록 B로부터 정지마찰력 f_s를 운동의 반대 방향으로 받고, 운동방정식은 $F-f_s = ma$이다. 블록 B는 블록 A로부터의 반작용으로, 운동방향으로 f_s를 받는다. 따라서 블록 B의 운동방정식은 $f_s = Ma$이다. 그런데, 정지마찰력 $f_s \le \mu_s N$이고, 블록 A가 블록 B로부터 받는 수직력은 $N = mg$이므로, $f_s = FM/(M+m) \le \mu_s (mg)$이고,
$F_{\max} = \mu_s mg(1+m/M)$ 이다.
(3) 블록 A와 B 사이에 작용하는 마찰력은 미끄럼마찰력 $f_k = \mu_k N = \mu_k mg$이다.
블록 A의 운동방정식 $F-f_k = ma_A$로부터,
$a_A = (F-\mu_k mg)/m = F/m - \mu_k g$이다. 블록 B의 운동방정식 $f_k = Ma_B$로부터, $a_B = \mu_k mg/M$ 이다.
참고로, $a_A - a_B = F/m - \mu_k g(1+m/M) >$
$(\mu_s - \mu_k) g(1+m/M) > 0$ 이다.

***21.** 공기 중에서 공을 던지면 공은 중력 이외에 공기저항을 받으면서 움직인다. 마찰력이 없다면 공이 올라가는 시간과 내려오는 시간은 같다. 그러나 마찰력 때문에 내려올 때는 올라갈 때 비해 더 천천히 내려온다. 이를 보기 위해 문제 16을 사용해 54쪽의 그림처럼 속력과 시간의 그림을 그리면 다음처럼 된다.

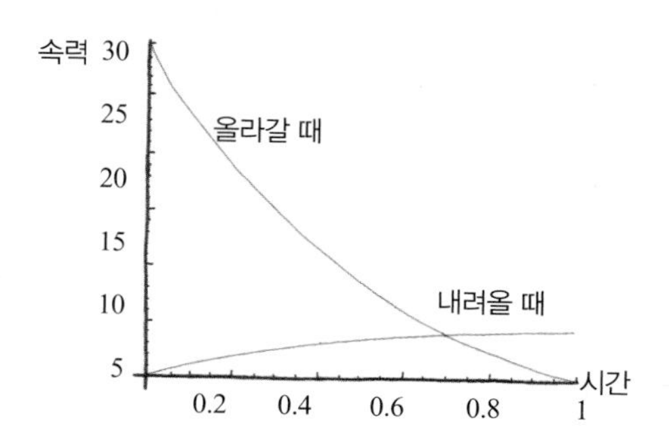

공이 움직이는 거리는 속도-시간 그래프의 면적으로 표시되므로 같은 면적이 되기 위해서는 올라갈 때의 시간보다 내려올 때 더 많은 시간이 필요하다는 것을 알 수 있다. 결과적으로 내려오는 데 시간이 더 걸린다.

***23.** (1) 가속도 $= a = 160000\ \mathrm{m/s^2}$, 힘 $= f = 320$ N
(2) $v = 0.27$ m/s

25. (1) 0.5 $\mathrm{m/s^2}$
(2) 12.5 N

27. 도로가 트럭에 가하는 힘 = 미끄럼마찰력 = 0.8 × 10000 × 9.8 N = 78400 N, 미끄러진 거리 = 49.2 m

29. 쐐기와 블록이 함께 수평방향의 가속도 a로 운동하고, $a = F/(M+m)$이다. 블록에 작용하는 힘들은 그림과 같이 중력, 쐐기로부터 받는 수직력과 정지마찰력 등이다. 블록의 운동 방정식을 쓰자. 블록은 수평방향으로만 가속운동을 한다.

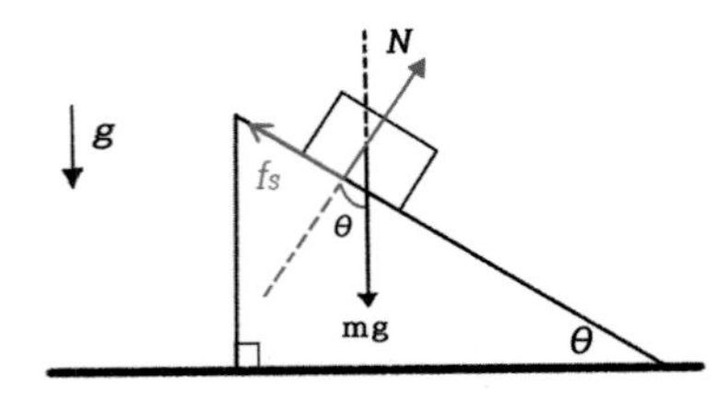

연직방향: $N\cos\theta + f_s\sin\theta - mg = 0$,
수평방향: $N\sin\theta - f_s\cos\theta = ma$.
이로부터,

$$f_s = m(g\sin\theta - a\cos\theta),$$
$$N = m(g\cos\theta + a\sin\theta).$$

그런데 $f_s \le \mu_s N$이므로, $a \ge g\dfrac{\tan\theta - \mu_s}{1+\mu_s\tan\theta}$이다.

따라서 $F_{\min} = (M+m)g\dfrac{\tan\theta - \mu_s}{1+\mu_s\tan\theta}$이다.

31. $v = v_0\dfrac{e^{2v_0ct/m}-1}{e^{2v_0ct/m}+1} = v_0\tanh(v_0ct/m)$

v_0는 종단속력 $= \sqrt{mg/c}$

33. (1) 구슬이 각도 θ인 곳에서 굴렁쇠와 함께 회전하므로, 반지름 $r\sin\theta$인 원운동을 한다. 구슬은 중력 mg와 굴렁쇠로부터 수직력 N만을 받는다. 힘의 성분별로 운동방정식을 쓰자.

연직방향: $N\cos\theta - mg = 0$. 즉 $N = mg/\cos\theta$.

수평방향: $N\sin\theta = m(r\sin\theta)\omega_0^2 \Rightarrow$

$\sin\theta\left(\dfrac{g}{\cos\theta} - r\omega_0^2\right) = 0$이다.

즉, $\theta = 0$ 또는 $\cos\theta = \dfrac{g}{r\omega_0^2}$.

평형 위치는 $\cos\theta = \dfrac{g}{r\omega_0^2}$로 주어지고, $\cos\theta < 1$이므로, $\omega_0 > \sqrt{\dfrac{g}{r}}$라는 조건이 필요하다.

(2) 각속력 ω이 ω_0보다 작다면 정지마찰력 f_s는 굴렁쇠 위에서 각도 θ인 곳에서 접선방향 위쪽으로 작용할 것이다(그림 참조). 구슬의 운동방정식을 연직과 수평성분으로 나눠 쓰자.

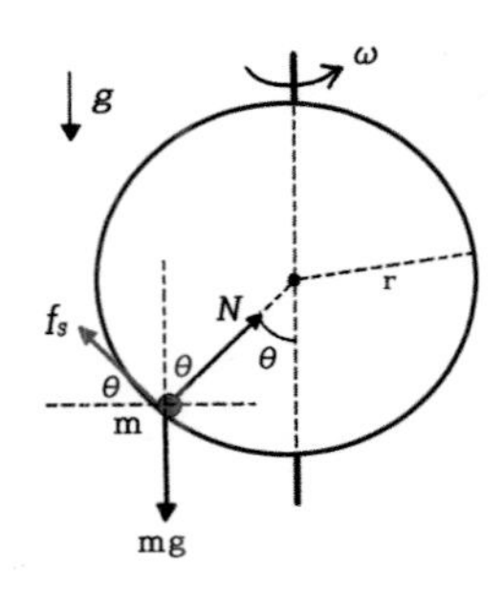

연직방향: $N\cos\theta - mg = 0$.
수평방향: $N\sin\theta - f_s\cos\theta = m(r\sin\theta)\omega^2$.
이 두 관계식에서, $N = m(g\cos\theta + r\sin^2\theta\omega^2)$와
$f_s = m(g\sin\theta - r\sin\theta\cos\theta\omega^2)$를 얻고,
$0 \le f_s \le \mu_s N$로부터, $\dfrac{g}{r\sin\theta}\dfrac{\tan\theta - \mu_s}{1+\mu_s\tan\theta} \le \omega^2 \le \omega_0^2$이다. 즉, 가능한 ω의 최솟값은 $\sqrt{\dfrac{g}{r\sin\theta}\dfrac{\tan\theta-\mu_s}{1+\mu_s\tan\theta}}$이다.

35. 질량중심의 운동량:

$$\mathbf{P}_{CM} = \frac{d}{dt}(M\mathbf{R}_{CM}) = \frac{d}{dt}(m_1\mathbf{r}_1 + m_2\mathbf{r}_2)$$
$$= \frac{d}{dt}(m_1\mathbf{r}_1) + \frac{d}{dt}(m_2\mathbf{r}_2) = \mathbf{P}_1 + \mathbf{P}_2$$

질량중심의 작용하는 외력:

$$\mathbf{F}_{CM} = \frac{d}{dt}(\mathbf{P}_{CM}) = \frac{d}{dt}(\mathbf{P}_1 + \mathbf{P}_2)$$
$$= \frac{d}{dt}\mathbf{P}_1 + \frac{d}{dt}\mathbf{P}_2 = \mathbf{F}_1 + \mathbf{F}_2$$

짝수 번 해답

2. 6배
4. 1176 N
6. 30 N
8. 4.1 m/s, 1697 N
10. 490 N
12. 5.55 m/s²
14. 56 m/s
16. 종단속력 $= v_0 = mg/c$
18. $0.506 \le F/mg \le 0.64$
20. $\theta = 8°$
22. 3.3배
24. (1) 40 N, (2) 15 N
26. (1) 가속도 : 도르래 방향으로 $\dfrac{1}{13}g = 0.75\ \text{m/s}^2$

장력 : 수레를 당기는 장력 = 블록을 당기는 장력

$T_1 = T_2 = 2.5 \times \dfrac{12}{13} \times 9.8\ \text{N} = 22.6\ \text{N}$

(2) 가속도 : 0, 수레를 당기는 장력 = 블록을 당기는 장력 $= 2 \times 9.8\ \text{N} = 19.6\ \text{N}$

짝수 번 해답

28. (1) 262.5 N

30. (1) 3.2 m/s

(2) 회전의 중심을 향하는 방향, 크기는 2.56 $\mathrm{m/s^2}$

(3) 수레가 원의 최하점에 있을 때, 865.2 N, 연직 위쪽

32. (1) 1662 km/h, (2) 0.03 $\mathrm{m/s^2}$

34. (1) $2x_0$, (2) $x_f = \frac{8}{3}x_0$

Part I Chapter 3

1. 해준 일 $= Fs = 200 \times 10$ J $= 2000$ J, 해준 일은 미끄럼 마찰력이 작용하지 않았으므로, 모두 운동에너지로 바뀐다. (일-에너지 정리).

따라서 운동에너지 = 2000 J.

3. 자동차가 가속도 $a = 2.5\ \mathrm{m/s^2}$로 움직였으므로, 자동차의 엔진이 가해주는 힘은 $f = ma = 1000\ \mathrm{kg} \times 2.5\ \mathrm{m/s^2} = 2500$ N이다.

그런데 차는 10초 동안 길이 $s = \frac{1}{2}at^2 = 125$ m를 움직였으므로, 엔진이 일정한 힘 2,500 N을 가해서 해준 일은 $W = 2500 \times 125$ J = 312500 J이다.

운동에너지는 나중속력이 $v = 25$ m/s이므로

$$K = \frac{1}{2}mv^2 = 312500\ \text{J이다.}$$

자동차의 평균일률은 $P = F\bar{v} = 2500 \times 12.5\ W = 31250$ W = 31.25 kW = 41.9마력이다.

5. 늘이는 데 드는 일

$$\frac{1}{2}kx^2 = \frac{1}{2}2000 \times 0.2\ \text{J} = 40\ \text{J}$$

기구를 제자리로 돌리는 데 드는 일 = 40 J

(늘인 용수철이 제자리로 돌아갈 때 기구는 운동에너지 40 J을 얻게 된다. 이 기구가 얌전히 제자리로 돌아가게 하기 위해서는 근육이 운동에너지를 흡수해야 하고, 이때 근육이 40 J의 일을 한다. 기구를 얌전히 가져다 놓지 않고 거칠게 한다면 근육이 하는 일은 이보다 적다. 그러나 이때는 기구에 손상을 준다.)

근육이 하는 총 일 = 40 J + 40 J = 80 J이다.

7. 화약이 해준 일은 운동에너지 변화량과 같다는 것을 이용하자.

$$K = \frac{1}{2}mv^2 = 1250\ \text{J}$$

9. 물체를 같은 높이만큼 올린다면 해준 일은 같다. 그러나 고정도르래에 비해 움직도르래를 쓰면 그림처럼 힘을 주어 움직이는 길이가 2배 더 길다. (움직도르래 하나마다 로프를 움직이는 길이가 2배가 된다.) 일은 힘을 주어 움직인 거리를 곱한 양이므로, 움직도르래의 경우 고정도르래에 비해 적은 힘을 들여도 같은 일을 할 수 있다.

$$W = Fs = \frac{F}{2}(2\ s)$$

11. 그림에서 왼쪽 선은 연직 위쪽으로 올라가는 공의 경로를 나타내고, 오른쪽 선은 최고점 T에서 아래로 낙하하는 공의 경로를 나타낸다. 이제 두 경로 위에서 같은 높이에 있는 두 위치 A와 A′에서 각각 공이 갖는 속력 v와 v'의 크기를 비교하자. 두 위치에서의 운동에너지 K와 K'의 차이는 일-에너지 정리에 의해서 주어진다.

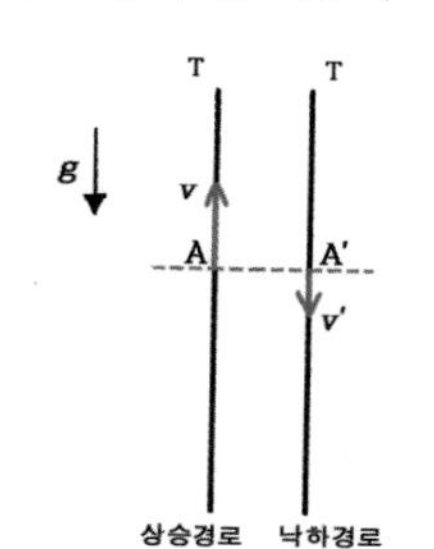

$$K' - K = \Delta W|_{A \to T \to A'}$$

우변의 일은, 공이 A에서 상승하여 최고점 T를 거쳐 다시 A′으로 낙하하는 과정에서, 공에 작용하는 힘들(중력과 공기저항력)이 하는 일이다. 공에 작용하는 중력이 하는 일은 상승과정에서 하는 음(minus)의 일이, 낙하과정에서 하는 양(plus)의 일과 상쇄되어 결국 0이다. 반면에, 공에 작용하는 공기 저항력은 운동 방향에 반대 방향으로 작용하므로, 상승과 낙하의 전 과정에서 음의 일을 한다. 따라서 $K' - K < 0$이고, $v' < v$이다. 즉, 낙하 경로 위의 어느 위치에서나 공의 속력은 상승 경로 위의 같은 위치에서의 공의 속력보다 작다. 그러므로 낙하하는 데 시간이 더 오래 걸린다.

13. 에너지 보존을 이용하자.

충돌 전 에너지 = 운동에너지

$= 2 \times (1/2) \times 5000 \times (0.5)^2$ J = 1250 J

충돌 후 에너지 = 위치에너지

$= (1/2) \times k \times x^2$

두 에너지가 같으려면 압축된 길이 = 0.25 m가 된다.

***15.** 화살의 운동에너지 = 70.3 J

필요한 일 = 70.3 J × 13/5 = 182.8 J

평균힘 = 182.8 J/0.8 m = 228.5 N = 23.3 kg중

17. 반작용이 작용한다. 호스에서 물이 나올 때 단위시간당 운동량의 변화를 보면(v가 일정하다는 것을 이용한다.)

$$\frac{\Delta p}{\Delta t} = \frac{\Delta(mv)}{\Delta t} = \frac{\Delta m}{\Delta t}v$$

$$= 1000\ \text{kg/m}^3 \times \left(\pi(0.05)^2\ \text{m}^2 \times 30\ \text{m/s}\right) \times 30\ \text{m/s}$$

$$= 7069\ \text{N}$$

약 7,000 N 이상의 힘을 반작용으로 받는다.

19. 탄성충돌의 경우 운동량과 함께 운동에너지도 보존되므로, 충돌 후 두 공은 직각을 이루며 나간다.

따라서 정지했던 공은 85° 의 각으로 튕겨나간다.

21. $mu = mu' \cos 30° + Mv' \cos 30°$

$mu' \sin 30° = Mv' \sin 30°$

충돌 전 운동에너지 $= K_1 = \frac{1}{2}mv^2$

충돌 후 운동에너지 $= K_2 = \frac{1}{2}mu'^2 + \frac{1}{2}Mv'^2$

$K_1 \neq K_2$

23. 높이 10 m에서의 위치에너지와 바닥에서의 운동에너지는 같다. 마찰면에 진입하기 전의 속력을 v_0라고 하면

$$mgh = \frac{1}{2}mv_0^2, \quad \therefore v_0 = \sqrt{2gh}$$

마찰면에 진입한 후, 마찰력을 고려하면 운동방정식은 다음과 같이 주어진다.

$$-\mu_k mg = ma, \quad \therefore a = -\mu_k g$$

물체가 감속되어 정지할 때까지 걸리는 시간은,

$$v = 0 = v_0 + at,$$

$$t = \frac{v_0}{-a} = \frac{\sqrt{2gh}}{\mu_k g} = \frac{1}{\mu_k}\sqrt{\frac{2h}{g}}$$

이 시간 동안 물체가 진행하는 거리는,

$$x = v_0 t + \frac{1}{2}at^2$$

$$= \sqrt{2gh}\,\frac{1}{\mu_k}\sqrt{\frac{2h}{g}} - \frac{\mu_k g}{2}\frac{1}{\mu_k^2}\frac{2h}{g}$$

$$= \frac{2h}{\mu_k} - \frac{h}{\mu_k} = \frac{h}{\mu_k} = 11\ \text{m}$$

25. x 만큼 압축되었다고 하면,

$$mg(0.5 + x)\sin 30° = \frac{1}{2}kx^2$$

$$kx^2 - mgx - 0.5mg = 0$$

$$x = \frac{mg + \sqrt{(mg)^2 + 2kmg}}{2k}$$

$$= 0.052\ \text{m}$$

27. 최대높이 $y = \dfrac{v_0^2 \sin^2\theta}{2g} = \dfrac{33.3^2 \sin^2 30°}{2 \times 9.8} = 14\ \text{m}$

비행거리 $R = \dfrac{v_0^2 \sin 2\theta}{g} = \dfrac{33.3^2 \sin^2 60°}{9.8} = 98\ \text{m}$

비행시간 $t = \dfrac{R}{v_0 \cos\theta} = \dfrac{98}{33.3 \times \cos 30°} = 3.4\ \text{s}$

29. (1) 열차의 역학적 에너지는 보존된다. 즉,

$\frac{1}{2}mv_0^2 = \frac{1}{2}mv^2 + mgR(1 - \cos\theta)$이다. 따라서,

$v = \sqrt{v_0^2 - 2gR(1-\cos\theta)} = \sqrt{gR\left(\frac{5}{2} + 2\cos\theta\right)}$이다.

(2) 열차의 운동방정식의 구심성분을 쓰자(그림 참조).

$N - mg\cos\theta = m \times \frac{v^2}{R}$.

즉, $N = mg\left(3\cos\theta + \frac{5}{2}\right)$이다.

(3) 수직력 $N \geq 0$이므로, $\cos\theta \geq -\frac{5}{6}$이다. 따라서,

$\theta_{최대} \cong 146.5°$이다.

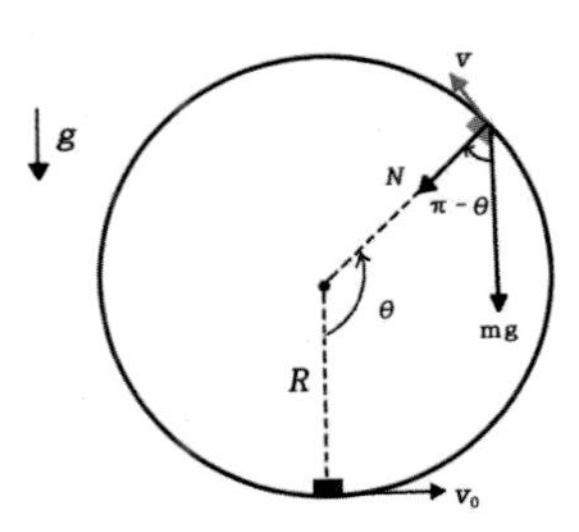

***31.** 탄환이 나무토막에 박히는 순간 나무토막과 탄환이 함께 움직인다. 나무토막과 탄환이 같이 움직이는 속력을 u라고 하고, 탄환이 충돌하기 전의 속력을 v라고 하면, 운동량 보존으로부터

$0.005\ \text{kg} \times v = 1.005\ \text{kg} \times u$이 된다.

그런데 충돌 후 나무그네가 움직이면, 운동에너지가 위치에너지로 바뀌는데, 이 에너지는 보존된다. 즉,

$1.005\text{ kg} \times u^2/2 = 1.005\text{ kg} \times g \times 0.05\text{ m}$이 된다.

따라서 $u=1$ m/s이고 탄환의 원래 속력은 $v=201$ m/s가 된다.

33. 충돌과정에서 총 운동량이 보존된다(그림 참조). 즉,

$$\vec{p} = \vec{p}' + \vec{p}'' \qquad \text{(eq. 1)}$$

탄성충돌이므로 총 역학적 에너지도 보존된다. 즉,

$$\frac{p^2}{2m} = \frac{p'^2}{2m} + \frac{p''^2}{2M} \qquad \text{(eq. 2)}$$

$E = \dfrac{p^2}{2m}$, $E' = \dfrac{p'^2}{2m}$ 이므로, (eq. 2)에서

$$M = \frac{p''^2}{2(E-E')} \qquad \text{(eq. 3)}$$

(eq. 1)에서 $\vec{p}'' = \vec{p} - \vec{p}'$ 이므로,

$$p''^2 = (\vec{p}-\vec{p}')\cdot(\vec{p}-\vec{p}') = p^2 + p'^2 - 2pp'\cos\theta$$
$$= 2m(E + E' - 2\sqrt{EE'}\cos\theta)$$

이다. 이를 (eq. 3)에 넣으면,

$$M = \frac{m(E + E' - 2\sqrt{EE'}\cos\theta)}{E - E'}$$ 이다.

***35.** 소형 승용차 질량 m, 충돌 전 속력 u, 충돌 후 속력 u' 라 하고, 대형트럭의 질량 M, 충돌 전 속력 V 충돌 후 속력을 V' 이라고 하자. 충돌 직전과 직후의 운동량은 보존된다.

$$mu + MV = mu' + MV'$$

이때 탄성충돌하면 운동에너지가 보존되므로

$$\frac{1}{2}mu^2 + \frac{1}{2}MV^2 = \frac{1}{2}mu'^2 + \frac{1}{2}MV'^2$$

이다. 위 두 식으로부터

$u + u' = V + V'$을 쉽게 얻고,

따라서 $u' = \dfrac{m-M}{m+M}u + 2\dfrac{M}{m+M}V$이 된다.

$M \gg m$과 $V \gg u$라고 쓰면,

$u' \cong -u + 2V \cong 2V$가 된다.

37. $e=1$이면 $v_{2i} - v_{1i} = v_{1f} - v_{2f}$ 이다.

그런데 충돌 전 에너지 : $K_i = \frac{1}{2}m_1v_{1i}^2 + \frac{1}{2}m_2v_{2i}^2$

충돌 전 에너지 : $K_f = \frac{1}{2}m_1v_{1f}^2 + \frac{1}{2}m_2v_{2f}^2$ 이다.

에너지 차이는

$$K_i - K_f = \frac{1}{2}m_1(v_{1i}^2 - v_{1f}^2) + \frac{1}{2}m_2(v_{2i}^2 - v_{2f}^2)$$
$$= \frac{1}{2}m_1(v_{1i} - v_{1f})(v_{1i} + v_{1f})$$
$$+ \frac{1}{2}m_2(v_{2i} - v_{2f})(v_{2i} + v_{2f})$$
$$= \frac{1}{2}(m_1v_{1i} - m_1v_{1f} + m_2v_{2i} + m_2v_{2f}) \times (v_{1i} + v_{1f})$$
$$= \frac{1}{2}\left\{(P_{1i} + P_{2i}) - (P_{1f} + P_{2f})\right\}(v_{1i} + v_{1f})$$

운동량 보존에 의하면 $P_{1i} + P_{2i} = P_{1f} + P_{2f}$ 이므로 $K_i - K_f = 0$, 즉 운동에너지가 보존된다.

짝수 번 해답

2. 물체에 가하는 힘 : 346.4 N, 물체에 해준 일 : 3464 J
자동차가 가지는 운동에너지는 물체에 해준 일과 같으므로 3464 J이다.

4. (1) 일 : 2000 J, (2) 일률 : 176.8 W, (3) 44.2 W

6. $v = 10.8$ m/s

8. $h = \dfrac{v^2}{2g}$ 배

10. $v = 8.85$ m/s

12. (1) 4 m/s, 약 0.28 m
(2) 왼쪽 수레는 정지, 오른쪽 수레는 12 m/s

14. 7.47 m

16. $k = mg/x = 19600$ N/m, 더 압축된 길이 $= 5$ cm
처음 가한 힘 $F = 980$ N

18. 충격량 = 10 N · s, 축구공의 속력 = 22.2 m/s = 80 km/h
충격량은 1.6배 늘어난다.
충격량 = 16 N · s, 축구공의 속력 = 35.6 m/s = 128 km/h

20. $e = 0.949$

22. 1 kg

24. 378.3 MW

26. $\dfrac{kx}{2mg}$

28. 27.1 m/s 이상

30. $F_w = \dfrac{mg}{2}(\sqrt{3} - 1)$

32. 5965 N

짝수 번 해답

34. (1) $\frac{v_0^2}{2g}\frac{M}{M+m}$

(2) 블록의 속도 $=\frac{2mv_0}{M+m}$, 큐브의 속도 $=-\frac{M-m}{M+m}v_0$

38. (1) $U(x)=-9.8x+20x^2$ (2) 0.79 m, 약 −9.69 N

(3) $x=0.245$ m, 약 1.15 m/s

Part I Chapter 4

1. 반지름이 큰 손잡이가 관성모멘트가 더 크다. 손잡이의 관성모멘트는 질량에 비례하고 반지름의 제곱에 비례하기 때문이다.

긴 막대모양의 지휘봉의 관성모멘트를 가장 작게 만들려면 지휘봉의 중심에 회전축을 잡으면 된다.

3. $\tau = 0.15\text{ m}\times 60\text{ kg}\times 9.8\text{ m/s}^2 = 88.2\text{ Nm}$

5. $I=\frac{1}{2}mr^2,\ I_1=\frac{1}{2}\times1\times0.5^2=0.125\text{ kgm}^2,$

$I_2=\frac{1}{2}\times1\times1^2=0.5\text{ kgm}^2,$

$I_3=\frac{1}{2}\times2\times0.5^2=0.25\text{ kgm}^2$

7. $\tau = rF = rmg$

$0.4\times1\times g=0.6\times m\times g$

$m=\frac{0.4}{0.6}=\frac{2}{3}=0.667\text{ kg}$

9. 굴렁쇠의 초기 각속력은 $\omega_0=4\times2\pi/\text{s}$이고, 질량중심(CM)의 초기 속도는 0이다. 굴렁쇠가 바닥에 닿는 순간, 굴렁쇠의 바닥과의 접촉점은 바닥에 대해서 왼쪽방향으로 속도를 가지므로, 굴렁쇠는 바닥으로부터 오른쪽방향으로 미끄럼마찰력 $f_k=\mu_k mg$를 받는다. (그림 참조) 그림처럼 시계방향의 회전을 (+)로 잡고, 굴렁쇠의 질량중심을 지나는 축에 대해 회전 운동방정식을 쓰자.

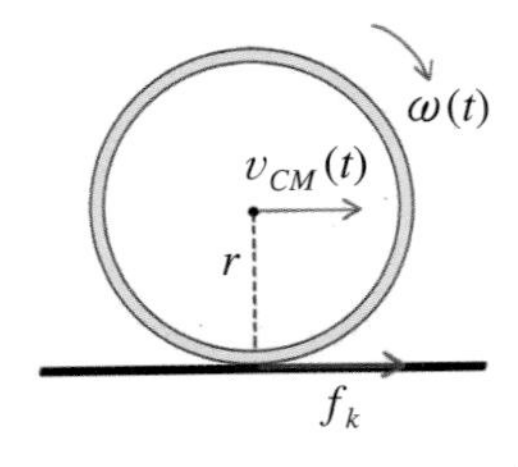

$\tau=-rf_k=-r(\mu_k mg)=I\alpha.$

$\alpha=\frac{-\mu_k mgr}{I}=\frac{-\mu_k mgr}{mr^2}=\frac{-\mu_k g}{r}$

$=-\frac{0.3\times9.8}{0.5}=-5.88/\text{s}^2$

$\omega(t)=\omega_0+\alpha t=8\pi-5.88t.$

또한, 굴렁쇠의 질량중심은 가속도 $a_{CM}=\frac{f_k}{m}=\mu_k g=2.94\text{ m/s}^2$으로 운동하므로, $v_{CM}(t)=0+a_{CM}t=2.94t$.

굴렁쇠가 미끄러짐없이 구르는 조건은 $v_{CM}(t)=r\omega(t)$이다.

$2.94t=0.5\times(8\pi-5.88t)$로부터, $t=\frac{8\pi}{11.76}=2.14\text{ s}$

11. $v=r\omega=2\pi rf=2\pi\times0.023\times\frac{500}{60}=1.2\text{ m/s}$

$f=\frac{v}{2\pi r}=\frac{1.2}{2\pi\times0.058}=3.29\ /\text{s}$

따라서 약 200 rpm이다.

*__13.__ 자이로스코프는 대칭축을 중심으로 축의 주위를 계속 돌고 있다. 대칭축과 각운동량 벡터가 일치하면 회전축(대칭축)은 불변이지만, 만약 외력이 작용하여 대칭축이 일정한 경사를 유지하게 되면 자이로스코프는 반대 방향으로 움직이며 세차운동을 한다.

자이로스코프가 기울어지면 각운동량에 변화가 생기며 이를 분석해 기울어짐의 정도를 알아낸다.

15. $\tau=rF=0.05\times1\times9.8=0.49\text{ Nm}$

$\tau\neq0$이므로 각운동량은 일정하지 않다.

17. $L=I\omega=\frac{1}{2}m(0.14)^2\times2\pi\times\frac{33.3}{60}\text{ kg m}^2/\text{s}^2$

$=\frac{0.125\times33.3\times(0.14)^2\pi}{60}\text{ kg m}^2/\text{s}^2$

$r=0.14\text{ m},\ L=0.004\text{ kg m}^2/\text{s}$

19. 각운동량이 보존되므로,

$I_i\omega_i=I_f\omega_f$

$\frac{1}{2}MR^2\omega_i=\left(\frac{1}{2}MR^2+mr^2\right)\omega_f$

$\omega_f=\frac{\frac{1}{2}MR^2\omega_i}{\frac{1}{2}MR^2+mr^2}=\frac{\frac{1}{2}\times0.2\times0.15^2\times10}{\frac{1}{2}\times0.2\times0.15^2+0.01\times0.1^2}$

$=\frac{0.0225}{0.00225+0.0001}=9.6\text{ rad/s}$

21. 속이 찬 구의 관성모멘트가 가장 작으므로 바닥에서의 병진 속력이 가장 크다.

***23.**

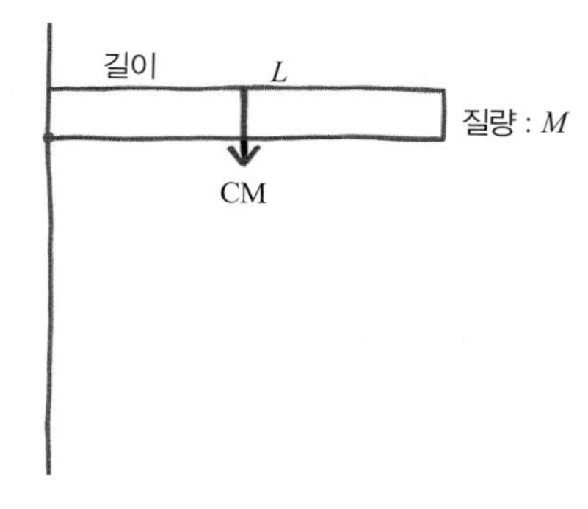

위치에너지 : $Mg\left(\frac{L}{2}\right)$

운동에너지 : $\frac{1}{2}Mv^2 + \frac{1}{2}I\omega^2$

여기서, $I = \frac{1}{3}M\left(\frac{L}{2}\right)$, $v = r\omega = \left(\frac{L}{2}\right)\omega$

$$Mg\left(\frac{L}{2}\right) = \frac{1}{2}Mv^2 + \frac{1}{2}I\omega^2$$

$$= \frac{1}{2}M\left(\frac{L}{2}\right)^2\omega^2 + \frac{1}{2}\frac{1}{3}\left(\frac{L}{2}\right)^2\omega^2$$

ω에 대해 정리하면

$$\omega^2 = \frac{3g}{L} \rightarrow \omega = \sqrt{\frac{3g}{L}}$$

오른쪽 막대 끝의 속도는

$$I = r\omega = L \times \omega = \sqrt{3gL}$$

25. (1) 이 막대의 역학적 에너지 $E = K + U(\theta)$이다. 막대의 위치가 연직선과 각도 θ를 이룰 때, 각속력 $\omega = \frac{d\theta}{dt}$이고 막대의 회전운동에너지 $K = \frac{1}{2}I\omega^2 = \frac{mR^2}{6}\omega^2$이다. 막대의 중력위치에너지 $U(\theta)$는 질량중심에 전 질량이 모여 있는 질점의 중력위치에너지와 같다. 중력위치에너지의 기준점으로 $U(0) = 0$로 잡으면, $U(\theta) = mg\frac{R}{2}(1-\cos\theta)$이다. 역학적 에너지가 보존되므로 초기조건 $\theta = 0$, $\omega = \omega_0$을 쓰면,

$$E = \frac{mR^2}{6}\omega^2 + \frac{mgR}{2}(1-\cos\theta) = \frac{mR^2}{6}\omega_0^2$$이고,

이로부터, $|\omega| = \sqrt{\omega_0^2 - \frac{3g}{R}(1-\cos\theta)}$ 이다.

각가속도 $\alpha = \frac{d\omega}{dt}$는

$$0 = \frac{dE}{dt} = \omega\left(\frac{mR^2}{3}\frac{d\omega}{dt} + \frac{mgR}{2}\sin\theta\right)$$로부터,

$\alpha = -\frac{3g}{2R}\sin\theta$ 이다.

(2) 완전히 한 바퀴를 돌려면, $\theta = \pi$ 일 때, 각속력이 있어야 한다. 즉, $E = \frac{mR^2}{6}\omega_0^2 \geq U(\pi) = mgR$. 따라서 $\omega_0 \geq \sqrt{\frac{6g}{R}}$ 이다.

(3) $\omega_0 = 2\sqrt{g/R}$ 일 경우,

$E = \frac{mR^2}{6}\omega^2 + \frac{mgR}{2}(1-\cos\theta) = \frac{2mgR}{3}$ 이다. 이로부터 $\omega^2 = \frac{g}{R}(1+3\cos\theta) \geq 0$ 에서,

$\cos\theta \geq -\frac{1}{3} \Rightarrow |\theta| \leq \arccos(-1/3) \simeq 1.911$이다. 따라서 약 $109.5°$이다.

27. (1) 원판은 B에 이를 때까지 회전 없이(마찰력이 없으므로) 질량중심의 병진운동만을 한다. 에너지보존법칙을 쓰면, $Mgh = \frac{1}{2}Mv_0^2$에서 $v_0 = \sqrt{2gh}$ 이다.

(2) 원판의 질량중심의 운동방정식 $-\mu Mg = Ma_{CM}$에서 $a_{CM} = -\mu g$이다. $(-)$부호는 왼쪽 방향을 의미한다.

(3) 원판의 중심축에 대한 회전운동방정식 $\tau = Rf = I\alpha$ 로부터 각가속도 $\alpha = \frac{Rf}{I} = \frac{R(\mu Mg)}{MR^2/2} = \frac{2\mu g}{R}$ 이다. 또한 방향은 시계방향이다.

(4) 원판이 B에서 출발하는 시간을 $t = 0$로 놓으면 C로 운동하는 과정에서 $v_{CM}(t) = v_0 - \mu gt$로 질량중심의 속력이 줄어들고, $\omega(t) = \alpha t = \frac{2\mu g}{R}t$로 원판의 중심축에 대한 회전 각속도는 증가한다. $v_{CM}(t_f) = R\omega(t_f)$가 되는 시간 $t = t_f = \frac{v_0}{3\mu g}$에 미끄러지지 않고 구르기 시작한다. 즉, $v_f = v_{CM}(t_f) = R\omega(t_f) = R\omega_f = \frac{2}{3}v_0$ 이다.

(5) D를 지나 오른쪽 경사면을 오르는 과정에서 원판의 회전 각속력 ω_f는 변하지 않는다. 마찰력이 없으므로 중심축에 대한 토크도 없기 때문이다. 따라서 역학적 에너지 보존법칙에 따라, D에서 출발할 때 질량중심의 운동에너지가 최고점 E에서의 중력위치에너지와 같다. 즉, $\frac{1}{2}Mv_f^2 = Mgh_{max}$ 이고,

$$h_{max} = \frac{v_f^2}{2g} = \frac{1}{2g}\left(\frac{2}{3}v_0\right)^2 = \frac{4}{9}h$$ 이다.

29. (1) 수평면 위에서 후프와 총알이 마찰력과 같은 외력을 받지 않으면서 서로 충돌하여 운동하므로, '후프+총알' 계의 총 운동량은 보존된다. 어떤 입자계의 총 운동량은 계의 총 질량과 질량중심(CM)의 속도의 곱이므로, 질량중심의 속도 또한 충돌 전과 후에 변함이 없고, $v_{\mathrm{CM}} = \dfrac{mv + m \times 0}{m+m} = \dfrac{v}{2}$ 이다.

(2) 계에 작용하는 외력이 없으므로, '후프+총알' 의 총 각운동량도 보존된다. 충돌 전 이 계의 질량중심은 후프의 중심과 총알의 중심을 잇는 선의 이등분점이므로, 이 질량중심에 대하여 계산한 총알의 각운동량, $L_{\mathrm{CM}} = \dfrac{R}{2}mv$이 충돌 후에도 유지된다.

(3) 충돌 후 후프의 각속도 ω는 $L_{\mathrm{CM}} = I_{\mathrm{CM}}\omega$로부터 구할 수 있다. 여기서, I_{CM}은 충돌 후 '후프+총알' 계의 질량중심을 지나는 축에 대한 계의 관성모멘트이고, 총알의 관성모멘트 $m\left(\dfrac{R}{2}\right)^2$ 와 후프의 관성모멘트 $mR^2 + m\left(\dfrac{R}{2}\right)^2$ 의 합이다. 즉, $I_{\mathrm{CM}} = \dfrac{3}{2}mR^2$ 이고, $\omega = \dfrac{v}{3R}$ 이다.

(4) 충돌 전 이 계의 총 운동에너지는 $K_{전} = \dfrac{1}{2}mv^2$ 이다. 충돌 후에는

$$K_{후} = \frac{1}{2}(2m)\,v_{\mathrm{CM}}^2 + \frac{1}{2}I_{\mathrm{CM}}\,\omega^2$$
$$= \frac{1}{2}(2m)\left(\frac{v}{2}\right)^2 + \frac{1}{2}\left(\frac{3}{2}mR^2\right)\left(\frac{v}{3R}\right)^2 = \frac{1}{3}mv^2$$

으로 충돌 전에 비해 작아진다.

***31.** 지구의 자전운동에 의해서 생기는 전향력 (코리올리힘) 때문이다. 태풍은 저기압이기 때문에 바람이 중심부를 향해 분다. 그러나 저항력 때문에 부는 방향이 계속 오른쪽으로 힘을 받게 되고 결국 반시계방향의 나선 모양이 형성된다.

짝수 번 해답

2. 돌리는 힘이 같을 경우 회전반지름의 두께가 두꺼울수록 토크가 증가한다. **4.** 8.38 Nm

6. $\boldsymbol{L}_1 = 0.5\pi\ \mathrm{kgm^2/s}$, $\boldsymbol{L}_2 = 2\pi\ \mathrm{kgm^2/s}$, $\boldsymbol{L}_3 = \pi\ \mathrm{kgm^2/s}$

8. 15.3 m

10. $\tau_1 = 1.8$ Nm, $\tau_2 = 2.7$ Nm

12. $mg\sqrt{2rh - h^2}$ **16.** $\boldsymbol{L} = 0.047\ \mathrm{kgm^2/s}$

짝수 번 해답

18. 4681 $\mathrm{kgm^2/s}$ **20.** 속이 찬 원판

22. 3.2×10^4 s

26. (1) $v_{\mathrm{CM}}^2 = g(h + 2r - 2R)$
(2) $N = \dfrac{mg}{R-r}(h + 3r - 3R)$ (3) $3(R - r)$

28. (1) 경사면의 위쪽 발에 $mg\left(\dfrac{1}{2}\cos\theta - \dfrac{h}{d}\sin\theta\right)$,
아래쪽 발에 $mg\left(\dfrac{1}{2}\cos\theta + \dfrac{h}{d}\sin\theta\right)$.
(2) $\dfrac{h}{d} < \dfrac{\cot\theta}{2}$

30. (1) $v_0 = J/m$, $\omega_0 = \dfrac{5hJ}{2mR^2}$ (2) $\dfrac{2R}{5}$
(3) $v_f = R\omega_f = \dfrac{5}{7}v_0\left(1 + \dfrac{h}{R}\right)$

Part I Chapter 5

1. 지구중심에서는 지구의 한 부분이 작용하는 힘과 크기는 같고 방향이 반대인 힘이 반대편에 항상 존재하므로 서로 상쇄되어 힘이 작용하지 않는다.

3. 케플러의 행성운동 3법칙에 의해 주기의 제곱은 긴 지름의 세제곱에 비례하므로 $T_E{}^2/R_E{}^3 = T_M{}^2/R_M{}^3$로부터 화성 공전주기는 $T_M = T_E(R_M/R_E)^{3/2} = 1.5^{3/2}T_E \approx 1.84$년이다.

5. $mv^2/r = GMm/r^2$에서 위성의 지구중심으로부터의 거리는 $r = GM/v^2$로 주어진다. 지구질량 $M = 5.98 \times 10^{24}$ kg, 중력상수 $G = 6.673 \times 10^{-11}\ \mathrm{N \cdot m^2/kg^2}$과 주어진 위성의 속력 $v = 5000$ m/s을 대입하여 얻은 반지름은 약 16,000 km 이다.

주기는 $T = \dfrac{2\pi r}{v} = \dfrac{2\pi \times 1.6 \times 10^7}{5000}\mathrm{s} = 2 \times 10^4\ \mathrm{s}$
$= 5.6$시간이다.

7. 인공위성 안에서는 만유인력과 위성의 원운동에 의한 원심력이 정확하게 상쇄되어 무중력 상태가 된다.

9. 당연히 생긴다. 달의 크기가 지구보다는 상대적으로 작기 때문에, 달 양면의 중력가속도 차이가 작아져서 지구에서 보다 조석간만의 차이는 적다.

11. $v^2/R = GM/R^2$로부터, 태양질량은 $M = Rv^2/G \approx 2.0\times 10^{30}$ kg이다. 여기서 $R = 1.5\times10^{11}$ m이고 $v = 3\times10^4$ m/s 이다.

***13.** 탈출속력을 지닌 입자는 총 역학적 에너지

$E = \frac{1}{2}mv^2 - \frac{GMm}{r} = 0$이다. 이 식으로부터 태양풍 입자의 탈출 속력 $v = \sqrt{2GM/R} \approx 616$ km/s이다.

15. $g = GM/R^2$로부터 $M = 6.42\times10^{23}$ kg과 $R = 3.38\times10^6$ kg을 대입해 얻은 화성 표면에서의 중력가속도는 $g \approx 3.75$ m/s²이다.

17. 원심가속도는 회전속력의 제곱에 비례하고 같은 각 속력에 대해 선속력은 회전축으로부터의 반지름에 비례하므로, 원심력은 적도에서 가장 크고 남 · 북극점에서는 영이다. 따라서 물체의 무게는 적도에서 가장 적고 극지방에서 가장 크다.

19. $r\omega^2 = r\left(\frac{2\pi}{T}\right)^2 = g$로부터 우주정거장의 $T = 2\pi\sqrt{r/g}$

≈ 45 s이다. 여기서 $g = 9.8$ m/s²이고 $r = 0.5$ km이다.

21. 그림에 표시된 너비가 $dl = Rd\theta$이고 둘레길이가 $l = 2\pi R\sin\theta$인 원형 띠가 질량 m에 작용하는 만유인력은 원통형 대칭성에 의해 질량 m과 구 중심을 잇는 방향으로만 작용한다. 질량 면 밀도를 $\sigma = M/4\pi R^2$인 이 띠가 작용하는 질량 m에 작용하는 만유인력은

$$dF = G\frac{m\sigma l dl \text{ m}}{x^2}\cos\phi$$

$$= \frac{1}{2}GMm\frac{(r - R\cos\theta)}{(R^2+r^2-2Rr\cos\theta)^{3/2}}d\theta$$

이다. 여기서 $\cos\phi = (r - R\cos\theta)/x$이고 $x = (R^2+r^2-2Rr\cos\theta)^{1/2}$임을 이용하였다. 전체 구면껍질이 작용하는 만유인력은 각도 θ에 대해 윗식을 0부터 π까지 적분해 구할 수 있다.

$$F = \frac{1}{2}GMm\int_0^\pi d\theta\frac{(r-R\cos\theta)\sin\theta}{(R^2+r^2-2Rr\cos\theta)^{3/2}}$$

$$= -\frac{1}{2}GMm\frac{\partial}{\partial r}\int_0^\pi d\theta\frac{\sin\theta}{\sqrt{R^2+r^2-2Rr\cos\theta}}$$

$$= \frac{1}{2}GMm\frac{\partial}{\partial r}\left[\frac{\sqrt{R^2+r^2-2Rr\cos\theta}}{Rr}\right]_0^\pi$$

$$= -\frac{1}{2}GMm\frac{\partial}{\partial r}\left(\frac{R+r-|R-r/}{Rr}\right)$$

위의 마지막 식을 구체적으로 계산하면, (1) $r > R$이면 $F = GMm/r^2$이고 (2) $r < R$이면 $F = 0$이다. 즉, 뉴턴의 껍질 정리가 타당함을 알 수 있다. (위의 식에서 편미분 기호 $\partial/\partial r$은 r에 대해서만 미분하라는 기호이다.)

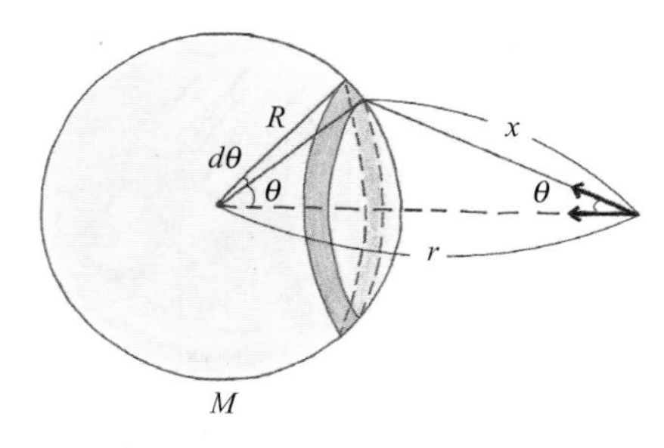

23. (1) 위성의 각운동량이 보존되므로 $mr_1v_1 = mr_2v_2$이다. 즉, $r_1v_1 = r_2v_2$이다. 또 역학적 에너지보존에 의해서

$$E = \frac{1}{2}mv_1^2 - \frac{GMm}{r_1} = \frac{1}{2}mv_2^2 - \frac{GMm}{r_2}\text{이다.}$$

이 두 식에서 v_1, v_2를 구하면,

$$v_1 = \sqrt{\frac{2GMr_2}{r_1(r_1+r_2)}},\ v_2 = \sqrt{\frac{2GMr_1}{r_2(r_1+r_2)}}\text{ 이다.}$$

(2) 구한 v_1을 이용하여 $E = -\frac{GMm}{r_1+r_2}$. 분모의 $r_1 + r_2$는 2 × (타원의 장반경)이다.

25. (1) $U(r) - U(0) = -\int_0^r F(r)dr = \int_0^r Kr^3dr = \frac{K}{4}r^4$,

$U(0) = 0$이므로 $U(r) = \frac{K}{4}r^4$이다.

(2) 원운동의 운동방정식 $Kr^3 = m\frac{v^2}{r}$에서 $v = \sqrt{\frac{K}{m}}r^2$,

각운동량 $L = mrv = \sqrt{Km}\,r^3$,

역학적 에너지 E: $E = \frac{1}{2}mv^2 + U(r)$

$$= \frac{K}{2}r^4 + \frac{K}{4}r^4 = \frac{3K}{4}r^4$$

(3) $V_{지름}(r) = \frac{L^2}{2mr^2} + U(r) = \frac{L^2}{2mr^2} + \frac{K}{4}r^4$이다.

$\frac{dV_{지름}(r)}{dr} = -\frac{L^2}{mr^3} + Kr^3 = 0$에서 $L^2 = Kmr^6$이다.

따라서, $r = \left(\frac{L^2}{Km}\right)^{\frac{1}{6}}$에서 $V_{지름}(r)$은 최소이다.

각운동량 $L = mrv$이므로,

$$v = \frac{L}{mr} = \left(\frac{KL^4}{m^5}\right)^{\frac{1}{6}}\left(= \sqrt{\frac{K}{m}}r^2\right)$$

역학적에너지 $E = V_{지름}(r) = \frac{K}{2}r^4 + \frac{K}{4}r^4 = \frac{3K}{4}r^4$

27. 발사체는 두 별로부터 중력을 받는다. 따라서 왼쪽 별의 중심에서 거리 $x(R \le x \le D-R)$ 떨어진 곳에서, 발사체의 중력위치에너지 $U(x)$는 두 별 각각에 의한 중력위치에너지의 합이다. 즉, $U(x) = -\dfrac{GMm}{x} - \dfrac{GMm}{D-x}$ 이다. 이 발사체의 역학적 에너지 E는 보존되고,

$$E = \frac{1}{2}mv^2 + U(x) = \frac{1}{2}mv_0^2 + U(R) = \frac{1}{2}mv_0^2 - \frac{GMmD}{R(D-R)}$$

이다. 이 발사체가 오른쪽 별에 도달하려면,

$v^2 = \dfrac{2}{m}(E - U(x)) \ge 0$ 이 x의 모든 범위에서 성립해야 하므로, $E \ge U_{\max} = U\left(\dfrac{D}{2}\right) = -\dfrac{4GMm}{D}$ 이다. 정리하면 $v_0 \ge (1-2R/D)\sqrt{\dfrac{2GM/R}{1-R/D}}$ 이다.

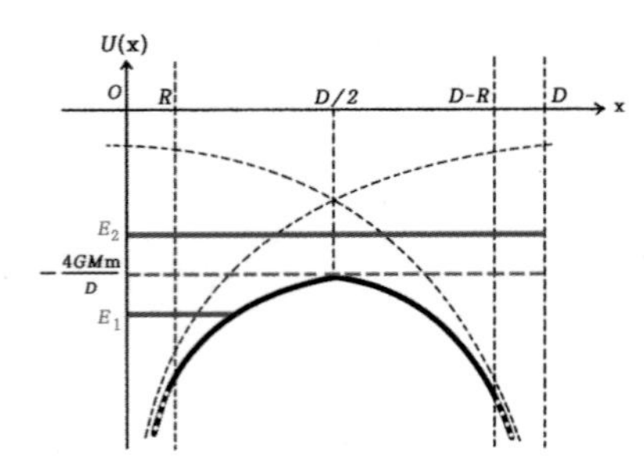

참고로, 발사체의 중력위치에너지 $U(x)$의 그래프에서, 발사체의 에너지 $E_1 < U_{\max}$ 인 경우, 발사체는 도중에 속력이 0이 되는 곳에서 $F = -dU/dx < 0$ 이고, 왼쪽으로 힘을 받아 되돌아오게 된다. 발사체의 에너지 $E_2 > U_{\max}$ 인 경우에는 어디서나 $v > 0$ 이다.

29. 우주선의 질량을 m, 태양과 지구와의 평균거리를 r_{SE}, 지구의 반지름을 r_E, 태양과 지구의 질량을 각각 M_S, M_E로 표시하자. 우주선의 태양계 탈출속력을 v_{esc}로 놓자.

우주선의 중력위치에너지 $U = -\dfrac{GM_s m}{r_{SE}} - \dfrac{GM_E m}{r_E}$ 와 우주선의 운동에너지 $\dfrac{1}{2}mv_{\text{esc}}^2$ 의 합이 우주선의 역학적 에너지 E이고, 이는 태양계를 벗어난 곳에서의 운동에너지와 같으므로,

$$E = \frac{1}{2}mv_{\text{esc}}^2 - \frac{GM_S m}{r_{SE}} - \frac{GM_E m}{r_E} = \frac{1}{2}mv_\infty^2 + 0 \ge 0$$

이다. 즉,

$$v_{\text{esc}}^2 \ge \frac{2GM_S}{r_{SE}} + \frac{2GM_E}{r_E} = 2\times(6.67\times10^{-11})$$

$$\left(\frac{1.99\times10^{30}}{1.49\times10^{11}} + \frac{5.98\times10^{24}}{6.37\times10^{6}}\right) \cong (17.856+1.252)\times10^8 \text{ m/s}$$

이고, 따라서 $v_{\text{esc}} \cong 4.37\times10^4$ m/s 이다. 우주선의 발사 방향이 지구의 공전 궤도의 속도 방향과 같다면, 지구의 공전 속력

$$\frac{2\pi r_{SE}}{1\text{년}} = \frac{2\times3.14\times(1.49\times10^{11})}{3.156\times10^7} \cong 2.96\times10^4 \text{ m/s}$$

를 빼준 속력, 1.41×10^4 m/s 로 발사하면 될 것이다.

짝수 번 해답

2. 약 3.3×10^{-7} N **4.** 약 2.58×10^5 km

6. 속력이 늘어난 경우 긴반지름이 늘어난 타원운동을 하고, 역추진으로 속력이 줄어든 경우 짧은 반지름이 줄어든 타원운동을 한다.

8. 약 5.93×10^{24} kg

10. $1/\sqrt{2}$, 1/4, $2\sqrt{2}$

12. (1) $T = 2\pi r/v \approx 7.0\times10^{15}$ s

(2) $a = v^2/r \approx 2.2\times10^{-10}$ m/s²

(3) $M = rv^2/G \approx 2.6\times10^{41}$ kg

14. 1/2 **18.** 약 2.5×10^4 km

22. (1) $v = \sqrt{\dfrac{GM}{r}}$, $T = 2\pi\left(\dfrac{r^3}{GM}\right)^{1/2}$, $K = \dfrac{1}{2}\dfrac{GMm}{r}$,

$U = -\dfrac{GMm}{r}$, $E = -\dfrac{GMm}{2r}$.

(2) $v_0 = GM\left(\dfrac{2}{R} - \dfrac{1}{r}\right)$ (3) $\dfrac{GMm}{2r}$

24. $v_c = \left(v^2 + \dfrac{2GMh}{R(R+h)}\right)^{\frac{1}{2}} \simeq 1.71\times10^3$ (m/s)

26. $E=0$일 때는 포물선궤도, $E>0$일 때는 쌍곡선궤도를 그린다.

28. 소행성의 질량이 갑자기 축소된 후, 위성의 역학적 에너지 $E = -\dfrac{GMm}{4R} < 0$ 이므로 위성의 궤도는 타원이 된다. 장반경은 $3R/2$. $M' \le \dfrac{M}{2}$

Part I Chapter 6

1. 훅의 법칙을 쓰면 $F = -kx = -mg$

$$k = \frac{mg}{x} = \frac{200\ \text{kg} \times 9.8\ \text{m/s}^2}{0.03\ \text{m}} = 6.5 \times 10^4\ \text{N/m}$$

따라서 이 승용차의 진동수 f는

$$\omega = \sqrt{\frac{k}{m}} = \sqrt{\frac{6.5\times10^4}{200}} = 18\ \text{s}^{-1}$$

$$\text{진동수 } f = \frac{\omega}{2\pi} = \frac{18}{2\pi} = 2.86\ \text{Hz}$$

300 kg의 짐을 더 싣는다면

$$f = \frac{1}{2\pi}\sqrt{\frac{6.5\times10^4}{200+300}} = 1.8\ \text{Hz}$$

이다.

3. 두 용수철이 늘어난 길이는 $x = x_1 + x_2$이고, 용수철에 걸리는 힘 F는 같으므로 $F/k = F/k_1 + F/k_2$이다. 따라서 합성 용수철의 용수철상수 k는 $1/k = 1/k_1 + 1/k_2$이고 $k = \dfrac{k_1 k_2}{k_1 + k_2}$이 된다.

진동수는 $f = \dfrac{\omega}{2\pi}$이고 각진동수는

$\omega = \sqrt{\dfrac{k_1 k_2}{m(k_1 + k_2)}}$ 로부터 구할 수 있다.

5. 균일인 막대는 막대 한쪽 끝을 회전축으로 할 때 관성모멘트가 $I = (1/3)ML^2$로 주어지고,

막대 끝으로부터 질량중심까지의 거리는 $d = \dfrac{L}{2}$이므로

$$T = 2\pi\sqrt{\frac{\frac{1}{3}ML^2}{\frac{L}{2}Mg}} = 2\pi\sqrt{\frac{2L}{3g}} \text{ 이고}$$

주기는 막대의 질량에 무관하고 막대의 길이와 중력가속도 g에 의해 결정된다. 만일 막대의 길이가 $L = 1$ m라면 질량에 관계없이 주기는 $T = 1.64$ s이다.

7. 입자의 위치를 $x = a + y$로 쓰면, 입자가 $x = a$ 근처에서만 운동하므로 $y \ll a$이다. 위치에너지

$$U(x) = U_0((a+y)^2 - a^2)^2 = U_0(2ay + y^2)^2$$

$$= U_0(2ay)^2\left(1 + \frac{y}{2a}\right)^2 \text{에서, } \frac{y}{a} \ll 1 \text{이므로,}$$

근사적으로 $U(x) \simeq U_0(2ay)^2 = 4a^2U_0y^2$이다($y$의 3차항 이상은 무시). 이는 $U = 4a^2U_0y^2 = \frac{1}{2}(8a^2U_0)y^2 = \frac{1}{2}ky^2$이므로 $k = 8a^2U_0$인 조화진동자의 퍼텐셜에너지가 된다. 따라서,

$$\omega = \sqrt{\frac{k}{m}} = \sqrt{\frac{8a^2U_0}{m}},\ \text{주기 } T = \frac{2\pi}{\omega} = 2\pi\sqrt{\frac{m}{8a^2U_0}} \text{이다.}$$

9. (1) 질량 0.8 kg인 진흙덩이가 판자에 들러붙은 후에 평형 위치가 4 cm 이동하였다.

따라서 $k \times 0.04 = 0.8 \times 9.8$로부터 $k = 196$ N/m이다.

(2) 판자와 진흙덩이가 함께 단진동한다. 따라서 주기

$$T = \frac{2\pi}{\omega} = 2\pi\sqrt{\frac{1.6+0.8}{196}} \cong 0.69\ \text{s이다.}$$

(3) 단진동의 중심에서 4 cm 위인 곳에서, 판자와 진흙덩이의 순간적인 비탄성충돌의 결과 '판자+진흙덩이'가 갖는 속력은 $v = \dfrac{0.8\times2}{1.6+0.8} = \dfrac{2}{3}$m/s이다. 따라서 이 단진동의 역학적 에너지

$$E = \frac{k}{2}(0.04)^2 + \frac{1}{2}(1.6+0.8)v^2 = \frac{k}{2}A^2$$

이고, 단진동의 진폭 $A \cong 0.084$ m이다.

11. 이 물체가 받는 힘의 x방향 성분은 $F_x = -F(r)\dfrac{x}{r}$이다. 여기서, r은 지구 중심에서 물체까지의 거리이고, −부호는 힘의 방향이 터널의 중심을 향함을 뜻한다. $F(r)$은 균일한 구의 내부에서 구의 중심으로부터 r 떨어진 곳에서 질량 m이 받는 힘의 크기로서, $F(r) = \dfrac{GMm}{R^3}r$이다. 따라서 물체의 운동방정식은 $m\dfrac{d^2x}{dt^2} = F_x = -\dfrac{GMm}{R^3}x$이다.

즉, 물체는 터널에서 단진동운동을 하고, 각진동수

$\omega = \sqrt{\dfrac{GM}{R^3}} = \sqrt{\dfrac{g}{R}}$이다. $g = \dfrac{GM}{R^2}$는 지표에서의 중력가속도이다. 단진동의 주기는

$$T = \frac{2\pi}{\omega} = 2\cdot3.14\cdot\sqrt{\frac{6.37\times10^6}{9.8}} \simeq 5.06\times10^3(\text{s})$$

약 84.4분 정도이다.

13. 진동수 $f = 3$ Hz

파장 $\lambda = 2$ m

속력 $v = f\lambda = 3 \times 2 = 6$ m/s

15. $y = A\cos(\omega t) = 0.03\cos(8\pi t)$

17. $\lambda = v/f$

(1) 0.0172~17.2 m

(2) 0.074~74 m

19. 도음 $f = 262$ Hz, $\lambda = \dfrac{v}{f} = \dfrac{340 \text{ m/s}}{262 \text{ s}^{-1}} = 1.3$ m

그런데 헬륨기체 내에서 음속은 2.6배 빨라지므로

$$f = \frac{v}{\lambda} = \frac{340 \times 2.6}{1.3} \text{ Hz} = 680 \text{ Hz}$$

21. $\lambda = \dfrac{v}{f} = \dfrac{3 \times 10^8 \text{ m/s}}{1 \times 10^9 \text{ /s}} = 0.3$ m

23. 강철에서 소리의 속도 $v = 5000$ m/s

공기 중에서 소리의 속도 $v = 340$ m/s

시간차 $\Delta t = 1000\left(\dfrac{1}{340} - \dfrac{1}{5000}\right)$ s $= 2.74$ s

25. (1) $v = \dfrac{\omega}{k} = \dfrac{600}{20}$ m/s $= 30$ m/s

(2) $v = \sqrt{\dfrac{T}{\mu}}$ 이므로

$$\mu = \frac{T}{v^2} = \frac{15}{30^2} = 0.0167 \text{ kg/m}$$

27. $Y = v^2 \times \rho = (5 \times 10^3 \text{ m/s})^2 \times (7.9 \times 10^3 \text{ kg/m}^3)$
$= 1.98 \times 10^{11} \text{ N/m}^2$

29. 장력 $T = 3 \times 9.8$ N $= 29.4$ N

줄의 선밀도 $\mu = \dfrac{0.05}{2.5}$ kg/m $= 0.02$ kg/m

따라서

$$v = \sqrt{\frac{29.4}{0.02}} = 38.3 \text{ m/s}$$

31. $\lambda = \dfrac{v}{f} = \dfrac{3 \times 10^8 \text{ m/s}}{99.1 \times 10^6 \text{ Hz}} \simeq 3$ m

33. 연직방향 가속도의 최댓값 $a_{y,\max} = A\omega^2 > g$. 여기서 A는 진폭, $\omega = 2\pi f$, g는 중력가속도이다. 따라서,

$$A > \frac{9.8}{(2 \times 3.14 \times 0.6)^2} = 0.69 \text{ m}$$이다.

34. 총알의 질량과 속도를 m과 v, 나무토막의 질량을 M, 총알의 충돌 후 두 물체의 속도를 V라고 하면, 운동량 보존법칙에 의해

$$mv = (m + M)V$$

가 된다. 충돌 후 에너지 보존법칙으로

$$\frac{1}{2}(m + M)V^2 = \frac{1}{2}kx^2$$

이고,

$$v = \sqrt{\left(1 + \frac{M}{m}\right)\frac{k}{m}}\, x$$
$$= \sqrt{\left(1 + \frac{1}{0.005}\right)\frac{3.98 \times 10^4}{0.005}} \cdot 0.01 = 400 \text{ m/s}$$

가 된다.

35. $\lambda = v/f$ 이므로, 공기 중에서는

$\lambda = 340/15 \times 10^6 = 2.27 \times 10^{-5}$ m $= 0.0227$ mm.

소화기관 안에서는

$\lambda = 1500/15 \times 10^6 = 0.0001$ m $= 0.1$ mm.

36. $\lambda = \sqrt{Y/\rho}$ 이므로, $Y = v^2\rho = 12870^2 \cdot 1.85 \times 10^3 = 3.06 \times 10^{11} \text{ N/m}^2$ 이다. 이는 강철보다 50% 더 크고 밀도도 1/4 이하로 작기 때문에 음속이 더 크다.

짝수 번 해답

2. 2.7 N/m, $\sqrt{3}$배

4. 길이는 반, 진동수는 $\sqrt{2}$배

6. $I = T^2 mgd/4\pi^2$

8. $T = 0.18$ s, $A = 0.4$ m

10. (1) $E = \dfrac{7}{10}M(R-a)^2\left(\dfrac{d\theta}{dt}\right)^2 - Mg(R-a)\cos\theta$.

공이 오목한 구형 표면에서 미끄러지지 않으므로 정지마찰력이 작용하고, 이것이 공의 질량중심의 운동과 공의 자신의 중심에 대한 회전운동에 하는 일은 상쇄되어 없고, 공의 역학적 에너지는 보존된다.

(2) $T = 2\pi\sqrt{\dfrac{7(R-a)}{5g}}$

12. $v = \sqrt{gD}$, 25.2 km/h

14. 5.7 mm

16. $0.03\cos(\pi x - 8\pi t)$, 8 m/s

18. 진폭 : 1.5 m, 진동수 : 0.95 Hz, 파수 : 4/m

22. 171 m/s

24. 0.135 N

26. $y = \cos(0.63x - 1.26t)$

28. $B = 2.2 \times 10^9 \text{ N/m}^2$

30. $y = (1.2 \times 10^{-4})\sin(44.9x - 628t)$(단위는 표준단위)

32. 0.22 s

1. 파속은 진동수와 파장의 곱이다. 현의 기본진동의 파장은 현 길이의 2배이므로 파장 $\lambda = 2 \times 65$ cm $= 130$ cm이다. 따라서 파속은 $v = 196 \cdot 1.30 = 254.8$ m/s 이다.

3. 두 개의 마디가 만들어졌으므로 줄의 길이 안에 반파장이 세 개 들어간다. 따라서 파장은 $\lambda = (2/3) \cdot 1.2 = 0.8$ m 가 된다. 파동의 속력은 $v = f\lambda = 264 \cdot 0.8 = 211$ m/s 가 된다.

5. 악기가 내는 진동모드의 파장은 악기의 길이로 고정되어 있으나 전파되는 음을 매개하는 공기의 밀도가 온도와 습도에 따라 달라져 공기의 진동수가 달라진다. 이에 따라 소리가 온도와 속도에 따라 예민하게 변한다.

7. 사람이 있는 곳을 C라고 하면 ABC는 직각삼각형을 이루므로 두 스피커에서 C 지점까지 경로차는 AC − BC = 5 − 3 = 2 m 가 된다. 한편 음파의 파장은 $\lambda = v/f = 340/85 = 4$ m 이다. 경로차가 파장의 반이 되므로 소멸간섭이 일어나서 소리가 들리지 않게 된다.

9. 플루트는 관의 양쪽이 터진 악기로 진동모드의 파장과 관악기 길이의 관계는 현악기의 경우와 동일하다. 따라서 기본진동모드의 파장 $\lambda = 2 \times 0.66$ m $= 1.32$ m이다. 진동수는 $f = v/\lambda = 340/1.32 = 258$ m 이다.

11. (1) 그림에서, 먼저 $t = 0$에 평형인 위치에서 스프링이 늘어난 길이를 Δx라 하면, $mg - k\Delta x = 0$에서 $\Delta x = mg/k$를 알 수 있다. $t>0$일 때, 그림에서 스프링이 변형된 길이에 유의해서, 질량의 뉴턴 운동방정식을 쓰자.

$$m\frac{d^2x}{dt^2} = -k(x - \eta - L) + mg$$

이제 $x(t) = L + \frac{mg}{k} + y(t)$로 놓고, $y(t)$에 대한 식으로 정리하면, $m\frac{d^2y}{dt^2} + ky = k\eta = k\eta_0\cos\omega t$이다. 즉, 스프링의 한끝을 $\eta(t) = \eta_0\cos\omega t$로 흔들어 주는 것은 질량에 강제진동을 시키는 효과를 준다. 이 식에 $y(t) = C\cos\omega t$를 넣어 정리하면, $C = \eta_0 \times \frac{\omega_0^2}{\omega_0^2 - \omega^2}$이다.

즉, 질량은 외부에서 흔들어 주는 진동수로 진동하며, C는 그 진폭을 나타낸다.

(2) 진폭 C는 외부진동수 ω에 따라 다른 값을 갖는다. $\omega < \omega_0$이면, $C>0$이므로 질량 m은 외부의 진동과 동조해서(동위상) 진동하며, ω값이 ω_0에 가까워질수록 매우 큰 값이 된다(공명현상). $\omega > \omega_0$이면, $C<0$이므로 질량 m의 진동은 외부의 강제진동과 반대로 이루어진다. 또 ω값이 커짐에 따라서 진폭 C는 작아진다.

13. (1) 양끝이 고정된 길이 L, 장력 T, 선밀도 μ인 현에서 n번째($n = 1, 2, 3, \cdots$) 진동모드의 진동수는 $f = \frac{v}{\lambda}$에서 $\frac{\lambda}{2} \cdot n = L$, $v = \sqrt{\frac{T}{\mu}}$이므로, $f = \frac{n}{2L}\sqrt{\frac{T}{\mu}}$이다. 알루미늄줄과 쇠줄에 해당하는 양들을 각각 넣어 계산하면,

$$f_{알} = n_1 \times \frac{\sqrt{256/6.4\times10^{-3}}}{2\times0.4} = 250n_1 \text{ (Hz)},$$

$$f_{쇠} = n_2 \times \frac{\sqrt{256/2.5\times10^{-3}}}{2\times0.8} = 200\ n_2 \text{ (Hz)}이다.$$

(2) 이 합성현의 진동수로 가장 낮은 값은 $f_{알} = f_{쇠}$로서 가장 작은 값이면 된다. $250 : 200 = 5 : 4$이므로, $n_1 = 4$, $n_2 = 5$일 때 $f_{알} = f_{쇠} = 1000$ (Hz)이다. 이 경우 마디의 수는 $(4-1)+(5-1)+1 = 8$(개)이다.

15. (1) 입사파의 속력 $3 = \sqrt{\frac{T}{\mu_1}}$ (m/s)에서 장력은 $T = 9 \times \mu_1 = 0.9$ (N)이다.

(2) 입사파의 각파수 $2\pi = \frac{2\pi}{\lambda}$에서 $\lambda = 1$ (m)이다. 반사파는 입사파와 같은 진동수와 속력을 가지므로 같은 파장을 가진다. 투과파는 입사파와 같은 진동수를 갖지만, 속력이 다르므로 파장은 다르다. 투과파의 속력은

$$\sqrt{\frac{T}{\mu_2}} = \sqrt{\frac{0.9}{0.4}} = 1.5 \text{ (m/s)},$$

파장은 $\lambda' = \frac{1.5}{3} = 0.5$ (m)이다.

(3) 경계점 $x = 0$에서 가벼운 줄과 무거운 줄에서의 줄파들이 매끄럽게 연결되어야 하므로, $[y_{입사} + y_{반사}]_{x=0} = [y_{투과}]_{x=0}$에서, $0.05 - A_r = A_t$이다. 또 기울기 $[y'_{입사} + y'_{반사}]_{x=0} = [y'_{투과}]_{x=0}$에서, $0.05 + A_r = 2A_t$이다.
이상의 두 식에서 반사파와 투과파의 진폭은 각각 $A_r = \frac{1}{60}$, $A_t = \frac{1}{30}$ (m)이다.

(4) 줄파의 파워는 다음과 같다.

$$\frac{1}{2}\mu\omega^2 vA^2 = \frac{1}{2}\omega^2\ \sqrt{T} \times (\ \sqrt{\mu}A^2)$$

진동수와 장력은 줄의 두 부분에서 공통이므로, 직접 계산을 통해 $\sqrt{\mu}_1(0.05)^2 = \sqrt{\mu}_1 A_r^2 + \sqrt{\mu}_2 A_t^2$이 확인된다.

17. 아니다. 파동은 매질을 구성하고 있는 입자의 상호작용에 의해 그 에너지가 전파된다. 따라서 파가 중첩되어 진폭이 없어지거나 커짐은 매질입자간의 상호위치에 따른 것으로 외부에서 마찰이 가해지지 않는 경우에 에너지는 보존된다.

19. 파의 세기는 $I = P/4\pi r^2 = 0.4/(4\pi \times 10^2)$ W/m^2 = $(10/\pi) \times 10^{-4}$ W/m^{2}이다. 따라서 이 소리세기의 등급은 $\beta = 10 \log(I/I_0) = 10 \log(10^9/\pi) \simeq 85$ dB이다.

21. 진동수 $f_0 = 25.0$ kHz인 초음파를 발생하는 정지한 음원에, 속력 $v_{고래} = 4.25$ m/s로 접근하는 고래에게 도달한 초음파의 진동수는 $f_{고래} = f_0 \dfrac{v + v_{고래}}{v}$ 이다. (여기서 음속 $v =$ 1482 m/s이다.) 이것이 선박을 향해 반사되고, 고래는 선박으로 접근하므로, 정지한 선박에서 탐지하는 진동수

$$f = f_{고래}\frac{v}{v - v_{고래}} = f_0\frac{v + v_{고래}}{v - v_{고래}}$$

$$= 2.5 \times 10^4 \times \frac{1486.25}{1477.75} \cong 25144 \text{ Hz}$$

이다.

23. 맥놀이 진동수는 두 음의 진동수의 차에 의해 주어지므로 현재 피아노 줄의 진동수는 $\lambda = 440 \pm 5$ Hz = 445 Hz 또는 435 Hz이다.

25. 편의상 음속이 340 m/s = 1224 km/h라 하면, 위험 표시기에 접근하는 자동차가 재는 음속은 $v_{상대} = 1224 + 100$ km/h= 1324 km/h이다. 파장은 변하지 않으므로 측정되는 진동수 $f' = f \times 1324/1224 = 1000 \times 1324/1224 \simeq 1082$ Hz이다.

27. 중력에 의해 용수철이 수축되었으므로, 탄성력과 중력의 평형관계 $mg = kx$에 의해 용수철 탄성계수는 $k = mg/x$로 주어진다. 공명이 될 때 진동수는 용수철의 자연 진동수와 같아 진동수는

$$f = \frac{1}{2\pi}\ \sqrt{k/m} = \frac{1}{2\pi}\sqrt{g/x}$$

$$= \frac{1}{2\pi}\sqrt{9.8/(2 \times 10^{-2})} \text{ Hz} \simeq 3.5 \text{ Hz이다.}$$

29. (1) 구급차가 P점을 지날 때 사람이 듣는 사이렌소리가 P점에 이르기 t초 전에 낸 소리라고 하자. 이때 구급차가 사람을 향해 다가오는 속력은 $50 \cos\theta = 50 \times (5/34)$ m/s이다. 따라서 사람이 듣는 진동수는

$$1550 \times \frac{340}{340 - 50 \times (5/34)} \simeq 1584(\text{Hz})\text{이다.}$$

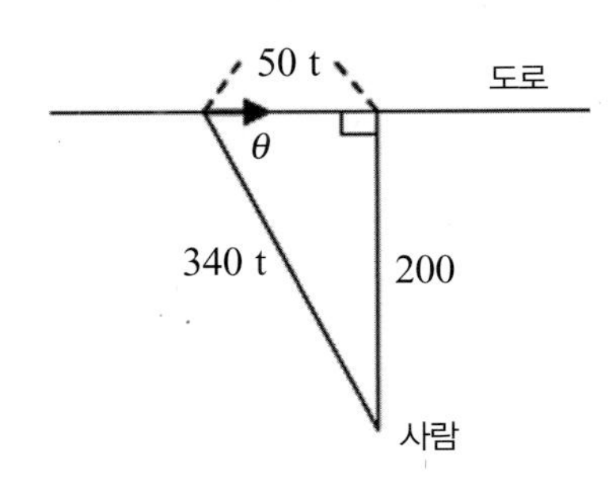

(2) 1550 Hz의 사이렌 소리를 듣는 것은 구급차가 P점을 지날 때 방출한 것을 듣는 것이다. 왜냐하면 이때 구급차는 사람을 향한 속도성분을 갖지 않기 때문이다. 이제 t 초 후에 이 소리를 듣는다면, 구급차가 간 거리는 그림에서 $50\ t = 340\ t \times \tan\alpha = 200 \times (5/34) \simeq 29.4$ (m)이다.

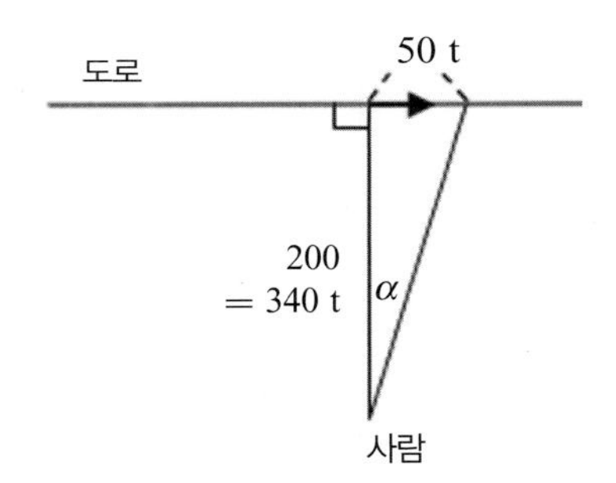

짝수 번 해답

2. $\lambda = 10$ cm

4. 약 135 N

6. 1초에 약 4.64회

8. (1) 75 Hz, (2) 525 Hz

10. 5.625 m

12. $\frac{4L}{1}, \frac{4L}{3}, \frac{4L}{5}, \cdots$

14. 1.56×10^{-4} kg/m, 0.45 kg

16. 약 224 W

18. 16 mW

20. (1) 진행속도 $v = \sqrt{\dfrac{F}{\mu}}$, 진동수 $f = \dfrac{\omega}{2\pi}$,

파장 $\lambda = \dfrac{v}{f} = \dfrac{2\pi}{\omega}\sqrt{\dfrac{F}{\mu}}$

짝수 번 해답

(2) $y(x, t) = \begin{cases} y_0 \sin\omega\left(t - \dfrac{x}{v}\right) & x \le vt \\ 0 & x > vt \end{cases}$

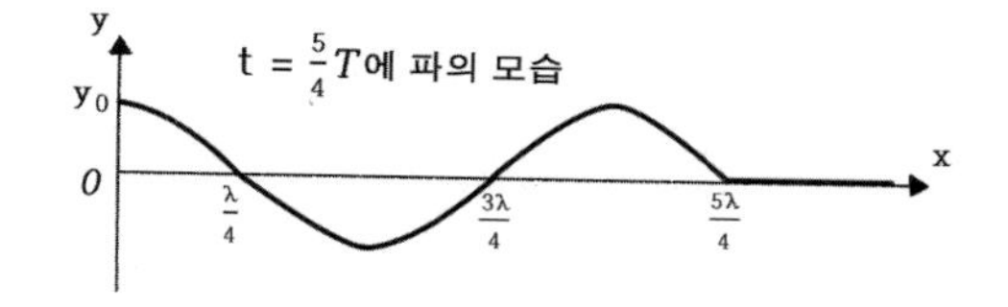

(3) $E_\lambda = \dfrac{\lambda}{2}\mu\omega^2 y_0^2$, $P = E_\lambda / T = \dfrac{1}{2} v\mu\omega^2 y_0^2$
$= \dfrac{1}{2}\sqrt{\mu F}\,\omega^2 y_0^2$

22. 음속의 1/111

24. 음속은 370 m/s, 주파수는 700 Hz이다.

26. 0.195 MHz

28. 583.3 Hz와 437.5 Hz

Part I Chapter 8

1. $F = 60 \cdot 9.8 = 588$ N이고
$A = 1.4 \times 0.12 = 0.168$ m^2 이고 스키가 두 짝이므로,
따라서 압력은
$P = F/(2A) = 1750$ Pa

3. $P_1 = F_1/A_1$이고 $P_2 = F_2/A_2$이다. 파스칼의 원리에 따르면 $P_1 = P_2$이다. 따라서
$F_1 = A_1F_2/A_2 = (0.20/0.63)^2 \times 1500 \times 9.8 = 1480$ N

5. (1) 물에 잠겨 있으면 부력만큼 무게가 가벼워진다. 닻의 부피를 V라고 하면 부력은 $\rho_{물}Vg$가 된다. 물속에서 닻의 무게는
$\rho_{닻}Vg - \rho_{물}Vg = 200$ N
이 된다. 따라서 닻의 부피는
$V = 200/g(\rho_{닻} - \rho_{물}) = \dfrac{200}{9.8 \times 6870} = 0.003$ m^3

(2) 닻의 무게는
$W = \rho_{닻}Vg = 7870 \times 0.003 \times 9.8 = 229$ N

7. 플라스틱 모형이 물속에서 가볍게 되는 정도는 0.638 kg중이다. 이 만큼 무게가 작용하는 물의 부피는 물의 밀도가 1.0×10^3 kg/m^{3}이므로 0.638×10^{-3} m^{3}이 될 것이다. 이는 바로 공룡 모형의 부피와 같다. 그런데 실제 공룡은 모형보다 20배 크므로 부피는 20^3배 더 크다. 실제 공룡의 부피는 $0.638 \times 10^{-3} \times 20^3 = 5.10$ m^{3}이 된다. 공룡의 밀도는 물과 비슷하므로 5.10톤이 된다.

9. 질량은 밀도 × 부피이므로
$m = 1.21 \times 60 = 72.6$ kg
따라서 공기 때문에 받는 힘은
$mg = 711$ N

***11.** (1) 힘은 항상 구에 수직으로 작용하므로 힘이 중간 단면에 작용하는 성분을 구하면 된다. 그림과 같이 원형 밴드를 생각해 보자. 폭은 $Rd\theta$이고 반지름은 $R\sin\theta$가 된다. 밴드가 만드는 원에서 중심각을 ϕ라고 하면 면적성분은 $dA = (Rd\theta)(R\sin\theta d\phi)$가 된다. 중심을 향하는 힘의 z성분은 $dF = (\Delta p)(dA)\cos\theta$가 된다. 이 힘을 θ와 ϕ에 대하여 적분하면 된다.

$$F = \int_0^{\frac{\pi}{2}} Rd\theta \int_0^{2\pi} R\sin\theta d\phi(\Delta p)\cos\theta = \pi R^2 \Delta p$$

(2) $R = 0.25$ m이고 $\Delta p = 1$기압이므로
$F = 3.14 \cdot 0.25^2 \cdot 101300 = 19880$ N
대강 2톤의 무게 정도 된다.

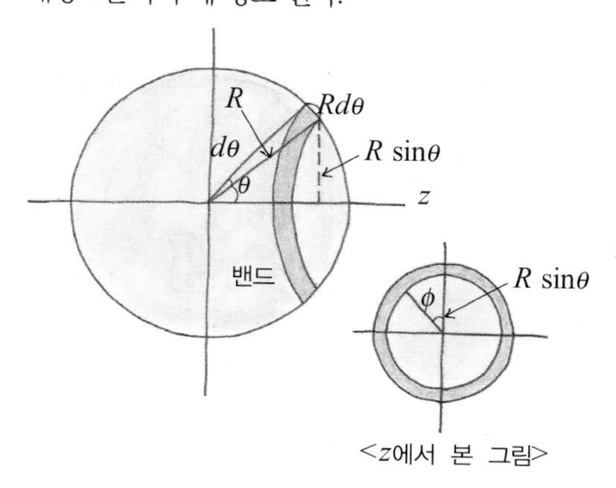

<z에서 본 그림>

13. 수면을 $y = 0$로 놓고, 물속 방향을 양의 방향으로 잡으면, 깊이 y인 곳의 수압은 $P(y) = \rho gy$이다. 여기서 ρ는 물의 밀도로서 $\rho = 10^3$ kg/m^{3}이다.
압력은 창에 수직한 방향으로 작용한다. 깊이 y와 $y + dy$인 곳의 창에 작용하는 수압에 의한 힘은

$dF = P(y) \times \left(2\frac{dy}{\cos 30°}\right)$이다.

따라서, 총 힘은

$$F = \int_1^{1+\sqrt{3}} dF = \int_1^{1+\sqrt{3}} \frac{4\rho g}{\sqrt{3}} y dy$$

$= 2\rho g(2 + \sqrt{3}) \simeq 7.31 \times 10^4$ N의 크기를 갖고, 유리창에 수직한 방향이다.

15. (i) Δt 시간 안에 지나가는 차의 수는 어느 지점에서 $v\Delta t$ 앞쪽에 있는 차이다. 그리고 차의 밀도(차의 수/길이)는 $\rho = 1/100$ m^{-1}차선$^{-1}$이므로 Δt 시간 안에 지나는 차의 수는 $\Delta n = \rho v \Delta t$가 되고 단위시간당 지나가는 수는

$$\frac{\Delta n}{\Delta t} = \rho v = (0.01 \text{ m}^{-1}\text{차선}^{-1}) \times (100000 \text{ m/h})$$

$$= 1000 \text{ h}^{-1}\text{차선}^{-1}$$

이 된다. 즉, 한 시간에 차선당 1000대가 지나간다.

(ii) 모두 네 개의 차선 ($N = 4$)이 있으므로 한 시간에 지나가는 차의 수는

$$R_M = \frac{\Delta n}{\Delta t}N = 1000 \times 4\text{h}^{-1} = 4000 \text{ h}^{-1}$$

(iii) 고속도로는 중간에 차가 빠져 나가지 못하므로 연속방정식이 성립한다. 따라서 $R_M = \rho v N$은 일정해야 할 것이다.

$$N_2 = \frac{R_M}{\rho_2 v_2} = \frac{4000}{20^{-1} \times 10000} = 8$$

적어도 톨게이트가 8개 이상은 되어야 할 것이다.

17. (1) $R_V = Av$ 이므로

$$v = \frac{R_V}{A} = \frac{3.6\times10^{-6}}{\pi\times0.005^2} = 0.046 \text{ m/s}$$

(2) 하루 동안 모두 공급되는 양을 구하려면 $R_V t$를 계산하면 된다.

$3.6\times10^{-6}\times24\times3600$ m^3 $= 0.311$ m^3 $= 311$ L

19. $P = \rho gh = 1.06\times10^3\times9.8\times1.6 = 16620$ Pa $= 125$ torr

21. 정상적인 혈관을 1, 확장된 혈관을 2라고 하자. 양쪽의 높이가 같기 때문에 베르누이 방정식은

$$P_1 + \frac{1}{2}\rho v_1^2 = P_2 + \frac{1}{2}\rho v_2^2$$

가 된다. 연속방정식에서

$A_1 v_1 = A_2 v_2 = 1.6\, A_1 v_2$

이므로 $v_2 = v_1/1.6$ 이고 이를 위의 연속방정식에 대입하면

$$P_2 - P_1 = \frac{1}{2}\rho(v_1^2 - v_2^2) = \frac{1}{2}\rho(1 - 1/1.6^2)v_1^2$$

$$= \frac{1}{2}1060\times(1-1/1.6^2)\times0.45^2 = 65.4 \text{ Pa}$$

따라서 확장된 혈관에서는 압력이 65.4 Pa만큼 증가한다.

23. 문제 20과 같이 위치 차이는 없으므로

$$P_1 - P_2 = \frac{1}{2}\rho(v_2^2 - v_1^2) = \frac{1}{2}1.21\times(62^2 - 54^2) \text{ Pa} = 561 \text{ Pa}$$

따라서 비행기의 양력은

$F = A\Delta P = 16\times561 = 8980$ N = 917 kg 중

25. (1) 배출구 A에서의 압력은 대기압 P_0이다. 통에 담긴 물 표면의 한 점(높이 h)과 배출구 A, 관의 바닥 지점 B 등 세 지점에 대하여 베르누이의 정리를 적용하자.

$$P_0 + \rho gh = P_0 + \frac{1}{2}\rho v_A^2 = P_B + \frac{1}{2}\rho v_B^2.$$

첫 식에서 $v_A = \sqrt{2gh}$이다. 한편, 연속방정식에 의해서 $v_B = v_A/2$이므로, $v_B = \sqrt{gh/2}$이다.

(2) B에서 압력은

$P_B = P_0 + \rho gh - \frac{1}{2}\rho v_B^2 = P_0 + \frac{3}{4}\rho gh$이므로, 관에서 물의 높이는 $\frac{3}{4}h$이다.

27. 물의 표면의 한 지점과 원형구멍에 대하여 베르누이의 정리를 적용하자. 대기압을 P_0라고 하면, 물의 표면에서의 압력은 $P_0 + (mg/A)$이다. 원형구멍에서 물의 압력은 대기압과 같다. 따라서, $P_0 + (mg/A) + \rho gh = P_0 + \frac{1}{2}\rho v^2$로부터, 구멍을 나오는 물의 속력은

$v = \sqrt{2gh + 2mg/(\rho A)}$

$= \sqrt{2 \times 9.8 \times (0.6 + 100/(10^3 \times 0.8))} \simeq 3.77$ m/s

이고, 물의 부피흐름률은

(구멍의 면적) $v = 3.14 \times 10^{-4} \times 3.77 \simeq$ 1.2×10^{-3} m^3/s이다.

***29.** 물이 사이펀의 튜브의 최고점까지 올라와야 하는데 이는 대기압이 물을 누르기 때문이다. 따라서 관의 최고 높이는 물기둥이 누르는 힘과 같다. 즉,

$$h = \frac{P}{\rho g} = 1.013\times\frac{10^5}{10^3\times9.8} = 10.3 \text{ m}$$

***31.** $F = 6\pi\cdot(1.0\times10^{-3})\cdot0.01\cdot4 = 7.5\times10^{-4}$ N

32. 단면적이 A인 가상의 기둥을 생각해 보자. 높이가 h에서 $h+dh$로 변할 때 압력 변화를 dP라고 하면,

$$dP = -\rho g dh$$

가 된다. −부호는 높이에 따라 압력이 감소하기 때문이다. 이상기체의 상태방정식을 이용하면,

$$P = nRT/V = (m/M_0)RT/V$$

가 된다. 기체의 몰수는 전체 질량에서 분자량을 나누면 되므로 $n = m/M_0$이다. 또한 $\rho = m/V$이므로, $\rho = M_0 P/RT$가 되고 이를 압력의 변화에 대입하면,

$$dP = -(M_0 g/RT)Pdh$$

가 되고, 이를 적분하면,

$$P = P_0 e^{-M_0 gh/RT} = P_0 e^{-h/H_0}$$

를 얻는다. $M_0 \approx 28.8$ g이므로,

$$H_0 = RT/M_0 g = 8.31 \cdot 300/(0.0288 \cdot 9.8) = 8800 \text{ m}$$

이다. 대류권의 두께는 12 km이므로 H_0는 실제 대류권 두께의 3/4 정도 된다.

33. 길이가 L이고 단면적이 A인 관의 공기가 t시간 동안 바람개비를 지난다고 하면 공기의 운동에너지가 모두 바람개비의 운동에너지로 전환된다. 따라서 일률은 $P = (1/2)mv^2/t$이고, $t = L/v$이므로 $P = (1/2)mv^3/L$이 된다. 그리고 $m = \rho V = \rho AL$로 쓸 수 있으므로,

$$P = (1/2)\rho A v^3$$

가 된다. 놀랍게도 일률은 공기의 속력의 세제곱에 비례한다.

34. 중력 위치에너지가 모두 전기에너지로 전환된다고 가정한다. 높이 H에서 질량 m인 물이 떨어지면, 위치에너지는 $E = mgH = \rho VgH$이다. 양변을 시간 t로 나누면,

$$P = \frac{E}{t} = \rho g H(V/t) = \rho g H Q$$

가 된다.

짝수 번 해답

2. 4,500 N　　**4.** 2,460 N

6. 불순물이 섞여있다.

8. 15 cm³의 부피에 대한 질량의 변화는 $15 \times 0.0017 = 0.0255$ g이다.

10. 8.6 km(대류권의 두께는 적도에서는 17 km 정도, 극 지방에서는 7 km이다.)

짝수 번 해답

12. (1) $l = h\dfrac{\rho}{\rho_\omega}$　(2) $f = \dfrac{1}{2\pi}\sqrt{\dfrac{\rho_\omega}{\rho h}g}$

14. 0.42 m/s　　**16.** 뛰어가는 것

22. 7.6톤　　**24.** 1.41기압

26. 1.15×10^5 Pa　　**28.** 1.04 m

30. 20.1 Pa

Part II Chapter 1

1. 기체온도계는 $P/T=$ 일정하다는 것을 이용하자. 120 kPa/(273.16 K) = 150 kPa/T. 이것으로부터 T = 273.16 K × 150/120 = 341.45 K = 68.3 ℃이다.

*__3.__ 높이에 따라 압력이 변하므로, PV/T = 일정을 쓰자. 여기에서 수면에서의 온도 T = 20 ℃ = 293 K, 압력 = 1기압 = 1.013×10^5 Pa이다.

10 m 물속에서의 온도 T = 5 ℃ = 278 K, 압력차는 $\Delta P = \rho g \Delta h$로부터 (물의 밀도 ρ = 1000 kg/m³, 수심깊이 Δh = 10 m)

$\Delta P = \rho g \Delta h$ = 98000 Pa이므로, 10 m 수심에서의 압력 = (101300 + 98000) Pa = 199300 Pa.

10 m 수심에서의 부피를 v라고 하고, 수면에서의 부피를 V라고 하면,

$V \times (101300)/293 = v \times (199300)/278$

$V = 2.07\,v$

부피는 지름의 세제곱에 비례하므로,

수면에서의 지름 = $10 \times (2.07)^{1/3}$ mm = 12.7 mm.

5. 폭발할 가능성이 있다. 음식을 데우면 물이 수증기로 바뀌는데, 물 1몰(18 g)이 22.4 L 이상으로 팽창하기 때문이다.

7. 철의 비열 = c(철) = 448 J/(kg ℃)과 물의 비열 = c(물) = 4200 J/(kg ℃)을 쓰면

물과 철통이 얻은 열량

= 1.6 kg × 4200 J/(kg ℃) × (65 ℃) + 0.3 kg × 448 J/(kg ℃) × (65 ℃) = 445536 J을 말굽쇠가 제공하고 있다.

말굽쇠가 잃어버린 열량

$= 1.5\ kg \times 448\ J/(kg\ °C) \times \Delta T(\Delta T =$ 말굽쇠의 온도차이)
이 두 양이 같아야 하므로,
$\Delta T = 445536/(1.5 \times 448)°C = 663\ °C$
이고, 말굽쇠의 달궈진 온도는
$T = 85\ °C + \Delta T = 748\ °C$이다.

9. 고체는 온도가 오르면 팽창한다. 뚜껑도 온도가 오르면 팽창하여 구멍이 커지므로 간단히 빠진다.

11. 음식을 먹은 후 사람의 체온을 T °C라 하면,
1 kg 음식이 제공하는 열
$= 1\ kg \times 4.2\ kJ/(kg\ °C) \times (40\ °C - T)$
과 60 kg인 사람이 얻는 열
$= 60\ kg \times 4.2\ kJ/(kg\ °C) \times (T - 37\ °C)$
이 같아야 한다.
음식물을 먹은 사람의 체온 $= T = 37.05\ °C$
가 되어, 체온은 0.05 °C 올라간다.

***13.** 열 전도는 고체 속의 자유전자와 원자의 진동이 전달되어서 일어난다. 부도체인 다이아몬드와 사파이어에는 자유전자는 없더라도 원자간 진동이 잘 전달되어서 열이 잘 통하게 된다.

15. 압력이 높아지면 상태그림에서 끓는 온도가 높아진다.

17. 고무풍선이 상승하면 기압이 감소함에 따라 풍선에 가해지는 압력이 감소하고 이에 따라 풍선이 팽창한다. 풍선이 팽창하면 풍선은 보통 견디지 못하고 터지고 만다. 만약 풍선이 튼튼하다면 어느 정도 팽창하고 나면 더 이상 팽창이 멈추며, 대신 풍선 안의 압력이 높아진다. 계속 상승하게 되면 풍선 안의 공기 밀도가 외부공기 밀도와 비슷하게 되므로 풍선은 더 이상 올라가지 못하고 둥둥 떠다닌다.

19. 첫 번째 물질에서 생기는 온도 차이를 ΔT_1이라고 하고 두 번째 물질의 온도 차이를 ΔT_2라고 하자. 전체 온도 차이 ΔT는 $\Delta T_1 + \Delta T_2$이고 열은 중간에 없어지지 않으므로 열류는 두 물질에서 똑 같다. 각각의 물질에서 열류는

$$H = \frac{k_1 A}{d_1}\Delta T_1$$

$$H = \frac{k_2 A}{d_2}\Delta T_2$$

이다.

$$\Delta T = \Delta T_1 + \Delta T_2 = (d_1/k_1 + d_2/k_2)\frac{H}{A} = \frac{k_1 d_2 + k_2 d_1}{k_1 k_2}\frac{H}{A}$$

가 된다. 이를 정리하면,

$H = \dfrac{k_1 k_2}{k_1 d_2 + k_2 d_1} A\Delta T$가 된다.

21. 진공은 열전도도가 아주 낮다. 따라서 보온병은 열이 전도에 의해 밖으로 나가는 것을 차단한다. 보온병이 막혀 있으므로, 대류에 의해 열이 새나가지도 않는다. 다만 복사에 의해 열이 빠져나갈 수 있다. 복사열은 전자기파의 형태로 빠져나간다. 보온병 안벽을 은도금을 하면 전자기파 (적외선)를 반사시키고 이에 따라 적외선을 안에 가두는 역할을 함으로써 열전달이 감소되기 때문이다.

23. $H = kA\dfrac{\Delta T}{L}$을 쓰면, $\Delta T = \dfrac{HL}{kA}$이다. 그런데
$H/A = 54 \times 10^{-3}\ W/m^2$, $L = 3.7 \times 10^4$ m이다. 표면과의 온도차이는 $\Delta T = 5.4 \times 10^{-2} \times 3.7 \times 10^4/2.5 = 799$ K이므로,
표면온도가 15 ℃이면 37 km 속에서는 약 814 ℃ 정도가 될 것이다.

25. 지구가 받는 열량 = 단위면적당 받는 열량 × 지구의 면적이므로, 24번 문제의 결과를 이용하여
$H = 0.16 \times 10^4\ W/m^2 \cdot \pi R_E^2$
$= 0.16 \times 10^4 \cdot \pi \cdot (6.37 \times 10^6)^2 W$
$= 2.04 \times 10^{17}$ W

***27.** (1) 빙하가 공기에게서 받는 에너지율
$H_1 = (2 \times 10^{10}\ m^2) \cdot (5.67 \times 10^{-8}\ W/m^2K^4) \cdot (283\ K)^4$
$= 7.27 \times 10^{12}$ W
빙하가 공기를 내어 놓는 에너지율
$H_2 = (2 \times 10^{10}\ m^2) \cdot (5.67 \times 10^{-8}\ W/m^2K^4) \cdot (273\ K)^4$
$= 6.30 \times 10^{12}$ W
따라서, 순수하게 빙하가 받는 에너지율은
$H = H_1 - H_2 = 0.97 \times 10^{12}$ W
여름 3달 동안 받는 총 에너지는
$E = H \cdot \Delta t = (0.97 \times 10^{12}\ W) \cdot (86400 \times 90\ s)$
$= 7.54 \times 10^{18}$ J
이 에너지가 모두 얼음을 녹이는 데 사용된다고 하면,
$M = E/$얼음의 융해열
$= 7.54 \times 10^{18}\ J/(3.33 \times 10^5\ J/kg)$
$= 2.27 \times 10^{13}$ kg
이는 얼음 전체의 질량 약 4×10^{16} kg의 0.06%가량 된다.
(2) 온도가 2 °C 사용하면 $H_1 = 7.48 \times 10^{12}$ W로 증가하고 $H = 1.18 \times 10^{12}$ W가 된다.

3달 동안 누적되는 에너지는 $E = 9.18 \times 10^{18}$ J이고 이는 얼음을 2.76×10^{13} kg을 녹일 수 있는 양이다. (1)번에 비해 19% 증가한 양이다.

28. 건조한 날씨의 열류를 H_1이라고 하면,

$$H_1 = k_1 \frac{A}{d} \Delta T = 0.042 \cdot \frac{1.2}{0.01} \cdot 33 = 166 \text{ W}.$$

비 온 날의 열류를 H_2라고 하면,

$$H_2 = 0.64 \cdot \frac{1.2}{0.01} \cdot 33 = 2530 \text{ W}.$$

H_2가 H_1보다 15배 더 크다.

29. 문제 19번 $H = \frac{k_1 k_2}{k_2 d_1 + k_1 d_2} A \Delta T$에서 우변의 분수를 $k_1 k_2$로 나누면,

$$H = \frac{1}{d_1/k_1 + d_2/k_2} A \Delta T = \frac{1}{R_1 + R_2} A \Delta T = UA\Delta T.$$

따라서, $U = 1/(R_1 + R_2)$가 된다. 이 결과는 단열재가 아무리 많아도 계속 더하면 되기 때문에 유용한 공식이다. 그리고 U는 저항의 역수이기 때문에 전도도 역할을 한다(III-3장 1절 참조).

30. 에어컨은 방의 온도를 내려서 시원하게 만든다. 그러나 선풍기는 방 안의 온도를 내리지도 않은데 선풍기 바람을 쐬면 시원함을 느낀다. 바람이 없는 경우는 피부와 공기 사이에 피부의 온도와 같은 얇은 공기막이 형성된다. 공기의 열전도도는 0.14 W/m · K로써 아주 낮기 때문에 피부와 공기 사이의 절연층을 형성한다. 따라서 체온이 잘 방출되지 않는다. 그러나 선풍기 바람을 쐬면 공기 절연층을 계속 없애기 때문에 체온이 쉽게 방출된다.

짝수 번 해답

2. 1.04 L

4. 2.18기압

6. 20 ℃에서, 부피는 20/273 = 7.3% 정도 증가한다.
0.5% 감소는 아주 작은 양이다.

8. 51.7 ℃

10. 선로가 받는 압력 : 3.1×10^7 Pa
선로에 작용하는 힘 : 1.55×10^5 N

12. 0.008 mm

14. 4.8 cm

18. 비열 때문이다.

20. 900 W, 16배로 줄어든다.

짝수 번 해답

22. 218 W

24. (1) 4.5×10^{26} W (2) 9.6 J

26. $T = 255$ K $= -18$ ℃
이는 현재 지구의 평균 표면 온도 15 ℃와는 상당한 차이가 있다. 지구가 태양에게서 흡수하는 복사에너지는 주로 가시광선에 의한 것이고 지구가 방출하는 것은 대부분 적외선이다, 대기 중의 온실가스는 적외선을 차단하기 때문에 지구가 방출하는 적외선이 지구에 갇히게 되어서 지구의 온도가 올라가게 된다.

Part II Chapter 2

1. 6,000 K에서 평균운동에너지는

$$KE = \frac{3}{2} k_B T = \frac{3}{2} \times (1.38 \times 10^{-23}) \times 6000 \text{ J}$$
$$= 1.24 \times 10^{-19} \text{ J}$$

평균 속력을 쓰면,

$$v = \sqrt{\frac{2KE}{m}} = \sqrt{\frac{2 \times 1.24 \times 10^{-19}}{6.7 \times 10^{-27}}} \text{ m/s}$$
$$= 6089 \text{ m/s} = 21900 \text{ km/h}$$

3. 평균운동에너지는 모두

$$KE = \frac{3}{2} k_B T = \frac{3}{2} \times (1.38 \times 10^{-23}) \times 293 \text{ J}$$

$KE = 6.06 \times 10^{-21}$ J ≈ 0.038 eV이다.

질량 m인 분자의 $v_{rms} = \sqrt{\frac{2KE}{m}}$이므로,

질소의 질량$= 4.7 \times 10^{-26}$ kg,
산소의 질량$= 5.3 \times 10^{-26}$ kg 등을 이용하여
질소의 $v_{rms} = 0.51$ km/s$= 1829$ km/h,
산소의 $v_{rms} = 0.48$ km/s$= 1722$ km/h

5. 몰질량이 M인 분자의 $v_{rms} = \sqrt{\frac{3RT}{M}}$ 이다.

$^{235}UF_6$의 몰질량은
$M_{235} = 235 + 6 \times 19 = 349$ g/mol이고,
$^{238}UF_6$의 몰질량은
$M_{238} = 238 + 6 \times 19 = 352$ g/mol이다.

따라서 속력의 비는

$$\frac{v_{235}}{v_{238}}=\sqrt{\frac{M_{238}}{M_{235}}}=\sqrt{\frac{352}{349}}=1.0043$$

기체 UF_6를 침투성막을 통해 확산시킬 때 가벼운 분자가 더 빨리 확산되는 것을 이용하여 분리하거나 원심분리법을 이용하여 분리한다.

7. 상온을 300 K로 놓고 평균운동에너지를 구하면

$$KE=\frac{3}{2}k_BT=\frac{3}{2}\times1.38\times10^{-23}\times300$$

$$=6.21\times10^{-21}\text{ J}=0.039\text{ eV}$$

전자의 평균속력은

$$v=\sqrt{\frac{2KE}{m_e}}=\sqrt{\frac{12.42\times10^{-21}}{9.1\times10^{-31}}}=1.17\times10^5\text{ m/s}$$이다.

9. 트럭이 미끄러지지 않고 선다면, 트럭의 운동에너지가 모두 열로 바뀌었다고 생각할 수 있다. 따라서

$$\Delta Q=\frac{1}{2}\times(5\times10^3)\times\left(\frac{100\times10^3}{3600}\right)^2=1.93\times10^6\text{ J}$$

이고, $\Delta Q=cm\Delta T$에 철의 비열 $c=448$ J/(kg ℃), $m=10$ kg을 넣으면 $\Delta T=431$ ℃이다.

11. 이상기체의 내부에너지는 온도만의 함수인데 등온과정이므로 내부에너지의 변화는 없다. 따라서 이 과정에서 흡수한 열에너지는 $\Delta Q=\Delta W=5\times10^3$ J이다.

13. 기체는 첫 번째의 압축과정에서만 일을 하므로

$$\Delta W=P\Delta V$$
$$=(3\times10^5)\times(5-10)\times10^{-3}=-1500\text{ J}$$

부호가 음인 것은 외부에서 기체에 일을 해주었다는 것을 뜻한다.

이 과정의 시작과 끝에서 온도가 같으므로 내부에너지의 변화는 없다. 따라서 기체에 공급된 열은 $\Delta Q=\Delta W=-1500$ J이다. 부호가 음인 것은 열이 기체로부터 빠져 나왔음을 뜻한다.

15. 0 ℃, 1기압의 물이 0 ℃의 얼음이 되는 과정에서 물이 한 일은

$$\Delta W=P\Delta V=P\times(V_{얼음}-V_{물})$$

$$=10^5\times\left(\frac{10}{920}-\frac{10}{1000}\right)=87.0\text{ J}$$이다.

얼음이 되면서 물이 빼앗기는 열량은

$\Delta Q=-333$ kJ/kg$\times10$ kg$=-3330$ kJ이다.

이때 내부에너지의 변화량은

$\Delta U=\Delta Q-\Delta W\approx\Delta Q$이다.

17. 압축시키는 과정에서 외부와의 열교환은 거의 없다고 볼 수 있다. 따라서 외부에서 해준 일만큼 내부에너지의 증가를 가져오고 이는 온도의 상승으로 나타난다.

***19.** 단열과정이므로, $\Delta Q=P\Delta V+\Delta U=0$이다.

이상기체의 상태방정식으로부터 $P=\frac{nRT}{V}$이고,

$\Delta U=C_vn\Delta T$이므로, 이들을 첫 번째 식에 넣어 정리하면,

$0=\frac{\Delta T}{T}+\frac{R}{C_v}\frac{\Delta V}{V}=\Delta(\ln TV^{R/C_v})$이 된다.

$C_p-C_v=R$을 이용하면

$\frac{R}{C_v}=\frac{C_p}{C_v}-1=\gamma-1$이므로,

$TV^{\gamma-1}=$ 일정함을 알 수 있다.

또, 상태방정식 $PV=nRT$를 이용하면, $PV^\gamma=$ 일정함을 알 수 있다.

자유도가 f일 때, 정적비열은 $C_v=\frac{f}{2}R$,

정압비열 $C_p=\left(1+\frac{f}{2}\right)R$이므로, 비열의 비는

$\gamma=\frac{C_p}{C_v}=1+\frac{2}{f}$이다.

이원자분자의 자유도 f는 온도에 따라 다르다. 저온의 경우 $f=3$, 상온에서는 $f=5$, 고온에서는 $f=7$이다. 따라서, 각각의 경우 비열의 비는 5/3, 7/5, 9/7이다.

21. 상온에서 이원자분자의 정압비열은 $C_p=\frac{7}{2}R$을 써야 한다.

기체에 가해진 열은

$$\Delta Q=nC_p\Delta T=4\times\left(\frac{7}{2}\times8.31\right)\times60=6980\text{ J.}$$

기체의 내부에너지 증가량은

$$\Delta U=nC_v\Delta T=4\times\left(\frac{5}{2}\times8.31\right)\times60=4986\text{ J.}$$

기체가 한 일은

$\Delta W=\Delta Q-\Delta U=6980-4986=1994$ J.

기체의 병진운동에너지의 증가량은

$$\Delta KE=n\cdot\frac{3R}{2}\Delta T=4\times\left(\frac{3}{2}\times8.31\right)\times60=2992\text{ J}$$이다.

***23.** (1) 자유팽창은 PV = 일정하게 팽창함을 의미한다. 따라서 부피가 세 배가 되었으므로 압력은 $p_0/3$가 된다.

(2) 단열과정을 나타내는 식은 PV^γ = 일정이다. 즉, $P_1V_1^\gamma$

$= P_2V_2^\gamma$이므로 $(p_0/3)(3V_0)^\gamma = 3^{1/3}p_0V_0^\gamma$가 성립한다. 이를 정리하면, $\gamma = 4/3$이 된다. 단원자분자의 경우는 $\gamma = 5/3$, 이원자분자는 상온에서 $\gamma = 7/5$가 된다. 다원자분자의 경우는 $\gamma = 4/3$이므로(18번 참조), 문제의 분자는 다원자분자이다.

(3) 원자당 평균에너지는 온도에 비례하므로 나중 상태의 온도를 구하면 된다. 맨 처음 상태의 온도를 T_1, 맨 마지막 상태의 온도를 T_2라고 하면,

$$\frac{T_2}{T_1} = \frac{3^{1/3}p_0V_0}{p_0V_0} = 3^{1/3}$$이다.

즉, 평균에너지는 $3^{1/3}$배 커진다.

24. $v = \sqrt{\dfrac{3k_BT}{m}} = \sqrt{\dfrac{3\cdot 1.38\times 10^{-23}\cdot 1.36\times 10^7}{1.67\times 10^{-27}}}$

$= 5.81\times 10^5$ m/s

25. 각 기체의 내부에너지는

$U_{수소} = n(5/2)RT = (15/2)RT$

$U_{헬륨} = n(3/2)RT = (3/2)RT$

이다. 전체 내부에너지는 $U = U_{수소} + U_{헬륨} = 9RT$이 된다. 따라서 이 혼합기체의 정적몰비열은

$C_v = \dfrac{1}{n}\dfrac{\Delta U}{\Delta T} = \dfrac{1}{4}\cdot 9R$

이 된다.

26. $v_P = \sqrt{\dfrac{2k_BT}{m}} = \sqrt{\dfrac{2\cdot 1.38\times 10^{-23}\cdot 300}{4.7\times 10^{-26}}}$

$= 0.42$ km/s $= 1512$ km/h

$v_{av} = \sqrt{\dfrac{8k_BT}{\pi m}} = \sqrt{\dfrac{8\cdot 1.38\times 10^{-23}\cdot 300}{3.14\cdot 4.7\times 10^{-26}}}$

$= 0.47$ km/s $= 1705$ km/h

$v_{rms} = \sqrt{\dfrac{3k_BT}{m}} = \sqrt{\dfrac{3\cdot 1.38\times 10^{-23}\cdot 300}{4.7\times 10^{-26}}}$

$= 0.51$ km/s $= 1851$ km/h

짝수 번 해답

2. 2×10^5 Pa

4. 490 m/s, 몰질량 = 28.1 g, 490 m/s, 질소분자

6. 4.14×10^{-21} J = 0.026 eV, 95 km/s

8. 한 일 = 167 J, 내부에너지 변화량 = 2089 J

짝수 번 해답

10. $\Delta W = 1.68 \times 10^{-2}$ J, $\Delta Q = 1.79\times 10^4$ J

$\Delta U = 1.79 \times 10^4$

12. $\Delta Q = 1.62 \times 10^5$ J, $\Delta U = -1.16\times 10^5$ J

14. (1) 0.911기압

(2) 압력이 일정할 경우 부피는 온도에 비례하므로 $V = 1.37$ L가 된다. 따라서 냉장고에 넣은 페트병은 쭈그러진다.

(3) 33.2 J (4) 13.3 J (5) 46.5 J

16. 249 K(영하 24 ℃)

18. 저온의 경우

정적비열 $= C_v = \dfrac{3}{2}R$, 정압비열 $= C_p = \dfrac{5}{2}R$,

$\gamma = C_p/C_v = \dfrac{5}{3}$

상온의 경우

정적비열 $= C_v = \dfrac{6}{2}R$, 정압비열 $= C_p = \dfrac{8}{2}R$,

$\gamma = C_p/C_v = \dfrac{4}{3}$

Part II Chapter 3

1. 열기관은 적어도 온도가 다른 두 개의 등온과정을 포함하는 순환과정이다. 온도가 다른 등온과정을 통해 흡수된 모든 열이 모두 일로 바뀌는 것이 아니다. 열원보다 온도가 낮은 등온과정에서는 열을 흡수하지만 열원보다 온도가 높은 등온과정에서는 더 많은 열을 방출하기 때문이다.

3. 1 cal=4.2 J이므로, 효율은 $e = \dfrac{W}{Q} = \dfrac{7000}{15\times 10^3\times 4.2} = 0.11$

이다.

***5.** (1) a → b에서 부피가 일정하므로 $\Delta W_{ab} = 0$. 따라서

$Q_{ab} = \Delta U_{ab} + \Delta W_{ab} = \Delta U_{ab} = nC_v(T_b - T_a)$

(2) b → c 과정은 단열과정이므로 $Q = 0$이고,

$\Delta W_{bc} = -\Delta U_{bc} = -(3R/2)(T_c - T_b)$이다.

단열과정에 대한 식인 $TV^{\gamma-1}$ = 일정을 사용하면,

$T_c = T_b(V_b/V_c)^{2/3}$가 된다(단원자분자이므로 $\gamma = 5/3$).

따라서, $\Delta U_{bc} = (3R/2)T_b[(V_b/V_c)^{2/3} - 1]$.

(3) c → a 과정에서는 열을 방출하여 내부에너지도 감소하고 외부에서 기관으로 일을 해준다.

$$\Delta U_{ca} = (3R/2)(T_a - T_c)$$

$$\Delta W_{ca} = p_a(V_a - V_c) = p_aV_a - p_aV_c = R(T_a - T_c)$$

$$Q_{ca} = \Delta U_{ca} + \Delta W_{ca} = (5R/2)(T_a - T_c)$$

(4) $e = 1 - \dfrac{|Q_{ca}|}{Q_{ab}} = 1 - \dfrac{5}{3}\dfrac{T_c - T_a}{T_b - T_a}$.

T_c는 T_b로 표현이 되어 있으므로 T_a도 T_b로 표현하면 식이 간단해진다.

$$T_a = \frac{1}{R}p_aV_a = \frac{1}{R}p_cV_b = \frac{1}{R}\left(\frac{V_b}{V_c}\right)^{\gamma} p_bV_b$$

$$= \left(\frac{V_b}{V_c}\right)^{\gamma} T_b$$

$V_b/V_c = x$로 놓으면, 열효율은

$$e = 1 - \frac{5}{3}\frac{x^{2/3} - x^{5/3}}{1 - x^{5/3}}$$

7. (1) 카르노기관의 열효율 $e = 1 - \dfrac{260}{320} = \dfrac{W}{500}$에서, $W=$ 93.75 J이다.

(2) 카르노 냉동기의 성능

$$K = \frac{260}{320 - 260} = \frac{1000}{W}$$ 로부터, $W = 230.8$ J이다.

***9.** 1단계 카르노기관에서

$$Q_1 = W_1 + Q_2, \quad \frac{Q_2}{Q_1} = \frac{T_2}{T_1}$$ 이다.

2단계 카르노기관에서도

$$Q_2 = W_2 + Q_3, \quad \frac{Q_3}{Q_2} = \frac{T_3}{T_2}$$ 이다.

이를 결합하면,

$$Q_1 = W_1 + W_2 + Q_3, \quad \frac{Q_3}{Q_1} = \frac{T_3}{T_1}$$ 이다.

따라서 효율은

$$e = \frac{W_1 + W_2}{Q_1} = 1 - \frac{Q_3}{Q_1} = 1 - \frac{T_3}{T_1}$$ 이다.

11. 냉동기의 성능은

$$\mathrm{K} = \frac{T_C}{T_H - T_C} = \frac{270}{300 - 270} = 9$$

$\mathrm{K} = \dfrac{Q_C}{W}$ 이므로 $Q_C = 9 \times 200 = 1800$ W

만일 10분 동안 돌리면 최대로 뽑아낼 수 있는 열량은 $1800 \times 600 = 1.08 \times 10^6$ J

***13.** 카르노기관의 순환과정 중에서 단열팽창, 단열압축과정에서는 열의 출입이 없으므로 엔트로피의 변화가 없다. 온도 T_H인 등온팽창과정에서 엔트로피의 변화량은

$$\Delta S_{1\to 2} = \frac{Q_H}{T_H} = \frac{W_{1\to 2}}{T_H} = nR\ln\frac{V_2}{V_1}$$ 이다.

마찬가지로 온도 T_C인 등온압축과정에서 엔트로피의 변화량은

$$\Delta S_{3\to 4} = \frac{-Q_C}{T_C} = \frac{W_{3\to 4}}{T_C} = nR\ln\frac{V_4}{V_3}$$ 이다.

$\ln\dfrac{V_2}{V_1} = \ln\dfrac{V_3}{V_4}$ 을 이용하면,

$\Delta S_{카르노기관} = \Delta S_{1\to 2} + \Delta S_{3\to 4} = 0$이 된다.

***15.** 차단막이 터져 이상기체가 퍼지는 이 과정은 비가역 과정이다. 그런데 열의 출입이 차단된 과정이므로 $\Delta Q = 0$이다. 또 진공으로 기체가 퍼져가므로 이 과정에서 기체가 한 일 $\Delta W = 0$이다. 따라서 내부에너지의 변화도 없다. 즉, $\Delta U = 0$이고, 이상기체의 내부에너지는 온도에만 의존하므로, 이 과정에서 온도의 변화도 없다. 이 과정을 자유팽창이라고 부른다. 이 과정에서의 엔트로피 변화량을 구하기 위해 처음과 마지막 상태가 같은 가역과정을 생각하자. 온도의 변화가 없으므로, 이상기체의 등온팽창과정을 생각하면 된다. 즉,

$$\Delta S_{자유팽창} = \Delta S_{등온팽창} = \frac{\Delta Q}{T}$$ 이다.

온도 T인 등온팽창과정에서

$$\Delta Q = \Delta W = \int_{V_i}^{V_f} PdV = nRT\int_{V_i}^{V_f}\frac{dV}{V}$$

$$= nRT\ln\frac{V_f}{V_i}$$ 이므로,

$$\Delta S_{자유팽창} = nR\ln\frac{V_f}{V_i}$$ 이다.

17. 1000 cal = 4200 J.

엔트로피 변화량은 $\Delta S = \dfrac{4200}{298} - \dfrac{4200}{373}$

$= 14.1 - 11.3 = 2.8$ J/K이다.

19. 0 ℃, 1 kg의 얼음이 녹아서 0 ℃, 1 kg의 물이 되는 과정에서 엔트로피 변화량은 $\Delta S = \dfrac{\Delta Q}{T}$이다.

여기서 $T=273$ K, 물의 융해열 $\Delta Q=3.33\times10^5$ J이므로,

$\Delta S=\dfrac{3.33\times10^5}{273}=1.22\times10^3$ J/K 이다.

얼음이 녹아서 물이 되는 과정은 엔트로피가 증가하는 자연스런 과정이다.

***21.** (1) 동전에서 0이 나올 확률과 1이 나올 확률이 각각 1/2이므로, 동전의 기댓값은

$0\times\frac{1}{2}+1\times\frac{1}{2}=\frac{1}{2}$ 이다.

(2) $N=$46억. N개의 동전을 던져 나온 값을 모두 더한 값이 $n(0\le n\le N)$이 되는 확률은, N개 중에서 n개가 1이 나오고 나머지 는 0이 나오는 경우이므로,

${}_N C_n\left(\frac{1}{2}\right)^n\left(\frac{1}{2}\right)^{N-n}=\frac{N!}{n!(N-n)!}\left(\frac{1}{2}\right)^N$ 이다.

이 확률분표는 N값이 매우 커지면 평균값이 $N/2$ 이고, 분산이 $N/4$인 가우스 분포에 가까워진다.

즉, 앞면과 뒷면이 골고루 나오는 경우(가장 무질서한 상태)의 확률이 가장 크고, 가장 질서정연한 상태(가령, 모두 앞면이 나오거나 모두 뒷면이 나오는 경우)의 확률은 극히 낮아진다.

23. 한 입자가 가지는 경우의 수는

$$I=\int_{-\infty}^{\infty}e^{-mv_x^2/2k_BT}dv_x\times\int_{-\infty}^{\infty}e^{-mv_y^2/2k_BT}dv_y\times\int_{-\infty}^{\infty}e^{-mv_z^2/2k_BT}dv_z$$

에 비례한다. 이것은 구면좌표로 바꾸면

$$I=\int e^{-\frac{m(v_x^2+v_y^2+v_z^2)}{2k_BT}}v^2dv\,d\Omega$$

$=4\pi\int_0^{\infty}e^{-\frac{mv^2}{2k_BT}}v^2dv$ 이 된다.

$v=\sqrt{\dfrac{2k_BT}{m}}\,x$ 라 놓으면

$I=4\pi\left(\dfrac{2k_BT}{m}\right)^{3/2}\int_0^{\infty}e^{-x^2}x^2dx$ 이므로 각 입자마다

경우의 수가 $T^{3/2}$ 에 비례한다. N 입자의 경우에는 경우의 수가 독립적으로 $(T^{3/2})^N=T^{3N/2}$ 에 비례한다.

24. $K=Q_C/W$ 이므로, $Q_C=KW=2.5\cdot500=1250$ J/s. 한 시간 동안 빼내는 열은 $Q_C\cdot3600=4.5\times10^6$ J 이다. 얼음의 융해열은 3.33×10^5 J/kg 이므로 $4.5\times10^6/3.33\times10^5=13.5$ kg 의 얼음을 만들 수 있다.

25. b의 기체에 이상기체 법칙을 이용하면, $T_b=p_bV_b/R=100\times10^5\cdot10^{-3}/R=10^4/R$ (K). 한편 b와 c는 단열과정이므로 $p_c=(V_b/V_c)^{\gamma}p_b=(1/8)^{5/3}p_b=10^7/32$ Pa 이고

$T_c=p_cV_c/R=\dfrac{1}{R}\cdot\dfrac{10^7}{32}\cdot8\times10^{-3}=10^4/4R$ K.

a의 압력은 c와 같으므로 $p_a=10^7/32$ Pa,

$T_a=p_aV_a/R=\dfrac{1}{R}\cdot\dfrac{10^7}{32}\cdot10^{-3}=10^4/32R$ K.

26. 도(1개가 배, 3개가 등)의 경우의 수는 4, 개(2개가 배, 2개가 등)의 경우의 수는 6, 걸(3개가 배, 1개가 등)의 경우의 수는 4, 윷(모두 배), 모(모두 등)의 경우의 수는 모두 1이다. 따라서 각 윷셈의 엔트로피는 $S_{도}=S_{걸}=k_B\ln4=1.386k_B$, $S_{개}=k_B\ln6=1.792k_B$, $S_{윷}=S_{모}=k_B\ln1=0$ 이다. 경우의 수가 가장 많은 개가 엔트로피가 가장 크다.

짝수 번 해답

2. 0.3

4. 17.58 kW, $Q_H=Q_C+W$이다.

6. (1) $Q_{ab}=\Delta U_{ab}=14.5$ kJ, $\Delta W_{ab}=0$

(2) $\Delta U_{bc}=-\Delta W_{bc}=-11.2$ kJ, $Q_{bc}=0$

(3) $\Delta U_{ca}=-3.3$ kJ, $\Delta W_{ca}=-2.2$ kJ, $Q_{ca}=-5.5$ kJ

(4) $\Delta W=9.0$ kJ, $e=0.62$

8. $W=nR(T_H-T_C)\ln\dfrac{V_b}{V_a}$, $e=1-\dfrac{T_C}{T_H}$

10. $e_1=0.51$, $e_2=0.63$, $e_3=0.82$. 기관 두 개를 붙여 놓으면 효율이 높아진다.

12. (1) 열기관효율 = 0.22, 카르노기관의 효율 = 0.35

(2) 열기관의 엔트로피의 변화 = 0.5 J/K, 카르노기관의 경우 = 0

14. $\Delta S_{고온열원}=-Q_H/T_H$, $\Delta S_{저온열원}=Q_C/T_C$

$\Delta S_{열기관}=0$, $\Delta S_{총}=-\dfrac{Q_H}{T_H}+\dfrac{Q_C}{T_C}\ge0$

16. 58 kJ, 173.8 J/K

18. $T=57$ ℃, $\Delta S_{알루미늄}=-22.0$ J/K, $\Delta S_{물}=24.9$ J/K, $\Delta S_{총}=2.9$ J/K

3. 플라스틱 빗에 대전된 전하는 얇은 종이에 반대 부호의 전하를 유도시킨다. 물론 얇은 종이 전체는 전기적으로 중성이므로, 빗에 가까운 곳에 반대 부호의 전하가 위치하고 빗에서 먼 곳에 같은 부호의 전하가 위치하게 된다. 쿨롱힘은 전하 간의 거리의 제곱에 역비례하므로, 종이는 빗에 끌리는 알짜 힘을 받는다.

5. (1) 전위차는 전기장 방향으로 단위전하를 s만큼 움직일 때 해준 일이므로 $V=Es$가 된다. 따라서 $V=1.0\times1.0=1.0$ V가 된다.

(2) 전자가 받은 일은 $W=qV=1.6\times10^{-19}$ J$=1$ eV가 된다. 즉 1 eV란 전자가 1 V 전위차로 가속될 때 얻는 운동에너지라고 할 수 있다.

7. 원운동의 구심력은 쿨롱힘이고 구심력은 mv^2/r로 표현되므로 $ke^2/r^2=mv^2/r$가 성립한다.

$$v=\sqrt{\frac{ke^2}{mr}}=\sqrt{\frac{8.99\times10^9(1.6\times10^{-19})^2}{9.11\times10^{-31}\times0.53\times10^{-10}}}$$

$=2.17\times10^6$ m/s 가 된다.

진공 중에서 빛의 속력(3×10^8 m/s)의 1 % 가까이 된다.

9. 무한 평면 위의 전기장은

$$E=\frac{\sigma}{2\varepsilon_0}=0.4\times10^{-6}/8.85\times10^{-12}$$

$$=4.52\times10^4\ \text{N/C}$$

이다. 전자에 작용하는 힘은

$$F=qE=1.6\times10^{-19}\times4.52\times10^4\ \text{N}$$

$$=3.62\times10^{-15}\ \text{N}$$

11. 그림의 정사각형을 한 면으로 하고 전자를 내부로 넣는 정육면체를 생각해 보자. 전자는 정육면체의 중심에 있다. 정육면체를 가우스면으로 잡으면 가우스법칙에 따라 전기장 다발은 $\Phi_E=-e/\varepsilon_0$인데, 여섯 면이 모두 동등하므로 한 면을 통과하는 전기장 다발은 1/6이 된다. 따라서

$$\Phi_E/6=-e/6\varepsilon_0=-1.6\times10^{-19}(6\times8.85\times10^{-12}\ \text{J})$$

$$=3.01\times10^{-9}\ \text{Nm}^2/\text{C}$$

***13.** 속이 빈 무한히 긴 원통의 반지름을 R, 선전하밀도를 λ라 하자. 전하분포의 대칭성에 의해서, 긴 원통의 중심축에서 거리 r인 곳의 전기장은 모두 크기가 같고, 방향은 지름방향일 것으로 예상된다. 길이 L이고, 중심축으로부터 반지름 r인 원통을 가우스 표면으로 잡고 가우스법칙을 이용하자.

(i) 원통의 내부 : $r<R$인 곳.

$$(2\pi rL)\cdot E(r)=\frac{0}{\varepsilon_0}\rightarrow E(r)=0$$

(ii) 원통의 외부 : $r>R$인 곳.

$$(2\pi rL)\cdot E(r)=\frac{(\lambda L)}{\varepsilon_0}\rightarrow E(r)=\frac{\lambda}{2\pi\varepsilon_0 r}$$

이제 전위를 구하자. 원통의 내부, $r<R$인 곳에서는 전기장이 0이므로 모든 곳에서 전위가 같다. 이 값을 0으로 놓자. 원통의 외부, $r>R$인 곳의 전위는

$$V(r)=V(R)-\int_R^r E(r)dr'=0-\int_R^r\frac{\lambda}{2\pi\varepsilon_0 r'}dr'$$

$$=-\frac{\lambda}{2\pi\varepsilon_0}\ln\frac{r}{R}\text{ 이다.}$$

15. (1) $E=-\Delta V/\Delta x$이므로 각 구간에서 전기장은

A : $E=-150$ V/m

B : $E=0$ V/m

C : $E=300$ V/m

D : $E=60$ V/m

(2) $F=qE=-eE$이므로

A : $+x$ 방향

B : 힘을 받지 않음

C : $-x$ 방향

D : $-x$ 방향

17. 운동에너지 $\frac{1}{2}m_e v^2=eV=1.6\times10^{-19}\times500$ J

$$=8\times10^{-17}\ \text{J}$$

속력 $v=\sqrt{\frac{2eV}{m_e}}=\sqrt{\frac{2\times8\times10^{-17}}{9.11\times10^{-31}}}$ m/s

$$=1.3\times10^7\ \text{m/s}$$

19. 에너지보존법칙을 쓰면 된다. $x=0$에서 퍼텐셜에너지는 6 eV, 운동에너지는 25 eV이므로 총에너지는 31 eV가 된다. $x=7$에서는 퍼텐셜에너지는 3 eV가 되므로 운동에너지는 $31-3=28$ eV가 된다.

21. 두 전하가 만드는 전기장은 각 전하가 만드는 전기장의 합으로 표시된다.

$(-1, 0)$ cm에 있는 $+1\mu$C 전하가 만드는 전기장 :

$$\mathbf{E}_1 = \frac{(9\times10^9\times10^{-6})\times0.01}{((0.01)^2+(0.03)^2)^{3/2}}(\mathbf{i}+3\mathbf{j})\ \text{N/C}$$
$$= 2.8\times10^6(\mathbf{i}+3\mathbf{j})\ \text{N/C}$$

$(-1, 0)$ cm에 있는 -1μC 전하가 만드는 전기장 :

$$\mathbf{E}_2 = \frac{(9\times10^9\times10^{-6})\times0.01}{((0.01)^2+(0.03)^2)^{3/2}}(\mathbf{i}-3\mathbf{j})\ \text{N/C}$$
$$= 2.8\times10^6(\mathbf{i}-3\mathbf{j})\ \text{N/C}$$

총 전기장 :

$$\mathbf{E} = \mathbf{E}_1+\mathbf{E}_2 = 2.8\times10^6(2\mathbf{i})\ \text{N/C}$$
$$= 5.6\times10^6\,\mathbf{i}\ \text{N/C}$$

23. (1) 각각의 전하에 의한 전기장 $\mathbf{E}_1$, $\mathbf{E}_2$, $\mathbf{E}_3$는

$$\mathbf{E}_1 = (9\times10^9)\times\frac{1}{2^2}\times(5\times10^{-9})\times\left(\frac{\sqrt{3}}{2}\mathbf{i}-\frac{1}{2}\mathbf{j}\right)$$

$$\mathbf{E}_2 = (9\times10^9)\times\frac{1}{2^2}\times(1\times10^{-9})\times\left(-\frac{\sqrt{3}}{2}\mathbf{i}+\frac{1}{2}\mathbf{j}\right)$$

$$\mathbf{E}_3 = (9\times10^9)\times\frac{1}{2^2}\times(4\times10^{-9})\times\left(-\frac{\sqrt{3}}{2}\mathbf{i}+\frac{1}{2}\mathbf{j}\right)$$

따라서 $\mathbf{E}=\mathbf{E}_1+\mathbf{E}_2+\mathbf{E}_3= 9\sqrt{3}\,\mathbf{i}$ N/C.

(2) 전위는 각 전하에 의한 전위값의 합이다.

$$(9\times10^9)\times\frac{1}{2}\times(5+1-4)\times10^{-9}\ \text{V}= 9\text{V}$$

***25.** 고리의 한 작은 부분의 전하 dq가 만드는 전기장은 그림과 같을 것이다. 그런데 원형고리 위에서 이 부분과 반대편에 있는 고리 전하가 만드는 전기장을 생각하면, 중심축에 수직인 전기장 성분은 서로 상쇄됨을 알 수 있다. 중첩의 원리에 의해서, 결국 전기장의 방향은 중심축 방향이고 그 크기는 다음과 같이 계산할 수 있다.

$$E=\int dE\cos\phi=\int k\frac{dq}{r^2+x^2}\cos\phi=\frac{kx\int dq}{(r^2+x^2)^{3/2}}$$
$$=\frac{kQx}{(r^2+x^2)^{3/2}}.$$

$r \ll x$인 경우, $E \to \dfrac{kQ}{x^2}$ 이다.

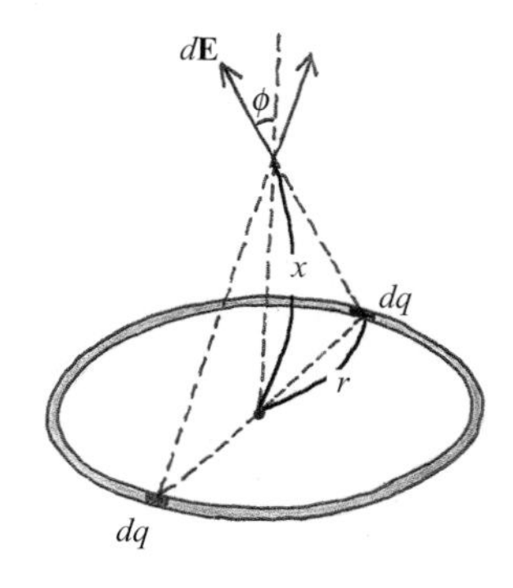

27. (1) 정육면체를 뚫고 나가는 전기장다발 Φ는

$$\Phi = 100^2\times(100-60)\ \text{N}\cdot\text{m}^2/\text{C}$$
$$= 4\times10^5\ \text{N}\cdot\text{m}^2/\text{C}$$ 이다.

(2) 전하는 가우스법칙에 의해서,

$$Q = \varepsilon_0\Phi = (8.85\times10^{-12})\times(4\times10^5)\ \text{C}$$
$$= 3.54\times10^{-6}\ \text{C}$$

29. 구의 중심에서 거리가 r인 점의 전기장은 전하분포의 대칭성에 의해서 지름방향이다. 반지름 r인 구 표면을 가우스면으로 잡으면 전기장다발은 $\Phi = 4\pi r^2E(r)$이다. 가우스법칙을 이용하자.

(i) $r < a$:

$$\Phi = \frac{0}{\varepsilon_0} = 0 \text{이므로, } E(r) = 0.$$

(ii) $a < r < b$:

$$\Phi = \frac{Q_1}{\varepsilon_0} \text{이므로, } E(r) = \frac{Q_1}{4\pi\varepsilon_0 r^2}.$$

(iii) $r > b$:

$$\Phi = \frac{Q_1+Q_2}{\varepsilon_0} \text{이므로, } E(r) = \frac{Q_1+Q_2}{4\pi\varepsilon_0 r^2}.$$

이상의 전기장을 이용하여 전위 $V(r)$을 구하자.

$r > b$:

$$V(r) = -\int_\infty^r E(r)dr = \frac{Q_1+Q_2}{4\pi\varepsilon_0 r}.$$

$a < r < b$:

$$V(r) = V(b)-\int_b^r E(r)dr = \frac{1}{4\pi\varepsilon_0}\left(\frac{Q_1}{r}+\frac{Q_2}{b}\right).$$

$r < a$:

$$V(r) = V(a)-\int_a^r E(r)dr = V(a) = \frac{1}{4\pi\varepsilon_0}\left(\frac{Q_1}{a}+\frac{Q_2}{b}\right).$$

31. 작은 구형 공동 안의 임의의 점 Q의 위치를 그림과 같이 $\mathbf{r}$로

놓고, 이 곳의 전기장을 **E**라 하자.

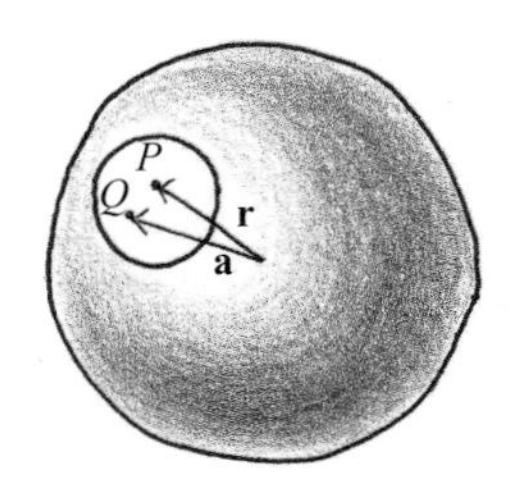

만일 작은 구형 공동 내부에 전하가 분포되어 있다면, 이들 전하에 의한 점 Q의 전기장은 $\frac{\rho}{3\varepsilon_0}\overrightarrow{PQ}$ 가 될 것이다.

구 전체에 공동이 없이 전하가 고르게 분포되어 있을 경우 점 Q의 전기장은, 중첩의 원리에 의해서,

$\mathbf{E}+\frac{\rho}{3\varepsilon_0}\overrightarrow{PQ} = \frac{\rho}{3\varepsilon_0}\mathbf{r}$이다.

따라서, 공동 안의 전기장 $\mathbf{E}= \frac{\rho}{3\varepsilon_0}\mathbf{r}-\frac{\rho}{3\varepsilon_0}\overrightarrow{PQ} = \frac{\rho}{3\varepsilon_0}\mathbf{a}$이다.

***33.** 그림과 같이 $x=0$에 면적 A인 밑면과 위치 $x(>0)$에 면적 A인 윗면을 가진 원통의 표면을 가우스면으로 잡자.

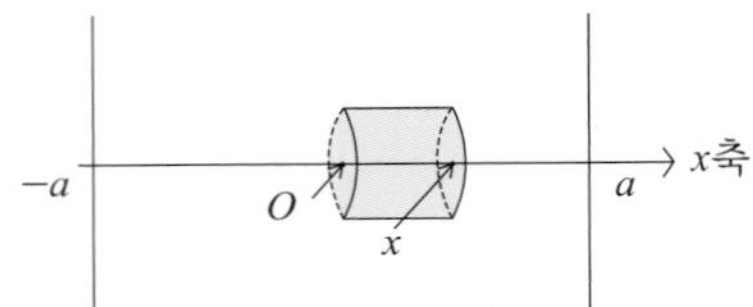

전하분포의 대칭성에 의해 전기장은 $x>0$에서는 오른쪽 방향이고, $x<0$에서는 왼쪽 방향이며, $E(0)=0$이다. 따라서, 원통표면에 대한 전기장다발 $\Phi_E = A \cdot E(x)$이다. 가우스법칙을 적용하면,

$$0<x<a : \Phi_E = \frac{\rho A x}{\varepsilon_0} \rightarrow E(x)= \frac{\rho x}{\varepsilon_0}.$$

$$x>a : \Phi_E = \frac{\rho A a}{\varepsilon_0} \rightarrow E(x)= \frac{\rho a}{\varepsilon_0}.$$

$x<0$에서는 전기장의 방향만 반대이다.

$V(0)=0$로 놓고 전위를 구하자.

$$0<x<a : V(x) = V(0)-\int_0^x E(x)dx = -\frac{\rho x^2}{2\varepsilon_0}.$$

$$x>a : V(x) = V(a)-\int_a^x E(x)dx = \frac{\rho a}{2\varepsilon_0}(a-2x).$$

전하분포의 대칭성에 의해 $V(-x)=V(x)$이다.

***35.** (1) 원형고리 위의 미소전하 dq에 의한 전위 dV는

$dV = \frac{1}{4\pi\varepsilon_0}\frac{dq}{\sqrt{x^2+r^2}}$이다. 따라서 점 P의 전위는

$$V(x) = \int dV = \frac{1}{4\pi\varepsilon_0}\frac{Q}{\sqrt{x^2+r^2}}$$

(2) 전기장의 방향은 중심축 방향이고,

$$E(x) = -\frac{dV}{dx} = \frac{1}{4\pi\varepsilon_0}\frac{Qx}{(x^2+r^2)^{3/2}}$$

(문제 25번 결과와 같다)

***37.** 이 계의 총 전기퍼텐셜에너지는 각각의 전하쌍의 전기퍼텐셜에너지를, 모든 전하쌍에 대해 합한 것이다. 그런데, 이 전하계가 무한히 길고 배열이 규칙적이기 때문에, 어떤 전하 하나가 다른 전하들과 갖는 전기퍼텐셜에너지는 모두 같다. 따라서, 구하는 값은

$U_{총} = N \times$ (전하 하나의 전기퍼텐셜에너지)

$$= N \times \frac{e^2}{4\pi\varepsilon_0}\left(-\frac{2}{R}+\frac{2}{2R}-\frac{2}{3R}+\frac{2}{4R}-\cdots\right)$$

이다. 여기에서 $2N$배가 아니라 N배를 한 이유는 전하의 개수는 $2N$이지만, 전하쌍에 대한 합이므로 합의 계산에서 중복을 피하기 위해 $\frac{1}{2}$을 곱해야 하기 때문이다. 다음과 같은 무한급수를 이용하면 $1-\frac{1}{2}+\frac{1}{3}-\frac{1}{4}+\cdots$ $= \ln 2 = 0.693$, 분자 하나당의 결합에너지는

$\frac{U_{총}}{N} = -1.386 \times \frac{e^2}{4\pi\varepsilon_0 R}$ 이다.

이 값이 음인 것은 이온들이 서로 간에 모두 멀리 떨어져 있는 경우에 비해, 이온결정의 총 에너지가 낮다는 것을 의미한다.

짝수 번 해답

2. 1.8×10^{12}배

4. (1) 5.93×10^5 m/s, (2) 1 eV

6. (1) 전기장의 반대 방향인 $+y$축 방향이다.
크기 : 8×10^{-17} N, (2) 5×10^{-8} s, 0.11 m
(3) 23.8° 방향으로 등속도운동할 것이다.

8. $(2+\sqrt{2})r$

10. 26.43 $\mathrm{Nm^2/C}$

12. 내부 전기장 = 0, 외부 전기장은 $E(r) = \frac{Q}{4\pi\varepsilon_0 r^2}$

외부전위 $V(r) = \frac{Q}{4\pi\varepsilon_0 r}$, 내부전위 $V(R) = \frac{Q}{4\pi\varepsilon_0 R}$

짝수 번 해답

14. $3\sigma/(2\varepsilon_0)$

16. 등전위면에 앉아 있다.

18. 약 2.7×10^{-14} m

20. 28350 V, 퍼텐셜은 같다.

22. $E_x=0,\ E_y=\int_{-L}^{L} dE_y = \dfrac{dk\lambda L}{a\sqrt{a^2+L^2}}$

24. (1) 원점에서의 전기장 : $E_x=0, E_y=-\dfrac{\lambda}{2\pi\varepsilon_0 R}$

(2) 전위 : $\dfrac{\lambda}{4\varepsilon_0}$

26. $E=\dfrac{\sigma x}{2\varepsilon_0}\int_0^R \dfrac{rdr}{(r^2+x^2)^{3/2}}=\dfrac{\sigma}{2\varepsilon_0}\left(1-\dfrac{x}{\sqrt{x^2+R^2}}\right)$

$R\to\infty$이면, $R\to\dfrac{\sigma}{2\varepsilon_0}$ 이다.

28. $\Phi_{곡면부}=-\Phi_{적도면}=\pi R^2E$

30. $r>a : V(r)=\dfrac{\rho a^3}{3\varepsilon_0 r}$, $r<a : V(r)=\dfrac{\rho}{6\varepsilon_0}(3a^2-r^2)$

32. 전기장 $r>R : \Phi=\dfrac{\rho R^2}{2\varepsilon_0 r}$, $r<R : \Phi=\dfrac{\rho r}{2\varepsilon_0}$

전위 $r<R : V(r)=-\dfrac{\rho r^2}{\varepsilon_0}$,

$r>R : V(r)=-\dfrac{\rho R^2}{\varepsilon_0}-\dfrac{\rho R^2}{2\varepsilon_0}\ln\dfrac{r}{R}$

34. $W=\dfrac{3Q^2}{4\pi\varepsilon_0 L}$

36. (1) $V(x)=\dfrac{\sigma}{2\varepsilon_0}(\sqrt{x^2+R^2}-x)$, (2) $E=\dfrac{\sigma}{2\varepsilon_0}\left(1-\dfrac{x}{\sqrt{x^2+R^2}}\right)$

Part III Chapter 2

1. 속이 빈 도체구 속에 넣어둔 도체구에는 대전된 전하가 없다. 그 까닭은 처음에 밖의 도체구에 전하 Q를 대전시켰을 때, 이들 전하는 모두 밖의 도체구의 바깥 표면에만 놓이기 때문이다.

3. 자동차 안에 머무는 것이 안전하다. 차체가 도체이므로 외부의 강한 전기장을 차단해주기 때문이다.

5. 전원의 양극과 축전기의 양극의 전위가 차이가 나면 충전과정은 계속될 것이고, 충전이 끝나면 축전기 양단의 전위차는 전원의 기전력과 같아지게 된다. 평행판 축전기의 두 평판의 크기가 다른 경우에도 두 판에는 같은 양의 양전하와 음전하가 대전되고, 축전기의 전위차는 전원의 전압과 같다.

7. 두 도체구 사이의 전위차는

$V=\int_R^{\infty}\dfrac{q}{4\pi\varepsilon_0 r^2}dr=\dfrac{q}{4\pi\varepsilon_0 R}$ 이다.

따라서 전기용량 $C=\dfrac{q}{V}=4\pi\varepsilon_0 R$이다.

전기퍼텐셜에너지는 $U=\dfrac{q^2}{2C}=\dfrac{q^2}{8\pi\varepsilon_0 R}$ 이다.

9. 두 개의 축전기에는 각각 200 μC, 300 μC의 전하가 저장되어 있다. 각 축전기의 양극을 다른 축전기의 음극에 연결했으므로 총 전하량은 100 μC이고, 전기용량은 5 μF이다. 따라서 각 축전기의 전위차는 20 V로 같고, 두 축전기에는 각각 40 μC, 60 μC이 저장된다.

11. 축전기에 저장된 에너지$=\dfrac{1}{2}CV^2=\dfrac{1}{2}\times(5\times10^{-6})$ $\times220^2$ J $=0.121$ J

13. 도체판 사이의 간격을 Δd 넓히는데 필요한 일

$F\Delta d=\Delta U=\Delta\left(\dfrac{q^2}{2C}\right)$이다.

전기용량 $C=\dfrac{\varepsilon_0 A}{d}$ 를 넣고 정리하면 $F=\dfrac{q^2}{2\varepsilon_0 A}$ 임을 알 수 있다.

15. 종이의 유전상수 $K=3.7$이고 $\varepsilon_0=8.85\times10^{-12}\text{C}^2/(\text{N}\cdot\text{m}^2)$이다. 전기용량은

$C=K\dfrac{\varepsilon_0 A}{d}$

$=3.7\times\dfrac{(8.85\times10^{-12})\times(5\times10^{-4})}{2\times10^{-3}}$ F

$=8.2\times10^{-12}$ F이다.

종이의 한계전기장은 $E_{최대}=16\times10^6$ V/m이므로, 저장 가능한 최대전하량은 $C\cdot E_{최대}d=8.2\times10^{-12}\times(16\times10^6)\times(2\times10^{-3})=2.6\times10^{-7}$C

17. 전기용량 C인 두 개의 축전기가 직렬로 연결된 경우 각 축전기는 같은 전하량 Q를 저장한다. $V=\dfrac{Q}{C}+\dfrac{Q}{C}$

$= \dfrac{2Q}{C}$ 에서 $Q = \dfrac{CV}{2}$ 이다. 한 쪽 축전기에 유전상수 K인 유전체를 넣으면, 이 축전기의 용량은 KC가 된다. 여전히 직렬연결로 각 축전기는 같은 전하량 Q'를 저장한다.

$V = \dfrac{Q'}{KC} + \dfrac{Q'}{C} = \dfrac{(K+1)Q'}{KC}$ 로 저장된 전하량은

$Q' = \dfrac{K}{K+1}CV$로 변한다.

***19.** 유전상수 $K_1(K_2)$인 유전체로 채워진 부분의 전위차를 $V_1(V_2)$으로 놓으면, 두 도체판의 전위차는 $V = V_1 + V_2$이다. 도체판에 저장된 전하가 q일 때, $V_1 = \dfrac{E_0}{K_1} \times \dfrac{d}{2}$,

$V_2 = \dfrac{E_0}{K_2} \times \dfrac{d}{2}$ 이고, 여기에서 $E_0 = \dfrac{q}{\varepsilon_0 A}$는 유전체가 없을 경우의 전기장이다. 따라서 $V = \dfrac{qd}{2\varepsilon_0 A}\left(\dfrac{1}{K_1} + \dfrac{1}{K_2}\right)$,

전기용량은 $C = \dfrac{q}{V} = \dfrac{2\varepsilon_0 A}{d}\left(\dfrac{K_1 K_2}{K_1 + K_2}\right)$이다.

짝수 번 해답

2. 외부의 전기장은 도체로 둘러싸인 공간으로 들어오지 못한다.

4. $r < a : E(r) = \dfrac{Q}{4\pi\varepsilon_0 r^2}$

$a < r < b : E(r) = 0$ (도체 내부), $r > b : E(r) = \dfrac{5Q}{4\pi\varepsilon_0 r^2}$

구 껍질의 안쪽 표면 ($r=a$인 곳)에는 $-Q$의 전하, 바깥쪽 표면($r=b$인 곳)에는 $5Q$의 전하가 놓여 있다.

6. $C = \dfrac{q}{V} = \dfrac{4\pi\varepsilon_0 ab}{b-a}$

8. $C = 7.1 \times 10^{-4}$ F

10. $u_E = 39.8\ \mathrm{J/m^3}$, $V_{최대} = 300$ V

12. $C = \dfrac{Q}{V} = \dfrac{\varepsilon_0 A}{d-b}$, $\dfrac{U_{후}}{U_{전}} = \dfrac{C_{전}}{C_{후}} = \dfrac{d-b}{d}$

14. 23.8 V

16. $C = \dfrac{q}{V} = \varepsilon_0 A/(d + b(\dfrac{1}{K} - 1))$

20. $4U = 3.54 \times 10^{-6}$ J

Part III Chapter 3

1. $B = \dfrac{\mu_0 I}{2\pi r} = \dfrac{4\pi \times 10^{-7} \times 5}{2\pi \times 0.1} = 1 \times 10^{-5}\ \mathrm{T} = 0.1\ \mathrm{G}$

$\tan\theta = \dfrac{0.1}{0.5}$, $\theta \simeq 11.3°$

북쪽 방향에서 동쪽 방향으로 11.3° 움직인다.

3. 단위길이당 솔레노이드의 자기장은 $B = \mu_0 \dfrac{N}{l} I$이다.

따라서 필요한 전류는

$I = \dfrac{Bl}{\mu_0 N} = \dfrac{(0.5 \times 10^{-4}) \times 0.2}{(4 \times 3.14 \times 10^{-7}) \times 200} = 0.04$ A이다.

5. 전류분포의 원통형 대칭성 때문에 원통의 중심에서 반지름 r인 곳의 자기장은, 어디에서나 반지름 r인 원의 접선 방향이 된다. 따라서 이 원에 대해 앙페르 법칙을 적용하면,

$$\oint \mathbf{B} \cdot d\mathbf{l} = 2\pi r B = \mu_0 I_{총}$$

이다. 여기에서 $I_{총}$은 반지름 r인 원의 내부를 통과해서 흐르는 전류의 총 양이다. 이제,

$r < R$: $I_{총} = I \times \dfrac{\pi r^2}{\pi R^2}$이므로, $B = \dfrac{\mu_0 I}{2\pi r}\dfrac{r}{R^2}$이다.

$r > R$: $I_{총} = I$이므로, $B = \dfrac{\mu_0 I}{2\pi r}$이다.

7. $x = -3$과 $x = 3$에 위치한 직선 전류가 점 P에 만드는 자기장을 각각 $\mathbf{B}_1$, $\mathbf{B}_2$로 표시하면,

$\mathbf{B}_1 = \dfrac{\mu_0 \times 2}{2\pi \times 5}(-0.8\,\mathbf{i} + 0.6\,\mathbf{j})$,

$\mathbf{B}_2 = \dfrac{\mu_0 \times 2}{2\pi \times 5}(0.8\,\mathbf{i} + 0.6\,\mathbf{j})$이다.

따라서 점 P의 자기장은

$\mathbf{B} = \mathbf{B}_1 + \mathbf{B}_2 = \dfrac{6\mu_0}{25\pi} = 9.6 \times 10^{-8}$ T

9. 교류의 진동수 f를 사이클로트론 진동수 ω에 맞추면 된다. 양성자의 전하량과 질량을 q, m이라고 하면,

$\omega = \dfrac{qB}{m} = 2\pi f$ 로부터

$f = \dfrac{qB}{2\pi m} = \dfrac{(1.6 \times 10^{-19}) \times 1}{2 \times 3.14(1.67 \times 10^{-27})} = 1.5 \times 10^{7}$ Hz

11. 로렌츠 힘에 기여하는 속도성분은 y성분인 $v_y=3\times10^4$ (m/s)뿐이다. 따라서 원 궤도의 반지름은

$$r=\frac{mv_y}{qB}=\frac{1.67\times10^{-27}\times(3\times10^4)}{1.6\times10^{-19}\times(2\times10^{-4})}=1.57(\text{m})\text{이다.}$$

z축 방향으로는 속력 $v_z=7.5\times10^4$(m/s)로 등속운동한다.

주기 $T=\frac{2\pi m}{qB}\approx3.28\times10^{-4}$(s)이므로,

진행한 거리는 $v_zT=24.6$(m)이다.

13. 반원부분의 전류가 받는 힘은 $\mathbf{F}=\int I\,d\mathbf{l}\times\mathbf{B}$로 계산된다.

그런데 자기장이 균일하므로, 결과는 반원의 지름부분에 전류 I가 흐르는 경우에 받는 힘과 똑같다. 따라서 로렌츠 힘은 종이면을 뚫고 들어가는 방향이고, 크기는 $2RIB$이다.

15. 전류 I_1, I_2(A)가 흐르는 평행한 두 도선 사이의 간격이 d (m)일 때, 길이 L (m)인 도선이 받는 힘은

$F=\frac{\mu_0}{2\pi}\frac{I_1I_2}{d}L$이다. 주어진 수치를 넣으면,

$$F=(2\times10^{-7})\times\frac{(300)^2}{10^{-2}}\times0.5=0.9\ (\text{N})$$

17. 전류고리의 면적 $A=(0.1)^2=0.01$ (m^2).
감은 수 $N=10$이므로, 전류고리의 자기모멘트는
$m=NIA=10\times2\times0.01=0.2$ (A · m^2).
최대토크는
$\tau=|\mathbf{m}\times\mathbf{B}|_{\text{최대}}=mB=0.2\times0.1=0.02$ Nm.

19. 구리 도선의 경우,

$$R=\rho\frac{L}{A}=1.7\times10^{-8}\times\frac{0.5}{3\times10^{-6}}=0.28\times10^{-2}\ \Omega$$

은 도선의 경우,

$$R=\rho\frac{L}{A}=1.5\times10^{-8}\times\frac{0.5}{3\times10^{-6}}=0.25\times10^{-2}\ \Omega$$

21. 전류는 $I=\frac{\mathscr{E}}{R+r}$이고, 저항 R의 소모전력은

$P=I^2R=\frac{R}{(R+r)^2}\mathscr{E}^2$로서 $R=r$일때 최대가 된다.

***23.** $\tau=\frac{m_e}{nq^2\rho}$이고 m_e와 q는 각각 전자의 질량과 전하량이다.

주어진 값들을 넣으면

$$\tau=\frac{9.1\times10^{-31}}{8.5\times10^{28}\times(1.6\times10^{-19})^2\times1.7\times10^{-8}}\ \text{s}$$
$$=2.46\times10^{-14}\ \text{s}$$

짝수 번 해답

2. 전류를 아무리 증가시키더라도 90° 이상은 움직일 수 없다.

4. (1) 부도체에서의 자기장 : $a<r<b$인 곳

$2\pi rB=\mu_0I\rightarrow B=\frac{\mu_0I}{2\pi r}$

(2) 동축케이블 밖에서의 자기장 : $r>b$인 곳

$2\pi rB=\mu_0[I+(-I)]\rightarrow B=0$

8. 지면을 향하는 방향

10. $v=8.8\times10^7$ m/s, $K=3.5\times10^{-15}$ J (또는 약 22 keV)

12. 힘을 끌어당긴다. 크기 $F=\frac{\mu_0I_1I_2b}{4\pi a}$

16. 0.5 T

20. $E=0.25\times10^{-2}$ V/m, $V=0.125\times10^{-2}$ V

22. 전압 V를 높게 하면 전류 I가 작아지고, 송전선의 저항 R에 의한 열손실 $P_{\text{손실}}=I^2R$도 줄어들게 된다.

24. $B=\mu_0In$

Part III Chapter 4

1. N극을 뺄 때는 반대방향인 −방향으로 흐른다. S극으로 실험하면 N극의 경우와는 반대현상을 얻게 된다. 즉, S극을 집어넣을 때는 −방향, 뺄 때는 +방향으로 흐른다.

3. $\mathscr{E}=\frac{1}{2}BR^2\omega$이므로, $\omega=\frac{2\varepsilon}{BR^2}=\frac{2\times1}{0.5\times0.15^2}$

$\mathscr{E}=178$ rad/s $=28.3$ Hz

5. $|\mathscr{E}|=\frac{d\Phi_B}{dt}=1.0\,t+3.0$이고 $I=|\mathscr{E}|/R$이므로

$I=0.01\,t+0.03$ mA

7. $\Phi_B=\frac{\mu_0L_1I}{2\pi}[\ln(R+L_2)-\ln R]$를 이용하여

$$\mathscr{E}=-d\Phi_B/dt$$
$$=-\frac{\mu_0L_1I}{2\pi}\left(\frac{dR/dt}{R+L_2}-\frac{dR/dt}{R}\right)$$

$$= -\frac{\mu_0 L_1 I}{2\pi} v\left(\frac{1}{R+L_2} - \frac{1}{R}\right)$$

을 얻는다. 고리가 전선으로 다가갈수록 자기장이 커지므로 자기장다발의 크기가 증가한다. 렌츠의 법칙에 따르면 기전력은 자기장 증가를 방해하려는 방향, 즉 자기장이 지면으로 나오는 방향으로 생겨야 한다. 따라서 전류는 반시계방향이 되어야 한다.

9. $\mathscr{E} = Ed = Bvd$이므로, $v = \mathscr{E}/Bd = 0.12\times10^{-3}/(0.1\times0.002) = 0.6$ m/s

11. 추에 금속을 넣으면 된다. 금속에 자기장의 변화를 억제하는 전류가 유도되기 때문이다.

13. $\mathscr{E} = -\frac{d\Phi_B}{dt} = -\frac{\mu_0 L_1}{2\pi}\ln\frac{R+L_1}{R}\frac{dI}{dt} = -M\frac{dI}{dt}$ 이므로

$$M = \frac{\mu_0 L_1}{2\pi}\ln\frac{R+L_1}{R}$$

***15.** 만일 두 코일이 아주 멀리 떨어져 있어서 서로 영향을 주지 않는다면 인덕턴스는 L_1+L_2가 될 것이다. 만일 가까이 있어서 상호인덕턴스로 서로 영향을 받는다고 하자. 왼쪽 코일에 그림과 같이 전류가 증가하면 자기장은 왼쪽으로 향한다. 오른쪽에 있는 코일에 유도되는 전류는 자기장을 반대쪽으로 향하게 해야 하므로 유도전류는 반대방향으로 흐른다. 이는 자체인덕턴스에 의한 유도전류와 방향이 같다. 따라서, 오른쪽 코일의 인덕턴스는 L_2+M이 된다. 마찬가지로 왼쪽 코일에도 똑같이 적용하면 인덕턴스는 L_1+M이 될 것이다. 결국 총 인덕턴스는 두 개를 더하여 L_1+L_2+2M이 된다.

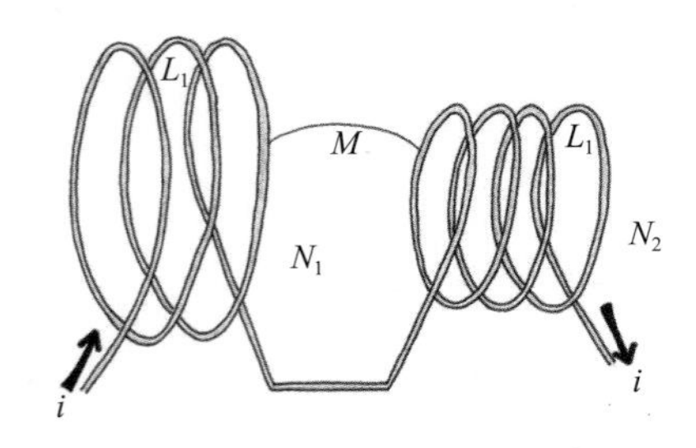

17. 2차코일의 전압은 $\mathscr{E}_2 = \frac{N_2}{N_1}\mathscr{E}_1 = 25\times220 = 5500$ V이다.

전력은 IV이므로 $P = I\mathscr{E} = 0.0017\times5500 = 9.35$ W이다.

19. 냉장고가 켜지는 순간 전류가 증가하고 유도전류는 그 반대방향으로 흘러 전류를 감소시킨다. 따라서 불빛이 흐려진다.

21. 전류가 감소하기 때문에 원래 전류를 더 흐르게 하는 방향으로 유도전류가 생긴다. $\mathscr{E} = -LdI/dt$이므로 $L = -\mathscr{E}/(dI/dt) = 24/(-33000) = 727\ \mu$H

23. $P = IV = I\frac{Q}{C}$ 이고 $I = dQ/dt$이므로,

$P = I_0 \sin(\omega t-\phi)\frac{-I_0}{\omega C}\cos(\omega t-\phi)$이다.

$$\overline{P} = \frac{1}{T}\left(\frac{-I_0^2}{\omega C}\right)\int_0^{2\pi/\omega}\sin(\omega t-\phi)\cos(\omega t-\phi)dt$$

$$= \frac{1}{T}\left(\frac{-I_0^2}{\omega C}\right)\int_0^{2\pi/\omega}\frac{1}{2}\sin(2(\omega t-\phi))dt = 0$$

인덕턴스의 경우 $P = IV = -ILdI/dt = -I_0^2 L\omega\sin(\omega t-\phi)\cos(\omega t-\phi)$이므로 축전기와 같이 평균소비전력은 0이 된다. 이는 축전기와 코일에서는 전하와 유도전류가 전류와 위상차가 각각 90°, −90° 차이가 나기 때문이다. 이는 마치 힘이 이동방향과 직각이 되면 일이 0이 되는 것과 마찬가지이다.

짝수 번 해답

2. 반시계 방향	**4.** $\Phi_B = 0.012$ Wb
6. $\Phi_B = \frac{\mu_0 L_1 I}{2\pi}\ln\frac{R+L_2}{R}$	**8.** $\varepsilon = 1$ V
10. $B = 0.0026$ T	**12.** $B = 1.19\times10^9$ J
16. 승압기, $N_2 = 27270$회	**18.** $I_i = 0.25$ A

22. 전류의 최댓값의 제곱의 반에 비례한다.
24. $L = 1.14$pH

Part III Chapter 5

1. 맥스웰방정식 (개선된 앙페르의 법칙)

$\oint \mathbf{B}\cdot d\mathbf{l} = \mu_0\varepsilon_0\frac{d\Phi_E}{dt}$ 를 이용하면

$$2\pi rB = \mu_0\varepsilon_0\frac{d\Phi_E}{dt} = \mu_0\varepsilon_0 A\frac{dE}{dt} = \mu_0\varepsilon_0\pi R^2\frac{dE}{dt}$$

따라서, $\frac{dE}{dt} = \frac{2rB}{\mu_0\varepsilon_0 R^2} = 1.29\times10^{14}$ N/Cs

3. $r<R$일 때, $B=\frac{\mu_0 ir}{2\pi R^2}=\frac{4\pi\times10^{-7}\times0.4\times0.002}{2\pi\times0.01^2}$ T

$=1.6\times10^{-6}$ T

$r>R$일 때, $B=\frac{\mu_0 i}{2\pi r}=\frac{4\pi\times10^{-7}\times0.4}{2\pi\times0.012}$ T

$=6.67\times10^{-6}$ T

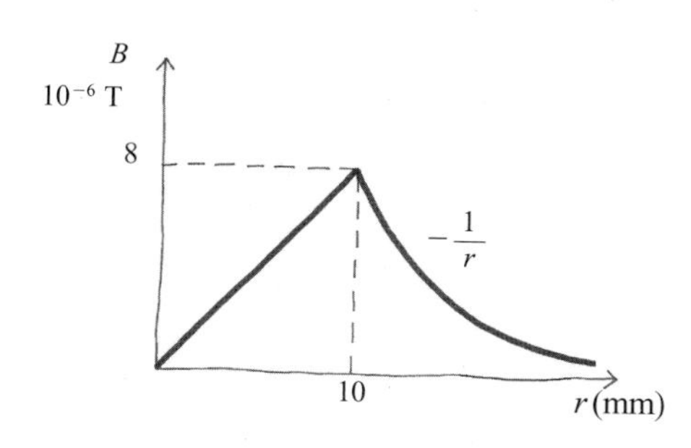

5. 문제 4에서 $dV/dt=i_d/C=2.0/3\times10^{-6}$ V/s
$=6.67\times10^5$ V/s

7. (1) 전선으로 흐르는 전류는 그대로 공간전류에 기여한다. 따라서 $i_d=1.0$ A이다.

(2) $\frac{dE}{dt}=\frac{i_d}{\varepsilon_0 A}=\frac{1}{8.85\times10^{-12}\times1.2^2}$ N/Cs

$=7.85\times10^{10}$ N/Cs

9. $\Phi_B=\oint \mathbf{B}\times d\mathbf{A}=0$이므로,

$\Phi_B^{윗면}+\Phi_B^{아랫면}+\Phi_B^{옆면}$

$=0.1\times3\times10^{-4}+10\times10^{-6}+\Phi_B^{옆면}=0$

$\Phi_B^{옆면}=-40\times10^{-6}$ Wb$=-40\ \mu$Wb 이다.

이는 자기장다발이 피라미드의 안쪽을 향함을 의미한다.

11. 전자기파의 진행방향은 $\mathbf{E}\times\mathbf{B}$와 같다.

$\mathbf{E}\times\mathbf{B}=\frac{1}{C}(\mathbf{i}-\mathbf{j})\times(\mathbf{i}+\mathbf{j})=\frac{1}{C}(\mathbf{i}\times\mathbf{j}-\mathbf{j}\times\mathbf{i})=\frac{2}{C}\mathbf{k}$

13. $\overline{E}^2=\frac{1}{T}\int_0^{2\pi/\omega}E_m^2\sin^2(\omega t)dt=\frac{E_m^2}{T}\int_0^{2\pi/\omega}\frac{1}{2}(1-\cos2\omega t)dt$

$=\frac{E_m^2}{2T}\left(t-\frac{1}{2\omega}\sin2\omega t\right)\Big|_0^{2\pi/\omega}=E_m^2/2$

사인파에서 전기장의 제곱의 평균값은 최댓값의 제곱의 반과 같다 (4장 문제 22 참고).

15. $c=f\lambda$이므로, $f=\frac{3\times10^8}{550\times10^{-9}}$ Hz$=5.45\times10^{14}$ Hz

17. $I=\langle u\rangle c=\frac{1}{2}\varepsilon_0E_m^2c$이므로,

$E_m=\sqrt{\frac{2I}{\varepsilon_0 c}}=\sqrt{\frac{2\times1400}{8.85\times10^{-12}\cdot3\times10^8}}$ N/C,

$=1.03\times10^3$ N/C

$B_m=E_m/c=1.03\times10^3/3\times10^8$ T$=3.42\times10^{-6}$ T

19. $2\pi f=\sqrt{1/LC}$ 이므로

$C=\frac{1}{4\pi^2f^2L}=\frac{1}{4\pi^2(90\times10^6)^2 0.4\times10^{-6}}$ F

$=7.82\times10^{-12}$ F$=7.82$ pF

짝수 번 해답

2. $i_d=0.5\sin(120\pi t)$ A

6. A : 17.7 A, B : 0 A, C : −26.6 A

8. (1) 0.11 A (2) 1.38×10^{-7} Tm

12. 진공 : 600 nm, 공기 : 600 nm, 물 : 451 nm, 유리 : 395 nm, 다이아몬드 : 248 nm

14. $P'=1.70\times10^{-19}$ W, $P=4.26\times10^{15}$ W

16. $\lambda=4.29$ m

18. $E_m=7.76$ N/C

20. $I=2.39$ W/m²

Part III Chapter 6

1. 반사각 : 30°

굴절각 : $\sin30°=1.33\times\sin\theta$

$\theta=\sin^{-1}\left(\frac{0.5}{1.33}\right)=22°$

3. 굴절률이 1.52이므로 전반사 조건은 다음과 같다.

$1.52\times\sin\theta=1$

$\theta=\sin^{-1}\left(\frac{1}{1.52}\right)=41°$

왼쪽 아랫면에 부딪힌 빛은 오른쪽으로 전반사 되고 다시 오른쪽 아랫면에 부딪힌 빛은 윗방향으로 전반사 된다. 따라서 최종적으로 빠져나온 빛은 입사된 빛과 평행이다.

5. $\sin\theta_c = \frac{n_2}{n_1}$

다이아몬드 : $\theta_c = \sin^{-1}\left(\frac{1}{2.42}\right) = 24.4°$

유리 : $\theta_c = \sin^{-1}\left(\frac{1}{1.52}\right) = 41.1°$

7. $f = \frac{c}{\lambda_0} = \frac{v}{\lambda}$

(여기서, λ_0 : 진공에서의 파장, λ : 매질 속에서의 파장)

$\lambda = \frac{v}{c}\lambda_0 = \frac{\lambda_0}{n} = \frac{514.5\ \text{nm}}{1.33} = 386.8\ \text{nm}$

9. 두 거울의 각이 90°면, 전체 360°의 1/4이 된다. 따라서 전체를 4등분한 것처럼 거울 속에 또 거울이 생기게 된다. 좌우 거울에 반대의 상으로 맺힌 시계의 좌우 각각의 상이 반대편 거울에 다시 반사되어 또다시 좌우 반대의 상이 맺혀 실제 모습과 같은 방향의 상을 볼 수 있다.

11. 실제깊이 = 겉보기깊이 × $n = 3 \times 1.33\ \text{m} = 3.99\ \text{m}$

13. 편광자에 의해 빛의 세기는 $\cos^2\theta$배로 줄어든다. 따라서 한 개의 편광자를 통과한 빛은 60° 어긋난 편광자를 통과하면서 $\cos^2\theta = \cos^2 60° = \frac{1}{4}$배로 줄어든다.

15. 브루스터각을 구하면 된다. 공기의 굴절률 $n_1 = 1$ 물의 굴절률 $n_2 = 1.33$라고 하면, $\tan\theta_P = \frac{n_2}{n_1} = \frac{1.33}{1}$,

$\theta_P = \tan^{-1}(1.33) = 53.1°$

17. $\theta_P = \tan^{-1}(1.64) = 58.6°$

19. 볼록렌즈를 이용하여 초점에 점광원이 놓이게 하면 렌즈 반대편으로 빛이 평행으로 진행하게 된다.

21. $\frac{1}{5\ \text{cm}} + \frac{1}{q} = \frac{1}{10\ \text{cm}}$ $\quad \therefore q = -10\ \text{cm}$

$m = \frac{10}{5} = 2$

물체와 같은 편에 10 cm 떨어진 곳에 2배의 배율로 맺힌 바로 놓인 허상

23. $\frac{f}{4} - \frac{1}{250}$ 초, $\frac{f}{2.8} - \frac{1}{500}$ 초, $\frac{f}{2} - \frac{1}{1000}$ 초

25. $\frac{1}{\infty} + \frac{1}{-40\ \text{cm}} = \frac{1}{f}$,

$f = -40\ \text{cm}$이므로 $\frac{1}{-0.4\ \text{m}} = -2.5$디옵터

짝수 번 해답

2. $\theta = 32°$
4. $v = 1.24 \times 10^8\ \text{m/s}$
6. $\theta = 49°$
8. 5개
12. 브루스터각
14. 3.1배
16. 서로 직각으로 선형 편광된 두 빛의 위상을 90° 차이가 나도록 하면 된다.
18. 사진기 앞쪽
20. 물체의 반대편에 30cm 떨어진 곳에 2배의 배율로 맺힌 거꾸로 된 실상
22. 0.047 cm, 0.187 cm
24. −38.5 cm

Part III Chapter 7

1. 이중 슬릿에서의 보강간섭의 조건을 이용하자.

$\sin\theta = m\frac{\lambda}{d}$

$\sin\theta = \frac{650 \times 10^{-9}}{5 \times 10^{-4}} = 0.0013 \quad \therefore \theta = 0.075°$

$\sin\theta = \frac{450 \times 10^{-9}}{5 \times 10^{-4}} = 0.0009 \quad \therefore \theta = 0.052°$

3. 회절은 슬릿의 폭이 좁을수록 잘 일어난다. 따라서 가능하면 스피커를 서로 붙여 배열한다.

5. 편광 선글라스끼리 겹쳐서 각도를 돌려보면 편광축이 서로 직각을 이룰 때 빛이 통과하지 못한다. 반면, 보통 선글라스는 이러한 효과가 없다.

7. 어두운 무늬가 될 조건은 뉴턴 링의 경우와 같다.

$d = \frac{1}{2}m\lambda, \quad m = 0, 1, 2, \cdots$

여기서 d는 두 유리판 사이의 공기층 간격이다. 두 유리면의 접촉면으로 부터 어두운 무늬가 있는 지점까지의 거리를 x, 그 지점에서의 두 유리면 사이의 떨어진 거리를 d라고 하면,

그 비율은 유리판의 길이와 끝부분 간격의 비율과 같다.

$$\frac{d}{x}=\frac{0.1\times10^{-3}}{0.2}=0.5\times10^{-3}$$

따라서 $0.5\times10^{-3}\times x=\frac{1}{2}m\lambda$,

$$\therefore\ x=m\frac{488\times10^{-9}}{10^{-3}}\ \text{m}=m\times0.488\ \text{mm},$$

어두운 무늬는 0.488 mm 간격으로 반복된다.

9. 첫 번째 어두운 무늬에 대하여 다음이 성립한다.
$a\ \sin\theta=\lambda$, 여기서 a는 구멍의 지름이다.

$$\sin\theta=\frac{\lambda}{a}=\frac{532\times10^{-9}\ \text{m}}{10\times10^{-6}\ \text{m}}=5.32\times10^{-2}$$

$\theta\simeq3.05°$

스크린까지의 거리를 L, 회절무늬의 반지름을 r이라고 하면, $\tan\theta=\frac{r}{L}$ 이고

$r=L\ \tan\theta=1\times\tan3.05°\ \ \text{m}=0.053\ \text{m}$

지름은 이 값의 2배이므로 10.6 cm이다. 파장 630 nm에 대해서 $2r=12.6$ cm가 얻어진다. 즉, 파장이 길수록 더 잘 퍼진다.

11. $\theta_R=1.22\frac{\lambda}{D}=1.22\frac{550\times10^{-9}\ \text{m}}{1\times10^{-2}\ \text{m}}=6.7\times10^{-5}\ \text{rad}$

$d=\theta_R\times0.02\ \text{m}=6.7\times10^{-5}\times0.02\ \text{m}=1.34\ \mu\text{m}$

13. 슬릿 사이의 간격 d는 10^{-6} m이다. m차 무늬에 대해 다음 식을 이용한다.

$$\sin\theta=m\frac{\lambda}{d}$$

(1) 파장 450 nm의 경우 :

1차 무늬 ($m=1$)에 대해서,

$$\sin\theta=1\times\frac{450\times10^{-9}}{10^{-6}}=0.45,\quad\therefore\ \theta=26.74°$$

2차 무늬 ($m=2$)에 대해서,

$$\sin\theta=2\times\frac{450\times10^{-9}}{10^{-6}}=0.9,\quad\therefore\ \theta=64.16°$$

(2) 파장 700 nm의 경우 :

$$\sin\theta=1\times\frac{700\times10^{-9}}{10^{-6}}=0.7,\quad\therefore\ \theta=44.43°$$

파장 699 nm의 경우에 1차 무늬가 나타나는 각도는 다음과 같다.

$$\sin\theta=1\times\frac{699\times10^{-9}}{10^{-6}}=0.699,\quad\therefore\ \theta=44.35°$$

즉, 스크린이 충분히 멀리 떨어져 있다면 구분 가능하다.

15. $\theta_R=1.22\times\frac{550\times10^{-9}}{5.08}=132.09\times10^{-9}\ \text{rad}$

$d=\theta_R\times3.84\times10^8\ \text{m}=132.09\times10^{-9}\times3.84\times10^8\ \text{m}$
$=50.72\ \text{m}$

17. $\sin\theta_1=1\times\frac{500\times10^{-9}\ \text{m}}{1.32\times10^{-6}\ \text{m}}=0.379,\quad\therefore\ \theta_1=22.27°$

$\sin\theta_2=2\times\frac{500\times10^{-9}\ \text{m}}{1.32\times10^{-6}\ \text{m}}=0.758,\quad\therefore\ \theta_2=49.29°$

2차 무늬까지 관찰 가능하다.

***19.** 무반사 코팅에서의 상쇄간섭 조건을 이용한다.

$$d=\frac{\lambda}{4n}=\frac{550\ \text{nm}}{4\times1.46}\simeq94\ \text{nm}$$

짝수 번 해답

2. 14.4 cm
4. 16개
6. 114.8 nm
8. 무늬의 개수는 136개 증가한다.
10. 2.24 cm
12. 파장이 1.33배 작아지므로 분해능이 1.33배 향상된다.
14. 약 0.009°
16. $\theta_R=2.8\times10^{-7}$ rad
20. 약 27 cm

Part IV Chapter 1

1. 불가능하다. 모든 물체는 어떤 관성계에서 보아도 빛의 속력보다 빠르게 달릴 수 없으므로 항상 두 위치를 직접 옮겨가는 데 시간이 걸린다. 단지 그 물체가 보았을 때 두 위치 사이의 거리가 수축되므로 이동하는 데 걸리는 시간은 속력이 빠르면 빠를수록 준다.

3. 차로 다시 떨어진다. 중요한 것은 차에 대한 쓰레기의 수평 상대속도는 영이라는 사실이다. 즉 밖에 있는 관찰자가 보았을 때 차가 수평방향으로 움직인 똑같은 거리만큼 쓰레기도

이동한다.

5. 총알의 속력은 $v=(c/2+c/3)/(1+1/6)<3c/4$이므로 이 총알은 범인을 맞출 수 없다.

7. 시간지연은 인자 $\gamma=1/\sqrt{1-v^2/c^2}=5$로 이 입자의 속력은 $v=\dfrac{2\sqrt{6}}{5}c$이다.

9. 회전하는 회전판의 바깥쪽은 정지한 관성계에서 보았을 때 접선방향으로 움직인다. 길이수축효과에 원둘레는 줄어드는 반면에 수직인 반지름방향은 변하지 않는다. 따라서 원둘레는 $2\pi R$보다 작다.

11. 운동에너지가 100 keV=0.1 MeV와 1 GeV=1000 MeV인 경우 총 에너지는 각각 0.6 MeV와 1000.5 MeV이다. 따라서 상대론적 질량은 각각 0.6 MeV/c^2 그리고 1000.5 MeV/c^2이다. 속력과 연관된 인자 γ는 각각 6/5과 2001로서 그 속력은 각각 빛의 속력의 $\sqrt{11}/6$ 과 $/\sqrt{2000\times2002}/2001$이다.

13. 에너지와 운동량 보존법칙에 의해 생성된 빛의 에너지는 동일한 양성자나 반양성자의 에너지와 같다.
그 값은 $E=mc^2/\sqrt{1-0.9^2}=938/\sqrt{0.19}$ MeV $\simeq$ 2.15 GeV 이다.

***15.** 주목할 점은 레이저가 반사되어 다시 자동차에서 검출될 때 도플러 효과가 두 번 일어난다는 것이다. 검출된 진동수 f는 차의 속력 u와 원래 레이저 진동수 f_0로 관계식 $f=\dfrac{c+u}{c-u}f_0$ 에 의해 주어진다.
$(f-f_0)/f_0=2(u/c)/(1-u/c)=1/(5\times10^6)$이므로 차의 속력은 $u=c/(10^7+1)\simeq 30$ m/s이다.

17. 우선 로렌츠 인자 $\gamma=1/\sqrt{1-v^2/c^2}$는 각각 5/4와 5/3이므로 해준 일은 $(\gamma-1)mc^2$으로 각각 2.5/4 MeV와 2.5/3 MeV 이다.

19. 운동량이 0이기 위해서는 $v'=(c/2-v)/(1-v/2c)=v$을 만족해야 한다. 풀어보면 S'의 S에 대한 속력 $v=(2-\sqrt{3})c$ 이다.

짝수 번 해답

2. 빛의 속력의 3/4 **4.** 약 0.9905 c
6. (1) 빛의 속력 $\sqrt{3}/2$ (2) $\gamma=2$이므로 두 배 늦게 간다.
8. (1) $\gamma=5/4$ (2) 0.8 μs **10.** $v=25c/31$

짝수 번 해답

12. $v=10c/17$ **14.** 약 1.2 μs
16. 약 22.9 MHz **18.** $v=2\sqrt{2}c/3$
20. (1) 광자, 양성자 (2) 양성자

Part IV Chapter 2

1. 빈의 법칙에 따라 온도는 $T=2.9\times10^{-3}/(500\times10^{-9})$ $K=$ 5800 K이다.

3. 금속의 온도는 $T=2.9\times10^{-3}/(410\times10^{-9})$ K $\simeq$ 7073 K이다.

5. 온도가 T[K]에서 나오는 빛의 파장은 $\lambda=2.9\times10^{-3}/T$m 이다.

7. 광자 하나의 에너지는 $E=hc/\lambda$이므로 빛의 출력 $P=5$ W에 해당하는 초당 방출되는 광자의 수는
$P\lambda/hc=5\times6\times10^{-7}/(6.6\times10^{-34}\times3\times10^8)/\text{s}\simeq1.52\times10^9/\text{s}$이다.

9. 방출된 전자의 운동에너지는 $KE=hc/\lambda-\phi$로 주어지므로, 일함수 $\phi=2.36$ eV에 대해 650 nm의 빛은 에너지가 일함수보다 작아 전자를 방출할 수 없고 450 nm인 빛을 쬘 때 운동에너지는
$E=(1240/450-2.36)$ eV $\simeq$ 0.4 eV이다.

11. 광량자 9개의 총 에너지는 $9\times1240/580$ eV $\simeq$ 19.24 eV 이다. 이 중에 열로 4.9 eV 소모했으므로 엽록소 효율은 $(19.24-4.90)/19.24\simeq74.5\%$이다.

13. 가장 짧은 가시광선의 파장은 약 400 nm이고 이에 해당하는 광자의 에너지는 $E=1240/400$ eV $\simeq$ 3.1 eV이다. 따라서 전자가 튀어나오지 않는 금속은 철과 구리이다.

15. 파장을 nm 그리고 에너지를 eV 단위로 기술할 때 광자의 에너지는 E[eV] $=1240/\lambda$[nm]로 주어진다. 따라서 (1) $1240/600\simeq2.1$ eV, (2) 12.4 keV, (3) 1.24 meV 그리고 (4) 1.24×10^{-6} eV이다.

17. 붉은색 빛의 광자는 에너지가 작아 필름에서 전자를 방출하지 않는다.

19. 필름의 일함수 ϕ를 몰라 방출되는 전자의 에너지는 구할 수

없지만, 660 nm의 빛을 쪼여 방출한 전자의 에너지는 2 eV 보다 작다.

$E=hc/\lambda-\phi=(1240/600)\ \mathrm{eV}-\phi=2\ \mathrm{eV}-\phi$이다.

짝수 번 해답

4. $E[\mathrm{eV}]\simeq 5.9\times 10^{-6}$ eV
6. $P/E_\gamma \simeq 1.08\times 10^{45}$/s
8. $v\simeq 6.8\times 10^5$ m/s
10. $\lambda \simeq 1.72\times 10^{-7}$ m
12. (1) $P=2.73\times 10^{-22}$ kgm/s
(2) $\lambda = h/p \simeq 2.42\times 10^{-12}$ m, $f=c/\lambda \simeq 1.24\times 10^{20}$ Hz
16. $E=\sqrt{\dfrac{1+v/c}{1-v/c}}hf_0/(1+\dfrac{2hf_0}{mc^2}\sqrt{\dfrac{1+v/c}{1-v/c}})$
18. $E_{k최대}=E^2/(E+mc^2/2)$
20. 양성자와 탄소의 콤프턴 파장은 1.32×10^{-15} m와 1.10×10^{-16} m로 전자의 콤프턴 파장보다 각각 약 1840과 22080배 작다.

Part IV Chapter 3

1. 전자의 운동에너지 $KE=2\times 10^4$ eV이므로 전자의 파장은 $\lambda=h/p=h/\sqrt{2mKE}$로 이 크기와 구멍의 크기 $D=5$ cm을 통과한 후 각도편차는 $\theta\sim\lambda/D\sim 1.8\times 10^{-10}$ rad으로 매우 작다. 따라서 회절무늬를 고려할 필요가 없다.

3. 빛의 회절을 광자 관점에서 보면 진행방향과 수직인 운동량 성분이 달라진 것으로 해석할 수 있다. 즉 $\Delta p_y/p\sim\theta\sim\lambda/D$이고 수직방향의 변위 불확정도는 $\Delta y\sim D$이므로 $\Delta y\Delta p_y\sim D\times p\,\lambda/D=(h/\lambda)\times\lambda$로 $\Delta y\Delta p_y\sim h$이다.

5. 비 상대론적으로 $\Delta p=m\Delta v$이므로 불확정성 원리에 의해 속도의 불확정도는 위치 불확정도 $\Delta x=0.1$ nm이면 $\hbar/(2m\Delta x)=5.8\times 10^5$ m/s보다 크다.

7. 니켈 표면에서의 회절현상은 전자가 몇 천배 무거운 니켈원자와 충돌해 일어나며 이때 교환되는 운동량은 전자질량과 빛의 속도 곱보다 매우 작다. 반면에 X선은 전자질량에너지와 비교해 크게 적지 않은 에너지를 지녀 튕긴 전자속도가 빛의 속도에 근접할 수 있으므로 상대론적으로 다루어야 한다.

9. $p=\sqrt{2mKE}=h/\lambda$와 $KE=eV$로부터 $\lambda=0.01$ nm이면 가속 전압은 $V=1.5\times 10^4$ V이다.

11. 에너지와 시간의 불확정성 관계에서 $\Delta t=h/(4\pi\times\Delta E)$이고 $\Delta E=\Delta mc^2=63$ keV/c^2이므로 계산하면 시간오차에 해당하는 J/Ψ 입자의 수명은 $\Delta t=5.23\times 10^{-21}$ s이다.

13. 문제 11과 같은 과정을 통해 계산하면 Z 보존의 수명은 $\Delta t=1.31\times 10^{-25}$ s

15. 전자가 스크린에 부딪힐 확률은 전자의 파동함수로 결정되므로 10,000개 정도로 (어느 슬릿으로 통과하는지 확인하지 않고) 상당히 많이 통과 시키면 파동의 간섭현상을 보인다. 만약에 하나하나 어느 슬릿을 통과하는지 확인하는 경우는 간섭무늬가 사라진다.

17. 총알의 질량이 전자보다 엄청나게 크므로 같은 속도인 경우 운동량도 마찬가지로 엄청나게 크다. 따라서 총알의 파장이 훨씬 짧다. 같은 속도 불확정도는 총알의 운동량 불확정도가 월등히 큼을 의미하고 이는 총알의 위치는 전자의 위치보다 훨씬 정확히 잴 수 있음을 의미한다.

***19.** 전자의 총 에너지는 운동에너지와 전기에너지의 합이다.

$$E=\frac{1}{2}mv^2-k\frac{e^2}{r}\qquad\left(k=\frac{1}{4\pi\varepsilon_0}\right)$$

운동에너지를 지름방향의 에너지와 원주방향의 에너지로 다시쓰면 (126쪽 참고)

$$\frac{1}{2}mv^2=\frac{P_r^2}{2m}+\frac{1}{2}\frac{L^2}{mr^2}$$

(P_r은 지름방향의 운동량, L은 각운동량)

따라서 $E\ge\dfrac{P_r^2}{2m}-k\dfrac{e^2}{r}$이 된다.

(여기서 등부호는 $L=0$일 때이다.)

전자의 에너지는 $r\to 0$으로 가면 $E\to-\infty$로 갈 수 있다. 그러나 실제로는 양자효과 때문에 유한한 값을 가진다. 즉, 불확정성 원리를 쓰면

$\Delta r\Delta P_r\ge\dfrac{\hbar}{2}$이다.

$r\sim 0$와 $P_r\sim 0$ 근방에서 보면 $r\sim\Delta r$이고 $P_r\sim\Delta P_r$이다. 따라서 전자의 에너지는 ($L=0$일 때)

$$E=\frac{\Delta P_r^2}{2m}-k\frac{e^2}{\Delta r}$$

$$=\frac{1}{2m}\left(\frac{\hbar/2}{\Delta r}\right)^2-k\frac{e^2}{\Delta r}$$ 로 된다.

이것을 그림으로 그려보면

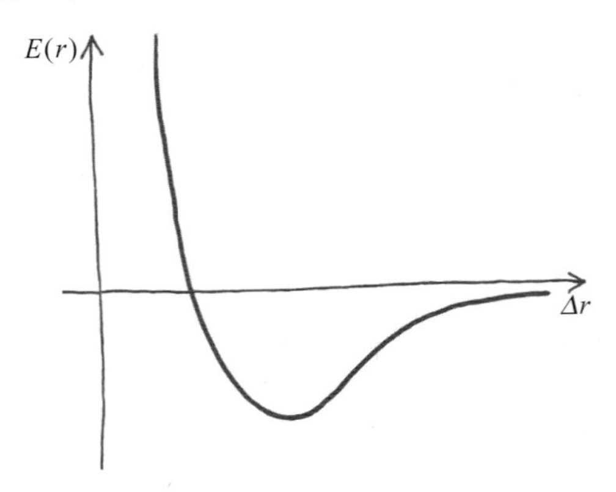

이 되어 최솟값이 존재한다. E의 최솟값마다는 기울기가 0 이므로

$$E' = \frac{\hbar^2}{8m}\left(-\frac{2}{(\Delta r)^3}\right) + k\frac{e^2}{(\Delta r)^2} = 0$$

따라서 최솟값에서는 $\Delta r = \dfrac{\hbar^2}{4me^2k}$ 가 되고

E 최솟값 에너지는

$$E_{\min} = -\frac{2me^2k^2}{\hbar^2} = -\frac{k}{2}\frac{e^2}{\Delta r} \text{ 이다.}$$

$\Delta r = 5.3\times10^{-11}\text{m}$
$e = 1.6\times10^{-19}\text{ C}$
$k = 9\times10^9\text{ Nm}^2/\text{C}^2$ 을 쓰면
$E_{\min} = -13.6\text{ eV}$ 이다.
($1\text{ eV} = 1.6\times10^{-19}\text{ J}$ 을 썼다.)

짝수 번 해답

2. (1) 양성자, (2) 전자와 양성자, (3) 양성자
6. $\lambda = 3.3\times10^{-24}\text{ m}$
8. (1) $\lambda_e \simeq 3.9\times10^{-2}\text{ nm}$,
(2) $\lambda_\gamma = \dfrac{6.63\times10^{-34}\times3.00\times10^8}{1000\times1.60\times10^{-19}\text{ m}} \simeq 1.24\text{ nm}$
(3) $\lambda_n \simeq 9.0\times10^{-4}\text{ nm}$
10. $p \simeq 3.31\times10^{-24}\text{ kg}\cdot\text{m/s}$, $E_\gamma \simeq 6.20\text{ keV}$, $E_e \simeq 0.511\text{MeV}$
12. $\lambda' \simeq 1.48\times10^{-11}\text{ m}$
14. $\Delta p = 1.06\times10^{-24}\text{ kg}\cdot\text{m/s}$
16. $E \simeq 2.28\text{ eV}$, $\Delta E \geq \hbar/(2\times\Delta t) \simeq 3.29\times10^{-7}\text{ eV}$
18. 95.5 MeV
20. $\lambda = h/p = hc/\sqrt{KE(KE+2mc^2)}$

Part IV Chapter 4

1. 태양의 스펙트럼을 분석하여 산소 스펙트럼과 비교해본다.

***3.** 볼츠만 법칙에 의하면, 열적으로 어떤 상태에 있을 확률은 e^{-E/k_BT}이다. 따라서 수소원자의 에너지 차이가 $\Delta E = E_2 - E_1 = 13.6(1-1/4)\text{eV} = 10.2\text{ eV}$이다. 그런데 6,000 K에서 k_BT는 $8.6\times10^{-5}\times6000\text{ eV} = 0.52\text{ eV}$이다. 따라서, 원자의 비는 대략 $e^{-10.2/0.52} = 3\times10^{-9}$이다.

5. He^{2+}의 기저상태는 수소에 비해 전하가 2배이고, 에너지는 헬륨전하의 제곱에 비례하므로, $4\times(-13.6\text{ eV}) = -54.4\text{ eV}$이다. 이 전자를 외곽으로 빼내야 하므로, 이온화에너지는 54.4 eV가 된다. 이에 해당하는 빛의 파장은 23 nm이다.

7. $(3/2)k_BT$를 쓰면, 상온 (300 K)에서의 운동에너지는 약 0.04 eV이다. 수은이 운동하면서 전자와 충돌하면 전자에너지뿐만 아니라, 수은의 운동에너지도 수은 속에 있는 전자를 여기시키는데 일조하게 된다. 따라서 4.9 eV가 약간 못미쳐도 수은이 여기된다.

9. 전자가 퍼텐셜 장벽 안에 놓여 있기 위해서는 경계 밖으로 전자가 빠져 나갈 수 없다는 조건을 만족해야 한다. 이것은 현의 진동의 경우 현이 양쪽에 고정됨에 따라 진동수가 결정되는 것과 같은 원리이다.

11. 자외선의 광량자에너지가 가시광선보다 크기 때문이다.

짝수 번 해답

2. 액체나 농도가 높은 기체
4. 각각 656 nm, 103 nm 그리고 122 nm
6. 40.6 eV, 전자가 속박에서 벗어난 자유로운 상태
8. 0.00026 nm
10. $T = 7.9\times10^4\text{ K}$
12. 872 nm

Part V Chapter 1

1. 네온은 주양자수 $n=2$까지 전자들로 꽉찬 닫혀진 껍질을 가지고 있어서 안정된 상태이기 때문에 전자를 떼어내기 어

렵고, 더 높은 에너지 상태의 주양자수 $n=3$인 최외각껍질의 전자가 하나이므로 떼어내기가 쉬워 이온화에너지가 작다.

3. 형광물질의 경우와 동일하지만 중간 에너지 상태에 머무는 시간이 굉장히 길다.

***5.** 동그란 구멍에 의한 회절을 이용하자.

$$\sin\theta = 1.22\frac{\lambda}{d} = 1.22\times\frac{632.8\times10^{-9}}{3\times10^{-3}}$$

$$= 2.6\times10^{-4}\ \mathrm{m}$$

$$\sin\theta \simeq \tan\theta = \frac{D}{L}$$

(D : 레이저빔의 달에서의 반지름)

달표면에서 레이저빔의 지름$=2D$

$$=2L\sin\theta = 2\times3.8\times10^{8}\times(2.6\times10^{-4})\ \mathrm{m}$$

$$=1.98\times10^{5}\ \mathrm{m}$$

7. $n=3$일 때는 $l=0, 1, 2$ 세 가지가 가능하다.

$l=1$일 때 $m_l=-1, 0, 1$

9. $n=4$

$l=0, 1, 2, 3$

$m_l=-3, -2, -1, 0, 1, 2, 3$

$m_s=-\frac{1}{2}$ or $+\frac{1}{2}$

11. 바닥상태

$n=3$

$l=0$

$m_l=0$

$m_s=-\frac{1}{2}$ or $+\frac{1}{2}$

첫 번째 들뜬상태

$n=3$

$l=1$

$m_l=-1$, or 0 or 1

$m_s=-\frac{1}{2}$ or $+\frac{1}{2}$

13. 주양자수가 n인 상태에는 총 $2n^2$개의 상태가 존재한다. 배타원리에 의해 한 상태에는 전자가 한 개씩 들어간다.

$2\times5^2=50$

15. 원자에서 나오는 빛은 원자의 에너지 준위차와 같은 에너지를 가진다.

$$\Delta E = 2\mu_B B = hc/\lambda$$

$$B = \frac{hc}{2\mu_B\lambda} = \frac{6.626\times10^{-34}\times3.00\times10^{8}}{2\times9.274\times10^{-24}\times2.1\times10^{-1}}\ \mathrm{T}$$

$$= 5.10\times10^{-2}\ \mathrm{T}$$

짝수 번 해답

4. 저장된 에너지 : 1.8×10^{-2} J, 광량자 수 : 5.7×10^{16}개

6. Cr(크롬)

8. $n=4, 5, 6$ $m_l=-3, -2, -1, 0, 1, 2, 3$

$m_s=-\frac{1}{2}, +\frac{1}{2}$

10. $n=1,\ l=0,\ m_l=0,\ m_s=-\frac{1}{2}, +\frac{1}{2}$

12. $\cos\theta=\frac{L_z}{L}=\frac{m_l}{\sqrt{l(l+1)}}$

$l=1$일 때, $m_l=1, 0, -1$에 대해 $\theta=45°, 90°, 135°$

Part V Chapter 2

1. Na의 $3s$ 전자가 Cl의 $3p$ 전자와 결합하여 이온결정을 이루므로 $3p$ 에너지띠가 짝수전자를 가지게 되어 에너지띠가 꽉 채워져 부도체를 이룬다.

3. 평행사변형 안에 붕소는 두 개 있다. 반면에 산소는 평행사변형에 걸쳐 있으므로 주의를 해야 한다. 모서리에는 산소원자 네 개가 걸쳐 있지만, 모서리는 이웃하는 네 개의 평행사변형과 공유하므로 실제로 단위세포에는 한 개만 들어가게 된다. 변에도 산소원자 네 개가 걸쳐 있지만 각각의 변은 두 개의 평행사변형과 공유하므로 단위세포에 실제로 들어가는 산소원자는 두 개다. 따라서 단위세포 안에는 산소원자가 세 개 들어 있다.

5. 상온의 에너지는 $k_BT=(1.38\times10^{-23})\times300\cong25$ meV이다. 볼츠만 확률밀도 e^{-E/k_BT}에 따라 전도대로 전자가 천이하려면 에너지갭이 1 eV보다 훨씬 더 작아야 한다. 에너지갭이 1 eV라고 하면 10^{23}개의 전자 중에서 10^5개 정도가 전도대로 이동한다.

7. 리모콘 센서가 가시광선을 통과시키지 않아야 하므로 에너지 갭이 1.14 eV보다 조금 더 큰 반도체를 센서 앞에 필터로 사용하면 된다.

9. $E = hf = \dfrac{hc}{\lambda}$

$= \dfrac{(1.14 \times 10^{-15}\ \mathrm{eV \cdot s}) \times (3 \times 10^{8}\ \mathrm{m/s})}{1000 \times 10^{-9}\ \mathrm{m}}$

$= 1.24$ eV보다 작아야 한다.

* **11.** $(3.9\times10^{-3}\ \mathrm{eV})\times(6.02\times10^{23})\times3\times(1.6\times10^{-19}\ \mathrm{J/eV})$
$=1127$ J

13. 다이오드에 강한 역방향 바이어스를 걸게 되면 에너지 띠의 에너지준위가 변화가 일어난다. 결과적으로 p 전도띠의 에너지준위가 n 가전자띠 에너지준위보다 낮게 된다면, n 가전자띠에 있던 전자가 p 전도띠로 흘러가게 되어 큰 전류가 흐르게 된다.

짝수 번 해답

4. $d = \sqrt{3}/4 \cdot a = 2.35\ \text{Å}$ **6.** 2.82 Å
8. 파장이 1860 nm보다 작은 빛
10. $E = 1.9$ eV **12.** $e^{-E/kT} = 3.5 \times 10^{-20}$
14. 0.796 V

Part V Chapter 3

1. 철의 원자핵의 크기 핵자수 $= A = 56$
$r=1.2\times10^{-15}\ \mathrm{m}\times(56)^{1/3}$
$=4.6\times10^{-15}$ m
납의 원자핵의 크기 핵자수 $= A = 208$
$r=1.2\times10^{-15}\ \mathrm{m}\times(208)^{1/3}$
$=7.1\times10^{-15}$ m

3. 헬륨의 질량에너지=4.002602 u=3728.42 MeV
헬륨의 결합에너지$=2m_\mathrm{P}+2m_\mathrm{N}-m_\mathrm{He}$
$=2\times938.28+2\times939.57$
-3728.42 MeV
헬륨 핵자 1개당 결합에너지=27.28 MeV/4
=6.82 MeV
질소의 질량에너지=14.003074 u=13043.9 MeV
질소의 결합에너지$=7\times(938.28+939.57)$
-13043.9 MeV=101.087 MeV
질소 핵자 1개당 결합에너지=101.087 MeV/14
=7.22 MeV
철의 질량에너지=55.9349 u=52103.4 MeV
철의 결합에너지$=26\times938.28+30\times939.57$
-50240.4 MeV=479.02 MeV
철 핵자 1개당 결합에너지=479.02 MeV/56
=8.55 MeV
납의 질량에너지=207.976627 u=193730.2 MeV
납의 결합에너지$=82\times(938.28+939.57)$
-193730.2 MeV=1594.55 MeV
납 핵자 1개당 결합에너지=1594.55 MeV/208
= 7.67 MeV

5. 비스무스의 반감기=2.14분
붕괴상수$=0.693/(2.14\times60$초$)=0.0054$/초
비스무스의 질량=1 μg
비스무스의 질량=208.980 u $=3.47024\times10^{-25}$ kg
비스무스 1 μg에 들어있는 핵의 개수
$=10^{-9}/3.47024\times10^{-25}=2.88\times10^{15}$개
비스무스 1 μg의 방사능$=2.88\times10^{15}\times0.0054$/초
$=1.56\times10^{13}$ Bq=420 Ci

7. 처음 질량에너지$=2.014102+3.016049\ \mathrm{u}\,c^2$
$=5.03015\ \mathrm{u}\,c^2$
최종 질량에너지$=4.002602+1.008665\ \mathrm{u}\,c^2$
$=5.01127\ \mathrm{u}\,c^2$
질량에너지 차이가 열량으로 바뀐다.
$Q=(5.03015-5.01127)\ \mathrm{u}\,c^2=0.01888\ \mathrm{u}\,c^2$
$=17.5867$ MeV$=2.814\times10^{-12}$ J
$=6.73\times10^{-13}$ cal

9. 미이라의 사망 시점의 최초 방사능은 1 g의 경우 $R_0=0.25$ Bq이다.
그런데, 현재 발견된 미이라 1 g의 방사능은 $R=2/(60\ \mathrm{s})=1/30$ Bq이다.
사망 후 경과시간 T는 $e^{-\lambda T}=R/R_0=0.25/(1/30)=2/15$을 만족하므로,

$T=\ln(15/2)/\lambda=\ln(15/2)\ t_{1/2}/0.693=16660$년이 된다.
($t_{1/2}$는 탄소동위원소의 반감기로서 5730년이다.)

11. 플루토늄 239의 질량은 239.052 u$=3.967\times10^{-25}$ kg이다.
방사능은 $R=N\lambda=N\ 0.693/t_{1/2}$으로 주어진다.
1 kg 안에 들어있는 플루토늄의 개수는
$N=1/3.967\times10^{-25}=2.52\times10^{24}$개다.
1 kg의 플루토늄에서 나오는 방사능은
$R=2.52\times10^{24}\times0.693/24100\ \text{y}=7.25\times10^{19}/\text{y}$
$=2.3\times10^{12}$ Bq이다.

짝수 번 해답

2. $M=9.6\times10^{26}$ kg, $g=6.4\times10^{8}$ m/s^2
4. 2.25×10^{7} J, 물 1 kg의 온도를 5.38×10^{6} K 올릴 수 있다.
6. ${}^{11}_{6}\text{C}\rightarrow e^{+}+{}^{11}_{5}\text{B}$, ${}^{14}_{6}\text{C}\rightarrow e^{-}+{}^{14}_{7}\text{N}$, ${}^{239}_{93}\text{Np}\rightarrow{}^{239}_{94}\text{Pu}+e^{-}$,
${}^{239}_{94}\text{Pu}\rightarrow\alpha+{}^{230}_{92}\text{U}$
8. $T=193.3$년 ***10.*** $T=0.597947\mu$s

Part V Chapter 4

1. 소립자의 크기 Δx는 아주 작다. 그런데, 불확정성원리에 의하면, 크기가 Δx일 때 운동량의 불확실성은 $\Delta p\geq\frac{\hbar}{2\Delta x}$이 된다. 결국 운동량이 커지므로, 이에 따라 에너지도 커진다. 즉, 작은 영역을 탐색하기 위해서는 커다란 에너지가 필요하게 된다.

3. 반물질과 물질이 만나면 빛으로 변한다.

****5.*** $E=1$ TeV의 에너지를 가진 양성자는 상대론적으로 움직이므로, 양성자의 운동량을 구하기 위해 아인슈타인의 관계식 $E^2-(pc)^2=m^2c^4$을 쓰자.
$pc=\sqrt{E^2-m^2c^4}=\sqrt{(1\times10^{12})^2-(10^9)^2}\ \text{eV}\cong10^{12}$ eV
따라서 파장은
$\lambda=h/p=(4.14\times10^{-15}\ \text{eV}\cdot\text{s}\times c)/(10^{12}\ \text{eV})$
$=4.14\times10^{-27}\times3\times10^{8}\ \text{m}=1.24\times10^{-18}$ m
$=1.24\times10^{-3}$ fm.

****7.*** $I=nqv$를 쓰자. 운동에너지가 질량에너지 정도로 크기 때문에 아인슈타인의 상대론을 써서 속력을 구해야 한다.
총 에너지를 구하기 위해 총 에너지=질량에너지+운동에너지를 쓰면
질량에너지=940 MeV, 운동에너지=900 MeV이므로,
총 에너지는 $E=1.84$ GeV이다.
그런데 아인슈타인의 에너지 공식을 쓰면 $E=m\gamma c^2$이므로
$\gamma=E/(mc^2)=1.84/(0.94)=1.96=1/\sqrt{1-(v/c)^2}$ 으로부터
$v=0.86c$를 얻는다.
$n=5\times10^{13}/(2\pi\times1000\ \text{m})=8\times10^{9}/\text{m}$,
$q=1.6\times10^{-19}$ C
$I=8\times10^{9}\times1.6\times10^{-19}\times0.86\times3\times10^{8}\ \text{A}=0.33$ A

9. 파이온은 뮤온과 전자 그리고 전기적으로 중성은 뉴트리노로 붕괴한다.

11. 로렌츠 힘이 구심력 역할을 하므로 $mv^2/R=qvB$이고, 질량과 에너지 등가에 의해 $m=E/c^2$이므로 $B=Ev/(qRc^2)$이다. 또한 양성자의 속력이 광속과 거의 같아 $v\simeq c$이므로 자기장의 세기는

$$B\simeq\frac{E}{qRc}=\frac{7.0\times10^{12}\text{V}}{3.0\times10^{8}\,\text{m/s}\times4.25\times10^{3}\,\text{m}}\simeq5.5\ \text{T}$$

이다.

짝수 번 해답

2. $p=8.48\times10^{-21}$ kg · m/s
4. $\lambda=1.32\times10^{-15}$ m $=1.32$ fm
6. $u\bar{s}=K^{+}, \bar{u}s=K^{-}, u\bar{d}=\pi^{+}, \bar{u}d=\pi^{-}, uud=p, udd=n$
8. $\lambda=1.84\times10^{-14}$ m $=18.4$ fm

Part V Chapter 5

****1.*** 핵연료가 다 타고 나면 열이 더 이상 제공되지 않기 때문에 중심을 향해 작용하는 중력을 대항할 방법이 없다. 이 때문에 태양은 중심을 향해 무너지기 시작하고, 중심을 향해 떨어진 후에는 반작용으로 내부 폭발이 일어나 부풀어 오를 것이다. 대략 화성까지 부풀어 오르리라고 예측되고 있다.

****3.*** $\lambda=2.9\times10^{-3}\ \text{m}/2.7=1.07$ mm

5. $v = lH_0 = 100$억 광년 $\times 80$ km/(s · Mpc)
$= (10^{10} \times 80 \text{ km})/(3.26 \times 10^6 \text{ s}) = 2.5 \times 10^5$ km/s

***7.** 펄서의 관성모멘트는

$$I = \frac{2}{5} MR^2$$

$$= \frac{2}{5} \times 1.5 \times 2 \times 10^{30} \times 10^8 \text{ kgm}^2$$

펄스의 회전운동에너지$= \frac{1}{2} I\omega^2$

$$= \frac{1}{2} \times 1.2 \times 10^{38} \times \left(\frac{2\pi}{1}\right)^2 \text{ J}$$

$$= 2.4 \times 10^{39} \text{ J}$$

이 회전운동에너지의 10억분의 1은
$2.4 \times 10^{39}/10^9 \text{ J} = 2.4 \times 10^{30}$ J이다.

9. (1) 반경 $r(<R)$인 영역 내부의 은하 질량 $M(r) = Mr^3/R^3$ 에 의한 중력만이 별에 구심력으로 작용하므로 $GM(r)m/r^2 = mv^2/r$로부터 $v = r\sqrt{GM/R^3}$ 이 된다. 또한 주기는 $T = 2\pi r/v = 2\pi\sqrt{R^3/GM}$ 으로 일정하다.

(2) $r > R$이면 은하의 전체 질량 M에 의한 중력이 별에 작용하므로 $GMm/r^2 = mv^2/r$로부터 $v = \sqrt{GM/r}$ 이고 주기는 $T = 2\pi r/v = 2\pi\sqrt{r^3/GM}$ 로 주어진다.

짝수 번 해답

2. 13.9334 MeV(2.23×10^{-12} J)

4. 1.4억 광년

6. 약 2.7×10^{-27}, 2.7×10^{-10}, 10^{-3}배

8. $v = 0.934c$이고 거리는 $l = 4.3\times10^9$ ly $= 43$억 광년

찾아보기

ㄴ

ㄷ

ㄹ

ㅁ

ㅂ

ㅅ

ㅇ

ㅈ

ㅊ

ㅋ

ㅌ

ㅍ

ㅎ

기타

저자 약력

박　찬 현재 전북대학교 물리학과 명예교수
독일 TU Clausthal 박사
NASA-Ames 연구소 연구원
일본 Tohoku대학 교환교수

조경현 前 POSTECH 연구교수
한국과학기술원 박사
한림대학교 교수
전북대학교 강사
경북대학교 강사

노희석 현재 전북대학교 물리학과 교수
University of Cincinnati 박사
University of Illinois at Urbana-Champaign 연구원

정석민 현재 전북대학교 물리학과 교수
POSTECH 박사
일본 츠쿠바대 연구원
일본 동경대 방문교수

최성열 현재 전북대학교 물리학과 교수
서울대학교 박사
독일 DESY 연구원
일본 KEK 연구원
고등과학원 연구원
독일 DESY 객원교수
미국 University of Pittsburgh 방문교수

김주진 현재 전북대학교 물리학과 교수
POSTECH 박사
스웨덴 샬머스공대 연구원
일본 동경대 연구원

새로운 물리학의 세계 제3판

2011년 2월 25일 1판 3쇄 발행
2013년 2월 25일 2판 1쇄 발행
2024년 3월 20일 3판 2쇄 발행

저자와의 협의하에 인지를 생략합니다.

지 은 이 ● **박　찬 · 조경현 · 노희석**
정석민 · 최성열 · 김주진
발 행 자 ● **조 승 식**
발 행 처 ● (주) 도서출판 **북 스 힐**
서울시 강북구 한천로 153길 17
등　록 ● 제 22-457호
(02) 994-0071
(02) 994-0073

bookshill@bookshill.com
www.bookshill.com

값 34,000원

잘못된 책은 교환해 드립니다.

ISBN 979-11-5971-377-4

• 간단한 미적분 공식들

미분공식

$$\frac{d}{dx}x^n = nx^{n-1}$$

$$\frac{d}{dx}\sin ax = a\cos ax$$

$$\frac{d}{dx}\cos ax = -a\sin ax$$

$$\frac{d}{dx}e^{ax} = ae^{ax}$$

$$\frac{d}{dx}\ln ax = \frac{1}{x}$$

급수전개공식

$$\sin x = x - \frac{x^3}{3!} + \frac{x^5}{5!} - \frac{x^7}{7!} + \cdots \qquad (\text{모든 } x)$$

$$\cos x = 1 - \frac{x^2}{2!} + \frac{x^4}{4!} - \frac{x^6}{6!} + \cdots \qquad (\text{모든 } x)$$

$$\tan x = x + \frac{x^3}{3} + \frac{2x^5}{15} + \frac{17x^7}{315} + \cdots \qquad (|x| < \pi/2)$$

$$e^x = 1 + x + \frac{x^2}{2!} + \frac{x^3}{3!} + \cdots \qquad (\text{모든 } x)$$

$$\ln(1+x) = x - \frac{x^2}{2} + \frac{x^3}{3} - \frac{x^4}{4} + \cdots \qquad (|x| < 1)$$

적분공식

$$\int x^n dx = \frac{x^{n+1}}{n+1}$$

$$\int \frac{dx}{x} = \ln x$$

$$\int \sin ax\, dx = -\frac{1}{a}\cos ax$$

$$\int \cos ax\, dx = \frac{1}{a}\sin ax$$

$$\int e^{ax} dx = \frac{1}{a}e^{ax}$$

$$\int \frac{dx}{\sqrt{a^2 - x^2}} = \text{arc sin}\,\frac{x}{a}$$

$$\int \frac{dx}{\sqrt{x^2 + a^2}} = \ln(x + \sqrt{x^2 + a^2})$$

$$\int \frac{dx}{x^2 + a^2} = \frac{1}{a}\,\text{arc tan}\,\frac{x}{a}$$

$$\int \frac{dx}{(x^2 + a^2)^{3/2}} = \frac{1}{a^2}\frac{x}{\sqrt{x^2 + a^2}}$$

$$\int \frac{x\,dx}{(x^2 + a^2)^{3/2}} = -\frac{1}{\sqrt{x^2 + a^2}}$$

• 그리스 문자

이름	대문자	소문자	이름	대문자	소문자
Alpha	A	α	Nu	N	ν
Beta	B	β	Xi	Ξ	ξ
Gamma	Γ	γ	Omicron	O	o
Delta	Δ	δ	Pi	Π	π
Epsilon	E	ε	Rho	P	ρ
Zeta	Z	ζ	Sigma	Σ	σ
Eta	H	η	Tau	T	τ
Theta	Θ	θ	Upsilon	Y	υ
Iota	I	ι	Phi	Φ	ϕ
Kappa	K	κ	Chi	X	χ
Lambda	Λ	λ	Psi	Ψ	ψ
Mu	M	μ	Omega	Ω	ω

• 간단한 수학공식들

도형

삼각형(밑변$=b$, 높이$=h$)	면적$=\frac{1}{2}bh$	
원(반지름$=r$)	원주$=2\pi r$	면적$=\pi r^2$
구(반지름$=r$)	표면적$=4\pi r^2$	부피$=\frac{4}{3}\pi r^3$
원통(반지름$=r$, 높이$=h$)	옆면적$=2\pi rh$	부피$=\pi r^2 h$

대수

지수 : $a^{-x}=\frac{1}{a^x}$, $a^{(x+y)}=a^x a^y$, $a^{(x-y)}=\frac{a^x}{a^y}$

로그 : $\log a=x \Leftrightarrow a=10^x$ $\quad \log a+\log b=\log(ab)$ $\quad \log a-\log b=\log(a/b)$ $\quad \log(a^n)=n\log a$

$\ln a=x \Leftrightarrow a=e^x$ $\quad \ln a+\ln b=\ln(ab)$ $\quad \ln a-\ln b=\ln(a/b)$ $\quad \ln(a^n)=n\ln a$

2차방정식의 해 : $ax^2+bx+c=0 \Rightarrow x=\frac{-b\pm\sqrt{b^2-4ac}}{2a}$

삼각함수:

$\sin(90°-\theta)\cos\theta$; $\cos(90°-\theta)=\sin\theta$

$\sin(-\theta)=-\sin\theta$; $\cos(-\theta)=\cos\theta$

$\sin^2\theta+\cos^2\theta=1$; $\sin 2\theta=2\sin\theta\cos\theta$

$\sin(A\pm B)=\sin A\cos B\pm\cos A\sin B$

$\cos(A\pm B)=\cos A\cos B\mp\sin A\sin B$

$\sin A\pm\sin B=2\sin\left(\frac{A\pm B}{2}\right)\cos\left(\frac{A\mp B}{2}\right)$

$\cos A+\cos B=2\cos\left(\frac{A+B}{2}\right)\cos\left(\frac{A-B}{2}\right)$

$\cos A-\cos B=-2\sin\left(\frac{A+B}{2}\right)\sin\left(\frac{A-B}{2}\right)$

• 자주 쓰는 수의 근사값

$\pi=3.1415927$	$\sqrt{2}=1.4142136$	$\ln 2=0.6931472$	$\log_{10}e=0.4342945$
$e=2.7182818$	$\sqrt{3}=1.7320508$	$\ln 10=2.3025851$	$1\text{ rad}=57.2957795°$
	$\sqrt{10}=3.1622778$		
$\sin 30°=\cos 60°=0.5$	$\cos 30°=\sin 60°=\frac{\sqrt{3}}{2}=0.8660$	$\sin 45°=\cos 45°=\frac{\sqrt{2}}{2}=0.7071$